物联网（IoT）安全的编排与自动化

Orchestrating and Automating Security for the Internet of Things

Delivering Advanced Security Capabilities from Edge to Cloud for IoT

[美] 安东尼·萨贝拉（Anthony Sabella）
里克·艾伦斯-麦克林（Rik Irons-Mclean） 著
马塞洛·扬努齐（Marcelo Yannuzzi）

夏俊杰 译

人 民 邮 电 出 版 社

北 京

图书在版编目（CIP）数据

物联网（IoT）安全的编排与自动化 /（美）安东尼·萨贝拉（Anthony Sabella），（美）里克·艾伦斯-麦克林（Rik Irons-Mclean），（美）马塞洛·扬努齐（Marcelo Yannuzzi）著；夏俊杰译. -- 北京：人民邮电出版社，2020.4（2023.3重印）
ISBN 978-7-115-52869-8

Ⅰ. ①物… Ⅱ. ①安… ②里… ③马… ④夏… Ⅲ. ①互联网络－应用－安全技术②智能技术－应用－安全技术 Ⅳ. ①TP393.4②TP18

中国版本图书馆CIP数据核字(2019)第290145号

版权声明

◆ 著　[美] 安东尼·萨贝拉（Anthony Sabella）
[美] 里科·艾伦斯-麦克林（Rik Irons-Mclean）
[美] 马塞洛·扬努齐（Marcelo Yannuzzi）
译　夏俊杰
责任编辑　傅道坤
责任印制　王 郁　焦志炜
◆ 人民邮电出版社出版发行　北京市丰台区成寿寺路 11 号
邮编 100164　电子邮件 315@ptpress.com.cn
网址 https://www.ptpress.com.cn
固安县铭成印刷有限公司印刷
◆ 开本：787×1092 1/16
印张：36.75　2020 年 4 月第 1 版
字数：923 千字　2023 年 3 月河北第 3 次印刷
著作权合同登记号　图字：01-2018-8410 号

定价：198.00 元

读者服务热线：(010)81055410　印装质量热线：(010)81055316
反盗版热线：(010)81055315
广告经营许可证：京东市监广登字 20170147 号

内容提要

物联网是集通信、传感、控制、平台、算法、交互等在内的多技术融合系统。物联网产业是当今世界经济和科技发展的战略制高点之一，在全球范围内发展迅猛，但同时也给企业和组织机构带来了极其复杂和严峻的安全挑战。

本书深入探讨了利用编排和自动化能力实现物联网系统安全防护的方法论和技术，通过 NFV、SDX 以及雾计算架构来实现物联网的整体安全性，有效解决了物联网协议栈面临的大量异构组件的协同问题，能够以自动化方式高效部署各种物联网服务（包括安全性）。本书还介绍了包括区块链、机器学习和人工智能等在内的新技术对物联网安全的促进作用，有助于实现大规模的物联网安全自动化能力。

本书主要面向物联网行业的技术人员、安全人员以及业务安全和风险管控人员。本书适合各类垂直市场和细分市场的从业人员阅读，企业和组织机构中的信息技术人员和运营技术人员也能从本书找到大量有用信息。

序

物联网（IoT）给所有行业带来了非常独特的安全挑战与机遇。

挑战在于，与传统的 IT 安全环境相比，物联网呈现出更加分布化、更加异构化、更加动态化的新态势，涌现出大量复杂的场景和组件，这是在网络刚刚将计算机连接到一起时，IT 管理人员从未想到过的复杂情景。由于车联网、传感器集群的出现以及联网的消费类设备的量极其庞大，这些设备逐渐成为物联网安全领域的薄弱环节。

难怪安全问题已成为当前物联网规模化部署的最大障碍。

机会在于，如果采用全面的、基于风险的架构模式来解决这些安全挑战，那么就有机会打开通向数十亿美元的新商业大门（也有些人预测市场规模可能达到几万亿美元）。

业界普遍认为，联网设备的数量将呈现指数级增长趋势，预计 2025 年的联网设备量将高达 750 亿台。不过，设备数量的重要性远不及我们对使用连接进行的创新性应用：为智慧城市提供更优的公共服务、为联网汽车提供更安全的驾乘体验、改变能源生产与分发方式、以强大的新型连接能力改变传统商业模型。物联网有潜力重塑所有行业，但前提是必须确保物联网的安全性。

本书的出版适逢其时。人们看到所有行业转型的可能性和前所未有的价值，同时我们也面临着前所未有的不断演变的安全威胁。

近年来，我与很多企业和政府组织进行了极其广泛的应用合作，这些组织都在物联网领域迈出了富有创造性的第一步。当然，安全问题也随之浮现，而且频繁出现。在企业和组织运行独立、专有系统的时期，常见做法就是“通过隐匿实现安全性”，由于没有连接任何网络，也就不可能被恶意侵入系统。不过，这种方法已不再适用当前万物互联的物联网环境，企业和组织必须依赖基于策略的架构模式，要求 CISO（Chief Information Security Officer，首席信息安全官）必须全面掌控整个企业的安全策略。

不过，物联网的安全性并不仅仅是 CISO 一个人的工作，必须涵盖从制造商到最终用户在内的整个价值链中的所有人。

首先是设备供应商。一般来说，设备的连接性（特别是消费类设备）都只是设备的一个附属功能，很少考虑企业级需求（包括安全投资）。消费类设备制造商通常都将额外的成本、复杂性和上市时间视为无明确回报预期的额外负担，因而经常会发现一些非常低级的漏洞隐患（如将默认用户名和密码硬编码到设备中），使得黑客很容易就能获得并利用这些信息。

安全厂商的反应与 15 年前基本一样，当时的 WiFi 正在兴起，企业内部出现了大量消费类 WiFi 客户端，业界开始合力推进标准化、互操作和相关认证工作，目前业界在物联网领域推进的工作与当时完全一样。令人欣慰的是，自去年发生物联网 DDoS（Distributed Denial of Service，分布式拒绝服务）攻击之后，几乎所有的主流安全厂商都开始积极布局物联网安全。

横向和纵向标准化组织和标准化协会都在积极开展相关的标准化研究与制定工作。例如，IETF（Internet Engineering Task Force，互联网工程任务组）正在制定标准，要求设备制造商公开其设备的预期功能行为，从而允许网络检测和防范异常设备行为。IIC（Industrial Internet Consortium，工业互联网联盟）的安全工作组和 IEEE 等标准化组织也在积极开发物联网安全框架、标准及架构模式，以确保互联的物联网系统的安全性。ODVA 或 ISA 等垂直标准组织的 IT 和 OT（运营技术）团队，正在探索各个垂直行业的最佳实践并与横向标准措施相结合。

各国政府在解决物联网安全挑战方面也发挥了非常重要的积极作用。美国联邦贸易委员会最近刚刚发布了新的物联网安全应用指南，明确设备制造商应该如何向客户公开设备的安全信息，包括设备是否以及如何接收安全更新，以及预期的安全支持终止时间表。由于各国政府都与业界展开了密切合作，希望围绕一系列核心需求达成共识，因而当前的 IT 专业人员已经拥有了非常有效的安全管理工具，以更好地解决联网技术快速扩散而出现的大量安全挑战。

对于所有利益相关方来说，无论身处物联网生态系统中的何种角色，都不可能绕开安全问题，这也是读者手里正拿着本书的原因。本书有助于读者为当前复杂、动态变化的物联网环境制定全面的安全架构模式，有助于在物联网部署过程中设计平台级的安全机制，并实现自动化能力，从而从容面对不断发展变化的物联网安全威胁。

虽然实现可靠、灵活的物联网安全机制是一项非常艰巨的任务，但读者完全不必被困难所吓倒，大家可以直接阅读第 14 章～第 17 章的各种用例，我相信一定有所收获，有所启发，此后可以从头开始按照一个持续性过程来部署安全高效的物联网用例。

——Maciej Kranz

副总裁，思科战略创新团队，思科战略办公室（CSO）

关于作者

Anthony Sabella，CCIE #5374，思科企业首席技术办公室的网络安全架构师，在思科工作了 8 年。Anthony 负责工作流程的创新和优化，希望在网络安全领域应用最新的虚拟化和编排技术，以大幅简化手工任务。Anthony 将机器学习和智能输入融入解决方案当中，设计出能够自我管理和自我修复的高效解决方案，并将这些概念应用于各类用例，包括金融机构、医疗保健、能源和制造业（具体详见本书案例）。

加入思科之前，Anthony 在一家全球性的服务提供商担任了 13 年的首席工程师，致力于为企业客户创建网络安全解决方案。他同时还是一家技术咨询公司的联合创始人和首席技术官，该公司负责为商业和企业客户规划网络安全解决方案。Anthony 知识渊博，经常在思科和主要合作伙伴的全球重要会议上发表演讲。他拥有计算机科学硕士学位和 CCIE 认证，是 IEEE 网络安全社区的积极贡献者。

Rik Irons-Mclean 是思科油气行业负责人，在思科工作了 11 年，主要研究 IoT/IIoT、电力基础设施和过程控制行业的通信和安全服务，同时还全面负责能源管理与优化工作。Rik 带领全球技术团队积极将新产品推向市场，特别是成熟市场和新兴市场。在加入思科之前，Rik 在思科服务提供商的合作伙伴企业工作了 8 年，专注于融合业务解决方案。

Rik 代表思科参加了大量行业和标准化组织的工作，包括 OPA（Open Process Automation，开放过程自动化）、面向工业通信的 IEC 61850 和面向工业安全的 IEC 62351。此外，他还当选为面向电力行业通信和安全领域的 Cigre SC D2 的英国负责人。Rik 曾为大量行业出版物撰稿，并就工业网络安全、物联网安全、分布式工业控制系统、下一代电信网、雾计算和数字物联网架构等内容撰写白皮书。

Rik 拥有理学学士学位和工商管理硕士学位，主要研究国际领导力。他目前正在攻读网络安全博士学位。

Marcelo Yannuzzi 是思科首席战略办公室的首席工程师，专注于物联网、安全以及云计算和雾计算融合等新型架构领域。他带领团队开展跨不同垂直行业的技术创新工作，其中很多用例都包含在本书当中。Marcelo 曾经为思科和初创企业提供新商业机会和新技术等领域的战略咨询。

加入思科之前，Marcelo 是巴塞罗那大学计算机架构系高级网络架构实验室的负责人，也是一家初创企业的联合创始人和首席技术官，思科就是这家公司的第一个客户。Marcelo 是 100 多个同行评审出版物的发起人，包括物联网、雾计算、安全、NFV、软件定义系统（SDX）、多层网络管理和控制、传感器网络和移动性等大量顶级期刊和会议。Marcelo 负责了多个欧洲研究项目和行业项目，研究工作得到了思科的多次资助。Marcelo 经常在各类重要会议和论坛上发表演讲并担任专家组成员，并曾在一所大学的工程学院物理系担任助理教授。Marcelo 拥有电气工程学士学位、理学硕士学位和计算机科学博士学位。

关于技术审稿人

Brian Sak，CCIE #14441，思科公司解决方案架构师，主要为思科安全产品和安全服务提供方案支持与开发。Brian 在信息安全领域拥有 20 多年的工作经验，先后涉及咨询服务、评估服务和渗透测试、实施、架构设计及开发等工作。Brian 拥有信息安全与保障硕士学位，持有多项安全和行业认证，曾在互联网安全中心、Packt 出版社和思科出版社出版过或撰写过相关出版物。

Maik Seewald 拥有近 30 年的工程和安全从业经验，是思科企业网络团队的高级技术负责人，专注于思科 CTAO 团队的工业物联网架构、安全及标准的开发工作。

加入思科之前，Maik 是西门子高级研发架构师和 CISSP，专注于能源和工业自动化领域的系统、软件及安全架构。此前曾在英飞凌、奥迪、西门子通信和 AMD 担任项目管理、架构师和工程师职位。Maik 在德累斯顿大学获得信息技术学位和工程学位，主要研究兴趣包括网络安全、物联网/M2M 系统的系统架构、软件架构及分布式智能。

Maik 是思科在 IEC TC 57、IEC TC 65、DKE、IEEE、OPC-UA 和 UCA 中的通信、安全和自动化领域代表，积极参与标准研究，重点关注确定性网络、IEC 61850、IEC 62351 和 IEC 62443/ISA99。Maik 在电网和工业自动化、智能电网体系架构以及工业控制系统的网络安全等领域拥有丰富的专业知识，是 ETSI 的 TC CYBER（安全）联合主席。Maik 经常进行公开演讲并发表技术论文，专注于网络安全和物联网等领域。他平时喜欢与家人生活在一起，喜爱文学、艺术和户外运动（尤其是在阿拉斯加）。

献辞

谨将本书献给我的母亲 Carole Sabella，她生育了 8 个孩子，坚强地承担了所有生活压力，她那无与伦比的强大意志是我全部灵感的源泉。同时，我也非常高兴有机会与各位出色的合著者和技术审稿人共同写作本书。

——Anthony Sabella

“同伴比要去的远方更重要”（Izaak Walton 所言）。非常幸运的是，我在众多才华横溢的合著者的帮助下，在人生道路上迈出了富有价值的一步。衷心感谢 Karen、Chloe 和 Jake，感谢你们以非凡的耐心，一直陪伴在我身边！永远爱你们！

——Rik Irons-Mclean

感谢我的家人 Chani、Tathiana、Camila、Mateo 和 Vilma，感谢你们无私的爱与支持，你们是我全部能量和灵感的源泉，我永远爱你们！同时，也非常高兴能够与众多优秀人员一起在思科工作。

——Marcelo Yannuzzi

致谢

Maciej Kranz：感谢物联网领域的资深专家 Maciej，在百忙之中为本书做序并给予高度评价，使我们能够以一种更加全面的架构模式来确保物联网的安全性，并最终实现物联网的价值承诺。

Wei Zou：感谢您对第 16 章的贡献与指导，您的洞察力和专业知识让这一章更有特色。

Arik Elberse：感谢您对第 14 章提出的大量极有价值的评论、支持和建议。

Hugo Latapie：谢谢您的无私指导和非凡能力，以极易理解的方式表达出人工智能和机器学习领域的大量专业知识。

Roque Gagliano：感谢您在 NFV 和 SDX 领域给出的专家见解，并耐心地与我们就编排机制进行了大量卓有成效的沟通和研讨。

David Carrera（巴塞罗那超算中心）：感谢您和您的团队在雾计算和物联网创新领域给予的大量帮助，包括尖端技术的研发以及书中介绍的一些典型用例。好样的，David！

James Honey Bourne 和 Atilla Fazekas：感谢你们在油气行业给予的指导和支持，给我们带来持续创新和思考，祝愿你们的物联网/工业物联网（IIoT）项目取得圆满成功！

Xavier Ramón（Federal Signal VAMA 公司）：感谢您为书中技术提供的大量成功部署案例，感谢您对应急车队领域提供的持续指导，同时还要感谢您允许我们在第 16 章使用您的车辆照片。

Josep Martî（NearbySensor 公司）：感谢我们在巴塞罗那共同开展的创新工作，您在智慧城市领域拥有丰富的专业知识，同时还要感谢您允许我们在第 14 章中使用大量经过验证的实践照片。

Barry Einsig 和 Tao Zhang：感谢你们在第 16 章提出的建议和构思。

Jason Greengrass：感谢您对书中使用的技术进行持续的健全性检查（特别是第 8 章），并将设计和架构转换为可部署的解决方案。

Eleanor Bru：感谢您的耐心、指导与把关，让我们能够迈过写作过程中的每一步。没有您的付出，就没有我们的成功！

Mary Beth Ray：感谢您在我们写作过程中给予的大量专业指导，帮助我们克服各种困难，您的建议对我们的写作产生了重大影响。

前言

物联网在企业和工业环境中的应用正在持续加速，但同时也带来了非常复杂的新型安全挑战。幸运的是，当前涌现的大量先进技术正逐步为物联网的标准化和架构模式铺平道路，为系统化地增强物联网环境安全奠定了坚实的基础。本书介绍了一种利用编排和自动化能力保护物联网系统安全的最新方法，通过网络功能虚拟化（NFV）、软件定义网络（SDN）、软件定义自动化（SDA）以及雾计算架构来实现物联网的安全性。

NFV、SDN/SDA 和雾计算都是经过验证的可以进行大规模部署和操作的有效技术，将这些技术与物联网平台的架构模式相结合，可以有效解决完整物联网协议栈中存在的多种异构组件的协同问题，这意味着能够在已部署的整个物联网系统中以自动化方式高效部署各种服务（包括安全性）。

本书按照 4 大部分来解释如何利用自动化机制交付物联网的安全能力。第 1 部分回顾了现有物联网及安全架构和标准，分析了早期部署实践存在的主要安全风险以及所采用的主要安全措施。第 2 部分介绍了基于 NFV、SDN 和雾计算的标准架构模式，解释了这些架构适合物联网及物联网安全的主要原因。第 3 部分分析了一些高级安全概念以及如何利用这些安全概念部署物联网用例。第 4 部分介绍了大量现实部署用例，并初步探讨了可能会对未来物联网安全产生重大影响的新兴技术和安全概念。

通过本书的学习，读者将：

- 了解物联网的标准、架构及安全性等基础知识；
- 了解如何利用 SDN、NFV、雾计算和云计算等技术实现物联网环境的安全性；
- 通过实际部署用例来学习本书提出的核心概念和最佳实践方法；
- 掌握大量高级物联网安全理念，学会如何将这些概念融入物联网部署方案，以及如何为新的物联网部署方案提供坚实的架构基础；
- 理解不断发展演进的物联网技术和安全机制。

本书读者对象

随着企业和工业环境中的物联网部署用例越来越多，为广大关注自动化和虚拟化技术的技术人员提供更加有效的安全解决方案资源就显得极为重要。

根据 Gartner、Ovuum、麦肯锡、福布斯、埃森哲等公司的预测结果，未来基于服务的物联网自动化平台和作为嵌入式服务的物联网安全性将是不可阻挡的发展趋势，因而本书对于所有希望探究下一代可扩展、可互操作的物联网平台的读者来说，都极有价值。

本书适合所有致力于物联网安全或风险管控的企业或服务提供商的项目实施人员阅读，他们都能从中找到自己所需的知识和信息。

本书要求读者拥有基本的物联网和安全知识，主要面向物联网技术人员、安全人员以及业务安全和风险管控人员。本书内容适用于各类垂直市场和细分市场，企业和组织的 IT 或 OT 人员也能从本书中找到大量有用信息。

本书组织方式

第 1 章：物联网概述

本章概述了物联网的基本状况，说明了物联网及其安全威胁快速扩张、日益严峻的现实，解释了自动化机制是唯一能够满足大规模物联网环境需求的安全解决方案。

第 2 章：物联网安全规划

确保物联网的安全性对于所有组织机构来说都是一个新的重大挑战，与任何需要保护的系统一样，可以采用各种经过验证的实践措施。本章对构成物联网整体安全策略的一些关键组件进行了深入分析。

第 3 章：物联网安全基础

本章描述了物联网的主要组件以及物联网部署方案所需的平台架构，同时还介绍了物联网面临的主要攻击目标以及解决这些攻击行为所需的安全分层架构。

第 4 章：物联网安全标准与最佳实践

为了开发强大、安全的物联网系统，必须实现开放性和标准化。本章的目的不是详细介绍或推荐某些具体的标准和指南，而是希望读者能够深刻认识保护物联网系统安全所必须考虑的注意事项，同时还给出了一些功能强大的安全标准和最佳实践以供参考。

第 5 章：物联网架构设计与挑战

本章概述了内嵌安全机制的物联网系统的主要架构模式，分析了现有架构和平台的优缺点，重点介绍了当前主流建设模式及面临的主要设计挑战，为后面各章提供基础和背景信息。

第 6 章：SDX 和 NFV 的技术演进以及对物联网的影响

本章概述了 SDX 和 NFV 技术的发展和优势，包括分离和组合。本章研究了 SDX 和 NFV 作为物联网、5G 技术支持者的作用和效果，分析了雾计算和云计算之间相互促进的作用。同时，本章还介绍了多个 NFV/SDX 场景中的服务自动化机制，包括物联网行业最有前景的编排架构的应用。

第 7 章：保护 SDN 和 NFV 环境

本章的重点是保护 SDN 和 NFV 环境。本章将 SDN 的各种组件组合起来，将基础设施划分为不同的类别，每个类别都可以检查潜在的脆弱性和相关支持选项；NFV 也是如此。本章研究了 ETSI ISG 定义的 NFV 威胁形势，并讨论了每类安全威胁的具体表现及防护方法。

第 8 章：高级物联网平台及 MANO

本章介绍了与构建和交付下一代物联网平台所需的技术模块相关的最新行业思想，重点讨论了如何以自动化方式创建和交付高级物联网服务（特别是安全性），最后提供了建议的解决方案体系架构，并描述了实际部署情况。

第 9 章：身份与 AAA

本章的关键主题包括端点尝试访问网络时获得身份的可用技术、端点身份验证的方法，以及最终将身份与身份验证信息结合起来并利用这些信息提供基于身份的动态访问权限的自动化解决方案。本章探索了利用 OAuth 2.0 和 OpenID Connect 等传统协议的方式，这些协议和措施有助于在物联网环境中扩展身份和授权机制。最后，本章还初步分析了从 IAM 到 IRM 的演变，并探讨了潜在适用性。

第 10 章：威胁防御

本章的重点是确保端点网络处于连接状态时的安全性，具体来说，包括建立虚拟化技术以检测和防范安全威胁，确保端点遵守企业安全策略。本章分析了各种威胁防御方法，如包过滤技术、IDS/IPS、行为分析和恶意软件保护等措施。此外，本章还讨论了 VNF 的分布部署模式（推向网络边缘）和集中部署模式，分析了部署过程中的 VM 生命周期管理、编排和服务链等问题。

第 11 章：物联网数据保护

本章的重点是物联网数据保护，首先分析了数据的生命周期及其管理方式，然后重点讨论了静止数据、使用中的数据和移动中的数据的保护机制。本章重点讨论了机密性、完整性和可用性（CIA）三元组，并在分析过程中给出了具体的编排和自动化实现案例，目的是保护数据中心、网络和雾节点之间的数据交换过程。此外，本章还简要描述了一些其他重要信息，如 2018 年 5 月在欧洲实施的 GDPR 以及区块链等新技术作为游戏规则改变者的巨大潜力。

第 12 章：远程访问和 VPN

本章讨论了物联网用例的远程访问和 VPN 技术，强调了在远程访问场景中利用自动化和 SDN 技术的方式。这包括分离 IPSec 控制通道和数据通道的方法，并将其用于物联网用例以获得更好的扩展能力。此外，本章还分析了利用客户端 TLS 和无客户端 TLS 实现远程访问的场景，以及利用基于编排和 NFV 能力的 IPSec 创建软件外联网的方式。

第 13 章：平台安全性

本章主要讨论物联网平台本身的安全性。本章从提供完整物联网平台的典型模块化架构开始，重点讨论以 NFV 为中心的架构，该架构由 ETSI MANO 和扩展到雾计算的 SDN 功能提供支持。模块化架构分为 5 部分，包含 20 个组件或模块，本章对其逐一做了分析和讨论，并与书中其他相关内容进行了关联。

第 14 章：智慧城市

本章的重点是智慧城市，聚焦物联网给城市带来的数字化变化，并强调如何通过多种先进技术和自动化能力感知城市的安全态势。本章描述了多个智慧城市部署用例，展示了如何通过一个公共物联网平台以统一、安全的方式交付这些用例。

第 15 章：油气行业

本章以油气行业为例深入探讨了行业应用背景，探讨了如何利用物联网和数字化技术来满足行业的需求变化，以及对架构模式和安全性的影响。同时，本章还描述了一些具体用例，解释了如何通过一个公共物联网平台以统一、安全的方式交付这些用例。

第 16 章：车联网

本章深入探讨了快速发展的车联网行业，聚焦联网汽车以及物联网带来的数字化变革，强调了如何利用多种先进技术以及所需的自动化能力实现适当的安全机制，从而满足业务的快速响应需求。本章在最后给出了一个具体的车联网部署用例，目的是通过实际部署操作帮助读者更好地掌握这些概念。

第 17 章：影响安全服务未来发展的新技术

本章介绍了一些富有前途的安全新技术，在某些情况下，这些技术可能会产生新的安全威胁。本章介绍了区块链、机器学习和人工智能等新技术，分析了将这些技术集成到物联网和物联网安全机制的方式，同时还探讨了如何将这些新技术集成到编排平台中，以帮助实现大规模的物联网安全自动化的能力。

资源与支持

本书由异步社区出品，社区（https://www.epubit.com/）为您提供相关资源和后续服务。

提交勘误

作者和编辑尽最大努力来确保书中内容的准确性，但难免会存在疏漏。欢迎您将发现的问题反馈给我们，帮助我们提升图书的质量。

当您发现错误时，请登录异步社区，按书名搜索，进入本书页面，单击“提交勘误”，输入勘误信息，单击“提交”按钮即可。本书的作者和编辑会对您提交的勘误进行审核，确认并接受后，您将获赠异步社区的100积分。积分可用于在异步社区兑换优惠券、样书或奖品。

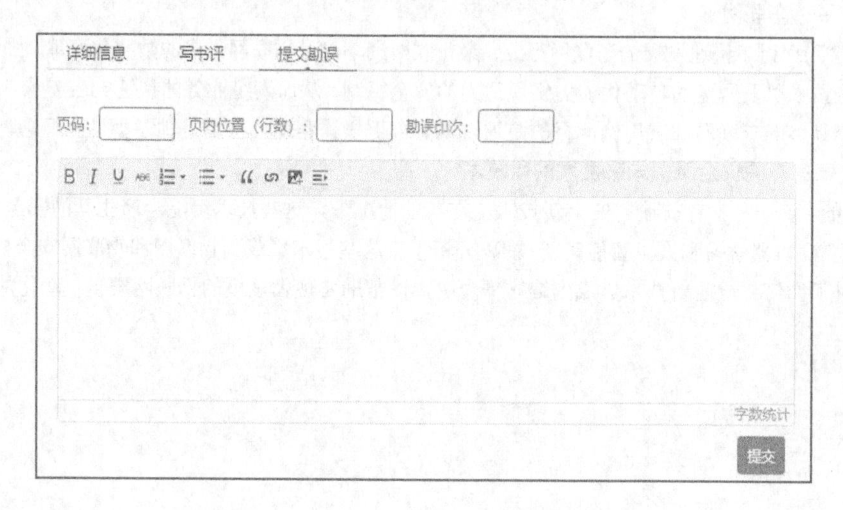

扫码关注本书

扫描下方二维码，您将会在异步社区微信服务号中看到本书信息及相关的服务提示。

与我们联系

我们的联系邮箱是contact@epubit.com.cn。

如果您对本书有任何疑问或建议，请您发邮件给我们，并请在邮件标题中注明本书书名，以便我们更高效地做出反馈。

如果您有兴趣出版图书、录制教学视频，或者参与图书翻译、技术审校等工作，可以发邮件给我们；有意出版图书的作者也可以到异步社区在线提交投稿（直接访问 www.epubit.com/selfpublish/submission

即可）。

如果您所在的学校、培训机构或企业，想批量购买本书或异步社区出版的其他图书，也可以发邮件给我们。

如果您在网上发现有针对异步社区出品图书的各种形式的盗版行为，包括对图书全部或部分内容的非授权传播，请您将怀疑有侵权行为的链接发邮件给我们。您的这一举动是对作者权益的保护，也是我们持续为您提供有价值的内容的动力之源。

关于异步社区和异步图书

“异步社区”是人民邮电出版社旗下 IT 专业图书社区，致力于出版精品 IT 技术图书和相关学习产品，为作译者提供优质出版服务。异步社区创办于 2015 年 8 月，提供大量精品 IT 技术图书和电子书，以及高品质技术文章和视频课程。更多详情请访问异步社区官网 https://www.epubit.com。

“异步图书”是由异步社区编辑团队策划出版的精品 IT 专业图书的品牌，依托于人民邮电出版社近 30 年的计算机图书出版积累和专业编辑团队，相关图书在封面上印有异步图书的 LOGO。异步图书的出版领域包括软件开发、大数据、AI、测试、前端、网络技术等。

异步社区

微信服务号

目录

第 1 章　物联网概述…………1

1.1　物联网定义…………2
1.2　技术与架构决策…………3
1.3　物联网真的如此脆弱吗…………5
1.4　小结…………6

第 2 章　物联网安全规划…………7

2.1　攻击连续性…………7
2.2　物联网系统和安全开发周期…………8
2.3　端到端考虑因素…………11
2.4　分段、风险以及在客户/提供商通信矩阵规划中的应用…………13
2.5　小结…………19

第 3 章　物联网安全基础…………20

3.1　物联网组件…………20
3.2　物联网分层架构…………23
3.3　主要攻击目标…………24
3.4　分层安全…………28
3.5　小结…………29

第 4 章　物联网安全标准与最佳实践…………30

4.1　今天的标准就是没有标准…………30
4.2　定义标准…………33
4.3　标准化挑战…………34
4.4　物联网标准和指南概况…………35
4.5　NFV、SDN 及服务数据建模标准…………38
4.6　物联网通信协议…………43
4.7　特定安全标准和指南…………46
4.8　小结…………49

第 5 章　物联网架构设计与挑战…………51

5.1　概述…………52
5.2　物联网架构设计模式…………54
5.3　通用架构模式…………75
5.4　面向行业/特定市场的架构模式…………91
5.5　基于 NFV 和 SDN 的物联网架构…………97
5.6　物联网安全架构模式…………98
5.7　当前的物联网平台设计…………108
5.8　小结…………114

第 6 章　SDX 和 NFV 的技术演进以及对物联网的影响…………115

6.1　SDX 和 NFV 概述…………115
6.2　SDN…………117
6.3　NFV…………134
6.4　SDX 和 NFV 对物联网及雾计算的影响…………145
6.5　小结…………153

第 7 章　保护 SDN 和 NFV 环境…………154

7.1　SDN 环境的安全考虑因素…………154
7.2　NFV 环境的安全考虑因素…………167
7.3　小结…………176

第 8 章　高级物联网平台及 MANO…………177

8.1　下一代物联网平台——最新研究成果…………177
8.2　下一代物联网平台概述…………180
8.3　用例分析…………190
8.4　小结…………198

第 9 章　身份与 AAA…………199

9.1　物联网身份与访问管理概述…………200
9.2　访问控制…………207
9.3　认证方法…………218
9.4　动态授权权限…………228
9.5　MUD…………244
9.6　AWS 利用 IAM 实现基于策略的授权…………247
9.7　记账…………249
9.8　利用联合模式扩展物联网 IAM…………252
9.9　发展演进：IRM 需求…………258
9.10　小结…………261

第 10 章　威胁防御…………262

10.1　集中式与分布式安全服务部署模式…………263
10.2　网络防火墙技术基础…………265

10.3 工业协议和 DPI 需求……269
10.4 替代解决方案：DPI……271
10.5 AVC……273
10.6 IDS 和 IPS……276
10.7 APT 和行为分析……277
10.8 恶意软件保护和全球威胁情报……287
10.9 基于 DNS 的安全……292
10.10 基于 NSO、ESC 和 OpenStack 的集中式安全服务部署案例……295
10.11 利用思科 NFVIS 部署分布式安全服务……309
10.12 小结……315

第 11 章 物联网数据保护……316

11.1 物联网数据生命周期……321
11.2 静止数据……327
11.3 使用中的数据……331
11.4 移动中的数据……333
11.5 物联网数据保护……336
11.6 小结……363

第 12 章 远程访问和 VPN……364

12.1 VPN 概述……364
12.2 站点到站点的 IPSec VPN……365
12.3 基于 SDN 的 IPSec 流保护 IETF 草案……373
12.4 在物联网中应用基于 SDN 的 IPSec……375
12.5 基于编排和 NFV 技术的软件外联网……376
12.6 远程访问 VPN……379
12.7 小结……395

第 13 章 平台安全性……396

13.1 （A）可视化仪表盘和多租户……397
13.2 （B）后端平台……399
13.3 （C）通信和网络……416
13.4 （D）雾节点……418
13.5 （E）终端设备或“物品”……422
13.6 小结……422

第 14 章 智慧城市……423

14.1 用例概述……423
14.2 物联网新技术发展格局……424
14.3 面向跨垂直行业用例的下一代物联网平台……425
14.4 智慧城市……427
14.5 智慧城市中的物联网与安全编排……436
14.6 智慧城市安全……439
14.7 智慧城市用例……440
14.8 小结……459

第 15 章 油气行业……461

15.1 行业概况……463
15.2 油气行业的物联网和安全自动化……465
15.3 上游环境……467
15.4 中游环境……471
15.5 下游和加工环境……474
15.6 油气安全……477
15.7 油气安全和自动化用例：设备运行状况监测与工程接入……483
15.8 满足新用例需求的架构演进……499
15.9 小结……501

第 16 章 车联网……504

16.1 车联网概述……506
16.2 物联网和安全自动化平台在车联网中的应用……512
16.3 车联网安全性……526
16.4 车联网安全与自动化用例……538
16.5 小结……552

第 17 章 影响安全服务未来发展的新技术……553

17.1 更加智能的物联网安全协同模式……555
17.2 区块链概述……558
17.3 面向物联网安全的区块链……563
17.4 机器学习与人工智能概述……565
17.5 机器学习……566
17.6 深度学习……567
17.7 自然语言处理与理解……568
17.8 神经网络……568
17.9 计算机视觉……569
17.10 情感计算……570
17.11 认知计算……570
17.12 情境感知……570
17.13 面向物联网安全的机器学习和人工智能……570
17.14 小结……571

第1章

物联网概述

本章主要讨论如下主题：

- 物联网定义；
- 技术与架构决策；
- 物联网真的如此脆弱吗。

很少会有哪条新闻标题能够像描绘天生不安全的IoT（Internet of Things，物联网）那样，让人们数周都心悸不已。无论是爱、是恨，还是害怕，IoT都已经成为一个不可阻挡的现实趋势，正在日益改变着我们的行为方式以及与世界的交互方式。物联网一直都保持着快速发展的态势，据Gartner预计，2020年将有260亿个“物品”连接在Internet上，而思科则预计2020年将有500亿个“物品”连接在Internet上（虽然这些数字仍存在争议）。除此以外，人们日常生活中使用的智能手机、平板电脑以及个人电脑大概还有70亿～100亿部。物联网节点数量快速增长的驱动力并不在于人口的增长，而在于日常使用的设备（包括汽车、电器、灯具）以及制造设备或变电站等正逐渐成为互连实体。可以说，涵盖物品、机器和人在内的万物互联的时代已经悄然到来。

由于技术已经成为我们日常生活的一部分，我们不可避免地越来越依赖这些技术，这种依赖性让我们在技术失败面前变得非常脆弱，因而必须要确保技术的可靠性和安全性。

虽然新技术给商业、经济、环境和健康带来了各种各样的潜在好处，但人们的主要关注点仍然是希望“坏人”无法轻易访问大家的设备和数据。很多媒体长期认为，联网工具、家用电器以及家庭和汽车的普及，使得我们非常容易遭受网络攻击，最终陷入“反乌托邦”世界，即无论采取何种防御措施，都无法完全避免安全漏洞。

物联网是一个非常宽泛也非常通用的术语，广泛应用于企业、工业垂直领域、交通运输领域以及家庭等诸多场景。为了管理物联网的部署操作，这些领域都会建设物联网平台，有的非常简单，有的非常复杂。虽然很多技术的实质都趋同，但是保障安全性的用例、体系架构以及标准却千差万别。当然，没有任何系统能够做到完全意义上的安全可靠。虽然业界经常会大肆炒作物联网应用，但物联网技术、最佳实践以及相应的体系架构并没有完全确立，因而物联网的安全保障仍是一个非常复杂的艰巨任务。

当然，好消息就是安全并不是一个全新的话题，构建物联网平台的众多技术也不完全是新技术。本书将重点讨论当前可用的安全实践，利用各种最佳技术、安全组件以及体系架构来评估大型物联网系统的潜在风险，部署适当的安全保障与管理机制，从而尽可能地保护物联网系统。为了便于理解和操作，本书将通过一些现实案例来加以阐述。

1.1 物联网定义

与众多技术的生命周期一样，物联网也没有单一定义。与技术本身相似，物联网的定义并不是静态的，而是处于不断发展当中。术语“物联网”最初出现在1999年的互联网中，但直到2011年出现在Gartner新兴科技技术成熟度曲线（Gartner Hype Cycle for Emerging Technologies）中才被人们日益广泛使用，与思科及IBM的大规模市场化应用同期发生。从2013年之后，人们对物联网概念的接受程度快速增加，而且在可预见的未来仍将持续快速增长（见图1-1）。

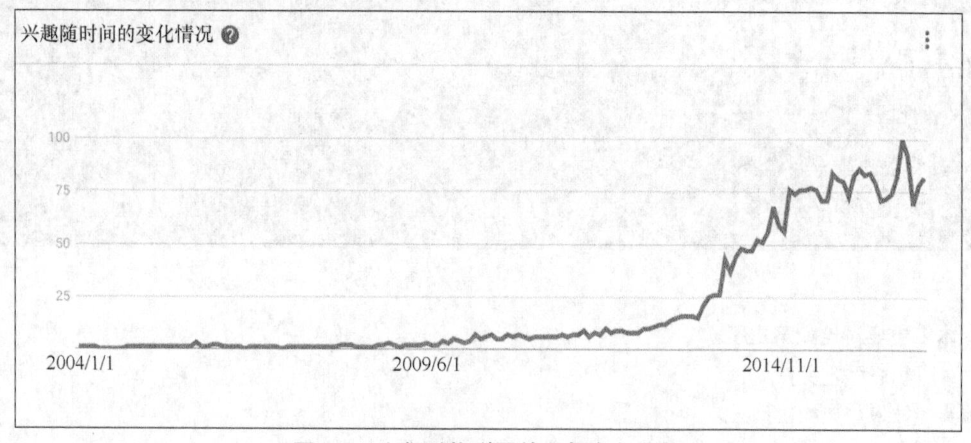

图1-1 人们对物联网的兴趣变化曲线

早期的物联网定义侧重于技术，主要基于连接端点和设备的范围以及生成的数据等内容。2012年ITU（International Telecommunications Union，国际电信联盟）将物联网定义为嵌入了电子器件、软件、传感器以及网络连接从而能够收集和交换数据的物理实体（包括设备、车辆、建筑物等）的网络。

人们曾经使用术语M2M（Machine-to-Machine，机器到机器）和未来互联网（Future Internet）来描述物联网，在垂直领域则称为工业4.0和工业物联网（IIoT，Industrial Internet of Things），但这些都应该被视为物联网概念下的各个子集。由于设备连接的主要驱动力来自工业环境而非消费领域，因此各个行业都在利用物联网组件来创建特色化的垂直应用，如智能制造、智慧城市、智能电网，智能建筑、互联网运输和互联网医疗等。虽然这些垂直行业有不同的用例和需求，但所部署的技术和平台往往都很相似，人们可以利用智慧城市提供的智慧交通解决方案等综合性应用来轻松停车。需要强调的是，在物联网概念出现之前，很多工业环境（如制造业和电力公用事业）都在部署自动化网络，但这些自动化网络（如变电站或制造装配线）并没有被视为物联网。随着这些网络环境的不断发展，物联网与传统工业控制系统以及自动化控制之间的界限越来越模糊，但这并不意味着人们应该混用这些术语。

最近的物联网定义已经超越了传统的设备连接以及数据生成，还包括了人以及流程等内容。仅仅连接设备和生成数据并不是物联网的全部内容：数据需要以适当的方式，在适当的时间，通过正确的设备、系统或人，并且以一种有意义且可以采取适当操作的方式加以消费（见图1-2）。

目前的观点是，物联网是端点或物品、连接以及人员和流程的组合，这些实体之间的交互（数据和决策）创建了提供业务价值的智能系统和服务（见图1-3）。

- **端点/物品：**传感器提供被测参数的变化或事件的二进制或模拟检测结果，并发送这些信息以供计算决策。常见参数包括温度、流量、压力、位置、距离、存在性、位置、外观、声音以及振动等。执行器则根据计算分析结果来确定设备或系统的移动或控制决策，包括气动、液压、机械、磁性、电气以及转动方案。这些端点/物品可以是静态的（如水表），也可以是移动的（如汽车）。

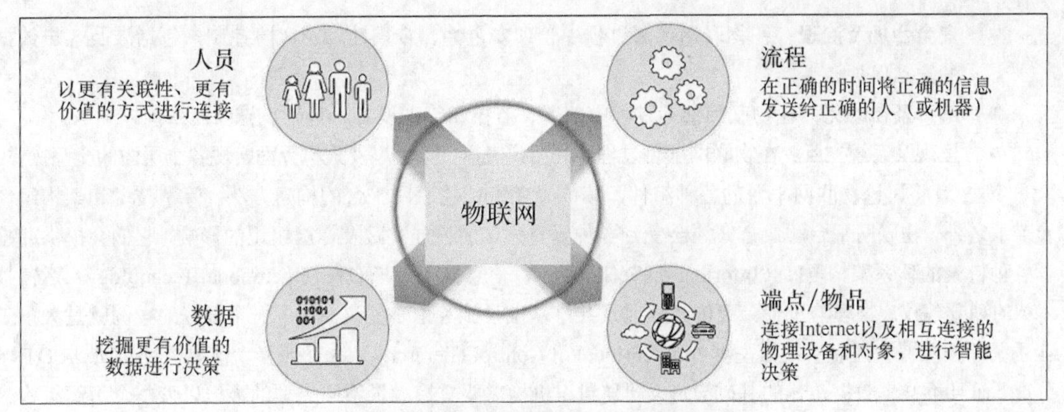

图 1-2 物联网系统组件之间的交互关系

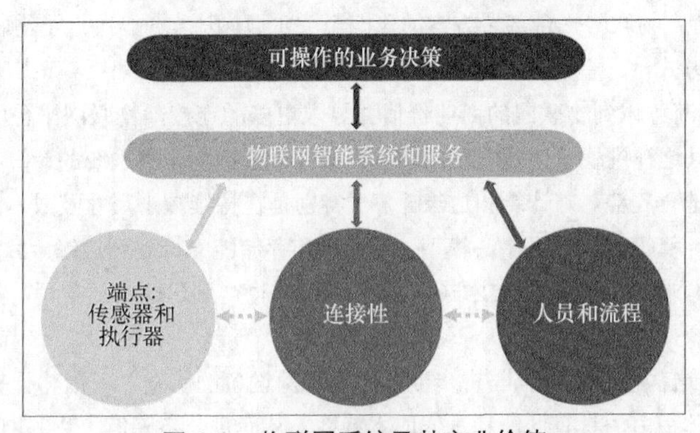

图 1-3 物联网系统及其商业价值

- **连接**：这里指的是在端点、人员以及流程之间提供连接和数据交换的任意网络，可以是 IPv4、IPv6 甚至是串行协议。利用有线或无线技术，网络介质可以通过个人网络、局域网以及广域网从边缘传感器跨越到云端。
- **数据**：端点生成数据之后，通过网络交换到计算机、系统、人员以及其他端点。数据可以处于静止状态，也可以处于移动状态。
- **人员和流程**：指的是从所交换的数据中创建信息以做出可操作的业务决策的双向系统，如 CRM（Customer Relationship Management，客户关系管理）和支持系统，物流、供应链管理和位置跟踪系统，自动化系统，管理与控制系统以及监控与维护系统等。

需要注意的是，系统和组织机构多年来一直都在创建、收集和使用数据。大数据并不是一个新术语，但是根据 Digital Universe 的一项研究预测，收集到的数据中大约有 97%并未得到使用，大约有 3%被标记并准备使用，实际得到有效分析的数据还不到 1%。因此，必须部署适当的物联网平台，不但要管理好整个物联网的部署工作，还要管理好物联网端点、连接、人员和流程以及各种智能系统和智能服务，进而有效地管理这些有用的物联网数据。物联网平台必须能够确保以对业务决策起正向作用的方式生成、收集、分析和使用正确的数据，否则，数据的价值有限，甚至毫无价值。令人难以置信的是，同一项研究还发现，事实上只有 80%的数据得到了安全保护。

1.2 技术与架构决策

那么物联网平台应该做些什么呢？从高层视角来看，无论是公共平台还是私有物联网平台，都应该提供连接和数据交换等的基本功能。大多数用户还需要一些其他功能来创造更多的商业价值。

- **数据管理与分析**：在物联网部署过程中收集、转换、管理和分析数据流。

- **安全合规及治理**：在物联网部署过程中管理安全性、合规性以及风险控制，包括涉及客户数据的隐私保护。
- **编排及自动化**：在物联网部署过程中部署、监控和管理设备、基础设施以及系统。
- **呈现及系统交互**：在物联网部署过程中利用仪表盘、报表以及人机界面实现各个层面的交互操作。

第 3 章将讨论物联网平台的各种组件，第 5 章将介绍物联网平台的构建方法。除了技术和架构组件及需求之外，物联网平台解决方案还会受到各种垂直领域的最佳实践及标准组织的影响，它们会提供并推荐各种特定的体系架构、IT（Information Technology，信息技术）与 OT（Operational Technology，运营技术）的划分建议、物理与逻辑分离的建议以及共享基础设施等诸多建议。其中一个很好的案例就是大量工业系统都按照普渡控制层级模型（Purdue Model of Control Hierarchy）进行部署。该架构将 IT 域与 OT 域分离，而且不共享数据传输的基础设施，即使组织机构需要交换大量不同类型的数据以使整个组织机构的利益最大化，即使 IT 与 OT 域分离通常会增加运营成本和建设成本。第 4 章详细介绍了物联网的相关标准，了解这些因素对特定物联网平台部署方案的影响至关重要，因为它们决定了物联网平台的架构、部署、管理、治理以及保护方式。

随着组织机构逐渐意识到物联网的商业价值并寻求更多的连接，物联网平台面临的一个关键挑战就是提高可扩展性，而且这种挑战正伴随着技术发展而不断加速。物联网系统的计算架构不断变革，出现了计算和存储能力的本地化趋势。雾计算和边缘计算（特别是在持续减小尺寸及成本的处理设备中）已经改变了传统的集中式云计算模型或数据中心模型，将计算和存储能力扩展到边缘。目前的流程、决策及控制都发生在源端或靠近源端的位置，IP 技术（特别是 IPv6）也得到日益广泛使用，能够在公用基础设施上以标准化方式传输多个用例。

从本质上来说，这些技术的增强与进步促进了物联网设备的研发，可以将计算、存储及网络功能都内置在一个非常小的体积内，具有低能耗、低成本特性，从而进一步降低了物联网解决方案的部署门槛。工业垂直领域和企业在部署物联网方面的速度正以前所未有的规模快速增长。

不过，虽然这些因素为企业带来了新的创造新价值的机会，但同时也带来了非常严峻的运营挑战，人们根本就无法管理如此庞大的网络。为了更好地说明这一点，下面就来了解一下典型的一些物联网规模。

确定 IT 员工比例标准的传统方法是使用 IT 员工与普通员工之间的比率。过去曾建议每 50 名员工配备 1 名 IT 员工，如今的组织机构正朝着每 100 名员工配备 1 名 IT 员工的方向努力。不过，企业部署了物联网解决方案之后，就应该重新考虑该比例要求。最好的方式是根据所要支持的设备数量来配备 IT 员工数量，而不是根据所要支持的员工数量。按照这种配备方式，目前强监管行业的配备比例大概是 1:100，而弱监管行业的配备比例则大概为 1:200（见图 1-4）。

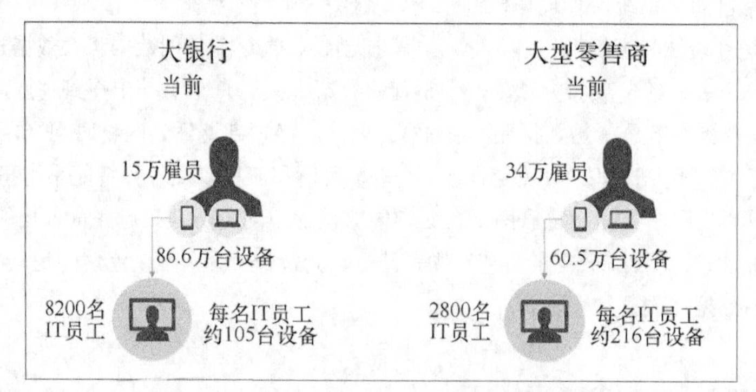

图 1-4 2017 年 IoT 员工与设备的比例

考虑到物联网系统的实际部署要求（特别是在这种庞大规模下），这些数字看起来可能非常低。因为配置、管理和保护大型通信系统非常复杂，具有很大的挑战性，正确部署和维护路由、交换、安全、存储、协同以及服务保障和应用绝非易事。虽然目前该比例可能能够满足需求，但是如果按照预计到 2020 年物联网设备的部署增长趋势，是否仍然有效呢？

按照线性增长比例（见图 1-5），很明显需要改变物联网平台的运营方式。目前的模式在经济上并不可行，因为这样的模式需要配备的 IT 员工急剧增加。例如，如果要为巴塞罗那这样的城市部署物联网平台，连接并数字化每个交通信号灯、停车位、路灯、停车计时表、充电设备以及车辆，那么保护这些数以千万计的设备并管理整个物联网系统的安全性将是无法想象的工作量，很显然需要找到一种新方法。

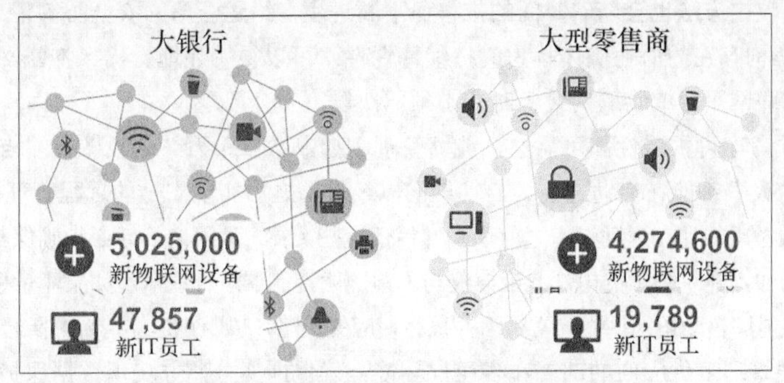

图 1-5 2020 年 IT 员工与设备的比例

我们必须彻底改变传统思维模式，由一名 IT 员工去管理数万台或数十万台设备，这也是为什么要求物联网平台必须具备强大的编排和自动化能力，从而解决 IT 员工所面临的耗时和大量的重复性劳动，让他们更加专注于一些必要操作。必须按照端到端的原则设计和部署编排及自动化能力，不仅要用于网络连接，而且还要用于虚拟化、应用程序以及各类服务，当然，还有安全性。

IHS Markit、Technavia 和 Gartner 的研究得出了如下 5 个主要结论。

- 到 2020 年，物联网解决方案的需求会把物联网平台转变为综合化的 PaaS（Platform as a Service，平台即服务）平台。
- 到 2020 年，设计定制化的物联网解决方案对于大多数组织机构来说都过于复杂，预计 80%以上的支出将转向物联网 SaaS（Software as a Service，软件即服务）。
- 不存在单一物联网解决方案：平台将整合来自多个供应商的硬件、软件和功能。
- 物联网平台将从专有的单一供应商解决方案转向基于 NFV（Network Function Virtualization，网络功能虚拟化）和 SDN（Software-Defined Networking，软件定义网络）的标准化和开放式架构系统。在仅考虑物联网推动的情况下，到 2020 年，NFV 每年的增长率将达到 33%。
- 所有解决方案都必须内置安全性，必须部署和管理端到端的安全机制，以实现最大程度的保护能力，而不是仅部署解决某些特定问题的安全产品。

有关 NFV 和 SDN 的更多信息，请参阅第 6 章、第 7 章和第 8 章。

不幸的是，安全性并没有完全跟上技术发展的步伐。关于如何为当前平台部署端到端的物联网安全机制还未达成共识，更不要说 2020 年的平台了。不过，采用标准化的体系架构有助于实现相对一致的物联网安全能力，这已成为共识，而且也是本书的一个关键主题。

1.3 物联网真的如此脆弱吗

简单而诚实的答案就是，确实如此！目前的物联网可以连接数十亿个端点，未来的物联网为我们提供了大量从未考虑过的各种可能性，可以实现几乎无限的连接性，这里存在大量新的商业机会。但是，该如何全面保护来自多供应商的硬件和软件系统以及数十亿台联网设备的安全性呢？除此之外，还有数据隐私和数据共享问题、新的物联网技术与传统系统之间的集成性问题，以及设计和运营物联网平台的新技能要求等，都可能存在大量的潜在安全隐患。

传统意义上的攻击者通常都对被攻击系统和攻击技术非常了解，但是随着技术的不断进步，人们创建了大量简单易用的攻击工具，这意味着技术能力有限或者几乎毫无技术背景的攻击者也能发起网络攻击，从而大大增加了物联网系统的整体威胁。

好在并非所有的事情都令人沮丧，我们可以采取各种有效措施来保护物联网，而且业界也有大量可用的最佳实践。这里存在一种常见认识误区，即认为攻击者始终处于优势地位，而运营商则始终缺乏有效防御手段。事实上，运营商非常了解它们的环境和流程，可以利用多种技术和功能来保护它们的信息网络免受攻击。当然，攻击方法也会随着时间的推移而不断进步，给运营商的安全防御带来更大的挑战。

出于对传统架构存在的潜在破坏行为的持续警惕性，可以很明显地看出，物联网系统也存在一系列新挑战。在设计物联网平台或物联网设备时，必须解决以下安全问题。

- 平台必须考虑可扩展性和可靠性，能够管理和控制数以千万计的设备及端点。要求所有连接到系统中的设备都能在启动之前、启动期间以及启动之后实现安全的远程管理。
- 平台必须考虑如何在启动端点之前识别并信任这些实体，联网之后，必须确保其性能符合制造商的指标。例如，建筑物中的电灯泡应该仅与本地照明控制器进行通信。如果流量模式发生变化，那么系统应该能够自动识别这类异常行为并执行相应的策略，以阻止这类情况并防止再度发生。
- 平台需要管理多供应商的部署和多租户环境，确保严格分离并实现数据保护。这类场景在确定责任和义务时存在一定的挑战性。
- 多租户部署环境通常都需要实现数据的共享和保护。设备可能会以虚拟化方式支持多租户、共享资源并确保对共享资源的平等接入，产生的数据可能需要在多个租户之间共享（不仅在设备上，而且也在设备之间和整个系统之中）。必须在系统范围内的信任链之间实现数据的安全可用，保护整个物联网平台的数据。
- 很多物联网设备都是体积小、成本低的设备，物理能力或网络安全能力有限。现有和新的计算设备可能因资源受限而导致无法支持机密性、数据完整性和身份管理等安全能力。
- 很多物联网设备都被设计为在现场自主运行，没有备份功能。如果主连接出现故障，那么设备脱机后将难以监控或强制执行安全机制。此外，很多设备（特别是传统设备）都没有相应的机制向物联网平台安全地标识自己，因而通常需要通过网关设备连接不安全的设备或者开发相应的代理机制。
- 工厂中的手机、平板电脑、笔记本电脑、车辆甚至机器人等终端设备在设计上都是可移动的，可能会在不同的地理位置移动或者定期连接到平台的不同位置。那么如何在整个系统范围内保护这些终端并防范盗窃等物理威胁？
- 技术生命周期是另一个考虑因素。很多工业环境下的设备（如仪表）的设计寿命都在30～40年左右，那么在这些设备的整个生命周期当中，随着安全技术的发展变化，应该如何维护这些设备在初始阶段部署的安全措施以应对新型威胁？

从本质上来说，不同物联网平台的行为方式并非始终一致。IT 领域关注的重点是机密性、完整性和可用性。OT 领域关注的重点则是确保系统的持续运行，重点是可用性，然后才是完整性，最后是机密性。例如，电网的关键就是要确保电力的持续供应（即使受到安全漏洞的影响）。

1.4 小结

本章仅仅讨论了物联网平台所必须解决的部分安全问题，包括维护一套强有力的标准规范以促进物联网的应用、提供各个层面的互操作性、遵守管理要求以及建立强大的网络安全、隐私及安全控制等4个主要领域。第2章将提供一份全面的技术列表以有效缓解和防御这些威胁。

由于存在大量潜在安全挑战以及安全员工与设备比例配备不足等问题，组织机构必须采用一种易于管理、易于协调和尽可能自动化的方式来部署安全机制，这也是防止出现更多恐慌性新闻报道的最佳方式。

第 2 章

物联网安全规划

虽然保护物联网的安全性给组织机构带来了很多新的挑战，但是与任何需要保护的系统一样，完全可以利用大量已有的实践经验。本章将从部分关键考虑因素出发，概要分析物联网安全策略的规划要求。

2.1 攻击连续性

在分析物联网系统的安全影响及需求之前，需要考虑一些关键问题。

首先，非常明显的是，安全性并不是一个一次性事件，而是一个连续性事件，包括事前、事中和事后阶段（见图 2-1），而且可能发生在物联网系统的任何区域。

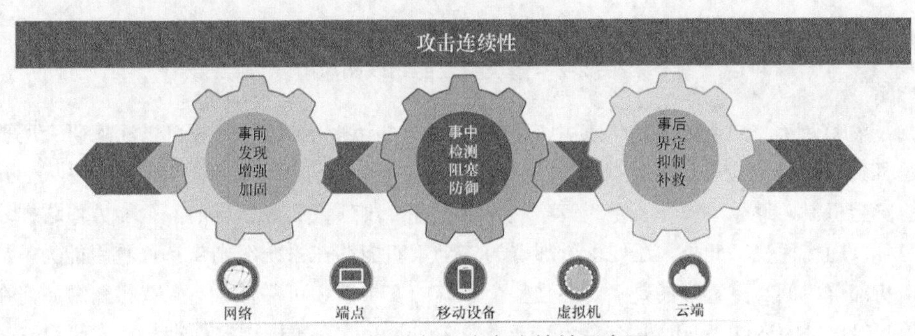

图 2-1 思科安全攻击连续性示意图

没有任何单一安全技术能够解决所有安全威胁，而且由于安全威胁在设计上就是为了逃避初始检测，因而通常会绕过基于时间点的安全技术。安全技术必须具备安全检测以及攻击发生后减轻攻击影响的能力。物联网的安全模型不仅要聚焦端点（因为这些端点通常是整个物联网系统中最薄弱的点），而且还要考虑从网络边缘到云端的整个网络。最佳方式就是全面虑整个攻击过程：安全事件发生之前、安全事件发生期间以及安全事件发生之后。主要措施如下。

- **事前**：构建安全基线并确定物联网上的所有设备，以部署网络保护措施。
- **事中**：持续检测和阻止威胁，包括实时分析含有时间戳、日志记录及告警记录的系统信息。
- **事后**：识别攻击入口、确定攻击范围、控制攻击行为并消除再次攻击或感染的风险，从而部署解决措施以防范未来攻击。

第二个关键考虑因素就是要采取全面的覆盖整个组织机构的安全措施来解决物联网的安全性问题。

虽然听起来很明显，但安全措施通常是由组织机构的特定部门确定并实施的（虽然物联网系统跨越了大量不同区域）。

安全功能应该覆盖整个企业（见图 2-2），而且还要与现有流程、策略以及整体合规性工作相结合。组织机构需要了解物联网系统中的所有潜在运营风险，以实现整体、有效且可持续的安全计划。评估安全影响范围时应包含 OT、IT 以及物理资产，从而最好地解决安全风险并满足安全性和可靠性目标。

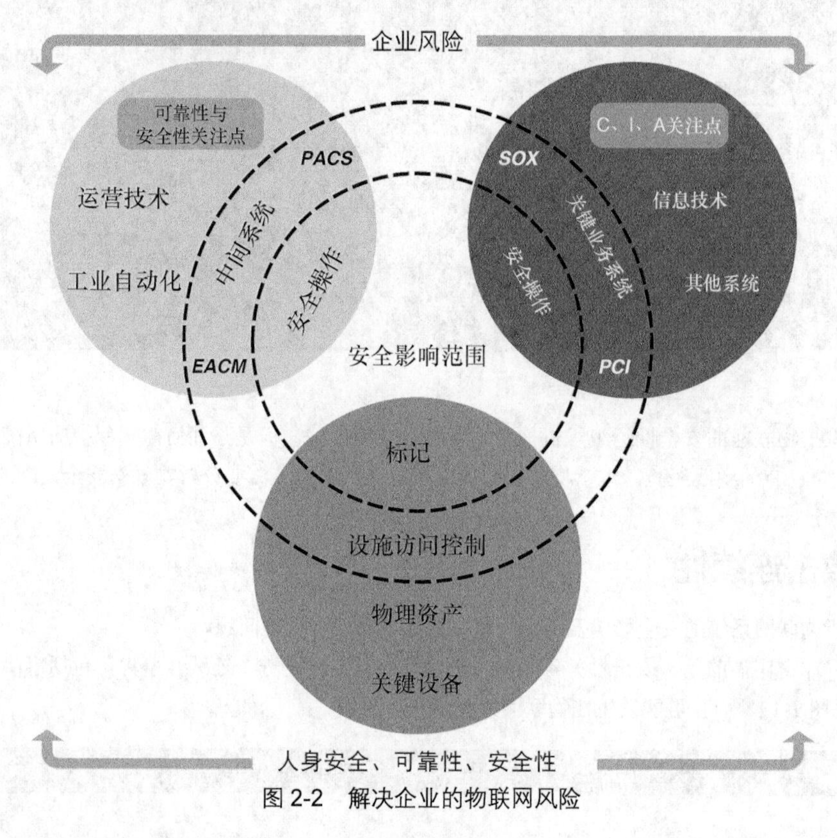

图 2-2　解决企业的物联网风险

了解了物联网系统在整个生命周期中应该广泛考虑的诸多因素之后，就可以深入研究所要解决的安全问题了。安全措施应基于特定风险（具体内容将在下一章详细讨论），意味着需要从一开始就建立健全的安全机制，遵循“设计安全”策略，并在所有阶段都集成好相应的安全能力，这样才能保证安全机制可以随需而变。此外，还要求所部署的安全策略能够在系统级别支持可重用能力，从而降低部署成本和部署时间。更重要的是，要增强整个系统的安全性和可靠性。下一节将介绍如何在该方法来中实施 NIST（National Institute of Standards and Technology，美国国家标准与技术研究院）的最佳行业实践。

2.2　物联网系统和安全开发周期

第 1 章概述了物联网系统的基本组件，这些内容将在第 3 章详细讨论。由于这些组件是一个有机整体，因而必须考虑采用一套实用且完备的方法来保护整个物联网系统，这一点是在决定将要使用的技术、产品和流程之前所必要的。系统设计与最佳实践通常都遵循 SDLC（System Development Lifecycle，系统开发生命周期）的分段方法（如 NIST SP 800-64 和 IEC 62443-4-1“产品开发要求”部分所述）。SDLC 通常包含 5 个不同的阶段（见图 2-3），当然，这些阶段还可以进一步细分。

- **初始阶段**：企业确定物联网系统的需求并记录其目标，目的是详细说明每项要求并确保所有人都了解系统范围且知道如何满足每项要求。

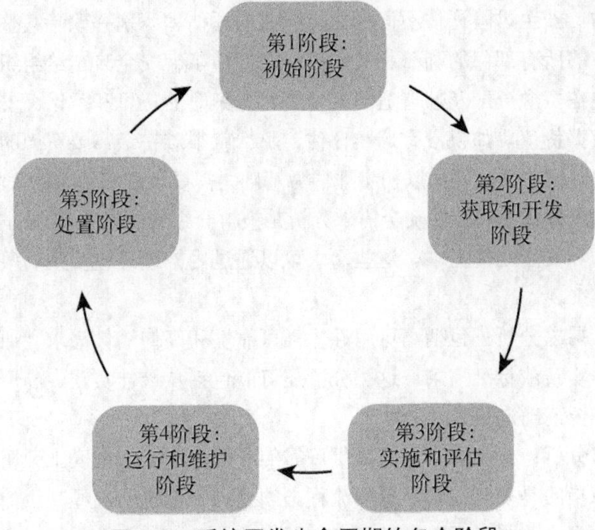

图 2-3　系统开发生命周期的各个阶段

- **获取和开发阶段**：设计、获取、编程和开发物联网系统，使其满足所有要求。该阶段需要评估各种考虑因素，包括风险、技术、人员能力、限制条件、预算以及时间等。需要审查每个考虑因素并选择最佳方法。
- **实施和评估阶段**：建立并实施物联网系统，授予操作许可。需要在组织机构的存储库中详细保存该阶段的测试记录。
- **运行和维护阶段**：物联网系统正常运行。该阶段需要不断开发和测试各类增强型功能或做出必要修改。需要对系统进行持续监控，以确保系统与预先确定的需求保持一致，并完成了各种必需的修改内容。
- **处置阶段**：制定计划以停用特定系统组件及信息，并过渡到新物联网系统。一般来说，任何系统都不会有明确的终结点，由于存在技术要求或技术进步（因而使用术语“生命周期”），因而系统通常会不断演进或迁移到更新版本。

每个 SDLC 阶段都应该包括一系列必须遵循的安全步骤，将安全性集成到物联网系统的整个生命周期当中。为了实现最佳效果，必须从一开始就在 SDLC 中包含安全机制。构建拥有强大安全架构的系统，并与更加宽泛的组织机构合规性和治理工作相结合，可以实现更有效、更具成本效益的开发流程。

NIST 建议尽早集成安全机制，从而最大限度地提高投资回报率：

- 尽早识别和解决安全问题，降低安全控制的实施成本；
- 解决因强制性安全控制而产生的潜在工程问题；
- 明确共享安全服务的机会以及安全策略及安全工具的重用问题，减少所需的实施成本和实施时间；
- 及时借助风险管理机制做出明智决策。

NIST 在 800-64 中建议采取以下步骤。

2.2.1　第 1 阶段：初始阶段

该阶段主要基于安全漏洞的潜在影响对安全性进行分类。初步风险评估应该定义物联网系统所要运行的环境，并确定物联网系统的初始基本安全需求。

2.2.2　第 2 阶段：获取和开发阶段

该阶段主要关注以安全为核心的领域。

- **正式风险评估**：安全风险评估不但能让组织机构评估、识别并改善其整体安全状况，而且还能让组织机构中的所有部门的利益相关者都能更好地了解安全攻击给组织机构带来的风险，目的是获得领导层在资源分配及部署适当安全解决方案时的认可和承诺。安全风险评估有助于确定整个企业的数据价值，如果没有这类评估，那么就很难在最需要资源的地方确定相应的优先级并分配合理的资源。风险评估以初步评估为基础，需要识别和记录物联网系统的安全保护需求。
- **功能性安全需求分析**：功能性安全需求分析是被检查系统所必须实现的安全服务，如安全策略、安全体系架构和安全功能需求。这些需求可以通过内部或最佳实践、政策、法规以及源自法规的标准推导而来。
- **非功能性安全需求分析**：包括高可用性、高可靠性和高伸缩性需求，通常来自体系架构的规范要求以及最佳实践或标准需求。这类分析还可能包括从最佳实践、易用性以及最小化复杂性等角度，评估是否正确定义了安全性。
- **安全保障需求分析**：安全保障需要提供可靠的证据，在一定程度上证明系统满足其初始安全需求。安全保障指的是安全需求，保障流程必须提供证据说明已经减少的漏洞数量，从而满足软件的既定安全需求并降低不确定性程度。根据法律及功能安全需求，安全保障分析应该明确需要实现多大程度的保障以及需要何种方式的保障，重点是尽可能地减少漏洞，没有任何分析能够保证这些漏洞已被解决。
- **成本考虑和报告**：该步骤需要确定包括硬件、软件、人员及培训在内的开发成本在系统生命周期内与信息安全相关联的程度。
- **安全规划**：标准的安全规划定义了系统保护的行动计划，包括系统性方法和技术，以保护物联网系统免受可能影响底层系统安全性的事件影响，可以是已经提出的规划或已经实施的规划。目的是完整记录协商一致的安全控制机制、详细描述信息系统以及支持安全规划的所有文档，如配置管理规划、物理安全规划、应急规划、事件响应规划、培训计划及安全鉴定。
- **安全控制开发**：安全控制的目的是保护关键资产、基础设施及数据。该步骤可以确保根据需要设计、开发、实施和修改安全控制机制。
- **开发安全测试和评估**：该步骤可以确保基于安全控制机制开发的系统能够正常运行且有效，常见的控制机制包括管理控制和运行控制。

2.2.3 第3阶段：实施和评估阶段

该阶段主要包括以下内容。

- **检查和验收**：组织机构验证并核实可交付成果是否包含了所描述的功能。
- **系统集成**：系统要按照供应商及行业最佳实践进行集成并处于运行就绪状态。
- **安全认证**：实施过程应遵循既定的认证技术及程序，确保已采取适当的安全措施来保护物联网系统。安全认证阶段还要描述已知系统漏洞。
- **安全鉴定**：组织机构的高级成员提供必要的系统授权，从而处理、存储或传输信息。

对于物联网系统来说，通用评估标准通常包括操作系统的安全配置、设备标识与库存、密钥管理与信任关系、操作安全验证以及所需审计数据的抓取等。

2.2.4 第4阶段：运行和维护阶段

该阶段主要包括以下三方面任务。

- **安全程序方面**：需要解决安全培训及安全意识问题。
- **配置管理和控制**：需要考虑由系统变更引起的潜在安全影响。配置管理和配置控制过程对于建立物联网系统硬件、软件和固件组件的基线，以及后续控制和维护系统变更的准确清单来说都至关重要。

- **持续监控**：安全控制必须贯穿于周期性的安全测试和安全评估过程当中，如验证控制机制的持续有效性，向系统操作员报告物联网系统的安全状态，开发实时、自适应且持续监控设备，进而实现物联网安全防范的自动化能力以及自动执行安全任务（如漏洞评估和渗透测试）的能力。

2.2.5 第 5 阶段：处置阶段

最后这个阶段主要完成以下三项任务。

- **信息保护**：必须保留必要信息以满足内部合规性要求或法律要求，同时还要适应未来的技术变革。
- **介质清理**：必要时必须删除数据。
- **硬件和软件处置**：必须根据内部及法律要求处置硬件和软件。

由于物联网部署方案通常都包含了非常大量的雾或边缘设备，因而需要定期更换其中的很多设备，因而必须建立相应的策略及流程来安全处置包含敏感信息或数据的设备，必须安全擦除存有敏感信息的设备中的所有数据以及相关的证书或标识。

2.3 端到端考虑因素

虽然物联网系统非常复杂，可能存在多种不同的形态、大小及格式，但是只要考虑好了关键要素，就可以构建端到端的物联网系统。在确定如何提供最佳安全等级之前，必须认真考虑如下物联网系统及相关系统的关键因素。

- **可管理性与编排**：涵盖系统（包含基础设施、计算、存储、应用程序、中间件、服务及虚拟机）的自动安排、协调与部署，通常指 SDN（Software-Defined Networking，软件定义网络）、SOA（Service-Oriented Architecture，面向服务的体系架构）、SDA（Software-Defined Automation，软件定义自动化）以及虚拟化及融合基础设施。通过自动化工作流以及配置和管理机制来定义服务和策略，能够很好地实现业务请求与应用程序、基础设施以及数据的动态对应。自动化工具能够简单高效地执行操作任务，而这只是系统管理员常规操作时间的一小部分。

  后续章节将详细讨论有关管理和编排机制的开放标准和最佳实践，其中以 ETSI（European Telecommunications Standards Institute，欧洲电信标准协会）提出的以 NFV 为核心的 MANO（Management and Orchestration，管理与编排）指南最为知名，使用最为广泛。ETSI MANO 定义了通信网络的新功能，将软件实现与物理基础设施相分离，并通过虚拟化层分离网络功能。这些最佳实践指南都集中反映在开放雾联盟（OpenFog Consortium）的参考体系架构中。

  可管理性还包含从外部位置（或者通过现场集成商和供应商）访问系统以获得技术支持或进行远程办公，允许从外部网络和设备访问资源的远程访问技术通常比组织机构内部使用的类似技术存在更大的潜在风险，因为远程访问技术可能会引发其他安全威胁，包括不安全的网络和不安全的设备、连接到企业网的被攻破设备、缺乏物理访问控制机制以及将企业资源暴露给外部世界。Forrester 预测，未来的远程办公和远程技术支持应用将快速增加，2016 年可能有 43%的美国劳动者在家办公。

- **开放性**：很多物联网系统的关键考虑因素都是硬件、软件、通信及体系架构的异构性。最终客户可以利用更多的可选供应商来获得更多的选择，这将通过互操作性来有效提升系统质量以及开发人员和供应商生态系统的创新能力。但是，从安全性角度来看，这样做可能会增加潜在的安全攻击面，不过也意味着可以采用统一而非专有的方式来部署和利用各种标准化安全技术及机制。

- **数据与决策工作流**：物联网平台的一项重要任务就是检测、收集、解析、转换、管理、集成和分析来自物联网端点的各种数据流，同时还要融合相关的上下文数据以支持与物联网相关的业务决策。由于组织机构越来越依赖于大量数据进行决策，因而需要更加智能的数据和决策通道，为各种业务场景提供上下文感知的决策方法，此时应注意以下事项：

- 识别、安全证明并授权端点安全地加入物联网平台；
- 收集数据并纳入物联网平台；
- 规范并转换数据；
- 确保数据的有效性；
- 将收集到的数据与外部上下文数据进行结合；
- 对数据应用规则及决策进程；
- 利用分析与机器学习机制来评估和操作数据，并将其转移到业务流程中，从而获得可操作的结果；
- 在整个数据生命周期中存储预定义的数据及日志。

数据工作流（Data Pipeline）负责将数据收集、处理并移动到可以进行适当处理的位置，包括协议转换、数据转换以及数据规范化等。能够感知数据的应用程序及流程也与数据工作流相关，包括实时和历史分析、ML（Machine Learning，机器学习）、认知以及大数据和数据科学应用等。有关机器学习和人工智能的相关内容将在第17章详细讨论。

- **人机交互**：指的是用户与物联网平台之间的双向交互。物联网的一个关键价值是人类及社会如何与终端进行互动。技术、工具、服务以及流程都必须解决体验问题，才能吸引人们更加深入地参与到物联网系统的各个层级。可以像实现数据可视化的仪表盘和报表工具一样简单，实现城市交通流量的优化与停车引导服务，也可以更进一步地提供个性化的健康或锻炼建议。未来，VR（Virtual Reality，虚拟现实）或AR（Augmented Reality，增强现实）等新技术将进一步增强用户体验，更好地实现与上下文环境相关的数据解析。
- **开发框架**：由于物联网系统存在大量潜在端点、应用程序及服务，每个都可能针对特定行业、垂直应用或用户案例而设计，因而开发社区必须持续创新。由于物联网平台供应商或平台运营商可能无法在硬件和软件的能力扩展上为持续创新提供有效支持，因而物联网平台应设计成开放接口，允许开发人员提供有价值的扩展能力。

因此，开放式应用程序脚本、代码以及连接器都应该允许第三方无缝接入物联网系统。API（Application Programming Interface，应用程序编程接口）是一组功能和指令，可以让应用程序便捷地访问操作系统、应用程序及其他服务的功能或数据。API允许设备相互通信并与应用程序进行通信。对于物联网来说，API可以让数据共享和应用集成更加简单，开发人员可以利用API来开发新应用程序并有效利用这些数据。物联网系统已经生成了大量API，设备和信息系统可以有效参与到业务流程和工作流程当中。

API可以是封闭式的，也可以是开放式的。封闭式API是一种专有接口，只能与特定合作伙伴共享或者根本不共享。开放式API则是公开可用的API，允许所有用户利用它与系统进行交互并创建应用程序。第7章将详细讨论SDN环境中的API问题。

为了提供更多的增值服务，多合作伙伴解决方案日渐增多，开发人员必须能够获取API并知道如何使用这些API。API的大量增加也给API的管理提出了迫切需求，如版本控制、密钥和令牌分发以及控制API请求以确保API不会过载。API的管理已成为物联网的一项重要工作内容。

连接器负责实现设备之间以及物联网系统设备模型之间的数据及协议适配。适配器是连接器的一部分，负责设备与连接器之间的双向通信。适配器支持特定类型设备的相关协议、命令结构以及数据格式（可以是开放标准或专有协议），可以为第三方设备管理软件创建适配器，从而通过该软件与设备进行通信。对于端点（特别是传统端点）来说，连接器和适配器可以提供协议转换或物理接口连接等基本服务，允许端点成为物联网平台的一部分。

SDK（Software Development Kit，软件开发工具包）是一种编程工具包，程序员可以利用SDK为特定平台开发应用程序，如亚马逊AWS IoT Device SDK（AWS物联网设备SDK）就可以将设备连接到亚马逊的物联网平台上。

- **性能和规模**：由于物联网在部署时存在不同的运营要求，因而可扩展性和性能都非常关键。物联网平台应该能够在需求驱动的环境（包括基础设施、存储以及分析）中实现弹性扩展，包括性能、容量及安全性的可扩展性。

  为了确保系统的正常运行，性能要求必须包括可靠性、可用性和可维护性。

  由于物联网系统的分布范围非常广，因而操作的自主性必不可少，特别是对于分散的节点而言，即使集中通信出现中断，系统也应该保持持续运行。自主操作应考虑安全性、编排、发现以及本地化控制等问题。

  服务保障是确保物联网系统按照规定及预期指标正常运行的基本要素，需要在整个物联网系统中编排和部署多个主动和被动探测器，以监控、报告和实施预定义的 KPI（Key Performance Indicators，关键性能指标），如带宽监控、流量模式分析、磁盘空间以及 CPU 利用率等。

  在可能的情况下，应该基于预定义策略实现上述机制的自动化和自适应性。

- **安全性**：必须涵盖物联网平台的所有物理和网络组件，包括硬件、软件、数据、应用程序、服务、通信、接口以及用户。必须包含持续性的生命周期方法（包括风险识别，通过风险评估流程来实现风险管理和安全管理）以及贯穿整个物联网系统的业务及运行流程，需要解决业务流程及规则引擎问题，从而在整个平台中有效实施相应的管理策略。

  安全考虑因素包括但不限于硬件、软件及人员的隐私、信任、身份、鉴定、认证和授权。

  安全性必须成为整个物联网体系架构的基础，而且还要与合规性和治理紧密结合。

  有趣的是，很多物联网系统都要求连接毫无安全机制或仅具备有限安全机制的传统设备。为了确保能够成功且安全地将这些设备连接到物联网系统中，可能需要通过代理为这些设备提供必要的安全功能。

  物联网系统还有其他一些考虑因素，如第三方连接、远程接入系统以及 BYOD（Bring Your Own Device，自带设备）等。

2.4　分段、风险以及在客户/提供商通信矩阵规划中的应用

很多企业在尝试创建一个全面管理策略以解决当前用例中的各种数据时，都遇到了诸多困难。本书的主要前提之一就是引入自动化能力以改善 OPEX，因而本书专注于有效的策略制定方法，这些方法已逐步演变为更加全面的方法论（包括端到端的交互内容），创建更准确的分组有助于自动化技术更好地使用数据。

2.4.1　分段

虽然分段（Segmentation）的概念已经存在了很长一段时间，但虚拟化和编排等新技术正在刺激分段方法的快速发展。过去基于传统的网络边界和网元进行分段，通常从较高层级开始，最初基于边界（数据中心、园区、分支机构等），然后再根据这些网元的位置及类型细分到子组。很多 OT 垂直系统都拥有符合自身架构特点的特殊规则及操作需求，逻辑分段是所有单元/区域 IACS（Industrial Automation and Control System，工业自动化和控制系统）网络的必要条件。分段不但要支持网络流量的特殊需求，而且还要能管理实时通信性能。OT 垂直系统（如工业制造）通常采用物理和逻辑分段技术，按照产品线、功能区域、流量类型等进行划分。常见的物理分段方式通常是从 HMI（Human Machine Interface，人机界面）控制程序的流量中分离 I/O 流量，然后再通过拥有双 NIC 的控制器连接网络（见图 2-4）。

虽然这样做确实提供了安全通信机制，但是却带来了新的功能和操作挑战。第一个挑战是控制器不打算通过桥接或路由机制成为流量转发器，而且还可能引入额外时延。其次，服务无法实现全面部署，必须在各个分段上进行复制。对于这些挑战来说，通常可以通过逻辑分段的方法（如 VLAN）加以解决。

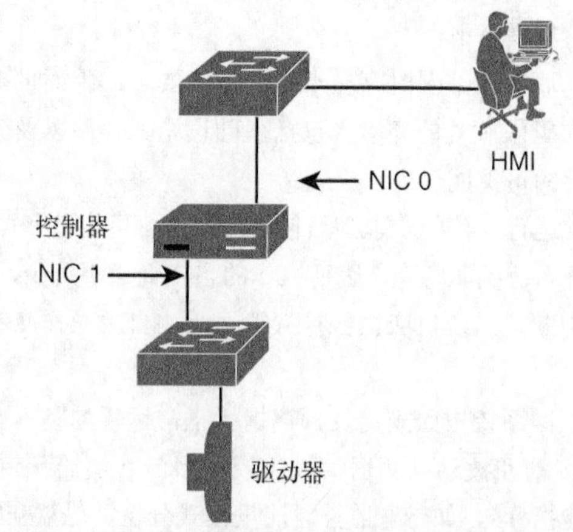

图 2-4 利用具有双 NIC 的控制器进行物理分段

从本质上来说，VLAN 可以将一组设备组合到单个广播域中（与这些设备的物理位置无关），这在工业垂直领域尤为重要，因为很多 IACS 设备都只能以有限的内存和 CPU 资源去处理大量流量。由于 VLAN 在本质上是一个桥接域（包含广播/多播流量），因而可以限制去往 IACS 设备的流量规模（见图 2-5）。

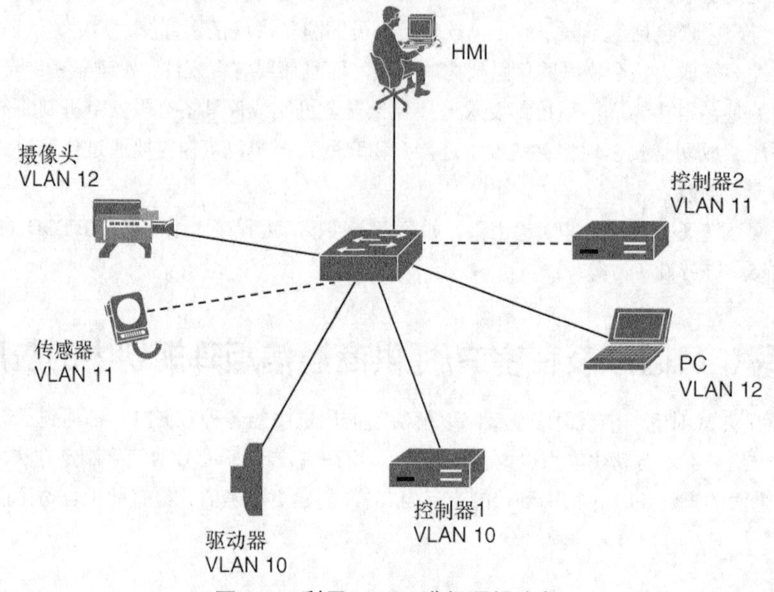

图 2-5 利用 VLAN 进行逻辑分段

考虑分段机制的另一个影响因素是安全策略。以承包商或供应商接入为例，承包商连接网络时，集中式 AAA 服务器会规定该承包商的访问级别或者将该承包商放入特定的 VLAN 中。如果对网络进行了正确分段，那么就可以在 VLAN 之间创建规则，从而限制或控制该承包商的访问行为。功能是分段机制的另一个考虑因素。区域或单元中可能会包含需要进行持续相互通信的设备（如 PLC［Programmable Logic Controller，可编程逻辑控制器］或机器人）。利用多播 I/O 流量进行相互通信的设备通常都位于单个 VLAN 中。中继链路则是交换机与其他网络设备之间的点对点链路，允许多个 VLAN 的流量通过该单一链路进行传输，因而能够有效地将 VLAN 扩展到多台设备上。

企业必须遵守行业的合规性标准，这一点也会对分段机制产生影响。例如，变电站环境必须符合 IEC 62443、IEC 62351、IEC 61850 和/或 NERC/CIP 标准。CIP-005-5 R1 1.1 要求通过 ESP（Electronic Security Perimeters，电子安全边界）来保护关键资产。ESP 包含多个逻辑区域，这些逻辑区域必须能够提供一定层级的分段功能，可以通过 ACL 或者引导、过滤和记录区域间流量等方式来允许或拒绝特定流量。案例中的区域可以是 PMU（Phasor Measurement Unit，相量测量单元）区域、工程区域等区域（利用 VLAN 和 VRF 实现分段）。

VRF（Virtual Routing and Forwarding，虚拟路由和转发）可以提供类似功能，在第三层实现隔离能力。VRF 需要虚拟化每个实例的路由表。从图 2-6 可以看出，图中的二层 VLAN 映射到 VRF 中，VRF 则通过 WAN 实现三层扩展，从而在本地工厂层面创建适当的网络分段，并跨网络边界维护这些网络分段及隐私。

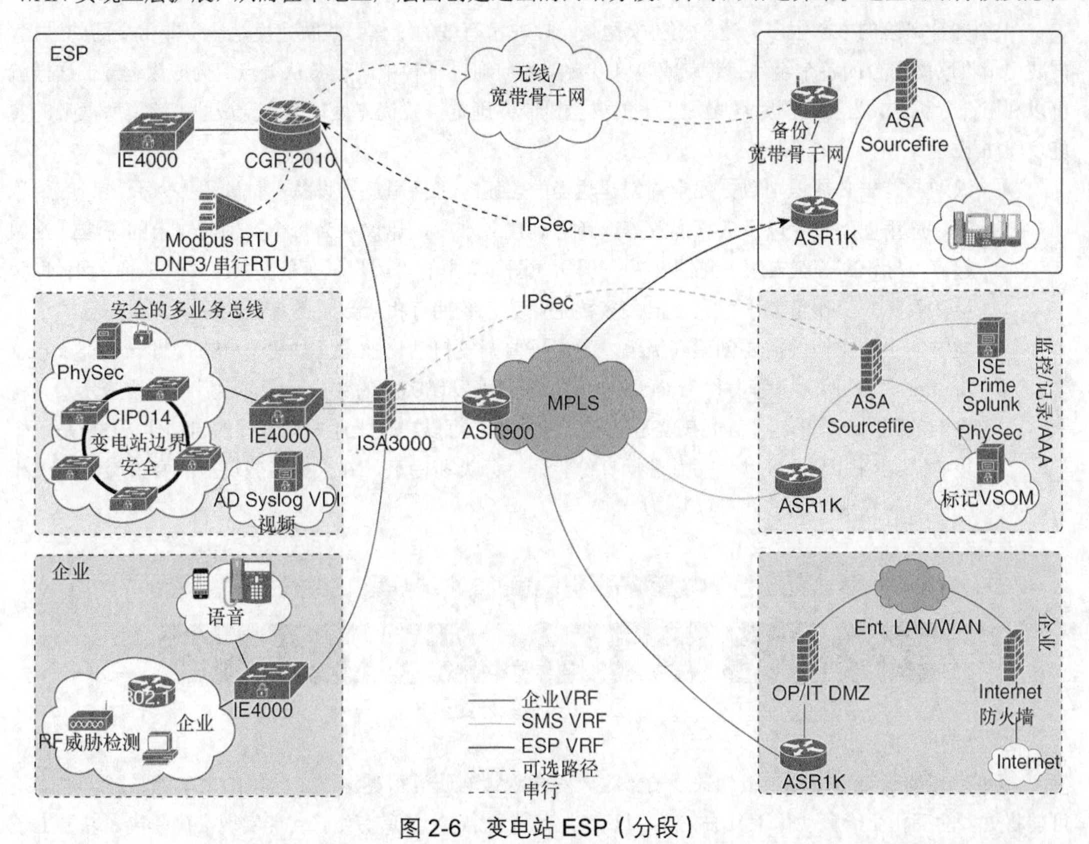

图 2-6 变电站 ESP（分段）

虽然这些分段方法仍然存在且持续发挥作用，但是与所有技术一样，这些技术也要不断发展演进。

我们目睹了从传统的 VLAN 隔离方式到目前的虚拟化和容器隔离方式的演变过程。虽然前面的应用被隔离了，但是由于这些应用可以使用共享资源，因而需要采用新方法来保持隔离等级。既然已经演进了，那为什么还要改变呢？这是因为技术始终处于发展变化当中，新的形势需要新方法来解决。以企业的合并和收购为例，企业经常会通过并购方式来实现快速增长，然后在组织机构之间配置虚拟隧道以提供连接性。虽然当前的解决方案能够暂时满足需求，但组织机构的潜在风险却可能已经成倍增加。

另一个案例涉及应用程序的安全性。假设某组织机构希望将自己的应用托管到公有 IaaS（Infrastructure as a Service，基础设施即服务）环境中以解决物联网的需求。由于可以根据属性将相似的应用程序组合在一起，因而能够提供更有效的分段和安全策略。虽然可以通过防火墙来隔离这些应用程序，但是该模型可能无法解决同一个应用程序组内的不同应用程序之间的通信问题。为了解决这个问题，可以考虑采用传统的物理分界方法，但是随着新设备和新应用场景的快速增加，可能无法找到合适的物理边界。其根源就在于个人手持设备或汽车的数量极其庞大，应用程序可能托管在私有数据中心中，也可能基于 SaaS（Software as a Service，软件即服务）。

2.4.2 新方法

前面讨论的分段方法目前仍在应用，通常用于制造企业、变电站、油气精炼企业的内部。不过，随着物联网在过去几年的快速发展，涌现出包括自动驾驶、智慧医疗以及智能城市等在内的各种应用场景，这些物联网端点可能遍及城市的各个角落，“无处不在的端点”使得早期的方法难以解决所有场景，为了适应这种状况并利用好自动化技术，必须引入新的分类机制来解决新数据元素和新技术组件的激增问题，这些新数据元素和新技术组件有助于实现正确的标记机制。新模型基于客户/提供商概念，围绕端到端的交互增加相应的环境因素。要做到这一点，就必须将风险作为一个新的类别引入到策略矩阵中。

识别安全风险的方法很多，建立威胁模型是一件非常有效的工作。威胁建模是一个非常全面的过程，需要记录物联网平台的各个组件、潜在威胁以及数据如何通过各种中间设备从端点流向应用程序。这样就可以利用评分机制，为物联网系统增加更多的安全机制并确定需要优先处理的安全威胁。该模型框架的实施步骤如下。

- **识别**：首先必须识别数据元素并创建适当的宏组，包括用户、设备、位置、接入介质、应用程序、应用程序位置以及数据位置等。考虑到任务难度，建议从为每个类别建立宏的等级开始做起，以标识高等级宏组（见图 2-7）。例如，图 2-7 中的“用户”可能是员工、供应商和承包商。虽然看起来工作量似乎很大，但大多数企业都已经拥有相当数量的这类数据。需要注意的是，此时的手工操作仅需要创建高级组，我们需要开发自动化技术（如思科 ISE［Identity Services Engine，身份服务引擎］和 TrustSec 架构）来自动发现实际的数据元素，然后标记这些元素并将它们放到所创建的组中。ISE 就是这样一种技术，可以实现上述操作过程的自动化。ISE 是一个集中式策略引擎，可以对端点进行身份验证、分类和标记，并根据这些端点的身份类型提供相应的访问权限（详见第 9 章）。

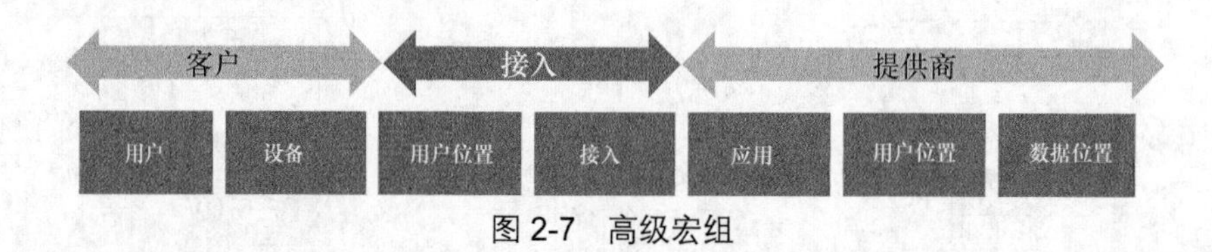

图 2-7 高级宏组

接下来需要确定与每个主组相关联的子组。对微观策略研究得越深入，分组的效率就越高，也就越可能将更多的工作交给自动化工具去完成。只有在微观层面定义了所有组，才能实现准确隔离。以员工子组为例，大多数企业都可以利用 LDAP 或活动目录（Active Directory）基础设施作为指纹机制，只要企业现有的 LDAP 组符合安全策略，就可能不会增加太多的配置工作量。

另一个重要分组就是设备类型。有能力确定设备类型（个人计算机、移动设备以及传感器等），才能实现精细化的策略控制。可以将设备类型与 LDAP 组以及证书变量（CN、SAN、OU）等其他指纹机制相耦合，以确定这些设备是企业发放的设备，还是员工自带的设备（BYOD），或者是承包商拥有的设备。设备的状态也可能是一个有用因素，如果端点不符合企业策略，那么就可以为这些端点绑定可操作的响应策略。例如，企业策略可能规定所有端点都必须启用防火墙，必须安装最新的 Windows 更新，必须更新最近 10 天的.DAT 文件才能授予完全访问权限等。准确识别这些信息至关重要，只有这样才能准确地将数据元素放到恰当的组中。拥有的信息越多，制定的安全策略就可以越精细。

很多企业都有连接外部供应商和合作伙伴的外联网，为每个供应商或合作伙伴创建微组很可能是一件非常繁琐的手工任务。以图 2-8 为例，在定义合作伙伴子组时，将 Automotive（汽车）客户分类成 Engine（发动机）、Drive Train（传动系）、Electrical（电气）和 Infotainment（信息娱乐系统）。

- **分类**：定义完所有组之后就可以进行资产分类，这一点对于应用程序以及业务关键资产来说特别有用。可以采用常见的 1～5 评级系统。
  - 1：一般公共信息，如联系信息和最终发布的财务报告。
  - 2：内部且非保密信息，如组织架构图、电话表以及办公要求。
  - 3：内部且敏感信息，如战略举措和商业计划。

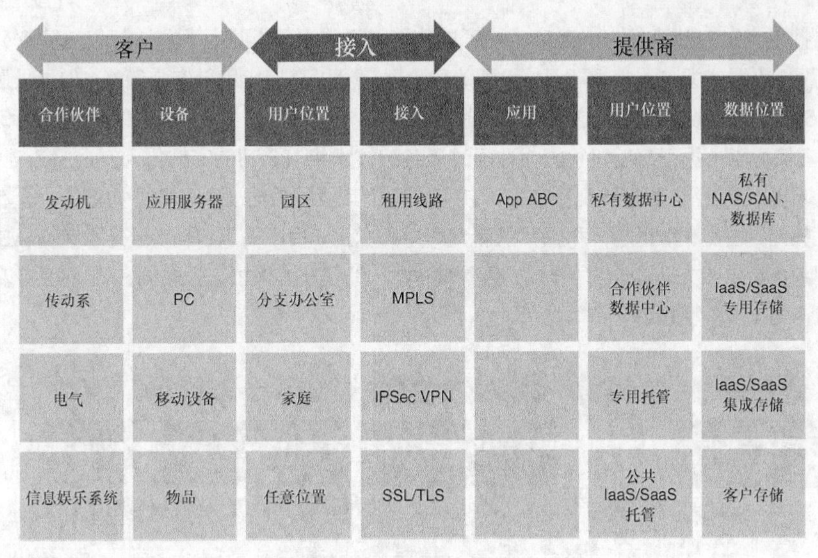

图 2-8　合作伙伴子组

- 4：内部且隔离信息，如补偿和内部裁员。
- 5：管制信息，如机密信息和患者信息。

■ **威胁建模和风险**：威胁建模可以识别最可能对系统构成风险的威胁并进行适当的评级。微软采用六步法来识别安全威胁并进行严重等级评定。下面以物联网平台为例进行讲解。

- **识别资产**：识别并记录系统应保护的资产，这些资产将成为潜在攻击者的攻击目标。
- **创建体系架构文档**：创建物联网平台体系架构的文档，说明所有系统、分段情况和信任边界以及数据流等信息。这一步需要提供有关物联网平台的预期功能及流程的详细文档，以便分析人员能够识别潜在的攻击可能。
- **分解物联网平台**：分解物联网平台的体系架构，以便分析人员能够了解数据如何通过各种组件进行流动。这样就可以进一步明晰攻击者可能利用的漏洞或脆弱点。该步骤通常需要首先确定数据进入系统的位置（通常通过端点［如传感器、计算机或移动设备等］进入系统），然后再记录与系统交互的各种组件，从端点到应用程序以及所经过的中间设备。记录这些中间设备（包括网关、聚合点、存储机制以及管理平台等）有助于识别潜在的攻击媒介。
- **识别威胁**：识别可能影响物联网平台的所有潜在威胁。可以从前面发现的信息开始，但并不止于此。了解平台使用的组件的漏洞也同样重要，因为设备的完整性可能会遭受攻击。通常可以利用周知漏洞库（如 MITRE 漏洞库）来了解设备的漏洞信息。
- **记录威胁**：可以利用拥有主要属性的通用模板来记录每个威胁，通常可能需要记录安全威胁、标识所有已记录的攻击媒介并列出所有可能的安全对策。
- **威胁评级**：对威胁进行评级有助于确定是否需要增加安全措施以及需要优先处理哪些安全威胁。对威胁进行评级时，需要同时考虑威胁概率以及威胁可能造成的潜在损害。必须牢记这两大考虑因素，有时威胁发生的概率可能很大，但是该威胁造成的潜在损害风险较低，那么就可能不值得采取任何行动。另一种评级方式是采用微软的 DREAD 模型，该模型提出了一些基本问题，并根据威胁产生的每种风险分配等级 1～10，具体如下。
  - **受影响的用户**：可能会受到攻击影响的用户百分比。
  - **伤害程度**：攻击所造成的伤害程度。
  - **可发现性**：发现攻击的难度。
  - **可利用性**：执行攻击的难度。
  - **可重现性**：再现攻击的难度水平。

按照这种新方法完整执行一遍之后，就可以使用“风险评分”进行分类。计算风险评分时，只要将威胁评级整数与数据分类整数相乘即可，得到的风险评分可以直接应用于安全策略。如果采用具备安全服务链功能的 SDN/NFV 架构，那么这样做就非常有用。如果客户需要与高风险的提供商进行通信，那么相应的安全策略就可能是执行深度包检测，并通过服务链技术将 IPS 功能实例化到安全服务链中。

有了清晰的客户/提供商矩阵视图之后，就可以确定其他所需的安全服务，如基于安全服务链和评分的唯一 DLP 策略。图 2-9 给出了一个简单的新策略矩阵示例，例中的承包商（通过承包商 AD 组中的证书加以识别）使用带有“Compliant”（合规）属性的 PC，利用 SSL VPN 通过 Internet 与企业私有数据中心中的应用程序 ABC 进行通信。

客户			接入		提供商			
用户	设备	合规性	用户位置	接入	应用	用户位置	数据位置	数据位置
发动机	应用服务器	合规	园区	租用线路	App ABC	私有数据中心	私有NAS/SAN、数据库	XX
传动系	PC	风险1	分支办公室	MPLS		合作伙伴数据中心	IaaS/SaaS专用存储	
电气	移动设备	风险2	家庭	IPSec VPN		专用托管	IaaS/SaaS集成存储	
信息娱乐系统	物品	不合规	任意位置	SSL/TLS		公共IaaS/SaaS托管	客户存储	

图 2-9 客户/提供商矩阵（扩展）

除了风险类别之外，例中还建立了一个 Posture（合规性）类别。该类别对于许多企业来说非常重要，因为安全性的第一步就是预防。为了解决安全防范的被动应对问题，必须尽可能地采取主动防御措施。由于端点是获取网络访问权限的入口点，因而检查端点是一种可选的安全防御方式，此时需要回答 who、what、when、where 以及 how 等问题，在授权访问之前确定其是否遵从了企业的安全策略。

例如，某承包商进入制造工厂并希望使用自己的计算机，假设其连接到交换机上的 convenience 端口（该端口被配置为 802.1X），并与集中策略服务器进行通信以完成身份认证和授权操作。此时就将集中式策略服务器配置为通过多种方法来检查端点。

第一种可选方式是使用临时的属性代理，该代理专门用于 Windows 环境，以共享合规性状态。如果端点试图访问网络，那么就可以从集中式策略服务器（ISE）将可执行文件下载到端点上，实际上这是 ISE 的一种主动推送操作。端点/用户必须运行.EXE（运行为用户进程，不需要管理员权限）。用户执行该进程时，UI 将自动启动并开始判断合规性。操作完成后，会将合规性状态传递给 ISE，ISE 将判断结果与某个可操作决策相关联，然后删除代理。该过程不支持自定义修复选项，如第二种可选方式（思科 AnyConnect Secure Mobility Client［AnyConnect 安全移动客户端］）。

第二种可选方式是使用永久代理，也就是思科 AnyConnect 安全移动客户端。该客户端是一个由多个模块组成的统一软件代理，每个模块都提供一组不同的功能，与此处相关的模块是 ISE Posture 模块。Posture 模块的功能是评估端点的操作系统版本、防病毒软件、反间谍软件、Windows 更新以及防火墙软件等的合规性，系统根据评估结果来限制网络的访问行为，以强制用户遵从企业的安全策略。此外，还可以提升本地用户的权限，以启动相应的修复操作。第 12 章给出了利用该方法确定端点合规性状态并开始修复过程的案例，修复完成后就可以达到相应的合规性等级，从而实现网络接入。

2.5 小结

虽然这种新的客户/提供商模型看起来有些复杂，但是只要进行了正确的分组操作，那么就能很容易地实现分段和安全策略。也就是说，只要在创建分组时花费一定的时间和精力，就可以将其余的繁重工作都交给技术工具去完成，包括识别不同的组件、正确标记这些组件并将它们动态放到所创建的组中。有关该进程自动化的更多信息请参阅第 9 章。

本章讨论了组织机构在构建和保护物联网系统时应该考虑的一些关键因素以及可以使用的一些进程及工具。下一章将以本章讨论的方法为基础，将物联网系统分解成易于保护的多个组件，同时还将讨论一些最常见的攻击防御措施。

第3章

物联网安全基础

本章主要讨论如下主题：

- 物联网组件；
- 物联网分层架构；
- 主要攻击目标；
- 分层安全。

3.1 物联网组件

当前的物联网应用日益多样化，因而为实际运行的物联网系统提供良好的架构设计和安全防护极其复杂。此时应考虑如下关键问题。

- 标准化的可扩展解决方案必须考虑极具挑战性的集成需求。
- 从扩展性和能力角度来看，物联网的快速发展已经超出了传统 IT 员工的技术支持能力。
- 由于物联网系统涉及大量不同类型的硬件和软件，而且需要集成大量传统技术，因而系统的管理和编排操作非常复杂。
- 为了提升价值，物联网平台不但要集成大量具有不同约束条件的边缘设备，而且还要与后端业务应用相集成。
- 在物联网的部署过程中，将大数据应用到各个层面并非易事，数据的规范化和语义只是理解物联网端点所产生的大量数据的基础。
- 安全威胁日益严峻，攻击面也在不断增大，这一切都给数据隐私和遵守现有及新法规带来了新的挑战。
- 目前还没有任何一种安全解决方案能够适用于所有物联网部署场景。

在这种情况下，就需要找到研究的起始点。虽然物联网解决方案的架构设计及部署存在多种可能性，但方案设计通常都要考虑易用性、成本、安全性、复杂性、灵活性、开放性以及性能等因素。此外，解决方案的部署环境也非常重要，因为具体方案会受到不同的标准和考虑因素的影响（详见第 4 章）。

近年来陆续出现了一些标准的物联网平台架构模式。组织机构可以采用单一架构模式，也可以使用多种架构模式的组合。这些架构模式都是通用的平台架构，并不局限于特定行业或垂直领域（详见第 5 章）。常见的物联网架构如下。

- **以端点为中心的架构**：端点具备一定的智能且拥有本地化处理、存储和逻辑功能，只有需要协调和分析时才从端点直接与集中式云端或数据中心进行通信，因而端点必须具备本地处理、存储和逻辑功能。

- **以网关/集线器为中心的架构**：一个或多个端点连接在网关上，网关充当将端点连接到中心云端的中间设备。网关具备处理、存储和逻辑功能，用于协调和分析其负责的端点。网关与中心云端或数据中心进行通信，从而在中心云端或数据中心进行协调和分析。网关所连接的端点不必是智能设备。基于雾计算的设计方式也可以通过互连网关来实现协调、本地处理和分布式智能，因而也支持这种架构。
- **以移动设备为中心的架构**：移动设备（如智能手机或平板电脑）具备处理、存储和逻辑功能，可以协调和分析其负责的端点。与网关设备一样，移动设备也充当其负责的端点与数据中心或中心云端之间的中间设备，此时的端点也不必是智能设备。
- **以云为中心的架构**：云为网关或端点提供集中式连接以及处理、存储和逻辑功能，可以协调和分析其负责的所有端点。
- **以企业为中心的架构**：物联网平台的所有组件（包括端点以及提供处理、存储和逻辑功能的数据中心）都位于私有且安全的边界内部，外部对物联网的访问需求都受到严格限制。

上述架构模式各有优缺点，具体取决于所要部署的组织机构的实际需求。需要注意的是，这些架构模式并不是固定不变的模型，完全可以根据最终用户的需求进行灵活组合（从这些架构模式名称中的“以……为中心”即可看出）。例如，以网关为中心的架构同样极度依赖于云功能进行分析。随着物联网平台的部署与实施方式从入门级的端点部署方式逐渐转变为完整的业务服务集成方式，物联网平台产生的价值也在快速放大。

物联网平台的市场规模非常庞大，大量初创企业和大型供应商提供了丰富多彩的平台产品，这些产品通常都涵盖了传感器、网关、网络连接、应用程序、云基础设施、应用程序以及分析系统等各种组件。不过现实情况是，大多数平台都是有选择地关注物联网系统中的部分组件。从理论上来说，真正的物联网平台应该提供端到端的基础设施来构建完备的物联网解决方案（包括软件、管理以及安全性），有效完成数据的采集、转换、传输和交付功能，从而实现真正的商业价值。

从物联网平台的发展现状以及业务需求出发，可以看出不同的物联网架构模式的演变情况：以数据和服务为中心的架构模式，该架构的核心是构建物联网平台的硬件、软件和服务，从端点和应用程序获取数据，专注于在系统范围内按需生成数据，并以一致性方式在同构计算基础设施上生成、转换、共享和存储数据。

利用数据的集中化优势，可以将各种服务分层构建在基础设施之上，包括 NFV、SDN、管理、协议转换、分析以及安全等各种服务。

由于数据和体系架构都采用了开放式标准，因而可以基于标准的数据建模语言（通过基于服务的架构模式部署相关的物联网功能）实现物联网系统的编排和自动化。这些服务功能包括应用程序、物理和虚拟化网络基础设施、应用程序容器、骨干网、WAN 以及雾网络、雾节点和边缘节点以及系统中运行的各种微服务（见图 3-1）。此外，还能以相同的方式部署包括服务保障、管理以及安全性在内的各种能力，以确保物联网系统的安全可靠性。这种架构模式似乎是当前行业的主流发展方向，Gartner 在面向物联网架构师和规划师的最佳建议研究报告中也支持该架构模式（2015 年 10 月）。有关物联网平台建议架构的详细内容请参阅第 8 章。

截至本书写作之时，业界已经出现了一些可以解决部分物联网系统需求的商用物联网平台。为了提供有益的商业价值，物联网平台应该明确清晰的业务成果。要实现这一目标，平台必须与现有的业务系统和应用程序相集成，而且通常还要使用物联网生态系统合作伙伴的功能进行扩充。当前的物联网平台还没有发展到能够提供完整价值链的状态，因而需要通过这种集成组合方式才能形成必需的智能化系统及服务，进而实现可操作的业务决策并提高运营智能。

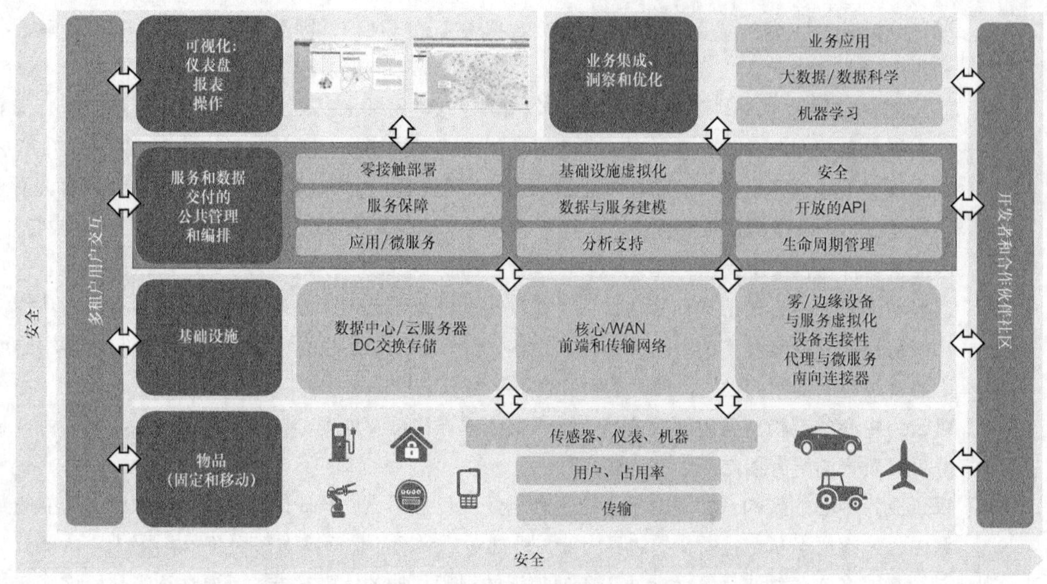

图 3-1 通过基于服务的架构模式部署物联网功能

其中的一个典型案例就是智慧城市解决方案。虽然物联网平台能够提供连接、数据处理、安全性、基础设施以及用户交互等功能，但仍然需要与边缘和中心的合作伙伴应用相结合，才能提供所需的电力自动化和 CCTV 等专业化服务。此外，还需要集成到 ERP 等后端业务系统中以实现预期的商业价值。虽然这种集成组合能够给物联网系统带来良好的服务承诺，但不幸的是，也同样会增加潜在的安全边界。

如果将这些复杂因素纳入将要实施的物联网系统的环境中（包括消费者、企业、工业服务提供商等），那么就会产生巨大差异，因而可以很明显地看出，当前市场还无法提供单一解决方案来满足所有物联网场景。

随着物联网的不断发展，应该从哪些方面理解物联网（并按照不同的视角对其进行分类）并保护物联网呢？后续章节将详细讨论当前可能会对物联网部署方案造成影响的各种标准和体系架构。当然，业界一直都在开发各类有助于构建物联网系统的系统组件，通常可以将这些组件分为两类：分层物理架构以及与系统交互和系统管理相关的纵向组件（见图 3-2）。

由于上述组件的表示、组合及构建方式会因不同的垂直行业及不同的 OT 和 IT 团队而异，因而物联网与非物联网设备、网络及系统之间的分类界限通常并没有那么清晰。

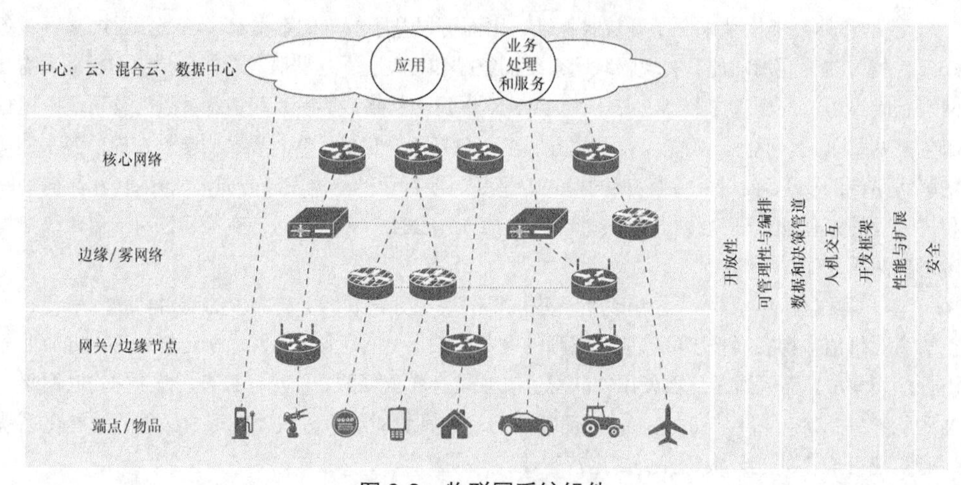

图 3-2 物联网系统组件

3.2 物联网分层架构

下列定义描述了物联网系统的组件及功能的基本信息。在决定如何为物联网系统提供适当的安全级别之前，不但要透彻地理解这些概念，而且还要理解这些概念之间的关系。

- **端点/物品**：指的是发送和接收信息的物理或软件设备、传感器和控制器，它们通常都是客户端点（如家用电器或智能汽车）或操作端点（如机器人和发动机）。端点可以是固定的，也可以是移动的，尺寸范围也很大（从小到微处理器到大到大型车辆）。端点的通信方式应该是双向的，而且应该具备数据生成能力，而且在需要时还能提供协议转换或模数转换功能，并具备远程控制或监控能力。
- **网关/边缘节点**：指的是在端点（传统端点和新型端点）与物联网系统更高层级之间充当中介功能的设备（如交换机、路由器和计算平台等设备）。网关或边缘节点在物联网系统的边缘提供连接性、安全性和管理功能。
- **通信节点**：指的是提供从端点到核心网络/中心云/数据中心的南北向和/或东西向信息传输的通信和连接设备（有线或无线），这些通信节点可以是私有或公有网络基础设施的一部分。
- **边缘/雾网络**：雾网络是一种全新的体系架构，将信息处理及决策操作都放到了更靠近数据生成或使用的位置，解决了时延、抖动和低带宽等基础设施和网络连接带来的挑战。这样就从传统的封闭式系统转向了以云为核心的系统模型，让计算操作尽可能地靠近边缘，甚至转移到物联网传感器和执行器（基于设备能力）。虽然雾或边缘计算节点可能并不直接位于边缘，但仍然应该将它们视为从传感器到云端的连接系统。物联网系统的多个层级都可能有处理和存储功能，也可能包含后端的云。人们常常会对边缘设备和雾设备概念产生混淆，或者至少采用了不同的使用和描述方式（具体差异详见第 5 章）。

  虽然网络为边缘设备或雾设备提供了连接性和通信能力，但需要注意的是，设备内的边缘计算与雾计算之间存在明显的差异。雾与云协同工作，而且采用分层架构，而边缘设备的定义不但与云毫无关系，而且仅涉及少量层级。此外，云网络支持北向和南向（从设备到云端）通信，而雾设备则可能存在东西向通信需求，但是却没有与中心进行通信的需求。

  通信过程可以基于有线或无线技术。考虑到物联网实际部署过程中可能存在地理分散性和成本因素，因而通常采用无线技术，如 WiFi、LoRa、NB-IoT、802.15.4G 频谱和 RF-MESH。
- **核心网络**：指的是高速、高度可扩展且可靠的通信网络，负责互连多个边缘网络或雾网络，并将它们连接到中心云端或数据中心。核心网络可以是私有网络，也可以是公有网络，负责集中提供包括 NFV、SDN、网络加速、内容传送、设备管理以及设备拓扑等在内的多种关键功能。
- **中心基础设施**：这些云（私有云或公有云）、数据中心或混合云基础设施可以为大型服务器和存储资源池（通常是虚拟化形式）提供网络互联能力。中心基础设施托管的应用程序可以集中采集、分析和解析物联网系统生成的数据，并利用该功能为企业提供极有价值的业务及决策信息。虽然物联网平台的很多组件都可以分散在不同的地理位置上，但后端系统通常都位于中心基础设施，中心通常是管理和编排功能的所在地。与此同时，很多负责采集、分析和生成可操作信息的应用程序或服务也位于中心基础设施。
- **应用程序和微服务**：包括各类信息解析并执行特定任务或功能的软件。从物联网的角度通常可以将应用程序分为两类：单体式应用（Monolithic Application）和微服务（Microservice）。单体式应用是一种单层软件应用程序，用户界面和数据代码被组合成单一程序和单一平台，是一种独立的自包含应用，旨在执行完成特定功能的所有步骤。常见的单体式应用主要有业务集成系统（如 ERP［Enterprise Resource Planning，企业资源规划］)、操作系统（如 MES［Manufacturing Execution，制造执行］和自动化及控制系统）、利用数据实现业务洞察的分析与学习应用，甚至是管理物联网系统的物联网平台。虽然通常将单体式应用描述成集中式应用且位于中心基础设施，但是完全可以驻留在物联网系统中的任意位置，而且可以实现分布式或本地化。

虽然微服务没有标准的正式定义，但是可以通过一些常见特征来加以识别。微服务架构是一种将软件应用开发成一套微型服务的方法，每种服务都运行一个唯一的流程和轻量级通信来满足业务目标。微服务模式下的每个组件都是独立开发的，应用程序只是这些组件的简单总和，可以采取完全自动化的方式部署这些微服务。

微服务基于功能而不是服务，构建在 SOA（Service-Oriented architecture，面向服务的体系结构）方法之上，采用敏捷技术加以实现，通常都部署在应用程序容器当中。

- **业务流程和服务：**业务流程指的是生成特定服务或产品的相关结构化活动或任务的集合。组织机构希望通过物联网提供的对象或子系统的状态或活动的实时信息以及对环境的感知能力来丰富业务流程。从理论上来说，可以带来更好的用户体验和增值服务，实现差异化竞争优势。

对物联网系统的组成有了进一步了解之后，就能更好地解决保护物联网系统安全所需的流程及技术需求，下一节将详细讨论可能会对物联网部署方案造成影响的已知攻击。

3.3 主要攻击目标

在讨论物联网平台部署方案中的攻击目标之前，需要首先了解 IA（Information Assurance，信息保障）的核心要素（如下所述）。本节将要讨论的攻击目标通常指的是就是其中的某个要素。

- **可用性：**确保在需要时提供信息。
- **完整性：**确保信息真实且未被篡改（无论有意或无意）。
- **机密性：**保持信息的保密性并防止信息泄露。
- **不可否认性：**确保当事人无法否认其操作行为。
- **身份认证：**确保源端的身份已知。

业界也存在其他安全分类，Dictionary 网站将安全（Safety）定义成“一种不存在伤害、危险或损失风险的安全状态”。安全攻击及其对主要组件的影响可能会对系统的安全性产生影响，这一点对于 ICS（Industrial Control System，工业控制系统）来说更是如此。如何将上述安全要素应用于不同的物联网场景，通常主要取决于信息的敏感性、威胁及风险。

如上节所述，物联网平台包含了很多移动性组件，每个组件都有各自的安全问题。恶意攻击人员会极力寻找物联网平台的漏洞并加以利用，通常将其称为攻击途径（指的是攻击人员利用漏洞或脆弱性的方法）。攻击人员能够利用这些攻击途径的原因有很多，如上传可执行特定指令的净荷。考虑到物联网系统的基本组件，本书将重点关注 4 个主要攻击目标：物品、网关、通信以及 SDN/NFV 环境。从硬件和软件的角度来看，每个目标都可能会受到攻击影响。

在讨论这 4 个主要攻击目标之前，需要首先了解物理安全的重要性。物理安全遭到破坏后会增加整个物联网平台所有组件的安全风险，因而必须采用分层的物理安全方法。虽然物理访问控制机制不在本书的写作范围之内，但依然非常重要。物理安全涉及多个层次，每个层次的安全性都同等重要。安全策略必须尽量将物理安全与网络安全相结合并加以强制执行。物理安全必须对受限区域的访问进行控制，将这些区域明确标记为“受限”（Restricted）或“仅授权人员”（For authorized personnel only），以提高员工的安全意识并作为策略执行的基础。常见做法是根据员工的工作职责来限制员工对这些区域的访问权限，这些区域内的很多组件通常都有防篡改机制，可以为篡改行为提供证据。很多时候人们已经用电子读卡器取代普通门锁，使用电子读卡器的优点是：如果门禁卡丢失或被盗，那么组织机构只要禁用这些门禁卡即可，无需重新安装新的门锁；IT 部门也可以快速查看有权访问特定区域并轻松修改访问权限的员工列表，而且电子表格形式的记录和审核也更加轻松。很多安全标准都要求电子门禁系统必须能够即时生成电子审计记录，可以将这些日志与可操作的响应措施关联起来，如发出警报或触发视频采集。

接下来将逐一讨论这些攻击目标。

- **物品**：术语“物品”（Thing）的概念非常宽泛，我们可以使用上一节的定义，将其定义成发送和/或接收信息的物理或软件设备。通常可以将物品进一步细分为两类：复杂设备和轻量级设备。轻量级设备指的是对耗电、存储器或 CPU 资源、电路板空间以及带宽需求有限的设备。与复杂设备相比，由于轻量级设备在这些方面都受到严格限制，因而通常都没有完善的安全能力。如手部消毒自动化解决方案在医院非常普遍，这些消毒容器连接在物联网平台上，用于监控每台设备中的消毒液数量。如果容器中的消毒液不足，那么物联网平台就可以发出补充消毒液的指令或工单，提示相关人员及时补充消毒液。这些设备通常都无法使用证书等机制来证明其身份，也不支持 TLS 等“重量级”安全协议，但它们仍然需要连接到物联网平台上，从而带来严重的安全挑战。另一种设备就是能够采用更多安全技术的“复杂”设备，这些复杂端点可以使用信任锚、PSK（Pre-Shared Key，预共享密钥）、证书以及安全协议等复杂安全能力。

  由于目前还缺乏可以普遍遵守的物联网端点安全标准，因而每种设备都有自己独特的合规性考虑。IP 摄像机、DVR 和打印机等都因为安全措施不足或配置不当而受到频繁攻击。近期名为 Mirai 的恶意软件在网上得到快速传播，该软件扫描 Internet 之后可以发现能够使用默认登录凭证的物联网设备。攻破这些设备之后，就可以利用 BOTNET（僵尸网络）对 DNS 提供商 DYNDNS 发起 DDoS 攻击，导致一些广受欢迎的网站无法访问。Mirai 驱动了大约 100 000 台物联网设备、摄像机、家用路由器以及 DVR 等发起攻击，导致服务器出现数据溢出、带宽耗尽等状态，Mirai 的架构如图 3-3 所示。

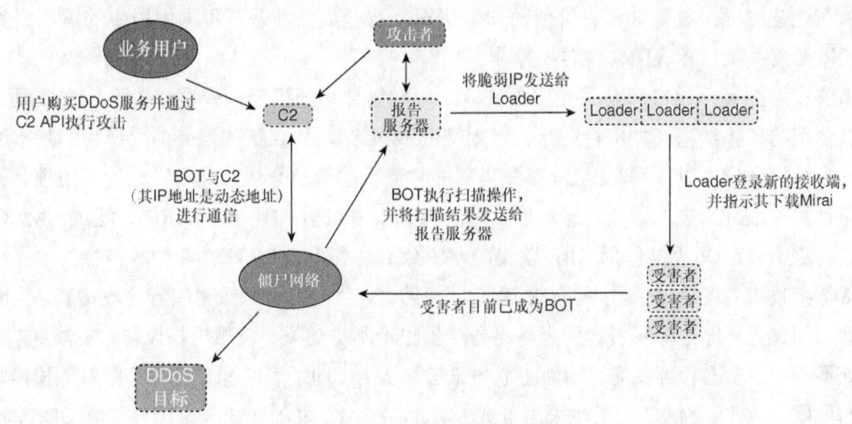

图 3-3 Mirai BOT 架构

  如果硬件厂商必须遵循一组特定的安全标准，如设备运行就绪之前必须更改默认凭证，那么就可以将这些要求作为参数。另外，在物联网设备的整个生命周期（制造、部署、维护、退网）中，用户很可能需要在某个时间点配置设备，那么就必须在安全通道上执行相应的配置操作，否则极有可能危及设备的安全性。从硬件和软件的角度来看，遵从严格的安全标准，肯定能大大增强物联网设备的安全性。

- **网关**：网关的主要职责之一就是提供物品、人与服务之间的连接，另一个职责就是介质和协议转换。下面将说明其中的某些功能为何会给恶意攻击提供机会。

  物联网平台必须考虑来自多个地理区域或逻辑区域的大量潜在终端。如前所述，很多物联网设备都仅具备有限的处理能力和存储资源，而且通常都没有适当的安全控制机制。通过网关将这些设备连接到物联网平台，可能会让物联网设备与企业资源进行通信，从而增加潜在的安全风险和整体攻击面。网关设备还能实现介质和协议转换，例如，可以将传感器网络（如 Z-Wave 或 ZigBee）桥接到以太网。执行协议转换操作时，网关必须能够保持机密性，Z-Wave 和 Zigbee 都可以利用加密机制来维护数据的机密性。但是在使用网关时，加密操作可能不是端到端的，网关可以在入口解密数据并在出口重新加密数据，因而允许在中间设备之间进行加密，而不是在网关之间加密。如果网关受到攻击，那么不仅连接到网关的端点面临风险，就连穿越网关的所有数据都可能会受到损害。

网关的另一个潜在攻击点是加载进程。SDN 是本书的重要内容之一，安全加载允许通过注册和登记进程在平台上使用设备，此后设备就可以由管理/编排平台进行管理。该进程通常使用加密密钥和/或证书，这些密钥和/或证书可以通过网关，而且需要加以保护，以免遭受 MITM（Man-In-The-Middle，中间人）攻击。题为“Security Evaluation of Z-Wave Wireless Protocol”（Z-Wave 无线协议的安全评估）的 SANS 论文表明，虽然 Z-Wave 协议采用了 128 位 AES 加密，但设备制造商的实现缺陷可能会导致通过物联网端点获得系统控制权的安全漏洞，从而作为攻击其他多个组件的跳板。

最后还要考虑实际的网关硬件。如果攻击者获得了硬件的访问权限，那么就会不可避免地出现安全威胁。为了降低硬件攻击风险，必须采用多层安全机制。下面就以安装在电线杆上的网关设备为例来加以说明。首先，网关设备的安装位置高不可及，因而风险程度会大大降低。其次，可以将网关设备安装在配有门锁的铁制机柜中，仅供授权人员使用。最后，攻击者试图连接设备时，可以访问的端口有很多（包括串行端口、控制台端口、以太网端口等）。因此，为了降低攻击风险，设备制造商通常都会采用端口最小化策略，对提供必需功能的端口和协议进行严格限制。所有这些方式都会将网关的整体攻击风险降至最小化。

考虑到网关在物联网平台架构中的位置，可以看到很多不同的物理和逻辑网段，因而攻击者可以在这些网段中收集非常有价值的安全情报。这些数据都是从不同网段中的端点采集到的，可能需要网关执行相应的协议转换操作。

- **通信**：这类目标通常都是主要攻击目标，一般包含两个子类：介质和协议。介质通常指的是协议使用的拓扑结构（如串行链路、以太网或 MPLS），协议指的是介质上使用的基本通信语言。

  首先分析介质，以太网和 WiFi 都是当前非常流行的通信介质，具有广泛的可用性和开放标准，而且具有很好的成本效益。影响以太网的常见攻击包括 ARP 攻击、MAC 泛洪、MAC 欺骗和生成树攻击。ARP 攻击包括 ARP 欺骗、ARP 缓存中毒和 ARP 毒性路由等多种技术，这些技术通常都将攻击者的 ARP 地址与有效 IP 地址相结合，从而将合法流量引导给攻击者。生成树协议有助于创建无环路逻辑拓扑，因为环路会产生很多不良后果，包括广播风暴、多帧复制和 MAC 地址不稳定。攻击者可以通过中断生成树来破坏 MAC 地址表的稳定性并不断重选根网桥，从而发起可用性攻击。MAC 泛洪也采用过载 MAC 或 CAM 表的方式（是一种常见 DDoS 攻击方式）来发起可用性攻击。有些攻击可能会影响机密性，如窃听（捕获和解码流量）、中间人攻击（拦截去往其他目的端的流量）和欺骗（伪装成另一台设备）。

  无线介质也可能发生攻击行为。常见的针对身份认证的攻击行为主要有 PSK Cracking（PSK 破解，利用字典攻击工具捕获密钥握手帧并恢复 WPA/WPA2 PSK），针对可用性的攻击行为有 802.11 Deauth Flood（80.211 解除认证泛洪，利用解除认证或解除关联帧来泛洪站点，从而将用户与其无线 AP［Access Point，接入点］之间的连接断开）。另一个案例就是干扰攻击，干扰器是一种故意阻止或干扰授权通信的设备，用于 WiFi 和蜂窝频段的干扰器相当普遍，但在某些国家（如美国）是非法的。目前已经在车联网市场发现了这种干扰攻击手法，据 techrepublic 网站报道，在一个视频中有车主无法解锁汽车或者无法关闭警报长达 30 分钟左右，怀疑是被人利用干扰器阻塞了钥匙与汽车之间的无线信号。

  有线和无线介质都需要 NAC（Network Access Control，网络访问控制）机制，以避免从联网端点发起的各类攻击。端点联网之后就可以通过线路抓取或嗅探器软件获得有价值的情报信息，然后再利用这些软件在基础设施、其他端点或管理平台上发起攻击，或者只是消耗所有可用带宽而发起 DDoS 攻击。端口安全、NAC 以及 MACsec 加密等技术都是非常重要的安全预防措施。

  利用协议漏洞发起攻击在供应商中更为常见，很多协议都缺乏保护分组内容的认证和加密机制，这就给攻击者利用这些漏洞发起攻击提供了便利条件。例如，如果组织机构使用 Windows 端点并利用 Telnet 访问设备或 FTP 传输数据，那么密码就会以明文形式通过网络进行传送。如果组织机构使用了这些脆弱的协议，那么常见的窃听技术就能攻破需要管理员凭据登录的系统。另一个攻击案例就是利用 UPnP（Universal Plug and Play，通用即插即用）。UPnP 主要用于家庭物联网场景，攻击者利用 Filet-o-Firewall 漏洞（CERT：VU#361684），导致未打补丁的浏览器用户向防火墙发出任意 UPnP 请求，希望打开端口。一般来说，攻击者会建立一个托管漏洞利用代码的网站，或者利用现有网站将潜在受害者指向该漏洞。如果受害者正在运行未打补丁且使用 JavaScript 的 Chrome 或 Firefox Web 浏览器，那么攻击就会要求浏览器向防火墙发起 UPnP 请求，从而为攻击打开缺口，从而将防火墙后面的所有设备都暴露给了 Internet。该攻击过程对于用户来说几乎完全透明，因为无需手动安装任何应用程序。进入内网之后，攻击者就可以利用常见的侦测方法寻找恶意攻击机会。图 3-4 给出了家庭物联网常用协议的漏洞利用情况。

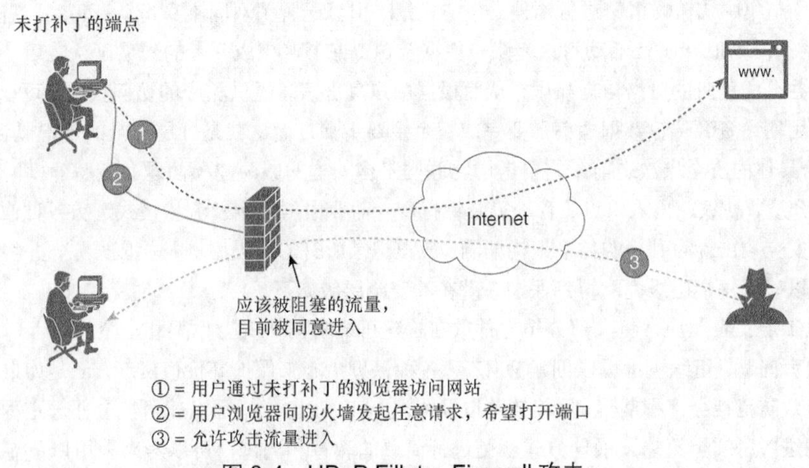
未打补丁的端点
www.
Internet
应该被阻塞的流量，
目前被同意进入
① = 用户通过未打补丁的浏览器访问网站
② = 用户浏览器向防火墙发起任意请求，希望打开端口
③ = 允许攻击流量进入

图 3-4　UPnP Fillet-o-Firewall 攻击

- **SDN**：SDN 的受欢迎程度在过去几年出现大幅增长，SDN 将转发平面与控制平面相分离，以更好地支持虚拟化。虽然这种分离带来了很多好处，但同时也引入了更多的攻击途径。

  针对 SDN 的攻击可能发生在 SDN 架构的各个层面，包括数据平面、控制平面、管理平面和控制器本身。

  控制器还会通过各种南向接口与网络组件进行通信，如果没有为这些协议配置适当的安全措施，那么攻击者就可能会利用这些协议来允许那么应该被拒绝的流量，或者将流量引导到攻击者希望的方向上。攻击完成后，就可以利用数据包抓取设备来分析流量，从而获得信息并发起中间人攻击。

  SDN 控制器是一个高价值攻击目标，攻击者可以利用 SDN 控制器欺骗去往各个网元的南向消息，或通过欺骗北向 API 调用来创建新流量流。考虑到控制器在 SDN 中的特殊功能，为了避免控制器受到欺骗攻击的影响，必须仔细规划穿越 SDN 的流量。针对 SDN 控制器的 DDoS 攻击也很常见，例如试图耗尽控制器的资源并使其完全失效。

  针对 NB API（NorthBound API，北向 API）层的攻击也很常见。OWASP 发布的 2017 年十大最重要的 Web 应用程序安全风险中就包含了 API 身份验证漏洞。NB API 可以利用 JSON、REST、C、Python 以及其他编程语言。如果攻击者利用了 NB API 漏洞，那么就可以通过控制器来控制 SDN。考虑到 SDN 技术还不够成熟，因而人们经常使用默认密码而不更改这些密码，这就给攻击者查询 SDN 环境、获取信息并插入自己的配置及意图带来了潜在可能。第 7 章提供了这些安全问题（包括控制器、NB API 以及南向通信）的解决案例。

3.4 分层安全

IT和OT遵循不同的安全优先级，传统的IT用例遵循CIA（Confidentiality、Integrity and Availability，机密性、完整性和可用性）优先级，而OT用例的优先级则正好相反（AIC），强调员工安全是第一要务。对于涵盖IT和OT用例的物联网平台来说，将物理安全措施与网络安全措施相结合正变得越来越普遍，从而为网络响应及物理事件带来了一定程度的自动化能力，进而提高了整体安全性。但是需要注意的是，虽然这种将资产与工具相结合的方式能够在一定程度上提高效率，但同时也带来了一系列安全挑战，而且面临的攻击风险也呈指数式增长，因而采用分层方式实现物理和网络安全至关重要。以用户端点与应用程序之间的通信为例，端点必须首先连接到网络或物联网平台上，用户也必须有权使用该端点（可能拥有有效的用户名/密码或生物识别控件）。端点启动成功后，会利用挑战进程试图连接网络。网络接入基础设施被配置为采用NAC技术，交换机端口被配置为使用802.1X，交换机被配置为通过RADIUS（实现集中式认证和授权）与集中式策略引擎进行通信。集中式策略引擎配置了双因素身份认证策略，需要用户拥有有效的AD（Active Directory，活动目录）账号凭据及端点证书，完成两者的评估确认之后，就可以完成用户身份认证并分配相应的网络访问权限，从而根据用户身份信息提供相应的访问权限。可以看出，用例中的端点在利用网络资源传输数据之前需要完成三个主要步骤，而这就是分层安全的基本概念。

在讨论具体的安全层次之前，需要考虑物联网平台架构的威胁建模问题。威胁建模需要考虑潜在的源、设备、介质、协议、出入口点、管理以及编排层，需要根据用例及流量模式遍历各种假设用例，以模拟可能会被安全攻击行为利用的体系架构漏洞。应该记录所有的假设用例及相应结果，并将结果用作安全防范指导，以确保每个层级都能得到保护。潜在的安全层级如下。

- **员工层**：企业通常将大部分精力都放在构建可靠的网络安全框架和安全计划上，而忽略了员工教育问题。组织机构可以创建DMZ和各种保护措施来保护高价值资产，但是如果没有教会员工有效防范社会工程欺骗、网络钓鱼以及流氓WiFi SSID等，那么就可能会在一定程度上促使员工绕过各种安全策略。最佳方式就是进行简单的教育和测试，可以考虑采用以下方式来创建社会感知环境。
  - 为员工提供有关恶意软件、恶意网站和勒索软件等的基本教育信息。
  - 重点强调网站和电子邮件等内容可能存在的安全威胁。
  - 提高员工的密码保护意识并加强端点保护机制。
- **物理层**：物理安全是控制系统整体完整性的重要组成部分，是OSI模型安全的先决条件。如果缺乏必要的物理层控制机制，那么就能很容易地绕过其他组件。物理层安全包含了很多控制措施，以遵循不同的合规性标准，如ISA99/IEC 62443和IEC 62351。
  - 利用安保人员、物理门以及电子门禁等方式限制对资源的访问。
  - 满足极端温度和冲击振动加固要求的防破坏外壳，这些通常与私拆证据及响应机制相结合。
  - 标准的锁和钥匙措施（虽然这些措施因技术发展逐步演变成电子胸卡和门禁卡而不太常见），好处是可以记录、审核并与安保摄像头记录相配对。
  - 目前的很多物联网垂直系统都配备了安保摄像头，可以远程控制这些摄像头进行平移和缩放。如前所述，这些安保摄像头都通常与电子胸卡接入相结合，从而在物理接入时自动捕获视频。
- **设备层**：由于物联网设备的类型非常繁多且制造商缺乏必须遵守的标准，因而攻击者经常会利用设备层漏洞发起攻击。常见的物联网设备包括可穿戴设备、传感器、网关、移动设备以及RFID读取器/扫描仪等。设备层的常见保护措施主要有：
  - 使用前修改默认认证信息；
  - 确保设备运行的软件版本是最新版本，并保持定期更新计划；
  - 利用MDM集中控制所有移动设备，确保这些设备符合企业的安全策略（如要求锁定、拒绝越狱设备访问网络以及使用具有锁定限制的生物识别信息登录）。

- **网络层**：网络是端点传输和接收数据的高速公路，网络层涉及大量技术，这些技术都有自己的漏洞。
  - 加固所有网络设备，禁用易受攻击的协议（如 Telnet 和 HTTP）并使用安全性更好的相关协议。
  - 使用包含接入层设备可以利用的合法条目的 MAC 数据库，来拒绝对恶意端点的访问。
  - 请求访问网络资源时，要求端点必须遵从最基本的无线接入标准集，如要求必须具备最低可接受的加密级别。WEP 等协议在数年前就被证明非常脆弱，因而在确定可接受的无线加密标准时应仔细考虑。
  - 制定在网络基础设施上定期运行漏洞测试的计划，以确保数据平面、控制平面和管理平面的安全性。
  - 定期执行错误排查并制定系统更新计划，以确保网络基础设施始终运行最新的软件版本。
  - 将 NAC 策略集中化（如果适用）。在每台网络设备上单独创建策略可能会出现错误行为，配置网络访问设备指向集中式策略服务器不但能够提高运行效率，而且还能大大提高可扩展性。
  - 将网络基础设施上的认证数据库集中化。如果网络基础设施的设备拥有独立且不连续的认证数据库，那么就会增加潜在安全风险，集中化之可以最大限度地降低潜在风险和差错。
- **应用层**：对于物联网和企业场景来说，保护应用程序与保护应用程序开发的安全指南非常一致。不过，SDN 和虚拟化技术的出现引入了新的安全威胁（具体将在第 6 章进行讨论）。此时应考虑如下措施。
  - 所有代码都应该进行数字化签名并进行适当隔离，并执行特定的资源分配措施。
  - 为用户和进程分配特定信息及工具的访问权限时，应执行最小权限原则。
  - 由于应用程序可以由服务提供商进行托管或管理，因而理解加密静态数据及传送数据的安全标准至关重要。
  - 确保禁用协议的弱安全版本，在满足或超过最大登录尝试次数时，要强制执行锁定进程，这一点应该与报警机制以及密码保护技术相结合。
  - 根据行业或垂直领域的标准及最佳实践要求，对应用协议进行安全扩展，如 IEC 62351 为电力自动化协议定义的安全机制。
  - 禁用未用协议及未用端口，使系统与最新的补丁及软件版本（包括 Hypervisor、操作系统以及应用程序）保持同步，从而确保底层平台的安全性。
  - 以应用程序的开发生命周期为指导，做好计划、开发、验证、启动和响应等 6 个阶段的安全保障措施。
  - 执行静态代码分析（包括缓冲区溢出、资源泄漏以及空指针引用等）。

3.5 小结

本章首先讨论了物联网的相关组件以及现有的架构模式，接着为了更好地说明每个组件与物联网平台以及组件之间的关系，按照分层方式对这些物联网组件进行了归类。此外，本章还讨论了很多针对不同组件的恶意攻击方式，以及设计物联网平台安全解决方案时的分层考虑。下一章将详细讨论物联网平台应该如何符合各种安全标准的要求，并给出常见的最佳实践。

第 4 章

物联网安全标准与最佳实践

本章主要讨论如下主题：

- 今天的标准就是没有标准；
- 定义标准；
- 标准化挑战；
- 物联网标准和指南概况；
- NFV、SDN 以及服务数据建模标准；
- 物联网通信协议；
- 特定安全标准和指南。

4.1 今天的标准就是没有标准

物联网可以解决的问题和提供的内容非常复杂且相当宽泛，而且物联网的每个实现或用例也都截然不同。不过，为了让物联网能够利用端点联网以及所生成的大量数据提升业务洞察力，从而实现承诺的业务价值，就必须让设备、网络和应用程序实现无缝地协同工作和互操作，从而产生“智能化”结果，同时还必须以安全的方式做到这一点。如果无法做到这一点，那么就可能需要退回到专有或单一的供应商解决方案，放弃物联网所带来的潜在价值。问题是，这种情况会发生吗？是否只有少数开放的物联网标准才能轻松地实现一致、安全且可管理的解决方案呢？

2015 年麦肯锡公司在一份报告中指出，不兼容性是物联网快速增长面临的首要问题。作者认为，物联网系统之间的互操作性至关重要，在物联网实现的潜在经济价值中，平均 40%都需要互操作性，在某些情况下甚至达到 60%。到 2025 年，物联网的商业价值将达到 4 万亿美元到 11 万亿美元之间，拥有巨大的商业机会。麦肯锡总结道：“市场的真正潜力将取决于政策制定者以及企业在可互操作性、安全性、隐私和产权保护等方面的技术和创新能力，以及更好地实现数据共享的成熟商业模式。”很显然，要想真正实现物联网所带来的利益和价值，互操作性和标准必不可少，包括互操作性标准以及物联网安全防护标准。

如第 1 章所述，物联网已经存在了很多年，而且目前用于物联网的各种标准也存在了很多年。需要注意的是，此处所说的术语“物联网”是一个通用术语，包括工业物联网以及特定市场或特定行业的物联网。显然，这些场景下的物联网用例及需求存在一定的差异，但是从技术角度来看，它们也存在很多相似之处。甚至在物联网一词被业界广泛采用之前，人们就已经开始研究物联网的各种要素（如标准化通信协议）了。物联网标准方面的研究工作在 2013 年左右开始激增，到 2014 年已经出现了一些可以提供有限认证机制的成熟标准，这些早期标准中的一些已经得到实际应用并给出了相应的用例。当时业界已经开展了物联网标准的协同工作，如 AllSeen 联盟与 OCF（Open Connectivity Foundation，开放连接基金会）在 OCF 框架下组建的 OCF，旨在从各个层面（包括芯片、软件、平台以及成品）为物联网解决方案提供互操作机制。OCF 的报告明确指出：互操作标准是起点，但标准必须以安全性为基础不断进步，必须满足消费者、企业以及行业的价值需求。

这是一个在不一致且充满竞争的标准化工作中的成功案例。虽然行业分析师谨慎预测 2017 年将是物联网标准真正开始协调发展的一年，但事实却远非如此。目前可以得出的唯一结论就是，我们距离通用物联网标准（甚至是两个或三个物联网标准）还有很长的一段路要走。分析师和研究人员认为，目前的这种不一致性很可能还要持续若干年。

为什么标准化工作如此艰难？毕竟物联网已被广泛接受，消费者、供应商、企业以及各个行业都期待物联网能够走向成功并提供潜力无限的商业价值。只是实际情况远没有人们想象的那么简单，各种因素都在影响着物联网的标准制定与达成。

- 仍然没有单一、一致的物联网定义。连普遍接受的物联网定义都没有，又何谈标准化？
- 很多力量都在影响物联网，而且这些力量本身也处于持续发展当中。这些影响力量大致包括市场和社会发展趋势、商业数字化及转型、劳动力的变化以及人员和设备的移动性等。
- 如第 3 章所述，物联网需要标准化的领域非常多，物联网系统通常包括通信、管理、体系架构、数据规范化、服务、安全性、硬件、应用程序以及大数据分析等众多组件。即使某些组件实现了标准化，在实际应用中仍然可能遇到其他组件的互操作性问题。确定应该标准化的内容及方式是物联网标准化的一大挑战，目前还没有一致的答案。
- 由于不同的垂直领域和行业都有各自不同的要求，因而需要根据实际需求推动建立不同的标准。意味着同一组织机构内部的 IT 和 OT 可能会有不同的标准，特定垂直领域（如智慧城市、数字制造或智慧能源）可能会有不同的规则或指导原则。
- 新的用例不断涌现（通常是新技术的驱动），该如何确保标准能够持续适用这些用例？如果用例超出了标准所要求的技术和安全性，那么就很难通过设计来保障安全性。新的用例通常都会采用专有措施，目的是希望在未来的某个阶段实现标准化，但这通常会导致安全响应能力有限（甚至会产生更多的标准化工作压力）。
- 新技术和新架构仍在持续发展。如果考虑 NFV（Network Functions Virtualization，网络功能虚拟化）、SDN（Software-Defined Network，软件定义网络）、云、雾、SDA（Software-Defined Automation，软件定义自动化）和自主网络等领域的进步，并将其与确定性网络、RF 空间的 NB-IoT 和 LoRa 以及 5G 等新技术领域相结合，再加上大数据、逻辑分析、ML（Machine Learning，机器学习）和 AI 等应用，可以看出潜在的竞技场非常巨大。Gartner 物联网技术成熟度曲线（2016 年）很好地说明了物联网的总体发展情况，所有的技术和应用都需要提供安全保障并尽可能实现标准化（见图 4-1）。
- 并非所有的物联网解决方案都部署在空白领域。事实上，目前大多数物联网部署环境都是早已存在的环境，这就意味着必须集成多种传统和专有技术，从而进一步降低了标准化机会。
- 物联网比 IT 或 OT 更复杂。这一点看起来应该很明显，因为物联网用例的交付通常都需要同时用到 IT 和 OT 系统，不过组织机构对待物联网的方式常常与将其他新技术作为核心 IT 或 OT 业务的方式相同。从本质上来说，物联网生成的数据通常更多，地理分布也更加分散，也包含更多的新设备，涉及更多的新技术，形成的也是 IT/OT 混合部署环境。
- IPv6 是物联网的推动者。IoT6.eu 认为，IPv6 的诸多功能特性（包括可扩展性、NAT 解决方案、多协议支持以及多播、任播、移动性、自动配置以及地址范围等功能特性）都证明了 IPv6 必将成为未来物联网通信的关键推动因素。此外，IPv6 还支持微型操作系统，提供增强型的硬件支持能力，而且还提供了解决物联网不同协议栈之间互操作性的新协议。

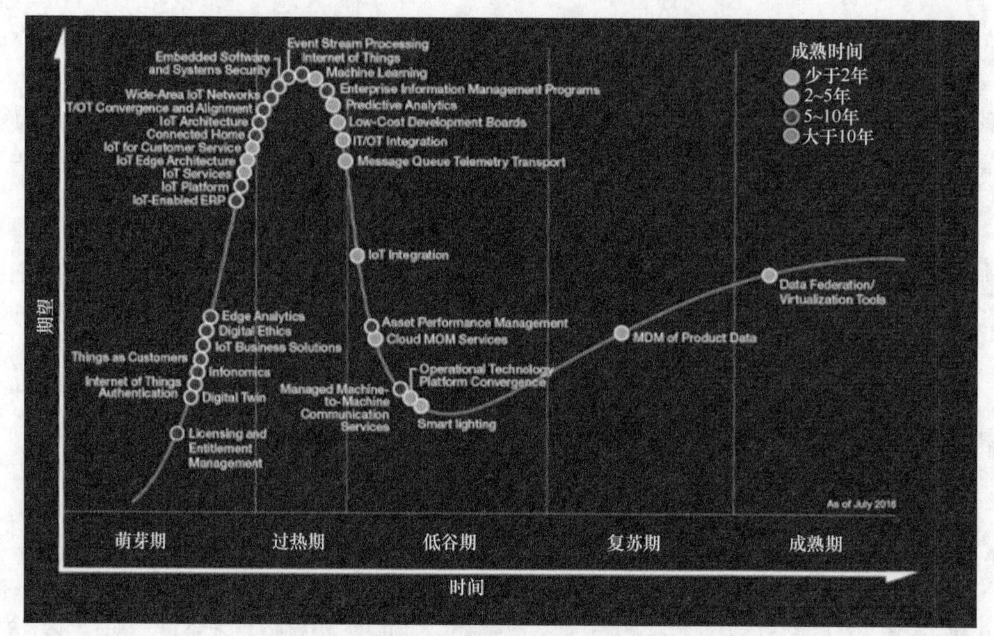

图 4-1　Gartner 物联网技术成熟度曲线（2016 年）

- 立法与法规开始出现。如早期保护北美电力基础设施的 NERC-CIP 以及专注于在欧洲内部建立治理框架以协调网络安全标准化工作的 ENISA。
- 当前面临的一个主要挑战就是众多标准化组织、联盟、协会通常都包含了大量不可能放弃其市场份额的大型供应商。幸运的是，在客户互操作性的需求推动下，业界已经出现了一些有益的变化，如 The Open Group 制定的开放式过程自动化（Open Process Automation）标准，就是由 Exxon Mobil（埃克森美孚）基于下一代处理环境的要求建立的。
- 标准制定的速度通常很慢。这与通信行业的飞速发展形成了鲜明的对比，为了满足客户不断增长的通信业务需求，通信行业的技术发展一直都很快。这种步调不一致导致很多厂商都不得不开发各自的专有解决方案，毕竟市场需求摆在那里。
- 安全性本身并不是一个简单的现象。必须全面解决并从头开始构建安全体系，而不能是零零散散的安全防护。虽然安全可能是变革性的驱动因素，但很多时候它只是为了解决互操作性不足而玩的噱头而已。

因此，我们期待物联网领域能够出现一套完全端到端且一致的安全策略。同时我们还要意识到在物联网技术出现之前，就已经存在了大量技术标准、指南及规范，不能简单地丢弃这些标准，因为它们已经展现了其价值。

纵观上述挑战，可以看出物联网的发展依然面临很多困难。用例和业务场景必须解决互操作性问题并尽可能地简化相关技术才能得到真正应用，具备健壮且安全的标准化技术才是合理的技术。不过物联网的用例和业务场景始终处于发展变化当中，新的端点和新的技术经常会被引入没有完成适当标准化的应用环境中，使得标准化工作更加复杂也更具挑战性。接下来将在探讨以下主题时更深入地分析这个问题：

- 如何定义标准；
- 为何需要标准；
- 物联网标准化格局概述；
- NFV 和 SDN 标准；
- 物联网和 NFV/SDN 安全标准。

本章的目的不是详细描述或推荐特定的标准和指南，而是希望大家更好地理解在规划安全的物联网系统时应该考虑的内容的认识。此外，本章也强调了一些有用的标准及最佳实践。

4.2 定义标准

到目前为止仅讨论了物联网标准的一些概念。标准通常是确定系统部署方式的基础，但并不是唯一需要考虑的因素，其他工具和技术也能帮助我们以尽可能安全的方式部署物联网系统。

- **法规**：指的是保护信息技术和计算机系统的指令，旨在强制企业和组织机构保护其系统和信息免受网络攻击。如北美保护电力基础设施的 NERC-CIP 以及欧洲的 NIS Directive（Directive on Security of Network and Information Systems，网络和信息系统安全指令），组织机构必须遵守这些法规。
- **标准**：指的是如何以一致的方式应用特定方法的详细信息。通常会在已发布的资料中提供相应的技术，以试图保护用户或组织机构的网络环境。标准的主要目的是降低风险，包括预防或缓解攻击。标准通常是强制性的，而且需要进行衡量以确保达到可接受的质量或水平。如聚焦工业控制系统安全的 IEC-62443。
- **指南**：指的是加强环境或系统保护的方法的详细信息。指南与标准相似，但是仅被视为建议，如智能电网网络安全指南 NIST NISTIR 7628。
- **策略**：指的是满足组织机构安全需求的书面策略，可以体现组织机构管理层的意图。策略是强制性的，策略为组织机构提供了自上而下的资产及信息保护要求，同时也提出了法规或法律的合规性要求。
- **程序**：落实安全策略及标准的实施步骤。可能包括一系列详细步骤和完成最终目标的详细说明。程序是强制性的，如用户名及密码的最长有效时间以及创建新密码的时间点。

需要记住的是，虽然在设计和部署物联网系统及平台时，标准既不必要也不必需，但是却能让部署过程更加容易，而且能够增强新技术的引入和升级能力（与现有技术保持互操作性），从而延长系统的生命周期。

标准为什么如此重要呢？标准在推动物联网发展的过程中又起到了什么作用呢？ETSI 做了很好的总结，这些内容完全适用于物联网。

- **安全性和可靠性**：这是物联网所必须考虑的关键要素，包括数据隐私和安全性，以及工业环境中的安全和环境保护。标准有助于确保满足这些要求，从而提升用户信心并促进新技术的采用。
- **互操作性**：物联网的一个基本要求就是设备的协同工作能力。符合标准要求的产品、技术和服务就具备互操作能力。
- **可扩展性**：可扩展性对于满足物联网的动态技术和业务需求来说至关重要。所有的体系架构和解决方案都必须满足中等规模的部署需求，而且还能在未来根据需要进行无缝伸缩（包括网络、存储、分析和安全）。
- **支持政府政策及立法**：负责立法以保护用户和商业利益并支持政府政策的人士通常都会引用或利用各种标准，对于受到高度监管的物联网应用行业来说，这一点尤为重要。
- **商业利益**：组织机构需要坚实可靠的基础条件来开发新技术并提升现有的部署实践。标准就提供了这一基础条件，可以帮助客户降低投资和运营成本，实现方式是开放或建立新的物联网市场、鼓励创新并提高人们对物联网行动计划及机遇的意识。
- **选择**：标准提供了新功能和新选项的基础，增强了生产和生活领域的选择性。
- **安全性**：需要利用标准及最佳实践来尽可能地减小攻击面、更好地查看安全事件，并在安全的环境中使用一致的工具来保护、检测、修复和报告安全状况。在设计和部署物联网之前，必须首先确保部署方案是安全的。

如果没有标准，那么技术和解决方案不能按照预期工作的概率将会更大，生命周期也将更短，与其他解决方案不兼容而被孤立，而且物联网技术的使用者被限制在拥有专有标准的单一供应商的可能性更大。后面两点在过去几年物联网的发展过程中经常出现。

道理听起来似乎很好，但实践是否真的如此呢？是否只要采用了开放标准的物联网，一切都很美好呢？很自然，我们还应该考虑其他方面的内容。

那么什么是开放标准呢？与物联网的定义一样，目前业界还没有单一、一致的开放标准的定义。国际电联曾经给出了一个很好的解释，将开放标准描述为通过协作和共识驱动流程开发（或批准）和维护以促进不同产品或服务之间的互操作性及数据交换，从而获得广泛采用。Stephen Walli 在"What are open standards"（什么是开放标准）(2008）中做了进一步澄清，认为技术互操作性标准是规范两个已经通过公认共识过程的对象之间的界限，该共识过程可以是国家标准组织、具有广泛兴趣的行业或贸易组织或聚焦特定领域的联盟或团体支持的法律程序。不过不幸的是，Walli 也承认标准流程并不总是寻求最佳技术解决方案，而是为所有参与者寻找最佳的共识解决方案。

这就出现了标准领域的玄妙之处。"开放"并不意味着可互操作，虽然这两个词经常可以互换使用。开放意味着系统的设计具备互操作性，但其他技术必须与标准的特定部分或多个部分一起工作，今天就有许多这样的标准。物联网需要用到多种技术，这些技术必须在各个层面进行通信和互通，包括通信和连接、软件和应用、将物品连接在一起的平台以及业务和行业模型。只有这些领域都建立了共同标准，才有可能实现真正的互操作性。

这是一项非常艰巨的任务，因为必须解决架构、系统、硬件、数据和文件格式、语言和模型以及通信协议等大量标准化问题。如果只是在设备之间使用特定协议，使得它们能够实现语法意义上的互操作性，那么还不能认为这些设备可以自动准确地解析相互交换的信息，从而得到有用的结果（语义互操作性）。"开放"架构并不意味着可互操作或开放式通信，因而在规划、设计和构建物联网系统和平台时，必须谨慎使用相关术语：开放并不一定意味着开放，可互操作也并不一定意味着可互操作（即使标准规定了如此）。

当然，从积极的方面来看，目前业界也确实拥有一些开放且可互操作的技术标准，如 TCP/IP 或 UNIX，也拥有一些开放且可互操作的系统，如 Internet。现在需要做的就是希望为物联网标准制定相同的方法、原理与实践，以满足开放且可互操作的物联网系统的要求。这样就有能力为其他系统提供服务，也有能力接受其他系统的服务，并利用相互交换的服务实现有效的协同运行。这样一来，无论是设备还是用户都将受益匪浅，这也是标准应该发挥的作用，即实现异构多供应商、多网络以及多业务和多应用环境中的产品互操作性。与此相关的是，标准化组织应该专注于加强与其他标准化组织、联盟、团体及监管机构的合作，从而解决互操作性问题。

从实际操作角度来看，业界需要标准来帮助我们以一致的方式为开放且可互操作的物联网平台提供异构架构和通信方法，因而必须改进连接和通信协议，利用通用的处理和编程接口及语言，提供编排和自动化平台，以消除不同的计算平台、设备和操作系统之间的障碍。这种异构设计需要借助 NFV 和 SDN 的能力，聚焦系统和系统资源的效果，而不局限于完成特定任务的物理设备（从而无法与其他供应商的任务或系统实现互操作）。此外，还需要改变传统系统由人创建、获取和使用数据的模式，物联网系统将是由成百上千万台设备通过获取和使用其他设备创建的数据而实现互连和互操作。唯有如此，才可能真正实现物联网的互操作性和开放标准。

4.3 标准化挑战

那么在选择合适的物联网标准时应考虑哪些内容呢？首先必须了解标准化工作的参与主体。

- **联盟**：联盟指的是两方或多方达成协议，希望集中资源以产生更大的影响力。联盟通常不是法律意义上的合伙实体、机构或附属团体。
- **团体**：团体协议是两个或多个当事方之间的私人协议，规定了当事方之间的权利和义务，目的是集中资源以实现共同目标。但团体成员仅对团体约定中的义务负责，每个成员保持常规业务运营的独立性，对其他成员从事的与团体规定内容无关的工作无发言权。
- **标准化机构**：也称为标准化组织、标准机构、SDO（Standards Developing Organization，标准开

发组织）或 SSO（Standards-Setting Organization，标准制定组织），主要工作就是开发、协调、修订和生成技术标准以满足组织机构的需求。标准化机构可以是国际性、区域性或国家性机构。

- **监管机构**：这些机构规定了强制性或法律要求，通常借鉴标准或利用专家委员会基于共识和透明流程制定的最佳实践。

如果要研究和概述适用于物联网的所有标准和指南，那么将是一项极其庞大的工作，本章后面列出了 109 个相关的标准化实体（见图 4-2），而且这还不是全部。此外，某些团体还有多个适用于物联网的标准或指南，如 IEEE 就列出了 80 个适用于物联网的 IEEE 标准，同时还为物联网制定了另外 45 个标准。研究庞杂纷乱的标准化体系时，必须认识到标准通常是由不同的团体和联盟主导的，很自然地就会推动它们各自的利益。同时，还必须认识到标准通常只是最合适的技术解决方案，而不一定是最佳的技术解决方案。既然如此，为什么还要为标准化烦恼呢？

答案很简单：没有标准就无法实现物联网带来的回报和收益。至少需要通信标准来实现互操作性，如果没有互操作性，那么来自不同供应商的不同设备和系统将无法相互协作，也就不得不回到曾经的孤岛状态，必须实现连通性才能获益。

随着行业的快速发展，我们越来越需要标准化的模型和流程，不仅要实现设备之间的通信，而且还要执行各种常见的物联网后端任务，如安全性、自动化、解析及业务洞察。随着最终用户需求的持续推动，各种物联网解决方案将最终实现与常见后端服务的互操作性，解决当前物联网解决方案无法实现的互操作性、可移植性、可维护性和可管理性。Gartner 在 2015 年的研究报告中指出，下一代物联网系统将以服务（aaS）的方式进行提供，与第 8 章关于 SDN 及 NFV 平台的架构模式一致，这就意味着需要解决的标准范围不仅限于传统的物联网标准，还应该扩展到 SDN 和 NFV。此外，还需要采用标准化的方法来提供必要的物联网功能即服务，还需要专用的物联网安全标准，即使这些标准可能并不是专门为物联网制定的。

设计和构建物联网系统时，必须仔细考虑当前标准以及正在开发的标准，并正确选择这些标准。目前可以提供这方面帮助的标准化机构、联盟、团体及监管机构很多，具体将在下一节详细说明。从安全性角度来看，适当的标准对于物联网用例的实施至关重要，可以利用标准来减小攻击面，获得更好的安全事件可见性，并提供一致且可用的工具来保护、检测、修复和报告安全事件。

下面是一些主要考虑因素。

- 不要创建已经有的东西。美国国土安全部建议为物联网战略建立公认的体系架构和安全实践，经过测试验证的各种传统 IT 和网络安全实践都可以用于物联网，都能帮助我们识别漏洞、检测违规行为、响应潜在事件，并帮助物联网设备和系统实现故障恢复。
- 从基本的、一致的体系架构及网络安全标准和最佳实践开始，不但要用于物联网系统，而且还要用于整个物联网生态系统（可能是解决方案一部分）。
- 利用特定行业或特定市场的最佳实践和指南（如果有）来解决特殊的体系架构及安全措施或法规问题。
- 评估可能会在长期范围内取得成功的标准，支持错误的标准可能会导致物联网系统最终无法运行或过时，从而浪费大量的时间和金钱。此时，跟踪了解大型厂商及业内人士对标准机构的支持情况可以提供一定的参考价值。但是，思科、英特尔、IBM、GE 和微软等业界领先的物联网公司似乎都在多方下注，同时与多个联盟展开合作，这就给大家的实际选择带来了挑战。

4.4 物联网标准和指南概况

目前可选的物联网标准、指南、联盟及团体很多，而且从短期来看，未来选择范围可能还会进一步增多，但行业的发展趋势决定了最终一定会走向融合，只有这样才可能实现物联网的美好愿景。图 4-2 列出了截至 2017 年存在的各类标准化组织情况（未能穷举）。

在讨论这些标准之前，请大家务必认识到风险的重要性，这也是决定被保护内容的首要关键步骤。

虽然很多物联网标准或者与物联网有关的标准都包含了风险因素，但截至目前还没有出现专门的物联网风险标准。国际公认标准（如 ISO 27001 和 ISO 27005、IEC 62443、NIST SP 800-39 和 SP 800-37）和 The Open Group 的风险分类标准都是从 IT 和 OT 的角度提出物联网的安全要求。此外，还必须牢记第 2 章中给出的建议框架。

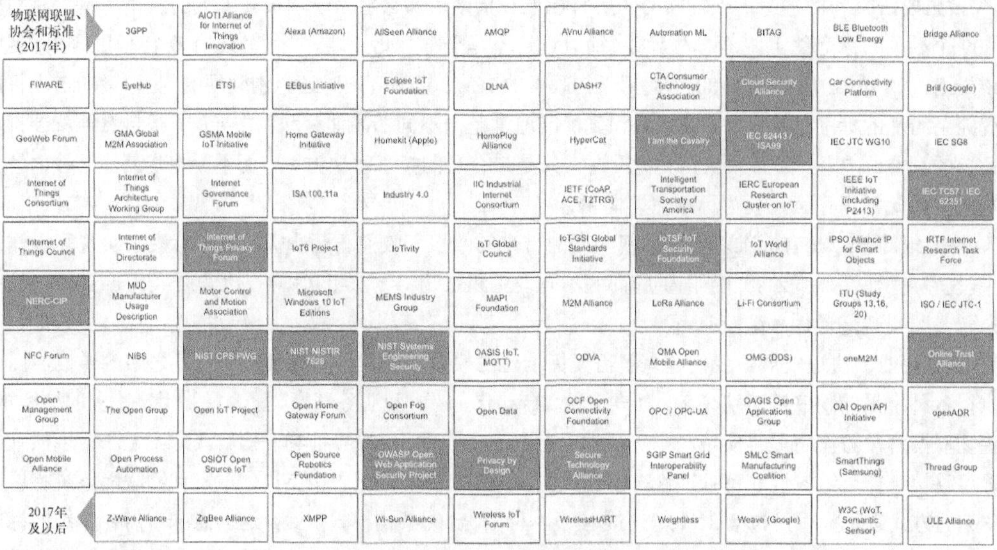

物联网联盟、协会和标准（2017年）
3GPP
AIOTI Alliance for Internet of Things Innovation
Alexa (Amazon)
AllSeen Alliance
AMQP
AVnu Alliance
Automation ML
BITAG
BLE Bluetooth Low Energy
Bridge Alliance
FIWARE
EyeHub
ETSI
EEBus Initiative
Eclipse IoT Foundation
DLNA
DASH7
CTA Consumer Technology Association
Cloud Security Alliance
Car Connectivity Platform
Brill (Google)
GeoWeb Forum
GMA Global M2M Association
GSMA Mobile IoT Initiative
Home Gateway Initiative
Homekit (Apple)
HomePlug Alliance
HyperCat
I am the Cavalry
IEC 62443 / ISA99
IEC JTC WG10
IEC SG8
Internet of Things Consortium
Internet of Things Architecture Working Group
Internet Governance Forum
ISA 100.11a
Industry 4.0
IIC Industrial Internet Consortium
IETF (CoAP, ACE, T2TRG)
Intelligent Transportation Society of America
IERC European Research Cluster on IoT
IEEE IoT Initiative (including P2413)
IEC TC57 / IEC 62351
Internet of Things Council
Internet of Things Directorate
Internet of Things Privacy Forum
IoT6 Project
IoTivity
IoT Global Council
IoT-GSI Global Standards Initiative
IoTSF IoT Security Foundation
IoT World Alliance
IPSO Alliance IP for Smart Objects
IRTF Internet Research Task Force
NERC-CIP
MUD Manufacturer Usage Description
Motor Control and Motion Association
Microsoft Windows 10 IoT Editions
MEMS Industry Group
MAPI Foundation
M2M Alliance
LoRa Alliance
Li-Fi Consortium
ITU (Study Groups 13,16, 20)
ISO / IEC JTC-1
NFC Forum
NIBS
NIST CPS PWG
NIST NISTIR 7628
NIST Systems Engineering Security
OASIS (IoT, MQTT)
ODVA
OMA Open Mobile Alliance
OMG (DDS)
oneM2M
Online Trust Alliance
Open Management Group
The Open Group
Open IoT Project
Open Home Gateway Forum
Open Fog Consortium
Open Data
OCF Open Connectivity Foundation
OPC / OPC-UA
OAGIS Open Applications Group
OAI Open API Initiative
openADR
Open Mobile Alliance
Open Process Automation
OSIOT Open Source IoT
Open Source Robotics Foundation
OWASP Open Web Application Security Project
Privacy by Design
Secure Technology Alliance
SGIP Smart Grid Interoperability Panel
SMLC Smart Manufacturing Coalition
SmartThings (Samsung)
Thread Group
2017年及以后
Z-Wave Alliance
ZigBee Alliance
XMPP
Wi-Sun Alliance
Wireless IoT Forum
WirelessHART
Weightless
Weave (Google)
W3C (WoT, Semantic Sensor)
ULE Alliance

图 4-2 物联网标准和指南概况

下面总结了物联网系统需要考虑的 4 个主要领域的关键标准化机构、联盟、团体及指南。术语表列出了所有 109 个资源的信息及链接。

- **总体**：涵盖整个物联网架构，但不针对特定市场或行业
- **行业/部门/市场**：涵盖整个物联网架构，针对特定市场或行业。
- **NFV/SDN**：面向 NFV 或 SDN，并不专用于物联网（虽然其中的某些组织可能将物联网视为重点领域）。
- **安全**：包括一般性安全、物联网安全以及特定行业或市场的安全。

每一类组织的工作都与物联网在产业方向或市场研究方面保持相关性（无论是直接相关还是间接相关），而且都会涉及安全性问题。不过本章并没有描述每个标准的安全机制，如果大家希望了解相关信息，可以访问这些组织的官方网站（本书列出的组织顺序以字母表为序，而不是以重要性或适用性为序）。

4.4.1 架构或参考标准

- AIOTI（Alliance for Internet of Things Innovation，物联网创新联盟）：由欧盟委员会于 2015 年 3 月成立，目标是创建和培育欧洲物联网生态系统，以加速物联网的部署和应用。作为该项工作的一部分，AIOTI 致力于物联网标准的融合以及研究如何消除物联网应用障碍，从而使欧盟与世界其他地区的物联网活动保持一致。
- ETSI（European Telecommunications Standards Institute，欧洲电信标准协会）：自 2015 年 5 月起开始物联网专项研究，目的是确保 M2M 的可互操作性并提供高性价比的解决方案，特别是物联网的智能服务和应用。ETSI 致力于制定数据安全、数据管理、数据传输和数据处理方面的标准，并为智能设备、家用电器、家庭、建筑物、车联网、智能电网以及智慧城市制定相应的应用举措。ETSI 与 oneM2M 在物联网领域展开密切合作。
- IEEE（Institute of Electrical and Electronics Engineers，电气和电子工程师协会）：设置了多个以物联网为工作重点的标准组，包括 2014 年成立的 IEEE IoT Initiative（物联网倡议）和 IEEE P2413

工作组。IoT Initiative 已经开发了（并将继续开发）多个物联网标准，也是所有 IEEE 物联网活动的领导组。IEEE P2413 工作组致力于开发物联网参考架构，包括基本组件、集成到多层系统中的组件能力以及安全性。

- ITU-T（ITU Telecommunication Standardization Sector，国际电联电信标准化部门）：2013 年启动了物联网全球标准倡议，其工作主要由聚焦物联网和智慧城市及智慧社区的第 20 研究组（SG20）负责推动，目标是协调开发物联网技术（如 M2M 和泛在传感器网络）的标准化需求以及端到端的物联网架构。
- IETF（Internet Engineering Task Force，互联网工程任务组）：是全球领先的互联网标准机构，设立了一个专门的物联网小组，负责协调工作组的相关工作，审查一致性规范并监控其他标准组的物联网活动。
- IRTF（Internet Research Task Force，互联网研究工作组）：是 IETF 的一部分，2005 年以来一直致力于各种与物联网相关的举措。目前设置了 7 个工作组，专注于低功耗 WPAN 上的 IPv6（6LoWPAN）、低功耗和有损网络路由（ROLL）、约束性 RESTful 环境（CoRE）、6TiSCH WG（基于 IEEE 802.15.4e 的 TSCH 模式的 IPv6）、简明二进制对象表示（CBOR）以及 IRTF Thing-to-Thing 研究组（T2TRG）。
- IoTivity：2016 年建立了物联网设备间连接的开源框架。该项目由 OCF（Open Connectivity Foundation，开放连接基金会）赞助，由 Linux 基金会主办。
- IPSO 联盟（IPSO Alliance）：成立于 2008 年，目标是确立和开发包含智能对象定义及支持平台的产业领导地位，重点是协议和数据层的对象互操作性以及身份和隐私技术。在物联网智能对象方面，研究资源库、设计工具包、生命周期管理以及互操作性等内容，重点是开放性和可访问性。
- 对象管理组（Object Management Group）：是一个开发物联网标准的技术标准团体，主要制定 DDS（Data Distribution Service，数据分发服务）、IFML（Interactio Flow Modeling Language，交互流建模语言）、可靠性框架、威胁建模以及实时和嵌入式系统的统一组件模型等标准。自 2014 年以来，对象管理组还负责管理 IIC。
- OCF（Open Connectivity Foundation，开放连接基金会）：2016 年将原来的名字 OIC（Open Interconnect Consortium，开放互连联盟）更改为 OCF，负责制定物联网规范、互操作性指南，并为物联网设备提供认证计划。OCF 是最大的物联网组织之一（成员包括微软、英特尔、思科和三星），赞助了开源项目 IoTivity。
- 开放 API 战略（Open API Initiative）：提供了机器可读接口文件规范，用于描述、生成、使用和可视化 RESTful API Web 服务，作为 OpenAPI 规范的一部分。该项目始于 2010 年，于 2016 年发布了 OpenAPI 规范。
- OFC（OpenFog Consortium，开放雾联盟）：成立于 2015 年 11 月，创始成员为 ARM、思科、戴尔、英特尔、微软和普林斯顿大学边缘计算实验室。OpenFog 是一个公共—私有生态系统，旨在加速雾计算的部署和应用，希望解决与物联网、人工智能、机器人、触觉互联网及其他先进概念相关的带宽、时延和通信挑战。负责定义分布式计算、网络、存储、控制和资源的参考架构，以支持物联网边缘的智能化（包括各种学科和领域中的自主和自感知机器、物品、设备及智能对象）。
- OASIS（Organization for the Advancement of Structured Information Standards，结构化信息标准促进组织）：成立于 1998 年，旨在促进行业共识并制定安全、物联网、云计算、能源、内容技术以及应急管理等方面的标准。

物联网安全领域的主要标准组织是 NIST（National Institute of Standards and Technology，国家标准与技术研究院）和云安全联盟（Cloud Security Alliance），详见 4.7 节。

4.4.2 面向行业/特定市场领域的标准

- IIC（Industrial Internet Consortium，工业互联网联盟）：成立于2014年3月，成员包括AT&T、思科、GE、IBM 和英特尔。IIC 的重点是加速推进工业物联网，促进工业和 M2M（Machine-to-Machine，机器到机器）技术的开放标准和互操作性，负责定义用例和测试平台，创建互操作性参考架构及框架，影响互联网和工业系统的标准流程，促进信息、理念和经验的公开共享。此外，IIC 还致力于增强业界对新安全方法的信心。
- ODVA（Open DeviceNet Vendors Association，开放式 DeviceNet 供应商协会）：成立于1995年3月并于2014年重新启动。会员主要来自工业自动化应用设备供应商。希望在集成的信息物理融合系统（Cyber-Physical Systems）中向工业自动化迁移，并在工厂内外建立连接。主要方法包括SDN、TSN（Time-Sensitive Network，时间敏感网络）、移动性、云以及工业网络安全等技术，目的是让 IIoT 成为现实。
- The Open Group 的开放式过程自动化论坛（Open Process Automation）：成立于2016年9月，受埃克森美孚需求的推动，由于它适用于多个组织机构和行业，因而由 The Open Group 负责标准化。开放过程自动化论坛是由最终用户、系统集成商、供应商、学术界和其他标准化组织共同组成的一个国际论坛，旨在开发标准、开放、安全和可互操作的过程控制架构，一项关键工作就是提供以客户为导向的标准，使控制供应商远离专有系统。该标准是过程自动化系统的用户和供应商的良好结合，涵盖了从边缘到云的相关物联网系统。
- MAPI（Manufacturers Alliance for Productivity and Innovation，制造商生产力和创新联盟）：于2011年重新启动，开发了工业4.0的工业物联网应用，侧重制造技术的自动化与数据交换，包括信息物理融合系统、物联网和云计算。MAPI 的4个设计理念也是工业4.0的核心：互操作性（即机器、设备、传感器及人员通过物联网或 IoP［Internet of People，人联网］实现相互通信的能力）、信息透明度（即利用传感器数据来提升数字化工厂模型，从而创建物理世界的虚拟副本）、技术辅助（即支持人们做出明智决策的辅助系统的能力）以及信息物理融合系统支持能力（即接管不适合人类从事的工作）和分散决策能力（即信息物理融合系统的自主决策能力）。
- oneM2M：成立于2012年7月，旨在开发与 M2M 及物联网相关的通信架构和标准，以及安全性、互操作性规范。其框架支持多种垂直行业，包括医疗卫生、工业自动化、智能电网、车联网以及家庭自动化等。
- OPC（OLE for Process Control，用于过程控制的 OLE）：成立于1996年，为工业自动化领域和包括物联网在内的多个行业提供安全可靠的数据交换互操作性标准，由行业供应商、最终用户及开发人员共同制定相关开发规范。2008年启动了 OPC-UA（OPC Unified Architecture，OPC 统一架构），它提供了一种面向服务的架构，可以将 OPC 规范集成到单一框架中。
- SGIP（Smart Grid Interoperability Panel，智能电网互操作性小组）：成立于2009年12月，SGIP 专注于互操作性标准，希望推进电网现代化并加速智能电网系统和设备的互操作性，专注于能源行业的物联网应用，融入了通用数据模型和物联网通信协议。
- 线程组（Thread Group）：成立于2014年7月，负责在物联网中推进 IPv6 网络协议，在本地无线网状网络上促进家庭设备（如照明和安全系统）的自动化。线程组为基于线程的设备提供认证计划。

工业领域的主要安全标准和法规包括用于工业控制系统的 IEC 62443、用于电力自动化的 IEC 62351 以及用于北美电力基础设施的 NERC-CIP。具体将在4.7节介绍。

4.5 NFV、SDN 及服务数据建模标准

2015年的 Gartner 报告为物联网解决方案架构师提供了如下建议准则：

- 利用软件定义架构为软件定义的物品设计物联网解决方案；
- 建立管理大规模自动化事件驱动系统的技术技能及专业知识；
- 投资虚拟化和软件可移植性领域（包括容器化微服务）的技术及专业知识；
- 选择具备敏捷性、可扩展性和开放性的平台。

这些准则都与 NFV 和 SDN 的功能以及它们实现的灵活性、可编程性及自动化水平直接相关。虽然人们经常混用 NFV 和 SDN 概念，但需要注意的是，NFV 和 SDN 是两个截然不同的技术领域，只不过将两者结合起来应用可以为复杂的物联网挑战带来一些非常有用的解决方案，具体详见本书后续章节。有趣的是，NFV 或 SDN 与物联网一样，都没有单一标准化机构。SDX Central 一直都在关注 NFV 和 SDN 的标准化工作，希望推进 SDN、NFV 和 NV（Network Virtualization，网络虚拟化）的应用和部署，在其 2016 年的年报中列出了 138 个相关标准化组织。目前业界已经出现了很多互操作性和开放性解决方案，允许将不同的供应商解决方案整合在一起。除了服务提供商和企业都在持续应用 SDN 和 NFV 之外，由于其提供的优于传统静态网络架构的灵活性和丰富功能，物联网领域也出现了持续增长的应用势头。

第 6 章详细介绍了 NFV 和 SDN 的相关内容，此处仅做简要描述，以提供技术和标准方面的一些背景信息。

NFV 提供了一种构建、实施和管理网络服务的标准化方法（如本章后面所述，也可以扩展到网络之外的其他服务），允许用标准的服务器、交换机、存储、云甚至雾/边缘计算基础设施替代传统的专用网络基础设施设备（如路由器和防火墙），实现了网络功能（如路由、交换和安全）与专用硬件设备的分离，从而以软件方式提供这些功能。

NFV 的目标是利用标准的 IT 虚拟化技术来整合硬件，并将网络功能虚拟化成可以连接或链接在一起以构建端到端通信服务的组件，无论是无线网络环境还是有线网络环境，其控制平面功能和数据平面处理都能通过 NFV 方式加以实现。

NFV 真正诞生于 2012 年，当时 7 家全球领先的网络服务提供商齐聚一堂，共同参与了 ETSI 的 NFV 行业规范小组，该标准组是开发电信网络各种功能的虚拟化要求和架构以及 NFV 架构标准（如 NFV MANO［Management and Orchestration，管理和编排］架构）的主要组织，目前已成为事实上的 NFV 标准。

从图 4-3 可以看出，ETSI 的 NFV 框架包括 3 个主要组件。VNF（Virtualized Network Functions，虚拟网络功能）是以软件方式实现的网络功能，可以部署在 NFVI（Network Functions Virtualization Infrastructure，网络功能虚拟化基础设施）上。NFVI 是部署 VNF 的硬件和软件组件。NFV 的 MANO 是架构性框架，包含了多个功能模块、功能模块使用的数据存储库以及功能模块交换信息以管理和编排 NFVI 和 VNF 的相关接口。

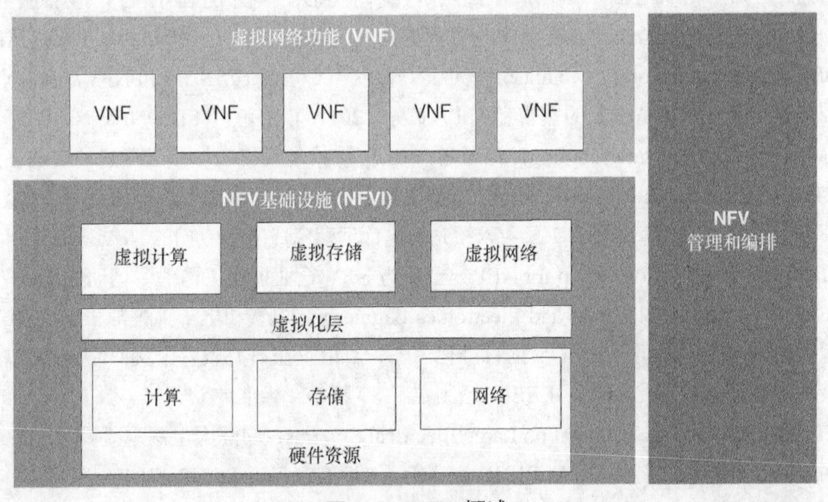

图 4-3 NFV 概述

SDN 是一种将控制平面和数据转发平面相分离的网络设计、构建及运行方法，支持网络的直接编程和动态调整，实现了底层网络基础设施的功能抽象。该术语最早出现在 20 世纪 90 年代中期，但真正成型的时间是 2011 年，当时成立了 ONF（Open Networking Foundation，开放网络基金会）以推广 SDN，并将 OpenFlow 作为网络变更操作标准化方式的关键协议。虽然有时人们也会混用 SDN 和 OpenFlow，但这并不准确，因为 OpenFlow 只是实现了 SDN 功能的一种协议，其他通信协议也能实现 SDN 功能。

虽然可以采用不同的体系架构将控制逻辑与设备资源相分离，但所有的 SDN 架构都必须包含 SDN 控制器以及南向 API 和北向 API（见图 4-4）。

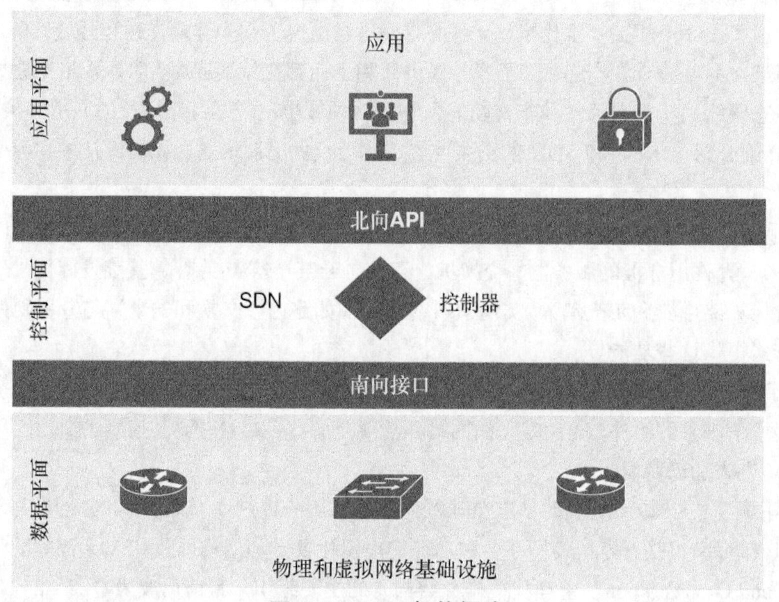

图 4-4 SDN 架构概述

NFV 和 SDN 是当前最先进的网络技术代表，很多标准化组织都在密切关注 SDN、NFV 或两者的标准及最佳实践，下面以字母顺序列出了其中的一些关键组织及重点关注领域。

- ATIS（Alliance for Telecommunications Industry Solutions，电信行业解决方案联盟）：于 2014 年 1 月启动了 SDN 和 NFV 焦点组，重点研究基于 SDN 概念的硬件/NFV 设备服务链，包括为 OpenStack 和 OpenDaylight 框架中的服务链开发应用程序接口 API 和 OAM 接口 API。
- BBF（Broadband Forum Member，宽带论坛成员）：同时研究 SDN 和 NFV，旨在通过服务提供商网络向家庭提供基于云的宽带和 NFV 服务。2017 年 BBF 与 SDN/NFV 产业联盟签订了 MoU（Memorandum of Understanding，谅解备忘录），以推动网络转型和云演进的快速发展。
- ETSI（European Telecommunications Standards Institute，欧洲电信标准协会）：是全球 NFV 的主要推动力量，2012 年 11 月由 7 家全球领先的电信运营商成立了专门的 NFV 研究组，目前 ISG NFV（Industry Specification Group for NFV）已成为 NFV 行业标准工作的专门研究组。
- IEEE（Institute of Electrical and Electronics Engineers，电气和电子工程师协会）：IEEE 通过两个课题组和两个研究组开展 SDN 的标准化工作，目前正在研究软件定义网络、网络功能虚拟化以及相关领域的标准化机会，IEEE 已经制定了 8 项 SDN 标准。
- CIGRE（International Council on Large Electrical Systems，国际大电网系统委员会）：CIGRE 设立了一个工作组专门制定 IEEE P1915.1 标准，该标准规定了 SDN/NFV 的安全框架、模型、分析及要求。CIGRE 旨在理解和解决安全模型、术语以及分析逻辑（SDN 和 NFV 环境的基本组件），以确保机密性、完整性和可用性，同时还希望为 SDN 和 NFV 的采购、部署及管理制定相应的指导框架。

- ITU-T（International Telecommunication Union Telecommunication Standardization Sector，国际电信联盟电信标准化部门）：ITU-T 自 2012 年 11 月以来一直专注于 SDN 的标准研究，目前已经通过了第 77 号决议以推动 SDN 的标准化工作，并在 WTSA-12 中明确了以 SDN 为核心的研究工作。
- IETF（Internet Engineering Taskforce，互联网工程任务组）：IETF 正在开发 SDN 标准（基于 RFC 7426 SDN）并确定了一个新的 IETF SDN 标准组（I2RS），聚焦于南向编程协议、NFV 以及网络服务链。
- IRTF（Internet Research Task Force，互联网研究任务组）：IRTF 有一个 SDN 研究组，希望为包括无线、蜂窝、家庭、企业、数据中心和广域网在内的所有类型的网络提供解决方案。SDNRG（Software-Defined Networking Research Group，软件定义网络研究组）旨在确定近期可以定义、部署和使用的方法以及未来的研究挑战，聚焦的主要领域包括解决方案可扩展性、抽象以及 SDN 环境中特别有用的编程语言和范式，同时还为研究人员提供了一个研究 SDN 问题的论坛，并为其他研究组（如 ETSI、IETF 和 IEEE）的标准提供直接输入。
- ISOC（Internet Society，互联网协会）：ISOC 的 IRTF 和 IETF 都有研究组开展 NFV 和 SDN 标准研究，并为 IAB（Internet Architecture Board，互联网架构委员会）提供架构的监管工作。
- MEF（Metro Ethernet Forum，城域以太网论坛）：成立于 2001 年，基于 SDN 和 NFV 等技术为服务编排（OpenLSO）和 L2-L7 连接服务（OpenCS）提供行业中立的实施环境，目标是为数字经济和超连接世界开发敏捷、有保证且协调的服务。
- ODCA（Open Data Centre Alliance，开放数据中心联盟）：成立于 2010 年 10 月，ODCA 正在推动一种硬件和软件都基于通用标准的联邦云架构，旨在通过最佳实践共享及协作方式广泛应用企业云计算。ODCA 拥有 SDN 和 NFV 工作组，成员包括宝马、荷兰皇家壳牌和万豪酒店等组织机构。
- OpenDaylight：推出了一个用于构建可编程灵活网络的开源 SDN 平台，OpenDaylight 基金会成立于 2013 年，由解决方案提供商、个人开发人员以及最终用户（包括服务提供商、企业和大学）组成。
- ONF（Open Networking Foundation，开放网络基金会）：是一个非营利性的用户驱动型组织，致力于推动 SDN 和 NFV 的应用部署，并在 2011 年开始推进 SDN。ONF 的成员包括德国电信、Facebook、谷歌、微软、Verizon 和雅虎等公司，旨在实现 SDN 和 OpenFlow 的标准化。2017 年 ONF 发布了开放式创新管道计划，以引导行业走向下一代 SDN 和 NFV，网络设备去中心化、开源平台以及软件定义标准是 ONF 的优先关注事项。
- OPNFV（Open Platform for NFV，NFV 开放平台）：由 Linux 基金会于 2014 年成立，旨在促进开源生态系统 NFV 组件的开发与演进。OPNFV 通过系统级集成、部署和测试创建了一个参考平台，以加速企业和服务提供商的网络转型。OPNFV 的成员包括 AT&T、Juniper、博科、中国移动、思科、戴尔、爱立信、IBM 以及英特尔。
- OIF（Optical Internetworking Forum，光互联网论坛）：在架构和信令工作组中开展 SDN 接口的标准化工作。

4.5.1 数据建模和服务

数据建模是通过形式化方法以标准、一致且可预测的方式对数据进行建模，为信息系统创建数据模型的过程，从而可以作为资源加以管理。与其他事物一样，数据建模也有很多竞争性标准，需要利用数据建模语言将描述和创建功能的方式标准化，将功能作为服务进行部署的方式标准化。为了实现自动化并扩展到开放式异构环境中（即任意供应商的任意服务都可能需要部署到任意设备中），需要利用标准的、模型驱动的且以服务为中心的方法，从服务实例中抽象出服务意图，并将要实例化与将部署的设备服务相分离，意味着必须实现设备类型的开放（多供应商）和设备部署位置的开发（边缘、雾、网络、数据中心或云）。此外，还要求 NFV 和 SDN 的编排系统必须能够理解和处理数据建模标准。

虽然业界在确定 NFV 和 SDN 环境中最佳服务建模语言方面还存在诸多争论，但通常都是以 YANG 或 TOSCA 为主，两者各有优缺点。对于物联网应用环境（包含大量来自多供应商的分布式设备）来说，YANG 更加适合。事实上，出于多种原因（包括 YANG 更适合于实现各个层面的自动化和编排能力），YANG 目前已成为所有应用环境的首选标准数据建模语言：

- 网络基础设施；
- 数据平面可编程性；
- 操作系统；
- 控制器可编程性；
- 云和虚拟化管理；
- 编排和策略。

此外，最近还出现了一批面向智慧城市、汽车制造、石油和天然气以及电力公用事业客户的物联网及特定雾应用的 YANG 模型，采用第 8 章描述的 NFV 和 SDN 平台实现端到端的安全用例。后面的章节还会强调这种新方法，以展示 YANG 的强大功能和灵活性。

IETF 利用 YANG 来建模，宽带论坛、IEEE、ITU、MEF 以及 OpenDaylight 等大量 SDO（Standards Development Organizations，标准开发组织）、联盟及开源项目也都在使用 YANG。作为一种数据建模语言，YANG 可以对 NETCONF 网络配置协议所操作的配置和状态数据进行建模（见图 4-5）。

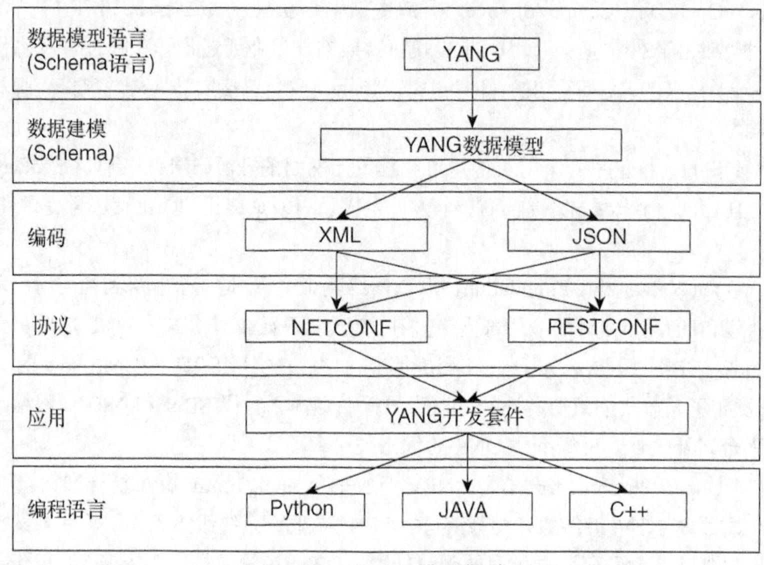

图 4-5 YANG 模型概述

除了网元的事件通告信息之外，YANG 还可以对网元的配置数据和状态数据进行建模，因而数据建模器可以定义远程进程调用（可以在网元上通过 IETF 的标准 NETCONF 协议进行调用）。YANG 与具体协议无关，可以转换成配置进程所支持的任何编码格式（如 XML 或 JSON）。

虽然 YANG 模型通常用来描述基于 NETCONF 协议的网络功能和设备配置，但是由于具备足够的灵活性和强大的功能，因而完全可以扩展到其他服务定义领域。如本章前面所述，雾和边缘设备、数据管道、服务保障代理、多租户以及安全性等组件对于物联网来说都必可不少（见图 4-6），完全可以借助 YANG 的灵活性，对 ETSI MANO 架构进行扩展以涵盖物联网的所有领域。

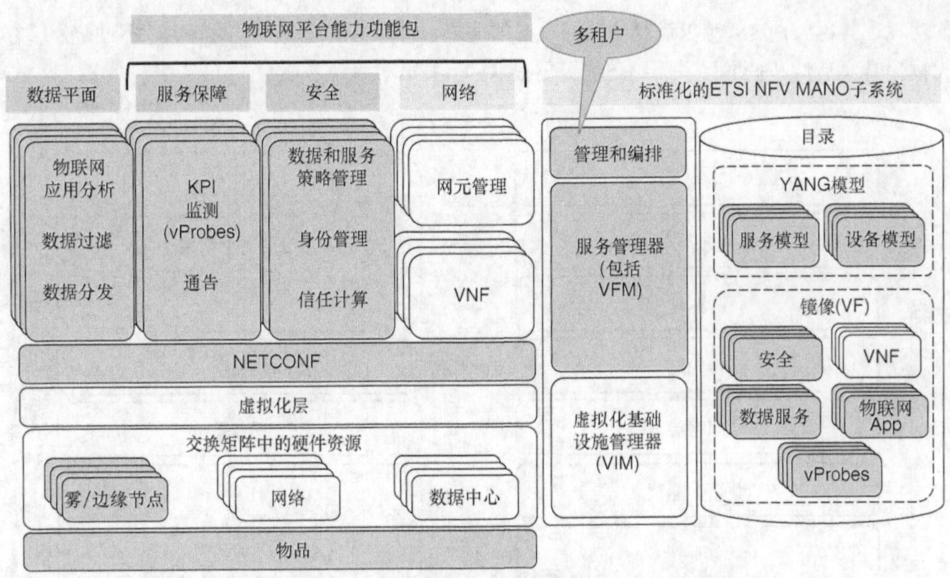

图 4-6 利用 YANG 服务模型扩展 ETSI MANO 架构

对于第 8 章讨论的高级物联网编排与自动化平台来说，YANG 是设备及服务建模的服务模型语言。第 8 章描述了 YANG 模型的工作方式以及编排系统利用 YANG 模型转换服务意图并通过服务“功能包”为完整用例自动部署服务的方式，包括物联网协议栈的自动化部署能力，涵盖基础设施、虚拟网络基础设施、物理设备，虚拟环境（VMware、Linux Docker 等）、服务保障代理、数据管道（消息代理以及数据转换等）、应用程序和微服务，当然，也包括安全性。

4.6 物联网通信协议

如前所述，物联网关注的是连接性和互操作性。如果没有这些基本能力，那么就无法实现必要的商业价值，因而必须以尽可能统一的方式进行通信。与物联网标准一样，通信协议和通信介质的标准也非常多，本节将简要说明实现物联网成功应用所必需的关键通信协议（包括常见的无线通信协议），这些协议为物联网应用提供了必需的覆盖能力，同时也会提到一些基本的有线通信协议。本节的目的是概述物联网的主要通信协议，以便大家能够从平台连接的角度来了解这些内容，尤其是在系统的边缘层和雾层。

如前所述，物联网正在采用很多新兴网络技术，很多联盟/团体、垂直行业和供应商都在提供不同的物联网连接技术。不但传统的企业网通信技术（如 WiFi 和以太网）能够用于物联网，而且业界还在开发各种新技术以应对物联网面临的各种挑战，尤其是边缘层附近所要解决的设备、距离及带宽挑战。无论如何，通信始终是物联网的基础推动因素，所有用例都离不开通信协议。

通信协议是一组规则，允许两台或更多软硬件设备建立可靠的通信连接，并实现数据的相互传输。这些规则包括语法、语义以及同步机制和差错恢复机制。

最常见的通信模型就是 OSI（Open Systems Interconnection，开放系统互连）模型（见图 4-7 的左侧）。为了能够更容易地部署可扩展且可互操作的通信网络，OSI 将整个通信过程分成 7 个功能层，每层都提供特定的功能并处理各自明确定义的任务，同时与上层及下层进行连接。OSI 模型是当今应用最为广泛的网络通信模型，定义了明确的层级，可以很容易地实现可互操作且可扩展的通信网络。

虽然 OSI 模型适用于物联网，但是也面临了一些实际挑战，尤其是设备非常简单且功能及计算能力有限时。这种分层架构方法给设备或软件带来了一定的复杂性，而且需要更多的代码和存储资源，同时也引入了更多的数据开销（因为每一层都需要额外的成帧和控制消息）。一般来说，传送的数据越多越复杂，设备的功耗也就越大，这就难以满足物联网设备的简单、采用电池进行供电的特点。不过，分层方法确实能够大幅提升灵活性和扩展性，而且还能提供很好的互操作性。

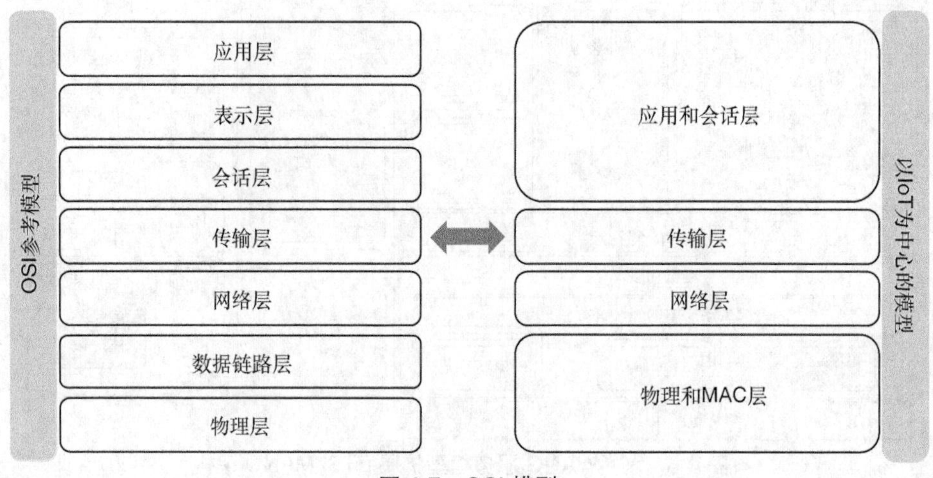

图 4-7 OSI 模型

因此，业界制定了多种不同的物联网通信解决方案，有的采用了完整的 OSI 参考模型（从物理层到应用层），有的仅仅实现了 OSI 参考模型的一部分，利用其他技术来完成其他通信需求，使得物联网更多地采用了比 OSI 模型更加简单的模型（更接近于 TCP/IP 模型）。图 4-7 右侧给出了简化后的物联网部署模型，虽然合并了某些层，但相应的通信能力并没有缺失。需要注意的是，不同的方法并没有绝对的好坏之分，特别是通信协议上运行的应用程序可能会有不同的需求，在考虑互操作性时，如何选择正确的通信协议确实是一大挑战。

本节将讨论以物联网为中心的模型的通信协议及通信介质问题，在关注数据交换通信的同时还会讨论“最后一公里”通信技术（位于雾/边缘层）。由于不同网络层次的通信需求不同，因而必须进行严格区分。核心层网络与常规场景相同，一般都是服务提供商网络或企业网（基于 MPLS），主要的变化在于需要将众多物品连接在一起，以允许它们在本地进行通信，或者通过某种回传机制将它们连接到中心位置。4.4 节已经提到了一些物联网通信示例，这里的目的是引用其中的通信组件。需要注意的是，没有“普适一切”的方案，智慧城市部署方案可能包含以太网和 WiFi 连接，而远程油田的部署方案则可能是蜂窝或卫星。

这一点对于构建物联网系统来说非常重要，可以帮助我们做出正确的架构及技术决策。例如，可能需要在边缘利用网关设备实现与现有系统的协议转换，从而可以通过物联网平台来传输现有系统。再比如，某些物联网系统可能需要在本地完成某些特定功能（如实时分析），这是因为有限的带宽根本不允许传输太多的数据，因而可以考虑部署更强大的端点设备，在雾层进行数据分析和数据标准化。

从物联网平台的角度来看，必须以尽可能统一的方式来对待这些通信协议（包括 IP 或非 IP 协议）。这些协议可能存在于物联网架构中的不同层级，物联网平台必须在边缘层或雾层为这些协议提供连接接口（无论是本地还是网关方式），并通过相应的机制将数据流安全地传送到任意层级的目的端。这一点适用于控制平面和内容/数据平面。

图 4-8 列出了以物联网为中心的模型的常见物联网通信协议。

该模型包含了 4 层通信协议栈，虽然涵盖了所有必需的通信功能，但并不是所有的通信协议都正好只适用于某个层级，如 DTLS 同时适用于传输层、应用层和会话层。同样，6LoWPAN 也同时适用于网络层、物理和 MAC 层。该模型为组织机构研究确定物联网通信协议提供了一个非常好的参考点。

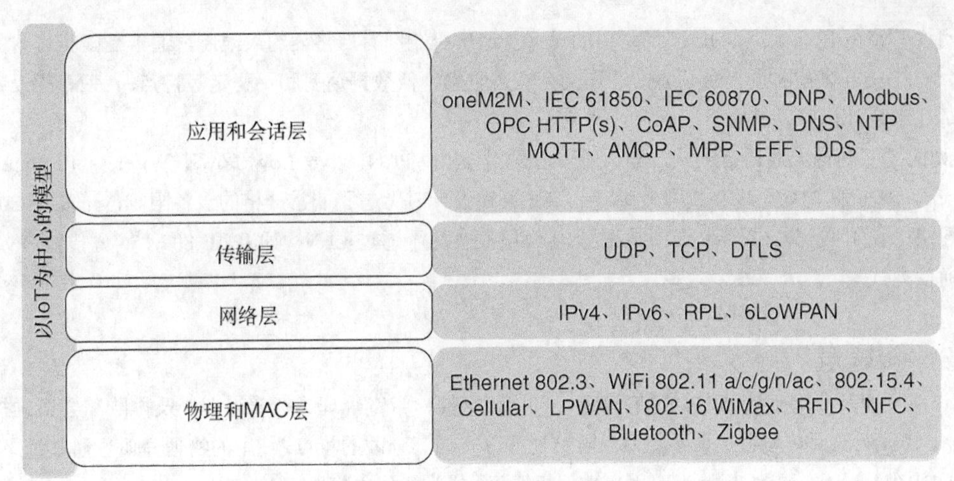

图 4-8 以物联网为中心的模型的通信协议示例

4.6.1 物理和 MAC 层

该层主要解决设备如何通过有线或无线机制物理连接到网络上以及如何通过 MAC 地址（也可能是其他方法）唯一地标识设备以进行物理寻址。大多数标准都将物理层协议和 MAC 层协议整合在一起，这些协议对于建立通信通道来说至关重要。在设计物联网的物理层和 MAC 层协议时，必须考虑到物联网设备通常都需要较长的电池使用寿命。设备功耗较低，处理能力也较低。同时还要考虑到设备的可用带宽也较低，而且需要在单一环境中连接和运行大量终端设备。

物联网通常使用有线以太网 802.3 和 WiFi 802.11a/b/g/n 标准（具体取决于实际应用环境），如需要密集覆盖的智慧城市和制造企业各个车间的应用场景。其他常见的物理和 MAC 层通信协议还有 802.15.4（802.15.4e、802.15.4g、WirelessHART、ISA100.11a）、蜂窝（2G、3G、4G、CDMA 以及 LTE）、低功率广域网 LPWAN（包括 LoRa、SigFox 和窄带物联网 NB-IoT）、802.16 WiMax、RFID、NFC、蓝牙（包括蓝牙低功耗 BLE）和 Zigbee。

4.6.2 网络层

该层主要解决逻辑寻址问题以及如何在源端点与目标端点之间传递信息包，尤其是在不同的网络之间传递信息包。此处用到的路由和封装协议都必须是轻量级协议（因为设备能力有限），且具备极高的可扩展性（因为可能存在数百万个端点）。

IP（Internet Protocol，互联网协议）是物联网的基石，包括 IPv4 和 IPv6。IPv6 可以有效解决物联网的规模问题。IPv4 总共提供了大约 43 亿个地址，存在严重的数量限制。业界预计 2020 年的物联网端点数将达到 20 亿～50 亿，而 IPv6 大约可以提供 340 万亿个地址，意味着完全可以满足未来的扩展性要求。但是，并非所有的物联网设备都要求分配唯一的公有地址，很多端点都部署在可以使用私有地址的私有网络中，或者隐藏在网络边缘和雾层网关的后面。

IP 不但拥有强大的互操作性优势，而且还能有效提升解决方案的生命周期和未来的发展演进。随着物联网设备和技术的快速发展，物理层和数据链路层每隔几年就会出现一次变革，采用 IP 技术可以为平滑演进提供很好的协议支持，无需更改核心架构，不会影响部署方案的稳定性，同时还能根据需求随时引入新用例。即使端点不支持 IP，也可以在边缘层或雾层部署网关设备以提供连接性和传输能力，从而支持多种物理层和数据链路层协议。

由于很多“最后一公里”通信协议都不可靠且难以预测，因而业界开发了一种新的路由协议来解决功能受限设备（如无线传感器网络中的设备）的路由问题。IPv6 RPL（Routing Protocol for Low-Power and Lossy Networks，低功耗和有损网络路由协议）可以通过 LLN（Low-Power and Lossy Networks，低功耗和有损网络）路由 IPv6 流量。LLN 网络中的设备及通信机制都有严格的约束限制，通常受限于设备的处理能力、内存及电池等因素，而且通信过程具有高丢包率、低数据速率和不稳定等特点。LLN 的设备规模可以是几十台，也可以是成千上万台。

如果是低功耗无线通信领域，那么就可以采用 6LoWPAN（Pv6 Low Power Wireless Personal Area Network，IPv6 低功耗无线个域网）协议，该协议在设计时考虑了非常严格的设备限制，可以在 802.15.4 无线网络中使用 IPv6。6LoWPAN 利用报头压缩机制优化了通过 LLN（如 IEEE 802.15.4）传输 IPv6 数据包的通信方式。

4.6.3 传输层

该层主要解决端到端的安全通信问题，包括可靠性、带宽管理、拥塞管理以及排队和会话维护等机制。由于物联网应用环境存在设备能力受限且地理分布极其分散的特点，使用的物理介质也通常都不可靠，因而 UDP（User Datagram Protocol，用户数据报协议）成为替代重量级 TCP（Transmission Control Protocol，传输控制协议）的首选协议，安全传输能力则由 TLS（Transport Layer Security，传输层安全）和 DTLS（Datagram TLS，数据报 TLS）来保证。

4.6.4 应用层

该层主要解决应用程序级的消息传递问题，并为用户与期望的物联网应用程序之间提供应用接口。物联网使用 HTTP（Hypertext Transfer Protocol，超文本传输协议）和 HTTPS（Secure HTTP，安全 HTTP），并将 CoAP（Constrained Application Protocol，受限应用程序协议）作为 HTTP 的轻量级替代协议，用于受约束节点和受约束网络的专用 Web 传输协议，通常与 6LoWPAN 结合使用。

为了解决数据交换以及数据管道的控制问题，通常需要在物联网中部署消息传递服务，如 MQTT（Message Queue Telemetry Transport，消息队列遥测传输）、AMQP（Advanced Message Queuing Protocol，高级消息队列协议）以及 XMPP（Extensible Messaging and Presence Protocol，可扩展消息传递和表示协议）等消息传递协议。最近又引入了功能更加丰富的新型消息服务，如思科 EFF（Edge Fog Fabric，边缘雾交换矩阵）可以提供更详细的拓扑结构信息以及更强大的 QoS 机制和实时分析功能，可以作为物联网数据/内容管道管理的一部分。

工业物联网环境和特定市场领域通常都要使用长期为特定行业设计的特定协议，以满足特定垂直领域或市场的特殊需求。IEC 61850 SV（Sampled Values，采样值）、GOOSE（Generic Object Oriented Substation Event，通用面向对象变电站事件）、MMS（Manufacturing Message Specification，制造消息规范）、IEC 60870，Modbus、DNP3（Distributed Network Protocol，分布式网络协议）以及 OPC（OLE for Process Control，用于过程控制的 OLE）等协议为工业环境（如电力公用事业、制造业、石油和天然气以及交通运输业等）提供了核心通信机制。

很多物联网环境（尤其是工业环境）都需要连接传统设备和传感器，这意味着除了基于 IP 和以太网的协议之外，还必须连接各种串行协议，不但增加了集成的复杂性，而且还引入了更多的安全考虑因素。

总之，实际应用中的不同物联网标准使用了上述多种协议，在选择协议时应综合考虑供应商、环境、网络拓扑、可用带宽以及用例所要部署的垂直领域或市场，有时还要考虑因素功耗限制、可靠性要求以及安全性等因素。有些协议（如 IEEE 802.15.4）还明确提出了内置安全机制，如访问控制、消息完整性以及重放保护和消息机密性等。

4.7 特定安全标准和指南

本节很自然地进入了本书的讨论重点：安全性。本节将首先分析物联网安全标准化的常见挑战，然后分析物联网环境下的常见安全标准与指南，最后以第2章讨论的物联网安全规划为基础，总结这些安全标准和指南的实施考虑因素。物联网协议栈中的每个层级都有可用的安全标准，如 IPSec（Internet Protocol Security，互联网协议安全性）、TLS（Transport Layer Security，传输层安全）和应用层加密等。本节的重点不是探讨技术本身，而是说明如何将这些技术整合在一起，更好地解决物联网的安全问题。

如前所述，物联网的安全标准存在很大的多样性，有很多可用的安全标准，而且很多用例都采用了传统的 IT 或 OT 最佳实践，它们都适用于物联网。由于解决新物联网用例、技术及协议的安全技术越来越多，这种情况将持续发生。Forrester 的研究表明（见图 4-9），这种情况在可预见的未来将持续进行，因为物联网将会有越来越多新的安全需求。

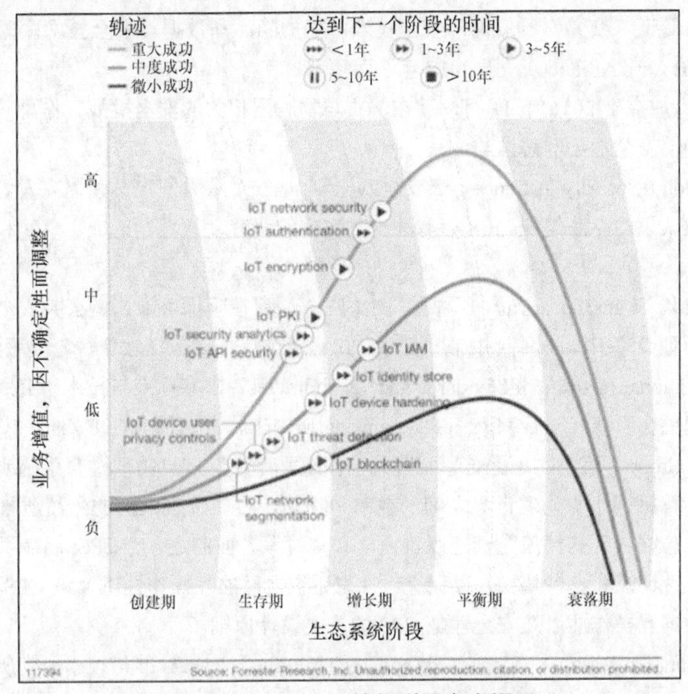

图 4-9 Forrester 的物联网安全视图

下列标准和指南主要聚焦物联网的安全性问题，要么是已经应用于物联网的现有最佳实践，要么是随着物联网需求产生的新的最佳实践。当然，下面仍然以字母顺序为序，而不是以重要性为序。

- EIST（European Telecommunications Standards Institute，欧洲电信标准协会）：设立了多个聚焦 NFV 安全的研究领域。
  - 问题描述（NFV-SEC 001）。
  - 在与 NFV 相关的管理软件中对安全功能进行分类（NFV-SEC 002）。
  - 安全和信任指南（NFV-SEC 003）。
  - 隐私与监管：LI（Lawful Interception，合法监听）的影响报告（NFVSEC 004）。
- IEEE（Institute of Electrical and Electronics Engineers，电气和电子工程师协会）：SDN 和 NFV 的 P1915.1 标准为构建和运行安全的 SDN/NFV 环境提供了标准框架，规定了保护 SDN 和 NFV 安全的框架、模型、分析及要求。
- 物联网安全基金会（IoT Security Foundation）：成立于 2015 年 9 月，旨在向开发、使用物联网的组织机构提供安全知识和明确的安全最佳实践，从而保护物联网，加速物联网的应用部署并最大限度地发挥潜在效益。
- OWASP（Open Web Application Security Project，开放 Web 应用程序安全项目）：旨在更好地理解与物联网相关的安全问题，并在构建、部署或评估物联网技术时实现更好的安全决策。OWASP

发起了十项物联网安全项目，包括物联网攻击面、物联网漏洞、固件分析、ICS/SCADA软件脆弱性、社区信息、物联网测试指南、物联网安全指南、物联网安全原则、物联网框架评估以及开发人员、用户及制造商指南、设计原则。

- OTA（Online Trust Alliance，在线信任联盟）：成立于2005年，旨在教育用户并开发和推进最佳实践及工具以增强用户的安全性、隐私和身份。OTA通过工作组、委员会和培训方式实现数据共享与协作。此外，OTA也是其他致力于协作、执法及数据共享的标准组织的成员。
- 安全技术联盟（Secure Technology Alliance）：成立于2017年3月，是一个多行业协会，致力于促进安全解决方案的理解、部署与应用（包括智能卡、嵌入式芯片技术以及相关的软硬件）。提供了身份验证、交易、物联网等安全技术以保护隐私和数据。安全技术联盟的前身是智能卡联盟（Smart Card Alliance），于2017年3月更名。
- IoT IAP：成立于2016年11月，旨在解决与物联网相关的安全挑战。作为一份工作文件，概述了改善当前安全形势的想法与方法。
- CSA（Cloud Security Alliance，云安全联盟）：是一个致力于定义和提高人们对保护云计算环境最佳实践认识的专业组织。CSA专注于云安全的研究、教育、认证、事件和产品（包括物联网领域）。
- 我是骑兵队（I am the Cavalry）：成立于2013年，旨在确保可能影响公共安全和人类生活的技术值得信赖且专注于物联网，并通过多种方式实现该目标（包括教育、延展服务及研究）。
- NIST（National Institute of Standards and Technologies，国家标准与技术研究所）：于2014年发起信息物理融合系统（Cyber Physical Systems）的研究工作，CPS PWG（Cyber-Physical Systems Public Working Group，信息物理融合系统公共工作组）专注于信息物理融合系统或“智能”系统，旨在提高计算机网络与物理世界之间的效率和互动，希望改善人们的生活质量，包括个性化医疗保健、应急响应、交通流量管理以及发电和交付等方面的进步。CPS涵盖了很多物联网用例，包括一致性词汇和参考架构，以促进组件与系统之间的互操作性以及跨CPS的通信。时序、可靠性、数据互操作性以及安全性是CPS的首要设计原则。
- NIST（National Institute of Standards and Technologies，国家标准与技术研究所）：于2014年9月发布了NISTIR 7628指南，这份三卷报告（Guidelines for Smart Grid Cybersecurity，智能电网网络安全指南）提供的逻辑框架可以根据特定的特征、风险和漏洞制定有效的网络安全战略，而且其提供的方法和支持信息可以作为评估风险、确定和应用适当安全要求的指南。该方法认为电网正在从相对封闭的系统逐步转变成包含大量物联网组件的复杂、强互联环境，必须考虑不断发展变化的网络安全需求。
- NIST（National Institute of Standards and Technologies，国家标准与技术研究所）：于2016年11月发布了SP 800-160系统安全工程，从工程的角度讨论物联网问题，规定了开发更具防御性和可生存性的系统（包括机器、物理组件和人体组件）所必需的操作，以及这些系统所提供的功能和服务。
- IEC（International Electrotechnical Commission，国际电工委员会）：基于2007年的ISA 99，于2009年发布了聚焦工业控制系统网络安全的IEC 62443标准。IEC 62443是目前全球应用最为广泛的工业安全标准，目前仍在持续更新，特别是物联网等领域。
- IEC（International Electrotechnical Commission，国际电工委员会）：于1999年发布了IEC 62351标准，重点讨论电力系统管理中的数据和通信安全性以及相关的信息交换机制，该标准由一系列标准组成，侧重于端到端的安全性。
- NERC（North American Electric Reliability Corporation，北美电力可靠性公司）：于2007年在北美发布了大容量电厂关键基础设施保护法规，NERC受到政府监管并要求实现合规性（包括网络安全）。

- 全球物联网管理委员会（IoT Global Council）：成立于 2014 年 5 月，是物联网行业的新兴领导组织，侧重于物联网数据和安全性。
- IRTF（Internet Research Task Force，互联网研究任务组）：设立了与物联网相关的安全研究工作（在 IETF 的工作框架下），包括 DICE（DTLS In Constrained Environments，约束环境下的 DTLS）、ACE（Authentication and Authorization for Constrained Environments，约束环境下的身份验证与授权）以及 LWIG（Lightweight Implementation Guidance，轻量级实施指南）等工作组。
- IIC（Industrial Internet Consortium，工业互联网联盟）：是一个以工业为重点的系列标准，为 IIoT 制定了网络安全框架。

除了上述标准及最佳实践之外，业界还在持续开发各种新的关注互操作性和标准化问题的标准和最佳实践。最值得一提的就是 MUD（Manufacturer Usage Description，制造商使用说明）。MUD 引入了一组网络功能，可以为连接到物联网系统上的设备提供额外的保护层，工作重点是与智能对象相关的安全性（虽然不仅限于此）。同样，YANG 也被作为标准化模型，用于生成和解析 MUD，网络管理系统检索这些描述信息，以实例化与这些设备相关联的安全及通信策略。制造商必须知道每种设备的用途，如灯泡不应该与语音服务器进行通信，但是应该与其控制器进行通信。因此，MUD 概念的目的就是利用制造商的产品知识来创建易于理解和实施的网络策略。简而言之，物联网系统应该能够自动发现允许设备执行的操作并执行相应的策略以防止超出这些操作限制。截至本书写作之时，虽然 MUD 还处于 RFC 的标准审核阶段，但某些组织机构（包括思科）已经开始广泛采用 MUD 机制。

从本章的讨论可以很容易地看出，目前的物联网和物联网安全存在各种各样的标准和解决方案。本书后面的章节将试图提供一种标准化的方法，以开放的方式部署和管理物联网的安全问题，利用 NFV、SDN 以及自动化技术来确保方法的扩展性。这种标准化方法并不是要与现有的物联网和安全标准进行竞争，而是希望提供一种模式来实现诸多标准和指南的协调与自动化部署，同时引入大量增强型功能。安全性（尤其是物联网的安全性）是一个受多方因素影响且难以彻底解决的挑战，不存在完全（甚至部分）消除物联网设备和系统网络攻击风险的标准或最佳实践。不过，采用标准化的方法对于物联网系统本身以及物联网系统的安全性来说至关重要，可以确保部署方案能够满足甚至超过合理的安全标准，避免落入单一设备的安全问题当中（单一设备的安全能力差异巨大），而将更多的精力转向系统级安全（可以由物联网平台提供更一致的安全能力）。

4.8 小结

组织机构在确定物联网系统的设计、架构及部署方案时，应考虑如下问题。

- 特定标准对物联网部署方案的价值是什么？是否有可证明的部署案例？
- 不使用特定标准或根本不采用任何标准有什么风险？短期内的潜在业务收益能否超过未来的挑战？
- 如果选定的标准失败，那么风险如何？（此前强调的一个最佳实践就是要监控哪些行业供应商支持哪些标准并做出明智的选择）
- 有没有办法影响标准？如果有，那么需要的流程或成本是什么？（有助于了解特定标准是真的走向开放化和互操作化，还是为了一个或多个参与方的利益而推动）

看待标准时，无论这些标准是否聚焦于物联网（特别是解决物联网安全问题），或者是否是物联网使能技术，都要考虑物联网部署时的安全性问题，成功的安全标准至少应提供如下能力。

- 可扩展且易于部署和管理。NFV 和 SDN 等技术可以实现大规模的自动化能力，必须包括策略管理、升级以及部署新设备或新用例而不影响现有设备或现有用例的功能。
- 设备保护能力，无论这些设备部署在物联网协议栈中的哪个位置（从边缘到云/DC 端）。
- 可视化与监控能力（以自动化方式），确保系统（直至用户）能够感知攻击行为。

- 端到端的数据管道保护机制（从最初创建到最终使用）。
- 自治能力。物联网通常都采用下沉式和分布式架构，即使失去了系统前端的可见性，也要保证系统架构中的设备及底层组件能够继续有效地监控并实施安全策略。

随着行业的不断发展，人们迫切要求业界能在标准化工作方面取得更大的进展。如果希望调整物联网技术并启用更高级的用例、应用程序及价值主张，那么更需要标准的完善。虽然目前的标准化状况显得较为分散和复杂，但历史经验表明，标准化能够有效降低系统部署的复杂性，而且能够大幅减少安全攻击面。标准能够帮助我们更好地了解安全事件，并利用一致的最佳实践工具来保护、检测、修复和报告我们的物联网。

第 5 章

物联网架构设计与挑战

本章主要讨论如下主题：

- 概述；
- 物联网架构设计模式；
- 通用架构模式；
- 面向行业/特定市场的架构模式；
- 基于 NFV 和 SDN 的物联网架构；
- 物联网安全架构模式；
- 当前的物联网平台设计。

物联网平台的数量正在以类似于物联网平台设计方法的数量以及提供的功能数量的速度快速增长。从 IoT Analytics 发布的物联网平台企业列表（2017 年）可以看出，目前存在 450 多种不同的物联网平台产品，单一年度的增长率超过了 50%（2016 年的数量是 300 家）。随着新技术和新用例的持续推动，这一数字将会持续快速增长，也将为平台提供商提供更多的创新空间，最终用户和平台运营商也将得到更多的益处。

很多知名的物联网技术供应商（包括 IBM、亚马逊、思科、谷歌、微软和英特尔）都推出了各自的物联网平台，推广各自的技术方法及生态系统，互操作性还没有成为当前业界的关注重点。虽然这些平台都提供了一些常见通用功能，但不同平台的构建方式以及采用的物联网架构标准都不相同。物联网的真正价值在于通过数据和服务提供有益的商业价值，只有标准化，才能真正实现这一点。

对于希望开发物联网平台的平台提供商以及希望构建或购买物联网平台的最终用户和运营商来说，很多因素都会影响最终选择结果（包括架构模式）。第 4 章描述了不断发展的物联网标准化格局，这些标准主要关注物联网系统和平台的系统架构、系统集成及安全性。随着标准及技术的逐步成熟，物联网的发展正走向快车道，从而更好地创新业务价值。为了实现这一目标，需要采用开放、可扩展且面向未来（尽可能多）的物联网平台架构设计方法。

由于业界提供了大量可用的物联网架构及平台，因而如何选择这些平台和架构成为当前迫切需要解决的重大挑战之一。虽然组织机构可以从技术、现有系统或部署环境等角度来选择，但肯定存在不明确的业务目标。在任何情况下，物联网平台都必须构建于坚实的基础架构之上，最好是为物联网创建的架构。但不幸的是，事与愿违。

如果将物联网的互操作性和持续演进视为重要目标，那么采用架构模式作为基础就显得非常有必要。

将架构模式与内置安全性结合起来应该成为最低要求，特别是能够有效提高物联网解决方案的投资信心。不过，业界目前还没有就实现该目标的架构模式达成一致意见，人们可以选择多种工具、指南、最佳实践、模型及框架来帮助架构师和系统设计人员解决物联网系统的组件问题。在实际应用中，人们更多的采用了专有的封闭式系统，而且通常都与平台供应商的硬件或软件相绑定。

大多数物联网平台在物联网的发展过程中都试图解决特定技术或市场/垂直领域的需求，因而当前的大多数解决方案都是定制化方案，仅解决了标准物联网参考架构中的部分协议栈功能，但终端运营商和用户逐渐意识到这样做远远无法满足需要，为了更好地满足业务及用例需求，必须采用更全面的架构设计方法。

本章将概要描述当前主流的物联网系统架构模式，包括现有物联网平台及架构所要解决的一些优缺点，目的不是深入探讨每种架构模式（具体内容可以参考相关标准组织及联盟的官方网站和文档），而是希望说明构建一个健壮的物联网平台所需的各种组件，必须将安全性作为基础。本章提到的指南为设计下一代物联网平台所需的架构组件提供了大量有用信息，很多物联网系统在设计过程中都可能会用到多种方法，本章将说明这些平台解决方案的不足之处。本章将讨论目前的发展现状，为后续章节提供必要的背景知识和铺垫。

5.1 概述

无论使用哪种架构模式，理解物联网系统是构成组件都必不可少。第 3 章介绍了物联网分层架构的层次结构（见图 5-1）。正如第 4 章所强调的那样，标准化架构目前尚未得到准确定义或普遍接受，还处于发展演进当中。虽然业界提出了很多模型和架构，但它们的分层方式在某种程度上仍然保持一致。

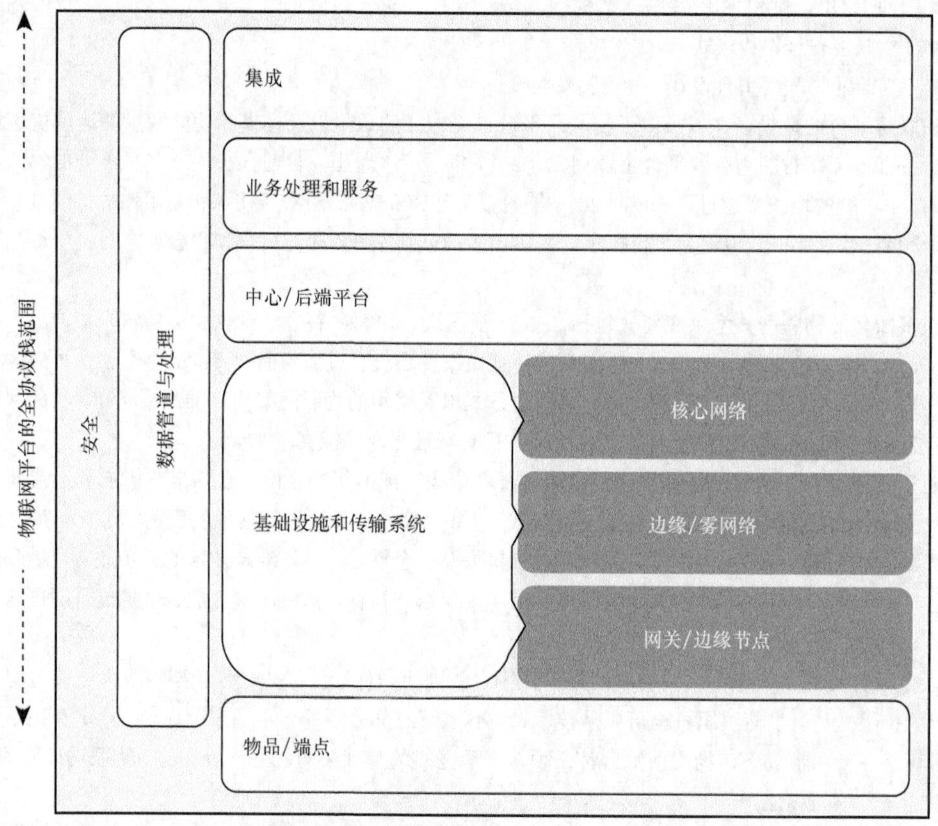

图 5-1 物联网体系架构的层次结构图

- **物品和端点**：是物联网系统中发送和接收数据及信息的物理设备或软件设备、传感器、执行器和控制器。
- **基础设施和传输层**：负责在物联网系统中传输数据和信息，目的是确保设备和硬件能够通过网络进行连接。核心网络是高速、高度可扩展且高可靠的通信网络，可以将多个边缘网络或雾网络连接在一起并连接到云端或数据中心。边缘网络和雾网络由分散式基础设施组成，数据、计算、存储和应用程序采用最合理、最有效的方式分布在数据源与云端之间。这种架构可以将云计算和云服务扩展到网络边缘，网关和边缘节点是诸如交换机、路由器和计算平台之类的设备，充当端点与物联网系统高层设备之间的中间设备。
- **数据中心/后端**：云（私有云或公有云）、数据中心或混合云基础设施为物联网系统提供联网的大型服务器和存储资源池（通常采用虚拟化方式）。集中化的处理、编排及管理都发生在这个层级，这也是物联网平台后端系统所在的位置，负责集中管理物联网系统的控制组件和数据组件以及系统的控制用户接口。此外，还提供了数据集成以及与其他系统之间的接口。
- **业务流程与服务层**：该层由一系列相关的结构化活动或任务组成，这些活动或任务可以提供特定的服务或产品以增加业务价值或竞争优势。该层包括各种运营或业务应用，这些应用可以利用物联网平台生成的数据，而且还有数据可视化及报表用户接口。
- **数据管道与处理层**：该层的重点是收集、处理数据并将数据移动到可以进行适当处理的位置，包括协议转换、数据转换以及数据规范化等功能。
- **集成层**：利用 API、适配器以及 SDK 与第三方应用程序、设备或系统实现集成。
- **安全层**：安全层涵盖了物联网协议栈的所有组件，应该内嵌在物联网系统中。通过认证、加密、身份及证书管理等机制来保护所有设备、用户、应用程序及数据。

除了上述体系架构层级之外，还有一些与物联网实现及操作相关的通用非功能性需求。

- **开放性、互操作性和异构性**：指的是设备、用户或应用之间的无缝互操作性。
- **可扩展性**：指的是物联网系统支持不同规模、不同复杂性和不同工作负荷的各类应用、设备及服务的能力。
- **可靠性**：指的是物联网系统软硬件的可靠运行，通常以正常运行时间进行度量。
- **可用性**：指的是物联网系统的持续管理与编排，通常以正常运行时间进行度量。

为了将这些需求转换为可操作的一致性视图，需要采取一系列处理流程。首先需要创建参考模型以表达对物联网域的一般性理解，然后设计相应的参考架构以解释物联网域中的各个组件，并确定参考实现方案，最后确定系统实现方案。

参考模型体现了基本的目标或概念（用作各种用途的参考点），将功能划分成各种组件以及这些组件之间的数据流。一个众所周知的案例就是 OSI 参考模型。参考模型包含了一个可以按照一致性方式描述系统模块及接口的结构，提供了一个抽象框架，用于理解环境中不同事物之间的关系，并制定支持该环境的一致性标准或规范。参考模型可以表达任何想法（包括业务和技术想法）的组成部分，接下来就可以利用参考架构来清晰地表达想法。

参考架构为物联网域提供了高层架构视图，负责将不同的组件组合在一起，说明了如何利用一组抽象的组件及关系来实现预定义需求，而且还提供了一个更加完整的包含了模块化实体实现所涉及内容的视图。参考架构提供了一个模板（通常基于一组解决方案，这些解决方案已被人们在多个成功实现方案中描述成一个或多个体系架构），解释了如何将这些组件组合到解决方案中，而且还可以针对特定域或特定项目进行实例化。

参考实现方案就是参考架构的最佳实践的实例化，源自参考架构，允许架构师们选择功能组件、能力以及协议等内容。图 5-2 给出了从参考架构到参考架构实现再到解决方案部署的整个流程。对于本书来说，就是从参考架构到实现参考架构的最佳实践，再到物联网平台的实现方案。

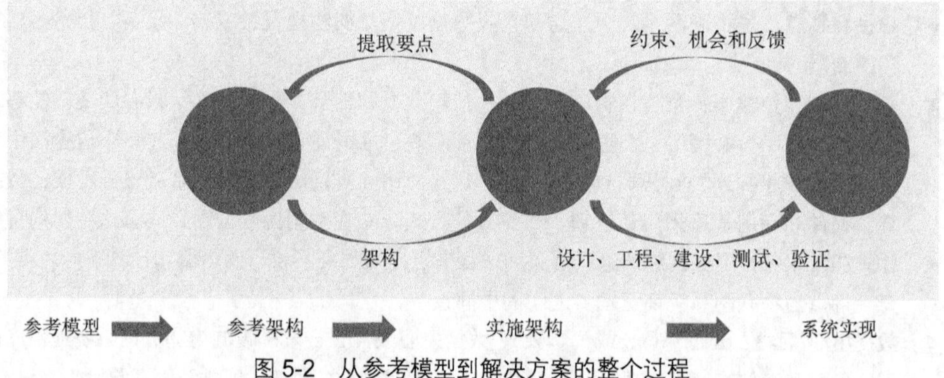

图 5-2 从参考模型到解决方案的整个过程

物联网平台的设计应该是一个解决参考架构和参考模型需求的理性过程的结果，物联网平台是物联网的最终使能者，可以按照统一、可扩展、可管理和安全的方式将物联网系统的众多组件组合在一起。虽然物联网平台可以提供整个物联网功能的所有协议栈，但并非每个物联网用例或部署场景都需要用到每个组件。可以将物联网平台视为利用各种技术来解决客户或行业用例的交付机制。不过，正如 Gartner 在其“物联网系统架构师指南”（2015）中指出的那样，不存在唯一、完整且一致的物联网解决方案。Gartner 认为可以提供一个基础的物联网平台，然后以统一和标准化的方式来提供物联网协议栈的大部分内容。

波士顿咨询集团（2017）对物联网平台与局部解决方案做了区分，认为根本就不应该将局部解决方案称为物联网平台，应该将管理物联网连接的产品称为连接管理平台或应用支持平台，而不是物联网平台。从本质上来说，物联网平台应该完成设备、应用及数据的连接，使得用户及组织机构能够专注于各自的特定业务。

IEC 给出的物联网平台定义如下。

[物联网平台]是物联网域的中心枢纽，共同构成包含一个或多个聚合边缘环境的体系架构的功能视图的物理实现。物联网平台是一个集成的物理/虚拟实体系统，通过各种应用程序和组件来提供完全可互操作的物联网服务并完成这些服务的管理，包括但不仅限于网络、物联网环境、物联网设备（传感器、控制器、执行器、标签和标签读取器以及网关）、附属物理设备、物联网的运行和管理以及与供应商、市场及临时攸关方的外部连接。

物联网平台本身可以位于云端、前端或者两者的组合，无论物联网平台部署在什么物理位置或者采用了何种体系架构，构成物联网平台的域（运行、信息、应用以及业务和控制等方面）都包含了多个数据流和控制流，包括业务域的后端应用程序以及位于边缘网络的物理系统/控制域。物联网平台的其他服务还包括资源交换（以便访问物联网系统之外的资源）、网络服务、云集成服务以及由平台提供商或用户自定义的其他各种服务。

为了解决这类复杂性问题，就需要实现互操作性，这种互操作性必须基于标准且协商一致的方法来构建支持它们的物联网系统及平台。

5.2 物联网架构设计模式

随着物联网技术和用例的不断发展，人们对于如何将物联网系统分解成具有代表性的架构就有了一定的想法。考虑到物联网在各类市场及行业领域（包括能源、制造、医疗健康、运输、健身、教育以及家庭自动化等）的普适性，对于业界的各种努力就很好理解了。不过，目前还没有就物联网架构形成共识，这也可能是唯一被人们普遍接受的观点。

为了更好地讨论不同的物联网平台架构，解释当前运营最为成功的一些案例及其提供的功能，有必要分析一下目前已制定的主要物联网系统方法及架构。从理论上来说，物联网平台应该遵循（或尝试解决）

系统参考架构，因为物联网平台是为了解决或启用物联网系统所需功能而创建的技术解决方案。下面将从三种不同的角度来描述物联网架构模式。

- 以 X 为中心的架构模式，该体系架构专注于物联网系统的特定组件（如网关或用户），物联网系统的主要功能应位于该特定组件内。
- 系统化架构模式，该体系架构以整个物联网系统的特定部分（如云）为中心，系统的主要功能应位于该特定部分中。
- 全局性架构模式，该体系架构面向物联网协议栈的所有组件，而不专注于特定组件和特定部分，从这个角度出发可以构建端到端的综合性体系架构。

在具体分析这些架构模式之前，需要注意一个对上述三种模式都适用的细节：物联网系统的架构模式是以 OTT（Over The Top，过顶传球，指互联网公司越过运营商发展基于互联网的业务）模式而不是以集成模式交付的，这一点适用于架构和平台设计。今天的大多数物联网部署都是 OTT 平台，物联网服务与底层基础设施相分离（意味着没有与网络集成）。如果用例是关键任务或者需要高度可靠性（如远程医疗或工业控制领域），那么就会存在一定的问题，此时对时延及可靠交付的要求很高。将服务与网络解耦也会影响其他领域，如安全和服务保障以强制执行 KPI。因此，在选择 OTT 或解耦模式时，务必仔细考虑可能的后果。

物联网平台的基本要求是提供有效的安全和隐私保障能力，Gartner 发布的 2016 年物联网支柱技术调查（2016 IoT Backbone Survey）报告称，32%的商业领袖认为安全性是物联网成功部署的最大障碍。IDG 认为 57%的组织机构都将安全性视为物联网项目的最大挑战。由于物联网缺乏公认的体系架构或标准，因而如何保护物联网部署环境的安全性是一个极具挑战性的问题。

物联网平台（私有与公有平台）的部署位置（无论该平台解决的是完整的物联网协议栈还是部分协议栈）以及物联网用例或客户的类型都会影响物联网的安全性以及安全设计方案。如本章所述，目前大多数物联网平台都是以 OTT 方式提供的，多数基于云架构，而且实现了物联网服务与底层基础设施的解耦。虽然这些物联网平台都内置了很多安全机制（如身份认证和身份管理、访问控制以及加密和解密），但是这些平台在共享基础设施中的位置会导致很多潜在的安全问题。

- 容易遭受传统的互联网和网络攻击，如拒绝服务（DoS、DDoS）、欺骗攻击、中间人攻击以及窃听等。
- 存在谁拥有数据的问题（客户、平台提供商），也就是谁对数据负责，谁能控制数据的存放位置及时间，从而产生法律、知识产权和经济问题。组织机构在保护商业数据和商业信息安全性的同时，还要解决侵犯隐私造成的责任问题。用户也要对自己的个人数据进行控制。
- 难以解决隐私、信任和数据存储保护（包括身份和交易历史的保护）问题。无论出于何种原因（监管或者担心失控），很多组织机构都不愿意在私有数据中心之外存储数据。基于云和公有平台的解决方案增加了潜在未授权访问风险，容易暴露私有、竞争性的敏感信息。
- 向云端发送数据意味着会有更多的数据面临安全威胁。
- 面临更多的治理挑战以及内部和法规的遵从性挑战。组织机构通过现有的安全和信息管理流程在私有基础设施中实施合规性监控并执行操作。使用 OTT 物联网平台就意味着需要改变现有的流程，包括可能需要将监控和执行功能交给外部，而外部可能没有相同的约束要求。
- 职责、责任和可靠性的界限模糊不清。系统的可靠性必不可少，特别是关注人员或环境健康的工业环境。了解安全问题的发生位置以及谁负责解决这些安全问题是检测和解决安全威胁的关键因素。将平台与底层基础设施相分离，不但失去了 QoS 等可靠性机制，而且会导致人们无法知道安全威胁的发生位置，也不知道应该由谁来解决这些安全威胁。
- 由于需要依赖外部力量来解决安全威胁，因而如何保证及时响应安全问题是需要解决的重大挑战。

虽然上述安全问题适用于所有的物联网部署环境，但油气、制造和运输等工业环境面临的挑战更加严峻。大多数组织机构都遵循严格的分段架构，如普渡控制模型和 IEC 62443 提出的架构（如第 4 章及本章后面的内容所述），对于这些部署场景来说，必须保证绝大多数运营数据的私密性，不会暴露给外部系统或企业。因此，很多运营性物联网用例在选择部署方案时都不会选择云 OTT 平台。

从上述挑战可以很明显地看出，组织机构应该根据需要采用不同的设计方法。组织机构需要一致且集成化的安全机制，不但要解决身份认证、访问控制、加密、隐私、数据存储和交换、信任管理、合规性、治理以及可靠性问题，而且还要为组织机构的现有安全系统及安全流程提供深度和可控集成。物联网平台的部署类型会影响安全功能的实施位置（见图 5-3）。

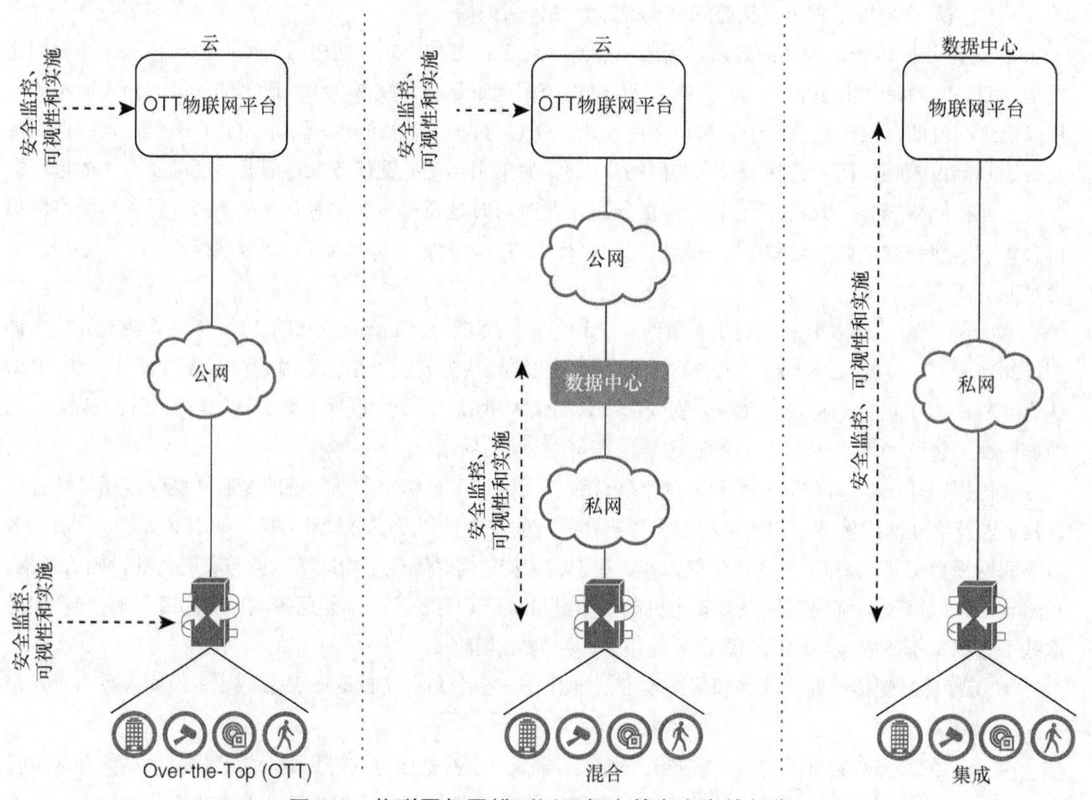

图 5-3 物联网部署模型以及相应的安全实施机会

为了最有效地监控和实施必要的安全机制，物联网基础设施必须能够根据平台的动态需求进行有效响应。平台与基础设施分离之后，就无法有效实现这一目标，需要采用集成化方法将两者紧密结合起来，从而实现端到端的服务保障，有效地监控、管理和保护已部署的各种服务或功能。将基础设施、应用程序、消息代理、用户及设备组合到一个通用且一致的编排框架中，就可以将安全性作为一个完全集成的能力进行部署。有了更好的可见性和控制机制之后，就可以实现与上下文相关的安全决策，而这是 OTT 平台所无法实现的。

5.2.1 以 X 为中心的架构模式

2014 年 Gartner 曾经概括了 5 种物联网系统的架构创建方法，虽然这些方法被视为过于简单和通用，但是仍然具有一定的相关性。此后又出现了多种以 X 为中心的架构设计方法，特别是从人和社会的角度。选择正确的架构模式在很大程度上取决于所要实施的用例。

Gartner 提出的 5 种架构模式包括以物品为中心的视图、以移动设备为中心的视图、以网关为中心的视图、以云为中心的视图以及以企业为中心的视图，每种视图的物联网服务（如用户界面、应用程序和逻辑、数据处理、分析和处理以及控制或决策点）的重要性都不相同（见图 5-4）。

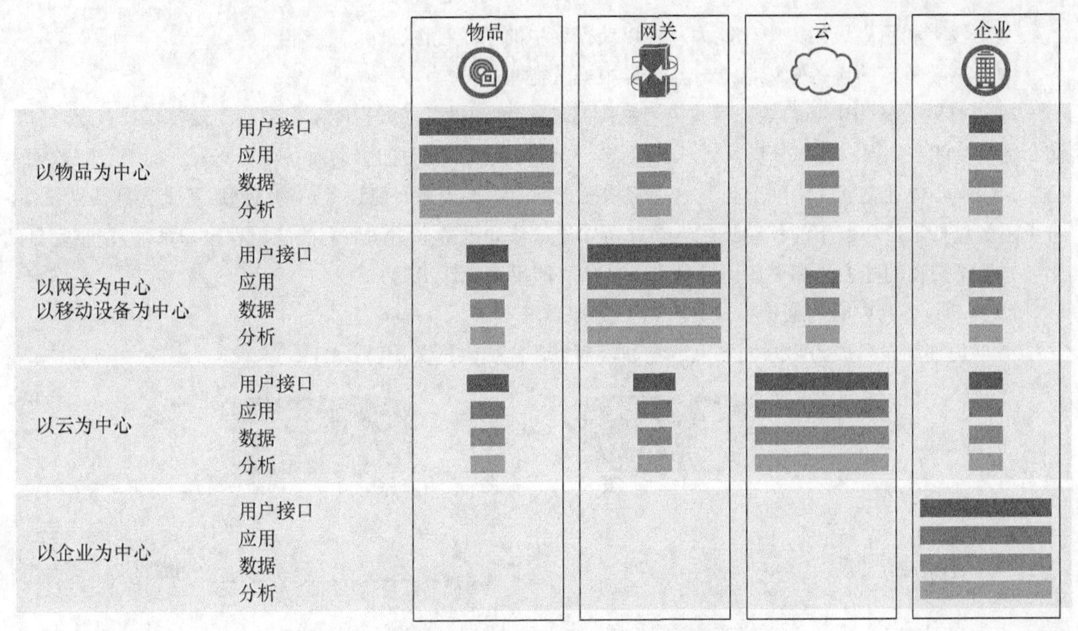

图 5-4　物联网架构：以 X 为中心的视图及功能

在以物品为中心的架构模式中（见图 5-5），端点是智能设备，具备自给自足的能力。端点拥有自己的处理、存储和逻辑功能，通信过程也是直接从端点到中心云端或数据中心，而且仅在协调和分析时才发生通信行为，因而要求端点具备本地处理、存储和逻辑功能。这类场景的关注点是在边缘网络提供物联网服务能力，数据处理和决策位于整个物联网系统，而不是位于中心位置，而且可以在本地进行操作。如石油钻井平台会产生数以 TB 计的传感器数据，但是由于受到带宽和时延限制，无法传达到中心位置，此时就要求物品/端点拥有本地决策能力。这种架构模式受到工业物联网环境以及智能驾驶运输行业的青睐。

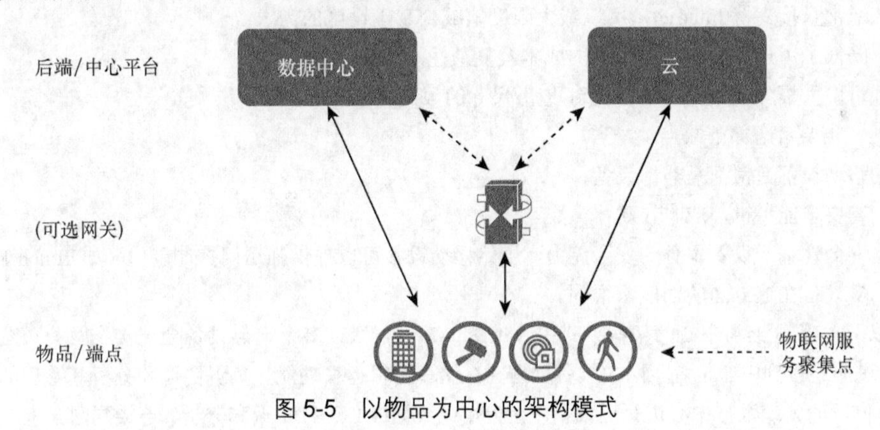

图 5-5　以物品为中心的架构模式

以物品为中心的架构模式具有如下优势：

- 资源本地化，可以实现实时能力和响应；
- 较少依赖通信网络，可以实现更高的可靠性；
- 端点设备更加独立和自主，不需要依赖可能存在问题的外部服务；
- 不需要通过网络传输数据，大大降低了安全和隐私攻击威胁；
- 仅需要传输最少量数据，降低了运营成本。

当然，也要考虑如下缺点：

- 增加了端点设备的成本和复杂性，需要支持边缘基础设施；
- 设计问题可能会导致设备和资源孤岛；

■ 没有利用高级的集中化能力，难以获得集中的系统视图；
■ 需要特定的设备知识，这一点可能很难获得。

在以移动设备为中心的架构模式中（见图 5-6），移动设备（如智能手机或移动设备）具有处理、存储和逻辑功能，负责协调和分析其管理的端点。与网关类似，此时的移动设备充当其管理的端点与数据中心或云端中心位置之间的中间节点。这种架构模式下的端点无需智能设备，物联网服务上移到移动设备。常见用例包括工厂环境下的移动技术人员（可以通过移动设备来访问所有的应用程序和系统）、家庭自动化（如控制空调的能力）和健康可穿戴设备（如智能手表或计步器）。

以移动设备为中心的架构模式具有如下优势：

■ 使移动设备成为物联网端点或物品，而且还能提供网关服务；

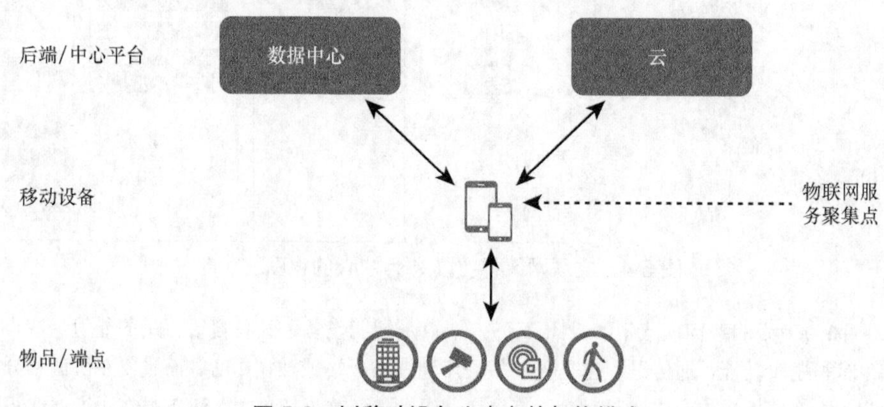

图 5-6 以移动设备为中心的架构模式

■ 员工携带移动设备之后可以实现全覆盖；
■ 可以通过移动设备获得很高的计算能力；
■ 通常直接支持 Internet，可以最大限度地减少基础设施的需求；
■ 降低了用户界面和设备培训的成本及复杂性；
■ 可以大幅降低设备功耗以及对重量/尺寸的限制。

当然，也要考虑如下缺点：

■ 移动设备通常都是非标设备；
■ 需要智能手机，成本较高；
■ 安全性基于设备本身的安全能力，虽然移动设备可以提供强访问控制能力（如 Touch-ID），但很多设备在这方面的功能都很弱。

在以网关/集线器为中心的架构模式中（见图 5-7），一个或多个端点设备会连接到网关（充当中间设备）上，进而连接到中心位置。网关具备处理、存储和逻辑运算功能，负责协调和分析其管理的端点。网关与中心位置的云或数据中心进行通信，并在云端或数据中心进行协调和分析。连接到网关上的端点无需智能设备，此时的物联网服务上移到网关设备。如果去往后端的回程连接丢失，网关也可以充当缓存以存储相关信息，而且还能提供本地及传输安全服务。这种架构模式适用于智慧城市和智能家居中的楼控系统、道路照明以及交通控制等应用场景。

以网关为中心的架构模式具有如下优势：

■ 可以降低终端设备的成本和复杂性；
■ 可以为能力、协议和标准不统一的设备提供代理及转换服务；
■ 可以聚合多台边缘设备并将统一的数据传送到中心位置；
■ 可以通过防火墙、VPN 和访问控制列表等技术提高系统安全性；
■ 可以连接新旧物联网终端设备及技术；

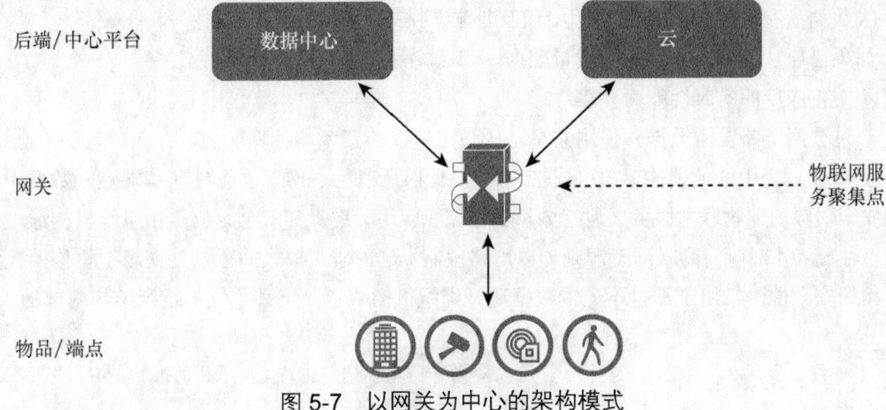

图 5-7 以网关为中心的架构模式

- 可以提供 NAT 功能。

当然，也要考虑如下缺点：

- 在网络中增加了额外层级，增加了系统集成和运营成本；
- 连接在网关上的多个设备存在潜在的单点故障问题；
- 提高了网关设备本身的成本；
- 与集中式资源相比，本地能力非常弱。

在以云为中心的架构模式中（见图 5-8），云为网关或端点提供中心连接，具备处理、存储和逻辑运算功能，负责协调和分析其管理的端点。该模式下的端点和网关无需智能设备，物联网服务上移到云端。由云端提供各种集中式物联网服务，包括分析、存储、应用、逻辑及安全。很多消费物联网方案采用的都是以云为中心的架构，这种架构模式适用于非实时控制场景，如车队管理。IIOT 场景与具体用例强相关，基于架构的所有者（IT 或 OT）。如果是涉及控制操作的实时用例，不允许数据离开组织机构，那么就不能使用该架构模式。与此相对，机器或资产的运行状况监控等优化服务则可以使用该架构。下一节将详细介绍云计算架构，因为这种架构在物联网中的重要性日益增加。

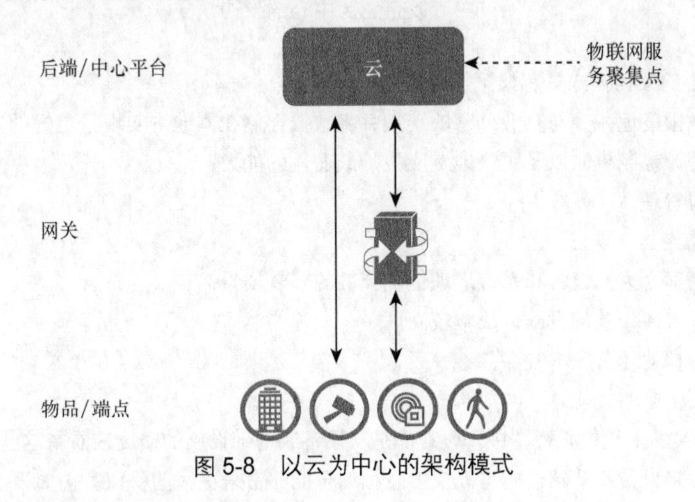

图 5-8 以云为中心的架构模式

以云为中心的架构模式具有如下优势：

- 通过虚拟化等集中式功能实现可扩展性；
- 通过共享资源提高了解决方案的性价比；
- 集中模式可以提供系统级视图。

当然，也要考虑如下缺点：

- 必须为所有联网设备都提供一致且永久的 Internet 连接；

- 大数据量和低抖动/低时延应用给运营带来了挑战；
- 如果需要从设备向云端发送大量数据，那么将是一笔高昂的代价；
- 不支持应用的实时性能力要求；
- 通过公网链路发送数据并使用共享基础设施提供的资源和计算能力，存在一定的安全挑战。

最后是以企业为中心的架构模式（见图 5-9），此时所有物联网部署组件（从端点到数据中心）都位于私有和安全边界内，物联网服务（包括分析、存储、应用、逻辑和安全）也是由组织机构通过自有资产加以提供，对于从外部访问物联网资源则加以严格限制。这种架构模式的重点是在组织机构的控制下保证数据和决策的安全性，常用于那些不允许数据离开组织机构或者决策必须位于组织结构内部的应用场景。

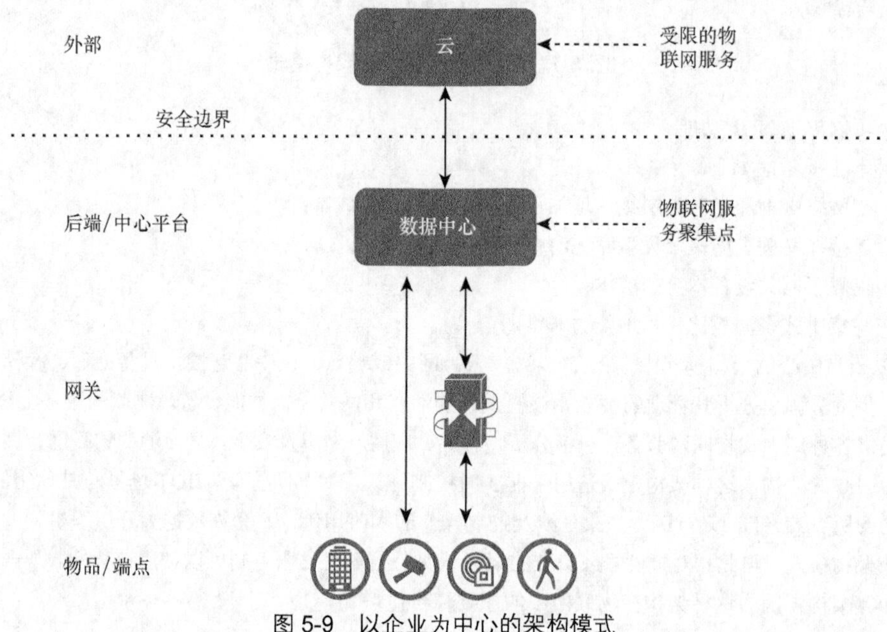

图 5-9 以企业为中心的架构模式

以企业为中心的架构模式具有如下优势：

- 通过最大限度地减少与企业外部的连接并将数据存储在本地，实现了更好的安全性和隐私性；
- 更好的资源控制机制以及更快地响应故障或变化的能力；
- 更好的可管理性。

当然，也要考虑如下缺点：

- 并不总是适合大量设备和系统地理位置分散的部署场景；
- 需要购买设备和基础设施，成本较高；
- 管理和维护的运营成本较高；
- 员工需要更多的技能。

在 Gartner 定义的上述中心视图中，通常都是从设备或基础设施的角度来看待这些架构模式，没有人和信息/数据组件。将设备和基础设施与人及信息相结合能够带来更大的价值。正如第 1 章所强调的那样，在物联网中仅仅连接设备和生成数据是完全不够的，还必须按照正确的方式、在适当的时候、通过正确的设备、系统或人，而且还要以一种有意义且可以采取适当行动的方式使用数据，这样才能真正的体现商业价值。因此，人们开发了各种以 X 为中心的视图，以构建物联网的架构基础。

5.2.2 以人/用户为中心的物联网架构模式（人联网和社交物联网）

以人/用户为中心的视图（结合技术进步以及消费者与企业的需求变化）为创建一系列以人为本的社

交服务创造了可能性。这种方法的核心是如何处理与当今互联网上的数据不同的物联网数据，关注点是物品而不是用户，物品是主要的数据消费者和生产者。前提是系统能够通过物品生成的数据来获取有关信息并学习如何解决实际问题。物联网设备和系统的目标是以与人类相似的方式感知现实世界并做出反应，识别并连接这些物品之后，就可以做出独立决策。物联网通过部署嵌入式设备来提供真实世界与虚拟世界相融合的潜力。

随着社交网络和虚拟世界呈现爆炸式增长，而且物联网技术也越来越便宜（如人类传感器［如 Fitbit］和移动设备），人们逐渐创造出 IoP（Internet of People，人联网）或 SIoT（Social IoT，社交物联网）。以人为中心的架构模式是一个连接智能对象的动态系统，支持以人为中心的应用。与以物品为中心的架构不同，以人为中心的架构模式将真实的感官世界与虚拟世界相结合，造福于人类。典型用例包括电子健康、社交网络、可持续移动性、智能交通以及定制化的个性需求。

ML（Machine Learning，机器学习）和 AI（Artificial Intelligence，人工智能）等技术正在加快推进以人为中心和以用户为中心的架构模式的发展，包括：

- 将语义集成到移动设备中，以利用用户的位置和本地生成的信息；
- 将推理引擎集成到移动设备中，通过移动设备中的不同传感器测量到的数据来解析人的当前状态，从而提供上下文感知服务；
- 为移动设备部署基于本体的应用程序，如车载应用程序，这类应用可以显示油耗等各种车辆信息，根据天气状况提供安全驾驶建议，并检测驾驶员的意识水平。

虽然以人为中心的模式还处于架构标准化的早期阶段，但发展迅猛，不但能够通过这些技术向用户提供语义建议，而且还能基于选定的传感器数据实现实时自动智能控制。这种架构模式仍然需要通过各种组件的协同工作（包括有限的推理引擎），还没有考虑属于不同域的外部传感器，也做不到传感器的动态发现，而且还缺乏一致的定义或标准。虽然还存在很多问题，但进展迅速，而且很有意义。

前面提到的大多数架构都基于服务器与对象分离的模式（见图 5-10），由服务器端连接所有互连组件、聚合服务，并作为用户的单一服务点。

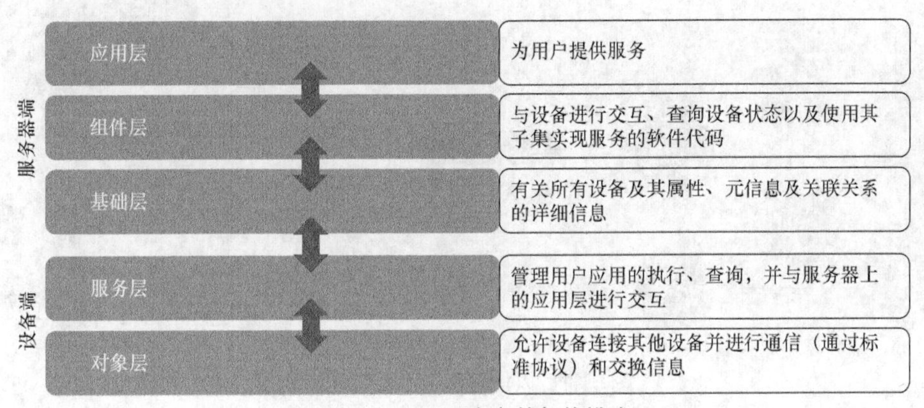

图 5-10 以人为中心的架构模式

服务器端架构通常包括三层。基础层包含了存储所有设备及其属性、元信息及关联关系信息的数据库；组件层包含了与设备进行交互、查询设备状态以及使用它们的子集来实现服务的软件代码；应用层则为用户提供服务。

设备端架构包括两层。对象层允许设备连接其他设备并与其他设备进行通信（通过标准协议）和交换信息。对象层负责将信息传递给服务层，由服务层管理用户应用的执行、查询，并与服务器上的应用层进行交互。

这种架构模式给物联网解决方案带来了一些潜在挑战。

- **交易决策**：由于数据不断更新且分布在具有不同更新策略的数十万台设备上，因而很难定义交易或决策以及应该在何处处理这些交易或决策。

- **语义**：由于物品和机器的角色比人更重要，而且需要能够理解和处理数据，因而机器需要具备语义增强和语义事件处理能力。机器需要有效地理解来自传感器数据流和其他类型数据流的原始数据，从而做出通常由人执行基于上下文的自动决策。目前这些语义技术仍在发展当中。
- **有用性**：在这些以信息为中心的系统中，区分相关及有用信息（特别是机器利用信息并做出决策时）可能是一大挑战。
- **隐私**：由于很多设备都包含嵌入式传感器，因而个人的位置和活动等信息可能会被他人滥用，这些数据可能会被用于检测个人的活动、爱好、家庭及工作场所等隐私信息。

5.2.3 以信息为中心的物联网架构模式

ICN（Information-Centric Network，以信息为中心的网络）不是一个新概念，它还有一些其他名称，如以内容为中心的网络。ICN 在物联网用例中的潜在应用使其重新焕发活力，并于 2017 年 7 月向 IETF 提交了用于物联网领域的 RFC 草案。从 ICN 的角度来看，Internet 在包容物联网等新兴用例的时候显得效率低下，需要制定一种新方法来解决这个缺点。如今的 Internet 基础设施以孤岛方式部署了大量迥然各异的技术和分发服务，无法利用这些方法来唯一且安全地标识与分发通道相独立的命名信息，而且这些分发方法通常都采用了 OTT 实现方式，效率低下。

ICN 旨在改善 Internet 基础设施，通过引入唯一命名的数据作为核心 Internet 准则，使其更加适合开发物联网等特定用例（见图 5-11）。遵照这种思路，数据将与位置、应用、存储以及通信相区隔，使得网内缓存和复制成为可能。预期好处是提高效率，在信息/带宽需求方面实现更好的扩展性，而且在高度分布化、数量规模化且包含大量端点能力的场景（如物联网）下实现更好的健壮性。

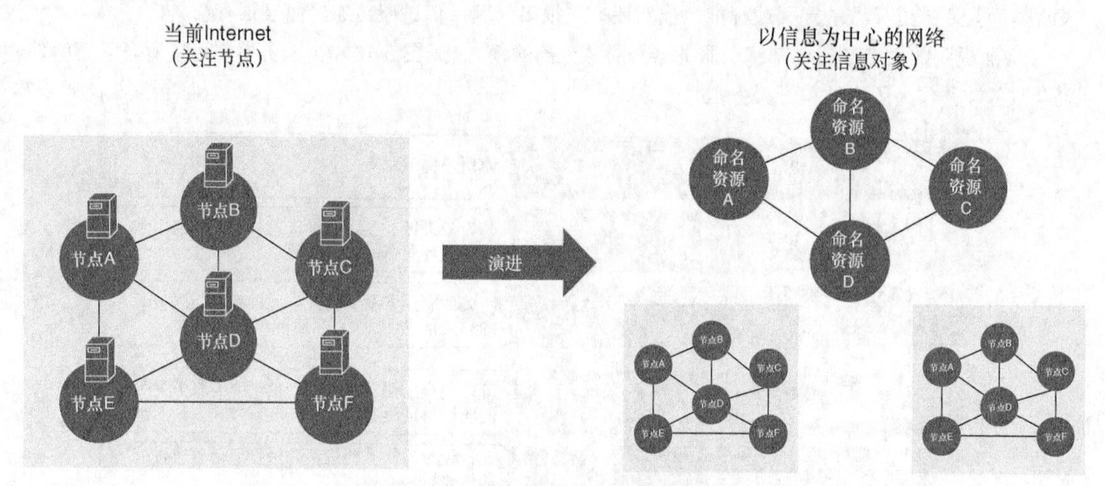

图 5-11 以信息为中心的架构模式

ICN 的主要功能特性如下：

- 通过名称而不是 IP 地址标识对象（包括移动设备、内容、服务或上下文）；
- 使用名称/地址混合的路由方案；
- 支持时延容忍型传输。

这些功能使得 ICN 适用于很多物联网场景，包括移动性、云计算或边缘计算以及安全性等。图 5-12 给出了以信息为中心的物联网架构模式示意图。

ICN-IoT 系统架构（见图 5-13）是物联网系统的通用抽象架构，包含以下主要组件。

- **ES（Embedded systems，嵌入式系统）**：嵌入式系统包含感知和执行功能，可以将来自其他传感器的数据中继到汇聚设备。

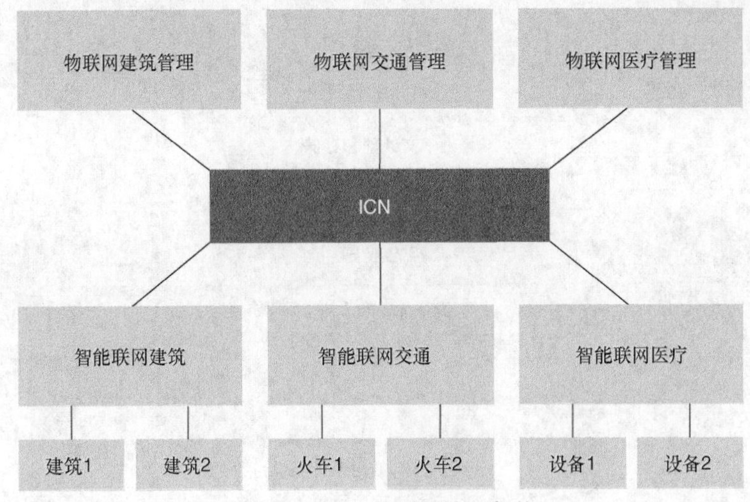

图 5-12 ICN 物联网统一架构

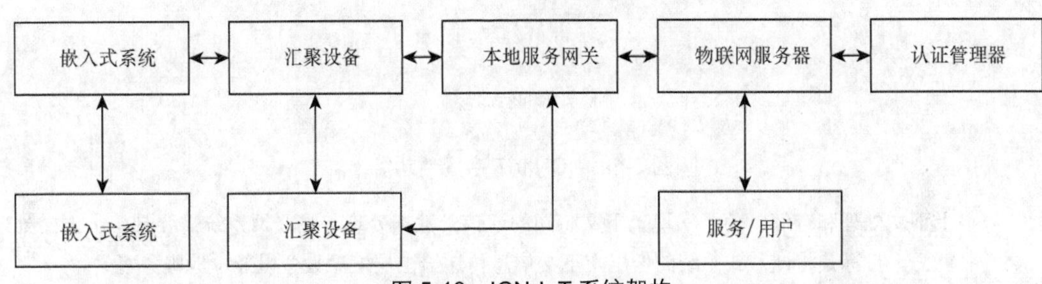

图 5-13 ICN-IoT 系统架构

- **汇聚设备**：用于互连本地物联网中的实体，并提供设备发现、服务发现和名称分配等功能。汇聚设备之间可以进行直接交互，也可以通过本地服务网关进行交互。
- **LSG（Local Service Gateway，本地服务网关）**：LSG 提供管理边界（如企业边界或工厂边界），负责将本地物联网系统连接到全球物联网系统，同时还为本地传感器分配 ICN 名称，对本地物联网设备实施数据访问策略，并提供上下文处理服务以生成传递给物联网服务器的特定应用信息（而不是原始数据）。
- **物联网服务器**：物联网服务器采用集中设置方式，负责维护成员资格并为用户提供查找服务。物联网服务器仅位于从发布者到订阅者的控制路径上（而不在数据路径上），因而能够有效减轻潜在的数据瓶颈问题。
- **AM（Authentication Manager，认证管理器）**：嵌入式设备加载时或需要对嵌入式设备进行系统级认证时，可以利用 AM 进行认证。
- **服务/用户**：指的是与物联网服务器进行交互以获取（或者被通知）物联网服务范围内任何感兴趣内容的应用程序。

ICN-IoT 中间件用于弥合底层 ICN 功能、物联网应用以及设备之间的差距，以提供自组织功能。图 5-14 列出了主要的中间件功能。

- **设备加载和发现**：设备加载与设备发现通常并没有什么区别。对于 ICN 来说，设备加载的目标是连接新设备并使其能够在生态系统中运行。
- **精细的发现过程**：设备可以是嵌入式设备、虚拟设备、进程或服务。
- **命名服务**：命名服务的目的是确保设备或服务经过认证。命名服务负责分配和认证嵌入式系统及设备名称。
- **服务发现**：该功能负责学习由汇聚设备或邻居汇聚设备托管的物联网服务。

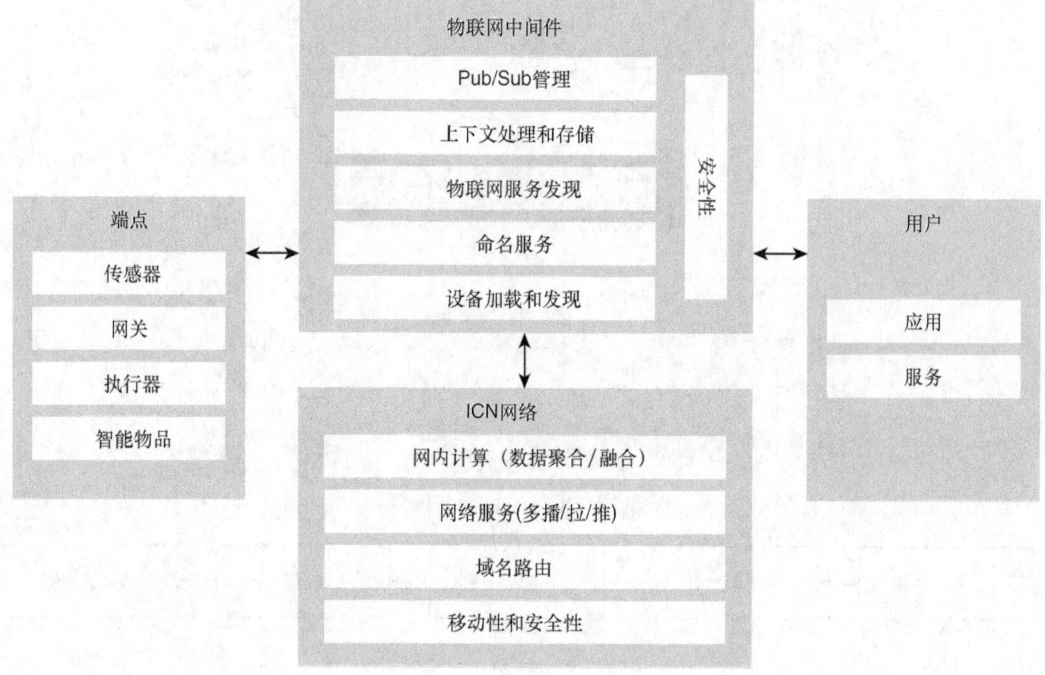

图 5-14 ICN IoT 中间件功能

- **上下文处理和存储**：为了实现上下文感知的通信及数据处理，物联网系统需要具备上下文处理能力，目标是将嵌入式系统的低层上下文信息传递给上层汇聚设备以及本地服务网关。
- **Pub-Sub 管理**：数据 Pub/Sub（发布/订阅）系统负责提供物联网信息的资源共享与管理。
- **安全**：安全涵盖所有的中间件功能，目的是确保连接在物联网系统上的设备（包括服务）均经过认证，而且设备和服务生成的数据也要经过认证并保持私密状态。

虽然 ICN 可以为物联网应用带来一些优势，但同时也必须考虑如下潜在挑战。

- **可扩展性**：从关注节点或设备转向关注信息对象（很多是设备的一部分），从而将扩展性提升到一个新的水平。2016 年，Internet 大约有 10^9 个节点，但可寻址的 ICN 对象的数量则高出几个数量级。为了支持如此庞大的对象规模，需要设计基于域名的路由以及域名解析（尤其是通过移动性等物联网关注因素）以进行相应地扩展。
- **安全性**：身份、信任以及安全机制绑定的是信息对象（而不是节点），因而需要用新的以信息为中心的模型来代替目前以主机为中心的模型。
- **现有技术解决方案**：应用程序可能需要新技术和新接口才能与 ICN 进行交互。
- **利用来自命名内容的数据**：需要采用新的数据传输方法和协议（如面向接收器的拉取机制）来访问数据。此外，如果命名对象位于多个缓存或位置，那么还需要相应的协调机制来解决更新问题，确保正确同步且只需要对真正的源端进行更新。
- **迁移挑战**：目前的网络基础设施与 ICN 完全不同，需要考虑向 ICN 架构迁移的成本，包括技术、现有应用及业务流程的重新开发、员工培训以及支撑等方面。

5.2.4 以数据为中心的物联网架构模式

最后一种以 X 为中心的视图是以数据为中心的视图，统一的连接和统一的信息交换可能是物联网面临的最大挑战。目前的互联网及企业级技术无法提供大多数物联网系统所需的性能、可扩展性、可靠性以及冗余性需求。如前所述，物联网系统专注于可以智能化的收集和利用数据，因而出现了以数据为中心的概念。

以数据为中心的体系架构（见图 5-15）不存在传统意义上的应用与数据源或数据用户之间的交互，而是在系统架构的各个层级提供一系列互连数据总线，从而以一种统一的方式解决数据和信息交换问题。应用到物联网之后，以数据为中心的特性就克服了传统意义上与点到点系统集成相关的扩展性、互操作性问题。该架构旨在提供一种简单的连接集成方式，并实现高扩展性和高性能。以数据为中心的特性将数据与通信相分离，允许应用专注于数据处理。此外，以数据为中心的架构还简化了开发人员与供应商之间的协作关系。

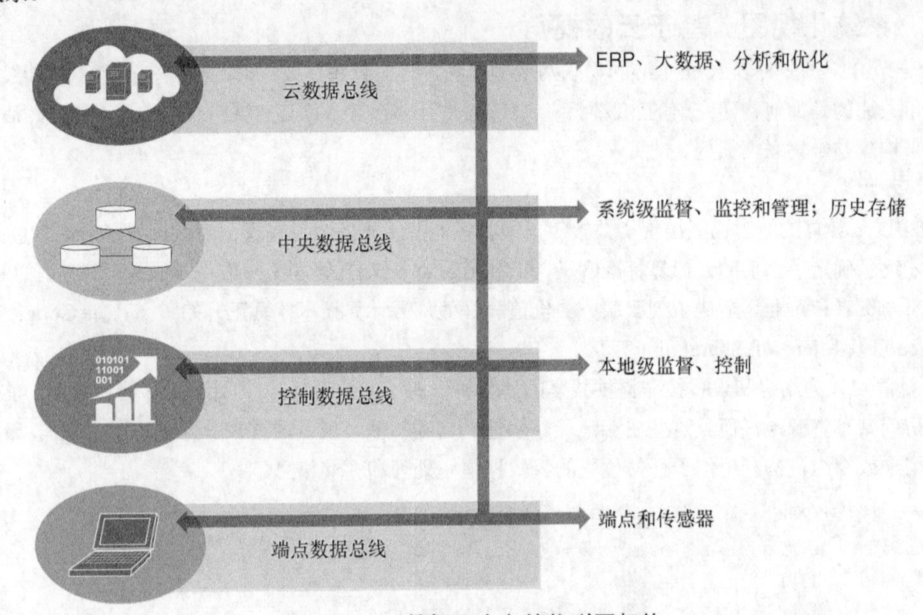

图 5-15 以数据为中心的物联网架构

以数据为中心通常被定义为中间件，因为它在不同的系统、应用及用户之间提供了统一的接口和通信总线。与传统的中间件模式的区别在于，以数据为中心的模式并不专注于在应用与系统之间发送信息，而是要确保整个系统的所有消息都包含了应用程序所要了解的接收到的数据的上下文信息。以数据为中心的体系架构不但了解其存储的数据是什么，而且能够控制数据的共享方式。传统系统中的开发人员编写的代码必须包含消息的发送要求，而对于以数据为中心的系统来说，开发人员编写的代码应该指定如何以及何时交换数据且共享这些数据数值。以数据为中心的体系架构负责数据的协调、同步、管理及安全共享，以数据为中心的系统负责定位数据、可靠地发送数据、确保数据的更新性以及安全地控制数据。

以数据为中心的系统侧重于数据模型（用户自定义数据），并且以数据值为交换单位。以数据为中心的中间件了解数据的上下文（贯穿整个架构的层次结构），能够确保所有感兴趣的订户都拥有最新、正确且一致的数据视图。在以数据为中心的体系结构中，应用仅与数据及数据属性进行交互。由于多个应用可能会独立地与数据进行交互，因而以数据为中心的架构还提供了内在的冗余机制。以数据为中心的平台负责维护整个系统的状态，即使在故障状态下也是如此，因而能够保证始终知道系统最新的一致性状态且可用。

以数据为中心的架构不但支持小型边缘设备，而且也支持云以及大型应用，因而适用于物联网应用，能够满足数以百万计的端点扩展要求。此外，还通过单一标准的通信及数据层，实现系统复杂性的最小化。

物联网中以数据中心的主导标准是 DDS（Data Distribution Service，数据分发服务）。DDS 可以满足多种物联网系统要求，包括工业环境中的实时系统要求。

每种架构模式都各有优缺点，具体选择时取决于组织机构的特定需求。模式本身并不是僵化的模型，在实际使用中可以根据最终用户的需求进行组合，这也是为什么每个模型名称的后面都附加了关键词“以 X 为中心”。例如，以网关为中心的体系架构也极度依赖于云的能力进行分析。从入门级端点部署到完整的业务服务集成，物联网平台的价值也随之提升。

本节概述了多种以X为中心的物联网架构模式视图，从目前的实际情况来看，虽然部分架构模式可以满足隔离或基本的物联网系统实现，但无法解决所有的物联网协议栈问题。从下一代物联网系统的研究来看，上述架构模式仅完成了物联网系统所要求的某一块或多块内容（如果组合应用多种架构模式），那就意味着必须采用更加综合的架构模式（如下节所述）。

5.2.5 系统化视图：基于云的视角

上一节介绍了多种以X为中心的物联网架构视图，这些视图在过去的几年当中得到了持续发展。系统化视角关注的是如何构建完整的物联网系统，特别是强调在什么位置实现系统的主要功能，然后再从这个角度来构建整个物联网架构。

1. 云计算

集中式云计算的概念已经出现了数十年，最初可能源于将多个设备表示为云状的网络图，直到2000年前后才逐步确定了当前的云计算标准含义，即由Internet云端托管和交付应用及服务，但直到2000年后期，随着消费者和企业逐渐认识到云服务的价值和好处，云计算技术才真正开始腾飞（如Google docs、Salesforce以及Microsoft SharePoint等）。

云计算可以为用户和设备按需提供共享的计算机资源（见图5-16），如处理、存储和数据。前提是能够按需访问共享资源池，而且这些资源池能够快速、自动扩展（或者通过极少操作即可实现）。云计算允许个人用户或组织机构利用位于任何位置的云数据中心处理和存储信息。

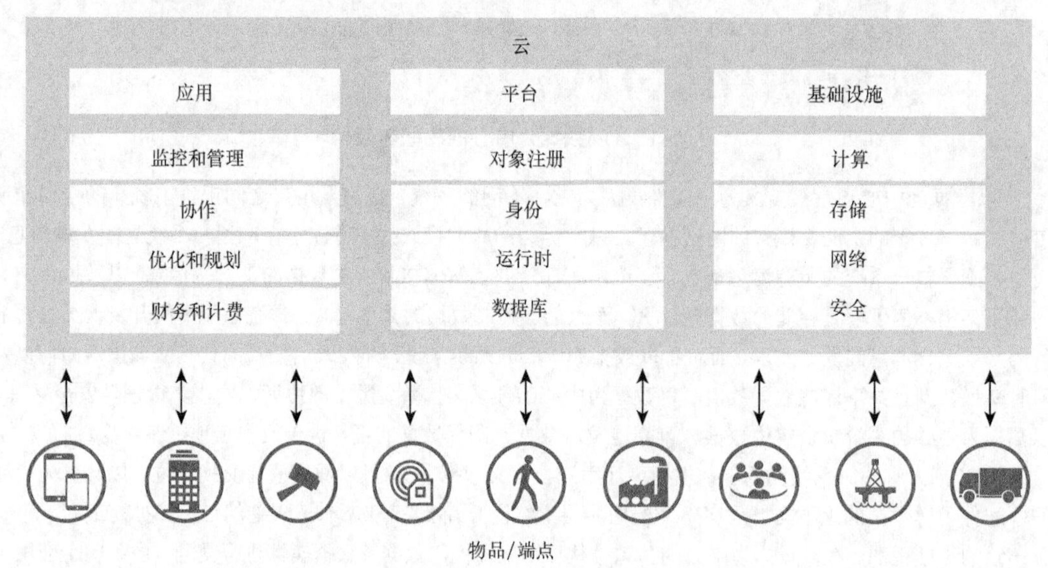

图5-16 云计算高级架构

云计算的主要特征是采用虚拟化技术实现共享基础设施，可以提供共享的物理服务、应用、存储及网络功能。云计算可以在多个用户之间优化物理资源，根据实时需求和扩展需要，为用户提供自动化的动态服务配置，通过标准API为包括计算机和平板电脑及手机等移动设备在内的各种终端提供安全的网络访问，利用多个冗余站点实现高可靠性，从而适用于灾难恢复和业务连续性场景，可以在多个组织机构共享的单一系统上实现多租户，而且由于数据和安全资源集中化，使得云计算更加注重安全性（由于云计算的安全性是由第三方提供的，因而最后一种特性也被视为云计算的一大缺点。对于很多物联网场景来说，这都不是可选项）。

可以采用单一或多种模式来部署云计算（见图5-17）。云计算的主要部署模式有三种，虽然也存在其他类型（如社区云，即具有相似需求和兴趣的组织机构共享相同的基础设施）。

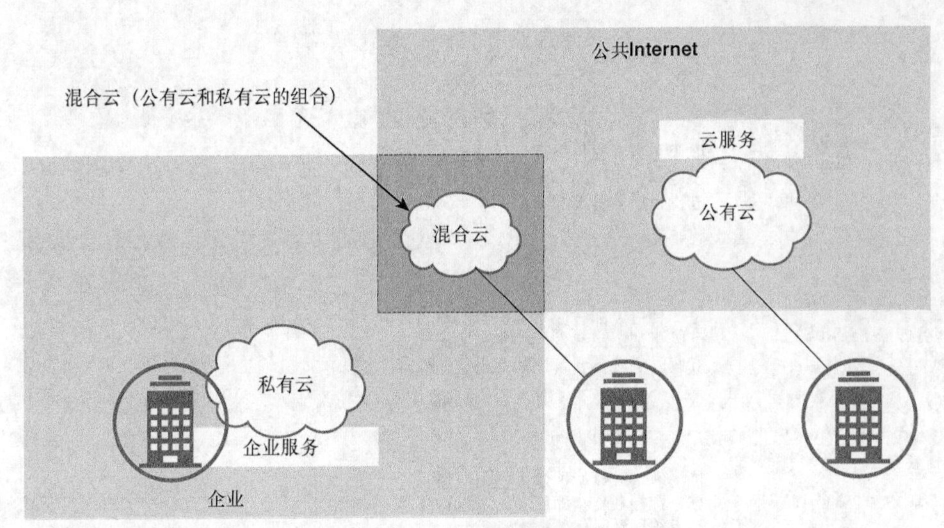

图 5-17 云计算部署类型

- **私有云**：由单个组织机构部署、运营和维护基础设施，可以部署在组织机构内部或外部，可以由组织机构本身或第三方进行管理。私有云需要组织机构投入大量资金并修改原有流程，而且在内部部署和管理私有云时，无法享受云计算带来的很多好处。
- **公有云**：由云服务提供商在商业基础上提供基础设施。公共云用户可以以最少的初始财务支出创建和部署自己的服务，基础设施支持费用包含在商业合同中。虽然从体系架构的角度来看，公有云和私有云的部署方案几乎毫无差异，但是由公有云提供商提供云计算服务时需要特别考虑安全性问题，因为公有云的通信过程完全经由非受信的公有网络。谷歌、微软和亚马逊等大型公有云提供商通常都在自己的数据中心部署和运营云计算基础设施，而且通常都通过 Internet 进行访问。
- **混合云**：混合云基础设施包含了两种或多种云计算基础设施（私有云、公有云或社区云），这些不同的云基础设施处于连接状态，提供了多种部署模型的优势。通过云接口，可以将数据和应用从一个云迁移到另一个云。对于某些组织机构来说，采用私有云和公有云的组合方式，就可以满足在组织机构内保留关键数据并在云中提供服务的要求。物联网部署方案通常都采用混合云模式。

NIST 定义了 3 种主要的服务部署模型（见图 5-18），这些部署模型具有不同的聚焦领域、业务模型及适用性，具体取决于组织机构的特定要求。通常将这些服务模型视为协议栈中提供基础设施服务（IaaS）、平台服务（PaaS）及软件服务（SaaS）的不同层级，实际部署时不需要这些服务相互关联或相互依赖，如 SaaS 可以部署在没有任何底层 PaaS 或 IaaS 层的裸机服务器上。

SaaS（Software as a Service，软件即服务）允许最终用户使用云服务提供商运行在云基础设施上的应用程序，通常可以通过瘦客户端界面（如 Web 浏览器或程序界面）访问应用程序。云服务提供商负责管理所有的基础设施及应用程序。

PaaS（Platform as a Service，平台即服务）允许最终用户使用云服务提供商提供的工具将应用程序部署到云基础设施上。云服务提供商负责管理所有的基础设施，而部署在托管环境中的应用程序及其相关配置均由用户控制。

IaaS（Infrastructure as a Service，基础设施即服务）允许用户配置基础设施计算资源以部署和运行应用程序。云服务提供商负责管理底层云基础设施，用户则可以控制操作系统、存储、部署的应用程序以及特定的硬件（如防火墙）。

云计算架构的优势如下。

- **成本优势**：可以显著降低投资及运营成本，从而降低市场进入门槛（包括物联网），并最大限度地减少项目支持所需的员工数量。

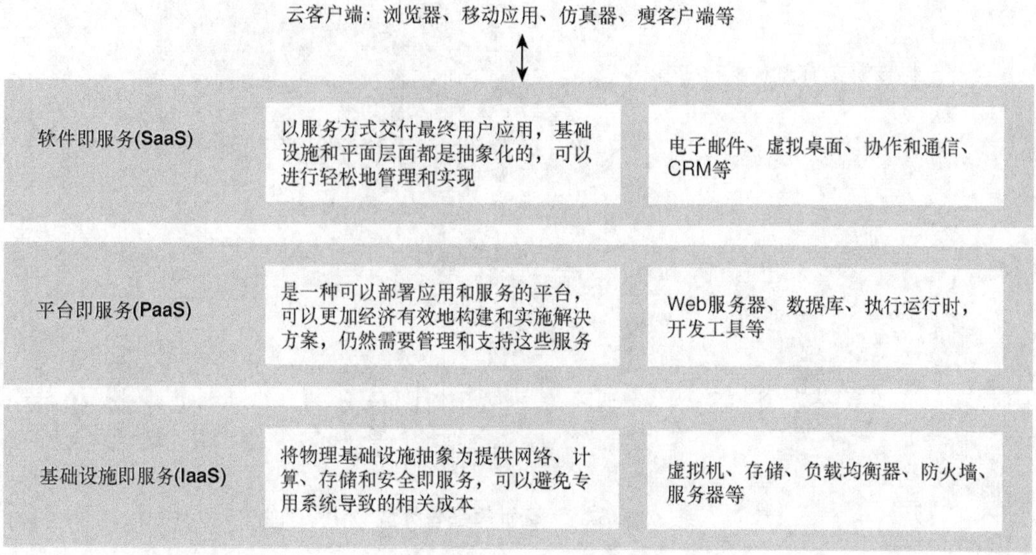

云客户端：浏览器、移动应用、仿真器、瘦客户端等

软件即服务(SaaS)	以服务方式交付最终用户应用，基础设施和平面层面都是抽象化的，可以进行轻松地管理和实现	电子邮件、虚拟桌面、协作和通信、CRM等
平台即服务(PaaS)	是一种可以部署应用和服务的平台，可以更加经济有效地构建和实施解决方案，仍然需要管理和支持这些服务	Web服务器、数据库、执行运行时，开发工具等
基础设施即服务(IaaS)	将物理基础设施抽象为提供网络、计算、存储和安全即服务，可以避免专用系统导致的相关成本	虚拟机、存储、负载均衡器、防火墙、服务器等

图 5-18 云计算部署类型

- **可扩展性**：可以快速扩大或缩小部署规模，允许用户先以小规模部署方式启动解决方案，成功以后再按需扩大部署规模。
- **可靠性和可用性**：冗余和多站点部署是云计算的重要特征，支持业务的连续性和灾难恢复。
- **可访问性**：只要拥有 Internet 连接，就可以从任何设备访问云服务，从而大大提高了生产力和灵活性。
- **降低支持与维护需求**：对于拥有很少支持人员的个人用户或组织机构来说，可以由云提供商负责管理基础设施及服务。
- **环境效益**：大量用户共享大型系统，可以实现更低的功耗，使用更少的设备。

当然，云计算架构也存在一些挑战（虽然有些挑战可以在规划阶段通过细致工作加以解决）。

- **缺乏云互操作性标准**：虽然开放云计算联盟（Open Cloud Consortium）和开放网格论坛（Open Grid Forum）都在致力于解决这个问题，但缺乏标准化方法意味着大多数云都无法实现互操作。
- **持续演进**：由于技术和最终用户的需求始终处于变化当中，因而云计算也要不断演进以适应或提供有竞争性的差异化服务。如果需要更新或更改服务及应用程序，那么就可能存在一定的挑战性。此外，云服务提供商可能会停止支持某些产品或系统，而这些产品或系统很可能是用户或组织机构业务的关键组成部分。
- **合规性要求**：欧盟数据保护指令以及美国的 SOX（Sarbanes–Oxley Act，萨班斯-奥克斯利法案）要求在云计算基础设施中根据数据类型和应用情况进行特殊考虑，这样通常会导致混合云部署，进而导致成本上升。
- **依赖云服务提供商**：虽然云服务有 SLA，但是一旦出现问题，用户或组织机构只能依赖服务提供商来解决问题并恢复服务。
- **安全和隐私**：最后也是最重要的一个问题！安全和隐私通常是使用云计算服务时的两大主要问题，因为存储和保护数据已成为云服务提供商的责任。由于服务提供商可以随时访问云中存储的数据，导致数据可能会被意外或故意改变，因而隐私是一个关键问题。作为合同的一部分，数据也可以由服务提供商共享给第三方。CSA（Cloud Security Alliance，云安全联盟）将不安全的接口和 API、数据丢失或数据泄漏以及基础设施故障视为云计算的三大主要安全问题，这些问题已成为在云中部署物联网服务的主要障碍。虽然可以在组织机构内部存储特定信息并允许从云端访问和使用这些数据来解决这些挑战，但是这样做会增加组织机构与云端之间安全机制的复杂性。用户和组织机构也可以对需要在云端处理或存储的数据进行加密，以最大限度地减少非授权访问的概率。

麦肯锡、Gartner 和 Forrester 等组织机构均将集中式云架构视为物联网的关键推动因素，这对于物联网来说意味着什么呢？首先，物联网需求与云功能具有很大的协同作用。物联网需要广泛的连接性和可访问性，云可以满足该要求。物联网需要对设备、用户及应用进行编排，云可以满足该要求。物联网需要优化资源利用率，云可以满足该要求。物联网需要连接和集成大量的异构设备和对象，云可以满足该要求。物联网需要操作和处理大量数据，云可以满足该要求。物联网要求资源能够动态扩展，云可以满足该要求。物联网要求集中式策略和业务连续性具备可靠性，云可以满足该要求。物联网需要物理设备的虚拟化，云可以满足该要求。物联网可能需要多租户，从而在不同的用户、组织机构的不同部门或不同组织机构之间共享资源，云可以满足该要求。物联网要求与位置无关，从而可以采用集中式或分布式方法从任意位置连接和访问服务，云可以满足该要求。

从实用化角度来看，云为物联网加快部署提供了很多有用的能力。

- **促进解决方案的落地：**创建和部署新服务通常都要面对很多技术和成本挑战，包括硬件、通信、存储以及实现数据采集、处理和交付的软件应用程序，也包括托管服务、使各个组件成为有机整体并使客户可以访问这些服务的核心基础设施。使用云计算可以完全满足这些需求，无需担心高昂的成本，也无需解决方案处理扩展性问题。目前已经存在面向物联网的专用云服务，如亚马逊的物联网平台和微软的 Azure，这些服务不但能加快部署新的物联网能力，加快开发与上市时间，而且还可以“按需付费”。
- **大数据处理能力：**物联网设备会持续产生大量数据，而且随着企业希望日益提高可见性，数据量还会进一步增多。物联网设备并不总是以始终如一的方式发送数据，需要通过特定机制来帮助解决数据量的差异问题。组织机构需要采取有效方式访问、处理和存储数据，有时还要求具备动态扩展性。而云服务在设计之初就支持大数据量的接收和存储，从而实现动态扩展能力，因而用户和组织机构无需自己投资和支持这些功能。
- **缺乏互操作性和标准：**如第 4 章所述，缺乏互操作性和标准是阻碍物联网规模应用的一大障碍，而云服务能够以一致（但并非始终标准化）的方式支持数据的接收、规范及共享，从而允许不同的用户或组织机构能够以统一的方式访问服务，而且可以在不同的用户或组织机构之间实现服务集成。
- **安全性：**安全性可能是物联网规模应用面临的最大障碍或威胁之一。云计算不但能够提供集中化的管理和一致的服务访问能力，而且还可以提供安全远程访问、IPS/IDS 和防火墙等多种高级安全机制，用户或组织机构只要付出很少的建设和维护成本即可使用这些服务。

虽然基于云的物联网架构可以解决物联网应用面临的很多挑战，但依然存在一些有待解决的问题，特别是在需要利用数据做出实时决策的行业或市场领域，或者是需要分析大量数据但首先必须将这些数据传送到集中位置的行业或市场领域。

- 要求实时处理。很多应用（特别是行业或医疗监控领域）都需要实时反馈以做出决策，此时将大量数据传送到云端可能就显得不切实际或者根本不可能，时延成为一个重要考虑因素。
- 云连接出现故障后的可用性挑战。边缘设备和用户需要访问云计算模型中的集中式系统，如果云连接出现了问题（如亚马逊在 2017 年 3 月以及英国航空公司在 2017 年 5 月因人为错误导致的云连接故障），那么就可能会造成数小时（亚马逊）或数天（英国航空公司）的业务影响。
- 通常会存在 QoS 问题，包括带宽、时延、抖动和丢包。将数据传输到云端并远程管理设备（如软件/固件升级），可能会因带宽有限而导致设备或用户无法执行服务。
- 动态编排与资源管理。
- 组织机构在存储数据或访问服务时存在地理位置规定问题。

■ 安全性！安全性！安全性！

云和物联网在很多用例及行业都展开了密切合作，特别是在实时、关键或数据不安全的应用场景下。物联网设备生成的数据量突飞猛进，需要进行处理、存储和访问，而云计算技术则旨在满足这些需求。对于很多用户而言，云计算是当今大数据以及高计算分析需求场景的主要解决方案。物联网和云计算相结合可以有效推进新型监控服务、数据流的有效处理以及非关键应用的实时控制。物联网的目标是理解数据并将其转化为商业洞察，云计算则可以实现这个目标，当然取决于具体用例，不同用例的需求是判断云计算是否适用的最终决策点。对于实时、关键且隐私敏感型用例来说，由于端到端 QoS（如果有）能力不足、服务保障和安全性机制缺乏以及采用 OTT 部署方式而导致的可靠性不足，使得云计算并不符合所有物联网架构的需求或部署要求。

2. 雾计算/边缘计算

虽然雾计算最常见的（也是错误的）应用定位是网络边缘，但由于雾计算可以为物联网协议栈中的各个协议层的终端设备及用户提供计算资源及服务，因而解决云服务突出问题的最新进展是雾计算或边缘计算。

虽然术语“雾计算”和“边缘计算”通常可以互换使用，但两者之间仍然存在一定的差异。边缘计算并不是一个新概念，只是目前非常适合物联网应用而已。边缘计算将大部分数据处理过程都推向网络边缘，而且尽可能靠近源端。边缘计算模型中的数据仍然采用集中存储方式，需要将所有数据都传输到集中式系统中进行永久存储以及进一步处理，因而边缘计算就是在源端附近复制了集中处理和数据存储操作，架构本身仍然是主/从模式（见图 5-19），所谓的边缘处理也只是集中式系统的扩展而已。

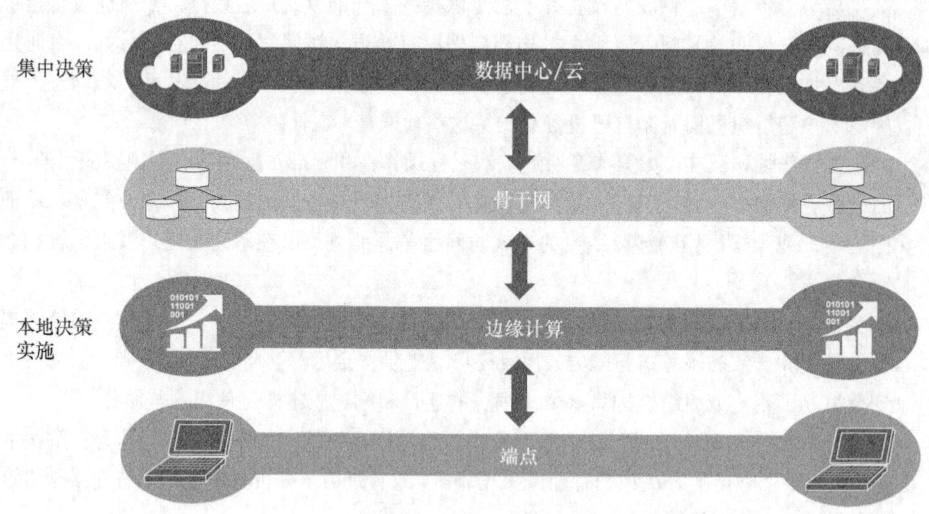

图 5-19 边缘计算架构

边缘计算指的是在物联网系统的边缘或附近执行处理操作，而雾计算架构则可以在物联网系统的边缘直至中心位置执行处理操作。很多物联网应用都对时延敏感且位置不固定，因而给云计算或单纯的边缘计算解决方案带来了一定的挑战。除了要求感知位置和低时延之外，很多用例还需要支持移动性和大范围的地理分布，此时就要用到雾计算。云计算的本质是通过公有网络和私有网络提供集中化的计算、存储和应用资源，而雾计算则是将这些资源移动到最适当的位置（从边缘到云端的任意位置）。

因此，雾计算就是将云计算模式扩展到更接近生成和使用物联网数据的物品处（见图 5-20），这些被称为雾节点的设备可以利用网络连接部署在任意位置，可以是具有计算、存储和网络连接的任意设备（如工业控制器、交换机、路由器、嵌入式服务器以及视频监控摄像头）。雾计算可以提供分布式计算、存储和网络服务，因而能够支持各种新型应用和服务，可以将雾计算视为物联网的云计算。

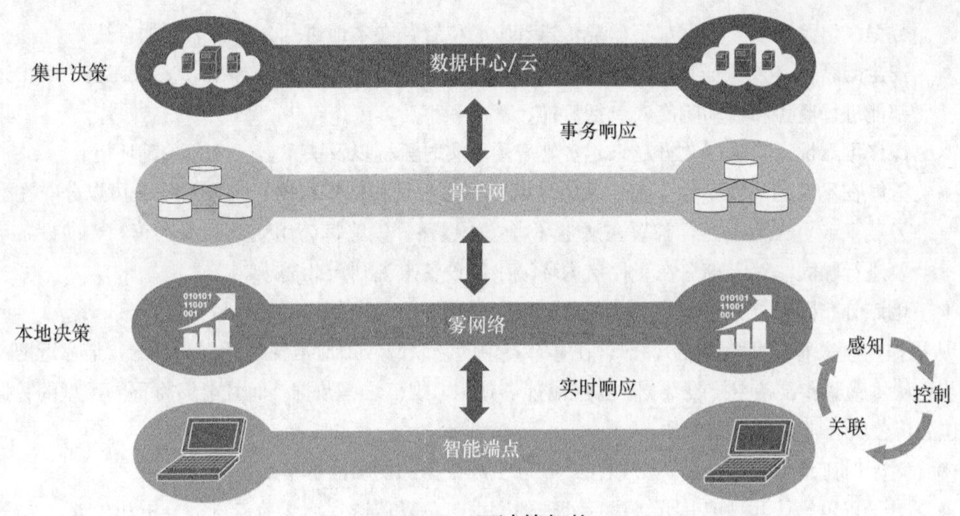

图 5-20 雾计算架构

雾计算并不是云计算的改良版，而是一种支持新型应用及服务的补充技术。云与雾之间需要进行互动，特别是在数据管理和数据分析方面。云计算提供的是集中化、协调、联合以及编排能力，而雾计算技术提供的则是本地计算和关联操作，从而满足低时延和上下文感知要求（虽然从后面内容可以很快看到雾计算也具备协调、联合及编排能力）。很多应用都需要雾的本地化和云的集中化能力，尤其是数据分析、优化服务以及大数据应用。请注意，雾计算的一个有趣能力就是允许设备进行独立通信并根据这些操作进行本地化决策（见图 5-21）。

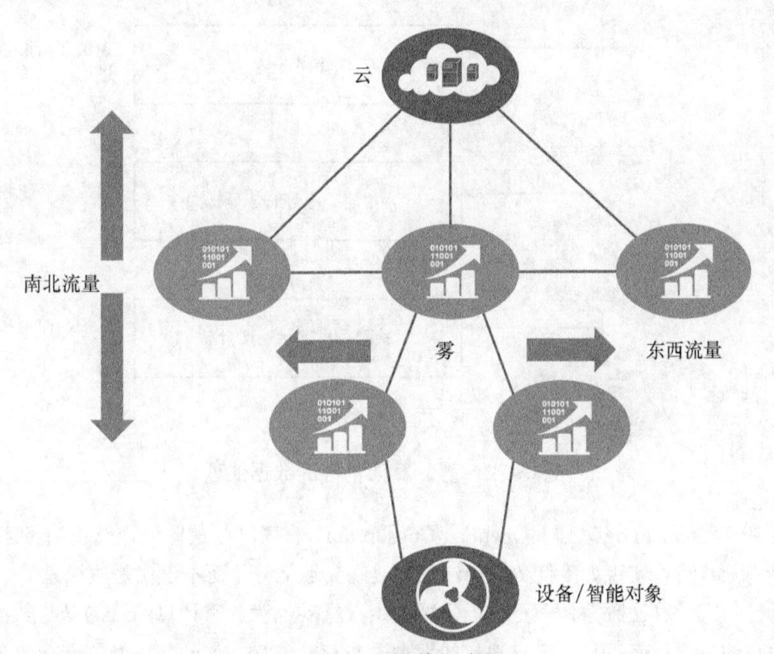

图 5-21 雾通信示意图

出现如下需求时，通常可以考虑采用雾技术物联网架构。

- **最小化时延**：对于实时或时延敏感型应用来说，应该尽可能地靠近设备执行数据的规范化和分析操作。
- **带宽限制**：将大量数据从网络边缘传输到云端并非始终实用（也没有必要），因为很多关键分析都不需要云计算这种规模的处理和存储能力。如部署在油井的声光传感器每天可以产生 2TB 的数据，但绝大多数数据都不需要传送到中心位置，在本地进行分析可能更加合适。

- **安全问题**：必须保证物联网数据在存储状态以及传送过程中的安全性，要求在整个攻击过程中都能进行监控和自动响应（包括事前、事中和事后）。
- **操作可靠性**：物联网数据越来越多地应用于实时流程以及决策、安全和关键环境。
- **能够在不同的环境条件下在广阔的地域范围内收集和保护数据**：物联网设备可以分布在数百平方英里或更大范围内，部署在恶劣环境（如道路、铁路、公用变电站和汽车）中的设备可能需要进行加固，对于部署在受控室内环境中的设备来说则无此需求。
- **地域分布因素**：具有大量节点和可扩展性要求，而且设备部署的地域范围非常广。

从操作角度来看（见图 5-22），部署在雾节点中的物联网应用通常都靠近网络边缘，最靠近网络边缘的雾节点从传感器和设备中接收数据。雾应用能够使用、规范这些数据，而且能够将不同类型的数据发送到最佳分析位置。常见处理规则如下。

- 对于时延最敏感的数据，应该在最靠近生成数据的物品的雾节点上进行分析。
- 对于可以等待几秒或几分钟进行处理的数据，可以传送到汇聚节点进行分析和处理。
- 对于时间敏感度较低的数据，可以传送到云端进行历史分析、大数据分析以及长期存储。

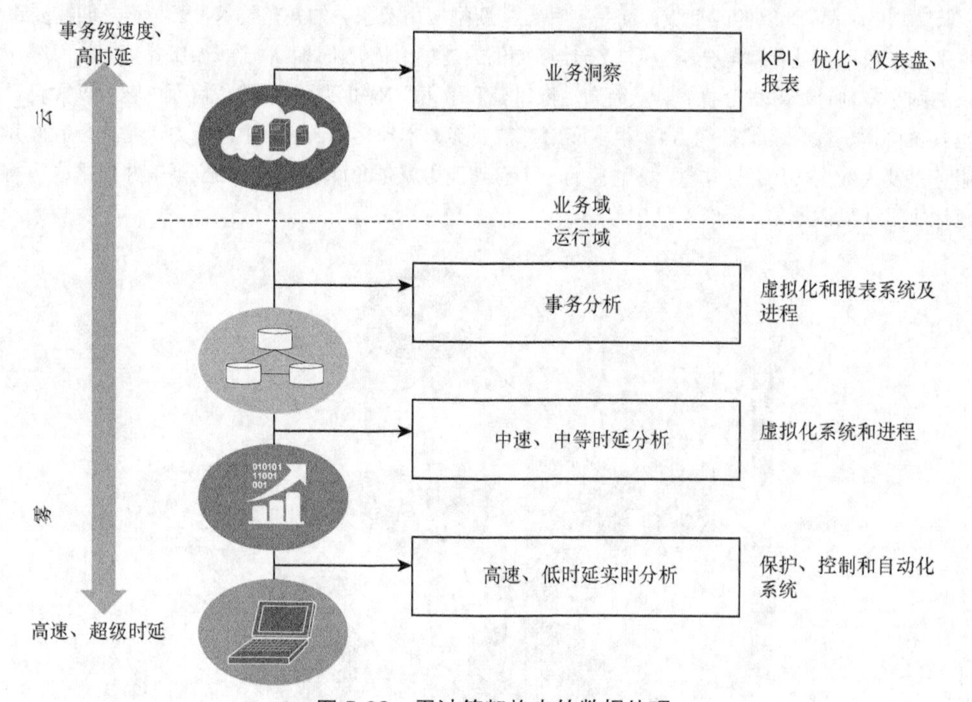

图 5-22 雾计算架构中的数据处理

下一节将在介绍 OpenFog 联盟（OpenFog Consortium）参考架构的时候详细说明雾计算的参考架构。采用雾计算架构可以实现如下优势（请注意，是端到端优势，而不仅仅是边缘）。

- **邻近性**：雾计算让数据处理更接近需要使用数据的位置。雾计算的目的是将数据放置在靠近最终用户的位置，而不是在远离端点的数据中心存储信息。如油气以及制造业等工业环境，边缘传感器或设备可以通过连续监测设备（如机器人、泵、驱动器和传感器等）生成实时数据。在油气环境下，油井中的分布式声学传感器每天可以产生 1TB～2TB 的数据，在网络边缘处理数据就可以实现实时监控，进而实现预测性分析。此时就不应该将如此大量的数据（绝大多数数据仅仅确认设备按预期状态运行）都传送回中心位置，而是应该在网络边缘利用雾计算技术进行处理。如果出现任何问题，可以立即将数据发送到中心位置以采取相应的措施。
- **速度**：大数据分析的速度更快，可以获得更可预测的结果。此外还支持实时分析，提高源端处理速度，实现真正的实时处理，而不是现在的准实时处理。

- **移动性**：通过控制整个系统中的多个节点的数据和计算能力，用户和移动终端（如汽车）可以将计算需求卸载到就近的雾节点上，并在雾节点之间实现计算迁移。
- **垂直市场的可复制性**：很多细分市场都已经开始应用和部署雾计算，包括工业、企业和商业应用领域。
- **异构性**：由于雾计算支持任意供应商的节点和网关，因而非常适合物联网的部署应用，因为物联网通常都是混合供应商系统。
- **成本**：减少需要通过网络链路传输的数据量，也就减少了带宽需求或传输的数据量，实现成本的最小化，并为其他服务释放网络资源。
- **安全和治理**：尽量减少传输数据的传输频率以及所要传输的距离，从而减少潜在攻击面。从合规性和治理的角度来看，某些国家或行业不允许在不同的地理位置之间传输数据或者在云端处理数据。雾计算通过在本地处理和存储数据来减少这些挑战。

在实际应用中，雾计算也存在以下潜在挑战。

- **邻近性**：将云计算类业务（如计算和存储）部署到地理位置非常分散的地方，难以实现云计算服务提供的强大的计算共享及虚拟化能力，从而导致整体解决方案的成本过高，对服务和资源的统一访问（与位置无关）也就成为一纸空谈。对于某些移动性用例来说，这可能是一大挑战，必须仔细考虑资源的设计和放置。
- **安全性**：雾计算设备和协议的迥然差异意味着可能存在范围广泛且多样化的攻击面，因而难以通过统一方式处理所有安全问题。对于雾节点和边缘网关来说，由于分布在大范围的地理位置上，而且安全机制也受限于设备的资源能力，因而非常容易遭受攻击。考虑到不同的组织机构通常都会维护和拥有不同的雾硬件，而且未采用一致的安全机制，还包括跨多个位置物理访问设备，因而面临的安全挑战更大。为成千上万台设备提供全面的风险评估本身就是一项重大挑战，对于能够在不同的雾节点之间移动的服务来说更加困难。
- **可靠性**：由于雾计算采取了地理位置非常分散的部署方式，因而难以简单快速地定位故障或受损的雾节点。此外，边缘雾基础设施和通信链路可能不如中心位置或汇聚位置可靠。如果雾节点不可达，那么就可能无法提供自主服务，即使雾节点本身仍然运行正常。硬件审计和更新等标准化管理任务更加困难。大规模雾架构中的故障诊断及容错机制会大大增加故障概率，在小规模测试中未发现的软件或硬件问题可能会发生在实际的雾计算环境中，而且可能会给系统性能及可靠性带来负面影响。考虑到物联网系统的异构性和复杂性，实际运行时可能会出现各种不同的故障组合，而这些都无法通过小规模测试加以预测。
- **成本**：雾架构的成本比云架构高，云架构采用集中的虚拟化共享服务，能够优化能耗，实现集中式管理和支持流程。
- **复杂性**：在部署和调度相同的服务时，雾架构更加复杂。除了移动设备之外，可能还需要将应用扩展到层次架构中的多个层级（包括边缘、核心和云端），因为决定在何时何地安排计算任务可能会更加困难。

5.2.6 中间件架构

前面讨论的系统化视图更多地集中于顶部（云）和底部（雾）视角，物联网架构的另一种模式是以中间件为核心，并从这个角度来构建体系架构。

物联网系统通常由大量异构设备和网络以及不同的应用组成，很难在各种不同的设备和应用之间定义和实施通用的体系架构模式，因为它们可能属于不同的供应商或业务领域。随着各种新技术或用例的不断出现，异构性和复杂性也可能会不断增加。将这些不同组件关联在一起的常见方法就是为物联网开发一个中间件层，充当粘合剂，将应用、通信接口及设备整合在一起。中间件架构可以作为拥有大量通信协议、数据集及传输需求的各类传感器、端点及应用程序之间的一致性标准。

物联网中间件架构通常包括4个主要组件（见图5-23）：定义和执行共同标准的接口协议组件；将异构组件连接在一起的设备抽象组件；集中式管理、控制及情境化组件，用于物理层通信以及应用程序所需服务的应用程序抽象组件。

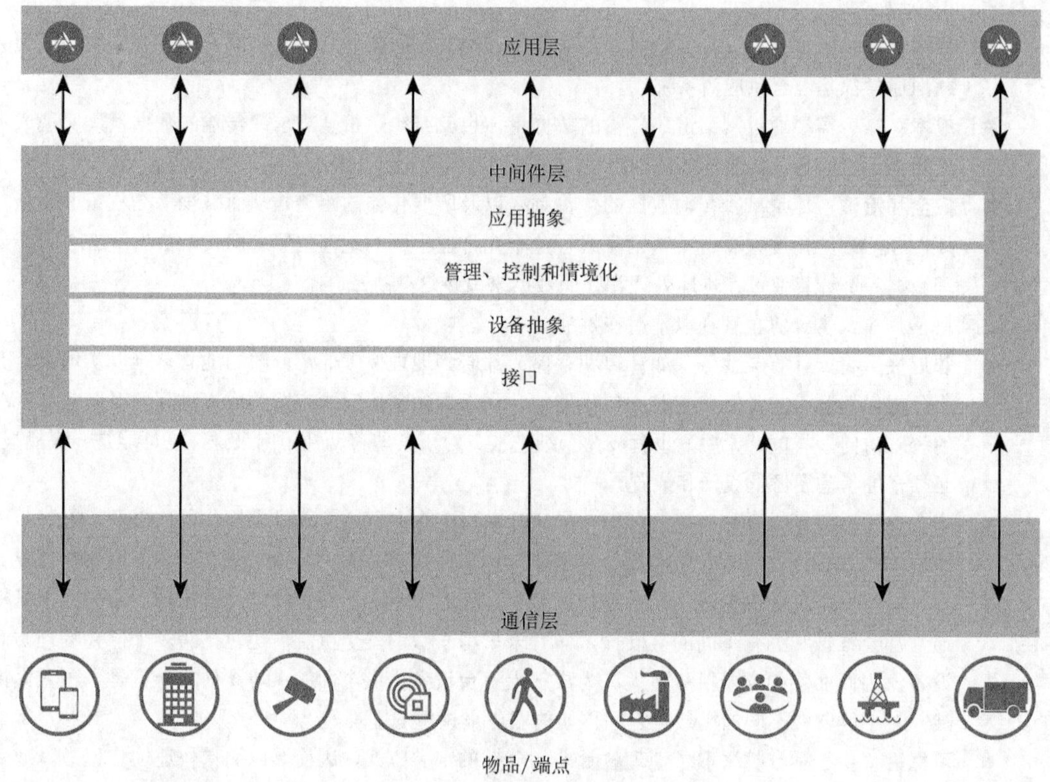

图5-23 物联网中间件架构

需要注意的是，虽然中间件确实提供了较低与较高协议层之间的接口，但千万不要把中间件与物联网平台混为一谈，它们的功能不同，架构组件也不同。尽管使用的名称是中间件，但实际上遍布整个物联网体系架构。

5.2.7 Lambda架构

Lambda架构与前面提到的各种架构模式都不相同，因为除了数据流的处理分析之外，Lambda架构并不涉及物联网平台的其他任何方面。Lambda架构是一种数据处理架构（见图5-24），旨在利用批处理和流处理方法处理大量数据（如物联网应用场景）。该架构希望通过批处理机制来提供全面且准确的批处理数据视图，同时采用实时流处理机制提供在线数据视图，从而在时延、吞吐量、伸缩性和容错性方面达到一定的平衡。如果需要，也可以将这两种视图的输出结果合并展现，从而提供了一种弥合历史事实与当前实时解决方案之间差距的方法。将传统的批处理与流处理相结合，可以在一种方法中满足两者的需要。

对于物联网来说，如果应用程序需要以极快的速度处理实时数据，而且后续还需要进行修正或者做进一步数据分析，那么该架构就非常有用。

Lambda架构最初由Nathan Marz提出，描述了一种通用、可扩展且具有容错机制的数据处理架构，可以满足系统在健壮性和容错性方面的需求，能够容忍硬件故障和人为错误。该架构要求能够服务于各种不同的工作负荷，而且能够满足低时延读取及更新用例的需求。据此创建的系统应具备线性可扩展能力，而且应该是横向扩展，而非纵向扩展。

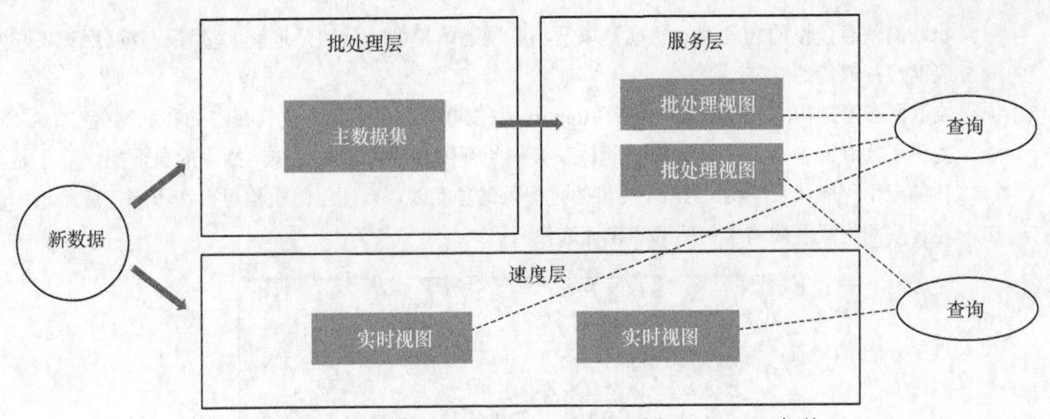

图 5-24 以数据为中心的物联网架构示例：Lambda 架构

5.2.8 物联网全协议栈/通用架构模式

采用通用架构模式的目的是涵盖物联网层次架构中的所有物联网协议栈，而不仅仅关注特定组件或特定视角。近年来通用架构模式越来越受到欢迎，特别是客户一直都在完善它们的物联网部署方案，以涵盖更多的用例并提供更多的标准化和互操作性。下面将着重讨论一些相对成熟也相对流行的物联网架构模式。

5.3 通用架构模式

可以将下列标准或指南视为物联网全协议栈的通用架构模式。

5.3.1 IoT-A 参考架构

欧洲灯塔协同项目（European Lighthouse Integrated Project）经过 3 年多的时间，于 2010 年发布了第一个主流物联网架构以及基本的物联网模块，称为 IoT-A（Internet of Things Architecture，物联网架构），希望基于现有的架构原理及指南，采用自上而下的方法，结合原型设计与模拟仿真，更好地理解物联网架构选择的技术后果，并通过这种学习方式来促进各种新兴物联网用例的发展。目前，该架构模型由物联网论坛（IoT Forum）负责维护。

图 5-25 列出了 IoT-A 的目标（虽然只是一种非常通用性的描述），图中的树根表示各种通信协议（如 6LoWPAN、Zigbee 和 IPv6）和设备技术（传感器、执行器和标签）；树叶表示物联网应用，可以接收来自树根的养分（数据和信息）；树干是最重要的组件，表示 ARM（Architectural Reference Model，架构参考模型）。ARM 是参考模型、参考架构、模型集、指南、最佳实践、视图以及视角的组合，可以通过这些组合创建完全可互操作的物联网架构及系统。

参考架构的目的是让系统设计师和架构师们在实际工作中应用它，将其与现有的模型、视图和视角关联起来，从而简化系统设计人员的工作。从现有的体系架构和解决方案出发，就意味着可以从中提取通用的基线要求并作为设计输入。IoT-A ARM 由 4 部分组成（见图 5-26）。

- **愿景（Vision）**：为物联网的架构参考模型提供了基本原理，包括如何使用 ARM、如何建立架构模型以及相应的业务场景及参与方的观点。
- **业务场景（Business scenarios）**：定义为参与方的需求，业务场景可以推动体系架构的发展。物联网架构的历史视图可以从业务目标中推导出来，这也意味着可以针对选定的业务场景来验证参考架构的具体实例。
- **物联网参考模型（IoT reference model）**：提供了最高层次的抽象，旨在为物联网域提供一种共识。包括对物联网域的一般性讨论，提供了一种作为顶级描述的物联网域模型，提出了如何为物联网信息建模的物联网信息模型以及物联网通信模型（目的是理解大量异构物联网设备与互联网进行通信的细节）。

- **物联网参考架构(IoT reference architecture):** 物联网参考架构是建立兼容的物联网架构的参考，提供了物联网参与方所关注的不同体系架构的视图和视角，主要关注抽象的机制集，而不是具体的应用程序体系架构。ARM 的目的是提供最佳实践，以便组织机构可以在不同的应用域中创建合规的物联网架构（包括架构设计选择）。

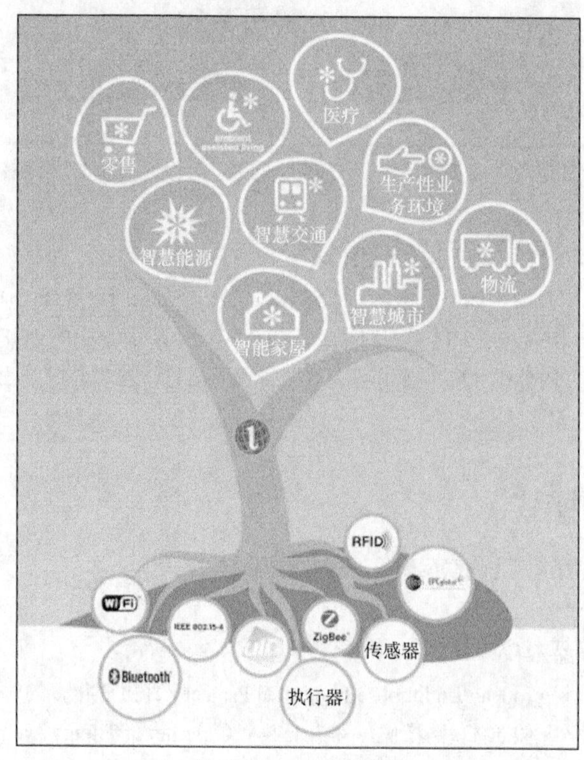

图 5-25 IoT-A 概述

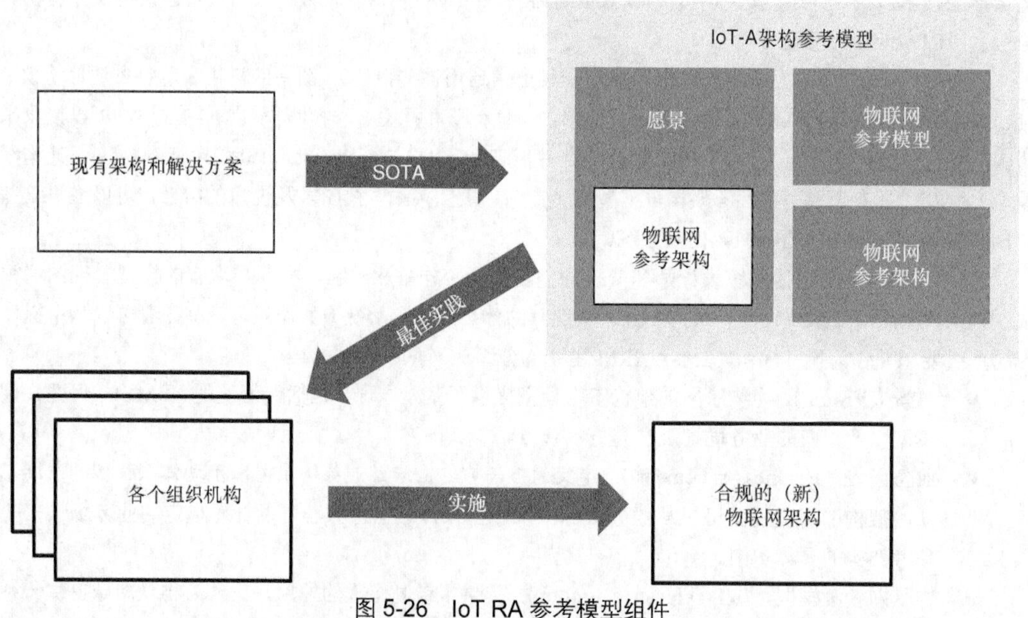

图 5-26 IoT RA 参考模型组件

物联网提出了一种基于实体的参考模型（见图 5-27）。

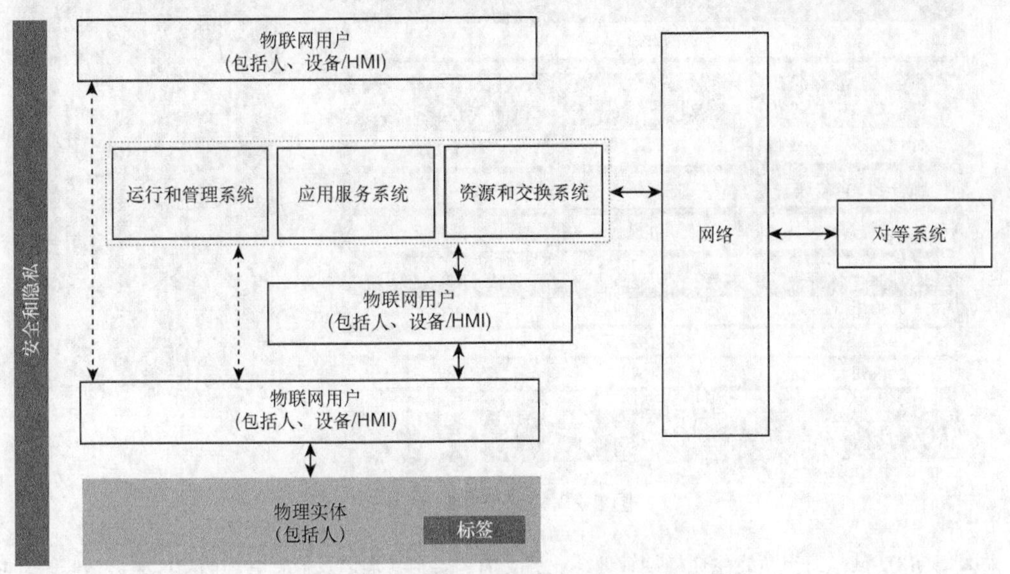

图 5-27 IoT RA 基于实体的参考模型

该模型包括如下组件。

- **物理实体**：这些是真实世界的物品（机器、设备、人），是物联网系统必不可少的组成部分，可以将各种类型的标签附加到物理实体上以实现监控和识别。
- **物联网设备**：这些设备负责将物理实体连接到物联网系统。物联网设备由监控或扫描物理实体以检索相关信息的传感器，以及根据数字指令作用于或改变物理实体某些属性的执行器组成。
- **网络**：物联网设备通过网络进行通信。
- **网关**：网关提供本地邻近网络与广域接入网络之间的连接，通常包括提供远程管理功能的管理代理。物联网网关可以包含其他实体并提供更多的功能，包括可以支持本地边缘或雾处理能力或者作为处理间歇性通信网络手段的设备数据存储器。
- **应用程序和服务**：大多数物联网系统都存在各种应用程序、服务以及相关联的数据存储。
- **运行和管理**：专门用于物联网系统本身运行和管理的应用程序、服务及数据存储，包括设备注册数据存储以及关联设备的身份服务（可以为应用程序和服务提供查找功能）。设备管理应用程序为系统中的物联网设备提供监控和管理功能。运行支撑系统提供了与总体物联网系统监控和管理相关的各种功能，包括提供给用户的管理功能。
- **用户交互**：用户可以通过访问和交换实体来访问物联网系统的各种功能，这些实体为各种服务功能、管理功能和业务功能提供了受控接口。这里所说的用户可以包括人类用户和数字用户。人类用户通常使用某种类型的用户设备与物联网系统进行交互，而数字系统则可以使用物联网系统，用户设备和数字用户都通过用户网络与物联网系统的其他组件进行通信。
- **对等系统**：这些系统可以是其他物联网系统或非物联网系统，通过网络与物联网系统交互。
- **安全和隐私**：相关的安全和隐私保障机制涵盖了整个物联网系统，包括认证、授权、证书、加密、密钥管理、日志记录、审计及数据保护等。

将该模型转换为更加详细的功能视图之后，就可以从水平方向列出各种内部域功能，从垂直方向列出各种端到端的跨域功能（见图 5-28），利用这些功能就可以构建面向特定垂直行业或市场的体系架构。

- SCD 由一组通用功能组件组成，其实现复杂性取决于物联网系统的基础设施。
- ASD 域是一组实现特定应用逻辑（用于实现服务提供商的特定业务功能）的功能集，包含了逻辑和规则组件、功能组件、API 和门户功能等组件。

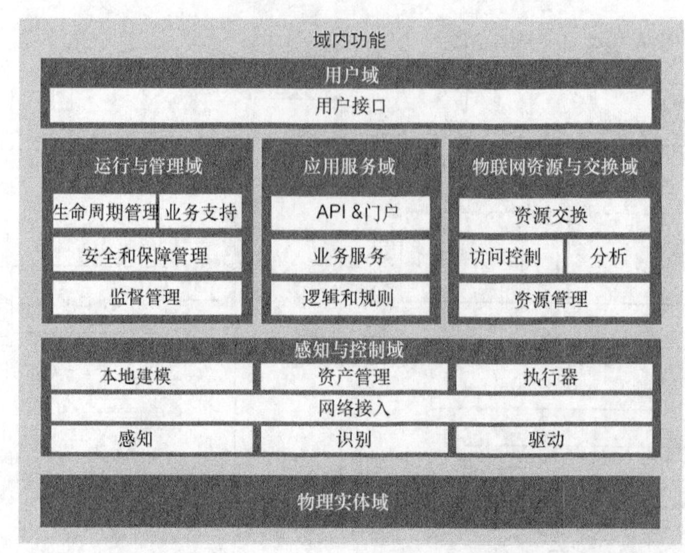

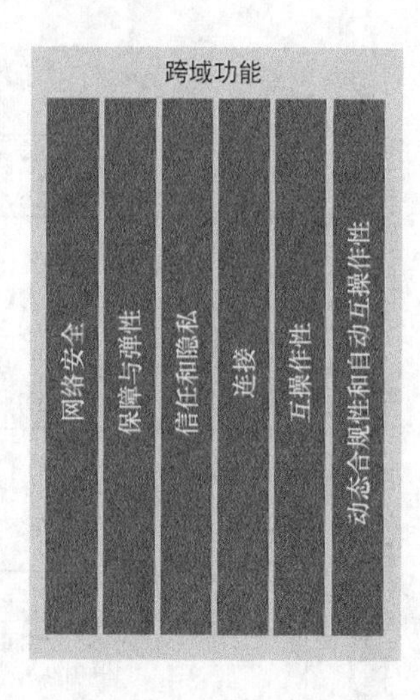

图 5-28 IoT RA 功能架构

- OMD 域是一组负责生命周期管理、业务支撑、安全管理以及监管管理的功能集。这些管理功能允许管理中心向控制系统或相关设备发布管理指令。生命周期管理则为物联网系统的运行提供了多种功能组件：配置、部署、监控、维护、预测、诊断、优化和计费。
- 资源和交换域包含了物联网系统的主要功能组件，包括资源管理和分析、资源交换和访问。该域负责物联网系统与其他系统之间的资源交换。
- UD 的主要功能是提供物联网服务的访问机制以及使用这些访问机制的相关信息，这里的功能组件是用户和 HMI，为用户提供了访问、订阅和接收应用服务域提供的服务的接口。
- PED 包括感知的物理对象和受控的物理对象，这些对象是其他域的功能主体。
- 跨域功能涵盖了上面的所有 6 个域，包括安全性、防护与弹性、信任与隐私、互操作性以及动态组合与自动化互操作性。

5.3.2 ITU-T Y.2060

ITU-T Y.2060 提供了物联网的概述信息，定义了物联网的概念和范围，并确定了物联网的基本特征和高级需求。Y.2060 定义了一个四层物联网参考模型，并定义了各层的管理功能和安全功能（见图 5-29）。

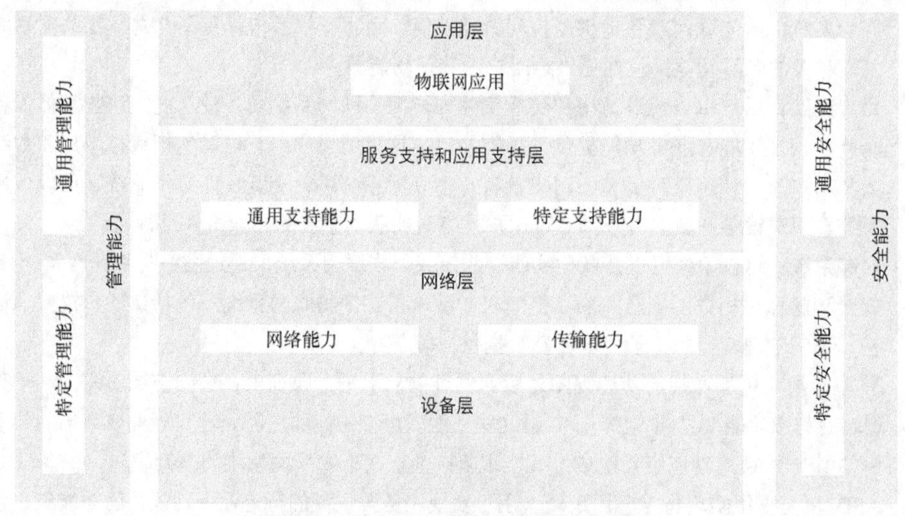

图 5-29 ITU-T Y.2060 物联网参考模型

应用层包含了物联网应用。

服务支持和应用支持层包含了两组功能。通用支持功能是物联网应用程序可以使用的常用功能，如数据处理或数据存储，可以通过特定的支持功能调用这些功能。特定支持功能可以满足多种应用程序的需求，这些应用程序为不同的物联网应用程序提供不同的支持功能。

网络层包含了两类功能。网络功能提供了网络连接的控制功能，如访问和传输资源控制、移动性管理以及 AAA 等功能。传输功能为物联网服务以及特定应用数据的传输提供连接，同时还负责处理与物联网相关的控制及管理信息的传输。

设备层包含了两类功能。设备功能包括与通信网络的直接交互（设备与通信网络进行双向直接交互）以及与通信网络的间接交互（设备通过网关间接地与通信网络进行双向交互）两种模式。

网关层包含了多种功能，如多接口支持及协议转换等功能。

该模型确定了各层所需的管理功能和安全功能。管理功能涵盖了传统的故障、配置、计费、性能及安全（FCAPS）类功能（故障管理、配置管理、记账管理、性能管理和安全管理）。通用安全功能独立于应用程序，包括 AAA、防病毒、机密性和完整性等安全机制，而特定安全功能则与特定应用程序的要求以及移动支付的安全要求紧密相关。

5.3.3 IoTWF 参考模型

在 IoTWF（IoT World Forum，物联网世界论坛）架构、管理及分析工作组的 28 个成员（包括思科、英特尔、GE、SAP 和甲骨文）的通力合作下，2014 年创建了物联网模型，旨在定义一个开放式物联网系统，将各个组件组织成层并提供整个系统的图形化表示。为了解决物联网存在的各自为政问题，该模型希望定义一系列通用术语、明确数据的流动和处理方式并创建一个统一的物联网框架。开放系统是物联网产品走向互操作性的第一步。

该物联网模型具有如下特点。

- **简化**：将复杂的物联网系统分解成多个组件，每个组件都更容易理解。
- **澄清**：提供附加信息以精确识别物联网的层级并建立通用术语。
- **识别**：识别系统的不同组件对特定处理过程的优化位置。
- **标准化**：为供应商创造可相互协作的物联网产品提供了基本条件。
- **组织机构**：让物联网真正走向实用化，而不仅仅停留在概念意义上。

该模型的目的并不是提供一份详细的物联网系统部署指南，而是提供一组松散的建议，告诉大家应该如何考虑物联网各种组件，从而创建单一的物联网架构参考框架。该模型没有限定物联网系统的处理能力，可以很简单，也可以很复杂，也可以是两者的结合。该模型也没有限制架构组件的范围或位置，而是希望通过七层模型涵盖物联网系统的所有功能（见图 5-30）。该模型的基本思想是提供一定程度的抽象机制并支持各种功能性接口，从而提供一致的物联网系统模型。该物联网参考模型是一种逻辑架构，可以根据具体的上下文环境进行数据处理，因而信息更有意义，而且能够管理大规模的扩展性，并设计有洞察力的响应操作。

Level 1 由物理设备以及可能控制多台设备的控制器组成，该层的组件都是物理物品，如传感器和执行器。设备可能拥有模数转换和数模转换功能、数据生成功能以及远程查询和/或控制功能。

Level 2 是连接层。从逻辑角度来看，该层可以实现设备与网络之间、同一层设备之间以及设备与 Level 3 处理模块之间的通信。该层由各种网络设备组成，包括组成局域网和广域网以及提供 Internet 连接的路由器、交换机、网关和防火墙。Level 2 的目的是实现设备间通信，并通过上层的逻辑层与应用平台进行通信。该参考模型可以由现有网络执行通信和处理操作，无需创建新的或不同类型的网络。不过，有些传统设备并不是 IP 设备，而有些设备则需要专有控制器，对于这类场景来说，需要通过网关或控制器来提供设备到网络的连接。该层侧重于可靠传输、协议支持与协议转换、安全性以及网络分析等功能。

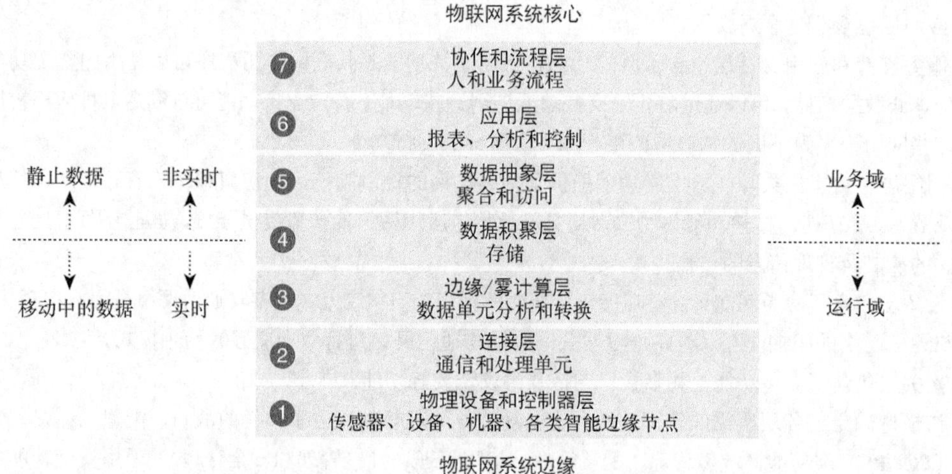

图 5-30 IoTWF 物联网参考模型

Level 3 就是本章前面所说的雾计算或边缘计算层。该层可以将网络数据流转换为适合存储和处理的 Level 4 信息。Level 3 侧重于大容量的数据分析和转换功能，该模型可以在最靠近网络边缘的位置尽可能早地由最智能的系统执行信息处理操作。该层可以提供数据处理、内容检查、网络级和数据级分析以及基线和事件生成等服务。

Level 4 是数据积聚层，来自多台设备的动态数据可以在该层转换成可供上层使用的静态数据。应用程序可以根据需要非实时地访问这些数据，上层操作都是以查询或事务为基础，而下面的三层操作都是以事件为基础。Level 4 通过将动态数据转换成静态数据，并将网络数据包重新格式化成数据库的关系表，就可以将基于事件的数据转换成基于查询的处理结果，从而大大减少了需要过滤和选择性存储的数据量。

Level 5 提供了数据抽象功能，以开发出相对简单且性能强大的应用程序的方式呈现和存储数据。该层的主要功能是协调多种数据格式、确保语义的一致性、将数据合并到同一个位置、保护数据以及数据的规范化和索引。

Level 6 是应用层，包含了使用物联网输入或控制物联网设备的各种应用程序。此处并没有严格定义应用程序，针对不同的行业或市场以及具体的业务需求，应用程序之间的差异很大。虽然应用程序通常都与 Level 5 中的静态数据进行交互，但是应该保证应用程序能够与下层进行直接交互。

Level 7 是协作和流程层。该层直接反映了第 1 章所说的内容，即 IoT（或 IoE）不仅要包括人，而且还要产生有用的数据。如果不能触发操作，那么生成的物联网系统和信息就毫无价值。该层的目的不仅仅是向应用程序提供数据，而且还要让人们能够利用应用程序更好地完成工作（能够在适当的时间以正确的方式为人们提供正确的数据，从而完成正确的事情）。

安全需求贯穿于整个模型的各个层级以及在各层之间交互的数据（见图 5-31）。该模型强调必须做到端到端的安全性，而且应该完成最小的安全功能集，包括保护每台设备或系统的安全性、为每层的所有进程提供安全机制以及保证各层之间和各层内部的安全移动与通信。

IWF 将参考模型定位成行业认可的框架，旨在标准化与物联网相关的概念和术语。除了技术问题之外，该框架还解决了业务和应用问题，希望解决完整的物联网协议栈。该模型与其他模型不同，如 ITU-T Y.2060 主要关注设备层和网关层，很少关注上层协议栈。

该模型对于描述物联网系统架构所需的功能类型特别有用，但也仅限于此，并没有继续提出可用来实现其所述功能的互操作性建议或标准，也没有提供有关如何实现所述功能的详细信息和指南的参考设计或参考实现，而且该模型也是以数据为中心的模型。下一代平台的重点研究领域包括编排、自动化以及以服务为中心的架构模式。

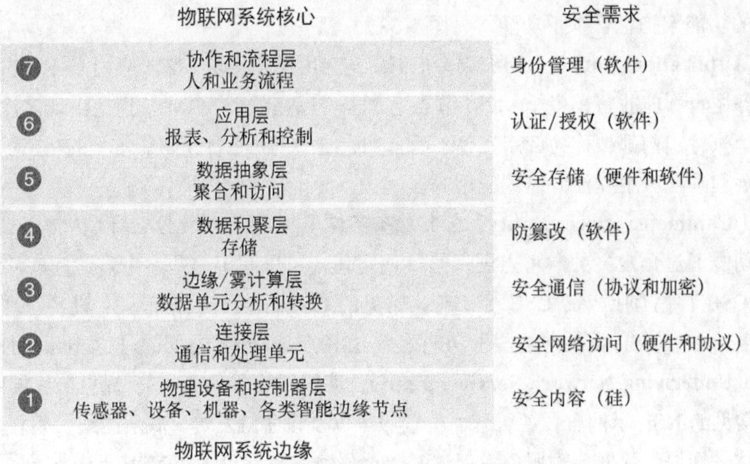

物联网系统核心	安全需求
7 协作和流程层 人和业务流程	身份管理（软件）
6 应用层 报表、分析和控制	认证/授权（软件）
5 数据抽象层 聚合和访问	安全存储（硬件和软件）
4 数据积聚层 存储	防篡改（软件）
3 边缘/雾计算层 数据单元分析和转换	安全通信（协议和加密）
2 连接层 通信和处理单元	安全网络访问（硬件和协议）
1 物理设备和控制器层 传感器、设备、机器、各类智能边缘节点	安全内容（硅）
物联网系统边缘	

图 5-31 IoTWF 物联网参考模型中的安全性

5.3.4 oneM2M 参考架构

oneM2M 标准聚焦于可以在应用程序之间交换数据的单一横向平台架构。oneM2M 成立于 2012 年，是全球领先的物联网 M2M 领域的标准化组织，得到世界领先的 SDO（Standards Development Organization，标准制定组织）、5 个全球性的信息和通信联盟以及 200 多家企业的支持，旨在创建一个分布式软件层，为不同的技术提供一个统一的框架。

oneM2M 平台架构是一个由应用程序、服务和网络组成的三层模型（详见本节后面内容），旨在构建一个分布式软件层，为不同技术的网络互连和互操作提供参考框架。oneM2M 希望尽可能重用各种已有协议，目标是与诸多行业及部门达成一致。希望通过将 M2M 通信与大数据相结合来创建新功能，从而获得衍生价值，价值来自于洞察力而非通信本身。

oneM2M 的目标不是标准化物联网的全部协议栈，而是希望完成接口的标准化，与系统中的所有供应商、设备及应用程序实现安全互操作，从而与整个物联网协议栈生态系统建立关联关系。该架构关注的是网络独立性，而不是网络无知性。网络独立性要求了解并感知网络，从而提供最佳服务或体验。网络无知性意味着无论网络是何种类型，解决方案都能正常工作，但并不意味着解决方案能够很好地工作，或者保证解决方案的优化性。

oneM2M 可以实现不同设备、不同应用、不同网络以及不同行业之间的数据互操作性和集成性。这一点是通过抽象的异构数据和常用工具实现的，未来的工作重点是引入语义交换功能以提供更多的上下文信息。

从安全性角度来看，oneM2M 试图创建聚焦行业安全需求（而不是系统参与方的安全需求）的解决方案。

oneM2M 的功能架构侧重于服务层，采取的是与底层网络无关的端到端服务视图，底层网络用于传输数据以及其他可能的服务。图 5-32 显示了支持端到端（E2E）M2M 服务的 oneM2M 分层模型，由三层组成：应用层、公共服务层以及底层网络层。

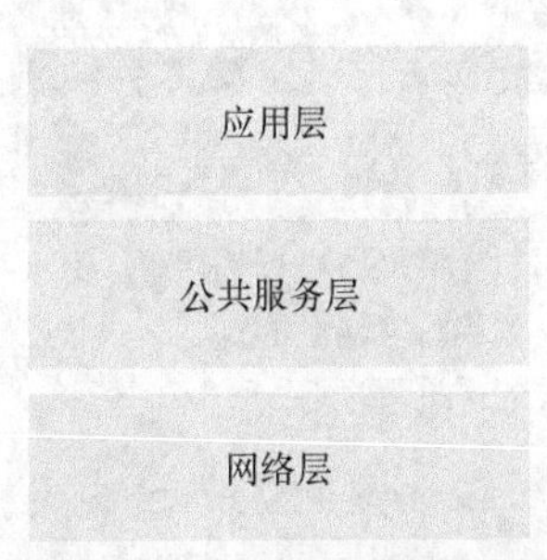

图 5-32 oneM2M 分层模型

oneM2M 的功能架构包含以下功能（见图 5-33）。

- **AE（Application Entity，应用实体）**：AE 是应用层中实现 M2M 应用服务逻辑的实体。每个应用服务逻辑都能驻留在多个 M2M 节点上，也可以在单个 M2M 节点上出现多次。应用服务逻辑的每个执行实例都被称为应用实体，而且拥有唯一的 AE 标识符。常见的 AE 示例有车辆跟踪应用、远程医疗应用和油井监测应用等。
- **CSE（Common Services Entity，公共服务实体）**：CSE 表示 M2M 环境中的一组公共服务功能。服务功能通过预定义的参考点展现给其他实体，可以利用这些参考点访问底层网络服务实体。每个 CSE 都拥有唯一的 CSE 标识符。常见的 CSE 示例有数据管理、设备管理及位置服务。可以从逻辑上将 CSE 提供的这些子功能称为 CSF（Common Services Function，公共服务功能）。
- **NSE（Underlying Network Services Entity，底层网络服务实体）**：提供从底层网络到 CSE 的服务，常见的 NSE 示例有设备管理、位置服务以及设备触发等。底层网络负责在 oneM2M 系统中的实体之间提供数据传输服务，但这类数据传输服务不包含在 NSE 当中。

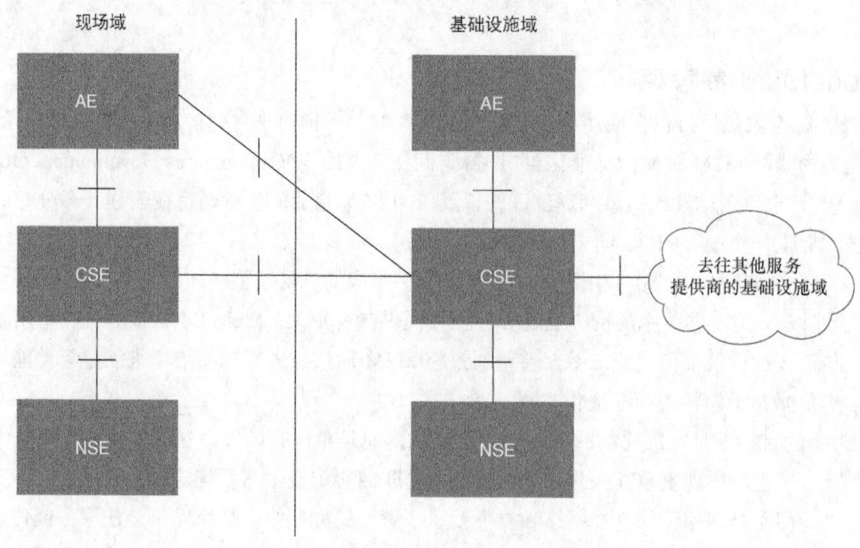

图 5-33 oneM2M 功能架构

公共服务层包含了一组 CSF（见图 5-34），CSF 通过参考点向 AE 及其他 CSE 提供服务，包含在 CSE 中的不同 CSF 之间也能进行交互。

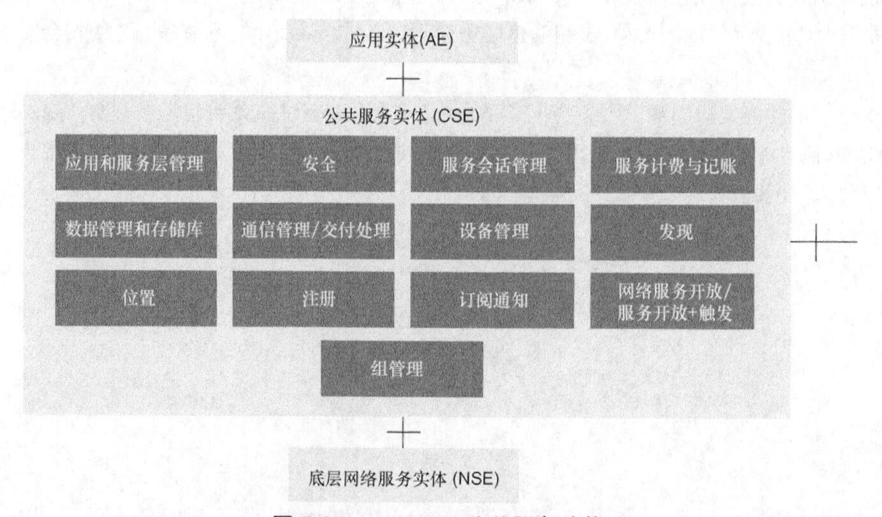

图 5-34 oneM2M 公共服务功能

虽然 oneM2M 没有为应用程序实体之间的数据交换指定特定垂直行业的数据格式，但是可以通过与其他技术的互通来实现。

5.3.5 IEEE P2413 物联网架构

IEEE P2413 工作组成立于 2014 年，旨在促进跨域交互并实现物联网系统的互操作性和功能兼容性。该工作组汇集了来自工业、电信、计算机、标准和学术界的多个组织机构，负责定义物联网的架构框架，包括抽象及常用词汇。IEEE P2413 的目标是创建“数据抽象与质量的四重蓝图（保护、安全、隐私与防护)”。

IEEE P2413 的架构框架旨在加速物联网市场的增长。IEEE 认为统一的物联网系统开发模式有助于减轻各自为政的发展状况，并在全球范围内创建有大量参与方参加的活动。该标准定义了物联网的架构框架，包括不同物联网域的描述、物联网域的抽象定义以及不同物联网域之间的共性信息（见图 5-35）。此外，该标准还提出了一个参考模型，用于定义不同物联网垂直领域（运输、医疗健康等）之间的关系以及公共的架构组件。

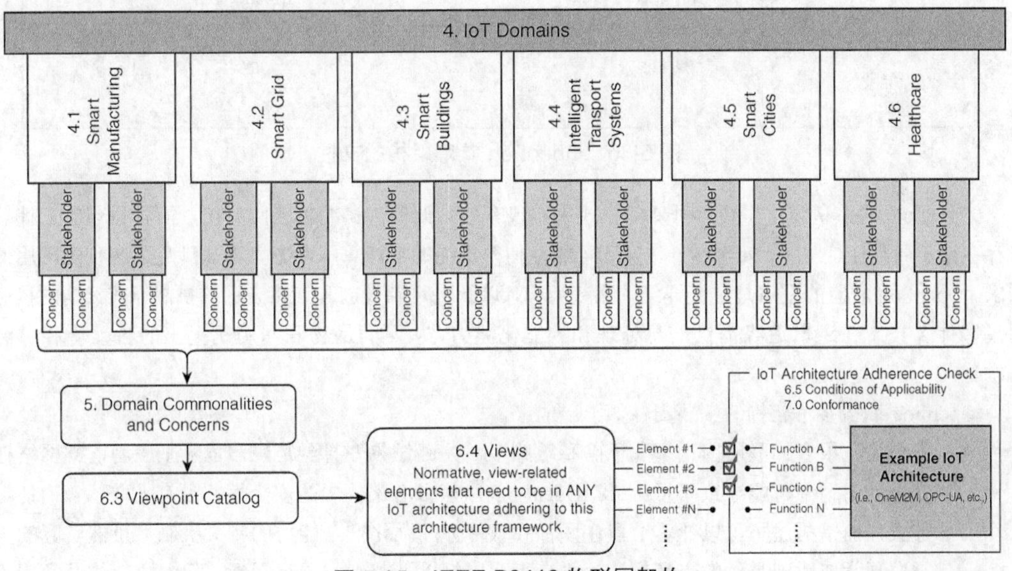

图 5-35 IEEE P2413 物联网架构

此外，IEEE P2413 的物联网架构框架还提供了一个建立在参考模型基础上的参考架构。该参考架构提供了基本的架构模块的定义以及集成到多层系统中的能力，同时还解决了如何记录以及如何减少架构差异（如果需要）等问题。IEEE P2413 标准广泛采用了现有的适用标准，并与拥有相似或重叠研究范围的项目（包括计划研究的项目和正在研究的项目）展开合作。

5.3.6 OpenFog 联盟参考架构

OpenFog 联盟由 ARM、思科、戴尔、英特尔、微软和普林斯顿大学于 2015 年 11 月成立。成员包括科技和网络公司、企业家和学术机构，旨在通过参考架构提供创新。

OpenFog 联盟的参考架构基于一系列核心技术原则（见图 5-36)，包含架构理念、方法和意图。每项技术原则（称为支柱）都是物联网系统需要为水平的系统级架构提供的关键功能，需要在尽可能靠近数据源的地方（从物品到云端的任何地方）提供分布式计算、存储、控制和网络功能。由于雾计算经常被人们误传为边缘计算，且涵盖整个物联网协议栈，因而有时也被称为“云-物连续体”(cloud-to-thing continuum)。

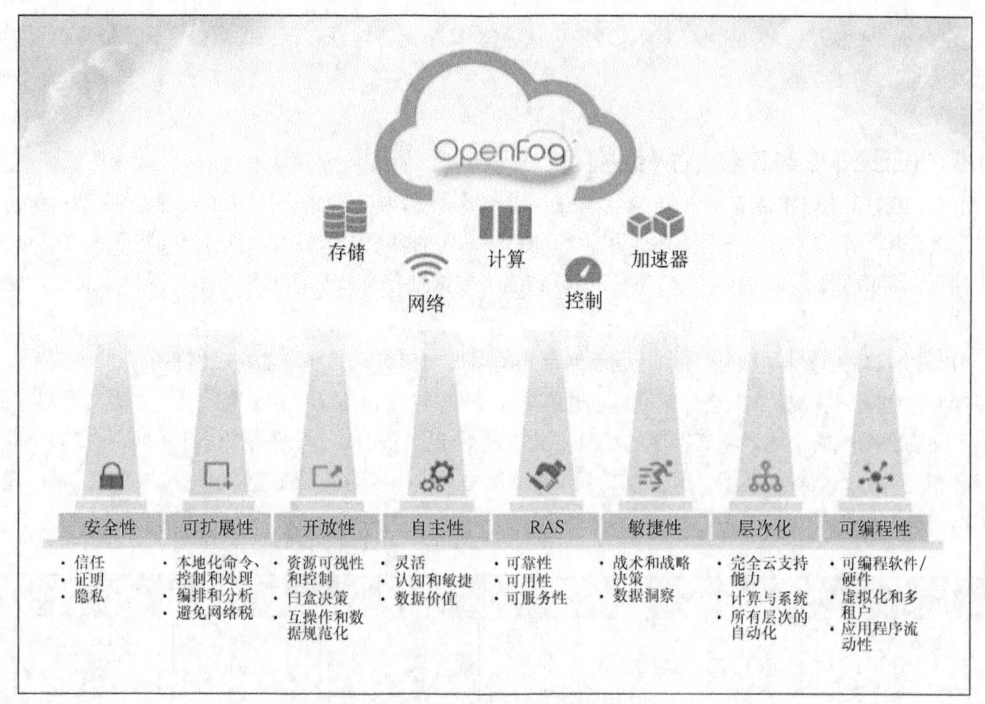

图 5-36 OpenFog 参考架构的支柱

OpenFog 联盟认为，需要一种新的模式来实现有效且架构优良的物联网系统，而且目前的云计算技术存在很多局限性。性能、安全性、带宽和可靠性使得单纯的云计算解决方案无法满足某些物联网用例的需求。OpenFog 联盟的重点是定义详细的系统架构，以解决基础设施和连接方面的挑战，其架构的核心是通过雾计算技术在逻辑边缘提供信息处理和智能化能力，从而满足物联网用例提出的自动化和扩展性需求。

OpenFog 联盟参考架构的主要支柱如下。

- **安全性**：很多物联网应用都属于隐私敏感型、关键任务型甚至是生命危险型应用，雾网络任何安全性问题都可能导致严重后果。OpenFog 联盟参考架构中的安全性并没有采取“一刀切”的方式，而是描述了可以让雾节点在硬件和软件方面强化安全能力的相关机制。虽然实际的安全需求通常取决于具体的市场领域、垂直行业用例以及节点位置等因素，但参考架构必须明确必要的基础安全组件。这些基础安全组件需要利用某种方法来发现、证实和验证所有联网的端点以及建立信任关系之前的物品，目标是创建一个端到端的安全计算环境，包括节点安全、网络安全、管理安全和编排安全。
- **可扩展性**：该支柱旨在解决物联网系统所需的动态可扩展性，与所有的雾计算应用和垂直领域均相关。可扩展性需要考虑性能、容量、可靠性、安全性、硬件以及软件等因素。可扩展性问题包括了雾计算的层次化属性及其在网络逻辑边缘的位置，以及通过额外硬件或软件扩展单一节点。雾网络的存储和分析服务必须能够做到按需扩展。
- **开放性**：开放性是整个物联网平台和应用生态系统的基本要求，必须基于开放性支柱来构建可互操作的解决方案（甚至要求做到多供应商之间的互操作性）。开放性包括可组合性、可互操作性、开放式通信以及位置透明性。
- **自主性**：自主性允许雾节点与高层连接出现中断之后，仍然能够继续提供服务和功能。物联网架构中的所有节点都应该支持自主性，网络边缘的自主性意味着网络连接出现故障后，仍然可以利用本地节点完成必需的任务。自主性任务通常包括发现、编排和管理、安全以及运行等内容。

- **可编程性**：可编程性支柱允许通过软件和硬件层的全自动编程来进行灵活的应用部署。
- **可靠性、可用性和可服务性**：这些都是成功的系统架构在硬件、软件及操作层必须具备的基本操作功能。
- **敏捷性**：对于很多物联网场景来说，人们都无法按照业务和运行决策所需的速度分析系统生成的数据。该支柱旨在将数据转化为可操作的洞察力，解决雾计算部署时的高度动态性以及对变更做出快速响应的需求。
- **层次化**：虽然并不是所有的物联网架构都需要计算和系统的层次化，但绝大多数部署方案确实都用到了该支柱。

可以将 OpenFog 参考模型视为基于端到端物联网系统的功能需求的逻辑分层。根据不用应用场景的规模和性质，这种分层架构既可以是位于物理层或逻辑层中的智能互连分段系统的网络，也可以合并成单一物理系统（可扩展性支柱）（见图 5-37）。可以将雾节点连接在一起形成网格，以提供负载均衡、弹性、容错、数据共享以及最小化的云通信等能力。

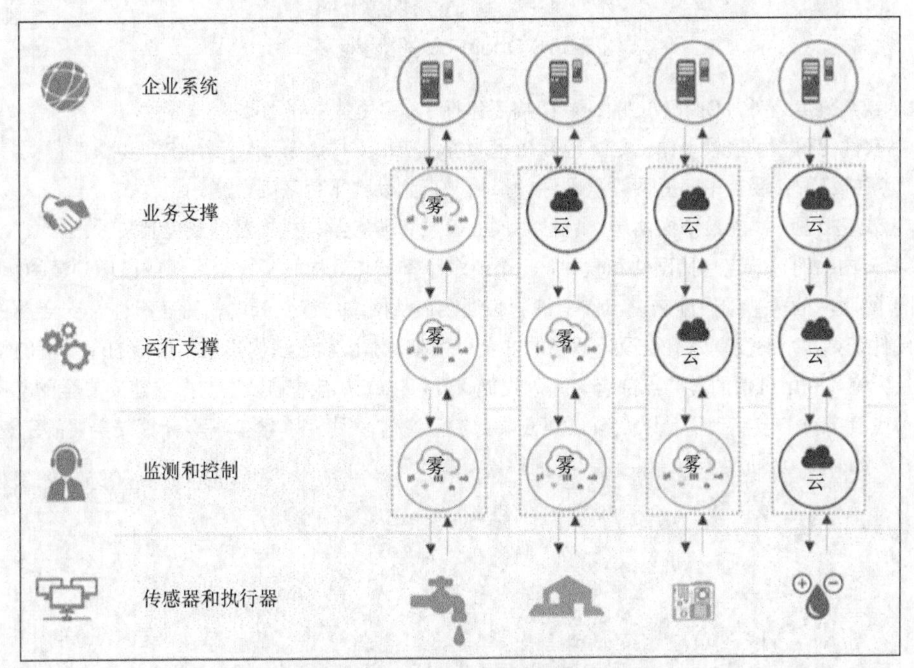

图 5-37 OpenFog 参考架构的支柱

图 5-38 给出了 OpenFog 抽象参考架构示意图，包括了视角和视图两个维度。视角维度指的是体系架构两侧的灰色垂直框，表示端到端的需求，具体如下。

- **性能**：很多物联网用例都要求具备低时延特性，为此需要考虑很多需求和设计因素，如关键计算、TSN（Time Sensitive Networking，时间敏感网络）以及网络时间协议等。
- **安全性**：端到端的安全性对于所有的物联网雾计算部署方案来说都至关重要。
- **可管理性**：涵盖了雾计算部署方案的所有方面，包括可靠性、可扩展性和可用性。自动化和编排是其中必不可少的两大能力。
- **数据分析和控制**：为了保证雾节点的自主性，必须将本地化数据分析与控制机制相结合。必须根据给定方案的具体要求，在分层架构中的正确层级或位置执行操作，而不是始终位于物理边缘，也可以位于更高的网络层级。
- **IT 业务和跨雾应用**：对于多供应商生态系统中的应用来说，不但要能在雾计算分层架构中的任意层级进行迁移和运行，而且还应该具备跨所有层级的能力，而不仅仅局限于单一层级。

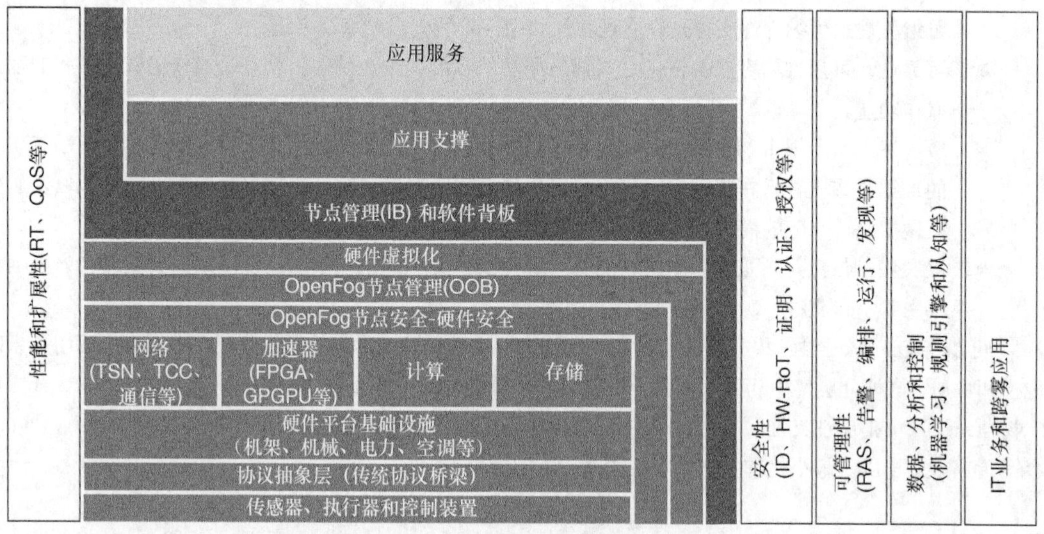

图 5-38 OpenFog 抽象参考架构

除了视角维度之外，OpenFog 的抽象架构还包括了如下参与方视图。

- **软件视图**：涵盖最上面三层，包括应用服务、应用支撑、节点管理（IB）和软件背板。
- **系统视图**：涵盖中间五层，从硬件虚拟化一直到硬件平台基础设施。
- **节点视图**：涵盖最下面两层，包括协议抽象层和传感器、执行器以及控制装置。

参考架构中的雾节点包括硬件和软件，一个或多个雾节点就构成了特定用例或市场领域的解决方案。

对于物联网的雾基础设施来说，安全机制必须涵盖从网络边缘到云端的所有组件。安全性首先从雾节点的硬件开始，如果没有为节点设计适当的安全可信度，那么就无法构建值得信赖的端到端的物联网雾计算解决方案。利用可信的雾节点部署雾基础设施，就可以在节点基础设施的上层建立安全的雾网络，从而实现节点到节点、节点到物品以及节点到云端的安全通信。图 5-39 给出了雾计算安全层的示意图。

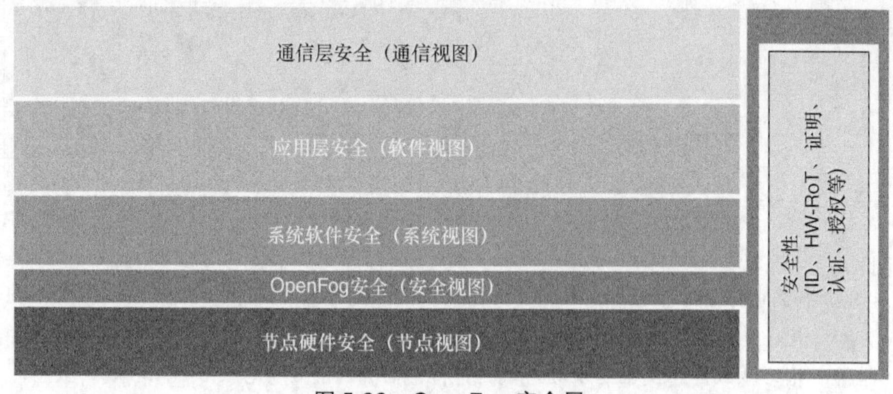

图 5-39 OpenFog 安全层

OpenFog 联盟的目标是提升雾计算在细分市场的应用量（用例）及商业价值，包括物联网应用。OpenFog 联盟将创建测试床，使高层架构能够适应不同细分市场的实际部署需求，这是 OpenFog 架构模式与 IoTWF 和 ITU-T 的不同之处。

5.3.7 AIOTI

2015 年欧盟发起成立了 AIOTI（Alliance for the Internet of Things Innovation，物联网创新联盟），旨在打破主流垂直物联网应用之间的孤岛，促进欧洲物联网生态系统的良性发展。AIOTI 以 IERC（IoT European Research Cluster，欧洲物联网研究总体协调组）的工作为基础，通过扩展行业内部及跨行业的创新活动来解决法律问题和相关障碍，侧重于未来物联网技术的研究与创新以及相关的标准化和政策研究。

AIOTI WG03 创建了一个物联网参考架构，整合了很多组织的参考架构（包括 IoT-A、IEEE P2413、oneM2M 和 ITU-T）。

AIOTI 的功能模型由三层组成（见图 5-40），请注意，这里的术语“层”指的是软件架构意义上的层，每层表示的只是提供一组关联服务的模块集。

- **应用层**：该层包含了进程间通信的通信机制与接口。
- **物联网层**：该层负责对与物联网相关功能进行分组，并通过 API 接口将它们提供给应用层。该层需要使用网络层提供的服务
- **网络层**：可以将该层提供的服务分为数据平面服务（提供短距和长距连接以及实体间数据转发服务）和控制平面服务（如位置、设备触发、QoS 以及判断服务）。

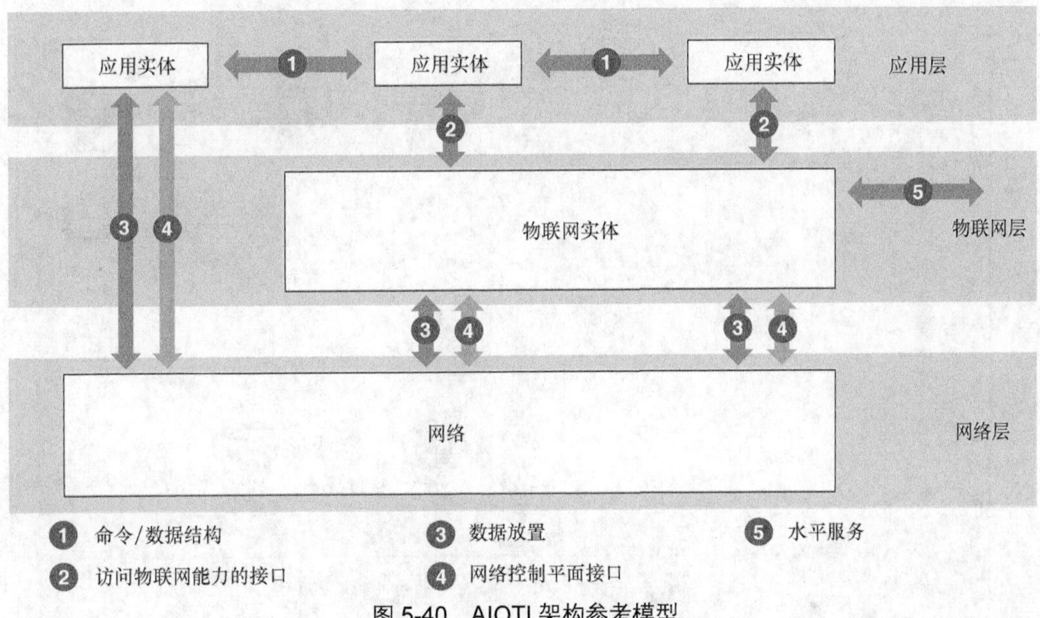

图 5-40 AIOTI 架构参考模型

AIOTI 的功能模型描述了物联网系统不同组件之间的功能和接口，不过相关功能并没有强制要求采用特定的实现或部署方案，而是一种松耦合方式。在实际操作过程中，这些功能不一定要与具体的物理实体直接对应，可以在单台设备或物理设备的特定模块上实现多个功能。该模型定义了如下功能。

- **应用实体**：这是实现物联网应用逻辑的应用层实体。该实体可以驻留在设备、网关或服务器中，可以采用集中或分布部署模式。如车队跟踪应用实体以及远程设备健康应用实体。
- **物联网实体**：该实体通过接口向应用实体或物联网实体提供各种物联网功能。物联网功能可能包括数据存储、数据共享、订阅和通告以及设备的固件升级、访问权限管理、位置和分析等。物联网实体利用底层网络的数据平面接口发送或接收数据，也可以利用物联网实体访问控制平面的网络服务，如位置或设备触发。
- **网络**：该功能指的是不同的 IP 网络技术（如 PAN、LAN 和 WAN 等），由不同的相互连接的管理网络域组成。

AIOTI 架构的目标是实现物联网实体中的物理物品的数字化表征，这些数字化表征通常都支持通过应用实体来发现物品并启用相关服务（如控制或监控）。为了实现语义层面的互操作性，物品的数字化表征应该包含数据和元数据，元数据提供了物品的语义描述（与域模型一致），而且可以利用特定垂直领域的知识来增强或扩展这些语义描述。物联网实体中的物品表征通常由驻留在设备、网关或服务器中的应用实体或物联网实体来实现。

安全和管理功能是 AIOTI HLA 的重要功能特性，有些标准化组织将安全和管理功能定义为独立的功能特性，而此处则被视为接口规范的固有特性。AIOTI 架构描述的接口都支持逐跳方式的认证、授权与加密，可以通过安全接口实现端到端的应用级安全性。

5.3.8 物联网云客户架构

2016 年云标准委员会（Cloud Standards Council）发布了面向物联网的云客户架构，该架构包含了所有物联网解决方案都必不可少的组件，分为 5 个域（见图 5-41），包括用户层域、邻近网络域、公有网络域、提供商云计算域以及企业网域。

图 5-41 云客户架构的域示意图

用户层域独立于任何特定网络域，可以位于特定域的内部或外部。

邻近网络域包含了扩展公有网络域的网络功能。设备和物理实体都是邻近网络域的一部分，这些设备通过网关及边缘服务或者通过边缘服务直接经公有网络进行数据流和控制流的通信。

公网和企业网域包含了为整个架构提供信息的数据源。数据源除了企业之外，还有新的物联网。公有网络需要与云端进行通信。

提供商云计算域从设备、对等体云服务以及其他数据源获取数据，可以通过集成技术或流处理技术实时转换、过滤和分析这些数据，也可以将这些数据存储到存储库中，在未来根据需要执行相应的分析操作。可以利用流程数据生成商业智能和商业洞察，用户和企业的应用程序可以使用这些洞察数据并触发相应的执行器操作。

可以利用转换和连接组件向用户及应用程序提供分析结果，这些组件可以为订单系统、企业数据以及企业应用提供安全的消息和转换服务。

承担云计算域功能的云组件是一个三层架构，包括边缘层、平台层和企业层。图 5-42 显示了云计算在支持物联网应用时的功能和关系。各层功能如下。

- 边缘层包括邻近网络和公有网络。边缘层负责从设备收集数据，同时也将数据传送给设备。数据可以通过物联网网关进出提供商云，也可以通过边缘服务直接从设备进出提供商云。

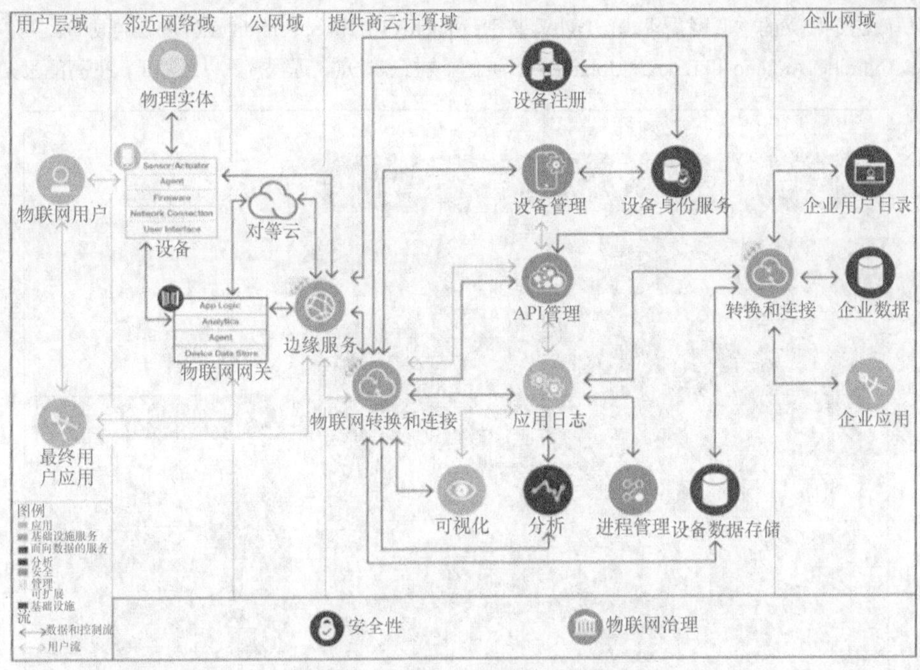

图 5-42　云客户架构的云计算层

- 平台层包括提供商云，负责接收、处理和分析来自边缘层的数据流，并提供 API 管理和可视化功能。此外，平台层还提供从企业网向公有网络发起控制命令的功能。
- 企业层包括企业网，由企业数据、企业用户目录以及企业应用组成。数据通过转换和连接组件进出企业网。

云客户架构中的安全性和隐私性旨在解决 IT 和 OT 安全问题。取决于不同的应用环境、业务模式及风险评估结果，对安全性的关注程度和关注领域也各不相同。除了安全性考虑因素之外，将 IT 系统与物理系统连接时还要考虑物联网系统的防护影响。必须仔细设计、部署和管理物联网系统，使其始终处于安全运行状态，即便与部署环境中的其他系统失去了通信连接也依然如此。云客户架构考虑了多种安全机制，包括身份和访问管理、数据保护、安全监控以及分析和响应，这些机制都适用于物联网系统、应用程序以及解决方案的生命周期管理。

5.3.9 OCF 与 IoTivity

OCF（Open Connectivity Foundation，开放连接基金会）是一个专注于交付规范标准、互操作指南以及物联网设备认证计划的行业组织。

OCF 定义了一个技术框架，并利用名为 IoTivity 的开源参考实现以及相应的认证计划来达成其可交付成果。

IoTivity 的主要目标如下：

- 通用解决方案；
- 构建协议；
- 安全和身份；
- 标准化配置文件；
- 互操作性；
- 创新机会；
- 必要的连通性。

除了提供架构组件之外（见图 5-43），IoTivity 的开源软件框架旨在通过设备间的无缝连接来实现 OCF

标准，从而满足新兴的物联网需求。IoTivity 基于 Apache License Version 2.0 的许可协议，可以运行在 TIZEN、Android、Arduino 和 Linux（Ubuntu）平台上，支持点对点、远程接入以及基于云的智能服务拓扑。

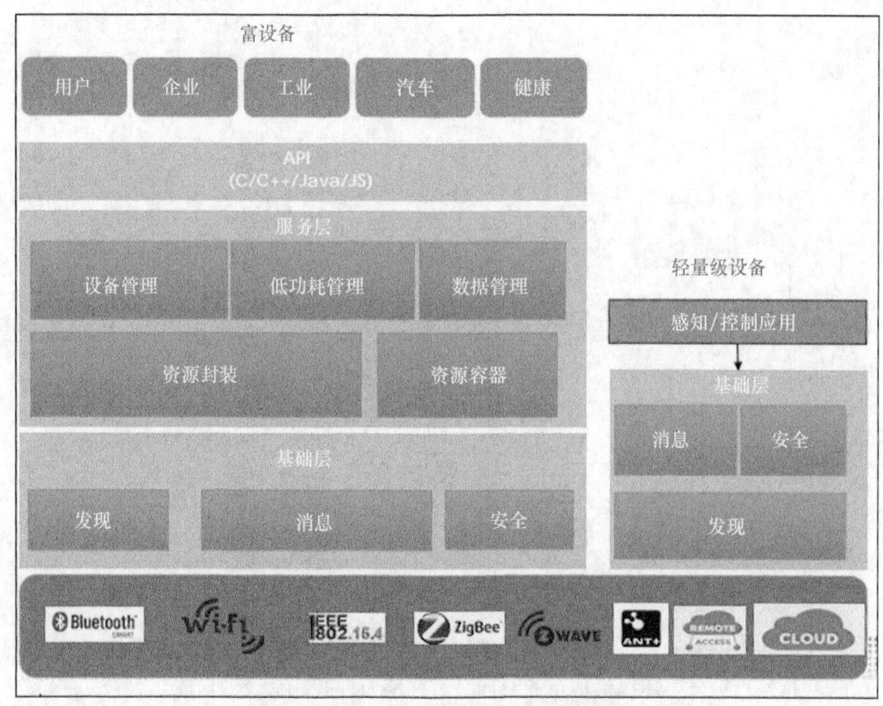

图 5-43 IoTivity 高层物联网架构

IoTivity 包含一个发现子系统和多种消息传递方法，如连接抽象、基于 XMPP 的远程接入以及基于 TCP 的 CoAP。同时，还包含一组可编程 API 及安全功能特性，如加载、所有权转移、配置及访问控制。

此外，IoTivity 还定义了一些原生服务（见图 5-44），目的是为应用程序开发人员提供更容易使用也更简单的 API。这些原生服务主要运行在智能控制器或智能设备上，而且利用了 IoTivity 的核心 API。

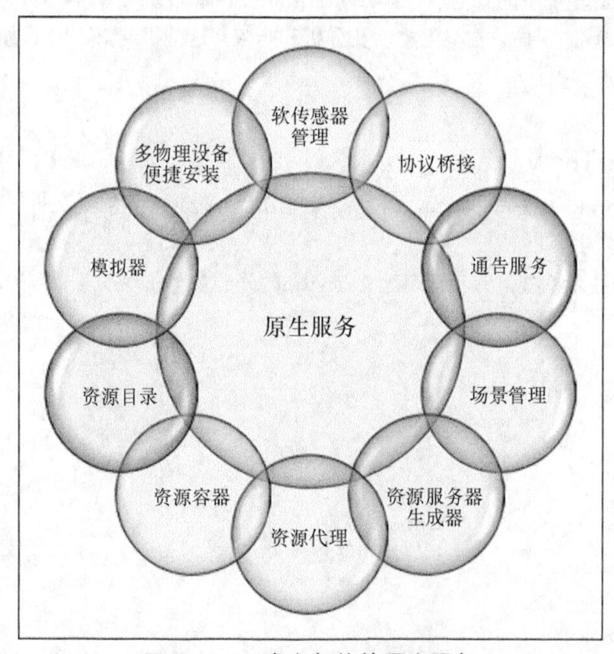

图 5-44 云客户架构的原生服务

5.4 面向行业/特定市场的架构模式

本节介绍的标准化组织主要面向特定领域、特定行业以及特定市场。

5.4.1 IIC

IIC（Industrial Internet Consortium，工业互联网联盟）由 AT&T、GE、IBM、思科和英特尔共同成立于 2014 年 3 月。它不是一个标准化组织，而是为了加快推进工业物联网技术的开发、部署和应用的领先行业组织（包括供应商、技术创新公司、政府及学术界）。IIC 旨在建立良性生态系统，通过开放标准、参考架构和安全框架来实现互操作性，同时还提供了测试床以验证各类解决方案。2015 年 6 月发布了 IIRA（Industrial Internet Reference Architecture，工业互联网参考架构）以及相应的安全框架（详见本章后面内容）。

IIRA 适用于工业环境（制造业、油气、电力、交通运输等），并制定了 IIAF（Industrial Internet Architecture Framework，工业互联网架构框架）。IIAF 中定义了有助于 IIRA 开发、记录和通信的观点和要点。参考架构利用通用术语和标准框架来描述已定义的业务、用法、功能及实现视图。

可以从功能上将参考架构分解成多个功能域，域中包含了适用于多个垂直行业的关键模块。这些功能域及相关模块是开发特定实现架构的基础，特定系统和特定用例的需求决定了应该如何分解功能域、应该在域中包含或省略哪些功能、可以组合或进一步分解哪些功能。工业互联网参考架构将物联网系统划分成五大功能域：控制域、操作域、信息域、应用域和业务域（见图 5-45）。

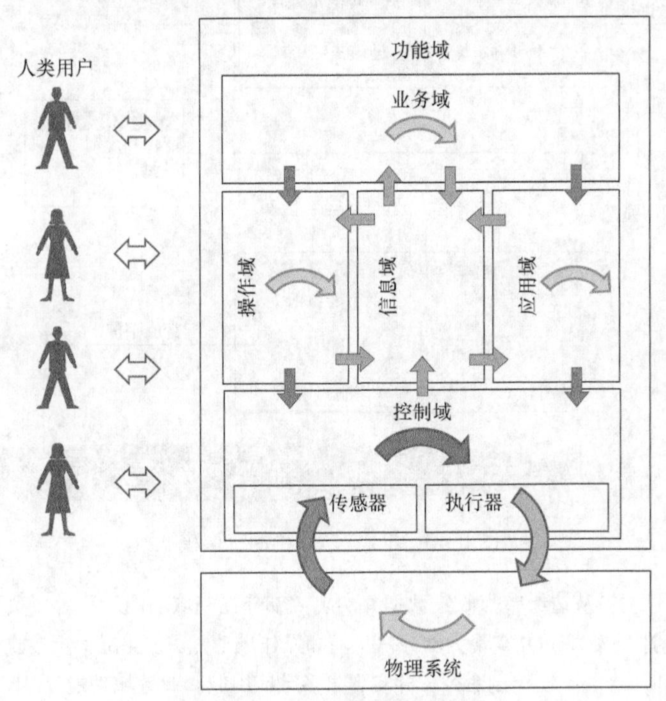

图 5-45 工业互联网参考架构

- 控制域包含了工业控制系统执行的常见功能，这些功能的核心是传感和执行，包括从传感器中读取数据、应用规则和逻辑并在物理系统中执行控制指令。实现这些功能组件的组件或系统通常位于它们所控制的物理系统附近，而且通常分散部署在不同地理位置上。这就意味着维护人员很难轻松访问这些系统，应该特别关注这些系统的物理安全性。实现这些功能组件通常需要解决大量复杂问题（具体取决于系统或用例的特定需求），有些场景可能根本就不存在某些组件。
- 操作域包含了控制域中的系统配置、管理、监控和优化所需的各种功能，这些功能可以位于单一工厂环境，也可以跨多个工厂环境。

- 信息域包含了从各个域收集数据并转换、发送或分析数据的各种功能，目的是实现整个系统的智能化。
- 应用域包含了实现应用逻辑以提供特定业务能力的各种功能。应用域中的功能通过运用应用逻辑、规则及模型，在全局范围内实现优化。
- 业务域功能与传统或新型物联网业务功能（包括支撑业务流程的功能）相集成，可以实现端到端的物联网系统运营能力。常见的业务域功能有 ERP、CRM、MES、PLM（Product Lifecycle Management，产品生命周期管理）、HRM（Human Resources Management，人力资源管理）、资产管理、服务生命周期管理、计费和支付以及工作计划和调度系统。

该参考架构的实现视图与工业物联网系统的技术表现有关，包括实现由用法视图和功能视图规定的活动和功能所需的各种技术和系统组件。

从域的实现角度来看，IIC 建议采用三层模式（见图 5-46），由三个不同的网络进行连接，并支持互连的分层数据总线。

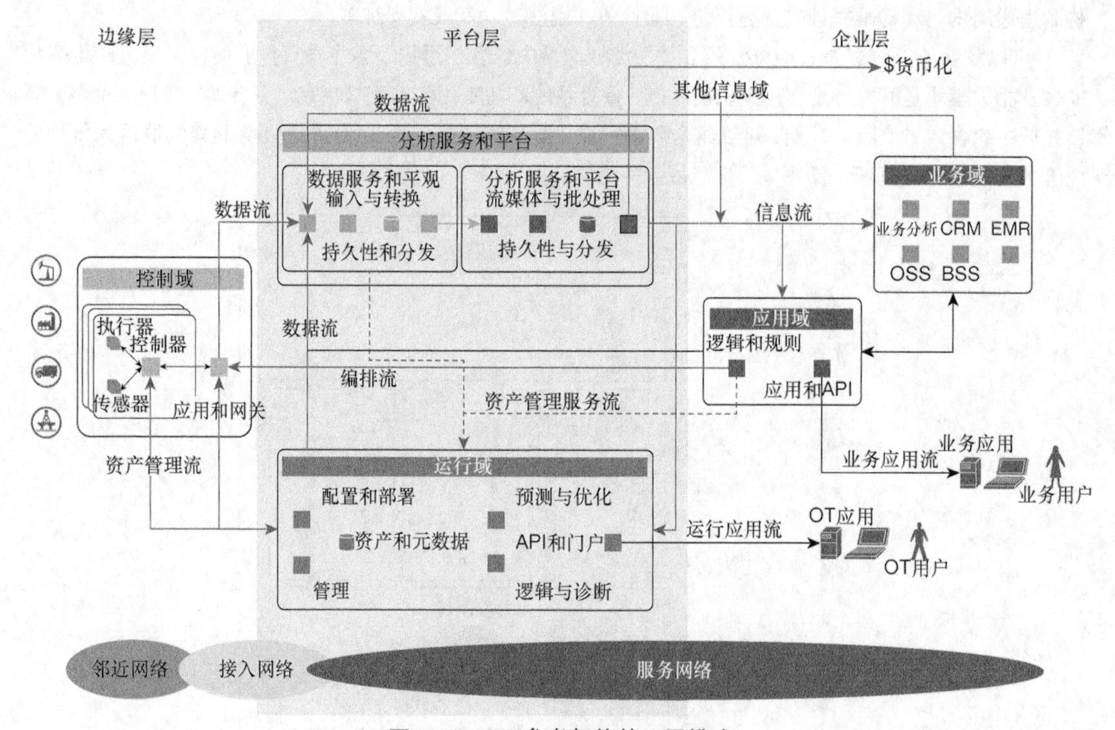

图 5-46 IIC 参考架构的三层模式

边缘层利用邻近网络从边缘节点收集数据并实现大部分控制域功能。平台层负责接收、处理和转发从企业层到边缘层的控制命令，并实现大部分信息域和操作域功能。企业层负责接收从边缘层到平台层的数据流，向平台层和边缘层下发控制命令，并实现大多数应用域和业务域功能。

邻近网络负责连接传感器、执行器、设备、控制系统以及其他资产（统称为边缘节点），通常将这些边缘节点连接起来作为一个或多个与网关（负责桥接到其他网络）相关的集群。接入网络（可以是专用网络，也可以是公用基础设施）负责为边缘层与平台层之间的数据及控制流提供连接。服务网络负责在平台层中的服务与企业层之间提供连接，同时为层内服务提供连接。服务网络可以是基于公有 Internet 的叠加式专有网络，也可以是 Internet 本身。

该参考架构采用了很多行业 IIoT 系统中都很常见的分层数据总线（见图 5-47），旨在提供跨系统逻辑层的低时延、安全、点到点的数据通信。该参考架构的每一层都实现了通用数据模型和数据总线，允许该层的端点之间以及应用与设备之间进行可互操作通信。

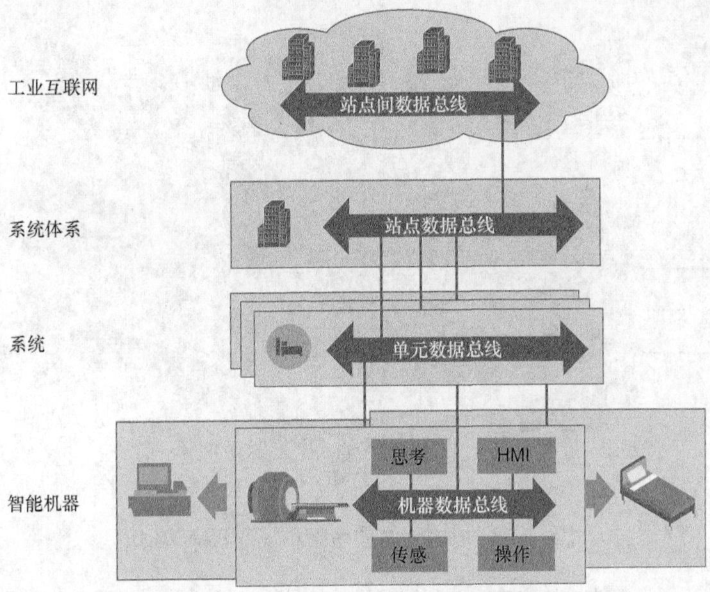

图 5-47 IIC 参考架构的分层数据总线

5.4.2 工业 4.0

工业 4.0（Industry 4.0）最早起源于 2012 年，当时业界向德国政府提交了一系列实施建议，重点关注制造技术的自动化与数据交换（包括物联网、信息物理融合系统［Cyber-Physical System］、云计算以及认知计算）。

工业 4.0 聚焦于数字制造，旨在创建智能工厂。智能工厂中的信息物理融合系统负责监控物理过程、创建物理世界的虚拟副本或数字孪生体并做出分散化决策。利用物联网技术，信息物理融合系统可以实现与其他信息物理融合系统以及人类的实时通信与协作。工业 4.0 的目标如下：

- 将生产与信息和通信技术相融合；
- 将客户数据与机器数据相融合；
- 实现机器与机器之间的通信；
- 采用去中心化模式，允许组件和机器自动管理生产；
- 在设计之初就内置了安全性，安全成为先决条件和使能器。

工业 4.0 的目标不是要取代制造业中的传统业务要求：生产力、差错预防以及灵活性，而是希望提供完整的互操作性，以更好地支撑设备的整体效率、预测性维护以及产品/过程质量。工业 4.0 的四大设计原则可以协助企业更好地识别工业 4.0 的场景并加以实施。

- **互操作性**：机器、设备、传感器和人员之间实现相互连接与相互通信。
- **信息透明性**：信息系统利用传感器数据建立数字工厂模型，从而创建物理世界的虚拟副本。
- **技术支持**：技术支持系统以可理解的方式对信息进行分类和可视化，以支持人们做出明智的决策并解决实际问题。信息物理融合系统可以代替人类执行大量对人类不安全或非期望的任务，从而从物理上为人类提供支持。
- **去中心化决策**：指的是信息物理融合系统自行决策并自主执行任务的能力。

工业 4.0 定义了一个面向服务的参考架构模型，称为 RAMI 4.0（Reference Architecture Model Industrie 4.0，工业 4.0 参考架构模型）。这是一个三维模型（见图 5-48），说明了如何以结构化的方式来处理制造问题，将复杂流程（如数据隐私和安全性）分解成易于理解的子集。

这种三层分布式架构考虑了每个生产现场的自主性和自给性需求，同时还平衡了边缘、工厂以及企业之间的工作量问题。

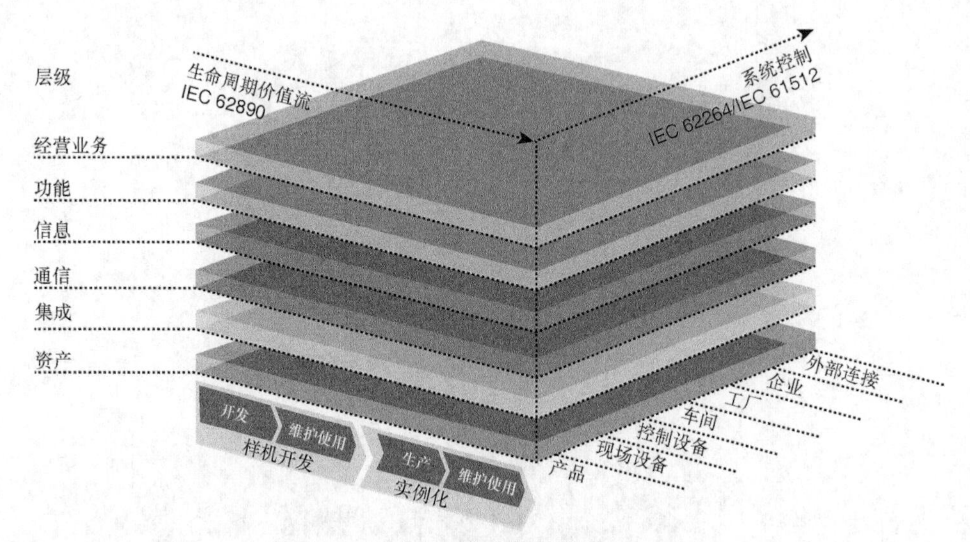

图 5-48 工业 4.0 参考架构模型 RAMI 4.0

RAMI 4.0 定义了完整的通信结构，并利用自己的符号、字母、词汇、句法、语法、语义、语用和文化建立了一门通用语言。

目标是推动当前以硬件为中心的工业 3.0 架构的转型升级（见图 5-49）。工业 3.0 架构中的功能与硬件绑定，基于分层通信模型，产品是孤立的。工业 4.0 希望构建灵活的系统和机器，功能分布在整个网络当中，参与者可以跨层级进行交互，所有参与者之间都可以进行通信，产品成为网络的一部分。

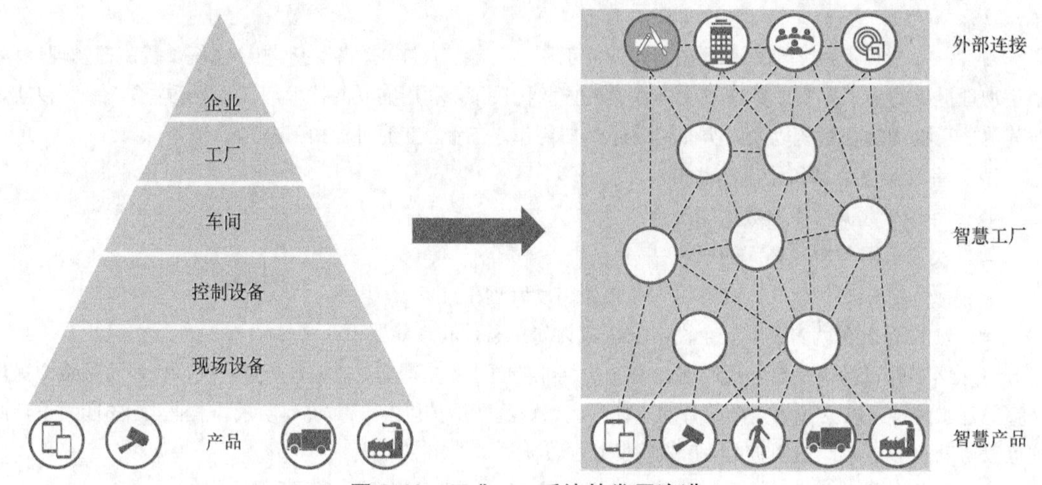

图 5-49 工业 4.0 系统的发展演进

5.4.3 OPC UA

OPC UA（OPC Unified Architecture，OPC 统一架构）发布于 2008 年，旨在提供一个独立于平台的面向服务的体系架构，将所有的 OPC Classic 规范功能都集成到一个可扩展的框架中。该标准定义在 IEC 62541 系列标准中，为系统和设备提供了通过各种网络进行通信的能力（方式是在客户端与服务器之间发送消息），主要组件有健壮且安全的通信传输组件和标准的数据建模组件。

安全传输组件针对不同的用例提供了相应的优化机制。第一版 OPC UA 定义了用于高性能私有网络通信的优化的 TCP 协议，并映射为可接受的 Internet 标准（如 Web 服务、XML 和 HTTP），采用了来自 Web 服务的基于消息的安全模型。这种抽象的通信模型并不限定于特定协议，允许在未来增加新协议。目前指定了两种通信模式：客户端/服务器模式和发布/订阅模式。对于发布/订阅模式来说，目前正在开发新的到 TSN（Time-Sensitive Networking，时间敏感网络）的映射，从而实现确定性网络并支持需要严格 QoS 需求的用例。

数据建模组件定义了公开信息模型所需的规则和模块，定义了用于构建层次结构的地址空间和基本类型的入口点。

面向服务的组件在服务器（作为信息模型的供应方）与客户端（作为信息模型的消费方）之间提供接口，以抽象的方式定义服务，并在客户端与服务器之间利用传输机制交换数据。

这样做的目的是让客户端仅访问它需要的数据，无需理解复杂系统所呈现的整个模型。图 5-50 显示了 OPC 定义的信息模型与供应商或其他组织机构信息模型之间的映射关系。

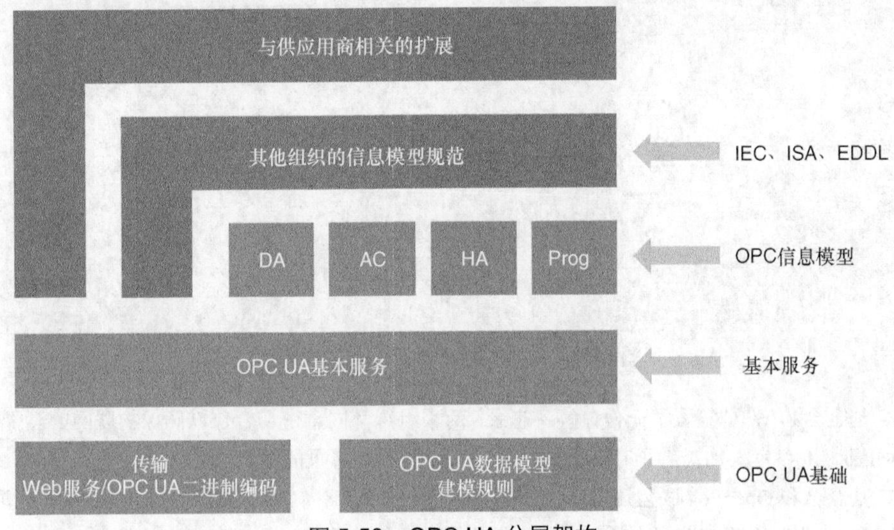

图 5-50 OPC UA 分层架构

使用 OPC UA 和供应商定义的数据类型来传输信息，服务器负责定义客户端可动态发现的对象模型，向客户端提供当前和历史数据的访问能力，同时还要发送告警和事件信息，从而向客户端通告重要的变更信息。

OPC UA 为独立开发的应用程序之间交换复杂数据提供了相关协议和服务，同时还为客户端与服务器之间交换的信息提供了语法互操作性。

这种分层模式旨在创建一个与平台无关的、安全可扩展的、提供全面数据建模的体系架构。

- **平台无关性**：OPC UA 可以在传统的 PC 硬件、云服务器、PLC 以及微控制器上运行，支持微软 Windows、苹果 OSX、Android 和 Linux。可以为企业提供全面的符合互操作需求的物联网基础设施，涵盖从机器到机器、从机器到企业以及其间的所有一切。目前业界已经提供了多种开源实现。
- **安全性**：OPC UA 提供了一套安全控件，包括传输、会话加密、消息签名、顺序数据包、身份认证、用户控制及审计。
- **可扩展性**：多层体系架构提供了“面向未来”的架构框架，新技术、新协议、新标准和新应用都能融入 OPC UA，同时还保持后向兼容性。
- **信息建模框架**：OPC UA 将数据转换为信息，利用完整的面向对象的能力，甚至可以对复杂的多级结构进行建模和扩展。

OPC UA 被建议用作物联网框架，因为物联网系统包含了很多传统上未连接或集成但现在已经连接 IP 网络的技术。由于物联网的互操作性要求做到通信和数据建模的标准化，而 OPC UA 的互操作能力正好推动了物联网的互操作性，可以实现物联网架构各层级的互操作性。

作为一种连接操作域与业务域的标准，OPC UA 受到人们越来越密切的关注。通过创建和维护开放式规范，实现从多供应商企业系统获取进程数据、告警和事件记录、历史数据和批量数据的通信过程以及生产设备之间的通信过程标准化，从而持续推动系统的互操作性。目标是将工厂车间的信息在企业的多供应商系统中进行分层传输，并且为不同供应商的不同工业网络上的设备提供互操作性。

例如，微软宣布正在与 OPC 基金会通过符合 OPC UA 标准的应用程序和工业设备之间的互操作性来启用 IIoT 方案（见图 5-51）。微软希望其 IIoT 客户能够连接各类制造设备和软件，包括支持 OPC UA 开源软件协议栈的传统设备和新设备。

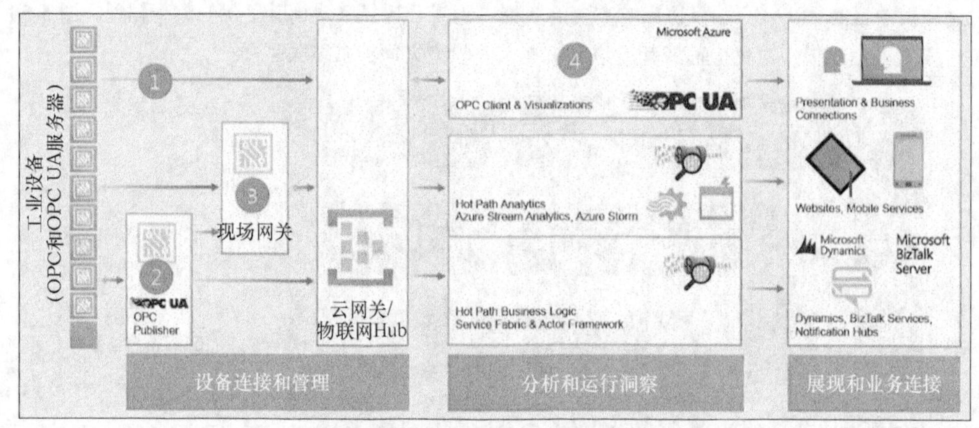

图 5-51 微软和 OPC 工业物联网架构

OPC 基金会和 W3C 签署了一份谅解备忘录，两家组织都同意密切合作以确保物联网的互操作性。该项协作为工业 4.0 参考架构提供了基础设施，促进了智能工厂愿景的实现。

OPC 基金会和 OpenFog 联盟还宣布了一项关于技术规范、白皮书、指南和流程协作方面的联络声明，围绕制造领域实现整个系统范围内的物联网互操作性。该协作将建立一套强有力的数字工厂标准。

OPC UA 是工业 4.0 中的 M2M 标准协议。

除了前面讨论的应用较为广泛的行业架构之外，还有很多针对特定市场或特定领域的物联网实现方案。下面将从思科在制造业和电力系统的应用案例，来说明如何将概念模型转化为特定的行业要求。

5.4.4 思科和罗克韦尔自动化有限公司的 CPwE

思科公司与罗克韦尔自动化有限公司合作开发了 CPwE（Converged Plantwide Ethernet，融合型全厂以太网）设计和实施指南，为工业以太网应用提供了基于以太网和 IP 技术的网络架构。如果组织机构（专注于制造业）希望寻求集成或升级其 IACS（Industrial Automation and Control System，工业自动化与控制系统）并实施 IIoT/IoT，那么都可以借鉴 CPwE。

CPwE 是一套以制造业为重心的参考架构，旨在加速部署标准的网络技术并推动制造网络和企业/业务网络的融合。该解决方案架构以及相关的设计和实施指南，为成功部署标准网络技术和集成 IACS 及业务网络提供了必要的信心和技术基础。与传统解决方案相比，该解决方案架构能够大幅提高企业制造流程的性能、效率以及正常运行时间。此外，要求解决方案必须能够将 IACS 安全可靠地集成到更广泛的制造环境中，只有做到这一点，制造企业才能获得所有好处。

5.4.5 思科智能电网参考模型：GridBlocks

思科 GridBlocks 参考模型为电力系统的输电网络集成数字通信技术提供了前瞻性视图。该模型是创建智能电网应用的基础，提供了特定电力应用的部署指南，同时还为设计和部署智能电网综合管理和安全解决方案提供了一个实现框架。

虽然目前已经开发出了很多聚焦特定行业和特定市场领域的物联网架构，而且 IT 和 OT 之间合作也在不断深入，但是随着架构模式标准化工作的不断推进，工业和重工业领域仍然面临着大量挑战：

- 必须防范常见的 IT 安全威胁渗透到操作环境中；
- 关键操作必须保证足够的可靠性和稳定性，包括超低稳定时延和实时闭环控制；
- 必须保持生产过程的完整性；
- 必须保护工业知识产权；
- 必须解决 OT 环境中存在的技能不足问题；
- 企业的文化和习惯不可能在一夜之间完全改变；
- 随着生产流程自动化程度的不断提高，可能会导致大量手工劳动者的失业问题。

5.5 基于 NFV 和 SDN 的物联网架构

最近，业界在基于 NFV（Network Function Virtualization，网络功能虚拟化）和 SDN（Software-Defined Networking，软件定义网络）的物联网架构研究方面呈现出越来越浓厚的兴趣，虽然目前还没有形成标准化的参考架构、模型或框架，但一切都在有序推进当中。近期已经发布了一些建议的架构模式（下面列出了一些比较典型的架构模式），业界认为这些技术是真正实现物联网所需的扩展性、编排性、自动化以及可靠性的唯一可行方式。

- IEEE：SDN and Virtualization Solutions for the Internet of Things: A Survey。
- 物联网开放期刊在 2017 年刊发的文章：A Highly Scalable IoT Architecture Through Network Function Virtualization。
- ScienceDirect 数据库：A General SDN-Based IoT Framework with NVF Implementation。
- IEEE：An SDN-based Architecture for Horizontal Internet of Things Services。

爱立信、思科、瞻博网络以及华为等设备商都在为行业及企业物联网应用场景构建基于 SDN 和 NFV 的体系架构，包括 AT&T、英国电信、Verizon 和 Etisalat 在内的多家服务提供商都在采用这种架构。虽然 NFV 和 SDN 通常都用在服务提供商物联网的骨干层面，但目前已经有一家服务提供商在后端平台与边缘设备之间部署 NFV 和 SDN（见图 5-52 给出的 Etisalat 案例）。这种变化越来越重要，因为很多技术（包括 SDN、NFV 和 5G）都在走向融合，为物联网提供安全、可扩展的基于服务的架构模式。本书第二部分对这些技术的融合做了详细论述，我们相信未来肯定会在这个领域看到越来越多的实现用例及标准化成果，这只是一个时间问题。

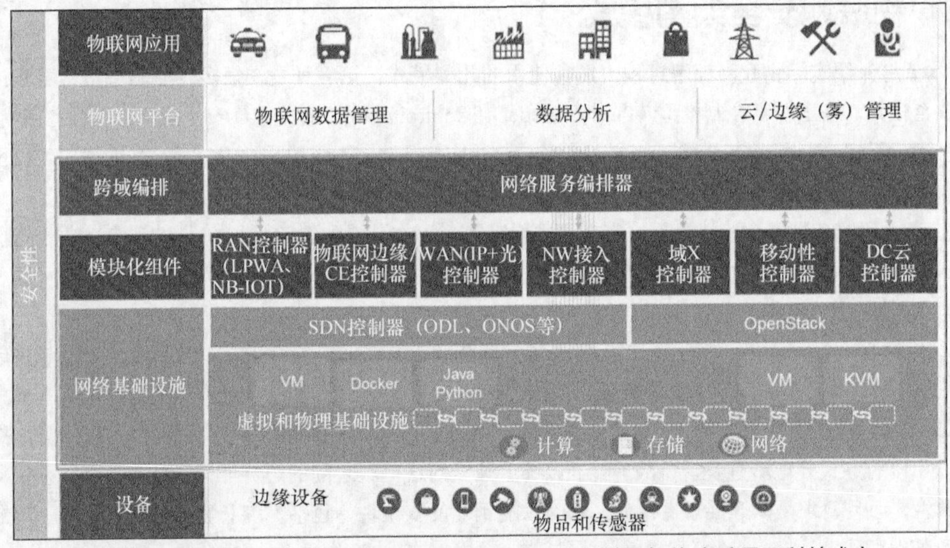

图 5-52 Etisalat 标准化的基于 NFV 和 SDN 的物联网架构（采用思科技术）

借助 VNF（Virtual Network Functions，虚拟网络功能），可以采用标准化的、灵活的多用途硬件创建符合物联网需求的更具成本效益的可编程网络。有了 NFV 和 SDN 之后，就可以在同一网络基础设施中管理各种物联网用例，而且实现资源的灵活和实时分配。

本节介绍了很多物联网系统的架构模式，虽然这些模式存在很多差异，但也存在很多共同点。其中的一个关键点就在于物联网平台的功能需求一直都在发展变化，主要原因在于技术在不断进步，客户也在不断成熟。值得注意的是，物联网运营商的需求正越来越朝着商业价值的方向转变，我们的架构和平台实现方案也必须反映这一点。IEC 在其物联网平台白皮书（IEC 2020 Platform Whitepaper）中很好地总结了这一点：

智能和安全的物联网平台将允许通过网络实现发送/接收设备、产品和边缘的全向数据流，允许收集、存储和分析与“物品”相关的信息并集成与企业及物联网相关的应用程序。该平台将以集成方式（跨不同的数据类型和处理技术）提供大量端点数据的处理及生命周期管理手段，以关键平台服务/功能为基础开发新的/创新应用，实现智能和安全的产品、服务（配置变更、软件更新和远程控制）及连接的远程管理。此外，作为物联网系统运行方式的重大进步，智能和安全的物联网平台将支持在网关、产品或设备（边缘计算和雾计算）端的去中心化数据（预）处理。

总之，前面介绍的这些物联网架构模式都有很多共同点，在评估和选择平台时必须仔细考虑这些因素，从而将不同的物联网组件整合到一个满足业务目标的解决方案中。

- 平台必须能够大规模地编排和自动化所有组件，包括设备、应用程序、服务、基础设施和用户。
- 为了以可预测和预期方式提供最佳服务，平台应遵循与 OTT 模式相对的集成模式，底层基础设施和服务在其上运行并紧耦合。
- 平台应该可靠且可用。
- 可扩展性应该能够灵活伸缩，而不影响底层性能。
- 平台应具备端到端的数据处理机制（利用高级数据总线）。
- 平台应位于物联网分层结构的任何层级或多个层级。
- 平台应围绕业务所需要的数据进行构建，这些数据可以来自传感器、机器或人。
- 平台应该基于通用数据模型和语言，应该使用通用协议。互操作性是成功部署的关键。
- 数据应该能够实现东西向和南北向流动。

当然，平台的每个层级都必须内置安全性。

5.6 物联网安全架构模式

本节将介绍实际物联网部署过程中经常使用的几种模式。第一种是在很多行业领域常常看到的一种通用安全模式，基于普度控制模型（Purdue Model of Control）。第二种是 IIC 安全框架，以行业应用为主。第三种源自云安全联盟（Cloud Security Alliance），更具一般性。第四种是 OWASP 定义的通用物联网安全框架。本节最后还会简要描述思科提供的物联网安全架构和框架。

在深入研究各种安全模式之前，有必要重新审视一下本书提到的 IT 和 OT 域的观点，由于这些域的观点和思维方式不同，导致相应的架构也完全不同。本节将分析两者的传统差异以及融合情况（这一点更重要），尤其是在 IoT/IIoT 推动下的融合。

从组织上来看，历史上相互独立的 IT 和 OT 团队及工具之间的融合正在不断深入，导致越来越多的以 IT 为中心的技术逐渐应用于物联网安全架构。来自 OT 系统的信息通常用于做出物理决策（如关闭阀门），来自 IT 系统的信息通常用于做出业务决策（如流程优化）。不管是何种类型的技术或信息，企业都必须以相似的方式处理所有安全挑战。由于传统上独立的这些域之间的边界非常模糊，因而必须保持战略的一致性，而且要求团队开展紧密协作，以确保端到端的安全性，包括标准和新兴架构、管理、控制和策略以及基础设施。

OT 和 IT 安全解决方案不能简单地互换部署。虽然可以采用相同的技术，但它们的架构和实施方式可能会有所不同。虽然 IT 和 OT 团队可能属于同一个组织机构，但他们可能有不同的优先级和技能要求。由于需求一直在变化，再加上旨在监管和保护关键基础设施的监管立法越来越多，迫切需要在 OT 环境中加强网络安全。应该借助深度防御和检测方法来减轻潜在的安全威胁，必须制定多层、多技术和多方（IT、OT 和供应商）战略，以保护关键资产。但现实情况是，大多数组织机构的 IT 与 OT 之间仍然存在鸿沟，有些完全割裂，有些则趋于协同，这种情况很难在短期内消失。Gartner 认为，在 IT 和 OT 之间共享标准、平台和体系架构，不但能够显著降低安全风险和成本，而且还能涵盖所有的外部威胁和内部差错。

正确设计的基于标准的体系架构是保护用例和系统的安全并实现运行域和企业域统一的基础。体系架构提供了对用例所有组件的理解，以结构化方式将这些组件映射在一起，同时还展现了这些组件之间的交互方式和协作方式。体系架构不仅可以将 IT 和 OT 技术结合在一起，而且还可以包含供应商及第三方组件来共同实现整个系统架构。换句话说，可以保护整个生态系统。Gartner 认为，如果 IT 安全团队能够与 OT 团队共享、协同规划整体安全策略，那么就一定能够提高整个系统的安全性。

制定了参考架构和解决方案架构之后，还必须建立端到端的实施路径和实施技术，从而最大限度地降低安全风险和操作复杂性。具体实施应该涵盖现有用例和新用例，面向控制系统和各类新技术（如物联网、大数据、移动性、虚拟化基础设施及协同）。

5.6.1 普度控制模型分层参考模型

IEC 62443 是全球采用最为广泛的工业控制系统网络安全标准，始于 20 世纪 90 年代，当时 ISA95 采用了普度控制模型参考模型（见图 5-53）来强化安全架构（采用分段分层的控制系统部署模式），该模型基于 ISA99 和 IEC 62443，提供了一些额外的风险评估和重点业务流程。这种分段分层的体系架构已成为很多行业系统架构及工业控制系统安全架构的基础。

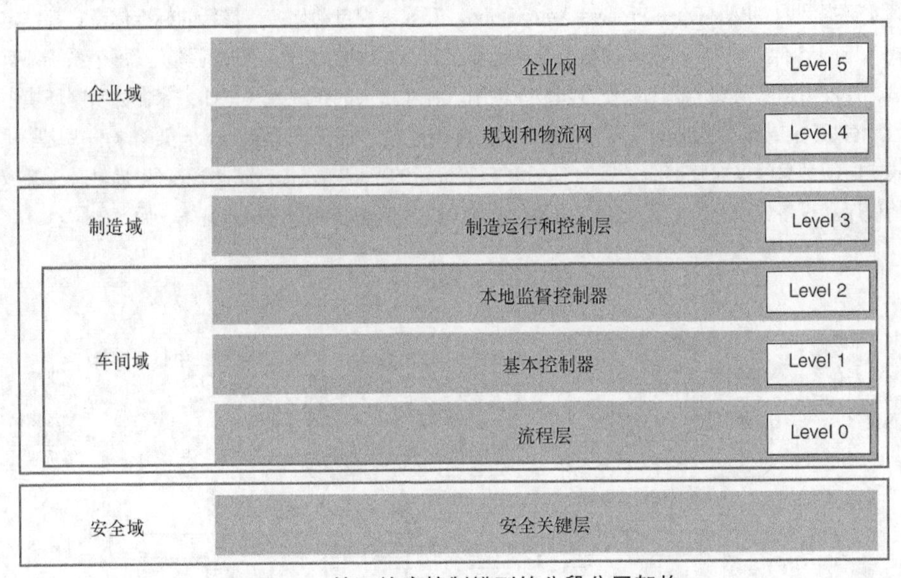

图 5-53 基于普度控制模型的分段分层架构

该模型描述了制造企业中的各种应用和控制“层级”（level），描述了从工厂物理层（Level 0）到控制设备及本地监督控制层（Level 2）的相关组件。

Level 3 是制造控制层。该层是“控制”操作并提供系统级视图的应用程序。考虑到该层的各种应用程序，通常将其称为操作管理层。该层属于制造业的 IT 域，Level 3 以下属于 OT 域。

Level 4 和 Level 5 被称为企业层或业务层，是企业 IT 域。

普度模型还描述了分层数据流模型，传感器和其他现场设备均连接到控制系统。控制系统完成控制过程和控制机器的双重目的，并将处理后的数据提供给应用程序的操作管理层。Level 3 应用将信息提供给企业的业务系统层。

另外一层已被非正式地集成到该模型中，主要原因在于 OT 域与 IT 域之间的差异。Level 3.5 IDMZ（Industrial DMZ，工业 DMZ）提供严格的分段区域并在域间创建边界，但是需要在企业域和操作域之间交换服务和数据。IDMZ 中的系统（如 Shadow Historian）负责将所有数据都汇集到准实时系统中，为企业提供准实时信息和历史信息，从而更好地做出业务决策。

企业域和操作域之间不允许进行直接通信，由 IDMZ 为这两个实体之间的数据配置和数据交换提供访问和控制点。IDMZ 为企业及 PCD 提供终结点，并托管两个域之间的各种服务器、应用程序以及安全策略，从而代理和监控整个通信过程。

即便采用了 Level 3.5 IDMZ，这种基本模式也会给 IoT/IIoT 环境带来潜在的安全挑战。无论是今天的数据，还是未来的数据，本质上都不是层次化的，数据的来源很多，使用这些数据的客户端也很多。目前已经出现了可以自动使用数据并发起相关流程的系统，数据可以分散存储在整个组织机构内部，而不仅仅是中心位置。虽然这种模式已经成为构架工业网络的事实模式，但是它将 IT /企业与 OT 服务分开了（通过物理分段或完全虚拟化的分段方式实现分离）。这种分离没有严格的边界，实际用例通常都需要将 IT 服务和 OT 服务组合起来以实现最大业务效益。

虽然 IT/OT 的融合程度以及融合后可能会对业务造成何种影响还无法明确，但两者的融合已成为不争的事实。为了交付转型操作用例（如机器运行状态监控的实时分析），需要实现物联网的全部协议栈（包括基础设施、操作系统、应用程序、数据管道、服务保障、安全性等），这就意味着必须在 OT 服务中部署以 IT 为中心的集成式服务，从而有效地创造业务价值。因此，IT 能力的操作性越来越强，而且一直在拓展传统安全架构（如普度控制模型和 IEC 62443）的边界，目前已经出现越来越多基于数据共享机制的融合标准。

这些新架构模式都专注于开放式架构，面向支持边缘分析及本地监控、决策与控制的对等且可扩展的系统。像第 4 章提到的 OPA（Open Process Automation，开放进程自动化）等最新的标准化模式都在定义开放的架构模式（见图 5-54）。当前，很多传统工业环境都存在不同供应商的多个控制系统，每个系统都有自己的协议、接口、开发生态以及安全机制，使得新技术的引入存在很大的挑战性（正如大家在物联网环境中看到的那样），而且增大了集成和实施成本。开放进程自动化旨在开发一种基于 IIoT 的单一架构来解决这些挑战，核心是集成式实时服务总线（医疗健康领域的 OpenICE 等最新的架构模式也是如此），可以提供基于开放式架构的软件应用程序和设备集成总线。这一点与前面讨论的一些早期物联网架构模式基本一致。

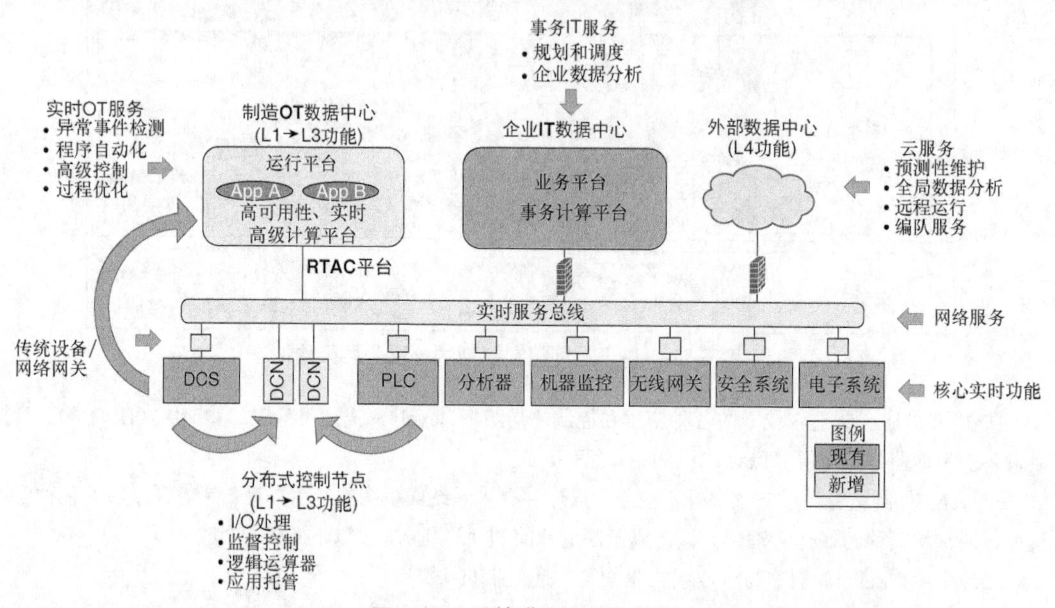

图 5-54 开放进程自动化架构

这些架构模式的核心焦点是软件集成总线，相当于实现分布式控制的软件背板，其他的架构功能还包括端到端的安全性、系统管理、自动配置和分布式数据管理。

从实践角度来看，这样做会引出另一个需要考虑的因素。运行环境中部署的大多数安全技术都是以IT为中心的，通常都是IEC 62443-3-3（系统安全要求和安全级别）的一部分，给维护团队带来了很大的能力挑战。需要采用以IT为中心的能力来部署OT所需的网络、基础设施和计算技术，从而出现了谁（IT或OT）应该拥有哪些用例和服务以及哪些地方应该需要IT和安全能力的诸多问题。

5.6.2 IISF IIC 参考架构

工业物联网环境最知名的架构模式就是IIC安全框架文档及其相关的参考架构，其基本假设是IT和OT拥有既相互作用又常常冲突的组件。为了实现最大的成功，必须融合这些组件以构建整个系统的可信度。该文档的目的是说明不同的观点并解决这两个观点之间的差异，是本章前面介绍的IIC参考架构的组成部分（见图5-55）。

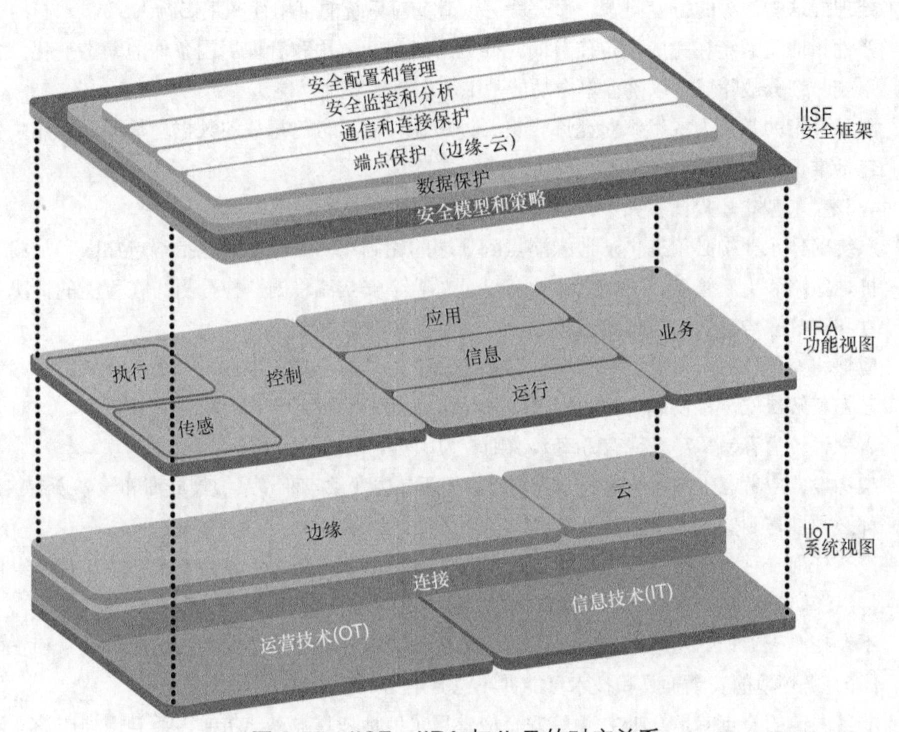

图5-55 IISF、IIRA与IIoT的对应关系

IISF是工业环境的安全指南，旨在解决为历史上断开连接的设备增加新连接而产生的安全性、隐私性可靠性问题，核心目标是将这些设备的安全级别设置得远高于用户设备。

新框架明确阐述了工业物联网系统中的“可信度”标准，并为风险、威胁、度量和性能指标等概念提供了标准定义。与传统的工业控制系统不同，IIoT系统必须连接其他系统和人员，因而潜在的复杂性和攻击面都大大增加。

该框架将物联网环境划分为三大块：组件构建者（创建硬件和软件）、系统构建者（在硬件和软件之上构建解决方案）以及这些系统的所有者和运营者。为了确保端到端的安全性，行业用户必须从这三个方面完整地评估系统的可信度。

文档详细描述了确定IIoT部署方案可信度的主要特性：

- 关键系统特性包括系统安全、人身或环境安全、可靠性、弹性和隐私性；
- 非关键特性包括可扩展性、可用性、可维护性、可移植性和可兼容性。

该架构的重点是保障关键系统特性。服务保障要求收集和分析支持物联网系统设计、构建、部署和测试的证据以及运行过程中的活动，必须通过证据来证明先天系统能力与后天安全控制能力做到了正确结合。此外，保障还要求必须进行风险分析以识别危险并预防事故或意外，包括严格的设计和验证测试。关键系统特征的定义如下。

- 系统安全指的是保护系统免受意外或未经授权的访问、更改或破坏。文档认为没有任何物联网系统能够做到所有环境的绝对安全，因而进行系统设计或风险评估时必须明确描述相关的特定环境以及参与方期望的安全控制机制。
- 人身或环境安全指的是系统运行时不会（直接或间接）造成无法接受的人身伤害或者给人类健康或环境带来破坏。
- 可靠性指的是整个系统或部分系统在正常运行条件下、在确定的时间段内执行指定任务的能力。考虑到需要执行计划内的维护、更新、修复和备份任务，因而必须处理好系统的可用性问题，因为执行这些任务时，系统将无法运行，从而会不可避免地会降低系统的可靠性。当然，如果处理好这些任务的调度问题，那么就可以避免对系统的可用性产生影响。
- 弹性指的是系统在完成预定任务的时候如何避免、解决和管理周围条件的动态变化。建议设计系统时划分故障域，以确保单个功能故障不会影响其他功能。
- 隐私性指的是个人或组织对允许收集、处理和存储与自己相关的数据施加控制或影响的权利，包括谁正在收集信息以及谁有权访问这些信息。

此外，该参考架构还提出了如下建议。

- 系统的体系架构必须提供从边缘端点到云端的端到端的安全性。包括端点加固和加载、通信保护、策略和更新管理、安全远程访问以及对整个安全流程的监控分析。在可能的情况下，安全性和实时态势感知应同时涵盖 IT 和 OT，而不影响业务流程。
- 应该将安全性完全集成到系统架构和系统设计中，而不是在事后再考虑安全问题。必须在设计之初就解决安全性问题并尽早开展评估风险，而不能将安全作为事后弥补机制。这对于新的部署来说较为容易，对于现有方案来说则较为困难。
- 架构设计应考虑生态系统模式，所有的系统所属方（供应商、系统集成商和设备所有者/运营商）都必须参与到安全风险评估以及架构设计当中。
- 没有任何一种“最佳方式”能够实现所有的安全机制并获得足够的安全能力，技术组件应该支持纵深防御战略，将逻辑防御等级映射为不同的安全工具和安全技术。
- 不存在“一刀切”的解决方案。不同的子网和不同的功能区存在不同的操作技术和安全需求，面向 IT 环境的安全工具和技术可能并不总是适合 OT 环境。
- 非常关键的一点就是，IIoT 系统安全应该尽可能地依靠自动化机制，而且用户应该能够与安全系统进行交互，实现状态监控、分析检查、按需决策以及修改和改进规划。配置错误或人为差错都可能给系统带来安全挑战。

安全框架的功能视图包括 6 个相互作用的模块（见图 5-56），一共分为三层，顶层包括 4 项核心安全功能，分别为安全配置管理、安全监控和分析、通信和连接保护以及端点保护，这些功能由数据保护层和系统范围内的安全模型和策略层提供支持。

该文档描述了每项功能在创建和维护系统整体安全性方面起到的作用。端点保护功能负责实现设备级防护能力（无论处于系统中的什么位置），并通过身份管理系统或权威系统提供设备的物理安全、网络安全技术和设备的身份管理等能力。

通信和连接保护功能利用权威身份认证能力对数据流量进行认证和授权，应该使用加密和信息流控制技术来保护通信和连接。

除了端点保护和通信及连接保护之外，还要利用安全监控和分析功能以及面向所有系统组件的受控的安全配置管理功能，在整个生命周期内保护系统的状态。

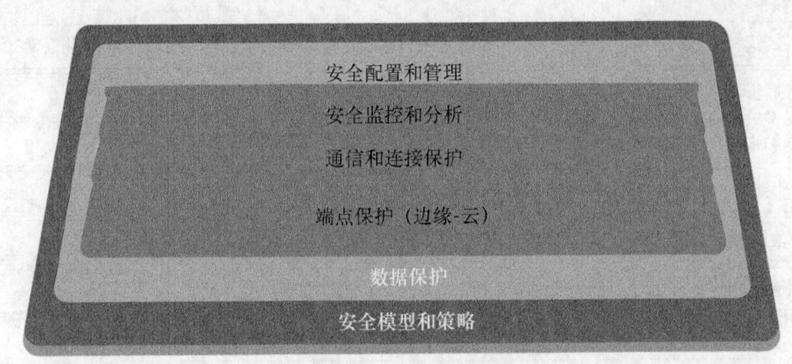

图 5-56 IISF 功能模块

数据保护功能包括端点中的静态数据和通信过程中的动态数据，以及监控和分析功能生成的数据和所有系统配置及管理数据。

安全模型和策略层负责不同功能组件的编排与协调，以提供端到端的安全策略。不但管理安全性的实现方式，而且还关注相应的安全策略，以确保在整个生命周期内保持系统的机密性、完整性和可用性。

这六大模块提供了在可信环境中跨 IIoT 系统实现端到端安全性的指南，为了将这些模块转换成特定实现，参考架构提出了 8 条建议设计原则，在具体实现功能模块时，可以采用任意数量的设计原则。

- **实现机制的经济性原则**：尽可能地保持设计的简单化和小巧化。
- **故障情况下的安全默认值原则**：基本访问决策应该基于权限而不是排除条件。
- **完全居中原则**：每次访问都要检查每个对象的访问权限。
- **开放设计原则**：设计方案不应该是秘密，机制不应该依赖潜在攻击者的无知，而应该基于拥有特定且易于保护的密钥或密码。
- **特权分离原则**：在可行的情况下，基于双密钥的解锁保护机制比单密钥保护机制更加强大和灵活。
- **最小特权原则**：系统的每个程序和每个用户都应该使用完成任务所需的最小权限集进行操作。
- **最少共用机制原则**：最大限度地减少多个用户共有机制（所有用户都依赖这些机制）的数量。
- **心理可接受性的原则**：人机界面必须设计得易于使用，这样才能保证用户在日常自动正确地应用这些保护机制。

5.6.3 CSA 物联网安全指南

CSA（Cloud Security Alliance，云安全联盟）于 2015 年发布了“Security Guidance for Early Adopters of the Internet of Things”（物联网早期用户安全指南），希望为构建物联网解决方案提供具体的安全控制指南。该指南不但为物联网早期用户提供了整体安全解决方案，而且还包含了一些详细指南，不仅仅是一般意义上的安全性要求。此外，该指南还提出了一些很好的安全建议，强调 GlobalSign 在增强物联网生态系统或应用程序安全控制机制方面的强大作用，强调了适合物联网环境的七大安全控制机制（见图 5-57），目的是降低与新技术和新环境相关的安全风险。

由于传统的企业安全解决方案无法有效满足物联网的安全防护需求，因而该文档为物联网系统的安全实施提供了很好的指导和建议。CSA 认为物联网面临了以下新挑战：

- 隐私风险增大，而且常常让人感到困惑；
- 平台安全的局限性，使得基本安全控制成为挑战；
- 无处不在的移动性，使得跟踪和资产管理成为挑战；
- 数量庞大，使得日常更新和维护操作成为挑战；
- 基于云的操作，使得边界安全的有效性大大降低。

安全控制机制1：分析物联网对参与方的隐私影响并采用面向隐私保护的设计方法开发和部署物联网
安全控制机制2：应用安全的系统工程方法构建和部署新的物联网系统
安全控制机制3：实施分层安全保护以保护物联网资产
安全控制机制4：实施数据保护最佳实践以保护敏感信息
安全控制机制5：为物联网设备定义生命周期控制机制
安全控制机制6：为组织机构的物联网系统定义和实施认证/授权框架
安全控制机制7：为组织机构的物联网生态系统定义和实施日志/审计框架

图 5-57 CSA 安全控制机制

该文档为物联网提供了一套通用安全机制，在实际应用时还需要仔细评估每个行业、每个实现所面临的特定安全漏洞，为每个物联网用例设计定制化解决方案。

CSA 认为物联网应用者面临了如下重大挑战，因而针对这些重大挑战给出了图 5-55 所述安全控制机制的应用建议。

- 很多物联网系统的设计和实现都很糟糕，采用了大量协议和技术，配置极其复杂。
- 物联网系统包含边缘设备、消息传递和传输协议、API（Application Programming Interfaces，应用程序编程接口）、数据分析、存储、软件以及其他各种技术概念。建议采用第 2 条安全控制机制：应用安全的系统工程方法构建和部署新的物联网系统。
- 几乎不存在成熟的物联网技术及业务流程。建议采用第 2 条安全控制机制：应用安全的系统工程方法构建和部署新的物联网系统。
- 用于物联网设备生命周期维护和管理的可用指南有限。建议采用第 5 条安全控制机制：为物联网设备定义生命周期控制机制。
- 物联网引入了独特的物理安全问题。建议采用第 3 条安全控制机制：实施分层安全保护以保护物联网资产。
- 物联网的隐私问题很复杂，而且并不总是很明显。建议采用第 1 条安全控制机制：分析物联网对参与方的隐私影响并采用面向隐私保护的设计方法开发和部署物联网。
- 物联网开发人员可用的最佳实践有限。建议采用第 2 条安全控制机制：应用安全的系统工程方法构建和部署新的物联网系统。
- 物联网边缘设备的认证和授权标准很少。建议采用第 6 条安全控制机制：为组织机构的物联网系统定义和实施认证/授权框架。
- 没有适用于物联网事件响应的最佳实践。建议采用第 5 条安全控制机制：为物联网设备定义生命周期控制机制。
- 没有为物联网组件定义审计和日志标准。建议采用第 7 条安全控制机制：为组织机构的物联网生态系统定义和实施日志/审计框架。
- 物联网设备与安全设备和应用程序交互的可用接口有限，目前业界还没有将重心放在识别组织机构物联网资产安全状况的方法上。建议采用第 3 条安全控制机制：实施分层安全保护以保护物联网资产；建议采用第 6 条安全控制机制：为组织机构的物联网系统定义和实施认证/授权框架；建议采用第 7 条安全控制机制：为组织机构的物联网生态系统定义和实施日志/审计框架。
- 适用于支持多租户的虚拟化物联网平台配置的安全标准尚不成熟。建议采用第 3 条安全控制机制：实施分层安全保护以保护物联网资产。

CSA 为实现物联网功能的组织机构提供了详细的安全控制措施，这些控制措施是根据物联网的特性量身定制的（见图 5-58），以便物联网的早期采用者能够降低与这项新技术相关的很多风险。这些控制机制可以直接映射到前面列出的七大安全控制机制。

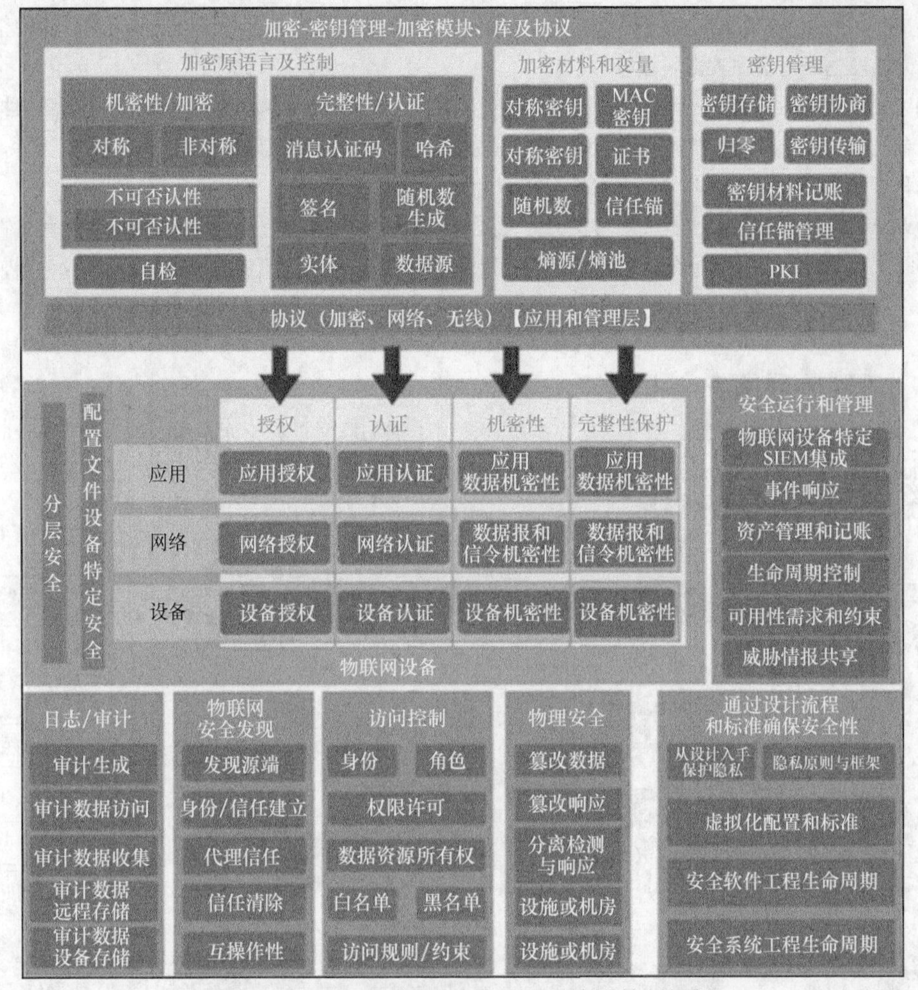

图 5-58 云安全联盟面向物联网的安全控制机制

除了提出降低已知物联网安全威胁的措施之外，CSA 还强调了一些未来应该关注的安全领域，这些领域应成为安全架构及设计的一部分，但目前仍被视为物联网应用及整体解决方案的障碍。

- 缺乏标准化。这一点影响了物联网的方方面面。
- 物联网安全态势的环境感知。行业必须致力于从物联网提供和分析得到的运行数据流中识别与安全相关的数据。
- 需要信息共享。由于物联网的设备规模庞大，而且很多物联网技术都属于新技术，因而零日攻击流很可能会利用物联网实现中发现的弱点。为了减少这些新漏洞的存在时间，组织机构应该考虑加入相应的物联网信息共享和分析中心。
- 需要更好地理解软件定义的边界和物联网。由于很多物联网用例都利用了云计算，因而传统意义上的物理安全边界已经过时了。
- 必须更好关注物联网环境中的隐私问题。尤其应该重点关注消费者无意识情况下的传感器数据捕获问题，这些场景下的组织机构或个人可能会在未经当事人允许的情况下查看或跟踪当事人。

5.6.4 OWASP

自 2014 年以来，OWASP（Open Web Application Security Project，开放 Web 应用安全项目）已经创建了很多物联网架构和框架计划。OWASP 的物联网项目旨在帮助制造商、开发人员和消费者更好地了解与物联网相关的安全问题，并希望在任何环境中，用户都能在构建、部署或评估物联网技术时做出更好的安全决策。提出的内容包括：物联网框架，面向制造商、开发者和消费者的安全指南，物联网安全原则与测试指南以及物联网潜在攻击区域等。

OWASP 物联网框架安全注意事项侧重于利用安全框架来确保物联网系统的开发人员和架构师不会忽视安全问题，这一点应该能够促进物联网的加快发展。所有框架都应该在各个层级内置安全性，从而让架构师和开发人员能够更好地将精力聚焦在能力上。

OWASP 物联网框架提出了一组与供应商无关的评估标准，架构师可以利用这些标准来衡量物联网开发框架的安全优势。评估标准分为 4 个部分（代表了典型物联网系统架构的控制点）：边缘、网关、云平台以及移动终端，每个部分都涉及具体的安全问题和特定的安全防范技术。

5.6.5 思科物联网安全框架

思科发布的物联网安全框架可以视为本章前面讨论的物联网世界论坛参考模型（IoT World Forum Reference Model）的有益补充。图 5-59 说明了与物联网逻辑架构相关的安全环境，目的是解决高度多样化的物联网环境所面临的安全挑战。

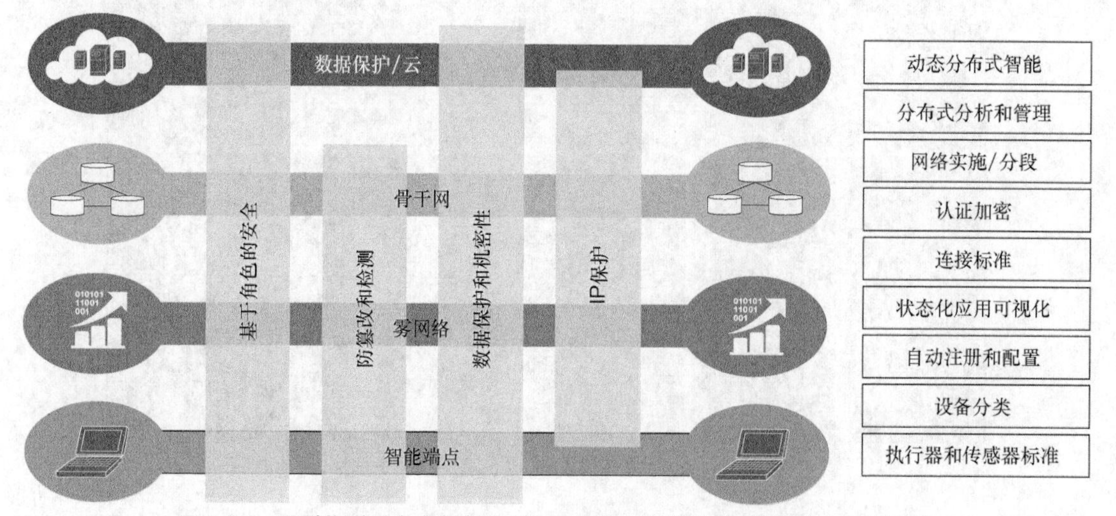

图 5-59 思科物联网安全框架及其与物联网世界论坛参考模型的映射关系

该模型是物联网世界论坛参考模型的简化版本，包括 4 个层级：智能对象/嵌入式系统、雾/边缘网络、核心网络和数据中心/云，很多安全机制都涵盖了多个层级。

- **基于角色的安全性**：RBAC（Role-Based Access Control，基于角色的访问控制）系统基于角色而不是每个用户分配访问权限；反过来，也要根据工作职责为每个用户静态或动态分配不同的角色。RBAC 在云和企业级系统中的应用非常广泛，是一个众所周知的安全工具，可以对物联网设备及其产生的数据的访问进行管理。
- **防篡改和检测**：该功能在设备层和雾网络层尤为重要，也可以扩展到核心网络层，所有的这些层级都能包含由物理安全措施保护的企业边界之外的组件。
- **数据保护和机密性**：该功能可以扩展到架构的所有层级。
- **互联网协议保护**：保护传输过程中的数据免受窃听和破坏，这一点对于所有层级来说都是必不可少的。

该框架还定义了物联网安全能力的四大组件（涵盖所有层级）（见图 5-60）：认证、授权、网络强制策略和安全分析（可视化与控制）。

- **认证**：用于提供和验证物联网实体的身份信息。联网的物联网端点需要访问物联网基础设施时，需要根据设备的身份信息发起信任关系。与典型的企业网设备不同，这些设备可以通过人工凭证（如用户名、密码、令牌、生物识别等）加以识别，而物联网则采用了完全不同的方式存储和展现物联网设备的身份信息，标识符可以包括 RFID、共享密钥、X.509 证书以及端点的 MAC 地址等。

- **授权**：控制设备在整个物联网系统中的访问行为，并利用实体的身份信息实施访问控制。利用认证和授权组件，可以在物联网设备之间建立信任关系以交换相应的信息，从而执行与物联网相关的服务。
- **网络强制策略**：包含通过基础设施对端点流量（控制、管理或数据）进行安全路由和传输的所有要素。
- **安全分析（包括可视化和控制）**：通过该组件定义的安全服务，所有的组件（端点和网络基础设施，包括数据中心）都能参与测量服务，从而获得网络的可见性并最终控制物联网系统。与数据分析相结合，就能对安全数据进行真正的统计分析，从而找出异常情况。该组件包含了与信息聚合和信息关联（包括测量）相关的所有机制，可以提供威胁侦察与威胁检测服务。

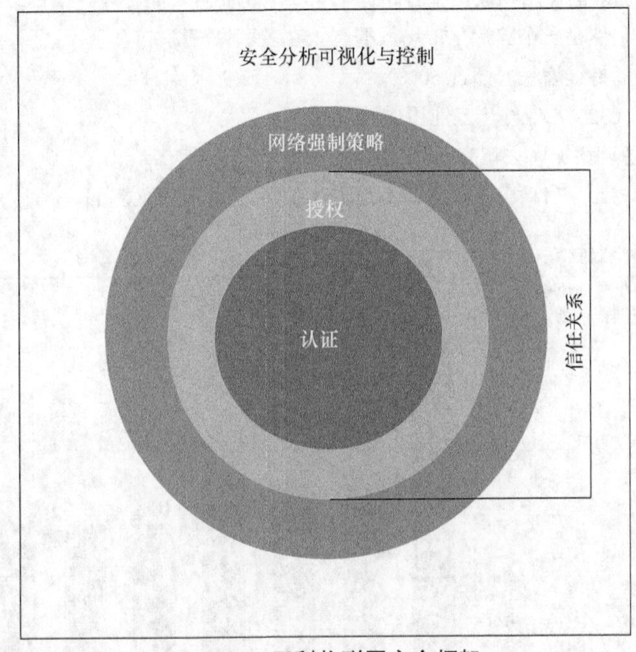

图 5-60 思科物联网安全框架

由于物联网系统日益复杂，而且项目规模通常都比较庞大，人为因素也较多，为了实现物联网系统的精确智能化，有必要对系统的可见性、应用环境以及控制机制进行协同，包括集中管理和编排物联网设备及服务所需的所有功能。编排可以提供物联网设备的可见性，意味着集中管理服务能够安全地感知分布式的物联网设备和服务，包括每台设备在整个生命周期过程中的身份和属性。在可见性的基础上可以提升安全控制机制的实现能力，包括配置、补丁更新与威胁防范，而且可以通过自动化方式快速实现该目标。

与其他模型（如 IISF）类似，与该框架相关的一个重要概念就是信任关系。对于物联网应用场景来说，信任关系指的是相互交换信息的两个实体对于对方实体的身份和访问权限拥有信心的能力。信任框架的认证组件提供了信任基础，并通过授权组件进行扩展。

IEC 认为，未来提供“整体安全能力”的物联网系统应该涵盖物联网系统及其组件的生命周期，包括设计、开发、操作与维护。IEC 坚信，在工业领域，新的能力肯定要考虑到 IT 与 OT 之间的依存关系。从安全性角度来看，IEC 认为物联网平台应该包含一组基本的安全能力。

- 新的威胁分析和风险管理能力以及自我修复能力，以检测和消除潜在的安全攻击。
- 更好的系统弹性能力，因而可靠的安全协作管理系统将跨越设备、平台以及不同的企业，这些安全协作系统将包括新的威胁情报机制，以便在组织机构之间以可信赖的方式交换与安全相关的信息。

- 识别“物品”（如传感器、设备和服务）的高级能力，以及确保数据完整性、数据所有权和数据隐私的能力。
- 新的联合身份及访问管理能力，用于收集、集成和处理来自不同传感器、设备及系统的异构数据。同时还需要新的能力来确保跨企业边界时数据所有权的控制问题。
- 需要新的数据分析算法和加密方法，在保护好用户和企业隐私的情况下利用好大量数据。

虽然应该具备这些能力，但迄今仍没有哪个物联网平台能够拥有这些能力。

5.7 当前的物联网平台设计

那么在选择物联网平台架构模式以满足未来物联网的平台要求时，该从何入手呢？2017 年的 IoT Analytics 报告指出，当前的可用物联网平台超过了 450 个，而且功能各异。报告的核心内容如下。

- 物联网平台仍然是一个碎片化市场，拥有 450 多家供应商。
- 领先的提供商持续增长（超过 50%）。
- 大多数平台（32%）专注于工业用例（见图 5-61）。
- M&A 活动急剧增加（去年有 17 宗交易）。
- 与其他行业相比，启动资金仍然微不足道（2016 年为 3.3 亿美元）。

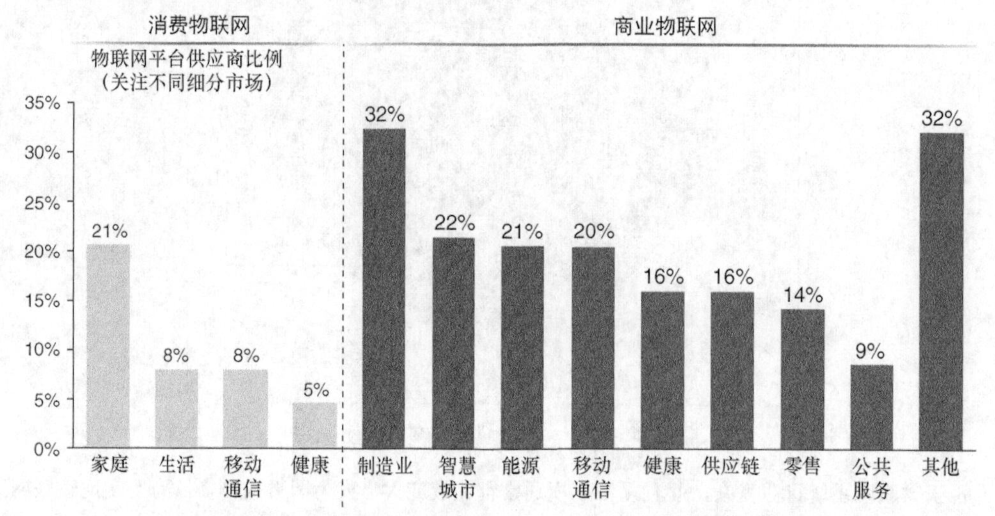

图 5-61 物联网平台提供商分布情况（按细分领域）

该报告将物联网平台划分为 5 类：应用使能平台、物联网设备管理平台、物联网云存储平台（IaaS）、物联网分析平台和物联网连接后端平台。物联网平台正在成为物联网部署的核心支柱，对于可扩展的物联网应用和服务的开发至关重要。该报告认为，虽然这些平台产品具有很大的差异性，但美国供应商在 2017 年占据了市场主导地位，美国目前也是使用物联网平台进行物联网部署的最大市场，但报告预测亚洲将在 2021 年成为最大的物联网平台市场。IoT Analytics 报告预测，物联网平台市场将在 2015-2021 年预测期内以 33%的 CAGR（Compound Annual Growth Rate，年复合增长率）增长，2021 年的年收入将达到 16 亿美元（见图 5-62）。即便如此，每类物联网平台都没有达到预测的可能占比。

研究发现的主要挑战之一就是物联网平台概念的混淆问题。报告将物联网平台描述为物联网应用使能平台，涵盖物联网的全部协议栈，包括连接和规范化、设备管理、数据库、处理与操作管理、分析、可视化、开发人员生态系统、编排、开放式外部接口以及设计时的内置安全性。

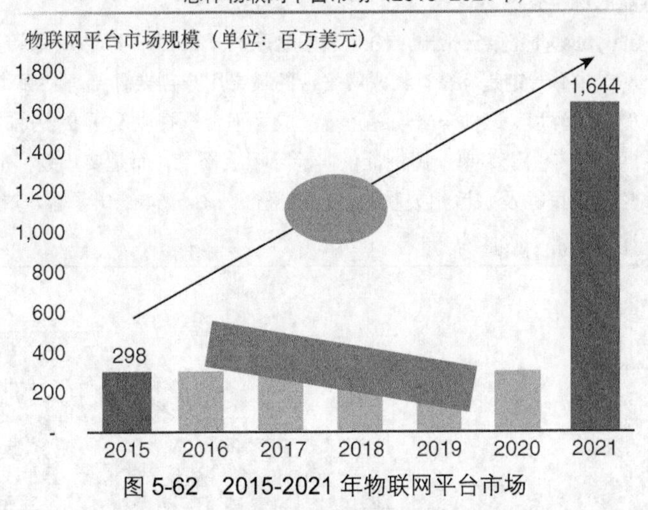

图 5-62 2015-2021 年物联网平台市场

该报告还介绍了其他 4 种经常也被称为物联网平台但并不符合定义要求的平台。

- 连接/M2M 管理平台，主要关注通过电信网络（如 SIM 卡）管理物联网设备的连接性，几乎不考虑传感器数据的处理和应用（如 Sierra Wireless 的 AirVantage）。
- IaaS（Infrastructure-as-a-Service，基础设施即服务）后端平台，主要为应用程序和服务提供托管空间和处理能力。虽然这些后端平台此前针对桌面和移动应用做了大量优化，但目前物联网是重点（如 IBM Bluemix，请注意不要与 IBM 的 IoT Foundation 相混淆）。
- 与硬件相关的软件平台（包括连接设备和专有软件后端），供应商通常喜欢将自己的后端平台也称为物联网平台，但是由于这类平台不向市场上的其他人开放，因此这种称呼并不完全准确（如谷歌 Nest）。
- 客户/企业现有软件平台的扩展，对现有的企业软件和操作系统（如微软 Windows 10）进行扩展以支持物联网设备。虽然这些扩展平台目前还不足以成为完整的物联网平台，但可能很快就会实现。

IoT Analytics 研究报告发现的另一个关注点是物联网平台的成熟度问题。相信物联网提供的能力、利用物联网数据改变业务运营方式、更加真实地理解安全性和风险威胁以及物联网平台提供商的技术和产品的进步，都表明最终用户对物联网平台的能力期望正在发生变化。图 5-63 给出了物联网技术成熟度模型。

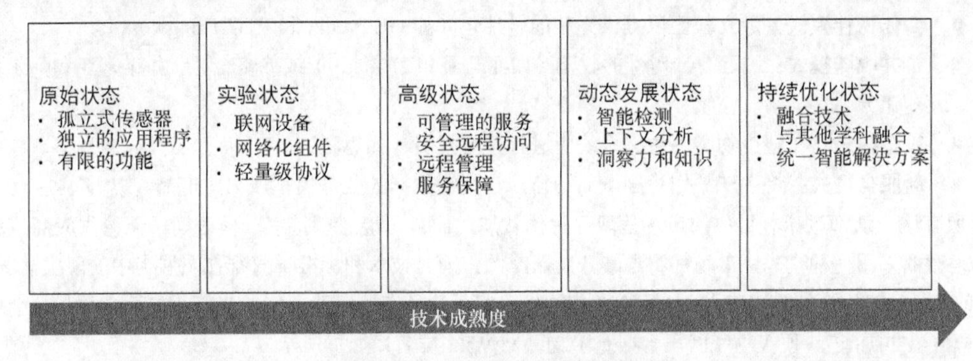

图 5-63 物联网技术成熟度模型

IoT Analytics 报告从三个主要方面来区分物联网平台：技术深度、细分焦点和实施/定制方法。

技术深度指的是物联网平台提供的能力及集成水平，通常存在三种不同级别的技术深度。最基础级别的平台是提供数据收集和转换的连接平台以及消息总线，高一级别的平台是管理连接性的操作平台，可以根据特定事件或预定规则触发相应操作。最先进的平台包含了低等级平台的所有功能以及其他高级功能，如模块化、开放式外部接口、支持各种 IP 协议以及可扩展性（在设备、服务和数据处理等方面）。除此以外，还应该尽可能的标准化。

2016年的IoT Analytics研究报告指出，约75%的物联网平台都属于连接性管理级别的平台，提供的只是消息总线。不过，这并不一定是坏事。物联网平台的最终用户需要仔细评估哪类平台将为当前及未来的计划用例提供正确的技术深度，这种未来规划正逐渐成为平台选择以及所要支持的物联网架构的重要因素。平台设计人员不再仅仅专注于为单个用例提供实验环境或平台，而是要规划标准化的、能够在组织机构中全面使用且能够与业务目标及宗旨相关联的物联网平台。图5-64给出了客户成熟度情况。

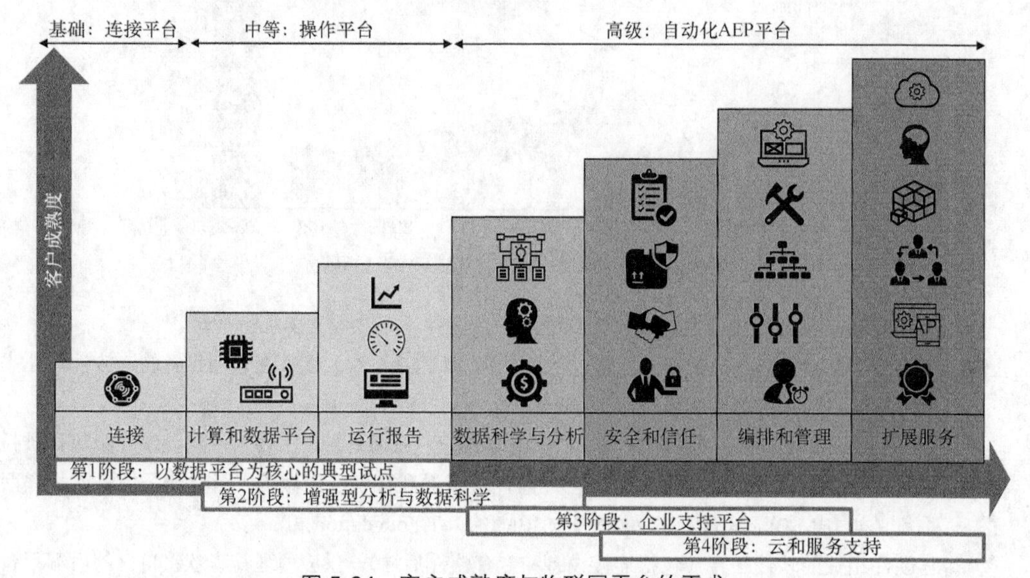

图5-64 客户成熟度与物联网平台的需求

其他因素也在发挥作用。不同的市场或行业需要完全不同的选择，可能需要不同程度的定制，而且企业也更加愿意自建平台而不是购买平台。

从物联网平台提供商的角度来看，企业也有各种方法来推进解决方案。IoT Analytics报告描述了如下策略模式。

- **自下而上模式**：从连接开始，自下而上地构建平台功能（如Ayla Networks）。
- **自上而下模式**：从分析开始，自上而下地构建平台功能（如IBM IoT Foundation）。
- **合作伙伴模式**：成立联盟以提供完整的软件包（如GE Predix和PTC Thingworx）。
- **合并收购模式**：进行有针对性的收购（如亚马逊和2lemetry）或战略合并（如诺基亚和阿尔卡特朗讯）。
- **投资模式**：在整个物联网生态系统中进行策略投资（如思科）。
- **新服务模式**：将主产品作为副产品销售，让围绕数据的业务模型成为主产品。

所有这一切都意味着目前的市场呈现碎片化状态，而且可能还要持续一段时间。无论供应商或最终用户/运营商采用何种模式，市场都将继续开发新产品，因为技术和标准一直都在发展当中。现实情况是，目前的产品还未完全达到IEC描述的2020年的平台愿景，还有一段路要走。当然，旅程必须从某个地方开始。截至2018年，顶级物联网平台（基于物联网Wiki排名）如下所示。

1. AWS（Amazon Web Services，亚马逊网络服务）物联网平台，包括用于识别设备的注册表、用于设备的SDK（Software Development Kit，软件开发工具包）、设备影子（Device Shadow）、安全设备网关以及用于入站消息评估的规则引擎，是一个完全的云平台。
2. 微软Azure物联网平台，包括设备影子、规则引擎、身份注册表以及信息监控等功能，是一个完全的云平台。
3. 谷歌云平台（Cloud Platform），专注于数据处理和分析，是一个完全的云平台。

4. ThingWorx 物联网平台，可以将设备连接到平台上，支持物联网应用开发，为开发人员提供共享平台以加快开发速度，同时还支持机器学习以实现复杂大数据分析过程的自动化。该平台刻意部署在云中。
5. IBM Watson 平台，包括设备管理、安全通信、实时数据交换、数据存储以及增强型数据传感器和气象数据服务，是一个完全的云平台。
6. 三星 Artik 平台，聚焦安全性。
7. 思科物联网云连接平台（IoT Cloud Connect），基于 Jasper，支持语音和数据连接、SIM 生命周期管理、IP 会话控制以及可自定义的计费和报表功能。该平台仅适用于云且仅供服务提供商使用。
8. 惠普企业级通用物联网平台（Enterprise Universal Internet of Things Platform），提供安全货币、数据分析以及开发人员社区和市场。该平台遵循 M2M 方法。
9. Salesforce 物联网云平台，聚焦客户互动，提供销售、服务、营销和库存等应用模块。
10. BSquare DataV 平台，具有故障预测、自适应诊断、设备管理、基于状态的维护、资产优化和资产利用等功能特性，可以部署在云中。
11. 西门子 MindSphere 平台，提供机器数据应用、数据分析和安全性能力，是一个基于云的平台。
12. Ayla 物联网平台，包括嵌入式代理、云服务、应用程序库以及开发人员生态系统。
13. 博世物联网套件，以 PaaS 形式提供，包括分析功能，是一个基于云的平台。
14. Carriots 物联网平台，以 PaaS 形式提供，包括设备管理、SDK 应用引擎、调试和日志、API 密钥管理、数据导出功能、自定义告警、客户层级、用户管理和自定义控制面板等，是一个仅基于云的平台。
15. Oracle 集成云平台（Integrated Cloud），专注于实时物联网数据的大数据分析、设备虚拟化、端点管理和高速消息传递，是一个仅基于云的平台。
16. 通用电气 Predix 平台，以 PaaS 形式提供，采用双层架构。包括用于微小变化的数字孪生（Digital Twins）和提供通信层（将传感器、控制器、云和分析集成在一起）的 Predix 机器（Predix Machine）。
17. ARM mbed 平台，包括聚焦商用产品的操作系统、云服务和开发人员工具。
18. LTI Mosaic 平台，是一个基于云的平台，专注于工业环境的安全大数据及分析。
19. Mocana 提供的 Mocana 平台，涵盖全部物联网协议栈，包括设备到云端的安全模型，而且是军用级。
20. Kaa 平台，是一个中间件平台，为联网设备、可定制中间件以及与传输无关的链路提供云使能软件。

目前还没有出现适用所有应用的最佳通用平台，也没有任何一种平台能够满足所有垂直领域或行业的所有要求，也没有任何一种平台能够完全满足特定物联网架构标准的所有要求。市场已经饱和，而且可能会持续一段时间，目前很难说哪些平台能在未来的发展过程中存活下来，哪些平台将会失败。2016 年全球物联网平台公司名单（Global IoT Platform Companies List 2016）报告中列出的 30 多家公司已不复存在，有些已经倒闭，有些则被收购。市场需要数年时间才可能稳定下来，而且应该更加标准化。

平台开发与第 4 章讨论的标准化格局类似：高度分散化。由于标准化格局高度分散，因而平台市场的分散化也就很容易理解了。目前开发的平台（以及最终用户/运营商选择平台时）更多的是基于用例、行业或业务需求，而不是基于架构，但架构的选择非常重要，因为这是成功与否或能力是否受限的关键因素。

如本书所述，物联网需要互操作性才能成功，而互操作性则源于标准化。在可预见的未来，平台供应商和最终用户/运营商需要评估哪些标准/部分标准最适合其业务需求以及希望采用何种架构理念，然后再做出适当的选择和假设。从根本上来说，如果平台是专有平台而没有采用开放标准和体系架构，那么就不可能成功。

上面列出的平台绝大多数都是基于云的平台，而且很多都采用了 OTT 交付方式，平台与底层基础设施都是分离的。这种方法可能并不适合特定市场或垂直领域，特别是考虑最终运营商的安全要求时更是如此。

5.7.1 物联网平台和解决方案的安全性

随着平台数量的不断增加，对于保护平台和底层架构的安全技术的预期也在不断增大。随着平台的逐渐成熟，安全技术和终端用户/运营商的安全需求也趋于成熟。很明显，虽然并不是所有的物联网支出都与平台有关，但平台毫无疑问具有很大的影响力。2017 年的 IoT Analytics 研究报告将物联网安全描述成保护物联网解决方案免受虚拟或物理损坏（包括设备、通信、云或生命周期管理层）的各种组件，很显然，这些都属于物联网平台。

研究预测，2017 年全球物联网安全方面的支出将达到 7.03 亿美元，预计 CAGR 为 44%，2022 年将产生 44 亿美元的市场机会（见图 5-65），该市场预测基于物联网市场领先的科技公司的物联网安全收入，包括 12 个行业和 21 个技术领域。与预期一样，安全性正逐步超越其他物联网市场，原因如下：

- 越来越多的物联网项目正在从概念验证或试验阶段过渡到部署阶段，对安全性的重视程度越来越高；
- 监管要求的提高推动了业界采用更高的安全标准；
- 将传统设备连接到物联网系统上需要额外且不同的安全解决方案；
- 新的未曾考虑过的安全威胁不断出现，需要做好安全保障。

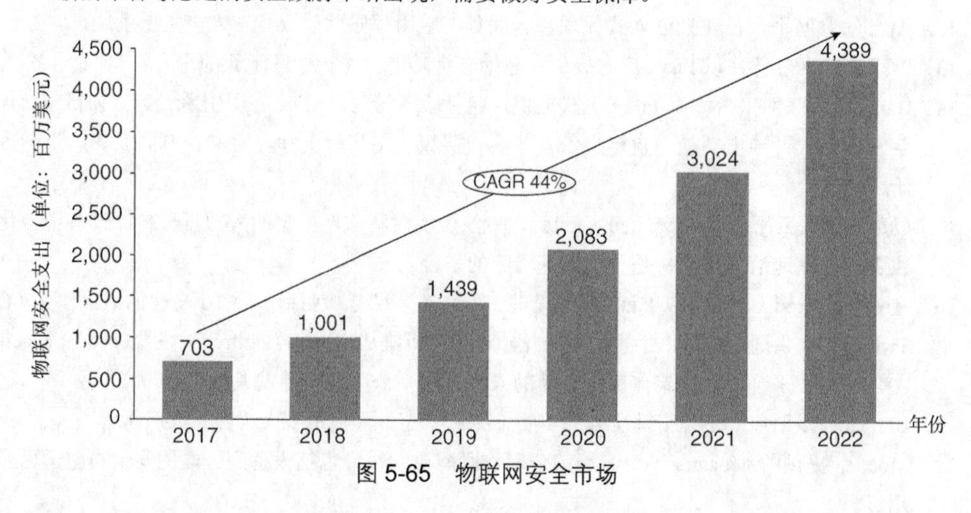

图 5-65 物联网安全市场

研究报告发现目前的物联网安全市场参与者众多，包括成熟技术供应商、初创企业、芯片制造商、基础设施提供商以及云和企业软件企业。虽然思科是业界领先的物联网安全供应商，但由于市场非常分散，因而思科也仅仅拥有 7%的市场份额，前十大供应商拥有超过 40%的市场份额。随着物联网平台和解决方案的复杂性不断增加，该数字肯定会进一步增长。

研究报告着重强调目前还没有任何供应商能够提供端到端的物联网安全服务。目前该领域的大多数供应商都有传统 IT 安全或 OT 安全的背景。虽然所有的供应商都在根据物联网调整其安全解决方案，但是还没有任何一家供应商能够提供涵盖端到端物联网安全解决方案所有安全组件的产品，即使是最全面的供应商也只能满足 21 个所需安全组件中的 12 个。这表明标准化组织和联盟通过参考模型和设计原则描述的方法、建议和指南与实际实现仍然存在明显差距，同时也反映了业界对于其他方法的现实需求，希望采用标准化的体系架构来构建基础的物联网平台架构，同时在每个层级设计安全性并尽可能地实现自动化。

5.7.2 面临的设计挑战：物联网平台的未来

本书的下一部分将介绍开发下一代物联网基础平台所需的基础技术和架构。第 8 章将深入探讨如何实现全面的平台解决方案。需要一种新的物联网系统和平台架构以及设计技术来解决当前平台存在的一些限制因素，从而更轻松地提供端到端的安全性。未来物联网平台应着重解决以下问题（虽然也正在解决，但通常都是孤立式解决）。

- 人们仍然没有基于架构和技术标准（无论是否基于物联网）持续构建物联网平台。这导致大量专有协议和架构模式存在，限制了互操作性，而互操作性正是物联网走向成功的关键因素。系统通常缺乏协议和语义级别的互操作性，更重要的是缺乏可组合性，即允许系统根据环境变化动态且自主地进行调整和重新配置。2017 年 Gartner 在一篇报告中推荐采用基于实时、事件驱动处理的新架构模式。Gartner 认为，物联网平台必须能够提供即时理解以及实时、自服务和无约束分析的情境感知能力。
- 平台通常都是 OTT 模式，意味着物联网应用可能受到底层基础设施的影响，需要在两者之间进行集成，以便为大多数物联网应用提供更好的可靠性、可预测性和一致性。
- 编排和自动化能力有限。为了成功部署、管理和维护数千或数百万个端点、服务和应用，需要采用简化的方法实现大规模的自动化操作。此外，编排和自动化能力必须涵盖全部物联网协议栈，而不仅仅是部分协议栈。
- 弹性仍然是一个问题，特别是要求可预测性、高可用性和高可靠性能力的行业及医疗健康领域。物联网平台通常包括多个组件，但一般仅在相似组件之间设计弹性机制（例如，一台设备出现故障之后由另一台设备接管），而不是在不同组件之间（例如，应用程序运行出现异常，通过服务保障机制加以识别，并由底层基础设施自动适应加以纠正）。可靠性并不是要求系统始终如一地运行，而是要求系统能够适应环境变化、安全威胁以及技术或流程的变化。需要在物联网系统分层结构的每一层软件和硬件上保证可靠性。
- 当前标准并没有完全考虑技术问题，而技术通常是用例的关键推动因素。虽然 NFV 和 SDN 都已经成熟，但物联网标准组织和联盟最近才开始关注这些技术。
- 没有在物联网环境中充分考虑与企业现有解决方案和现有技术的集成。通常将物联网平台设计和构建成独立实体，而且常常忽略了组织机构已经规划好的安全机制，这就意味着为专门为业务支持而设计的技术和流程可能并不属于物联网平台，从而严重影响了平台的安全等级。
- 更多的时候是为了收集数据而收集数据，较少考虑如何收集正确的数据并将其传送到正确的地方以便使用这些数据（以正确的格式和正确的时间）。
- 缺乏数据语义和数据上下文，导致对信息的理解不足，难以有效利用数据。需要更好地理解物联网环境，包括设备、传感器以及人和环境条件，而且要以可理解的元数据来理解和表示环境信息。
- 平台解决方案仍然无法满足大规模部署的需求，无法根据需求灵活简单地扩大或缩减规模。
- 平台设计通常是为了满足单个用例或一组有限用例的需求，而不是作为底层的物联网使能平台（提供一组稳定的核心能力，并基于这组能力进行灵活开发）。
- 在工业环境中未对 IT 和 OT 的不同要求进行整合，包括安全和隐私等特定领域的需求。
- 大多数平台都基于云。但是对于很多市场和行业来说，由于受到技术（主要是速度和灵活性）、安全漏洞以及监管等因素的限制，云平台并不是一种好的选择。
- 移动性是很多物联网用例的关键推动因素。但目前物联网平台的动态自适应能力还无法完全满足移动性需求（包括漫游合作伙伴关系、安全性、身份以及计费管理等）。为了让网络能够更好更灵活地适应物联网的需求，NFV、SDN 和云是关键推动因素（特别是在结合使用时），可以让网络和服务更具弹性，而且能够根据需要对流量进行分段。
- 物联网的性能度量可能是一大挑战。由于物联网的性能取决于多种技术组件及性能，因而很难采用简单的度量机制加以评估。此外，海量数据和网络流量的度量也是一大难题。需要在架构和平台设计中加以考虑，提供强大的监控和服务保障能力以增强物联网系统的 KPI。
- 安全性仍然是事后措施，并没有内置在设计方案中。不仅为保护系统而部署的技术如此，在确保隐私、身份和信任方面的架构设计也是如此。由于物联网平台连接了大量异构设备，因而并不适用常规的企业安全标准和体系架构，而且恶意软件的入口点增多，导致漏洞也增多，因而传统的安全体系架构无法完全满足物联网的安全需求。由于平台未遵循公认的物联网架构，因而可能会出现安全挑战，因为所有的内容都是以专有方式完成的，来自多个供应商的异构设备或应用可能无法像遵循批准的流程那样协同工作。

- 缺乏协商一致的认证标准，对于安全问题来说尤为重要。只有经过认证的设备才能进入物联网网络，才允许连接物联网系统和服务。

但是很明显，最终用户/运营商无法等待所有问题都解决。BCG（Boston Consulting Group，波士顿咨询）在一篇研究报告中强调了选择物联网平台时的一些关键选项，认为业界迫切需要一种合理的架构模式，但目前并不完全存在。BCG 认为，第一，应该选择能够提供所有三种物联网功能的供应商来构建真正的物联网平台：应用使能、数据聚合和存储以及连接管理。第二，应该考虑组织机构能够承担的风险。是选择可靠但发展缓慢的成熟供应商提供的平台？还是选择灵活但未经验证的创业公司提供的平台？第三，应该考虑平台的灵活性，包括如何整合企业现有的技术投资以及如何开发和整合新的用例和新的应用。第四，如果物联网平台必须满足规划好的业务需求，同时还必须保证部署过程对现有业务的影响程度最小，那么系统的开放性就是一大关键功能特性。只要解决了这些问题，就可以解决快速部署与冗长拖沓之间的矛盾。第五，应该在重复性的横向平台的要求与面向市场或特定行业用例的纵向需求之间实现平衡。

IEC 认为，未来的物联网平台应该具备如下基本能力。

- 支持跨多个相关物联网系统的增强型传感能力以及传感器的融合，并考虑未来的数据分析，从而显著增强和扩展为支持现有及未来新的物联网生产力而创建的算法能力。
- 支持基于新标准的新的数据上下文机制及数据语义，从而更好地理解信息，并从根本上增强分析能力。
- 提供更强大的安全能力，解决更复杂的安全问题，如最大限度地保护设备以及不同地缘政治实体提出的数据隐私要求。
- 支持 IT 和 OT 系统的关键安全功能及策略，如 PDCA（Plan-Do-Check-Act，规划-执行-检查-处理）、OODA（Observe-Orient-Decide-Act，观察-调整-决策-行动）以及协作安全性等。

Gartner 指出，对于物联网平台来说，必须面向未来、从大处着眼（见图 5-66）！

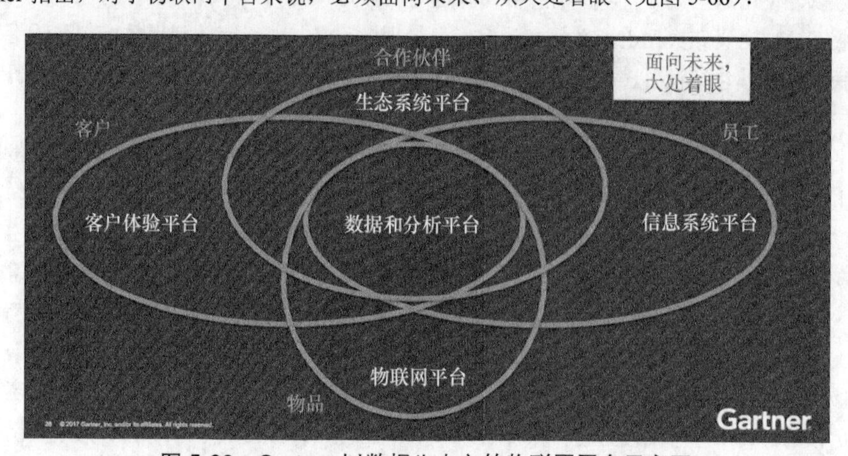

图 5-66　Gartner 以数据为中心的物联网平台示意图

5.8 小结

为了取得长期成功，供应商和运营商都需要拥有可扩展、灵活且内置安全性的物联网平台。本章首先探讨了满足物联网系统设计要求的常见主流物联网架构模式以及主要的系统保护指南，然后介绍了一些业界领先的物联网平台以及需要解决的一些设计挑战。后面的章节将详细讨论支撑未来物联网平台的重要核心功能。

第 6 章

SDX 和 NFV 的技术演进以及对物联网的影响

本章主要讨论如下主题：

- SDX 和 NFV 概述；
- SDN（Software-Defined Networking，软件定义网络）；
- NFV（Network Functions Virtualization，网络功能虚拟化）；
- ETSI NFV MANO（Management and Orchestration，管理与编排）；
- SDX 和 NFV 对物联网及雾计算的影响。

6.1 SDX 和 NFV 概述

SDN（Software-Defined Networking，软件定义网络）背后的创新性概念可以追溯到 20 世纪 90 年代，当时的互联网呈现出指数级增长态势，标志着一场永远改变人们生活的不可阻挡的旅程正式开始。信息和通信技术之间的协同作用在互联网上找到了一席之地，引发了席卷全球的数字化革命。有些历史学家和专家认为，与 19 世纪的工业革命相比，数字革命对社会的影响要大得多。

当时的一切看起来似乎都有无限可能，很多研究人员和初创企业都主张加快创新步伐，但是将新的体系架构和协议引入市场的过程既繁琐又缓慢。例如，20 世纪 90 年代的网络控制平面根本无法编程，将新技术转化为生产力需要非常缓慢的标准化过程。有鉴于此，一些思想领袖提出了一种创新型模式，从传统的黑盒网络协议和控制平面转变为更加开放和可编程的模式。获得实质性推动的一项工作就是主动式网络（active networking），希望将可编程功能引入网络，这也是计算机网络走向开放化和灵活化的第一步。围绕有源网络架构的研发工作在 20 世纪 90 年代中期得到蓬勃发展。但不幸的是，20 世纪 90 年代后期的“一切皆有可能”的口号导致了过度投资和投机，很多开发互联网技术的公司都在 21 世纪初的互联网泡沫中遇到了瓶颈。“一切皆有可能”的口号也出现了剧烈反转，投资严重不足导致大量公司破产。因此，有关可编程网络的研发工作几乎完全在 2000 年之初就完全停止了。虽然可以说主动式网络为开放式和可编程控制平面奠定了研究基础，但 SDN 还需要等待更好的时机才能真正实现。

在 21 世纪前 10 年的中期，互联网泡沫破灭之后出现了一轮经济衰退，网络可编程性问题再次引起研究社区的关注。斯坦福大学的 Nick McKeown 和 Martin Casado 以及加州大学伯克利分校的 Scott Shenker 在控制平面与数据平面分离领域开展的研究工作促成了这两者之间开放接口的有效发展，成为网络可编程领域的改变者，最终设计出 OF（OpenFlow）API 以及相关协议。很多人认为这些研究人员的贡献是现代 SDN 技术的起源。2011 年，Nick McKeown 和 Scott Shenker 共同创建了 ONF（Open Networking Foundation，开放网络基金会），以推动面向SDN和OF技术的开放社区的发展。ONF是一个非营利且以运营商为主的联盟，专注于网络功能的解耦、白盒技术的使用以及开源软件和标准的开发（ONF负责OF标准的制定工作）。

SDN的主要优势在于控制功能与转发功能相分离。解耦这些功能之后，就可以利用被称为SDN控制器的集中式实体来管理流经多台网络设备的流量，从而解决流量控制策略的抽象以及从黑盒网络设备及通信协议中分离转发决策的问题。也就是说，负责流量转发的设备可以由不同的供应商提供并以分布式方式部署，穿越这些设备的流量仍然可以通过SDN控制器（如单个集中式控制器，或者出于冗余性和可靠性目的部署控制器集群）以编程方式加以控制和强制实施。为了实现这一点，网络设备必须支持两大特性：一是与控制器通信的接口；二是转换和实施由SDN控制器提供的控制规则的内部机制。具体内容将在本章后面进行详细讨论。

SDN的成功为其他利用软件定义模式提供优势和灵活性的研究工作提供了基础条件，目前已超越了SDN的传统研究范围，推动了SDX（Software-Defined X，软件定义一切）技术的快速发展，其核心目标是响应市场需求并以软件迭代的方式快速推出创新产品（而不再是传统意义上依赖缓慢的硬件开发或协议标准化进程）。成熟的SDX应用领域有SD-WAN（Software-Defined Wide-Area Networks，软件定义广域网）、SDWN（Software-Defined Wireless Networking，软件定义无线网络）、大量行业涌现的数字化转型以及逐渐放弃传统硬件和嵌入式系统而采用的SD-IoT（Software-Defined IoT，软件定义物联网）解决方案。此外，SDN还重新启动了SDR（Software-Defined Radio，软件定义无线电）及其在5G环境中的应用研究，如SoftRAN（Software-Defined Radio Access Network，软件定的无线接入网）。

另一种常常与SDX相混淆的研究工作是NFV（Network Functions Virtualization，网络功能虚拟化）。NFV始于2010年初，在ETSI（European Telecommunications Standards Institute，欧洲电信标准协会）的ISG（Industry Specification Group，行业规范组）成为该技术的主导标准化组织之后获得了业界的极大关注。自ETSI发布了最初的NFV规范之后，该技术已经成为行业及学术界的重要基石，如果没有NFV，很难想象5G等未来网络体系架构会是什么样。

NFV依赖IT以及最先进的虚拟化技术来构建VNF（Virtualized Network Functions，虚拟化网络功能），组合并连接（链接）这些VNF就可以创建实现网络服务的功能模块。请注意，不要将NFV与服务器虚拟化技术相混淆，NFV的目的是创建超越传统服务器虚拟化技术范畴的通信服务，NFV的核心目标之一就是允许电信运营商和企业的网络从传统的专有硬件设备（如传统交换机、路由器、防火墙或入侵检测设备）迁移到可以运行在通用服务器上的一个或多个VNF所提供的各种服务功能。

对于很多人来说，SDN与NFV之间的界限并不是很清晰。除了非常专业的人士之外，很多人都将术语SDN和NFV连在一起使用（即SDN/NFV），从而对这两种技术的角色、应用范围及优势产生一定程度的混淆。需要注意的是，SDN和NFV是两个不可互换的术语，这两种技术可以相互受益，但任何一方都不依赖于另一方。SDN可以在没有任何形式虚拟化或NFV支持的情况下进行实现和扩展，而VNF及其所支持的虚拟化通信服务也可以在无SDN控制器的情况下加以实现。SDN和NFV面向不同的问题，也有各自的技术目标。

传统SDN与NFV技术的区分相对较为容易，但SDX家族下的最新软件定义技术与NFV之间的界限则愈加模糊。例如，利用NFV技术实现的SD-WAN解决方案具有非常好的灵活性和优势，因而未来的WAN技术可能会更加倾向于NFV化。同样，在NFV基础设施中利用SDX概念的优势也毋庸置疑。例如，软件定义的功能可以更轻松地在多供应商环境中实现VNF和网络服务的集中编排、配置、监控及生命周期管理。从这个意义上来说，可以将SDX视为NFV的推动者，而NFV则代表了SDX最有前途和最雄心勃勃的用例之一。从图6-1可以看出，虽然NFV可以在没有SDX的情况下实现，反之亦然，但它们最重要的优势却在于两者的结合。

接下来，本章将详细介绍SDX和NFV技术的优势，可以单独或结合使用这些技术，也可以作为物联网、5G网络的技术推动者，还可以与雾计算及云计算相互促进。此外，本章还将讨论与编排相关的内容，而与SDX和NFV安全相关的内容则在第7章进行详细讨论。

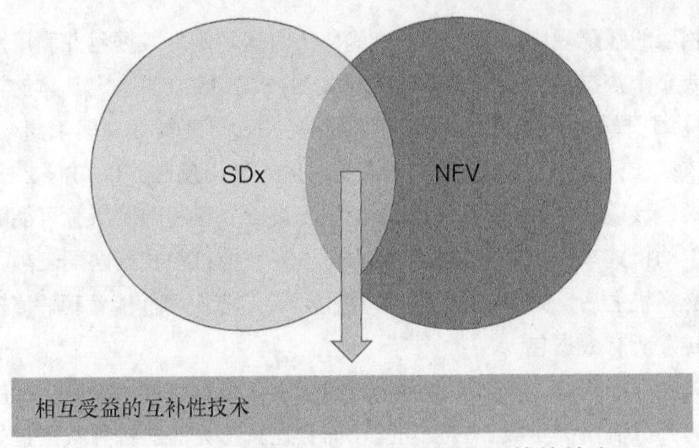

图 6-1 SDX 和 NFV：两种不同却互补的技术

6.2 SDN

SDN 旨在将现代软件开发和计算技术的灵活性带入网络领域，使 IT 部门逐步减少以刚性控制平面和流量流静态处理为特征的网络架构，而使用能够满足市场需求的动态灵活的可编程控制平面。为了实现该目标，SDN 建议将“大脑”与“身体”相分离（见图 6-2）。也就是说，SDN 将策略控制组件以及决定如何通过网络基础设施转发流量的组件（大脑）与负责转发流量（基于大脑提供的策略和规则）的组件（身体）相分离。通常利用不同的设备来实现控制功能与转发功能的分离：大脑通常集中设置且与转发组件（身体）物理分离，身体则采取分布式设置方式，即单个大脑可以同时管理多个转发组件。

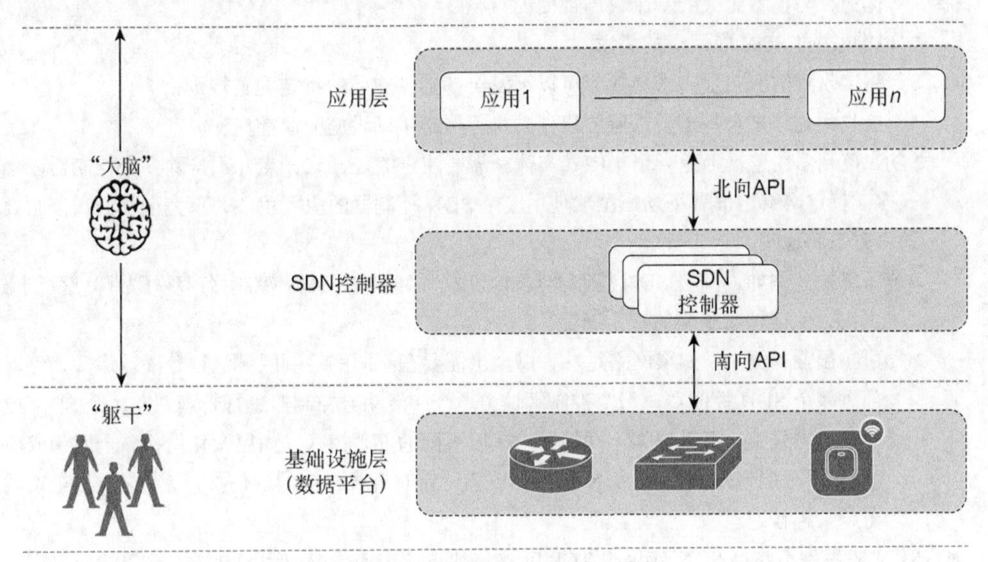

图 6-2 SDN 架构（分为三层）

从图 6-2 可以看出，SDN 架构分为三层：支持数据平面的基础设施层、SDN 控制层以及应用层。

- **基础设施层（数据平面）**：该层包含的物理设备负责在网络中转发流量，这些设备具备处理能力和转发功能，并由外部 SDN 控制器通过图 6-2 所示的南向 API 进行管理。不同设备的数据平面的内部实现可能并不相同，因为它们可能具有不同的处理功能和流量转发引擎（例如，基础设施可能由不同设备供应商提供的设备组成）。可以将基础设施层的转发策略分为三类（或三种转发模式）。

1. **被动模式**：该模式下的 SDN 控制器会在需要时将新的转发规则推送给设备。例如，每次数据包到达交换机时都会执行流表查找操作，如果没有在定义数据包处理和转发方式的交换机上配置相应的匹配规则，那么交换机就会认为这是例外数据包并利用图 6-2 所示的南向接口将报头或整个数据包转发给 SDN 控制器，由 SDN 控制器决定具体的转发策略并将规则推送给交换机。这样做不但能够处理该特定数据包，而且还能处理属于同一流量流的后续数据包。因此，该操作模式下的 SDN 控制器只是对例外做出反应并仅在需要时推送流量转发规则。

2．**主动模式**：该模式下的 SDN 控制器会预先设置处理和转发所有可能流量所需的规则。对于严格的主动模式来说，入站数据包要么可以在交换机中找到匹配表项，要么被丢弃。将规则推送给交换机之后，SDN 控制器的作用主要就是监控和性能管理。该模式的优点是能够以线速方式转发所有数据包。

3．**混合模式**：该模式综合了前面两种模式的优点，是目前使用最为广泛的转发模式。该模式不但能够为部分流量提供线速转发功能，而且还具备灵活的例外数据包处理能力，可以为新的（意外）流量流推送新规则。

后面两节将深入分析基础设施层的具体内容，着重关注 OF（OpenFlow）交换机以及 OVS（Open vSwitch）的实现问题。

- **SDN 控制层**：该层由名为 SDN 控制器的集中式实体组成。从图 6-2 可以看出，SDN 控制器为应用层中运行的一组特定功能（程序）提供了北向 API，这些应用程序可以在控制器之上提供所需的编程功能，从而为网络领域以软件迭代的速度进行创新提供了可能性。SDN 控制器还利用基础设施层提供的南向 API 来控制数据平面的转发行为。从本质上来说，SDN 控制器实现的是控制平面逻辑并支持北向和南向 API，目的是执行以下操作。

1．向 SDN 应用层提供网络的抽象视图。SDN 控制器通过北向 API，可以向高层应用展现抽象化的、与技术无关的基础设施视图。

2．接收来自 SDN 应用层的需求。

3．将接收到的应用层需求转换为可以下发给基础设施层的特定配置规则。

4．接收和处理来自基础设施层的事件并执行网络基础设施的监控操作。

SDN 控制器在逻辑上是一个集中式实体。需要注意的是，这一点并不排除多个控制器以集群方式控制特定网络的部署场景。虽然使用多个 SDN 控制器的原因可能并不完全相同，但主要原因通常有下面这些。

  - **可靠性**：例如，部署 SDN 控制器集群之后，即使单个 SDN 控制器出现了故障或受到破坏，也可以保证控制平面的正常运行。
  - **可扩展性**：例如，如果网络足够大以至于需要在不同的控制区域进行分段，那么就可以考虑部署多个 SDN 控制器，每个控制区域由单个（活动）控制器进行管理。在多个 SDN 控制器的部署方式上，可以根据不同的需求采取不同的部署模式（如层次化结构、全网状或部分网状），以分层方式部署的 SDN 控制器联盟（带有开放标准的通信接口）将在 SDN 领域中变得越来越普遍。

- **SDN 应用**：不要将 SDN 应用与 TCP/IP 网络协议栈中的传统应用相混淆。这里的应用表示一组功能，这些功能被专门编程为获取转发策略并对流经基础设施层的数据包以及相应的流量进行特定控制。SDN 应用通过北向 API 向 SDN 控制器传达期望行为及策略，因而使用 SDN 控制器提供的基础设施的抽象视图。SDN 应用通常包括必须通过 SDN 控制器实施的策略和决策进程背后的逻辑功能以及连接不同的 SDN 控制器（如控制器是由不同提供商提供的应用场景）的一组北向驱动程序。请注意，如果 SDN 应用始终连接的都是同一控制器，那么只需要一个驱动程序。
- **南向 API**：南向接口支持 SDN 控制器与基础设施设备之间的通信。南向 API 支持对跨设备矩阵的数据包处理和转发规则进行编程控制，而且还提供了事件生成机制（如查找进程结束后找不到匹配规则，从而向控制器发送例外事件）以及监控信息报告机制。支持这种南向接口的常见协议就是 OpenFlow。OpenFlow 提供了一个开放、标准且与供应商无关的接口，可以实现各种基础设施设备与 SDN 控制器之间的互操作性。

- **北向 API**：北向接口支持 SDN 控制器与上层应用之间的通信。如前所述，SDN 控制器利用该 API 向上层应用呈现抽象化的（与技术无关的）网络视图，而应用则通过 API 与需要强制执行的行为及策略进行通信。很多论坛及标准化组织都在积极制定开放、标准且与厂商无关的北向 API，以实现应用与控制器之间的互操作性。

前面描述的分层模型的主要优点如下。

- **高度可编程网络**：策略定义和流量控制与基础设施设备内的转发功能及数据包处理操作相分离，使得新一代开放式、高度可编程的控制平面成为可能，完全可以在数据包层面控制流量处理及转发决策。
- **敏捷性**：可以按照软件迭代开发的速度对新控制协议和控制机制的创新进行测试并推向市场。
- **开放性**：网络所有者可以使用完全由不同供应商提供的各种应用程序、SDN 控制器及基础设施设备。这种灵活性源于 SDN 架构对功能和角色进行了合理划分并很好地定义了相应的 API 及协议，从而提供了不同层级的抽象。从本质上来说，SDN 中的基础设施是以单一（逻辑）资源矩阵的形式提供给应用层，允许管理员通过开放式 API 以编程方式控制或改变网络行为。
- **简化 OAM（Operation and Management，操作与管理）的集中式配置与视图**：SDN 架构倾向于采用更简单的设计模式，以大大简化 OAM 任务。SDN 提供的逻辑集中模型为网络管理员的配置操作提供了单一真实来源，提供了将规则推送到一组分布式 PEP（Policy Enforcement Points，策略执行点）的单个 PDP（Policy Decision Point，策略决策点（PDP），以及统一的全局网络视图（很明显可以简化操作任务）。此外，流量的行为及控制由与应用程序池协同工作的 SDN 控制器进行管理，而不是特定供应商的设备和协议。因此，管理员可以通过应用（程序）初始化、配置、保护和管理网络资源的生命周期，这些应用可由第三方或管理员自行开发。很明显，集中式的智能和操作优势也存在一些非常关键的依赖性：如果集中式组件出现故障，那么整个网络都将面临风险，因而 SDN 控制器和应用是攻击者的重要攻击目标。第 7 章将详细介绍 SDN 架构存在的潜在漏洞及相应的安全机制。

6.2.1 OpenFlow

OpenFlow（OF）是第一个被广泛接受的 SDN 实现，使得网络行业可以开放 L1/L2 交换机、路由器、移动基站、WiFi 接入点等的控制机制。与传统设计和控制网络设备的黑盒模式不同（20 多年来，这种黑盒模式一直占据网络行业的统治地位），OF 提供了一种编程接口来控制网络基础设施中的行为和流量。

从近几年的发展可以看出，OF 已经几乎无所不在。虽然 OF 的实现还没有走向商业化（至少截至本书写作之时仍未实现），但这并不是重点，OF 的优势在于其理念和开放式实现模式。业界已将其视为参考模型，不但引发了不可阻挡的 SDN 浪潮，而且还创造了第二波更加广泛的 SDX 浪潮。在第二波浪潮中，很有可能最先应用的领域就是物联网。总体来说，由 OF 社区推动的网络模型从根本上改变了网络价值链上众多利益相关方的心态，包括电信企业、网管企业、软件企业以及硬件供应商。

围绕 OF 的创新发展促成了 ONF（Open Networking Foundation，开放网络基金会）的创建，该组织机构负责制定 OF 标准。ONF 发布的文件中包含了 OF 架构规范，主要由三部分组成：OF 交换机、OF 控制器和 OF 协议。OF 协议可以在 OF 交换机与 OF 控制器之间实现可靠和安全通信，将 TCP 作为传输协议可以确保通信过程的可靠性，通信过程的安全性由 TLS 负责，可以实现身份认证并确保 OF 控制器与 OF 交换机之间通信过程的隐私性和完整性。通过 OF 协议，控制器可以强制设定数据流的数据包穿越网络时应遵循的路径，同时还可以根据需要设定一组更改数据包（如数据包的报头）的操作。

图 6-3 解释了 OF 体系架构的三个主要组件，中间部分显示了 OF 交换机的内部结构，OF 交换机利用 OF 协议与顶部的 OF 控制器进行通信。OF 协议允许 OF 控制器从流表创建、读取、更新或删除流表项（表项可以匹配规则或操作），如前所述，该操作可以通过三种模式完成：被动模式（负责响应与表中任何

现有规则都不匹配的数据包）、主动模式（OF 控制器提前推送所有转发规则）或混合模式（对某些流执行主动操作，对其他的流执行被动操作）。与转发规则相匹配的数据包可以在交换矩阵中以线速方式进行转发，无法匹配的数据包则需要执行不同的处理操作。如果是被动模式或混合模式，那么就可以将这些数据包直接转发给控制器。如果是严格的主动模式，那么就会丢弃这些数据。数据包到达控制器之后，控制器可以决定向流表添加新规则、修改现有规则或者丢弃数据包，甚至还可以直接转发数据包，只要 OF 交换机被配置为将整个数据包转发给控制器（而不仅仅是报头）。这一点对于高速通信场景来说尤为重要，因为在 OF 交换机与控制器之间反复执行 TCP/TLS 通信操作，会引入大量开销。

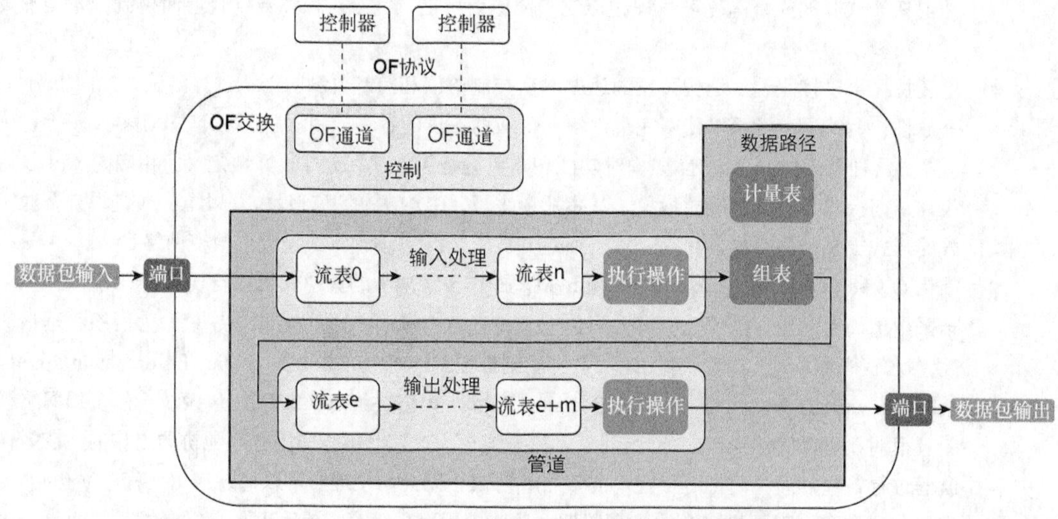

图 6-3 OpenFlow（OF）体系架构的主要组件

从图 6-3 可以看出，OF 交换机由一个或多个连接在一起的流表、一个组表、一个计量表和一个或多个连接到外部控制器的 OF 通道组成。出于可靠性原因，OF 交换机可能会连接多个控制器，这样就可以保证主用控制器出现故障或者与主用控制器之间的通信出现故障后，OF 交换机也能正常运行。显然需要一定的外部措施来确保控制器之间的协调操作，特别要避免对 OF 交换机执行不协调的控制操作或者保证控制器切换操作的同步性。

OF 交换机中的每个流表都包含一组流表项，这些流表项由一组匹配域和必须应用于匹配数据包的指令组成。流表项按照优先级顺序匹配数据包，意味着在流表中发现的第一个匹配项就是要使用的表项。匹配过程从管道中的第一个流表开始，根据匹配情况，可能还需要继续匹配后续流表。找到匹配表项之后，就会执行与该特定流表项相关联的指令。如果没有找到匹配表项，那么针对数据包的处理操作将取决于 OF 交换机配置的操作模式（被动模式、主动模式或混合模式）。

图 6-3 中各组件的主要功能如下。

- **OpenFlow 通道（OpenFlow channel）**：是支持 OF 控制器与 OF 交换机之间通信接口的组件，一个 OF 通道仅支持一个外部 OF 控制器，控制器可以利用 OF 通道来控制交换机。
- **转发进程（Forwarding process）**：包括处理并将数据包传送到某个输出端口（或一组输出端口，如泛洪场景）所需的动作。
- **流水线或管道（Pipeline:）**：就是一组连接在一起的流表，提供检查、匹配和修改数据包字段并将数据包传送到 OF 交换机输出端口的方法。如果找到匹配表项，而且与匹配表项相关联的指令未指定下一个流表，那么流水线内的数据包处理操作通常就停止了，此时，通常会修改数据包并将其传送到相应的输出端口。
- **计量表（Meter table）**：OF 交换机中的计量组件，可以测量数据包的速率并对流量流执行限速策略。

- **流表（Flow table）：**包含流表项的实体，表示流水线中的某个可能阶段。
- **流表项（Flow entry）：**流表中的组件，提供匹配域以及匹配和处理数据包所需的指令集。流表项中的指令集可以包含动作或修改流水线的处理。例如，指令中的动作可以描述分组转发动作，或者需要用于数据包的修改，或者需要组表处理。流表项可以将数据包直接转发给物理端口。
- **组表（Group table）：**指定额外处理操作的实体，如需要应用更复杂转发语义的动作集（泛洪、链路聚合、多径转发等）。如前所述，流表项中定义的动作可以将数据包发送给组表，这种形式的间接操作允许为不同的流表项有效应用和更改共同的输出动作。简而言之，组表包含了一组动作集以及相应的选择机制，能够以数据包为基础应用不同的动作集。发送给组表的数据包可以应用一个或多个动作集。

网络供应商可以自由决定如何实现 OF 交换机的内部组件，只要其规范符合 OF 协议、符合对数据包进行匹配和执行动作的语义即可。例如，可以在供应商之间以不同的方式执行流表查找操作，根据不同的实现情况，这种流表查找进程可以通过基于软件的流表（与 Open vSwitch 一样）来完成，也可以通过直接在 ASIC 中实现流表的硬件来完成。

6.2.2 Open vSwitch

上一节概述了 OF 体系架构的主要组件以及 OF 交换机的关键功能特性，本节将重点介绍 Open vSwitch。Open vSwitch 是支持 OF 协议的软件定义交换机中最成功、应用最广泛的实现之一。Open vSwitch（通常缩写为 OVS）是专为虚拟环境设计的基于软件的多层交换机的开源实现，目前是多个虚拟化和云计算平台（包括 OpenStack 和 OpenNebula）的组成部分。OVS 是 NFV 领域应用最广泛的 SDN 实现之一（从图 6-1 可以看出，OVS 是 SDN 与 NFV 之间非常重要的交集）。

OVS 旨在解决现有 Hypervisor（虚拟机管理程序）一些众所周知的局限性。对于基于 Linux 的 Hypervisor 来说，外部系统与本地 VM 之间的流量通常使用内置的二层 Linux 网桥桥接在一起。虽然 Linux 网桥在单一服务器环境中非常有效，但并不适合多服务器虚拟化部署环境，而这种环境又恰恰是云计算最常见的场景，这种场景下加入或离开网络的节点数量的动态变化程度可能非常大。在很多情况下，部分网络通常都会最终连接到专用交换硬件上。OVS 的目的是支持可跨越多台物理服务器的虚拟化网络。

OVS 的多层特性指的是交换机可以在不同的网络层支持多种不同的协议和功能，具体如下。

- OF 协议，包括支持虚拟化的特定扩展。
- IPv4 和 IPv6。
- IPSec。
- NetFlow 和 IPFIX。
- LACP（Link Aggregation Control Protocol，链路聚合控制协议）、IEEE 802.1ax。
- IEEE 802.1Q VLAN 和中继。
- GRE 隧道。
- VXLAN。
- 基于每个 VM 接口的流量策略。
- 组播侦听。
- 绑定、负载均衡、主动备份以及四层哈希。

图 6-4 给出了 OVS 体系架构，主要包括以下三类组件。

1. **OVS 守护进程，称为 ovs-vswitchd：**运行在用户空间中，可以控制一台机器内的多个 OVS 转发平面。每台计算机只要运行单个守护进程实例即可，因为守护进程可以处理与 OVS 转发平面相关的所有必要操作。
2. **OVS 数据库，称为 ovsdb-server：**也运行在用户空间中，提供一个轻量级数据库来维护交换机的表格以及内核中的流表配置信息。守护程序 ovs-vswitchd 和外部客户端和/或控制器都可以利用

OVSDB 管理协议与 ovsdb-server 进行通信，OVSDB 协议可以下发交换机配置查询操作或者管理交换机的表格。

3. **OVS 数据路径**：在内核层中为流量转发提供快速路径。

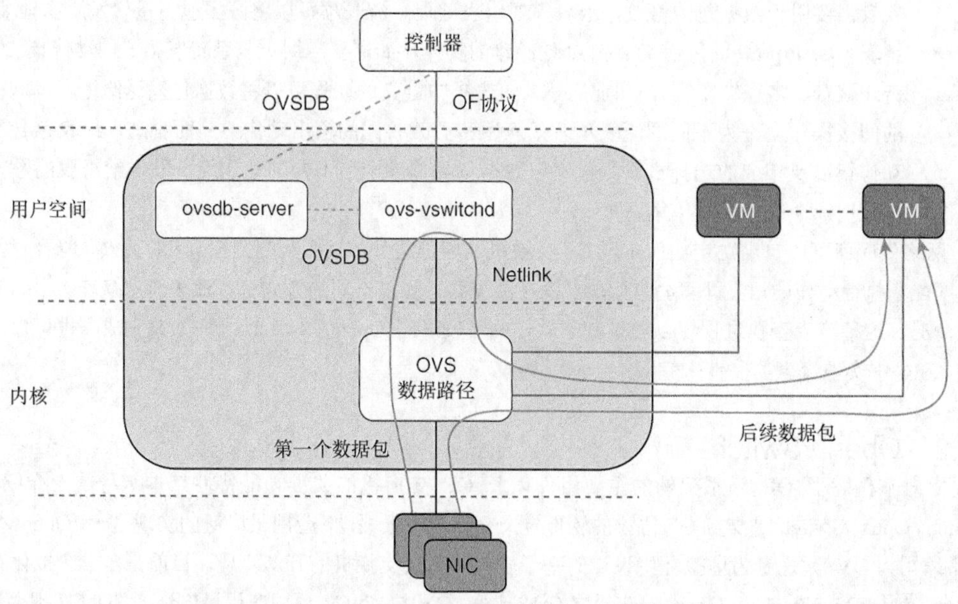

图 6-4 Open vSwitch（OVS）架构

从图 6-4 可以看出，OVS 守护进程支持北向 OF 接口，通过 OF 控制器对 Open vSwitch 进行外部控制。通过这种方式，集中式 OF 控制器可以创建运行在不同物理服务器上的多个 OVS 逻辑视图，并将它们呈现给上层应用层（见图 6-2）。由于 OVS 支持 OF，因而每个 OVS 实例都在内部实现了多表转发流水线且支持上一节描述的“匹配-动作”（match-action）OF 机制。需要注意的是，OF 控制器可以直接与 OVS 守护进程及数据库进行交互。图 6-4 中的案例还说明了外部系统生成的流量转发到内部 VM（Virtual Machine，虚拟机）的方式。

图 6-4 描述了业界在 SDN 与 NFV 之间的首个成功交互应用。如前所述，OVS 在本质上就是一台虚拟交换机，可以分解成三大主要功能（ovs-vswitchd、ovsdb-server 和 OVS 数据路径），每项功能都实现一组特定的网络任务。如果从 NFV 的角度来观察 OVS（使用 NFV 术语），那么就可以很明显地看出，这些功能实际上都是配置及动作均由 SDN 控制器进行管理的 VNF（Virtual Network Function，虚拟网络功能）。

OVS 的另一个重要特性在于对流量流的可用管理选项。图 6-4 显示的是从外部端点接收流量并将其转发到内部 VM 的流量流管理选项。对于这种情况来说，应用于新流量流的第一个数据包的匹配-动作进程通常是“匹配未命中”（match miss），从而生成需要发送给用户空间中的守护进程 ovs-vswitchd 的事件（即例外）。ovs-vswitchd 在确定需要推送给 OVS 表的匹配规则时，会在 OVS 数据路径中插入必要的表项（如内核中的流表）。这样一来，该流量流的后续数据包将匹配这些表项，并按照图中所示的快速路径进行转发。

另一种可选技术是启用流量卸载机制，让硬件芯片组控制并执行繁重的流量转发工作。这是一个非常有用的功能，因为这意味着 OVS 不但支持纯软件实现的交换机，而且还支持硬件实现。对于后一种情形来说，在硬件中对新流量流的第一个数据包执行的匹配-动作进程仍然是“匹配未命中”，仍然生成例外事件，不过此时到达的是 OVS 内核模块。与前面所说的情形类似，这种情况下也会产生“匹配未命中”并向用户空间中的 ovs-vswitchd 守护进程生成例外事件。ovs-vswitchd 也将确定匹配规则，并根据流量卸载策略将相应的表项推送给可编程硬件中实现的流表。流量流的后续数据包将命中这些表项，无需再到达 OVS 内核模块即可进行转发。需要注意的是，图 6-4 中的示例仅显示了 OVS 的基本操作，没有考虑 OVS

卸载机制。

其他值得强调的 OVS 功能特性及优点还有：

- OVS 旨在提供一种可以在虚拟化网络部署环境中实现配置自动化的可编程机制；
- OVS 支持 VM 的迁移，不仅包括网络配置（ACL、隧道等）等静态状态，而且也包括实时网络状态；
- OVS 数据库支持远程触发，可以用来监控网络并为编排系统生成事件，编排系统可以根据事件安排自动化操作；
- 自 2012 年之后，OVS 的内核实现就已经成为 Linux 内核主线的一部分；
- 如前所述，OVS 既可以是纯软件交换机，也可以是专用交换硬件。由于 OVS 拥有非常好的灵活性，因而目前已被移植到多个交换芯片组以及多个硬件和软件虚拟化平台。

除了上述优势之外，OVS 也存在一定的局限性。局限之一就是 OVS 仅具备软件版本的性能。这一点非常重要，因为它可能成为泛洪攻击的首要瓶颈。有鉴于此，无论是否有硬件支持，业界和学术界都在积极提升软件交换机的性能，并为可编程性开发新技术和工具集。VPP（Vector Packet Processing，矢量包处理）就是其中最重要的研究计划，也是目前软件定义交换机和路由器最有前途的研究方向。

6.2.3 VPP

VPP（Vector Packet Processing，矢量包处理）是思科开发的一项技术，是开源计划 FD.io（Fast Data-input/output，快速数据输入/输出）的重要组成部分之一。FD.io 是 Linux 基金会的一部分，致力于开发“通用数据平面”。具体而言，FD.io 包含了一系列旨在扩大数据平面可编程范围和广度的项目，主要目标是开发更强大的软件定义数据包处理技术，这些技术可以在通用（商用）硬件平台上运行，涵盖裸机、容器和 VM。就 I/O 而言，高吞吐量、低延迟和高效率等方面是 FD.io 的核心，而 VPP 则是实现这些目标的关键技术。

VPP 已被实现为可扩展的提供交换/路由功能的开源库，代表了以软件方式处理和转发数据包的思想变革。与传统的标量处理方式（即流水线被设计为每次处理一个数据包）不同，VPP 支持并行处理“数据包矢量”。标量处理技术受到很多问题的困扰，主要原因是为处理 I/O 中断而开发的例程中存在嵌套调用产生的上下文切换，这些例程通常会产生如下动作：转出（punt）数据包（由思科引入的术语 punt 表示将数据包向下发送给次最快交换层的行为）、丢弃数据包或重写并转发数据包。问题是每个数据包都要引发一组相同的操作步骤以及潜在的 I-cache（Instruction cache，指令缓存）未命中问题，如果读取 I-cache 时出现缓存未命中。那么通常会产生最大时延，因为执行线程需要暂停，直至从主存储器中获取和检索到指令为止，这样就会在 I-cache 中出现上下文切换以及表项抖动问题。改善这种传统标量数据包处理系统的方法就是引入更大的缓存。

VPP 的目的就是解决该问题。矢量越大，每个数据包的处理成本就越低，这是因为可以在较长时间段内分摊 I-cache 未命中的成本。很明显，如果矢量太大，也一样存在问题。例如，根据具体的实现情况，进程可能需要等待矢量填充完毕，从而丧失将数据包预取到数据高速缓存中的优点以及出现 I-cache 未命中时节省的时间。

图 6-5 给出了 VPP 的基本原理，VPP 基于由两类不同节点组成的有向图。输入节点的作用是将数据包注入到有向图中，图节点是实现核心数据包处理功能的节点。数据包采用批量和并行处理方式，通过图中的节点进行转发。在此过程中，需要对数据包进行分类，然后再根据类别将数据包发送给图中的不同节点。例如，将非 IP 以太网数据包发送给 ethernet-input 节点，将 IPv6 数据包直接发送给 ipv6-input 节点，从而大大节省处理周期。矢量中的所有数据包都将一起处理，直至全部通过有向图。

从图 6-5 可以看出，VPP 提供了运行在商用多核平台上的多层交换机（L2-L4）。与之前的实现（如 OVS）相比，VPP 的主要优势就在于高性能，目前的 VPP 实现的单核处理能力超过了 14MPPS（Million Packets Per Second，每秒百万数据包），FIB（Forwarding Information Base，转发信息库）支持的表项达到了数百万条，而且还能实现零丢包。为了实现这一点，VPP 为每个内核都运行一个有向图副本并采用批处理进程，同时将数据包有效地缓存到内存中。VPP 运行在 run-to-completion（运行至完成）模式下（避免上下文切换），并运行在用户空间中（避免任何形式的模式切换，如从用户模式切换到内核模式）。在安全性方面，VPP 支持无状态和有状态安全功能特性，包括安全组、状态 ACL、端口安全以及 RBAC（Role-Based Access Control，基于角色的访问控制）等。

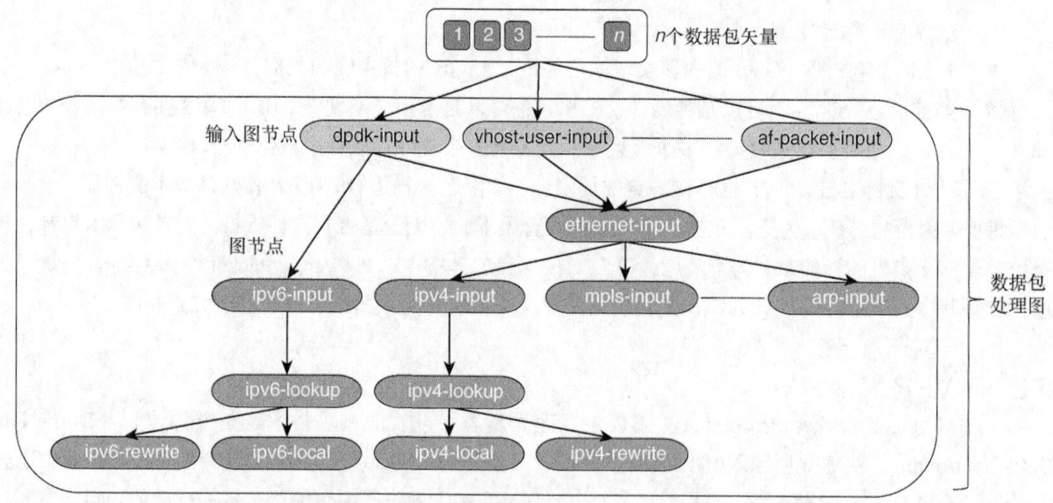

图 6-5 用于并行处理一批数据包（数据包矢量）的节点有向图

为了实现这一点，VPP 可以针对每个内核都运行一个有向图副本，利用批处理过程，并有效地在内存中缓存数据包。VPP 工作在 run-to-complete 模式下（避免上下文切换），并且在用户空间中运行（避免任何形式的模式切换，如用户模式到内核模式）。在安全性方面，VPP 具有无状态和有状态安全特性，包括安全组、有状态 ACL、端口安全和基于角色的访问控制（RBAC）。

VPP 库的模块化是促进数据平面可编程化的关键因素，因为 VPP 引擎运行在用户空间中，开发人员可以增加数据包处理功能并扩展 VPP，而无需修改内核级别的代码。实际上，开发人员可以在 VPP 图中插入新节点以构建新的数据包处理解决方案。VPP 是开源软件，任何人都可以为它开发新的图节点和插件。将 VPP 与市面上的其他解决方案相结合，可以实现更高级的解决方案（如为 OVS 构建高效的负载平衡器）。

从图 6-5 可以看出，VPP 采用了英特尔的 DPDK（Data Plane Development Kit，数据平面开发套件，如图中左上角所示的输入节点）。OVS 也遵循该方法，也被移植到了 DPDK。VPP 与 DPDK 相结合，可以为 NFV 的数据平面提供加速能力，从而实现标量处理技术无法获得的性能。需要高 I/O 性能的 VNF（如虚拟化 DPI［Deep Packet Inspection，深度包检测］系统和负载平衡器）非常适合利用 VPP 来设计数据平面，或者至少借用 VPP 的理念。

总的来说，VPP 是软件定义交换和路由发展过程中非常重要的一环，不但能够实现从标量到矢量数据包处理技术的转换，而且还可以实现更丰富的数据平面可编程性。NFV 社区对 VPP 以及 P4（Programming Protocol-Independent Packet Processors，与协议无关的数据包处理器编程语言）等近期出现的技术非常关注，它们可能会对 SDN 和 NFV 领域产生重大影响。

6.2.4 P4

SDN 的发展开辟了网络领域的新纪元，但每次重大变革都伴随着大量挑战和负面效应。虽然人们认为像 OF 这样的协议应该普遍存在，但实际应用速度比预期缓慢得多。事实上，很多借助 OF 优势的 SDN 项目（如 OVS）已经获得了比 OF 本身更多的吸引力。互联网社区有人认为，OF 没有得到真正推广应用的主要原因在于可编程转发平面的复杂性。企业和服务提供商需要评估这种可编程性的成本以及采用 OF

所能带来的好处。SDN 领域的先驱,(如 Nick McKeown)似乎持有不同的看法,他们认为 OF 没有真正渗透到行业应用中的主要原因是 OF 的目标不清晰,未能真正有效地控制转发平面。缺乏转发平面的编程和修改机制,就很难改变数据包和流量的行为。无论是出于成本和复杂性因素,还是缺乏有效的编程手段,现实情况就是 OF 并没有达到预期应用状态。

从某种程度来说,P4(Programming Protocol-Independent Packet Processor,与协议无关的数据包处理器编程语言)的目的是提高对转发平面的控制和可编程能力,但 P4 是否能够成功降低复杂性并克服 OF 面临的一些难题则仍有待观察。P4 在本质上是一种高级(声明式)编程语言,希望以与协议无关的方式表述网元(包括软件交换机和 ASIC 设备)处理数据包的规则。确切而言,P4 提出了一种抽象模型和一种通用语言来定义不同技术(包括虚拟交换机、FPGA、ASIC 和 NPU)处理数据包的方式。

从图 6-6 的顶部可以看出,P4 可以与 SDN 控制平面协同工作,开发人员可以利用 P4 编译器创建可以映射到不同设备的 P4 程序。OF 主要设计用于控制和安装固定功能交换机的转发表,而 P4 则提高了可编程性,允许 SDN 控制器定义交换机的行为方式。例如,OF 支持预定义数量(即固定数量)的协议报头,但缺乏动态添加和控制新报头的能力,而开发与协议无关的交换机却需要这项功能,因而 P4 在设计上考虑了如下目标。

- **可重配性**:程序员应该能够改变交换机的数据包处理方式,包括重新定义数据包的解析和处理功能等操作。
- **协议无关性**:交换机不应该与特定网络协议或特定数据包/报头格式相绑定,与此相反,SDN 控制平面应该能够规定解析和提取新报头及特定字段的方式,并定义处理这些字段或整个报头所需的“匹配+动作”表的集合(见图 6-6)。
- **目标无关性**:P4 程序员无需知道底层交换机的硬件或软件细节。编译器的作用是将用 P4 语言编写的与目标无关的程序编译成与目标相关的二进制文件,从而形成特定的交换机配置。

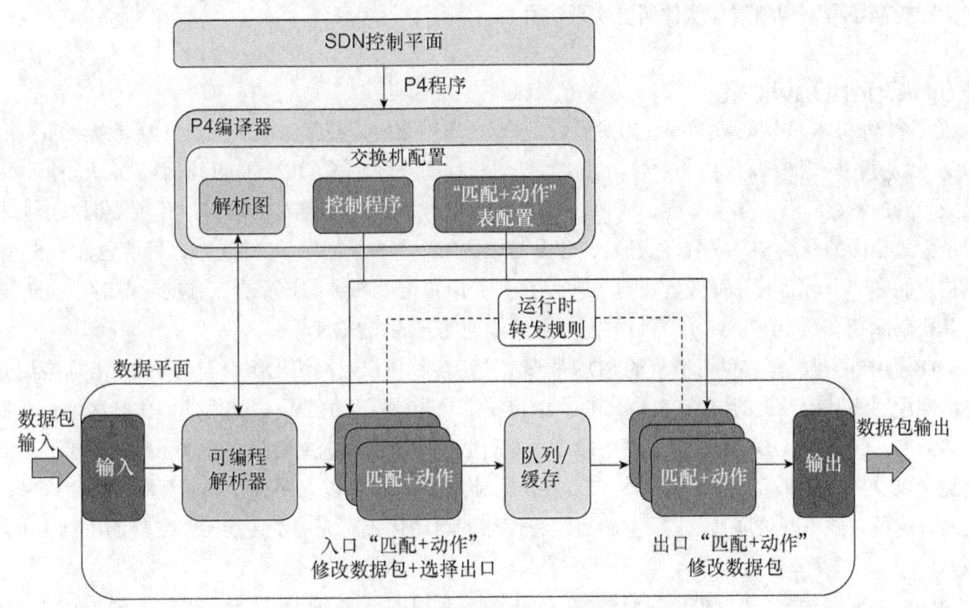

图 6-6 P4 框架及转发模型

从图 6-6 可以看出,支持 P4 的交换机可以通过可编程解析器转发数据包,然后再经过入口与出口之间的多级“匹配+动作”表(可以是串行、并行或混合方式)。解析器的作用是处理入站数据包的报头,“匹配+动作”表的作用是对报头字段执行查找操作,并根据每个表中找到的第一个匹配项应用相应的动作和数据包修改操作。总的来说,P4 程序主要关注的是解析器的规范、“匹配+动作”表以及流水线的流控,从而定义由 P4 程序员实现的任意协议的交换机配置。

与OF不同（依赖于固定解析器），P4支持可编程解析器，该解析器允许在需要时引入和控制新报头。此外，OF中的“匹配+动作”表采用的是串行操作，而P4支持并行操作。很明显，P4面临的挑战就是如何在所需的表达能力和可编程性与各种硬件和软件交换机的实现复杂性之间找到平衡。

P4的转发模型主要由两大操作控制：配置和填充。配置操作负责对流水线进行编程（定义一组“匹配+动作”阶段）并指定需要在每个阶段处理的报头字段，从而决定了所支持的协议以及交换机的数据包处理方式。填充操作通过增删配置操作过程中定义的“匹配+动作”表的表项来确定应用于数据包的策略。近年来人们通常将配置操作称为运行时规则。

简单来说，P4程序主要指定了如下信息：

- 数据包中每个报头的字段及大小；
- 数据包允许的报头序列；
- 要执行的查找类型，包括需要使用的输入字段以及可以应用的动作；
- 每个表的大小；
- 流水线，包括表的设计以及数据包流经流水线的方式；
- 应用于每个数据包的“匹配+动作”表的解析表示；
- 数据包将被发送到的端口集；
- 排队机制；
- 出站流水线以及将要传送的数据包。

需要强调的是，目前业界的初始实现主要侧重于在支持P4的设备上使用交换机芯片及光学器件，而不是纯软件交换机。不过无论如何，有关P4是否能够解决OF所面临的一些挑战还有待检验。

虽然到目前为止所分析的技术主要集中在交换架构上，但SDN的发展为业界带来了更有创造性的思路，超越了传统的数据包处理和交换矩阵。接下来的三节将描述了与软件定义技术相关的主要举措，这些技术无疑提高了网络和电信业软件所能实现的目标。

6.2.5 OpenDaylight

为了推动SDN和网络可编程性的发展，几乎每一层网络协议栈都出现了大量开源计划，OpenDaylight（ODL）就是其中一个非常成熟的项目，解决了新协议栈的开发问题。由于ODL取得了重大进展，因而目前已成为开放网络行业的参考标准。简单而言，ODL是一项Linux基金会项目，负责协调截止本书写作之时最大最全面的开源SDN平台的开发、分发与维护工作。该计划始于2013年，目前包含了50多个组织机构，拥有一个可靠的开发人员社区，包括了超过1000名积极参与该平台工作的贡献者，ODL基金会声称其代码库拥有约10亿用户，是目前全球最受欢迎的开放式SDN平台。

ODL的核心目标是提供可编程的SDN框架，实现各种协议及网络的组合与自动化，并向应用开发人员屏蔽底层网络基础设施的细节信息。ODL由旨在推动开放性及供应商中立性的协作社区负责，目前的版本名为Oxygen，是ODL基金会发布的第8个平台版本，最新版本主要侧重开发一些新的扩展功能和增强功能，以支持目前非常有前景的三个SDN领域：物联网、城域以太网和有线运营商。多年以来，ODL一直通过这种方式不断扩展其范围，并将可编程网络的自动化机制应用于传统网络之外的用例（如物联网领域）。

图6-7显示了简化后的ODL参考架构。ODL是一种可扩展的模块化平台，支持大量SDN与NFV综合应用解决方案。为了更好地理解ODL的体系架构，下面将采用自下而上的方法加以描述，其体系架构包括以下层级。

- **南向接口和协议插件**：如图6-7底部所示，该层与物理及虚拟基础设施相连，支持包括OF、OVSDB、NETCONF、LISP和BGP在内的多种协议，以及物联网领域的各种协议（如COAP）。这些协议都有自己的插件，可以动态链接到上层SAL（Service Abstraction Layer，服务抽象层），SAL将设备服务提供给上层（SDN控制器和应用程序）。很明显，SAL是ODL控制器平台的基础组成部分，因为它弥合了位于 SAL 北向的 SDN 应用与通过前面提到的插件进行管理的 SDN 设备之间的差距。ODL 支持具备 OF 功能的设备以及 OVS，同时还支持很多其他的物理和虚拟组件（如路由器、无线接入点、负载平衡器等）。

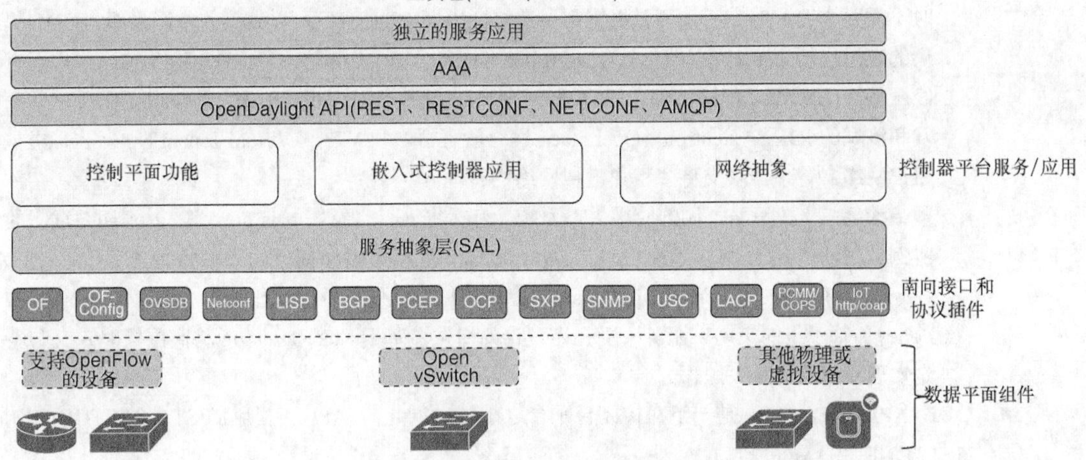

图 6-7 OpenDaylight 分层参考架构

- **MD-SAL（Model-Driven Service Abstraction Layer，模型驱动的服务抽象层）**：ODL 中的网络设备和应用程序都是由模型（确切而言是 YANG 模型）表示的组件，这些组件之间的相互作用都发生在 SAL 内，SAL 提供了适配机制并实现了网络设备与 SDN 应用之间的数据交换（两者均被抽象且表示为 YANG 模型）。该方法以机器可读方式提供了正式且标准的网络设备或应用程序规范，核心优势在于不需要将 SDN 应用展现给设备的细节实现（如特定的 CLI 实现），SDN 应用也不需要使用这些细节信息与设备进行通信。只要 SAL 能够访问 YANG 模型（负责抽象并规定与 SDN 应用之间的北向通信以及与设备之间的南向通信），那么就可以通过 SAL 进行数据交换和配置调整。对于 ODL 来说，SAL 使得生产者与消费者模型之间的通信成为可能。生产者模型实现 API 并通过 API 提供数据，消费者模型通过 API 获得数据。生产者或消费者的角色取决于要交换的数据。例如，协议插件及其模型在向上层提供底层网络信息时充当的是生产者，SDN 应用通过 SAL 向网元发送配置指令时，接收数据的插件充当的则是消费者。通过这种方式，SAL 可以让 SDN 应用控制网络中的物理网元和虚拟网元的配置。一般来说，实现业务逻辑和算法决策的 SDN 应用会消耗控制器平台提供的功能和资源，根据收集到的信息进行决策（某些情况下是实时决策），并通过控制器平台将规则推送给网络基础设施。编排系统是实现这些操作的关键，通过向 ODL 的 SAL 提供大量动态可插拔模块来利用抽象（模型）及接口（插件）。SAL 及其基于 YANG/模型驱动的特性是 ODL 的最大特点，使其成为业界事实上的标准开源 SDN 控制平台。总之，SAL 可以实现如下功能。
    - 根据数据存储以及平台中运行的不同 API 接收到的请求来匹配生产者和消费者。有了 SAL 之后，消费者就可以找到特定生产者，通过触发 RPC（Remote Procedure Calls，远程进程调用）从生产者获得数据，或者在需要时发现生产者并从生产者接收通知或配置命令。
    - 实现生产者与消费者之间的信息交换。生产者可以将数据插入 SAL 的存储库中，消费者可以从 SAL 的存储库中读取数据，SAL 的数据存储负责处理运行和配置数据。
- **ODL 控制器平台**：该层负责提供控制平面功能、内嵌在 ODL 中的一组控制器应用程序以及控制和管理网络基础设施及其协议所需的网络抽象。如前所述，该层还包含了一组负责在 ODL 中启用编排功能的模块，如集成了 OpenStack Neutron 的模块，为编排系统提供设备的自动化配置能力，从而提供网络即服务产品。具体来说，该层包括三个模块。

- **控制平面功能**：包括管理 OF 交换机、OF 转发规则和 OF 统计信息以及处理拓扑结构、二层交换机（如 OVS）、LACP（Link Aggregation Control Protocol，链路聚合控制协议）和 LISP（Locator/ID Separation Protocol，定位器/ID 分离协议）服务等的模块。
- **嵌入式控制器应用**：ODL 提供的控制应用生态系统，这些应用可以运行在 ODL 中，安装 ODL 时不需要全选这些应用，可以根据需要选择，因而 ODL 实例可以做到非常轻量级。ODL 提供的应用包括 Cardinal（监控）、Controller Shield（安全/异常检测）、DOCSIS 抽象（用于有线服务）、EMAN（能源管理）、NetIDE（客户端/服务器多控制器引擎，还集成了用于软件开发和测试的 IDE）、Neutron（OpenStack 网络管理器）和 VTN（Virtual Tenant Network，虚拟租户网络）管理器（支持多租户虚拟网络的管理）。
- **网络抽象**：支持策略控制的应用生态系统，包括将 what（意图）与 how（映射到期望意图的实例化过程）的分离。该模块包括 NEMO（支持网络模型抽象的领域特定语言）、ALTO（Application-Layer Traffic Optimization，应用层流量优化）协议管理器和 GBP（Group-Based Policy，基于组的策略）服务（受允诺理论的启发，基于 Mike Dvorkin 将高层策略定义与特定实现相解耦的相关工作）。

- **ODL API**：ODL API 是一组在控制台平台之上提供的北向 API，包括 REST、RESTCONF、NETCONF 和 AMQP 接口。
- **AAA（Authentication, Authorization and Accounting，认证、授权和记账）**：安全性是 ODL 的重点关注领域，该平台为 AAA 提供基本框架以及网络设备和控制器的自动发现及保护机制。在 ODL 术语中，安全性是 S3P（安全性、可伸缩性、稳定性和性能）的一部分，ODL 社区一直在持续改进 S3P 领域的所有项目的代码库，开发和测试小组负责评估新变化对 ODL 平台 S3P 的影响。ODL 基金会还与 OPNFV（Open Platform for NFV，NFV 开放平台）项目进行合作，希望能够以现实的方式为 SDN 控制器提供性能测试的试验环境。
- **独立的网络应用**：一组可以由任何软件开发人员实现的 SDN 应用，这些应用利用 ODL 平台提供的抽象和原生功能来构建强大的软件定义网络，编排系统即位于该层。
- **OpenDaylight 用户体验（DLUX）应用及 NeXT 工具包**：DLUX 主要管理诸如允许用户登录 ODL 平台、获取节点清单、查看统计信息和网络拓扑、与 YANG 数据模型存储交互以及通过 ODL 配置 OF 交换机等网元。另一方面，NeXT UI 是思科开发并贡献给 ODL 社区的工具包，提供了以网络拓扑为中心执行多个动作及配置的手段。NeXT 是一个 HTML5/JavaScript 工具包，用于绘制和显示网络拓扑（包括不同的布局算法）、可视化流量和路径以及用户友好配置。图 6-8 显示了通过 ODL 插件配置 ACL 的 NeXT UI 示例。

目前的 ODL 代码已成为多种商用解决方案及 SDN 应用的一部分，如果要实现新的 SDN 应用，开发人员通常应遵循如下步骤。

1. 添加/选择一组南向协议插件。
2. 选择 ODL 控制器平台提供的部分或全部模块，如控制平面功能、嵌入式或外部控制器应用（某些应用可能由开源社区提供，因而可能不一定属于 ODL）以及网络抽象和策略。
3. 围绕一组关键 ODL 组件构建控制器包，如 MD-SAL 和 YANG 工具。YANG 工具负责提供必要的工具和库来支持 NETCONF 和 YANG。

作为一个开源项目，ODL 是一个动态环境，必须确保在不干扰成熟且经过全面测试的代码的情况下，部署和测试新的软件组件。因此，ODL 采用了 Apache Karaf。Apache Karaf 可以帮助协调微服务的生命周期、管理与基础设施相关的日志事件以及在生产环境中启用远程配置和部署微服务（具有适当的隔离级别）。此外，ODL 还利用一些成功的服务平台（如 OSGi 框架和 Maven）来管理启用了 Apache Karaf 功能的组件之间的交互关系。该平台的模块化设计有助于重用其他开发人员创建的服务，而且这种模块化设计方法还允许开发人员及用户仅安装他们需要的 ODL 服务和协议。

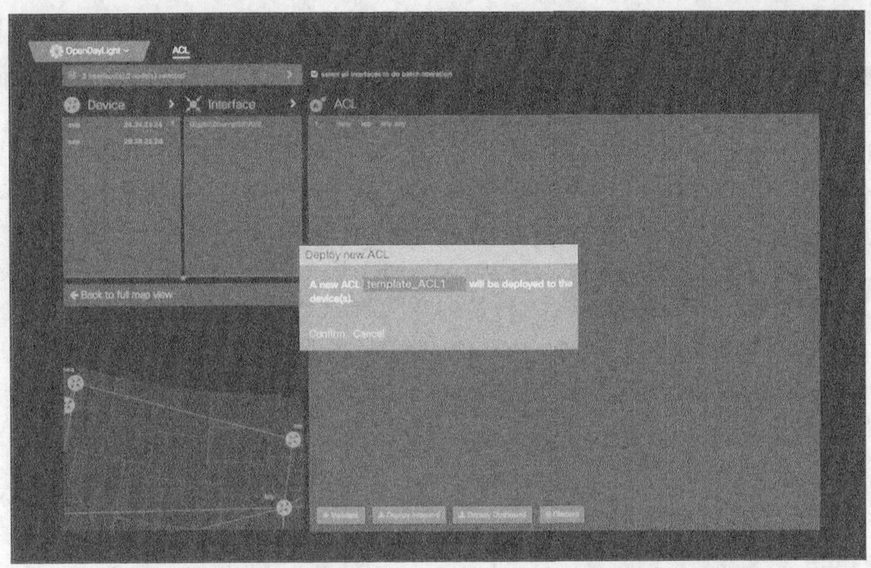

图 6-8 通过 OpenDaylight 的 NeXT UI 工具包配置 ACL 示例

ODL 的另一个重要方面与其对模型驱动的 SDN 架构的贡献有关，ODL 代表了行业从 AD-SAL（API-Driven Service Abstraction Layers，API 驱动的服务抽象层）到 MD-SAL（Model-Driven Service Abstraction Layers，模型驱动的服务抽象层）的转变，该模式已成为 ODL SAL 的一大核心特色。表 6-1 给出了 AD-SAL 与 MD-SAL 的对比信息。

表 6-1 AD-SAL 与 MD-SAL 的对比（源自“AD-SAL 与 MD-SAL 之间的差异”一文）

AD-SAL	MD-SAL
使用 SAL API 在生产者与消费者之间的路由请求以及所需的数据适配都是在编译/构建时静态定义的	使用 SAL API 在生产者与消费者之间的路由请求由机器可读模型定义，数据适配由内部插件处理。API 代码是在编译插件时直接从模型生成的，将插件 OSGI 包加载到控制器中时，API 代码也连同包含模型的其他插件代码加载到控制器中
北向和南向 API 通常都在 AD-SAL 中，北向插件与南向插件之间 1:1 映射的功能和/或服务也是如此	MD-SAL 可以让北向插件和南向插件使用模型生成的相同 API，根据特定应用（在模型中获取）的需要，任何插件都可以成为 API（服务）生产者或消费者
AD-SAL 中每个北向和南向插件通常都有一个专用 REST API	MD-SAL 不需要开发专用 API，而是提供公用 REST API 来访问由模型定义的数据和功能
AD-SAL 基于服务类型提供请求路由功能并选择南向插件，同时还为北向（服务、抽象）API 提供服务适配（如果这些 API 与它们相对应的 SB［协议］API 不同）	MD-SAL 也提供请求路由功能和支持服务适配的基础设施，不同之处在于服务适配功能不是由 SAL 本身提供的，而是由外部适配插件提供的，这些插件与 ODL 中的其他服务插件一样实现
AD-SAL 通过插件/服务类型来实现请求路由。AD-SAL 知道哪个节点实例由哪个插件提供服务，例如，北向服务插件发起给定节点的操作请求时，请求会被路由到适当的插件，然后由该插件将请求路由到适当的节点	MD-SAL 基于协议类型和节点实例来实现请求路由（因为节点实例数据是从插件导出到 SAL 中）
AD-SAL 是无状态的	MD-SAL 可以存储由插件定义的模型的数据，生产者和消费者插件可以通过 MD-SAL 数据存储来交换数据
AD-SAL 中的服务通常同时针对相同的 API 提供异步和同步版本	MD-SAL 中相同的 API 可同时用于同步和异步通信，MD-SAL 通常鼓励应用程序开发人员采用异步模式，但是也不排除同步调用（例如，提供相应的机制允许调用者阻塞直至处理完消息并返回结果）

图6-9给出了SAL的细节信息并对这两种SAL模型进行了对比。例如，AD-SAL将图中上部的NB（NorthBound，北向）服务插件的请求路由到图中底部的一个或多个SB（SouthBound，南向）插件。虽然对于AD-SAL来说，NB和SB插件与API在本质上都相同，但是仍然需要定义和部署这些插件。

下面考虑另一种场景：NB服务插件利用抽象API访问一个或多个SB插件提供的服务。从图6-9可以看出，AD-SAL可以提供服务适配，并在抽象NB API与SB插件API之间执行所需的转换操作。

对于MD-SAL来说，图6-9右侧显示的适配插件只是一个（常规）插件。与其他插件一样，该适配插件会生成发送给SAL的数据，并通过API从SAL获取数据（可以从模型自动呈现）。MD场景中的适配插件的作用是在两个API之间执行模型到模型的转换，数据模型可以包含为路由进程提供辅助支持的信息。有了模型驱动模式之后，SAL就可以支持运行时扩展，因为API的扩展和重新生成不需要中断任何正在运行的服务。南向和北向接口以及相关联的数据模型都可以利用YANG模型来创建，而且可以存储到SAL的存储库中。

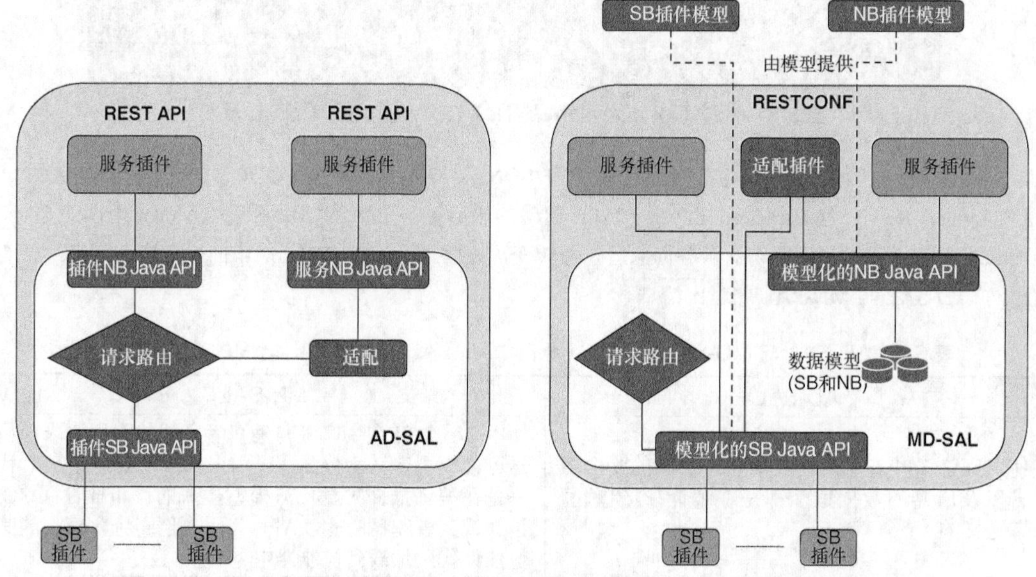

图6-9 从AD-SAL到MD-SAL以及北向（NB）和南向（SB）插件与服务之间的交互（源自ODL官方网站）

非常重要的一点是，ODL正在开展的工作与ETSI ISG工作组正在推进的NFV工作目标高度一致且互补。NFV项目已经聚集了全球数百家电信运营商及企业，旨在利用现有技术构建VNF（Virtualized Network Functions，虚拟网络功能）。很显然，包括决定运行这些VNF的位置、执行所需计算、网络及存储容量的相关实例化操作以及将这些VNF链接起来构建"网络"在内都是NFV的核心。ODL是满足这些目标的候选方案，而且为NFV的设置提供了SDN控制机制。从这方面来说，ODL已经开始使用OPNFV，而且很多希望使用SDN来部署和控制NFV的CSP（Content Services Providers，内容服务提供商）也已经采用ODL。事实上，很多运营商和供应商正在联手，希望整合不同项目贡献的开源组件，并创建一个参考平台来加速SDN/NFV的部署进度。例如，OPNFV选择ODL的主要原因如下。

- 开放性和供应商中立性。
- MD-SAL和ODL提供的机制，可以支持大量物理和虚拟网络功能及技术。
- 支持策略管理和基于意图的功能特性以及与外部编排系统（如OPNFV提供方的系统）交互的能力。
- 网络虚拟化和服务链功能。NFV转发图及SFC（Service Function Chaining，服务功能链）的详细内容请参见图6-14和图6-15。

需要强调的是，ODL正在积极推进多个开源项目及标准的融合工作。如ODL、OpenStack以及FD.io联合创建了一个名为Nirvana Stack的框架，该框架最早发布于2017年的OpenStack峰会。Nirvana Stack

利用联络函与 OPNFV 共同提供了在 OpenStack 中编排、部署和测试 VNF 和 SFC 的通用方法。此外，用于云、NFV 和可编程性的 ODL 工具链不仅成为 OPNFV 和 OpenStack 之外的其他开源框架（如 ONAP[Open Network and Automation Platform，开放式网络和自动化平台]）的核心组成部分，而且也成为 MEF（Metro Ethernet Forum，城域以太网联盟）等标准组织开发的体系架构的组成部分。

这些新协议栈提供的模块化、可编程性和灵活性可以应用于物联网领域的各种用例。智慧城市、公用事业、制造业和交通运输等部门正在经历深刻的转型过程，正在从传统系统转变为以物联网为中心的新架构。很多不同的用例都代表了 SDN 和 NFV 技术的巨大机遇，特别是 SDN/NFV 组合架构，它们可以提供统一的方法来加载、保护和管理大量异构虚拟和物理网元的生命周期及通信过程。ODL 已经完成了部分工作，而且已经支持物联网专用插件，可以在特定用例中使用。SDN 和 NFV 的架构决策（特别是与编排及自动化相关的决策）肯定会影响未来的物联网架构，如包含雾计算的体系架构（详见图 6-20 至图 6-25）。

简要描述了 ODL 的作用、主要组件以及与各种开源和 NFV 计划的关系之后，可以知道 ODL 是行业加速推进并使用 SDN 的结果，包括 SDN 控制器在物联网用例的应用。需要强调的是，虽然 ODL 是一个成功的行业协作案例，而且也是 SDN 开源控制器的参考模型，但是在特定场景下将其投入生产仍然存在很大的挑战性，主要原因有两点，一是缺乏网络服务生命周期管理（需要在应用层实现），二是操作需要具备很高的技能（如专业服务），还不是大多数客户所期望的易于管理的控制器。

6.2.6 SDN 的概念扩展

SDN 在网络领域的成功迅速引发了研究领域的广泛关注，开始重新审视传统以硬件方式实施的各种系统，目的是评估哪些组件能够以软件方式进行开发且变得开放、可编程。其中值得一提的应用领域就是无线通信，特别是需要与硬件 RF（Radio Frequency，射频）模块交互的软件无线信号处理功能。该领域的研究工作一直都在持续推进，通常称为 SDR（Software-Defined Radio，软件定义无线电）。

简而言之，SDR 代表了无线通信系统的思考模式的变化。几十年来由硬件实现的功能（如数字调谐器、调制器和解调器以及多路复用器）目前正在用软件方式实现。RF 通信向更加软件化的过渡理念比当前的 SDN 更早，事实上，SDR 可以在没有 SDN 的情况下生存（虽然 SDN 提高了业界对 SDR 的兴趣并加快了研究和投资力度）。

这两种技术可以共存，而且两者的协同可以产生非常明显的好处。从图 6-10 的示例可以看出，图中支持软件定义的无线基站的交换机就是由 SDN 控制器进行管理的。

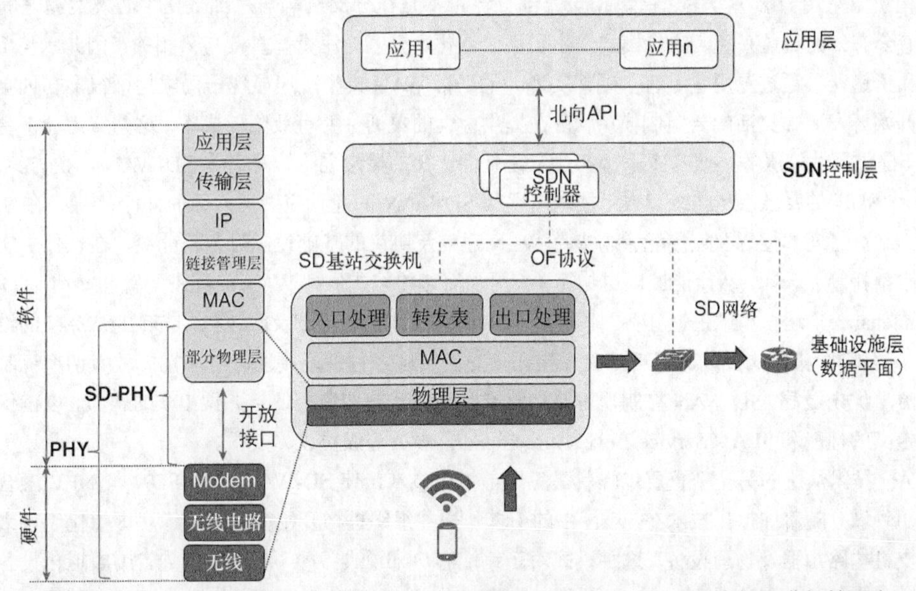

图 6-10 示例：无线基站交换机在 PHY 层集成了 SDR（由 SDN 控制器进行管理）

图的中间是向移动用户提供服务的无线基站，图中可以清晰的看出传统SDN模型中的三个层级：交换机、SDN控制器和上层应用。例中实现无线基站的交换机支持OF协议，在数据平面可以将流量转发给其他支持SDN的设备（即图中右侧显示的软件定义的L2/L3设备）。

图中左侧显示了SDR的应用情况以及传统物理层（PHY）与软件定义物理层（SD-PHY）之间的差异。传统系统中MAC层以下基本上都需要通过硬件来实现，而SDR则逐渐涵盖了PHY层中的部分功能并以软件方式实现。对于本例来说，RF前端通过硬件方式实现且支持天线、底层无线电路以及调制和解调功能。上面的开放接口实现了RF前端与软件定义功能（这些功能实现了PHY的部分功能）之间的通信。

SDR和SDN结合具有很大的发展潜力，因为软件组件能够实现更好的灵活性，可以将RF模块的信息提供给SDN控制器，由SDN控制器处理之后，上层应用就可以使用这些信息，从而实现功率调整、认知无线电或容量优化等创新功能。本例显示了SDR与SDN之间的协同作用，但两者各有侧重、互不依赖。SDR遵循的方法与SDN基本相同。

1．在数据平面解耦传统（基于硬件）系统的部分功能。

2．以软件方式实现这些功能。

3．保证实现的开放性和可编程性，以便开发者社区可以在该领域进行创新。

4．定义接口和协议，使数据平面可以在外部进行控制和管理。

软件定义技术获得广泛关注的另一个领域是WAN（Wide-Area Network，广域网）。广域网将计算机网络从几英里范围延伸到全球范围，广域网技术主要用于企业和政府公共部门，通过不同的方式连接分支机构、总部和数据中心，具体取决于联网需求（如使用星型模型，总部作为中心节点，分支机构作为分支节点，也可以是部分网状或全网状拓扑以提高可靠性）。

在传统WAN方案中，站点之间的连接需要专用硬件。这些设备不仅要支持能够通过WAN传送数据包的链路和协议，而且还要支持执行不同业务功能的应用程序和数据库所需的性能保障机制。在这方面，网络的远距离扩展存在多种实际的操作挑战，网络规模越大，通过WAN管理服务的难度就越高。虚拟桌面、实时流媒体等应用以及视频会议、语音或虚拟会议室等协作工具通常都要求低时延，而且对抖动和丢包比较敏感，其他应用则可能对带宽可用性和网络拥塞较为敏感，因而随着网络规模的不断扩大，WAN环境中的应用扩展、管理和排障等工作的复杂性和成本都会显著增加。

随着大量应用逐渐从专有IT基础设施和数据中心迁移到公有云中，这些挑战也变得越来越明显。在组织机构决定采用云解决方案之前，相当一部分流量都是在分支机构与总部数据中心及网络之间进行交换。随着公有云的日益兴起，流量模式发生了巨大变化，更多的流量都直接与云相关。因此，基于站点之间专用昂贵链路（通过专用［专有］硬件实现）的严格WAN模型迅速显现出局限性，很多初创企业和供应商都开始开发更加灵活的云定制模型，旨在提供更大的灵活性并有效降低成本，这些努力让平台能够通过WAN提供高性能服务。这些新平台都建立在软件定义的概念之上，称之为SD-WAN解决方案。

随着SDR的发展，从传统WAN技术向现代SD-WAN的迁移应遵循前面的4个步骤。在SD-WAN模型中，站点之间的控制及连接配置与支持WAN通信及协议的基础设施设备相分离，在软件中实现的控制器通常都托管在云端，从而能够以更加简单、更加简洁的方式执行WAN的集中配置和OAM（Operation and Maintenance，运行和维护）任务。同样，集中化思路体现在控制及配置机制与支持WAN的设备之间的分离（解耦）。集中式控制器用于定义和指挥策略的实施，包括连接性、可靠性、故障切换机制、安全性以及流量优先级等。SD-WAN控制器可以接收有关网络状态的监控信息并做出实时决策，以确保应用满足集中定义的性能和SLA（Service-Level Agreements，服务等级协议）要求。

WAN技术演进的另一个重要步骤就是集成虚拟化技术，使SD-WAN成为SDN与NFV融合的一大重要应用领域。随着虚拟化技术在WAN中的引入，一些组织机构开始在网络边缘用虚拟化组件来替换传统的分支机构路由器及物理设备。这种模式对于终端客户来说具备如下优点。首先，用虚拟化设备替代昂贵的路由/交换硬件，不但支持WAN通信，而且还可以为不同的应用程序提供所需的性能等级。其次，

SD-WAN 技术使用的是用户级互联网和蜂窝无线连接，这些通常都比专用的企业级 MPLS 链路更加便宜（见图 6-11）。这些因素综合在一起可以显著降低与 WAN 相关的 CAPEX，同时为总部与分支机构之间以及云中心运行的应用之间的通信提供更为灵活的实现方式。最后，SD-WAN 解决方案能够让用户以简单直观的方式集中控制其网络连接和配置进程、安全性和 VPN、通信策略、应用分发、应用级性能以及 SLA，从而大大简化运维工作。该模式不但能够降低与维护和扩展 WAN 相关的 OPEX，而且与传统的 WAN 解决方案相比，还能以更加动态和经济的方式提高流量的承载和管理弹性。实际上，发展趋势是建立 WAN 即服务或网络即服务模型，使得 WAN 的配置以及其上运行的服务更加动态化，更适合支持云中的 SaaS（Software as a Service，软件即服务）或 IaaS（Infrastructure as a Service，基础架构即服务）等模型。

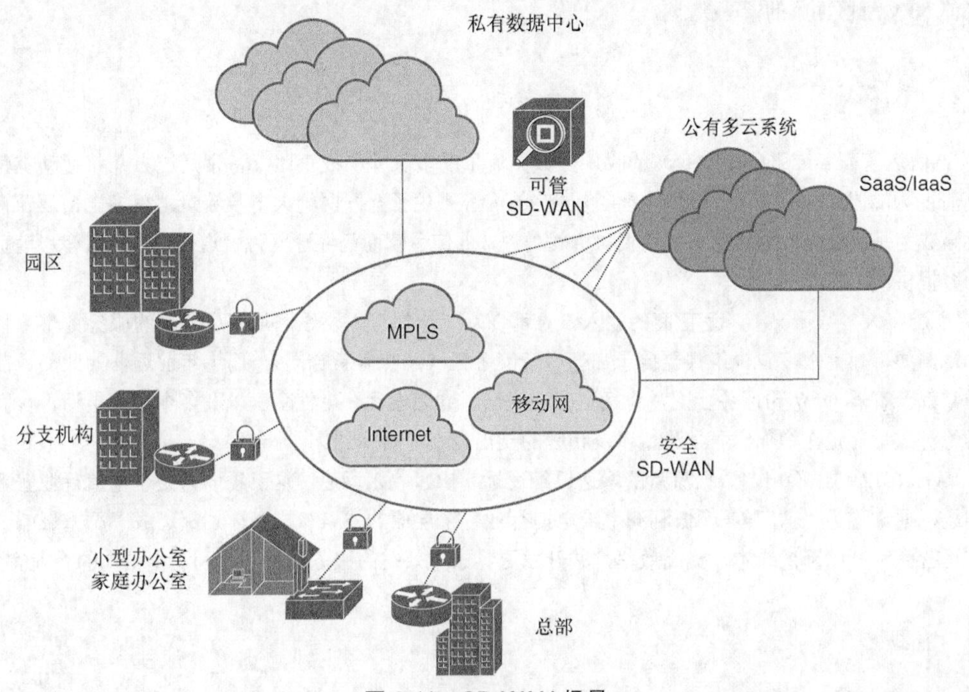

图 6-11　SD-WAN 场景

图 6-11 显示的 SD-WAN 场景通过多种通信方式和集中控制机制将多个网络位置（包括总部、园区、分支机构和小型/家庭办公室、公有云和私有云以及数据中心）连接在一起，组成灵活有效的 WAN。Gartner 指出，SD-WAN 解决方案具备如下 4 大特性。

1. 支持多种连接的能力，如 MPLS、用户级互联网和 LTE 无线通信。组织机构可以部分或全部替换昂贵的（专用）链路，而不会影响业务应用的性能。这也是 SD-WAN 的主要驱动力：使用较便宜的通信链路以降低成本对于很多组织机构来说都至关重要。
2. 以更灵活的方式承载和分发流量的能力，包括跨不同通信技术的动态路径选择（如负载分担、链路/节点故障的弹性能力、流量工程以及 QoS 等），还有应用级的性能优化以及为减少 WAN 整体网络流量而采取的服务器与用户的策略部署机制。此时云的角色非常重要：因为应用迁移到云端之后，相当一部分流量都在云端进行交换，而不会穿越 WAN。
3. 拥有简化管理任务的直观的集中式用户界面（UI），包括连接配置、部署任务、安全性、应用优化工具以及故障排查等。
4. 集成了虚拟化技术，包括在用户级互联网和 LTE 通信网上创建叠加网络的能力以及通过 VPN 构建端到端的安全连接。在 SD-WAN 中包含第三方虚拟设备的功能（如 WAN 优化工具、防火墙和入侵检测系统、网关或满足 SLA 需求的其他网元）也属于这种集成能力。

SD-WAN 启动了很多其他软件定义解决方案，将智能化与（昂贵的）专用设备解耦并将控制点转移到云端。当前的SD-WAN覆盖范围正在不断扩大，更重要的是，策略控制也变得越来越精细。新型SD-WAN技术正在将意图（what）与特定的实例化过程（how）以及位置（where）相分离，这种新方法通常被称为IBN（Intent-Based Networking，基于意图的网络），旨在以简单直观的方式为管理员通过WAN分发业务类别和安全服务开创全新的研究领域。

总的来说，软件定义技术的发展演进一直都是以“大脑”与“身体”相分离为标志，现有的很多SDX技术显然已经超出了仅控制数据平面的限制。如本章开头所述，SDX技术可以在没有NFV的情况下存在，反之亦然，但两者的相互作用改变了物联网发展过程中的游戏规则，具体而言就是雾计算。在具体讨论这些主题之前，下一节将简要介绍NFV的演进及其优势和好处（包括业界最常见的编排架构），同时还会介绍当前NFV社区面临的一些挑战。

6.3 NFV

电信运营商（或服务提供商）的收入与数据流量的增长并不成正比，特别是过去几年移动宽带网络和高清视频的出现更是如此。OTT 提供商拥有的内容产生了互联网绝大多数流量，很多电信运营商都已经逐渐成为基础设施和移动网络提供商。也就是说，电信运营商已经沦落为管道提供商，为客户消费第三方内容提供网络管道。

不过在大多数情况下，运营商的收入一直都在逐年增加，主要原因是客户签约的服务数量一直都在增加。例如，目前很多青少年甚至孩子都拥有智能手机（意味着新合同），而十年前远非如此，目前的家庭通常都会签署6～7份服务合同，包括宽带互联网、固定电话、电视套餐以及多个移动电话，合同和收入的绝对数量肯定在增加，而且流量以及相应的支出也在显著增加。

从图6-12可以看出，数据流量的增速已经远远超出了收入增速，这已经成为整个电信行业普遍存在的问题，通常称为“剪刀差”。低利润率给电信行业各个层面的战略和投资计划都造成了严重影响，很多电信运营商都开始降低成本、提高效率，并开发更具成本效益的服务，特别是利润率更高的企业客户。

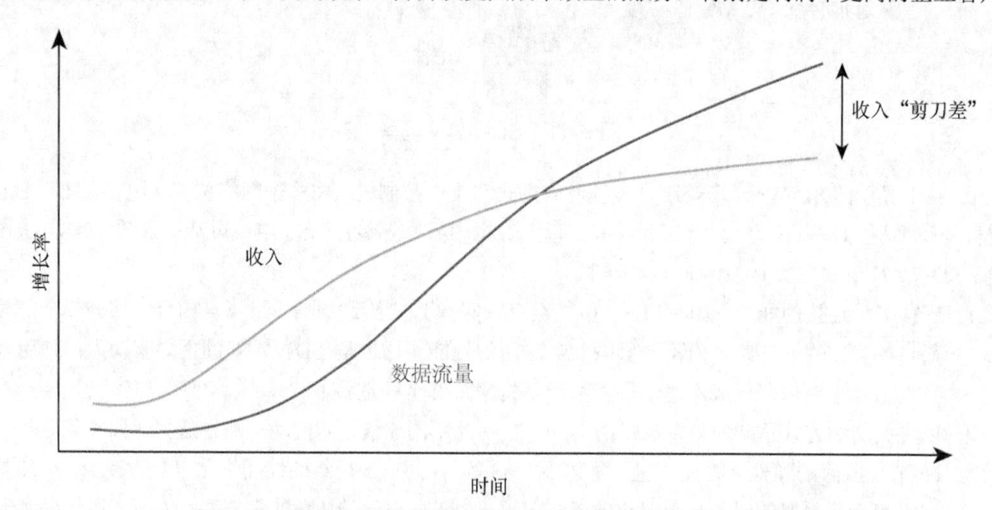

图6-12 目前大多数电信运营商所面临的收入“剪刀差”问题

NFV是实现上述目标的基础，自出现以来，NFV一直受到电信业的关注和欢迎。ETSI很快就通过ISG开展了NFV的标准化工作。NFV的概念很简单，从图6-13可以看出，NFV旨在以软件形式实现网络功能，目的是在通用（现有的商用）多核服务器（而不是专用设备）上运行。开放性是NFV平台的本质特征，NFV积极支持开源社区开发的软件。目前业界正在采取一系列措施来加速NFV的应用，并保证与ETSI NFV规范的互操作性与遵从性。

通过虚拟化方式，网络功能可以与特定设备相分离。传统模式是为每种网络功能都创建不同的物理设备（如交换机、CPE、WAN 加速器、防火墙、IDS、AP、RAN 节点、PE 路由器等专用设备），导致成本高昂且需要为每台设备的安装都考虑电源和物理空间。NFV 则支持图 6-13 右侧的部署模型，可以以更加灵活的方式在通用服务器上部署各种虚拟化应用。

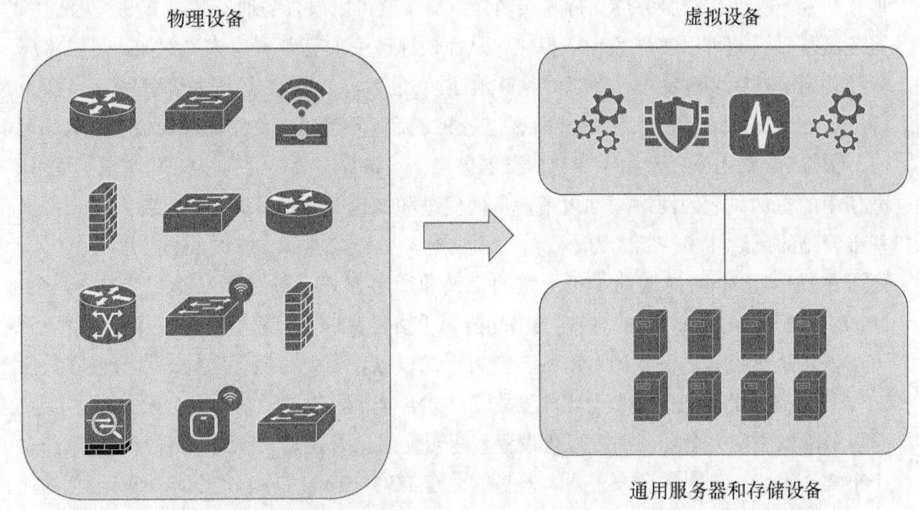

图 6-13 从传统网络中的物理设备到可以部署在通用服务器上的虚拟网络功能

NFV 可以为电信运营商带来如下好处。

- **降低 OPEX**：NFV 可以提供标准化的网络编排和自动化能力（详见下一节），通过在通用硬件上实现虚拟网络功能的部署及 LCM（LifeCycle Management，生命周期管理）的自动化操作，可以大大节约电信运营商的服务创建时间。在物理空间方面的节约也非常重要：采用了 NFV 之后，单台服务器可以运行多个 VNF，不需要为每个网络功能都配置独立的物理设备。NFV 还可以简化电信运营商的运维工作，NFV 提供的自动化能力可以带来更强大的抽象水平和更多的新功能，运营商无需处理虚拟机、Linux 容器以及操作系统等底层管理的复杂性。NFV 自动化的目标是实现真正的 LCM，包括创建、配置、更新、删除和监控网络服务，也就是说，NFV 的自动化不仅涵盖服务的初始配置，而且还包括生命周期管理中的变更配置。虽然 NFV 非常重要，但是仅有 NFV 还不够，员工培训和最佳实践的定义对于降低 OPEX（OPerational EXpenditure，运营支出）来说也非常重要。
- **降低 CAPEX**：通过从基于硬件的网络功能转向基于软件的网络功能，运营商可以获得更加开放的市场优势。新的参与者（如软件开发公司）可以成为 VNF 供应商，这些 VNF 可以部署在任何满足运营商虚拟化和性能要求的服务器上。NFV 可以促进开放与竞争，从而大幅降低 CAPEX（CApital Expenditure，资本支出）。此外，运营商利用标准（现有的）服务器和存储来执行网络功能，可以大大降低设备成本。对于提供自有云解决方案的运营商来说，规模经济意味着运营商可以通过加大采购规模来获得更低的成本，同时以更加智能的方式执行资源调度、池化及共享（如处理流量高峰，尤其是意外流量高峰）。
- **能效**：能效也是一个非常重要的推动因素，业界和开发社区都在致力于研究更绿色的数据中心模型，希望能够重新调整虚拟化的设置和设计以降低功耗，从而让数据流量可以根据需求动态整合到更少的服务器中，逐步关闭不再使用的服务器，直至需要再次使用这些服务器。VM 实时迁移技术的改进，包括各层级的状态（I/O、涉及其他 VNF 的状态化 ACL 依赖性等），是当前很多研究人员关注的主题。
- **灵活性**：有了 NFV 之后，网络能够以 VM 或 Linux 容器伸缩的速度实现扩展，网络拓扑结构不受特定设备的物理位置的限制。例如，如果已经安装了 IDS 的传统网络环境需要增加入侵检测能力，那么根据需求及具体设置可以有两种选择：购买新的物理 IDS 并在需要的地方安装，或者确保物理网络能够连接到现有的 IDS，而且交换和路由策略允许配置中间跳，从而将流量转发到现有 IDS。由于 NFV 支持弹性创建和模块化服务，因而只要能够从服务目录中选择（如 SaaS 形式）且正确连接的服务器支持其实例化，那么就可以很容易地安装新 IDS，灵活性非常明显。服务器基础设施可以实现完全虚拟化，从而快速改变原有部署模式。例如，可以将属于电信运营商并用于托管多台物理设备以终结驻地连接（最后一公里）的远程办公室/机房转换为 NFV-PoP（Point of Presence，呈现点），重构这些 PoP 之后，不但可以终结驻地连接，而且还可以缓存内容、虚拟 PE 路由器以及用于企业服务的虚拟化设备等。总体而言，NFV 实现了适用于 SDN 模型使用的更加灵活的网络基础设施，从而促进和加速了网络可编程性，甚至进一步提高了网络基础设施的灵活性和控制能力。

- **高可用性**：NFV 明显改变了可用性的定义和衡量方式。虽然不可能在一夜之间全部从 PNF（Physical Network Function，物理网络功能）迁移到 VNF，但随着 VNF 逐渐取代网络专用设备，可用性将从传统基于设备的可用性转变为更加以服务为中心的可用性。目前，服务保障已成为 NFV 服务定义的内在组成部分，发生故障后，NFV 平台能够重新动态分配 VNF、重新连接 VNF 且以故障发生前完全相同的虚拟化设置重建转发图。图 6-12 中显示的剪刀差问题凸显了这样一个事实：虽然高可用性至关重要，但基础设施 TCO（Total Cost of Ownership，总体拥有成本）的最小化需求也非常重要，而且还应该尽可能地简化运维操作以降低 OPEX。因此，必须尽可能高效地实施资源冗余和高可用性策略，为运营级环境中部署的很多服务提供所需的 5 个九的可用性（99.999%）。
- **敏捷性**：目前电信运营商最关注的问题之一就是 TTM（Time To Market，上市时间），推出新服务通常包括多个阶段，每个阶段都可能有各自的延迟和开销。对于传统的网络方法来说，如果没有完成特定网络设备的安装和互连，那么将根本无法启动新服务的部署工作。物理安装是部署新服务过程当中最繁琐也是最缓慢的阶段之一。有了 NFV 之后，只要互连的服务器资源池拥有足够的资源和容量来托管服务，而且部署新服务所需的 VNF 位于 VNF 目录中，那么很多问题都将迎刃而解，NFV 的编排和自动化能力能够比传统模式快很多倍的速度完成新业务的部署（见图 6-14 和图 6-16）。此外，多云解决方案的出现以及与 NFV 架构的结合，进一步提升了新业务部署的灵活性和敏捷性，即使没有实现新业务所需的计算资源，也能快速扩展和部署新服务（可以将部分服务和 VNF 部署到租赁的第三方云中）。
- **创新性**：从 PNF 迁移到 VNF 之后，NFV 可以极大地缩短产品上市所需的测试及引入创新的时间。由于 NFV 解决了硬件开发、测试和认证障碍，因而设计人员可以加快工作进度并以软件迭代的速度构建新产品。
- **增加收入**：NFV 已成为电信运营商最重要的赌注之一，如果没有 NFV 和虚拟 RAN，几乎无法想象未来的通信网络架构（如 5G 网络），业界广泛认为 NFV 是一项非常有前途的技术，不但能够降低资本支出和运营支出，而且还能创造新的收入来源。

6.3.1 虚拟网络功能和转发图

NFV 平台中的基本组件是 VNFC（Virtual Network Function Component，虚拟网络功能组件）。VNFC 可能很简单，如提供 IPv4 报头标识的库；也可能很复杂，如全功能路由器或防火墙，通常称为 VNF（Virtual Network Function，虚拟网络功能）。由于 VNF 可以进行组合，因而单个 VNF 可以被多个 VNFC 所集成。NFV 的初衷是采用全新的设计方法，将传统的网络功能（如路由）分解成多个原子功能，然后再将这些原子功能组织成特定形式，以实现更复杂的功能（分子），从而实现现代路由器所提供的各种功能。不同的组件可以运行在单台物理设备或不同的机箱中，可以充分利用 COTS 服务器集群提供的计算能力，实现与专用芯片（如 ASIC）构建的专用设备相似的性能。研究社区一直都在追求该目标。不过正如大家所预期的那样，很多网络供应商都在研究规划中采用了更加保守的设备“虚拟化”模式，该策略能够实现更快的 TTM 并抓住 NFV 带来的产业机会。某些供应商甚至决定开发新的产品线，并直接以 VNF 的形式（没有相关联的物理设备）发布新产品。

图 6-14 给出了 NFV 架构的基本组件以及端点 A 与 B 之间的通信示意图。图的底部是 NFVI（Network Functions Virtualization Infrastructure，网络功能虚拟化基础设施），由 PNF（如图中左侧表示专用设备的交换机 SW1 和 SW2）和通用服务器（本例构建 NFVI 的其余设备）组成。需要注意的是，并非 NFVI 中的所有设备都必须支持虚拟化功能，虽然虚拟化功能确实能够提供 VNF 的实例化能力并形成虚拟化层（电信运营商可以在其上部署虚拟化服务）。将 VNF 进行逻辑互连之后就可以实现虚拟化服务，从而实现运营商希望在端点 A 与 B 之间提供的虚拟化服务所定义的转发、安全及可靠性功能。

网络功能的互连称为服务图（Service Graph）或转发图（Forwarding Graph），转发图可以仅使用 PNF、仅使用 VNF 或两者都使用。如果转发图完全由运行在通用服务器上的 VNF 实现，那么就能获得 NFV 的能力。由于通过 PNF 和 VNF 混合实现服务图非常重要，因而图 6-14 给出了一个混合应用环境案例，灰色区域中的场景尤为明显，该场景是基于传统设备的网络向纯（100%）NFV 基础设施迁移的过渡阶段。

另外，表示转发图的拓扑结构可以与底层物理拓扑结构不完全相同。例如，转发图可能非常复杂且互连数百个“节点”（VNF），而物理层面可能完全在单台服务器中实现。以图 6-14 为例，端点 A 与 B 之间的流量转发逻辑路径为：A→N1→VNF1→VNF4→N2→B，但实际路径为：A→N1→SW1→S2→VNF1→S2→S3→S4→S7→VNF4→S7→S6→N2→B。

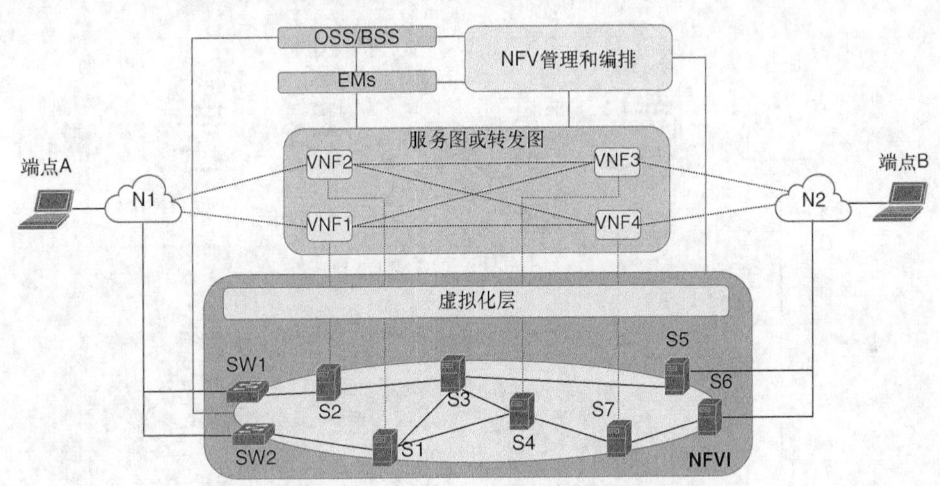

图 6-14 NFVI 的角色以及服务图的实现

图 6-14 顶部的组件负责部署和执行 NFVI 上运行的服务的生命周期管理，各组件的主要功能如下。

- **OSS/BSS（Operation Support Systems/Business Support Systems，运营支撑系统/业务支撑系统）**：这些系统包含了所有电信运营商都有的传统运营和业务系统。OSS/BSS 的功能通常负责管理运营商运行的传统系统的生命周期，由于这些系统不是 NFV 架构引入的新组件，因而通常并不将其视为 NFV 的组成部分。不过它们对于绝大多数运营商来说都至关重要，因而需要与 NFVI 以及 NFV 的管理和编排模块进行交互（见图 6-14 的顶部），其中，编排模块是 NFV 体系架构的组成模块之一。
- **EM（Element Managers，网元管理系统）**：负责 VNF 的 FCAPS（Faults, Configuration, Accounting, Performance, and Security，故障、配置、计费、性能和安全性）管理。EM 通常负责单一类型的 VNF 或一类 VNF 的 FCAPS 管理，如供应商 X 提供的虚拟防火墙通常都会附带由该供应商提供的 EM，该 EM 可以管理运营商部署的多个防火墙实例的 FCAPS。EM 提供的功能通常包括：
    - VNF 的故障管理；

- VNF 提供的网络功能的初始配置和后续变更配置；
- VNF 及其功能的使用记账；
- 监控和收集 VNF 提供的功能的性能测量参数；
- VNF 的安全性。
- 传统 EM 甚至在 NFV 出现之前就已经能够处理虚拟化网络功能，这些 EM 不是 NFV 架构的一部分，因而在实践中它们可能并不知道运营商已经部署了新的 NFV 架构。不过，EM 对于运营商的服务和管理整合来说非常有用，因而几乎所有的 EM 供应商目前都与 NFV 的管理和编排模块进行交互，以交换与其管理的 VNF 相关的 NFVI 资源信息。

- **NFV MANO（Management and Orchestration，管理和编排）**：NFV MANO 模块负责管理 NFVI 并为 NFV 架构实例化全部转发图所需的自动化和配置能力，很显然，包括为构成转发图的 PNF 和 VNF 分配所需的资源。

图 6-15 给出了 Web 服务器的转发图示例，例中的转发图包含了多个运行在 NFVI 上的虚拟化功能。端点连接 Web 应用时，到达转发图中的第一个组件是 Apache 前端（为了实现负载平衡，可以部署成服务器集群）。Apache 前端收到请求之后将数据包转发给流量分类器，再由流量分类器执行多种动作，包括确定流量优先级，更重要的是可以与 IDS 协同工作以扫描某些类型的流量。转发图中的下一个 VNF 是状态防火墙，将流量分类器/IDS 与状态防火墙串接起来之后，Web 应用的所有者就能及时有效地检测和防范潜在攻击。

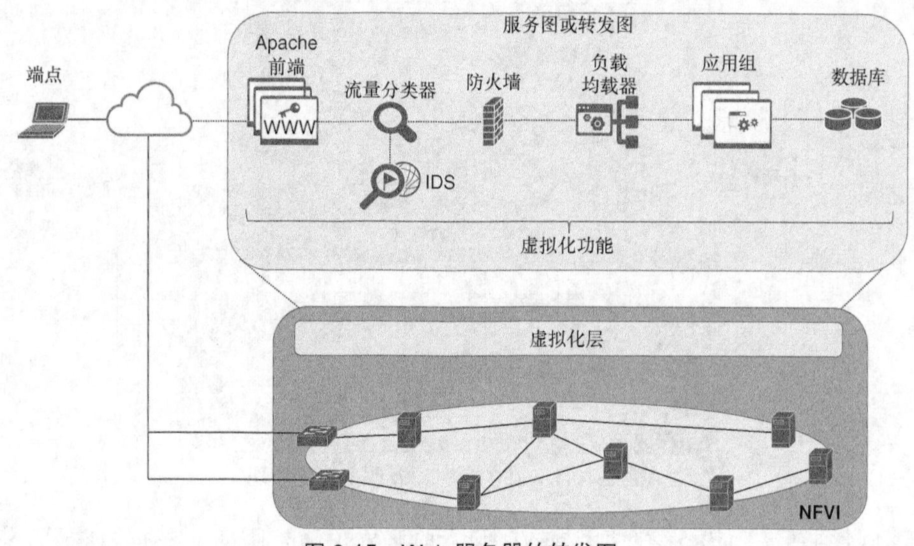

图 6-15 Web 服务器的转发图

这种方式的优点是，如果该服务的所有者对使用 IDS 或防火墙获得的效果或成本不满意，那么更改其中任何一项的开销就像从服务目录中选择一项新服务并重新部署转发图那样简单。重新部署过程由 NFV MANO 系统实现自动化操作，凸显了 NFV 模型的灵活性和操作简便性。假设在同一场景中使用三种不同的 PNF（一种用于流量分类器，一种用于 ISP，另一种用于防火墙）并考虑更改之后的开销问题。

转发图中的下一个 VNF 是负载均衡器，它是在后台分发负载的关键网元，后者主要由应用程序组以及一个或多个数据库（具体取决于应用的需求）组成。转发图中的所有网元都被实现为虚拟化功能，包括前台和后台应用程序、数据库以及网络和安全组件。

接下来将深入分析 NFV MANO 的内部架构及其功能。需要注意的是，MANO 是 NFV 架构的核心组件之一，正在改变电信运营商未来管理和自动化系统的架构方式。

6.3.2 ETSI NFV MANO

如前所述，NFV 将网络行业从以设备为中心的模型转变为以软件为中心的模型，目前的电信级基础设施由不同供应商提供的大量物理设备组成，需要为这些物理设备规划详细的部署方案，包括物理空间分配、电源、连接、硬件维护和升级以及生命周期管理等。NFV 希望改变这种“基于物理设备”的建设模式，认为运行在商用硬件上的虚拟基础设施拥有更大的潜力、灵活性和更低的成本。基于该愿景，软件几乎成为所有设备的基础，因而与 SDX 的协调和融合趋势非常明显。

图 6-16 给出了由 ETSI ISG 标准化的 NFV 参考架构，可以看出，NFV 需要处理物理计算、网络和存储资源，这些物理资源在图的底部被表示为基础设施的一部分，这些资源由虚拟化层进行抽象（如上节所述）并展现为北向模块，在图中标记为虚拟计算、虚拟存储和虚拟网络。所有这些物理网元和虚拟网元共同组成 NFVI，NFVI 支持 NFV 模型中的关键实体（VNF）的实例化。ETSI ISG 组定义了多个用例，其中的 VNF 概念非常开放，VNF 既可以是非常基本的组件，如 OVS 守护进程（ovsvswitchd），也可以是非常精细的组件，如基本的防火墙或 PCE（Path Computation Element，路径计算单元），甚至是完整的 BNG（Broadband Network Gateway，宽带网络网关）或高端路由器。由于 VNF 的功能范围非常广泛，因而提供端到端的服务（特别是需要完全通过 VNF 来实现这些服务）时需要有效的机制来部署、互连和管理这些 VNF（见图 6-14 和图 6-15），这些机制应该能够管理几乎可以在几分钟之内随时随地运行的服务或转发图。

从图 6-16 可以看出，某些 VNF 可能自带 EM。在这些 VNF 之上，负责管理平台和服务的组织机构还可能有 OSS/BSS，以便跨域管理任务。本节讨论的重点是图 6-16 右侧显示的模块，即 ETSI MANO 系统。ISG 研究组围绕该架构设立了多个 WG（Working Group，工作组），其中一个 WG 就是 MANO，该工作组的主要目标是提供接口、模块、管理和编排功能，以支持网络服务的部署和 VNF 的生命周期管理、所实现的服务管理以及运行这些服务的基础设施的管理。

ETSI MANO 系统包括以下三个组件，这些组件协同提供了一组 LSO（Lifecycle Service Orchestration，生命周期服务编排）功能，为 NFV 环境提供了必需的自动化工具，从而实现大规模的 FCAPS 功能。

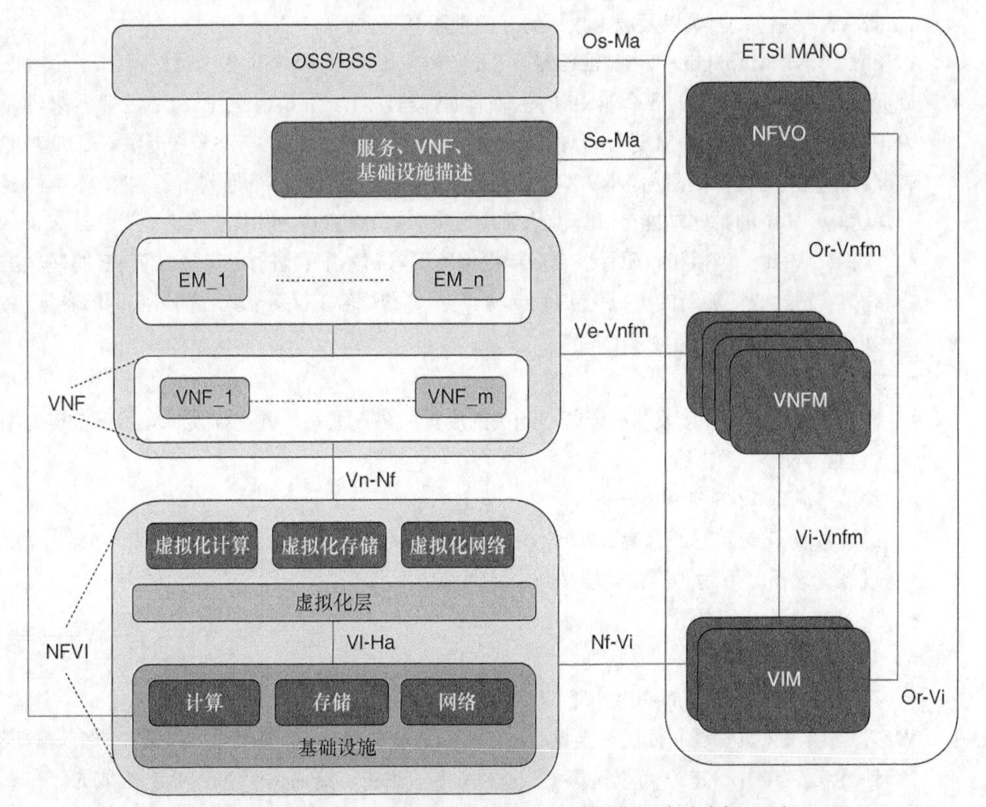

图 6-16　NFV 通用架构以及 MANO 系统（图中右侧所示）

- **NFVO（NFV Orchestrator，NFV 编排器）**：NFVO 是一个跨域编排系统，主要有两大职责：编排 NFVI 中的资源并负责虚拟化网络服务的生命周期管理。由于 NFVI 支持异构模式，因而可能由不同的 VIM（Virtual Infrastructure Managers，虚拟基础设施管理器）进行管理，如 OpenStack 或 VMware。因此，NFVO 需要与它们进行交互和互操作。需要强调的是，NFVO 的任务之一是启用编排功能，包括自动部署和配置跨多个供应商基础设施实现网络服务的转发图。这些任务不仅包括初始配置和实例化，而且还包括各种变更任务，如管理配置的动态变更（如实现特定服务的扩容和缩容）。下面列出了 NFVO 模块及其辅助组件可能提供的一些功能，其中一些功能可以提供给外部子系统使用。
  - 与 VNFM（Virtual Network Function Manager，虚拟网络功能管理器）协同进行 EM、VNFM 和 VNF 的实例化及管理。
  - 网络服务的实例化和生命周期管理，包括 CRUD（Create, Read, Update, and Delete，创建、读取、更新和删除）功能，如更新服务及其拓扑结构、监控组件的状态、对转发图的 VNF 进行扩容/缩容（需要与 VNFM 协同，因为 VNFM 可以实现 VNF 的扩容/缩容）、删除服务以及释放网络资源。
  - 与网络服务实例和实现它们的 VNF 相关的策略管理。如实例化服务或 VNF 时可能涉及的地域范围限制或监管限制、亲和性/反亲和性（affinity/anti-affinity）规则、性能需求以及允许特定服务使用哪些 VNFM 等策略。
  - NFVI 资源的策略管理与授权，包括对这些资源的访问控制。
  - 触发动作，如发生特定事件后的重新实例化功能。
  - 网络服务和 VNF 在整个生命周期中的可见性和可操作性。
  - 管理构成网络服务的不同组件（转发图中的组件）之间的相互依赖及相互关系。
  - 验证和管理服务目录，包括 VNF 镜像以及网络服务配置和部署模板。验证过程通常需要验证 VNF 镜像、清单以及服务模板的完整性和真实性。
- **VNFM（VNF Manager，VNF 管理器）**：NFVO 侧重于网络服务的生命周期管理，而 VNFM 则负责在 NFVI 中实例化的各个 VNF 的生命周期管理。对于图 6-16 的 ETSI 参考架构来说，每个 VNF 实例均假定由 VNFM 进行管理。VNFM 可以管理一类或多类 VNF 并提供 CRUD 功能，目前市场上提供的大多数商用 VNFM 都能处理多种类型的 VNF。下面列出了 VNFM 可能提供的一些功能，其中的某些功能可以提供给其他模块（如 NFVO）使用。
  - 实例化 VNF，包括初始配置以及后续根据需要对初始配置进行修改，如 VNF 的横向扩容和缩容（删除或增加新的虚拟化实例）或纵向扩容和缩容（重新配置已部署实例的容量或大小，如分配的内存和存储容量）。
  - 升级 VNF 实例。
  - 监控 VNF 实例并接收与故障管理相关的度量的事件通知，并在需要时触发重新实例化动作（包括 VNF 实例迁移）。
  - 终结和删除 VNF 实例。
  - 通过接收 NFVO 的部署请求并向 NFVI 上的 VIM（Virtual Infrastructure Manager，虚拟基础设施管理器）下达实例化处理命令来协调操作。
  - 向 NFVO 生成事件。
  - 与 EM 进行互操作。
  - 在 VNF 实例的生命周期内处理其完整性管理。
- **VIM**：该模块负责管理和控制基础设施，主要职责是对 NFVI 中的计算、存储和网络资源进行生命周期管理。其中，NFVI 可以是集中式基础设施，也可以是由多个 NFV-PoP 组成的分布式基础设施。市场上提供的 VIM 能够管理多种类型的节点和资源，并向 NFVO 和 VNFM 提供开放的北向接口。VIM通常支持多种Hypervisor和南向插件，以根据VNFM或NFVO的命令控制NFVI。下面列出了VIM可能提供的一些功能，其中的某些功能可能提供给其他模块使用。

- 物理资源和虚拟资源的清单管理。
- 在NFVI上分配资源。包括请求、创建、监控、升级和删除基础设施资源的典型CRUD操作。
- 负责管理物理和虚拟计算、存储及网络资源的使用以及性能监视，包括与NFVI相关的故障和事件管理。主要职责是通过其他子系统（如VNFM和NFVO）可以使用的报表机制实时提供有关NFVI资源的容量及使用情况的信息。
- 优化NFVI中的资源，包括资源容量的动态管理（如虚拟资源与物理资源的比率）。
- 支持NFVI中的转发图的不同组件的实例化和配置、安全组管理以及实现流量访问控制的策略实施机制。
- 发现NFVI中的新设备及其功能特性。
- 管理NFVI中的Hypervisor。
- 软件镜像目录和存储卷等的生命周期管理。
- 在存储之前验证软件镜像，该验证功能还可以扩展到运行时（如实例化过程中或横向扩容和缩容过程中）。

从图6-16可以看出，ETSI NFV体系架构指定了很多参考点，这些参考点支持不同模块之间的接口与互操作功能。表6-2列出了图6-16描述的参考点信息。

表6-2 ETSI NFV架构框架中的主要参考点

参考点名称	参考点位置
Os-Ma	OSS/BSS与NFVO系统之间
Se-Ma	“服务、VNF和基础设施描述”与NFVO（类似于MANO支持的NFVO）之间
Ve-Vnfm	EM与VNFM之间
Nf-Vi	NFVI与VIM之间
Or-Vnfm	NFVO与VNFM之间
Or-Vi	NFVO与VIM之间
Vi-Vnfm	VIM与VNFM之间
Vn-Nf	VNF与NFVI之间
Vl-Ha	虚拟化层与硬件资源之间

ETSI NFV架构模式的主要优势之一就是提供了一种开放的标准化参考架构，可以将虚拟化原理应用于网络，激发了丰富的多供应商生态系统。虽然架构中的各种组件（NFVI、MANO、特定VNF及其EM、VIM等）可能会受到不同采购和更新周期的影响，但是由于NFV架构定义了清晰的角色、接口和功能抽象，使得这些组件可以互操作且协同工作，从而允许NFV技术的采用者从降低CAPEX、加快面市时间（TTM）、降低能耗、提高灵活性和设备使用效率等方面获益。

但是，利用NFV提供的好处在实践中并非易事。如果没有确定正确的战略，就会遇到越来越多的技术挑战。组织机构采用NFV时面临的首要挑战就是如何对管理员抽象（隐藏）潜在的复杂性。虽然与前些年相比，目前已经能够较为容易地管理某些大规模VIM实现（如OpenStack），但是对于很多管理员来说仍然过于复杂。事实上，组建项目团队、留住NFV人才以DIY（Doing It Yourself，自己动手）方式实现NFV，仍然极具挑战性，特别是难以招到可以完成VIM安装和维护、网络服务设计或者为涵盖多个硬件和软件供应商的解决方案提供技术支持和故障排查的专业团队。这些都是阻碍DIY模型快速渗透的障碍。

有鉴于此，某些供应商正在引入新的管理功能，允许管理员不直接处理其中的一些复杂问题。图6-17列出了包括思科在内的一些公司的解决思路，核心思想就是将服务定义或服务意图（即 what）（1）与实例化进程（即 how）（2）相解耦，反过来，将服务实例化进程（即 how）与将要部署 VNF 实例的设备的细节（即 where）相解耦，与是否在云中、私有数据中心或网络中实例化无关（3）。该方法提供了两个抽象层次，因为该方法实现了 what 与 how 的分离以及 how 与最终实例化 VNF 的 where 细节相分离。从图6-17可以看出，另一个重要信息就是业界正在开发更加丰富的北向 API 和 UI（User Interface，用户界面）（4），目的是改善用户体验，大大简化运行在 NFV 架构上的服务的 OAM 任务，同时还能简化 NFV 架构本身的管理，最终目标是为管理员和操作员提供第三层抽象以隐藏底层模块信息，使得管理员无需直接处理 NFVO、VNFM 或 VIM（至少对管理员所要执行的大多数任务而言）。虽然当前 API 和 UI（4）提供的功能一直都在改进且在未来几年将变得更加强大，但截至本书写作之时，部分 NFV 实现还是由不同的供应商提供的模块组成，使得这些模块的安装和维护任务（包括软件升级和安全补丁任务）仍然没有实现抽象化，还需要逐个模块进行操作。这些 API 和 UI 的开发将是简化 NFV 安装及其服务的 OAM 的关键。

如图6-17底部所示，NFVI 中的实例化进程可以包含物理设备和虚拟化组件，其中的 VM 或 LXC（Linux Container，Linux 容器）可以为 VNF 提供运行时环境。构成服务图的 VNF 可以采用分布式方式进行部署，涉及公有云、私有云以及 NFV-PoP，MANO 是整合所有组件的关键，可以跨数据中心、WAN 和 NFV-PoP 实现虚拟化网络服务的编排、自动部署和生命周期管理。

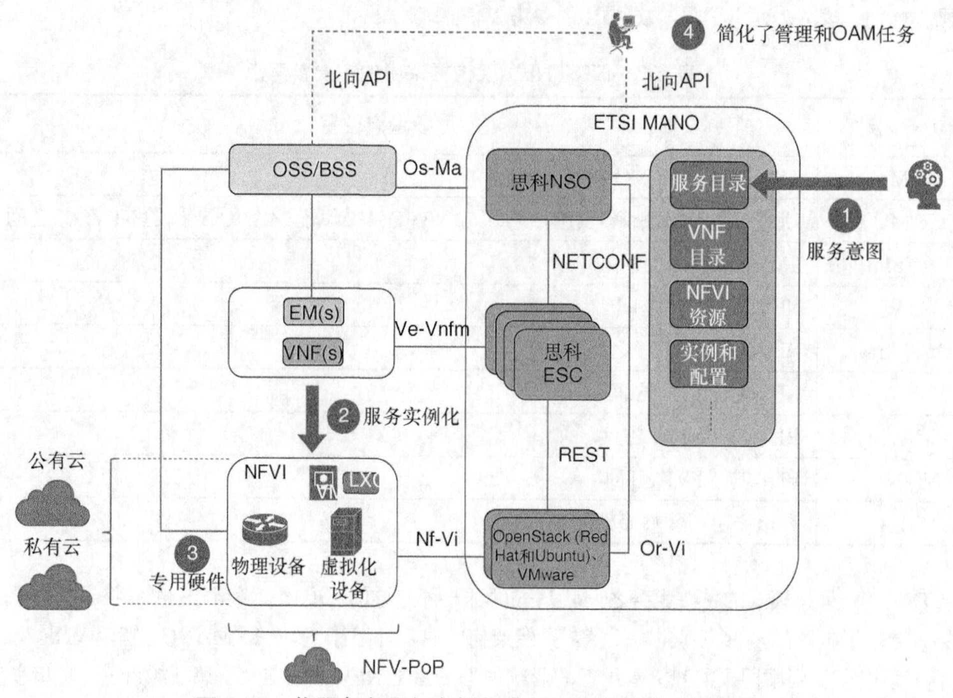

图6-17 将服务意图与实例化进程以及硬件信息相解耦

图6-17给出了一种可能的 MANO 实现方式，本例以思科 NSO（Network Services Orchestrator，网络服务编排器）为 NFVO，以思科的 ESC（Elastic Services Controller，弹性服务控制器）为 VNFM，以 OpenStack 或 VMware 为 VIM。对于本场景来说，NFVO 与 VNFM 之间的接口是 NETCONF，而 VNFM 与 VIM 之间的接口是 REST。很明显，NFV 提供了一个开放且已经标准化的架构框架，完全可以从开源社区（如 OpenSource MANO 和 OPEN-O）和业界获得其他实现。事实上，某些应用于传统 IT 领域的自动化工具目前正逐渐成为不同 NFV 计划的一部分，如 Ansible、Puppet 和 Chef。详细展现图6-17所示实现的目的在于说明其支持很多功能，这些功能对于跨虚拟基础设施实现服务的生命周期管理来说至关重要，具体如下所示。

- **全网事务处理**：全网事务处理可以极大地减少执行自动化流程所需的代码量，能够执行全网事务处理的编排系统远远超出了在单台设备上控制原子配置或事务的能力。例如，编排系统可以在配置和服务实例化过程中自动处理通信问题和异常情况，并在需要时启动回滚操作，这样就能避免差错处理进程的编程工作，从而大大减少管理服务编排所需的开发代码量。反过来，这样做不但能降低软件开发和维护成本，而且还能缩短新服务的面市时间。NFV MANO 与事务引擎协同工作，能够在分布式基础设施中实现配置变更和回滚操作的自动化（即使设备并不原生支持事务）。

- **标准数据建模语言**：基于模型驱动的编排系统利用 YANG 等声明式数据模型来规定服务和设备配置，关键优势就是 YANG 是一种标准化且机器可读的数据建模语言，可以由 MANO 进行自动处理。此外，YANG 模型还抽象了与供应商相关的设备和协议配置细节，大大加快了服务的定义和部署进度，从而在不需要复杂和昂贵实现的情况下实现服务的定义和修改。例如，有了标准的建模语言之后，就能从数据模型自动生成支持配置及互操作功能的接口。如前所述，OpenDaylight 等项目已经认识到模型驱动模式的优势，并在各自的体系架构内利用这些优势。
- **多供应商支持**：该特性是通过主要供应商提供的设备模型和 VNF 目录实现的。
- **标准接口**：图 6-17 中描述的实现方案采用了标准化接口和数据建模语言（包括 NETCONF 和 YANG），CLI、SNMP、REST 或 Web UI 等其他接口都可以从 YANG 数据模型自动生成。如果设备本身并不支持 NETCONF 的设备，那么就可以开发（建模）NED（Network Element Drivers，网元驱动程序），从而通过模型驱动的编排系统进行管理。
- **编排保障**：服务保障已成为 YANG 的服务定义的内在组成部分，而不再是事后想法。此时的 MANO 系统不但会部署和管理服务及其相应转发图的核心组件的生命周期，而且还会监控满足 SLA 所需的组件、事件及通知。也就是说，初始配置已经包括了一组必要的物理/虚拟探测与监控机制，以保障期望性能和可靠性等级。例如，可能需要部署探针以监控基础设施、Hypervisor、CPU、内存消耗、已用存储、VM、容器、数据管道、应用程序、安全性和日志等。

NFV 和 MANO 的优势很明显，预计 NFV 将会对网络和云行业产生重大影响。同样，SDX 技术优势也带来了一波新的创新浪潮，正在迅速改变网络世界的版图。两者的结合有望最终确定未来数据中心的内部网络架构。如本章后面所述，两者的结合同样有望对未来的物联网架构产生重大影响。

图 6-18 给出了 SDX 与 NFV 技术在发展过程中众多合理的应用场景之一，特别关注它们与传统 OSS/BSS 系统的相互作用和互操作性。该图显示了 ETSI MANO 与 SDN 控制器以及控制器支持的 SDN 应用程序之间的交互关系。一般来说，该场景下的这些组件能够实现完全双向交互。例如，SDN 应用可能会向 MANO 请求编排进程，而 MANO 则可能会利用 SDN 应用实现跨多个 SDN 控制器的配置编排。同样，MANO 中 NFVO 模块的子组件本身可以成为 SDN 应用，可以用来直接控制 SDN 控制器，而控制器又能向 NFVO 提供特定信息，如控制器控制下的数据平面的抽象拓扑视图以及监控数据等。

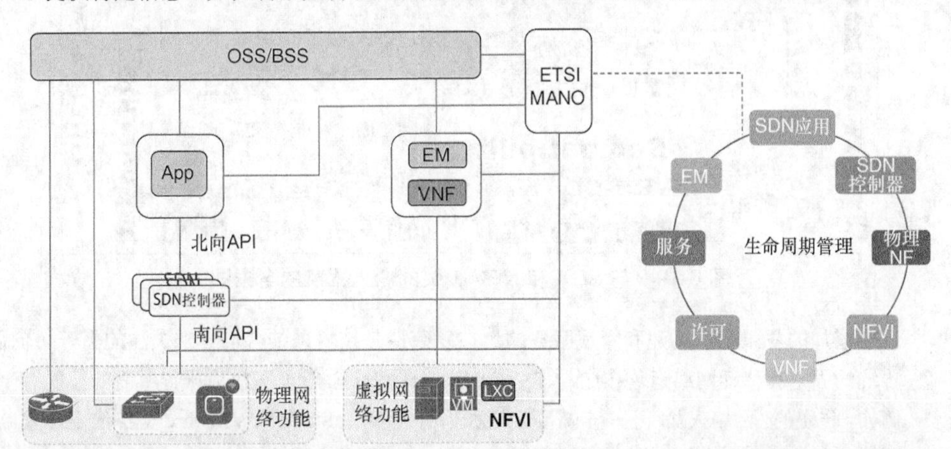

图 6-18 SDN 和 ETSI NFV MANO 架构的结合以及与传统 OSS/BSS 系统之间的互操作

需要注意的是，图 6-18 中的接口支持不同程度的交互关系，从而实现网络服务的生命周期管理（包括 SDN 应用和控制器、VNF、NFVI 内外的物理和虚拟设备、EM 以及不同的服务和软件许可目录）。OSS/BSS 系统是管理传统设备的关键，特别是 NFVI 可能无法完全覆盖物理网络基础设施的灰色区域场景。如果 NFV 服务需要跨越不完全受 MANO 控制的网络，那么将更加重要。在这类场景下，服务实例化进程和初始配置需要与管理不在 MANO 控制范围内的网段的 OSS/BSS 系统进行交互。

虽然 SDX 与 NFV 的优势非常明显，但是现有的大量挑战给这些技术的部署进度与发展演进造成了一定的影响。主要挑战如下。

- **VNF 加载**：供应商提供 VNF 的方式与客户加载和使用这些 VNF 的可用机制之间还存在一定的差距。截至本书写作之时，还没有标准的方法和标准的数据模型来加载新的 VNF。事实上，即使是同一提供商提供的 VNF 也需要独立的加载流程，即使有了最佳实践，试验、目录集成以及特定的配置进程也会各不相同，无法从一个 VNF 用到另一个 VNF。目前的加载流程大概需要数周才能完成，显然增加了运营成本和 TTM。
- **开源计划和规范的技术多样性与分散性**：从图 6-19 可以看出这方面挑战的严峻性。ONF、MEF、ONAP、ODP、OCP、OPNFV、ONOS、OpenDaylight、OIF、ETSI、TMForum 和 IETF 等组织都在开展与 SDX 和 NFV 相关的研究工作，有时是从不同的角度提出不同的模式，虽然都在为技术进步做贡献，但不可避免地出现了大量重叠的目标和规范，大量步调不一致的研究计划导致业界出现大量重复劳动和混乱现象。这样就会出现合并行为，如 AT&T 主导的 Open ECOMP（Enhanced Control, Orchestration, Management & Policy，增强型控制、编排、管理和策略）与 Open-O（OPEN-Orchestrator，开放编排器），两者合并创建了 Linux 基金会项目 ONAP（Open Network Automation Platform，开放网络自动化平台）。ONAP 以 Open ECOMP 提供的 800 多万行代码为基础，旨在构建一个适用于物理和虚拟网络功能的基于策略驱动的编排与自动化平台。此外，目前的多个编排与自动化系统都使用了多种技术、模板和数据建模语言（如 TOSCA、YANG、YAML、JSON、XML、REST、RESTCONF 和 NETCONF），从而加剧了市场的混乱性和碎片化。

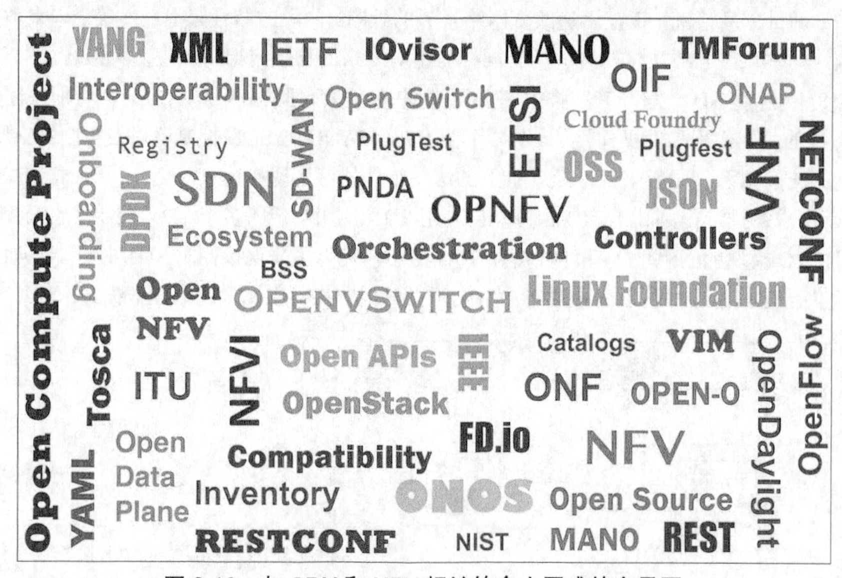

图 6-19 与 SDX 和 NFV 相关的令人困惑的全景图

- **日益增加的复杂性**：构建和管理服务的潜在复杂性是技术采纳者们非常关注的另一个问题。与传统的固定和移动网络运营相比，NFV/SDX 平台的设计、管理和故障排查所需的技能完全不同。例如，传统的“网络人员”不一定需要知道如何管理 OpenStack 或 VMware 支持的虚拟基础设施，同样，传统的 IT 管理员也不一定需要知道如何管理移动 RAN（Radio Access Network，无线接入网）。但是，随着 5G、物联网和 vRAN（virtual RAN，虚拟 RAN）的出现，服务提供商需要大量具备 IT 和网络能力的人员。IT 和网络的融合显然不仅限于下一代移动网络。第 IV 部分“用例及新兴标准和技术”中的用例说明了不同垂直行业都存在相似的需求。

- **安全问题：**另一个关键问题是安全性。一旦核心功能（如 SDX 应用、控制器以及 NFV 编排系统）走向集中化，就很自然地会成为潜在攻击目标。具体详见第 7 章和第 13 章。
- **可生存性：**随着核心功能逐步集中化，可用性和不同故障及连接状态下的生存能力就变得至关重要。在部署支持 NFV/SDX 的平台时，冗余和高可用性是关键考虑因素。

6.4 SDX 和 NFV 对物联网及雾计算的影响

本章前面的部分介绍了 SDX 和 NFV 的发展演进、各自的优势以及相互协同产生的巨大潜力，重点讨论了当前正在使用这些技术的领域，包括网络领域、云计算基础设施以及软件定义通信（如 SDR）。需要强调的是，SDX 和 NFV 的应用范围及潜在应用并不仅限于这些领域。例如，SDX 和 NFV 的合作优势已经在物联网领域得到了充分展现，该领域是 SDX 与 NFV 协同发展最大的机遇之一。

SDX 和 NFV 对物联网领域的主要吸引力如下。

- 实现“大脑”与某些设备分离的可能性以及远程提取和控制数据的可能性，这一点对于物联网很多垂直领域的应用来说至关重要。
- SDX 和 NFV 在多个层级都提供了可编程性和灵活性。
- 虚拟化以及在整个虚拟化层动态分配计算资源的能力（由异构和分布式基础设施提供支持）。前面曾经说过，NFVI 不需要通过集中式服务器加以实现，可以通过公有云、私有数据中心、NFV-POP 等形式加以实现。
- 事务编排与端到端的自动化功能，包括基础设施的配置、虚拟化功能及其运行时环境、通信、应用程序的配置及其生成的数据。具体详见第 8 章。
- 以自动化部署速度实现安全性，包括转发图中特定 VNF 的安全配置（见图 6-15）。
- 以自动化部署速度以及转发图中特定 VNF 的配置来提供服务保障。
- 开放性，即 SDX 和 NFV 架构与各种硬件和软件供应商的集成与互操作能力。这一点对于物联网领域来说也非常重要。一般来说，构建物联网解决方案离不开合作伙伴生态系统，市场上没有任何单一企业能够提供解决方案的所有产品（包括传感器/执行器、网关和基础设施、特定现场应用、数据管理、运营系统、分析和商业智能等）。

虽然上述所有能力都会用于物联网领域（5G 就是一个很好的案例），但 SDX 和 NFV 的实际应用与发展仍然是以网络为中心而不是以物联网为中心。问题在于物联网领域中的很多用例都需要立即使用这些功能，包括有选择地将计算资源分配到更靠近物品的位置、部署可以执行数据分析的应用程序，以及不允许将数据直接从物品发送到云端的情况下（如出于隐私或运营考虑或现有立法因素）控制任务执行情况。业界已经认识到，物品与云端之间还缺少一块内容，此前的现有技术无法将范围扩展到数据中心之外，以满足物联网领域的需求（至少无法满足市场的需求速度）。

雾计算的出现填补了物品与云端之间的缺失，如第 5 章所述，负责雾计算的研发、应用与推广的组织机构是 OpenFog 联盟，OpenFog 联盟将雾计算定义为“一种水平的系统级架构，可以在云端到物品之间将计算、存储、控制和网络功能连续分布到更靠近用户的位置”。总体而言，雾计算扩展了传统的云计算模型，可以在物品与数据中心之间带来新的计算形式。

在深入研究物联网和雾计算的发展演进以及 SDX 和 NFV 对它们产生的影响之前，必须知道将计算能力带到物理系统（“物品”）附近并不是什么新鲜事物，制造、运输和智慧城市等垂直领域都在使用很多基于嵌入式系统或边缘计算的技术。图 6-20 梳理了这些术语并说明了这些技术在物联网不同发展阶段的角色和应用范围。

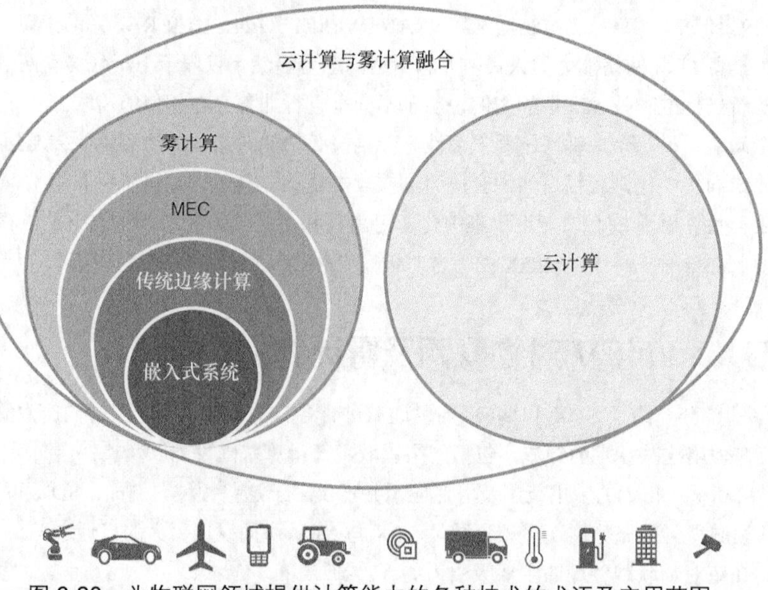

图6-20 为物联网领域提供计算能力的各种技术的术语及应用范围

在物联网规模发展的数十年前，嵌入式系统已经广泛应用于大量场合。嵌入式系统指的是一组执行特定（专用）功能的计算资源，顾名思义，这些计算资源需要内置或嵌入到需要这些功能的设备（物品）中。嵌入式系统在消费电子领域（打印机、视频游戏机、电话、照相机等）以及制造、石油和天然气、交通运输、城市等垂直领域的应用很常见。

如果将网络边缘存在的多种不同的数据处理形式视为一个超集，那么嵌入式系统就是该超集的子集。通常将这个超集称为边缘计算，边缘计算聚集了大量可以在数据源附近执行计算功能的应用。这里所说的"附近"既可以指尽可能靠近数据源的内部（嵌入式），也可以与数据源分离，只要靠近数据源即可。第二种情况意味着边缘计算设备可以通过短距无线技术与数据源进行通信，也可以直接插入数据源中。边缘计算的一大优点就是可以处理来自不同实体（物品）的数据，而且这些实体可以使用不同的通信协议、安全机制（如加密）、数据格式等。嵌入式系统是专门定制的，因而具有专用且明确定义的功能。从这个意义上来说，虽然嵌入式系统可以提供边缘计算能力，但它们的功能通常仅限于其预期用途。与此相反，边缘计算设备可以是通用设备，可以与单台设备（物品）相连以执行特定任务，也可以作为聚合点与多个物品进行通信且同时执行多项任务。

图6-20给出的边缘计算之前有术语"传统"，这个定义很重要，因为移动网络和智能手机的发展正在快速改变边缘计算设备的概念。现代智能手机和平板电脑绝对属于边缘计算设备之列，在很多情况下，它们比行业中广泛使用的边缘计算平台更加强大（如很多制造企业仍在使用20世纪90年代的Windows工作站）。

图6-20左侧的下一个子集进一步扩展了边缘计算的范围，包括传统系统和下一代移动端点。目前，边缘计算领域最有前途的技术是ETSI ISG定义的MEC。MEC最初表示Mobile Edge Computing（移动边缘计算），后来ETSI ISG又将MEC重新定义为Multi-access Edge Computing（多接入边缘计算）。MEC解决了IT与电信网的融合问题，着重关注3GPP（3rd Generation Partnership Project，第三代合作伙伴计划）定义的下一代无线基站。MEC主要解决如下关键问题。

- **开放式RAN（Radio Access Network，无线接入网）**：在MEC定义的模型中，运营商将广泛利用边缘计算，并以第三方企业部署应用程序为移动用户提供创新服务的方式开放其RAN。目前MEC主要面向企业和垂直领域。
- **UE（User Equipment，用户设备）移动性**：目标是允许运营商的移动网络在各种移动模式下支持用户服务的连续性，包括应用的移动性（如VM支持的运行时环境）以及特定应用的信息的移动性（如与用户相关的数据）。这是一个非常复杂的问题，因为MEC设想的很多场景都要求高带宽和超低时延。

■ **虚拟化平台**：目标是允许运营商在其移动网络边缘运行自己的应用和第三方应用。移动网络边缘基础设施将被虚拟化并视为 NFV-PoP，这就意味着可以实现为由 NFV MANO 进行管理的 NFVI。MEC 已经认识到 MEC 与 NFV 之间协同操作的价值，而且运营商也发现了最大限度重用其 NFVI 和 NFV MANO 平台可以有效利用现有投资。此外，MEC 还明确说明了其体系架构可以在没有 NFV 的情况下加以实现，因而 MEC 一直都在推进自己的标准计划，而不过分依赖 NFV 的标准化。

总的来说，图 6-20 左侧的第三个子集表示的是边缘计算系统的超集。图 6-20 使用 MEC 的目的是为了表示 MEC 正在扩展传统边缘计算的范围，以便整合下一代移动设备和网络。值得注意的是，MEC 的范围仅限于网络边缘，而雾计算的范围更广，适用于物品与云之间的所有范围。从这个意义上来说，MEC 和下一代边缘计算是雾计算的一个子集。

为了更好地理解雾计算的范围以及为什么是边缘计算的超集，下面将详细讨论 OpenFog 联盟在 2017 年 2 月发布的“OpenFog Reference Architecture for Fog Computing”（OpenFog 雾计算参考架构）白皮书中描述的一个具体用例。图 6-21 给出了雾计算支持的智慧交通系统示例，包括不同雾计算域与云计算域之间的多种交互关系。未来自动驾驶汽车将日益普及，每辆汽车都会产生大量数据，如汽车中的摄像头、智能定位系统、光检测传感器、雷达等每天都会产生数以 TB 计的数据，而且更为重要的是，相当一部分数据对于安全驾驶来说都至关重要，必须进行实时处理和实时决策，而且要求具备当前纯粹云模型无法提供的可靠性水平。需要在智能自动驾驶领域使用雾计算节点，这些雾计算节点需要与其他车辆中的雾计算节点、周围的基础设施以及移动电话等设施进行交互。有关自动驾驶领域的安全性和数据隐私问题已经超出了本章写作范围，完全可以单独写一本书。这里只是希望说明雾计算的范围远超边缘计算（无论节点是静止节点还是移动中的节点）。

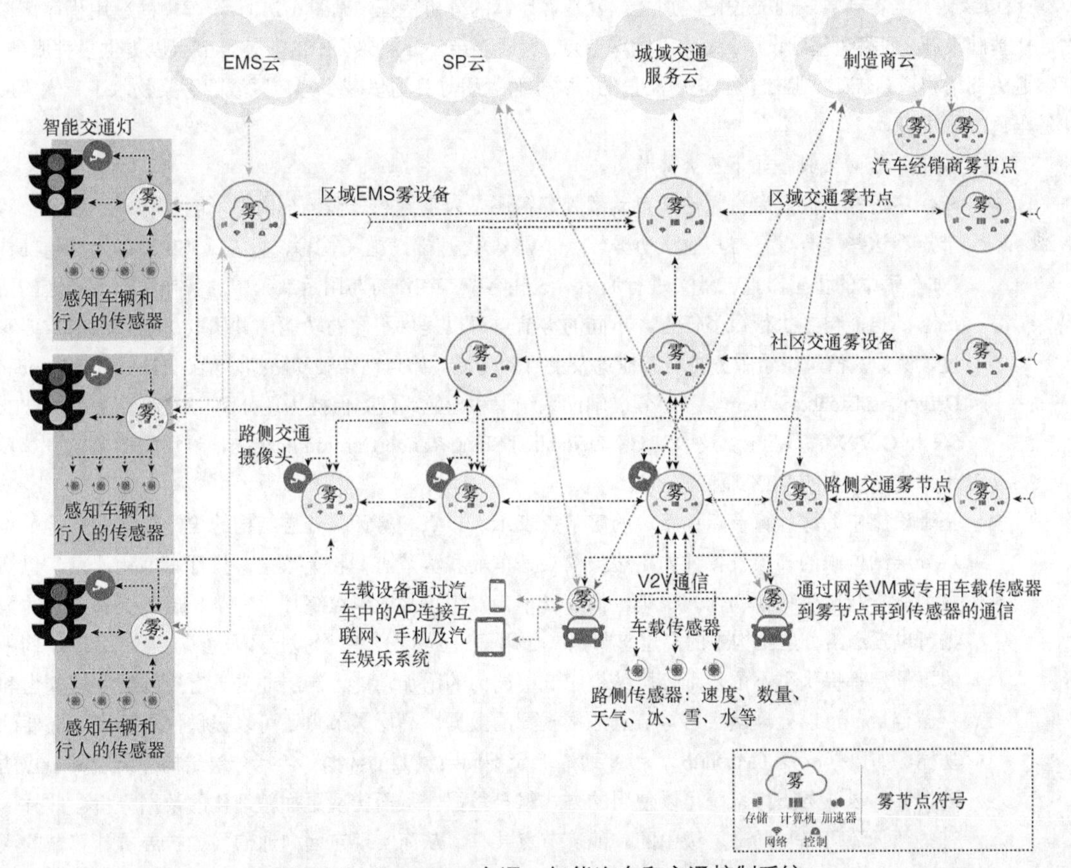

图 6-21 OpenFog 交通：智能汽车和交通控制系统

图6-21显示了智慧交通系统中不同组件之间的多种交互关系，包括以下实体。

- 位于不同位置的雾节点（车辆内部、路边以及边缘与云之间的分层架构的各个位置）。
  - 这些雾节点支持多种通信，包括V2V（Vehicle-to-Vehicle，车辆到车辆）、V2I（Vehicle-to-Infrastructure，车辆到基础设施）、V2P（Vehicle-to-Pedestrian，车辆到行人）和I2I（Infrastructure-to-Infrastructure，基础设施到基础设施）。
- 雾计算域。
  - 这些域可以包括由不同组织机构拥有和运营的雾网络（如联盟形式），这些多域网络是高度监管系统（通过私有和公有雾网络共同为设备、行人和车辆提供服务）的一部分。
  - 跨雾节点的多租户是管理行政区域的一种方式，该能力特别适合市政部门，因为它们可以整合多个雾网络，不但能够减少需要安装、保护和维护的设备数量，而且还能减少耗电量。
- 多个云计算域。
  - 所有雾节点或端点设备都可能使用私有云和公有云。
- EMS（Element Management System，网元管理系统）。
- SP（Service Provider，服务提供商）。
- 城市交通服务。
- 多个汽车制造商。
- 多种类型的传感器以及控制和执行组件。包括路侧传感器、车载传感器、行人携带的传感器等。这些传感器可以提供并使用数据，使得智能交通系统中的各个参与者都能执行相应的功能（行人可以更安全、控制器可以根据交通流量调节交通信号灯、车辆可以自动安全驾驶等）。智能交通系统还可以管理城市空间内的其他部件，如数字标牌、摄像头和大门。

边缘计算与雾计算之间的关键区别之一就是雾计算的分层特征（见图6-21）。汽车中的应用程序可以连接基础设施（如路边基础设施）中的不同雾节点，然后连接到分层架构中的其他雾节点以提供多种服务，如避免拥堵和道路施工、监控影响交通流量的公共事件、引导交通以减少特定区域的污染物水平、优化应急车辆的路线等。

智能交通系统必须具备如下三类雾节点。

- **车辆中的雾计算节点：**无论是自动驾驶车辆还是人工驾驶车辆，车内都可能包含一个或多个雾节点，这些雾节点将与其他移动雾节点（V2V）、基础设施（V2I）、行人（V2P）以及其他部件（如车辆中的传感器［V2x］）进行通信。这些雾节点在没有与附近或云中的其他雾节点相连的情况下，也能自主执行很多任务。不同的雾节点可以提供不同的功能，具体取决于它们的重要程度。例如，信息娱乐服务将与其他危及生命的功能（如自动驾驶和防撞功能、ADAS［Advanced Driver Assistance System，高级驾驶辅助系统］和导航系统）保持物理分离。蜂窝通信（如LTE、5G和C-V2X）、WiFi以及DSRC（Dedicated Short-Range Communication，专用短距通信）等技术都支持安全的V2X通信。
- **基础设施中的雾计算节点：**路边的雾节点表示入口点和雾计算分层结构的第一级，这些雾节点从分层结构中的高层设备（如路边摄像头、车辆和雾节点）收集数据，执行本地化计算，包括数据分析和产生特定动作的决策，如警告车辆发生事故或建议绕行。在第一层生成和汇总的数据可以发送给分层结构中的高层雾节点（如用于进一步分析并分发给不同参与方）。分层结构中的每一层都提供了不依赖于分层结构中低层能力的附加功能，高层通常具有更强的处理能力和存储容量，可以处理从底层雾节点池接收到的数据。高层雾节点还可以提供低层节点不需要的功能，如数据混聚（Mashup），混聚通过汇聚不同数据源的数据（包括分层结构中高层雾节点的数据）并以业务支撑系统可以使用的方式组合数据，从而实现更加精细化的数据分析。此外，有些数据还可以与同一层级中的其他雾节点共享，从而实现东西向通信（如扩展雾计算域的应用范围及地理范围）。

- **雾计算节点作为交通控制系统的一部分**：出于安全原因，很多国家都单独管理其交通灯系统（即支持交通信号灯的网络与其他网络保持物理隔离）。虽然各国都有与此相关的严格监管，但智慧城市的出现为更加智能的联网交通控制系统打开了一扇新大门，交通控制系统开始与外部系统进行少量连接，尽管仅限于少量授权实体，而且可以交换的数据也受到严格控制和限制。例如，控制区域内一组交通灯的可信雾节点可以从城市交通服务或者分层结构中的特定基础设施雾节点接收数据，这些雾节点再基于接收到的数据做出相应的决策（如为警车等应急车辆提供绿波带，或者增加绿灯时间以加速特定方向的交通流量）。

从智能交通系统的案例可以看出雾计算的强大潜力，这是一套涉及多个参与方的复杂物联网系统，具有生成和交换大量数据的能力。此外，该案例还阐述了雾计算的应用范围，描述了边缘计算与全功能雾计算系统之间的界限，很好地说明了雾计算是图6-20左侧顶部超集的原因。

虽然云计算和雾计算高度互补，但区别也很明显。两者的相互增益显而易见，因而这两种技术的融合是下一步的演进方向。这里使用术语“融合”，是因为雾和云中的计算节点都可以作为单个、统一且连续的资源矩阵提供给最终用户。前面曾经说过，雾计算是物与云之间的连续统一体，但是目前的物联网服务要求雾和云中的计算资源必须使用独立的管理系统，这样一来，不但导致管理物联网服务不同组件（如基础设施、应用程序、数据分发系统和VNF）的生命周期的管理功能和系统重复，而且实施转发策略、安全策略的任务也会出现重复。例如，部署图6-21所示的智能交通系统需要在跨雾和云网络的虚拟化环境中实例化和配置多个应用程序，此时的编排任务可能是统一的，而不需要使用独立的编排系统来自动部署雾和云中的服务。服务保障和安全性也存在相似的情况，包括集成化的策略定义、实施及生命周期管理。在这种情况下，ETSI的NFV MANO是所有可选方案中的佼佼者。如第8章所述，NFV MANO可以用于网络域之外，有潜力成为标准化的物联网编排系统，从而促进雾计算和云计算管理系统的融合。

图6-22以时间为序说明了这些技术的发展情况，从基于设备的网络（左侧）一直到期望中的雾云融合（右侧）。云就绪功能（Cloud-ready function）指的是从桌面移植到云端的应用，这些应用在云端运行可以提供更高级的体验。另一方面，云原生功能（Cloud-native functions）指的是从设计和开发之初就运行在云端的应用，此时的应用程序通常会被分解成更简单、更小也更独立的功能，称为微服务，这些微服务可以协同工作以构建应用程序。这就改变了构建单一应用程序的传统方法，传统方法的版本更新通常要求升级整个应用程序，需要关闭、更新、重新启动应用程序，显然会影响应用程序的运行。而云原生应用由一组微服务组成，这些微服务都是由轻量级虚拟化环境（如Docker容器）支持的，可以单独升级，而且可以立即重新启动。

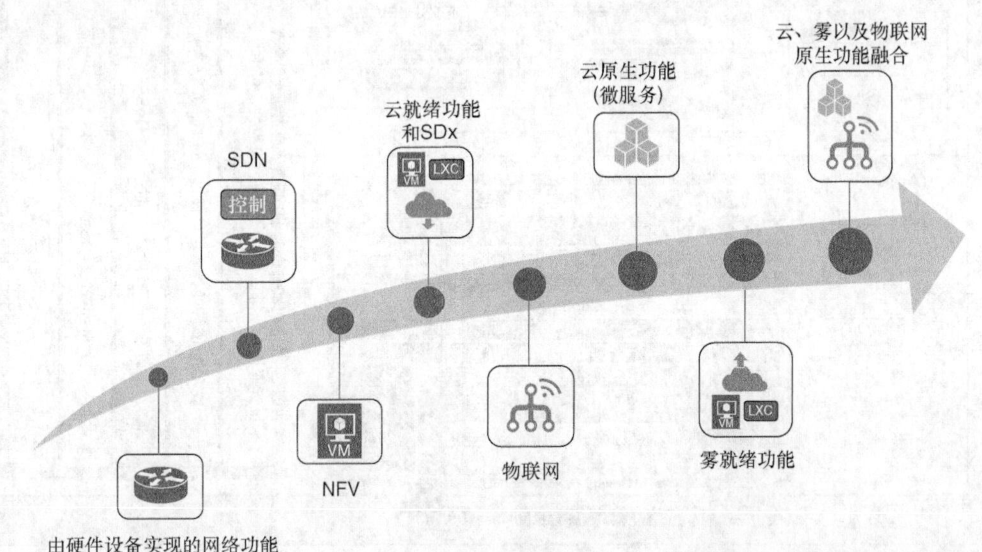

图6-22 从基于设备的网络到雾与云管理系统的融合

同样，雾就绪功能（Fog-ready function）是移植到雾节点的应用程序。例如，用于监控电气仪表盘中元器件的电源控制工具通常都是嵌入式系统，也就是说，控制器是电气仪表盘中的另一个物理器件。随着雾计算的出现以及能够将多个应用整合到一起的通用雾节点的部署，以前将控制器作为物理设备提供的多家企业目前都已经提供相应的虚拟化版本，并且为运行在雾节点中进行了定制开发，能够很好的适配雾计算。如前所述，雾和云计算发展演进的下一步很可能是管理层面的融合。与云计算一样，开发人员会逐渐将应用程序分解成微服务，这些微服务可以在云-物连续体（cloud-to-thing continuum）提供的虚拟化层高效运行。

如本章前面所述，SDX和NFV是云计算发展过程中的工具类技术，对于雾计算来说也能发挥类似的作用。很多服务提供商、企业和系统集成商都在大力发展NFV，从而推动了统一服务管理框架的需求，统一服务管理框架不但可以编排VNF，而且还可以编排包含雾计算域在内的物联网服务。OpenFog联盟尚未指定雾连续统一体的编排系统（至少在写作本书时尚未指定）。NFV MANO提供的功能与OpenFog联盟提出的架构高度互补，因而NFV MANO是跨雾网络和分布式后台实现统一编排和管理的明确候选方案。图6-24解释了这两种架构相互结合并在实践中相互补充的方式。

图6-23的左侧表示雾与数据中心之间的物理隔离，数据中心不但托管了NFV MANO组件，而且还托管了支持物联网服务后台的VF（Virtual Function，虚拟功能）和VI（Virtual Infrastructure，虚拟基础设施）。OpenFog参考架构分为4个模块。

- 位于雾节点南向的“物品”。
- 云-物连续体中的雾节点（图中放大并显示了雾节点的主要组件和分层结构）。
- 一组能够管理物联网服务不同方面的纵向贯穿功能。
- 在多租户物联网环境中提供给管理员的UI（User Interface，用户界面）和其他管理服务。

图6-23中的纵向贯穿功能（表示为五大功能）以及节点、系统和软件视图均遵循OpenFog联盟发布的参考架构文档中定义的功能和术语，这些纵向贯穿功能包括可管理性、安全性、性能和扩展机制、数据分析和控制以及BI（Business Intelligence，商业智能）和跨雾应用。请注意，融合架构有效避免了前面所说的雾计算和后端平台存在的角色及功能重复问题。

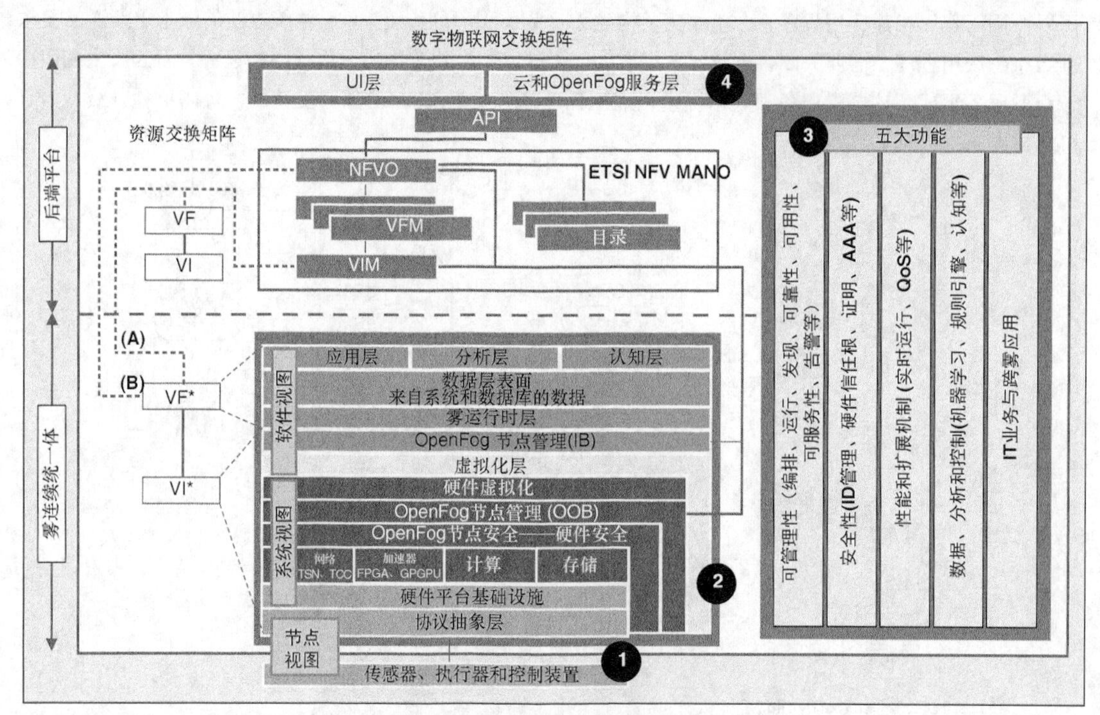

图6-23 NFV MANO和OpenFog融合架构

RBAC（Role-Based Access Control，基于角色的访问控制）和 NFVO（NFV Orchestrator，NFV 编排器）北向 API 的适当组合可以实现多租户，此时的 NFV MANO 可以为不同的客户端编排和管理后端平台及雾计算域中的虚拟功能（实例），这些实例在图中分别表示为 VF 和 VF*。需要注意的是，这里没有说 VNF，而是使用术语 VF；另外，物联网中的服务链由虚拟功能（超越了以网络为中心的功能）组成。目前的 NFV MANO 实现基于三层模型：NFVO、一组 VNFM 和 VIM。与 VF 类似，这里没有说 VNFM，而是使用了通用术语 VFM（Virtual Function Manager，虚拟功能管理器）。图 6-23 左侧显示了 NFV MANO 在后台提供的虚拟基础设施（VI）以及雾提供的虚拟基础设施（VI*）中实例化 VF 的方式。

雾计算域中的 VF*实例化需要与 OpenFog 架构进行交互，交互过程是通过图 6-23 中的模块 2（位于 MANO 与 OpenFog 节点管理层之间）右侧所示的两个接口实现的。OpenFog 定义了两种不同的 OpenFog 节点管理层，允许 OOB（Out-Of-Band，带外）管理机制和 IB（In-Band，带内）管理机制。OOB 机制指的是不运行在主机操作系统上的可管理性功能，通常包括可以在所有电源状态下运行的机制，如 IPMI（Intelligent Platform Management Interface，智能平台管理接口）规范定义的机制。IB 机制指的是雾节点上运行的对于软件和固件可见的可管理性功能。例如，从后端启动雾节点中的 VM（Virtual Machine，虚拟机）或 LXC（Linux Container，Linux 容器）的过程需要 IB 管理。

可以采用不同的实现方式在雾计算 VI*（Virtual Infrastructure，虚拟基础设施）中指导 VF*（虚拟功能）的实例化进程，图 6-24 给出了两种可能的实现方案（方案 A 和方案 B）。方案 A 基于传统的 NFVO、VFM 和 VIM 交互方式，意味着此时的雾节点成为 VIM 管理的计算单元，此时需要一个可以运行为雾节点中的代理的客户端。虽然实现方案 A 不存在技术障碍，但商业支持可能有问题，因为现有的 VIM（如 OpenStack 或 VMware）可能不愿意支持数据中心之外的场景。方案 B 属于无 VIM 场景，可以通过 NFVO 直接注册和管理雾节点，因而为雾计算域提供了更大的灵活性。VFM 和 VIM 提供的功能现在可以由雾节点进行分布、嵌入和自主管理，而且遵循 NFV MANO 的设计原则。很明显，该方案不需要对现有的 VIM 进行商业扩展。

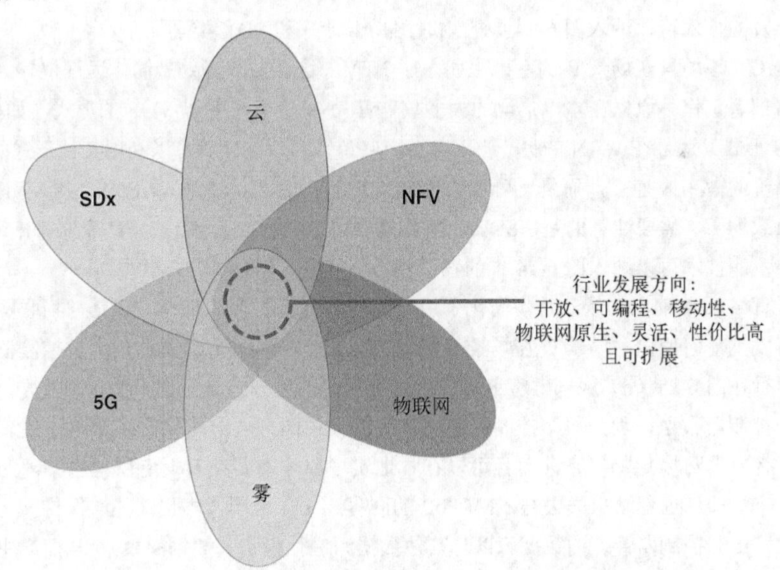

图 6-24 行业正逐步走向融合化和多样化平台

总的来说，OpenFog 和 NFV MANO 融合架构能够实现弹性扩展，而且还可以跨后端平台（运行在公有或私有数据中心、网络及雾节点上）实现物理和虚拟实体及服务的生命周期管理。值得注意的是，与雾计算和 NFV 相比，当前行业更多地倾向于融合架构。从图 6-24 可以看出该趋势，SDX、云、NFV、物联网、雾和 5G 技术正在协同发展，SDX 和 NFV 将有助于该目标的实现。例如，图 6-12 的收入剪刀差等挑战推动业界选择 vRAN 等虚拟化技术以及 3GPP 提出的 5G 方案的切片机制。另一个很明显的例子就是，如果没有运行在云（无论是私有云、公有云还是混合云）上的后端平台，那么几乎无法想象会有NFV或雾计算这样的技术。

图6-25说明了这种融合趋势以及业界的发展演进情况，图中给出了四种不同的应用场景，从左到右，逐渐集成这些技术并最终迁移到融合模型。

- **场景A**：图6-25（a）是当前的典型应用场景。物联网用例选取的是智能电源控制系统，这些系统通常都要提供双向通信，实现上游方向的实时监控以及下游方向的控制与执行操作。具体来说，电源监控器件可以集成到电子仪表盘中，电子仪表盘可以由用户进行远程监控。监控器件将数据发送给本地控制器（通常是专用的电源控制器，集成为电气仪表盘中的另一个物理器件）。控制器收集和处理的数据会被安全发送给云端运行的应用程序，应用程序可以聚合和分析从大量远程位置获得的数据。该应用程序通常也是专用程序，一般都由提供监控器件、控制器、保护器和断路器的同一厂家提供。运行在云端的应用程序通常会提供一套API，用户可以通过UI来使用这些数据，而且API还支持控制和执行机制，允许用户远程执行相关操作，如选择性地断电或沿不同线路供电。该场景下的网络是通过PNF（物理设备）实现的。例如，电源控制器可以通过以太网连接本地网络中的交换机，然后再连接到DMZ，进而连接提供WAN连接（本场景为MPLS）的边缘路由器。该场景能够实现建筑物能耗的远程监测和控制，如前所述，托管在云端的应用程序可以控制数百栋建筑物。该场景涉及的技术可以纳入图6-24中的物联网和云计算类别。
- **场景B**：该场景实现的用例与前一个场景完全相同，但采用了不同的部署方案。该场景引入了SD-WAN技术，大大简化了WAN的管理。通过云端运行的集中式SD-WAN控制器对外部连接进行优化，SD-WAN控制器不仅优化了MPLS、Internet和LTE链路提供的外部连接，而且还通过引入基于SDN的交换机来简化网络设备的内部安装过程。SDN交换机的SDN控制器安装在本地（前端），而且控制后者的应用程序可以由云端运行的集中式SDN-WAN控制器提供。该场景涉及的技术可以纳入图6-24中的物联网、云计算和SDX类别。
- **场景C**：该场景在场景B的基础上引入了NFV。这样做的好处是简化远程位置（如建筑物）的网络部署工作。原先在本地实现的大多数PNF都将上移，并以VNF的形式（如提供为SaaS或PaaS形式）运行在WAN的另一端（如NFV-PoP中）。这样就可以利用某种形式的FTTx链路替代昂贵的MPLS连接，而且还可以通过SD-WAN控制器命令NFV-PoP中的VNF实现流量控制和负载均衡。需要注意的是，SD-WAN控制器可以运行在云端，无需驻留在NFV-PoP中。该场景涉及的技术可以纳入图6-24中的物联网、云计算、SDX和NFV类别。
- **场景D**：虽然前面的场景逐步简化了用户的网络部署和管理工作，但是与物联网相关的组件却没有发生任何变化。场景D在场景C的基础上引入了雾计算，此时的电源控制器实现了虚拟化且运行在图6-25（d）底部的雾节点中。这种新的部署方式具备如下优点。首先，大大减少了所需的控制器数量，因为单个控制器能够以更加集中的分层方式聚合多个电子仪表盘的数据。其次，控制器可以更加复杂，而且可以在本地实现原先需要在云端专用程序实现的部分功能，这样一来，即使远程站点失去与NFV-PoP的回程连接，应用程序仍然能够保持一定的可操作性。再次，电源控制器管理的数据可以与其他数据源进行组合（数据混聚），从而产生更多新的商业成果（例如，可以提供更多的数据并在决策过程中实现更加精细化的控制）。最后，雾节点不仅能够提供功率控制功能，而且还能同时运行其他类型的应用程序（如监测和控制电梯、HVAC系统以及优化照明和数字信号的应用程序等）。该场景涵盖了图6-24所示的物联网、云计算、SDX、NFV和雾计算等技术。不久的将来，还会出现5G。例如，SD-WAN系统可以利用5G通信，虚拟化服务可以利用NFV和MANO，而且很多常见组合都会包含雾计算以及可以绕开边缘计算的长距5G通信。与编排技术相关的一个核心观点是，业界将逐步利用NFV MANO来编排涉及CPE（Customer Premises Equipment，客户端设备）的服务的部署和自动配置工作。未来，

NFV MANO 将进一步扩展到网络域之外，能够以当前 CPE 相似的方式实现雾节点以及物联网服务的编排操作。

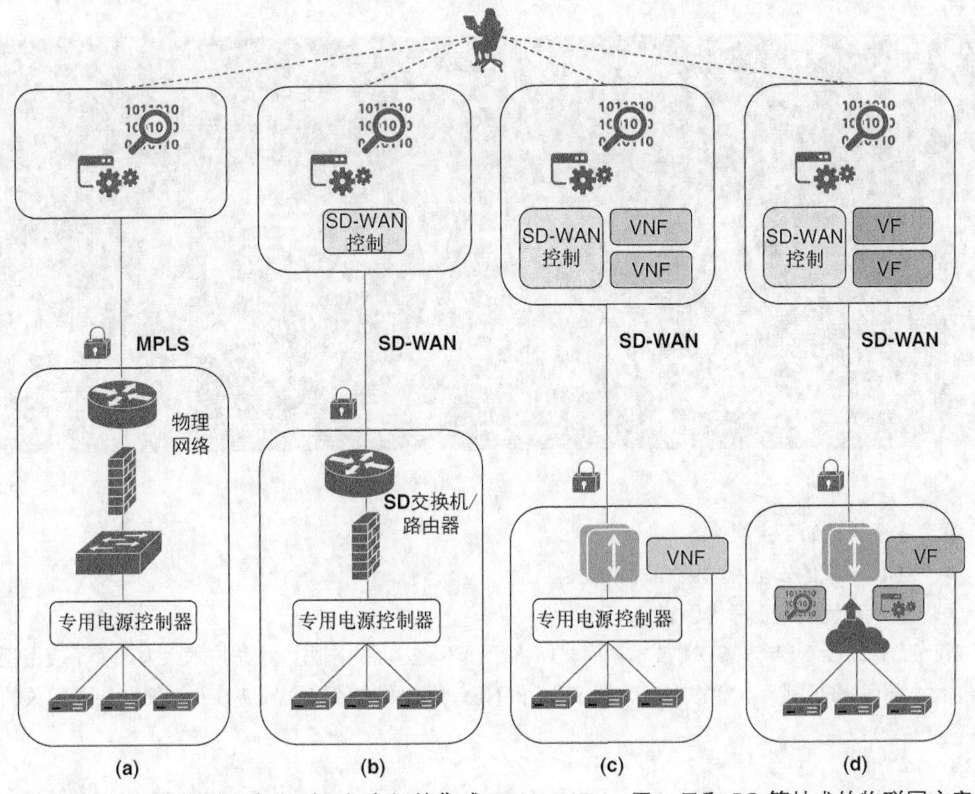

图 6-25 从传统物联网方案到更加高级的集成 SDX、NFV、雾、云和 5G 等技术的物联网方案

6.5 小结

如果MANO持续演进并成为NFV部署方案的编排系统，那么雾计算的编排系统将最终需要与MANO进行互操作或者在 MANO 的基础上进行构建。开发团队在开发面向雾计算的下一代编排系统时，应该与 MANO 的发展进程保持一致，如果与未来的 NFV 体系架构不一致，那么不但要考虑优缺点，而且还要考虑可能的风险。SDX 技术的进展也很关键，虽然 OpenDaylight 等控制器平台还无法完全提供很多雾平台所需的功能（至少是当前版本），但确实提供了很好的参考和知识库，因为它们在雾计算所需的很多功能特性方面都非常先进。一个明显的例子就是 MD-SAL 以及基于标准的数据建模语言（如 YANG）创建新插件的方法，事实上，YANG 是物联网和未来雾计算平台数据建模语言非常有前途的候选者，第 8 章将深入探讨这方面的细节信息。

第 7 章

保护 SDN 和 NFV 环境

本章主要讨论如下主题：

- SDN 环境的安全考虑因素；
- NFV 环境的安全考虑因素。

第 6 章讨论了 NFV 和 SDN 技术在简化网络运行环境方面的作用，这些技术大大改善了应用程序的部署、运行和退出机制。本章将重点分析 SDN 和 NFV 环境面临的安全威胁，并详细介绍了相关的安全组件。

7.1 SDN 环境的安全考虑因素

SDN 的主要概念之一就是提供开放接口，允许软件控制一组基础设施资源，包括网络、遥测、安全以及服务保障资源。SDN 定义了一种集中化的控制平面方法，可以将控制功能转移到集中的控制集群中。虽然这个概念提供了很多好处，但同样也存在一些缺陷。在总体成熟度不足、基础设施 API 有限且缺乏改善的情况下，为这种环境提供安全保障具有很大的挑战性。

实现利益最大化并尽可能降低缺陷的一种方式就是将各种组件进行归类，然后再逐一检查每个组件。SDN 包括三层或三个平面，通常称为应用平面、控制平面和数据平面。考虑到控制器与基础设施之间的关系，有必要同时检查每个平面的两端。本节将深入探讨确保控制器自身安全性、控制器与基础设施南向通信安全性、控制器与应用程序北向通信安全性以及各种通信平面安全性的相关机制。图 7-1 列出了与 SDN 相关的组件类别并以数字加以标识。

7.1.1 1：保护控制器

SDN 控制器是 SDN 的“大脑”，充当集中式控制点。SDN 控制器通过北向 API 向应用层呈现网络抽象，通过南向通信管理去往基础设施的流量，从而允许应用程序更有效地使用网络服务。SDN 控制器可以是单一服务器，也可以是一组构成控制平面集群的分布式设备。由于 SDN 控制器在 SDN 体系架构中拥有非常关键的作用，因而也是主要攻击目标。保护控制器通常需要保护控制器应用程序和底层操作系统。

1．保护控制器应用程序

控制器应用程序是一种在 SDN 环境下执行任务的软件，通过下列选项可以保护控制器应用程序的安全性。

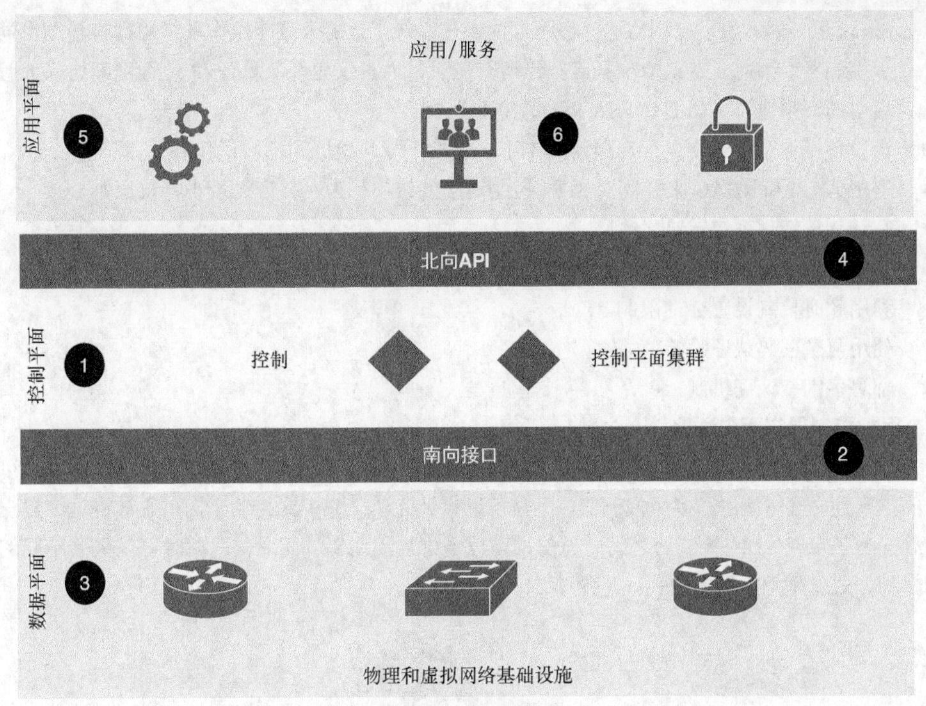

图 7-1 SDN 架构

- 必须严格控制对控制器应用程序的访问行为。控制器是集中决策点，可以考虑采用 AAA 和 RBAC 来管理控制器的访问操作，同时还应考虑对这部分资源实施特殊的分区或分段操作。
- 可以在控制器和与之通信的设备之间使用 TLS 等安全协议。TLS 不但可以为客户端和服务器提供身份认证功能，而且还能提供加密功能，以维护数据的机密性和完整性。如果控制器应用程序具有 CLI，那么就应该利用安全协议（如 SIP 和 HTTPS）并禁用弱安全协议（如 Telnet 和 HTTP）。
- 为控制器部署高可用性机制。控制器被攻击后可能会影响整个 SDN 系统，采用冗余控制器的 SDN 可以在一台控制器出现故障后保持正常运行。该资源的可用性非常关键，与仅采用单台控制器的部署方式相比，采用三台或更多台控制器的集群部署方式能够更好地应对控制器故障或其他攻击场景。
- 必须考虑 DDoS 保护问题。目前存在多种类型的 DDoS 攻击，通常可以分为三类：过量攻击（如 UDP、ICMP 泛洪）、协议攻击（如 SYN 泛洪、分段包攻击）和应用层攻击（如 GET/POST 泛洪）。防护目标是以最有效的方式识别和过滤恶意流量（无论是何种协议或何种类型的攻击）。DDoS 清洗系统能够有效识别和过滤恶意流量并重新注入清洗后的流量。其他安全防护机制还包括在交换机、无线控制器和防火墙上部署最佳实践配置，并确保在特定场景下使用合适的定时器。不过在实际应用中，定时器的检查操作可能非常繁琐，因为 UDP 和 TCP 的定时器数量非常多，而且还有很多不同的 ICMP 类型和代码，因而这种方法很难在大型网络中推广使用。另一种安全策略是采用最新的安全机制，如 BGP Flowspec，可以识别或匹配“可疑”流量，并执行限速操作，将速率限制为 0（基本上就是删除这些流量）。或者设置特殊下一跳，将这些流量引导到可以送往流量清洗系统的特定 VRF。
- 日志和审计跟踪有助于了解控制器的变化情况，可以快速确定登录尝试失败和未授权命令集的相关信息。

2. 保护底层操作系统

下列选项可以保护底层操作系统的安全性。

- 很多 SDN 控制器都运行在 Linux 操作系统上，因而应该考虑采用最佳实践来加固面向公众的

Linux服务器。如果控制器运行在不同的操作系统上，那么这些操作系统的固有漏洞也同样适用于控制器。因此，默认情况下应拒绝所有流量，而且仅允许从私有IP地址空间访问为管理用途启用的特定协议（如HTTPS、SSH、SNMPv3等）。

- 让设备操作系统始终运行在最新版本下，包括下载、验证和部署最新补丁。
- 利用AAA和RBAC来控制对SDN控制网络的访问行为，并遵循最小特权原则。
- 有计划地清理系统差错。
- 禁用弱安全协议（如Telnet和HTTP）、未使用的服务和未使用的端口。
- 利用超时机制设置会话限制。
- 使用复杂密码认证哈希值。
- 部署多因素认证机制。

3. **保护控制器东西向通信**

SDN可以部署在被划分为多个SDN域的大型全球性网络中，互连这些SDN域可以实现高可用设计和更好的扩展性。虽然使用了多个控制器，但是可以设计为单一集中式控制平面，通常将这个概念称为控制平面簇。为了实现SDN控制器之间的通信，可以考虑启用AS域间通信，此时可以采用不同的实现方式，第一种方式就是垂直通信模式（见图7-2）。

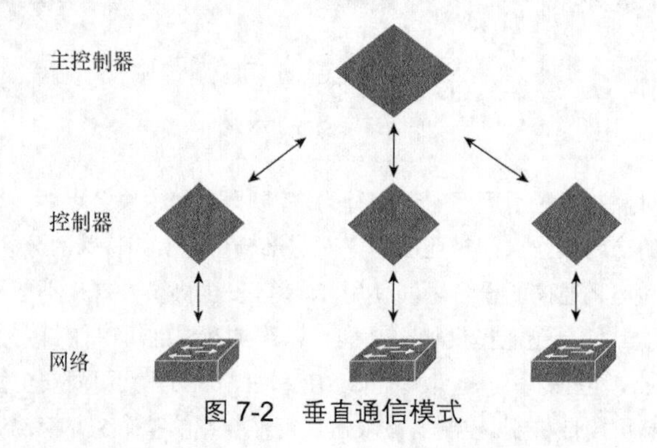

图7-2 垂直通信模式

图中的所有控制器都与主控制器进行通信，主控制器拥有全部已连接SDN域的全局视图，可以对所有已连接SDN域的配置执行编排操作。

图7-3给出了水平通信模式。

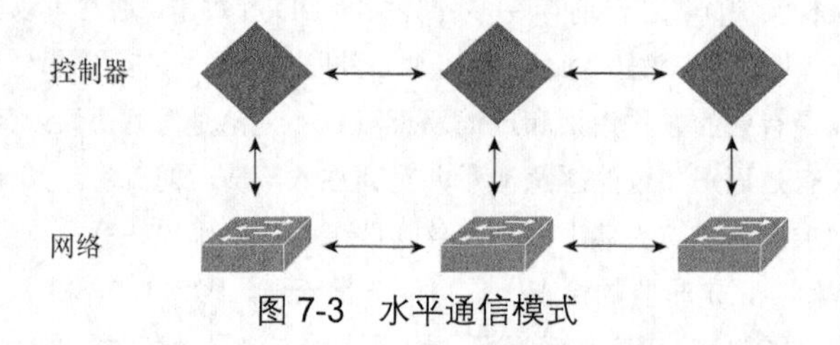

图7-3 水平通信模式

图中的SDN控制器建立的是对等通信方式，每个控制器都可以请求网络中其他SDN域的控制器信息或连接，也称为SDN东西向接口。控制器之间可以通过不同的协议进行通信，最常见的协议就是BGP（Border Gateway Protocol，边界网关协议）。图7-4给出了OpenDaylight体系架构及其为SDN控制器间通信设计的规划方案，称为SDNi（SDN Controller Inter-communication，SDN控制器间通信）。

图中标记为SDNi封装器（SDNi Wrapper）的上半部分利用了封装器功能，该功能采用现有的ODL-BGP插件来增强BGP能力数据的NLRI（Network Layer Reachability Information，网络层可达性信息），这些数据通过REST API进行交换，每个控制器都拥有其他控制器的实时对等数据。为了安全起见，可以对这些数据设置特定过滤器。

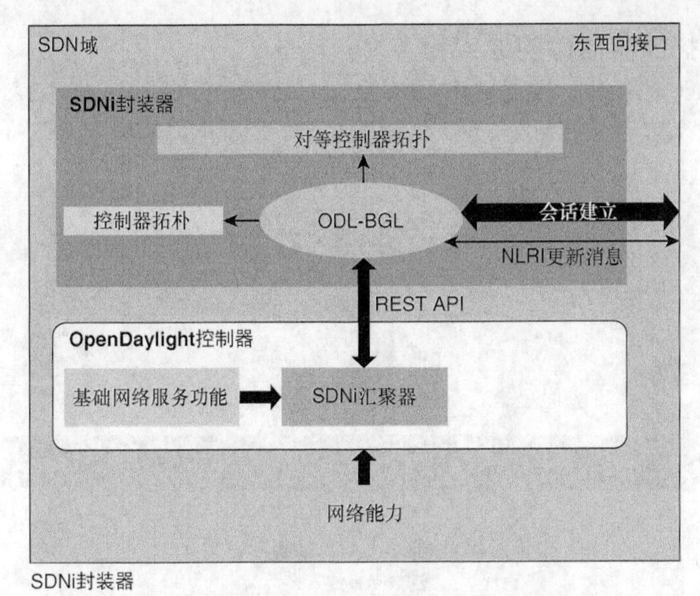

图 7-4 OpenDaylight SDN 架构（SDNi）

图 7-5 解释了多控制器环境下的 SDNi 封装器的部署位置（标有 SDNi 应用的方框）。

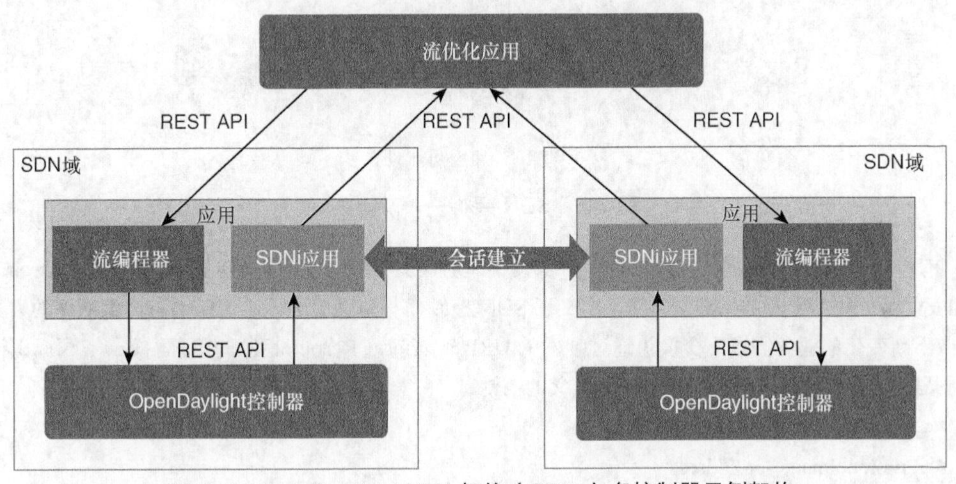

图 7-5 OpenDaylight SDN 架构（SDNi）多控制器示例架构

图 7-5 中的网络流量需要跨 SDN 控制器的域内和域间子网进行编排。SDN 控制器可以通过东西向通信，根据已定义策略跨子网交换网络信息。SDN 控制器（多供应商）间通信和网络参数的交换需要按照“预先约定好的”规范进行。

不过，由于通过 NLRI Update（更新）消息交换网络参数的通信过程使用的是 BGP，因而必须考虑该协议的固有挑战。BGP 采用 TCP 传输机制，易遭受针对 TCP 的协议各种攻击。此外，BGP 的路由控制和路由劫持也是一大安全挑战。如果使用了 BGP，那么应确保同时实施了如下防护措施：

- 邻居认证选项；
- TTL 安全检查；
- 最大前缀和前缀列表；
- AS 路径长度限制；
- 基础设施 ACL。

7.1.2 2：保护控制器南向通信

控制器南向通信的任务之一就是实现控制平面与数据平面之间的通信，从而对网络基础设施（物理和虚拟）进行有效控制，允许控制器根据当前需求实现网络变更的动态实例化。图 7-6 给出了南向通信在 SDN 架构中所处的位置。

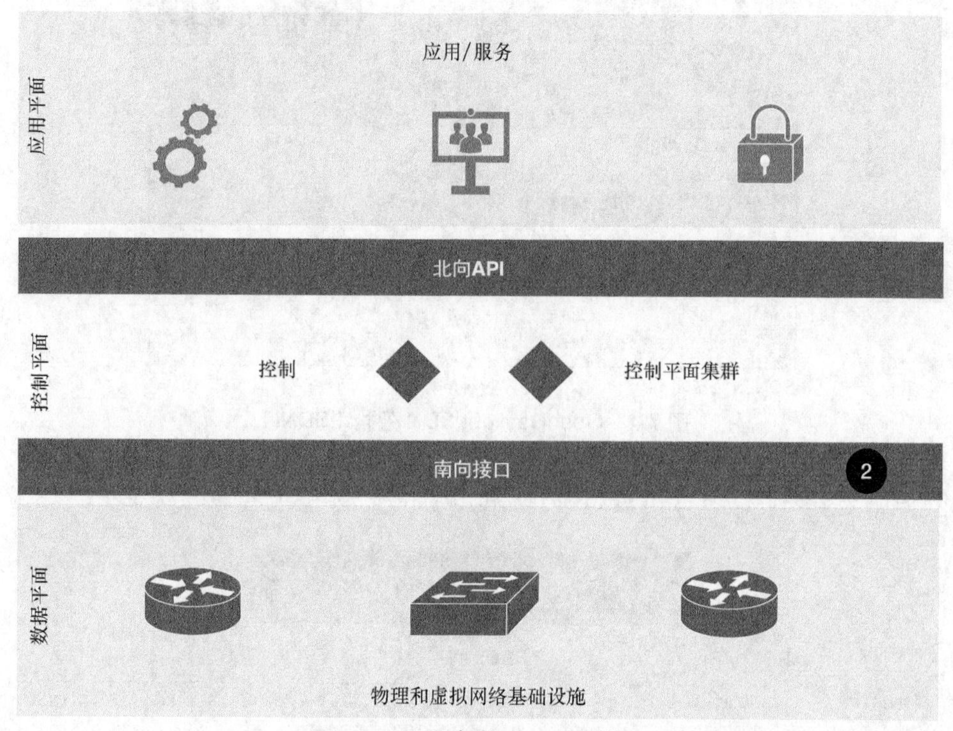

图 7-6 SDN 架构——南向接口

ONF（Open Networking Foundation，开放网络基金会）开发了业界最早的南向接口协议 OpenFlow。OpenFlow 是一种基于开放标准的协议，定义了 SDN 控制器与转发层进行通信以动态调整网络的方式，能够适应不断变化的业务需求。交换机通过唯一的 URI（Uniform Resource Identifier，统一资源标识符）连接控制器，因而需要采用符合 RFC 3986 定义的语法：

- protocol:name-or-address:port
- protocol:name-or-address

该协议定义了 OpenFlow 消息的传输机制，主要连接选项是常规 TCP 或 TLS，字段 name-or-address 是控制器的主机名或 IP 地址。以下是连接 URI 的示例。

- tcp:198.168.1.10:6653
- tcp:198.168.1.10
- tls:test.opennetworking.org:6653
- tls:[3ffe:2a00:100:7031::1]:6653

可以看出，控制器与交换机之间的 OpenFlow 通信可以使用 TLS，但并不是强制要求，很多实现都基于常规 TCP，因而存在潜在的中间人攻击和欺诈连接隐患。此外，即使选择了更安全的 TLS 选项，某些实现也可能仅仅包含了服务器侧认证。互认证机制非常重要，因为欺诈交换机（充当客户端）可能非常危险。有关认证和加密的更多信息，请参阅本章后面的内容。

OpenFlow 可能是目前最知名的南向通信协议，除此以外还有一些其他可用南向通信协议。业界供应商正在开发其他接口，如 CLI、BGP、SNMP、XMPP、REST API、RESTCONF 和 NETCONF。ONF 最近采用了 NETCONF（IETF RFC 6241），使用 XML（Extensible Markup Language，可扩展标记语言）与外部网络基础设施进行通信以实现配置变更。NETCONF 采用客户端/服务器模型，为网络设备提供编程接口，无需使用专有的 CLI 语法配置设备并管理运行数据，其配置数据或运行数据采用 YANG 数据模型的预定义结构进行格式化。SDN 控制器（如 Cisco NSO［Network Service Orchestrator，网络服务编排器］和 ODL［OpenDaylight］）采用 NETCONF 作为南向协议，并利用 CLI 语法配置设备并管理运行数据。

由 Contrail 和 Arista 支持的 XMPP（Extensible Messaging and Presence Protocol，可扩展消息传递和在线协议）也基于 XML，最初用于即时消息的传递与在线检测。XMPP 是 OpenFlow 的替代协议，经常用于 SDN 混合网络，可以将控制平面和管理平面信息分发给服务器端点。某些 SDN 解决方案还采用了专有解决方案，如思科 ACI OpFlex 或 Meraki。

既然存在如此多的可选南向通信协议，那么该如何保护控制器与基础设施之间的通信呢？由于每种南向接口都有自己的安全措施，而且健壮程度各不相同，因而有必要了解每种协议的安全选项。此外，很多南向协议都刚刚出现，业界可能还没有以最安全的方式来实现它们（如前面所说的在无 TLS 的情况下使用 OpenFlow）。下面将详细介绍一些常见安全实践。

1. 认证和加密

控制器与基础设施控制平面之间的通信应基于安全通道，利用 TLS 提供数据机密性和完整性能力就是一种可选方案。TLS 可以验证 SDN 设备参与者并加密 SDN 设备与控制器之间的通信数据。除了强制采用适当的密码套件之外，还应考虑安全的 TLS 版本，这里所说的“适当”是一个相对术语，因为可以很容易地在少数几个适用不同场景的密码套件中进行选择。NIST 等组织机构都提出了各自的安全指南和建议，某些选项拥有较为强大的安全措施，某些选项则拥有较高的兼容性、较低的处理器使用率或其他特性。虽然使用 TLS 可以防范针对数据平面和南向通信的窃听和欺骗威胁，但一定要仔细研究适用特定场景的密码套件。

TLS 的实现相对较为复杂，因为 TLS 需要用到 CA（Certificate Authority，证书颁发机构），很多控制器使用的都是自签名证书，应该采用可信 CA 签名证书替换这些自签名证书。此外，还应该及时并经常更改密钥存储及信任存储的默认密码。

2. 利用协议自身的安全选项

SNMP 是一种可选的南向通信协议，可以提供数据检索功能，而且还允许应用程序将配置写入网络设备。早期的 SNMP 版本（1 和 2c）都不需要对等体的身份证明（认证），也没有数据隐私保护机制（加密）。SNMP 版本 3 增加了认证和加密机制，可以同时使用认证和加密机制，也可以单独使用。虽然 SNMPv3 更安全，但是从功能角度来看，SNMPv3 采用单一 get 操作获取设备的所有数据，需要用户根据变量对数据进行排序。在某些情况下，获取所有数据的请求操作本身就可能是拒绝服务攻击、争夺系统的处理资源以响应请求。

NETCONF 等南向接口增加了很多功能且非常健壮，NETCONF 可以安装、控制和删除配置数据，YANG 可以对来自各种网元的配置和状态数据进行建模。与前面所说的 SNMP 相比，NETCONF 可以将配置数据与运行数据和统计信息分开，而且还能检索这些数据。考虑到安全性问题，NETCONF 的传输层可以通过不同的选项使用认证和完整性机制，可以使用带有 X.509 互认证机制的 TLS 来保护 NETCONF 消息的交换过程，也可以配置 NETCONF 使用 SSHv2。该方法也基于可靠传输，而且可以在无需 X.509 证书的情况下提供认证和加密功能。

很多 SDN 都部署在数据中心内部，而且常常使用 DCI（Data Center Interconnect，数据中心互连）协议，如 VXLAN（Virtual Extensible Lan，虚拟可扩展局域网）、思科 OTV（Overlay Transport，叠加传输）和 L2MP（Layer 2 Multipath，二层多路径）。有关数据中心技术及其相关漏洞的内容不在本书写作范围之内，但是需要注意的是，这些协议中的很多都缺乏认证和加密机制或者缺乏合理的协议实现，攻击者可能会监听、欺骗新的流量流，从而允许某些类型的流量或者获得流量的转向权限。

3. 撤销

使用 TLS 的时候，撤销访问的能力非常重要。集中式撤销方法是一种可扩展的实现机制，可以通过

CRL（Certificate Revocation Lists，证书撤销列表）或OCSP（Online Certificate Status Protocol，在线证书状态协议）来实现。CRL包含一个已被CA撤销的证书序列号列表，客户端可以将证书中的序列号与列表中的序列号进行对比。CRL将分发点嵌入在证书中并告知客户端可以在哪里找到CRL。OCSP的工作方式略有不同：客户端收到证书之后，向OCSP响应端发送带有证书序列号的OCSP请求，响应端回复相应的状态（包括良好、已撤销或未知）。OCSP 的优点是客户端可以查询单个证书的状态，而不必下载整个列表并加以解析。

4. 制衡

应仔细考虑并部署制衡（checks-and-balances）系统，需要监控SDN生成的流量和告警信息并与基线信息进行对比，如果发现偏差，那么就要及时启动补救流程。

7.1.3 3：保护基础设施平面

SDN实现了数据平面与控制平面的解耦以及控制平面的集中化（控制平面最终以软件方式实现），虽然能够以编程方式访问网络基础设施，但是一定要确保满足每个平面的特殊考虑因素。直接与转发平面进行交互的协议称为控制协议，其他协议使用管理平面来配置转发平面，这类协议被称为管理平面协议（见图7-7）。

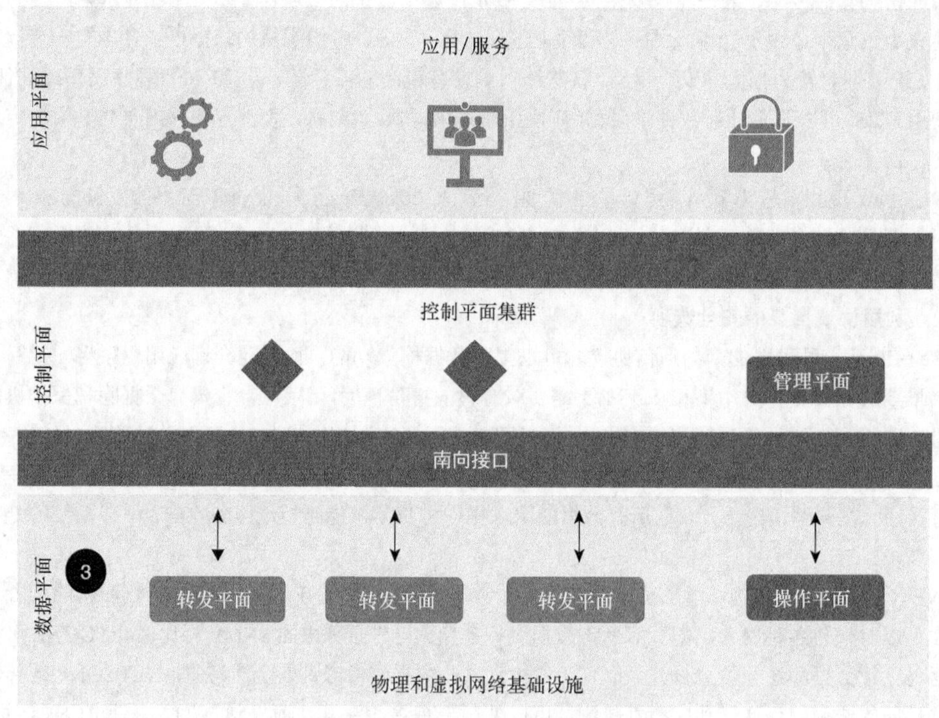

图7-7 SDN架构——基础设施

在安全保护方面，应全面考虑操作平面、管理平面、控制平面及数据平面的安全性，确保采用下列各节讨论的多种安全措施。

1. 操作平面

操作平面负责监控设备的运行状态并直接查看这些设备。操作和管理平面协同工作以检索运行状态信息并推送控制基础设施的配置更新。操作平面的安全性需要确保平台操作的最新性且能够按照预期方式运行。

- 保持设备操作系统处于最新版本，包括下载和安装最新补丁。
- 执行计划好的漏洞清理操作。

- 集中日志采集（详见第 14 章）。
- 保留回滚操作的配置变更并执行定期审计，以显示预期配置与实际配置之间的差异。

2. 管理平面

控制平面和转发平面主要处理数据流量，管理平面负责网络设备的配置、资源管理以及故障监控。管理平面的安全性需要严格控制管理功能并确保通信方式的安全性。

- 确保只使用安全协议（如 SSH、HTTPS、SNMPv3 和 SCP）来管理和监控基础设施，这就意味着应该禁用弱协议、未使用的服务和端口，这些都是常见的恶意攻击对象。
- 利用 AAA 和 RBAC（Role-Based Access Control，基于角色的访问控制）来限制对管理平台的访问。分别管理每个产品的证书数据库难以扩展，会增加潜在的错误行为和安全威胁。采用集中式 AAA 数据库并使用 RADIUS 和 TACACS 等协议是一种更安全的控制方式。很多人使用了认证和授权机制，但是却忽略记账机制的重要性。记录每个人的访问尝试信息（包括成功和不成功）并维护行为记录有助于实现合规性任务。
- 保护所有已使用和未使用端口。一种相当常见的策略是使用端口安全措施和 NAC（Network Access Control，网络访问控制）机制来保护已使用端口。
- 强制要求访问物理端口（如控制台端口）和管理协议（如 SSH 和 HTTPS）时采用强口令策略，而且还应该在基础设施上启用密码加密功能，密码不允许以明文方式存在。

3. 控制平面

控制平面的安全性主要提供与基础设施控制平面相关的安全选项。

- 利用控制平面策略技术，允许用户管理由设备路由处理器处理的流量流。
- 加强路由协议的安全性，包括验证对等设备以防轻易插入恶意设备，同时认证消息内容以防范 MITM（Man-In-The-Middle，中间人）攻击。
- 执行路由过滤，控制可以进入本地路由表的路由或前缀或者向邻居设备通告的路由或前缀。
- 如果设备认为数据包有更高效的路径去往目的地（通常通过不同的网关），那么就可以采用 ICMP 重定向。
- 通过网络设备生成 ICMP Unreachable（不可达）消息，以通知源主机目标单播地址不可达。
- 使用代理 ARP（通常由路由器等网络设备生成），也就是说，使用自己的 MAC 地址来响应针对其他主机的 ARP 请求。

某些协议组合起来可能会发起探测攻击，如反向映射攻击，此时的攻击者会向过滤设备后面的一系列地址发送 ICMP 应答消息。收到这些 ICMP 应答消息之后，由于大多数过滤设备都不保留 ICMP 请求的状态信息，因而允许这些数据包到达目的端。如果存在内部路由器，那么该路由器会为每个无法访问的主机响应一条“ICMP Unreachable”（ICMP 不可达）消息，这样一来，攻击者就知道了过滤设备后面的主机信息。

4. 数据平面

通常将该平面称为用户平面或转发平面，负责承载用户流量。加强和保护数据平面安全性的选项如下。

- 使用 ACL（Access Control List，访问控制列表），可以通过不同的使用方式，最常见的用法是控制接口上的入口/出口流量。此外，还可以将 ACL 作为反欺骗机制来丢弃具有无效源地址的流量。
- 使用 ACL 作为分类机制，为其他高层服务（如 QoS、带宽控制和路由更新等）提供精细化的控制机制。
- 使用 DDoS 检测和防范机制，这一点非常重要。可以采用 TCP 拦截功能来防范资源被大量连接请求所攻瘫，DDoS 清洗设备可以识别和过滤恶意流量并重新注入清洗后的流量。有关 DDoS 攻击的更多信息请参阅前面的“保护控制器应用程序”一节。
- 使用端口安全机制，防范 MAC 地址欺骗和泛洪攻击。

- 使用DAI（Dynamic ARP Inspection，动态ARP检测）机制，利用DHCP Snooping（DHCP监听）表来降低ARP中毒和欺骗攻击造成的影响。
- 使用IP源防护机制，利用DHCP Snooping表来防范地址欺骗。
- 禁用IP源路由并确保从源端到目的端的特定路径不在主机控制范围内，从而允许源端绕过故意插在路径中的恶意设备。

7.1.4　4：保护控制器北向通信

北向API允许高层实例抽象使用网络控制信息并最终允许利用这些应用程序和编排服务对SDN进行编程，这些服务可以是OSS（Operational Support System，运营支撑系统）、BSS（Business Support System，业务支撑系统）和网络管理平台。北向通信的安全风险和安全需求取决于使用SDN资源的网络应用。

由于SDN存在很大的多样性，在标准化开始之前就已经存在了多种不同的NB（Northbound，北向）通信机制。NB通信机制由REST（Representational State Transfer，表述性状态转移）API或Python、Java和C等程序语言库组成。如果攻击者发现了脆弱API，那么就可能利用控制器获得网络控制权。最常见的控制器北向通信方式是REST API，REST架构定义了一种在客户/服务器关系中运行的无状态通信方法。REST使用一组动作来表示各种操作（称为REST方法），常见操作主要有GET、POST、DELETE、PATCH和PUT。控制器北向通信选用REST API的目的是实现高效编排，以满足使用控制器的各种应用需求。图7-8给出了NB通信在SDN架构中的位置，具体内容将在下面进行讨论。

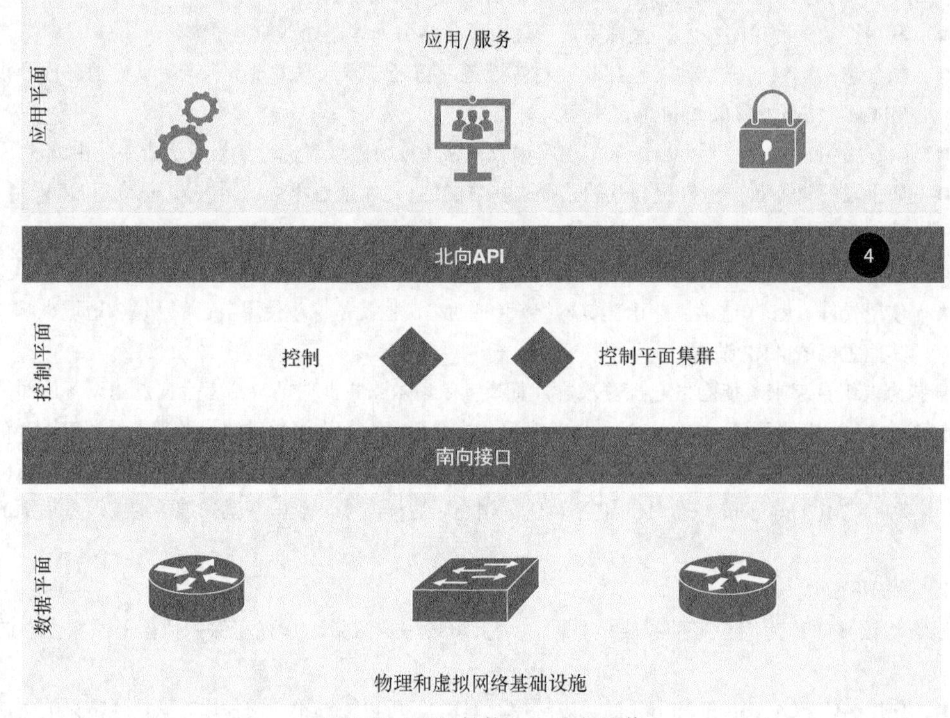

图7-8　SDN架构——北向通信

下文将详细介绍保护控制器NB通信免受恶意或意外行为影响的机制和方法。

1. API/REST认证

RESTful与其他客户端/服务器通信方式之间的主要区别就是RESTful设置中的所有会话状态都仅保留在客户端中，服务器无状态，发送请求时需要由客户端提供所需的信息。基于REST通信的常见传输机制是HTTP，HTTP拥有不同的认证选项。

- **HTTP基本认证**：这是一种简单认证机制，采用特殊的HTTP头部并添加以base64方式编码的

“username:password”。分析下面的案例时，请注意凭证信息并没有进行加密，而是进行了编码，因而该方法基本不能用于明文 HTTP（因为可以轻松检索凭证信息）。不过，如果使用的是 TLS，那么就可以考虑使用该选项（因为 TLS 提供了加密功能）。

```
GET / HTTP/1.1
HOST: example.org
Authorization: Basic Xw8oHmKcge
```

- **HMAC**：使用基本认证方式时，必须在每次请求时发送密码，而且基本认证也不会对报头或报体提供任何安全措施。此时可以考虑采用 HMAC（Hash Based Message Authentication Code，基于哈希的报文认证码）发送携带更多信息的经过哈希处理的密码，而不是直接发送实际密码。假设凭证信息为：用户名“johndoe”，密码“secret”，现在需要访问受保护资源/users/johndoe/compensation。那么，首先需要获取信息并简单连接 HTTP 和实际的 URL：

```
GET+/users/johndoe/compensation
```

接下来必须生成一个 HMAC。

```
Digest = base64encode(hmac("sha256", "secret", "GET+/users/johndoe/compensation")).
```

然后再以 HTTP 头部的方式发送摘要。

```
GET /users/johndoe/compensation HTTP/1.1
Host: example.org
Authentication: hmac johndoe[digest]
```

这里的问题是密码未在服务器上进行加密，因而这是一个秘密（secret），而不是密码（password）。如果窃听者正在监听，那么就可以在不改变摘要的情况下访问 John 的报酬记录，这就是该方法还要包含当前日期/时间和随机数的原因。添加这两条信息（以粗体显示）之后的情况如下。

```
GET /users/johndoe/compensation HTTP/1.1
Host: example.org
Authentication: hmac johndoe987654:[digest]
Date: 28 apr 2017 11:48:23
```

客户端发出随机数和日期之后，服务器可以重构该摘要。如果日期不在当前服务器时间的预期范围内（可能是 5 分钟），那么服务器就会忽略该报文，因为该消息很可能是先前报文的的重放报文。

- **令牌认证**：令牌认证的好处有很多。由于 REST 是无状态协议，因而服务器不维护用户状态，意味着应用程序并不知道用户身份，除非继续进行认证。采用了基于令牌的认证机制（如 OAUTH）之后，应用程序就可以向客户端提供签名令牌，并在每次请求时发送令牌。这样做的好处是不控制会话信息，因而可以大大提高安全性。此外，由于没有发送 Cookie，因而可以大大降低 CSRF（Cross-Site Request Forgery，跨站请求伪造）攻击的执行能力。此外，还可以设置令牌超时时间并利用令牌撤销机制，撤消单个令牌和令牌组。

可以将认证令牌嵌入到 X-Auth-Token 报头中，该报头包含在每个 REST 请求中。下面的案例说明了如何利用 OAUTH2 获取临时令牌，从而对 REST 应用程序的调用进行认证的方式。调用资源时需要用到如下参数。

- **username**：用户的用户名。
- **password**：用户的密码。
- **token_type**：预期的令牌类型。

下列代码是 REST 客户端为获取临时访问令牌而发送的请求信息。

```
POST https://api.myapplications1.com/user/accesstoken
X-MyApplication-API-Key: myApiKey
(...)
{
  "username": "my username",
  "password": "my password",
  "token_type": "mac"
}
```

相应的响应信息如下：

```
{
  "access_token": "vV6xEfVgQZv4ABJ6VZDHlQfCaqKgFZuN",
  "mac_key": "okKXxMWOEhnM78Rie02ZjWjP7eQqpp6V",
  "mac_algorithm": "hmac-sha-1",
  "token_type": "mac",
  "expires_in": 3600,
  "refresh_token": "nZSiH3L5K4febMlELguILucrWpjRud56",
  "myapplication": {
   "user": {
    "username": "my username",
    (...)
}
```

access_token 字段包含了临时访问令牌，其有效性由 **expires_in** 字段确定。**token_type** 字段指定了令牌类型，OAUTH2 支持两种令牌模式：承载（Bearer）令牌模式和 MAC 令牌模式。承载模式下生成的访问令牌会发送给客户端，并直接用于报头认证，而 MAC 模式下生成的访问令牌则需要进行加密并发送给客户端，客户端会签署请求并发送签名信息以及报头授权信息，显然比承载模式更安全，但服务器端的实现也更复杂。

获得临时访问令牌之后，就可以利用该令牌来认证 REST 请求。MAC 令牌示例如下。

```
GET https://api.myapplication.com/{{entityType}}/(...)
X-MyApplication-API-Key: myApiKey
Authorization: Mac id="vV6xEfVgQZv4ABJ6VZDHlQfCaqKgFZuN",
ts="1420462794", nonce="274312:dj83hs9s",
mac="kDZvddkndxvhGRXZhvuDjEWhGeE="
(...)
```

请注意粗体显示的字段，**Mac id** 包含的是访问令牌，**ts** 包含的是当前 UNIX 时间戳，**nonce** 包含的是一次性随机字符串，**mac** 则是所请求的采用 base64 进行编码的签名。

考虑到安全性，一定要检查认证令牌的默认超时值。如果时间长于 24 小时，那么安全风险就会增大，最好对超时时间进行严格控制，以确保认证令牌的生命期不会太长。

总之，以下注意事项对于 REST 认证来说非常重要。

- 利用 TLS 来保护基本认证和 OAUTH2 认证，不建议使用明文方式的 HTTP 传输机制。
- 虽然随机数能够在一定程度上提高安全性，但是随机数的存储和比较操作都应该在服务器端完成。
- 确保理解承载模式令牌与 MAC 模式令牌之间的区别。
- 将时间作为变量可能会出现问题，因为服务器和客户端使用的时间实例并不相同，可以利用 NTP 来实现客户端与服务器之间的同步。

2. 授权

无论通过 GUI 还是 REST API 登录控制器，都应该为所有尝试操作绑定 RBAC。虽然以前的控制器很多都不支持 RBAC 功能，但随着技术的不断成熟，很多供应商都将其列入优先实现列表。控制器通常都依赖 AAA 服务器，如思科 ISE（Identity Services Engine，身份服务引擎）以及 TACACS 和 RADIUS，因而可以对公共目录源进行认证和授权。

3. 不可抵赖性

保留对 NB 接口的访问记录非常重要，因为这是撤销访问权限的能力要求。证明谁在请求访问权限、何时请求访问权限以及访问尝试是否成功对于确保合规性来说非常重要。

- **撤销**：拒绝访问的能力与允许访问的能力同等重要，必须为认证类型建立适当的撤销机制。如果使用令牌，那么就可以利用应用程序或脚本来请求令牌撤销。如果使用 PKI，那么控制器就可以使用公共证书与外部设备建立信任关系，而且证书可能保存在信任存储库中。如果要撤销客户端的访问，那么就可以从信任存储库中删除证书，由于该操作是一个手动过程，因而采用集中式撤销方式更具扩展性，此时可以利用 CRL（Certificate Revocation List，证书撤销列表）或 OCSP（Online Certificate Status Protocol，在线证书状态协议）来完成。CRL 包含了 CA 已撤销的证书序列号列表，客户端可以将证书中的序列号与列表中的序列号进行对比，CRL 将分发点嵌入在证书中，告诉客户端可以在哪里找到 CRL。OCSP 的工作方式略有不同，客户端收到证书并向 OCSP 响应端发送带有证书序列号的 OCSP 请求，响应端回复相应的状态（包括良好、已撤销或未知）。OCSP 的优点是客户端可以查询单个证书的状态，而不必下载整个列表并加以解析。
- **制衡**：应该仔细考虑并部署制衡系统。例如，系统可能会监控 SDN 控制器的仪表盘、应用程序安全策略以及由 NB 应用程序生成的发送给控制器的日志流量，然后将这些信息与已知基线进行对比，如果发现偏差，那么管理员就可以将其与可操作响应相关联。
- **集中式 AAA**：如果在多个基础设施上分别管理用户数据库，那么肯定会出现不同步问题，而且还会增加差错概率和泄露风险。此时可以采用 AAA 服务器（如思科 ISE）来整合 AAA 和用户数据库，对公共用户目录服务（如 LDAP 或 Active Directory）进行认证。具体内容详见第 9 章。

7.1.5 5：保护 MANO

SDX Central 将 SDN 编排定义为“在网络中对自动化行为进行编程以协调所需的网络硬件和软件组件以支持应用程序及服务的能力”。编排能力通常最初都是由 OSS 或 BSS 实现的，如门户网站中的服务订单应用，该应用程序与 SDN 编排技术相关联，以启动所订购服务的部署操作。

很多公司都在寻找合适的编排软件，以便为大量服务提供“粘合剂”。根据 Rayno Report 发布的 LSO 报告，目前最有潜力的编排应用就是 LSO（Lifecycle Service Orchestration，生命周期服务编排），该市场到 2020 年预计将达到 17.5 亿美元，重点是集成了开放标准的编排、实现、控制、性能、保障、用法、分析、安全及策略软件。

编排在本质上是一个应用程序，因而编排工具可以通过 NB API 来实现与 SDN 控制器之间的协同。图 7-9 给出了 MANO 在 SDN 架构中的位置，下面将进行详细讨论。

前面在 7.1.4 节和 7.1.6 节讨论的安全措施都适用于 MANO 的安全防护，除此以外，还有一些面向 MANO 的特殊安全机制。

- **保护网络**：编排和自动化工具应部署在受防火墙服务保护的安全管理网络上，可以利用 AAA 和 RBAC 对这些服务的访问行为进行控制。
- **最小化特权**：最小化特权指的是采用有限方式为特定信息及特定工具集提供访问权限。用户通过认证后，将以执行当前系列任务所需的最低权限为该用户授权。此外，还可以制定基于时间的策略来限制任务完成时间。虽然看起来过于复杂，但确实是一种非常好的安全选择。

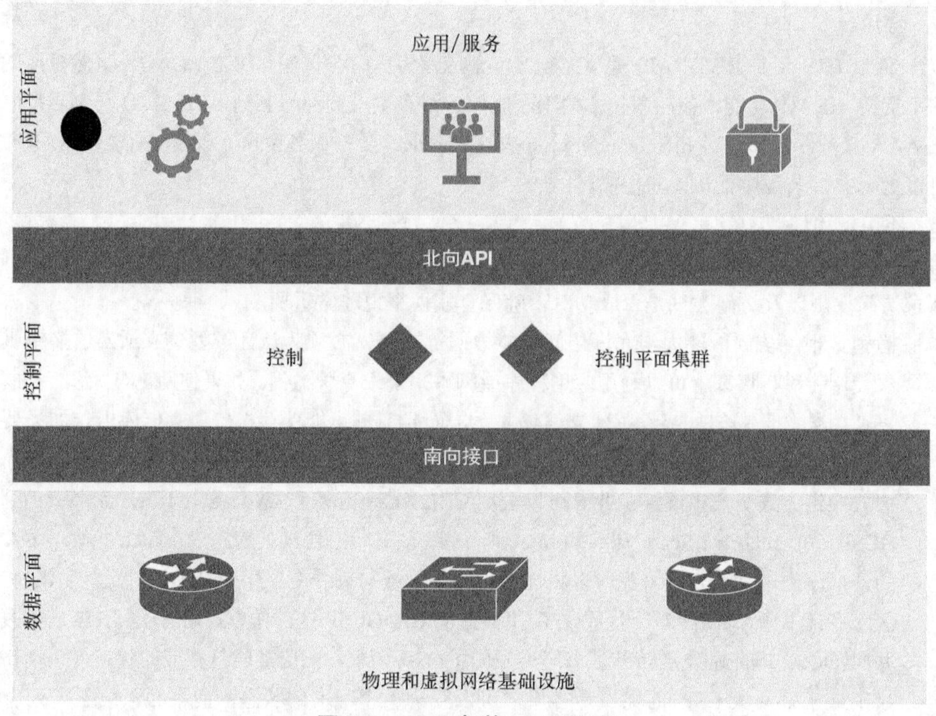

图 7-9　SDN 架构——MANO

- **高可用性**：保证编排和自动化服务的高可用性也非常重要。如果攻击影响了这些资源，那么整个 SDN 都可能处于危险状态。采用冗余架构的 SDN 可以在一定的故障条件下继续运行（具体取决于所实施的冗余级别）。
- **威胁检测**：应考虑采用 DDoS 防护、防病毒以及威胁检测与防范措施来实现高可用性状态。面向 MANO 的 DDoS 攻击行为非常普遍，目标是以最有效的方式识别和过滤不依赖于协议或类型的恶意流量，DDoS 清洗系统可以识别和过滤恶意流量，并重新注入清洗后的流量。有关 DDoS 攻击方法的更多信息请参阅 7.1.1 节中的“保护控制器应用程序”小节。
- **系统更新**：涉及保持设备操作系统的修订，包括下载和实施最新补丁。
- **漏洞清理**：确保执行所有计划好的漏洞清理操作。
- **禁用服务**：应禁用 Telnet 和 HTTP 等弱安全协议以及未使用的服务和端口。
- **日志和审计**：日志和审计跟踪对于了解变化情况非常有用，可以快速确定失败登录尝试和未授权命令集。

7.1.6　6：保护应用程序和服务

应用程序和服务非常特殊，是重点发展领域。面向自动化、编排、提供安全服务及协作服务的应用持续处于蓬勃发展状态，这一切都要归功于通过 API 开放网络服务的 SDN 机制。与前面一样，图 7-10 也给出了应用程序和服务在 SDN 架构中的位置，下面将进行详细讨论。

应用程序和服务在过去一年经历了大量创新，考虑到该层的创新速度，必须提供适当的安全机制来认证对应用程序的访问行为并防止应用程序被恶意控制。

下面以按需带宽应用为例加以说明。该应用会监控网络流量，并在达到或超过预设阈值时提供其他流量路径。控制平面将提供正在使用的实时转发拓扑，管理平面将为应用程序提供网络接口状态及利用率信息，应用程序则利用这些信息计算是否需要提供其他流量路径，进而指示管理平面配置新路径并告诉控制平面开始使用该路径。

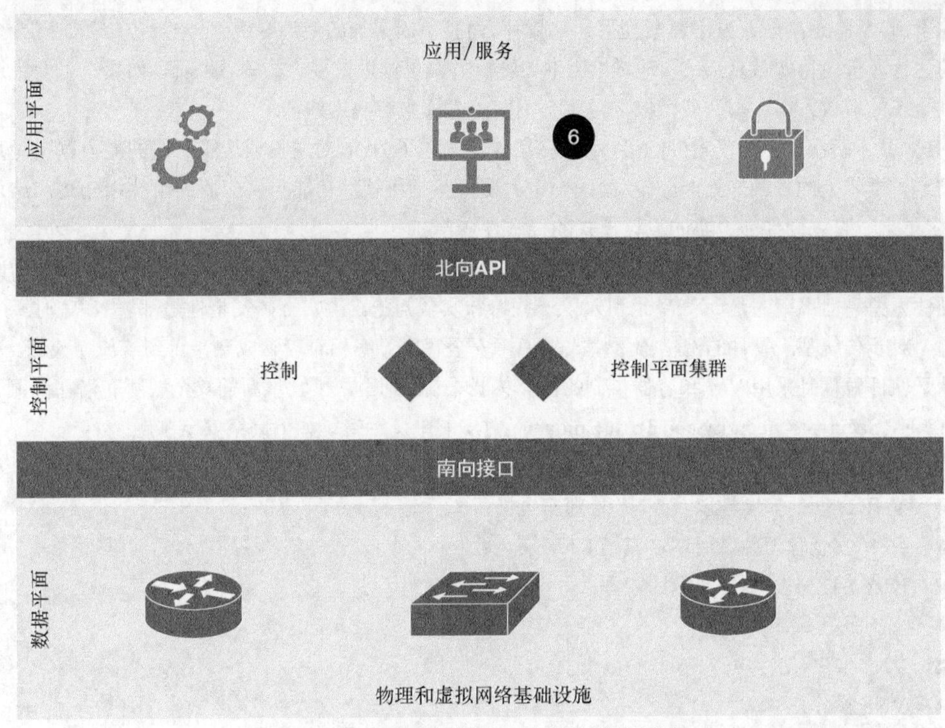

图 7-10 SDN 架构——应用程序和服务

本例说明了所有北向应用程序都应该强制采用安全编码，此外还应该考虑如下安全机制。

- **代码数字签名**：证明代码的完整性和真实性，真实性可以向用户保证代码的来源，完整性可以验证代码自发布以来未被更改或篡改。数字签名可以向接收端确保消息来自正确的发起端。一个常见案例就是使用基于公钥算法（如 RSA）的数字签名，该机制将签名与数据绑定在一起，而不会更改数据。
- **认证流程**：应建立适当的应用程序认证流程，以确保引入客户实例时的风险最小化。具体的认证需求取决于应用程序的创建者和使用者，常见方式是检查应用程序代码（代码复核）、安装过程以及体系架构，以确保平台的稳定性、性能以及安全性。
- **隔离机制**：应用程序隔离机制可以确保所创建的程序包不会相互干扰，检查这些程序包就可以确定它们是否使用本地资源。该解决方案可以控制组件版本的冲突问题，保证应用程序始终加载最初开发和测试的组件版本。
- **应用程序开发安全**：应用程序的设计和开发安全是实现安全计算环境的必备条件，特别是在使用 SDN 的情况下。SANS Institute 发布了一份名为 Framework for Secure Application Design and Development 的白皮书，指出“应用程序的设计和开发通常都没有考虑安全性，因而使用这些应用程序可能会导致大量不安全的互联系统，同时也给企业的敏感信息和系统的有价值信息留下了潜在后门”。业界提供了大量“应用程序安全设计指南”，而且每个指南都不完全一样，最好的方法就是选择一个知名指南或框架，如前面提到的 SANS Institute 框架。
- **渗透测试**：定期执行漏洞和渗透测试，以确保上述最佳实践的有效性。

7.2 NFV 环境的安全考虑因素

当前的诸多挑战都围绕着如何提供新服务和新功能，同时还要降低部署和运营成本，这些新服务通常都有非常严格的要求。为了满足上述需求，人们实施了各种零散解决方案以解决当前问题。然而，随着时间的不断推移，这些解决方案逐渐变得异常臃肿，而且不断累加的措施导致整体解决方案的性价比较差，此时的运行环境变得非常复杂，管理难以为继，解决方案也难以扩展。从事后来看，如果有机会为这些场景提供全新的解决方案，那么就可以采用完全不同的方式来解决这些需求。

NFV 技术解决了上述问题中的诸多挑战。第 6 章描述了 NFV 对主机或边缘网络的能力以及对系统容量和按需扩展带来的各种好处，NFV 的一个重大变化就是将软件功能与供应商的硬件相分离，这是对过去 20 多年来一直以硬件为中心的设计模式的根本性变革。

NFV 能够最大程度地释放设计潜力，因为 VNF（Virtual Network Function，虚拟网络功能）的选择与底层硬件无关。但不幸的是，NFV 也引入了一些特殊安全问题。事实上，安全性是部署 NFV 时最受关注的问题。对于传统基于硬件的网络部署模式来说，安全解决方案相对较为成熟，得到了长期验证。但是，对于基于软件解耦且采用 VM 和容器机制的部署模式来说，则引入了大量新的安全威胁和潜在漏洞。ETSI ISG 在 NFV Security：Security and Trust Guidance 白皮书中，涵盖了如下高级安全主题：

- VNF 生命周期管理；
- VNF 之间的安全性以及 VNF 外部安全性；
- NFV 安全管理生命周期，包括 NFV 安全威胁；
- NFV 的证书、凭证及密钥管理；
- 多方管理域；
- VNF 实例化；
- VNF 操作；
- 可信网络功能虚拟化；
- NFV 信任；
- NFV TrustSec 生命周期管理。

上面每个主题都包括了无数子类别，必须深入分析这些子类别的安全要素。NFV ISG 成立了一个专家组，专门讨论这些安全问题并以安全为中心进行复核，专家组实施了一项评估工作以收集与 NFV 有关的安全问题：

- 拓扑验证与实施；
- 管理支持基础设施的可用性；
- 安全启动；
- 安全崩溃；
- 性能隔离；
- 用户/租户认证、授权和记账；
- 已认证的时间服务；
- 克隆映像中的私钥；
- 经由虚拟化测试和监控功能的后门；
- 多管理员隔离。

考虑到本书写作目的，我们将深入探讨这些特定关注点，上面列出的某些类别与 7.1 节的内容相关，需要 SDN 和 NFV 协同工作来解决这些问题。

7.2.1 NFV 威胁概况

为了更好地分析 NFV 面临的安全威胁，图 7-11 给出了 ETSI NFV 框架并叠加了相应的安全威胁，同时还以可视化方式展现了应该部署安全机制的位置。

虽然 NFV/SDN 模型引入了一种更有效的方法来解决实际用例，但是也引入了一些新的安全挑战和安全向量，下面将详细探讨 NFV ISG 描述的与 NFV 相关的安全威胁。

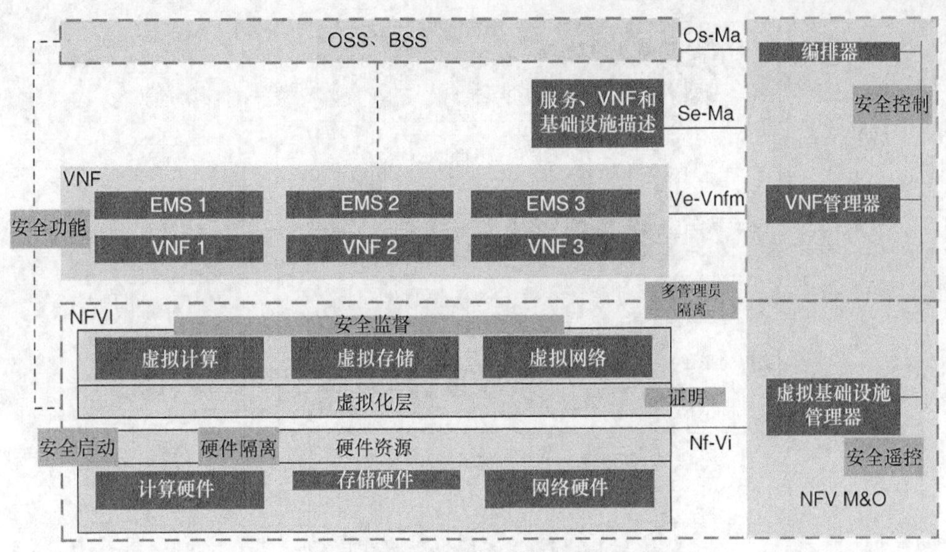

图 7-11 ETSI-NFV 框架

7.2.2 安全启动

该领域需要处理与启动完整性相关的技术，远比在容器内引导 VNFC 复杂（需要管理该进程以确保特定的信任等级）。安全启动进程包括固件、硬件、Hypervisor 以及操作系统镜像的验证，同时还延展到保障进程（通过选择适合特定环境的变量加以实现）。根据 ETSI 白皮书 NFV Security：Security and Trust Guidance，必须解决以下挑战才能真正建立和保持信任状态。

- 建立 VNFC 的初始身份。
- 利用外部身份实体建立初始信任根。
- 确保引导进程的安全性。
- 准确评估 VFNC 崩溃对信任状态的影响。
- 准确评估克隆对私钥及相关身份安全性的影响。
- 准确评估迁移对私钥及相关身份安全性的影响。
- 选择适当的模型来控制生命周期事件以及相关授权。

NFV 使用了术语“安全启动”（Secure Boot），该术语包含了保护实例化过程的常用机制。与 PC 行业的安全启动（使用 PC 制造商信任的固件启动 PC）以及英特尔的可信启动（验证操作系统内核或 Hypervisor 的实例化）的定义相匹配。

某些可靠性流程已经与相关技术相结合，其中之一就是信任链（Trust Chaining）。信任链始于硬件信任根，信任根会度量所要执行的代码并将数值存储在安全的信任根中。控制信息会被传递给已度量代码，而且该过程将一直持续到信任链建立。图 7-12 给出了信任链的建立过程。

建立信任链时，可以通过证据来保证所启动的代码的完整性状态。

该过程解决了 VNF-M（VNF Manager，VNF 管理器）可能要部署一组可以监控进程的测试的需求，本例中的 VNF-M 由 ESC（Elastic Services Controller，弹性服务控制器）来承担。监控基于数据模型的 KPI（Key Performance Indicator，关键绩效指标）中的度量定义，KPI 不仅考虑要监控的度量，而且还考虑满足度量条件之后应采取的动作，因而通过启动过程完成的度量变量来提供一定的保障等级。该过程实际上创建了一个自动保障机制，不会在启动时停止，而是在运行期间始终运行。从图 7-12 的右侧可以看出，该过程是通过启用 VM 和 Hypervisor 的运行时完整性检查来保持运行的（如图中协议栈从 ESC 往下的代码测量箭头所示）。

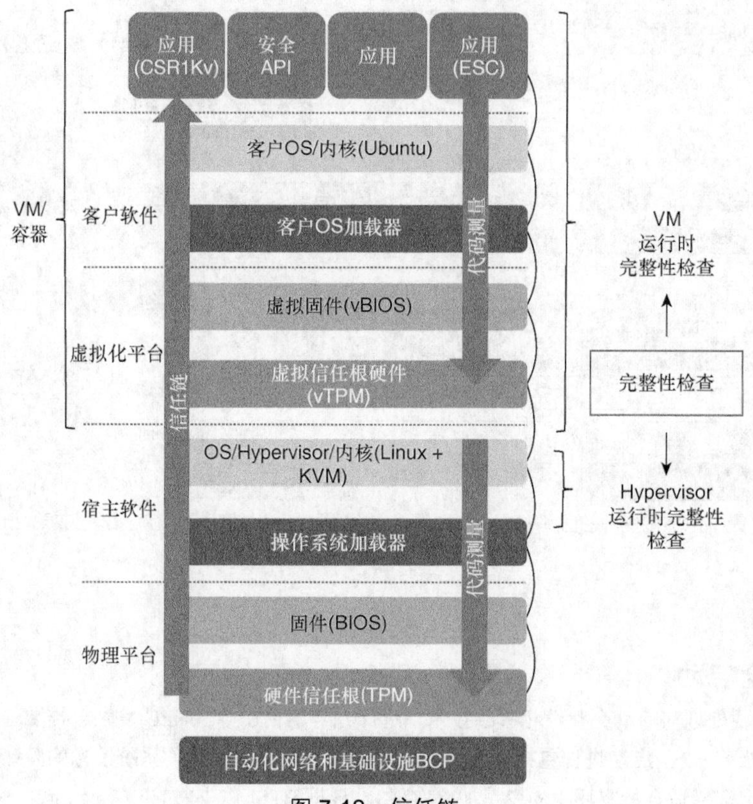

图7-12 信任链

7.2.3 安全崩溃

必须仔细考虑硬件、软件及管理配置问题对VNF的不利影响，如果VNF处于未知状态，那么安全问题就会显现。如果VNF处于崩溃状态，那么就应该将工作流与编排工具中的可操作措施绑定在一起。例如：

- 检测到崩溃状态时，主要目的是在恢复可用性之前收集崩溃数据吗？
- 崩溃细节是否已知？可操作的应对措施是否要区分内部和外部因素？
- 哪些信息受到影响？这些信息是否是高度机密信息？如果是，那么是否有不同的处理过程？
- 如何在崩溃期间维护密码和密钥，以及如何在后续的VNF实例化过程中创建密码和密钥？

7.2.4 克隆镜像中的私钥

使用NFV时，通常都集中存储VNF，这样做的好处是可以很方便地访问软件镜像，这些镜像可以部署为虚拟功能，也可以进行克隆或通过网络进行传输。VNF在传输或克隆过程中，必须保证其安全性，如果镜像被篡改了，那么就会造成严重的安全危害。例如，防火墙镜像可能包含某些敏感信息，如果镜像文件遭到拦截或篡改，那么就可能会给网络造成严重危害。

QKD（Quantum Key Distribution，量子密钥分发）是目前看起来很有前途的一种安全机制。QKD的工作原理是通过单光子来分发密钥，这些光子通过量子通道（通常是光纤通道）从发送端传输到接收端。从物理学定律来看，这种方法在本质上应该是安全的：能够从根本上防止窃听者获得密钥，因为攻击者获取光子信息的任何尝试都会对光子造成变更，而这一点很容易检测出来。为了进一步提升安全能力，密钥也采取了随机方式，从而有效防范了任何基于模式的数学攻击。

图7-13源自名为"First Experimental Demonstration of Secure NFV Orchestration over an SDN-Controlled Optical Network with Time-Shared Quantum Key Distribution Resources"（利用分时量子密钥分配资源在SDN控制的光网络上进行安全NFV编排的首次实验演示）的白皮书，该白皮书由多名作者共同完成。

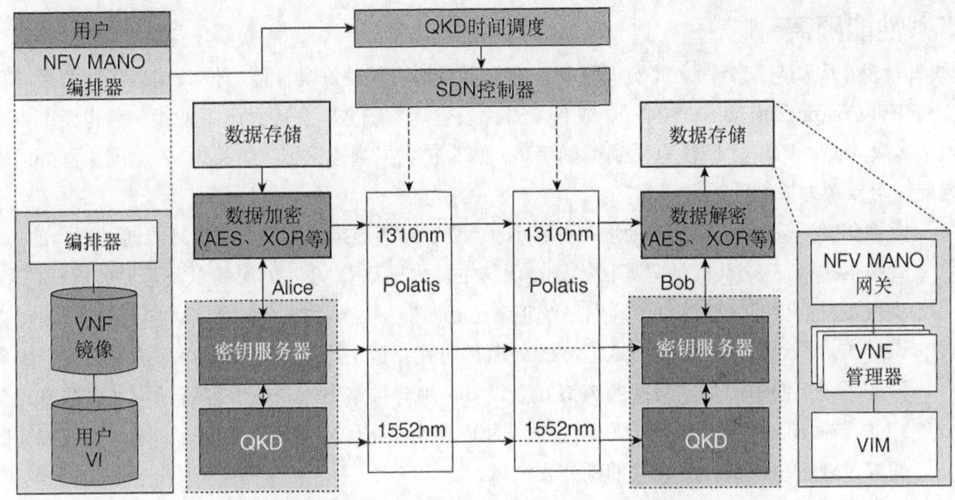

图 7-13 量子密钥分配（QKD）的实验模拟

- 该实验装置根据 ETSI MANO 层进行组织，包括协调器（VNF-O）、VNF 管理器（VNF-M）和虚拟基础设施管理器（VIM）。
- 该实验方法将体系架构分解成主从模式（集中式编排器作为主节点，不同的 ETSI NFV 协议栈工作在从模式下）。
- 集中式编排器（主模式）包括 Python 核（Core）、MySQL 数据库、GUI 和 RESTful 接口，允许平台管理员对基础设施进行管理。
- 从模式协议栈包括三层：编排器（编排器与托管网络功能的 DC 之间的网关）、VNF 管理器和 VIM（管理基于 Openstack 和 Docker 的 VM 和容器）。
- 网络功能镜像存储在集中式编排器的可信 DC 中，发送单元（Alice）也位于该 DC 中。
- 如果要虚拟化这些网络功能，那么就必须克隆镜像并将其安全传输给接收单元（Bob）。
- 为了实现安全传输，实验将 ID3100（ID Quantique 公司的 QDK 系统）集成到 MANO 架构中。
- 传输镜像时，在部署 AES 加密镜像之前，集中式编排器通过专有协议（IDQ3P）从发送端（Alice）请求密钥，告诉远程平台将传输镜像以及解密镜像所需的密钥 ID。
- 本实验采用的是 AES，在实际应用中，也可以通过 OTP（One-time Password，一次性密码）来传输关键任务。

该实验还探索了一种资源调度方法，允许单个源端在多个目的端之间进行分时共享，从而可以使用更少的 QKD 设备建立多条安全连接，从而有效降低实验成本。由于该设计模式的“复杂性”都包含在源端单元中，因而能够以更低的成本实现多个目的端。除了 QKD 之外，还可以考虑采取以下方式来确保镜像克隆、传输或迁移的安全性。

- 克隆的镜像不应该持有原始镜像使用的加密密钥对。如果密钥对的主要目的是建立身份，那么使用相同密钥对传播多个镜像就与该目的相悖了。此外，某些镜像和虚拟磁盘可能无法进行签名，但可能拥有用于建立身份的加密校验和，因而在生成校验和之前，主镜像不应该拥有密钥对，而应该将其纳入新 VNFC 的配置过程。
- 采用密钥对和 VFNC 身份创建证书时，确保不要将身份与可变更信息进行绑定，而应该与明确的信息进行绑定。例如，在 VM 中创建新 VNFC 时，可能会将其与 MAC 地址相关联，但 MAC 地址并不是一个非常合适的标识符，因为如果有人将其与另一个 Hypervisor 或 vNIC 相关联，那么 MAC 地址就会发生变化。
- 迁移后的镜像应该与迁移前的镜像拥有相同的 CPU ID、MAC 地址以及硬件签名。遵循该约定可以避免调整与身份相关联的密钥对。

7.2.5 性能隔离

如果希望在隔离与安全性之间实现平衡，那么通常都要处理好高性能与低时延之间的关系。首先，NFVC（NFV Component，NFV 组件）、硬件资源以及管理系统之间互连会产生新接口，也就产生了新安全问题。其次，如果 VNF 之间没有做到正确隔离，那么在虚拟基础设施上链接 VNF 会产生额外的安全挑战。因此，可以考虑按类别进行隔离。

- **虚拟化类**：该类 VNF 主要处理 Hypervisor，负责隔离虚拟机空间，而且只能通过适当的 AAA 方式提供访问。一个共同的隔离目标就是保护主机内核免受 VNF 的影响以及避免虚拟机相互影响。确保主机内核的完整性对于确保系统正常运行时间来说至关重要。在 VM 中托管 VNF 可以满足该要求，不过代价是带来一定程度的处理及内存开销，这类处理和内存开销通常用于隔离不同操作系统上的不同安全级别的虚拟安全设备。另一种策略就是使用容器，不过容器方式会导致 VNF 与底层操作系统的耦合程度加强，从而存在一定的安全风险。因此，选择实现方式时应权衡好 VM 的资源消耗与容器的额外安全风险。
- **计算类**：该类 VNF 主要处理共享计算资源，如 CPU 和内存。此时的资源预留和分配非常常见（预留 CPU 和内存），建议使用实时就绪（real-time-ready）软件，并对内核、应用程序以及库进行实时配置，禁用可能导致时延的硬件功能（如深度 C 状态）。现代 CPU 进入节能状态之后，就称为 C 状态。从节能状态切换到全功率状态时，可能会在组件供电及重新填充高速缓存时出现非期望的应用程序时延。最后，还可以启用隔离硬件资源的相关硬件特性（如 CAT［Cache Allocation Technology，高速缓存分配技术］），以降低时延。
- **基础设施类**：详细信息请参阅 7.1.3 节。

7.2.6 租户/用户 AAA

虽然 NFV ISG 尚未定义具体示例，但确实提供了租户/用户的 AAA（Authentication, Authorization, and Accounting，认证、授权和记账）建议。从这些建议可以看出，当前大多数部署方案都在网络层（标识租户）和网络功能层（标识用户）使用了现有的身份和记账功能。NFV ISG 在“NFV Security：Security and Trust Guidance”（ETSI，GS NFV-SEC 003）中描述了多种架构模式（VNFaaS、NFVIaaS、VNPaaS 等），而且认为身份堆叠可能出现在多个层上（见图 7-14）。

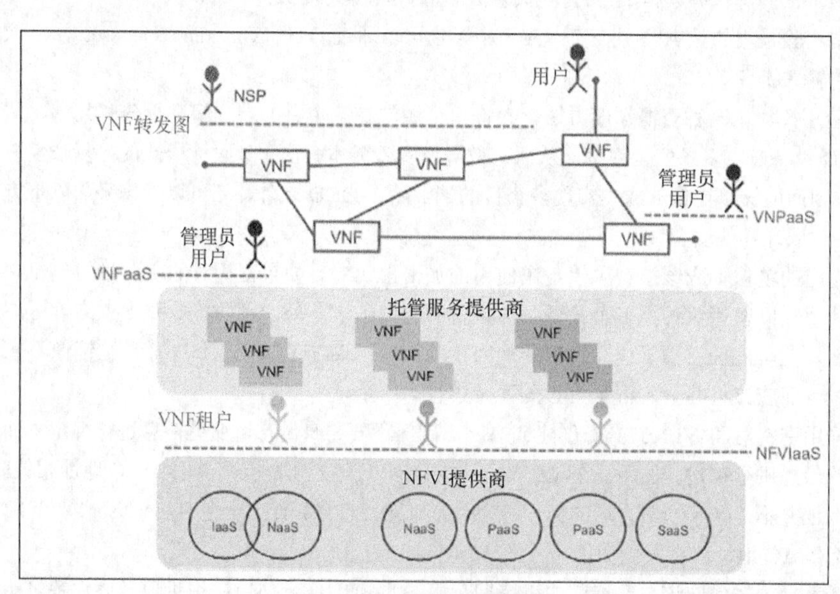

图 7-14 基础设施集成

当前的 AAA 机制假定有唯一的身份、唯一的策略决策和执行点、唯一的记账机制。虽然采用了严格的分离技术，但是在希望不影响 NFV 承诺能力（如灵活性、可扩展性和弹性）的情况下成功实现 AAA 认证还是很难的。每个 AAA 组件都自己的风险（如 NFV “Security：Security and Trust Guidance”［ETSI，GS NFV-SEC 003］所述）。

- 认证过程中，即使不打算使用某些身份属性的层级也可能会出现与用户信息相关的隐私泄露问题。
- 授权风险主要与特权升级有关，原因是打包了无关的身份信息，而给定层级却无法验证这些信息。电信基础设施领域最常见的相关攻击案例就是最近频发的电话窃听问题。
- 应该在所有底层基础设施层级都执行记账操作。不仅要按照使用基础设施的虚拟化应用的颗粒度进行记账，而且还应该按照运行虚拟化网络功能的租户的粗颗粒度进行记账。总之，要为记账系统提供记账能力。

认证也可以采用令牌认证形式，要求必须能够验证身份令牌（如 7.1.4 节的“API/REST 认证”小节案例所述）。认证成功后，应该关联适当的授权权限，以便为用户、租户以及 VNF 部署场景执行适当的策略路由或服务链。

如果无法创建源自单一全局根的信任框架，那么就必须找到一个合适的同时满足灵活性和可管理性的信任框架，以支持 AAA 基础设施服务。

- VNF 镜像认证。
- 处于挂起或离线状态的镜像中的证书。
- 不同功能模块之间的认证。如果是域内，那么无强制要求（由运营商自行决定），但如果是域间，那么就是强制要求。
- 对向管理和编排模块发起请求的用户进行认证。

对于安全授权来说，应考虑：

- 更新挂起或离线镜像中的授权用户；
- 更新挂起或离线镜像中的授权管理者；
- 对功能模块之间的每个接口和/或 API 的所有操作进行授权，如果存在多个选项，那么操作员可能希望限制访问或强制执行特定流程。

对于安全记账来说，需要支持额外功能以遵守如下先决条件：

- 以线速方式抓取数据包；
- 对流量进行分类（通过 SP、用户和应用程序进行唯一标识）并与基线进行对比，以确保完整性；
- 能够将可操作响应与特定事件或阈值关联起来（可能达到，也可能超过）；
- 数据平面中的适当执行能力。

考虑到用户/端点的身份、认证和授权是物联网领域的重要话题，因而后面还会在第 9 章进行详细讨论。

7.2.7 经认证的时间服务

深入了解网络环境的需求，促使人们对定义度量指标和表征网络行为进行了大量研究。由于度量方法的基本变量是时间度量，因而时间同步变得非常重要，而且时间同步有助于实现更有效、更准确的故障排查。下面列出了 VNF 使用经认证的时间服务时的一些建议。

- 使用经验证的方法来保持时间的精准性（如 NTP），确保时间源可信且可靠。
- 使用三个或更多的时间源，有利于网络维护时间的精准性（即使其中的一个时间源出现故障）。
- 确保可以在状态事件期间（如实例化、挂起、休眠和克隆）使用当前时间更新镜像。
- 使用正确的时间、数据和时区戳将所有的变更信息都记录到 NTP 源端。

7.2.8 带有测试和监控功能的后门

基于ETSI NFV框架的新部署方案需要采用一种新的方法来监控并收集相关的遥测信息，NFV特有的新方法包括多租户、共享和分布式基础设施、VNF生命周期以及服务功能链。英特尔加入了ETSI NFV安全工作组，该工作组发起了一项名为“NFV Security Report for Security Management and Monitoring for NFV”（有关NFV安全管理和监控的NFV安全报告）研究项目，虽然该项目仍处于草案阶段，但明确提出了可以更加全面地解决NFV安全监控问题的研究领域以及可能的体系架构。该研究项目的目的是在整个端到端网络服务生命周期中创建整体安全策略和实施机制，该研究报告提出的体系架构如图7-15所示。

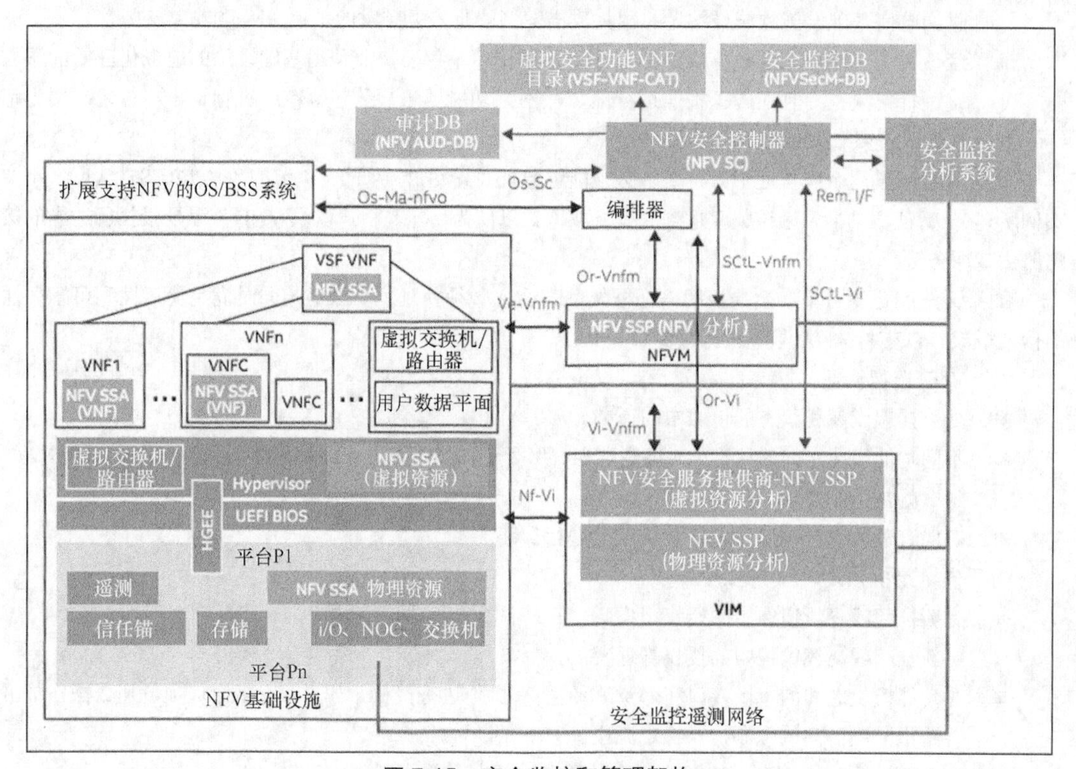

图7-15 安全监控和管理架构

该体系架构突出了安全需求和重点关注领域，如安全监控和遥测、异常检测/缓解以及流量加密。图中的NFV安全控制器通过分析和监控功能使用遥测数据，控制器基于工作流策略抽象安全基础设施并实例化服务，旨在与多厂商VNF进行协同工作，而且能够集成各种虚拟化平台和SDN控制器。编排器（如NSO［Network Services Orchestrator，网络服务编排器］）也可以提供相似功能，区别在于可以按类似方式利用编排器来创建适用的服务模型和相关的设备模型，而不是像图7-15那样同时拥有安全控制器和编排器。该解决方案将提供与供应商无关的分布式安全解决方案的管理与编排，很多场景都可能会形成VNF后门。例如，如果没有部署正确的RBAC/AAA机制，那么就很可能会攻破VNF，制作克隆或副本，并实施离线逆向工程以获得相关的环境信息，此后攻击者还可以进一步实例化或停用其他VNF。7.2.4节讨论了这种问题的防范机制。Intel和其他企业正在推动标准架构以建立周知监控点，从而减少潜在后门，并建议采用基于加密和隐私保护机制的通信方法。

7.2.9 多管理员隔离

业界一直都在研究这个问题，希望能够找到最佳解决方案。如果为用户授予了计算平台的管理员权限，那么就很难阻止该用户访问平台上运行的虚拟化功能的内部信息。因此，绝大多数公司都要求建立职责分离机制。

- 为了启用编排系统间（Os-Ma）的多租户环境，Os-Ma 参考点应该为租户域提供基础设施域的授权，Os-Ma 参考点应支持来自多个租户的访问行为，而且能够对来自不同租户的资源管理操作进行充分隔离。
- 为了启用 VNFM 间（Ve-Vnfm）的多租户环境，Ve-Vnfm 参考点也应该为租户域提供基础设施域的授权，反之亦然。此时可以在租户域与基础设施域之间使用基于令牌的认证机制，因为这种认证机制非常灵活，可以很方便地在令牌中表示恰当的访问权限并设置相关的时间限制。
- RBAC 与 TACACS 等技术相结合也非常有用，这种情况下要求支持层次化的访问权限级别。例如，首先使用父级别（将管理员与租户相关联），如果成功，那么管理员就会获得相应的授权权限，可以看到该角色所允许访问的设备，从而在一定程度上限制了安全风险。其次，第三级权限允许管理员在可访问设备上执行规定的一组有效命令，包括 RO（Read Only，只读）或 RW（Read/Write，读/写）命令。这种分层访问权限架构可以有效限制安全风险，从而提升多管理员环境下的安全水平。

7.2.10 SRIOV

允许 VM 以非可信方式运行时面临的常见挑战就是如何提供安全的 I/O，可能使用非可信 VM 域架构主要有公有云以及托管虚拟化平台的企业数据中心。虽然可以采用不同的模式为客户 VM 提供 I/O，不过最常见的三种模式如下。

1. 在客户 VM 上安装半虚拟化驱动程序。
2. Hypervisor 模拟已知设备，客户 VM 利用驱动程序与其进行通信。
3. 宿主机为客户 VM 分配实际设备，从而直接控制设备。

对于前两种模式来说，Hypervisor 将拦截 I/O 设备与客户 VM 之间的所有通信，从而出现大量开销，导致性能下降（见图 7-16）。

Hypervisor 将 I/O 设备直接分配给虚拟机或者与虚拟机相绑定，可以减少半虚拟化和设备仿真的开销。

虽然这种方法能够获得最佳性能，但是将 I/O 设备直接分配给虚拟机或者与虚拟机相绑定，扩展性有问题。图 7-17 给出了直接分配 I/O 设备的示意图。

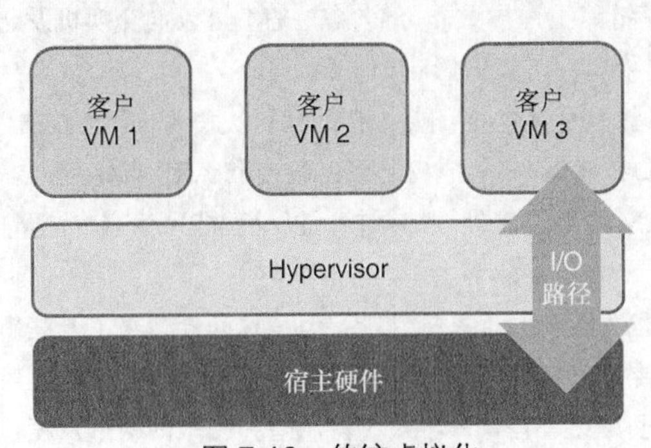

图 7-16 传统虚拟化

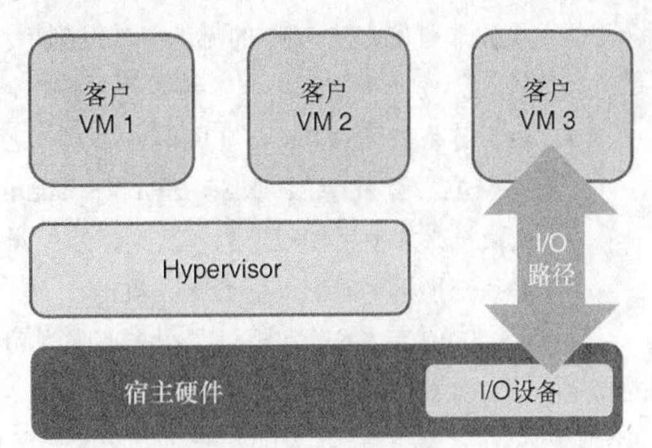

图 7-17 I/O 直接分配

另一种减少 I/O 虚拟化开销并提高 VM 性能的方法是将 I/O 处理卸载到自虚拟化（Self-virtualizing）I/O 设备上。负责 I/O 虚拟化的 PCI-SIG（PCI Special Interest Group，PCI 特别兴趣组）提出了一项名为 SRIOV（Single Root I/O Virtualization，单根 I/O 虚拟化）的提议，该提议支持 PCIe 设备的虚拟化。支持 SRIOV 标准的 PCIe 设备以多个虚拟接口的形式呈现给主机，而且每个虚拟 PCIe 设备都能分配给一个 VM（绕过 Hypervisor 和虚拟交换机层），从而实现低时延和准线速。

具备 SRIOV 能力的物理设备至少有一个 PF（Physical Function，物理功能），同时还可以有多个 VF（Virtual Functions，虚拟功能）。PF 类似于标准的 PCIe 功能：主机软件可以像访问其他 PCIe 设备一样访问 PF。PF 拥有完整的配置空间，主机软件可以控制全部功能并执行 I/O 操作。

VF是虚拟PCIe功能。VM可以仅使用VF进行I/O操作，必须通过PF利用主机软件配置VM来使用VF。当前的英特尔实现可以做到每个PF最多支持63个VF。PF可以提供数据平面和控制平面功能，而VF仅提供数据平面功能。

图7-18解释了为VM分配VF的过程。该过程绕过了Hypervisor，从而获得了与裸机相媲美的速度。

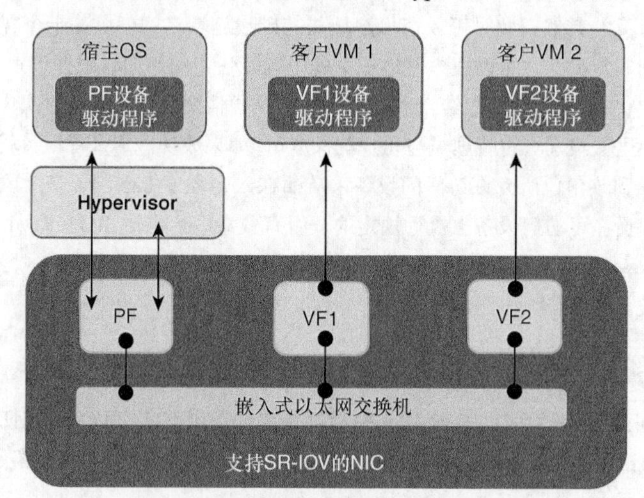

图7-18 虚拟化环境中的SRIOV NIC

从图7-18可以看出，SRIOV带来了巨大的性能优势。不过，与性能提升相关的内容不在本书写作范围，因而接下来将继续讨论与安全相关的问题。

7.2.11 SRIOV安全问题

虚拟化成为主流之后，原先每个端口都只有单一信任级别的情况也就不复存在了。主机（通常是可信实体）与客户VM（可能不可信）共享同一物理链路，使用了SRIOV之后，非可信客户VM（直接分配了VF）会直接对设备执行数据路径操作。考虑到设备通常都通过单一链路连接交换机，因而设备会聚合可信主机和非可信客户VM的流量并转发到单一共享链路上，导致非可信客户VM可以向交换机发送任意数据帧，因而非可信客户VM可以不受控地访问交换机。可能的影响如下所示。

1. 由于链路在可信主机与非可信客户VM之间共享，因而网络可能会遭受基于以太网的各类攻击，如MAC泛洪、ARP欺骗、SPT（Spanning Tree Protocol，生成树协议）攻击和ARP毒化。
2. 交换机必须使用物理资源（队列、处理器、CAM表等）来处理数据帧，以处理非可信客户流量，导致交换机可能会遭受DDoS攻击。

虽然SRIOV等技术确实提供了很多增强型功能，也大幅提升了系统性能，但是也同样带来了一些新的安全挑战。如前所述，SRIOV为非可信客户VM提供了对物理网络的非控制性访问，导致客户VM可能会向网络注入有害流量。因此，性能与安全之间的平衡始终存在，每个人对待风险和回报的衡量尺度也各不相同。

7.3 小结

本章将SDN架构分为三层或三个平面：应用平面、控制平面和数据平面，详细讨论了保护每个平面内各个重要组件安全性的方法，同时还分析了NFV ISG提出的NFV威胁框架以及解决这些潜在安全问题的方法。下一章将深入探讨当前业界在构建物联网平台方面的最新思路以及组成物联网平台的各种实际模块。

第8章

高级物联网平台及MANO

本章主要讨论如下主题：

- 下一代物联网平台——最新研究成果；
- 下一代物联网平台概述；
- 用例分析。

到目前为止，前面的章节已经详细讨论了物联网、物联网安全以及高级物联网平台的各种技术基础，本章将继续探讨物联网平台的组成，以及如何在物联网平台中利用这些技术并满足下一代物联网用例的需求。

本章首先描述了物联网平台架构的最新行业研究进展，然后深入分析了物联网平台的总体架构以及组成物联网平台的各种技术模块。本章仍然关注如何以自动化方式创建和交付各种先进服务（特别是安全服务），最后将提供解决方案架构以及实际部署方案。

本章不但为后面聚焦下一代物联网平台安全性的章节提供了基本场景，而且还为后面的用例提供了先进的体系架构和技术基准。

8.1 下一代物联网平台——最新研究成果

前面曾经强调，物联网通过整合OT和IT带来了巨大潜在价值，这种整合可以生成大量能够带来巨大商业利益的数据。但是，巨大的数据量也导致了两个迫切需要解决的主要问题：一是要解决好数据从生成到使用或存储的过程中的管理问题；二是要解决好数据从生成到使用或存储的过程中的安全保护问题。对于这两种场景来说，必须确保在整个系统（从边缘到云或数据中心）中有效实现上述目标。这就意味着物联网平台必须解决好两大领域问题（如前所述）。

- **数据管道或内容平面：**物联网平台的一个关键要素就是能够检测、收集、解析、转换、管理、集成和分析来自整个物联网系统各个端点的数据流，然后合并相关的上下文数据以支持与物联网相关的商业决策。数据管道负责收集和处理数据并将数据传送到可以进行适当处理的位置，包括实现协议转换、数据转换和数据规范化等功能。数据管道还负责理解数据的应用及进程，包括实时分析和历史分析、ML（Machine Learning，机器学习）、AI（Artificial Intelligence，人工智能）、认知、大数据以及数据科学应用等。
- **编排和控制平面：**该平面负责完成系统的自动安排、协调与部署，包括基础设施、计算、存储、应用、中间件、服务、虚拟环境、服务保障和安全性。同样，该平面也涵盖了从网络边缘到云端或数据中心的所有层级，负责处理物联网工作负载。通过自动化的工作流、配置及管理来定义服务和策略，从而实现业务请求与应用、基础设施及数据的动态调整。自动化工具能够简单高效地执行任务，所花费的时间只是以前需要多个系统管理员实施时的一小部分。编排和控制平面需要一个集中式环境，从而能够以统一且一致的方式监控和管理物联网协议栈的所有部分（物理基础设施、虚拟环境、数据管道和代理、服务保障以及安全性等），其中，服务保障和安全服务对于确保所部署功能达到预期目标来说至关重要。此外，还需要有一个公共用户接口来实现平台的管理与交互，并根据用户凭证自动提供相关视图及开放能力。

此外，2017 年福布斯和 Vmware 在研究报告中指出了五大关键领域，这些关键领域反映和总结了本书到目前为止已经讨论过的关键内容。

- **支持各种协议**：物联网基础设施和服务管理工具应该与供应商无关，应该支持各种协议及数据格式。建议使用开放的标准体系架构、技术及协议，因为大多数物联网环境都是异构环境。
- **数据编排能力**：物联网平台必须能够根据预定义规则进行端到端的数据管理和编排。
- **设计安全性**：任何物联网平台都应该在架构的各个层面提供安全性，包括硬件和数据或软件生命周期。
- **边缘系统的自动检测、配置与管理**：好的物联网基础设施管理解决方案能够根据预配置规则自动执行加载、软件更新以及快速响应等任务，这一条对于所有供应商来说都必不可少。
- **构建和部署企业级解决方案时必须支持可扩展性**：物联网基础设施的管理必须能够实现旧架构与新架构的无缝管理，能够进行轻松地按需扩展，满足不断变化的业务需求。当然，还必须考虑异构性问题。

埃森哲发布的 2016 年物联网技术发展趋势也提出了类似看法。

- **智能自动化**：机器和人工智能将对人力形成有益补充，满足系统的规模发展需求，并创建新的用例和商业机会。
- **平台经济**：解决方案必须提供新技术且拥有与该方法完全一致的平台能力，实现该目标的能力将以服务的方式加以提供。
- **数字信任**：必须在客户应用的各种阶段保持强大的安全性，通过产品和服务的全面设计来构建内在安全性。

Gartner 发布了很多有关物联网架构的研究报告，并为解决方案架构师们提供了很多有益的物联网平台设计指南，主要建议如下。

- **企业需要数十种 IT 能力来支持物联网解决方案**。为了全面满足业务发展需求，物联网解决方案必须涵盖全部物联网协议栈，包括物联网设备管理、事件驱动架构、分析、集成以及安全性等。封闭式系统无法满足企业的中长期业务发展需求，组织机构应该投资于企业员工不熟悉的领域或者必须推行现代化的领域以满足特定物联网项目的需求。
- **平台必须端到端且可以部署在分布式环境中**。物联网平台应该是端到端的物联网业务解决方案，涵盖全部物联网协议栈。很多时候，人们过分关注于边缘设备及其与平台核心的连接问题，除非物联网解决方案能够与相关业务应用实现无缝集成以改善核心业务流程，否则将无法从技术上完全实现这些物联网业务解决方案或者无法实现完全商业化，包括从网络边缘到应用的完全安全的数据管道。
- **全面的物联网平台解决方案将持续增长**。到 2020 年，部署物联网的企业将有 2/3 使用物联网平台套件，而目前只有 1/3 左右。

麦肯锡强调了物联网平台应该关注的两大主要发展领域（见图 8-1）。

- **信息和分析领域**：新的网络可以将产品、企业资产或运营环境中的数据关联起来，获得更好的信息和分析结果，从而显著增强决策能力。
- **自动化和控制领域**：数据成为自动化和控制机制的基础之后，就意味着需要将物联网收集到的数据和分析结果转换为通过网络反馈给执行器的指令，反过来又可以修正相应的流程。实现从数据到自动化应用的闭环控制，可以有效提高生产率，因为系统可以自动调整以适应复杂状况，从而无需过多的人工干预。早期使用者正在开发相对基本的能够提供即时回报的应用程序，随着技术的进一步发展，组织机构将有机会采用更加先进的自动化系统。

信息和分析领域			自动化和控制领域		
1 行为跟踪	2 增强态势感知	3 基于传感器驱动的决策分析	1 工艺优化	2 优化资源消耗	3 复杂的自治系统
通过空间和时间监控人、物或数据的行为 示例： 基于存在性的广告和基于消费者位置的支付 库存与供应链监控与管理	实现对物理环境的实时感知 示例： 利用声音方向定位射手的狙击手探测	通过深入分析和数据可视化帮助人类决策 示例： 基于三维可视化与仿真的油田场地规划 持续监测慢性病，帮助医生确定最佳治疗方案	封闭（独立）式系统的自动控制 示例： 通过无线传感器最大化石灰窑产量 生产线的连续、精确调整	控制消耗以优化整个网络的资源使用 示例： 智能电表和电网，匹配负荷和发电能力以降低成本 数据中心管理以优化能源、存储和处理器利用率	开放环境下的自动控制具有很大的不确定性 示例： 防碰撞系统，用于感应物体并自动制动 利用成群的机器人清理有害物质

图 8-1　麦肯锡：新信息网络

受篇幅限制，最后再以 Ovum Research 在 2017 年 3 月发布的研究报告为基础给出相关建议，下文涵盖了 2017 年 Ovum 发布的十大物联网趋势中的相关内容。

- 安全仍然是头等大事，目前已成为监管机构的核心关注点。
- 物联网解决方案即服务的部署数量将有所增加。
- 雾计算正在崛起。
- X 即服务的商业模式快速增长，业界更多地转向基于信息的商业模式以及 X 即服务模式。
- 跨行业的物联网用例和部署过程正在加速，并将在 2017 年得到进一步提升。
- 正如物联网持续推动向 X 即服务模式的转型那样，投入物联网项目的企业将越来越多地使用平台和解决方案来实现 X 即服务的商业模式。最可能的目标之一就是安全即服务，这一点已经在前面的章节有所讨论，后面还将做进一步分析。

最后一个趋势是本书的讨论重点，不仅因为现有的技术能力能够实现该目标，而且还因为该趋势能够带来真正的商业价值。据 ABI Research 预测，2021 年由物联网管理的安全服务的整体市场收入有望超过 110 亿美元，与当前相比将激增 5 倍。

从目前的实际部署情况以及本书结束之前讨论的用例情况来看，业界主要研究机构都在支持一种新的基于服务的物联网平台，该平台将所有物联网协议栈的功能（包括基础设施、虚拟环境、服务保障、数据管道、应用及安全等）都作为一种服务。总的来说，下一代物联网平台应该包括如下组件。

- 编排和自动化能力对于提供有效、可靠、安全和可扩展的物联网部署方案来说至关重要。手工管理和实施根本无法满足物联网的规模发展需要。
- 能够在不影响服务的情况下实现系统的纵向扩容/缩容。
- 物联网平台应该基于服务，能够作为服务加以提供。
- 数据管道的完全控制及可见性应该在整个物联网协议栈中端到端地存在。
- 数据管道的全面安全性应该在整个物联网协议栈中端到端地存在。
- 物联网平台应该基于软件和分布式架构，能够提供完整的物联网协议栈，包括企业及外部系统的集成。

所有这些功能特性都应该采用开放式架构、技术及协议进行设计和部署，这种模式能够尽可能地提高物联网部署方案的互操作性，这些部署方案通常都是异构模式，包含多个供应商的硬件和软件。

8.2 下一代物联网平台概述

那么该如何根据上述需求构建下一代物联网平台呢？没有任何单一技术或解决方案能够支持和实现完整的物联网协议栈。解决方案架构师们必须考虑设计和部署异构和分布式平台的复杂性，同时还要管理不同的硬件、软件和基础设施，还要理解数据管道，还要与后台系统和服务进行集成，还要理解物联网平台的规模和可靠性，同时还要保护好物联网平台。必须遵循一致且标准化的架构模式，为完整的物联网协议栈提供最佳功能及价值（见图 8-2）。

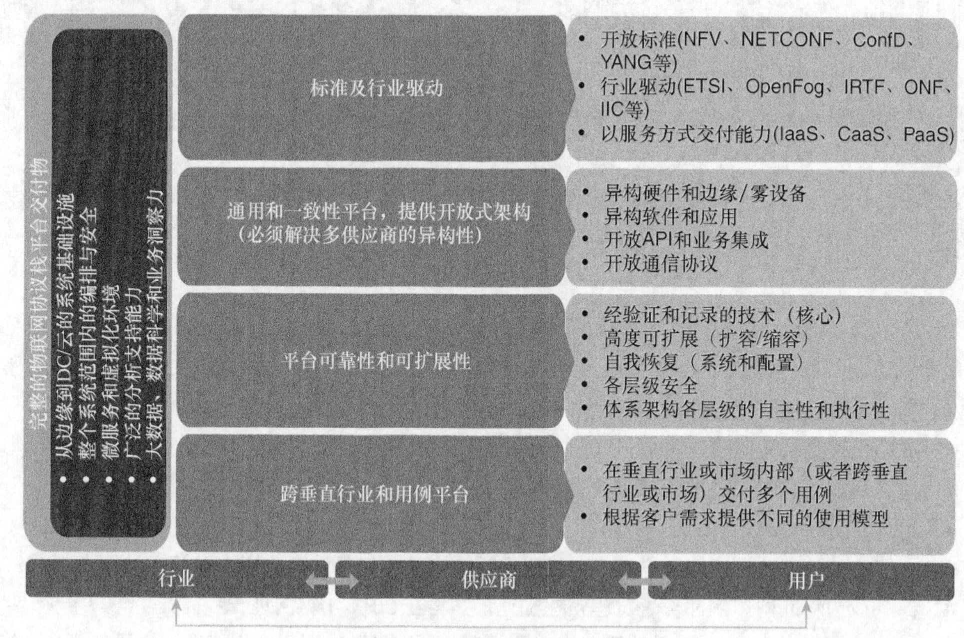

图 8-2　一致的物联网平台模式

下一代物联网平台应该基于标准及行业需求和研究成果，包括体系架构、服务、数据模型以及协议等方面的开放标准，而且还应该包含不妨碍引入物联网标准的相关技术，如可以利用 SDN 和 NFV 技术来实现多个物联网标准组、联盟和协会的要求。此外，下一代物联网平台还应该能够将所有功能都作为服务（aaS）加以提供。

另外需要考虑的是，下一代物联网平台应该始终保持一致，与具体的部署方案无关，不希望根据不同的部署方案或者引入新功能而重新设计或者经常调整核心平台。平台应支持异构性和一致性，支持任意供应商的硬件或软件。此外，下一代物联网平台还应该具有北向和南向开放 API，以确保架构层级与后台业务系统之间的集成，而且还应该尽可能地使用开放协议，以确保整个系统以及边缘设备或物品的正常通信。

高可靠性和纵向扩展能力也非常重要，包括经验证和证实的技术、用于灾难恢复的内置自恢复机制以及状态恢复能力。系统应该在架构的层级之间以及层级内部提供安全机制，同时内置服务保障功能，用于监控和实施预定义 KPI，以确保应用和服务能够根据预定义策略运行。此外，下一代物联网平台的层与层之间还应该具有一定的自治性。例如，即使设备与平台核心层之间的连接出现了故障，雾节点也应该能够持续运行，提供安全机制、通过服务保障机制强制执行 KPI 并执行分析或数据规范化操作等。随着连接到物联网平台的设备的数量的不断增多，还需要具备大规模 ID 管理能力。

下一代物联网平台的设计应确保能够在不同的用例之间以一致的方式进行交付，在垂直或细分市场之间或内部提供多种用例，同时还应该能够通过多种方式使用该平台。例如，小型制造企业可能只需要从云端到网络边缘的设备，而且要求自动部署和管理消息代理系统，而大型油气企业则可能需要做到整个物联网协议栈的自动化，但两者使用的架构及技术应该保持一致。

最后，无论在什么情况下都应该实现完整的物联网协议栈。虽然有时可能并不需要完整的协议栈，但是下一代物联网平台必须能够处理所有的物联网协议栈，而且在增加必要的功能时，不会改变系统架构，也不会影响现有的服务和操作。这些必要功能通常应包括端到端的物理或虚拟化基础设施、各层虚拟化环境、系统范围内的编排和可管理性、基于微服务的应用程序、无处不在的分析能力以及与大数据、数据科学或后台业务系统的集成能力等。此外，完整的物联网协议栈还应通过标准化的服务模型实现自动化（即所有功能均以服务方式进行交付）。

讨论了下一代物联网平台的行业视图之后，接下来将讨论如何将这些需求转化成可供现实世界使用的架构视图或技术解决方案视图。这一点非常重要，因为这样做有助于我们理解如何部署平台和服务以及如何使用相关技术。图 8-3 给出了建议的技术解决方案参考架构，说明了将平台功能映射到通信基础设施以交付用例的方式。本书将在后面采用该参考架构来描述详细的架构信息，并说明相应的安全功能以及用例保护方式。

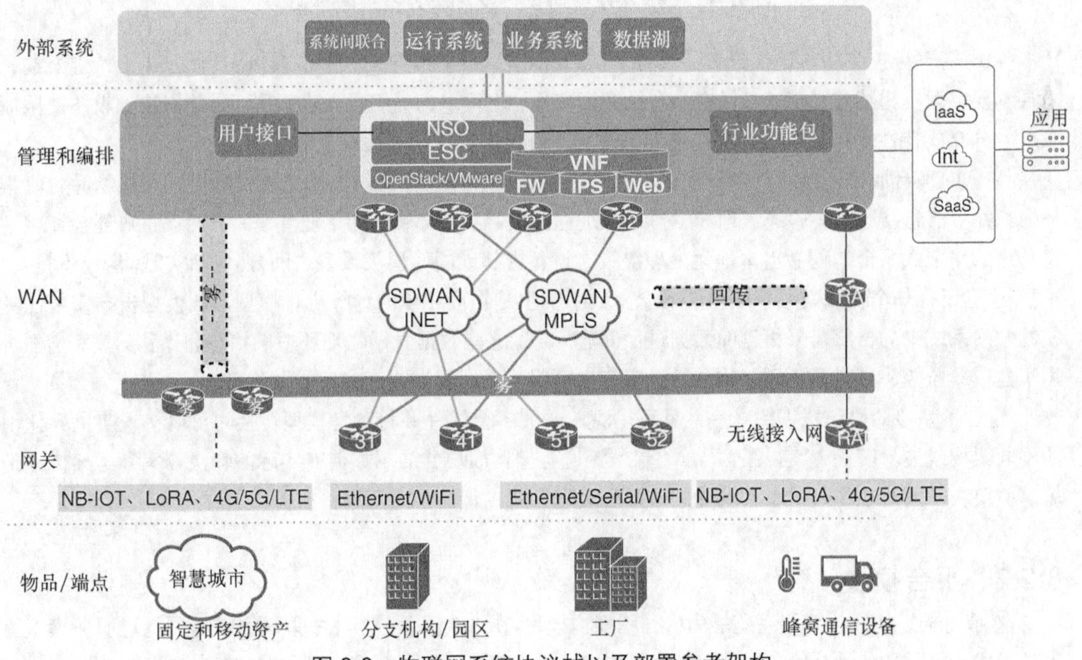

图 8-3 物联网系统协议栈以及部署参考架构

8.2.1 平台架构

了解了下一代物联网平台的需求之后，接下来需要将其转换为参考模型和体系架构视图，然后再转换为可部署的解决方案。本节将介绍完整的物联网协议栈参考模型，该模型将贯穿本书的后续内容。从当前受限或专有物联网平台转向涵盖完整物联网协议栈及其价值链的下一代物联网平台的第一步，就是要建立一个清晰的包含端到端架构以及构成该架构的基本模块的视图。图 8-4 给出了整体物联网平台解决方案参考模型，后面还会进一步增强该模型，以包含一些附加功能并显示系统控制点。

可以将物联网平台划分成两部分来讨论完整的物联网协议栈：核心平台包括物联网的管理和编排、雾/汇聚层以及雾/边缘网关层，扩展平台包括北向外部系统、南向物品或端点以及数字孪生等内容。

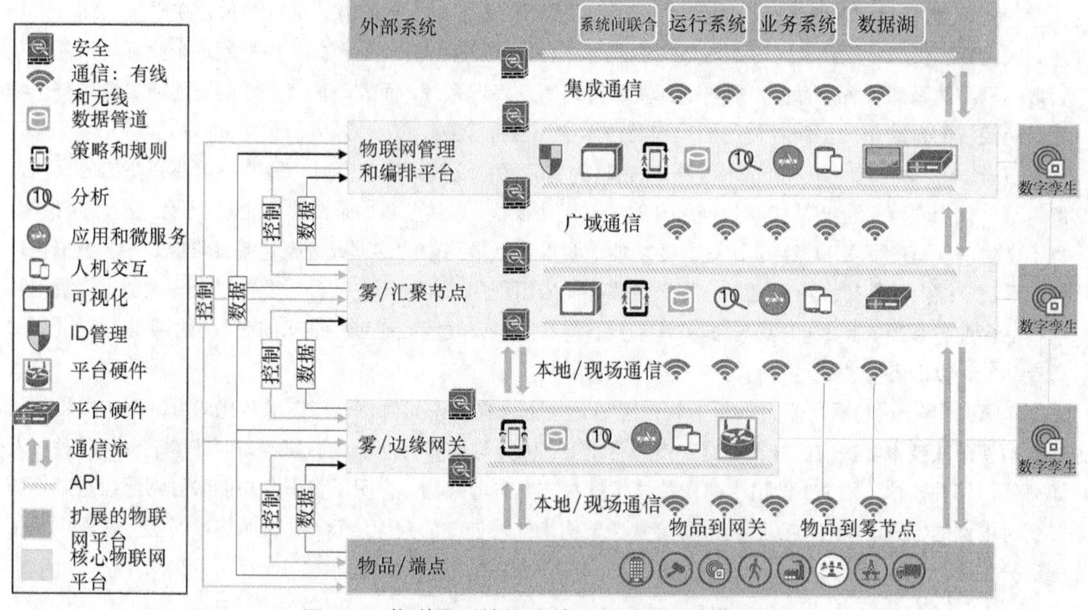

图 8-4　物联网系统协议栈及解决方案参考模型

物联网平台按照功能进行分布，涵盖了从边缘到云端或数据中心的连续体，具体取决于特定架构。每层都要实现一组特定功能，可以在一台设备内实现，也可以由一组设备来实现，具体取决于设备的限制条件。分布式特性允许数据从一层传递给另一层，通过控制反馈环路来处理数据。

物联网平台通常支持两种操作模式，也可以将这两种操作模式结合起来。设备可以连接物品、收集信息，并将信息发送给集中式管理和编排平台进行处理。其他环境（如工业环境）中的设备可能会在将信息传递给集中式平台之前做出本地化处理决策（设备内部或同一层级设备之间），包括实时闭环控制。

这里还有一个物联网数字孪生的概念。数字孪生是物理环境的计算机化模型，该模型根据安装在真实物联网系统中的传感器采集到的数据进行创建，通过这些数据表示物理环境的状态和操作。数字孪生可用于建模、监控、诊断及预测，物联网数字孪生可用于系统规划或查找问题及故障。

建立了完整的协议栈视图之后，就可以深入研究各个组件并将参考模型转换为可以在现实世界使用的不同架构或技术解决方案视图。本章将深入探讨各架构模块并展示如何在实际的解决方案参考架构中部署这些模块，同时还将讨论平台功能的转换和实现方式，从而为实际用例服务。

8.2.2 平台模块

本节将描述构成物联网系统能力的详细架构模块，图 8-5 深入分析了物联网系统必须通过服务模型驱动的模式所提供的各种功能，这些服务由 ETSI MANO 提供，其功能通过 YANG 模型以功能包（Function Pack）库的方式交付。功能包由一组程序代码块组成，可以将功能部署为服务，允许最终用户自动部署完整的物联网协议栈用例或根据需要仅部署部分物联网协议栈。有关功能包的详细信息将在本章后面的“模型驱动和以服务为中心”小节讨论。

从图 8-5 可以看出，下一代物联网平台的功能模块遵循统一的参考模型。本节将介绍一些主要的架构层级以及这些层级所提供的功能及系统用户接口。下一代物联网平台架构应具备端到端的多租户能力，多租户指的是为多个租户提供服务的系统单一实例，而租户指的则是系统内具有共同需求和权限的用户组，每个租户都有一个专用、配置好的平台共享区，包括硬件和软件。这一点与虚拟化不同，虚拟化中的软件用于创建应用托管环境，为不同的租户提供逻辑边界。多租户允许应用程序在设计之初就可以根据不同租户的行为进行自动调整，例如，对于智慧城市等物联网环境来说，可以为城市的多个部门或多种服务使用单一平台。在每个租户内部，都可以定义租户角色，包括租户管理员、租户操作员和租户用户等，这些角色是根据特定用户可以执行的操作或查看的信息的策略定义的，至于角色的数量则没有任何限制。用户登录时可以根据用户权限自动呈现相应的仪表盘 UI（User Interface，用户界面）视图。对于平台本身来说，可以定义超级管理员等角色。

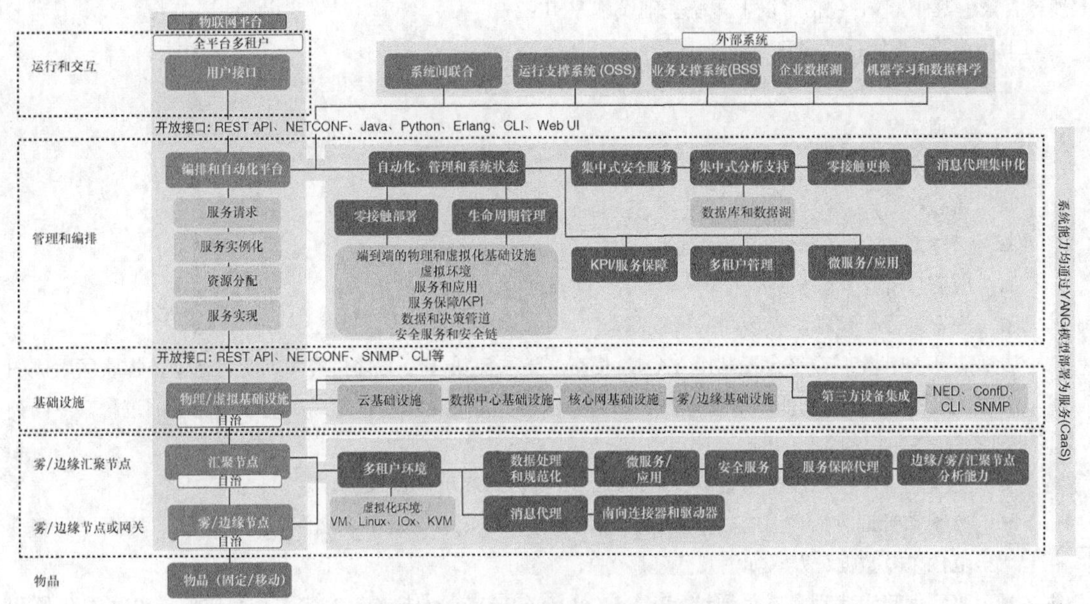

图 8-5 下一代物联网平台功能模块

从硬件和软件角度来看，下一代物联网平台还应该具备异构化能力，可以统一编排任意供应商的设备和应用。

- **运行和交互**：通过通用且一致的 UI 以及多租户实现，用户可以根据预定义策略，按照自己的需要进行查看和操作。例如，可能允许租户管理员部署设备和服务，而仅允许租户用户生成可视化数据或查看报告。平台可以根据 RBAC 及配置文件自动显示相应的视图，利用 UI 发起服务请求并查看结果。UI 功能通常包括以下三个部分。
    - **管理功能**：物联网平台必须遵循系统化管理方法，包括基础设施、硬件、软件、应用以及设备和用户的 ID 管理。利用标准化的方法，通过关联、自动化和预测等机制，可以实现效率最大化和结果最优化，包括可用性和可靠性、安全性、存储、容量、利用率以及库存等系统要素。必须确保掌握系统的运行状态以及相应的设备、应用、服务及 KPI 等信息。
    - **可视化功能**：应该以易于阅读、合理、简单和且允许用户自定义的方式来组织和呈现信息。可视化和分析工具（即使很简单）应具备实时性、交互性及可开发性，而且还应该支持多数据源和拖放功能。
    - **操作功能**：平台运行应支持租户环境的实时变化与控制（通过自动化机制快速实现）。

可以利用可扩展的（最好是模型驱动的）RESTful API 实现 UI 与平台管理和编排层之间的通信。

- **管理和编排**：MANO 的传统视图基于管理和编排整个系统所有资源的架构框架，可能包括计算、通信基础设施、存储、虚拟机、虚拟化功能和网络服务。传统意义上的 MANO 通常都集中在数据中心和 WAN 上，这里的 MANO 则进一步扩展了该观点，涵盖了系统的自动化、编排、策略和规则以及管理等功能，从传感器一直到 DC 或云端。管理和编排并不限于管理层的某个特定区域，而是涵盖整个系统。为了满足下一代物联网系统的要求，端到端的服务编排必须跨越多个架构层级和不同的域（物理和虚拟），包括用户、硬件和软件。MANO 基于集中式策略定义，可以在较低层级上自动分发和实现这些策略，由 MANO 负责接收服务请求、分配资源和实例化服务。

MANO 是整个物联网系统的中心控制点和策略创建点，可以将这些控制和策略定义为服务，进而为这些服务分配资源，并通过自动化机制以零接触（zero-touch）或准零接触（near-zero-touch）的方式进行实例化。此外，MANO 还包含平台后端，后端包含了被定义为 VF（Virtual Functions，虚拟功能）的能力库或目录。其中，VF 包括了以下传统基础设施 VNF：

- 交换、路由和 NAT；
- 移动网络节点；
- 隧道；
- 流量分析；
- 信令；
- 网络功能，如策略控制和 AAA；
- 应用级优化，如负载均衡；
- 安全功能，包括防火墙和入侵检测。

此外，下一代物联网平台还利用 YANG 模型（请参阅第 4 章）来扩展 VF 以满足各种物联网用例的需求，包括图 8-6 所示的功能。本章将在后面简要描述以自动化功能包方式实现这些功能的过程，下面列出了一些物联网用例的 VF 示例。

- 安全服务，包括数据和服务策略管理、身份管理和可信计算。
- 控制和管理数据平面的数据服务，包括物联网应用和微服务、实时和历史分析、数据过滤和规范化以及数据分发（如消息代理服务）。
- 服务保障，实现方式是通过 vProbe（virtual Probe，虚拟探针）来监控和实施 KPI 以及告警和通告。
- 雾/边缘节点或网关，充当分布式物联网平台的硬件资源。

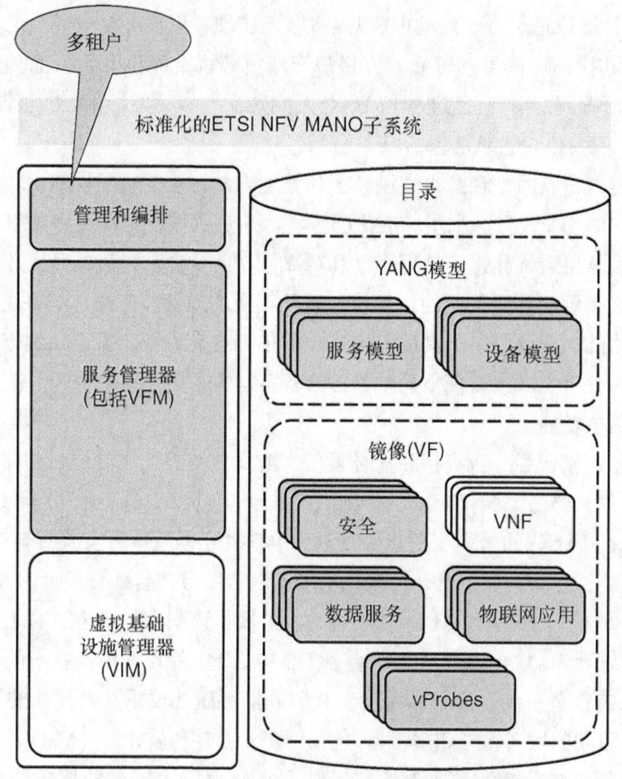

图 8-6　下一代物联网系统的物联网 VF

MANO 层目前能够以统一和异构方式为物联网系统提供下一代服务，从图 8-5 的体系架构可以看出，后端平台定义和提供了如下服务。

- 自动管理和系统状态。包括系统服务的零接触部署和生命周期管理，包括端到端的物理和虚拟基础设施、虚拟环境和容器、应用和微服务、服务保障和 KPI、数据和决策管道以及安全服务和安全链。
- 多租户管理。
- 后端消息代理集中化。
- 支持分析能力。
- 零接触更换。
- 系统拓扑和清单，包括设备和应用的状态。

为了确保与其他系统以及部分物联网协议栈的互操作性，MANO 还提供了开放 API 和配置管理功能（北向和南向）。MANO 支持原生通信能力，也可以通过 NETCONF 协议与基础设施和雾/边缘设备进行通信。此外，还可以通过 NED（Network Element Drivers，网元驱动程序）、API 或 CLI 连接特定设备或系统。虽然很多供应商都提供了自己的 MANO 实现，但本书主要讨论的是思科的 MANO 实现——NSO（Network Services Orchestrator，网络服务编排器），因而后面的示例均以思科为例。当然，由于我们遵循 ETSI MANO，因而完全可以用其他供应商的 MANO 实现加以替代，相应的进程、技术及架构保持不变。

从图 8-7 可以看出，MANO 包含了很多用于向物联网系统提供能力的模块。VFM（Virtual Function Manager，虚拟功能管理器）负责管理虚拟化服务功能，VIM（Virtual Infrastructure Manager，虚拟基础设施管理器）负责管理虚拟基础设施和虚拟环境。设备管理器（Device Manager）以事务处理方式管理设备配置，支持双向设备配置同步、设备组和模板以及设备的实时变更等功能特性。服务管理器（Service Manager）则允许操作员管理设备无法直接支持或者当前设备无法有效支持的网络操作，包括服务的全生命周期管理（从创建、修改到删除）。

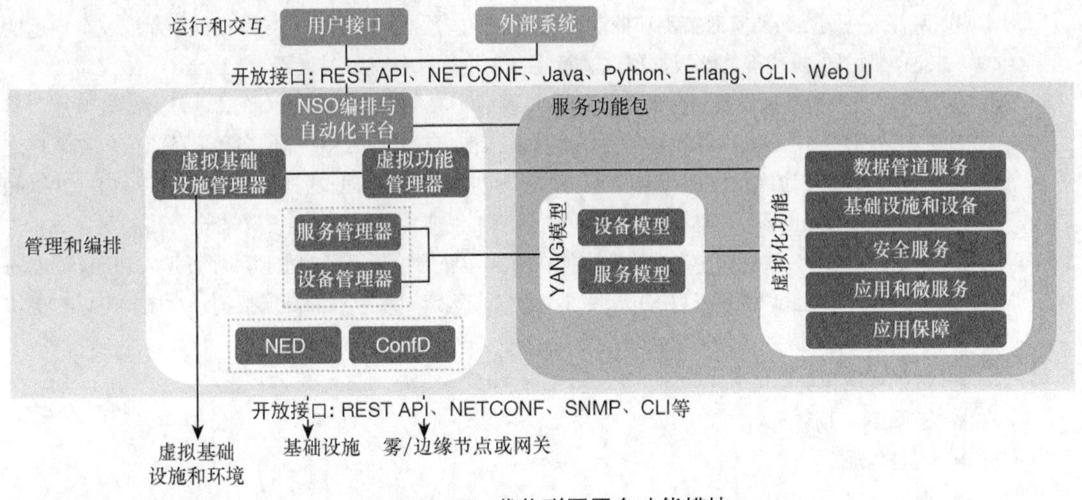

图 8-7 下一代物联网平台功能模块

为了提供物联网功能，MANO 必须与基础设施和雾计算或边缘设备进行交互以提供集中定义的 VF（Virtual Function，虚拟功能），可以通过 NED（Network Element Driver，网元驱动程序）来实现或使用 NETCONF 设备代理。

NED 为 NSO 与设备提供连接，包含在 MANO 库中。NED 在 YANG 中提供了一个数据模型，用于指定设备所支持的配置和操作数据。NSO 支持 4 类 NED（具体取决于设备接口）。

- **NETCONF NED**：用于原生支持 NETCONF 的设备（如思科和瞻博等大量设备）。
- **CLI NED**：用于支持 CLI（类似于思科 CLI）的设备（与基于 CLI 的设备［如阿尔卡特-朗讯和爱立信］一起使用）。
- **通用 NED**：用于 REST 以及非思科类 CLI 等协议。
- **SNMP NED**：用于 SNMP 设备。

NED 不是封闭式适配器，设备接口使用 YANG 在数据模型中建模。NSO 可以通过该模型创建底层命令，包括思科 CLI。这就意味着只要将 NED 添加到数据模型中即可轻松更新 NED 以支持新命令。利用 NED，NSO 能够以原子变更集的方式应用设备的配置变更。

如果设备不支持 NETCONF 协议，那么就可以使用 ConfD 管理代理。设备和软件供应商可以利用 ConfD 管理代理在自己的设备和应用中实现很多高级的设备级管理代理功能。代理可以自动呈现特性丰富的管理接口（如 NETCONF、CLI 和 SNMP），从而实现 MANO 对设备和服务的管理。

MANO 拥有与实际设备配置保持同步的配置数据库，可以提供审计功能以确保一致性，同时还可以提供协调功能以维护服务与对应设备配置之间的运行时关系。

- **基础设施**：图 8-5 体系架构中的下一层是基础设施层，包括 PN（Physical Network，物理网络）和 VN（Virtualized Network，虚拟网络），两者均由 MANO 以一致的方式进行管理。基础设施包括如下内容。
  - **后端（云或 DC）**：包括 DC 基础设施或云节点（属于雾云连续体的一部分）。
  - **核心/WAN 设备**：核心 WAN 设备为物联网系统协议栈提供高速安全传输。
  - **现场区域**：指的是与雾/边缘设备的“最后一公里”通信。
  - **雾/边缘设备**：指的是负责运行物联网平台分布式组件的物理设备。

如前所述，MANO 负责管理和控制基础设施，包括通过 NED 或 ConfD 代理对设备级服务组件及连接进行管理。

作为物联网分布式架构需求的一部分，自治性对于雾/边缘层来说必不可少，功能包的 YANG 服务模型必须支持自治性。即使失去了与 MANO 层的通信，雾或边缘设备也必须具备持续的服务和策略提供能力。对于实时环境（特别是需要实时监测和控制以确保操作按预期运行且不会导致任何中断或安全问题的工业环境）来说，服务保障代理能够根据预定义策略自主执行服务将至关重要。

- **雾节点、边缘和网关设备**：分布式架构的“最后一层”是雾计算层，该层包含了汇聚节点、雾节点和边缘网关。雾和边缘设备负责以连接方式向集中式 MANO 提供多种服务，或者在通信连接出现故障后在边缘位置提供自主服务。多租户对于将物理设备切分为支持多 TEE（Tenant Execution Environment，租户执行环境）的环境来说非常重要，允许多个安全分离的服务或租户能够共存于同一公共硬件中。系统应支持在雾或边缘层管理不同的虚拟环境，包括 Linux Docker 容器、VMware、KVM 和思科 IOx。图 8-8 给出了雾或边缘节点的高层架构示意图，可以在虚拟环境中提供如下服务（具体取决于设备限制）。
  - 数据处理和规范化。
  - 微服务/应用。
  - 消息代理。
  - 南向连接器和接口。
  - 安全服务。
  - 服务保障代理。
  - 分析支持。
  - 网络服务。

雾和边缘设备则负责与物品或端点（属于分布式物联网平台的一部分）进行交互。

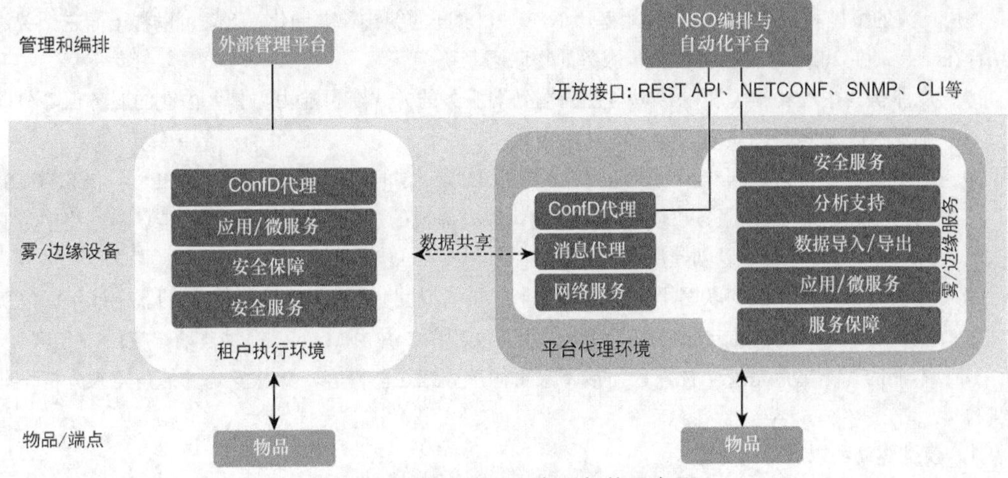

图 8-8 雾/边缘节点高层架构示意图

8.2.3 平台预期效果：以自主的端到端服务的方式交付能力

大多数服务和应用都需要通过多种功能来运行并交付业务价值，如果以分布式方式来交付或虚拟化这些功能，那么就应该以尽可能简单的方式将所有功能都组合在一起以产生预期效果，这就需要通过架构就绪（基于 ETSI）和虚拟化就绪（基于 NFV）的编排和自动化工具加以实现。好的 MANO 能够自动响应应用及服务需求，按照正确顺序最佳地应用各种功能，并在正确的时间和地点提供正确的基础设施及应用的资源需求。MANO 编排器了解所有的虚拟化功能，可以将这些虚拟化功能实时放置在需要的位置，在业务不需要的时候，还可以移除或激活/去活这些功能。这一点对于下一代物联网平台来说至关重要，因为我们需要有能力查看端到端的服务部署情况并对这些服务执行相应的操作。

如前面章节所述，服务编排技术一直都在发展当中，是自动激活任意类型能力的最佳方式。最佳策略就是采用服务模型驱动模式，在端到端事务中同步所有参与服务的组件的配置信息。传统意义上的编排操作主要偏重于网络和基础设施的自动化，客户驱动的需求一直都在推动编排技术的发展演进，当前的编排操作更加侧重于在整个生命周期内提供完整的服务或用例部署方案。考虑到这一点，监控和服务保障功能不能在事后引入，编排系统应该确保服务在部署完成之后就能得到保障。这种编排化的服务保障功能是同一用例服务模型提供的另一种功能，适用于服务的物理和虚拟组件。服务保障功能负责维护预定义的客户 KPI 或 SLA（对于物联网部署方案来说至关重要）所需的端到端的自动化监控与实施能力。

下一代物联网系统基于面向服务的模型以及事件驱动的分布式架构，可以生成、使用和处理数据，可以在系统的任何层级或者多个层级同时执行实时或历史操作和控制，意味着用例、服务以及交付这些用例和服务的功能应该真正做到端到端，将这些功能链接在一起，也可以将多个层级的功能链接在一起。

这是本书的关键，下一代物联网平台应支持整个用例及所有组件的无缝交付，在整个生命周期中都具备自主性和端到端特性，而且能够满足大规模的扩展需求。这是当今行业的一次重大变革，如本章前面提到的研究报告所述，这种模式支持向 X 即服务的模式转型，具有自主交付的能力和效果（包括所有安全功能）。本节将探讨如何实现该目标，不过在此之前，需要重新审视作为下一代物联网系统一部分的平台应该实现的效果，然后再讨论相应的实现模式（仍然以安全性为重点）。

- 应该以统一的方式通过服务来提供能力。
- 服务部署应该是端到端的。
- 平台应该能够通过自动化方式实现灵活扩展。
- 对于所有服务来说都应该具有内在的服务保障机制以实现 KPI。
- 需要始终保持开放性和标准化。

在异构物联网系统中以一致且统一的方式将物理、虚拟、应用及安全组件整合在一起的唯一方式，就是使用一流的编排和自动化平台。利用基于 NFV 和 SDN 的编排和自动化平台，可以将下面三个关键理念结合在一起，在 2020 年左右实现基于服务的物联网系统。

- **以服务为中心**：模型驱动，以自主的端到端服务的方式交付能力，具备内在的服务保障机制以确保 KPI 和策略的实现。
- **服务链**：是定义数据从源端传递到目的端所必须经过的有序服务列表（如 IPS、NAT、QoS 和 FW）的能力，这些服务可以是物理的也可以是虚拟的，而且不限于网络功能。在网络中将服务"拼接"在一起就可以创建服务链。
- **上下文自动化**：在物联网平台架构的各个层级（或同一层级内部）将相似的服务或不同的服务组合在一起，提供面向服务的端到端的上下文视图，并由 MANO 提供自动响应。

由于本书的写作重点是安全性，因而接下来将简单介绍这些内容，并从安全性的角度来分析一些具体案例。

1. 模型驱动和以服务为中心

通过 YANG 模型来创建服务意图并实现服务实例化。YANG 模型可以实现服务和设备的建模，编排系统将意图和实例化转换为分配系统资源并在特定设备模型上实施相应的配置（包括实现服务保障的策略和代理）。图 8-9 的左侧给出了上述过程的 YANG 模型示例，右侧给出了 YANG 模型示例，包含了组成该服务的部分代码模块（通常是 Java 或 Python）。

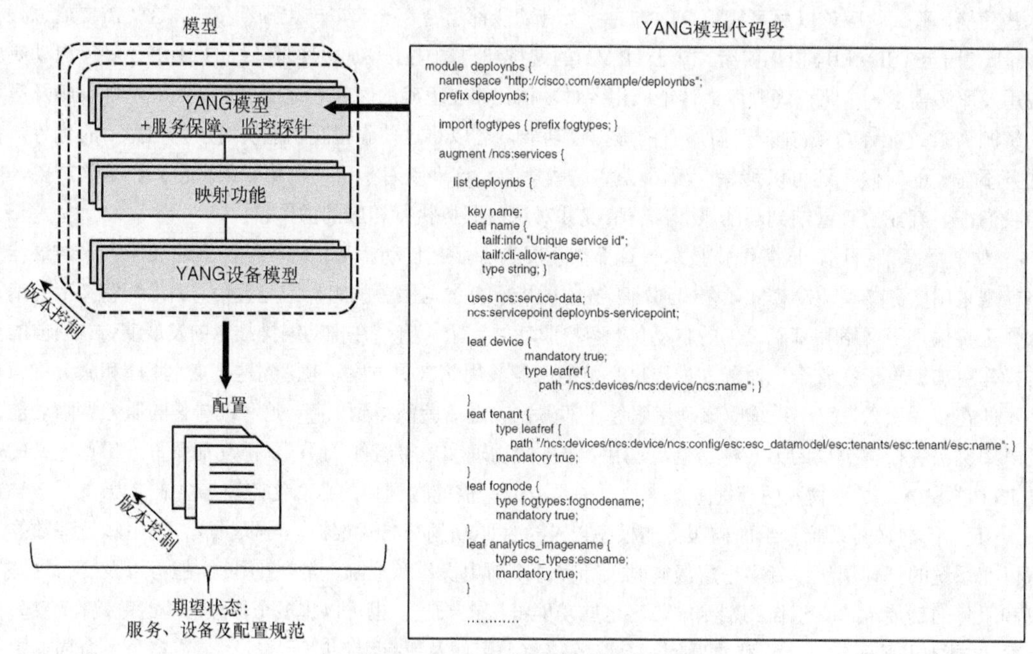

图 8-9 YANG 模型构建模块示例

YANG 模型的构建方式是创建可重用的提供特定功能或目的的模块，图中的示例包括了如下信息。

- 分布式平台中的设备软件配置以及根据平台架构及策略部署的操作代理。代理的安全功能可能包括 IAM（Identity and Access Management，身份和访问管理）本地控制与实施、安全加固（如磁盘加密）、身份管理（如思科 ISE））或安全行为分析（如思科 Stealthwatch） 等虚拟功能、物理设备（如 USB 或以太网端口）的访问监控、设备资源监控和执行（如磁盘空间或利用率）以及 SIEM 报告等，其他服务还可能包括消息代理和分析支持能力。
- 分布式平台中的雾/边缘设备的裸机配置。
- 分布式平台中的雾/边缘设备的虚拟环境配置，包括环境类型（Vmware、Linux Docker 容器、KVM、思科 IOx 等）以及将要消耗的资源（包括存储、RAM 和 vCPU）。

- 网络配置，包括创建去往分布式系统中的雾/边缘设备的路径以及在雾或边缘设备上进行通信配置以确保其按预期执行操作。常见的网络配置内容包括安全配置（如 VLAN 和 ACL）和 IP 地址、DHCP 或 DNS 等其他配置。
- 在分布式系统和雾/边缘设备的特定位置部署主动或被动 vProbe 以监控带宽利用率、流量模式以及磁盘空间等信息，从而实现服务保障。服务保障是平台提供的安全服务的扩展功能，目的是确保已部署的服务和应用仅执行允许的操作。
- TEE 环境部署（包括应用和微服务、访问控制以及数据共享）。

此处描述的每个组件都是通过程序代码创建为功能模块，然后再在 YANG 模型中组合这些功能模块以形成功能包（Function Pack），由 MANO 编排系统读取并分配资源，同时在整个分布式系统基础设施中进行配置。图 8-10 给出了通过分布式物联网平台端到端部署全自动且以服务为中心的功能包示例。

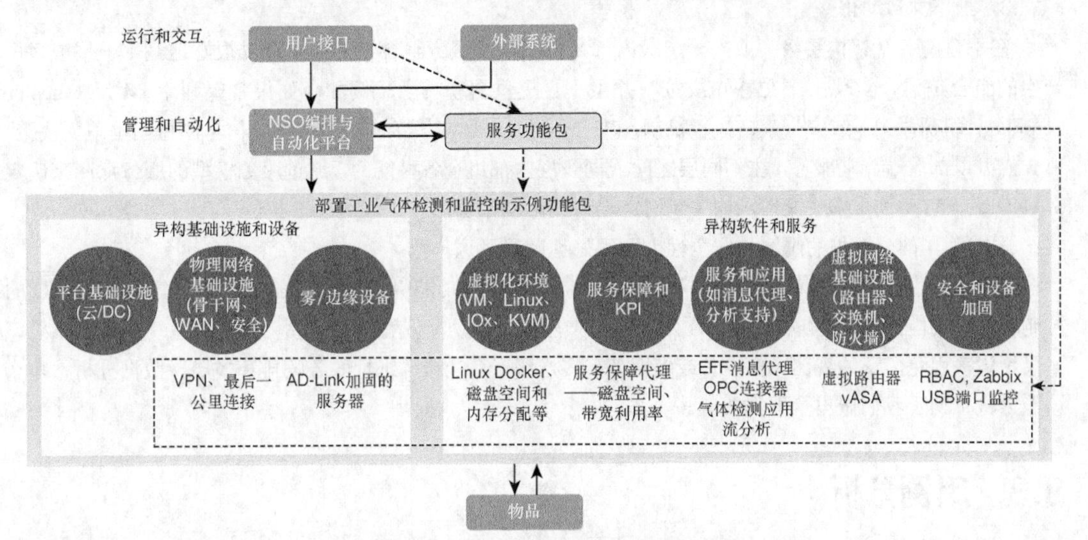

图 8-10 YANG 模型功能包部署示例

接下来可以将这些模型添加到编排系统的目录/库中，以便重用这些模型。既可以用一个完整的模型来表示整个用例，也可以重新调整每个模块的作用并进行组合，从而为不同的用例创建新的服务模型。如此一来，就可以为物联网平台创建标准化、可重用的能力库（正如架构模式所预期的那样），由于新服务所需的大部分能力都已经存在，因而不需要每次都重新创建全新的代码。

2. 服务链

服务链就是一组通过系统基础设施互连以支持应用程序数据流的网络服务。服务链改变了传统意义上基于目的地址的 IP 网络转发方式，本书将其称为面向物联网的服务链。该定义对服务链的概念进行了扩展以涵盖物联网用例，包括 IP 和非 IP 转发。安全功能链就是一个典型用例，当然也可以用于任何类型的服务。服务链强制引导数据流穿越特定路径，以确保数据流按照预定义顺序从源端到目的端依次经过特定的网络服务列表，从而改变了传统路由方式。

传统物理设备实现服务链非常困难，而 NFV 将物理功能虚拟化之后就完全消除了这种复杂性，可以很容易地将数据拼接在一起并自上而下地为特定服务分配适当的资源。平台的 SDN 化实现了控制平面与转发平面的解耦，能够大大简化服务路径的配置，从而创建服务链矩阵。从安全性角度来看，这样做可以带来很多好处和控制能力（请参阅第 6 章），可以更容易地区分服务，可以仅应用那些确实需要的功能，而不要求所有的数据都应用同一组功能。图 8-11 给出了一个简单的服务链示例。

这种方法与第 2 章中讨论的风险评估分析直接关联。组织机构确定了特定服务并为其分配了相应的风险之后，这些服务和应用就可以通过物联网平台的策略和规则引擎自动应用服务链模型。同样，该过程也可以作为服务模型中创建的服务意图的一部分而实现自动化。

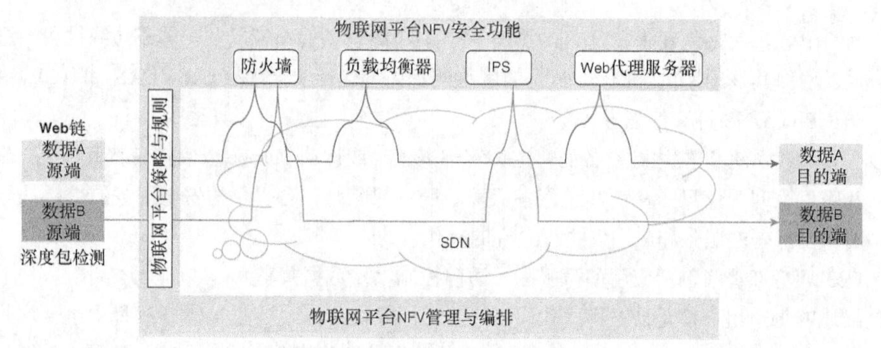

图 8-11 服务链示例：安全性

3. 上下文自动化

在平台的各个架构层级（或同一层级内部）将相似的服务整合在一起，可以很好地利用一层或多层产生的组合信息，实现上下文感知决策，并由平台提供自动响应。例如，如果希望利用 ML（Machine Learning，机器学习）或安全策略执行机制，基于全网多个边缘设备的一个或多个信息源做出上下文决策，那么就可以部署端到端服务，在不同层之间或同一层内部组合各种能力，通过服务模型的服务意图来确定 MANO 应该自动执行哪些操作，如关闭网络端口或限制带宽。

本书第 4 部分提供的用例从安全性方面很好地解释了这一点。

我们提供的任何服务都应该能够利用该能力，从部署的功能中采集到的信息必须能够传回 MANO 的控制和管理功能，必须能够从 MANO 传递给同一层的不同功能或者传递给北向可视化系统或外部系统。如果希望采用更广泛的视图（多设备或多服务、多层级、系统级）进行服务编排和多层次数据分析，那么该能力将有助于我们做出上下文决策。

8.3 用例分析

到目前为止已经介绍了下一代物联网平台的背景、研究状态以及相应的技术和体系架构，可以看出，完整的物联网实现包含大量需求，需要以统一的方式实现无缝集成，使得物联网系统最终运营商能够实现大规模地交互和部署服务。人们常说，物联网系统的最终用户和运营商都希望简单化，但事实并非如此，最终用户和运营商需要一整套能力，以确保其物联网平台能够以最佳方式运行（见图 8-12）。

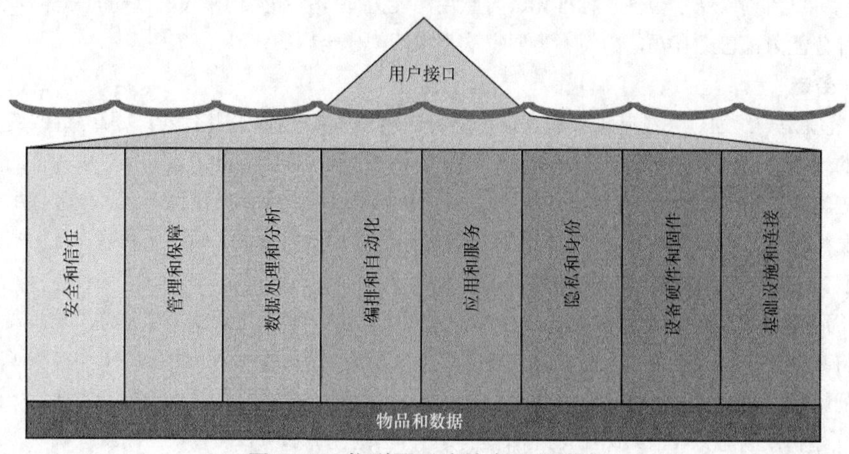

图 8-12 物联网系统的多元化需求

最终用户和运营商表示希望简单化的时候，实际表达的含义是希望采用某种方式来隐藏大量功能的复杂性，同时希望平台的交互更加简单。即使组织机构拥有必需的技能，物联网协议栈也会带来潜在的复杂性和挑战。自动化的目标就是最大限度地降低这种复杂性，仅向用户和运营商展现最少的平台组件（见图 8-13）。

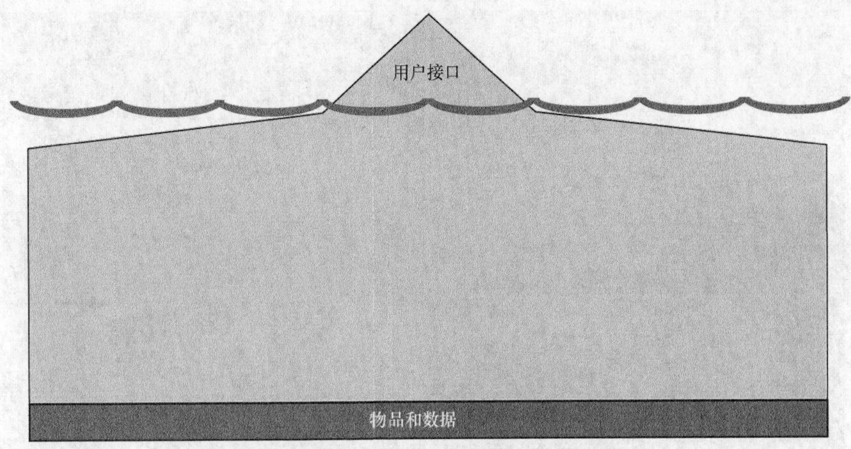

图 8-13 尽可能地屏蔽物联网平台的复杂性

下面将通过一个将物联网平台组件整合在一起典型用例来结束本章。从本例可以看出，只要在用户界面单击几次鼠标即可完成整个用例的部署工作，从而最大限度地减少用户与平台之间的交互需求。

此外，本节还说明了跨多个垂直领域部署相同用例的方式，只要进行微调即可完成。同时还说明了可以在不同用例之间重用的架构模块，以提供可重复且一致的解决方案。

8.3.1 基于事件的视频和安全用例

用例需求：很多环境都部署了 CCTV（Closed Circuit TeleVision，闭路电视）或视频解决方案来监控特定场所或资产，特别是包含了高价值设备、可能影响运营服务或造成环境破坏、受到威胁（如盗窃）或地理上分散和无人值守的场所。确保服务的持续运行至关重要，要优先保护平台的通信设备。城市、公用事业、交通枢纽以及油气行业等场所都在室内和室外安装了大量摄像头，还有很多摄像头用于监控设备机柜。图 8-14 给出了通过摄像头监控街道上新安装的设备柜的示例。图 8-15 给出了在电力公司变电站安装多个摄像头的部署情况。

图 8-14 安装在城市街道上的设备柜

图8-15 在电力公司变电站部署的摄像机

摄像头的使用并不局限于传统的可视化监控，例如，利用红外摄像机监控机器部件的温度（如机器或资产健康用例中的电机）或者在石油天然气中监测炼油厂的火焰高度以进行废气燃烧烟道的监测（见图8-16）。废气燃烧烟道的监测在美国具有立法要求，因而属于必不可少的监控需求。

图8-16 通过红外摄像头监控废气燃烧烟道

摄像头通信受位置和成本的影响较大，有些摄像头可能拥有有线连接，可以将视频流高速回传到需要使用这些视频流的位置，如城市环境或制造工厂。有些摄像机可能只有低带宽无线连接，而且回程带宽非常有限（如卫星或蜂窝通信技术，或者与其他服务共享带宽），常见应用场景就是油气管道站、钻井平台以及配电自动化环境。

事实上，视频系统运营商通常都不希望将所有视频信息都传送到中心位置，而仅希望发送需要检查的视频信息，主要原因如下。

- 视频通常仅在发生让人关注或特殊事件时才有意义，绝大多数视频内容都没有价值。
- 成本与回传视频数据的带宽以及通信基础设施息息相关（无论是实时存储、转发，还是流式传输）。
- 企业管理费用和成本与大量录制的视频数据的存储和管理操作息息相关，特别是很多数据都不需要。

- 捕获和存储视频内容可能会存在隐私和立法问题。
- 很多视频解决方案都需要人工监控和操作，而且负责监控大量视频内容的运营商常常会错过某些特定内容或者很晚才发现。

理想应用场景是预先定义特定触发条件，仅在触发之后才发送相应的视频流或录制的视频。除了实况传送之外，引发触发条件的事件对于帮助运营人员了解触发事件的原因并确定所要采取的措施（如果有的话，可能是误报告警）来说至关重要。

为了提高安全防护效果，必须尽可能地利用深度防御机制，通过多种不同的触发条件来启动事件。在采取具体操作之前，还可以利用该方法进行事件关联，此时仅在两个或更多个事件同时发生时才进行后续处理。

用例描述：为了最好地保护机柜中的平台设备，本例设置了三个触发器。

- **键盘输入**：保持设备机柜永久锁定，如果要获得访问权限，那么就必须正确输入正确的预定义密码才能打开机柜门。如果密码的输入错误次数达到预定义次数（如三次），那么就会触发安全事件。
- **遥测传感器**：传感器安装在柜门内部，以检测暴力打开时可能产生的振动和移动，同时还可以检测柜门打开时间。如果柜门打开或发生大幅振动，那么就会触发安全事件。
- **USB 端口监控**：即使允许打开机柜，也可能会出现一些安全事件。如集成商可能正在对机柜内的设备进行操作，并可能将 USB 闪存插入雾节点或网关设备的 USB 端口，这些都可能被视为潜在安全威胁，因为 USB 闪存上的恶意软件可能会成为从设备窃取信息的潜在方式。如果 USB 闪存插入雾节点或边缘网关设备上的 USB 端口，那么同样会触发安全事件。

其他的摄像头触发器示例还有达到预定义噪声阈值、超出设备电机的温度限制以及过度拥挤等。

完成触发器的设置并正常运行之后，就可以安装摄像头来监控设备机柜（见图 8-17 中的用例架构）。摄像头连接雾节点（通过有线或无线方式）并持续记录事件，将实时视频流发送回雾节点。本例没有将视频流传送到控制室或其他位置，而是将视频存储在雾节点本身的环形缓冲区中，可以将环形缓冲区设置为记录特定时间段（如 30 秒），这就意味着雾节点始终拥有触发事件前的 30 秒视频。根据设备的限制条件（处理能力和存储容量），单个雾节点可以汇聚多个摄像头馈送的视频信息，从而提高安全覆盖范围和可靠性。

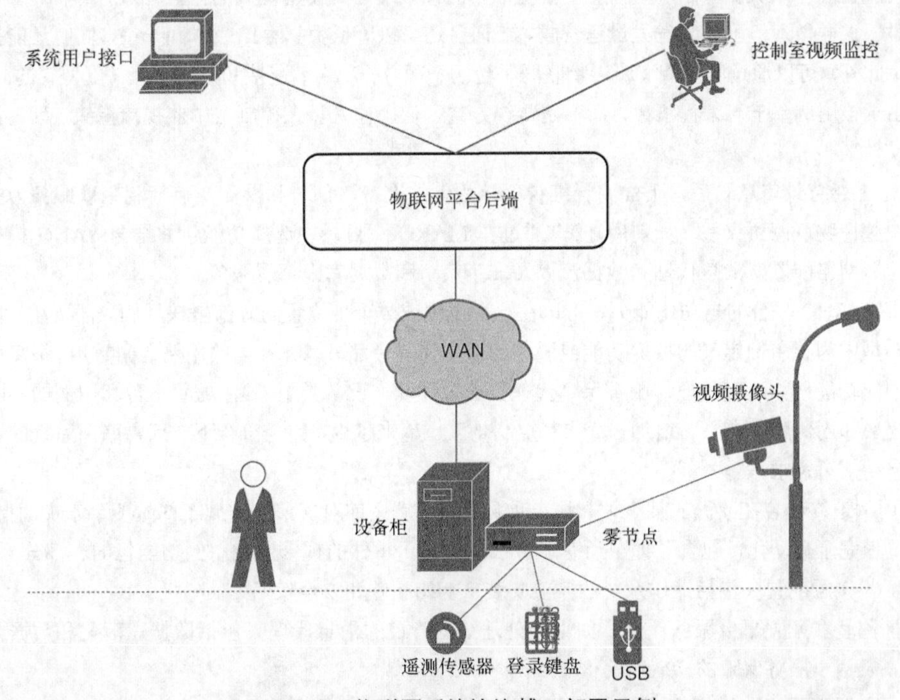

图 8-17 物联网系统协议栈：部署示例

可以使用单个事件或多个事件作为触发器。满足了预定义条件之后，雾节点就会改变处理规则，将两路视频发送到预定义位置。本例将雾节点环形缓冲区设置为记录 30 秒的视频，雾节点会将该 30 秒的录像及实时视频流发送给中心控制室的视频监控系统和物联网平台运维人员的用户界面（见图 8-18）。接收者可以看到导致触发器触发的事件以及当前的实时情况，从而能够更好地响应安全事件，并将多个安全机制组合到单个用例中。

图 8-18 实时视频流用例：机柜监控示例

这是一个很好的雾/边缘计算案例，该例仅将需要的视频数据发送到中心位置，丢弃不需要的数据，从而大大节省了存储、带宽和管理成本。

用例小结：传送并存储大量监控位置的视频流不但昂贵，而且不切实际。这种基于事件的视频和安全用例可以提供本地数据分析和触发器，仅将需要的视频发送到使用视频的位置并进行存储，触发器基于安全事件。这样做不但可以节省大量运营成本，而且还可以降低数据存储成本和开销，同时还能提供多级安全性。此外，可以通过雾节点（属于物联网平台的一部分）部署、连接和汇聚多台（更便宜的）摄像头。最后，由于该用例基于可编程事件，而不是传统方式上让操作人员在控制室中监视摄像头，因而能够实现更好的实时监控和操作。

设定上述背景信息之后，下面将详细说明该用例的准备、部署和操作，包括利用以服务为中心的模式来解决整个物联网协议栈（如前所述），通过在 MANO 库目录中选择功能包并结合 YANG 模型、虚拟功能镜像、网络配置、消息代理和数据流以及安全策略和数据库来部署服务。

利用 MANO 平台的自动化能力，可以在一个位置或数千个位置同时部署该用例。需要注意的是，在 YANG 模型中为该用例定义的特定功能或服务的很多代码块都可以在不同的用例之间重用。很多用例都会用到相同的功能（如消息代理、服务保障代理、虚拟环境、设备类型等），随着平台和用例的不断发展，标准代码块和用例库也在不断增加，意味着定制化工作越来越少，完全符合下一代物联网系统的可扩展性和服务自动部署需求。

该用例最终部署在欧洲的某个智慧城市项目中（部署之前对雾节点实施了初始的手工加固措施），整个部署过程完全自动化，包含了如下所有服务（作为基于事件的视频监控用例功能包的一部分）。

- 零接触配置（包括操作系统的完整安装、初始配置和安全策略）。
- 部署和配置平台服务代理，如用于处理数据管道的消息代理（包括数据规范化和数据共享）以及用于服务保障的 vProbe。
- 部署不同的 TEE 执行环境来运行用例应用（包括强制要求在租户以及所对应的网络之间进行分

段和隔离的安全配置)。

所有这些都将在后面的“部署用例”小节中进行详细描述。对于城市部署场景来说，典型的用例部署时间大约是7～10天。如果使用平台的自动化能力，那么相同的部署操作仅需要7分钟，这不但大大降低了管理智慧城市基础设施所需的运营费用，而且大幅提升了城市服务的提供灵活性。

1. 预备工作

与其他物联网平台部署操作一样，必须做好相关准备工作，以确保服务的正确性并在部署时正常运行。但不幸的是，我们无法凭空将所有的事情都考虑到！作为物联网部署过程的一部分，应解决好以下事项。

- **设备的安全认证和信任：** 对于新设备来说，建议使用TPM/TXT、开放认证（Open Attestation)、全盘加密和操作系统加固等机制进行安全加载和加固。这是一次性工作，设备加载之后，平台MANO就与每台设备建立状态化连接，此后的所有变更操作都可以自动完成。
- **架构化的多租户和共享服务：** 可能会有多个参与方共享平台基础设施和雾/边缘节点。对于在城市中部署的基于事件的视频用例来说，雾节点和通信服务由IT部门管理，安全服务则由另一个独立部门管理。因而在部署之前，必须对不同的TEE环境进行正确地保护和分段，同时还要提供与消息代理进行数据安全共享的能力。
- **应用集成和设备连接器：** 必须提供正确的API设计并集成到用户界面、应用、设备以及其他系统中。此外，还需要有去往端点的南向连接器，以确保建立并实现正确的协议和通信介质。
- **NED/ConfD：** 必须设计和构建适当的设备接口。物联网部署过程可能会涉及多个供应商的设备，这就需要通过适当的接口将这些设备正确连接到系统中，从而在自动部署过程中以统一的方式处理所有设备。
- **YANG模型/功能包：** 必须设计和创建代码块以描述其功能和服务。
- **数据管道操作：** 必须就数据共享、消息代理以及其他问题制定清晰的定义和计划。

2. 部署用例

如前所述，设备成为平台的一部分之后，后面的用例部署过程就应该实现自动化。虽然设备与平台的连接也可以实现自动化，但这部分内容不在本例讨论范围之内。图8-19从平台后端的角度给出了用例服务的部署流程，步骤1、3、4是在用户界面上通过手工选择方式完成的（用户登录仪表盘并选择所要部署的功能包）。当然，也可以根据本章前面提到的上下文自动化机制实现自动决策，不过本例采用的是手动选择（这也是实际操作过程中最常见的情形）。用户做出上述选择并点击提交之后，就可以自动完成后续部署操作。

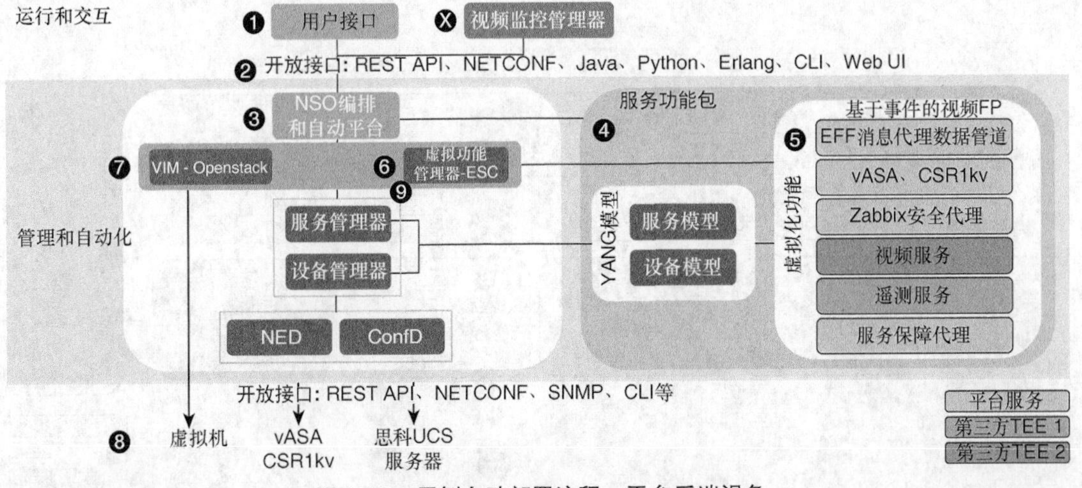

图 8-19 用例自动部署流程：平台后端视角

1. 预定义的租户管理员登录操作和控制用户界面。根据 RBAC 凭证，管理员将看到相应的系统视图，包括可以部署、监控和管理的设备及功能包。
2. 用户界面与 NSO 编排器之间的通信连接已经通过开放协议（本例为 REST API）建立完成。
3. NSO 提供 ETSI MANO NFV 编排器，可以提供物联网平台的集中编排能力。
4. 用户从编排功能包库中选择相应的功能包（根据该用户的查看权限）。
5. 功能包中包含了一组将要部署的功能（虚拟功能），这些功能此前已经从功能模块的系统目录中选择并组合在一起，包括将要部署到雾节点的设备类型和服务以及相应的配置。这可以是特定代理功能的代码块（如消息代理），也可以是特定代理功能的组合代码块（如消息代理加上服务保障代理以及分析代理）。作为可选项，也可以是一个 Golden 镜像（是一个虚拟化容器，包含了所要部署的特定应用）。对于本例来说，包含了思科的视频应用和第三方遥测应用。
6. VFM（本例为思科 ESC［Elastic Services Controller，弹性服务控制器］）与 NSO 通过 NetConf-Yang 接口进行通信。NSO 将服务请求中继给 ESC，ESC 的角色是实例化、监控和动态扩展虚拟功能，ESC 为 OpenStack VIM 提供了一个抽象层，用于编排虚拟环境并部署虚拟机的内部虚拟化功能。ESC 传递每个虚拟化功能（或组合功能，如果单个容器包含了多个虚拟功能）的容器需求，包括磁盘空间、CPU 和内存分配。对于本用例部署方案来说，需要将虚拟防火墙和虚拟路由器部署到雾节点，同时还要为消息代理、Zabbix 安全代理、视频服务、遥测服务以及服务保障代理部署各种能力。
7. OpenStack VIM 收到各种形式的容器创建请求，并在 UCS 雾节点上根据相应的请求实例化这些容器，OpenStack 负责虚拟化环境的创建以及生命周期管理。OpenStack 通知 ESC 容器已就绪。
8. ESC 为雾节点容器配置初始信息（如 IP 地址和网络、VLAN、虚拟功能代理、Golden 镜像等）。到了这个阶段，通信连接已经建立，所有的 TEE 环境以及应用和服务也都已经建立，但尚未作为服务运行。
9. ESC 通知 NSO，雾节点已经建立。此后，NSO 将接管服务部署的管理工作并实施后续变更操作，以通过数据管道消息代理激活服务。ESC 在设备层面管理 VF，NSO 则管理功能包的服务生命周期以提供跨物理和虚拟基础设施的编排功能。
10. 这一步显示了用例包含的所有外部系统，本例由思科视频监控管理器（Video Surveillance Manager）在控制中心提供视频安全解决方案。

图 8-20 从雾节点的角度解释了服务部署流程，这也是用例自动部署流程的扩展。

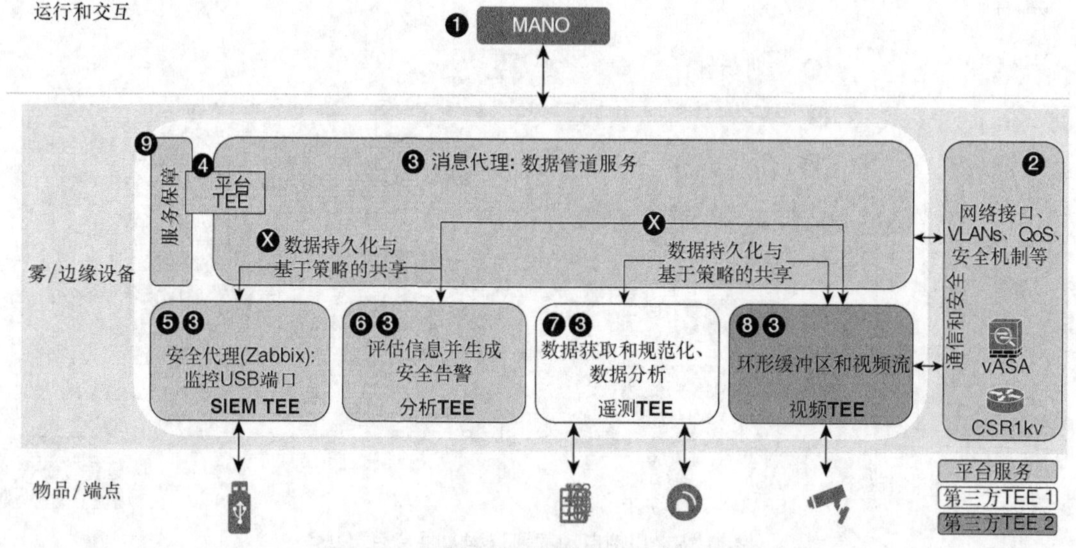

图 8-20 用例自动部署流程：雾节点视角

1. 显示 MANO（即前述平台后端视角的步骤 1～步骤 10）。
2. 部署雾节点通信和安全机制。配置接口、IP 地址和 VLAN，包括在雾节点上配置 CSR1kv 虚拟路由器和用于安全服务的 vASA 防火墙。
3. 通过 OpenStack 提供 TEE 容器（根据 ESC 的请求分配适当的资源），这些容器是托管虚拟化功能的虚拟机或容器，相互隔离以提供安全的多租户环境。这些都是初始配置，而且同时进行实例化。
4. 平台 TEE（Platform TEE）虚拟环境包含了配置平台服务的相关组件。此时已经安装了消息代理和服务保障代理，以提供数据管道和服务保障服务。
5. SIEM TEE 虚拟环境包含了配置 SIEM 服务的相关组件。此时已经安装了 Zabbix USB 端口安全代理。
6. 分析 TEE（Analytics TEE）虚拟环境包含了配置思科 Kinetic Parstream 数据分析代理的相关组件。
7. 遥测 TEE（Telemetry TEE）虚拟环境包含了配置 Golden 镜像（包含了第三方遥测服务应用）的相关组件。这一步将从键盘输入系统以及机柜门上安装的遥测传感器收集数据并对数据进行规范化和分析。
8. 视频 TEE（Video TEE）虚拟环境包含了配置 Golden 镜像（包含思科视频应用）以及用来录制视频流的环形存储缓冲区的相关组件。
9. 利用服务保障代理来实施预定义的服务 KPI。
10. NSO 将接管服务部署的管理工作并实施后续变更操作，以通过数据管道消息代理激活服务。目前自动部署已激活并处于就绪状态。

3. 运行用例

启动自动部署操作之后，用例已准备就绪。图 8-21 给出了本用例的事件顺序。

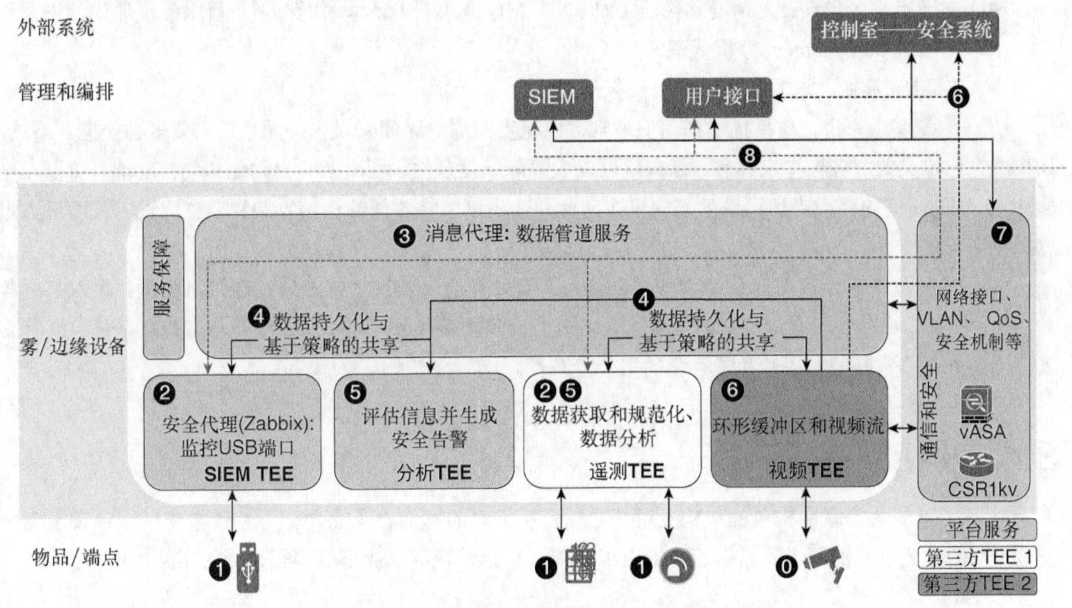

图 8-21　基于事件的视频用例：事件顺序

1. 摄像头持续录制视频并将视频数据发送给雾节点，视频数据进入视频 TEE 中的视频应用，并在视频 TEE 的环形缓冲区中持续本地存储 30 秒的视频。
2. 触发预定义的三个触发事件中的一个或多个（USB 闪存插入 UCS 雾节点上的 USB 端口、键盘输入错误密码达到三次或者机柜门被打开）。
3. Zabbix 安全代理或遥测应用检测到触发事件。
4. 安全代理和/或遥测应用在基于消息代理事件的视频主题中发布触发事件数据。

5. 消息代理与其他服务及应用共享数据（根据 NSO 实例化的预定义策略）。

6. 根据从消息代理主题中提取到的信息的分析结果，执行相应的操作和告警。向视频 TEE 应用发送通知，以触发视频行为规则的处理变更。

7. 发送前 30 秒的缓存视频，并将实时视频流式传送到安全控制中心的视频系统以及平台的仪表盘，供有权访问的用户使用。

8. 动态更改雾节点上的通信 QoS 设置，以满足视频服务的流传输要求。

9. 将告警发送给 SIEM 以及相应用户的用户界面。

本例将多个组件映射到平台的各个架构层，并将所有组件都组合在一起以部署基于事件的视频和安全用例。MANO 层负责定义、分配资源并实现整个用例，从外部系统集成（通过 MANO 层本身）、广域网、雾或边缘设备、连接一直到端点。意图（what）和实例化（how）均通过 YANG 模型的功能包自动完成，建立从云/数据中心到边缘的端到端的基础设施（物理或虚拟），包括虚拟环境、数据管道（包括数据转换和规范化）、服务保障、多租户以及安全性，这些都是通过 YANG 服务进行定义和部署的，以实现完整的物联网协议栈。本例通过自动化机制实现了如下实例化操作。

- **MANO**：思科 NSO 提供编排和自动化平台，思科 ESC 提供 VNF 管理器，OpenStack 提供 VIM（Virtual Infrastructure Manager，虚拟基础设施管理器）。本用例是在 NSO 功能包库中选择的，由 YANG 模型组成，所有模型都在功能包中。安全功能由 VNF 提供。
- **物理基础设施**：将思科 UCS 服务器配置为高性能雾节点，同时还包括相应的网络和安全通信能力。
- **虚拟基础设施**：在雾节点中运行虚拟路由器和防火墙。
- **虚拟化环境**：支持各种 TEE 环境的 Linux Docker 容器。
- **雾节点平台代理**：包括消息代理（如 RabbitMQ 或思科 Kinetic 代理）、思科服务保障代理以及思科 Kinetic Parstream 分析代理。
- **Golden 镜像**：遥测和视频应用及服务。

从传统意义上来说，这里描述的用例通常需要花费两周的时间来设置，而且还需要多种技能。不过，如果通过已定义的服务模型来部署，那么就可以大幅降低复杂性。利用新的自动化和编排功能，可以在不到 10 分钟的时间内完成上述用例的部署工作。此外，还可以将该任务轻松复制到多个位置，从而最大限度地提高可扩展性。

从用户角度来看，只有前几个步骤需要输入，用户登录仪表盘之后，只要选择功能包并输入必要参数，此后的部署操作均可自动完成。虽然这里完成了很多复杂任务，但用户并没有与这些复杂任务进行交互，因而具备非常好的易用性和最小化的平台复杂性。

8.4 小结

了解了下一代物联网平台的架构及组件之后，接下来的章节将重点介绍下一代物联网平台实现全面安全策略的方式以及部署步骤，最后再给出工业环境、智慧城市以及车联网等领域的实际用例。

第 9 章

身份与 AAA

本章主要讨论如下主题：

- 物联网身份与访问管理概述；
- 访问控制；
- 认证方法；
- 动态授权权限；
- ISE（Identity Services Engine，身份服务引擎）；
- MUD（Manufacturer Usage Description，制造商使用描述）；
- AWS 利用 IAM（Identity and Access Management，身份与访问管理）实现基于策略的授权；
- 记账；
- 利用联合模式扩展物联网的 IAM；
- 发展演进——IRM（Identity Relationship Management，身份关系管理）需求。

第 8 章曾经讨论了将自动化和编排能力引入物联网平台型架构模式时所需的模块及功能。本章将详细分析物联网的身份和访问管理技术，这些技术目前还处于发展当中，目的是应对有联网需求的新用例和新设备的爆炸式增长。

本章的重点是探讨端点试图访问网络时获取身份标识的技术、验证端点的方法以及利用该信息提供基于身份的动态访问权限的自动化解决方案。此外，本章还将讨论如何利用 OAuth 2.0 和 OpenID Connect 等协议来扩展物联网环境下的身份和授权问题，最后将探讨从 IAM 技术到 IRM 技术的发展演变及其潜在的未来适用性。

在讨论具体问题之前，有必要对原始身份的或不可变身份的建立过程有一个基本了解，这种身份将用于本章讨论的各种访问控制技术。下面将快速介绍一些配置过程的基本概念、安全引导设备的方法、设备命名约定以及设备在使用之前的注册过程。有了这些基础知识之后，就可以正式讨论本章的重点内容。

本章将讨论如下内容。

- 网络访问前的准备工作（预配置）：
  - 建立唯一的命名约定；
  - 通过引导程序建立可信身份；
  - 端点注册和登记过程。
- 网络访问：
  - 获得设备身份的方法；

    - 认证方法——证书和PKI、密码、生物特征、AAA、802.1X、RADIUS和MAB（MAC Address Bypass，MAC地址旁路）；
    - 基于身份的动态授权解决方案：思科ISE（Identity Services Engine，身份服务引擎）、MUD以及AWS基于策略的授权；
    - 记账。
- 使用联合模式扩展物联网IAM：
    - OAuth 2.0和OpenID Connect 1.0。
- 从IAM到IRM的发展演变。

注：术语"设备"和"端点"在本章可以互换使用（基于上下文信息）。

9.1 物联网身份与访问管理概述

物联网正逐渐从概念阶段转变为实际部署与实施阶段。人们日益广泛地采用了可提高能效的联网照明技术、可提高个人健康可视性的可穿戴健身追踪器，甚至还采用了可提高购物效率的联网冰箱。当前火爆的自动驾驶汽车概念在保证人们上下班安全性的同时还能大大简化驾驶者的驾驶操作，所有这些都只是灿若繁星的物联网应用的冰山一角而已。

虽然上面提到的物联网用例都非常有用，但是在安全利用物联网技术之前必须首先解决摆在面前的各种障碍，其中的一个障碍就是身份管理的可扩展性问题。当前采用传统IAM解决方案的身份管理模型可能并不适用于物联网IAM。物联网需要管理的身份数量是现有IAM系统所能支持的身份数量的指数倍，物联网身份管理解决方案不仅要管理人类用户的身份和认证问题，而且还要管理数以亿计的设备的身份以及相应的行为权限问题。思科VNI（Visual Networking Index，可视化网络指数）指出，到2020年将有大约250亿台设备连接到Internet。5年之后，2025年将有740亿～10000亿台联网设备，完全呈现指数级增长速度，图9-1给出了物联网设备的增长预测情况（请注意，该图没有按比例进行绘制）。

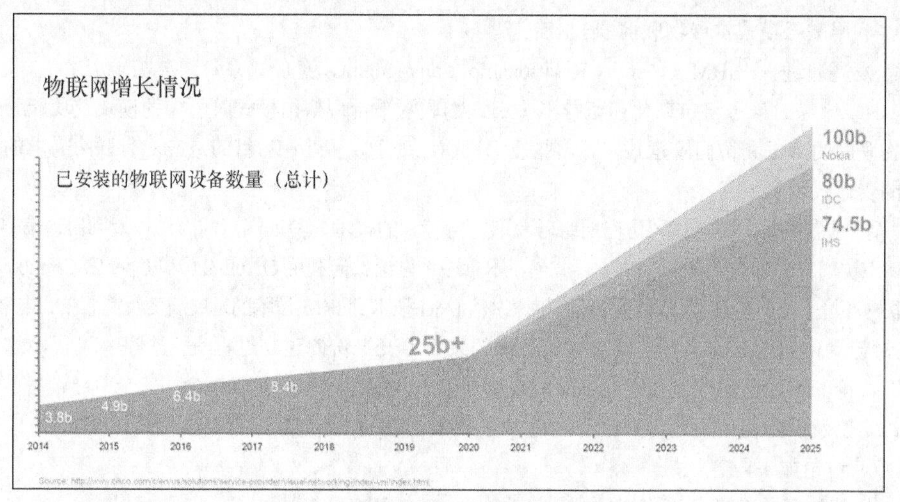

图9-1 物联网设备安装增长率预测

很多物联网设备都需要进行相互通信，同时还要与后端系统进行通信。可能存在用户到设备、设备到云、用户到云以及云到云等多种连接形式，必须有能力代表某一方授予访问权限，所有这一切都要求业界必须重新评估现有的认证和授权机制，因为世界万物的关系正变得越来越复杂。

过去几年，业界已经开发了多种解决方案，可以提供基于身份的动态授权机制，并以自动化方式实现授权操作，具有很好的扩展性。此外，也有组织机构利用令牌来扩展身份和授权能力。虽然这些解决方案确实有用，但还不足以应对预测中即将到来的物联网设备指数型增长带来的身份危机问题。

本章探讨了 IRM（Identity Relationship Management，身份关系管理）的概念。IRM 在处理未来超大规模身份管理挑战方面已经展现出令人欣喜的前景。从传统 IAM 到 IRM 的演变很快就会出现在我们的视线当中。由于 IRM 概念仍在发展成熟当中，目前仍然要使用当前现有的身份、认证和动态授权方法，因而本章将对这些方法进行详细讨论。

9.1.1 设备配置和访问控制模块

在讨论具体的设备身份、认证和授权方法之前，必须首先设计一个模块框架，以便更好地组织这些任务。

如前所述，本章的重点是探讨安全连接网络所需的访问控制技术，具体而言，包括试图连接网络时识别端点的方法、验证设备身份以确保该设备与所声称的设备一致的方法以及基于设备身份授予适当权限的方法。所有这一切都是自动完成的，访问控制所涉及的机制类别如图 9-3 所示。

在深入分析访问控制机制之前，有必要了解设备获得唯一身份的方式。从图 9-2 可以看出，首先从配置过程开始，在上下文中为设备命名约定创建层次化模式，然后为设备创建可信身份，最后再在网络上注册将要使用的设备。配置过程负责准备将要在网络上使用的设备，可以调用图 9-3 所示的访问控制机制。虽然配置过程并不是本章的讨论重点，但配置过程是建立可信身份的初始阶段，其重要性不言而喻，对于全面理解整个生命周期非常有帮助。

图 9-2 和图 9-3 给出了将在下一节详细讨论的两种模块。

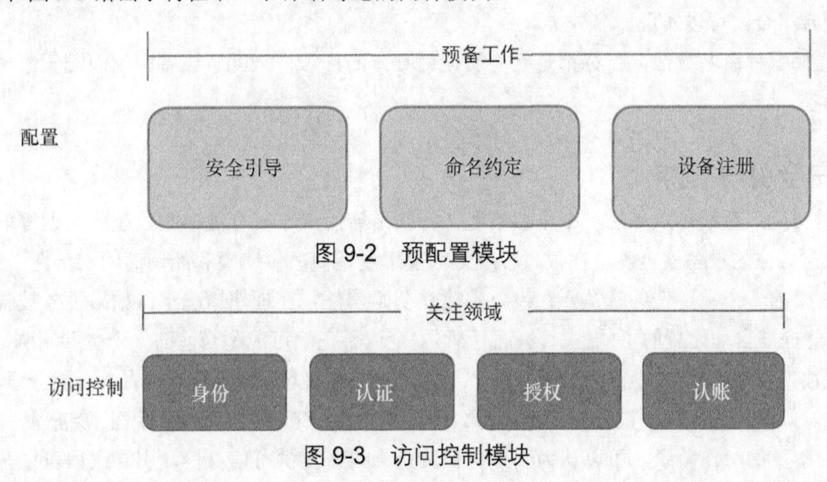

图 9-2　预配置模块

图 9-3　访问控制模块

可以将该框架视为工作流程的一部分，适用于组织机构网络所要采购、配置、注册并最终使用的所有物联网设备。

如前所述，从本书的写作背景来看，上述配置过程涵盖了命名约定、安全引导以及设备的注册和配置操作，完成之后就可以在网络上安全地使用这些设备。

9.1.2 命名约定以建立“唯一性”

启动命名约定过程的时候，一种常用方法就是创建可在组织机构内部使用的父组或端点分类。创建类似于 DNS（Domain Name Service，域名服务）或 AD（Active Directory，活动目录）父组结构的层次化命名空间，有助于管理最终将连接到网络上的大量设备类型。2.4 节曾经讨论过类似的概念，这些“唯一”的设备名可以在父类下进行分组，从而优化策略的自动化机制，图 2-9 给出的客户/提供商矩阵示例表示了正确分组的交互过程。

正确分组是自动化工具的最佳搭档，能够实现精准操作和可重复性，从而从根本上改善 OPEX，本章将详细说明如何利用适当的技术来真正实现图 2-9 所示的客户/提供商矩阵。

命名约定是组织机构维持日常运行的重要组成部分，设备命名约定因企业而异，如用于MAC地址的扩展唯一标识符（Extended Unique Identifier）EUI-48和EUI-64、IP和URI（Uniform Resource Indicators，统一资源标识符）以及用于RFID（Radio Frequency Identification，射频识别）的EPC（Electronic Product Code，电子产品代码）等。

由于目前讨论的是组织机构的命名约定，而不是Internet的命名约定，因而只要确保设备名称的"唯一性"，保证其他设备的名称不会重复即可。这一点可以通过确定性输出或随机输出来实现，上述约定都是合法的，而且经常组合使用，可以用于制造商、应用程序以及位置等命名场合。

命名分类的复杂性也因家庭或企业应用而异。对于家庭物联网应用来说，命名约定可以更简单一些，因为不需要考虑数量和地理位置选择问题。例如，设备数量少于50的常见命名分类方式可以是location_device。如果端点数量超过50，那么还可以增加一个变量来提高扩展性，如Floor3_uMasterBath_Light1。随着具备Internet连接能力的设备越来越多，最好从一开始就规划好可扩展的命名方案。对于家庭应用来说，需要考虑的一个可能变量就是很多设备都可以由自然语言语音识别软件进行前端控制，可以接受语音命令，因而需要在名称上加以区分。

对于企业应用来说，可能需要多种命名约定方案，具体取决于企业的规模和所要管理的设备数量。例如，OUI是IEEE分配的24位数字，可以唯一地标识供应商或制造商。OUI由MAC地址的前三个八位组组成，如苹果的OUI是00:CD:FE。同一个企业可能拥有多个OUI，允许对父产品集进行分组或分类，从而为命名过程引入上下文信息，可以用一种命名模式来识别一类产品。MAC地址（或部分MAC地址）与设备序列号组合就可以实现命名分类。

无论选择哪种命名方法，目标都是要能够使用唯一的标识符来配置设备，因而配置系统必须能够区分不同的设备。

9.1.3 安全引导程序

物联网安全一直都是业界的一个重要话题，特别是智能汽车、智能冰箱、智能空调等的大量兴起。受到业界日益关注的设备安全性，在很大程度上取决于制造商、供应商和经销商的安全性。

身份框架的一个主要任务就是要在设备中建立初始信任。在理想情况下，如果设备被验证为可信单元，那么就能提高自动配置的可能性。设备引导不安全或不正确可能是当前的一个主要漏洞，因为此后很容易将虚假数据发送给上行节点，并引发DDoS攻击行为；在最坏的情况下，仿冒者可能会窃取敏感数据，如专有固件。此外，如果设备被恶意篡改，那么还可能会被用来窃取信息并操纵上游进程。

考虑到本章的写作背景，可以认为引导进程就是为设备提供可信身份，引导进程可以开始于设备生产过程，也可以是第一次激活或所有者拥有设备的时候。一般来说，最安全的引导方法是在生产过程中发起，并在整个供应链中实施安全关联。通常采用如下方法来唯一地标识设备：

- 将唯一且不可更改的标识符存储并烧录到设备的ROM（Read-Only Memory，只读存储器）中；
- 将唯一的序列号印刷在设备上。

例如，思科通过SUDI（Secure Unique Device Identification，安全唯一设备标识）为设备创建不可变身份（具体如下节所述）。

9.1.4 不可变身份

SUDI是一个维护产品标识符和序列号的X.509v3证书，设备在生产时就生成了该身份标识，并链接到可公开识别的根CA（Certificate Authority，证书颁发机构）。SUDI可以为配置、安全、审计和管理提供身份信息，是一种不可变身份。信任锚（Trust Anchor）中的SUDI证书基于RSA或ECDSA（Elliptic Curve Digital Signature Algorithm，椭圆曲线数字签名算法）。

从思科发布的"Trust Anchor Technologies Data Sheet"（任锚技术白皮书）可以看出，SUDI证书、相关联的密钥对以及整个证书链都存储在防篡改的信任锚芯片中。此外，还以加密方式将密钥对绑定到特定的信任锚芯片上，而且不会导出私钥。该功能特性可以有效防范克隆或身份信息欺骗问题。

SUDI可用于非对称密钥操作，如签名、验证、加密或解密，该功能可以实现设备认证的远程验证，可以对思科产品的资产管理进行准确、一致的电子化识别。

由于该领域缺乏统一的标准，很多公司都在努力尝试创建标准化流程。思科推出了一项名为 IoT Ready 的计划，该计划汇集了大量供应商、芯片制造商和用户社区，以推进标准化和认证工作。在标准化方面提供了一组指南，支持更全面的设备身份认证进程，可以用在网络访问策略中。IoT Ready 计划的一部分是与设备供应商合作，希望在设备内部实现加载和访问控制机制的标准化。利用特定标识编号实现端点的个性化，同时与健壮的唯一加密身份（如 PKI）相结合，可以显著改善设备引导过程。

将唯一标识符印制在设备上或存储在 ROM 中之后，就可以将这些设备从制造商安全地运送到防篡改外壳中的可信设施，这些设施必须拥有适当的物理安全措施以及完整的记录过程。

安全引导过程在全面性上可以有所不同，应该根据设备所要使用的行业、将要执行的特定功能以及所要管理的数据的关键性进行定制化。消费级物联网设备可能没有严格的行业监管需求，但连接数越多，风险就越大，影响范围也越大。对于 PCI（Payment Card Industry，支付卡行业）等受到严格监管的领域来说，风险就很高，因而需要附加更全面的引导程序。最安全的引导过程通常需要实现多方完整性进程，并详细记录设备引导过程中的职责分离情况。

本章提到了证书（X.509 和 IEEE 1609.2）以及 PKI 的使用，有关详细信息请参阅后面的 9.3.1 节。

9.1.5 BRSKI

引导过程也可以通过 BRSKI（Bootstrapping Remote Secure Key Infrastructures，引导远程安全密钥基础设施）等解决方案实现自动化，该自动化过程利用了供应商安装的 X.509 证书以及供应商授权的 Internet 服务。BRSKI 与 EST（Enrollment over Secure Transport，通过安全传输注册）（RFC 7030）协同，可以实现网络域中的设备零接触加入。

可以利用链路本地连接或可路由地址以及云服务调用该进程。从传统需求考虑，该进程支持受限设备（在功耗、CPU、内存等方面受限），但并不鼓励这样做。根据 IETF 草案 Bootstrapping Remote Secure Key Infrastructures，BRSKI 能够以安全的方式解决如下问题（在被称为 Registrar 的网络域组件与被称为 Pledge 的未配置且未接触的设备之间）。

- Registrar 验证 Pledge：该设备是谁？身份是什么？
- Registrar 授权 Pledge：是我的吗？我想要吗？被破坏的可能性有多大？
- Pledge 认证 Registrar/Domain：域的身份是什么？
- Pledge 授权 Registrar：我应该加入吗？

将新密钥基础设施的加密身份成功部署到设备中之后，就可以认为 BRSKI 过程已完成。该模式为新设备注册提供了一种安全的零接触配置方法，无需任何预配置。本章还会在 9.5 节引用该进程。

9.1.6 设备注册与参数文件配置

企业收到设备之后，必须首先登记或注册设备，然后才能在网络上使用。设备注册和参数文件配置过程的总体目标是为端点提供与网络安全连接所需的逻辑，并在企业的策略规则内运行。通常包括以下步骤。

- 创建命名约定或命名分类并与设备相关联。
- 为正在使用的 CA 和中间 RA（Registration Authority，注册机构）安装信任锚和证书，让设备准备参与 PKI（如果尚未完成）。
- 提供由 CA 签名的私钥和设备证书，让设备能够作为网络上的可信单元参与。
- 下载参数文件（如 SSID 信息和将要使用的加密机制），让设备能够连接网络。
- 利用初始信息配置设备，如 IP 地址、本地服务器地址和默认网关。

很多供应商都使用不同形式的注册或登记流程，而且每个流程都有各自不同的步骤和功能，因而以手工方式为每台设备提供设备证书是一件非常困难的过程。取决于具体的设备类型，有时可以采用一些自动化方法来执行该进程。下面将以 AWS 和思科的两个案例来加以说明。

9.1.7 配置案例：使用 AWS IoT

本节将详细介绍 AWS（Amazon Web Service，亚马逊 Web 服务）IoT 设备的注册过程。

连接到 AWS IoT 平台上的设备都将由平台所称的“thing registry”（物品注册表）中的物品来表示。物品注册表维护了一个连接到 AWS IoT 账户上的所有设备的记录。注册进程将首先创建一个必须命名的设备条目，下面将说明如何应用唯一的命名约定。

图 9-4 给出了将温度传感器添加到注册表中的过程。首先从前面所描述的命名分类创建进程开始。

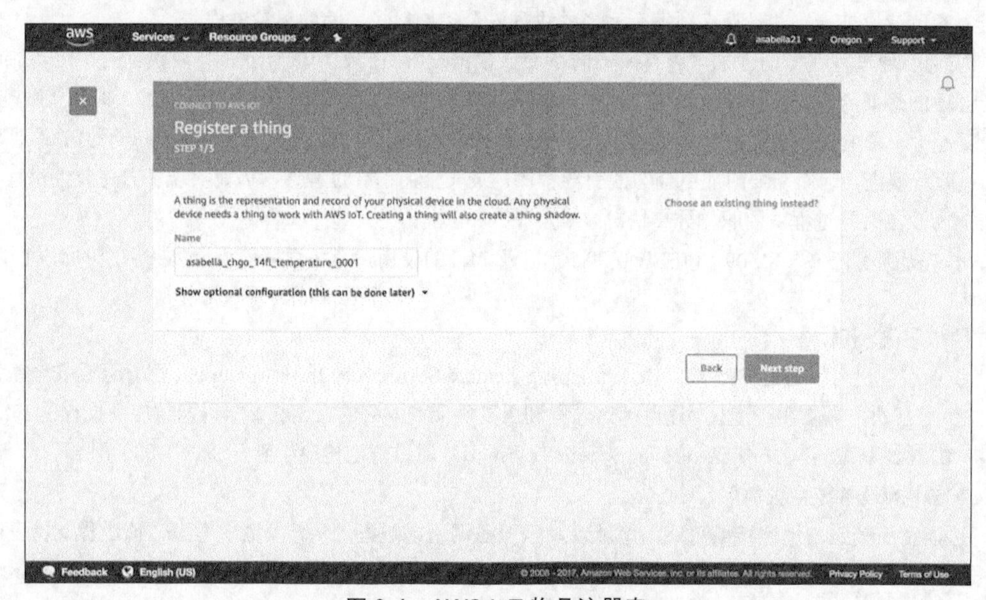

图 9-4 AWS IoT 物品注册表

接下来将属性（可以在搜索条件中使用这些属性）与物品相关联，或者通过耦合变量的方式来关联更加全面的身份。图 9-5 给出了为温度传感器关联属性的操作过程。

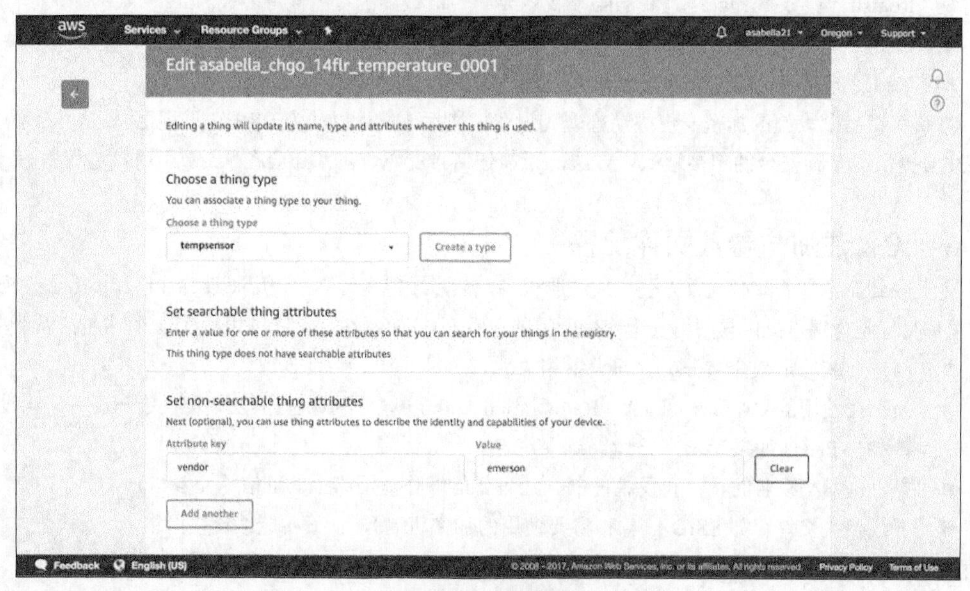

图 9-5 关联属性

接下来需要下载并安装连接套件。如果选择 AWS 创建证书和密钥对，那么将作为连接工具包的一部分进行下载。图 9-6 给出了使用 AWS 创建的证书以及可供下载和安装的公钥和私钥对的操作过程。

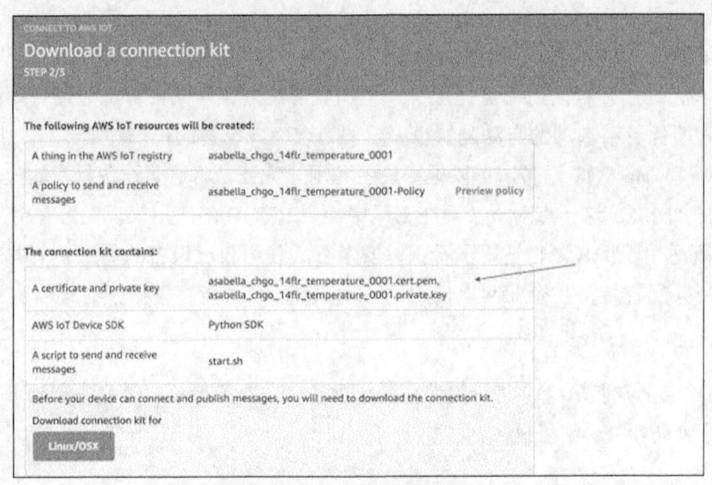

图 9-6 下载连接套件

图 9-7 显示了已下载的文件包，包含了证书和相应的密钥对。

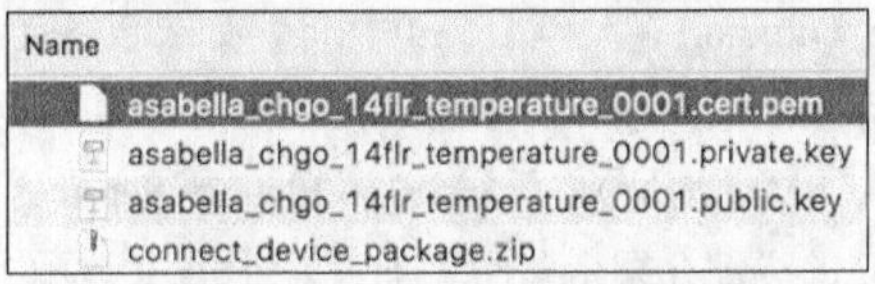

Name
asabella_chgo_14flr_temperature_0001.cert.pem
asabella_chgo_14flr_temperature_0001.private.key
asabella_chgo_14flr_temperature_0001.public.key
connect_device_package.zip

图 9-7 已下载的设备文件包（包括密钥对和证书）

证书的管理方式很多，不同的物联网平台供应商可能会选择不同的方式。一种方式是让物联网平台供应商进行配置，以创建证书和公钥/私钥对。另一种方式是允许客户自带证书（BYOC），然后由客户负责为每台设备创建证书。第三种方式是让客户生成自己的公钥/私钥和 CSR（Certificate Signing Request，证书签名请求），然后将 CSR 发送给物联网供应商的 CA 进行签名。

AWS 可以提供上述三种证书管理选项，图 9-8 列出了这三种证书管理选项以及每种管理选项的优缺点信息。

证书创建机制	优点	缺点
AWS创建证书（包括公钥/私钥对）	由AWS IoT处理所有事务	必须在AWS IoT与客户之间传输私钥
AWS IoT创建证书（基于CSR）	由AWS IoT创建证书；AWS没有私钥	客户创建公钥/私钥对和CSR
自带证书（BYOC）	AWS没有私钥；客户控制证书的创建过程	客户为每台设备创建证书

图 9-8 证书管理

配置了账户和相关凭证之后，还需要建立一个策略流程或程序，根据已定义的标准来监控账户，以确保符合策略要求。包括如下内容。

- **账户监视和控制**：应该部署审核设备管理凭证的工具包，包括使用强密码策略和旋转加密密钥。
- **账户吊销**：策略应解决因暂停状态和/或因雇用状态变化而删除凭证导致的凭证禁用问题。此时需要同时考虑凭证、加密密钥和证书等问题，将密钥留在错误的人手中可能会导致逆向工程和不必要的攻击破坏。

9.1.8 配置案例：使用思科 ISE

思科为有线和无线用户自注册端点提供了一个加载解决方案，允许员工通过自助注册流程管理自己设备的加载操作，简化了请求端的自动配置以及常见 BYOD 设备的证书注册工作。该流程支持 iOS、Android、Windows 和 Mac OS 设备，可以根据设备和用户凭证，将这些设备从开放式环境中迁移到具有适当访问权限的安全网络。这一点对于希望在工厂中使用 BYOD 的应用来说尤为有用。

该工作流程既适用于访客，也适用于希望以安全方式使用自己设备的员工。下面来看一个案例，该案例允许员工携带并配置希望在企业网上使用的移动设备，而且能够根据企业策略实施适当的访问控制策略。

注： ISE 并没有为"物品"获取身份凭证提供自动配置流程，而是由端点下载一个请求客户端，用户按照客户端的引导完成相应的配置进程。

此时需要下载一个协助完成注册过程的请求端，根据要求下载设备证书以及企业的无线信息（SSID 和加密方法），从而连接到安全的企业网上。过程如下。

1．员工连接已配置的 SSID，并在打开浏览器后重定向到访客注册门户进行注册。
2．员工输入 AD（Active Directory，活动目录）凭证，如果设备尚未注册，就会将会话重定向到自注册门户，用户就可以按照要求输入新设备的描述信息。
3．允许员工修改设备 ID（MAC 地址），思科 ISE（Identity Services Engine，身份服务引擎）可以自动发现设备（有关 ISE 的详细介绍请参阅下一节）。图 9-9 显示了自注册门户。

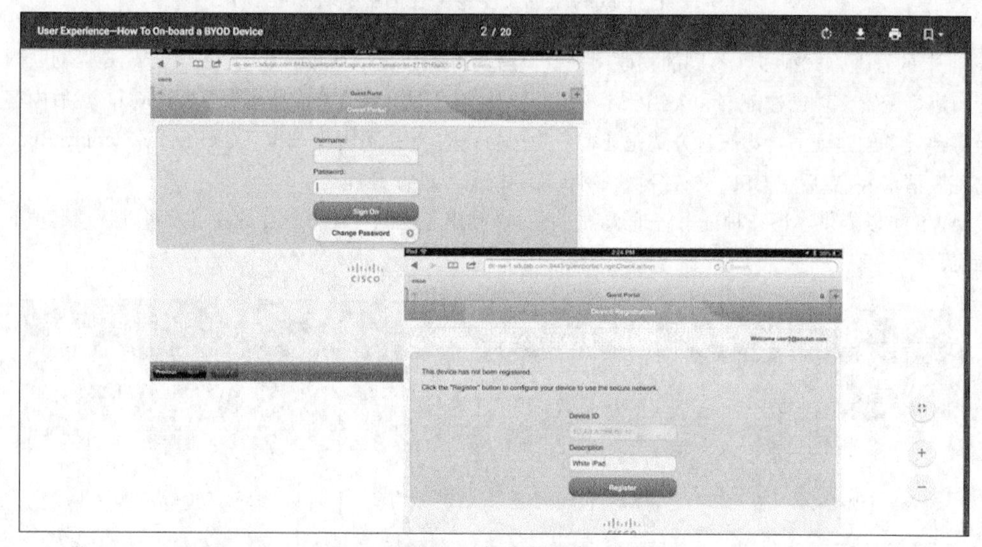

图 9-9 自注册门户

4．下载请求端配置文件并安装到端点上。
5．生成密钥并注册证书。
6．安装连接 BYOD_Employee 所需的 WiFi 配置文件。

图 9-10 显示了正在下载的请求端配置文件以及证书注册、密钥生成和 WiFi 配置文件（提供了与企业 SSID 建立安全连接所需的 SSID 和加密信息）的下载和安装情况。下载并安装了这些配置文件之后，就会通知员工注册已完成，并提示员工手动连接 SSID BYOD_Employee。

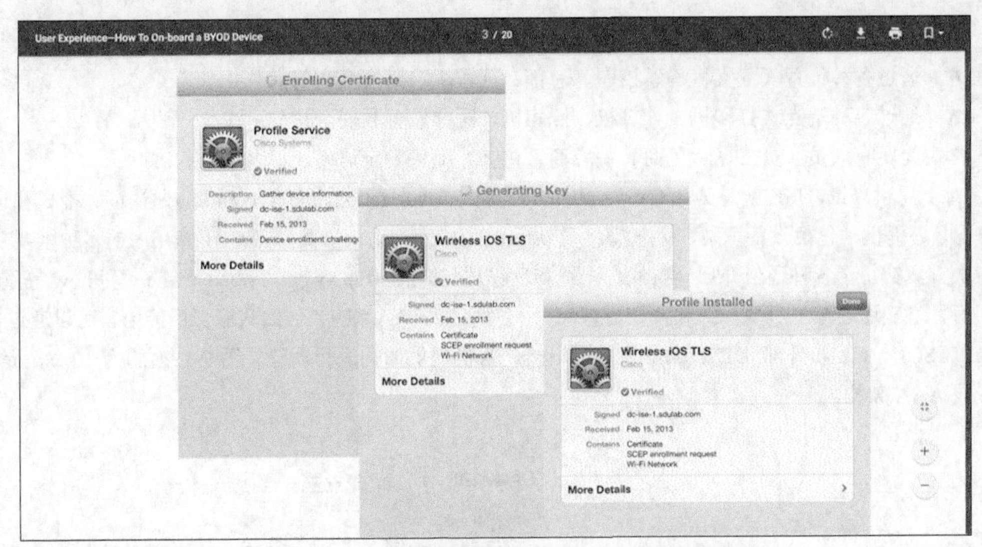

图 9-10 请求端配置文件、证书注册、密钥生成

总之，虽然 AWS 和思科的注册与登记过程的流程及可选项各有不同，但都允许用户选择通过自注册流程登录自己的设备，简化了设备登记过程的自动化配置，有助于证书部署，对于端点配置的可扩展性来说非常重要。

上面简要讨论了允许端点访问网络资源之前必须满足的一些先决条件，包括使用可信身份引导端点、提供唯一的命名分类、将属性与端点相关联以便于区分，最后在网络上登记将要使用的端点。目的是利用这些信息动态推断这些独特的“指纹”，从而在端点试图访问网络时通过参数文件配置进程来识别、认证这些端点，并根据这些端点的身份授予相应的访问权限。下一节将详细讨论这些选项。

9.2 访问控制

俗话说，我们无法正确保护我们看不见的东西。识别过程是访问控制过程中的一个关键步骤，是后续自动化逻辑的前提。正确识别了设备之后，必须对其进行评估，以确定该设备是否属于网络。认证成功之后，就可以根据设备的身份授予适当的访问权限（授权）。需要对这些认证和授权步骤进行正确地记录和跟踪，并反馈到记账进程中，记账进程会测量并跟踪用户访问网络时的资源消耗情况。图 9-11 显示了访问控制框架中的协同工作步骤（识别、认证、授权和记账），后面将进行详细讨论。

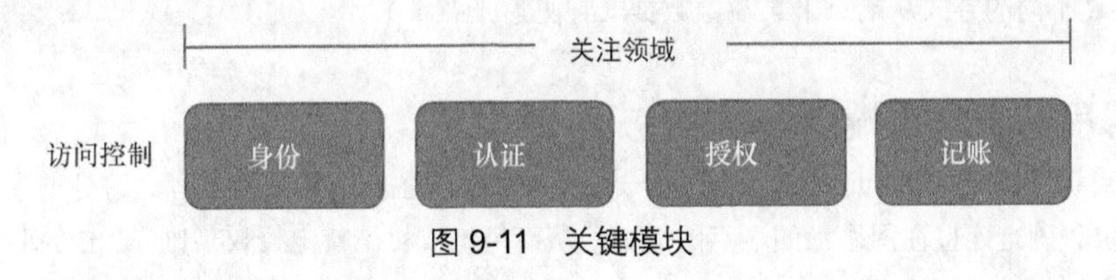

图 9-11 关键模块

9.2.1 标识设备

那么该如何标识设备呢？标识设备的方法有很多，具体流程在很大程度上取决于设备的类型和连接方法。下面将详细分析这些变量对识别能力的影响情况。

思科有一款名为 ISE（Identity Services Engine，身份服务引擎）的产品，将端点身份、认证和授权结合到一个完整的访问控制解决方案中。ISE 在本质上是将业务策略转换为可以在整个网络中强制执行的技术规则，为组织机构提供了一种网络访问和策略构造的集成式架构。从概念上来说非常合乎逻辑：即从单一控制台控制各种策略，包括：

- 通过各种通信介质（有线、无线、远程访问）安全访问；
- 通过各种位置（分支机构、校园、总部、远程用户）安全访问；
- 通过各种端点（打印机、计算机、照相机、医疗设备）安全访问；
- 为所有人员（员工、承包商、供应商、访客）提供安全访问。

对于思科来说，ISE 就是其 AAA（Authentication, Authorization, and Accounting，认证、授权和记账）服务器，还提供了包括设备识别、状态检查（Posture Service）、访问服务以及 PKI 等在内的多种重要功能。该解决方案解决了各种通信介质（有线、无线和远程访问）的 who、what、when、where 和 how 等重要问题，而且 ISE 还连接了后端认证和授权数据库，大大增强了 AAA 的"一站式服务"能力，可以通过 AD、LDAP、SQL、CA 和外部 iDP（iDentity Providers，身份提供商）进行认证。图 9-12 给出了由 ISE 提供的集成式 AAA 架构。

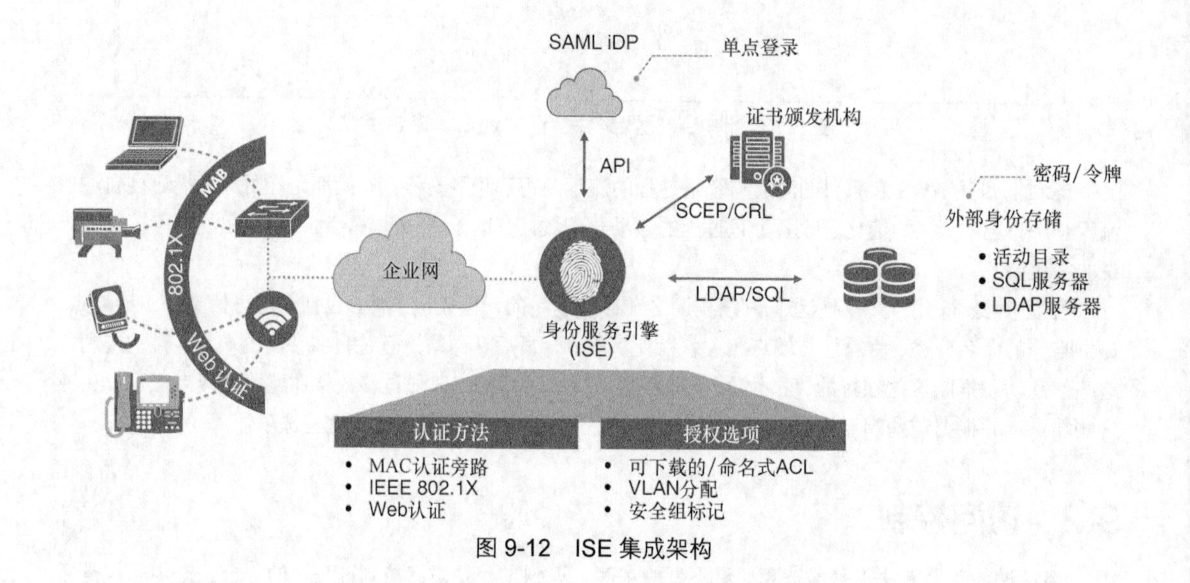

图 9-12 ISE 集成架构

ISE 是一个将身份聚合到 AAA 中的集成式架构，下面将从初始阶段开始描述整个操作过程。

9.2.2 端点参数

可以通过不同的方式从端点采集参数数据（详见后续章节）。

9.2.3 利用 ISE 识别端点

ISE 端点识别过程（Profiling process）是一种自动化的设备发现和分类过程。这是一项关键服务，负责标识、定位和确定连接在网络上的端点的能力，从而拒绝或实施特定授权规则。ISE 的两大设备识别功能分别如下。

- **采集器（Collector）**：从网络设备采集网络数据包，并将属性值转发给分析器。
- **分析器（Analyzer）**：利用已配置的与属性相匹配的策略来确定设备类型。

可以通过以下两种方法来采集端点信息。

- ISE 充当采集器和分析器。
- 基础设施充当采集器，并将所需的属性发送给 ISE，由 ISE 执行分析器功能。

首先讨论 ISE 作为采集器和分析器的情形。该方法需要使用被称为探针的采集器，探针利用特定的方法和协议来采集每个端点的属性，探针能采集到的信息取决于所实现的协议和方法。思科 ISE 支持多种探针（详见本章后续内容），每个探针都能捕获不同的数据点，所有端点的原始数据都被解析并存储在 ISE 的内部端点数据库中，然后再根据指纹规则库（称为识别策略［profiler policy］）来分析相关的端点属性。不同的属性和规则在最终的端点分类中具有不同的权重因子，具体取决于数据的可靠性。设备识别永远都不是一门精准科学，只是一种采集和聚合变量以提升确定性的过程。图 9-13 给出了基于探针的 ISE 端点识别能力的基本视图。

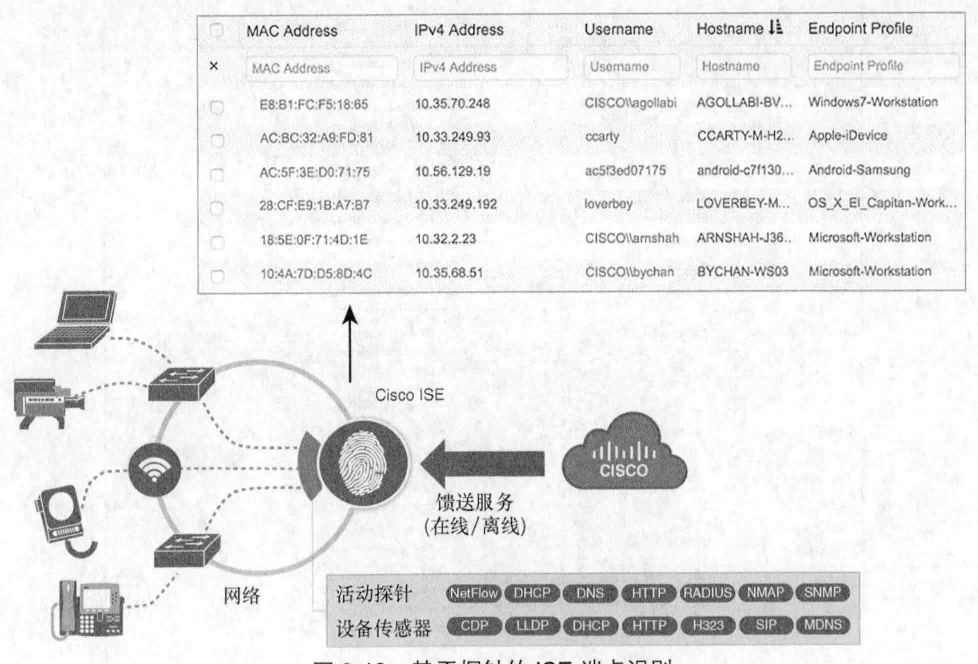

图 9-13 基于探针的 ISE 端点识别

每种探针都能提供不同的端点信息，目标是部署优化采集过程的探针，并以 TLV（Type-Length-Value，类型长度值）的形式将唯一值添加到分类中。此外，还必须对网络进行设计和配置，以支持采集操作。图 9-14 列出了 ISE 的内置探针以及这些探针所能采集的主要属性。

ISE 从一开始就提供了数以千计的端点检测与分类定义，这些定义可以通过在线或离线方式进行更新，以获得更多的能力及最新信息。可以利用活动探针或网络设备上的设备传感器功能来采集端点的信息（或唯一的 TLV）。

端点识别并不是一门精准科学，而只是一种采集协议，推断更多的唯一 TLV 以用作指纹并尽可能多地聚合 TLV 以提高确定性的过程。聚合的变量越多，准确率也就越高。图 9-15 给出了 ISE 定义的苹果 MacBook 的识别策略。

图 9-15 列出了三个条件，每满足一个条件，能够确定的程度就越高。就端点识别的需求来说，只要满足三个条件中的一个就够了，因为成功识别苹果 MacBook 的最小确定系数是 20。

ISE 将这种策略称为预制策略（canned policy）。思科已经开发出了大约 500 种使用各类探针的预制识别模板，ISE 会预先配置识别模板库，并利用自动反馈服务不断更新库文件。同时，ISE 还允许用户修改预制识别模板，管理员也可以创建自定义识别模板。

除了默认的识别模板之外，思科还为每个行业都创建了一个专门的识别模板库。例如，ISE 在医疗领域的应用非常普遍，大量专用设备（如电子传感器、生物设备、控制器和成像系统等）都需要特殊权限。为此思科创建了专用的医疗设备识别模板，医疗服务交付组织都可以从思科官方网站下载该模板库。思科医疗 NAC 识别模板库（Cisco Medical NAC Profile Library）一直都在更新。截至 2016 年 2 月，已经包含了 250 多种医疗设备识别模板。

Probe	Default ISE Setting	Main Attributes Collected
RADIUS	Enabled	• MAC address • IP address
SNMPTRAP	Disabled	• MAC address (MAC notification only)
SNMPQUERY	Enabled	• MAC address • IP address • CDP: ◦ Capabilities ◦ Device ID ◦ Platform ◦ Version • LLDP: ◦ Capabilities map supported ◦ Chassis ID ◦ System name ◦ System description
DHCP	Enabled	• MAC address • IP address • Endpoint host or device name • FQDN • Class ID • User class ID • Parameter request list
HTTP	Disabled	• User agent
DNS	Disabled	• FQDN
Nmap	Enabled	• Common ports • Operating system
Nmap >> SNMP query	(Depends on scan action)	• System name • System description • System contact • System location • HR device description
NetFlow	Disabled	• Source IP address • Source port • Destination IP address • Destination port • Protocol
ACIDEX	Enabled (through RADIUS)	• Device platform • Device platform version • Device type
Device Sensor	Enabled (through RADIUS)	• MAC address • IP address • CDP • LLDP • mDNS • SIP • H.323

图 9-14 ISE 的内置探针

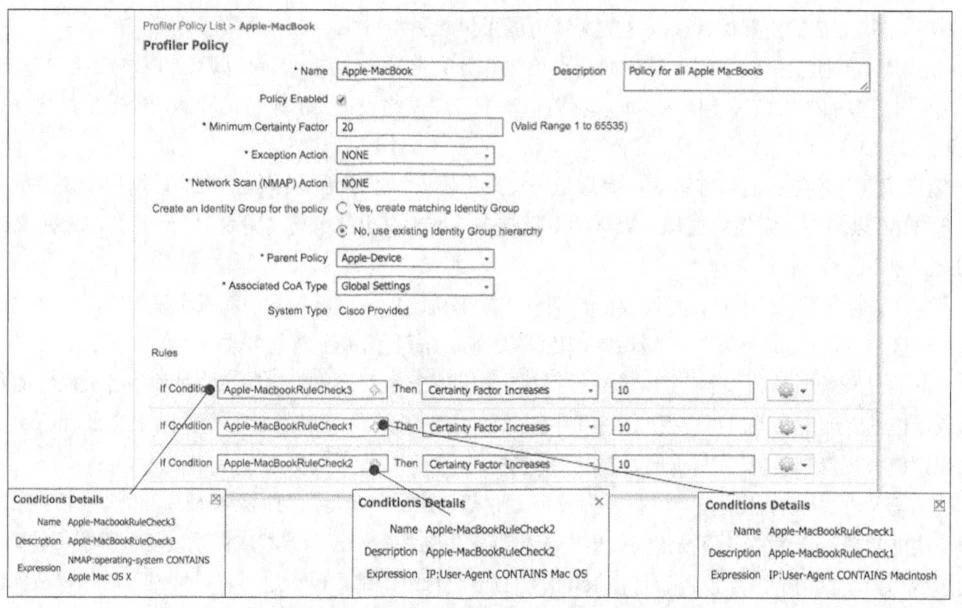

图 9-15 识别策略示例：苹果 MacBook

9.2.4 设备传感器

思科在接入基础设施(LAN交换机和WLAN控制器)中引入了一种被称为设备传感器(Device Sensor)的功能，以支持ISE的端点识别进程。传感器从特定协议采集信息，如MAC地址、IP地址、CDP和LLDP详细信息、DHCP选项字段以及HTTP用户代理，然后通过RADIUS将原始数据发送给ISE。设备传感器允许注册客户端在访问会话期间使用这些信息，访问会话表现为端点到网络的连接。该功能对于访问控制机制来说非常有用，可以利用获得的TLV来了解who、what、when、where和how等重要问题，然后再根据这些信息对端点的访问和授权做出实时决策。本章稍后将详细讨论访问控制问题。

设备传感器的端点识别能力包括两部分。

- **采集器**：从网络设备采集端点数据。
- **分析器**：处理用于确定设备的数据。

设备传感器实现的是内置采集器功能。图9-16显示了设备传感器在端点识别系统环境中的位置。

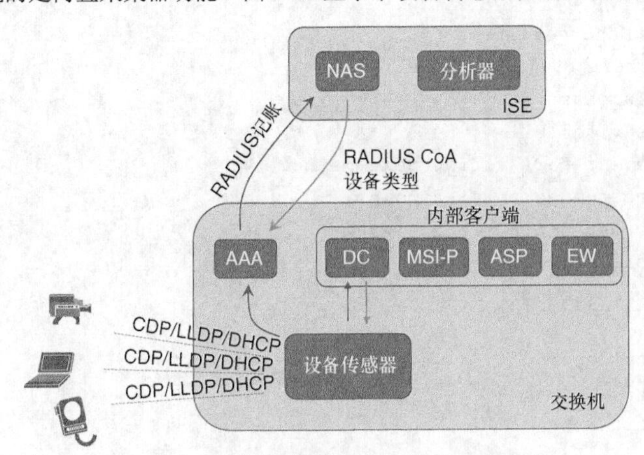

图9-16 设备传感器及其内部/外部客户端

设备传感器拥有内部客户端和外部客户端。内部客户端包括内置设备分类器（本地分析器）、ASP、MSI-Proxy以及EnergyWise（EW）。ISE是外部客户端，也是分析器，ISE利用RADIUS记账机制来接收其他端点数据。

设备传感器生成客户端通告及记账消息（可以包含端点识别数据、MAC地址和入端口标识符）并发送给内部和外部客户端。

设备传感器具有内置端口安全机制，可以防止交换机内存耗尽并崩溃，从而在一定程度上限制恶意DDoS攻击。

下面来看一个设备传感器功能特性的配置案例（目的是让设备传感器能够在ISE上识别端点），设备传感器将采集联网端点的信息，方法是收集以下协议并推断其配置所需的TLV：

- CDP（Cisco Discovery Protocol，思科发现协议）；
- LLDP（Link Layer Discovery Protocol，链路层发现协议）；
- DHCP（Dynamic Host Configuration Protocol，动态主机配置协议）。

配置过程首先要启用AAA、802.1X和RADIUS，然后再启用其他相关协议。例9-1给出了标准的AAA配置示例。

例9-1 标准的AAA配置示例

```
aaa new-model
!
aaa authentication dot1x default group RADIUS1
aaa authorization network default group RADIUS1
```

```
aaa accounting update newinfo
aaa accounting dot1x default start-stop group RADIUS1
!
aaa group server radius RADIUS1
 server name ISE1
radius server ISE1
 address ipv4 10.1.X.X auth-port 1645 acct-port 1646
 key cisco
!
dot1x system-auth-control
!
lldp run
cdp run
!
interface GigabitEthernet1/0/13
 description IP_Phone_8941_connected
 switchport mode access
 switchport voice vlan 101
 authentication event fail action next-method
 authentication host-mode multi-domain
 authentication order dot1x mab
 authentication priority dot1x mab
 authentication port-control auto
 mab
 dot1x pae authenticator
 dot1x timeout tx-period 2
 spanning-tree portfast
end
```

接下来必须确定识别设备所需的属性。将鼠标移动到其中的一个检查框（Check 2）上，可以看出变量 LLDPSystemDescription 的引用方式。将鼠标移动到另一个检查框（Check 1）之后可以看到变量 CDPCachePlatform 的引用方式（图中未显示）。图 9-17 显示了变量 LLDPSystemDescription 的情况。

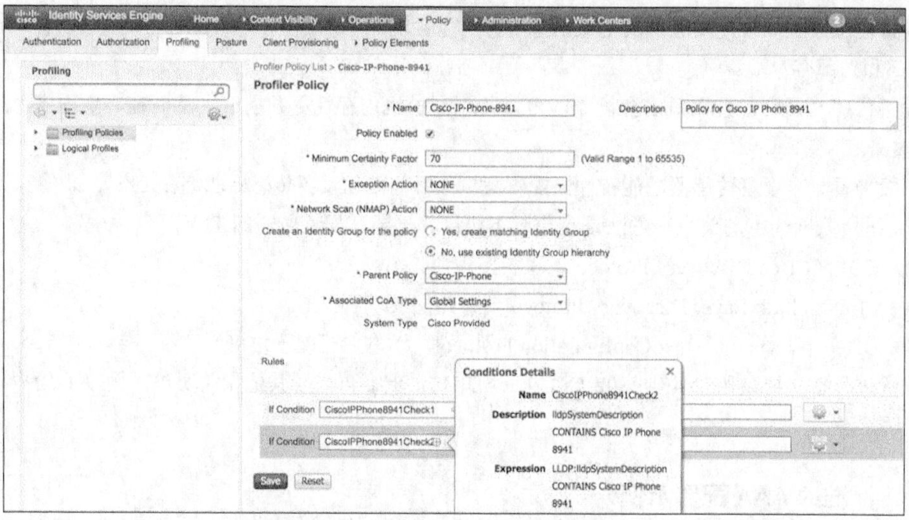

图 9-17 Cisco 8941 IP 电话识别策略

与设备传感器相关的特定配置如下。

- 配置两个过滤器列表(分别用于 CDP 和 LLDP)，指示哪些属性应该包含在 RADIUS 记账消息中。

该步骤可选，默认包含所有步骤。

- 为 CDP 和 LLDP 创建两个过滤器规范。在过滤器规范中指示应该在记账消息中包含或剔除的属性列表。本例包含了如下属性。
  - CDP 的 device-name。
  - LLDP 的 system-description。
  - 如果需要，还可以配置其他属性并通过 RADIUS 传输给 ISE（该步骤也可选）。
  - 增加命令 **device-sensor notify all-changes**，只要为当前会话增加、修改或删除 TLV，都会触发更新。
  - 为了将设备传感器功能采集到的信息传输给 ISE，必须为交换机配置命令 **device-sensor accounting**。

例 9-2 给出了设备传感器的探针配置示例。

例 9-2 设备传感器的探针配置

```
device-sensor filter-list cdp list cdp-list
 tlv name device-name
 tlv name platform-type
!
device-sensor filter-list lldp list lldp-list
 tlv name system-description
!
device-sensor filter-spec lldp include list lldp-list
device-sensor filter-spec cdp include list cdp-list
!
device-sensor accounting
device-sensor notify all-changes
```

配置了认证和授权策略之后，就能够成功识别思科 IP 电话设备。图 9-18 说明了 ISE 利用 cdpCache-Platform 和 lldpSystemDescription 变量成功识别端点设备的方式。

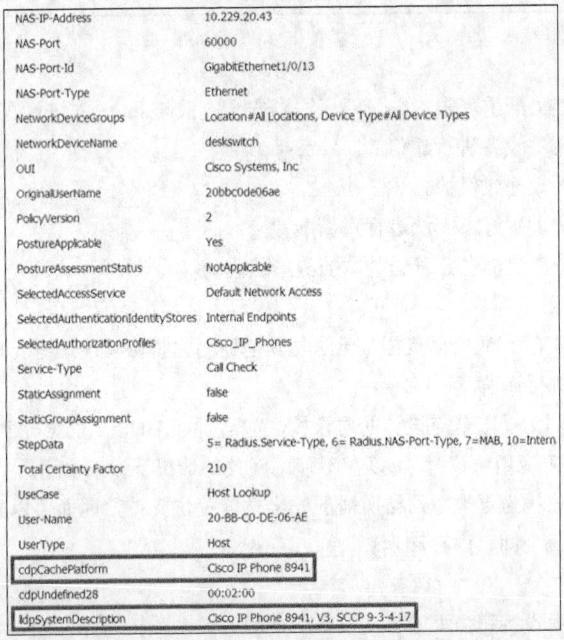

NAS-IP-Address	10.229.20.43
NAS-Port	60000
NAS-Port-Id	GigabitEthernet1/0/13
NAS-Port-Type	Ethernet
NetworkDeviceGroups	Location#All Locations, Device Type#All Device Types
NetworkDeviceName	deskswitch
OUI	Cisco Systems, Inc
OriginalUserName	20bbc0de06ae
PolicyVersion	2
PostureApplicable	Yes
PostureAssessmentStatus	NotApplicable
SelectedAccessService	Default Network Access
SelectedAuthenticationIdentityStores	Internal Endpoints
SelectedAuthorizationProfiles	Cisco_IP_Phones
Service-Type	Call Check
StaticAssignment	false
StaticGroupAssignment	false
StepData	5= Radius.Service-Type, 6= Radius.NAS-Port-Type, 7=MAB, 10=Intern
Total Certainty Factor	210
UseCase	Host Lookup
User-Name	20-BB-C0-DE-06-AE
UserType	Host
cdpCachePlatform	Cisco IP Phone 8941
cdpUndefined28	00:02:00
lldpSystemDescription	Cisco IP Phone 8941, V3, SCCP 9-3-4-17

图 9-18 成功识别思科 IP 电话示例

需要重要注意的是，应该根据收到的信息提供差异化的授权权限。例如，可能需要区分承包商设备和员工设备，区分员工自带的移动设备与企业发放的资产，区分用户是否在网络上，甚至区分每天的不同时段。承包商可能仅被授权周一至周五的上午 8:00 至下午 5:00 联网，需要周末联网的供应商则可能需要差异化的访问权限。获得的信息越多，策略就越精细。有关认证和授权的详细内容将在本章后面进行讨论。

9.2.5 获取受限设备的身份

通常可以将设备分为两大类：受限设备和复杂设备。术语“受限设备”指的是与普通台式计算机（复杂设备）相比具有更有限资源能力的设备。本章的目的不是要详细探讨受限设备的类别，而是要简单描述受限设备的类别及其相关限制，从而可以在实际应用中采取适当的安全措施。

在讨论如何利用标准物联网协议从受限设备获得身份之前，需要简单了解一下受限设备的类别。

受限设备的限制条件可能包括：

- 较少的计算能力（MegaFLOPS 与 TeraFLOPS）；
- 较低功耗（毫瓦与瓦特）；
- 较少的内存和/或闪存以及较少的缓存空间（千字节与吉字节）；
- 可能基于仅提供有限功能集和有限用户界面（如设置密钥和更新软件等功能）的微控制器。

这些限制条件可能会对设备识别过程造成挑战，不同的受限程度也给设备分类造成了很大的工作量。RFC 7228“Terminology for Constrained-Node Networks”为不同类别的受限设备创建了专用术语，为 RAM /闪存、能量限制以及通信能耗策略定义了相应的类别。

表 9-1 列出了受限设备的 RAM/闪存类别。

表 9-1 受限设备的类别（KB = 1024 字节）

名称	数据大小（RAM）	代码（闪存）
Class 0, C0	10 KB	100 KB
Class 1, C1	–10 KB	–100 KB
Class 2, C2	–50 KB	–250 KB

1. **Class 0**：
   a. 内存和处理能力严重受限，很可能无法以安全方式与 Internet 进行直接通信。
   b. 通过代理或网关设备进行通信。
   c. 无法进行全面管理或保护。
   d. 很可能已预先配置好，无法进行重新配置。
   e. 可以响应保持激活消息并发送基本的健康状态。
2. **Class 1**：
   a. 处理能力和闪存/代码空间受限，无法与其他使用完整协议栈（基于 HTTP/TLS/XML 的数据表示）的设备进行通信。
   b. 能够使用专门为受限节点设计的协议栈，如运行在 UDP 上的 CoAP（Constrained Application Protocol，受限应用协议），可以在不使用网关的情况下参与会话。
   c. 可以利用协议栈为更大型网络所需的安全功能提供支持，因而可以集成到 IP 网络中。
   d. 需要节约代码空间、内存和功耗。
3. **Class 2**：
   a. 完全支持桌面设备和强大的移动设备所使用的大多数相同协议栈。
   b. 可以从消耗更少资源的轻量级和节能协议中受益。

9.2.6 能量限制

某些设备可能在能量或功率上受限，没有任何限制的设备都被归类为 E9。能量限制指的是一定的时间段或设备的可用寿命。如果设备可用能量耗尽后就被丢弃，那么就被归类为 E2。如果能量限制指的是一段时间，如只能在白天产生的太阳能，那么就被归类为 E1。表 9-2 列出了能量限制的类别信息。

表 9-2 能量限制的类别

名称	能量限制类型	能源示例
E0	能量事件受限	基于事件的能量收集
E1	能量时间段受限	可以周期性充电或替换的电池
E2	能量生命周期受限	不可替换的一次电池
E9	没有直接的可用量限制	电源供电

9.2.7 通信能耗策略

使用无线传输机制时，无线电消耗的能量占设备能耗的绝大部分。根据能源以及设备使用的通信频率情况，可以采用不同的策略来解决设备用电及网络附着问题。表 9-3 列出了常见的通信用电策略。

表 9-3 通信用电策略

名称	用电策略	通信能力
P0	正常情况下关闭	需要时再附着
P1	低功耗	呈现联网状态，可能时延很大
P9	始终开启	始终联网

- **正常情况下关闭**：设备每次都处于长期休眠状态，被唤醒后，会重新附着到网络上，目的是在重新附着阶段以及应用程序通信期间实现工作量最小化。
- **低功耗**：设备以低功耗方式运行，但仍然需要进行相对频繁地通信。意味着需要为硬件部署超低功耗解决方案、选择合适的链路层机制等。一般来说，由于两次传输之间的空闲时间很短，因而这些设备虽然处于睡眠状态，但仍要保持某种形式的网络附着。最小化网络通信用电量的技术包括设备唤醒后重新建立通信的工作量最小化机制以及调整通信频率（包括周期性控制，可以定期接通和断开组件）及其他参数。
- **始终开启**：该策略适用于不需要极端节能措施的场景。设备以正常方式保持激活状态，可以考虑采用省电硬件或限制无线传输、CPU 周期以及通用节能任务等措施。

数以亿计的额外设备都将连接 Internet，其中很大一部分设备都是以 M2M（Machine-to-Machine，机器到机器）通信为主，呈现出来的外部接口也不是为人类交互设计的。结合上述限制条件可以看出，受限设备识别具有更大的挑战性，在受限设备上利用 802.1X 请求端或 PKI 来识别设备可能是不可行的，那么该如何分析当前用于首先设备通信的协议呢？

9.2.8 利用标准物联网协议识别受限设备

图 9-19 显示了将传感器数据上载到应用服务提供商的通信模式。如果希望支持受限设备（如图中右侧所示），那么图中左侧的协议就可能不适合了。例如，基于人类可读编码数据的数据编码方案与传输协议通常都比较冗长，因而在内存和能量资源受限的情况下就显得较为低效，而 CoAP 和 MQTT（Message Queue Telemetry Transport，消息队列遥测传输）等二进制协议则更适合受限设备的 M2M 和物联网需求。

供应商通常都希望使用流行协议来提高协议的应用率，但有时并不可行，因为可能会受限于设备的能力。为了实现互操作性，有时可能需要部署应用较少的无线技术（如 IEEE 802.15.4），或者部署某些特殊的应用层功能（如本地认证和授权）。图 9-19 给出了常规 Web 协议栈与受限协议栈之间的协议栈差异情况。

如果将图 9-19 右侧理解为受限设备的通信协议栈，那么是否有有效的方法来获得设备身份呢？对于不同的协议来说，有时可以利用协议格式本身来获得身份信息，或者可以通过叠加的安全机制来推断身份信息。

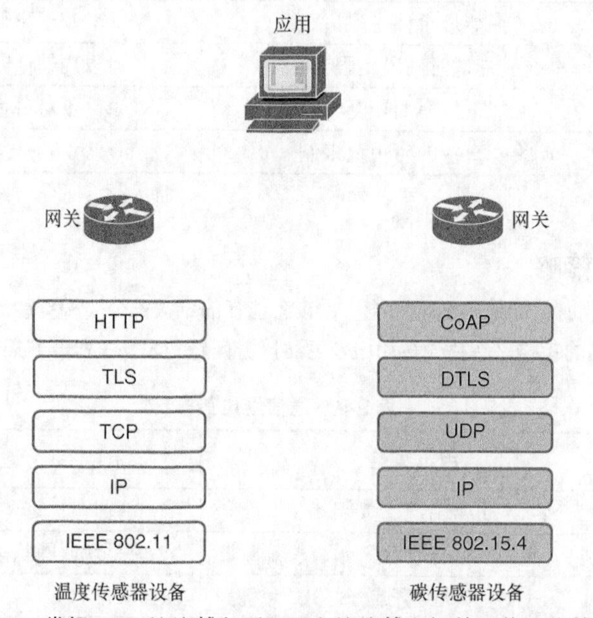

图 9-19 常规 Web 协议栈与受限设备协议栈之间的通信协议栈对比

1. CoAP

REST（Representational State Transfer，表述性状态转移）架构目前已经广泛应用于大量 Web 应用和体系架构中。CoAP 的主要目标之一就是提供更适合受限环境的 REST 架构，该协议主要提供自动化和功耗解决方案，特别是 M2M 场景，旨在减少消息开销并限制分段需求。主要功能特性如下：

- 满足受限环境中 M2M 要求的 Web 协议；
- 异步消息交换；
- 绑定 UDP 以支持单播和组播请求；
- 支持 URI 和 content-type（内容类型）；
- 较低的报头开销和解析复杂性；
- 更简化的代理和缓存功能；
- 无状态 HTTP 映射，允许代理通过 HTTP 访问 CoAP 资源，并允许简单接口与 CoAP 的集成；
- 与 DTLS（Datagram Transport Layer Security，数据报传输层安全性）安全绑定。

CoAP 的交互模型类似于 HTTP 的客户端/服务器模型，但 M2M 交互也能让设备承担客户端和服务器角色。CoAP 消息在 CoAP 端点之间进行异步交换，CoAP 与不可靠的传输机制（如 UDP）相绑定。

端点标识符与所用的安全模型相关，如果未部署任何安全机制，那么端点仅由 IP 地址和 UDP 端口号进行标识。

为 CoAP 提供增强型身份和认证的常用方法是使用 DTLS。可以通过以下 3 种方式来使用 DTLS。

- **预共享密钥（PreSharedKey）**：启用 DTLS 并生成预共享密钥列表，每个密钥都包含一个可用于进行通信的节点列表。

- **原始公钥（RawPublicKey）**：启用 DTLS，设备拥有非对称密钥对，但是没有通过带外机制进行验证的证书（原始公钥）。
- **证书（Certificate）**：启用 DTLS，设备拥有非对称密钥对且拥有 X.509 证书（RFC 5280），该证书与主体相绑定并由信任根进行签名。

有关 PKI、证书以及信任锚的详细信息将在 9.3 节进行讨论。同样，如果没有安全机制，那么使用 CoAP 的端点将通过 IP 和 UDP 进行通信，IP 地址和 UDP 端口号则成为其标识符。

2. MQTT

MQTT 产生于 20 世纪 90 年代末，旨在为受限设备创建专门协议以解决电池电量和带宽等方面的挑战。MQTT 是一种基于客户端/服务器的发布/订阅消息传输协议，是一种轻量级、开放且易于实现的协议。MQTT 已经广泛应用于 M2M 和物联网环境，可以解决带宽和代码空间占用等约束问题。2014 年 10 月，MQTT 协议被正式批准为 OASIS 标准。

由于 MQTT 将发布者与订阅者分离，因而客户端连接始终通过代理来完成。图 9-20 显示了 MQTT 的工作组件信息。

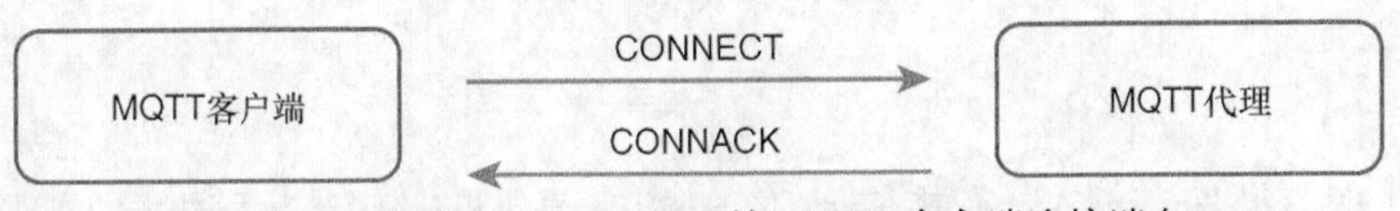

图 9-20 发送给 MQTT 代理的 MQTT 客户端连接消息

- **客户端**：MQTT 客户端可以是从微控制器到全功能服务器在内的任何设备，客户端运行 MQTT 库并通过任意类型的网络连接 MQTT 代理。MQTT 客户端可能是资源受限的小型设备，但设备必须支持 TCP/IP 协议栈，因为 MQTT 协议基于 TCP 和 IP。该协议非常适用于可以利用发布/订阅模型的受限物联网型设备。MQTT 客户端库可用于各种编程语言，包括 Android、Arduino、C、C ++、Go、iOS、Java、JavaScript 和.NET。
- **代理**：代理是所有发布/订阅模型的核心。根据具体实现情况，代理可以处理数千个并发 MQTT 客户端。代理负责接收所有消息并进行过滤，确定哪些客户端订阅了当前主题，并最终将消息传递给订阅客户端。代理保留了永久客户端的会话数据库，包括订阅和错过的消息。代理还负责处理客户端的认证和授权操作，代理通常都是可扩展的，能够集成到其他后端系统中，提供了定制化的认证和授权能力。

MQTT 连接始终位于客户端与代理之间，客户端之间没有直接连接。客户端向代理发送 CONNECT 消息之后，就会发起连接。CONNECT 消息中有 ClientId、用户名和密码等信息。图 9-21 给出了 MQTT CONNECT 数据包中的字段信息。

MQTT-Packet:

CONNECT

contains:	Example
clientId	"client-1"
cleanSession	true
username (optional)	"hans"
password (optional)	"letmein"
lastWillTopic (optional)	"/hans/will"
lastWillQos (optional)	2
lastWillMessage (optional)	"unexpected exit"
lastWillRetain (optional)	false
keepAlive	60

图 9-21 MQTT CONNECT 数据包中的身份信息

ClientId 是连接到 MQTT 代理的 MQTT 客户端的标识符。对于每个代理来说，ClientId 必须唯一，因为代理需要利用 ClientId 来标识每个客户端及其相关状态。如果不需要维护状态信息，那么就可以发送空

ClientId，这样就会建立无状态连接。

MQTT 还允许发送用户名和密码以认证和授权客户端。如果密码未加密或通过 TLS 进行哈希处理，那么就会以明文方式进行传输。建议使用安全传输机制传输用户名/密码字段（详见 9.3 节）。

总之，虽然从受限设备获得身份具有一定的挑战性，但是可以利用受限设备使用的标准通信协议或叠加的安全协议来实现。

9.3 认证方法

与台式机和个人移动设备相比，物联网终端可以是从灯泡到制造设备的任意设备，而且随着物联网成熟度模型的不断发展，物联网设备也变得越来越复杂。一种极端是非常简单的传感器，如智能冰箱和可穿戴设备。另一种极端是非常复杂的自动化设备，可以在无人指导或干预的情况下自动执行动作，如智能汽车。

端点设备的智能化和认证能力也千差万别，要求网络必须支持各种认证方法。本节将详细探讨密码、密钥、证书、802.1X 和 RADIUS 等客户端/服务器技术以及生物识别技术。

9.3.1 证书

虽然物联网有很多安全需求，但排在第一位的肯定是信任和控制需求，这两者因设备类型、使用性质以及特定约束条件的不同而差异巨大。无论什么情况，密码学始终起着非常重要的作用。事实证明，PKI 和加密技术在金融和医疗领域等大型系统中的价值都非常明显。PKI 在可信环境中表现一直很好，已经为 ATM、蜂窝基站和智能手机部署了数以百万计的设备证书。虽然物联网中的“物品”与这些设备有很多共同之处，但是也提出了一些新需求，如服务保障、规模和技术等。

公钥加密建立在负责加密数据的两个变量拥有唯一关系的概念之上，其中一个变量是公共变量（公钥），另一个变量是私有变量（私钥），两者结合在一起就形成了有效的唯一关系。这种方式也称为非对称加密，因为一个密钥用于加密，另一个相关密钥用于解密。

数字证书类似于虚拟护照，护照通常都包含照片、姓名、居住国、出生地、有效期等信息，以准确验证个人身份。与此类似，数字证书也包含了用来验证设备身份（与对应的公钥相关）的字段。图 9-22 显示了数字证书的内容。

图 9-22 数字证书

如本书多次指出的那样，物联网中的大量设备都可能是受限设备，传统加密方法可能并不适合这些受限设备（缺乏足够的 RAM、闪存、CPU 能力等），因而需要进行一些调整和适配，应考虑以下形式的数字证书。

1. X.509

X.509 证书是一种将身份与公钥值相关联的数字凭证。根据 Red Hat 文档，X.509 证书可以包含如下内容：

- 标识证书所有者的主体 DN（Distinguished Name，专有名称）；
- 与主体相关的公钥；
- X.509 版本信息；
- 唯一标识证书的序列号；
- 标识发行证书的 CA 的发行者 DN；
- 发行者的数字签名；
- 用于签署证书的算法信息；
- 一些可选的 X.509 v.3 扩展信息（如区分 CA 证书和终端实体证书的扩展信息）。

2. IEEE 1609.2

IEEE 1609.2 证书大概是 X.509 格式大小的 50%，虽然证书变小了，但是该证书可以使用椭圆曲线加密算法（ECDH 和 ECDSA），主要用于 M2M 通信。特别是车联网方案需要利用 OBE（On-Board Equipment，车载设备）与周边司机通过 BSM（Basic Safety Message，基本安全消息）进行通信，考虑到需要通信的潜在车辆数量以及 DSRC（Dedicated Short-Range Communication，专用短距通信）无线协议仅限于窄信道集，因而必须保护通信安全且最小化 BSM 传输的安全开销，这就非常适合引入 1609.2 证书格式。这种新的证书格式具有唯一属性，被描述为显式应用标识符（SSID）和凭证持有者权限（SSP）字段，允许物联网应用做出访问控制决策，无需查询凭证持有者的权限，因为权限已经内嵌在证书当中。

随着物联网的不断发展，未来肯定要颁发数以亿计的证书，这些证书将用于标识设备、加密和解密通信、签署固件和软件更新。值得庆幸的是，可靠且经过验证的解决方案能够使用 PKI 解决方案来提高数字证书的安全性、效率和可管理性。

3. PKI

PKI 是一种以数字凭证形式提供非对称（公钥）密钥材料的密钥管理系统。其中，最常见的格式就是前面所说的 X.509。PKI 已经应用了几十年，一直都是值得信赖且可靠的认证形式，可以为任何需要的场合提供机密性。PKI 可以公开运营，可以作为一种 Internet 服务，也可以在私有组织机构内部运行。

如果需要声明身份，那么就可以向能够执行各种加密功能（如签名消息和执行加密和解密操作）的设备签发数字证书。

根据具体实现情况，可以采用不同的工作流程来生成公钥和私钥对。目前存在集中生成证书和自生成证书两种情况，对于自生成证书来说，要求设备生成公钥/私钥对以及 CSR（Certificate Signing Request，证书签名请求），CSR 中包含了设备公钥并发送给 CA 进行签名，CA 使用私钥进行签名并返回给设备以供使用。下一节将讨论密码签名以及 CA 在 PKI 中的角色。

PKI 提供了“可验证的”信任根，支持多种体系架构。有些 PKI 仅包含只有单一父 CA 的简单信任链，而有些 PKI 则拥有非常全面的分层信任链。图 9-23 给出了 PKI 架构示例。

下面将以图 9-23 中的组件为例来加以说明。

如果物联网设备需要可信身份，那么就可以利用可信第三方来验证或证明其身份（也就进入了 PKI 架构）。PKI 使用 CA（CA 负责对端点证书进行加密签名），大多数 PKI 基础设施都不允许端点直接与 CA 进行交互，而是使用被称为 RA（Registration Authority，注册机构）的中间节点。这些组件的协同工作方式如下。

1．端点生成密钥对和 CSR。

2．端点将 CSR 发送给 RA，其中包含了未签名公钥。

3．RA 验证 CSR 是否满足已定义标准，并将证书请求传递给 CA。

4．CA 使用 RSA、ECDSA 或 DSA 等算法签署证书。

5．CA 将签名后的证书请求（称为证书响应）返回给 RA。

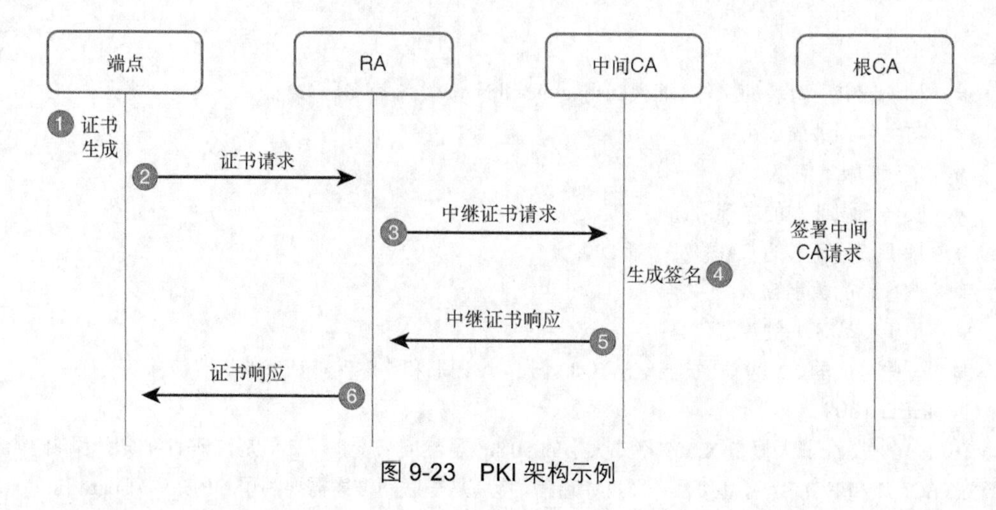

图 9-23 PKI 架构示例

6. 端点收到证书响应，其中包含了 CA 签名和显式身份。

设备安装签名证书后，就可以在认证期间出示该证书，其他设备就可以信任该设备。信任该设备的原因是证书经过了 CA 签名，而且可以利用 CA 的公钥信任锚进行验证，公钥信任锚通常存储在内部信任存储区中（前面的示例假定对端拥有 CA 密钥）。详细信息可参阅 9.3.2 节。

如果端点拥有的证书是由不同 PKI 签名的，那么该怎么办呢？这种情况相当普遍，可以通过显式信任或交叉认证来处理。

- **显式信任（Explicit trust）**：是 Internet 最常见的方案之一。每个实体都有信任其他实体的策略，端点只要从另一个实体的 PKI 获得信任锚的副本来建立信任关系即可，实现方式是对预安装的根进行证书路径验证。当然，也可以配置策略，在证书路径验证期间指定可接受的信任链质量。例如，Web 浏览器显式信任很多基于 Internet 的 Web 服务器，因为浏览器预装了很多常见的 Internet 根 CA 信任锚副本。
- **交叉认证（Cross-certification）**：如果 PKI 要求与其他 PKI 采用更严格的互操作策略，那么就可以选择直接交叉签名或创建名为 PKI 桥的新结构来实现和分配策略互操作性。美国政府的联邦 PKI（Federal PKI）就是一个非常好的案例。在某些情况下，可以通过创建 PKI 桥的方式在旧证书的加密算法与新证书之间提供适当的升级策略。

9.3.2 信任存储区

考虑到前面提到了如何建立信任以及如何将密钥和信任锚保存到信任存储区中，因而有必要对信任存储区（Trust Store）的概念做进一步澄清。

如果希望将 PKI 用于物联网，那么就必须确定设备是否拥有利用信任库的能力。信任存储区是设备存储公钥和私钥以及 PKI 根的物理或逻辑区域。公钥没有问题，因为公钥必须免费提供，而私钥则必须保密，以避免信任身份的能力遭到破坏。

信任存储区通常是拥有严格访问控制要求的内存区域，以防止未经授权的更改或恶意替换。信任存储区可以在硬件中实现，如硬件安全模块或 TPM（Trust Platform Module，信任平台模块），TPM 通常是集成在计算机主板中的专用芯片。当然，也可以通过软件来实现信任存储区。

继续讨论物联网设备使用 PKI 的问题。如果设备从外部 PKI 获得了身份，那么就必须在信任存储区中维护和存储与该 PKI（可能是信任链，包括所有中间 CA）相关的密钥。

PKI 的配置过程是一项非常有挑战性的工作，不仅在于物联网潜在的部署规模，而且还在于本章前面讨论过的设备受限问题。过去几年已经探索出一种可行的方式，就是使用 CA 服务，大量有经验的 PKI 提供商工作人员完全可以应对证书的配置挑战，满足物联网大规模部署的需要。

9.3.3 撤销支持

证书通常都有特定的有效期。对于证书撤销过程来说，撤销某个证书就是在该证书原始有效期到期之前将其作为可信安全凭证进行作废。该能力对于很多应用场景来说都非常有用。下面以微软 TechNet 为例来说明证书撤销的条件。

- 证书主体发生变化。
- 发现证书是以欺诈手段获得的。
- 作为证书主体的可信实体的状态发生变化。
- 证书主体的私钥被窃取。
- 证书颁发机构的私钥被窃取。

证书撤销的方法主要有 CRL（Certificate Revocation Lists，证书撤销列表）和 OCSP（Online Certificate Status Protocol，在线证书状态协议）。

1. CRL

CRL 包含了 CA 已撤销的证书序列号，端点/客户端根据列表中的序列号来检查证书中的序列号是否有效（如下所示）。

```
Revoked Certificates:
    Serial Number: 4845657EAAF2BEC5980067579A0A7702
        Revocation Date: Sept 5 18:50:13 2017 GMT
    Serial Number: 48456D15D25C713616E7D4A8EACFB3C2
        Revocation Date: Sept 12 11:15:09 2017 GMT
```

为了让客户端知道如何找到 CRL，证书会嵌入一个分发点。不过，出于以下原因，CRL 目前已被 OCSP 所取代：

- CRL 可能会产生大量开销，因为客户端必须搜索整个撤销列表；
- CRL 需要定期更新，在后续 CRL 更新发生之前可能会增加潜在的安全风险；
- 基于 OV 或 DV 的证书不检查 CRL；
- 如果客户端无法下载 CRL，那么客户端就会默认信任该证书。

2. OCSP

OCSP 允许客户端检查单个证书的状态，解决了 CRL 的很多缺点。OCSP 的流程如下。

1. 客户端收到证书。
2. 客户端使用证书的序列号向 OCSP 响应端发送 OCSP 请求（通过 HTTP）。
3. OCSP 响应端回复证书状态为 Good（正常）、Revoked（撤销）或 Unknown（未知）。

下面是 OCSP 流程示例：

```
Response verify OK
0x36F5V12D5E6FD0BD4EAF2A2C966F3C21B: good
       This Update: Mar 17 05:22:32 2017 GMT
       Next Update: Mar 25 13:27:32 2017 GMT
```

OCSP 的缺点如下：

- OCSP 需要为每个证书都发送请求，因而增加了大流量网站的 OCSP 响应端（CA）的潜在开销；
- OCSP 仅要求检查 EV 证书，而不强制要求检查 OV 或 DV 证书。

9.3.4 SSL 证书绑定

可以将 SSL 证书绑定（SSL Ping）视为应用程序与后端 API 之间更严格的经过验证的连接，安全研究人员和黑客无法利用证书绑定缺失漏洞随意查看应用程序与后端服务之间的交互行为。不过该技术通常更适用于物联网设备开发人员，目的是将可信服务器的证书直接绑定到设备的信任存储区中。设备联网之后，就可以在信任存储区中检查相应的证书，只要证书与存储的证书（绑定）相同且签名有效，就可以建立连接。

9.3.5 密码

很多传统设备的安全认证仍然依赖于密码，这是一个必须加以关注的问题。更糟糕的是，很多DVR和IP摄像头的默认密码一直都没有修改过。恶意用户通过不断尝试user/user、admin/admin和root/12345等常见组合（以编程方式完成），就可能获得足够的设备访问权限，从而在僵尸网络中使用这些设备。这正是Mirai僵尸网络的发起方式。

采用更适合受限环境的标准物联网协议（如MQTT和CoAP）的受限设备也可能使用密码。上一节探讨了MQTT CONNECT消息中的ClientId、用户名和密码等字段的工作方式，目的是将用户名/密码发送给MQTT代理进行认证。如果还有不清楚地地方，请查看图9-21。

用户名是UTF-8编码字符串，密码是二进制数据，最多65535字节。规范规定可以使用无密码的用户名，但反过来不成立（如果没有用户名，那么就无法发送密码）。

使用内置用户名/密码认证机制时，MQTT代理将根据所实现的认证机制来评估凭证，并返回以下代码之一。

- 0 =连接接受。
- 1 =连接被拒绝，协议版本不可接受。
- 2 =连接被拒绝，标识符被拒绝。
- 3 =连接被拒绝，服务器不可用。
- 4 =连接被拒绝，用户名或密码错误。
- 5 =连接被拒绝，未授权。

由于密码以明文方式进行传输，因而强烈建议对用户名和密码的传输过程进行安全防护。客户端也可以使用SSL证书进行认证，不需要用户名和密码。如果能够负担额外带宽且客户端具有足够的TLS计算能力和内存，那么建议始终使用TLS和MQTT。根据经验，应该始终使用加密通信通道（如HTTP等协议）。

9.3.6 受限设备的限制因素

虽然通过TLS来保护MQTT看起来很好，但是必须考虑某些限制因素。首先，设备由于资源受限而选择使用MQTT，但使用MQTT over TLS的缺点是增加了CPU的使用率和通信开销。额外的CPU使用率对于代理来说可能完全可以忽略不计，但是对于那些不是专门为计算密集型任务设计的受限设备来说，就是一个问题。

如果MQTT客户端的连接时间很短，那么TLS握手带来的通信开销就显得非常大。建立一条新的TLS连接可能需要几千字节的带宽（具体取决于实现方式），而且使用TLS的时候，需要对每个数据包都进行加密，因而与未加密数据包相比，TLS线路上的数据包会产生额外开销。

如果MQTT需要使用长期激活的TCP连接，那么此时的TLS握手开销就可以忽略不计。另一方面，对于快速重连接且不支持会话恢复的环境来说，这种开销也会显得非常大。有些环境的带宽非常低，可能需要仔细计算线路上的每个字节，那么TLS就不是一个最佳选择。

9.3.7 生物识别

今天我们所做的很大一部分操作都发生在自己的个人移动设备上，因而无论是使用密码、验证码还是最新的生物识别机制，都必须保护好所有的移动设备。用于设备认证的生物识别技术在网络认证领域的应用正在不断增加，特别是作为潜在的二次认证手段。

据预测，到2021年，生物识别技术的市场规模将达到300亿美元。人们经常会遗忘或泄露密码和PIN码，卡片也很容易丢失或被盗。设备制造商清楚地认识到需要改变传统的认证方法，生物认证可以大幅改善用户体验，因为用户无需记住大量个人密码，也不需要携带物理设备。生物识别技术可以使用指纹、声音和人脸来识别和认证。下面将介绍常见生物认证技术的最新进展情况。

1. TouchID

越来越多的移动设备都开始采用指纹ID识别技术（使用指纹而不是密码），传感器可快速读取指纹并自动解锁设备。该技术有多种扩展方式，从授权移动设备所有者在线支付到授权用户商店购物。开发人员还允许用户使用指纹ID登录应用程序。

这些传感器利用先进的电容式触摸技术，从用户指纹的一小部分获取高分辨率图像，然后再以极高的精确度分析这些信息。苹果利用特定的指纹类别来分析指纹（如环型、弓型、螺旋型），而且还能绘制出肉眼难以看见的脊线细节，甚至还能检测出由于毛孔和边缘结构引起的脊线方向的微小变化。

从安全性角度来看，苹果设备中的芯片包含了名为Secure Enclave（安全飞地）的高级安全架构，该架构是专为保护密码和指纹数据而开发的。苹果的指纹识别系统TouchID并不存储任何指纹图像，而是依赖于指纹的数学表示，攻击者无法从存储的数据中逆向工程得到实际的指纹图像。

指纹数据经过加密，存储在设备上，并且只能通过Secure Enclave提供的密钥进行保护。Secure Enclave验证指纹是否与登记的指纹数据相匹配。设备上的操作系统或运行在其上的任何应用程序都无法访问指纹。此外，指纹永远也不会存储在苹果服务器上或备份到云端。

2. Face ID

苹果最近发布了一项名为Face ID（人脸ID）的新生物测量方法。Face ID系统建立在名为TrueDepth的新系统之上，包含了传统相机、红外相机、深度传感器和点阵投影器等，将30 000个红外点阵投射到用户面部，目的是创建一个“面部数学模型”。

接下来通过神经引擎（Neural Engine）运行该模型，神经引擎是芯片上最新的a11仿生系统的一部分，将新扫描结果与以前建立的模型进行对比。随着时间的推移，系统就能够学学会并适应因新发型、面部胡须、眼镜等带来的面部变化。所有的Face ID数据都存储在用户设备的Secure Enclave中（与TouchID相同），这些数据都不会传输到云端。

为了展示该解决方案的有效性，iPhone Face ID安全系统针对好莱坞特效团队设计的逼真面具进行测试，完全能够做到准确无误。此外，如果希望解锁iPhone Face ID，那么就要求用户必须盯着看，如果用户正在远视或闭着眼睛，那么将无法解锁。

测试结论指出，随机抽样人员使用TouchID指纹扫描仪意外解锁另一台设备的概率为1/50000，iPhone Face ID系统的误报率则低至百万分之一，实现了指数级的改善效果。

3. 风险因素

如果门禁卡丢失或遗忘了PIN码，那么就会产生潜在的安全问题。当然，每个场景都有自己的风险缓解流程，如果发生了生物识别欺骗（如获取了某人的指纹），那么就不会有很多办法获得新的指纹。如果希望在物联网领域使用生物识别技术，那么不仅要保持生物识别技术的用户体验优势，还必须提供企业级的安全性。

生物识别数据可以集中存储。如果有人尝试进行系统认证，那么就会将该人员的唯一生物识别信息与数据库进行对比。但这类集中式存储库是恶意攻击的高价值目标，一种方法是采用分散式存储系统，不将任何两个生物特征数据集存储在一起，从而解决高价值目标问题。随着越来越多的用户在个人设备上配置生物识别访问机制，这种分散存储模型也变得越来越普遍，所有生物特征数据都不需要通过网络进行传输或集中化存储。

一种被称为标记化（tokenization）的安全机制与传统的密码学类似。生物识别标记化机制将生物识别数据转换为无意义的数据，从而可以将这些数据安全地存储在设备上。需要对用户进行认证时，可以通过加密质询响应功能从生物测定数据中提取特定的动作验证器，并通过蓝牙或无线方式进行传输。认证成功后，就可以启动车辆或执行应用程序设计好的任何动作。

配套适当的安全措施之后，生物识别访问控制机制可以用于各种环境，包括车联网、家庭网络、智能锁等。生物识别认证目前还处于引入期，不可能立即取代现有认证方法，可以与传统方法并行运行或作为补充，以促进解决方案及认证流程的成熟化。有一点可以明确：只要正确处理好生物识别技术，那么就一定能够给用户体验带来令人耳目一新的变化。

9.3.8 AAA和RADIUS

AAA服务器是一种处理用户访问资源请求的软件。顾名思义，AAA服务负责提供认证、授权和记账（AAA）服务。AAA服务器通常与网络接入基础设施以及后端包含用户信息的数据库和目录进行交互，当前设备或应用与AAA服务器进行通信的主要标准是RADIUS（Remote Authentication Dial-In User Service，远程认证拨号接入用户服务）。

RADIUS是一种分布式客户端/服务器系统，旨在保护网络免受未经授权的访问。RADIUS最初是为拨号接入用户访问网络创建的（这也是其名称来源），不过目前已经得到巨大发展。RADIUS客户端可以运行在各种类型的基础设施上（如路由器、交换机和无线控制器），这些客户端负责将认证请求发送给包含所有用户认证和网络服务访问信息的集中式RADIUS或AAA服务器。图9-24给出了基础设施连接RADIUS服务器（ISE）的示意图。

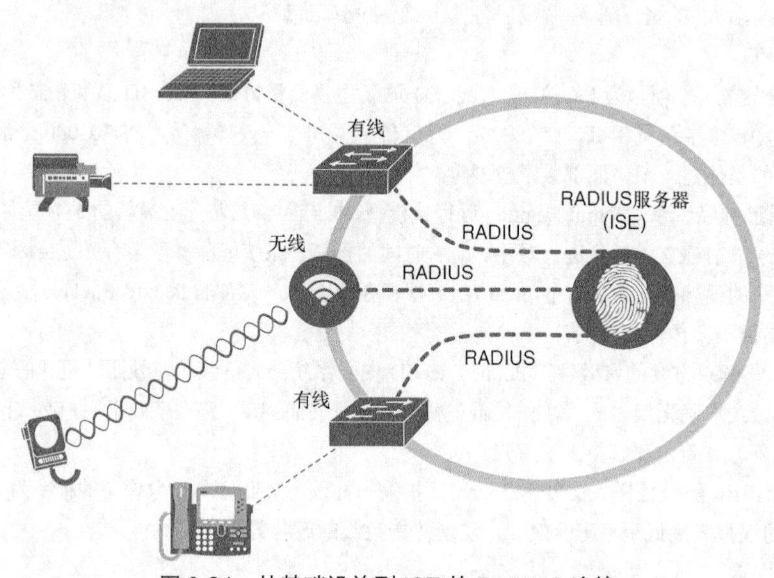

图9-24 从基础设施到ISE的RADIUS连接

RADIUS是一种完全开放的协议，以源代码格式进行分发，修改之后可以与市面上的各种安全系统协同使用。思科在自己的AAA安全框架下支持RADIUS，而且在很多需要高级安全特性的网络环境中实施了RADIUS，并维护远程用户的网络访问。RADIUS、AAA和802.1X端口认证机制可以协同工作。

认证请求发送给AAA服务器之后，AAA客户端就等待响应消息中的授权结果。RADIUS仅使用以下4类消息。

- **Access-Request（访问请求）**：从AAA客户端发送给AAA服务器，请求认证和授权。
- **Access-Accept（访问接受）**：从AAA服务器发送给AAA客户端，提供成功的认证响应。授权结果以A/V对（Attribute Value Pair，属性值对）的方式包含在消息中。A/V对可以包含VLAN、访问列表或SGT（Security Group Tag，安全组标记）等信息。具体内容详见9.4节。
- **Access-Reject（访问拒绝）**：从AAA服务器发送给AAA客户端，表示认证失败，未提供授权权限。

- **Access-Challenge（访问质询）**：需要其他信息时，可以将该消息从AAA服务器发送给AAA客户端。

图9-25给出了RADIUS的数据包格式，字段从左到右依次进行传输，分别为代码、标识符、长度、认证端和属性。

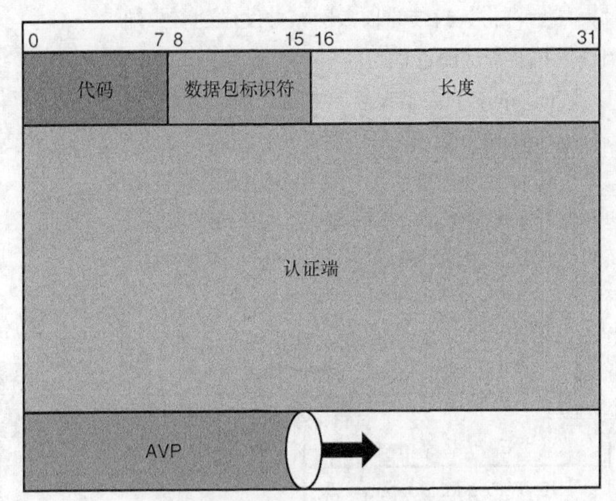

图9-25 RADIUS数据包格式

9.3.9 A/V对

RADIUS A/V对负责在请求和响应消息中携带用于AAA事务的相关数据。客户端与AAA服务器进行通信时，可以引用属性来表示回答或结果。RADIUS服务器可能会为认证会话分配属性，包括VLAN、可下载的访问控制列表以及 SGT 在内的信息都可以通过 A/V 对返回给接入基础设施。图 9-26 给出了RADIUS A/V对格式。

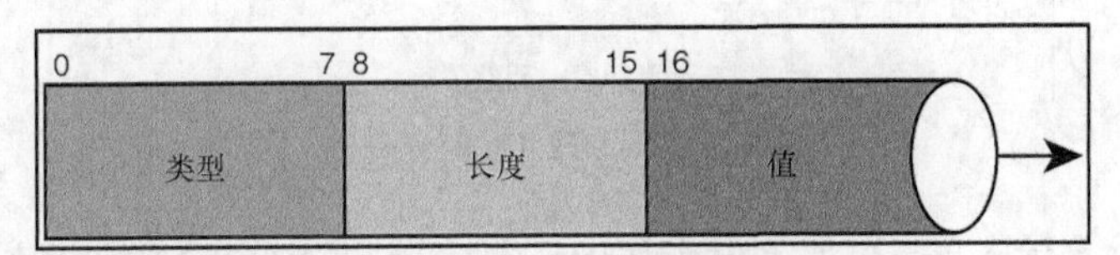

图9-26 RADIUS A/V对格式

9.3.10 802.1X

IEEE 802.1X 标准定义了基于客户端/服务器的访问控制和认证协议，该协议限制未经授权的客户端通过公共可访问的端口连接 LAN。认证服务器对连接到交换机端口的每个客户端进行认证，并在允许访问交换机或LAN提供的服务之前将端口分配给VLAN。在客户端通过认证之前，802.1X访问控制机制仅允许EAPOL（Extensible Authentication Protocol over LAN，基于局域网的扩展认证协议）流量通过客户端所连接的端口（除非配置为允许其他流量）。认证成功之后，就可以通过该端口传输流量。

802.1X操作涉及三类设备角色。

- **客户端**：客户端是请求访问网络的端点，负责响应来自交换机的请求。端点必须能够使用802.1X软件，否则称为请求端（supplicant）。
- **认证服务器**：认证服务器通过验证客户端的身份并通知交换机请求成功或失败来执行客户端认证。交换机充当代理，使得认证服务对于客户端来说完全透明。RADIUS 使用客户端/服务器模型，RADIUS服务器（ISE）需要与一个或多个RADIUS客户端交换认证信息。
- **认证端**：认证端充当客户端与 RADIUS 服务器（如 ISE）之间的代理，认证端从客户端请求身份并发送给服务器（ISE）以进行认证决策，并将响应中继给客户端。例如，认证端可以是LAN交换机端口，在与RADIUS服务器进行通信时负责封装/解封EAP帧。

交换机收到客户端发送的EAPOL帧并将它们中继给认证服务器的时候，会首先剥离以太网报头，然后以RADIUS格式重新封装剩余的EAP帧，再发送给RADIUS服务器。封装期间不会修改或检查EAP帧，而且RADIUS服务器必须在原生帧格式内支持EAP。交换机收到RADIUS服务器发送的帧之后，会删除报头，留下EAP帧，然后再将其封装为以太网帧并发送回客户端。

图9-27给出了详细的802.1X认证过程。

- 在IEEE 802.1X认证期间，交换机或客户端都可以发起认证。如果在思科交换机上使用了接口配置命令**dot1x port-control auto**，那么交换机就会在链路状态从Down转变为Up时发起认证请求，或者只要端口处于启用且未认证状态，就会定期发起认证请求。
- 交换机向客户端发送EAP-Request/Identity帧以请求其身份。
- 客户端收到该帧之后，以EAP-Response/Identity帧作为响应。

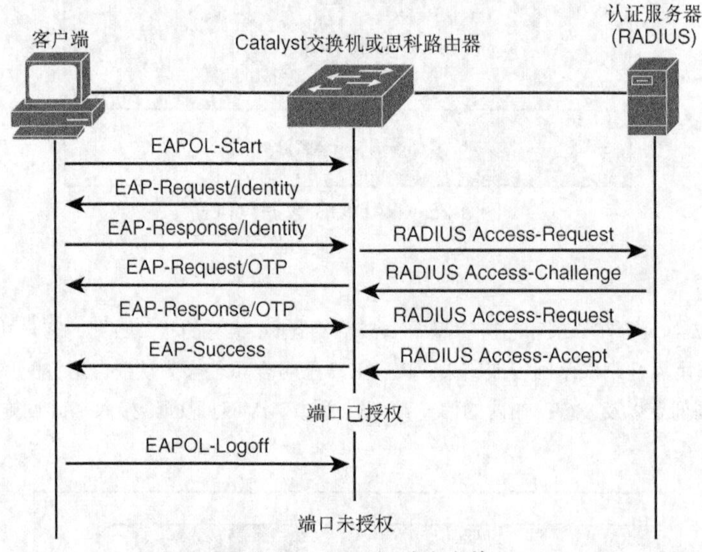

图9-27 802.1X消息交换

- 网络设备将接收自主机的EAP-Response帧封装到RADIUS Access-Request帧中（使用EAP-Message RADIUS属性），并发送给RADIUS服务器。
- RADIUS服务器从RADIUS数据包中提取EAP-Response并创建新的EAP-Request，然后将EAP-Request封装到RADIUS Access-Challenge中（使用EAP-Message RADIUS属性），并将其发送给网络设备。
- 网络设备提取EAP-Request并发送给主机。

认证成功后，就允许流量通过该端口。

在某些情况下（特别是受限设备），设备可能不支持802.1X，或者没有足够的RAM/闪存或软件智能来安装802.1X请求端，那么就可以使用基于端口的认证框架中的另一种认证方法：MAB（MAC Authentication Bypass，MAC认证旁路）。

9.3.11 MAB

MAB功能特性可配置接入基础设施，以根据客户端的MAC地址对客户端进行授权。例如，可以在连接到打印机等设备的IEEE 802.1X端口上启用该功能，也可以在无法运行802.1X请求端的设备上启用该功能。使用该模型之后，交换机会向RADIUS服务器发送一个Access-Request帧（其MAC地址表示设备的用户名和密码），这就要求在RADIUS服务器上创建并安装一个“经授权的”MAC地址列表。图9-28给出了MAB消息交换流程。

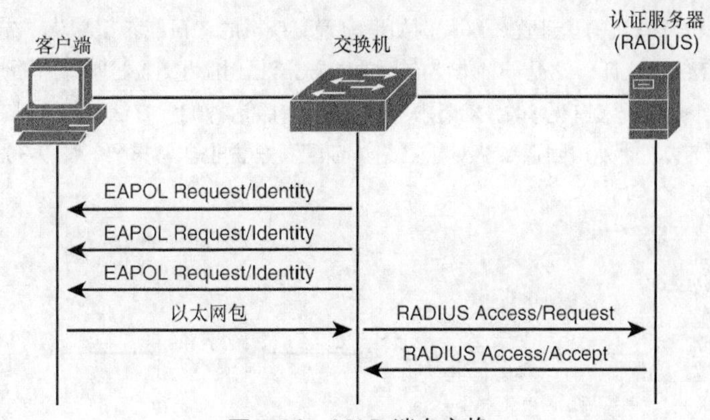

图 9-28 MAB 消息交换

MAB 交换流程的工作原理如下。

- 如果在等待交换 EAPOL 消息且启用了 MAB 的时候 IEEE 802.1X 认证超时，那么就会发起 MAB 进程。
- 交换机使用客户端的 MAC 地址作为标识，并将该信息包含在发送给 RADIUS 服务器的 RADIUS-Access/Request 帧中。
- 认证服务器拥有允许访问网络的客户端 MAC 地址数据库，因而将请求消息与数据库进行对比。
- RADIUS 服务器向交换机发送 RADIUS-Access/Accept 帧后（如果授权成功），端口就被授权。

9.3.12 灵活认证

IEEE 802.1X 灵活认证（Flexible Authentication）功能提供了一种为端口分配认证方法并指定认证失败后所要执行的认证方法的顺序。启用该功能之后，就可以指定端口上控制使用何种认证方法，而且还可以控制这些端口上的认证方法的故障切换顺序。

IEEE 802.1X 灵活认证功能支持三种认证方法。

- Dot1X：IEEE 802.1X 认证是二层认证方法。
- MAB：MAC 认证旁路是二层认证方法。
- Webauth：Web 认证是三层认证方法。

图 9-29 给出了接入基础设施上的基于 802.1X 和 MAB 的端口（与 RADIUS 服务器［ISE］进行通信）认证示意图。

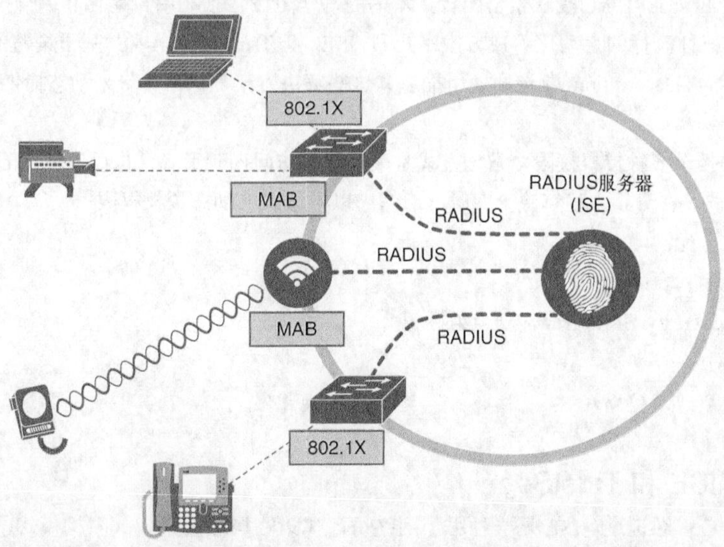

图 9-29 基于 802.1X 和 MAB 的端口认证

认证顺序负责设置默认的认证优先级。例如，配置交换机时，可能希望默认首先尝试 802.1X 认证，如果失败，再尝试 MAB 认证。这是一种非常有用的配置方法，因为交换机端口所面临的情况千差万别，但无论端点连接是什么情况（有无 802.1X 请求端），只要按照这种配置方法，都可以在无管理员干预的情况下使用某种连接方法。此外，回退策略对于网络认证配置来说也非常重要。图 9-30 给出了非 802.1X 端点的回退认证策略示例。

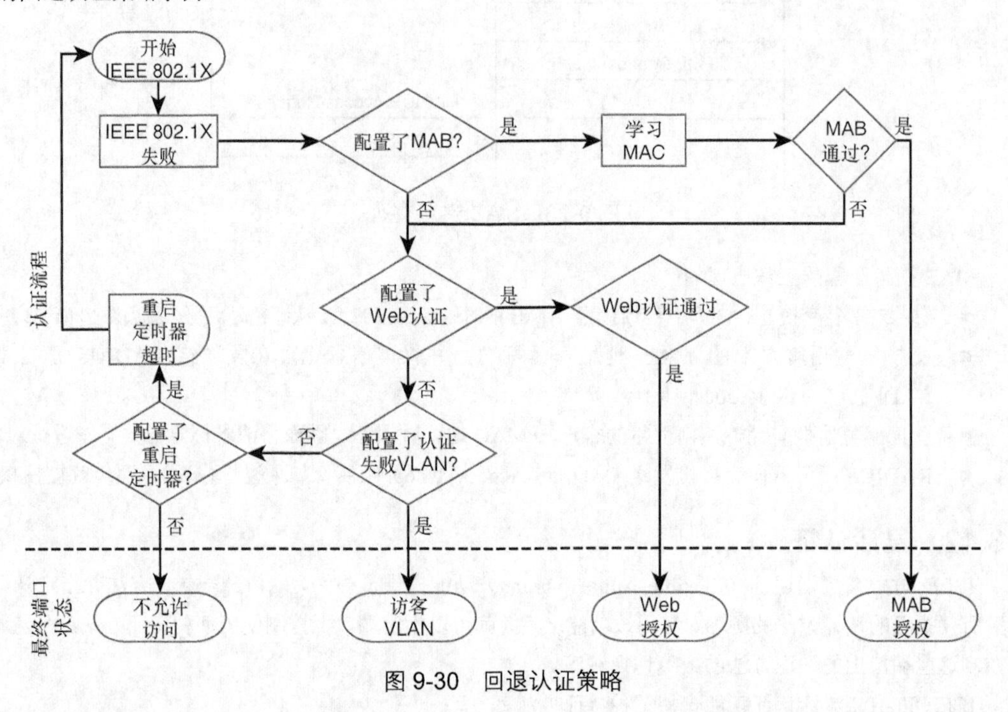

图 9-30 回退认证策略

最佳配置方式就是要认真设计好回退机制，默认访问配置文件对于整个 NAC 策略来说都非常重要，必须做好规划。此外，还应该根据不同的环境和地理位置，设置不同的回退策略。

9.4 动态授权权限

本章的身份和认证内容与授权紧密配合，本书的写作范围包括利用自动化和编排技术来保护用例，因而本节将讨论三种流行的自动化解决方案：思科 ISE 和 TrustSec、AWS 基于策略的授权以及 MUD（Manufacturer Usage Description，制造商使用描述）。这些解决方案都根据身份来动态提供适当的授权权限，但实现方式完全不同。

可以为用户授予多种授权权限，常见方式是采用网络访问控制形式，也可以使用配置变量（如 QoS 参数）或其他形式。在分析上述解决方案时，应考虑以下形式的动态授权权限：

- VLAN 分配；
- 访问控制列表；
- SGT（Security Group Tag，安全组标记）；
- JSON 对象；
- 配置参数（如 QoS）。

9.4.1 思科 ISE 和 TrustSec

前面在 9.3 节曾经说过，ISE 是一种用于网络访问和策略构造的集成式架构模式，采用了全面的访问控制解决方案，将身份、认证和授权相结合，通过将 ISE 及基础设施转换为类似于 SDN 的框架（ISE

充当 TrustSec 控制器），从而以自动化方式实现访问控制。ISE 可以配置认证策略和授权权限，通过分类识别端点之后，就可以根据策略对端点进行认证，并根据其身份授予相应的授权权限。这些权限通常有 3 种主要的动态授权形式：VLAN、访问控制列表以及 SGT。图 9-31 给出了这 3 种动态授权形式的示意图。

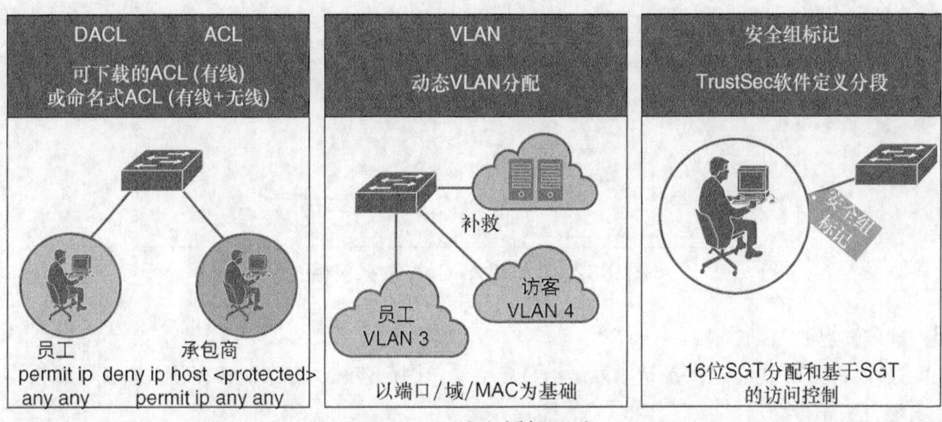

图 9-31　动态授权形式

在详细讨论这 3 种动态授权形式之前，有必要简单回顾一下 RADIUS 的 CoA（Change of Authorization，授权变更）概念。CoA 是 ISE 的基石，RADIUS CoA 负责将授权权限分配给 RADIUS 会话。

9.4.2　RADIUS CoA

RADIUS CoA 功能提供了一种认证完成后更改 AAA 会话属性的机制。如果 AAA 中的用户或用户组的策略发生了变化或更改，那么管理员就可以从 AAA 服务器（如 ISE）发送 RADIUS CoA 数据包，以重新发起认证并应用新策略。

1. CoA 请求

RADIUS CoA 请求（定义在 RFC 3576 和 RFC 5176 中）用于推送模型。由外部服务器为连接在网络上的设备发送该请求，可以从外部 AAA 服务器（如 ISE）对会话进行动态重配置。

可以使用如下基于每个会话的 CoA 请求：

- 会话重认证；
- 会话终止；
- 端口关闭造成的会话终止；
- 端口反弹造成的会话终止；
- 安全和密码；
- 记账。

该模型包括一个请求（CoA 请求）和两个可能的响应代码：

- CoA 确认（ACK）[CoA-ACK]；
- CoA 未确认（NAK）[CoA-NAK]。

CoA 请求由 CoA 客户端（通常是 RADIUS 或策略服务器）发起，并定向到充当侦听方（Listener）的设备。

2. CoA 请求/响应代码

可以利用 CoA 请求/响应代码向设备下发命令。RFC 5176 定义的 CoA 请求/响应代码的数据包格式包括了以下字段：代码、标识符、长度、认证端以及采用 TLV 格式的属性。

属性字段携带思科 VSA（Vendor-Specific Attribute，供应商特定属性）。图 9-32 给出了 CoA 数据包格式。

```
A summary of the data format is shown below.  The fields are
transmitted from left to right.

The packet format consists of the following fields: Code, Identifier,
Length, Authenticator, and Attributes in Type-Length-Value (TLV)
format.  All fields hold the same meaning as those described in
RADIUS [RFC2865].  The Authenticator field MUST be calculated in the
same way as is specified for an Accounting-Request in [RFC2866].

 0                   1                   2                   3
 0 1 2 3 4 5 6 7 8 9 0 1 2 3 4 5 6 7 8 9 0 1 2 3 4 5 6 7 8 9 0 1
+-+-+-+-+-+-+-+-+-+-+-+-+-+-+-+-+-+-+-+-+-+-+-+-+-+-+-+-+-+-+-+-+
|    代码       |   标识符      |            长度               |
+-+-+-+-+-+-+-+-+-+-+-+-+-+-+-+-+-+-+-+-+-+-+-+-+-+-+-+-+-+-+-+-+
|                                                               |
|                         认证端                                |
|                                                               |
|                                                               |
+-+-+-+-+-+-+-+-+-+-+-+-+-+-+-+-+-+-+-+-+-+-+-+-+-+-+-+-+-+-+-+-+
|    属性   ...
+-+-+-+-+-+-+-+-+-+-+-+-+-
```

图 9-32 RADIUS CoA 数据包格式

3. 会话标识

由于可以将会话中断及 CoA 请求发送给特定会话，因而该解决方案非常有效。设备可以根据一个或多个如下属性来定位会话：

- Acct-Session-Id（IETF#44 属性）；
- Audit-Session-Id（思科 VSA）；
- Calling-Station-Id（IETF#31 属性，包含主机 MAC 地址）。

4. CoA 请求命令

设备支持如下 CoA 命令，这些命令必须包含设备与 CoA 客户端之间的会话标识符。

- Bounce host port: **Cisco:Avpair="subscriber:command=bounce-host-port"**
- Disable host port: **Cisco:Avpair="subscriber:command=disable-host-port"**
- Re-authenticate host: **Cisco:Avpair="subscriber:command=reauthenticate"**
- Session terminate：这是一个标准的中断请求，不需要 VSA。

图 9-33 给出了 CoA 流程示意图。

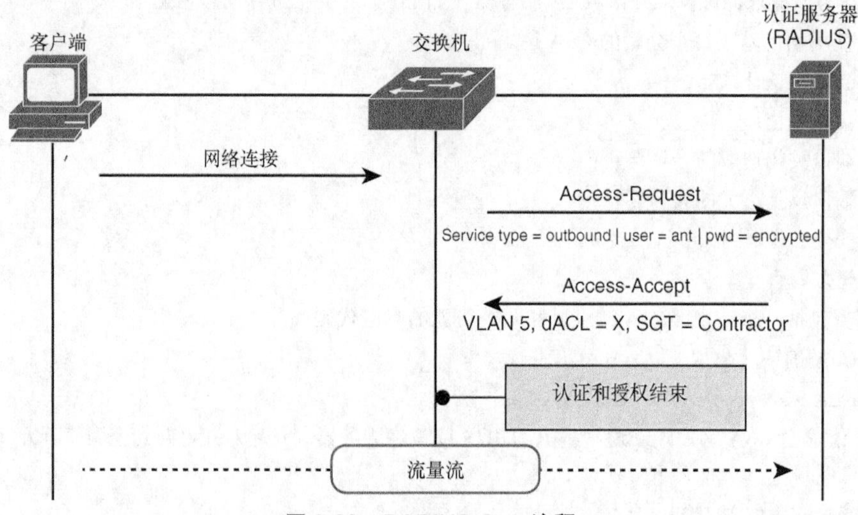

图 9-33 RADIUS CoA 流程

图 9-33 中的 CoA 流程如下。

- 如果端点试图访问基础设施，那么必须满足前面讨论过的某种认证机制（如 802.1X 或 MAB）。
- 交换机收到主机的 EAP 响应之后，将其封装到 RADIUS Access-Request 中（使用 EAP-Message

RADIUS 属性），并发送给 RADIUS 服务器。

- 创建 Acct-Session-ID，即 IETF#44 属性。
- RADIUS 服务器发送 RADIUS Access-Accept 消息作为响应，并以 VLAN、dACL（downloadable Access Control List，可下载的访问控制列表）或 SGT 形式发送授权权限信息。

例 9-3 利用交换机的 **show authentication session** 命令输出结果显示了 CoA 信息。SGT（0002-0）是动态分配给 Acct-Session-ID（记账会话 ID）的授权权限。

例 9-3 利用 CoA 进程将 SGT（值为 2）应用于 Acct-Session-ID

```
Switch# show authentication sessions interface g1/2

          Interface: GigabitEthernet1/2
        MAC Address: 0050.b057.0104
         IP Address: 10.1.1.112
          User-Name: employee1
             Status: Authz Success
             Domain: DATA
    Security Policy: Should Secure
    Security Status: Unsecure
     Oper host mode: multi-auth
   Oper control dir: both
      Authorized By: Authentication Server
        Vlan Policy: N/A
            ACL ACL: XACSACLx-IP-Employee-ACL
                SGT: 0002-0
    Session timeout: N/A
       Idle timeout: N/A
  Common Session ID: C0A8013F0000000901BAB560
    Acct Session ID: 0x0000000B
             Handle: 0xE8000009

Runnable methods list:
     Method    State
     dot1x     Authc Success
```

5. VLAN

虽然 VLAN 分配方式和 ACL 都是很好的网络访问控制方法，但是随着网络规模的不断增大，带来的安全策略维护挑战也将随之增大。基于用户或设备上下文分配 VLAN 是控制网络访问的常用方式。图 9-34 给出了动态 VLAN 分配方法示意图。

图 9-34 的流程如下。

1. 用户/端点视图访问网络，受到交换机基于端口认证（802.1X）的质询。
2. 交换机从主机收到 EAP 响应之后，将其封装到 RADIUS Access-Request 中并发送给 ISE，该过程将创建唯一的 RADIUS Acct-Session-ID。
3. ISE 检查其授权策略，策略规定使用外部身份源（即本例中的活动目录［Active Directory］，通过 LDAP 验证用户的账户信息）。ISE 确定该用户在 Engineering AD 组拥有活动账户。
4. RADIUS 服务器（ISE）发送响应消息 RADIUS Access-Accept，ISE 可以将特定供应商隧道属性返回给该设备，属性［64］必须包含值“VLAN”（类型 13），属性［65］必须包含值“802”（类型 6）。属性［81］指定了分配给 IEEE 802.1X 认证用户的 VLAN 名或 VLAN ID。有了这些属性以及 RADIUS 会话 ID 之后，就可以获得唯一的认证流。

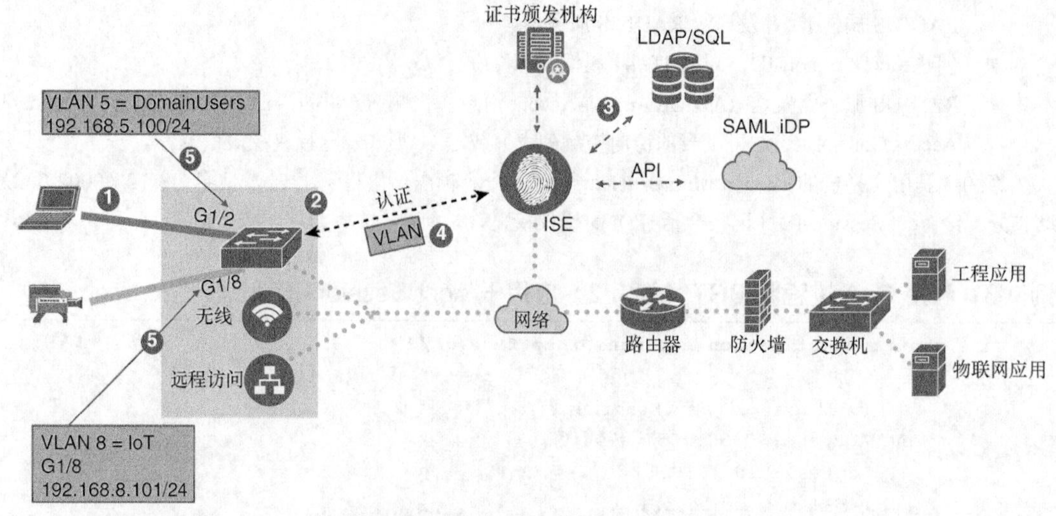

图 9-34 通过 CoA 进行 VLAN 分配

5．摄像头和计算机分别进行认证，因而都拥有唯一的 RADIUS 会话 ID，可以获得唯一的授权权限。本例中的计算机被实例化到 VLAN 5 中，摄像头则被实例化到 VLAN 8 中。

图 9-35 给出了授权配置文件的创建方式，本例关联了名为 Domain_user_VLAN 的配置文件，分配的 VLAN = 5。

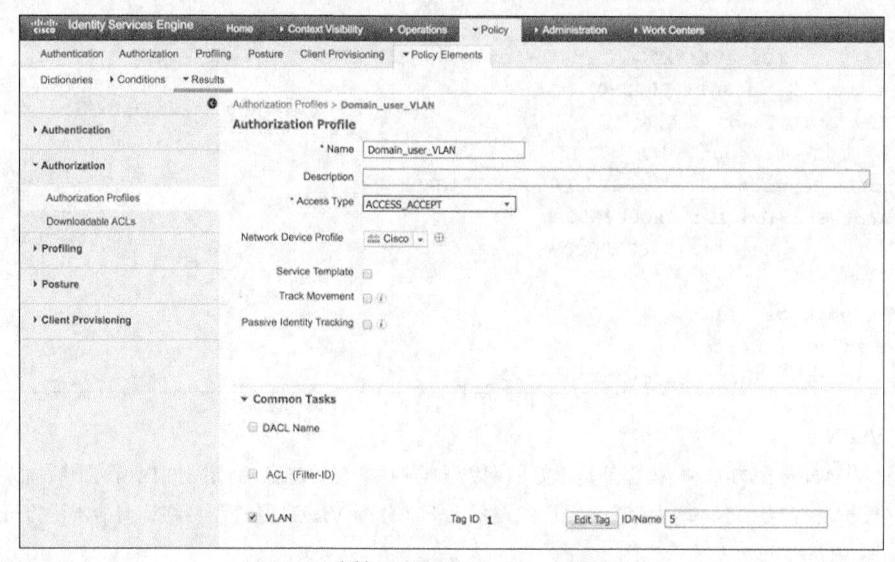

图 9-35 授权配置文件示例：创建 VLAN

该配置文件仅与授权策略相关联。授权策略基于简单的 IF/THEN 技术。规则名称位于左侧，中间的类别显示了必须满足的条件（IF 条件），右侧列出了要分配的授权权限（THEN 条件）。Domain_user_VLAN 配置文件指定 VLAN = 5。

图 9-36 显示了 IoE_Employee 策略，该策略将 Domain_user_VLAN 的授权配置文件与一组必须匹配的条件（如中间所示）相关联。

该模型使用 VLAN 的主要缺点是扩展性问题。随着添加到交换机和无线控制器中的 VLAN 数越来越多，扩展也变得越来越困难。对于拥有数千台接入交换机的大型组织机构来说，产生的 VLAN 数可能非常巨大，所有的 VLAN 最终都要在访问列表中进行维护，可能需要一名全职员工才能维护如此大量的规则集。

此外，该方法假定可以在整个网络中中继 VLAN，这一点对于很多组织机构来说可能做不到。

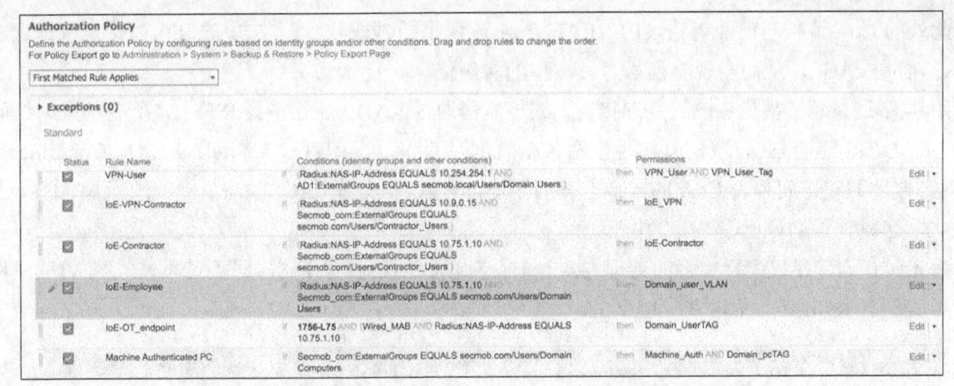

图 9-36 授权策略示例：关联图 9-35 创建的授权配置文件

9.4.3 访问控制列表

控制网络访问的另一种方法是使用 ACL（Access Control List，访问控制列表）。

在具体实现上，可以在本地定义 ACL，并通过 RADIUS 属性 Filter-ID 加以调用。也可以采用 dACL（downloadable Access Control List，可下载的访问控制列表），在思科 ISE 上定义整个 ACL 并下载到交换机上，然后再应用到用户或设备连接网络的入站端口（或虚拟端口）上。

dACL 提供了更优的操作模式，因为 ACL 只需要更新一次即可。此外，将 ACL 应用于交换机端口而不是某个集中位置，所需的 ACE（Access Control Entry，访问控制条目）将更少。

注： 思科交换机可以在这些 ACL 上执行源替换操作。源替换操作允许在 ACL 的源字段中使用关键字 **any**，在应用时替换为交换机端口上的主机的实际 IP 地址。

一般来说，ACL 都会被加载到 TCAM（Ternary Content Addressable Memory，三态内容寻址存储器）中执行。但接入层交换机的 TCAM 容量有限，通常是按照每个 ASIC（Application-Specific Integrated Circuit，专用集成电路）进行分配的，因而可加载的 ACE 数量取决于多种因素，如每个 ASIC 的主机数量以及可用的 TCAM 空间。

由于 TCAM 容量有限，因而 ACL 不能太大，特别是接入层存在多种不同类型的交换机时，每台交换机的每个 ASIC 都可能拥有不同水平的 TCAM。最佳实践建议每个 dACL 的 ACE 少于 64 条，但可能还需要根据具体环境进行适当调整。这些限制和扩展性问题促使思科开发了 SGT 技术，后面将进行详细讨论。图 9-37 给出了基于 dACL 形式的动态授权。

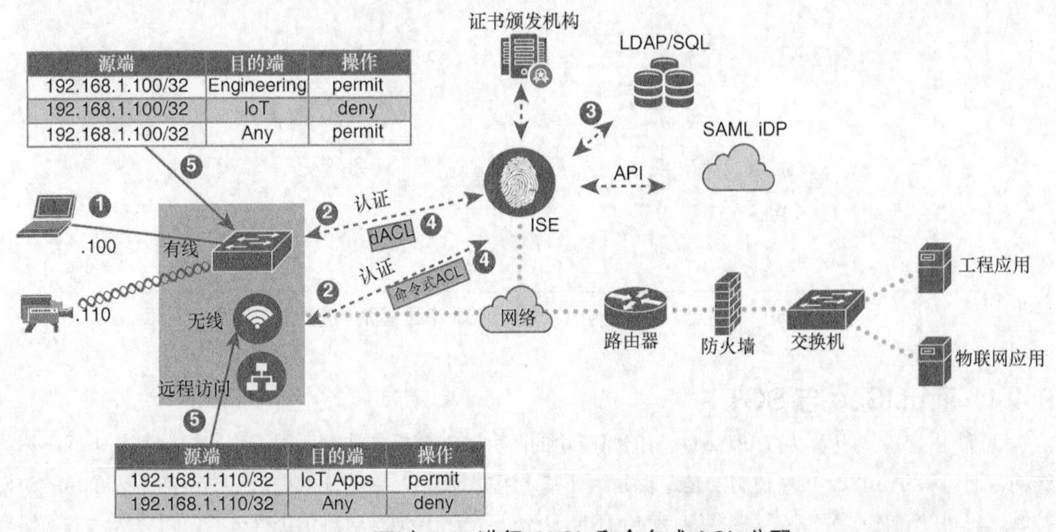

图 9-37 通过 CoA 进行 dACL 和命名式 ACL 分配

此处的 CoA 流程与前面讨论过的 VLAN CoA 流程相同，只不过该方法中的 ISE 为交换机提供的不是 VLAN，而是 dACL，从而实现交换机入站端口的实例化。

图 9-37 还显示了摄像头的无线连接，无线控制器通过 RADIUS 连接到 ISE 上。所有的网络访问设备都通过 RADIUS 连接 ISE，目的是实现全网 AAA 的集中化。思科 WLC（Wireless LAN Controller，无线局域网控制器）在访问列表 CoA 的支持上有所不同，WLC 不支持 dACL，而是支持预配置 ACL，ISE 仅发送 ACL 名称，该名称已在 WLC 中预先配置。

为 dACL 创建授权配置文件的处理方式与前面列出的创建步骤相同，只不过不是选择 VLAN 作为授权方法，而是创建 dACL 语法（见图 9-38）。

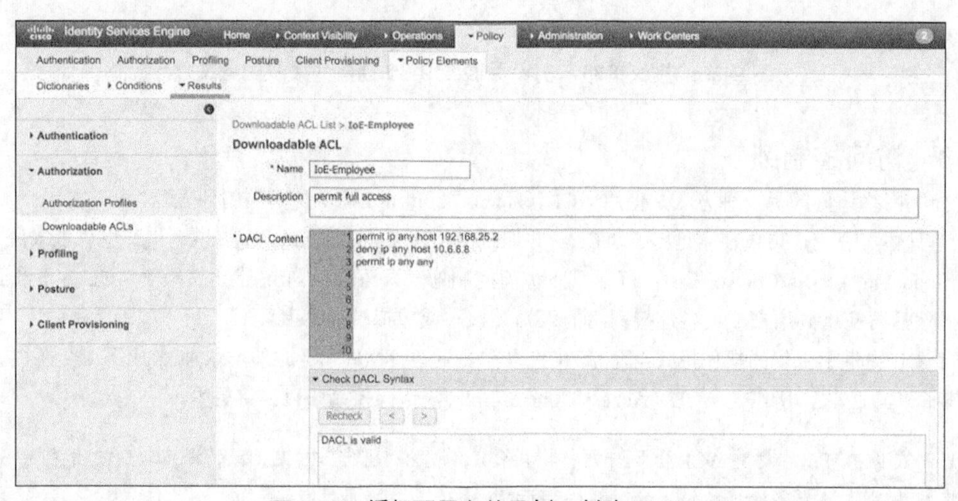

图 9-38 授权配置文件示例：创建 dACL

该配置文件与授权策略中的权限相关联，IoE-Employee 配置文件与图 9-37 中的 dACL CoA 相同。图 9-39 将上述内容都关联在一起。

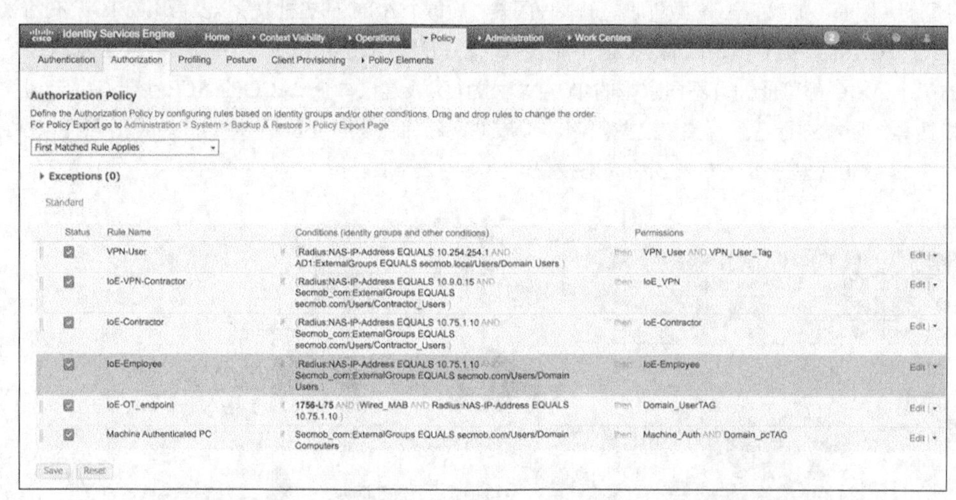

图 9-39 授权策略示例：关联图 9-38 中创建的授权配置文件

9.4.4 TrustSec 与 SGT

思科 SGT 架构（称为 TrustSec）与前面所说的两种动态授权方法都不同，这些机制都基于网络拓扑结构，而思科 TrustSec 策略使用的是逻辑分组（基于组的策略），这些分组提供了真正的基于角色的访问控制。思科 TrustSec 解决方案根据端点的上下文身份而不是 IP 地址对流量进行分类，可以为动态网络环境提供更加灵活的访问控制机制。ISE 回答了 who、what、when、where 和 how 等问题，而且将聚合信息与角色（最终由标签来表示）相关联。图 9-40 给出了 ISE 将不同类别组合成角色的示例，由 SGT 来表示图中的角色。

图 9-40 创建基于角色的访问控制示例（由 SGT 表示）

TrustSec 将访问权限与 IP 地址和 VLAN 相分离，而不是利用该标记。这种方法大大简化了安全策略的维护工作，降低了运营成本，而且可以为有线、无线和 VPN 访问方式应用一致的通用访问策略。ISE 的主要好处如下：

- 使用 SGT，基于上下文信息实现基于角色的访问控制；
- 软件定义；
- 动态分段，与拓扑结构无关（将策略与 VLAN 及 IP 地址相分离）。

1. SGT

SGT（Security Group Tag，安全组标记）是一个 16 位数值，ISE 在端点登录时分配给端点的会话。网络基础设施将 SGT 视为分配给会话的一种属性，并将该二层标记插入会话的所有流量当中。

SGT 类似于物理安全标志（可以认为是其逻辑版本）。例如，某人走进一个安全设施时，需要在前门出示一张门禁卡并获得访问权限，接下来该人可能成功地使用相同的门禁卡进入了三楼办公室，但在尝试使用该门禁卡进入服务器机房时将被拒绝访问。SGT 就是该门禁卡的逻辑版本，SGT 表示角色并在入口点（进入网络）附加到网络流量上，这样就可以在基础设施的其他地方（如数据中心）实施基于标记的访问策略。交换机、路由器、防火墙、Web 代理等利用 SGT 做出转发决策。该标记始终跟着用户走，如果用户尝试连接芝加哥的会议室，那么该人就会受到 ISE 的检查、认证并要求提供 SGT。同样，如果用户试图连接英国办公室的 SSID，那么也会受到 ISE 的检查、认证并要求提供 SGT。如果用户尝试通过远程访问进入网络，防火墙也通过 RADIUS 连接 ISE，那么就像其他基础设施一样，也要进行检查、验证并最终提供 SGT。无论用户从哪里连接，ISE 都会回答 who、what、when、where 和 how 等问题，然后根据身份提供适当的访问权限。

2. 软件定义

ISE 是 TrustSec 控制器，因而策略是集中管理的，且根据进入网络的情况自动配置。无论端点在何处连接网络（有线、无线、远程访问），都会调用访问策略。这样做的好处是可以大大降低安全风险，因为不需要在每台 LAN 交换机或无线控制器上创建策略，也不需要创建静态 ACL（静态 ACL 无法扩展）。由于只需要在中心位置创建策略，因而能够大大简化管理员的工作量。图 9-41 详解了 TrustSec 控制器的概念。

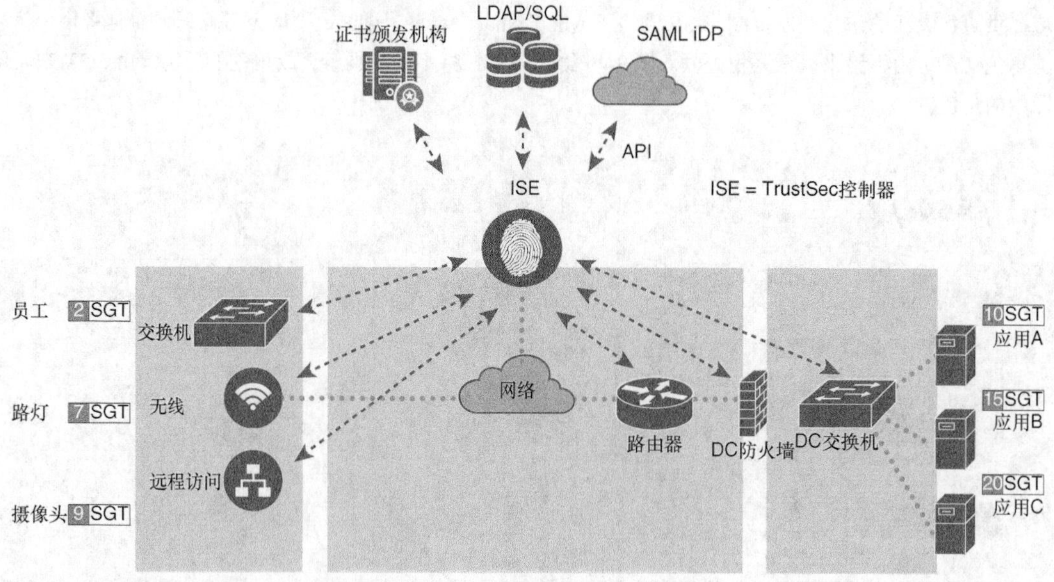

图 9-41 ISE 是 TrustSec 控制器

3. 基于 RBAC 的动态分段

分段基于角色，而角色基于上下文，因而可以利用用户名、设备类型、AD 组、证书、位置以及时间等要素来创建更加全面且精细化的安全策略，而不仅仅基于 IP 地址。ISE 将这些信息与角色相关联并标记该角色（SGT），这样就可以在网络中基于标记来实施策略。用户收到 SGT 之后，不仅被授予了访问权限，而且还可以作为大型标准机构（如 PCI［Payment Card Industry，支付卡行业）审计人员所认可的动态分段形式。图 9-42 给出了利用 SGT 进行动态分段的示意图。

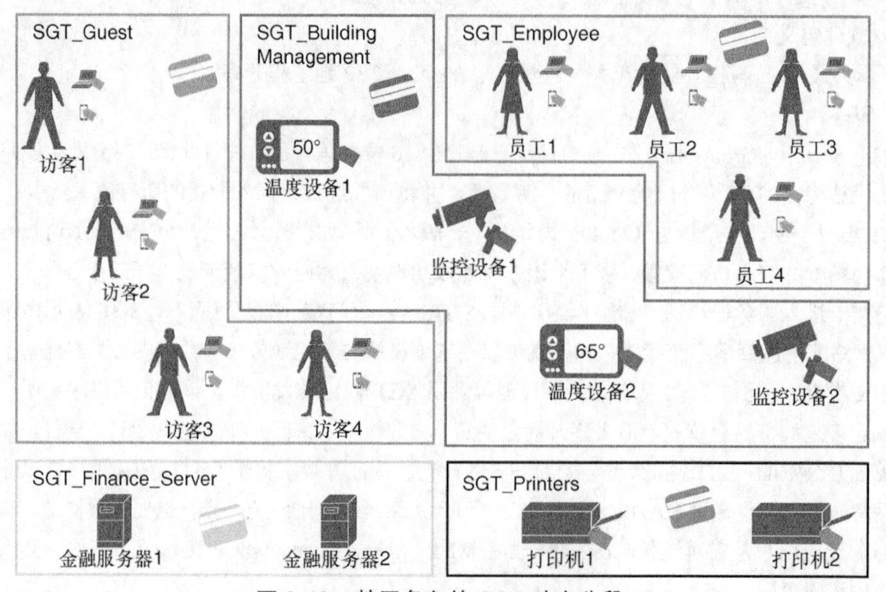

图 9-42 基于角色的 SGT 动态分段

思科所有的交换、路由、无线 LAN 及防火墙产品都内置了思科 TrustSec 分类及策略实施功能。

思科 TrustSec 技术的目标是在入口点（进入网络）为用户或设备流量分配 SGT，然后根据标记在基础设施中的其他位置（如数据中心）实施访问策略。交换机、路由器和防火墙均利用 SGT 做出转发决策。

下一节将进一步探讨 TrustSec 的体系架构。

9.4.5 启用 TrustSec

TrustSec 体系架构实现了 3 个主要功能：分类、传播及执行（见图 9-43）。

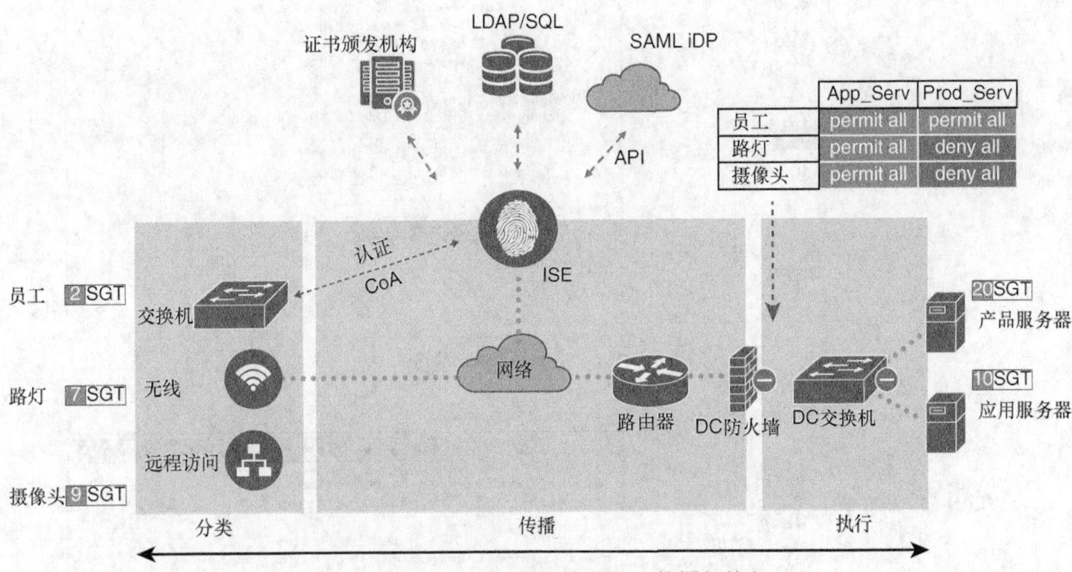

图 9-43　TrustSec 架构的分类、传播与执行

1. 分类

如果要在基础设施中使用 SGT，那么就要求设备必须支持 SGT。所有内置了思科 TrustSec 技术的思科交换机和无线控制器都支持 SGT 的分配功能（称为分类）。

可以动态或静态分配 SGT。图 9-44 给出了动态和静态 SGT 的分配示例。

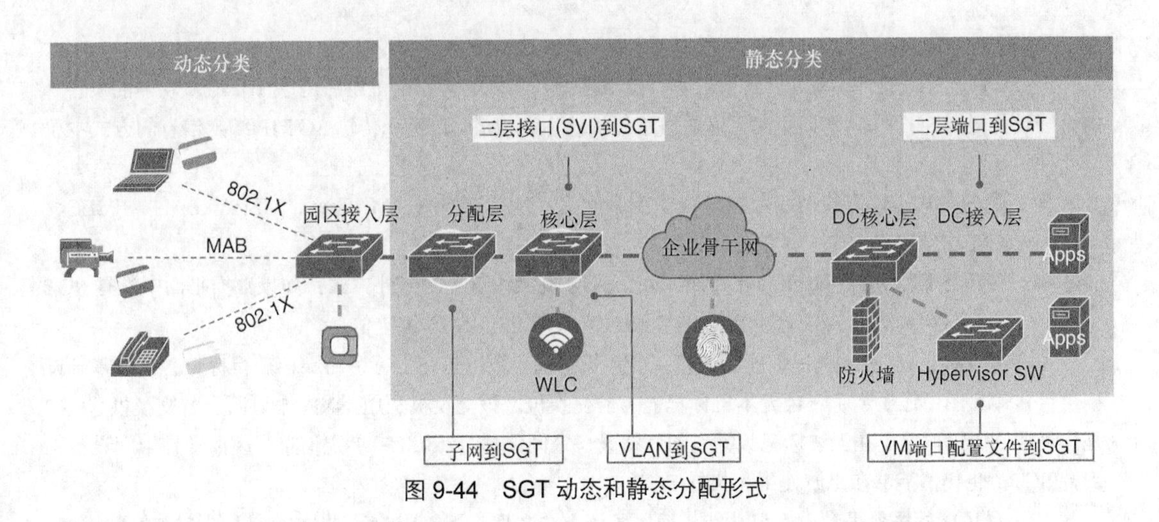

图 9-44　SGT 动态和静态分配形式

动态分类发生在认证阶段（通过 802.1X、MAB 或 Web 认证），如果没有认证机制，那么就需要采用静态分类方式。检查端点、与规则集进行数据对比、分配 SGT 的过程就被称为分类。

图 9-45 解释了 LAN 交换机的动态 SGT 分配过程。

对于静态分类来说，标记并不依赖于思科 ISE 的动态授权过程，而是映射到某些要素（如 IP、子网、VLAN 或接口）上，随后这些分类会传输到网络内部以执行相关策略。静态分配 SGT 的方法很多，但这些方法已经超出了本章写作范围。图 9-46 解释了 LAN 交换机的静态 SGT 分配过程。

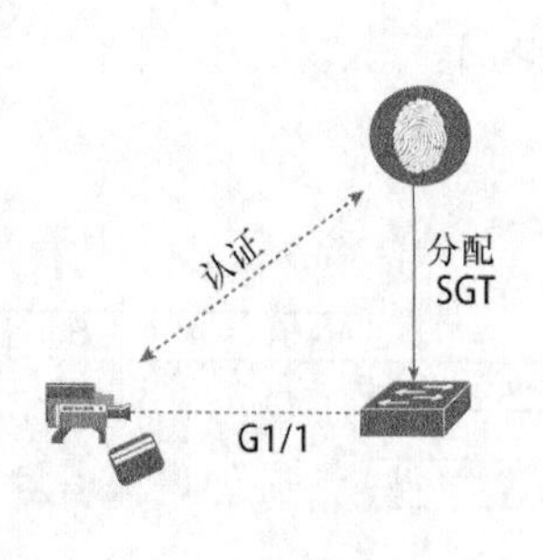

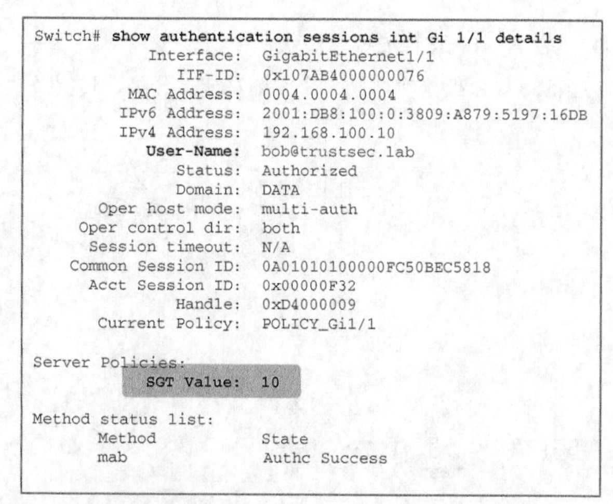

```
Switch# show authentication sessions int Gi 1/1 details
          Interface:  GigabitEthernet1/1
             IIF-ID:  0x107AB4000000076
        MAC Address:  0004.0004.0004
       IPv6 Address:  2001:DB8:100:0:3809:A879:5197:16DB
       IPv4 Address:  192.168.100.10
          User-Name:  bob@trustsec.lab
             Status:  Authorized
             Domain:  DATA
     Oper host mode:  multi-auth
   Oper control dir:  both
    Session timeout:  N/A
  Common Session ID:  0A01010100000FC50BEC5818
    Acct Session ID:  0x00000F32
             Handle:  0xD4000009
     Current Policy:  POLICY_Gi1/1

Server Policies:
        SGT Value:  10

Method status list:
     Method               State
     mab                  Authc Success
```

图 9-45 动态 SGT 分配

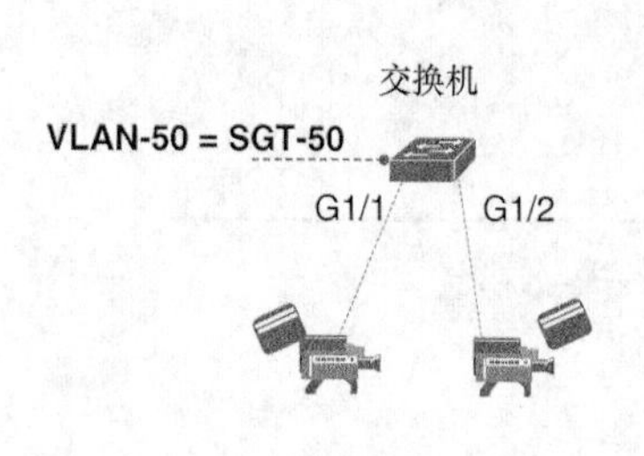


```
Switch(config)# cts role-based sgt-map vlan-list 50 sgt 50

Switch# show cts role-based sgt-map all
Active IPv4-SGT Bindings Information

IP Address              SGT     Source
============================================
172.20.100.2            10      LOCAL
172.20.254.1            2       INTERNAL
192.168.100.20          50      VLAN
192.168.100.10          50      VLAN

IP-SGT Active Bindings Summary
============================================
Total number of VLAN     bindings = 2
Total number of LOCAL    bindings = 1
Total number of active   bindings = 4
```

图 9-46 静态 SGT 分配

2. 传播

将 SGT 分配给用户或端点的会话之后，接下来就要将标记传递给上游启用了 TrustSec 功能的设备，由这些设备根据 SGT 执行访问策略，该通信过程就被称为传播。传播或传输 SGT/IP 绑定信息的方式主要有两种。

- **带内方式**：该方式是在数据路径中携带标记，包括以太网、MACsec、LISP/VxLAN、IPSEC、DMVPN 和 GetVPN 等方法。
- **使用 SXP（SGT Exchange Protocol，SGT 交换协议）的带外方式**：如果数据平面中没有 SGT 信息（带内方式），那么就通过控制协议来共享 IP-to-SGT 绑定信息。

图 9-47 给出了具有本机标记能力的接入交换机示例。数据包在上行链路端口获得标记并通过基础设施进行传输。图中还显示了一台无本机标记能力的交换机，该交换机利用 SXP 来更新上游交换机。SXP 是一种控制协议，用于在无法标记数据包的网络设备之间传播 IP-to-SGT 绑定信息，因而即使中间设备不支持 SGT，也仍然能够在上游使用和执行 SGT。

应该尽可能始终使用带内标记功能。使用了该方法之后，接入层的最顶端就可以在二层帧通过线路传输给上游主机的时候附加 SGT。每台上游主机都重复该过程，这样一来就可以将标记传播到整个基础设施当中。最底端无带内功能的交换机可以执行分类操作，因而可以将 SGT 附加到 IP 地址上，但是没有 ASIC 将 SGT 嵌入以太网帧中（这也是术语无带内功能的由来），而是利用 SXP 协议将 IP-to-SGT 绑定信息（分类）发送给上游交换机，由上游交换机将 SGT 插入到以太网帧中。因此，这两种方法都能将 IP-to-SGT 绑定信息传输给上游设备以执行相关策略。对于 SXP 来说，还需要考虑如下因素：

- 支持开放协议（IETF 草案）和 ODL；

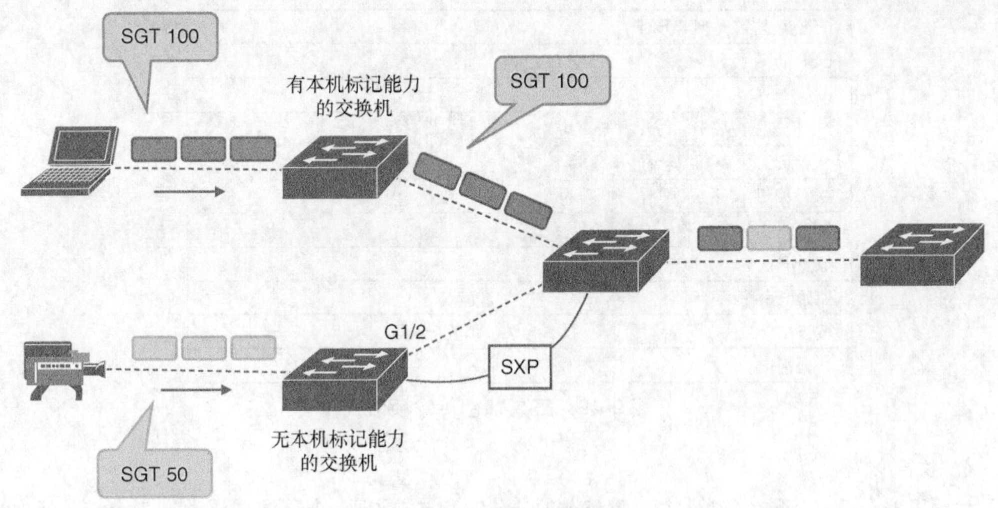

图 9-47 SGT 传播方式

- 拥有两种角色——发言方（发起端）和侦听方（接收端）；
- 支持单跳 SXP 和多跳 SXP（聚合）；
- 使用 MD5 进行认证和完整性检查；
- ISE 2.0 可以是发言方和侦听方。

3. 内嵌标记介质（以太网和三层加密）

目前存在多种可内嵌标记的介质，前面讨论的场景就是将 SGT（思科元数据）内嵌到以太网二层帧中。图 9-48 给出了内嵌标记的二层以太网帧格式。

- SGT 嵌入在以太网二层帧的 CMD（Cisco MetaData，思科元数据）中。
- 支持线速处理能力的交换机。
- 作为可选项，可以用 MACsec（802.1AE）保护 CMD。
- 对二层帧的影响：大约 20 字节。
- 16 比特字段= 64K 标记空间。
- 这是使用 LAN/DC 进行传播的最有效且可扩展的方法。

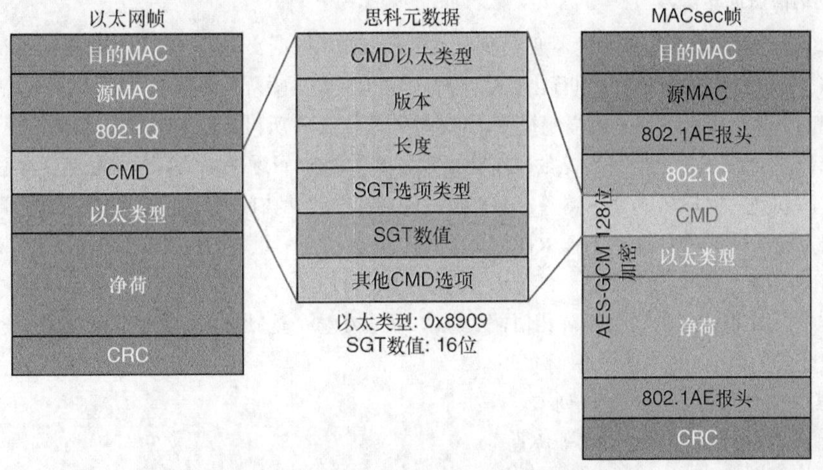

图 9-48 内嵌标记的二层以太网帧

另一种支持的内嵌标记介质是三层介质，这是一种加密传输 SGT 的方式。CMD 使用协议 99 并插入 ESP/AH 净荷的起始位置。图 9-49 给出了三层加密传输帧的格式。

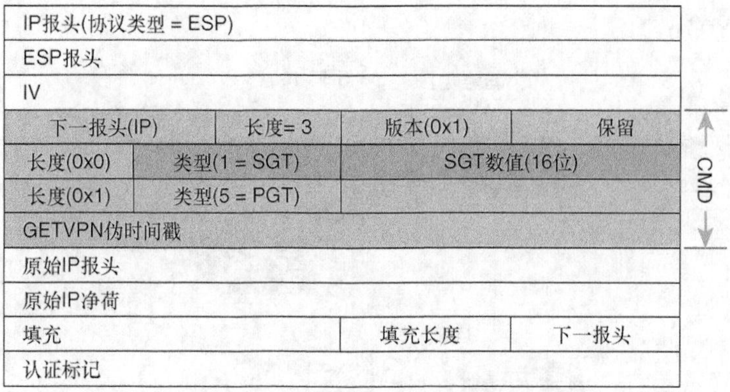

IP报头(协议类型 = ESP)			
ESP报头			
IV			
下一报头(IP)	长度= 3	版本(0x1)	保留
长度(0x0)	类型(1 = SGT)	SGT数值(16位)	
长度(0x1)	类型(5 = PGT)		
GETVPN伪时间戳			
原始IP报头			
原始IP净荷			
填充		填充长度	下一报头
认证标记			

CMD

图 9-49 三层加密传输帧格式

4. **执行**

讨论了安全组的分配（分类）以及网络传输（传播）方式之后，接下来就要讨论 TrustSec 架构的第三项功能：执行。虽然按照标记对流量执行处理的方式有很多，但基本上都可以分为以下两类。

- **在交换机上执行**：SGACL（Security Group Tag ACL，安全组标记 ACL）。
- **在防火墙上执行**：SGFW（Security Group Firewall，安全组防火墙）。

9.4.6 SGACL

SGACL 的好处很多，但最主要的好处是可以帮助捕获和维护整个网络范围内的策略意图。大多数管理和编排产品都引用 IP/端口对象，并作为 IP 信息和 ACL 提交给执行点。

IP ACL 并不描述设备的策略意图或者由设备提供的遥测功能的策略意图。例如，IP 地址可以更改，特别是根据使用位置或介质。如果企业策略规定承包商资产只能与端口 X 上的应用 A 进行通信，那么该如何利用 ACL 在全网范围内有效执行该策略？此外，该如何在有线、无线以及远程访问等基础设施上有效实施该策略？即使在很多不连续的位置都创建了 ACL（这样做会增加潜在风险及出错概率），仍有必要将 IP 等同于用户以获得有用的遥测能力。我们可以利用 SGT 和 SGACL 来维护意图，并将意图纳入全网范围内的各个执行点的策略当中。使用 SGACL 的另一个好处是可以整合访问 ACE，并节省维护这些传统访问列表所需的运行成本。

1. **客户/提供商矩阵**

SGACL 是一种策略执行机制，管理员可以通过该机制，根据安全组分配和目标资源情况控制用户所执行的操作。TrustSec 域内的策略执行由权限矩阵（客户/提供商矩阵）来表示，意味着可以将业务策略转换成技术规则，然后在全网范围内强制执行。ISE 实现了第 2 章所讨论的客户/提供商通信矩阵。

通信矩阵在本质上就是业务策略的数字化反映，基于源端/目地端标记。标记包含了角色，而角色由前面讨论过的规则（用户名、设备类型、AD 组、证书、位置、访问介质、一天中的时间等）组成。ISE 可以检查端点和认证端，并通过分配 SGT 将这些端点放到适当的组中。图 2-9 给出了一个常见的客户/提供商通信矩阵示例。

ISE 客户/提供商矩阵与通信矩阵相似，SGACL 负责在整个基础设施中维护策略意图，此时创建策略与选择表示分组的标记一样简单。具体如下。

- **源端 SGT**：位于左侧垂直列中。
- **目的端 SGT**：位于顶部水平位置。

图 9-50 给出了 ISE 通信矩阵示例。

如果要在员工（SGT4）与生产服务器（SGT11）之间创建策略，那么只要简单地定位各自的源组和目标组并附加所允许的通信列表（SGACL）即可。与 SGT 类似，每个 SGACL 也只要定义一次，以后创建策略的时候只要从下拉列表中选择即可。

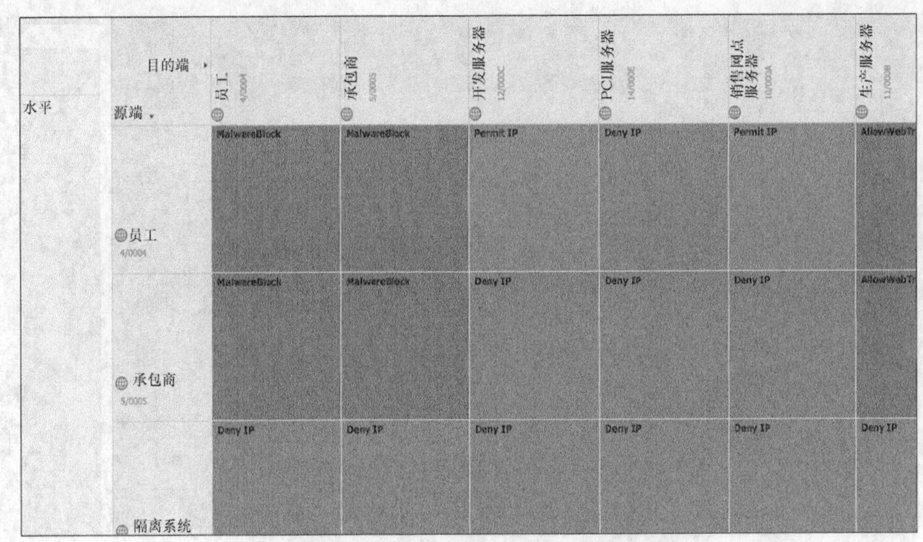

图 9-50 ISE TrustSec 客户/提供商矩阵

图 9-50 显示了名为 AllowedWebTraffic 的策略，图 9-51 解释了 SGACL 的创建方式。

图 9-52 解释了为客户/提供商策略选择 AllowedWebTraffic ACL 的方式。

2. 南北向和东西向 SGACL

可以部署南北向或东西向 SGACL。南北向指的是在接入层对用户或设备进行分类，然后在 SGACL 上游（可能位于数据中心的基础设施中）执行相应的策略。例如，进入接入层的客户被分配了一个 Guest SGT，如果携带 Guest SGT 的流量试图访问存储财务数据的服务器，那么就应该丢弃该流量。为此，需要配置 ISE 以及涉及的数据中心交换机，在端点进入网络时自动下载 IP-to-SGT 绑定信息，然后由基础设施下载应用于出口策略的 SGACL。

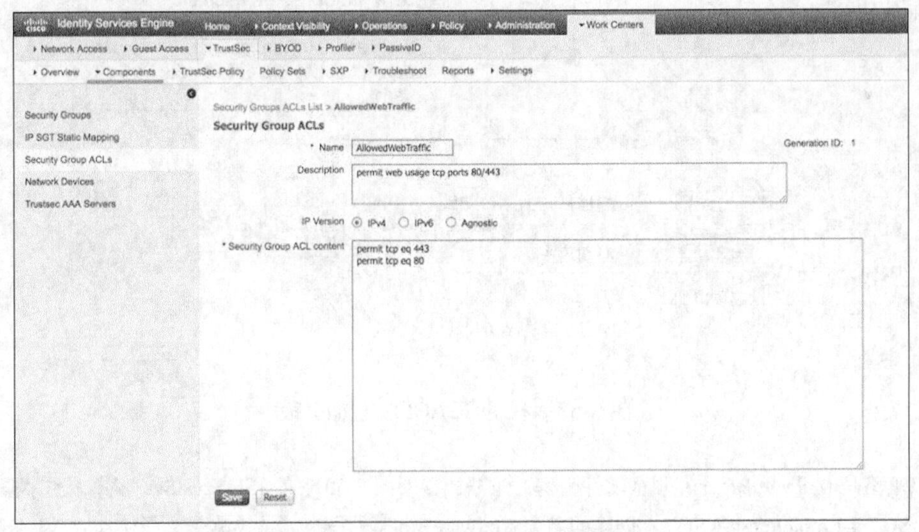

图 9-51 创建 Web 许可 SGACL 的内容

图 9-43 给出了一个南北向操作示例，要求配置 ISE 以及相关的数据中心交换机进行通信。

东西向 SGACL 指的是保护同一台交换机上的资源的 SGACL。例如，可能希望限制承包商端点访问 HMI，即使两者可能位于同一台交换机上的相同 VLAN 中。这种情况称为微分段（microsegmentation），也就是利用 SGT 作为执行和分段方法在同一个 VLAN 内提供分段的能力。业界很多供应商都在试图解决微分段的问题，这是一个非常重要的用例。图 9-53 解释了利用 SGACL 实现微分段的方式。

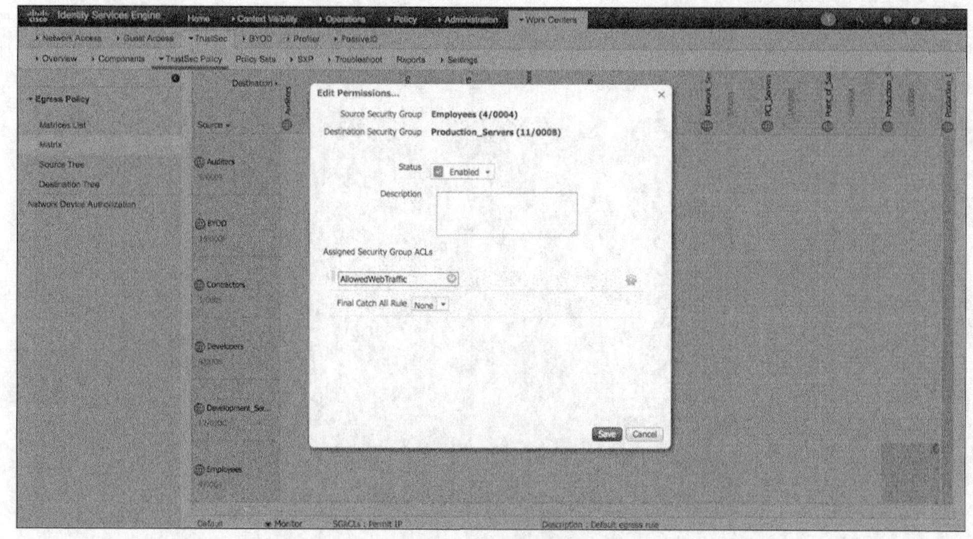

图 9-52　选择 SGACL

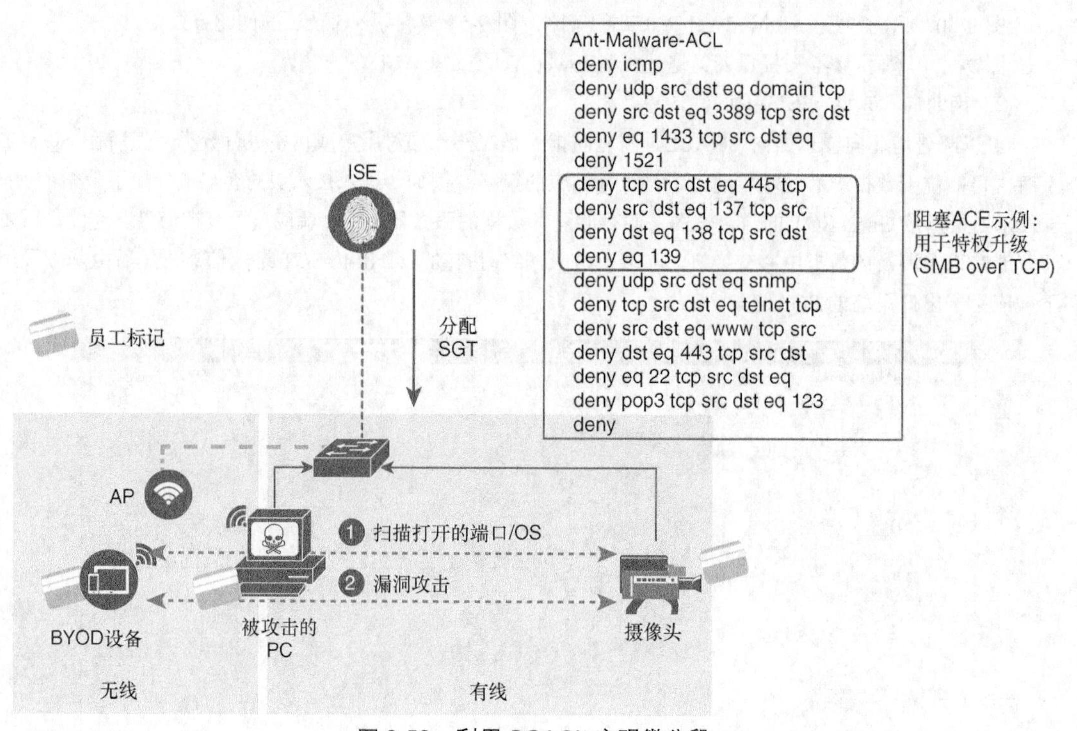

图 9-53　利用 SGACL 实现微分段

该策略是 MalwareBlock（恶意软件阻塞）策略。参阅图 9-50 中的 ISE TrustSec 客户/提供商矩阵，并查看从 SGT 4-Employees 到 SGT 4 创建的名为 MalwareBlock 的策略。该策略是为了防止在 VLAN 中“内网漫游”（lateral movement）而创建的 ACL，在本质上模仿了恶意软件的行为。恶意软件的典型行为模式就是运行快速扫描操作以了解本地网段上的主机信息，然后再执行端口扫描以了解可用主机上打开的端口信息。恶意软件的本质是试图将自己复制到另一台主机上。如果要调用该策略，那么只要创建 SGACL 并将名称 MalwareBlock 附加到该 SGACL 即可，此时该策略已附加到通信矩阵中。等到员工连接并经受 ISE 检查时，就可以根据员工身份授予适当的 SGT，并将 SGACL 绑定到进入交换机的端口上。这样做就可以解决 VLAN 内可能出现的恶意行为。图 9-54 给出了 SGACL 规则集的创建方式。

Security Groups ACLs List > **MalwareBlock**

Security Group ACLs

* Name: MalwareBlock

Description: SGACL to contain Lateral Movement

IP Version: IPv4 IPv6 Agnostic

* Security Group ACL content:

```
deny icmp
deny udp src dst eq domain
deny tcp src dst eq 3389
deny tcp src dst eq 1433
deny tcp src dst eq 1521
deny tcp src dst eq 445
deny tcp src dst eq 137
deny tcp src dst eq 138
deny tcp src dst eq 139
deny udp src dst eq snmp
deny tcp src dst eq telnet
deny tcp src dst eq www
deny tcp src dst eq 443
deny tcp src dst eq 22
deny tcp src dst eq pop3
deny tcp src dst eq 123
deny tcp match-all -ack +fin -psh -rst -syn -urg deny tcp match-all +fin +psh +urg
permit tcp match-any +ack +syn
permit ip
```

图 9-54 创建 SGACL 规则集

3. SGACL 自动化和动态分段

9.4.2 节讨论了 SGT 如何在进入网络时通过 CoA 在交换机端口上动态分配入口。从自动化的角度来看，SGACL 也会出现类似情况，必须配置基础设施和 ISE，使其相互通信。图 9-55 给出了 ISE 的配置信息，请特别注意图中底部（即 Device Configuration Deployment 下面的信息）。该设置允许 ISE 将 IP-to-SGT 绑定信息以及应用于出口策略的 SGACL 都推送给基础设施。图 9-55 给出了到思科 IE4000 交换机的 ISE TrustSec 通信创建示例。

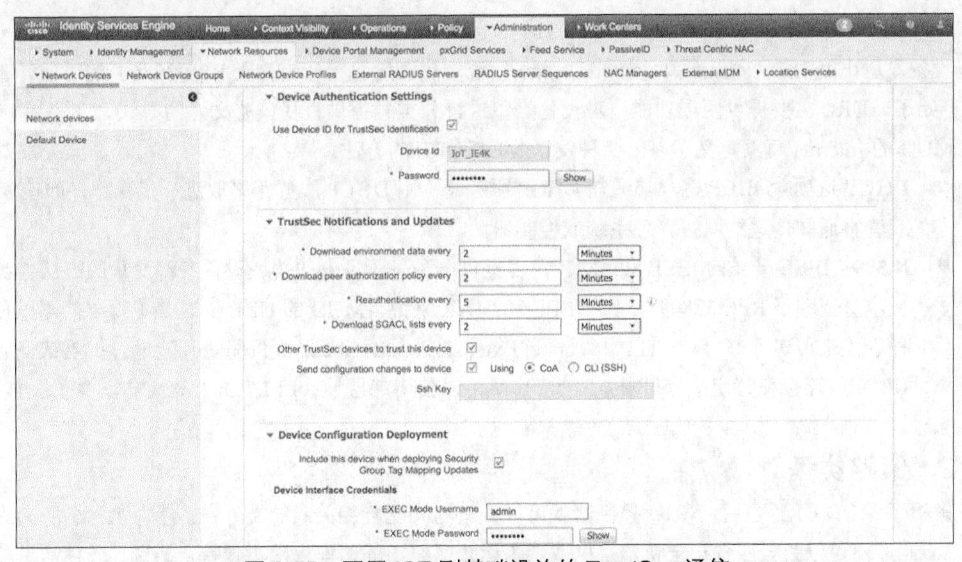

图 9-55 配置 ISE 到基础设施的 TrustSec 通信

总之，ISE 在 IAM 进程中发挥了非常重要的作用，将端点识别与 AAA、策略执行、状态检查以及分段等功能都整合到集成式架构中。ISE 充当基础设施的 TrustSec 控制器，与交换机、无线控制器、路由器以及防火墙协同工作以执行下列操作。

- **在全网范围内应用一致的策略意图：** 基础设施通过 RADIUS 连接 ISE，提供了从单个位置（代表客户/提供商通信矩阵）部署策略的能力。动态实现方式是在每个端点试图获得网络访问权限时，对其进行检查和认证，并最终根据身份信息以标记的形式提供适当的访问权限。

- **降低风险**：无需在每台交换机、无线控制器上配置策略，只要简单地将基础设施指向 ISE 并在其上配置策略即可。通过独特的微分段技术来限制“内网漫游”，可以大大降低安全风险。
- **简化合规性**：利用基于组的策略可以轻松实现对受监管应用的访问控制。SGT 可以缩小合规范围（通常用于 HIPAA、DFARS 和 PCI）。
- **降低运营费用**：可以在不影响当前 VLAN 分配或 IP 编址方案的情况下部署 SGT， 可以直接在顶部部署 TrustSec 和 SGT。据 Forrester Consulting 分析，在生产中使用 TrustSec 软件定义策略和分段功能的客户能够将运营成本降低 80%。

9.5 MUD

该方法可以捕获设备通信过程并将其放入配置文件中，后续可以引用该配置文件进行建模，并作为行为分析中的“常量”或简单的 MUD（Manufacturer Usage Description，制造商使用描述）。设备通常都有特定的使用目的，意味着其他目的都不是期望意图。MUD 的 Internet 草案使用制造商（manufacturer）来简单地代称陈述设备使用方式的实体或组织机构。关键之处在于设备本身应该仅用于有限目的，而且该设备供应链中的组织机构应该负责将该目的告知网络。根据 MUD 的 Internet 草案，MUD 主要解决如下挑战：

- 从根本上减小进入网络的设备的威胁面，仅支持制造商所预期的通信意图；
- 在网络中的设备数量不断增加的情况下，提供一种可以可扩展的网络策略机制；
- 提供一种至少可以比更新系统所需时间更快的方式来解决某些漏洞问题，特别是对制造商不再支持的系统更是如此；
- 将成本降至最低。

9.5.1 查找策略

设备发送出 URL（Uniform Resource Locator，统一资源定位符，定义于 RFC 3986）的时候，事务就已经开始了。URL 主要提供两项功能：对设备类型进行分类、提供查找策略文件的方法。

MUD 的 Internet 草案定义了以下 3 种发送 MUD URL 的方法。

- **DHCP 选项**：DHCP 客户端通知 DHCP 服务器，由 DHCP 服务器采取进一步操作，如检索 URL 或者将通知传递给网络管理系统或控制器。
- **X.509**：IEEE 开发的 IEEE 802.1AR 可以提供一种基于证书的传递设备身份变量的方法（身份变量本身依赖于 RFC 5280）。对于 IEEE 802.1AR 来说，MUD 的 URL 扩展并不重要，可以使用多种手段来传递证书，包括 TEAP（Tunnel Extensible Authentication Protocol，隧道可扩展认证协议）。
- **LLDP**：连接在特定 LAN 网段上的工作站可以使用二层帧（LLDPDu）来宣告其身份及能力。

9.5.2 策略类型

解析了 MUD URL 之后，MUD 控制器就可以检索与其配置相关联的文件，文件中包含了所允许的通信内容。制造商可以为云服务指定特定主机或者为运营网络中的访问权限指定特定类别。一种常见类别示例是指定了制造商类型的设备（制造商类型本身由 MUD URL 指示），另一种常见类别示例可能是允许或拒绝本地访问。对于策略来说，可以是单一策略，也可以是聚合策略。例如：

- 允许使用 QoS AF11 访问主机 controller.example.com；
- 允许访问同一制造商的设备；
- 允许与支持 COAP 的控制器进行交互；

- 允许访问本地 DNS/DHCP；
- 拒绝所有其他访问。

由于开发准确的供网络设备使用的模型需要花费大量的时间和精力，因而检索文件的目的是为了与现有网络架构密切协同并利用 YANG 模型（RFC 6020）。与 XML 相比，JSON 具有更好的简洁性和可读性，可以用来序列化策略意图。

制造商可以指定设备正确功能所必需的系统类别，该 YANG 模型是对模型的扩展，指定了两个模块。第一个模块确定了在 ACL 中使用域名的方法，使得在异地或云端拥有控制器的设备能够通过域名获得适当授权。由于 IP 地址经常会发生变化，因而使用 DNS 是一种最佳选择。

第二个模块将 IP 地址抽象为某些类别，这些类别通过本地处理之后可以实例化为实际的 IP 地址。制造商可以借助这些类别来指定设备的设计通信方式，从而由拥有本地拓扑结构信息的本地系统来配置网元。也就是说，部署方案应用了制造商指定的类别。Internet 草案定义的抽象类别如下。

- **Manufacturer**：由特定制造商制造的设备（由 MUD-URL 的机构字段标识）。
- **my-manufacturer**：指的是 MUD-URL 中拥有相同机构字段的设备。
- **Controller**：本地网络管理员承认的特定类别的设备。
- **my-controller**：与管理员承认的设备的 MUD-URL 相关联的类别。

制造商可以很方便地指定制造商类别，而控制器类别最初希望由管理员定义。由于制造商不知道谁将使用它们的产品，也不知道如何使用它们的产品，因而应该在使用描述中包含所有功能，当然，应该是成熟功能。只允许在 MUD 文件中配置基于 YANG 的有限子集。

9.5.3 MUD 模型

MUD 文件由 YANG 模型中的 JSON 文档组成。从 MUD 的角度来看，可以修改的元素是由该模型扩展的 ACL，MUD 文件仅限于对少量 YANG 模式进行序列化。

MUD 文件的发布者不得包含其他元素，必须仅包含与所描述设备相关的信息。如果解析 MUD 文件的设备发现了其他元素，那么就必须停止处理。

从结构上可以将 MUD 模块分为如下三个部分。

1. 第一个容器包含了与 MUD 文件本身的检索及有效性相关的信息。
2. 第二个容器扩展了访问列表以指示 ACL 的应用方向。
3. 最后一个容器扩展了 ACL 模型的匹配容器，增加了与 MUD URL 相关的多个元素或供本地环境使用的其他抽象元素。

例 9-4 给出了 MUD 模块的三部分信息。

例 9-4 MUD 文件元素

```
module: ietf-mud
      +--rw meta-info
          +--rw last-update?           yang:date-and-time
          +--rw previous-mud-file?     yang:uri
          +--rw cache-validity?        uint32
          +--rw masa-server?           inet:uri
          +--rw is-supported?          boolean
   augment /acl:access-lists/acl:acl:
      +--rw packet-direction?    direction
   augment /acl:access-lists/acl:acl
            /acl:access-list-entries/acl:ace/acl:matches:
      +--rw manufacturer?             inet:host
      +--rw same-manufacturer?        empty
```

```
        +--rw model?                    string
        +--rw local-networks?           empty
        +--rw controller?               inet:uri
        +--rw my-controller?            empty
        +--rw direction-initiated?      direction
```

图 9-56 给出了端点通过前面提到的三种方法之一发送 URL 字符串的示例。网络设备查询该 URL 以查找相关联的策略，站点基于 YANG 配置将抽象的 XML 信息返回给控制器，从而可以在接入设备上实例化更具体的策略。

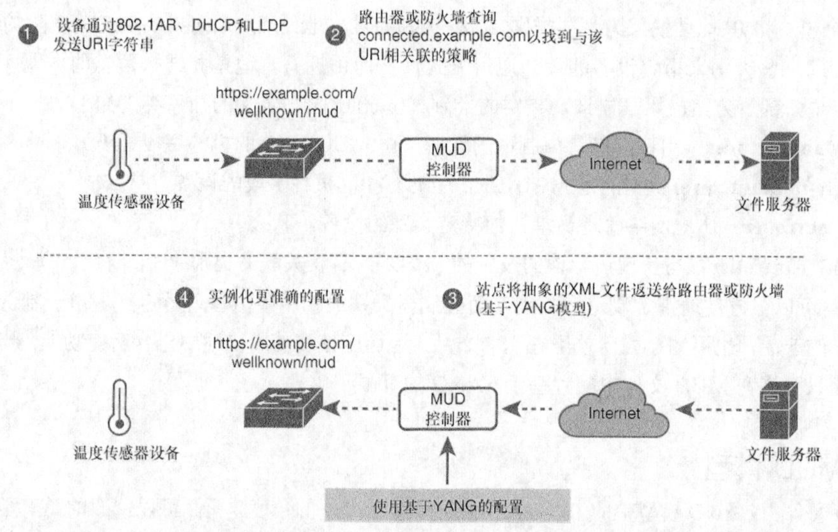

图 9-56 通过 MUD 进程在接入基础设施上实例化更具体的策略配置示例

图 9-57 给出了端点从连接网络开始，通过一系列配置过程，最终完成接入设备配置的整个自动化操作流程。

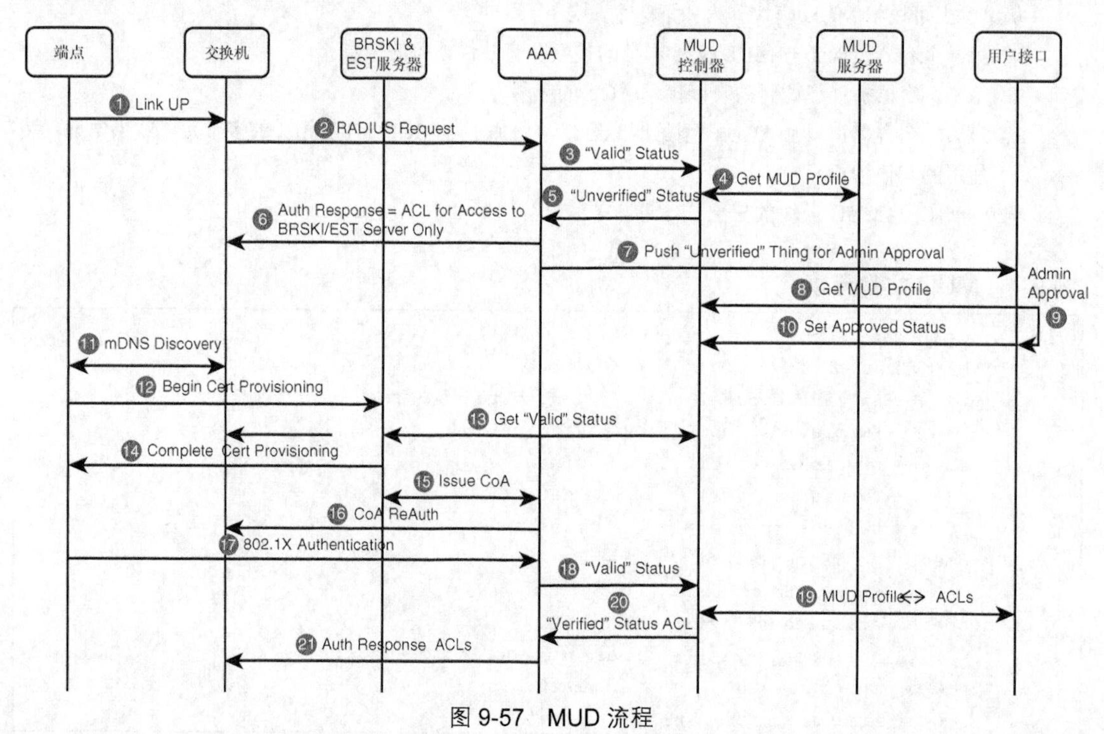

图 9-57 MUD 流程

图中的前几个步骤与前面讨论过的 RADIUS/802.1X/MAB 验证过程几乎完全相同。

- 第 4 步中的 MUD 控制器尝试检索 MUD 配置文件，但是该设备尚未获得批准，因而在第 5 步中生成“Unverified”（未验证）状态。
- 第 6 步显示 AAA 服务器向交换机发送 ACL，仅允许其与 BRKSI/EST 服务器进行配置通信。此外，AAA 服务器还发送了要求管理员批准该设备的请求。
- 获得管理员的批准之后，端点就可以与 BRSKI/EST 服务器就证书配置进行通信（第 12 步）。
- 配置完成后，BRSKI/EST 服务器与 AAA 服务器进行通信，AAA 服务器通过 RADIUS 发送 CoA 命令。
- 第 17 步之前的流程与前面讨论过的 RADIUS 认证/授权步骤相似，此时的端点已经拥有用于身份认证的证书。
- 第 19 步中的 MUD 控制器可以利用证书来使用设备指纹，而且还可以从 MUD 服务器中检索配置变量。由于采用了设备期望的通信方式应用配置，因而可以降低总体风险并最小化管理员 OPEX。
- 以 ACL 的形式将访问权限传递给交换机，根据其身份授予端点适当的访问权限。

9.6 AWS 利用 IAM 实现基于策略的授权

AWS 采用的是基于策略的授权技术以及 IAM 机制，在讨论具体的工作原理之前，需要首先了解一下主要组件。图 9-58 给出了 AWS 安全和身份组件信息。

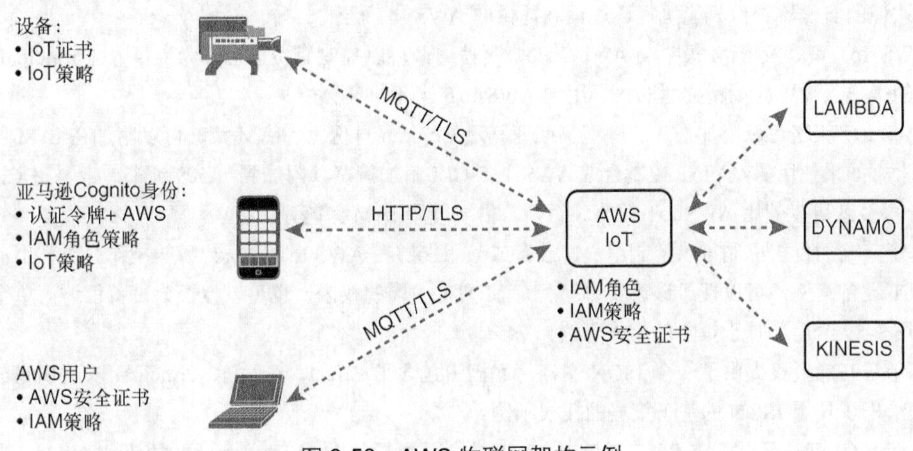

图 9-58 AWS 物联网架构示例

AWS 支持以下 4 种身份认证机制：

- IAM 用户、组和角色；
- X.509 证书；
- 亚马逊 Cognito 身份；
- 联合身份。

这些身份可以与 Web 应用、移动应用或桌面应用协同使用，用户甚至还可以通过执行 AWS IoT CLI 命令来使用这些身份。AWS 物联网设备通常使用 X.509 证书，移动应用通常使用亚马逊 Cognito 身份，Web 和桌面应用通常使用 IAM 或联合身份，CLI 命令则使用 IAM。

前面已经详细分析了 X.509 证书的使用，接下来将详细讨论亚马逊 Cognito 以及对 IAM 用户、组及角色的使用情况。

9.6.1 亚马逊 Cognito

亚马逊 Cognito 允许利用自己的 iDP（iDentity Provider，身份提供商）或其他 iDP（如 Google 或 Facebook 的 iDP），思路是从 iDP 为 AWS 安全凭证交换令牌，凭证表示的是 IAM 角色，可以与 AWS IoT 一起使用。

AWS IoT 扩展了亚马逊 Cognito，允许将策略附加到亚马逊 Cognito 身份上。策略可以附加到亚马逊 Cognito 上，并为 AWS IoT 应用的单个用户提供精细化的访问权限，这样就可以在特定客户及其设备之间分配权限。

9.6.2 AWS 使用 IAM

AWS 的三种身份类别构成了 AWS 管理身份和认证的标准机制，这些身份类别可以通过 AWS SDK 和 CLI 连接 AWS IoT HTTP 接口。

- 用户（User）；
- 组（Group）；
- 角色（Role）。

IAM 角色允许 AWS IoT 以他人名义访问账户中的 AWS 资源。例如，设备可以将自己的状态发布给 DynamoDB 表，IAM 角色允许 AWS IoT 与亚马逊 DynamoDB 进行交互。

9.6.3 基于策略的授权

基于策略的授权根据认证后的身份为用户或端点授予访问权限。移动、Web、设备及桌面应用可以使用经过认证的身份，身份只能执行通过策略提供的 AWS IoT 操作。

AWS IoT 策略及 IAM 策略与 AWS IoT 协同使用，可以控制身份（也称为当事人［principal］）所允许执行的操作。使用的策略类型取决于用于 AWS IoT 认证的身份类型。

AWS IoT 策略可以附加在 X.509 证书或亚马逊 Cognito 身份上，IAM 策略可以附加在 IAM 用户、组或角色上。如果使用 AWS IoT 控制台或 AWS IoT CLI 附加策略（附加到 X.509 证书或亚马逊 Cognito 身份上），那么就可以使用 AWS IoT 策略。否则，需要使用 IAM 策略。

基于策略的授权机制可以控制用户、设备或应用能够在 AWS IoT 中执行哪些操作。以利用证书连接 AWS IoT 设备为例，可以授予该设备访问所有 MQTT 主题的权限，也可以授予该设备仅访问单个主题的权限。图 9-59 给出了基于策略的授权示例。

基于策略的授权提供了一个 JSON 文档，文档中包含了 Effect、Action、Principal 以及 Substitution。图 9-60 给出了使用 JSON 的基于策略的授权示例。

从图 9-60 可以看出，AWS IoT 策略是 JSON 文档，遵循与 IAM 策略相同的约定。AWS IoT 支持命名策略，因而很多身份都可以引用相同的策略文档。命名策略支持版本机制，能够实现简单的回滚操作。

AWS IoT 定义了一组策略动作，这些策略动作描述了可以授予或拒绝访问的操作及资源。

- **iot:Connect**：允许连接 AWS IoT 消息代理。
- **iot:Subscribe**：允许订阅 MQTT 主题或主题过滤器。
- **iot:GetThingShadow**：允许获得 Thing Shadow（设备影子）。

Thing Shadow 是一个 JSON 文档，用于存储和检索“物品”的当前状态信息（无论物品当前是否连接在 Internet 上。

AWS IoT 策略有助于实现对 AWS IoT 数据平面的访问控制，AWS IoT 数据平面包含了多种操作，如连接 AWS IoT 消息代理、发送和接收 MQTT 消息以及获得或更新 Thing Shadows 等。可以为身份（如证书）附加一个或多个 AWS IoT 策略，这种方法可以控制设备能够访问的资源，该方法有效且可扩展。

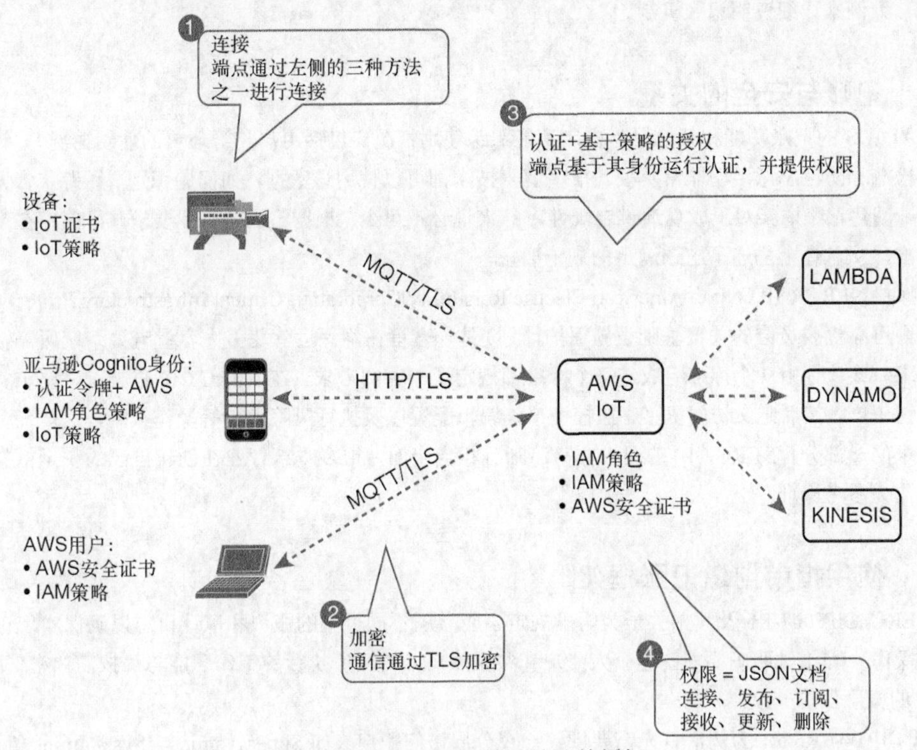

图 9-59　AWS IoT 基于策略的授权

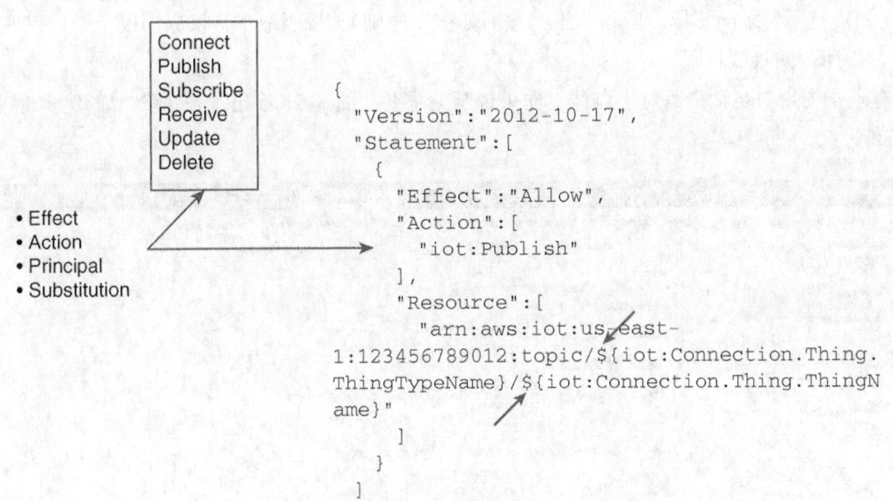

图 9-60　AWS 基于策略的授权 JSON 文档

9.7　记账

AAA 框架中的最后一项技术就是记账。记账可以测量和跟踪用户访问网络时消耗的资源情况，该信息对于理解访问行为以及审计和合规性操作来说都非常重要。RADIUS 记账数据包由基础设施（如 LAN 交换机、无线 LAN 控制器和防火墙）生成，这些记账数据包包含了设备在网络上发送或接收的数据量以及相关时间段等信息。此外，记账数据包还可以为计费及趋势分析等上层功确定使用信息和会话统计信息。

AAA 功能（包括记账）通常由运行 AAA 功能的专用服务器提供。为了完整分析 AAA 框架，接下来将以ISE为例来详细说明记账机制。

9.7.1 记账与安全的关系

RADIUS的记账功能和其他日志机制都能跟踪使用情况（包括用户和管理员的使用情况）。记账数据包对于检测和防范恶意活动非常重要，很多调查技术都可以使用该数据，如问题识别、跟踪、告警及行为分析等。创建记账框架对于成功通过合规性审计来说必不可少，根据不同的行业要求，目前存在多个总体合规标准，从总体上描述了应该满足的规范要求。

例如，NERC-CIP（North American Electric Reliability Corporation Critical Infrastructure Protection Plan，北美电力可靠性委员会的关键基础设施保护计划）是一套旨在确保运营北美大容量电力系统所需资产的安全性要求。该计划由9个标准组成，每个标准都规定了不同的需求。在NERC CIP框架下，要求实体必须识别关键资产，然后定义访问资产、监控资产、编辑配置以及执行风险分析等操作策略，这些任务只是合规性需求的一部分。NERC CIP的要求非常清晰且相当全面，很多垂直行业在创建自己的安全框架时都常常将其作为参考标准。

9.7.2 使用指南创建记账框架

NERC CIP 007-R5及其相关子类明确规定了应启用不同类型的账户和审计日志以确保实现正确的审计跟踪操作。R5.1则明确要求创建个人账户和共享账户，对于所执行的工作职能与“按需知密”（need to know）的概念保持一致。

以CIP 007-R5 5.1为例，首先需要创建一个分层访问账户（如Super Admins、Sys Admins等），记录每个功能类别及其与组织架构的适用性。一种常见方法是首先创建顶层管理账户，然后再根据功能类别依次创建下层管理账户。在这个过程中，POLP（Principle Of Least Privilege，最小特权原则）适用于所有管理层级（如规范所要求的那样，应该基于“按需知密”原则），按照最小特权原则授予用户完成任务以及“正常运行”所需的最低权限。

拥有唯一的用户名和密码对于审计工作来说至关重要。图9-61给出了在ISE上创建本地sys_admin账户的示例。

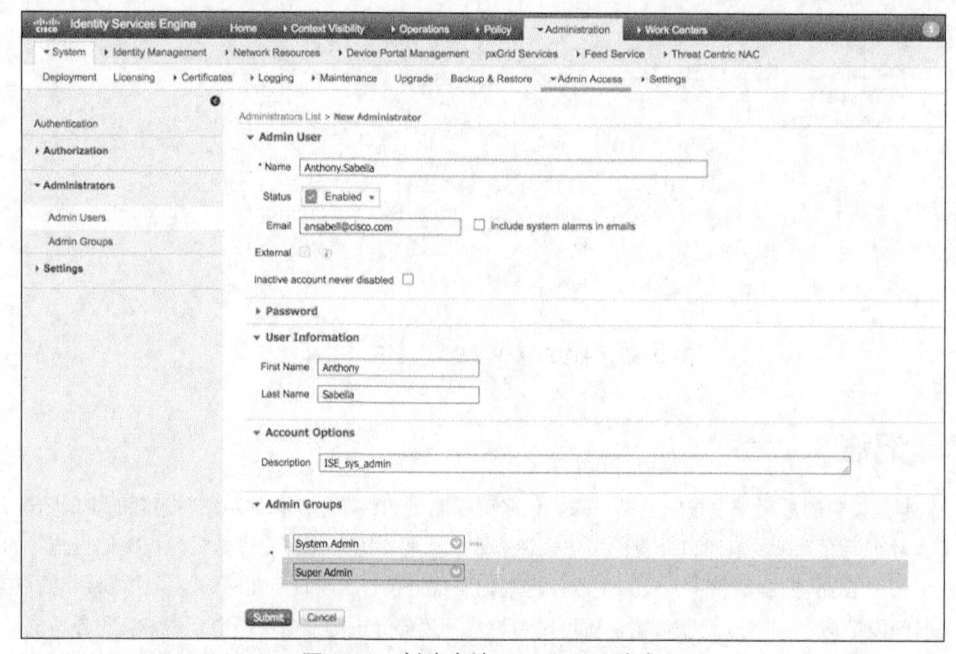

图9-61 创建本地sys_admin账户

可以将授权权限分为两类：数据访问权限和菜单访问权限。数据权限应授予如下权限：

- 用户身份组；
- 管理员组；
- 设备类型；
- 位置；
- 端点身份组。

菜单访问权限负责确定管理员有权访问哪些菜单。图 9-62 给出了菜单访问权限示例。

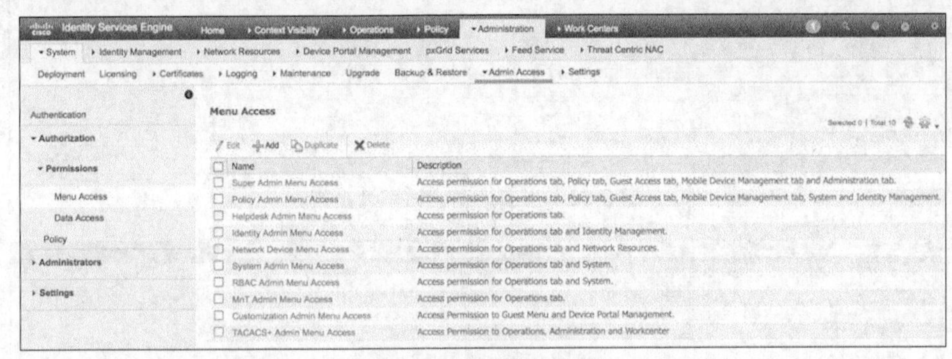

图 9-62 菜单访问权限

9.7.3 满足用户记账需求

NERC CIP 007-R5 5.1.2 规定了应启用的不同类型的审计日志，以确保审计跟踪的精细化程度。获得的细节信息越多，审计的精细化程度也就越高（例如，将用户名附加到事件类型以及日期和时间上）。图 9-63 显示了 ISE 审核日志的分类方式。为了满足 NERC CIP 的全面要求，图中启用了绝大多数日志类别。

NERC CIP 要求必须同时审计管理员和用户。ISE 提供了大量可运行的报告选项，这些报告结果均以最有用的方式进行分类。图 9-64 列出了当前活动会话目录，可以快速显示当前处于活动状态的会话、连接的日期/时间、用户名、认证位置、认证方式、使用的设备类型等信息。虽然这只是一个示例设置，但是出于安全性考虑，仍然屏蔽了最左侧的 Identity（身份）类别信息。

另一个好的用户报告示例就是认证摘要（见图 9-65）。

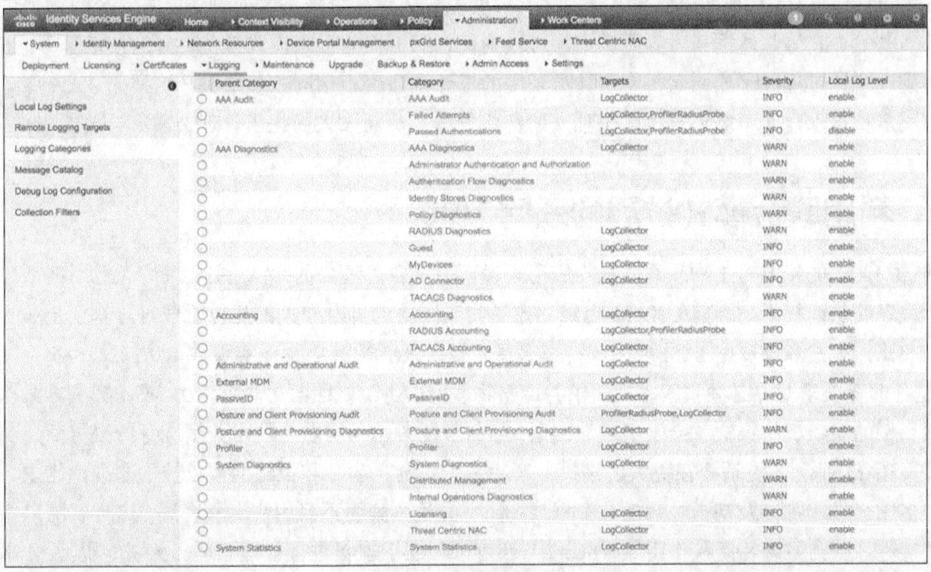

Identity Services Engine | Home | Context Visibility | Operations | Policy | Administration | Work Centers

System | Identity Management | Network Resources | Device Portal Management | pxGrid Services | Feed Service | Threat Centric NAC

Deployment | Licensing | Certificates | Logging | Maintenance | Upgrade | Backup & Restore | Admin Access | Settings

Local Log Settings
Remote Logging Targets
Logging Categories
Message Catalog
Debug Log Configuration
Collection Filters

Parent Category	Category	Targets	Severity	Local Log Level
AAA Audit	AAA Audit	LogCollector	INFO	enable
	Failed Attempts	LogCollector,ProfilerRadiusProbe	INFO	enable
	Passed Authentications	LogCollector,ProfilerRadiusProbe	INFO	disable
AAA Diagnostics	AAA Diagnostics	LogCollector	WARN	enable
	Administrator Authentication and Authorization		WARN	enable
	Authentication Flow Diagnostics		WARN	enable
	Identity Stores Diagnostics		WARN	enable
	Policy Diagnostics		WARN	enable
	RADIUS Diagnostics	LogCollector	WARN	enable
	Guest	LogCollector	INFO	enable
	MyDevices	LogCollector	INFO	enable
	AD Connector	LogCollector	INFO	enable
	TACACS Diagnostics		WARN	enable
Accounting	Accounting	LogCollector	INFO	enable
	RADIUS Accounting	LogCollector,ProfilerRadiusProbe	INFO	enable
	TACACS Accounting	LogCollector	INFO	enable
Administrative and Operational Audit	Administrative and Operational Audit	LogCollector	INFO	enable
External MDM	External MDM	LogCollector	INFO	enable
PassiveID	PassiveID	LogCollector	INFO	enable
Posture and Client Provisioning Audit	Posture and Client Provisioning Audit	ProfilerRadiusProbe,LogCollector	INFO	enable
Posture and Client Provisioning Diagnostics	Posture and Client Provisioning Diagnostics	LogCollector	WARN	enable
Profiler	Profiler	LogCollector	INFO	enable
System Diagnostics	System Diagnostics	LogCollector	WARN	enable
	Distributed Management		WARN	enable
	Internal Operations Diagnostics		WARN	enable
	Licensing	LogCollector	INFO	enable
	Threat Centric NAC	LogCollector	INFO	enable
System Statistics	System Statistics	LogCollector	INFO	enable

图 9-63 日志类别

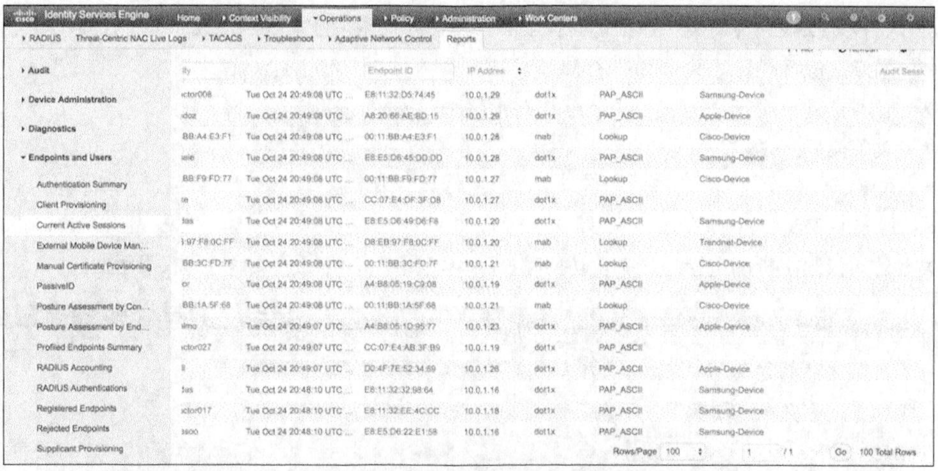

图 9-64 当前活动会话审计报告

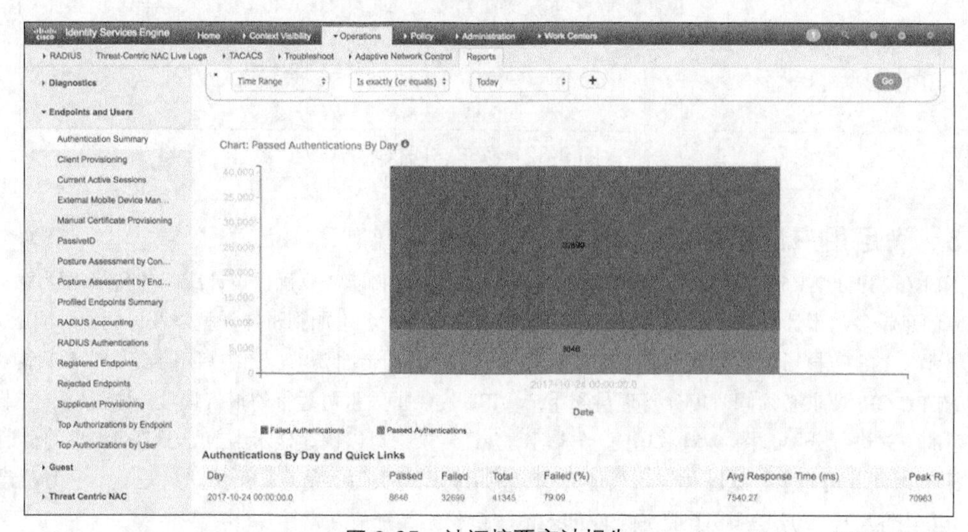

图 9-65 认证摘要审计报告

正确的记账措施不但有助于实现合规性，协助完成故障排查任务，而且还能对安全问题提供深入洞察。以 NERC CIP 等总体框架为参照指南，可以确保组织机构的记账模式具备良好的技术基础。请注意，每个合规性审计过程都不相同，每个审计员采用的审计方法也不相同。使用 ISE 这样的 AAA 服务器可以同时解决多种需求，而不需要寻找多个独立的解决方案，从而大大简化了管理员和审计员的工作。

9.8 利用联合模式扩展物联网 IAM

扩展 IAM 的能力对于物联网的成功应用来说至关重要。过去的 IAM 主要关注企业用例，包括授予对应用程序的访问权限。当前的 IAM 已经涵盖了物联网用例以及相关的身份管理。与基于企业的应用程序访问相比，客户和物联网 IAM 要求支持跨人员、设备及无数应用程序实现数据访问。

这种演变要求业界必须重新审视需求并调整物联网 IAM，试图改进当前人力 IAM 解决方案以解决新物联网用例的组织机构很快就会发现限制因素。当前正在考虑采用联合技术并围绕身份提供商建立信任圈的物联网 IAM 平台，更适合在更大的规模上解决基于安全、隐私和策略的授权技术的独特需求。后面讨论的很多联合技术都涉及基于令牌的认证框架，使用的是令牌而不是用户名和密码，这样就能以指数方式提升扩展性，因为令牌和授权作用域（Scope）都可以独立于设备进行管理。选择部署专用 IAM 平台并利用联合技术（而不是试图改进）的企业完全可以在不牺牲用户体验的情况下提供安全交易，从而最终加快物联网的应用速度。图 9-66 显示了企业 IAM 与物联网 IAM 之间的基本区别。

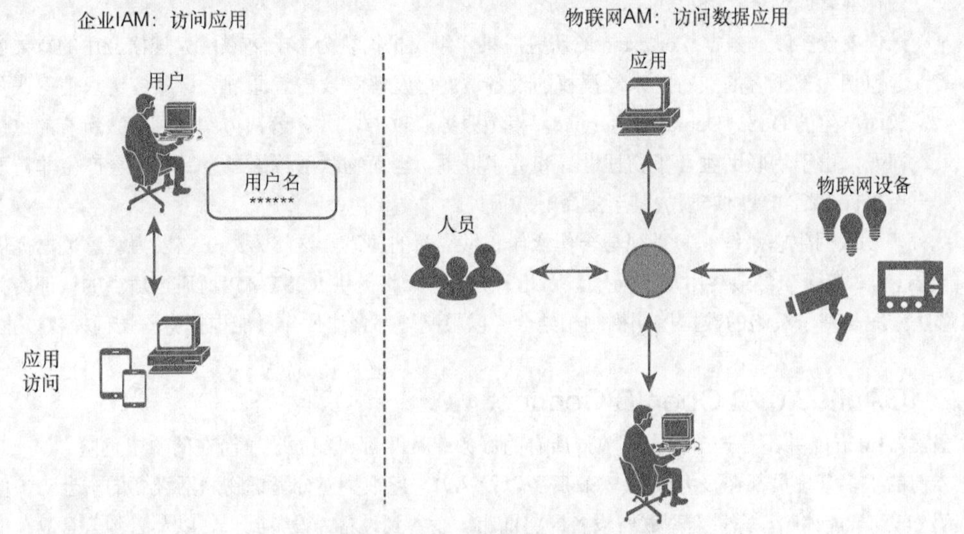

图 9-66 企业 IAM 与物联网 IAM

9.8.1 物联网 IAM 需求

在研究基于令牌的解决方案及其优势之前，必须了解引发这类解决方案需求的物联网 IAM 需求。

- **灵活认证**：物联网端点本身差异巨大，从冰箱、灯泡、可穿戴设备到工厂机器人，有必要为不同的物联网用例定制不同的认证方案。

  例如，智能冰箱等简单的传感器设备可能仅需要单一认证方式，由设备来确认用户。而智能车辆由于安全风险和安全水平要求都比较高，因而需要更严格的安全配置。从这些用例可以看出，采用多因素认证技术是非常必要的（可以使用更严格的数据访问控制机制）。

  另一个认证考虑因素就是便利性和高水平 UE（User Experience，用户体验）。这一点可以通过单点登录、生物识别或社交平台登录功能来完成。采用提供自助式账户管理流程和预定义注册模板的物联网 IAM 平台，可以在有效的安全性与良好的用户体验之间实现平衡。

- **基于策略的授权**：人力 IAM 中的管理员通常根据工作角色授予员工不同的应用程序访问权限。物联网用例可能更加综合化，对数据访问的控制也必须更加精细化，应该针对单个设备、应用程序及用户进行控制。基于策略的授权机制将授予对特定服务的访问权限并指定他们有能力执行的操作，包括虚拟机、数据库实例甚至是数据库查询结果。IAM 解决方案可以实现策略的集中化，并通过多种途径和采集点实施策略。

- **隐私考虑和管理**：让用户控制设备操作方式的主要变量就是要确定如何向设备下发安全令牌。设备经认证进入物联网平台之后，就可以将它们的首选项绑定到令牌中以供使用。OpenID Connect 1.0 和 OAuth 2.0 是两个非常重要的物联网 IAM 解决方案标准，这两个标准规范了以自愿为基础的令牌发放模式，而且正在向新的物联网协议进行扩展。

- **性能和可扩展性**：物联网部署方案必须能够扩展支持数以亿计的客户和设备身份，而且每个身份在交互操作以及所采集的数据量方面都会出现指数级增长。传统的 IAM 解决方案在设计之初就没有考虑处理如此庞大的数据量。随着规模的快速增大，系统的可用性和性能可能会急剧下降，甚至糟糕到无法运行的程度。可用性和可扩展性对于很多物联网用例来说都非常重要。物联网 IAM 解决方案必须能够处理海量数据的增长，并保持可接受的吞吐量和可用性，包括结构化和非结构化数据的管理。处理急剧增加的数据量时，海量数据对存储成本的压力也是一大挑战。物联网 IAM 平台必须具备非常高效的数据存储能力。此外，随着越来越多的组织机构利用云来实现可扩展性，必然要求物联网 IAM 平台的部署方式具有足够的灵活性，支持本地部署、云化部署或混合部署模式。

- **最佳安全实践**：根据 Forrester 的研究成果，组织机构认为影响物联网大规模应用的首要安全问题包括外部黑客的威胁、未经授权的设备访问以及恶意攻击者通过大量服务请求使得服务器过载而产生的 DoS（Denial of Service，拒绝服务）攻击。IAM 解决方案必须解决所有的这些安全问题。由于物联网融合了物理世界和数字世界，因而物联网数据被盗后可能会产生非常严重的后果，包括物理财产损失甚至生命财产损失。

此外，物联网生态系统非常重视与合作伙伴和供应商的关系，这就为第三方采集敏感数据提供了潜在可能性，有时甚至未经最终用户的同意。因此，可以考虑将提供 REST API（通过适当的认证网关）的 IAM 解决方案与基于策略的数据控制机制相结合，以限制外部合作伙伴只能根据身份访问授权数据。

9.8.2 OAuth 2.0 和 OpenID Connect 1.0

显然，Internet 并不是一个安全环境，所有的服务或 API 都可能面临着潜在的攻击危险。

当前的很多管理员都在极力保护 Web 服务以及 API，但很少充分考虑物联网设备的安全防护问题。从联网汽车到智能冰箱，大量新型联网设备即将面市。设备到设备、设备到云、以及云到云等复杂的交互矩阵，迫切需要更具适应性和可扩展性的认证和授权解决方案。值得庆幸的是，基于令牌的解决方案（如 OAuth 2.0）和使用 OpenID Connect 的身份扩展机制相结合，能够以更具扩展性的方式保护不断发展的交互矩阵需求的安全性。

9.8.3 OAuth 2.0

OAuth 2.0 是 IETF 标准，是一种由 IETF RFC 6749 规定的基于令牌的授权框架，用于保证应用程序访问受保护资源时的安全性。OAuth 2.0 通过 API（通常是 RESTful）来利用特定用户的身份属性，允许客户端访问受保护的分布式资源（从不同的网站和组织机构），而无需为每个资源输入密码。目前 OAuth 2.0 提供了多种支持不同编程语言的实现版本，Facebook、谷歌、微软和很多大型组织机构都采用了该协议。

OAuth 流程涉及 4 个主要参与方：

- RO（Resource Owner，资源所有者）；
- 客户端；
- RS（Resource Server，资源服务器）；
- AS（Authorization Server，授权服务器）。

RO 负责控制 API 开放的数据，而且是这些数据的指定所有者。OAuth 允许客户端（通常是需要信息的应用程序）将 API 查询传输给 RS（RS 是托管所需信息的应用程序），然后由 RS 验证客户端的消息，客户端利用 AS 先前提供给客户端的 API 消息中的访问令牌向 RS 进行认证。

在 API 保护对用户身份属性访问的情况下，仅在用户明确允许客户端访问这些属性之后，才能由 AS 发放访问令牌。

OAuth 2.0 已成为构建其他身份协议的重要组件。

9.8.4 OpenID Connect 1.0

OpenID Connect 1.0 通过增加身份层对 OAuth 2.0 进行了有效扩展，可以在统一架构中保护 API、本机移动应用程序以及基于浏览器的应用程序。OpenID Connect 是 OIDF 标准。

OpenID Connect 为 OAuth 的令牌发放模型增加了两个值得注意的身份概念：

- 一种是身份令牌，可以从一方传递给另一方，为用户提供联合 SSO 体验；
- 一种是标准化的身份属性 API，客户端可以在其中检索特定用户的期望身份属性。

如果特定用例超出了认证和授权 API 调用的范围，那么就可以考虑选用 OpenID Connect 功能。

9.8.5 OAuth2.0 和 OpenID Connect 的物联网用例

PING Identity 在白皮书 Standardized Identity Protocols and the Internet of Things 中介绍了多个实用案例，并说明了 OAuth 和 OpenID Connect 的适用性（见图 9-67）。

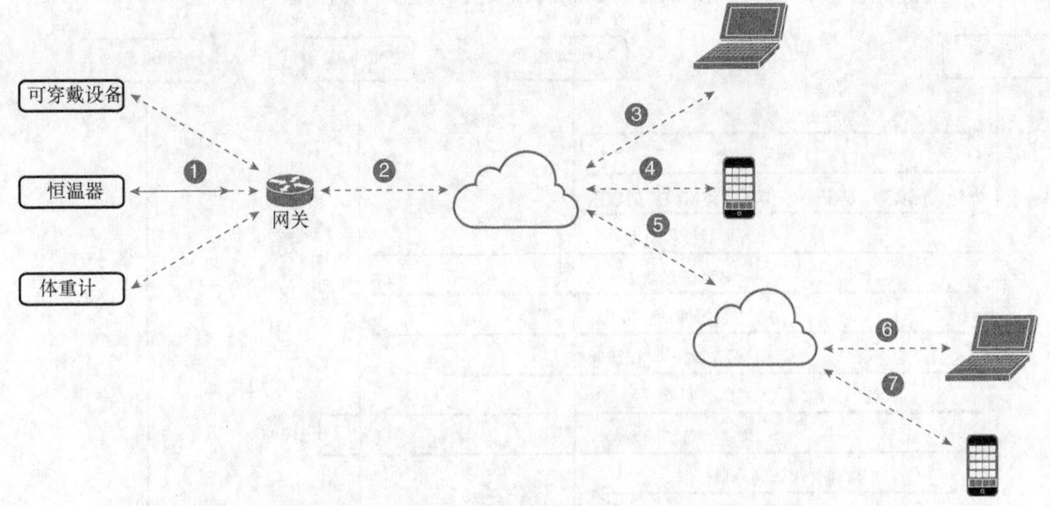

图 9-67 OAuth 和 OpenID Connect 的物联网适用性

以 Fitbit Aria（一款家庭联网体重计）为例，该设备连接家庭网络并将数据推送给 Fitbit 云。下列步骤说明了通过本机应用程序和 Web 浏览器显示这些数据的方式以及第三方服务利用这些数据的方式。

1. Fitbit Aria 连接 WiFi 路由器❶。该解决方案通过无线方式与在线图表及移动工具同步统计数据。
2. 通过家庭网络将用户的体重和体脂数据推送给 Fitbit 云❷。Fitbit 服务器识别出该数据来自用户 Bob，因为安装过程中 Bob 的用户账户与该体重计建立了关联关系。
3. 数据到达 Fitbit 云之后，可以通过 Web 浏览器显示❸，也可以通过本机应用程序显示❹。
4. TrendWeight❺和 Tictrac❻等第三方服务可以提供额外的 Web 应用❼，使得用户可以访问其体重数据以及相关的可视化结果。

9.8.6 云到云

根据用户请求，TrendWeight 可以利用 OAuth 2.0 从 Fitbit 获取代表该特定用户的访问令牌。这一点非常重要，因为用户参与了 TrendWeight 获取访问令牌的过程。Fitbit 可以选择提供“同意界面”，允许用户指定细化权限。例如，TrendWeight 可能会看到用户的体重在减轻而不是在增加，或者可能会看到平日（而不是周末）的数据集 A。

TrendWeight 将令牌附加到后续调用该用户的 Fitbit API 上，Fitbit 收到 TrendWeight 的 API 调用请求时，会提取令牌并执行以下操作。

1. 确定该令牌应用于哪个用户。
2. 检查 TrendWeight 所请求的操作是否与先前附加到该令牌上的用户的权限一致。
3. 确保令牌处于有效时间范围内。

图 9-68 显示了用户、TrendWeight 以及 Fitbit 之间的处理流程。

TrendWeight 可以直接向 Fitbit 索取令牌，而不是要求特定用户居间解决令牌发放问题（以确保隐私性）。从图 9-68 可以看出，OAuth 为 TrendWeight 提供了访问令牌，可以用来访问特定用户的体重数据。如果 TrendWeight 还希望获得该用户的其他身份属性（个人资料），或者希望支持“使用 Fitbit 账户登录”的 SSO 模型，那么就需要考虑 OpenID Connect 功能。

除了调用 Fitbit API 时用到的访问令牌之外（OAuth 启用了该功能），TrendWeight 还会收到 OpenID

Connect 所称的身份令牌。这是一个标准且安全的容器，可以容纳用户的其他身份属性（如该用户上次通过 Fitbit 认证的时间）。

该流程假定用户已经通过了 Fitbit 认证，从而可以为 TrendWeight 分配权限。这是一个非常敏感的安全步骤，在理想情况下，只有在用户通过了 Fitbit 认证之后才能执行该操作。

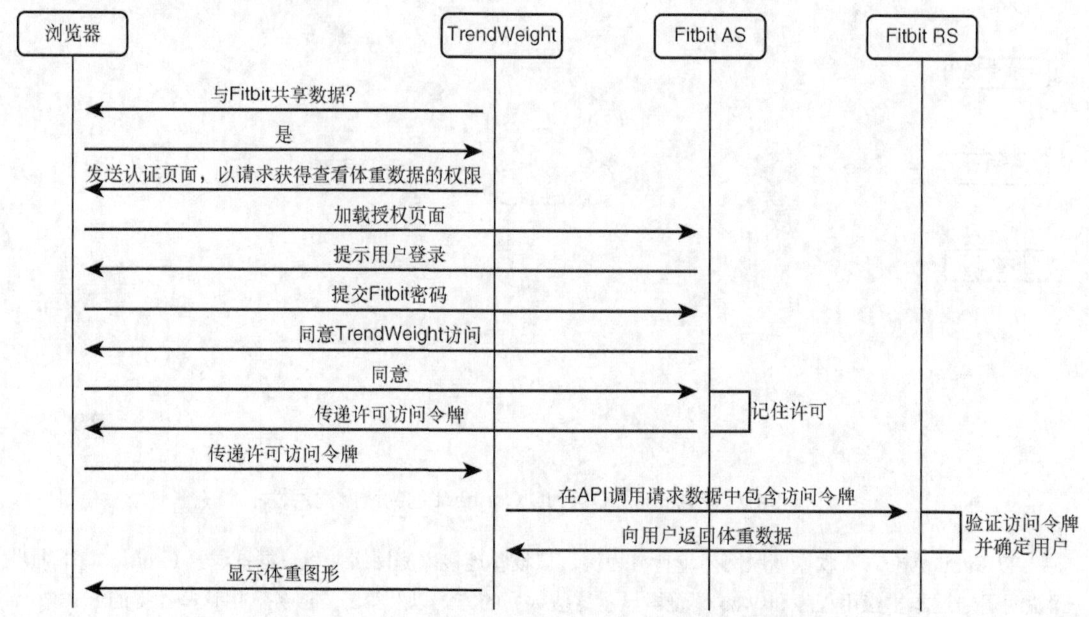

图 9-68 用户、TrendWeight 以及 Fitbit 之间的处理流程

9.8.7 本机应用程序到云

在很多模型中，本机应用程序都与特定设备（或者是来自同一提供商的一组设备）相关联，从公共 APP 商店下载并安装这些应用程序之后，必须注册这些本机应用程序并绑定到特定用户账户上。

对于 OAuth 和 OpenID Connect 来说，注册过程会向本机应用程序发放一组代表特定用户的令牌，本机应用程序将这些令牌附加到对相应云端点的 API 调用上。以图 9-67 为例，Fitbit 本机应用程序调用了 Fitbit API 以检索指定用户的体重数据，从而可以在浏览器中对该用户的体重数据进行历史分析（第 4 步）。

注册过程要求用户必须通过相应的云认证。最佳实践建议在浏览器窗口（默认的移动浏览器或内置在本机应用程序 UI 中的浏览器）中执行该步骤。在浏览器中完成认证后，可以为用户提供同意页面，从而确定授予本机应用程序的权限。图 9-69 显示了 Fitbit 本机应用程序的注册过程。

Fitbit AS 发放访问令牌并记录相应的用户以及附加的权限。Fitbit 本机应用程序将该令牌存储到移动操作系统的安全存储库中，从而可以在后续所有的 API 调用中包含这些令牌信息。Fitbit OAuth 和 API 基础设施对待本机应用程序 API 客户端的处理方式与第三方服务器客户端（如 TrendWeight）几乎完全相同。

家庭可能拥有多台设备，而且房主通常也在手机上安装了相应的本机应用程序。等到房主在每个设备提供商处都创建了用户账户之后，就可以从本机应用程序进行认证，将本机应用程序与提供商处的身份关联起来。如前所述，OAuth 为该步骤提供了标准的实现机制。

对于从本机应用程序到云服务器的调用操作来说，无论是否受到 OAuth 或其他专有安全框架的保护，这两个协议栈实际上都处于孤岛状态。虽然家庭自动化控制器与各个设备之间会发生一些控制操作，但不存在身份互操作问题，换句话说，不存在通过某个设备提供商处的身份去使用其他设备提供商的服务。

OpenID Connect 的联合身份功能支持一种新的身份模型，房主可以在智能家居提供商处使用现有的身份，而不用创建另一个账户，甚至无需在手机上安装另一个 App（假定智慧家居本机应用程序与设备 API 之间存在某种形式的互操作性）。

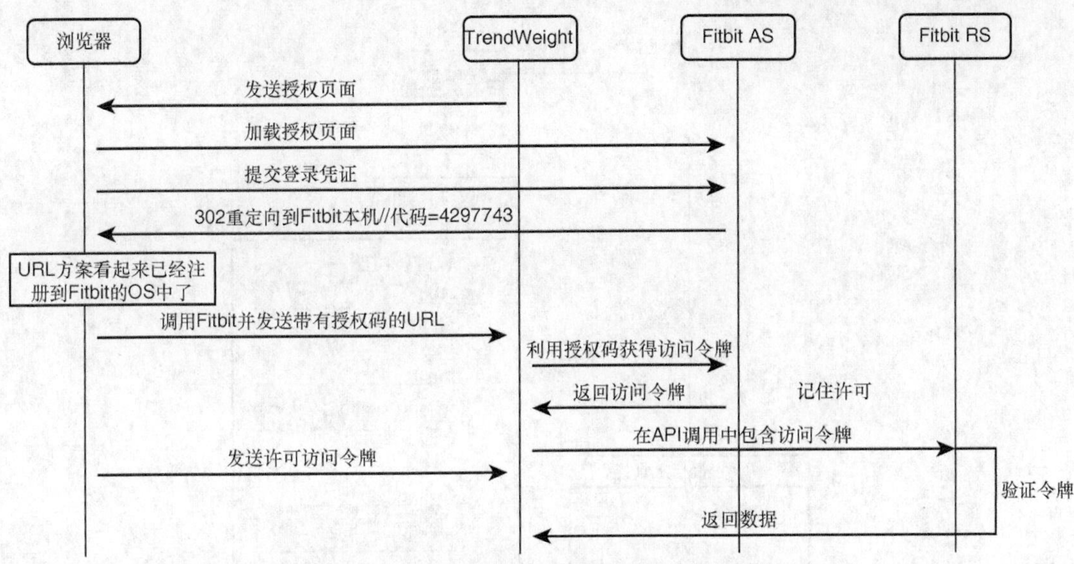

图 9-69 Fitbit 本机应用程序执行自助注册的流程示例

9.8.8 设备到设备

正如本章多次讨论的那样，很多设备和应用程序可能并不使用 HTTP，而是使用针对受限设备进行优化后的消息传递协议（如 XMPP、MQTT 和 CoAP）。早期有人考虑将 OAuth 与针对物联网进行优化的协议绑定在一起。例如，HiveHQ 的白皮书说明了如何使用访问令牌连接 MQTT 代理，以及如何利用 OAuth 来验证 MQTT 调用。如果可以检索令牌，那么就可以通过密码字段在 Connect 消息中使用该令牌（本章前面曾经讨论了 MQTT Connect 消息的架构）。

Connect 依赖 JOSE（JavaScript Object Signing and Encryption，JavaScript 对象签名与加密）规范套件来保护其 JSON 令牌，但是基于文本的 JSON 可能并不适用于受限设备。COSE（Constrained Object Signing and Encryption，受限对象签名和加密）是一种与 JOSE 类似的面向受限设备的标准化安全机制，即使 OAuth 和 Connect 与近端网络中的设备到设备交互操作没有绑定，但是向客户端发放基于权限的安全令牌的概念也可能与此相关。

例如，在家庭网络中实例化新设备时，房主有机会为新设备分配相应的权限（基于该设备的操作需求以及与其他设备的交互需求），并通过令牌将权限发放给新设备，后续的 MQTT 调用或其他类似调用都会用到该令牌。虽然该方法具有很好的创新性，但是需要在前端完成很多工作（如将令牌取到受限端点上）。

Paul Fremantle 在题为 Federated Identity and Access Management for the Internet of Things 的会议论文中，研究了传感器和执行器面临的特定挑战。Fremantle 构建了一个基于 OAuth2 的原型，可以对通过 MQTT 分发的信息进行访问控制。该原型包括 4 个主要组件：MQTT 代理、AS（Authorization Server，授权服务器）、WAT（Web Authorization Tool，Web 授权工具）和设备（Arduino）。图 9-70 给出了该原型装置的组件示意图。

为了实例化不记名令牌（Bearer Token）和刷新令牌（Refresh Token）并关联适当的访问控制范围，Fremantle 创建了一个 WAT。这是一个 Python 命令行工具，可以生成一个带有 URL 的浏览器来请求令牌。该工具生成文本版本的令牌（为 Arduino 生成可以剪切和粘贴的 C 代码）。在实际部署中，将该令牌直接写入设备闪存的功能将非常有用。

虽然基于令牌的框架有助于提高扩展性，但是标准化需求（特别是面向受限设备）也非常明显，需要考虑令牌的大小、令牌的放置位置以及受限设备使用常见物联网协议获取和刷新令牌的方式。只有解决了这些问题，才有可能实现真正地推广应用。

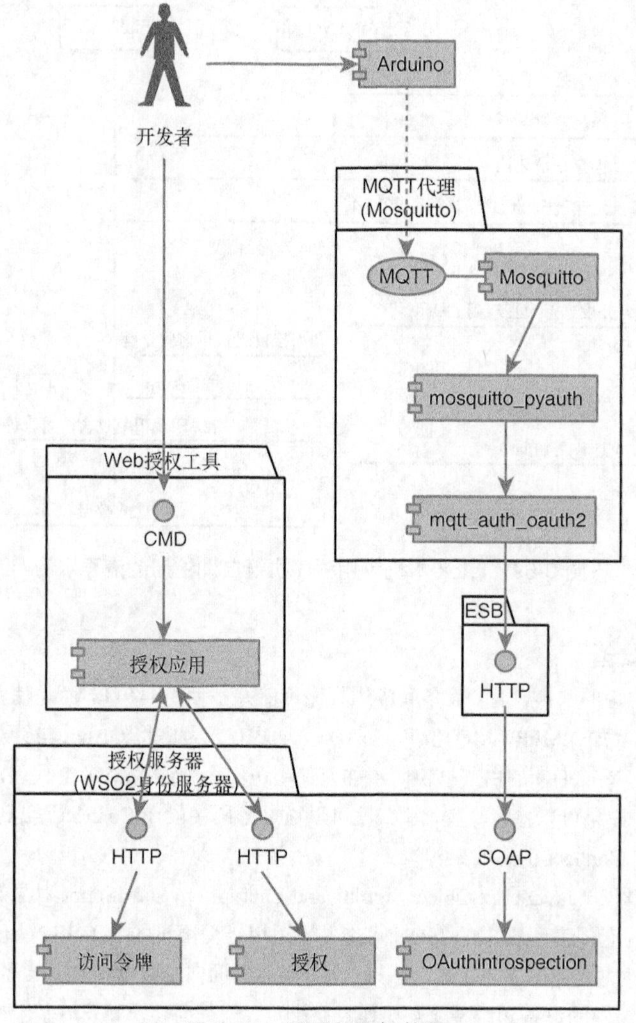

图 9-70 原型装置组件图

物联网应用对于身份和安全机制的要求非常高，我们必须重新思考如何让用户有效地控制个人数据的共享方式，物联网需要可互操作的标准化身份层。为了满足这些要求，OAuth 和 OpenID Connect 在扩展物联网用例的授权权限方面显示出了非常有价值的前景。

9.9 发展演进：IRM 需求

当前的 IAM 供应商和解决方案都非常熟悉拥有大量人员和大量相关属性的企业应用场景。例如，IAM 提供商可能拥有某个员工的授权源端以及 20～30 个属性。IAM 提供商可以利用这些信息提供差异化访问控制并管理用户生命周期，同时还面向这些场景做了针对性的优化。

根据思科 VNI（Visual Networking Index，可视化网络指数）研究报告，一个常见场景就是金融和零售客户的每名 IT 人员所要管理的设备数量（见图 9-71）。

从图 9-71 可以看出，左侧的银行客户员工总数较少，但每名员工的设备数量较多，因而配备了更多的 IT 人员。对于该客户来说，每名 IT 人员负责管理的设备数量大约为 105 台。右侧零售客户的员工总数较多，但每名员工只有 1.7 台设备，因而仅配备了少量 IT 人员来管理这些设备，零售客户的每名 IT 人员负责管理的设备数量大约为 216 台。这些都是目前非常普遍是配备方式。

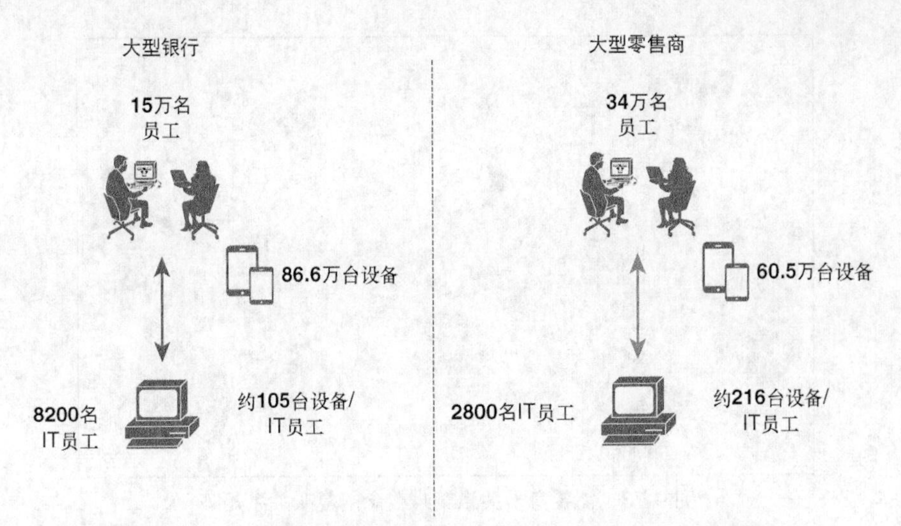

图 9-71　金融和零售客户的每名 IT 人员所要管理的设备数量

如果银行试图按照最初预期来部署物联网应用，连接所有的停车位、照明、自动售货机等设施，那么将会额外增加 500 万台设备。如果银行仍然要维持相同的 IT 员工与被管设备的比例，那么所需的 IT 人员数量将如图 9-72 所示。当然，人员规模可能并不完全是线性关系，但仍然要重新考虑配置策略。

从图 9-72 可以看出，扩展当前的 IAM 功能迫在眉睫，整个世界的连接数量正呈现前所未有的指数级增长速度，从智能手机到联网汽车、联网家居和工业传感器，联网终端的数量和相互之间的连接都呈现出指数级增长趋势。

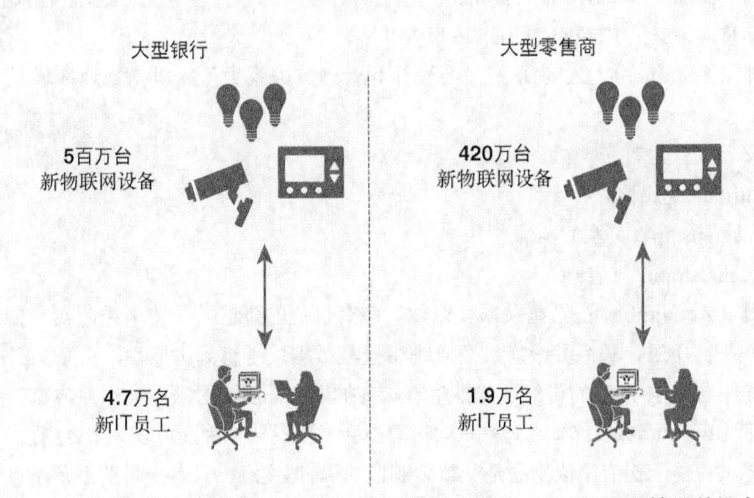

图 9-72　增加物联网设备后，金融和零售客户的每名 IT 员工需要管理的设备数

不幸的是，业界并没有为这种迅猛增长提供足够的创新技术来解决当前面临的各种问题，必须对当前实施身份管理的策略、技术和流程进行优化和发展。图 9-73 给出了当面面临的极其复杂的关系矩阵示意图。

随着人与设备、设备与设备、设备与云、云与云之间的绑定关系越来越普遍，最终将建立起大量复杂的关系，每个关系都有一组属性，这种不断发展的关系矩阵使得身份成为新的边界。IRM 是一种新的数字身份模式，能够潜在解决大规模身份管理的需求。

IRM 最初由一群行业专家发起，旨在改造传统 IAM 以满足下一代数字身份的需求，目前在 Kantara Initiative 的带领下开展研究。

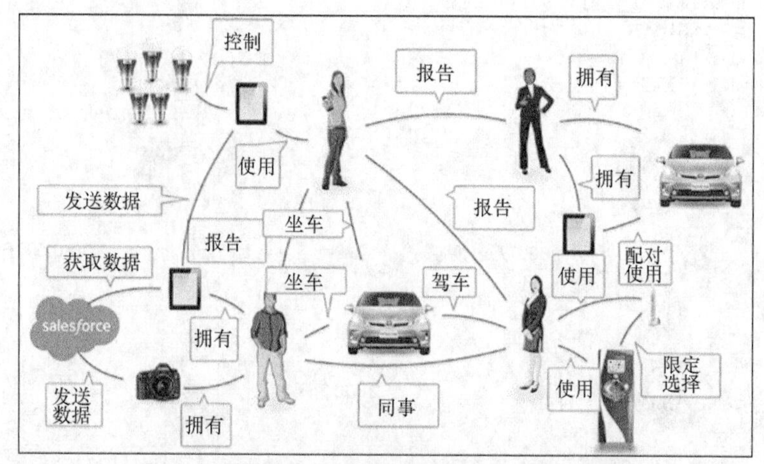

图 9-73 需要身份关系管理概念的复杂关系矩阵

Kantara Initiative 发布了一份题为 The Design Principles of Relationship Management 的研究报告，明确了作为数字身份服务组件的关系的含义和功能。该报告重点分析了需要表达什么关系以及如何表现这些关系，以保持 Internet 规模下的身份服务的完整性、一致性和实用性。该报告的初衷是希望就 IAM 的发展演进理念提供研究基础，对身份关系及其设计原则、类型和原理，从高层战略、策略以及技术审查和研究等角度给出了基本描述，报告并没有形成定论，只是试图为行业的进一步发展提供研究基础。Kantara Initiative 通过一系列设计原则来探讨人与人之间的互动与关系，不过这些设计原则也同样适用于物品。当然，不同的关系类型（如人与人、物与物或人与物）可能会产生不同的影响。

下面列出了 Kantara Initiative 报告提出的一些设计原则。为了简便起见，这里仅给出扼要说明，如果希望了解全面信息，请参阅 Kantara Initiative 报告。

- **可扩展（Scalable）**：IAM 系统需要设计和管理的关系数量将以指数速率增长，可扩展性必须包括：
  - Actor（行为者）；
  - Attribute（属性）；
  - Relationship（关系）；
  - Administration（管理）。
- **可操作（Actionable）**：希望关系可以做一些有价值的事情，具体来说，就是希望关系可以携带授权数据。不过，关系并没有被要求携带授权数据，考虑到扩展性，关系又必须这么做。与后端系统进行请求-响应的传统通信模型不具备扩展性，因而必须在前端完成该任务。
- **不可变（Immutable）**：不可变关系意味着不会发生变化，因而可以为 IAM 提供基线。一个不可变关系的可能示例为“该物品是艾默生制造的”。请注意，只有少量关系是不可变的，大多数关系都不是不可变的，而且也不应该不可变。
- **可转移（Transferable）**：在可转移关系中，一方可以替代另一方。
- **上下文（Contextual）**：可以通过更改上下文来调用某些关系。更改关系的外部条件可能会影响行为者的行为方式以及外部方观察的内容/方式。
- **可证明（Provable）**：证明关系的存在和性质的能力有助于提高各方之间的信任关系，应该提供可审计性、可记账性和可追溯性，从而减少潜在的权力不对称性。
- **可确认（Acknowledgeable）**：参与方可以确认与其他参与方有关系。就此而言，关系的可确认性与单方断言关系（single-party asserted）非常相似。
- **可撤销（Revocable）**：IAM 专业人员对于凭证管理的撤销问题很了解，但是对于由关系产生的数据的常见做法可能就不太了解了。这种可撤销性概念与法律方法有关，如被遗忘的权利。这涉及数据主体的不对称性以及去除个人可识别数据的能力（或缺乏该能力）。

- **可约束（Constrainable）**：必须能够根据牵涉方的愿望、偏好甚至商业模式来约束与关系相关的所有行为和可允许操作。在某些情况下，应用于关系的约束看起来似乎是同意。

9.10 小结

本章首先介绍了网络访问前的准备工作，讨论了基本的设备配置要求，包括通过引导程序在设备上建立可信身份、创建唯一的命名约定以及注册将要在网络上使用的设备等。接下来进入本章的重点内容，详细讨论了设备试图访问网络时标识设备和认证设备的方法，以及根据身份信息授予适当访问权限的自动化解决方案，同时还详细讨论了 AAA 概念中的最后的一个 A（记账）的重要性。记账对于故障排查、审计以及上层计费等操作来说都非常重要。此后，详细探讨了 OAuth 和 OpenID Connect 等联合身份技术对身份及授权机制的扩展能力。最后，简要讨论了当前快速发展的关系矩阵，分析了向 IRM 转变的根本动因就是扩展性问题。下一章将详细讨论威胁检测方法以及如何在全网范围内实现威胁检测的自动化与编排能力。

第 10 章

威胁防御

本章主要讨论如下主题：

- NAT（Network Address Translation，网络地址转换）；
- 分组过滤技术与工业通信协议的固有问题；
- AVC（Application Visibility and Control，应用可视性和可控性）；
- IDS/IPS 技术；
- 行为分析；
- 加密流量分析；
- 恶意软件保护；
- 恶意域名保护（基于 DNS 的安全）；
- 集中式和分布式 VNF 部署用例。

上一章重点介绍了端点识别技术、可适用的认证机制（确保端点身份的真实性）以及根据身份提供正确访问权限的技术。端点在获得网络资源访问权之前就已经使用了这些技术。本章将重点介绍中间阶段，也就是在利用虚拟化技术检测和防范安全威胁的同时，确保端点遵守企业的安全策略。

网络管理员面临的挑战之一就是要跟上服务器团队虚拟化和部署工作负载的能力步伐。幸运的是，在过去的一年当中，一种常见的方法是在通用计算资源上虚拟化 4～7 层服务，并在服务器团队提升工作负载的同时快速启动 VNF，从而帮助网络团队与服务器团队保持同步。当然，用例一直都在不断发展变化，物联网也是如此，正在将雾计算架构带到了最前沿。在应用和服务越来越靠近端点的情况下，业界可以采用更有效的方式来解决特定用例问题（如基于事件的视频）。由于应用程序可以采用分布式架构，因而也可以通过分布式方式实现安全服务的持续性。

根据 Ponemon 研究所在 2017 年发布的数据泄露成本研究报告，数据泄露的平均成本是 362 万美元，该数字比去年实际下降了 10%，不过对于所有人来说，成本仍然太高！必须能够从多个角度检测威胁。虽然传统的防火墙和深度包检测技术非常有用，但是已经出现的安全威胁正在刻意绕开这些安全措施，必须对这些安全措施进行优化改进。行为分析解决方案开始展现其价值，该解决方案提供了基线行为能力，将偏差（异常检测）与可操作的响应关联起来，很多组织机构都开始利用行为分析技术来快速检测恶意行为。除了该技术的基本内容之外，本章还将重点介绍该技术的部署方式。

本章将首先从高层视角来分析集中式和分布式安全服务部署模式，然后再介绍前面所描述的各种网络安全技术的威胁防御要点，为全面防护方案提供技术基础，最后再介绍如何利用平台实现安全服务的集中式和分布式部署。

10.1 集中式与分布式安全服务部署模式

部署虚拟化安全功能（如流采集器、防火墙、Web 代理服务以及 IPS 等）时，可以采用如下两种部署模式：

- 集中式部署模式；
- 分布式部署模式。

业界普遍认为虚拟 CPE 是 NFV/SDN 概念的最初应用之一，成本一直是提高 NFV/SDN 应用率的主要推动力。软件定义模型非常适合于安全服务，如防火墙服务、IP 深度包检测和行为分析等。

vCPE 可以减少安装和维护时间，同时也能减少上门服务次数（因为配置能力由管理员根据需求的变化进行调整）。此外，vCPE 架构还支持集中式或分布式部署模型，实际应用中经常会看到综合采用这两种部署模式，称之为混合部署模式。

10.1.1 集中式部署模式

集中式部署模式采用“中心点”架构来创建集中式虚拟化安全中心。虽然最常见的部署位置是私有数据中心和 COLO 或 CNF（Carrier-Neutral Facility，运营商中立设施），但是实际上可以部署在几乎所有地方。集中式 vCPE 部署模式的主要好处是具有大规模的成本优势，对于可以与客户共享资源的服务提供商来说尤为明显。很多 Web/云服务提供商都采用了该部署模式，因为他们更倾向于运营集中式服务，以保证部署方案最符合其经济/收入结构。

图 10-1 给出了一个集中式 VNF 部署示例。

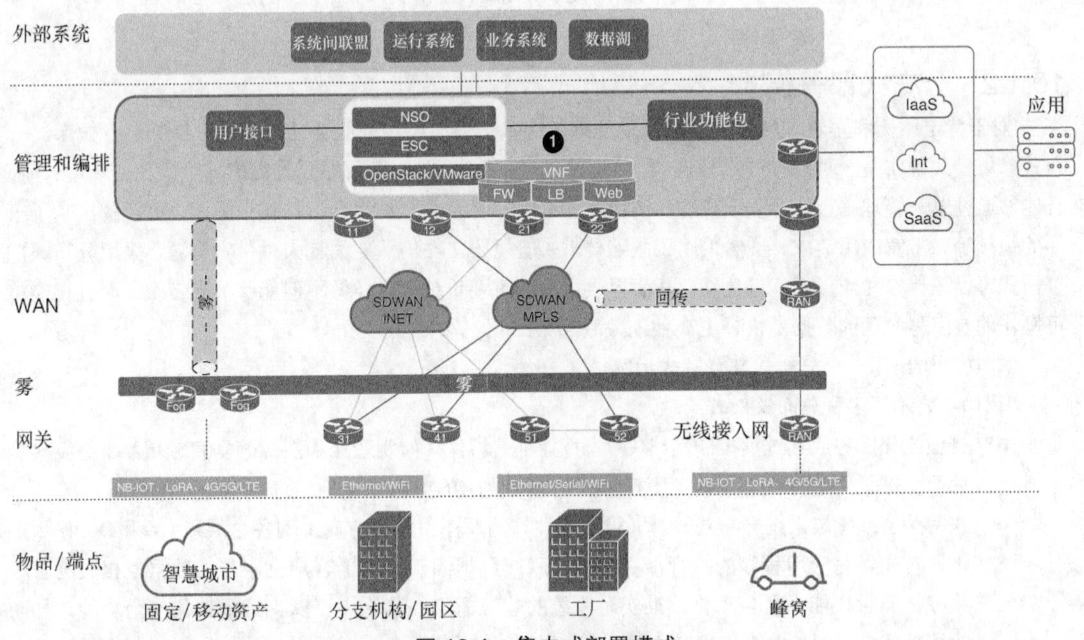

图 10-1 集中式部署模式

1. 组件

本例的集中式部署方案是在 OpenStack 环境中利用 NSO（Network Services Orchestrator，网络服务编排器）和 ESC（Elastic Services Controller，弹性服务控制器）实现的 NFV MANO 解决方案。包含如下组件。

- **NSO**：NSO 充当 ETSI-NFV 模型中的 VNF-O（Virtual Network Function Orchestrator，虚拟网络功能编排器），负责提供物理和虚拟服务功能。NSO 还负责配置和管理服务链。
- **ESC**：ESC 充当 ETSI-NFV 模型中的 VNF-M（Virtual Network Function Manager，虚拟网络功能管理器），负责 VM 生命周期管理、加载多供应商 VNF 以及增加初始配置。
- **OpenStack**：OpenStack 用作 VIM（Virtual Infrastructure Manager，虚拟基础设施管理器）。

该设置与 ETSI MANO NFV 方法直接相关（见图 10-2）。

本章将在后面详细介绍使用该部署模式的具体案例。

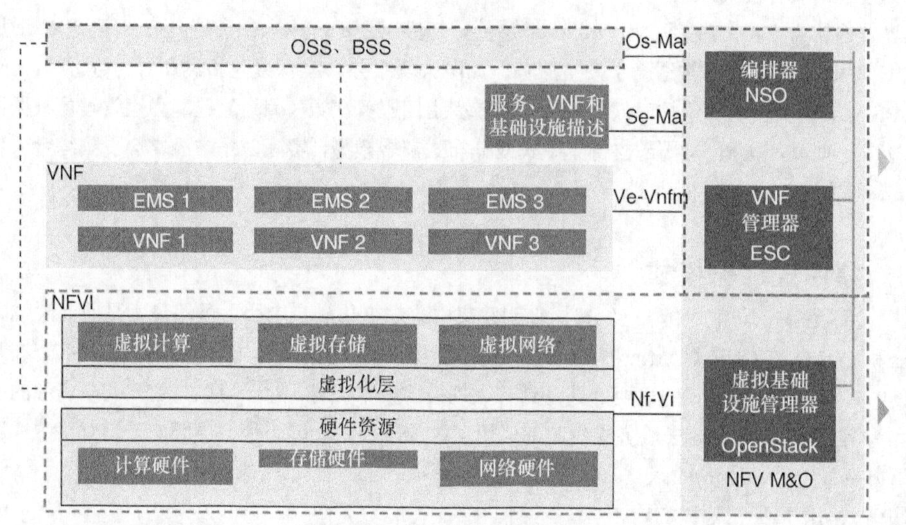

图 10-2 ETSI MANO NFV

10.1.2 分布式部署模式

对于特定用例和垂直领域来说，采用地理分散的基于分层架构的服务功能有助于提高运行效率。分布式部署模式确实是一种有效的部署选项，可以将安全服务推向边缘（如分支机构、工厂和云环境），而且能够通过单一管理平台执行安全操作。例如，分布式部署模式非常适合智慧城市用例，可以解决基于事件的视频等高带宽应用需求。虽然采用了压缩技术，但视频文件仍然要消耗大量带宽资源，采用分布式部署模式可以让计算和应用更靠近边缘，从而提供更多的重要价值，这样做不但能够节省带宽，而且还能将可操作的响应与收到的数据更快、更高效地关联起来。

图 10-3 给出了一个分布式部署模式示例。

图 10-3 显示了多种分布式部署选项。

- 将虚拟化服务放到过程控制网络中❶。行业部署方案（如制造业和能源等垂直领域）在普渡模型的第三层采用了强化计算，负责托管满足部署需求的虚拟化服务。
- 在网关层或雾层采用分布式计算（虽然雾计算遍及图中垂直方向上的各个层级）❷和❸，作用如下：首先，将应用程序的执行能力推近物联网数据源，有助于客户克服与大数据量相关的各种挑战，而且还能满足自动化、准实时系统的响应需求；其次，可以支持虚拟化安全功能，如防火墙功能、入侵检测/防御服务以及行为分析的流采集等。
- 将安全服务推送给应用提供商❹。例如，如果 AWS EC2（Elastic Compute Cloud，弹性计算云）使用了基于 Web 前端的应用，那么就可以使用虚拟化安全服务（如防火墙）来保护该环境。

这里不存在部署模式的选择是否正确的问题，具体选择何种部署模式取决于客户当前的状态、用例需求以及未来的发展目标。

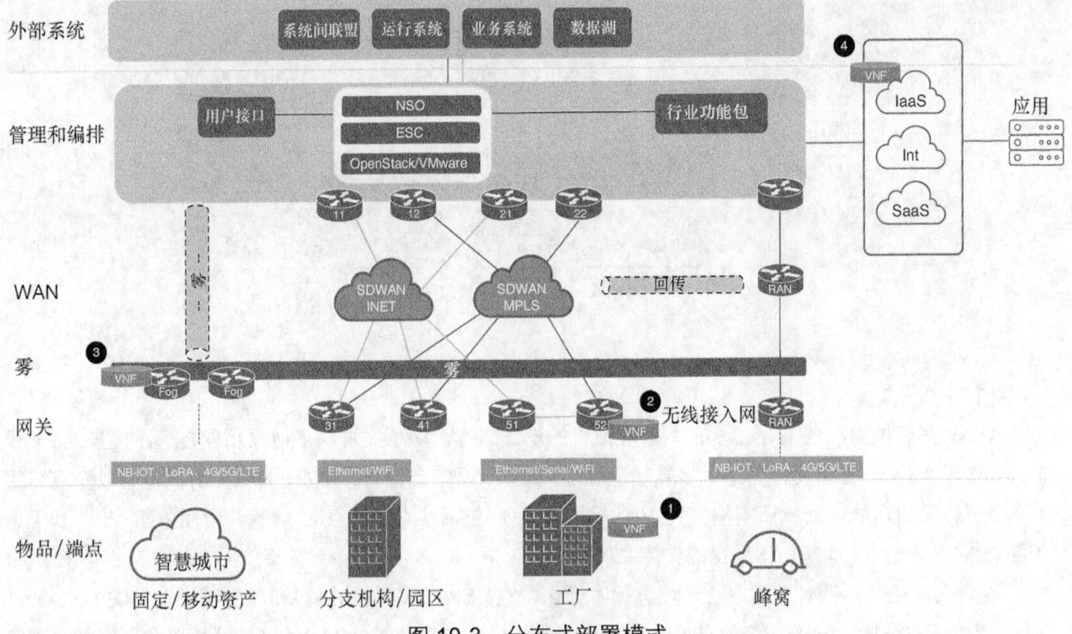

图 10-3　分布式部署模式

10.1.3　混合部署模式

组织机构可以从法规遵从性和技术角度来选择最佳部署模式。例如，NAC（Network Access Control，网络访问控制）最佳实践建议，应该在最靠近端点的位置实施访问控制机制，如 802.1X 基于端口的控制机制。因而 NAC 的部署可以选择分布式模式，需要在整个网络域不同位置的接入基础设施上均启用 802.1X。另一方面，同一个客户可能会对其 Web 代理服务进行集中化和虚拟化。这种混合部署场景在实际应用中很常见。

10.2　网络防火墙技术基础

本节将探讨基于网络的保护技术，这些技术可以允许或拒绝所连接网段的网络流量。通常是防范从网段“外部”访问网段“内部”（至少如此）。允许和阻止流量的方法和进程包括：

- NAT；
- 包过滤；
- 状态化深度包检测。

防火墙是一个基于硬件或软件的系统，利用规则集来确定允许哪些流量进入和离开网络。术语“防火墙”广泛应用于大量行业应用（包括汽车、能源和运输等），用于描述可信网段与不可信网段之间的屏障。防火墙系统可以运行在单一主机上，仅保护该主机（称为个人防火墙或基于主机的防火墙），也可以保护整个网段（称为基于网络的防火墙）。本章将重点介绍基于网络的防火墙。

在讨论该技术之前，需要快速介绍一下将要使用的设备。首先是思科 ASAv（Adaptive Security Appliance，自适应安全设备的虚拟化版本），其次是思科 NGFWv（Next Generation Firewall，下一代防火墙的虚拟化版本），也称为 FTDv（Firepower Threat Defense，Firepower 威胁防御的虚拟化版本）。为了避免混淆，思科将 ASA 防火墙镜像与 SourceFire IPS 镜像整合为单个镜像，并将该产品命名为 FTD，其虚拟化版本就是 FTDv。FTDv 和 NGFWv 是同一款产品（见图 10-4）。

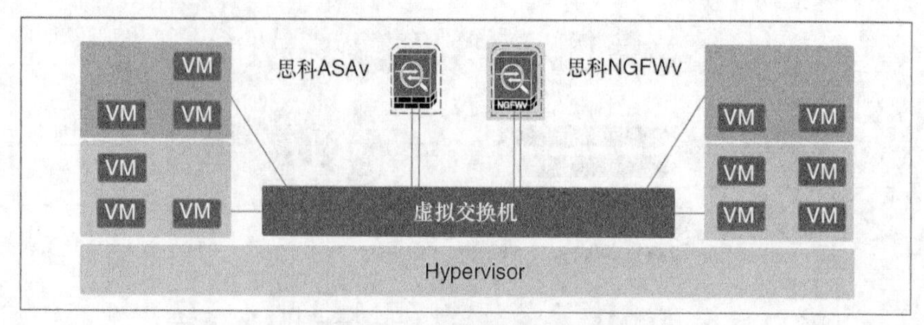

图 10-4 ASAv 和 NGFWv

10.2.1 ASAv

ASAv 在虚拟主机的 Hypervisor 上以虚拟机的形式运行，除了集群和多情景功能之外，虚拟 ASA 设备支持物理 ASA 设备所提供的绝大多数功能特性。ASAv 不但支持状态检查、NAT、协议检查以及高可用性等传统防火墙功能，而且还支持多种 VPN 部署方案，包括站点到站点的 VPN、远程访问 VPN 和无客户端 VPN 等功能（与物理 ASA 设备支持的功能相同）。

该防火墙还专门针对数据中心环境进行了优化，支持 SR-IOV，并为思科和非思科环境提供了 vSwitch 支持能力。有关 SR-IOV 的详细信息，请参阅第 7 章。图 10-5 列出了 ASAv 的多种选择以及所需的功能特性和资源。

Feature	ASAv5	ASAv10	ASAv30	ASAv50
Virtual CPUs	1	1	4	8
Memory	1 GB minimum 1.5 GB maximum	2 GB	8 GB	16 GB
Minimum disk storage[4]	8 GB	8 GB	16 GB	16 GB
Feature	**ASAv5**	**ASAv10**	**ASAv30**	**ASAv50**
Stateful inspection throughput (maximum)[1]	100 Mbps	1 Gbps	2 Gbps	10 Gbps
Stateful inspection throughput (multiprotocol)[2]	50 Mbps	500 Mbps	1 Gbps	5 Gbps
Advanced Encryption Standard (AES) VPN throughput[3]	30 Mbps	125 Mbps	1 Gbps	3 Gbps
Connections per second	8,000	20,000	60,000	120,000
Concurrent sessions	50,000	100,000	500,000	2,000,000
VLANs	25	50	200	1024
Bridge groups	12	25	100	250
IPsec VPN peers	50	250	750	10,000
Cisco AnyConnect® or clientless VPN user sessions	50	250	750	10,000
Cisco Unified Communications phone proxy	50	250	1000	Not tested
Cisco Cloud Web Security users	250	1,000	5000	Not tested

图 10-5 ASAv 一览表

10.2.2 NGFWv

思科 Firepower NGFWv 是思科提供的另一种虚拟化防火墙解决方案，将 ASA 防火墙功能与 AVC（Application Visibility and Control，应用可视性和可控性）、NGIPS（Next-Gen IPS，下一代 IPS）、用于网络的思科 AMP（Advanced Malware Protection，高级恶意软件保护）以及 URL 过滤功能相结合。Firepower NGFWv 可以用于 VMware、KVM、AWS（Amazon Web Service，亚马逊 Web 服务）以及微软 Azure 环境，支持虚拟云、公有云、私有云和混合云场景。部署 SDN 和 NFV 机制的组织机构可以在传统 SDN 环境和思科 ACI（Application Centric Infrastructure，以应用为中心的基础设施）中利用 Firepower NGFWv 配置并编排保护机制。图 10-6 列出了思科 NGFWv 所需的资源。

Platform Support	VMware, KVM, AWS, Azure
Minimum systems requirements: VMware	4 vCPU 8-GB memory 50-GB disk
Minimum systems requirements: KVM	4 vCPU 8-GB memory 50-GB disk
Supported AWS instances	c3.xlarge
Supported Azure instances	Standard_D3
Management options	Firepower Management Center Cisco Defense Orchestrator Firepower Device Manager (VMware)

图 10-6　NGFWv 一览表

10.2.3　NAT

物联网极大地增加了家庭网络和商业网络中的设备数量，导致可用 IP 地址的数量严重不足。一种解决方案是采用目前很多大型企业都在部署的 IPv6，但这种解决方案需要的时间较长，因为需要提供比 IPv4 更多的地址空间而不得不引入大量其他部署选项。

另一种解决方案就是 NAT（Network Address Translation，网络地址转换，参见 RFC 1631）。NAT 允许单台设备（如路由器、防火墙、无线控制器或 Web 代理）在 Internet（或公有网络）和本地（或专用）网络之间充当代理。NAT 进程在本质上是将 IP 地址（通常称为真实地址）转换成另一个不同的地址（映射地址），使得组织机构能够向外部公有网络隐藏其私有地址，然后在内部网络运行私有地址空间（参见 RFC 1918）。

NAT 有多种实现形式，下面将逐一说明。

1. 动态 NAT

动态 NAT 使用一组已注册的 IP 地址，将未注册的 IP 地址映射到已注册的 IP 地址。

2. 静态 NAT

静态 NAT 使用一对一映射方式，将未注册的 IP 地址映射到已注册的 IP 地址。通常在需要访问内部资源时都采用静态 NAT 方式（见图 10-7）。

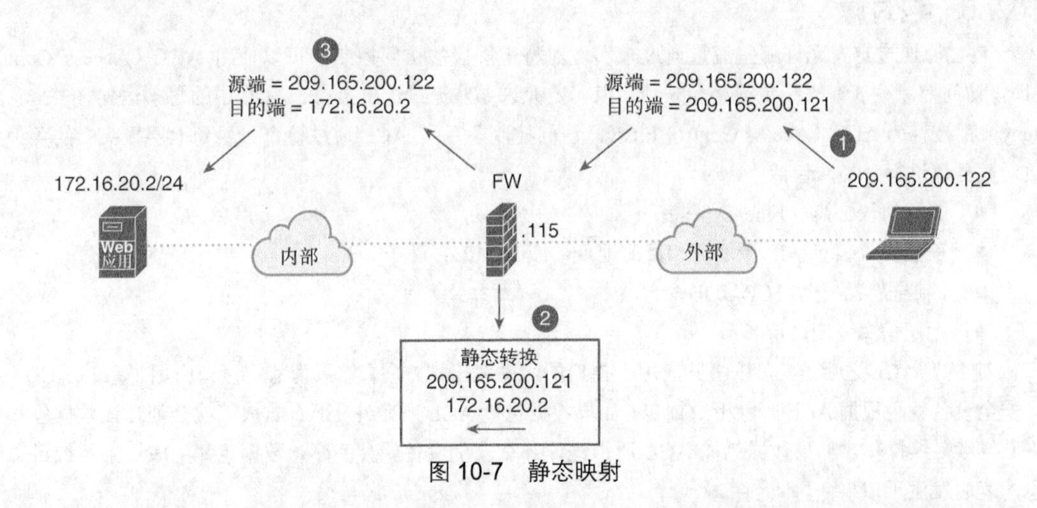

图 10-7　静态映射

这种静态映射方式对于很多服务来说相当常见，如防火墙外面 DMZ 网段上的 Web 服务。从图 10-7 可以看出，Web 服务器被静态转换为防火墙外部网段上的地址，从而允许外部主机向防火墙内的 Web 服务器发起请求。该方法可以让防火墙首先检查 ACL 和 NAT 规则（提供额外的安全层），如果合法，那么防火墙就会将请求转发给内部 Web 服务器。

10.2.4 地址空间重叠

如果两个网络需要通信，但其中一个网络内部使用的 IP 地址块与第二个网络使用的 IP 地址块相同，就会出现地址空间重叠问题。路由器可以维护地址查找表，目的是拦截原始地址并用已注册的唯一地址替换这些原始地址。这可以通过静态 NAT 或使用基于动态 NAT 的 DNS 来实现。

10.2.5 超载或端口地址转换

可以将 NAT 配置为将整个网络向外部网络宣告为单个地址。由于这样做可以将整个内部网络都隐藏在该地址之后并检查数据包的四层信息，因而可以提供额外的安全性。通常将其称为 PAT（Port Address Translation，端口地址转换），它可以同时提供安全性和地址节约功能。图 10-8 给出了 PAT 概念示意图。

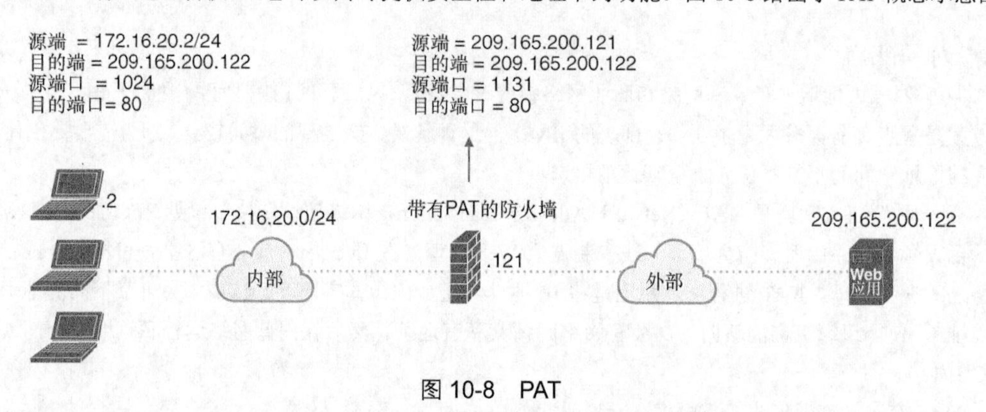

图 10-8 PAT

从图 10-8 可以看出，内部网络使用的是 RFC 1918 私有地址方案，即 172.16.20.0/24 网段。防火墙正在为该内部网段执行 PAT 操作。如果内部主机需要向位于 209.165.200.122 的 Web 服务器发送流量，那么防火墙就会将源地址转换为自己的地址（209.165.122.121），并简单地更改四层源端口（对于本例来说，就是将源端口从 1024 更改为 1131）。

10.2.6 包过滤

包过滤通过定义允许哪些流量通过来实现对特定网段的访问控制。可以使用 ACL（Access Control List，访问控制列表）来指定策略和规则，以确定允许哪些流量进出接口。ACL 中的每条语句（permit 或 deny）都被称为 ACE（Access Control Entry，访问控制条目）。ACE 通过检查二层到七层报头中的各种参数对数据包进行分类，包括：

- 二层协议信息（EtherTypes）；
- 三层协议信息（IP 源地址和目的地址，或 ICMP）；
- 四层报头信息（TCP/UDP 端口）；
- 七层信息（应用层）。

定义了 ACL 之后，就可以将其应用于接口的入站或出站方向。如果为特定接口应用了入站 ACL，那么安全设备就会根据 ACE 来分析数据包。如果数据包被 ACL 所允许，那么防火墙就会处理该数据包并允许其继续后续操作。如果数据包被 ACL 所拒绝，那么安全设备就会丢弃该数据包并生成一条系统日志消息，表明发生了该事件。

在图 10-9 中，图中的安全设备有一个 ACL，仅允许发往各个内部服务器的 HTTPS 和 DNS 流量，而且该 ACL 应用于外部接口的入站方向。同时该 ACL 的末尾还有一条隐式 DENY ALL 语句，因而安全设备会在该外部接口上丢弃所有的其他流量。与此相反，如果将相同的 ACL 应用于内部接口的出站方向，那么安全设备就必须处理这些数据包，将它们发给各种活动进程（如 QoS、NAT、VPN 等）进行处理。在安全设备将这些数据包向外发送到线路上之前，会应用已配置的 ACE。如果数据包被任何一条 ACE 拒绝，那么安全设备就会丢弃数据包并生成一条指示该事件信息的系统日志消息。从图 10-10 可以看出，图中应用了相同的 ACL，允许将 HTTPS 和 DNS 流量发送给对应的服务器，但此时的 ACL 应用于内部接口的出站方向，从而完全改变了安全设备的进程调用方式。

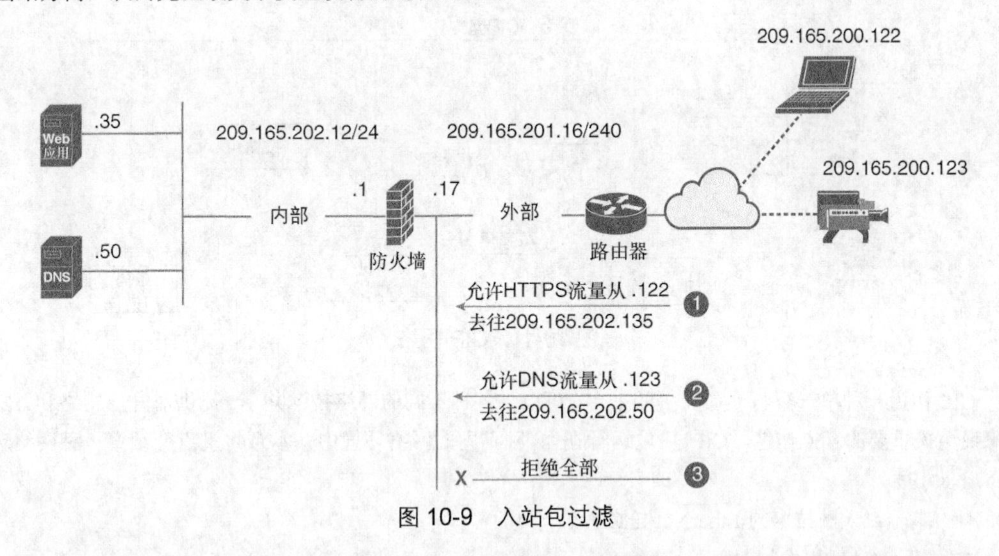

图 10-9 入站包过滤

包过滤防火墙可以检查报头信息，以确定数据包是现有连接的一部分还是一个新的数据流。某些应用程序（如连接在任意端口上的多媒体应用）对这种方法提供了挑战。不幸的是，包过滤器对这些应用程序使用的上层协议毫不知情。由于需要在该模式下手工配置 ACL，因而无法与具有动态端口特性的 Skype 等应用程序一起正常工作。本节稍后将讨论解决该问题的应用控制服务。

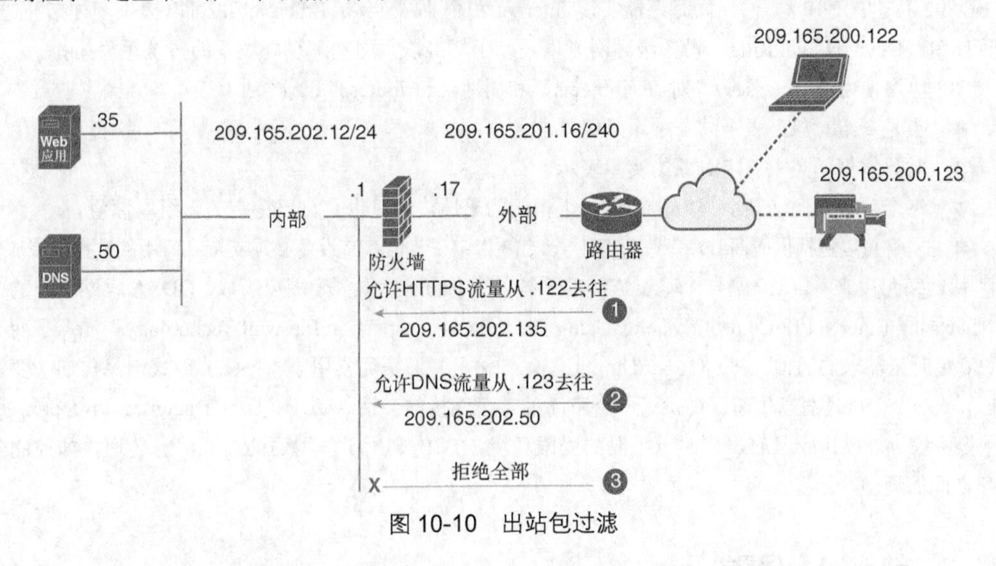

图 10-10 出站包过滤

10.3 工业协议和 DPI 需求

CIP（Common Industrial Protocol，通用工业协议）是工业环境中非常常用的一种协议。本节将介绍一个需要对工业协议（如 CIP）实施深度包检测的案例。

10.3.1 CIP

CIP 是一种在两台设备之间传输自动化数据的通信协议，基于抽象对象建模，通过建模来表示物理实体。图 10-11 给出了 CIP 为工业设备（如传感器和驱动器）与高层设备（如控制器）之间提供连接性的示意图。

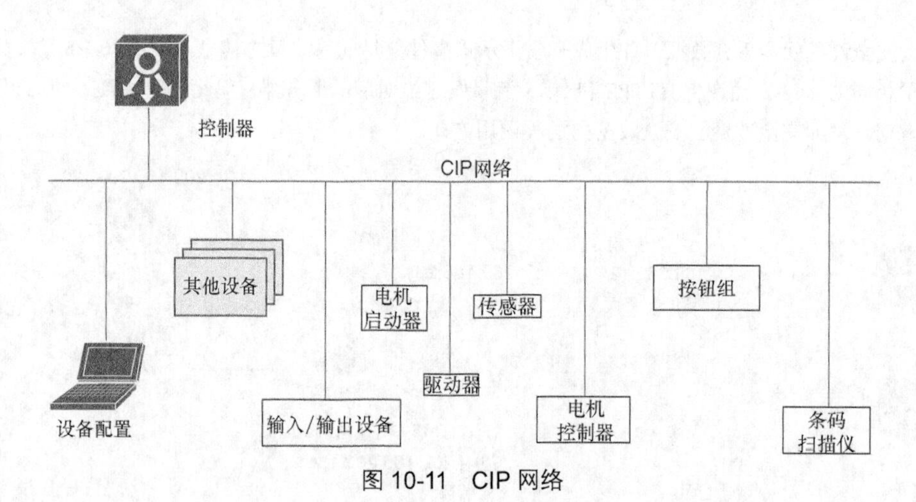

图 10-11 CIP 网络

CIP 作为一种单一且与介质无关的平台，可以供各种不同的网络技术共享，提供对开放网络和开放系统来说至关重要的互操作性。CIP 可以运行在 4 种不同的网络环境中，本章将重点介绍第一种网络环境（EtherNet/IP）。

- 基于以太网技术的 EtherNet/IP CIP。
- 基于 CAN 技术的 DeviceNet CIP。
- 基于 CTDMA 技术的 ControlNet CIP。
- 基于 TDMA 技术的 Component CIP。

EtherNet/IP CIP 为用户提供了一种有效的网络工具，可以为工业自动化应用部署标准的以太网技术（IEEE 802.3 与 TCP/IP 结合）；同时还能实现 Internet 和企业网连接。EtherNet/IP 可以提供多种拓扑选项，包括 DLR（Device Level Ring，设备级环网）以及基于标准以太网基础设施设备的传统星形拓扑。

CIP 协议使用类（classes）、对象（objects）和属性（attributes）等概念。

- 类是一组对象，表示同一种系统组件。
- 对象实例是类中特定对象的实际表示。
- 每个对象实例（某个类中）都有一组相同的属性，同时也有自己特定的一组属性值。
- 属性可以包括供应商 ID 和设备序列号。CIP 指定了其他 CIP 设备必须支持且可用的数据值或属性。

从网络角度来看，CIP 是一个基于连接的系统，其中的连接由多个端点组成。ODVA 官网发布的白皮书“Securing EtherNet/IP Control Systems Using Deep Packet Inspection Firewall Technology”涵盖了两类重要的满足时延需求的通信。I/O（Input/Output，输入/输出）通信通常用于 Class 1 隐式消息传递（要求低时延）。Class 3 显式消息传递则提供了一个可靠的基于连接的会话。UDP（User Datagram Protocol，用户数据报协议）通常用于具有严格时延限制的受限环境，TCP 则用于多用途的显式消息传递，如控制器与 HMI 之间的通信。

10.3.2 缺乏安全保障

不幸的是，这些协议在设计之初并没有将网络安全放在首位，规范中没有包括确保消息机密性、完整性或可用性的方法和机制，也没有提供对设备进行认证的功能。

2012 年，Digital Bond 对 ControlLogix PLC 进行了公开测试，证明了 EtherNet/IP 因缺乏安全服务而存在严重的潜在安全影响，测试表明：

- 攻击者的计算机与 PLC 之间建立了 EtherNet/IP 会话；
- 攻击者利用 CIP TCP/IP 对象，能够修改设备中的关键值，如 IP 地址、网络掩码和 DNS 域名服务器；

- 由于协议规范的原因，不需要进行认证，只需要简单地建立一个新的 EtherNet/IP 会话；
- CIP TCP/IP 对象是一个常用对象，本质上并没有恶意，但是却可以被攻击者恶意利用。

在这种攻击技术的基础上，攻击者可以随意监听活动会话，而且还可以在序列中增加一个 CIP 包来修改正在运行的 PLC 的 IP 地址，从而切断合法会话。

10.3.3 潜在解决方案：不够好

前面提到的 ODVA 白皮书也介绍了潜在解决方案。第一种解决方案就是利用 VPN 技术进行加密，主要好处如下。

- **保密性**：VPN 对两个端点之间传递的数据进行加密，任何未经授权的人或设备都无法理解正在进行的通信。
- **认证**：VPN 对每个端点都进行认证，会话中的每一方都能确保另一方不是冒名顶替者。
- **完整性**：VPN 可以确保消息在发送端与接收端之间的传输过程中不会被修改。

这些都非常有用，但 EtherNet/IP 是一个时间敏感型协议，对每个数据包进行加密会增加一定的开销。对于资源受限设备（如 PLC）来说，时延增加可能是一个破坏性因素。此外，VPN 技术并不检测流量，因而流量本身也可能存在潜在威胁。

10.4 替代解决方案：DPI

传统的三层和四层包过滤方法不足以解决 CIP 等协议存在的问题，因为很多工业协议（如 CIP）都没有精细化控制机制。从 TCP 端口号的角度来看，数据读取消息看起来与固件更新消息完全相同。如果允许从 HMI 到 PLC 的数据读取消息通过传统防火墙，那么也就意味着同样允许编程消息通过防火墙。

DPI（Deep Packet Inspection，深度包检测）提供了对消息的深入分析能力，可以查看协议类型并确定解决 EtherNet/IP 安全问题所需的要素。图 10-12 给出在第三层和第四层提供可视性和过滤机制的技术与深度包检测技术之间的对比情况。

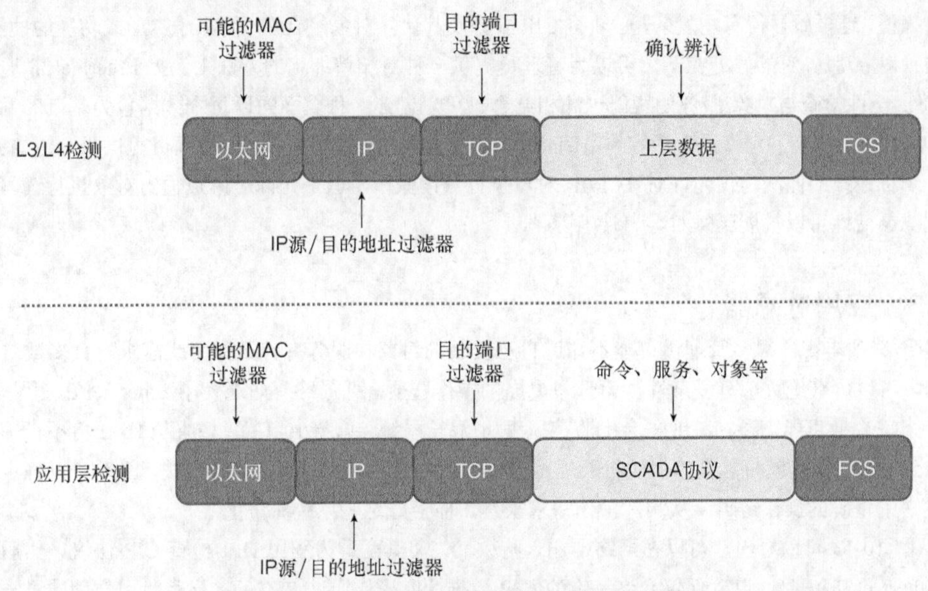

图 10-12 三层和四层检测与应用层检测对比

我们希望能够理解协议并对各个控制系统的重要字段或值应用过滤器，从而提高安全性。为了有效地做到这一点，就必须首先理解协议。本章前面提到的白皮书透彻分析了 CIP 报头结构、消息传递结构以及连接建立过程（虽然这些内容超出了本章写作范围，但是对于利用 CIP 协议创建全面保护方案还是很有用的）。

可以使用如下两种有效的过滤机制来确保流量的有效性。

- **健全性检查（Sanity check）**：消息“健全性检查”操作可以验证是否符合协议规范，可以确保数据包的结构和值的正确性。
- **用户可定义字段**：这些字段可以标识将哪些字段或操作定义为可过滤字段或操作是有意义的（从用户的角度来看）。

10.4.1 健全性检查

从健全性检查开始，PLC 等 ICS 资产可能会在很多方面遭到攻击（取决于控制器包含的逻辑和智能）。为了防范攻击行为，必须在 EtherNet/IP 和 CIP 层同时进行验证。验证过程还应该考虑数据包的方向和数据包的类型。利用一个比特来表示请求或响应，可以将这些数据包映射到源/目地地址和 TCP 端口，可以检查数据包的长度是否正确、利用数据段验证请求路径、验证 CIP 服务以及对象组合。总之，可以通过技术手段来确保数据包形成过程的正确性没有不一致性的情况出现。

10.4.2 用户可定义字段

另一种过滤机制就是用户可以定义的字段。CIP 是一个基于对象的系统，各种不同的 CIP 服务会作用于这些对象，因而对指示正在调用的对象和服务的字段进行过滤是有意义的。管理员可以定义对象和服务的权限，同时拒绝其他对象和服务。例如，为了防止攻击者修改 TCP/IP CIP 对象，用户可以从允许的对象和服务“白名单”中删除该对象。接下来，DPI 将识别对象并将其与允许列表进行对比，如果没有显式允许该 CIP 对象或服务，那么防火墙就会拒绝该数据包。

ODVA 规范描述了一组公共服务和可选的对象专用服务。根据工业以太网手册（Industrial Ethernet Book），这种分组考虑了只读过滤器列表或读写过滤器列表的抽象问题。例如，可以使用 Set Attribute {Single, All}对所有的写入命令进行分组，使用 Get Attribute {Single, All}对所有的只读命令进行分组。对于对象专用服务来说，这样做显得有些复杂，必须将 CIP 服务及其伙伴对象组合在一起，才能形成功能的抽象分组。创建这种对象/服务对的好处在于，可以为管理员提供一种更加精细化的方法来保护 EtherNet/IP 通信流。

将健全性检查与对象/服务的智能过滤相结合，可以创建一种全面的以每个数据包为基础的并行验证流的方法，从而解决了允许只读功能的用例。过滤器组合存在多种可选项，给管理员提供了一定的灵活性。例如，一种谨慎的做法是仅允许对 TCP/IP 对象执行只读操作，但是允许对模拟输出对象执行读写操作。这种过滤灵活性可以扩展到每对客户端/服务器。

10.4.3 应用过滤器

由于选项丰富，很多管理员可能不知道自己安装的对象和服务有什么作用或需求。大多数防火墙都有 GUI，可以屏蔽绝大部分复杂性，为管理员提供操作选项，并最终有效地使用 EtherNet/IP 过滤器。

例如，企业可能需要在工业平台上监控压缩机/涡轮系统（见图 10-13）。如果从 HMI 将不正确的安装点发给到 PLC，那么就可能会给涡轮机及周围区域造成严重危害。因而必须确保技术到位，以确定是否向 PLC 发送了正确的操作逻辑。从实际操作需求来看，监控好这些系统非常重要。

从图 10-13 可以看出，可以在网络中加入防火墙，将其配置为利用 DPI 检查 CIP 协议。然后再检查每条 EtherNet/IP 消息，以确保仅允许特定的 CIP 数据读取操作通过 PLC。这样就为用户创建了一个只读环境，任何试图使用除 0x01（Get Attribute All）、0x03（Get Attribute List）和 0x0e（Get Attribute Single）之外的 CIP 服务都将被阻塞。DPI 引擎还负责执行健全性检查，以确保消息格式的正确性且没有不一致，从而确认数据包没有被篡改。

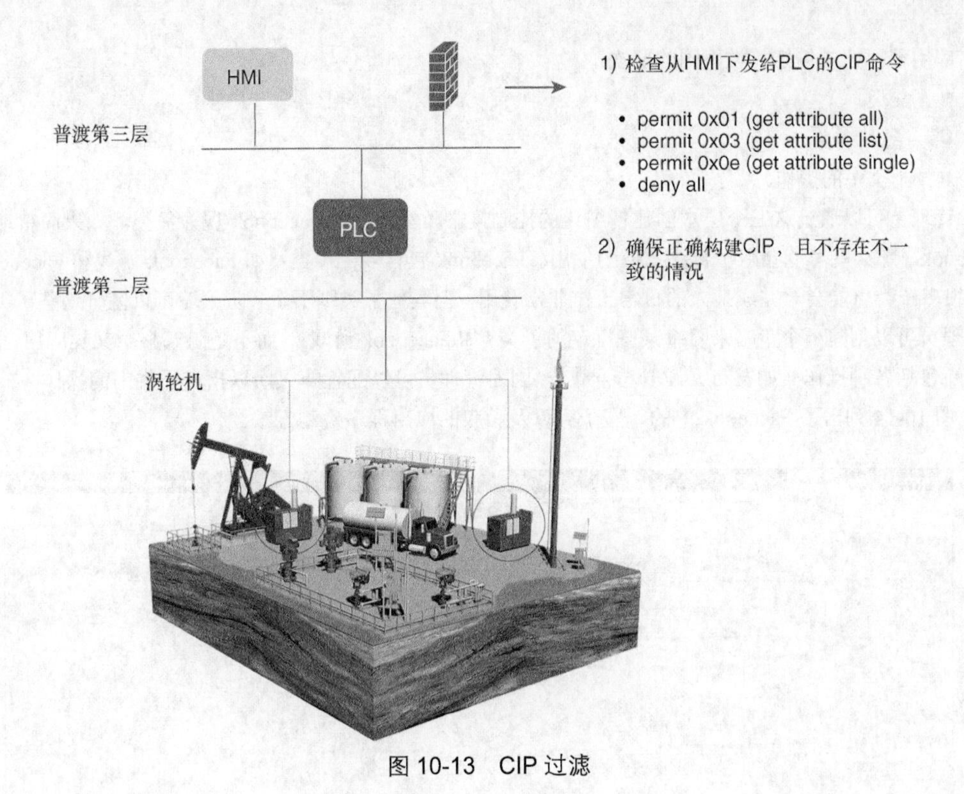

图 10-13 CIP 过滤

10.5 AVC

某些防火墙可以动态发现网络上运行的应用程序，而且还可以识别端点以及运行这些端点的用户。思科防火墙利用应用程序检测器来识别正在运行的网络应用，具体的检测能力取决于检测源。

- **系统提供的检测器**：思科 Firepower 配备了一套应用程序检测器，但是要保持其处于最新状态，必须更新 VDB（Vulnerability DataBase，漏洞数据库）。VDB 包含了操作系统、应用程序、客户端软件以及已知漏洞的指纹信息，Firepower 系统发现应用程序之后，就会将应用程序与已知漏洞关联起来，以确定其在网络中的影响。
- **用户创建的检测器**：可以基于自定义应用程序创建特定检测器。Firepower 采用了 OpenAppID 功能（这是一个开源的应用程序检测模块）。

表 10-1 列出了思科 Firepower 系统支持的所有应用程序检测器。除了内置检测器之外，可以启用或禁用每一个应用程序检测器。

表 10-1 应用检测器类型

应用程序检测器	功能
内部检测器	检测协议客户端和 Web 应用，内部检测器始终处于启用状态
客户端检测器	检测客户端流量，也可以推断未监控网络上的应用程序协议
Web 应用检测器	根据 HTTP 流量净荷中的内容检测流量
基于端口的应用程序协议检测器	根据周知端口检测流量
基于 Firepower 的应用程序协议检测器	根据应用程序指纹检测流量
定制化应用程序检测器	根据用户自定义模式检测流量

应用程序控制包括三类不同的层次：

- 父类；
- 子类；
- 子类中的操作。

管理员可以通过这三个层次创建精细化的控制策略。例如，将 Facebook 视为父类，如果简单地阻止 Facebook，那么就可能会阻止合法业务的使用。Facebook 包含多个子类，如 Facebook 游戏和 Facebook 业务，很多子类可能会对完成某人的日常工作非常有用，但其他子类则不然。防火墙可以区分这些子类，因而管理员可以创建一个策略来阻塞某些特定的子类（如 Facebook 游戏），而不是阻塞整个父类应用。此外，子类还包括各种操作（如发布、读取和下载），因而管理员可以配置防火墙以指定子类中的操作。

图 10-14 列出了 Facebook 中的一些子类以及相应的应用程序检测方法。

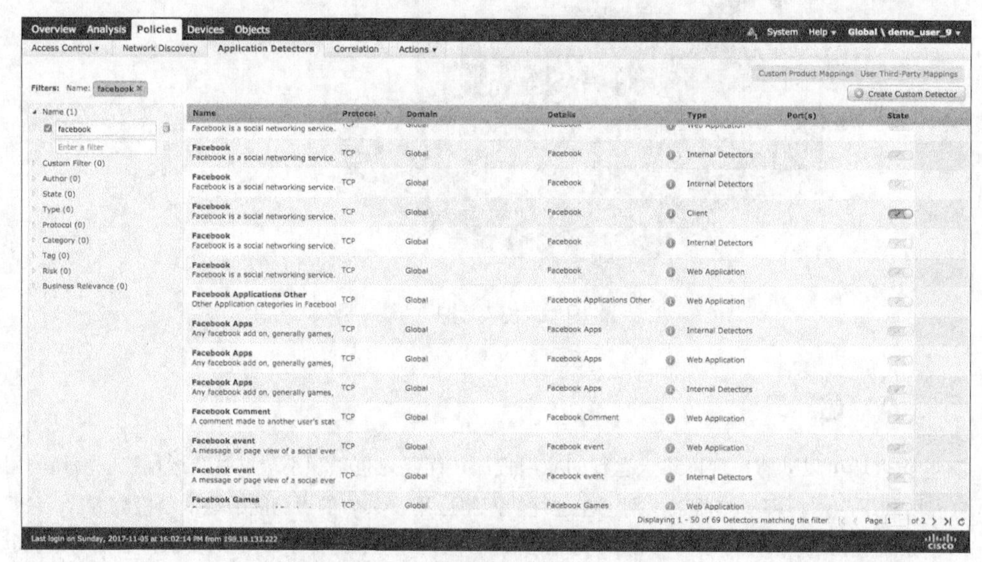

图 10-14 应用程序子类（Facebook）

10.5.1 工业通信协议案例

物联网的很大一部分都是由工业组成的，如制造业、垂直行业、能源和交通运输业等，因而检测和控制工业通信协议的能力就显然尤为重要。思科的 Firepower 系统可以识别当今的很多主流工业通信协议，不仅有助于创建精细化的控制策略，而且还能提供快速的行为洞察能力。图 10-15 列出了当前主流工业通信协议的应用可视性。

10.5.2 MODBUS 应用程序过滤器案例

MODBUS 是一种应用层消息传递协议（OSI 模型的第七层），可以为连接在不同类型总线或网络上的设备提供客户端/服务器通信。MODBUS 最初出现在 20 世纪 70 年代，数以百万计的自动化设备都在利用该协议进行通信。

MODBUS 是一种请求/应答协议，通过功能代码来提供指定的服务。MODBUS 定义了一个保留 TCP 端口 502，功能代码是 MODBUS 请求/应答 PDU 的基础。

图 10-16 显示了 MODBUS TCP/IP 网络上的 MODBUS 请求或响应消息的封装情况，了解这些协议组件非常有用，特别是使用不支持下拉选项的防火墙时更是如此。

图 10-17 显示了规则创建过程。如果用户试图将下面的单元 ID 的值增加到 50 以上，那么该规则就会提醒管理员。

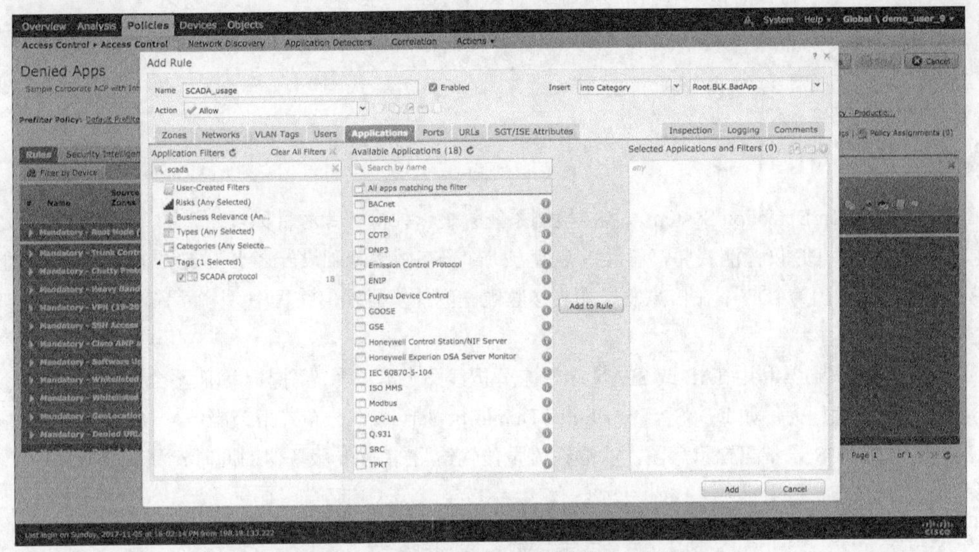

图 10-15 工业通信的应用可视性和可控性

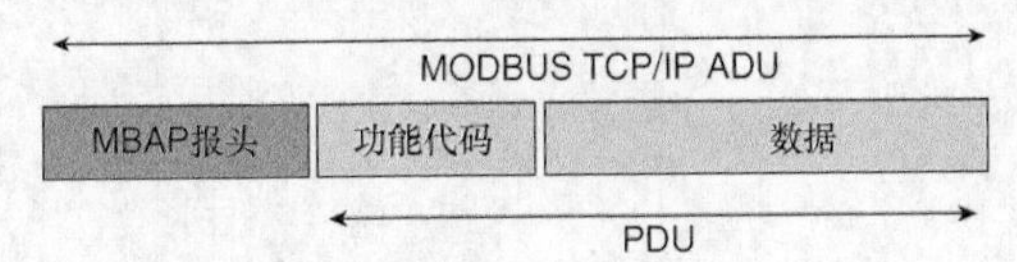

图 10-16 TCP/IP 网络上的 MODBUS 请求/应答

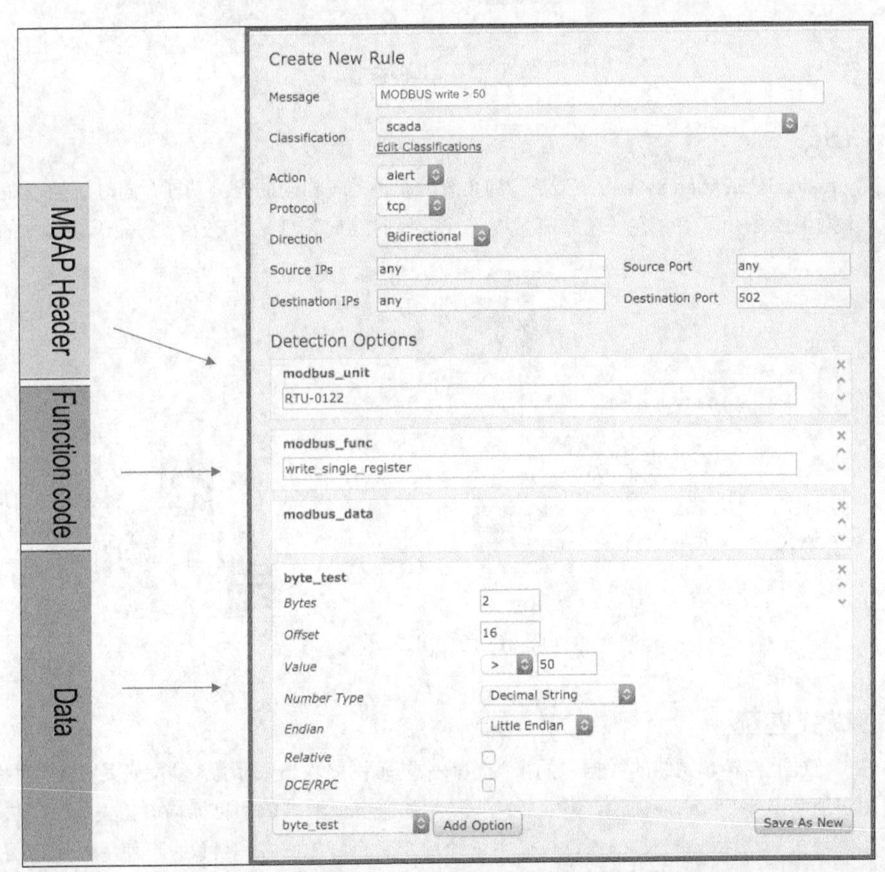

图 10-17 单元 ID 值大于 50 时将触发防火墙规则告警

图 10-17 中的 Action 字段被设置为 alert（告警），也可以设置为 drop（丢弃），从而不允许用户将值增加到预期阈值之上。

10.6 IDS 和 IPS

IDS（Intrusion Detection System，入侵检测系统）是一种检测针对目标（计算机、应用程序等）进行漏洞攻击的技术。IDS 仅检测威胁，通常以带外方式部署在网络基础设施之上。该系统对于很多工业环境来说都非常有用，因为 IDS 不在信息发送端与接收端之间的实时通信路径中，因而不会引入额外时延，也不会阻塞流量。

IDS 解决方案通常利用 TAP 或 SPAN 端口来分析线路上的流量流副本（因而不会影响网络性能），可以检测出大量恶意行为，如 DDoS（Distributed Denial-of-Service，分布式拒绝服务）攻击、病毒和蠕虫。图 10-18 给出了 IDS 设备配置示意图，能够在流量传输给目的 Web 服务器的同时检测安全威胁。

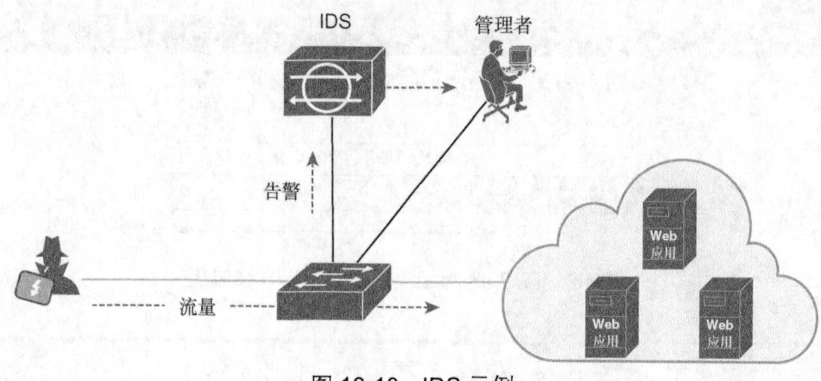

图 10-18 IDS 示例

10.6.1 IPS

IPS（Intrusion Prevention System，入侵防御系统）设备具备相同的检测功能，同时还能以在线方式丢弃数据包。图 10-19 给出了 IPS 在线阻塞流量的方式，同时还向管理站发送了一条关于该事件的告警。

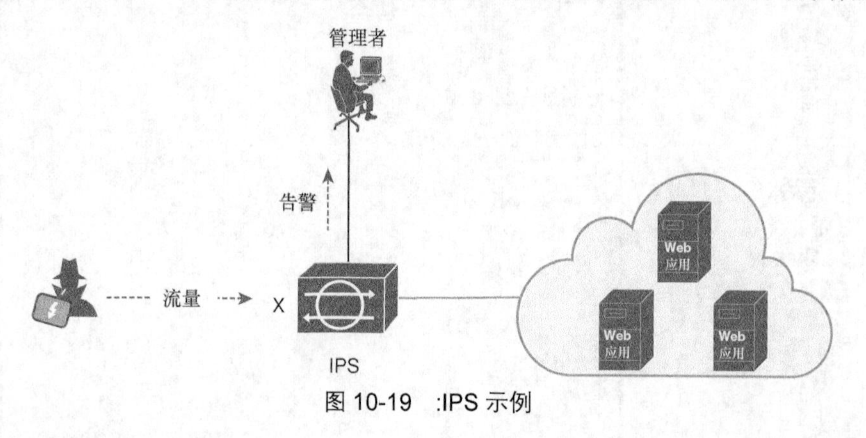

图 10-19 :IPS 示例

10.6.2 模式匹配

IDS/IPS 通过监控穿越网络的数据包的报头净荷来防范网络攻击，而模式匹配则是在穿越网络的数据包中搜索固定的字节序列。一般来说，模式通常与特定的服务或源端口和目标端口相关。该方法可以大大减少对每个数据包的总体检查量，但通常仅适用于端口定义良好的服务和协议，不使用任何第四层端口信息的协议不在此列。这些协议有 GRE（Generic Routing Encapsulation，通用路由封装）协议和 ESP

（Encapsulated Security Payload，封装安全净荷）。

该策略使用了签名的概念。签名是 IDS/IPS 用来检测特定活动的一组规则，通常针对 DoS 攻击等恶意活动。感应器扫描网络数据包时，可以利用签名来检测已知攻击，并用预定义动作做出响应，从而将可操作的响应与行为关联起来。恶意数据包流通常会显现出特定类型的活动：签名。可以配置 IDS 或 IPS 感应器，利用大量不同的签名来检测数据流或流量流，如果 IDS/IPS 感应器发现与签名相匹配的数据流，那么就会调用预先配置好的可操作响应（如发送陷阱或告警，或在线阻塞数据包）。

模式匹配具有如下两个优点：

- 能够快速识别实际的漏洞攻击；
- 能够将可操作的响应与签名关联起来。

该技术的主要缺点之一就是模式匹配可能会产生大量误报。误报指的是非恶意活动的告警。例如，某些网络应用程序或操作系统会发送大量 ICMP（Internet Control Message Protocol，Internet 控制报文协议）消息，基于签名的检测系统可能会错误地将该活动解释为恶意行为（类似于攻击者运行网络扫描以获得子网上的可用主机信息）。

10.6.3 协议分析

协议分析就是检查使用的协议、识别和分析协议的组件以发现异常情况。通常需要检查被查数据包中的显式协议字段，或者检查协议中的字段长度或参数数量。确保数据包拥有正确的格式且没有任何不一致是非常重要的，否则任何异常都可能表示存在潜在恶意行为。确定是否存在异常需要能够检查数据包并确保这些数据包是否符合预期。

10.6.4 IDS/IPS 的不足

虽然 IDS/IPS 解决方案拥有非常高效的应用层攻击检测能力，但是如果攻击者使用的是有效数据包（如 DoS 攻击行为），那么 IDS/IPS 就无法检测出攻击行为。IDS 和 IPS 设备是为单一模式攻击匹配创建的。例如，TCP 流 A 看起来与威胁 A 匹配，TCP 流 B 看起来与威胁 B 匹配。另一个不足之处在于，IDS/IPS 利用签名来识别恶意模式，因而出现新的威胁（也称为零日威胁）时，就会存在检测缺口。IPS 的能力受限于所连接的威胁情报平台。思科的威胁情报平台是 TALOS，它是思科 SIO（Security Intelligence Operation，安全情报运行中心）和 SourceFire VRT（Vulnerability Research Team，漏洞研究团队）的结合。前者暴露在全球 35%的电子邮件、IPS 和 Web 流量中，后者拥有两个最大的开源社区（CLAM A/V 和 SNORT），该组合包含了近 1000 名专业人员，核心目的就是将所有的情报信息都关联起来，并以更新的形式注入到产品中。为了对抗零日攻击，必须能够从可信的威胁情报平台得到及时有效的更新信息。

最后，某些 IPS 系统还提供了基于异常的检测功能，但是所需的调整工作量与 IPS 生成的误报数量之间的关系往往让用户感到物非所值。由于异常检测是威胁检测的重要组成部分，因而其他解决方案更适合处理这些用例。行为分析解决方案就是其中的一种方法，具体将在下一节进行详细讨论。

10.7 APT 和行为分析

行为分析与 SNORT 或 IPS 技术稍有不同。如前所述，IPS 技术通常采用单一模式攻击匹配，也就是说，检查 TCP 流 1 的时候，会将该流与恶意软件威胁 1 相匹配。检查 TCP 流 2 的时候，会触发一个签名，表明该 TCP 流与威胁 2 相匹配。当然，攻击者似乎总能领先一步，一旦他们了解到可用的保护措施之后，就会创造出新的安全威胁，从而规避企业部署的安全技术。案例之一就是 APT（Advanced Persistent Threat，高级持续威胁），本节将简要描述 APT 的概念及其意图，然后再分析为何需要行为分析解决方案。

在现有的几种 APT 中，一种常见类型是窃取数据而不是造成破坏，被攻击目标对于攻击者来说有价值：可能是国家/地区的重要信息、商业机密、财务信息等。攻击者必须获得访问权限并确保不会被安全设备（包括刚才讨论的 IDS/IPS）检测到，然后再窃取数据。第一步是进入被攻击目标，通常涉及某种社会工程或长矛捕鱼（Spearfishing）攻击，Web 和电子邮件网关是最常见的入口载体（如利用与目标上下文相关的电子邮件）。根据获得的用户凭证信息，攻击者随后会执行侦查操作，以确定本地网络上的端点以及这些端点上打开的端口，从而为入侵者执行下一阶段攻击操作提供足够的网络信息。攻击者可以简单地将恶意软件复制到其中的某些端点上，或者安装一个后门并进入下一个层级，后门允许攻击者安装伪造的应用程序，并创建一个幽灵基础设施以分发管理员无法看到的恶意软件。所有这些听起来都像是一个手工过程，但实际上完全可以利用 IF/THEN 逻辑将其编译成脚本，从而快速执行攻击操作。传递或复制恶意软件的目的是为以后下载更多的恶意软件。

在资产/数据发现阶段，攻击者可以访问包含高价值信息以及重要资产的网段，然后通过 RAT（Remote Access Trojan，远程访问特洛伊木马）等工具以及自定义工具或合法工具来传输这些数据。RATS 可以使用 80/443（HTTP/HTTPS）和 53（DNS）等公共端口来上传和下载文件。图 10-20 给出了 APT 各个攻击阶段的示意图。

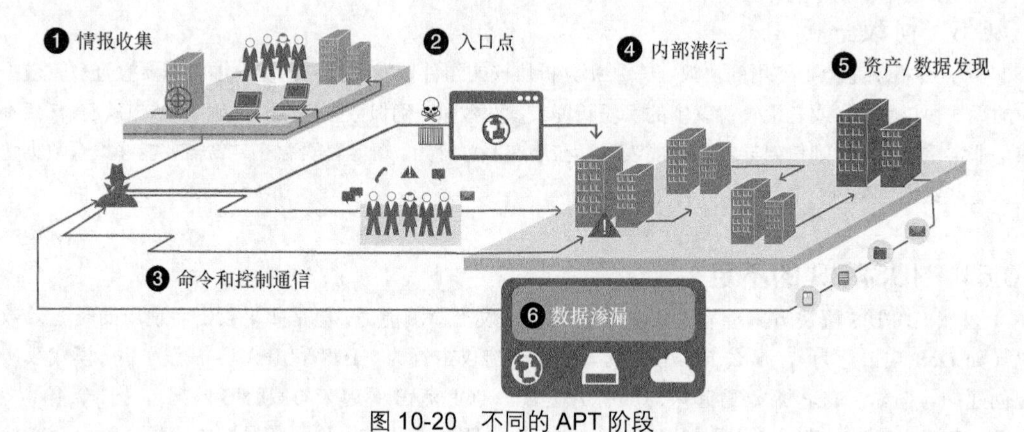

图 10-20 不同的 APT 阶段

安全设备可能无法识别图 10-20 中的攻击步骤，因为数据流与已知签名不匹配，那么该如何处理这种情况呢？一种方法就是使用行为分析技术。

行为分析技术可以创建网络基线（即网络的正常行为），对被测流量进行一段时间的行为分析之后，就可以将该行为与基线指标进行对比。如果发现偏差（异常），那么就可以与可操作的响应关联起来。检测出站数据中的异常行为可能是管理员检测网络是否已经成为攻击目标的最佳方法。

思科 NaaS（Network as a Sensor，网络即传感器）就是这样一种解决方案。NaaS 利用了 NetFlow 技术，属于思科的网络可视性和执行库（Network Visibility and Enforcement arsenal）。

10.7.1 行为分析解决方案

从网络中抓取流信息的方法有很多，而且很多方法也都在网络中得到了实际应用（如使用抓包设备）。可以部署嗅探器（Sniffer）和/或分流设备将流量重定向到安全分析设备。虽然该方法提供了网络中流的可视性，但难以管理且部署成本较高。为了关联这些信息，所需的抓包软件、分流设备以及分析设备的费用将快速增加。

作为替代方案，可以将 NetFlow 协议与 NetFlow 采集器相结合，以识别异常活动和异常行为。全量 NetFlow 可以对启用 IP 流的接口上的所有网络活动进行无采样记账，这对于事件关联和数据分析来说非常有用。与采样式抓包解决方案相比，无采样抓包解决方案可以大大减少误报率。此外，该解决方案还可以通过流信息来测量 RTT，从而解决性能问题。

10.7.2 获得更多可视性的协议

NetFlow 是能够提供额外可视性的几种协议之一，本节将逐一讨论这些协议。

1. NetFlow

NetFlow 是思科在 20 世纪 90 年代中期开发的一种协议，就像网络使用情况的电话账单，可以为网络中的每个会话提供元数据。NetFlow 的思路是，流的第一个数据包会在网络设备上创建一个 NetFlow 交换记录，该记录随后会用于该流的所有后续数据包，直到该流到期。只有流的第一个数据包需要查找路由表以找到特定的匹配路由，此后就可以将流信息导出给流采集器。目前的主要用例是进行行为分析和性能分析。图 10-21 给出了 NetFlow 记录中提供行为可视性的相关字段信息。

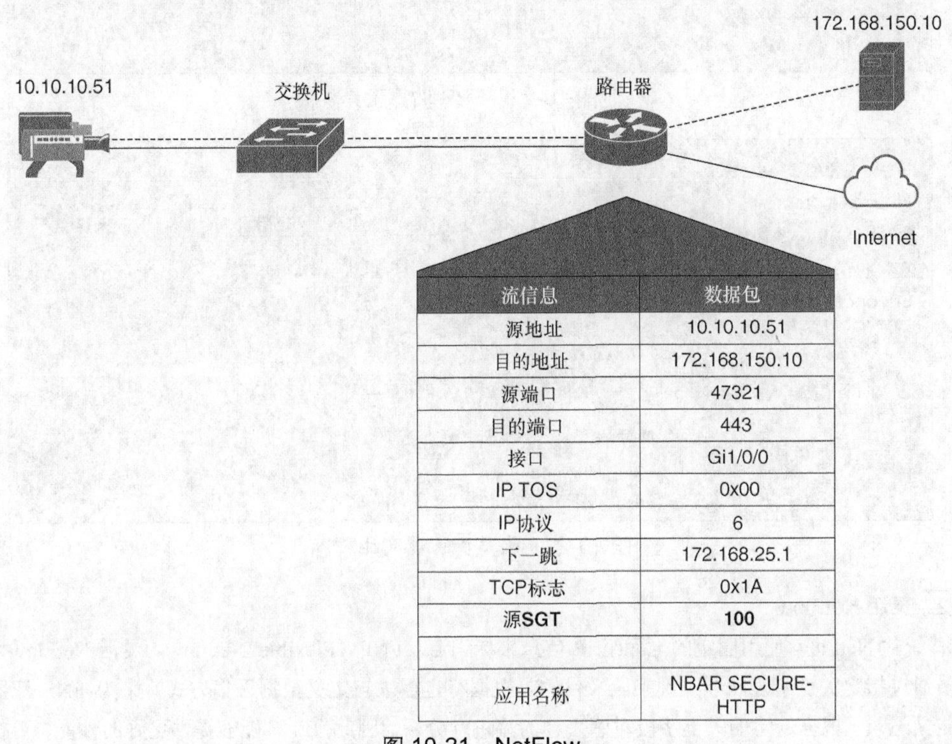

流信息	数据包
源地址	10.10.10.51
目的地址	172.168.150.10
源端口	47321
目的端口	443
接口	Gi1/0/0
IP TOS	0x00
IP协议	6
下一跳	172.168.25.1
TCP标志	0x1A
源SGT	**100**
应用名称	NBAR SECURE-HTTP

图 10-21 NetFlow

需要注意的是，流并不包含实际的分组数据，仅包含用于通信的元数据。考虑到带宽是一个重要关注点，使用元数据有助于在不消耗太多带宽的情况下使用该技术。带宽计算器可以帮助基线确定流信息需要消耗多少带宽，从而更轻松地设计适当的解决方案。

案例：通过每秒基线流量来确定带宽消耗情况

可以通过网络上的活动 IP 主机数量和类型来估算 FPS（Flows Per Second，流每秒），该速率是流离开交换机或路由器并发送给流采集器的速率。通常利用 FPS 速率来确定流采集器的 CPU、存储及 RAM 需求。

假设某分支机构拥有 50 台工作站、2 台交换机和 2 台路由器。思科的 StealthWatch 提供了一个 FPS 计算器，输入相应的数值之后，就可以得到图 10-22 所示的输出结果（当然，这只是一个经过训练的近似值）。带宽和 FPS 计算器的设计仅支持输入公共工作站和基础设施（因而没有提供输入框来模拟传感器/执行器），不过，该实用工具确实提供了一个网络基线，而且实现了了必要的关联。

可以利用该 FPS 数值来估算带宽消耗的近似值（见图 10-23）。由于该解决方案利用了元数据，因而拥有 50 台工作站和 4 台运行 NetFlow/NBAR 的设备的分支机构大约仅需要 120KB/s 的带宽。

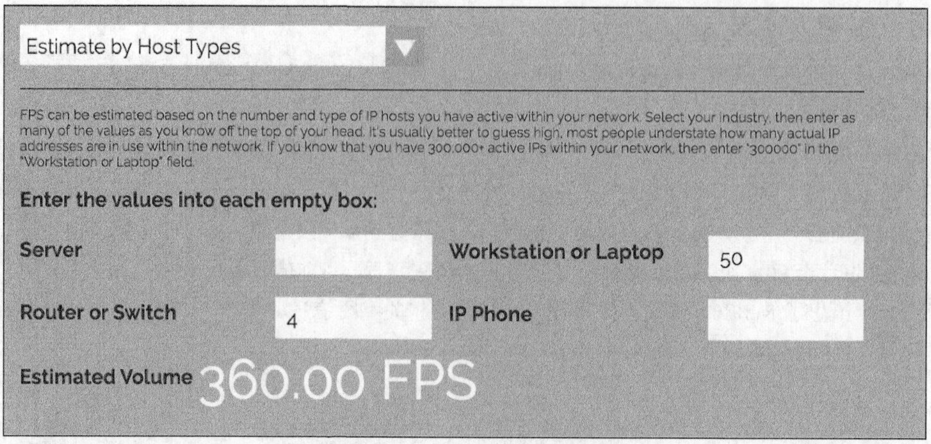

Estimate by Host Types

FPS can be estimated based on the number and type of IP hosts you have active within your network. Select your industry, then enter as many of the values as you know off the top of your head. It's usually better to guess high, most people understate how many actual IP addresses are in use within the network. If you know that you have 300,000+ active IPs within your network, then enter "300000" in the "Workstation or Laptop" field.

Enter the values into each empty box:

Server | Workstation or Laptop 50

Router or Switch 4 | IP Phone

Estimated Volume 360.00 FPS

图 10-22 FPS 估算工具

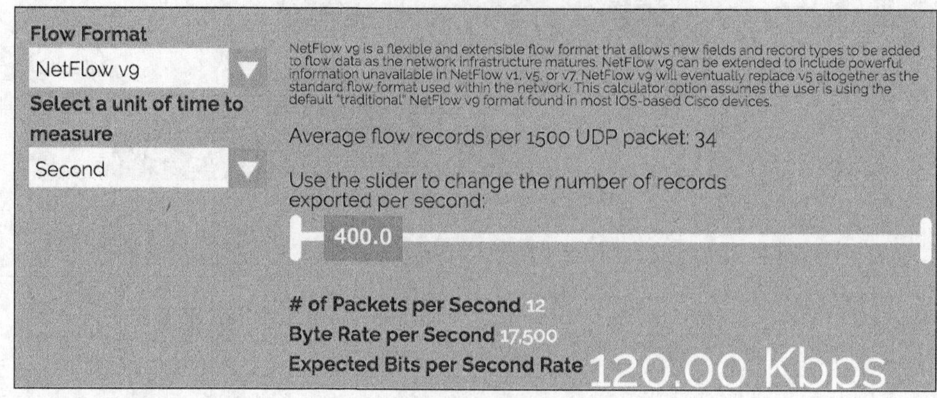

图 10-23 带宽计算器实用程序

2. 灵活 NetFlow

传统的 NetFlow 使用固定的七元组 IP 信息来标识流。FNF（Flexible NetFlow，灵活 NetFlow）允许管理员通过指定关键字段和非关键字段（目的是根据特定需求自定义数据采集方式）来为 FNF 流监控器缓存定义记录，根据选定的关键字段对感兴趣的流进行分析。因此，FNF 能够提供更好的性能、可扩展性和流信息的聚合。

3. 基于网络的应用识别

NBAR2（Network-Based Application Recognition，基于网络的应用识别）可以对 IPv4/v6 流量进行分类，而且还可以根据静态分配属性（如类别、子类、应用程序组、加密和隧道）来匹配协议或应用程序。NBAR2 可以从数据包的报头中提取预定义字段，而数据包的报头则可以通过 NetFlow 导出。NBAR2 与 FNF 集成之后，FNF 就能够提供应用程序的可视性，而不仅仅是流的可视性。

4. 网络安全事件日志

思科 ASA 防火墙运行了一个被称为 NSEL（Network Security Event Logging，网络安全事件日志）的 NetFlow 版本。NSEL 的 ASA 实现是一种 IP 流跟踪方法，是有状态的，而且仅导出表示流中重要事件的记录。对于有状态的流跟踪机制来说，跟踪的流会经历一系列状态变化，可以利用 NSEL 事件来导出流状态的相关数据，而且由导致状态变化的事件进行触发。允许跟踪的事件包括流创建、流拆除和流拒绝，每条 NSEL 记录都有一个事件 ID 和一个描述流事件的扩展事件 ID 字段。

10.7.3 网络即传感器

NaaS（Network as a Sensor，网络即传感器）是一种网络可视性和安全情报解决方案。Stealthwatch

系统有助于安全运维人员实时了解网络上的所有用户、设备及流量信息，实现方式是采集、聚合和分析 NetFlow 数据，同时还结合各种上下文数据源，如来自思科 ISE 的身份数据、通过 NBAR2 获得的应用程序数据以及各种系统特定数据（如 Syslog 和 SNMP）。图 10-24 给出了 NaaS 解决方案的组件信息。

- **StealthWatch 流采集器**：图中的流采集器是生成流数据的网络基础设施的集中式采集器，负责监控、分类和分析网络流量，从而在网络和主机层面创建全面的安全情报。流采集器可以作为物理设备或虚拟设备使用，其 VE（Virtual Version，虚拟化版本）可以在虚拟环境中执行与物理版本相同的功能，可以在 ESXi 或 KVM Hypervisor 环境下安装 VE 软件。
- **SMC（Stealthwatch Management Console，StealthWatch 管理控制台）**：控制台负责管理和配置所有的 StealthWatch 设备，可以在整个企业范围内关联安全和网络情报。可以将 SMC 配置为从 ISE 获取经过认证的会话信息，以关联流数据和身份。

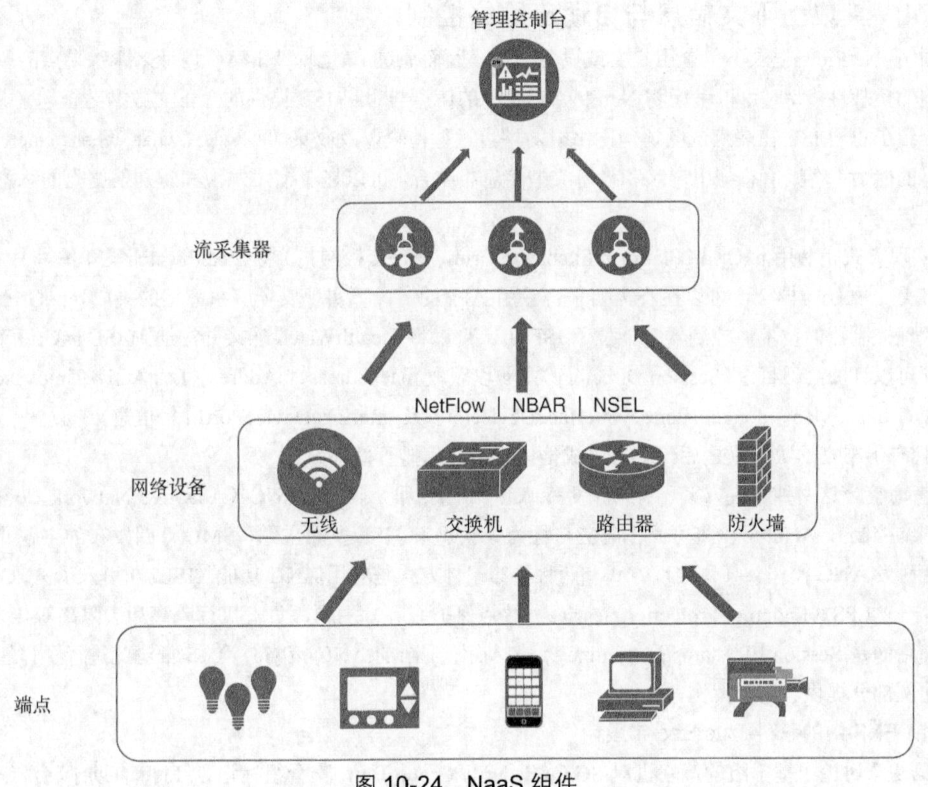

图 10-24 NaaS 组件

1. 安全事件算法

可以在网络设备上通过启用 NetFlow 来调用 NaaS 功能，而不需要购买和部署专用传感器。该解决方案可以为 NetFlow 采集器（StealthWatch 流采集器，支持基于安全的事件算法）提供所有网络活动的未采样记账。安全事件由分析流和寻找特定模式的算法组成，这些事件会被注入到生成告警信息的高级告警类别中。图 10-25 给出了安全事件示例。

这些算法可以快速检测异常行为。

在基础设施上启用了适当的协议（NetFlow、NBAR2 或 NSEL）之后，管理员需要首先配置网络的基线参数文件（从采集流信息开始）。在执行异常检测之前，必须首先了解网络的正常情况，在此基础上建立基线指标并用作对比参数，从而快速检测网络环境中的异常数据移动、可疑流量及高级威胁。

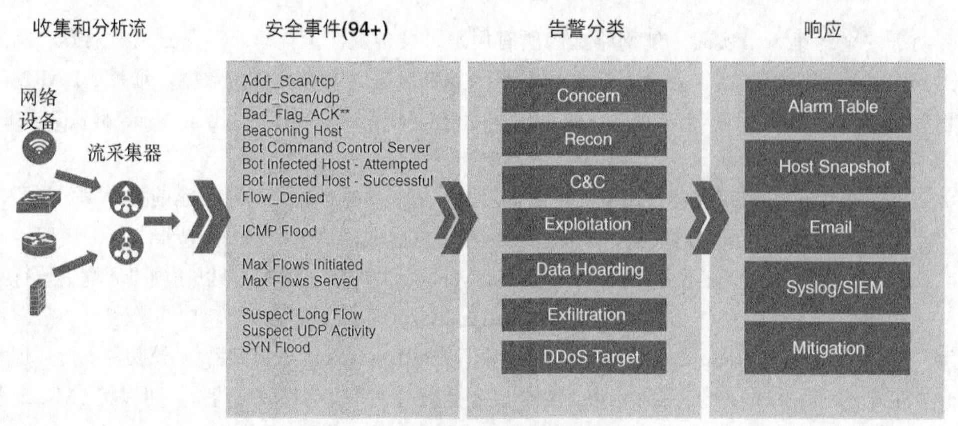

图 10-25 由算法组成的安全事件

10.7.4 集成上下文信息与自适应网络控制

由于 NetFlow 记录不包含用户名或设备类型，因而通过 IP 地址或 MAC 地址来跟踪端点的所有者具有一定的挑战性，此时可以考虑将 NetFlow 记录中的信息与思科 ISE 提供的上下文数据结合起来。第 9 章曾经介绍了思科 ISE 在端点试图访问网络时对端点进行检查以及收集端点 who、what、when、where 和 how 等信息的能力。将流信息与用户名和设备类型信息相结合，可以显著缩短发现和识别网络上的恶意行为的时间。

实现方式是利用 pxGrid（Platform Exchange Grid，平台交换网格）将 Stealthwatch 与 ISE 集成在一起。pxGrid 是一种统一框架，可以在不需要平台专用 API 的情况下实现安全解决方案的集成。pxGrid 是一种基于代理控制器的技术，控制器功能位于 ISE 上。可以将 StealthWatch 连接并注册到 ISE pxGrid 节点上，而且还可以订阅会话目录（Session Directory）主题以获取 macaddress、ipAddress、LastActiveTime、username、securityGroup、vlan、domainName、interfaceDeviceip 以及 interfaceDevicePortId 等信息。

拥有了丰富的数据集之后，就可以成倍地提高故障排查效率。

考虑整合这两种解决方案还有一个更令人信服的原因，那就是 ANC（Adaptive Network Control，自适应网络控制），ANC 可以将可操作响应与行为关联起来。ISE 发布主题，SMC 订阅发布的主题并最终在端点上触发 ANC 操作。具体实现方式有两种，第一种方式是利用 ANC 功能（ISE2.0 引入了 ANC 策略）。ISE 有一个 EPS（Endpoint Protection Service，端点保护服务）主题，负责执行隔离和去隔离等传统功能，EPS 使用的是 Session:EPSstatus:quarantine 策略，而不是新的 ANC 策略。第 15 章对此进行了详细讨论，并在用例部分提供了实际案例。

1. FNF 中的思科 TrustSec 字段

第 9 章讨论了基于组的策略机制 SGT（Security Group Tag，安全组标记）。FNF 有助于将源组标记和目标组标记配置为 NetFlow 记录中的关键字段。FNF 流记录中的标记信息可以帮助管理员将流与身份信息关联起来，使管理员和工程师能够详细了解客户如何使用供应商的资源，然后利用这些信息以更快速的方式检测和解决潜在的安全和策略冲突问题。

NetFlow 记录中的 SGT 信息可以提供很多额外功能，包括查询标签以了解用户和设备类型以及所有的相关行为。这一点对于 SOC（Security Operations Center，安全运营中心）来说非常有用，而且还是一个非常好的合规性遵从工具。此外，还具有执行策略建模的能力，对于中断或时延敏感型的工业环境来说非常重要。

2. 异常检测案例

本节将以油气行业中的行为分析为例，希望确保网络行为符合企业策略且希望网络中仅出现允许的通信过程。企业 X 制定了一项策略，利用 HMI 编程 PLC，在气阀仪表上配置设定值，其他端点组都不应试图与 PLC 进行直接通信。企业 A 的策略规定所有与 PLC 的通信都应该来自 HMI。

可以利用 SGT（将身份分配给不同的端点组）与 NetFlow 来监控端点组之间的通信，并在出现异常流量时触发策略。由于已经定义了端点组之间的通信要求，因而这样做可以快速检测恶意行为。

从图 10-26 可以看出，ISE 分配了如下 SGT：

- Employees=5；
- HMI=50；
- Gas Valves=100；
- PLC=200。

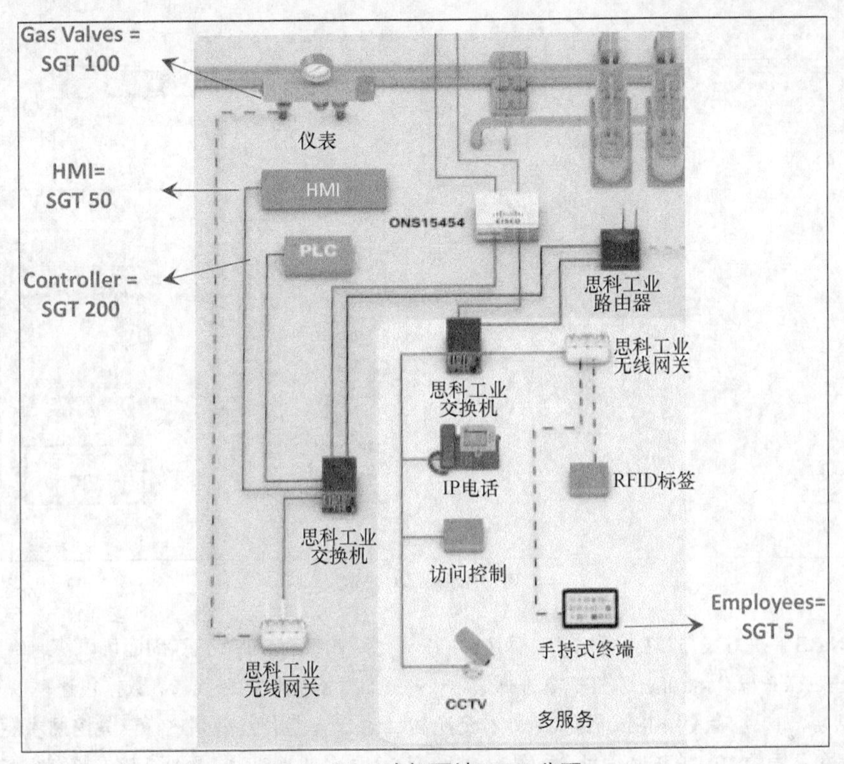

图 10-26 油气泵站 SGT 分配

接下来定义策略模型，通过该模型来定义允许在端点组之间进行的通信（白名单策略）。图 10-27 给出了允许的通信示意图。

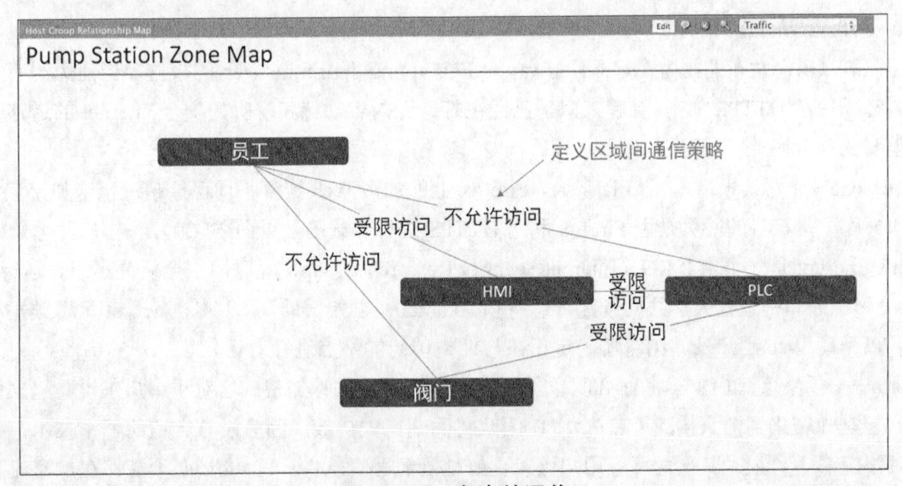

图 10-27 允许的通信

从图 10-27 的通信示例中可以看出，端点组之间的访问行为要么受限制，要么不允许访问（NO ACCESS）。不允许访问没什么可说的，但是限制访问就意味着需要在这些端点组之间定义一组允许的协议或端口。如果两个端点组之间出现了未列入白名单的任何通信行为，都会触发告警，而且与可操作的响应关联在一起。

下面将介绍一个违反上述企业策略的案例。从图 10-27 可以看出，Employees 组与 PLC 组之间不允许进行直接通信，以 NO ACCESS 来表示组间通信。某名员工试图利用移动应用程序与 PLC 进行通信，很快就被系统发现了（见图 10-28）。

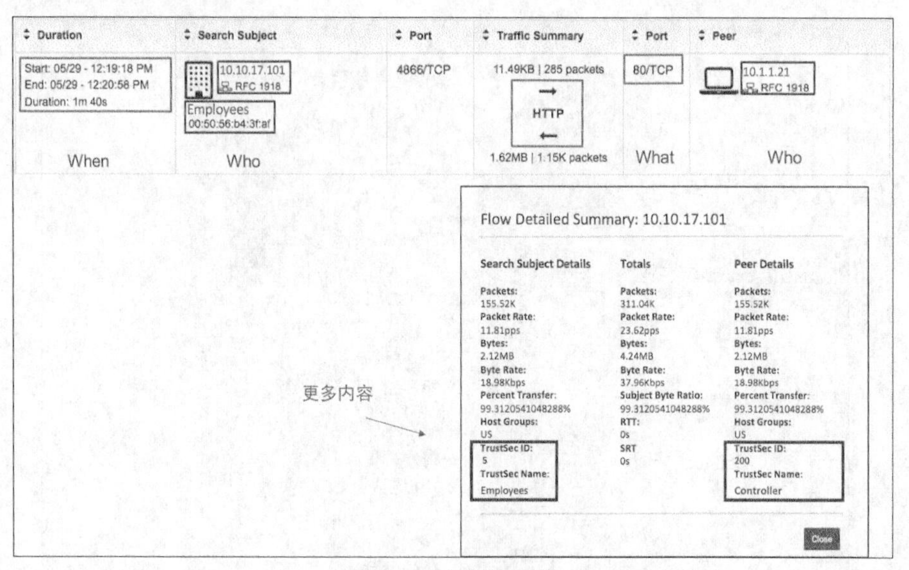

图 10-28 告警触发

由于 NaaS 解决方案与 ISE 协同工作，而且 NetFlow 记录中拥有 SGT 信息，因而可以快速确定 Employee SGT 组通过 HTTP 与 Controller SGT 200 进行通信（并提供了有关数据包数量、数据包速率以及开始/结束时间等信息）。如果没有使用 ISE，那么只能看到源和目地 IP 地址，还必须进行一些挖掘才能确定其所有者。由于存在不同的 DHCP 域和地址分配结果，因而这么做会非常耗时。显然，该告警有很多用途，不仅能够注意到该员工的端点与控制器之间的通信，而且还能看到控制器上的端口 80 处于打开状态（违反了企业策略）。NetFlow 提供了所有对话的可视性，对于了解网络的健康状况和状态非常重要。

10.7.5 加密流量分析

根据 EFF.ORG 发布的题为 We’re Halfway to Encrypting the Entire Web 的报告，当前大约有一半的互联网流量都采用了 HTTPS 加密，看起来似乎已经在打造无内容劫持和窃听的安全 Internet 的道路上前进了一半，但真的如此吗？

据 letsencrypt 网站报道，Mozilla 认为，Firefox 上的加密 Web 流量平均已经超过了未加密流量，截至 2017 年 12 月，有 68%的网页是由 Firefox 利用 HTTPS 进行加载的（见图 10-29）。

Let’s Encrypt 是一个由 ISRG（Internet Security Research Group，互联网安全研究小组）运行的 CA，由 EFF、Mozilla 和密歇根大学共同创建，思科和 Akamai 是创始赞助商。Let’s Encrypt 负责颁发和维护数字证书，以帮助 Web 用户及其浏览器确定正在与期望访问的站点进行对话。

Gartner 认为，到 2019 年将有 80%以上的企业网流量会进行加密。这对于用户来说看起来似乎是一个胜利，但是却带来了两大挑战。首先，IT 团队将面临巨大挑战，因为没有合适的解密技术，导致很大一部分网络流量不可视。其次，恶意用户可以更好地隐藏恶意软件，IT 人员必须能够在加密流量中识别蠕虫、特洛伊木马和病毒。

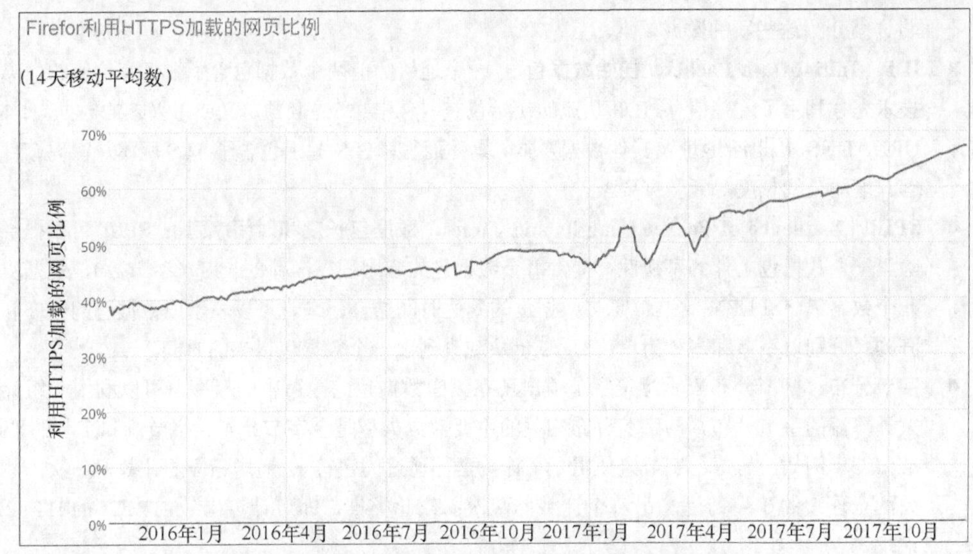

图 10-29 Firefox 利用 HTTPS 加载的网页比例

Gartner 预测，2019 年将有半数恶意软件活动将利用某种加密机制来隐藏它们的命令和控制活动或数据窃取行为。恶意软件平台的所有者和创建者都认识到了这一点，并将希望寄托于此。Gartner 指出，“随着 HTTPS 流量超过 HTTP 流量，通过加密 Web 通道交付恶意软件的行为也将越来越频繁。”因此 Gartner 认为，到 2020 年，超过 60%的组织机构将无法有效地解密 HTTPS 流量，“将会遗漏掉大多数 Web 恶意软件”。

解决该问题的最常见方法就是利用下一代防火墙或具有 SSL 解密功能的 Web 代理等设备来解密并检查流量，这是一个非常耗时且昂贵的过程。考虑到性能和资源因素，批量解密、分析和重新加密过程并非始终可行或实用，必须采用高级分析技术来识别恶意流量，进而利用解密技术执行进一步检查操作。

1. 利用加密流量分析检测威胁

识别加密网络流量中包含的安全威胁需要解决很多挑战，是否可以在保持加密完整性的同时执行该操作？

思科创建了一项名为 ETA（Encrypted Traffic Analytics，加密流量分析）的技术，通过被动监控方式识别加密流量中的恶意软件通信。ETA 需要提取并发送相关的数据要素（三个新的数据要素）以进行威胁分析，采用了受控的机器学习和统计建模技术，并且得到了全球风险地图（与漏洞攻击相关的 Internet 服务器的行为特征）的支持与增强。图 10-30 给出了加密流量的检测方式。

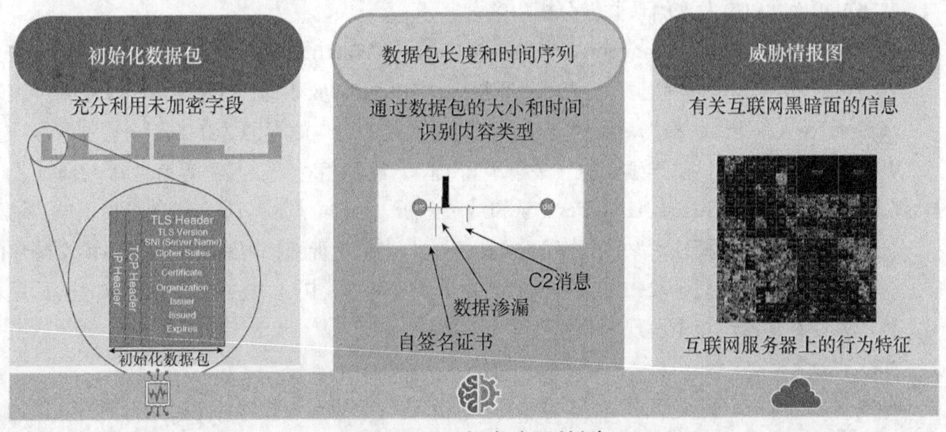

图 10-30 加密流量检测

下面将详细介绍这些新的数据要素。

- **IDP（Initial Data Packet，初始数据包）**：一个连接的前两个数据包含了很多有价值的信息，该技术充分利用了这些信息。IDP 从流的初始包获取包信息，提取预定义或感兴趣的数据，如 HTTP URL、DNS 主机名/地址及其他数据要素。具体而言，TLS 握手包含了 TLS 版本、密码套件以及客户端的公钥长度等元数据要素。
- **SPLT（Sequence of Packet Lengths and Times，数据包长度和时间序列）**：SPLT 可以提供流中除第一个数据包之外的可视性，提供每个数据包的应用程序净荷的长度（字节数），包括流的前几个数据包。SPLT 将这些信息与数据包的到达时间结合起来，可以表示成数据包的长度和时间阵列（分别以字节和毫秒为单位），表示从观察到上一个数据包以来的时间。
- **字节分布**：字节分布表示特定字节值出现在流中数据包的净荷中的概率。可以利用一组计数器来计算流的字节分布，与字节分布相关的主要数据类型是全字节分布、字节熵和字节的平均/标准偏差。例如，为每个字节值使用一个计数器，通过为字符 H 递增相应的计数器一次，然后再为两个连续的 T 字符递增另一个计数器两次；依此类推，即可计算出 HTTP/1.1 的 HTTP GET 请求。

图 10-31 显示了 ETA 解决方案的 4 个组件信息。

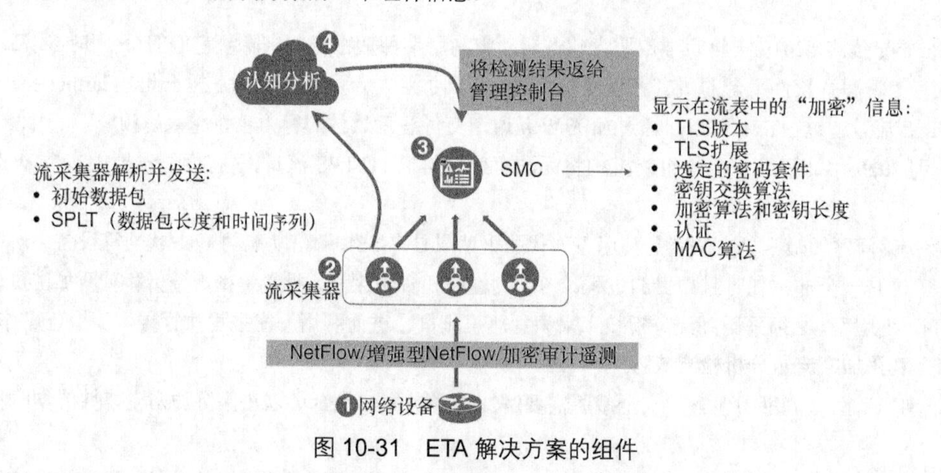

图 10-31 ETA 解决方案的组件

- **网络设备**：ETA 通过网络设备中的硬件来提取 4 个主要数据要素：SPLT、字节分布、TLS 特定功能以及 IDP。思科的 ASIC 架构可以在不降低网络速度的情况下提取这些数据要素。
- **StealthWatch 流采集器**：NetFlow 和一些额外的新字段都被发送给 StealthWatch 流采集器，由后者处理所有数据（NetFlow、IPFIX、NSEL 和 ETA 元数据），流采集器将解析新的 NetFlow 字段，并将 IDP 和 SPLT 发送给认知云分析引擎。
- **SMC（Stealthwatch Management Console，StealthWatch 管理控制台）**：SMC 是一个安全管理系统，支持从单一位置定义、配置和监控多个 StealthWatch 流采集器，可以提供由认知分析（Cognitive Analytics）根据风险类型识别出的受影响的用户的视图。SMC 有一个扩展仪表盘，可以显示认知分析提供的详细信息（关于最高风险升级和相对威胁漏洞等信息）。
- **CTA（Cognitive Threat Analytics，认知威胁分析）**：CTA 是一个基于云的分析引擎，通过应用机器学习和统计建模技术来分析新的 ETA 要素。CTA 负责维护网络上的服务器的全球风险地图（行为特征），跟踪属于攻击一部分或参与攻击的服务器。ETA 数据要素和全球风险地图相互增强，以便在加密流量中发现恶意模式（无需解密）。

2. 加密合规性

让网络为 Stealthwatch 提供反馈，不仅能够检测加密流量中的恶意软件，而且还有助于实现加密合规性。例如，ETA 从每个网络会话中识别加密质量，提供可视性以确保符合加密协议。ETA 负责对网络上的加密内容和未加密内容提供可视性和证明，有助于快速审计和合规性检查，能够揭示 TLS 策略违反情况以及密码套件存在的漏洞。图 10-32 给出了每个连接的加密信息的可视性示例。

Stealthwatch

Flow Search Results (8,196)

START	DURATION	CONNECTION APPLICATION	CONNECTIO BYTES	ENCRYPTION TLS/SSL VERSION	ENCRYPTION KEY EXCHANGE	ENCRYPTION ALGORITHM AND KEY LENGTH	ENCRYPTION AUTHENTICATION ALGORITHM	ENCRYPTION MAC	EER IP DDRESS	PEER PORT/PROTOCOL	PEER HOST GROUPS	PEER BYTES
Apr 20, 2017 12:05:48 PM	2m 11s	HTTPS (unclassified)	132.61K	TLS 1.2	RSA	RSA_128	RSA	AES_128_CBC	0.0.40.10	443/TCP	Catch All	92.54K
Apr 20, 2017 11:58:48 AM	6m 11s	HTTPS (unclassified)	309.67K	TLS 1.2	RSA	RSA_128	RSA	AES_128_CBC	0.0.40.10	443/TCP	Catch All	216.14K
Apr 20, 2017 11:48:48 AM	9m 11s	HTTPS (unclassified)	444.16K	TLS 1.2	RSA	RSA_128	RSA	AES_128_CBC	0.0.40.10	443/TCP	Catch All	309.55K
Apr 20, 2017 11:34:48 AM	13m 11s	HTTPS (unclassified)	626.72K	TLS 1.2	RSA	RSA_128	RSA	AES_128_CBC	0.0.40.10	443/TCP	Catch All	437.98K
Apr 20, 2017 11:14:48 AM	19m 11s	HTTPS (unclassified)	871.41K	TLS 1.2	RSA	RSA_128	RSA	AES_128_CBC	0.0.40.10	443/TCP	Catch All	606.05K
Apr 20, 2017 10:48:48 AM	27m 11s	HTTPS (unclassified)	1.21M	TLS 1.2	RSA	RSA_128	RSA	AES_128_CBC	0.0.40.10	443/TCP	Catch All	861.54K
Apr 20, 2017 10:06:48 AM	39m 11s	HTTPS (unclassified)	1.73M	TLS 1.2	RSA	RSA_128	RSA	AES_128_CBC	0.0.40.10	443/TCP	Catch All	1.21M
Apr 20, 2017 9:10:48 AM	55m 11s	HTTPS (unclassified)	2.39M	TLS 1.2	RSA	RSA_128	RSA	AES_128_CBC	0.0.40.10	443/TCP	Catch All	1.67M
Apr 20, 2017 7:51:48 AM	1h 18m 11s	HTTPS (unclassified)	2.85M	TLS 1.2	RSA	RSA_128	RSA	AES_128_CBC	0.0.40.10	443/TCP	Catch All	1.98M
Apr 20, 2017 7:40:12 AM	10m 47s	HTTPS (unclassified)	503.88K	TLS 1.2	RSA	RSA_128	RSA	AES_128_CBC	0.0.40.10	443/TCP	Catch All	351.75K

图 10-32　加密合规性

3. WannaCry 案例

WannaCry 是一个勒索软件程序，曾经于 2017 年 5 月对全球被感染的计算机发起网络攻击，一共感染了 150 个国家/地区的 23 万多台计算机。

受害者的计算机被 WannaCry 感染之后，就会拒绝访问，并显示一条索要 300 美元等价比特币的信息。黑客们以 28 种语言要求受害者用加密货币比特币支付赎金。该攻击通过多种方式进行传播，包括网络钓鱼电子邮件。该恶意软件运行在屏蔽了其行为的加密通道上。图 10-33 给出了 ETA 使用新的数据要素和全球风险地图检测该恶意软件的示意图，这些数据要素和全球风险地图相互增强，能够在加密流量中发现恶意模式，无需对加密流量进行解密。

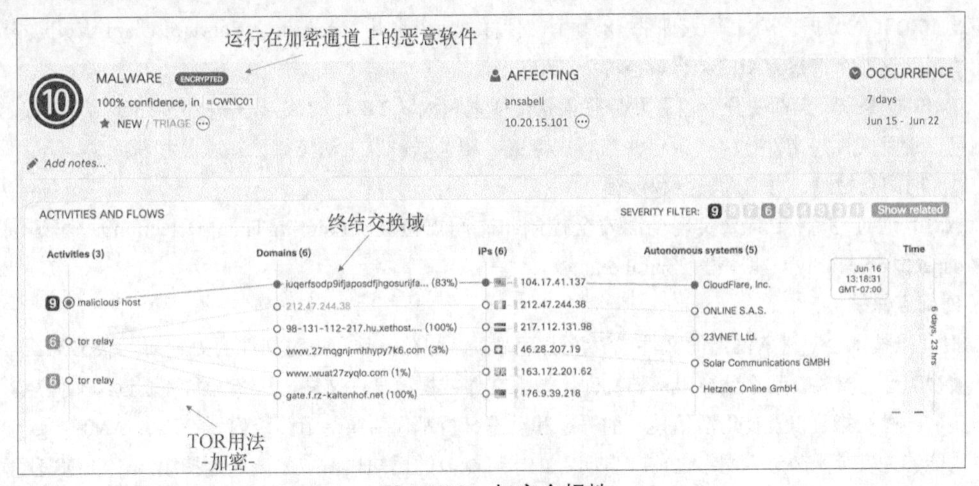

图 10-33　加密合规性

10.8　恶意软件保护和全球威胁情报

如果大家正在阅读本书，那么一定知道全球每一个星期都会爆出安全漏洞新闻。

IT 安全经理的任务就是要保护组织机构免受网络攻击，但所有的组织机构都面临着相当惊人的被攻击概率。AV-Test（最著名的测试机构之一）拥有世界上最大的恶意软件集，经常在统计报告中发布新的恶意软件文件数量。这里的恶意软件数量并不是通过文件来计算的，而是根据签名中包含的恶意软件代码的公共属性。从图 10-34 可以看出，恶意软件的数量正在持续增加。

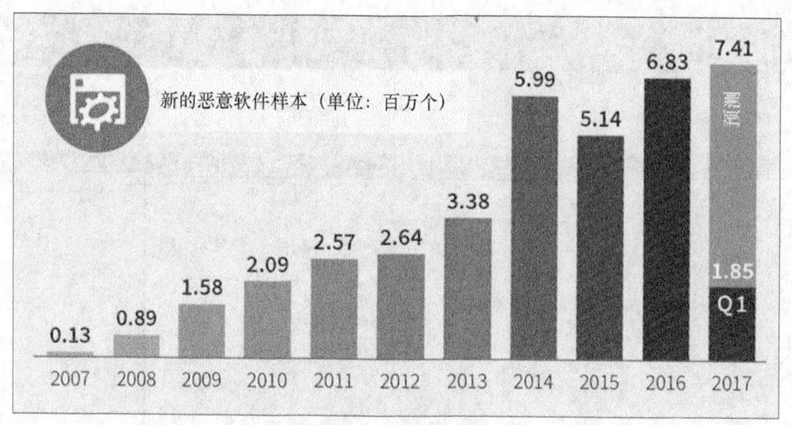

图 10-34 恶意软件的数量呈现上升趋势

从图 10-34 可以看出，恶意软件正在以惊人的速度进行扩散，当今的组织机构每小时都要面对数以千计的新恶意软件样本。由于网络攻击可能涉及巨大的利益链，因而攻击者愿意花费更多的资源来了解组织机构采用的最新安全技术，善使得攻击策略也日益复杂。

10.8.1 思科 AMP 和 TALOS

思科 AMP（Advanced Malware Protection，高级恶意软件保护）系统利用哈希值来跟踪文件，从而通知安全触发器并防止文件和恶意软件在端点和网络上传播。与所有的实时系统一样，特别是那些利用 IP 签名和恶意软件处置查找功能的系统，该解决方案的全面性取决于它引用的全球威胁情报数据库。AMP 建立在思科 SIO（Security Intelligence Operations，安全情报运行中心）和 SourceFire VRT（Vulnerability Research Team，漏洞研究团队）的安全情报基础之上。SIO 监测了全球大约 35%的电子邮件流量，每天扫描超过 100TB 的数据；VRT 每天评估 18 万个文件样本，并利用 FireAMP、Snort 和 ClamAV 开源社区提供的情报。这两个情报组织的结合就被称为 TALOS。

TALOS 专家每天都要分析数百万个恶意软件样本和数以 TB 计的数据，并将情报推送给 AMP，AMP 将测量记录及文件与文件行为（源自沙箱解决方案）相关联，以主动防御已知威胁和新威胁。

1. 时间点检测、可追溯安全和沙箱

AMP 通过 3 种工具来实现全面安全控制：时间点检测（Point-in-Time Detection）、可追溯安全（Retrospective Security）和沙箱（Sandboxing）。

时间点保护

时间点技术会对进入网络的文件或流量进行评估，并在该时间点对文件的处置情况做出判断。如果文件被视为恶意文件，那么就会阻塞该文件；如果文件被视为良性文件，那么就允许通过。文件声誉、一对一签名、模糊指纹以及使用沙箱技术的静态和动态分析都作为第一道防线内置在思科 AMP 中，使得组织机构能够在安全威胁进入网络之前，自动阻止尽可能多的已知和新威胁。通过持续从 TALOS 获得最新的威胁情报，系统可以采取如下行动：

- 阻止已知恶意软件和违反策略的文件类型；
- 将已知恶意连接动态加入黑名单；
- 阻止从被分类为恶意的网站和域下载文件。

这些技术都是非常必要的，而且通常是大多数解决方案都不具备的功能。但不幸的是，恶意软件过于复杂且非常动态，以至于无法单独使用这类技术，而且没有任何检测方法能够在入侵防护方面做到 100%

的有效性。此外，时间点工具还无法让管理员发现那些已经渗透到网络中的隐秘恶意软件，也就无法做出适当的响应措施（见图 10-35）。

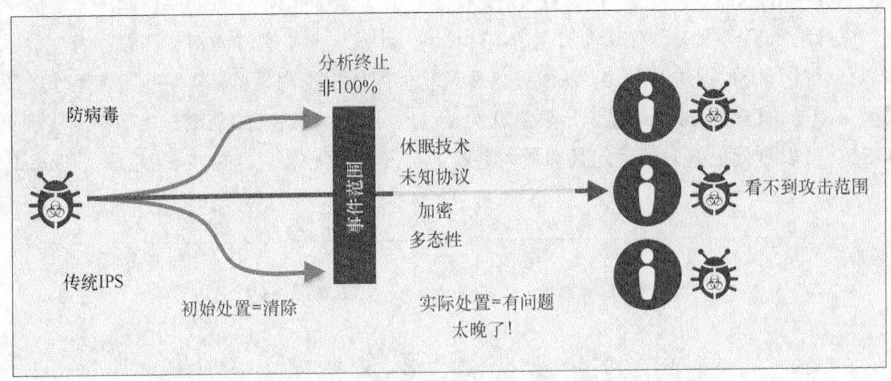

图 10-35 时间点检测——无法发现隐秘的恶意软件

可追溯安全

与当前其他可用技术不同，思科 AMP 可以提供持续分析和可追溯安全机制，以检测恶意软件，即使恶意软件过去曾经以中性处置方式进入了网络。文件通过安全控制点之后，由时间点引擎对其进行检查，并判断是良性或未知文件，然后允许其进入网络。此后，AMP 会持续观察该文件在整个网络环境中所做的每一个动作。

AMP 解决方案适用于网络基础设施、端点和移动设备，可以将它们链接到同一个管理和情报平台，记录所有文件的活动和通信状况，以便快速发现那些变现为可疑行为的安全威胁。一旦出现威胁迹象，AMP 就会以可追溯方式向安全团队告警，并提供有关威胁行为的详细信息：

- 事件是如何发生的；
- 恶意软件来自哪里；
- 恶意软件在整个网络中的位置；
- 恶意软件试图做什么。

图 10-36 给出了可追溯安全的示意图。

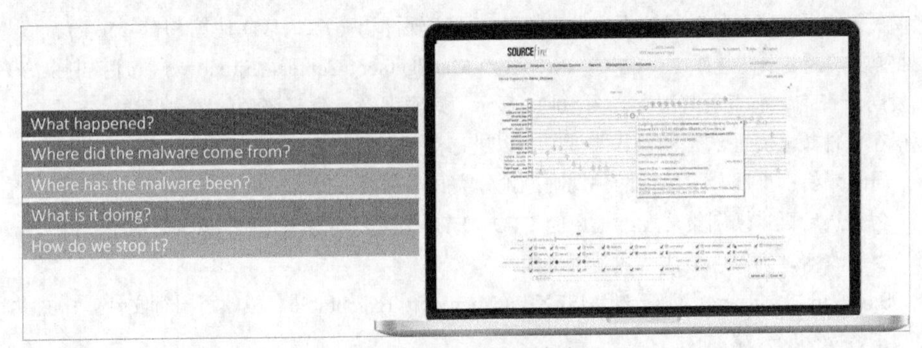

图 10-36 可追溯安全

最重要的是，AMP 提供了阻止恶意软件的方法，可以根据采集和分析的证据判定文件为恶意文件，然后执行补救措施。可追溯安全是一种记录系统中每个文件活动的能力，如果一个良性或中性文件变成了恶意文件（通过威胁情报平台了解到），那么 AMP 就可以回放已记录的历史信息，以查看威胁的来源以及在过去时间段表现出来的行为，然后就可以利用内置响应功能采取行动。

AMP 还可以记录跟踪到的所有内容（从威胁的签名到文件的行为），并将数据记录在威胁情报数据库中，以进一步加强前线防御能力（将基础设施连接到威胁情报平台）。这样一来，恶意文件以及类似的文件就无法逃避初始检测。

沙箱（Threat Grid）

思科 Threat Grid（威胁网格）可以将沙箱技术与 TALOS 威胁情报数据库结合起来，生成一个统一的解决方案，保护组织机构免受恶意软件的攻击。Threat Grid 负责分析文件并将文件的行为与数以百万计的样本和数以亿计的行为数据进行对比，从而提供恶意软件的历史视图、恶意软件的真实操作以及对组织机构造成的整体威胁。Threat Grid 通过识别恶意软件及其所属的相关活动的关键行为指标来实现这一点，网络团队和 SOC 可以据此更有效地确定具有最大潜在影响的攻击优先级。图 10-37 显示了 Threat Grid 的实现示意图。

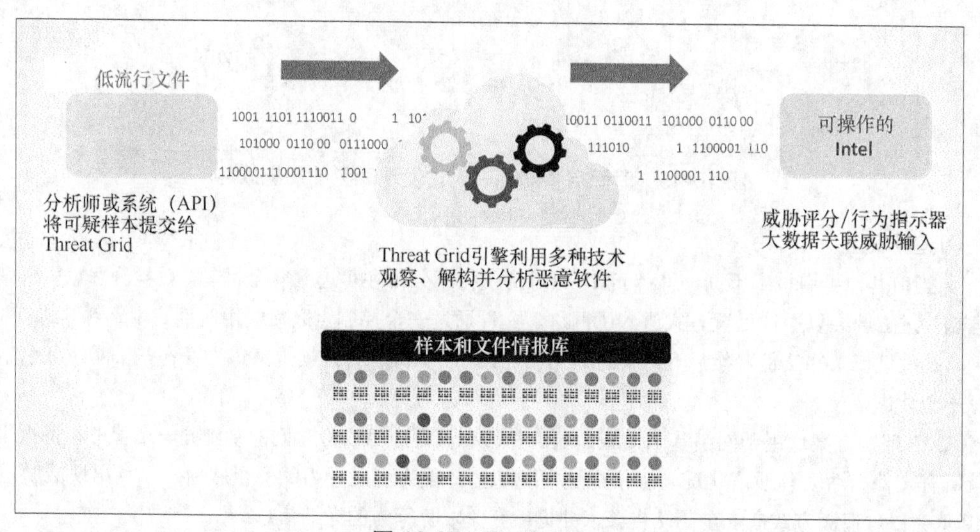

图 10-37 Threat Grid

Threat Grid 向 AMP 解决方案提供动态的恶意软件分析结果和威胁情报，由 AMP 解决方案将其用于处置查询、沙箱及其他动态分析功能。

2. 案例：防火墙如何使用恶意软件功能

思科将 AMP 技术与防火墙系统集成后称为 FTD（Firepower Threat Defense，Firepower 威胁防御），FTD 能够在文件进入平台的时候分析文件中的潜在恶意软件和病毒。FTD 计算 SHA-256 哈希值并据此确定文件处置方式。出于性能原因，FMC（Firepower Management Center，Firepower 管理控制中心）会在向 AMP 云发送新查询之前查看其缓存。图 10-38 显示了思科恶意软件云资源的防火墙通信选项。

根据在文件策略界面选定的操作类型，可以进行以下分析。

- **局部分析**：局部分析包括两种规则：预分类和高保真。FMC 从 TALOS 下载高保真恶意软件签名，然后再将规则集分发给适用的 FTD。FTD 利用已知恶意软件的模式匹配技术以及文件预分类过滤器，确保以最佳格式使用资源。
- **Spero 分析**：Spero 引擎分析 MSEXE（Microsoft Executable，微软可执行文件）格式并将 Spero 签名提交给云端。
- **动态分析**：该分析方法将文件提交给 Threat Grid 沙箱进行动态分析，文件可以位于本地或云端。分析成功之后，就会返回一个指示潜在恶意软件的得分。
- **容量处理**：这是一种动态分析特性，允许 Firepower 系统在文件未提交到沙箱之前临时存储文件，出现这种情况的可能原因是提交过程中通信失败或超出文件限制。

3. 文件策略

如果要调用恶意软件检测功能，那么就必须在 FTD 上创建文件策略，而且必须在其中添加必要的规则。文件策略允许管理员选择类别、应用程序协议、传输方向和操作。图 10-39 显示了 FTD 文件策略示例。

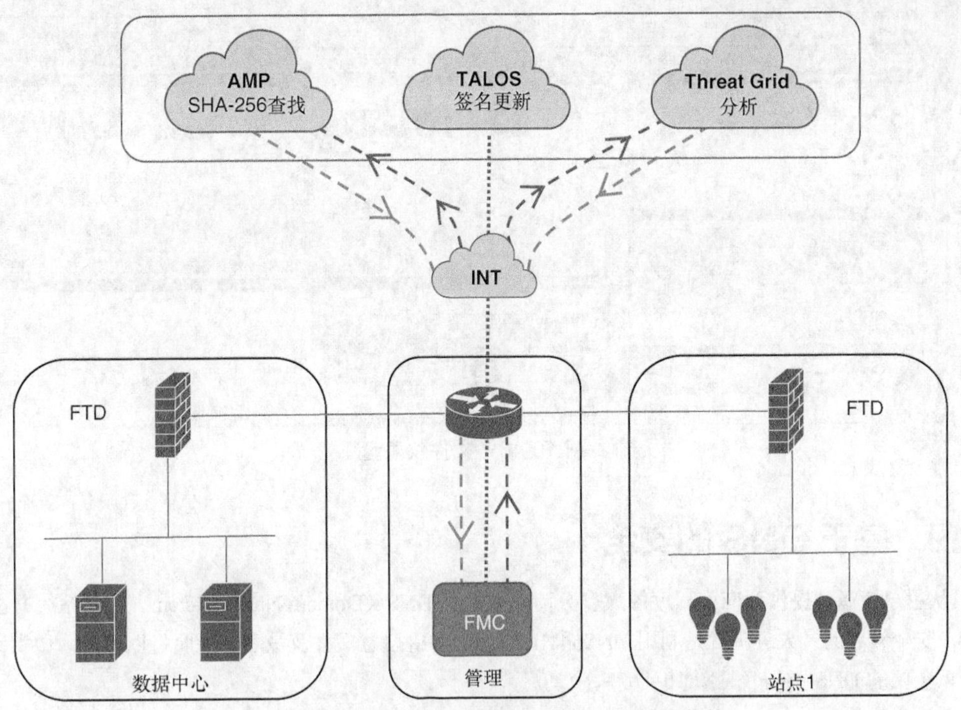

图 10-38 防火墙与思科恶意软件云资源的通信

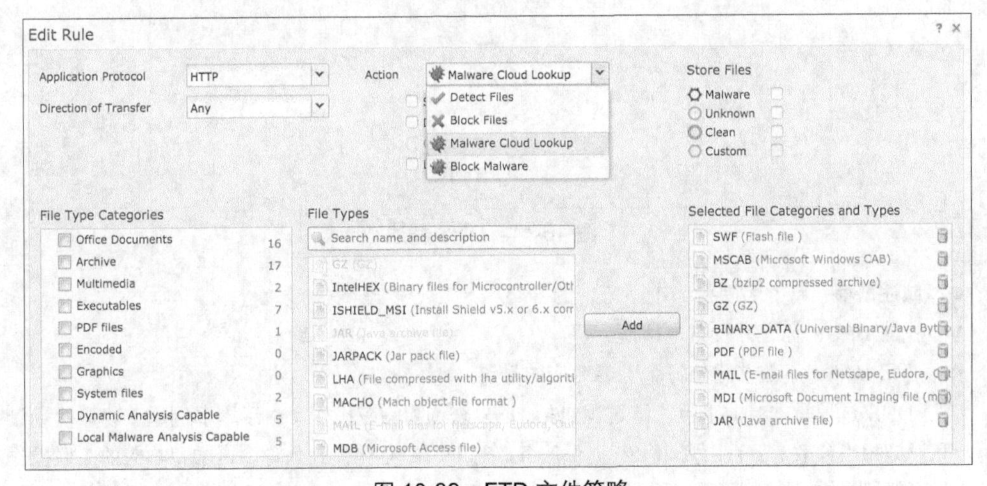

图 10-39 FTD 文件策略

图中的 FTD 文件策略将检查 HTTP 应用程序协议。如果右侧选择的文件或类别与策略相匹配，那么就会对该文件或类别执行恶意软件分析。定义了 4 种操作。

- **检测文件**：该操作将检测文件传输过程并将其记录为文件事件，而不会中断传输。
- **阻塞文件**：该操作将阻塞在文件规则中选定的文件和格式。
- **恶意软件云查找**：该操作支持本地和远程恶意软件分析，而且无论怎么处置恶意软件，都能不中断传输。
- **阻塞恶意软件**：该操作与前面的恶意软件云查找选项相同，但如果处置结果确定为恶意软件，那么就会阻塞该原始文件。

文件仪表盘以不同的小窗口显示文件事件，可以根据环境和目标对这些小窗口进行定制。通过仪表盘可以深入了解每个事件的更多详细信息（见图 10-40）。

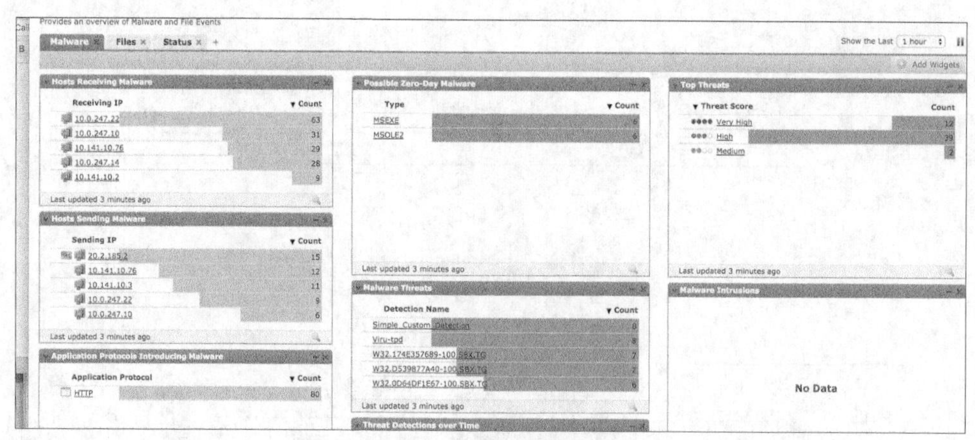

图 10-40 文件仪表盘

10.9 基于 DNS 的安全

从用户资源到提供商应用程序的大多数请求都是从 DNS（Domain Name System，域名系统）请求开始的。安全领域的一大进步就是利用 DNS 和 IP 层主动防御恶意文件及域名。下面将以电话簿做类比，了解一下主要的 DNS 类别（见图 10-41）。

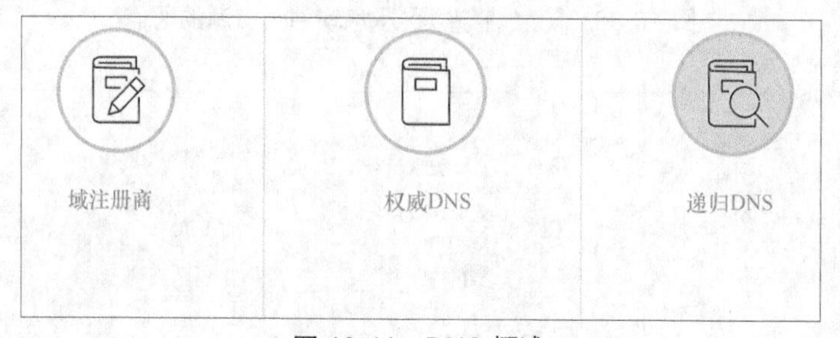

图 10-41 DNS 概述

- **域注册商**：将姓名映射为电话簿中的号码。
- **权威 DNS**：拥有并发布电话簿。
- **递归 DNS**：查找并记住每个姓名对应的号码。

递归 DNS 进程是本节的重点，该过程包括 DNS 查询和响应操作。由于本书侧重于物联网场景，远程用户和设施相当分散，而且由多个 ISP 提供服务。对于去中心化模式来说，日志和响应的关联操作对于企业来说可能很困难，特别是日志采用不同的格式时更是如此。另一方面，采用集中式模型或使用单一全局递归 DNS 服务模式，可以让全球互联网活动以及互联网范围内的云应用程序均可见，而且还可以提供一致性的策略实施机制。图 10-42 给出了集中式递归模型示意图。

10.9.1 Umbrella（DNS 安全+智能代理）

思科提供的 Umbrella 服务是一种云交付网络安全服务，利用 DNS 层的安全性来保护设备，与具体位置无关。DNS 进程先于 Web 或非 Web C2（Command and Control，命令和控制）回调，Umbrella 可以通过任意端口或协议来阻塞网络活动（包括数据窃取）。这更像是一种主动式安全机制，因为在第一时间解决了恶意域问题，使得用户无法访问恶意网站。此外，Umbrella 还为可疑域或“灰色站点”提供了 Web 代理服务。向 Umbrella 发送请求之后，可能存在三类响应（见图 10-43）。

- **安全请求**：针对未被策略阻止的安全请求，将返回解析后的 IP 地址。
- **阻塞**：针对恶意或被禁止的目的端的请求，将重定向到一个阻塞页面。

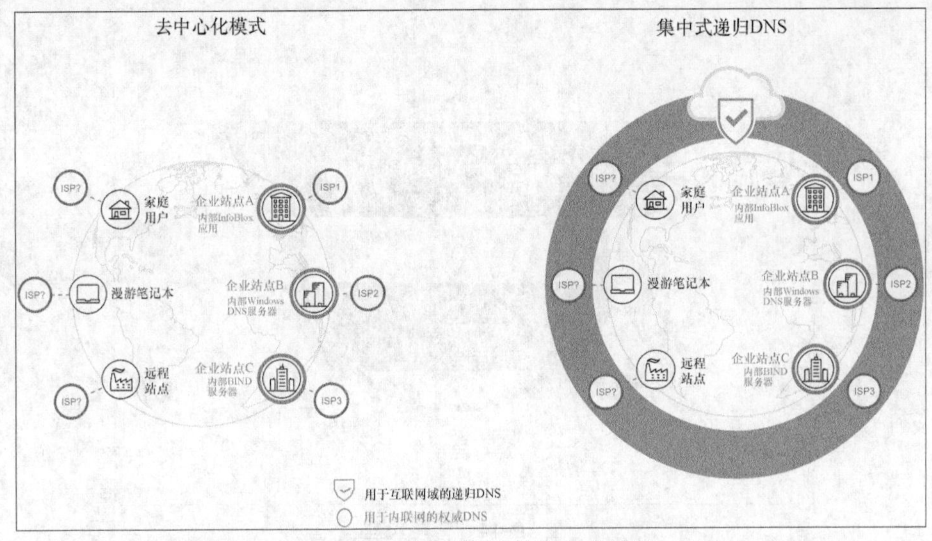

图 10-42 递归 DNS 的集中式模型

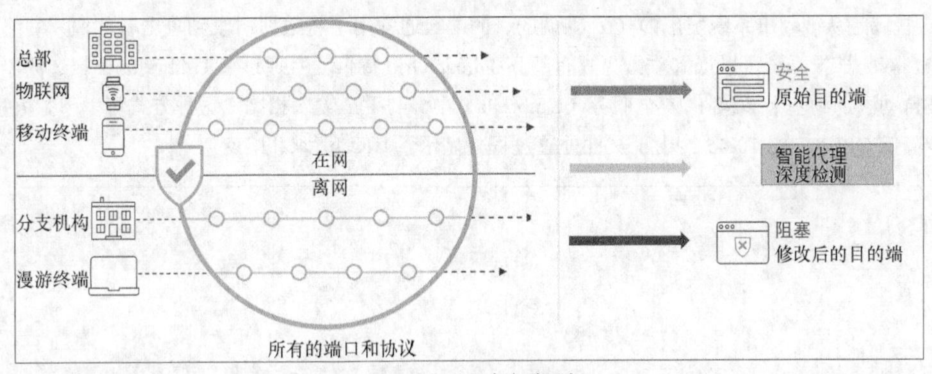

图 10-43 响应类别

- **未知或可疑**：针对未知目的端或需要进一步检查的目的端的请求，将重定向到智能代理以进行进一步分析。

接下来详细讨论未知或可疑类别，在这个过程中将会用到智能代理。

1. 智能代理

智能代理服务在本质上是避免将请求代理到已知安全或恶意的域。这些域上的大多数恶意软件、勒索软件和网络钓鱼网站都被归为恶意网站。对于这些网站来说，智能代理只是执行简单的阻塞操作（如前所述），而不会代理连接。而对于不构成可见威胁的域（如 Netflix 等提供内容的域）来说，智能代理也不会代理连接。不过，某些域处于中间状态，或者被认为是灰色状态。如果允许所有去往危险域的流量，那么很快就会出现感染；但是如果阻止流量，那么很可能会造成误报并导致客户投诉增加。图 10-44 给出了智能代理的主要组件信息。

智能代理检查 URL 和 150 多种文件类型，包括进出端口 80 和 443 的可执行文件、Office 文档、PDF 和 ZIP 文件。将 TALOS、思科网页信誉系统以及合作伙伴提供的大量有用信息组合在一起，可以识别数以百万计的恶意 URL，而文件检查则利用了前面描述的 AMP Threat Grid 沙箱环境。

2. Umbrella+AMP Threat Grid 沙箱

为了更快地对新发现的恶意域做出响应，可以将 Umbrella 服务与 AMP/Threat Grid 沙箱环境进行集成。思科 AMP Threat Grid 每时每刻都会从每个用户提交的每个文件中发现新的恶意域，并将这些文件的哈希值与合作伙伴 AV 引擎和思科 AMP 进行比对，从而获益于全球数以百万计的传感器，这些传感器每天都能看到近 200 万个传入的恶意软件样本。

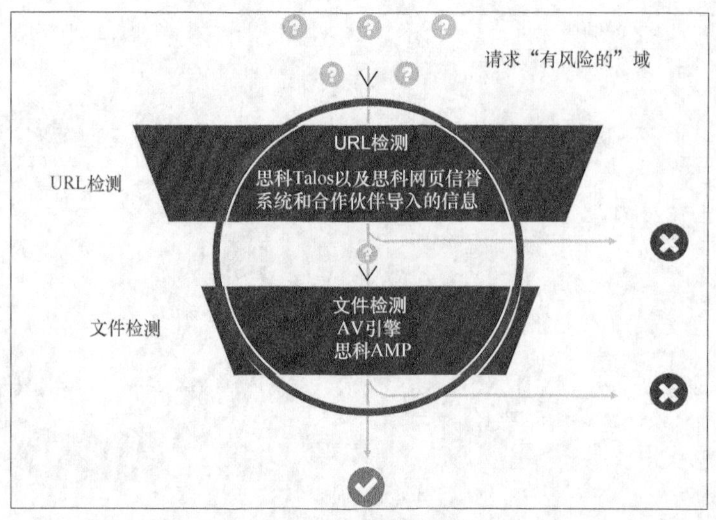

图 10-44 智能代理

这些域是从被攻击系统发出的 C2 回调的目的端（通常用于将数据窃取到攻击者的僵尸网络基础设施）中。威胁情报系统可以抵御攻击，具有超高 Threat Grid 置信度且通过了 Umbrella 误报过滤器的恶意域会被自动添加到基于 DNS 的安全服务（Umbrella）中。与手工输入相比，这种方式可以节省大量时间，有助于降低 OPEX。图 10-45 给出了文件处置过程（显示了 URL 请求和响应）。

DNS Proxy IP

FILTER BY:
Response Select None
Allowed
Blocked

Identity	Identity Type	Destination	Public IP	Response	Categories
HQ		http://lorem.com/images/ekl.swf	67.255.75.188	Blocked — Cisco AMP (SWF.EXP-tpd)	Malware
Guest Wi-Fi		http://quam.com/files.zip	67.255.75.189	Blocked — Antivirus (Trojan-Dropper.VBS.Agent.bp)	Malware
Mark's laptop		http://urna.net/zob1	70.155.555.45	Allowed	

图 10-45 智能代理处置过程

3. 利用 Umbrella 保护医卫领域

下面将通过一个案例来说明如何利用 Umbrella 技术解决特定物联网用例的需求。医卫行业在部署云解决方案方面一直都比较缓慢，主要原因是其独特的数据处置方式。不过，在过去的几年里，医卫行业在云计算方面的部署工作出现了重大变化。Markets and Markets 在 2015 年发表的一篇文章中预测，到 2020 年，医卫行业在云计算方面的支出将呈现 20%以上的年复合增长率。与其他垂直行业一样，人们的态度已经普遍从犹豫不决转变为可接受程度，主要原因是医卫行业已经很好地了解了云计算带来的预期收益以及最小化安全风险的方法。

虽然网络安全对于所有行业来说都非常重要，但医卫行业面临了一些非常独特的问题和挑战。

- **移动终端使用量的增加**：很多专业医疗人员（包括医生、护士和相关从业者）都开始利用平板电脑和智能手机对患者进行分类。
- **WiFi 技术日益普及**：大多数医疗办公室和医院都开始部署 WiFi 网络，允许承包商、供应商甚至患者使用。这不仅给基础设施带来了额外压力，而且还产生了很多潜在的安全问题，特别是在新的物联网设备缺乏正确的安全配置时问题更加严重。
- **新的物联网端点日益增多**：目前新的医疗端点通常都具备通信能力，从而增大了医卫领域的威胁态势。

Umbrella 可以解决当前困扰医卫领域的很多安全问题（见图 10-46）。

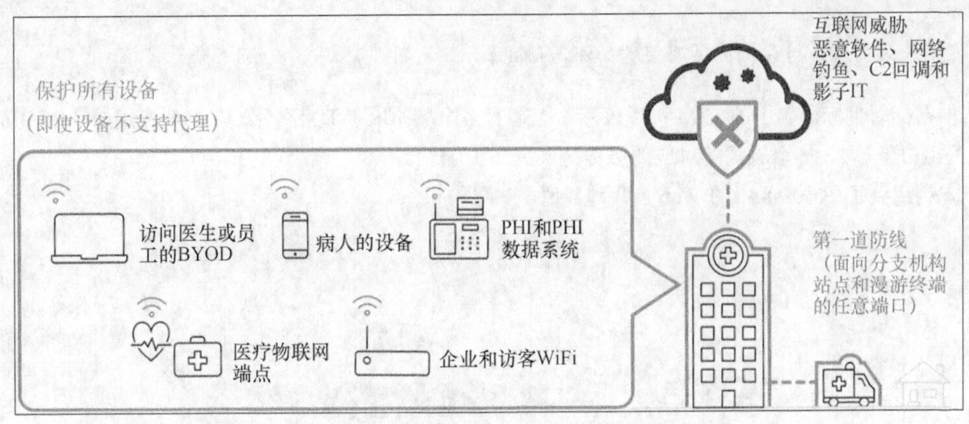

图 10-46　使用 Umbrella 保护医卫行业

勒索软件对于医卫领域来说也是一个巨大风险。据全球信息服务公司 Experian 分析，医疗记录在黑市上的价值几乎是信用卡信息的 10 倍。

Umbrella 技术采用了基于 DNS 安全的主动安全机制，可以在第一时间解决恶意域问题，防止用户访问恶意网站，从而防止绝大多数威胁情况的发生。

使用云交付的安全框架可以帮助医卫组织保持领先地位。基于云的解决方案可以提供更快的部署速度和更具扩展性的管理能力，从而大大提高成本效率。

10.10　基于 NSO、ESC 和 OpenStack 的集中式安全服务部署案例

集中式部署模式利用中心点架构来创建和部署安全服务，既可以用于单一安全服务，也可以用于多个安全服务的集中式虚拟安全中心。虽然最常见的部署位置是在专用数据中心或 Colo/CNF（Carrier-Neutral Facility，运营商中立设施）中，但理论上支持任何物理位置。图 10-47 从高层视角给出了在全网范围内集中部署 VNF 的示意图。

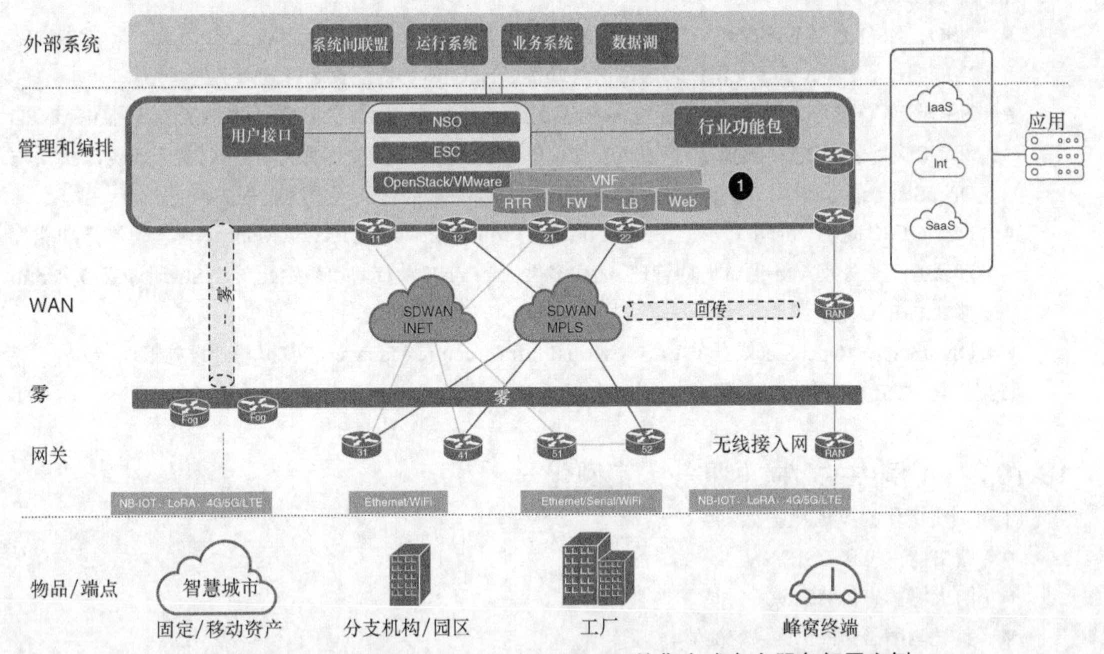

图 10-47　基于 NSO、ESC 和 OpenStack 的集中式安全服务部署案例

注：接下来的内容是对该用例所用架构的深入研究。

根据部署目标，例中的 VIM 可以表示一个拥有多个域的虚拟 DMZ（公共 Web 应用域、ECOM 域、互联网出口域等），每个域都有对应的服务链（见图 10-48）。

本例用到了图 10-48 中的 Web 应用域组件。

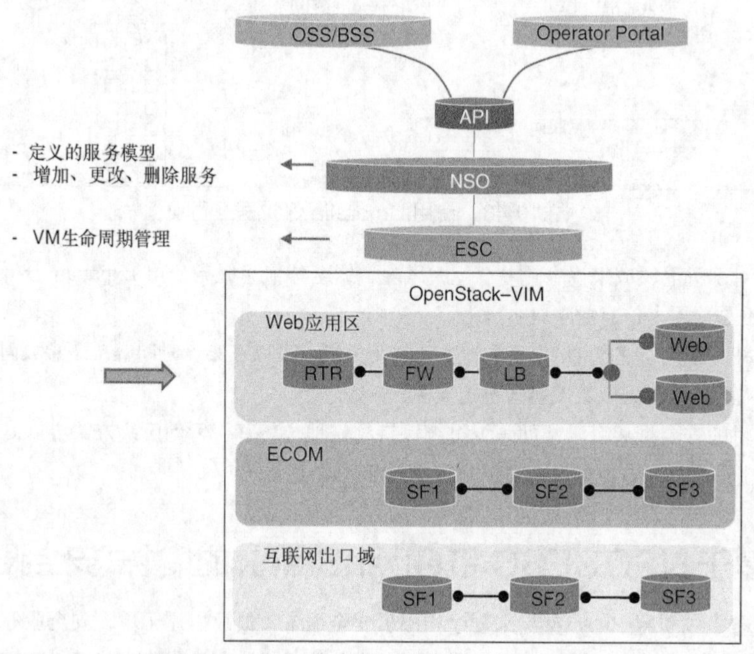

图 10-48 VIM 充当拥有多个安全域的 DMZ

10.10.1 用例中的 ETSI MANO 组件

用例中的 ETSI 组件如下。

- **NSO**：NSO 充当 ETSI-NFV 模型中的 VNF-O（Virtual Network Function Orchestrator，虚拟网络功能编排器），负责提供物理和虚拟服务功能。NSO 还负责配置和管理服务链。
- **NSO NFVO 核心功能包**：该功能包将 NFVO 目录功能添加到解决方案(后面将会详细讨论 VNFD 和 NSD 目录)，包括虚拟基础设施的描述符、资源记录以及资源跟踪。NSO 通过 Or-Vi 接口与 OpenStack 进行通信，该接口可以提供资产和资源及其运行位置的实时视图。
- **ESC**：ESC 是 ETSI-NFV 模型中的 VNF-M（Virtual Network Function Manager，虚拟网络功能管理器），负责处理 VM 生命周期管理、加载多供应商 VNF 以及增加初始配置。NSO 通过或 Or-Vnfm 接口与 ESC 进行通信。
- **OpenStack**：OpenStack 用作 VIM（Virtual Infrastructure Manager，虚拟基础设施管理器）。

该架构与 ETSI MANO NFV 模式直接相关（见图 10-2）。

10.10.2 用例中的 VM（服务）实例化

本用例实例化的 VM 服务如下。

- **路由器**：思科 CSR1KV。
- **防火墙**：思科 ASAv。
- **负载均衡器**：Pen 负载均衡器。
- **Web 服务器**：虚拟化 Apache Web 服务器。

10.10.3 用例分析

本用例是一个非常常见的用例，即端点使用 Web 应用服务。用例非常有代表性，将激活序列（activation sequence）、实现序列（fulfillment sequence）和保障序列（assurance sequence）都绑定到拥有反馈环路的单一 NSO 服务模型中。这种自动化方法可以创建可重用模板，方便部署，能够极大地改善 OPEX。过程如下。

1. 激活序列负责实例化服务和所需的 VNF，并通过图 10-48 中的 Web 应用域中的一组虚拟化服务将用户链接起来。
2. 实现序列利用部署阶段定义的数据模型的 KPI（Key Performance Indicator，关键性能指标）中的度量和动作，来确保 VNF 已正确创建且处于活动状态。
3. 最后转到保障序列，该序列负责监控服务并确保其遵守已定义的 SLA。此外，监控操作还取决于部署阶段定义的数据模型的 KPI 中的度量和动作定义（详见后续内容）。

由于本用例只是一个测试环境，因而监测了会话计数变量，一旦变量超过预定义阈值，服务就会调用扩展功能，并自动实例化额外的 Web 服务以解决负载问题（无需管理员的干预）。

前面提到的所有服务（包括 NSO 和 ESC）都以 VM 方式运行在 OpenStack 环境中。接下来不是要遍历每台设备的配置操作，而是重点分析组成该集中式模型的工作组件并解决用例需求。图 10-49 显示加载到 OpenStack 中的镜像信息。

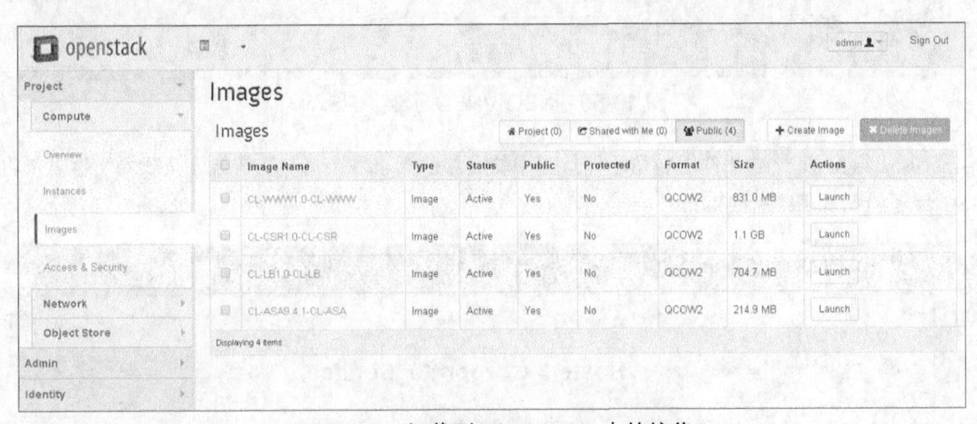

图 10-49 加载到 OpenStack 中的镜像

- 第一个镜像（WWW）是 ApacheWeb 服务器。
- 第二个镜像（CSR）是思科 CSR1KV 路由器。
- 第三个镜像（LB）是一个基于免费软件的负载均衡器。
- 最后一个镜像（ASA）是思科 ASAv 防火墙。

1. 激活序列基础和 NSO 服务创建（VNFD、NSD 和 NSR）

从启动和实例化 VNF，到配置和激活网络服务，再到定义 SLA 和推动保障功能，所有操作都可以通过网络服务编排器用户界面进行控制。大家应熟悉用户界面中的三个选项卡（VNFD、NSD 和 NSR）。

VNFD 目录

NSO NFVO 核心功能包增加了 VNFD（Virtual Network Function Descriptor，虚拟网络功能描述符）目录，该目录是描述 VNF 部署参数和操作行为的文件。VNFD 模型引用了实例化所需的属性，如要使用的源镜像、虚拟 CPU、RAM、硬盘空间以及提供实例化服务所需基本信息的初始配置文件。VNFD 可以由单个 VNF 组成，也可以包含一组 VNF，用于 VNF 实例的加载和生命周期管理。VNFD 采用 XML 格式进行配置。图 10-50 给出了 ASA VNF 的 VNFD 图形用户界面。

NSD 目录

NSO NFVO 核心功能包还增加了 NSD（Network Services Descriptor，网络服务描述符）目录。NSD

文件描述了一组VNFD之间的关系，使得这些VNFD成为一种网络服务。通常需要由一组互连VNFD组成的服务链以及指示这些VNFD相互协同工作的参数和指令。思科NFVO核心功能包包括一个基于网络的NSD编辑器，可以帮助将VNF组装成符合ETSI规范要求的服务。管理员可以基于多个供应商创建VNF目录，并按照最能解决用例需求的方式将它们链接在一起，然后再将它们部署为一个统一的服务。

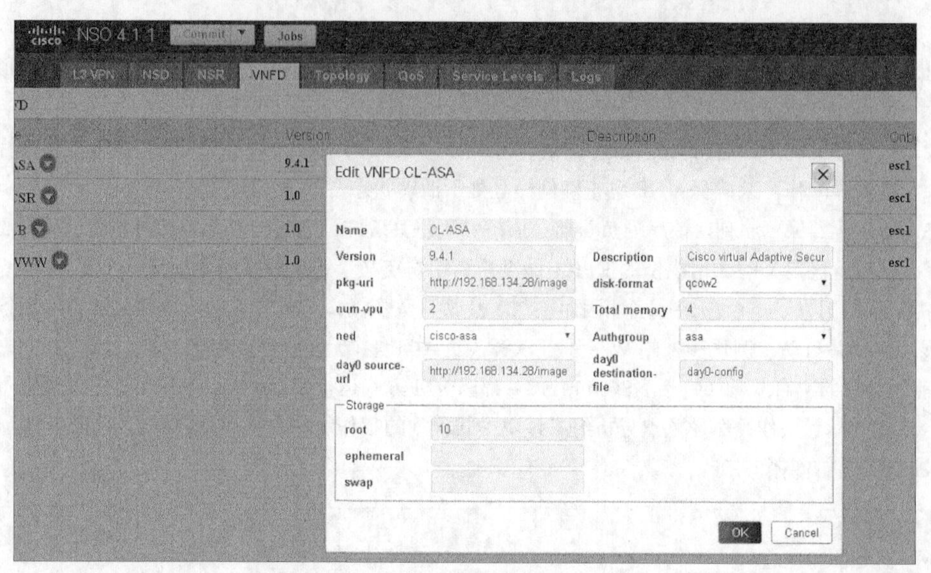

图10-50 NSO VNFD示例：ASAv

图10-51给出了一个NSD编辑器示例，图中的服务包括了路由器、防火墙、负载均衡器以及将要通过NSO部署的Web服务器VNF。

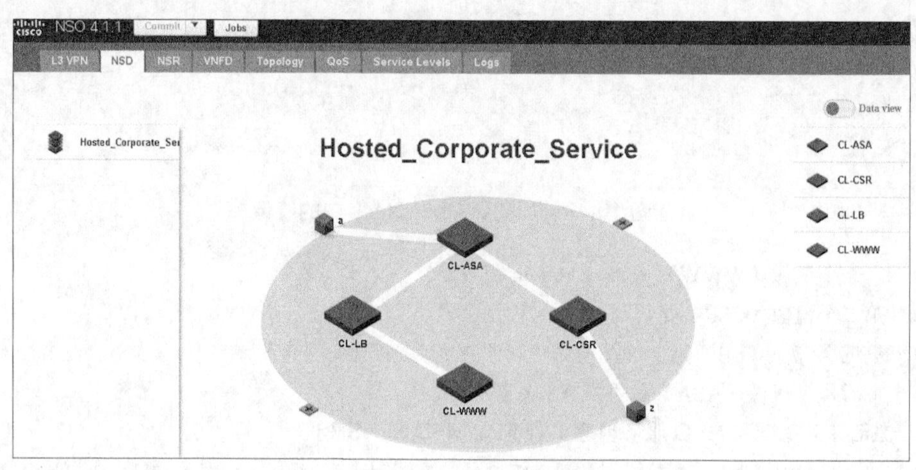

图10-51 NSO NSD示例

NSR

描述符只是实例化VNF和服务的模板。实例化之后就会表示为记录：NSR和VNFR。由于到目前为止还没有部署或“提交”服务，因而NSR为空（见图10-52）。

2. 激活序列示例

例中的Hosted_Corporate_Service是要通过NSO部署的服务，NSO负责管理整个网络服务的生命周期（激活、实现和保障），ESC在设备层面管理VNF。NSO通过NETCONF协议与ESC进行通信，利用基于YANG的数据模型，可以管理VNF和网络服务的生命周期。两者结合在一起，就可以创建一个全面的编排解决方案。

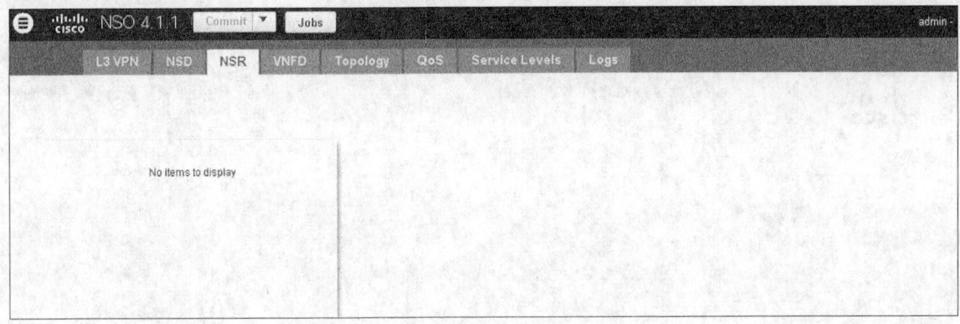

图 10-52 NSO NSR 示例（空）

在 NSO 中创建服务并单击 Commit（提交）之后，NSO 将通过 NETCONF 与 ESC 进行通信并为该服务调用 create（创建）动作（见图 10-53）。

CISCO
ELASTIC SERVICES CONTROLLER
Admin
ESC Admin
Account Settings
Dashboard
Notifications
Deployments

Incoming Requests

Action	Callback URL	Resource
create	CONFD	deployments
create	CONFD	deployments
create	CONFD	deployments
create	CONFD	deployments

图 10-53 ESC 收到 NSO 提交的请求

图 10-54 显示 VNF 已经进入 Deploying（部署）状态。

Show 10 entries
Search:

Deployment Name	Deployment ID	# of VNFs	Status	Actions
HRfw	54f4b850-5223-42d3-ad67-54c545febcf0	1	Deploying	Actions
HRlb	906a2576-761b-48c0-92b3-9944be5d6859	1	Deploying	Actions
HRrouter	bed4e8b4-4dd2-4286-877e-18f6e9c8bd56	1	Inactive	Actions
HRwww	198cf12a-d46f-449b-a599-0649ccdfd8d8	1	Deploying	Actions

图 10-54 VM 进入 Deploying（部署）状态

图10-55显示VNF变为Active（激活）状态。

cisco
ELASTIC SERVICES CONTROLLER
Admin
ESC Admin
Account Settings

Deployment Name	Status	VMs Deployed
HRfw	Active	1
HRlb	Active	1
HRrouter	Active	1
HRwww	Active	1

Showing 1 to 4 of 4 entries

图10-55 VNF变为Active（激活）状态

接下来回到NSO并查看选项卡NSR，可以看出此时已经出现了实例化的VNF（见图10-56）。

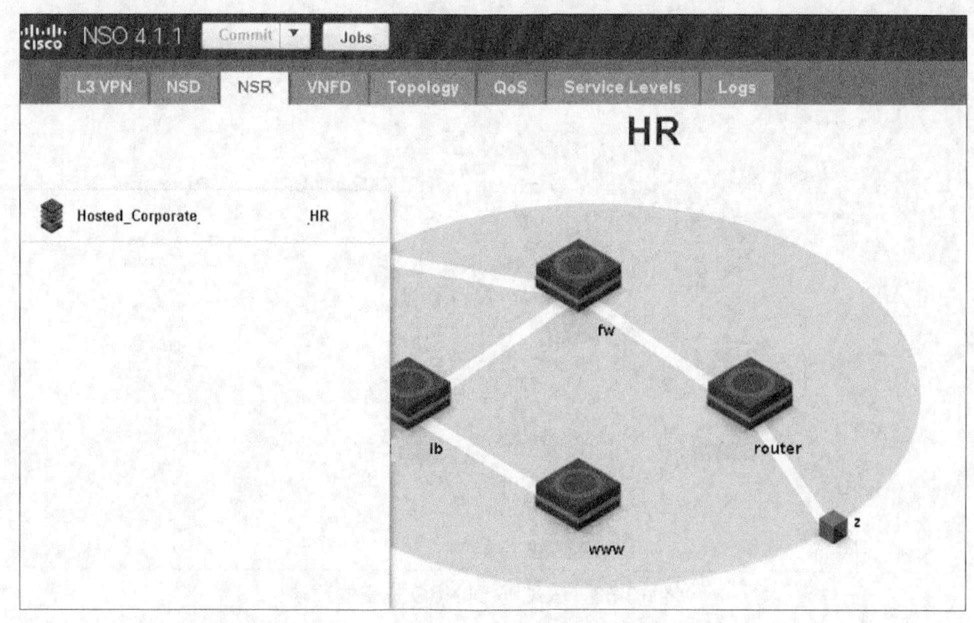

图10-56 NSO NSR选项卡出现了服务VNF

3. 实现序列和保障序列基础

部署完VM之后，就可以对其进行定期监测以检查运行状况和工作负荷情况。如果NSO检测到需要执行可操作的变更问题，那么就可以利用NETCONF，通过标准化的Or-Vnfm接口通知ESC执行相应的操作。Or-Vnfm支持异步信令，可以提供完整的生命周期环境，可以通过完全开放的接口创建、更新和删除多供应商VNF。

NSO与ESC之间的通信属于逻辑通信，那么该如何跟踪激活序列、实现序列和保障序列呢？方式是状态收敛算法，这是一种需要单一工作流定义的运行时状态收敛算法，唯有如此，才能保证服务的成功部署。状态收敛算法在运行时会检查可用的网络资源和状态，计算当前状态与新输入之间的增量，并找到实现所需状态的最短可能路径。

如果其中的某个VNF处于错误状态（如上一步中创建的虚拟路由器出现了故障），那么NSO就会纠正该问题并再次调用收敛算法；该过程一直重复，直至达到最终所需状态。如果最终状态无法实现或问题无法解决，那么NSO就会执行回滚操作，将所有配置回滚到原始事务状态。在本质上就是以正确的序列“取消部署”服务中的每一个步骤，以消除其对活动服务的影响。状态收敛是全生命周期服务编排的关键，因为它是实现现实运行环境自动化的最有效方法。

4. 监控和 KPI

实现序列和保障序列基于“Monitoring”（监控）功能，该功能由部署数据模型中的 KPI 段的度量和动作进行定义。ESC 执行 VNF 的生命周期管理（VNF 加载、配置、监控等），有能力基于 KPI 需求做出 VNF 生命周期决策（如修复和扩展）。核心度量与 ESC 一起预加载，可编程接口不但能提供添加和删除度量的能力，而且还能定义由特定条件触发的动作。

根据 ESC 用户指南，这些度量和动作都是在部署数据模型中定义的。可以利用以下监控方法来监控 VNF：

- 处于活动状态的 VM；
- 用于磁盘利用率、CPU、内存和网络吞吐量的 VM 变量；
- VM 监控接口上的 ICMP 消息。

5. 监控先决条件

对于由 ESC 监控的 VM 来说，必须满足如下先决条件：

- 必须为成功部署的 VM 启用监控机制（虚拟机必须处于活动状态）；
- 必须利用监控参数配置数据模型中的 KPI。

6. 度量、动作及动态映射

ESC 可以监控度量，而且还可以将可操作响应与结果绑定在一起。下面就来看一下 KPI 中的度量和动作。

度量

例 10-1 显示了度量示例，并在后面给出了相应的解释。

例 10-1 度量示例

```
<metrics>
      <metric>
      <name>{metric name}name>
        <type>{metric type}type>
        <metaData>
        <type>{monitoring engine action type}</type>
       <properties>
       <property>
       <name></name>
      <value></value>
     </property>
     :    :    :    :    :    :    :
    <properties/>
   </metaData>
  </metric or action>
  :    :    :    :    :    :    :    :
<metrics>
```

- **度量名称**：度量的唯一标识符。
- **度量类型**：MONITOR_SUCCESS_FAILURE、MONITOR_THRESHOLD 或 MONITOR_THRESHOLD_COMPUTE。
- **监控引擎动作类型**：icmp_ping、icp4_ping、icp6_ping、esc_post_event、script、custom_script、snmp_get_threshold 或 snmp_get_threshold_ratio。

表 10-2 列出了核心度量和默认度量信息。

表 10-2 核心和默认度量列表

名称	类型	描述
ICMPPING	核心	ICMP ping
MEMORY	默认	内存计算使用百分比
CPU	默认	CPU 计算使用百分比
CPU_LOAD_1	默认	CPU 的 1 分钟平均负荷
CPU_LOAD_5	默认	CPU 的 5 分钟平均负荷
CPU_LOAD_15	默认	CPU 的 15 分钟平均负荷
PROCESSING_LOAD	默认	CRS 处理负荷
OUTPUT_TOTAL_BIT_RATE	默认	CSR 总比特率
SUBSCRIBER_SESSION	默认	CSR 用户会话

动作

例 10-2 显示了动作示例，并在后面给出了相应的解释。

例 10-2 动作示例

```
<actions>
        <action>
          <name>{action name}name>
          <type>{action type}type>
            <metaData>
            <type>{monitoring engine action type}</type>
            <properties>
            <property>
            <name></name>
            <value></value>
            </property>
          :    :    :    :    :    :    :
             <properties/>
            </metaData>
         </action>
          :    :    :    :    :    :    :    :
          <actions>
```

- **动作名称**：动作的唯一标识符。请注意，必须遵从 ESC 对象模型，对于成功或失败动作来说，名称必须以 TRUE 或 FALSE 开头。
- **动作类型**：ESC_POST_EVENT、SCRIPT 或 CUSTOM_SCRIPT。
- **监控引擎动作类型**：icmp_ping、icmp4_ping、icmp6_ping、esc_post_event、script、custom_script、snmp_get_threshold 或 snmp_get_threshold_ratio。

动作名称是动作的唯一标识符，必须遵从ESC数据模型，对于成功或失败动作来说，名称必须以TRUE或 FALSE 开头。表 10-3 列出了核心和默认动作列表。

表 10-3 核心和默认动作列表

名称	类型	描述
TRUE esc_vm_alive_notification	核心	启动服务
TRUE servicebooted.sh	核心/传统	启动服务
FALSE recover autohealing	核心	恢复服务
TRUE servicescaleup.sh	核心/传统	水平扩容
TRUE esc_vm_scale_out_notification	核心	水平扩容
TRUE servicescaledown.sh	核心/传统	水平缩容
TRUE esc_vm_scale_in_notification	核心	水平缩容
TRUE apply_netscaler_license.py	默认	应用 Netscaler 许可

7. 数据模型中的动态映射

度量和动作都是在注册或部署阶段定义的，数据模型分为两部分。

- **KPI**：定义监控类型、事件、轮询间隔以及其他参数。包括事件名称、阈值和度量值。事件名称由用户自定义，度量值指定阈值条件和其他信息，达到阈值条件之后就会触发事件。
- **规则**：定义触发了 KPI 监控事件之后的动作，由动作组件来定义 KPI 监控事件触发之后的动作。

MONA（Monitoring and Actions Service，监控和动作服务）引擎负责执行监控活动并执行相应的动作。动态映射文件可以将 KPI 和规则映射为 MONA 数据模型，根据<event_name>标签实现 KPI 与规则之间的关联。例 10-3 给出了动态映射文件的结构信息。

例 10-3 动态映射文件结构

```
<dynamic_mappings>
<actions>
    <! -- service booted action for backward compatibility with previous script -->
    <action>
        <name>TRUE, servicebooted.sh</name>
        <type>ESC_POST_EVENT</type>
        <metaData>
: : : : : : :
        </metaData>
    </action>
    <metrics>
    <metric>
    <name>MEMORY</name>
    <type>MONITOR_COMPUTE_THRESHOLD</type>
    <metaData>
        <properties>
            <property>
: : : : : :
        </properties>
        <type>snmp_get_threshold</type>
    </metaData>
        </metric>
      </metrics>
</dynamic_mappings>
```

8. 监控方法

ESC 可以利用多种方法来监控 VNF，必须根据所选的监控方法来配置 KPI 数据模型。主要方法如下。

- **ICMP PING 监控**：该方法评估 VNF 的活跃性或可达性。如果 VM 处于死亡状态，那么就可以触发 VM 的修复操作。可以为 ESC 定义轮询间隔，按照该间隔轮询度量值并发送告警（在可行的情况下）。轮询间隔、度量值和其他参数都在 KPI 数据模型中进行设置。
- **SNMP 监控**：监控 VM 的负荷（如 CPU 和内存）。利用 SNMP Get 操作来评估 VNF 的活跃性或可达性，仅监控成功或失败状态。
- **SNMP 阈值监控**：在数据模型的 KPI 部分设置最小和最大阈值级别，并将动作与任意阈值相关联。
- **自定义监控/脚本**：脚本安装在 ESC VM 上，可以通过执行脚本来评估 VM 的状态。可以定义脚本以不同的间隔进行执行，以评估 VM 的活跃性并支持某些特殊操作。与前面的方法一样，也是由数据模型来控制脚本的执行。

9. 实现和保障序列案例

我们在测试案例中配置了一个用例来讨论实现序列问题。首先确保 VM 在触发实例化动作之后处于活动状态，然后通过创建 SLA（通过会话计数来测量 Web 服务器的当前负荷）来解决保障序列问题，如果会话数超出或减少了 10，那么就希望触发“水平扩容”（scale-out）动作。对于本例来说，水平扩容指的就是实例化额外的 Apache Web 服务器，该服务器由负载均衡器进行前端处理。如果会话数减小到 9 以下，那么就会触发“水平缩容”（scale-in）动作（定义为设置模型中的最小值）。图 10-57 显示了三个选项卡信息：KPI、Rules（规则）和 Scaling（扩展）。

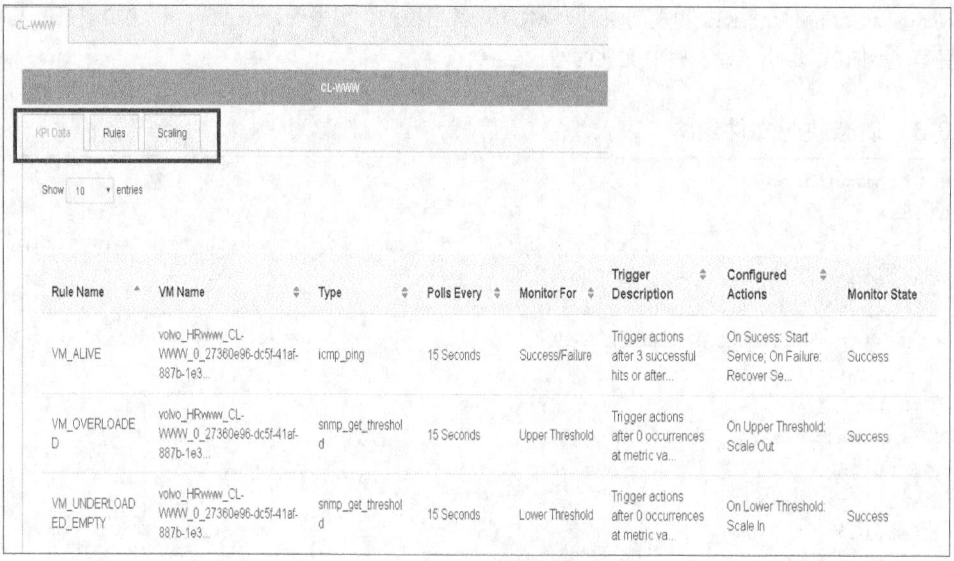

CL-WWW

CL-WWW

KPI Data | Rules | Scaling

Show 10 entries

Rule Name	VM Name	Type	Polls Every	Monitor For	Trigger Description	Configured Actions	Monitor State
VM_ALIVE	volvo_HRwww_CL-WWW_0_27360e96-dc5f-41af-887b-1e3...	icmp_ping	15 Seconds	Success/Failure	Trigger actions after 3 successful hits or after...	On Sucess: Start Service; On Failure: Recover Se...	Success
VM_OVERLOADED	volvo_HRwww_CL-WWW_0_27360e96-dc5f-41af-887b-1e3...	snmp_get_threshold	15 Seconds	Upper Threshold	Trigger actions after 0 occurrences at metric va...	On Upper Threshold: Scale Out	Success
VM_UNDERLOADED_EMPTY	volvo_HRwww_CL-WWW_0_27360e96-dc5f-41af-887b-1e3...	snmp_get_threshold	15 Seconds	Lower Threshold	Trigger actions after 0 occurrences at metric va...	On Lower Threshold: Scale In	Success

图 10-57 自动缩放示例

注：本用例说明了将激活、实现和保障序列组合在一起以改善 OPEX 的方式，所有的测试和扩展机制都是专为该测试环境设计的。本例只是简单地通过 Web 服务功能的扩展来加以说明。如果希望实现更全面的保障模型，那么就应该为服务定义 SLA，为每种服务功能制定适当的 KPI 并将它们绑定在一起，从而可以根据已定义的 SLA 实现整个用例的水平扩容和缩容。

图 10-57 显示了利用不同度量类型的三种规则。

- **VM_ALIVE**：使用 ICMP_PING 度量，目的是确保 VM 处于活动状态。
- **VM_OVERLOADED**：使用 snmp_get_threshold 度量，目的是设置触发水平扩容事件的最大阈值。

- **VM_UNDERLOADED_EMPTY**：使用 snmp_get_threshold 度量，目的是设置触发水平缩容事件的最小阈值。

10. KPI

例 10-4 显示了 VM_ALIVE KPI 脚本信息，该脚本是为确保 VM 处于活动状态而创建的。如果 VM 未处于活动状态，那么就会绑定一个自动修复动作，从而解决实现序列问题。

例 10-4 VM_ALIVE KPI

```
#KPI_VM_ALIVE
<kpi>
<event_name>VM_ALIVE</event_name>
    <metric_value>50</metric_value>
    <metric_cond>GT</metric_cond>
    <metric_type>UINT32</metric_type>
    <metric_occurrences_true>3</metric_occurrences_true>
    <metric_occurrences_false>3</metric_occurrences_false>
    <metric_collector>
        <type>ICMPPing</type>
        <nicid>0</nicid>
        <poll_frequency>15</poll_frequency>
        <polling_unit>seconds</polling_unit>
        <continuous_alarm>false</continuous_alarm>
    </metric_collector>
</kpi>
```

从 VM_ALIVE 示例 KPI 可以看出，通过发送事件来检查 VM 是否处于活动状态，利用周期性的 ICMP PING 来联系 VM。根据 VM_ALIVE 的结果，将事件与 VM 的详细信息一起发送给规则引擎。

讨论完 KPI 之后，接下来将继续讨论探讨 Rules（规则）。

VM 水平扩容和缩容（VM_OVERLOADED 和 VM_ UNDERLOADED_EMPTY）所需的脚本相对较为复杂：首先利用 snmp_get_threshold 创建度量来获取 SNMP OID，然后再将度量绑定到整体 KPI 中，这样就解决了保障序列问题。例 10-5 显示了度量信息。

例 10-5 度量

```
#METRIC_VM_SCALING
<metrics>
    <metric>
        <name>SESSION_COUNT</name>
        <userLabel>SESSION_COUNT</userLabel>
        <type>MONITOR_THRESHOLD</type>
        <metaData>
            <properties>
                <property>
                    <name>target_oid</name>
                    <value>.1.3.6.1.4.1.9.2.2.1.1.6.1</value>
                </property>
                <property>
                    <name>agent_address</name>
                    <value></value>
                </property>
                <property>
```

```
                <name>agent_port</name>
                <value>161</value>
            </property>
            <property>
                <name>agent_protocol</name>
                <value>udp</value>
            </property>
            <property>
                <name>community</name>
                <value>public</value>
            </property>
        </properties>
        <type>snmp_get_threshold</type>
    </metaData>
  </metric>
</metrics>
```

接下来利用 SESSION_COUNT 将前面的度量绑定到 KPI 中。例 10-6 显示了完整的 KPI。

例 10-6 KPI

```
# VM_OVERLOADED and VM_UNDERLOADED_EMPTY
# Scale OUT / Scale IN
<kpi>
   <event_name>VM_OVERLOADED</event_name>
   <metric_value>10</metric_value>
   <metric_cond>GT</metric_cond>
   <metric_type>UINT32</metric_type>
<metric_collector>
   <type> SESSION_COUNT </type>
   <targetoid>0</nicid>
   <poll_frequency>15</poll_frequency>
   <polling_unit>seconds</polling_unit>
   <continuous_alarm>false</continuous_alarm>
</metric_collector>
</kpi>
<kpi>
   <event_name>VM_UNDERLOADED_EMPTY</event_name>
   <metric_value>9</metric_value>
   <metric_cond>LT</metric_cond>
   <metric_type>UINT32</metric_type>
   <metric_occurrences_true>1</metric_occurrences_true>
   <metric_occurrences_false>1</metric_occurrences_false>
<metric_collector>
   <type>SESSION_COUNT</type>
   <nicid>0</nicid>
   <poll_frequency>15</poll_frequency>
   <polling_unit>seconds</polling_unit>
   <continuous_alarm>false</continuous_alarm>
</metric_collector>
</kpi>
```

在 VM_OVERLOADED 和 VM_UNDERLOADED_EMPTY 示例 KPI 中，度量 SESSION_COUNT 按照 15 秒的固定间隔执行。如果度量返回值大于 10，那么就会引发事件 VM_ OVERLOADED 并将其发送给规则部分（稍后讨论）。在第二个 KPI 部分，也进行相同的处理过程，如果返回值小于 9，那么就会引发事件 VM_UNDERLOADED_EMPTY 并将其发送给规则部分进行处理。

11. 规则

规则引擎从监控引擎接收事件并触发相应的动作。规则引擎可以处理简单事件，也可以处理复杂事件。图 10-58 给出了 ESC 的 GUI 示例，图中显示了前面 KPI 的规则定义。

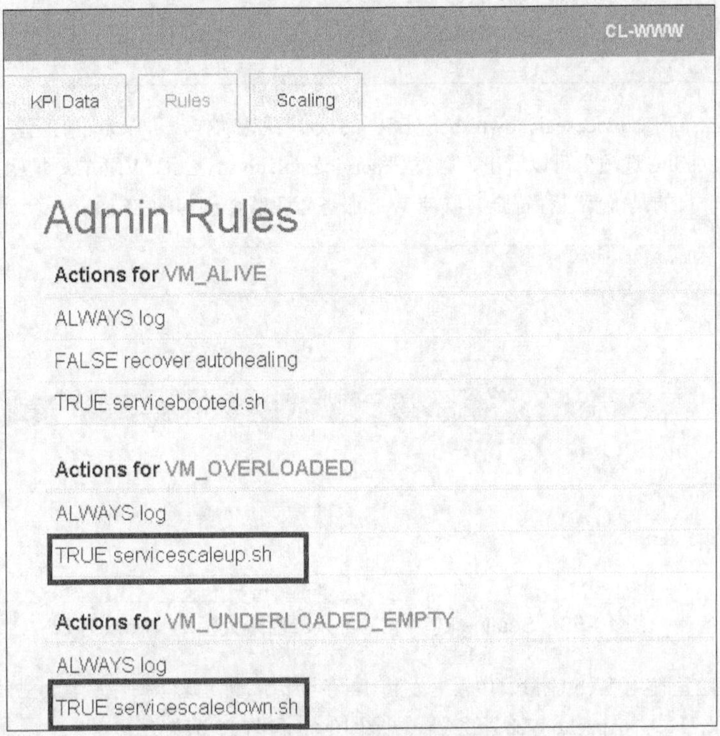

图 10-58 自动缩放 KPI

现在探讨这些规则背后的脚本，首先从第一个事件 VM_ALIVE 开始（见例 10-7）。

例 10-7 VM ALIVE

```
#VM_ALIVE
<rules>
            <admin_rules>
              <rule>
                <event_name>VM_ALIVE</event_name>
                <action>ALWAYS log</action>
                <action>FALSE recover autohealing</action>
                <action>TRUE servicebooted.sh</action>
              </rule>
            </admin_rules>
</rules>
```

根据从度量收到的事件信息，触发相应的动作（属于实现进程的一部分），确保 VM 处于活动状态。如果 VM 处于非活动状态，那么就可以启动自动修复动作并重新加载 VM（该操作是可配置的）。

例 10-8 分析了 VM_OVERLOADED 和 VM_ UNDERLOADED_EMPTY 规则背后的脚本信息。

例 10-8　VM_OVERLOADED 和 VM_UNDERLOADED_ EMPTY 规则背后的脚本

```
<rule>
    <event_name>VM_OVERLOADED</event_name>
    <action>ALWAYS log</action>
    <action>TRUE servicescaleup.sh</action>
</rule>
<rule>
    <event_name>VM_UNDERLOADED_EMPTY</event_name>
    <action>ALWAYS log</action>
    <action>TRUE servicescaledown.sh</action>
</rule>
```

serviescaleup.sh 和 servicescaledown.sh 是 ESC 的核心/默认动作，可以为它们配置整数值。例如，从图 10-59 显示的 Scaling 选项卡可以看出，触发了 servicescaleup.sh 之后，VM 的数量就会达到最大。该动作属于保障过程，目的是确保进程符合为监控 Web 服务器负载而创建的 SLA。

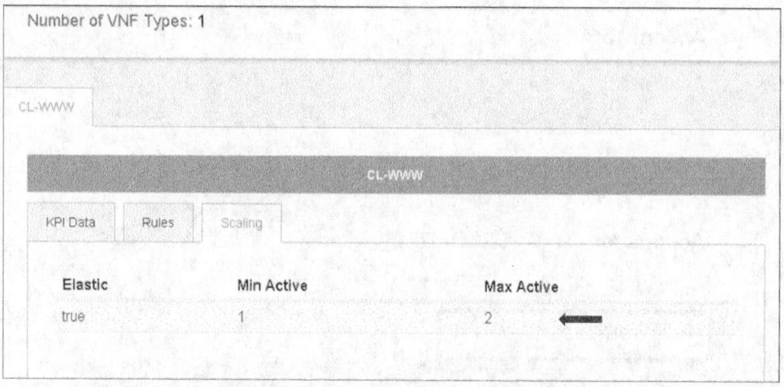

图 10-59　Scaling 选项卡，可以看出最大活动 VM 数为 2

作为测试，这里使用 Web 流量发生器并发起 14 条会话，满足这些条件后就会触发 servicescaleup.sh 规则，从而实例化第二台 Apache Web 服务器（见图 10-60 和图 10-61）。

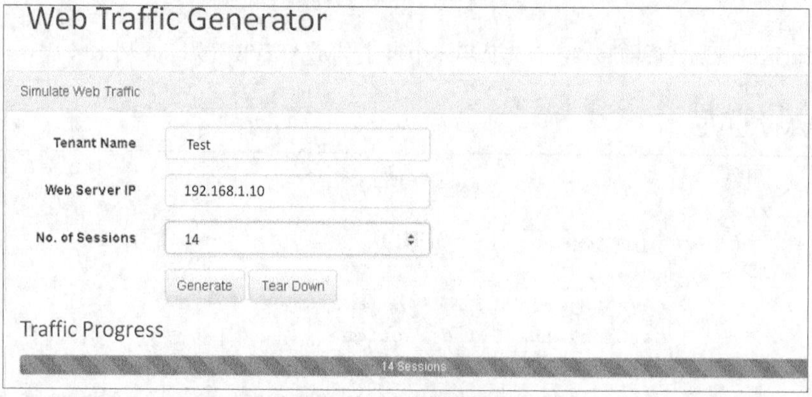

图 10-60　Web 流量发生器

该简单示例说明了将激活、实现和保障序列绑定到具有反馈环路的单一 NSO 服务模型中的方式。这样做可以整合不连续过程，显著改善准确性和 OPEX。同时还可以采用更全面的保障方法。例如，为每种服务创建规模组（如 Web 规模组和防火墙规模组）并将这些服务组绑定在一起。如果满足 Web 服务组的 SLA（如 Web 请求/秒、会话数和 CPU）时，那么就会实例化另一个 Web 服务器实例，并将其 VIP 添加到 Web 规模池中。接下来可以创建指定逻辑，根据添加的 Web 服务器的 VIP 将另一个防火墙实例自动实例化到防火墙规模组中，从而根据应用程序负荷同时缩放这两种服务。这样做的目的是为服务创建 SLA 并将这些 KPI 绑定在一起，根据已定义的 SLA 监控和缩放整个用例，从而无需管理员的干预。该过程就被称为自管理和自修复。

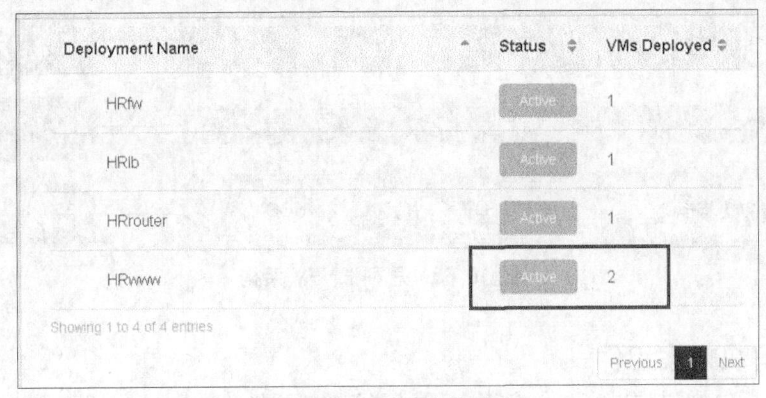

图 10-61 自动缩放成功

10.11 利用思科 NFVIS 部署分布式安全服务

如前所述，可以选择不同的选项来部署分布式服务（包括部署位置和部署方式）。本用例将在网关层面利用分布式虚拟化服务（路由和防火墙服务），该层面的虚拟化服务可以提供如下好处。

- **降低资本支出**：通过使用未用容量来减少硬件购买成本，从而减少客户在每个位置所要部署和管理的设备数量。
- **降低运营费用**：使用较少的硬件设备，可以降低功耗、维护以及制冷成本。
- **更快的服务配置**：可以更快速地配置服务（包括移动、添加和更改）。

首先分析图 10-62 的分布式服务部署模式。

图 10-62 显示了计算、NFVIS（Network Function Virtualization Infrastructure Software，网络功能虚拟化基础设施软件）(Hypervisor) 和 VNF 等组件，这些组件都位于单个机箱中。该解决方案被称为思科 ENFV（Enterprise Network Virtualization，企业网虚拟化），通常用于 vBranch（virtual Branch，虚拟分支机构）。ENFV 主要包括 4 个组件（见图 10-63）。

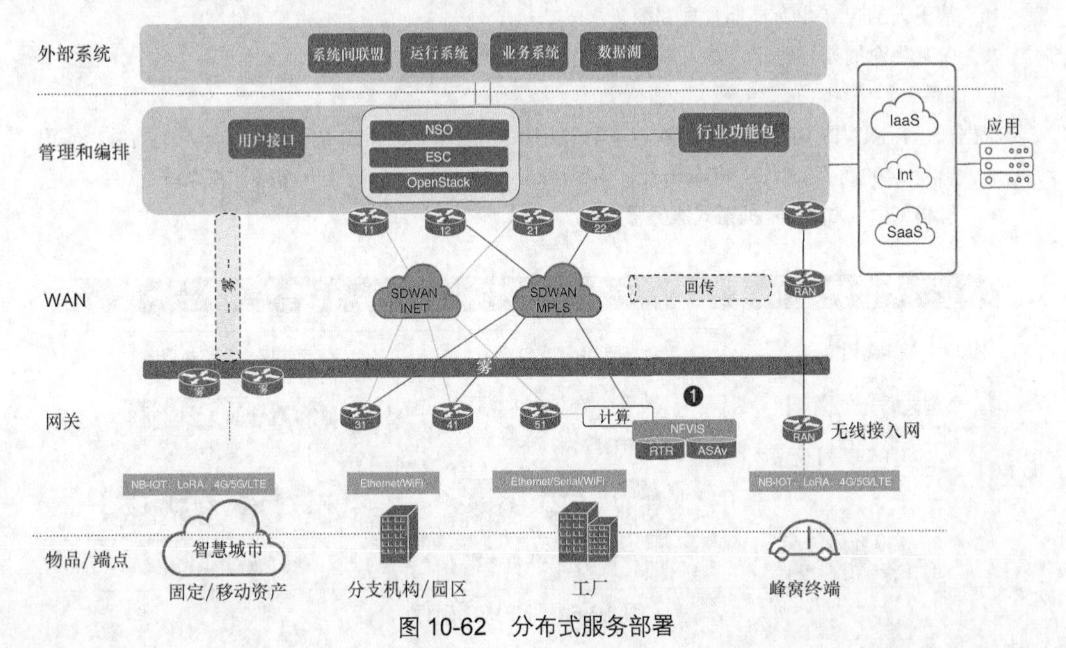

图 10-62 分布式服务部署

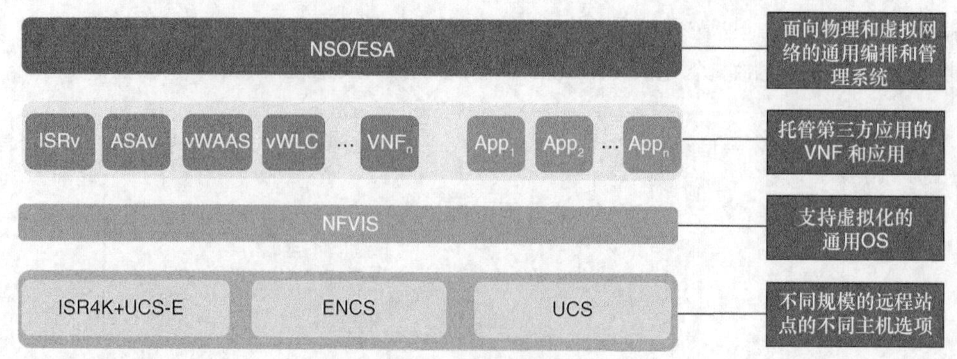

图10-63 思科ENFV架构

10.11.1 解决方案组件

下面列出了ENFV架构中的组件信息（后面将详细讨论这些选项）。

- **编排**：该解决方案的编排组件也可以使用NSO，可以实现物理和虚拟产品的端到端编排功能，而且还可以在单个模块中实现激活、实现和保障序列功能。作为替代方案，可以利用ESA（Enterprise Service Automation，企业服务自动化）应用。
- **NFVIS**：NFVIS平台有助于实现VNF和硬件组件的部署与操作（详见后续章节内容）。
- **VNF**：思科和第三方VNF的数量持续增多，第三方VNF必须遵从认证流程。
- **硬件平台**：截至本书出版之时的可用硬件平台是思科ISR4K、ENCS和UCS-C系列。

10.11.2 NFVIS

思科Enterprise NFVIS是一种基于Linux的基础设施软件，旨在帮助服务提供商和企业在所支持的思科设备上动态部署虚拟化网络功能。NFVIS提供了基于Linux的虚拟化层。

NFVIS具有如下优势：

- 可以将多个物理网络设备整合到运行多个VNF的单一服务器中，从而提高经济高效的解决方案；
- 可编程API；
- 快速且及时部署服务的灵活性；
- 基于云的VM生命周期管理和配置；
- 内置生命周期管理软件，用于在平台上动态部署和链接VM。

1. 硬件

根据需求，NFVIS当前可以安装在以下思科硬件设备上（见图10-64）：

- 思科5400系列ENCS（Enterprise Network Compute System，企业网络计算系统）；
- 思科UCS C220 M4机架式服务器；

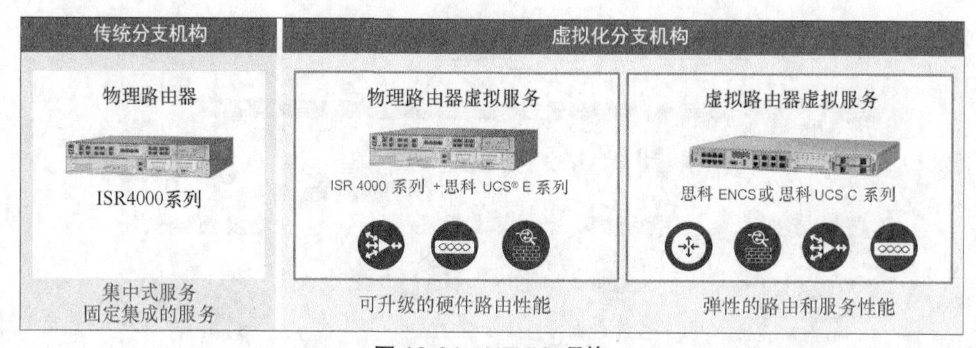

图10-64 NFVIS硬件

- 思科 ISR 4331（UCS-E140S-M2/K9）；
- 思科 ISR4351（UCS-E160D-M2/K9）；
- 思科 ISR4451-X（UCS-E180D-M2/K9）。

思科 ENCS

思科 5400 将路由、交换、存储、处理和其他计算及网络功能整合到单个 RU（Rack Unit，机架单元）盒中。可以利用思科 5400 来部署 VNF，并充当解决处理、工作负荷和存储问题的服务器。

注： ENCS 包含一个网络接口模块插槽，支持 4G、LTE、T1/E1、xDSL 和以太网（见图 10-65）。

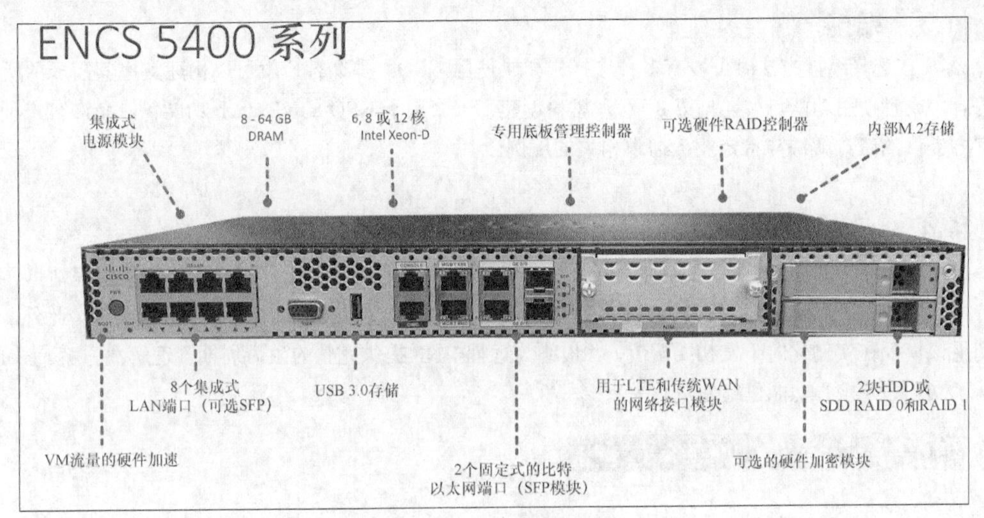

图 10-65 ENCS 硬件

M4 机架式服务器

思科 UCS C220 M4 机架式服务器是一款高密度、通用企业基础设施和应用服务器，可为各种工作负荷（包括虚拟化、协作以及裸机应用）提供高性能服务。

思科 UCS E 系列服务器模块

思科 UCS E 系列服务器（E 系列服务器）是思科下一代 UCS Express 服务器，E 系列服务器是刀片服务器，位于思科 ISR G2（Generation 2 Cisco Integrated Services Routers，思科集成服务路由器二代）、思科 4400 和思科 4300 系列集成服务路由器中。UCS-E 为分支机构应用提供了一种通用计算平台，这些分支机构应用可以部署为操作系统（如微软 Windows 或 Linux）上的裸机或者 Hypervisor 上的虚拟机。

2. 支持的虚拟机

截止本书出版之时，支持如下虚拟机：

- 思科路由器（ISRv 或 vEdge）；
- 思科防火墙（ASAv 或 NGFWv）；
- 思科 vWLC（virtual Wireless LAN Controller，虚拟无线局域网控制器）；
- 思科 vWAAS（virtual Wide Area Application Services，虚拟广域应用服务）；
- Linux Server VM 和/或 Windows Server 2012 VM；
- 第三方虚拟机（利用第三方认证流程）。

NFVIS 利用 KVM（Kernel Virtual Machine，内核虚拟机）从硬件中抽象出服务功能，并利用虚拟交换机制提供服务链功能（见图 10-66）。

- KVM从硬件抽象服务功能
- 虚拟交换为服务功能和物理接口之间提供连接性

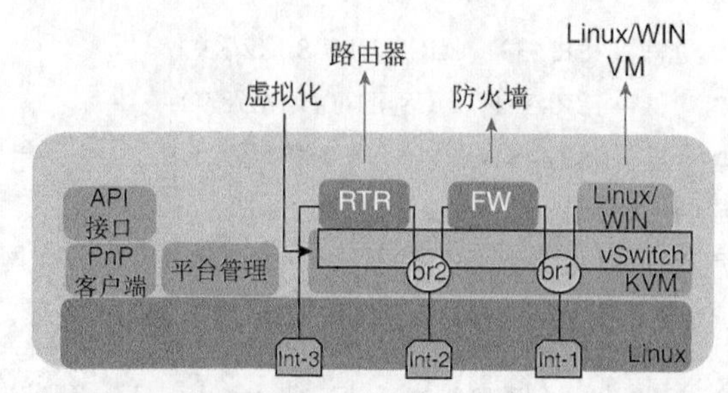

图 10-66 利用 KVM 的 NFVIS

10.11.3 编排

客户在选择编排方法时可以有多种选择。如果使用 NSO，那么客户就可以构建支撑其需求的所有必要内容，或者使用功能包（详见第 8 章）。思科创建了一个用于 NSO 的 vBranch 功能包，允许客户利用思科官方提供的资源解决与特定业务需求相关的用例。

10.11.4 vBranch 功能包

客户选择在远程位置部署服务时，可以利用 vBranch 核心功能包以一致的方式加载远程站点（利用支持 NFVIS 的 CPE 组成的模板），通过实例化 VNF 来保护分支机构入口/出口流量的安全性。此外，还可以利用该模板在实例化时下发初始配置，并最终为远程 VNF 提供完整的生命周期管理解决方案。图 10-67 显示了 vBranch 核心功能包组件及其关系。

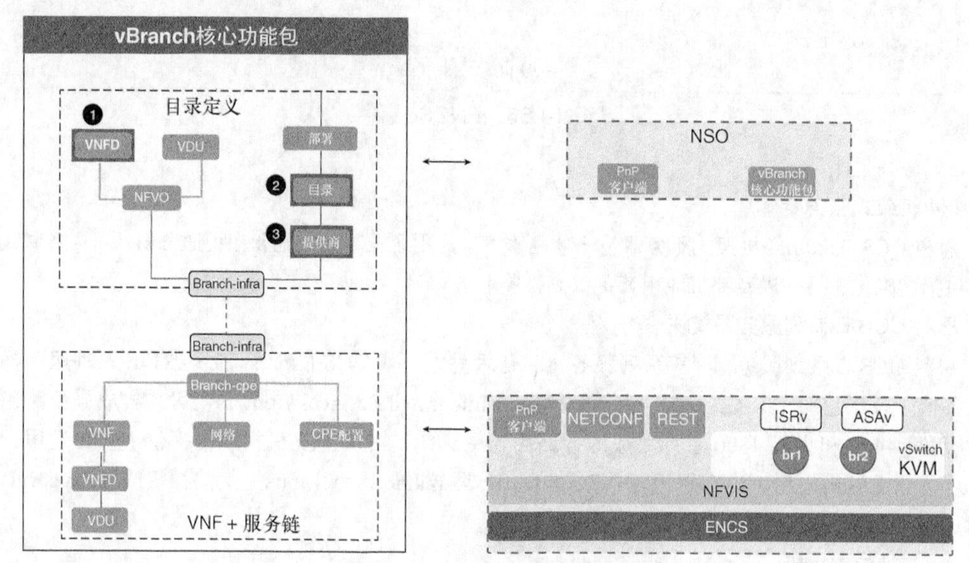

图 10-67 vBranch 核心功能包组件

功能包中显示的文件在本质上就是一些 XML 配置文件，大家应该已经了解了前面介绍过的集中式部署模式中的各种缩略语，如 NFVO 和 VNFD。图 10-67 着重显示了功能包中的 3 个关键组件或文件。

- **VNFD**：如前所述，VNFD 是一个 XML 文件，包含了与实例化 VNF 相关的信息，包括源镜像、CPU、RAM、所需的硬盘以及初始配置文件。
- **目录**：目录是一个 XML 文件，包含所支持硬件设备（如 ENCS 51xx 和 54xx）的选项以及允许在硬件选项上实例化的 VNFD。
- **提供商**：提供商组件定义了提供商、租户和目录之间的关系，允许更精细化地占用资源，而且还能选择提供商/租户可以使用的 CPE 设备。

图 10-68 显示了通过 XML 构造的工作流（利用前面介绍的 vBranch 功能包）。

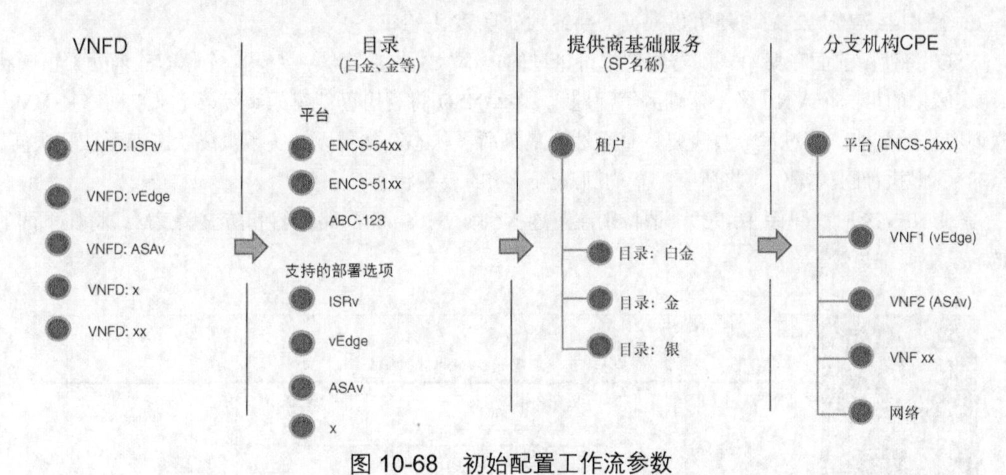

图 10-68 初始配置工作流参数

虽然到目前为止，已经配置了将由 vBranch 核心功能包服务所使用的组件，但尚未触及远程站点。目前已经填充了相关数据结构，如 VNFD 目录和提供商基础设施。图 10-69 给出了基本的 NFVIS 和 VNF 加载示例。

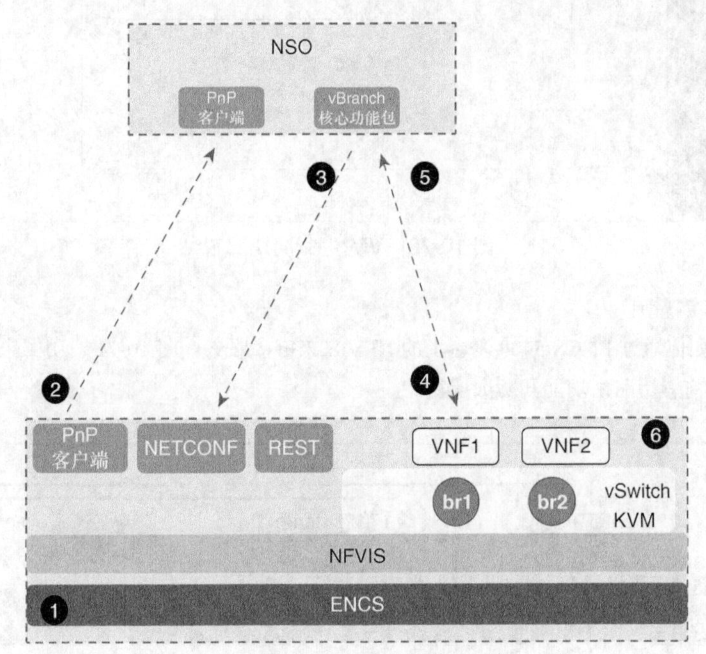

图 10-69 NFVIS 和 VNF 加载

1. 首先 NFVIS 必须向 NSO 注册（可以采取手工或自动方式）。根据标准的 NSO 设备导入流程，必须指定远程设备 IP 地址、端口和凭证，以通过适当的认证组访问设备。此外，还必须定义适当的 NED 以便与设备进行通信（对于 NFVIS 来说，由于支持 NETCONF，因而不需要 NED）。
2. vBranch 核心功能包通过 PnP 服务支持远程 NFVIS CPE 设备的自动加载过程，其中 NSO 运行 PnP 服务器进程。
3. NSO 通过 NETCONF 连接分支机构 NFVIS，ENCS/NFVIS 加载到 NSO。
4. 正确注册 NFVIS 之后，就可以进入 VNF 实例化阶段，该阶段可以预安排 VNF 或者从 NSO 提取 VNF。

5．NSO 指示 NFVIS 部署第一个 VNF（从时间顺序来看，通常是路由功能）并加载初始配置文件。

6．路由器实例化之后，还可以根据需要继续处理其他 VNF。

NSO 将使用前面在集中式部署案例中讨论过的内部状态收敛算法。如果一个 VNF 未处于正确状态（如待实例化的第一个 VNF 路由器遇到了问题），那么 NSO 将利用已创建的实现策略来自动修复 VM，并再次调用收敛算法；该过程一直重复，直至达到最终所需状态。如果无法实现最终状态或无法解决问题，那么 NSO 将执行回滚操作，将所有配置均回滚到最初的事务状态。

登录 NFVIS 时（见图 10-70），请特别注意连接到 service-net 的路由器和防火墙 VM（将在下面的服务链场景中详细讨论）。

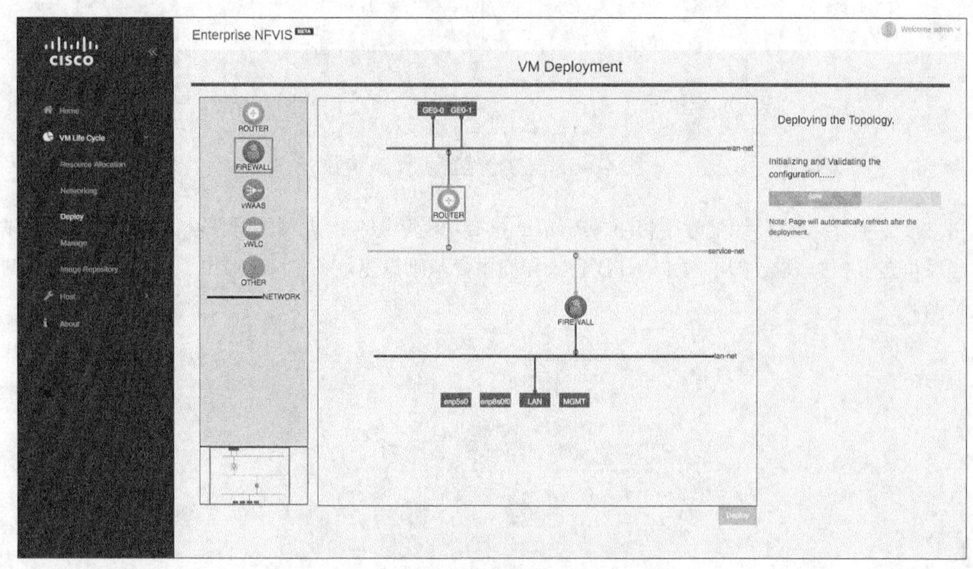

图 10-70 VM 生命周期部署

1. 服务链和流量流

接下来讨论如何通过 ENCS 5400 平台上的 NFVIS 来链接服务。图 10-71 说明了来自 WAN 的流量在离开 LAN 接口之前遍历路由功能和防火墙功能。

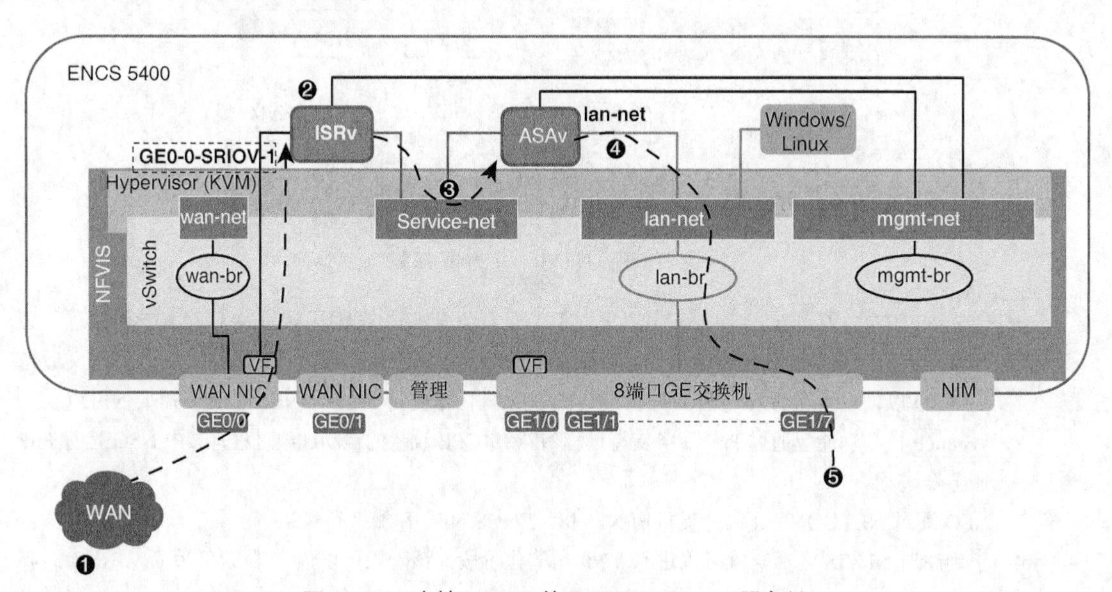

图 10-71 支持 NFVIS 的 ENCS 5400——服务链

VM 端口（ISRv 和 ASAv）映射到 NFVIS 网桥，为链接服务提供内部交换功能。图中的 wan-br 和 lan-br 是在 Linux 内核中形成的网桥，它们在 VM 的 vNIC（virtual Network Interface Controller，虚拟网络接口控制器）之间形成二层域。通过定义一个 MAC 地址空间，虚拟机可以使用 vNIC 提供虚拟网络接口。

wan-net 和 lan-net 是仅允许特定 VLAN 流量的网络，LAN/WAN 网桥和网络都是自动配置的，而且还可以根据需要配置其他网桥和网络。

本例中的服务链指的是以 VM 形式（使用中间网络）提供的一组网络服务。思科 Enterprise NFVIS 支持多 VM 服务链。service-net 的配置如图 10-70 所示。创建 ISRv 和 ASAv 时，必须保证每个 VM 都有一个接口被配置成与 service-net（负责处理服务链）进行通信。

10.12 小结

本章首先解释了虚拟化安全服务的集中式和分布式部署选项，介绍了基于网络的安全保护方案，说明了为何某些类型的流量（如工业协议）需要深度包检测技术。接下来分析了恶意软件快速增多的原因，讨论了利用高级恶意软件防护和行为分析技术协助开展异常检测的方式以及如何检测加密流量中的安全威胁。然后讨论了更加主动的安全防护模式，利用基于 DNS 的安全技术在恶意内容下载之前防止 DNS 和 IP 层与恶意域进行连接。最后，讨论了利用 NSO、ESC 和 OpenStack 集中部署虚拟化安全服务的实际案例，以及基于思科 Enterprise NFV 以及 NSO 和 vBranch 功能包分布式部署虚拟化安全服务的案例。下一章将探讨数据保护问题以及保护敏感流量（包括移动中的数据和静止数据）的各种方法。

第 11 章

物联网数据保护

本章主要讨论如下主题：

- 物联网中的数据生命周期；
- 静止数据；
- 使用中的数据；
- 移动中的数据；
- 保护物联网中的数据。

如果问一组不同领域的技术人员“什么是数据保护？”那么答案肯定会大相径庭，完全取决于他们的专业领域。备份管理员通常将数据保护与备份及数据恢复过程相关联，存储管理员则通常考虑数据的持久性、存储复制和 RAID（Redundant Array of Independent Disks，独立冗余磁盘阵列），GDPR（General Data Protection Regulation，通用数据保护法规）专家立刻想到的是保护消费者的个人数据，安全顾问则可能将数据保护与保护不同级别数据所需的一组机制联系起来。总之，数据保护对于不同环境中的不同人员来说，完全意味着不同的事情。

对于本书来说，数据保护是主动和被动技术及机制的结合，同时考虑物联网平台的数据保护最佳实践，目的是防止未经授权的数据访问并确保数据在整个生命周期中的安全使用，包括数据平面、控制平面以及管理和操作平面生成的数据。正如 Preston de Guise 在 *Data Protection: Ensuring Data Availability* 一书中所说的那样，数据保护超出了 IT 部门的职责范围，它应该是 IT、OT 和组成组织机构的不同 LoB（Lines of Business，业务线）之间的紧密协作和战略协调的结果。本章的重点是物联网，IT、OT 和 LoB 之间紧密协调是保护该领域敏感数据的关键。

物联网中的数据保护远非微不足道，很多技术和非技术因素使得开发保护数据的安全机制成为一项具有极具挑战性的工作。例如，某些行业目前正从传统系统向新的数字化物联网平台过渡。很显然，这种过渡过程并非一蹴而就。在很多情况下，传统技术和新技术会始终共存于过渡阶段之中，很多需要保持继续运行的传统技术都是在 20 世纪 80 年代发展起来的，出现在一个没有任何安全措施的工厂中也毫不罕见。此外，某些不安全的组件还可能是关键生产过程的一部分，因而它们使用和生产的数据对工厂来说至关重要。乍看起来，似乎已想到一些潜在的缓解措施和附加技术来保护数据管道中由不安全组件使用和生成的数据，但不幸的是，由于安全规定，添加这些组件可能并不切实际的或根本不可行。例如，ICS（Industrial Control System，工业控制系统）操作员可能需要实时访问这些组件中的数据（如生产过程中的明文数据），但工业区中的人员可能缺乏处理安全数据的手段、培训或时间。前面曾经说过，安全可能是另一个障碍，因为增加新的硬件或软件以保护 ICS 中现有机器和组件上的数据，可能需要重新调整某些安全和质量管理流程。

事实上，大多数 ICS 采用的都是完全不同的方法。如第 5 章所述，ICS 由图 11-1 中的分层架构提供支持，该分层架构基于 IEC 62443，而 IEC 62443 基于著名的普渡递阶控制模型和 ISA95 标准。ISA99/IEC62443 的最终目标是 ICS（和数据）可用性，其次是数据完整性。从图 11-1 可以看出，该模型描述了制造企业的六大应用及控制层级（Level 0-5），分为 4 个大要区域（工位/工区、工业区、DMZ 和企业区）。

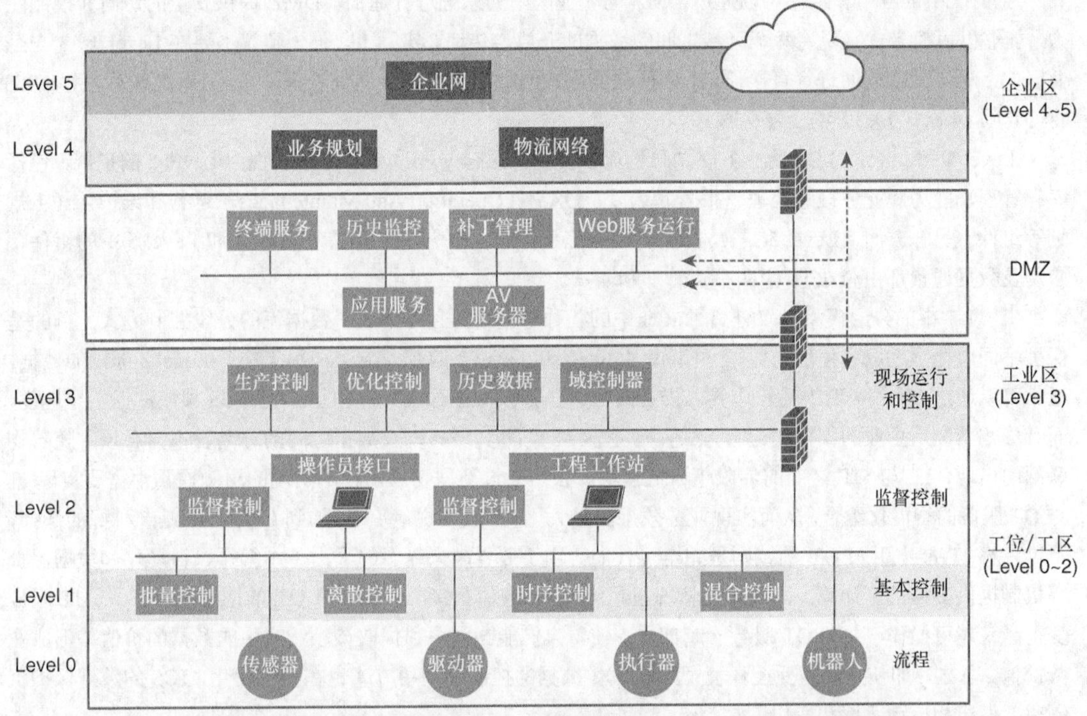

图 11-1　遵循 IEC 62443 和普渡控制模型的制造企业的职责划分和数据

Level 0 包含执行制造过程所需的传感器、驱动器、执行器、机器人和仪表元器件。所有这些组件都会产生数据，但大多数组件的安全性有限，甚至根本没有安全性。为了防御 Level 0 的数据的安全威胁，该层级的组件通常与外部网络相隔离，所有通信过程都受到监控，包括短程无线电通信。为了避免内部攻击（无论是有意或无意造成的疏忽或错误），预防机制也必须到位。例如，在某些情况下，甚至不允许操作人员使用自己的手机访问较低层级（Level 0～2），而必须使用专用无线电进行内部通信，攻击者可能会利用工厂 IT 设备暴露在外的 I/O 端口（如空闲的待用 USB 端口）注入恶意软件，好在这类端口正变得越来越少。

Level 0 设备由 Level 1 描述的组件控制，通常负责批量控制、离散控制、时序控制和混合控制。Level 1 组件包括 PLC（Programmable Logic Controller，可编程逻辑控制器）、DCS（Distributed Control System，分布式控制系统）、RTU（Remote Terminal Unit，远程终端单元）等。分层架构的下一个层级是监督控制区域，即 Level 2，包括单个生产区的生产操作设备，通常包括如下组件：

- HMI（Human Machine Interfaces，人机界面）；
- 告警系统；
- 工程和控制工作站。

Level 1 和 Level 2 使用、生成和交换的大量数据对制造企业来说都至关重要，保护这些数据对企业来说非常重要，因而需要有类似的安全考虑。

下一层级（Level 3）涵盖制造操作与控制，该层级的应用和组件包括：

- 生产控制、调度和报告系统；
- 优化控制；
- 历史数据；
- 特定区域控制器；
- 严格监管的远程访问；
- 支持 Level 3 及以下操作流程和任务的网络文件服务器和 IT 相关功能。

工业区中的应用和组件可以通过 DMZ 与企业区中的系统进行通信。DMZ 提供安全的访问和控制能力，能够以可控方式实现这两个区域之间的数据的开放与传递。实际上，强烈建议不要在 Level 0～3 与企业区（Level 4～5）之间进行直接通信，因而任何潜在的数据交换都会受到监督并通过 DMZ 进行，由 DMZ 将 OT 域（Level 0～3）与上层分离。

Level 4 和 Level 5 与现场业务规划和物流以及企业网有关。Level 4 通常被视为 Level 5 的扩展，包括库存管理、能力和业务规划处理、报告、调度、OAM（Operation And Maintenance，运行和维护）任务规划等组件。另一方面，Level 5 是企业 IT 基础设施和应用程序所在的位置。Level 4 和 Level 5 中的组件、应用及数据通常都由企业 IT 团队负责管理和防护。

图 11-1 中的分层模型不仅分离了 ICS 中的各种角色，而且还体现了数据流的分段控制方式，目的是保护不同层级上生成和使用的数据。例如，Level 4 和 Level 5 的企业应用和决策基于 Level 3 提供的数据，通常可以通过 DMZ 实现的受控边界以安全的方式执行该操作。虽然该模型长期在 ICS 领域占据主导地位，而且影响着制造企业的架构和运营方式，但企业 IT 与 OT 服务以及数据之间的分离已不再必须。随着物联网的出现，IT 与 OT 之间的界限正日益模糊。很多通过新型物联网技术实现的用例通常都需要实现 IT 与 OT 服务的智能化组合，从而实现业务效果的最大化。一般来说，将 OT 加到 IT 中并不是一种好的选择，不过，将 IT 能力引入 OT 领域则是完全可行的。由于业界越来越多的采用了由编排、自动化和数据保护等机制提供支持的雾计算，因而这种情况正日渐增多。该方法改变了 IT 与 OT 的期望融合方式，IT 服务变得越来越可操作，并与 OT 服务一起部署，使得人们能够利用和提取该领域产生的数据的价值并形成业务价值。总之，即使是高度受控环境（如 ICS），数据的控制和使用方式也在发生变化，ICS 的数据保护机制需要做出相应地发展和变化。

虽然 IT 与 OT 的融合已势不可挡，但是理解其后果以及对数据保护技术的潜在影响还为时过早。本书第 4 部分介绍了一组转型用例，特别关注物联网全协议栈的安全和编排（包括基础设施、OSS、虚拟化环境、应用程序、数据、服务保障等）。如第 5 章所述，对于 IT/OT 融合场景来说，物联网全协议栈的概念对于谁拥有哪些数据和服务以及谁负责保护哪些数据提出了挑战。编排和自动化技术的优势在于，一旦 IT 和 OT 部门就物联网服务及其全协议栈中的数据定义和生命周期管理达成一致，那么编排好的事务还能有助于实现数据保护的自动化，从而减轻 IT 和 OT 管理员的责任压力。可以利用 RBAC（Role-Based Access Control，基于角色的访问控制）来关联对数据的访问行为，可以将该操作作为编排过程的一部分自动执行。该方法允许不同的 IT 和 OT 管理员自动访问不同类别的数据。

很显然，数据保护需求远远超出了 ICS 以及图 11-1 给出的分层模型。虽然每个垂直行业面临的挑战都类似，包括智慧城市、智慧交通和智能车辆、公用设施和智能电网以及智能建筑等，但每个垂直行业面临的具体安全威胁和安全需求又存在很大的区别。如前所述，可以隔离工厂中由 Level 0 管理的数据，实现与外界隔离，从而保护其操作过程（见图 11-1）。但智能车辆的工作方式却恰恰相反，智能车辆的操作要求不能将数据与外部网络进行隔离。正因为如此，不能将过去在特定环境中成功实现的数据保护机制简单地用于其他垂直领域。

世上没有万能公式或秘诀能够保护物联网中的所有数据。保护 Pub/Sub 系统中的数据是一回事，保护为物联网设计的 AEF（Application Enablement Framework，应用赋能框架）中的数据则是另外一回事。对于包含雾、网络和云基础设施的物联网全协议栈来说，数据保护则又是一个非常独特的问题。事实上，最后一个场景与前两个案例完全不同。在物联网全协议栈中保护数据更像是一门艺术，而不是一门精确科学。那么该如何解决物联网数据保护时存在的各种挑战呢？图 11-2 显示了本章将要采用的数据保护方法。该数据保护方法基于 CIA（Confidentiality, Integrity, and Availability，机密性、完整性和可用性）三元组，利用访问控制机制来支持该方法，并根据需要增加不可否认性能力。CIA 三元组适用于数据平面、控制平面、管理和操作平面生成和管理的数据，如本章后面内容所述，该三元组适用于实现物联网全协议栈的体系架构。

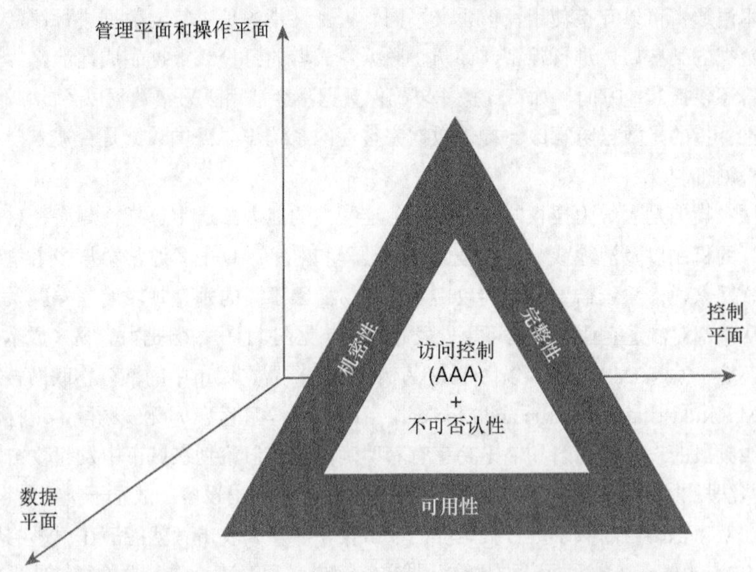

图 11-2　数据保护：CIA 三元组，包括访问控制和不可否认性

虽然不同的垂直领域对数据保护的需求迥异，但是从访问控制着手，并对物联网协议栈中的三个平面应用 CIA 三元组确实是一种非常合理的方法。下面将以多租户环境为例加以说明，该环境中属于不同租户的实体或对象（传感器、执行器、节点、用户等）生成并要求对不同层级的数据进行安全访问。简而言之，物联网数据保护技术至少应包括以下功能。

- **访问控制**：指的是仅允许访问和操作数据的实体或对象访问数据，包括 AAA 以及物理访问控制等基本功能。
  - **认证**：确定对象的身份。不幸的是，很多物联网设备都没有足够的资源（如 CPU 处理能力和内存）来支持某些认证协议使用的加密机制。为了解决该问题，业界正在开发新技术，希望在资源受限的设备与可以充当代理的更强大的雾节点之间建立信任关系。新技术还寻求将资源密集型计算外包给雾节点，包括执行认证协议。网关是另一种实现方式，可以为资源受限设备启用认证机制。
  - **授权**：允许对象对数据执行哪些操作（如对象只能读取数据，或者可以发布数据，或者可以修改甚至删除现有数据）。如本章所述，雾计算在保护多租户系统中的数据方面发挥了非常重要的作用，具体而言，雾计算不但能够处理认证协议，而且还能处理授权操作并支持租户之间的数据共享。跨租户的数据交换对于很多垂直领域来说都非常关键，雾计算可以在网络边缘提供战略控制点，用于调解和授权不同租户之间的数据交换操作。
  - **记账**：跟踪对象对数据进行的各种操作，确保这些操作都有时间戳和安全记录。
  - **物理访问**：物联网面临的主要挑战之一与控制设备的物理访问相关，尤其是对现场资产的物理访问。与云计算平台不同，获得对数据中心设施的物理访问是一项极为复杂的工作，对于物联网来说，必须确保只有授权人员才能在现场实际操作设备并访问数据对于物联网来说非常关键。因此，通过物理安全和主动防御机制来限制访问由信息物理融合系统（Cyber-Physical

System）在现场产生的数据也属于访问控制的范畴。需要强调的是，IDS（Intrusion Detection System，入侵检测系统）和 IPS（Intrusion Prevention System，入侵防御系统）可以作为访问控制机制的补充，可以发现、通知和触发面向非授权访问或恶意操作数据的潜在行为。

需要注意的是，物联网基础设施的规模和高度分布式特性使得访问控制成为一大挑战。不过，访问控制机制是确保数据机密性、完整性和可用性的基石。

- **机密性**：指的是防止敏感数据泄露给未经授权的实体或对象。请注意，“机密性”和“隐私”这两个术语通常可以互换使用，但含义不同。机密性指的是对特定数据进行保密，而隐私指的则是对数据的某些属性进行保密，如防止数据生成者的身份或数据生成地泄露。通常情况下，隐私监管还包括其他方面，如审计操作以确保数据不会被用于采集数据以外的其他目的。
- **完整性**：指的是数据防篡改。提供数据完整性的系统需要提供数据是否被未授权实体或对象修改的检测机制。
- **可用性**：指的是系统为授权对象提供服务连续性的能力。通常包括检测潜在攻击（如拒绝服务攻击）的机制以及消除或减轻安全威胁的过程和对策。攻击者通常会从多个角度寻找漏洞，对于物联网来说，系统需要防御的攻击者和攻击面因不同的垂直领域而差异巨大。例如，攻击者很难从外部对制造企业的数据可用性发起攻击（见图 11-1），但是很容易（成本也更低）在智慧城市环境中发起 DoS 攻击。以图 11-3 为例，当前部署在城市中的部分物联网技术采用了非授权的 ISM（Industrial, Scientific and Medical，工业、科学和医疗）无线频段。现行法规对工作在这些无线频段的设备的辐射和输出功率有着明确限制，但策划在城市中发起攻击的攻击者根本不受这些法规的限制，他们会在同一个非授权频段制造攻击设备，故意干扰正常设备的无线信号。如果在城市范围内隐藏了数百台这样的攻击设备，那么攻击者就能潜在地影响城市区域内大量基于 ISM 的传感器的数据读取操作。城市管理者必须派遣工作人员前往这些受影响区域，寻找并清除这些攻击源。挑战在于，这些攻击设备的输出功率和功耗可能非常低，如果没有合适的仪器，将很难找到它们。此外，这类攻击设备不但便宜，而且易于制造。因此，对于在物联网领域来说，安全性是人们选择授权无线频段（而不是非授权无线频段）的主要原因之一。

图 11-3　难以击退的攻击者（城市中的 DoS 攻击案例）

- **不可否认性**：指的是系统确定发出特定消息或数据的实体或对象的身份的能力，以及确保数据生产者不能拒绝其作者身份的必要机制。不可否认性与数据来源的证明有关，在实际应用中，与确保消息完整性的相关机制协同应用。如果不能证明载体（消息）的完整性，那么证明有效载荷的生产者也没有什么用处。

数据保护对于物联网来说至关重要，但显然还不足以保护物联网的全协议栈，保护平台本身（如使用可信计算和远程认证机制、保护 API、加固操作系统以及管理密钥和证书）的各种功能也为数据保护提供了非常重要的作用，但这些功能并不是专门的数据保护功能，因而将在第 13 章进行详细讨论。

11.1 物联网数据生命周期

在深入分析如何保护数据之前，有必要了解物联网中的数据生命周期的概念，包括数据处理阶段、生产和使用的数据类型以及数据在处理过程中不同阶段的驻留位置（取决于具体用例）。图 11-4 显示了物联网的不同行业垂直领域，包括车联网、智能建筑、智能监控系统、智能钻机和工具以及带有工业机器人的制造工厂。图中不同垂直领域的大多数组件都会生产数据，这些数据由各种不同的应用生成，这些应用可以托管在车辆、建筑、制造工厂、机器人、NFV POP、雾或云端。事实上，这些分布式应用可以作为微服务运行，链接起来就可以构建物联网服务，这些服务可以部署在物-云连续体中。这种性质的物联网服务中的数据生命周期通常包括以下 4 个阶段（见图 11-5）。

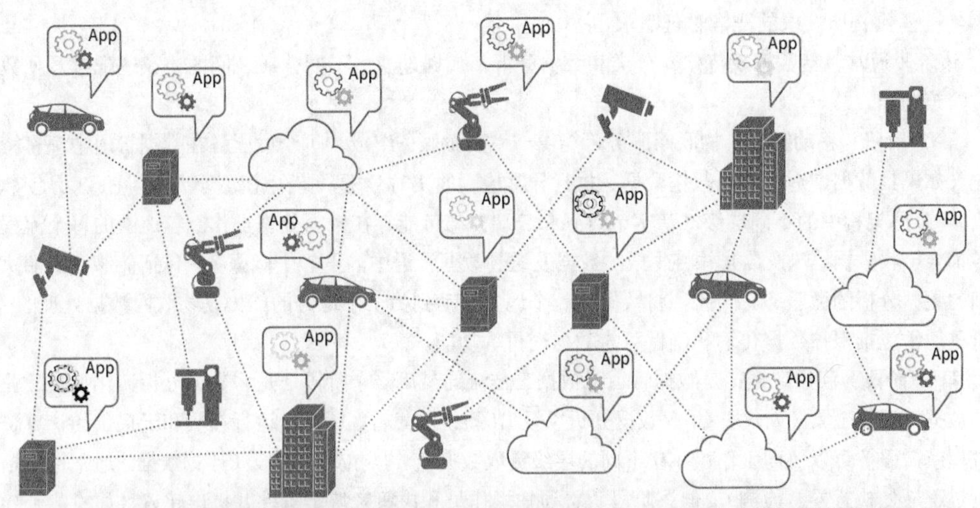

图 11-4 作为物联网不同垂直领域一部分的各种联网组件以及生产数据的各类应用

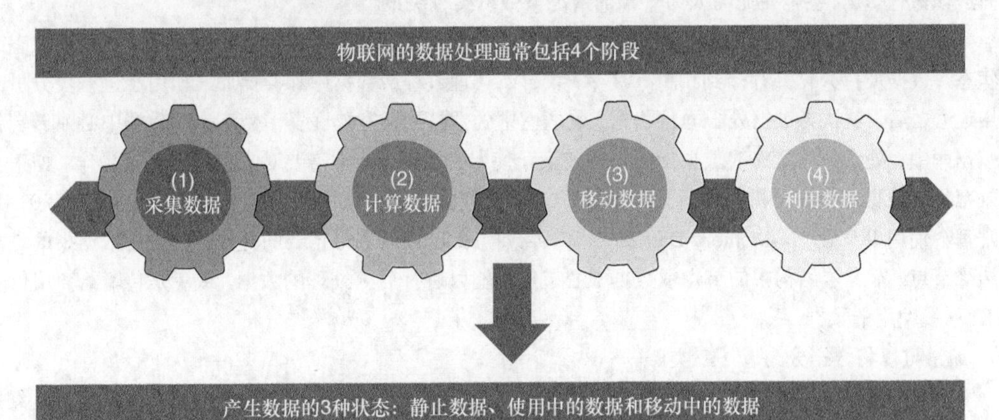

图 11-5 物联网数据处理过程包含的四个阶段及其产生的 3 种状态

第 1 阶段：采集数据：该阶段指的是获取和采集特定用例中包含的各种源端生成的数据的过程。这些源端拥有不同的特性，而且在不同的用例中存在很大的差异，可以是从基本传感器到复杂机器的各种“物品”，可以是用于数据混聚的外部应用（如农业用例中的天气报告），也可以是由辅助组件（如摄像头和人类操作员）提供的数据。数据采集不限于数据平面，还包括控制平面、管理及操作平面成的数据。例如，可以在设备发现期间、新设备注册或拒绝期间、更改控制平面配置期间以及远程认证过程中采集数据。数据缓冲和数据聚合过程通常被认为是数据采集阶段的一部分。

第 2 阶段：计算数据：采集数据（以原始格式采集）之后的下一步就是处理数据，目标是提取数据值。对于物联网应用来说，该过程通常从网络边缘开始（如由部署在现场的雾计算组件执行），原理很简单：就是让计算过程尽可能地靠近数据源，而不是将数据从源端传输到计算资源所在的位置（如云端）。这是因为在某些情况下，将数据移动到云端根本不可行，原因如下。

- 数据所有权或隐私策略禁止这么做（例如，很多制造工厂不允许将敏感数据发送到云端）。
- 位于网络边缘的端点生成了大数据。出于操作原因，将所有数据都发送到云端是不现实的。例如，每天都要分析数以 T 字节计的大量数据，但数据源与云端之间的连接较差（如现场只有少量 3G 连接可用）。
- 即使将数据传输到云端在技术上可行，但是将所有数据都发送到云端进行数据分析的成本也非常高（如机器的异常检测和预防性维护）。
- 很多物联网系统（如 ICSS）都要求进行实时处理和闭环控制。Cloud-only 模型通常不能满足这些用例所要求的严格时延需求。

该阶段通常包括数据规范化、分类和数据分析、数据过滤、不同介质之间的协议适配以及使数据便于传输等功能。

第 3 阶段：移动数据：物联网服务可能由一系列微服务组成，每个微服务在数据管道中都有特定的角色（如采集数据、适配和规范化数据、执行异常检测的实时分析、持久化数据以及为 BI 工具创建数据混聚）。分层架构中的不同层级（从雾节点到和云端）都可能存在数据处理操作。管道中的每个流程或微服务都会接收数据、转换数据并将生成的数据发送到数据管道中的下一个微服务，包括能够在云端执行更详细的数据分析的微服务。因此，将数据从一个地方移动到另一个地方的能力是物联网数据处理的关键。该阶段通常包括保护数据传输和确保可靠数据交付等功能。

第 4 阶段：利用数据：是数据管道或数据工作流的最后一个阶段，是将数据分析转化为实际业务成果的数据可视化工具（如仪表盘）、数据分析以及 BI 系统的集合。因此，运行在雾和云提供的计算资源中的进程或微服务可以协同工作，并在不同的层级提取数据值。虽然第 2 阶段（计算数据）通常也包括数据分析过程（如执行异常检测），但该阶段负责通知操作员和决策者特定事件并提出建议（如检测到异常状况时应该做什么），甚至在无需人为干预的情况下做出实时决策。

从图 11-5 可以看出，数据处理的这 4 个阶段最终导致数据处于 3 种状态：静止状态、使用状态或移动状态。数据被持久化并存储到相机、缓存、文件、代理进程或数据库和存储库（如用于进一步分析或备份用途）之后，就认为数据处于静止状态。物联网中的数据通常存储在雾节点、专用数据中心或云端托管的数据库中。处于使用状态的数据指的是当前正在使用的数据，通常需要对数据执行转换操作（如正在执行规范化的数据或正在分析并随后丢弃的数据）。如果数据处理要求快速响应（如使用数据的时候），那么通常都会使用 IMDB（In-Memory DataBase，内存数据库）。最后也最重要的是，移动中的数据指的是由网络边缘节点、雾分层结构中的节点或数据中心节点传输以进行后续处理的数据，或者是传输给商用仪表盘或 BI 系统使用的数据。

通常可以将数据分为以下三类。

1．结构化数据：结构化数据具有高度的组织性和严格的数据模型，内容必须符合明确定义的结构。数据通常组织在特定的字段中，这些字段由命名表中带标签的列和行加以分隔，并存储在文件或数据库中。关系数据库是结构化数据的常见示例。可以根据预定义结构和协商一致的数据模型显式添加元数据，该额外维度（元数据）通常用于增加描述性信息或数据属性，以帮助数据进行分类、分组或增强数据的含义。确切而言，元数据有助于从存储的数据中提取信息（如简化在不同的记录中查找数据之间的关系）。对于物联网领域中的很多用例来说，端点（物品）采集的原始数据都作为结构化数据进行处理、转换、组织并存储在关系数据库中。虽然结构化数据在物联网数据的生命周期管理中具有非常重要的作用，但是考虑到半结构化和非结构化数据在当前处于主导地位，因而结构化数据在容量方面的地位并没有那么突出（见图 11-6 和图 11-7）。大多数物联网端点产生的都是半结构化或非结构化数据。数据结构通常是在数据管道中经过多个阶段的数据分析、过滤和处理后实现的。

2．半结构化数据：半结构化数据没有严格的数据模型或遵从高度的组织结构（如关系数据库或其他形式的数据表）。不过，半结构化数据确实还有一定的结构，通常以模式或自描述模式进行定义，有助于数据的采集、分类和分析。半结构化数据的常见示例包括 XML 文件、使用 XML 编码的数据以及广泛用于传感器数据编码的 JSON。半结构化数据的特点是结构灵活，通常基于键值对，如{“data”: {“temperature”: 70.2, “humidity”: 45.0}}形式。图 11-6 给出了一个简单的半结构化数据示例，显示了处理从温度传感器接收到的事件的 JSON 模式。图 11-6 底部的元组［“ts”, “st”, “temp”］中的各个元素分别表示时间戳、传感器类型和温度（摄氏度），该元组携带了事件产生的数据并用 JSON 进行编码。一般来说，关系数据库使用的通常都是结构化数据，而非关系数据库（如 MongoDB）使用的通常都是半结构化数据，通常采用类似 JSON 的数据集和模式。

```
{
    "$schema": "http://json-schema.org/draft-04/schema#",
    "type": "object",
    "title": "JSF – environmental sensor temp event schema",
    "description": "JSON Sensor Format - structure of a temperature event in Celsius degrees",
    "properties": {
      "ts": {
            "description": "time stamp in ms",
            "type": "long"
      },
      "st": {
            "description": "sensor type",
            "type": "string"
      },
      "temp": {
            "description" : "temperature in Celsius",
            "type" : "number",
            "minimum" : -273.15,
            "default" : 0.0
      }
    },
    "required": ["ts", "st", "temp"]
}
```

图 11-6 使用 JSON 的半结构化数据示例

3．非结构化数据：这类数据没有预定义的数据模型，也不会按照预定义方式进行组织。非结构化数据的常见示例有音频、数字图像、视频、PDF 文件以及 Word 文件等。对于人类来说，这类数据没有可识别的内部结构，因而如果没有正确的解析工具（如媒体播放器、PDF 查看器、文字编辑器等），这些数据将毫无意义。与结构化数据或半结构化数据相比，从非结构化数据中自动分析和提取信息的过程相对较为复杂。虽然查询关系数据库并在存储的数据上找到异常、模式或特定的相似性相对较为容易，但是从视频或音频分析中获取类似信息却要复杂得多。当前面临的主要挑战是，目前产生的绝大多数数据都是非结构化数据（见图 11-7）。随着物联网的快速发展，生成的非结构化数据和半结构化数据量都在大幅增加。最近的研究表明，非结构化数据可能占到组织机构所有数据的 70%～80%。据估计（见图 11-8），到 2020 年，数据将从 2007 年的几百艾字节（EB）增加到 50 泽字节（ZB）以上，从图 11-8 可以看出，数据量呈现指数级增长趋势。随着物联网推动的非结构化数据量的快速增加，直接分析和过滤这类数据的必要性（即在分析之前不尝试结构化这些数据）也将大幅增加。有鉴于此，自动分析非结构化数据的方法必将快速发展，ML（Machine Learning，机器学习）和 AI（Artificial Intelligence，人工智能）技术可以与数据挖掘、NLP（Natural Language Processing，自然语言处理）及其他工具协同工作，以解析非结构化数据、过滤数据、查找模式、检测异常并根据所检查的数据执行特定操作。

需要强调的是，这种结构化、半结构化和非结构化数据分类的含义并不十分明显。在安全性方面，确定数据是处于静止状态、被授权实体使用状态或处于移动状态，比确定数据本身的结构更有价值。如图 11-2 所述，保护静止、使用或移动中的数据时，关键是提供有效的访问控制机制，并确保数据的机密性、完整性和可用性（以及在需要时使用不可否认性机制）。

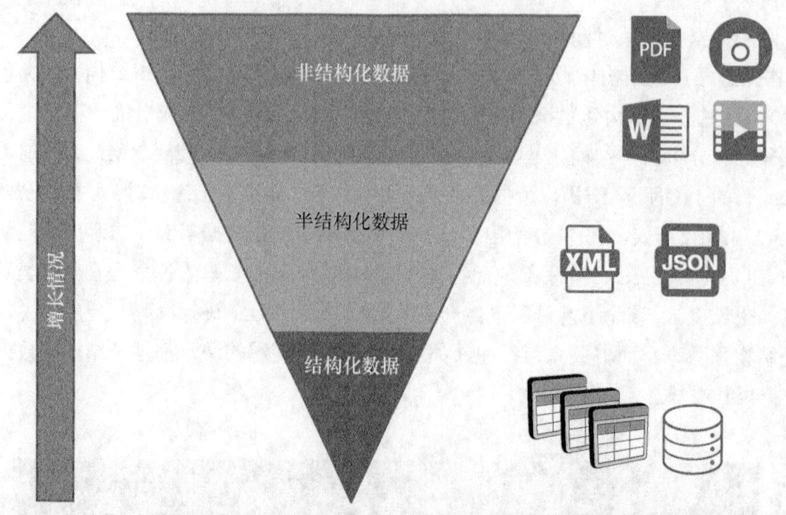

图 11-7 数据的增长与多样性：当前产生的大部分数字化数据都是非结构化数据

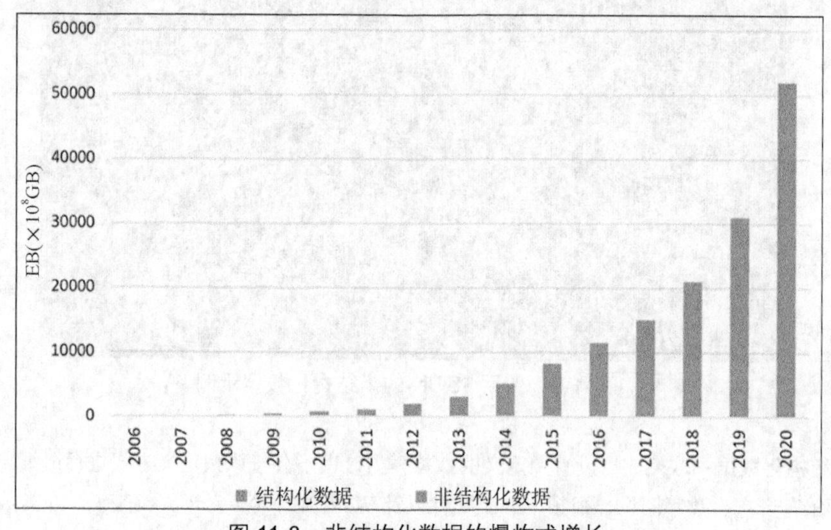

图 11-8 非结构化数据的爆炸式增长

尽管如此，在规划和投资数据保护机制的时候，有两个非常重要的考虑因素：数据的多样性和价值。这两个术语通常可以用大数据加以说明。传统意义上的大数据主要集中在数据的 3 个 V 上：管理大量数据（Volume），通常以 TB 字节、PB 字节和 EB 字节为单位；处理数据接收的速度（Velocity）并提供相应的机制来实现流式、准实时和批量数据处理；处理各种类型的数据（Variety），包括结构化、半结构化和非结构化数据。最近对大数据的研究又引入了第 4 个 V，说的是数据的价值（Value）。在理想情况下，应该保护物联网用例中的所有数据，但不幸的是，出于成本原因，这样做根本不可行。

这就是数据的多样性和价值发挥作用的地方。如本章后面所述，我们的最终目标是将从端点采集到的非结构化或半结构化数据转换为实际的业务洞察。换句话说，目标是将原始数据转换为知识。很明显，数据在知识栈中的位置越高，数据的价值也就越大。大家可能会错误地认为，与数据保护相关的大部分工作都应该致力于保护知识栈中的高层数据。实践证明，如果低层数据遭到破坏，那么高层数据的准确性和价值也会遭到破坏。与所有安全机制一样，数据保护的效果取决于数据管道中最薄弱的组件。有鉴于此，设计人员在构建满足特定用例需求的服务时，应采取以下措施：

- 分解数据管道；
- 检测实现期望目标所必需的数据源和数据处理组件；
- 从各种数据类别和主题中识别出必需的数据（最有价值的数据）；

- 保护与数据管道中标识的每个对象相关联的静止、使用和移动中的数据。

如前所述，未来几年自动化分析非结构化数据的方法将会出现快速发展，但目前在物联网中处理非结构化数据的最常见方法仍然要采用某种形式的数据规范化操作。不幸的是，物联网领域还没有出现被业界广泛采纳的数据规范化标准，市场上提供的大多数产品都是专有解决方案。

图 11-9 描述了一个简化的数据规范化处理过程。图中由不同厂商（D1、D2、…、DN）提供的一台或多台设备都通过有线或无线方式进行连接。这些设备将数据发送给网络边缘的雾节点。设备发送的数据包含以摄氏度或华氏度测量的温度。数据具有不同的结构和格式（遵循特定供应商的数据格式），而且可以通过不同的协议进行传输（如 Modbus TCP/IP、BACnet、HTTP/REST 等）。为了处理从各种设备读取来的数据，雾节点提供了一个数据提取和适配层。该层由很多驱动程序组成，这些驱动程序不但支持通信协议，而且还可以执行净荷的解析功能以及提取温度读数所需的适配功能，这些驱动程序能够以多种方式运行在雾节点中：

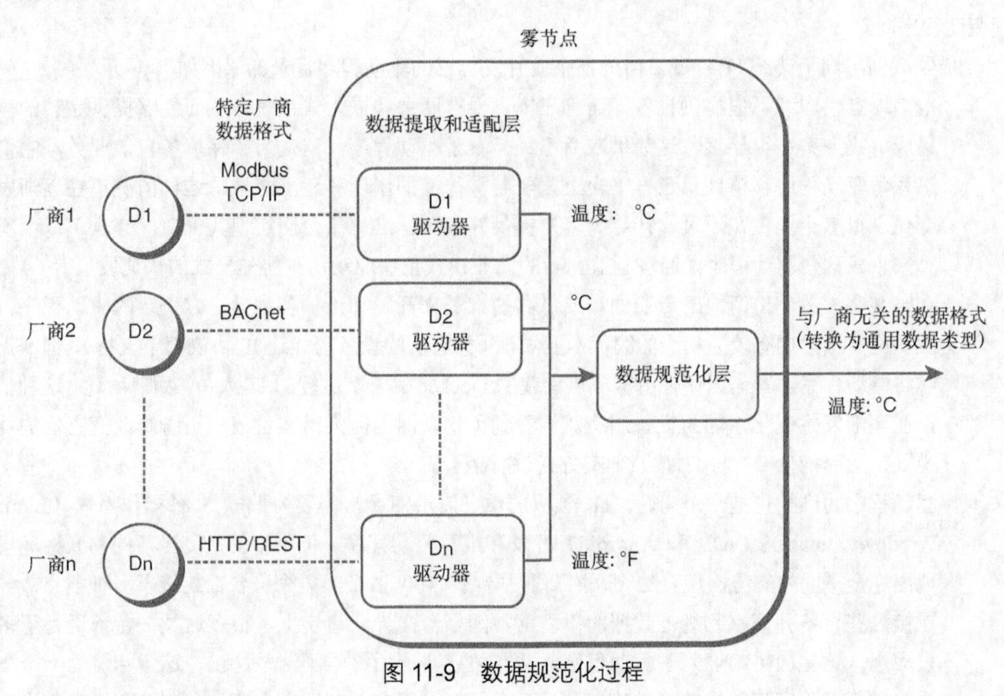

图 11-9 数据规范化过程

- 作为裸机中的独立进程；
- 作为独立 Docker 容器中的微服务；
- 作为不同 VM（Virtual Machine，虚拟机）；
- 作为 VM 中的不同进程或容器；
- 作为运行在单个 VM 或其他变体中的多协议应用程序的不同侦听端。

提取完温度读数之后，数据管道接下来要做的就是将这些温度读数转换为一种通用的、与供应商无关的格式，这就是数据规范化层的作用。对于本例来说，就是要将温度从华氏度转为摄氏度。所有的温度读数都使用统一的数据格式和温度单位，从而开放给数据管道中的下一个进程。

需要注意的是，每个驱动程序都是为特定协议、API 和数据格式构建的。例如，如果设备 Dn 以{“data”: {“timestamp”: 1515067723, “sensor type”: SCH1234, “power (KWs)”: 0.2}}的元组形式通过 HTTP/REST API 发送电源监控数据，那么就必须指示相应的驱动程序执行解析过程，以使用特定的协议、API 和数据结构提取数据。一般来说，图 11-9 给出的数据规范化过程通常会将输入从半结构化数据转换为结构化数据或半结构化数据（尽管现在是一种通用的数据格式），取决于具体的结构类型，可以将输出数据持久化到关系数据库或非关系数据库中。这些数据库可以位于图中所示的雾节点、雾分层结构中的其他雾节点或数据中心后端应用中的节点。

目前图 11-9 所示的驱动程序都是手工开发的，需要花费一定的时间。开发工作可能需要几天到几周时间，具体取决于设备的复杂性、涉及的协议以及 API 和数据模型。物联网企业更倾向于谈论连接器（Connector）而不是驱动程序（Driver），虽然术语有所不同，但功能基本相同。目前开发出数百个集成到产品系列中的驱动程序或连接器的企业越来越多（如思科、微软、SAP、GE 等），这意味着可以将不同性质的传感器和设备连接到网关或雾节点上。与对应的驱动程序进行交互时，不但能够立即进行数据交换，而且还能由驱动程序进行管理。

对于娴熟的 IT 技术人员来说，这种方法听起来似乎有些奇怪。物联网领域的很多驱动程序都是由尚未生产设备（端点或“物品”）的企业开发的，而 IT 领域则通常由设备制造商开发的。确切而言，如果购买了打印机、IP 摄像头或需要连接到计算机上的新外设，那么数据交换将由这些设备的驱动程序进行处理，此时的区别在于驱动程序通常由制造该设备的企业提供。那么物联网有何不同呢？为何外部企业需要自己构建驱动程序呢？

促成物联网不同于传统 IT 领域，由外部企业开发自己的驱动程序目录的原因如下。

- 很多端点供应商不但提供设备，而且还提供专有网关和嵌入式系统，从而能够提供完整的垂直集成解决方案。很显然，这些供应商已经开发了驱动程序，但是为了保护各自的业务，它们不愿意将驱动程序移植到第三方平台上。随着雾计算的出现和逐步渗透，这种情况正在逐渐发生变化。很多企业正在通过雾计算为客户提供开放和标准化平台而实现其价值，完全可以由雾计算来承载这些驱动程序。经济利益和新的商业模式正在驱动这种协作模式的快速发展。
- 有时某些设备制造商缺乏专业知识或足够的人员来开发和维护各种第三方平台的驱动程序。这类供应商虽然拥有较为初步的编程专业知识（如它们的设备可能连 IP 协议都不支持），但缺乏能够将驱动程序容器化以便在由雾节点承载的 Docker 引擎上运行的 IT 人员。如前所述，这种情况正在逐渐发生变化，因为设备制造商们看到了物联网的巨大潜在价值，正纷纷改变它们的业务模式，从而推动 OT 与 IT 按照期望方式进行融合。
- 驱动程序的维护也是一个问题。IT 领域的设备制造商通常需要为最多 5 种操作系统（Linux、Windows、macOS、iOS 和 Android）开发和维护驱动程序。但不幸的是，当前的物联网环境呈现出完全不同的态势，现有的物联网商业平台有 400 多个，每个平台都连接了多种端点，导致连接这些设备并调整和规范数据的模型常常因平台而异。事实上，很多这类平台都运行了多协议应用，这些应用都嵌入了驱动程序，并在传感器层面终结了这些协议，这意味着为一个平台构建的驱动程序可能很难轻松移植到另一个平台。因此，市场上主流设备制造商通常都由外部平台开发驱动程序，几乎没有动力去开发和维护自己的驱动程序。不过，物联网市场中的新设备（端点）情况有所不同，设备制造商可能会带头开发自己的驱动程序，而不是等待这些平台接受其设备并构建相应的驱动程序（大多数商业平台可能需要数月甚至数年的时间）。显然，设备制造商面临的挑战是确定他们在开发和维护驱动程序时应该关注哪些平台。图 11-10 给出了该问题较为合理的解决方案。

总之，各种因素的结合促使第三方公司开始开发驱动程序或连接器，以加速物联网的商业推广，但是该模式对于正在开发和维护驱动程序的企业来说却存在一定的问题。传统 IT 装置中的外围设备使用的 I/O 端口和通信协议数量有限，而物联网却恰恰相反：需要涵盖和解析的有线和无线协议、接口、API 及数据结构的类型极其繁多，而且一直都在不断扩展。

工业和标准化机构（如 IETF）正在推行一种新模式。第 9 章描述的 MUD（Manufacturer Usage Description，制造商使用描述）模型就是一个很好的案例。此时的端点制造商以 YANG 模型的形式提供了一个 MUD 文件，而不是让第三方开发新的驱动程序，从而将端点的通信限制在预期用途范围内。该模型基于标准的数据建模语言提供机器可读输入，这里的 YANG 模型实质上就是物联网平台需要将安全规则和配置推送给交换机和雾节点的“驱动程序”，目标是将端点的通信方式限制为期望用途。

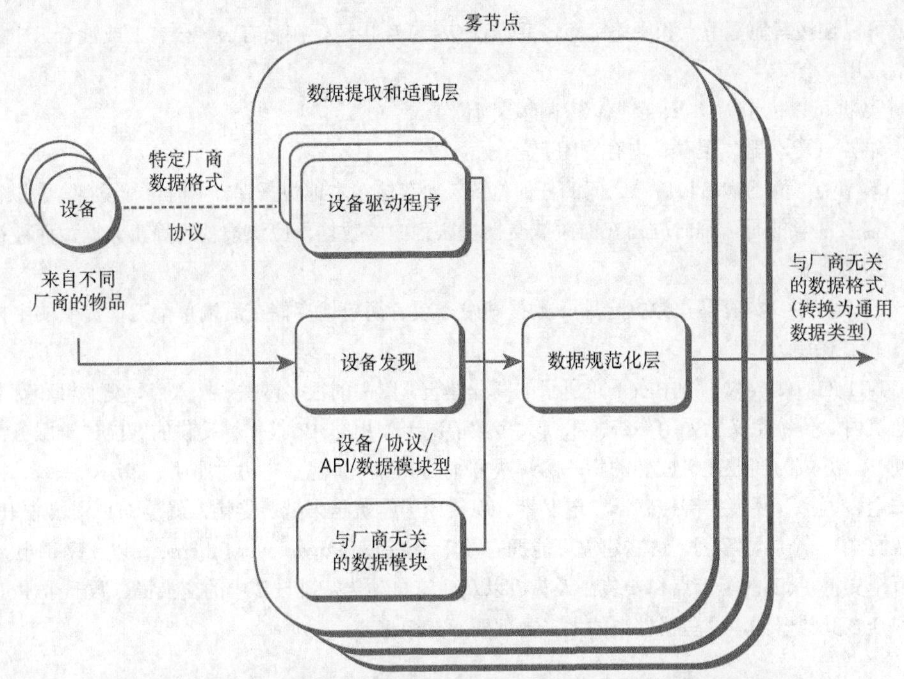

图 11-10　基于正式数据建模语言自动呈现驱动程序的自动数据规范化

虽然 MUD 能够实现某些安全规则的自动化，但并不能替代图 11-9 所示的驱动程序。网络边缘的数据提取、适配和规范化的未来发展演进可能如图 11-10 所示，目标是实现自动解析，整个数据规范化过程能够基于数据建模语言（如 YANG）自动呈现驱动程序。该模式对于设备制造商和第三方平台提供商来说是一个双赢方案。一方面，设备制造商不需要为每个平台开发特定的驱动程序，与 MUD 一样，只要使用标准化和正式的数据建模语言提供数据模型即可，包括：

- 使用的通信协议；
- 对 API 的约束（遵循模型驱动的 API，详见第 6 章）；
- 能够分析数据平面净荷的数据模型。

另一方面，第三方平台提供商需要执行以下操作：

- 创建设备发现模块（见图 11-10），以处理设备制造商提供的数据模型；
- 开发库文件以根据收到的数据模型自动呈现设备驱动程序；
- 构建与供应商无关的数据模块（见图 11-10），该模块向数据规范化层提供数据，目的是为输出数据提供与供应商独立的数据模型（数据规范化过程完成之后）。

数据规范化层的作用是将输入数据模型映射到规范化的或与供应商无关的数据模型。

但不幸的是，该行业还没有正式形成，达到图 11-10 所示目标还需要数年时间，特别是需要进行大量标准化工作。因此，就本书而言，涉及数据规范化及其对数据保护的影响时，重点是当前使用的模型（见图 11-9）。如本章前面所述，关键是在需要时通过访问控制、CIA 单元组和不可否认性机制来保护静止、使用中和移动中的数据以及控制和管理平面。在“物-云连续体”的边缘或更高层次上提取、调整和规范化数据的过程肯定要涉及静止、使用中和移动中的数据，因而可以按照相同的思路分析数据保护问题。在分析数据保护的细节之前，接下来的三个小节将分别描述物联网环境中的静止、使用中和移动中的数据场景。

11.2　静止数据

图 11-11 显示了简化的“物-云连续体”示意图，图中底部具有不同性质的端点连接到网络边缘的设备上，如网关、接入点、交换机、嵌入式系统和具有不同形式的雾节点（如工业交换机或工业 PC）。之后

这些设备可以连接其他雾节点和网络节点，并通过 WAN 连接运行在私有云、公有云或混合云中的一个或多个后端应用。

静止数据可以位于于“物-云连续体”中的不同位置。

- 端点（驱动器、缓存、内存、闪存等）。
- 雾节点，位于物品与后端之间的任何位置（如存储在本地数据库、主内存、缓存、虚拟存储中）。需要注意的是，临时驻留在网关或交换机队列中的数据不应该被视为静止数据，而被视为移动中的数据。
- 后端应用（如存储在数据仓库、数据湖中，或者简单地存储在后端单个刀片提供的主内存或虚拟存储中）。

图 11-11 的右侧放大了图中右下角所示的商业建筑，图中的很多网关、接入点、交换机和雾节点都位于智能建筑内。传统意义上采用传统技术（大多数情况下使用非 IP 技术）提供的智能建筑服务都开始逐步迁移到 IP，并成为商业建筑成熟的物联网解决方案的一部分，包括电力、照明、HVAC 系统、视频监控和物理安全、电梯、环境控制传感器、电器等。现代商用建筑越来越智能化，就是 OT 领域非 IP 技术开始与 IT 融合的一个明显案例。这些建筑可能拥有数千个 PoE（Power over Ethernet，以太网供电）LED 灯具、数百个支持 PoE 的雾节点和安装在天花板以及建筑自动化基础设施中的交换机、数千个 PoE HVAC 控制器和众多其他器件，这些器件中的大多数都要存储数据。

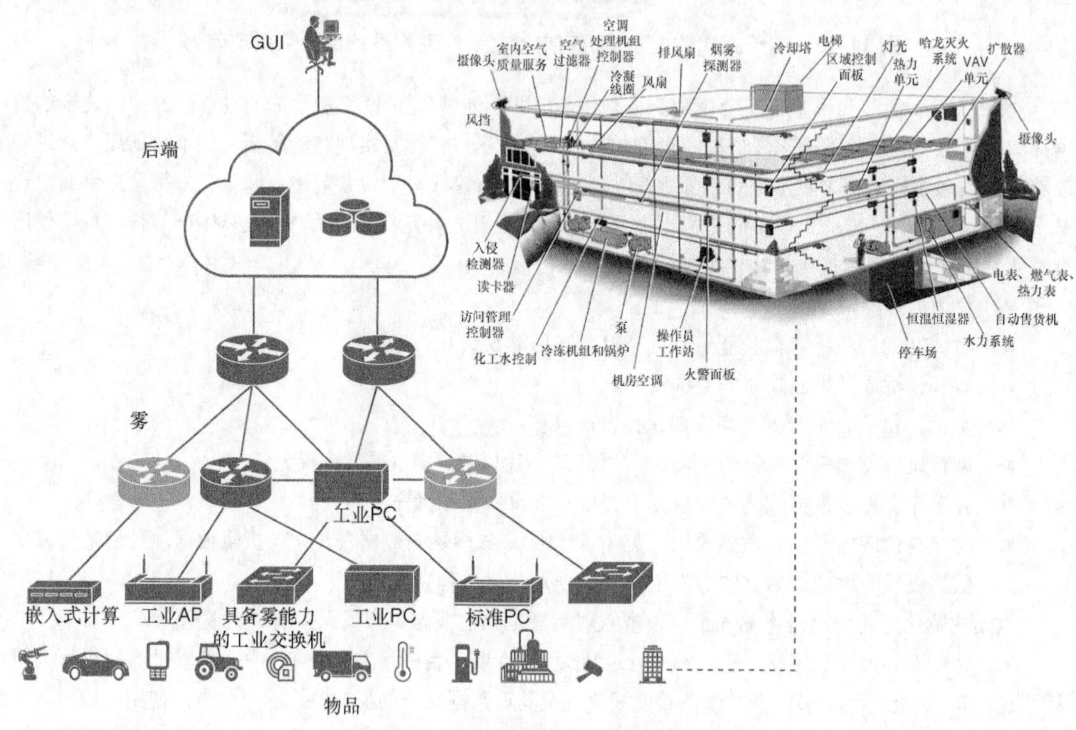

图 11-11 不同位置的静止数据

未来几年，商用建筑中的静止数据量将大幅增加。一个原因是确保建筑物能够自主运行，也就是说，即使建筑物失去了与集中式数据中心或控制室（如管理多个建筑物的控制室）的回程连接，其核心功能也能够保持正常运行。从这个意义上来说，智能建筑应具有某种形式的分层计算架构，每层建筑物都有若干个雾节点，跨功能的计算能力则集中在网络前端（如以 NFV POP 的形式存在），由这些计算资源存储数据。

另一个与静态数据高度相关的内容就是在什么位置存储端点采集的数据。常见做法是使用边缘的雾节点来存储数据。在很多情况下，雾节点和端点之间的通信都是双向的。例如，雾节点不仅可以从端点接收数据（如从传感器接收数据），而且还可以向端点发送数据（如配置命令和固件更新）。原则上，端点和雾节点可以在数据平面（如传感器数据）、控制平面（如与 DHCP 和二层及三层通信协议相关的数据）和管理平面（如配置数据和监控数据）交换数据。根据用例和设置情况，端点与为端点提供服务的雾节点之间的通信可能并不可靠。为了解决这个问题，市场上的一些解决方案使用了数据影子或虚拟副本的概念（见图 11-12），具有双重目的。首先，存储端点发送的最新读取结果或状态，使数据在雾节点上可用，意味着雾节点与传感器失去连接之后，仍能报告其最新状态（最新读取结果）。虽然保留的缓冲区取决于具体应用，但也可以很简单，完全基于最后一次收到的读取结果，或者基于存储在雾节点历史数据库中的完整读取结果。其次，如果平台需要配置设备（如更改读取频率），那么雾节点可以充当代理，更新虚拟副本的配置，然后等到端点再次可用后进行更新。

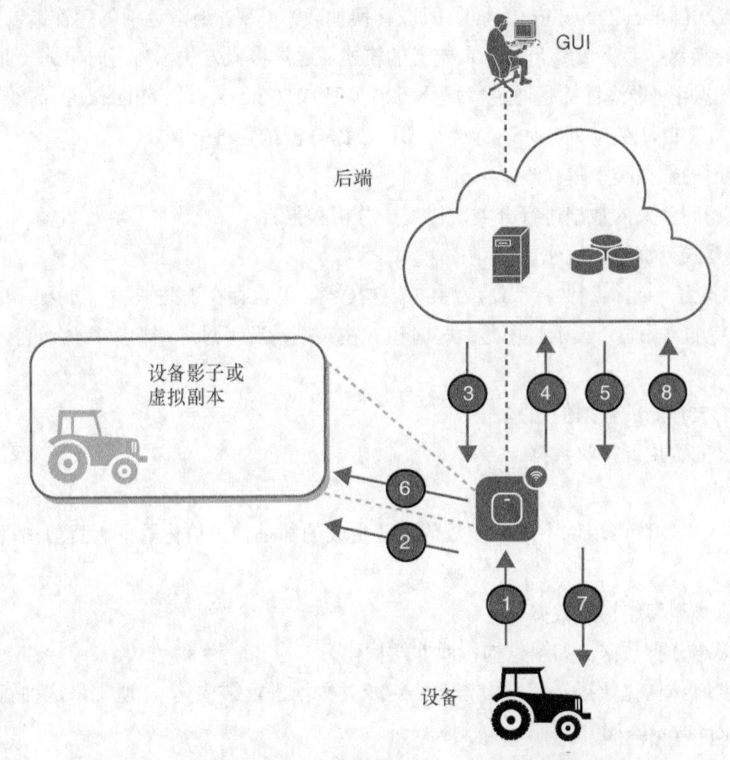

图 11-12 设备影子或虚拟副本：物联网的特有特性

雾节点是现场的重要控制点，可以作为端点与后端应用之间的代理或中间层。如果后端与雾节点之间的通信可靠，但后者与端点之间的通信不可靠，那么这一点将尤为重要。很明显，虚拟副本会被持久化到雾节点中，因而表示静止数据。

图 11-12 描述了设备、托管虚拟副本的雾节点以及后端应用之间的交互情况。

1. 端点向雾节点发送传感器数据。
2. 雾节点读取并保存虚拟副本中的数据。
3. 后端应用提取（查询）数据。优点是，如果端点使用电池运行，那么读取操作就会在后端应用与雾节点之间进行，而不会涉及端点。也就是说，读取过程不会对端点的电池造成任何影响。
4. 雾节点发送最后一次存储的读取结果。可以使用时间戳或元数据通知应用程序数据的更新情况。
5. 后端应用希望重新配置端点（更改数据发送的频率，升级固件以增加安全补丁等）。
6. 雾节点首先将新配置发送给虚拟副本。
7. 副本更新之后，会尝试配置端点。如果失败，那么就会一直尝试，直到成功或向后端报告问题。
8. 重配置成功之后，雾节点将通知后端应用。

分析了雾计算域中的静态数据的主要内容之后，接下来将研究在后端存储数据的最新方法（见图

11-11）。某些物联网解决方案使用的是数据仓库、数据湖或两者的组合，因而必须了解它们的差异，更重要的是要了解它们之间的协同作用。

11.2.1 数据仓库

创建 DW（Data Warehouses，数据仓库）通常包括如下步骤。

1．进行需求研究，了解所需的报告、数据分析及存储需求。

2．定义所需的数据库、模式及结构，标识需要处理的主要查询操作。

3．确定 DW 的数据源（数据湖可能是其中之一）。

4．实现 ETL（Extract-Transform-Load，提取转换加载）模型。通常包括创建管道以提取所需的数据、适配和转换这些数据以满足第 2 步定义的模式。通常将该方法称为写时模式（Schema-on-Write）。

创建了 DW 之后，最终目标是通过数据分析来实现 BI（Business Intelligence，商业智能）、创建报告等。一般来说，如果 DW 架构具备如下特性，那么数据分析结果将最有效：

- 限定使用的数据类型集；
- 将具有相同含义的数据进行分类，以便于分析和报告；
- 针对交互式查询进行优化。

虽然 DW 代表了一组得到业界广泛应用的成熟技术，但也存在一些缺陷：如果需要管理的数据量非常大，那么 DW 将非常昂贵；灵活性不足；写时模式在某些情况下过于严格。具体而言，DW 的设计理念总结如下。

1．预定义需要存储的数据的结构。

2．从已定义的数据源接收数据。

3．分析数据。

如前所述，很多物联网用例中的大多数数据源生成的都是非结构化数据。目前出现了一些新的模式变化。

1．接收任意类型和结构的数据。

2．以当前形态分析数据（如半结构化或非结构化）。

3．仅在需要时结构化数据（即仅根据需要对相关数据进行结构化），通常将这种新模式称为读时模式（Schema-on-Read）。

DW 的诸多限制推动了数据湖技术的发展。数据湖专门用于采集各类数据（包括结构化、半结构化或非结构化），而且存储成本低廉，完全符合数据的不可预测性和不断变化性。

11.2.2 数据湖

DL（Data Lake，数据湖）是很多大数据解决方案的核心，DL 可以提供非常庞大的数据存储库（如基于 Hadoop），而且可以在使用之前以本机格式进行存储。

- DL 支持以高度可扩展和灵活的方式采集大量不同的数据源，可以动态添加和删除数据源，而且还能以“以防万一”的方式采集和存储大部分数据（即使以后用不到）。
- 与 DW 不同，DL 以 ELT 模型为目标，通常需要创建管道以提取所需的数据。如前所述，数据可以在使用之前以本机格式进行存储。也就是说，直到需要时才对数据进行适配和转换，因而也将该模式称为读时模式。
- DL 可以管理非常庞大的数据集，而无需预先定义数据模式。从而能够在正确的时间以正确的结构向正确的使用者提供正确的数据（由读时模式支持）。
- DL 的成本通常比 DW 低很多，尤其适合于存档用途。由于 DL 基础设施支持商用硬件，因而可以释放昂贵的 DW 资源（如用于执行数据优化过程）。DL 是对 DW 的补充，可以将 DL 用作 DW

的数据源。例如，DL 可以采集各种数据，但是仅将特定数据发送给 DW。

- DL 可以管理所有类型的工作负荷（包括批处理、流式处理和交互式查询及分析），而 DW 则通常仅优化用于交互式查询。
- 数据治理仍然是关键，特别是要避免随着时间的推移而导致数据湖演变成数据沼泽。

DW 与 DL 之间的一个核心区别就是写时模式与读时模式。从图 11-13 可以看出，这一点反映在设计当中。大数据传道者 James Serra 在著作 *Big Data Architectures and the Data Lake* 中，展示了数据仓库如何遵循自上而下的方法。该方法是为数据分析中的推断过程量身定制的，通常都是首先发展一个理论，然后再围绕该理论创建一些假设。数据的结构化就是基于该方法，通过执行交互式查询，数据使用者可以观察并确认或撤销所做的假设。

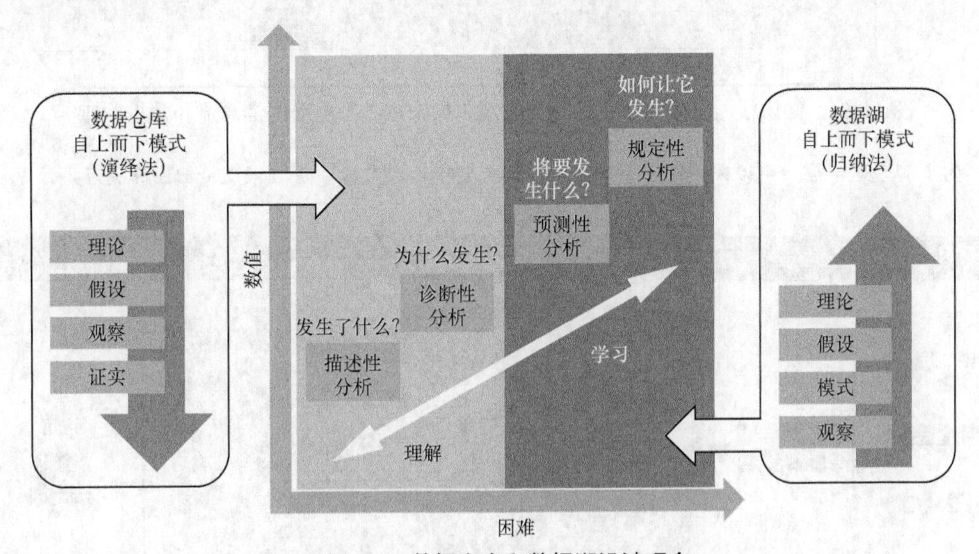

图 11-13 数据仓库和数据湖设计理念

另一方面，DL 遵循的是自下而上的方法，该方法是为数据分析中的归纳过程量身定制的。通常都是从观察一组不同的数据源开始，这些数据源可以具有任意类型的结构，基于观察结果，分析工具就可以搜索模式，从而支持一组假设和一个理论。

从图 11-13 可以看出，推断过程很好理解，可以回答“发生了什么？”或者“为什么会这样？”等问题，不过在学习方面效率较低。归纳过程很适宜回答“将会发生什么”等问题，或者更复杂的问题，如“如何才能让它发生？”

在这个阶段，静止数据与使用中的数据之间的界限开始模糊。图 11-13 的左侧和右侧分别与静止数据、DW 中的数据以及 DL 中的数据有关，图的中部表示使用中的数据。

11.3 使用中的数据

对于物联网环境来说，由对象或端点生成的数据可能并没有独立价值，但是利用雾计算、DW 和 DL 之后就能很好地分析和关联由大量实体生成的大量数据，从而产生相关信息，可用于实时理解、学习和做出可操作的决策。这些决策可以是激活物理系统中的控制和驱动设施，也可以是调整策略或提出业务建议。这些结果还会产生数据，而数据又可以转化为信息，随后转化为知识。

术语“数据”和“信息”通常可以互换使用，本章中的“信息”表示一个或多个数据处理阶段的结果，输出的数据以特定的上下文（如在具体的垂直领域和具体的用例中）和特定的格式显示，以便特定的使用者或实体能够以有用的方式加以解析。图 11-14 显示了在不同层面处理、分析、过滤和组合原始数据的方式（如使用数据混聚），以提取信息，学习、创建知识并最终创造智慧。

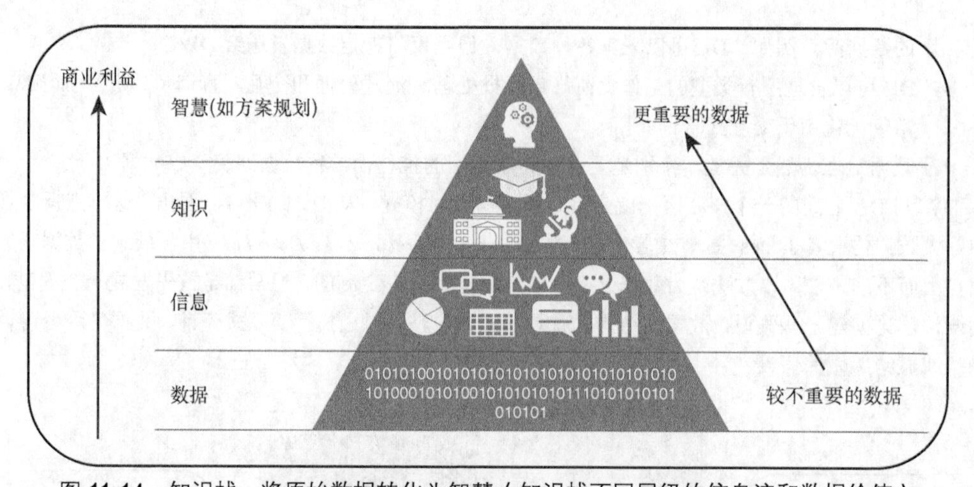

图 11-14　知识栈：将原始数据转化为智慧（知识栈不同层级的信息流和数据价值）

为了实现这一点，可以采用图 11-15 所示的体系架构，通过如下阶段来支持 DL 解决方案。

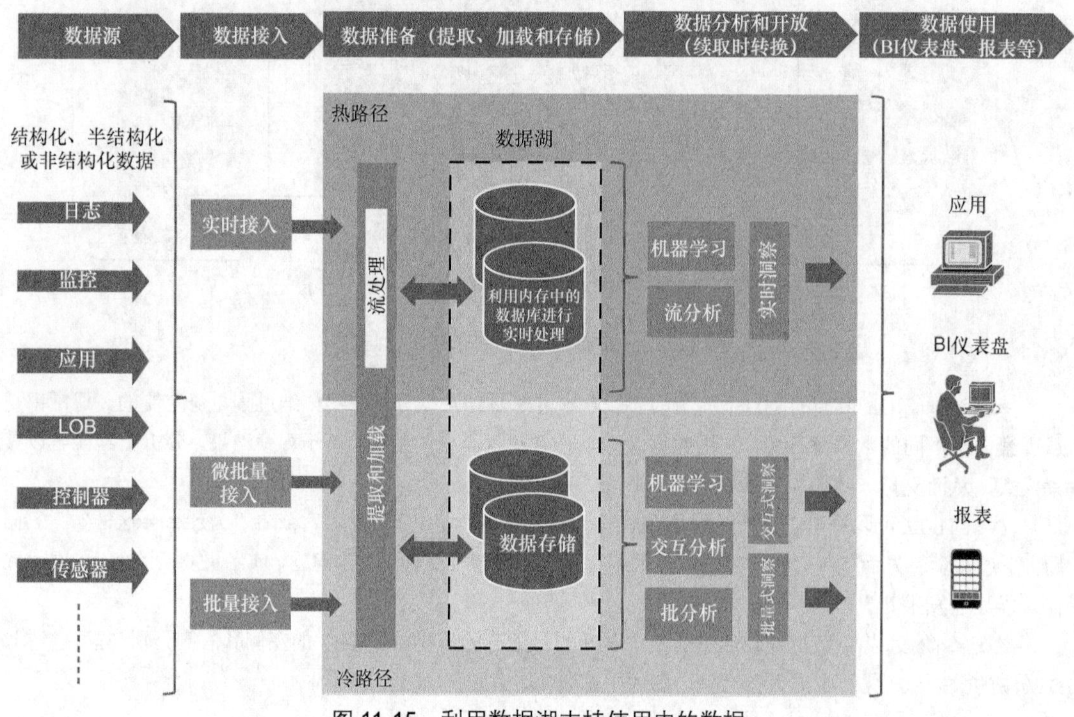

图 11-15　利用数据湖支持使用中的数据

- **数据接入（Data Ingestion）**：数据来自大量不同类型的来源，包括日志、物联网基础设施中的多层监控数据、分布式应用程序、LOB 数据以及物联网端点（如传感器、控制和驱动系统）。接收的数据可以是任意格式（结构化、半结构化或非结构化），而且可以由属于数据、控制、管理和操作平面的对象来获取。数据接入可以是实时、小批量（或微批量）或批处理方式。该阶段将需要实时处理的数据接入（“热路径”）与需要批处理的数据接入（“冷路径”）进行分类和分离。热路径负责实时处理大量数据的数据接入，这些数据通常变化大、接收速度快。
- **数据准备（Data Preparation）**：该阶段提供数据提取和加载操作，并将转换操作提交给下一阶段（因为 ELT 模型在读取数据时会发生数据转换操作）。数据以本机格式存储（不需要预定义的结构或模式）。热路径通常依赖内存中的数据库进行实时处理，而冷路径则存储原始数据以供历史参考和分析。

- **数据分析和开放（Data Analysis and Exposure）**：该阶段是真正涉及使用中的数据的阶段。该阶段采用批处理、交互式和实时（流）分析方式从大量数据中提取洞察结果。可以使用不同的机器学习技术来创造知识。由于采取了读时模式，因而数据转换操作在该阶段就已经完成了，输出数据已经准备好供第三方使用。
- **数据使用（Data Consumption）**：不同类型的实体都可以使用分析后的数据并提取有价值的信息，如垂直领域的应用程序、仪表盘、BI 工具、报告系统、DW 等。

虽然图 11-15 侧重于数据中心部署的技术，但需要强调的是，物联网中的大数据并不局限于数据中心。大数据在许多领域（包括物联网）都被视为新型财富，但什么是大数据呢？简单而言，大数据指的是所有数据。那么大数据究竟有多大呢？该问题的答案取决于具体的垂直行业以及具体的用例情况。例如，一组油井每天大约可以生成数 P 字节的数据，智慧城市每天生成的数据量大致相同，而制造企业的机器生成的数据量则低得多，但是对于制造企业来说，仍然可以将其视为大数据。基于多种原因，通常很难将这些数据都发送到云端。对于油井来说，通常是因为回程连接带宽有限或不可靠（在某些情况下，唯一的选择就是 3G 连接，而且只有少数油井可用）。雾计算有助于实现数据的本地接入、采样、分析和过滤，然后实时做出可操作决策（出于安全、劳动力优化、异常检测、预防性维护等原因），因而雾计算是物联网大数据基础设施的关键组成部分。实际上，雾计算分布在比图 11-15 更加广泛的计算资源之上。

雾节点可以同时提供流分析和历史分析能力，从而为数据分析操作提供了热路径和冷路径（见图 11-15）。虽然雾节点内部的数据处理模型在概念上与图 11-15 所示的数据处理模型相似，但两者的处理阶段并不完全相同。截至本书写作之时，雾节点层面的数据处理阶段通常是：数据源→数据接入→数据适配（可能包括数据规范化）→数据分析→数据使用。由于数据适配/规范化阶段通常要将输入数据转换为半结构化或结构化数据，因而此时遵循的更多的是 ETL（Extract-Transform-Load，提取转换加载）模型，而不是 DL 使用的 ELT（Extract-Load-Transform，提取加载转换）模型。有些应用程序需要将原始数据保存在由雾节点托管的历史数据库中，但实际上，大多数用例都会在分析之前适配从雾节点接收到的数据。稍后将在图 11-19、图 11-30 和图 11-32 的案例中介绍如何保护使用中的数据以及如何在雾节点层面保护数据。

11.4 移动中的数据

对于物联网环境来说，将网络边缘的端点产生的数据通过雾节点和网络节点移动到数据中心是关键操作。物联网广泛采用的数据传输协议有 HTTPS、COAP 和 MQTT 等。有关 COAP 或 MQTT 等协议的详细说明，请参阅思科出版社的 *IoT Fundamentals: Networking Technologies, Protocols, and Use Cases for the Internet of Things*。

在实际应用中，可能需要将对象或实体 A 生成的数据发送给特定的使用者或接收者组（B 和 C），而将其他数据集（即使也由同一个实体 A 生成）分发给不同的接收者组（C、D 和 E）。这是数据分发领域的一个常见问题，该领域的先进技术（如 Pub/Sub 系统）可以支持该功能。图 11-16 显示了若干个发布者（P）向不同的代理（B）发送数据，由代理将数据分发给相应的订阅者。代理允许在数据提供者与使用者之间分配数据时进行物理和时间的解耦。有关 Pub/Sub 系统提供的数据保护机制（如 MQTT、RabbitMQ 或思科 EFM［Edge and Fog Processing Module，边缘和雾处理模块］）的具体内容将在 11.5.1 节分别介绍。

通常会将代理分发的数据分成不同的类别。数据使用者通常订阅一个或多个类别，且仅接收这些特定类别的数据。这些类别支持选择和筛选机制，从而将特定数据分发给指定的订阅者群组。通常基于数据的主题或指定内容进行选择。对于基于主题的系统来说，会将数据发布到被称为主题的标签或逻辑通道中，订阅者仅接收其订阅的主题所发布的数据。数据发布者和代理通常会定义将要使用的数据主题，这些主题的所有订阅者都会收到相同的数据。基于内容的系统则采用了不同的运行方式，如果数据的内容与通常由订阅者定义的一组约束条件（如采用数据属性的形式）相匹配，那么就会将数据分发给指定订阅者。也就是说，即使是相同的源数据，不同的订阅者收到的内容也可能并不相同。某些 Pub/Sub 系统支持数据发布者采用这两种模式向主题发布消息，数据使用者可以对一组数据主题定义基于内容的订阅需求。

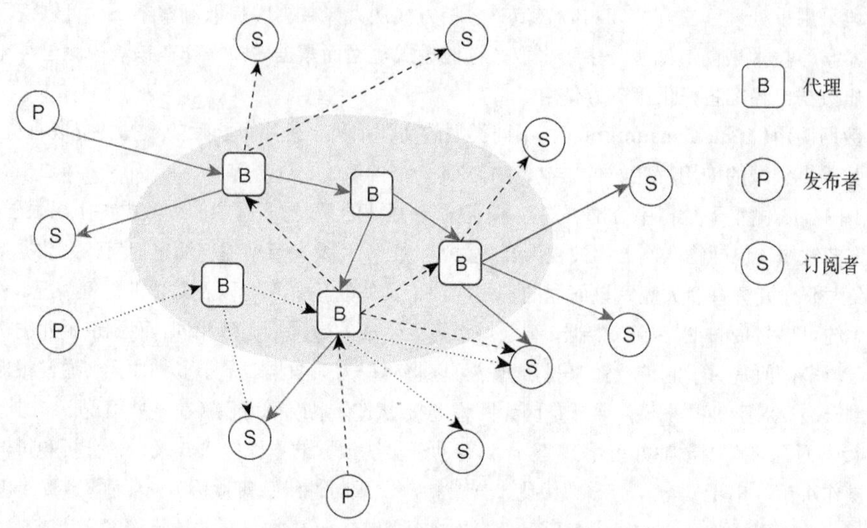

图 11-16 基本的 Pub/Sub 系统

对于很多物联网场景来说，发布者、订阅者和消息代理都可以运行为微服务，这些微服务可以位于物-云连续体中的雾节点以及后端（如私有数据中心、公有云或混合云）。从图 11-16 可以看出，Pub/Sub 系统可以跨多个代理路由消息，不仅可以扩展消息分发系统的可达性，而且还可以扩展和平衡负载（包括每个代理所管理的发布者和订阅者数量）。代理通常执行消息排队和存储转发功能等任务，特别是在时间上解耦发布者与订阅者之间的消息分发。具体而言，发布者可能被唤醒，向代理发送消息，然后返回睡眠模式，直至需要传输下一条消息。与此类似，订阅者也可能会处于睡眠模式、唤醒、连接到相应的代理、获取为其存储的一批消息（一个或多个数据主题），然后再返回睡眠模式。Pub/Sub 系统的另一个重要内容就是协议适配。很多 Pub/Sub 系统中的发布者和订阅者都可能采用不同的语言（也就是说，可能使用不同的消息传递协议），如 MQTT、AMQP 或 STOMP。数据生产者与使用者之间的协议适配必不可少，根据不同的实现方式，处理协议适配的方式也有所不同。例如，RabbitMQ 通过消息代理插件进行管理，将 RabbitMQ 转换为多代理/多协议 Pub/Sub 系统。思科 EFM 采用了不同的处理方式，基于 DSA（Distributed Services Architecture，分布式服务架构）。如本章后面所述，DSA 通过 DSlinks 执行协议适配处理。

虽然消息代理的使用在物联网中很流行，但 Pub/Sub 系统还可以通过其他方式在数据生产者与数据使用者之间分发数据。例如，DDS（Data Distribution Service，数据分发服务）提供了一种不需要代理的 Pub/Sub 系统。DDS 中的发布者和订阅者通过 IP 多播共享彼此的元数据，可以在本地缓存这些信息，并基于 DDS 提供的一组发现机制来路由消息。

值得注意的是，在分析 Pub/Sub 系统的可靠性时，活动中的数据和静止数据的概念错综复杂，Pub/Sub 系统中的可靠性和可用性密切相关。前面曾经说过，可用性是 CIA 三元组中的核心目标（见图 11-2），因为影响资源可用性是 DoS 攻击的主要目标。在可靠性方面，与运动状态的数据相关的基本问题是，如果消息代理出现了故障，那么会对排队和存储的数据产生什么影响，代理重启之后数据是否可用？为了解决这些问题，市场上的很多 Pub/Sub 系统都支持数据持久化、永久性和 QoS 等概念。

- **数据持久化（Data Persistency）**：Pub/Sub 系统通常将其视为与消息相关联的特性。某些数据分发协议通过消息报头中的特定字段（如设置分发模式）将消息标记为持久消息。消息代理收到持久消息之后，就将其写入磁盘，从而可以在重新启动后恢复消息。请注意，对于目前市场上的大多数解决方案来说，代理重启之后，在重启之前排队等待分发的所有持久消息都不会自动在队列中重建，这就需要永久队列（如下所述）。消息持久性是有代价的：将大量消息写入磁盘会显著减少代理每秒可处理的消息数。

- **永久队列（Durable Queue）**：与数据永久性有关的定义和示例文献很多，需要注意的是，在不同的上下文环境下（数据库、使用的 Pub/Sub 系统、存储系统等），数据永久性的含义也有所不同。即使是不同的 Pub/Sub 系统，永久性概念也可能有所不同。例如，在 AMQP 和 RabbitMQ 中，永久性通常与某些实体的属性相关联，如队列和数据交换。永久实体可以在消息代理重启后保存下来，因为它们可以在服务器备份时自动重建。为了实现这一点，还需要保持消息不变，因为需要在重启后从将消息从磁盘移动到相应的队列中。DDS 的理解有所不同，Pub/Sub 系统（如 DDS）的主要目标是确保将数据分发给相应的订阅者，尤其是数据发布时可用的所有订阅者。但是订阅者可以随时动态加入 Pub/Sub 系统（有时也称为后加入者），对于他们运行的应用程序来说，访问加入 Pub/Sub 系统之前发布的数据可能很重要（也就是说，访问历史数据是关键）。为此，DDS 以永久性 QoS 策略的形式提供了相应的 QoS 机制。该策略指定了维护 DDS 发布数据的方式，支持 4 种可选方案。
  - **VOLATILE（易失模式）**：消息发布后，不维护该消息以分发给后加入者。
  - **TRANSIENT_LOCAL（瞬时本地模式）**：该模式下的发布者将消息存储在本地，以便后加入者可以获取以前发布的消息。在这种情况下，只要数据发布者处于活动状态（即发布者保持活动状态），就可以使用数据。
  - **TRANSIENT（瞬时模式）**：该模式下的 Pub/Sub 系统会维护消息，以供后加入者使用。在瞬时本地模式下，存储消息的责任是单个发布者，而瞬时模式下的责任则是系统。数据不一定需要持久化，只要有一个节点运行了中间件，就可以维护这些数据，从而供后加入者使用。
  - **PERSISTENT（持久模式）**：该模式下的数据是持久的，即使关闭了所有的中间件，重启之后这些数据仍然可供后加入者使用。

Pub/Sub 系统中的 QoS 概念已经超出了数据永久性的范围，包含了其他方面，如代理将消息路由到相应的订阅者之前，如何对队列中的消息进行优先级排序。

如果数据是不可或缺的，那么永久性和持久性就非常重要。例如，发布者可以将数据推送到消息代理中的队列，订阅者可以从队列中拉取数据，并根据数据内容执行特定任务。如果代理重新启动，那么等到代理恢复之后，其队列中的消息应该变为可用，否则重启之前排队的任务将永远也无法执行（虽然取决于应用层面执行的控制机制以及任务是由无状态应用程序还是有状态应用程序进行管理）。

数据使用者可能会在构建时、初始化时或运行时订阅特定消息。大多数现代 Pub/Sub 系统都允许在运行时添加和删除订阅者。物联网的一个独特因素就是发布者和订阅者、数据对象、数据模型、编码和协议的异质性非常高（详见图 11-30），数据分发可能涉及多个租户（可信租户和非可信租户），而且还可能需要为特定数据强制实施虚拟围栏（如不允许某些数据离开工厂）。此外，将数据发送给特定订阅者之前，可能还需要使用采样和过滤技术。

图 11-17 给出了一个这样的场景，即大型机器（工业 Mazak 机器）生成的数据都被发送给连接在 Mazak 机器上的雾节点（即本例中的工业交换机）进行处理。Mazak 机器可以发布多个数据主题，这些主题可能有不同的订阅者。本例将部分数据发送给现场的管理系统，将其他数据发送给操作人员的 HMI，同时允许将特定数据发送给 Mazak 进行统计和预防性分析及维护，其他数据集则发送到企业内联网。具体而言，Mazak 机器代表多个数据主题的发布者，雾节点充当消息代理，接收数据的组件代表不同的订阅者。对于本例来说，应用于不同数据主题的导出策略允许与 Mazak 共享其机器的特定数据、与企业共享更多数据（见图 11-1 中的 Level 4 和 Level 5），同时完全不与指定合作伙伴共享任何数据，所有这些数据流都要加以创建和保护。编排和自动化能力是实现该目标的关键，不但能够实现所需的不同数据管道，而且还能实施授权数据交换的安全策略。

很明显，物联网的移动中的数据概念已经远远超出了 Pub/Sub 系统。例如，Modbus 及其变体（如 Modbus TCP/IP 和传统串行 Modbus 系统）等工业协议在物联网中的应用非常普遍（包括制造业和公用事业等垂直行业领域），其他很多协议的应用也非常广泛，如串行 RS-485、传统 OPC、BACnet、HTTP/REST 和 SNMP。当前 Pub/Sub 系统在物联网中的应用越来越普遍，尤其是为了方便在雾环境和云环境内部以及雾与云环境之间分发数据，如与 OPC-UA Pub/Sub 功能及 TSN（Time Sensitive Networking，时间敏感型网络）相关的最新架构。事实上，由于本书提到的大量用例都需要用到消息代理配置的编排过程（如 MQTT、RabbitMQ 或 EFM），因而本章在谈论移动中的数据时，特别关注 Pub/Sub 系统环境中的数据保护问题。

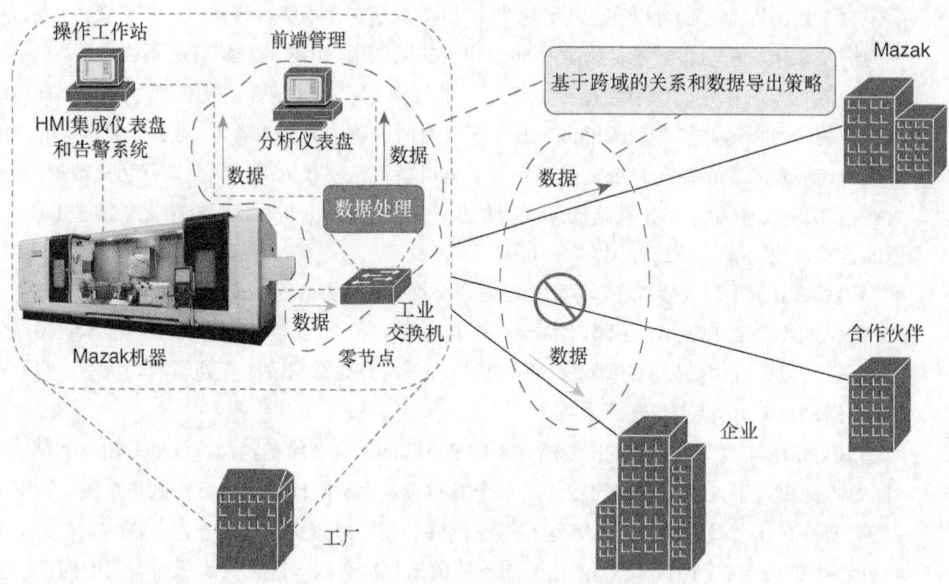

图 11-17 制造企业的策略控制数据流

11.5 物联网数据保护

介绍了数据分发的基础知识以及物联网领域的数据生命周期之后，接下来将重点讨论物联网的数据保护问题。需要在数据、管理和控制平面保护各种类型的数据，对于每个平面来说，保护数据的特定工具取决于数据是处于静止状态、使用状态还是移动状态（如全磁盘加密可以保护存储在硬盘中的静止数据，但无法保护 Pub/Sub 系统中消息代理与订阅者之间交换的数据）。不过，无论数据处于何种状态，都要遵循相同的安全支柱，即认证实体和授权实体应满足相似的需求，必须确保数据的机密性、完整性和可用性，同时还应该提供任意情况下的不可否认性。

11.5.1 保护物联网数据平面数据

有关该主题的完整讨论完全可以单独写一本书，为了帮助管理员和开发人员理解如何保护数据，下面将首先从移动中的数据开始，深入研究 MQTT 和 RabbitMQ 的详细内容，然后再聚焦使用中的数据和静止数据，同时分析思科 EFM。这三种技术及其提供的数据保护机制可以为该主题提供足够的基础知识。

1. MQTT

MQTT（Message Queuing Telemetry Transport Protocol，消息队列遥测传输协议）是一种众所周知的、广泛使用的 Pub/Sub 协议，允许设备或虚拟实体（称为 MQTT 客户端）连接、发布和从 MQTT 代理获取消息（请参阅第 9 章）。从图 11-16 可以看出，MQTT 代理负责在 MQTT 客户端之间中继通信，MQTT 客户端可以是发布者、订阅者，也可以两者都是。每个客户端都可以订阅一组特定主题。

MQTT 是一种简单、轻量且与数据无关的协议，支持多代理（如 MyButo 和 HIVEMQ）和多种编程语言（如 Java、JavaScript、Python、Go、C、C、C 和 C++），目前已成为众多 IIoT 应用的流行选项。图 11-18 列出了 MQTT 提供的潜在端口及传输选项。

图 11-18　MQTT 端口及传输选项：TCP（端口 1883）、TLS（端口 8883）和 WebSocket（端口 80 或 443）

可以将 MQTT 的安全性分为三层（网络层、传输层和应用层），每一层都可以抵御不同类型的攻击。网络层安全性指的是通过 VPN 或物理安全连接使用可信连接。但不幸的是，在很多情况下，这种类型的连接都不是一种可选项：物联网中的大量 MQTT 客户端要么不支持 VPN 客户端，要么无法保证与 MQTT 代理之间的可靠连接。

在两个 MQTT 端点之间创建安全通信通道的另一种可选方式是使用传输加密机制。某些 MQTT 实现默认将 TCP 作为传输协议（除非应用层默认进行加密，否则 MQTT 端点不会对其通信进行加密）。当前广泛使用的所有 MQTT 代理都支持 TLS，基于 TLS 的 MQTT 的保留端口是 8883。物联网面临的一个挑战是，某些端点可能无法承受由 TLS 握手进程造成的通信开销。对于 MQTT 代理来说，这种开销通常可以忽略，但是对于受限设备来说，这种通信开销可能是一个很重要的问题。如果设备使用电池工作，而且大部分通信都仅持续很短的时间，那么该问题将尤其突出。某些 MQTT 实现提供的一个较为合理的折衷方案就是使用会话恢复机制，可以在显著提高性能的情况下继续使用 TLS。

会话恢复机制允许 MQTT 客户端重新连接代理并重用先前协商过的 TLS 会话，也就是说，MQTT 客户端与代理无需再次经历整个握手过程。并非所有的 TLS 库都支持会话恢复机制，但是支持会话恢复机制的 TLS 库都遵循如下两种方法之一。

- **会话 ID（Session ID）**：此时的 MQTT 客户端和代理都会在会话 ID 下保存最后一个会话的秘密状态。MQTT 客户端重新连接代理并提供会话 ID 之后，就可以恢复该会话。为此，MQTT 代理必须保留一个缓存，由该缓存将前一个会话 ID 映射到会话的秘密状态。因此，保护该缓存（静止数据）就显得非常重要。如果攻击者窃取了该缓存的内容，那么就可能会解密基于该缓存恢复的所有会话。
- **会话凭证（Session Ticket）**：MQTT 代理的秘密状态需要采用一个只有代理知道的秘密密钥进行加密，并以凭证形式发送给 MQTT 客户端。MQTT 客户端试图恢复会话时，就会在重新连接代理时包含该凭证据，如果代理能够解密该会话凭证，那么就可以恢复会话。

广泛使用的 MQTT 代理（如 HiveMQ）都支持会话 ID（但并非都支持会话凭证），但不幸的是，很多物联网端点的低计算能力，使得即使有了会话恢复机制，也无法使用 TLS。如果无法使用 TLS，那么就可以考虑使用应用层安全性，MQTT 协议支持消息净荷加密机制，至少可以在不支持传输加密的情况下为所传输的数据提供一定程度的保护机制。

2. MQTT 认证

MQTT 支持传输层认证和应用层认证。传输层认证由 TLS 提供并使用 X.509 证书。对于应用层来说，应用层协议本身就支持在 MQTT CONNECT 消息中定义的用户名和密码字段及（可选）客户端 ID 进行认证。每个 MQTT 客户端都有一个唯一的标识符（ID），该标识符包含在发送给代理的 MQTT CONNECT 消息中。客户端 ID 最多支持 65535 个字符，可以利用客户端上的可用数据（如 MAC 地址或序列号）生成 ID。除了用户名和密码之外，还经常使用这些唯一的客户端 ID 来生成认证过程使用的凭证。

为了避免以明文方式向代理发送用户名和密码（以及 ID），大多数 MQTT 实现都增加了一些安全机制。最简单的方式就是前面提到的基于 TLS 的传输加密，在 TLS 握手期间将 X.509 客户端证书提供给 MQTT 代理。如果所有的 MQTT 客户端配置都位于同一管理控制域下，那么只要成功地完成了 TLS 握手，就可以利用 X.509 客户端证书中包含的信息在应用层进行身份认证。某些常见的 MQTT 代理（如 HiveMQ）都支持该功能。

图 11-19 的简单示例中包含了一组端点（物品）和一个雾节点、可以在雾节点或其他地方运行的访问控制系统、可以在雾节点中运行或与之分离的 MQTT 代理，以及可以在雾节点以及附近其他雾节点和后端系统运行的应用程序。图中的物品和应用程序都是 MQTT 客户端，都可以运行为发布者、订阅者或两者。图中的操作顺序与图 11-20 相匹配，从图 11-19 可以看出，访问控制系统通常与 MQTT 代理分离，可以由数据库、后端的 LDAP 目录、AAA 服务器、运行在雾节点中的 LDAP 副本（如使用特定的 LDAP 树或局部副本）等提供支持。当前的大多数代理都支持带有外部访问控制系统的开源插件，将这些插件挂到代理上的各种事件中之后，就可以在运行时加以调用，如 HiveMQ 提供的 OnAuthenticationCallback 插件。

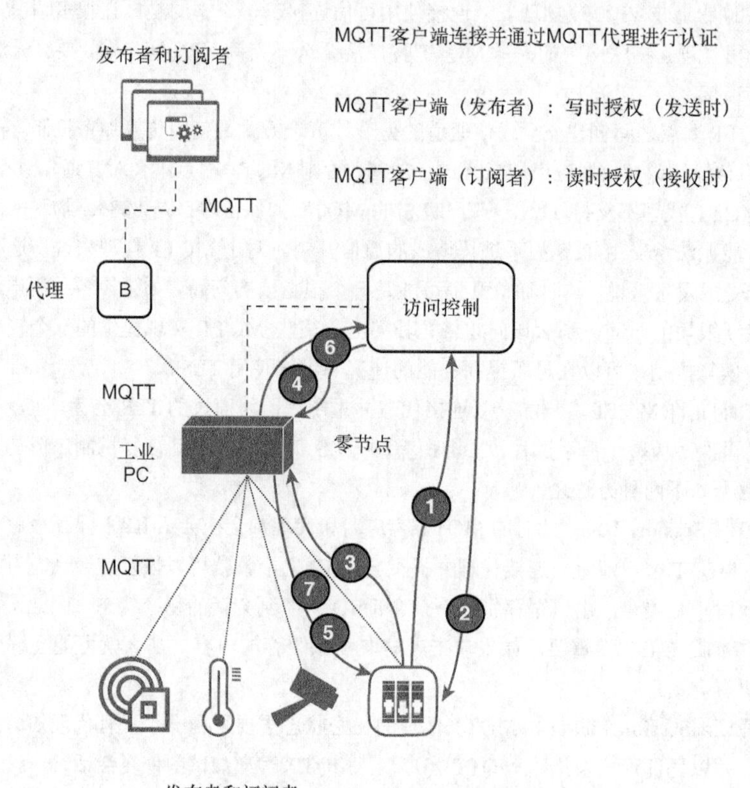

图 11-19 基本访问控制案例

图 11-20 给出了图 11-19 所示实体的一种可能的认证过程的详细认证过程。例中的 MQTT 客户端向访问控制服务器发送认证请求，其中的访问控制服务器是客户端的身份提供商（1）。访问控制服务器以 ID 令牌和 ACCESS 令牌进行响应（2），客户端使用这些令牌向代理进行认证。对于该模型来说，客户端凭证仅由身份提供商加以提供和管理。该方法的优点包括：首先，客户端可能需要连接不同的 MQTT 代理，该模式可以避免在每个代理上分别创建、存储和维护客户端凭据；其次，可以让 MQTT 代理和协议保持轻量级，因为身份管理和其他安全功能都外包给了可信第三方。授予了令牌之后，客户端就可以发送一条 MQTT CONNECT 消息，使用 ID 令牌作为用户名，使用 ACCESS 令牌作为密码，在 MQTT/应用层进行认证（3）。代理需要使用前面提到的插件（如 HiveMQ 中的 OnAuthenticationCallback），通过访问控制过程验证令牌（见图 11-19 和图 11-20 中的步骤 4）。MQTT 代理根据收到的响应，接受或拒绝与 MQTT 客

户端的连接（5）。请注意，ACCESS 令牌的生存期有限，因而可以撤销（6 和 7），这一点对于强制客户端重新连接非常有用，可以避免之前经过认证的客户端始终与“永久”打开的会话保持连接。应用层基于令牌的身份认证过程（MQTT）（见图 11-20）可以与采用 TLS 的传输层安全机制结合使用。事实上，也强烈建议这么做。

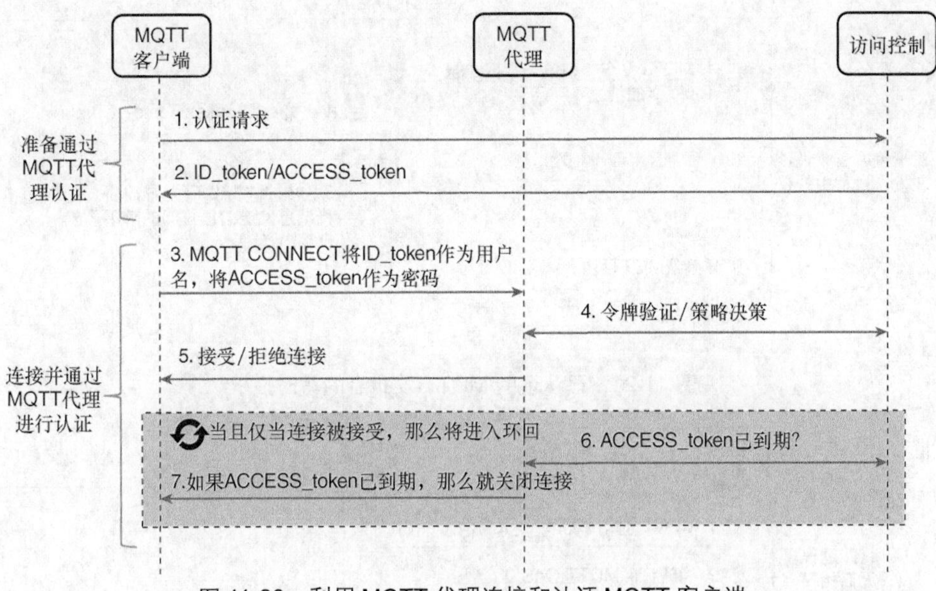

图 11-20 利用 MQTT 代理连接和认证 MQTT 客户端

3. MQTT 授权

大多数 MQTT 解决方案都将 MQTT 客户端的授权职责交给代理来实现，而大多数代理都支持将授权任务外包给第三方插件。从本质上来说，MQTT 客户端成功通过代理的认证之后可以做两件事。

- 发布消息。
- 订阅数据主题。MQTT 可以为每个主题赋予一定的“权限”，从而控制和限制客户端被授权发布或订阅的主题。

从图 11-19 和图 11-20 可以看出，该控制过程可以由可信第三方执行，也可以由代理执行，可以在运行时定义和修改这些权限。下面列出了一些常见示例。

- **允许对主题 x 执行特定操作**：如仅发布、仅订阅或者两者。
- **允许的主题 x**：可以是特定的数据主题，也可以是通配符主题。
- **主题 x 的 QoS 等级**：可以将 QoS 等级设置为 0、1 或 2。有关 QoS 的详细内容将在本节后面讨论 CIA 三元组可用性的时候加以介绍。

图 11-19 列出了某些 MQTT 实现提供的两种授权模式。

- **写时授权（面向发布者）**：在代理接受并分发消息之前，验证已认证的 MQTT 客户端是否有权发布给定主题的消息（见图 11-21）。
- **读时授权（面向订阅者）**：在代理发送消息之前，验证已认证的 MQTT 客户端是否有权接收给定主题的消息（见图 11-22）。

与认证一样，访问控制服务器也可以在授权过程中向 MQTT 客户端发行令牌。令牌在发行时通常都带有特定的生存期，以避免单独授权每条消息。如果这些消息都包含相同的（客户端，主题）对，那么将更是如此。但是，在两个单独的阶段分别执行认证和授权操作也存在一些缺点，特别是物联网环境。例如，对每次读写操作都执行授权操作，对于客户端与代理之间的零星通信来说可能较为合理，但是随着通信频率的增加，这样做就显得不太可行了，特别是客户端使用电池工作时。此外，这样做还会引入额外的管理开销，与 MQTT 的核心目标（简单和轻量级）相悖。如果按照两阶段模式分别进行认证和授权，那么 MQTT 代理就需要在不同的时间点管理不同的事件，还可能需要在不同的层级处理令牌，因而为了降低操作复杂性以及 MQTT 客户端与代理之间的控制平面流量，物联网通常都在单一步骤同时执行认证和授权操作。

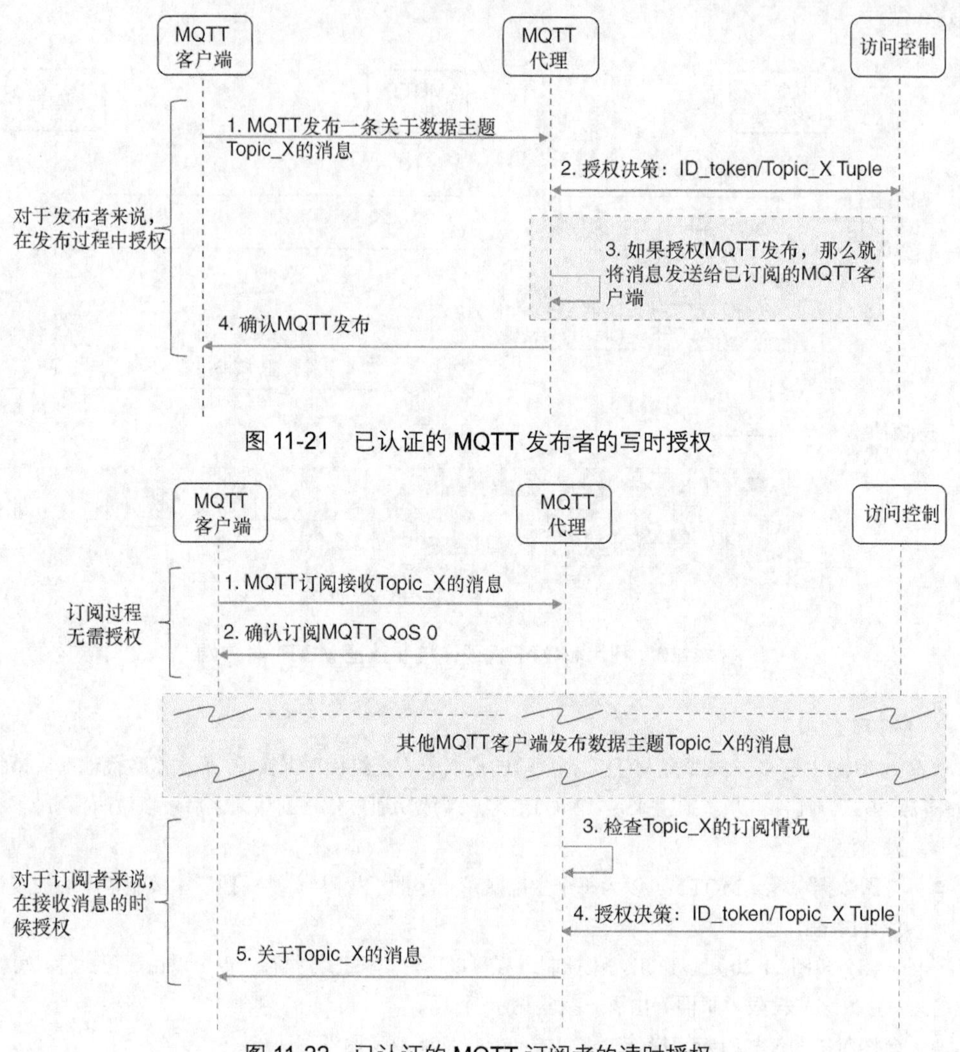

图 11-21 已认证的 MQTT 发布者的写时授权

图 11-22 已认证的 MQTT 订阅者的读时授权

一种广泛采用的方法就是 OAuth2.0。OAuth2.0 提供了一种授权框架，其初始设计目的是允许第三方（客户端）访问属于所有者的资源（托管在服务器上），而不与客户端共享凭证。该进程通常包括 4 个参与方：

- 资源所有者（如拥有手机和 Facebook 账户的人）；
- 服务器（如 Facebook 服务器），拥有资源（如所有者的 Facebook 配置文件）；
- 第三方或客户端（如用户手机中需要授权才能在用户 Facebook 个人资料中发布新消息的移动 APP）；
- 授权服务器（如由 Facebook 管理的授权服务器）。

如前所述，移动 APP 的主要目标是获得在 Facebook 上发布消息的授权，无需知道资源所有者的凭据（Facebook 的用户名和密码）。

OAuth2.0 通过间接方式来解决该问题。客户端（移动 APP）向授权服务器（Facebook）请求令牌。收到请求后，授权服务器（Facebook）向资源所有者请求凭据（用户需要使用其凭据登录 Facebook）。如果成功，服务器（Facebook）将向客户端（移动 App）发送授权令牌，客户端可以使用该令牌代表所有者访问资源（Facebook 配置文件）。

虽然这是 OAuth 2.0 的通用操作，但是对于由 MQTT 支持的 M2M（Machine-to-Machine，机器到机器）通信来说，可以将发布流程涉及的参与方的数量由 4 个减少为 3 个：

- 发布者，充当客户端（需要注意的是，该场景没有资源所有者，因为 M2M 通信没有人的干预）；
- 代理，充当拥有资源的服务器（主题 x 的消息队列）；
- 授权服务器。

OAuth2.0 的优点在于，客户端无需知道或持有凭证，但是对于 MQTT 来说则未必如此。IIOT（Industrial IoT，工业物联网）随处可见各种 M2M 场景，其客户端和资源所有者均由 MQTT 客户端来充当。即便如此，目前流行的 MQTT 实现（如 HiveMQ）一般都支持 OAuth2.0。

原因之一在于 OAuth2.0 允许在单一事务中执行认证和授权操作（见图 11-23）。前面曾经说过，OAuth2.0 是一个授权框架，发行的令牌中传递了资源访问权限（如发布特定数据主题的消息或从特定数据主题读取消息的权限）。该过程显式包含了认证操作，因为如果认证不成功的话，将不会被授予授权令牌。市面上的其他常见解决方案（如 LDAP）也提供单点登录服务，也能在单一事务中处理认证和授权操作，但 OAuth2.0 的优势在于，其一直都在发展演进，可以为物联网设备的访问控制提供安全保护及授权机制，如 IETF ACE（Authentication and Authorization for Constrained Environment，受限环境的认证和授权）工作组（draft-ietf-ace-oauth-authz-09）。

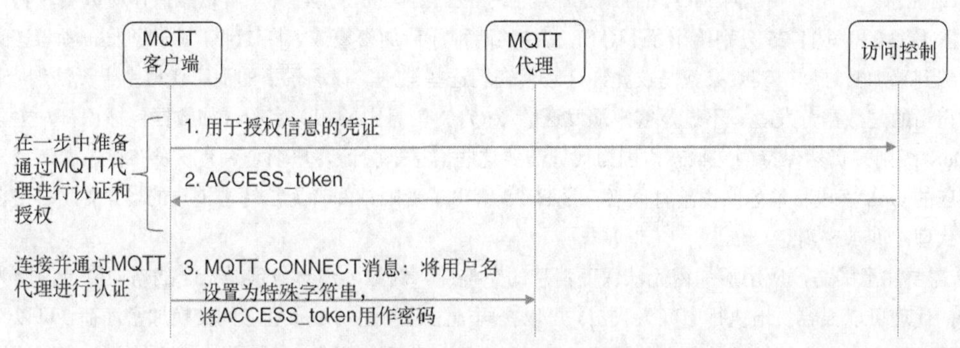

图 11-23 利用 OAuth 2.0 授权 MQTT 客户端

从图 11-23 可以看出，OAuth2.0 授权令牌添加在 MQTT CONNECT 请求消息的密码字段中，该消息由客户端发给代理。可以将用户名设置为一个特殊字符串，允许代理将密码解析为授权令牌。收到 CONNECT 消息之后，代理可以执行不同的检查操作，包括验证来自令牌的签名和客户端的授权（包含在令牌的作用域声明中）。令牌的寿命取决于到期时间，OAuth 2.0 可以撤销以前发行的令牌。

4. MQTT 机密性

MQTT 可以通过传输层加密机制（如基于 TLS）来确保客户端与代理之间的数据机密性。确切而言，TLS 在客户端与代理之间提供了一个安全的通信通道，使得攻击者无法解析两者之间交换的消息，从而防范中间人攻击。但是如前所述，MQTT 客户端并非总能使用 TLS 来保护与现场代理之间的通信过程。也就是说，不能假定 MQTT 客户端与代理之间的通信在物联网环境中始终处于机密状态。显然，任何通过不安全通道发送的访问令牌都有可能被窃取和滥用。

尽管如此，对于很多物联网用例来说，客户端和代理在相互通信之前，都能与访问控制系统建立安全通信。例如，假设无人机需要在授权情况下才能打开无人设施的自动门，那么无人机就可以在停靠站（甚至是飞往外部设施之前）给电池充电的时候，从访问控制服务器安全地获取令牌。在这个过程中，无人机与访问控制服务器之间可以交换两个随机产生的数字，每个数字都被用作密钥（OTP），在无人机进入和离开无人设施的时候打开大门（大门会自动关闭）。打开大门的过程包含了两个组件：一个是与第三方设备或物品（无人机）通信的 MQTT 代理；另一个是 MQTT 订阅者（由微控制器支持的门锁）。MQTT 代理与访问控制服务器之间有安全通信通道（如使用 IT 人员预先设置的链路）。虽然在无人机与集中式访问服务器之间以及在大门与集中式访问服务器之间进行安全通信非常重要，但是考虑到传统系统的存在以及现场的限制因素，很难保证在任何地方都支持 TLS。而且此处也无法假设无人机（MQTT 客户端）与大门（MQTT 代理）之间的通信支持传输层加密机制。在这种情况下，访问控制服务器可以利用 MQTT 代理的安全通道，主动将无人机的随机密钥和 ID 发送给代理。无人机到达后，即使窃听者能够看到并窃取令牌及 ID，也可以通过所有权证明以及一次性使用机制提供合理的安全解决方案，从而解决受限环境中的机密性问题。某些 MQTT 实现利用适当的插件以及 OAuth2.0 扩展机制来解决机密性问题。

对于发布者与订阅者之间的数据机密性来说，TLS 显然还不够。在默认情况下，MQTT 中的净荷采取非加密方式进行传输，因而被攻击的代理实际上可以看到数据。为了解决这个问题，可以采用应用层加密机制，对净荷进行加密（具体详见下面的“MQTT 完整性”小节）。

5. MQTT 完整性

MQTT 提供了两种机制来确保客户端与代理之间交换的数据的完整性。第一个机制仍然是 TLS，因为 TLS 可以使用可信机构发行的 X.509 证书进行身份验证（也就是说，客户端也可以验证代理的身份）。虽然 TLS 可以为客户端与代理提供安全通信并防止中间人攻击，但无法在应用层（MQTT）检测消息篡改或伪造行为，因而可以对 MQTT 净荷进行数字签名。

请注意，这里需要理解 MQTT 净荷加密与数字签名之间的区别，并了解这些操作对数据完整性的影响。图 11-24 和图 11-25 分别给出了 MQTT 支持的两种净荷加密模式。图 11-24 显示了发布者与订阅者之间的端到端加密过程，其效果就是仅允许订阅者查看这些消息。该场景下的消息代理由于无法解密净荷，因而充当的是数据分发者。不过，客户端发送的 MQTT 消息中的相关字段（如数据包标识符、主题名称及 QoS 级别）仍然保持明文状态，因为代理需要这些信息来验证客户端是否有权发布该主题消息，并利用相应的 QoS 字段将消息路由给订阅者。图 11-25 给出了受限订阅者无法解密消息的场景，此时仅在发布者与代理之间加密消息。

需要注意的是，应用层加密无法保证消息的完整性。例如，消息代理是一个战略控制点，因为受到攻击的代理可以很容易地执行中间人攻击，可以在同一主题的不同发布者之间交换加密净荷，可以将加密净荷发送给客户端有权发布的其他主题等。很显然，TLS 并不能解决这个问题，因为这些攻击利用了应用层漏洞。另一个问题就是恶意代理也可以执行重放攻击。虽然重放攻击不影响消息的机密性和可用性，因为代理既不获取机密信息的访问权，也不影响正常的数据流，但是却违背了消息传递系统的完整性。很明显，如果图 11-24 所示的加密模式无法确保数据的完整性，那么图 11-25 所示的模式也就无法确保数据的完整性。

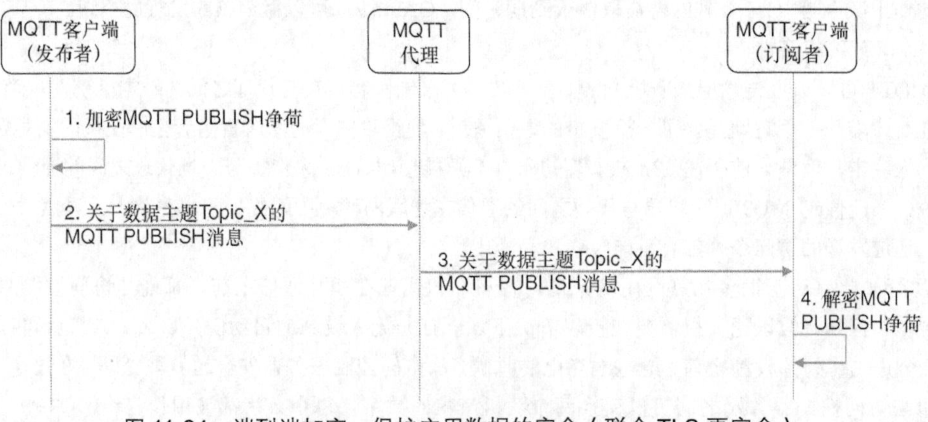

图 11-24 端到端加密：保护应用数据的安全（联合 TLS 更安全）

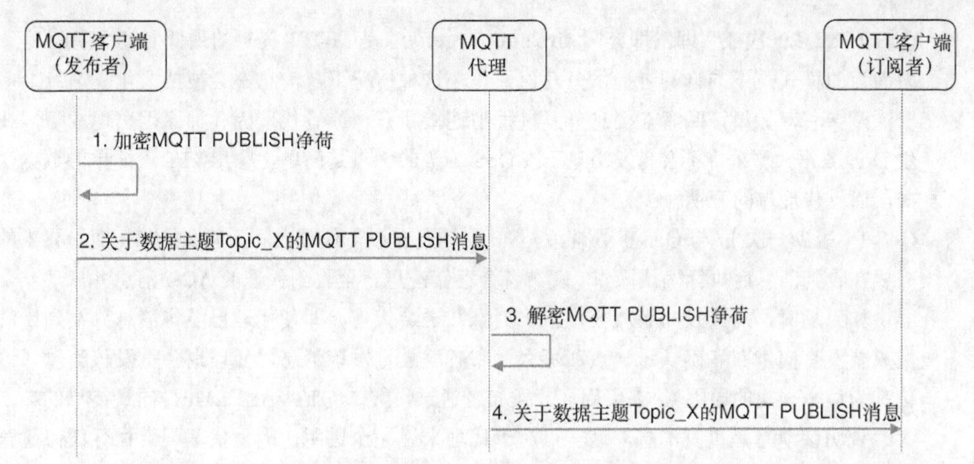

图 11-25 局部加密：保护应用数据的写入（适用于订阅者非常简单且不支持加密的场景）

一般来说，净荷加密方式通常适用于不支持 TLS 但信任代理的受限设备。加密本身并不能保证数据的完整性，但至少可以提供基本的机密性。对于协议（如 MQTT）中的加密机制来说，最常见的问题就是如何让加密操作对受限设备来说足够轻量，以及如何安全地向 MQTT 客户端提供和分发密钥。

如前所述，确保数据完整性的方法是将 TLS 与应用层的数字签名结合起来。虽然理论上可以对 MQTT 消息中的所有字段都进行哈希处理，从而对净荷进行签名（见图 11-26），但是实际上并不建议这么做，不应该对数据包 ID 及 QoS 字段进行哈希处理（也就是说，从图 11-26 生成的标记中删除）。因为数据包 ID 是客户端与代理之间交换的消息的唯一标识符，数据包 ID 仅与 QoS 有关，而且很明显，发布者和代理之间的数据包 ID 与代理和订阅服务器之间的数据包 ID 并不相同，因为它们是独立的通信流。此外，QoS 可以降级，因为发布者与代理之间的 QoS 合约可能和代理与订阅者之间的 QoS 合约不一致。一般来说，包含了数据包 ID 和 QoS 之后，会使得签名戳记失效，因为代理可以在正常操作条件下更改这些签名戳记，但主题名称应该保持不变。因此，强烈建议对戳记进行签名并包含主题名称。

图 11-26 MQTT PUBLISH 数据包的净荷签名

除了数字签名之外，MQTT 还支持另外两种戳记创建机制（见图 11-26）：

- 校验和和哈希（基于 CRC、MD5、SHAX 等）；
- MAC（Message Authentication Code，消息认证码）算法，包括 HMAC 和 CBC-MAC。

这些机制可以为 MQTT PUBLISH 消息的内容生成戳记（可以由订阅者直接验证）。总之，可以利用数字签名、校验和、哈希或 MAC 算法等机制为净荷创建戳记，以确保消息的完整性。

6. MQTT 可用性

就可用性而言，MQTT 提供了三种有助于数据保护的 QoS 等级。

- **QoS 0（最多一次或“即发即弃”[fire and forget]）**：是 MQTT 提供的最低 QoS 级别，是一种尽力而为的模式，不向订阅者提供分发保证。在这种情况下，消息不会被持久化。消息最多发送一次意味着，如果订阅者在消息分发过程中连接断开，或者代理因各种原因出现故障，或者发生 DoS 攻击，那么将不会重发消息。该 QoS 等级的优点是简单，是 MQTT 最简单的数据交换模式，而且代理端的开销较少。
- **QoS 1（最少一次）**：与 QoS 0 不同，QoS 0 中的发布者与代理之间无确认操作，而 QoS 1 的代理需要在收到消息后执行确认操作，发布者会存储消息直至收到代理的 ACK 消息并启动一个定时器。如果超时，那么发布者就会重新将消息发送给代理。即使代理已经将消息分发到目的端，但只要没有向发布者确认这一点，那么发布者就会重发该消息，代理也会重发该消息（这就是称其为最少一次的原因）。在应用层，发布者通过设置 MQTT 标志 DUP，向最终目的端（订阅者）说明该消息是重复消息，这一点对于代理来说完全透明，因为代理不会执行任何检查，只是重发接收到的所有重复消息。总之，如果出现了攻击，导致客户端与代理之间的可访问性受到影响，那么发布者就会尝试重发消息，直至完成消息分发。
- **QoS 2（恰好一次）**：该等级提供的是最高级别的可靠性。为了确保订阅者仅收到一条消息，发送端（S）与接收端（R）之间的通信需要包含 4 条消息。请注意，发送端可以是发布者或代理（Pub→B 或 B→Sub），接收端可以是代理或订阅者（Pub→B 或 B→Sub）。

  1. S→R—PUBLISH（发送端发送给接收端的消息）。发送端 S 临时存储消息，直至接收端 R 确认接收成功为止。
  2. S←R—PUBLISH（Publish Received 消息）。接收端 R 将消息进行排队并存储该数据包 ID 的引用，以免重复处理同一消息。收到 PUBREC 之后，发送端就可以丢弃本地存储的消息，因为知道此时接收端已经收到该消息。
  3. S←R—PUBREL（Publish Release 消息）。接收端 R 收到 PUBREL 之后，就可以丢弃存储状态并响应发送端 S。
  4. S←R- PUBCOMP（Publish Complete 消息）。发送端 S 得到事务完成的确认。

  如果采用 QoS 1 和 QoS 2 发送消息，那么就需要为拥有相同或更高 QoS 合约等级的离线客户端进行排队并存储（类似于 DDS 提供的永久性服务）。很明显，从代理重启恢复消息需要数据的持久性。

7. MQTT 不可否认性

虽然不可否认性并不是 MQTT 的必然需求，但是可以利用数字签名技术来确保不可否认性。请注意，虽然校验和、MAC 和哈希算法可以创建戳记并在接收端点验证消息的完整性，但并不提供消息来源的身份证明。如果必须使用不可否认性，那么就必须使用 MQTT 发布者的私钥对净荷戳记进行签名（见图 11-26）。订阅者可以使用发送端的公钥核实并验证签名。

8. RabbitMQ

RabbitMQ 是一种开源的消息队列和代理系统，支持业界广泛应用的 Pub/Sub 模型。虽然 RabbitMQ 最初是围绕 AMQP（Advanced Message Queuing Protocol，高级消息队列协议）创建的，但经过多年的发展，目前已成为一种多协议/多代理系统，支持 MQTT 插件、STOMP（Streaming Text Oriented Messaging Protocol，面向流文本的消息协议）和 HTTP。RabbitMQ 使用的编程语言是 Erlang，因为 Erlang 支持分布式系统，能够以可靠的方式管理大量消息。目前发行的 RabbitMQ 可以为各种流行的编程语言提供客户端库文件，能够与 Erlang 代理（Java、Python、Ruby、C、C++、GO 等）进行交互。

图 11-27 给出了 RabbitMQ 的消息传递模型。RabbitMQ 的消息处理方式与 MQTT 不同，因为客户端（生产者）传输的消息并不直接发送给代理队列，而是发送给交换机，由交换机处理消息并路由给相应的队列。交换机根据绑定信息（bindings）以及路由键（routing keys）来确定接收消息的队列。这里所说的绑定指的是交换机与队列之间的逻辑链接，由管理员创建，指示交换机如何将从发布者收到的消息推送给

队列。根据配置情况，交换机可以将消息推送给单个队列或多个队列，也可以直接丢弃消息，具体取决于选定的交换机类型。从图 11-27 可以看出，RabbitMQ 支持多种交换机：Fanout（扇出）、Direct（直接）、Topic（主题）和 Headers（报头）（为简单起见，图中没有给出 Headers 交换机）。

- **Fanout（扇出）交换机**：Fanout 交换机将消息推送给有绑定关系的所有队列，本质上是将消息广播给一组预定义队列，灵活性一般。
- **Direct（直接）交换机**：Direct 交换机通过被称为路由键的字符串标识符将消息推送给队列。路由键是生产者插入消息报头的一种属性，提供了额外语义，在操作时作为交换机的地址。Direct 交换机利用这些语义来确定如何将消息路由给正确的队列，仅将消息路由给路由键与绑定键（binding key）完全匹配的队列。为了实现这一点，首先需要配置具有相同字符串标识符的绑定键。为了更好地解释路由键的优点，下面将以节点内部使用 RabbitMQ 的监控系统为例加以说明。该 Pub/Sub 系统从多个源端（如连接在节点上的物理设备以及运行在同一节点上的虚拟实例）采集数据，原则上要求将收到的所有消息都广播给众多使用者（如运行在节点上的其他实例、附近的其他节点、数据中心中的节点等）。此时可以通过 Fanout 交换机来加以实现。但是对于不同的订阅者来说，接收所有未经过滤的消息可能并不现实，而且发送收到的所有日志消息对于节点来说也可能不可行（如这些节点可能是执行受限通信的雾节点）。一种实现方式就是利用 Direct 交换机，根据消息的重要性来筛选消息。例如，管理员可以在绑定了两个队列的雾节点上配置 Direct 交换机，第一个队列绑定了绑定键 CRITICAL，第二个队列绑定了两个绑定键：ALARM 和 ACTION。前两个绑定键与被监控组件的健康性有关，第三个绑定键与现场的信息物理融合系统行为有关（如激活执行器）。配置完成后，如果发布给交换机的消息拥有路由键 CRITICAL，那么就会路由给 queue_1；如果拥有路由键 ALARM 和 ACTION，那么就会路由给 queue_2。有趣的是，代理会丢弃所有其他消息。该场景不适用于 Fanout 交换机，因为 Fanout 交换机会简单地忽略所有的路由键。

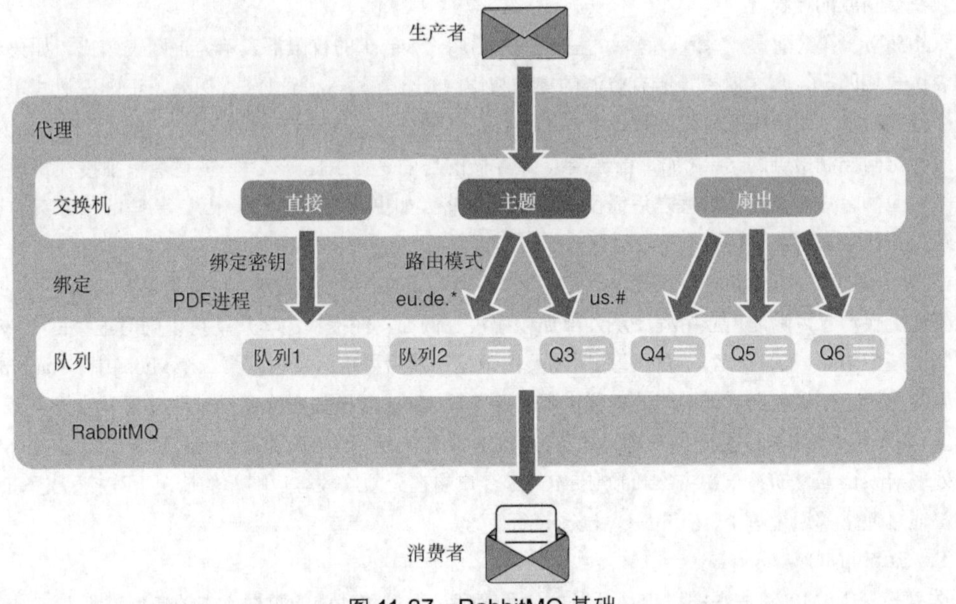

图 11-27 RabbitMQ 基础

- **Topic（主题）交换机**：Topic 交换机根据路由键将消息推送给队列，其中的路由键是由点号“.”分隔的字符串组成（如 country.city.neighborhood. power_consumed），这些路由键表示数据主题。与 Direct 交换机一样，需要用完全相同的格式来定义对应的绑定键。Topic 交换机的基本原理与 Direct 交换机相似，会将所有拥有特定路由键的消息都推送给拥有匹配绑定键的队列，而与任何队列都不匹配的消息则被过滤掉。Topic 交换机与 Direct 交换机的主要区别在于，Topic 交换机执行的是通配符匹配操作（在发布者发送的消息中收到的路由键与绑定关系中指定的路由模式之间），通配符可以大大增加操作灵活性。例如，管理员可以创建如下绑定策略：i) queue_1 与 Spain.*.*.power_consumed 绑定；ii) queue_2 与 Spain.Barcelona.*.air_ quality 绑定；iii) queue_3 与 Spain.Barcelona.Glorias.*绑定。订阅第一个主题的订阅者对西班牙的电力消耗感兴趣（不管是城市还是社区）。对于第二个绑定来说，订阅者对巴塞罗那的空气质量监测感兴趣。第三个绑定对巴塞罗那的特定社区 Las Glorias 感兴趣。对于本例来说，如果发布者发布的消息携带了路由键 spain. barcelona.glorias.power_consumed，那么仅将该消息路由给 queue_1 和 queue_3。

- **Headers（报头）交换机**：Headers 交换机使用消息报头中的其他属性（而不是路由键）将消息推送给队列。为了简单起见，图 11-27 没有显示 Headers 交换机。

RabbitMQ 提供了一个多租户服务器，该服务器被划分为多个逻辑单元或组，称为虚拟主机（vhost）。为了便于访问控制和管理，RabbitMQ 服务器将主要组件（如交换、绑定、队列和用户）都划分到逻辑组中。例如，将每个客户端连接都绑定到特定的 vhost。这种资源逻辑隔离机制也实现了用户权限和策略的划分，因为它们也绑定到了虚拟主机上。

接下来将总结 RabbitMQ 的访问控制基本信息。与 MQTT 一样，访问控制必须完成两项验证，即认证和授权。客户端连接到 RabbitMQ 代理之后，必须显式指定需要连接的 vhost 的名称。第一层控制就发生在该阶段：代理检查客户端凭证并确定其是否有权访问虚拟主机（认证部分）。图 11-27 显示的主要组件（如交换、绑定和队列）是特定虚拟主机内部的命名实体。如果授权成功，那么就可以建立与 vhost 的连接。如果客户端试图对 vhost 的资源执行操作（授权部分），那么就会执行第二层控制。更准确地说，RabbitMQ 可以对资源执行三项操作：配置、写入和读取。配置操作允许创建、删除或修改资源。写操作与发布消息的操作相对应（也就是向 vhost 提供的交换机发送消息）。第三项也是最后一项操作就是读取操作，包括从 vhost 中的队列检索消息（订阅部分）。请注意，客户端对 vhost 提供的资源执行任何操作之前，都必须获得相应的授权。

RabbitMQ 在（配置，写入，读取）三元组中将每个 vhost 的权限都表示为正则表达式，如果名称与正则表达式相匹配，那么就授予所有资源的操作权限（配置，写入，读取）。例如，正则表达式“^$”表示一个空字符串，用于限制权限并禁止客户端执行任何操作。如 MQTT 案例中所讨论的那样，RabbitMQ 可以缓存访问控制检查的结果（如每条连接），这样做的目的是为了提高效率（如避免单独授权每项操作）。与此相对应，客户端在重新连接之后需要应用变更策略（如更改客户端的权限），某些解决方案通过强制客户端重新连接来解决该问题。

值得一提的是，RabbitMQ 不允许绑定不同 vhost 中的交换机和队列。也就是说，两个不同的 vhost 不能相互交换消息，除非由应用程序从外部加以解决。例如，经授权的客户端可以同时连接两个 vhost，作为其中某个 vhost 的订阅者，可以使用所需要的数据，然后再重新发布到第二个 vhost 中。RabbitMQ 提供了集群功能，如果数据属于不同的集群，那么跨不同 vhost 交换数据就显得非常有吸引力。

如前所述，RabbitMQ 是一种多协议系统，AMQP 或 STOMP 等协议处理 vhost，而其他协议（如 MQTT）则不处理 vhost。虽然有些解决方案可以让 MQTT 客户端在无须修改客户端库的情况下连接特定 vhost，但 MQTT 连接通常都通过单个 RabbitMQ vhost 进行管理。

9. RabbitMQ 认证

本章有关 MQTT 流程图的讨论是开发人员和管理员保护移动中的数据所需的典型过程及工具。由于 RabbitMQ 的大部分工作都遵循相同的道理，因而接下来的部分将主要关注 RabbitMQ 在数据保护方面的特殊性。例如，RabbitMQ 为很多 SASL（Simple Authentication and Security Layer，简单认证和安全层）机制都提供了可插拔支持能力，其中，有些认证机制内置在 RabbitMQ 中（包括 PLAIN、AMQPLAIN 和 RABBIT-CR-DEMO 等），有些则以外部插件的方式加以提供（开发人员可以在插件中实现自己的认证机制）。

- **PLAIN**：默认值，相当于基本的 HTTP 认证。

- **AMQPLAIN**：PLAIN 的自定义版本（由 AMQP 标准定义）。
- **RABBIT-CR-DEMO**：自定义质询/响应认证。
- **EXTERNAL**：能够使用公共证书对客户端进行认证。

在默认情况下，RabbitMQ 代理使用 PLAIN 认证方式，而且所有 RabbitMQ 客户端都支持该方式。此外，客户端库也提供了在试图连接消息代理之前指定 SASL 配置的机制。具体来说，SASL 允许 RabbitMQ 客户端在认证过程实际开始之前协商认证方式（参见 IETF RFC 4422）。流程很简单：客户端发起 SASL 连接，代理进行响应，提供可能的认证建议。客户端根据响应情况选择认证方式并进入认证阶段（可以使用适当的处理程序，具体取决于所选的认证机制）。

对于企业和其他组织机构来说，通常会存在其他认证服务，如 LDAP 服务器或 RDBMS。RabbitMQ 支持这类外部认证方式。此时需要注意的是，必须在集群设置中确保不同的集群应用相同的 SASL 配置，这是客户端在连接其他集群节点时，允许其协商并使用与原始集群相同的认证机制的关键。对于物联网来说，如果客户端或代理是移动终端，那么就会经常出现这样情况。

10. RabbitMQ 授权

客户端通过认证之后，目的是希望对 vhost 提供的资源执行一定的操作。如前所述，RabbitMQ 的策略和权限是以每个 vhost 的方式进行定义和应用的，而且可以在消息代理内部或外部（如由 RabbitMQ LDAP 插件支持的 LDAP 服务器）存储和维护这些策略和权限。具体来说，可以根据每个用户、每个 vhost 设置和清除权限。可以对外部访问控制服务器（如 LDAP）执行如下 RabbitMQ 查询操作。

- **vhost_access_query**：根据 RabbitMQ 中必须存在的 vhost 验证用户和权限。LDAP 服务器可以定义 vhost 条目，这些条目可以在运行时检查可用权限及角色（标记）。
- **resource_access_query**：对于用户有权访问的特定 vhost（由 vhost_access_query 进行检查）来说，可以通过该查询来检查用户拥有特定操作权限（配置、读取或写入）。
- **tag_queries**：该查询指定与特定用户（如管理者或管理员）相关联的角色（标记）。

如前所述，RabbitMQ 提供了各种插件，可以通过外部访问控制系统执行认证和授权操作。对于账户由这些系统管理的客户端来说，通常也需要位于 RabbitMQ 的内部数据库中，即便 RabbitMQ 无需知道或维护由外部系统管理的凭证和策略。这是因为，即使从外部系统获得了授权，也可能要根据 RabbitMQ 的内部数据库执行后续授权检查。

此外，RabbitMQ 还支持 Topic 交换机的主题授权，该功能特性面向针对不同数据主题设计的协议（如 MQTT 和 STOMP 等）。由于需要同时进行基本的资源权限检查以及基于主题的路由检查，因而可以为发布者提供额外的检查层。需要注意的是，如果基本授权被拒绝（如不允许客户端在特定 vhost 上执行写入操作），那么就不会调用主题授权。总之，RabbitMQ 的有趣之处在于，需要在授权检查期间考虑发布给 Topic 交换机的路由键，并与正则表达式进行匹配，从而决定是否将消息路由给特定的队列。此外，也可以为使用者应用主题授权。

在某些情况下，订阅者知道发布者的 ID 是非常有用的，因而确保能够验证发送者 ID 也就显得非常重要（如通过确保消息完整性的方式加以验证）。发布者 ID 属性是由发布者设置的，如果未显式设置该属性，那么发布者 ID 将保持私有状态。从图 11-28 显示的代码段示例可以看出，仅当发布消息的客户端是 motion_sensor_1 时，才会通过 Fanout 交换机路由 AMQP 消息。如“RabbitMQ 不可否认性”小节所述，在检查 RabbitMQ 提供的不可否认性机制时，应该将该 ID 视为指示性标识，而且可以帮助接收端处理消息，前提是运行在可信且未被攻击的环境中。RabbitMQ 不提供内置的不可否认性机制。

```
AMQP.BasicProperties properties = new AMQP.BasicProperties();
properties.setUserId("motion_sensor_1");
channel.basicPublish("amq.fanout", "", properties, "Presence detected".getBytes());
```

图 11-28 订阅者能够知道发布消息的客户端 ID

11. RabbitMQ 机密性

RabbitMQ 客户端与代理之间的数据机密性可以通过 TLS（Transport Layer Encryption，传输层加密）加以保障，但 TLS 无法保障端到端（即发布者与订阅者之间）的数据机密性：因为受到攻击的代理能够看到消息的内容。一种方式就是采用净荷加密机制，不过应该尽可能地与 TLS 结合使用。如“MQTT”小节所述，需要在端点的安全性与计算资源之间进行权衡，对于物联网来说尤其如此。

12. RabbitMQ 完整性

与 MQTT 一样，需要将确保消息完整性分为两部分：客户端与代理之间以及客户端与订阅者之间。第一部分可以使用 TLS 来解决，因为 TLS 可以避免窃听及中间人攻击。虽然 RabbitMQ 支持的安全传输机制能够保证客户端与服务器之间的消息完整性（请注意，这里包括客户端/代理以及代理/代理之间的通信），但是跨多个代理和不同协议（如 MQTT、AMQP、STOMP 等）保障端到端的消息完整性则不在 RabbitMQ 的范围之内。

保障数据完整性的主要挑战在于保护数据路径中的代理免受攻击，只要保护好了托管这些代理实例的基础设施，就能很好地解决该问题。第 14 章将其作为保护平台自身安全性的一部分。对于将 RabbitMQ 作为多协议/多租户消息分发系统的应用程序开发者来说，如果必须确保消息的端到端完整性，那么就可以考虑利用 MQTT 插件来处理数据主题。

13. RabbitMQ 可用性

图 11-29 描述了 RabbitMQ 提供的数据永久性和持久性能力，最初的设计目的是解决服务器的故障和重启，以及服务器重启后将消息返回到正确队列中。不过，在遭受 DoS 攻击或破坏数据可用性的攻击期间，这些特性也是实现数据保护的关键特性。

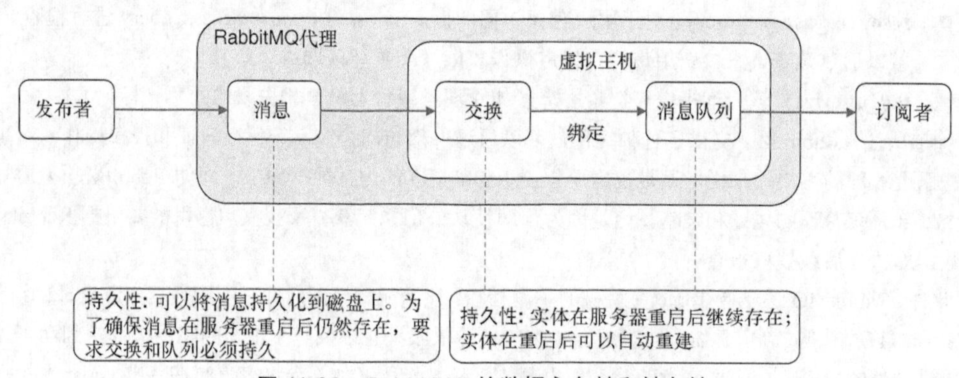

图 11-29 RabbitMQ 的数据永久性和持久性

RabbitMQ 服务器重启后，仅在声明为永久队列的队列中重建持久性消息。在默认情况下，如果 RabbitMQ 服务器出现故障，那么所有排队的消息都会丢失。为了确保异常状况下的消息生存性，必须显式配置如下功能：

- 需要将消息声明为持久性消息；
- 需要将消息发布给永久交换机；
- 需要将消息推送给永久队列。

14. 与 RabbitMQ 数据可用性相关的其他注意事项

RabbitMQ 及其运行的操作系统提供了多种可配置能力，可以有效提升其性能及可用性。具体配置取决于 RabbitMQ 实例的运行位置，如现场的雾节点或数据中心的刀片服务器。例如，低端雾节点（如 Raspberry PI）和全功能工业 PC 的配置就会有所不同（很明显，取决于每秒需要处理的消息数以及所提供服务的存储和内存需求）。通过调整 RabbitMQ 的如下功能特性，可以对数据可用性施加直接或间接影响。

- AMQP 和 STOMP 的心跳特性，MQTT 的保持激活特性。
- 接口和端口。RabbitMQ 的默认配置是监听端口 5672，适用于宿主设备中的所有可用接口。

RabbitMQ 可以管理双栈（IPv4 和 IPv6）。访问特定端口时，必须检查 SELinux、防火墙或类似工具是否会阻止 RabbitMQ 与特定端口进行绑定。当前的实现情况要求打开如下端口。

- **15675**：MQTT-over-WebSockets 客户端（仅在需要 Web MQTT 插件时）。
- **1883、8883**：有/无 TLS 的 MQTT 客户端（如果需要 MQTT 插件）。
- **5672、5671**：有/无 TLS 的 AMQP 客户端。
- **15674**：STOMP-over-WebSockets 客户端（仅在需要 Web STOMP 插件时）。
- **61613、61614**：有/无 TLS 的 STOMP 客户端（仅在需要 STOMP 插件时）。
- **25672**：用于节点间和 CLI 工具通信的 Erlang。
- **15672**：HTTP API 客户端和 rabbitmqadmin（仅在启用管理插件时）。
- **4369**：RabbitMQ 和 CLI 工具使用的对等发现服务。

- TLS。
- TCP 套接字设置（如缓冲区大小）。
- 内核 TCP 设置（如 TCP 保持激活）。
- 主机名和 DNS。

物联网的用例庞杂多样，某些代理可能需要管理来自大量客户端的消息，但产生的流量却相对较低；某些代理可能仅连接了单个发布者和若干个订阅者，但流量却非常高。因此，需要根据用例的具体情况优化 RabbitMQ 的配置。例如，在某些情况下，代理能够支持的最大客户端并发数可能比管理流量的总吞吐量还要重要。可能影响节点并发连接数的因素主要有：

- 打开文件句柄的最大数量（包括套接字和内核的资源限制）；
- 每条连接名义上使用的 CPU 资源量；
- 每条连接名义上使用的 RAM 量；
- 每条连接名义上使用的磁盘量（应用持久性功能特性时）；
- 允许的最大 Erlang 进程数。

15. RabbitMQ 不可否认性

RabbitMQ 的核心安全功能应用在客户端与服务器之间。使用了带有 X.509 证书（由可信机构发行）的 TLS 之后，就可以在认证阶段支持身份的互认证。但是，作为一种传输协议，TLS 无法在应用层为净荷提供身份证明。攻击者攻破客户端应用程序之后，就可以利用与代理之间建立的 TLS 会话，代表应用程序所有者伪造和发布消息。最近的 TLS 扩展研究为 TLS 提供了不可否认性机制，如 TLS-N（Nonrepudiation over TLS），但截至本书写作之时，这些扩展协议还无法用于 RabbitMQ。

同样，可以在应用层利用数字签名来确保不可否认性。TLS 与应用层数据签名相结合，可以在客户端与代理之间提供不可否认性机制。但是，除非能够保证消息的完整性，否则将无法真正解决发布者与订阅者之间的安全问题。很明显，如果只是简单地在数据路径（发布者→代理→代理……→代理→订阅者）上应用 TLS 会话，那么将无法保证订阅者收到的消息的完整性，因为受到攻击的代理完全可以伪造带有应用层签名的消息。因此，需要与消息分发协议进行绑定，如图 11-26 所示的使用 MQTT 报头信息的净荷戳记。这一点需要协议的支持，但 RabbitMQ 本身并不支持该机制。

总之，如果目标是确保客户端与服务器之间的不可否认性，那么 TLS 加上数字签名的净荷就足够了。如果应用程序需要端到端的不可否认性，那么就可以使用与特定数据主题相关的 MQTT 插件。

16. 案例：雾节点层面的 RabbitMQ 安全编排

讨论了两种广泛应用的开源消息代理（MQTT 和 RabbitMQ）之后，本节将通过一个具体案例，分析如何通过安全编排机制在雾节点层面保护移动中的数据。本例首先在 RabbitMQ 实例（运行在雾节点中）中创建一个新 vhost，然后添加一个发布者和一个订阅者，最后，授权在雾节点层面跨两个不同的租户交换数据。利用服务编排机制，可以通过自动化事务来执行并保护这些操作。这里讨论的用例只是本书第 4 部分所述用例的基础。

本例将以图 11-30 所示的体系架构为参考模型，该架构是第 6 章、第 8 章和第 13 章所述体系架构的一个变体，是一个以 NFV 为中心的架构，以 ETSI MANO 为核心管理和编排系统。从服务目录可以看出，该架构包含 SDN 控制器和多种组件，可以根据具体的物联网用例需求，为不同的服务部署具体实例。在这个阶段，我们仅关注与消息代理（本例为 RabbitMQ）安全编排相关的主要组件（图 11-30 以阴影方式显示了这些组件）。有关该体系结构每个组件的详细信息以及保护平台自身安全的详细机制，请参阅第 13 章。

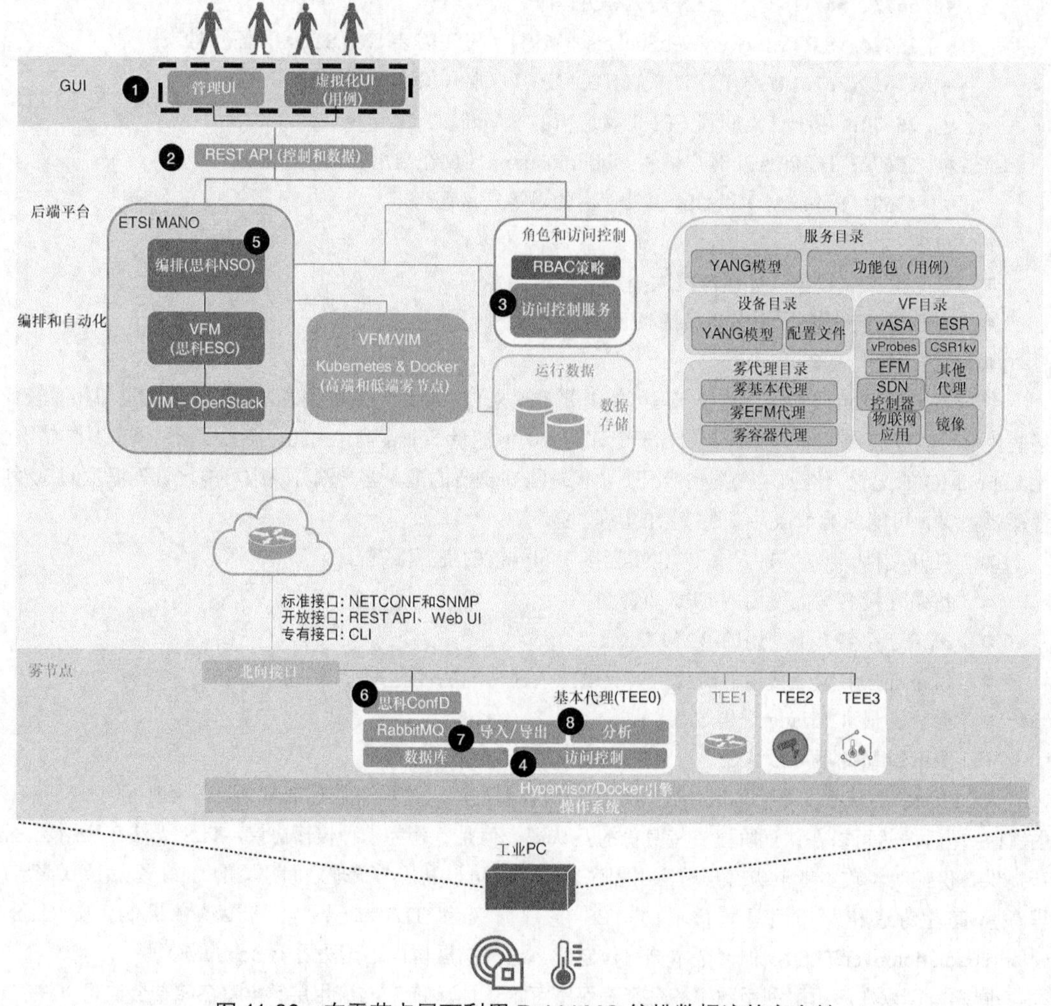

图 11-30　在雾节点层面利用 RabbitMQ 编排数据流的安全性

假设平台支持多租户。例如，租户可以是各个城市部门，如能源、公共照明或交通部门。这些租户共享相同的资源矩阵（即共享相同的雾、网络及后端基础设施），而且可以在底层基础设施的虚拟切片中同时部署和管理服务的生命周期。每个租户都可以拥有多个用户，即使不同的用户属于同一个租户，也可以拥有不同的角色，如租户管理员、租户操作员和租户查看者。这些角色拥有如下组件的的不同访问权限以及特定的操作权利（有或无）：

- 基础设施；
- 服务目录；
- 应用程序；
- 它们的服务实例；
- 它们管理的数据。

也就是说，这些角色与物理和虚拟基础设施、应用程序及其生成的数据的具体授权及访问控制机制绑定在一起。例如，租户管理员能够以其代表的组织机构（租户）的名义在平台上执行任何允许的操作。

具体来说，租户管理员可以为租户创建、修改和删除用户，可以创建新服务并更改策略（尽管仅限于租户的权限范围），可以管理与服务生命周期相关的所有 CRUD 操作（如部署或删除特定服务的一组实例）等。与租户管理员相比，租户操作员的角色受到的限制较多。例如，租户操作员可以管理与服务实例相关的 CRUD 操作，但无法在同一个域下创建新服务或新用户、新数据主题等，所有这些操作都需要租户管理员的权限。租户查看者受到的限制更多，在租户的控制下，租户查看者可以为物联网服务的各种告警及组件查看、监控并创建相应的工单，但无法修改任何已部署实例。这些操作都可以采用授权配置文件的形式加以确定，并通过传统的 RBAC 机制执行授权配置文件。图 11-30 给出了不同的租户以及代表这些租户的用户信息。从体系架构可以看出，管理 UI 与数据平面 UI 是分开的，因为它们需要不同的技能，而且涵盖的需求也不同。例如，管理 UI 负责服务生命周期管理，而数据平面 UI 则专注于数据分析以及特定用例的 BI。

该场景假设图中显示的后端系统已经部署完毕，而且还假设在现场部署了一个雾节点（初始运行了 3 个 TEE）。

1. 运行在 TEE0 中的雾代理，表示托管 RabbitMQ 及其他实例的 VM，如思科 ConfD 和本地访问控制。该 VM 在初始配置期间进行了实例化，该 VM 实例属于管理整个平台的租户管理员（如该用户工作在城市 IT 部门）。
2. 运行在其他 VM 上的 TEE1 中的虚拟交换机/路由器（如思科 CSR1000v）。对于本例来说，TEE0 和 TEE1 可以属于同一个租户，并由同一个租户管理（如城市 IT 部门）。
3. 运行在第三个 VM 上的 TEE2 中的应用程序，负责接收并处理连接在雾节点上的 PoE 摄像头的视频流。该 TEE 可以属于其他城市部门或租户（如安全部门或公安部门）。

运行在 TEE3 中的应用程序将在稍后部署（作为编排的一部分）。应用程序从连接在雾节点（位于第四个 VM 中）上的不同传感器采集信息。该 VM 可以属于第三个城市部门或租户（如环境控制部门）。

下面将首先分析该框架与数据保护相关的目标，即分析租户管理员应该做什么。租户管理员应该完成的操作如下。

A. 安全地创建一个新 vhost 和一个数据主题，供运行在雾节点中的 RabbitMQ 实例使用。

B. 在雾节点（TEE3）中安全地创建一个新实例，确保运行在 TEE3 中的应用程序能够将相关数据推送给新创建的数据主题。也就是说，将 TEE3 中的应用程序配置为该 vhost/数据主题的发布者。假设本例已经完成了端点（物品）的部署（这些端点负责将数据发送给运行在 TEE3 中的应用程序），并利用第 9 章描述的机制实现了安全加载。那么就可以根据第 7 章和第 13 章所描述的指南以及第 4 部分介绍的用例来部署 TEE3。此处的重点是授权 TEE3 上的应用程序，从而将数据推送给 RabbitMQ 实例（运行在雾节点内的其他 VM 上）上的新 vhost/数据主题。

C. 确保运行在代理（TEE0）中的导入/导出应用可以从 RabbitMQ 中的 vhost/数据主题提取数据（也就是说，将 TEE0 中的导入/导出应用配置为新创建的 vhost/数据主题的订阅者），并将接收到的数据推送给 TEE0 中实例化的历史数据库。导入/导出应用可以是简单的消息解析器，从 RabbitMQ 接收消息（如从 MQTT 和 AMQP 提取净荷），并作为非结构化数据推送给数据库。不过，本例假设模型遵循 ETL，因为历史数据库需要处理结构化数据，因而导入/导出进程能够在最低程度上对数据进行结构化（以能够存储在数据库中的方式）。对于推送到历史数据库的数据来说，运行在雾节点内部或外部的应用程序可以立即使用这些数据，而不需要执行实时的读时转换操作（该操作对某些雾节点来说要求过高）。需要注意的是，如果雾节点还需要执行流分析操作，那么也可以将流处理进程声明（配置）为 RabbitMQ 中新创建的 vhost/数据主题的订阅者，使得 RabbitMQ 能够同时为历史数据库和流处理提供数据，从而在雾节点内部同时运行不同类型的分析操作。这一点与图 11-15 所示的热路径和冷路径类似。为了简单起见，本例仅为 RabbitMQ（导入/导出进程）创建一个订阅者。

D. 确保运行在 TEE0 中的分析进程可以查询历史数据库，而且可以分析通过新 vhost/数据主题创建的数据。

E. 授权在雾节点内部属于不同租户的应用程序之间共享数据。在实际应用中，如果允许某个租户生成的数据被其他租户使用，那么就能衍生出大量丰富用例，从而极大地提升组织机构内外不同团队和部门之间的业务价值。需要注意的是，雾计算的一个核心应用就是分析数据、本地决策和自主操作（也就是说，即使没有连接后端应用程序的回程连接，也能执行操作）的能力，因而本例的目标是允许雾节点内运行的两个应用程序（属于不同的租户），以安全和中介的方式共享数据。这里的术语“中介”（mediated）指的是属于不同租户的应用程序之间无权直接交换数据，而必须通过运行在 TEE0 中的雾代理的数据库和 RabbitMQ 实例间接完成（详见图 11-32）。本例的目标是允许运行在 TEE3 中的传感器应用生成的数据能够供 TEE2 中运行的应用程序使用。本例希望根据 TEE3 中运行的应用程序检测到的事件（称之为基于事件的视频），触发视频传送给城市监控大厅。需要注意的是，基于事件的视频用例将在第 4 部分进行详细讨论，本章的重点是讨论数据分发的安全保护。在提到“安全和中介”时，术语“安全”（secure）指的是：

- 租户的用户需要经过认证；
- 数据交换需要授权；
- 通信通道必须安全；
- 雾节点需要确保能够在本地检查和执行认证和授权步骤（即使雾节点与集中访问控制系统的连接出现故障）。

讨论完 what 之后，接下来将重点讨论 how，解释实现前述目标所需的编排与自动化事务，目的是保护 RabbitMQ 中的数据交换（详见图 11-30 中的 8 个事务编排步骤）。

1. 租户管理员（位于图中右上角的人员）使用凭证登录管理仪表盘，输入部署和配置服务所需的参数（包括要创建的 vhost 名称、需要在 TEE3 中实例化的应用程序、需要部署服务的雾节点等），然后触发服务的实例化。该服务将创建一个新 vhost/数据主题，并在单个（编排）事务中涵盖从 A 到 E 的所有操作（如前所述）。
2. 在管理仪表盘中执行的操作转换为对后端平台的 API 调用。通过在仪表盘前端与仪表盘后端之间采用安全传输（如 TLS）来保护 API 调用。
3. 本例假定 RabbitMQ 使用 LDAP 且采用集中式访问控制机制。虽然 LDAP 是一种传统技术，并不一定适合很多物联网应用，但需要了解的是，LDAP 在实际环境中的应用非常普遍，现实环境中的很多用例都要求与 LDAP 服务器进行集成。对于图 11-30 所示的案例来说，该步骤实际上是在 LDAP 中创建新的 vhost/数据主题，包括为授权用户定义权限，允许授权用户对 vhost 提供的资源执行相应的操作（配置、写入或读取）。例如，导入/导出应用支持 RabbitMQ 客户端，与该模块相关联的用户需要在 LDAP 中获得授权，才能从 vhost 中读取信息。需要注意的是，在 LDAP 中创建新 vhost/数据主题并不意味着 vhost 是在 RabbitMQ 中创建的，只需要在 LDAP 中创建 vhost 即可，不过仍然需要在 RabbitMQ 的期望实例中进行配置。另外还需要注意的是，一个城市可能会安装数以千计的雾节点，每个雾节点都可能有一个 RabbitMQ 代理（见图 11-30 中的 TEE0），因而可能会在现场部署数以千计的 RabbitMQ 实例。此处描述的编排事务仅对需要实例化的服务所需的 RabbitMQ 实例进行配置（即仅配置那些实际参与服务的实例），可能涉及单个雾节点、城市中的一组雾节点或城市中安装的所有雾节点。后端系统可以有选择地处理该问题，并在所需的节点（仅限租户管理员选定且将要运行服务实例的节点）中执行实例化操作。
4. 异步进程可以对运行在 TEE0 中的认证和授权进程进行更新，实现集中式访问控制服务器与分布式访问控制实例之间的同步，这些分布式访问控制实例可以在雾节点中实现授权操作的本地处化理。通过为 LDAP 中创建的 vhost 增加新条目（详见第 3 步），就可以对运行在 TEE0 中的访问控制实例中的 vhost 列表进行更新。TEE0 中的访问控制进程可以表现为多种形式，如本地数据库、令牌数据库或 LDAP 副本。为了保持用例的简单性，这里假设更新过程是通过复制操作实现的（在 TEE0 中使用轻量级 LDAP 副本）。请注意，此时复制的树并不是整个城市树。如前所述，在雾节点层面采用本地方式对数据交换操作进行认证和授权是关键，对于可能无法与后端集中式 LDAP 服务器始终保持可靠连接的情况来说更是如此。如果因连接故障而导致复制失败，那么系统将会不断重试，直至复制完成，因而本例假定复制过程是安全的（如采用 TLS 传输机制）。该步骤完成之后，就可以确保 vhost/数据主题对于运行在雾节点 TEE0 中的访问控制进程来说已经可用，但需要注意的是，此时的后端系统尚未配置 RabbitMQ。

5. 分布式访问控制就绪之后，编排系统将开始配置 RabbitMQ 以及满足前述目标（A～E）所需的其他组件。
6. 利用思科 ConfD 与雾节点代理建立安全的 NETCONF/SSH 连接，运行在同一个 VM 中的 RabbitMQ 代理作为可配置设备开放给编排系统。可以使用标准化的数据建模语言（YANG）配置 RabbitMQ 中的 vhost/数据主题，并通过标准化接口（NETCONF）推送新配置。
7. 配置了 RabbitMQ 中的 vhost/数据主题之后，接下来编排系统就要实例化 TEE3 中的应用程序并连接 VM 的 I/O，从而开始采集雾节点南向传感器的数据，并将应用程序配置为 RabbitMQ 发布者。图 11-31 给出了部署该传感器应用程序的 YANG 模型代码，由于本例重点关注与 RabbitMQ 相关的安全性问题，因而在 VM 完全启动之后，发布者需要进行认证，并获得在新 vhost 上发布数据的授权。从图 11-31 可以看出，管理员需要在仪表盘上输入的参数之一就是 rmqvhost（已创建的 vhost 的名称）（详见第 1 步，在真正开始编排操作之前）。验证过程如下：TEE3 中的应用程序与 TEE0 中的 RabbitMQ 代理建立 TLS 连接，SASL 认证使用运行在雾节点 TEE0 中的本地轻量级 LDAP 副本，由其对用户凭证进行认证（见图 11-31 中显示的 leaf rmquser 和 leaf rmqpassword），并对期望访问的资源进行授权（vhost/主题）。如前所述，导入/导出应用内嵌了一个 RabbitMQ 客户端，此前已经在 LDAP 中对该客户端进行了授权（以及本地副本），允许其连接 vhost 并读取信息。导入/导出应用采用了灵活的微服务架构，可以在运行时进行配置，因而导入/导出应用可以在该步骤完成相应 vhost 的订阅操作（基于 TLS）。

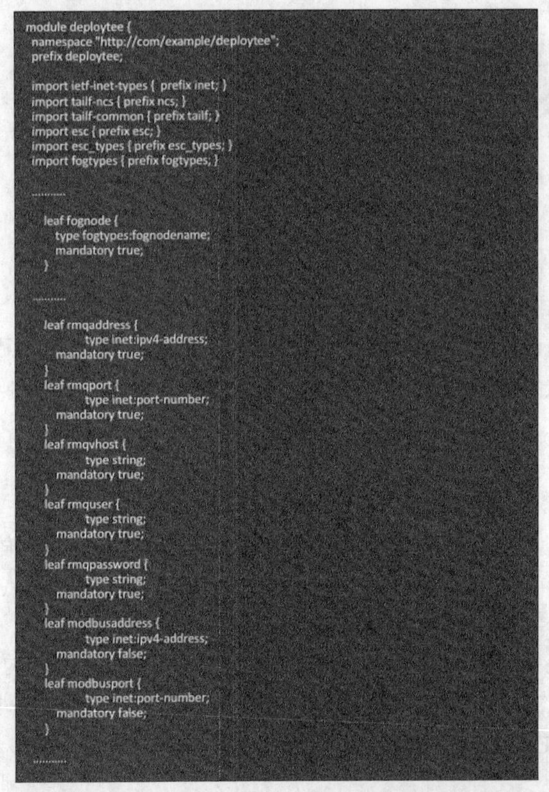

```
module deploytee {
  namespace "http://com/example/deploytee";
  prefix deploytee;

  import ietf-inet-types { prefix inet; }
  import tailf-ncs { prefix ncs; }
  import tailf-common { prefix tailf; }
  import esc { prefix esc; }
  import esc_types { prefix esc_types; }
  import fogtypes { prefix fogtypes; }

  ..........

    leaf fognode {
      type fogtypes:fognodename;
      mandatory true;
    }

  ..........

    leaf rmqaddress {
            type inet:ipv4-address;
      mandatory true;
    }
    leaf rmqport {
            type inet:port-number;
      mandatory true;
    }
    leaf rmqvhost {
            type string;
      mandatory true;
    }
    leaf rmquser {
            type string;
      mandatory true;
    }
    leaf rmqpassword {
            type string;
      mandatory true;
    }
    leaf modbusaddress {
            type inet:ipv4-address;
      mandatory false;
    }
    leaf modbusport {
            type inet:port-number;
      mandatory false;
    }

  ..........
```

图 11-31 部署新 TEE 的 YANG 模型，包括雾节点中的 RabbitMQ 和 Modbus 端口配置

8. 从图 11-32 可以看出，数据存储到历史数据库之后，运行在 TEE0 中的分析进程就可以查询历史数据库并分析与新 vhost/数据主题相关的数据。检测到预定义事件之后，导入/导出应用就会创建通告消息并发布给其他 vhost/队列（已在此前创建），视频应用程序在该 vhost/队列上声明为订阅者。收到代理发来的通告消息之后，就可以将 TEE2 采集的视频信息流式传送（实时及缓存视频）给特定城市部门管理的集中监控中心。

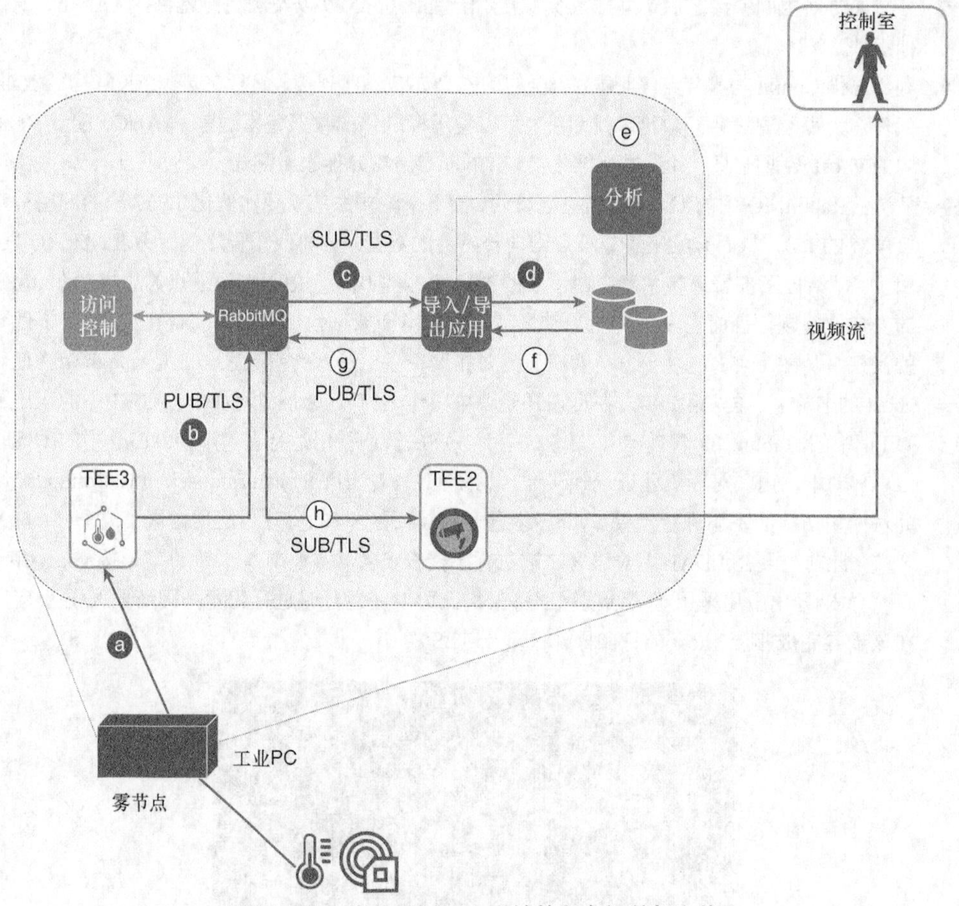

图 11-32 由 RabbitMQ 支持的租户间数据交换

17. 思科 EFM

EFM（Edge and Fog Processing Module，边缘和雾处理模块）的设计目的是在高度分布式的环境中提供必需的计算能力，着重关注雾计算和物联网。EFM 可以有效地将数据处理操作推送到网络边缘，目标如下：

- 连接现场安装的各种设备和传感器；
- 对移动中的数据和静止数据进行分析并应用相应的规则和逻辑。

该模式不仅支持本地决策和操作，而且还可以在将数据传输给雾-云连续体中的高层之前，对这些数据进行过滤。从图 11-33 可以看出，EFM 拥有强大的数据流编辑器，可以采用拖放功能对数据管道进行可视化编程，而且还提供一些定制化工具，支持数据的可视化与分析。

EFM 基于开源的 DSA（Distributed Services Architecture，分布式服务架构），包括如下组件。

- **节点（Node）**：DSA 中的节点是一个通用术语，表示 DSA 连接的各种不同组件。例如，节点可以是代理、DSLink 或包含其他节点的文件夹，也可以是其他实体，如动作、度量或元数据（属性）。

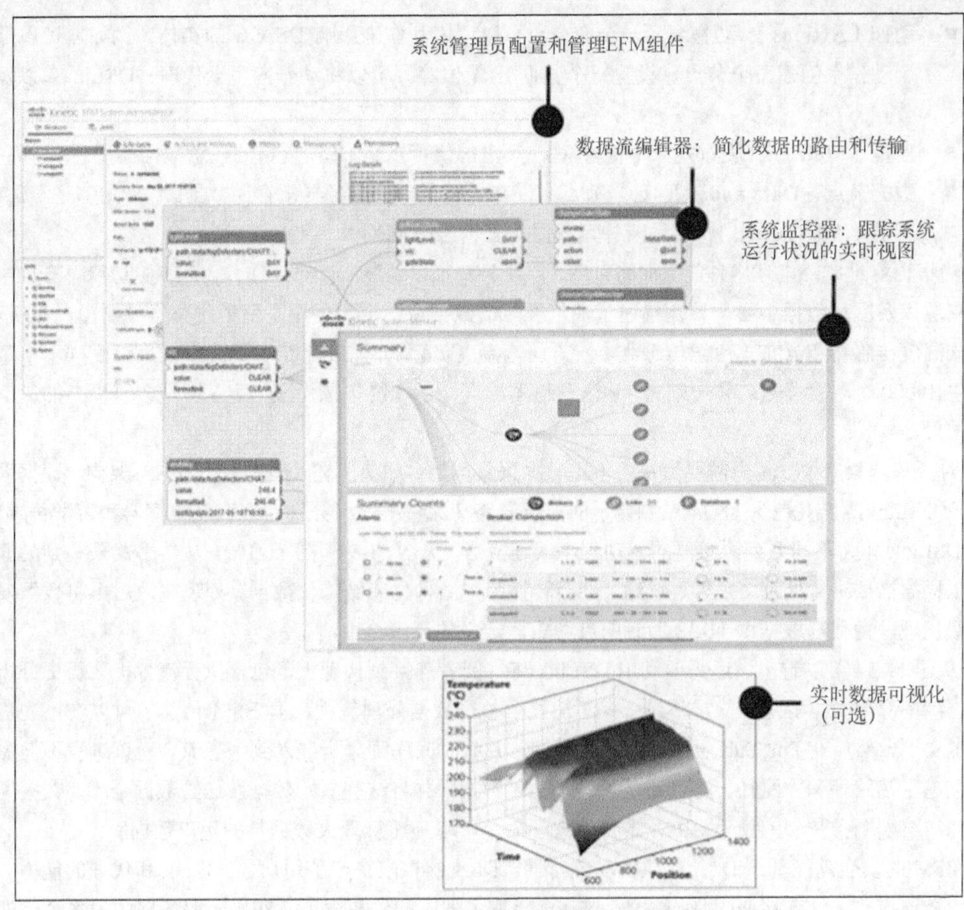

图 11-33 雾处理模块（EFM）

- **代理（Broker）**：该组件负责路由数据并分发给目的端。DSA 提供了一种多代理系统（也就是说，消息在到达目的端之前可以穿越多跳代理）。因为代理可以控制数据流，因而 DSA 架构中的其他组件的操作在很大程度上取决于代理层面的决策（包括执行安全措施）。
- **DSLink**：这些组件用于生成、写入和处理数据。DSLink 可以连接消息代理，也可以订阅接收数据。不同的传感器和执行器需要使用不同的 DSLink，因为 DSLink 是数据生产者与使用者进行交互的最终组件（见图 11-34）。

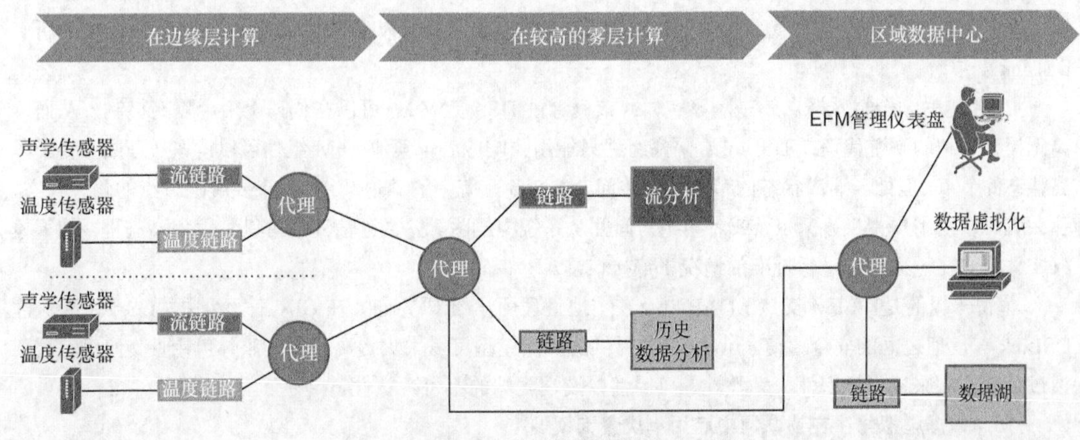

图 11-34 EFM 支持的数据流和分析能力

- **动作（Actions）**：动作表示一个命令，可以调用动作来影响 DSA 中的实体。例如，可以通过一个动作来创建一个节点、设置一个数据/度量值等。可以将动作应用于代理、DSLinks 以及其他节点。
- **度量（Metric）**：度量是一个键/值对，其中的值可以是 DSA 支持的任意数据类型。
- **数据节点（Data nodes）**：这些节点允许在托管代理的服务器上存储数据。
- **属性（Attribute）**：属性是一种元数据，表示为键/值对。

为了更好地解释上述组件，下面将以图 11-34 为例加以解释。计算操作分为三段：边缘、雾分层架构中的高层以及区域数据中心。该例描述了油气领域的数据流情况，使用了两类传感器（如图左侧所示）：分布式温度传感器和分布式声学传感器。一方面，温度传感器沿 30 千米长的光缆采集温度样本，每秒可以产生 30000 个温度读数。另一方面，声学传感器沿同一条光缆记录声波信息，通常会以极高的速率产生大数据量。

对于该场景来说，首先需要解决的就是数据采集问题。如前所述，EFM 基于 DSA 架构，数据采集操作涉及 DSLink，也就是图 11-34 左侧显示的温度链路和流量链路（分别对应温度传感器和声学传感器），这些 DSLink 作为不同系列传感器的驱动程序或连接器（见图 11-9 和图 11-10）。从传感器采集到的原始数据可以根据需要进行处理、采样、过滤，甚至转换为半结构化或结构化数据。处理完之后再将数据发送给第一级代理，由代理根据图 11-33 所示的流编辑器定义的流来路由消息。

从图 11-34 可以看出，还需要利用 DSLink 将订阅者连接到代理上，包含执行流分析、历史分析以及在数据湖中存储数据等进程。虽然图 11-34 简化了整个数据处理流程，但 EFM 创建了可以在不同机箱中运行的实例，然后在 Pub/Sub 层面连接这些实例，并将时间序列分析嵌入到消息流中。该进程不但为数据分析创建了热路径和冷路径，而且还负责采集原始数据，并将这些原始数据发送给数据仓库、数据湖或其他 EFM 实例执行进一步处理。EFM 本身内嵌了一个可以高速管理大数据量的历史数据库。

EFM 的安全功能基于 DSA 提供的功能特性。DSA 的权限决定了用户、DSLink 和代理的能力。DSA 中的上游连接与下游连接概念是相关的，仅在多台服务器上配置权限或者在同一服务器中的多个代理上配置权限时才有意义。下游实体通常会请求权限，上游实体则授予或拒绝权限请求。虽然给定代理可以是其他代理的上游或下游，但 DSA 框架始终将代理理解为 DSLink 的上游。这里的权限包含了两个特殊概念（至少在对比 DSA 与 MQTT 和 RabbitMQ 的时候）：令牌和隔离实体（如代理和 DSLink）。

如果配置代理的时候限制未知 DSLink，那么就必须用到令牌（下一节将具体介绍如何利用令牌来控制隔离哪些实体）。请注意，对于由代理直接管理的 DSLink 来说，永远也不需要使用令牌。如果 DSLink 由代理进行维护，那么就会出现这种情况，这就意味着会自动生成 DSLink 的令牌。可以通过编程方式或手动方式创建令牌，代理或 DSLink 都可以创建令牌，创建令牌时需要定义相应的参数，包括时间范围（是一个指定时间范围的字符串，也就是令牌保持有效的时间）、计数（是一个限制令牌可使用次数的整数）以及托管情况（是一个布尔值，如果令牌过期或删除，那么就会从代理上删除通过该令牌连接的所有 DSLink）。

EFM 的另一个特殊概念就是隔离实体（该概念由 DSA 定义）。可以在代理上启用隔离机制，从而隔离无授权令牌的下游代理或 DSLink。隔离组件只能用作响应者，其他 EFM 组件可以读取（订阅）处于隔离状态的节点，但处于隔离状态的节点不能访问 Pub/Sub 系统中的其他节点。如果要解除节点的隔离状态，那么就可以由用户授权该节点，或者拒绝访问并从系统中删除。完全可信环境可以禁用隔离进程，使得授权实体能够在无需令牌进行批准的情况下连接代理。

值得一提的是，EFM 支持 LDAP 以及在本地管理用户/密码凭证。在 CIA 三元组中，DSA 主要关注 DSLink 与代理之间的安全通信。虽然 EFM 提供的隔离模型可以大大提高数据的整体可用性，但仍然需要通过外部机制来提供机密性、完整性、可用性以及端到端的不可否认性。

18. 数据虚拟化：在物联网中启用单次查询模型

EFM 与数据虚拟化技术相结合可以实现能力扩展，从而集成、利用和使用静止数据。数据虚拟化是一种众所周知的技术，可以为来自不同数据源的数据提供统一视图，而无需复制这些数据源。从图 11-35 可以看出，数据虚拟化技术可以集成拥有不同性质、来自不同位置、具有不同格式（结构化、半结构化或完全非结构化）的数据，也就是说，可以直接使用和消费原始格式的数据。该功能通过一个抽象层加以实现，抽象层允许消费应用（如数据分析和 BI 工具）将数据视为一个统一、集成的数据池。如果企业的应用程序和报表工具被定制为使用特定接口，或者期望使用特定数据模式、查询范式或安全措施，那么这一点将非常有意义。

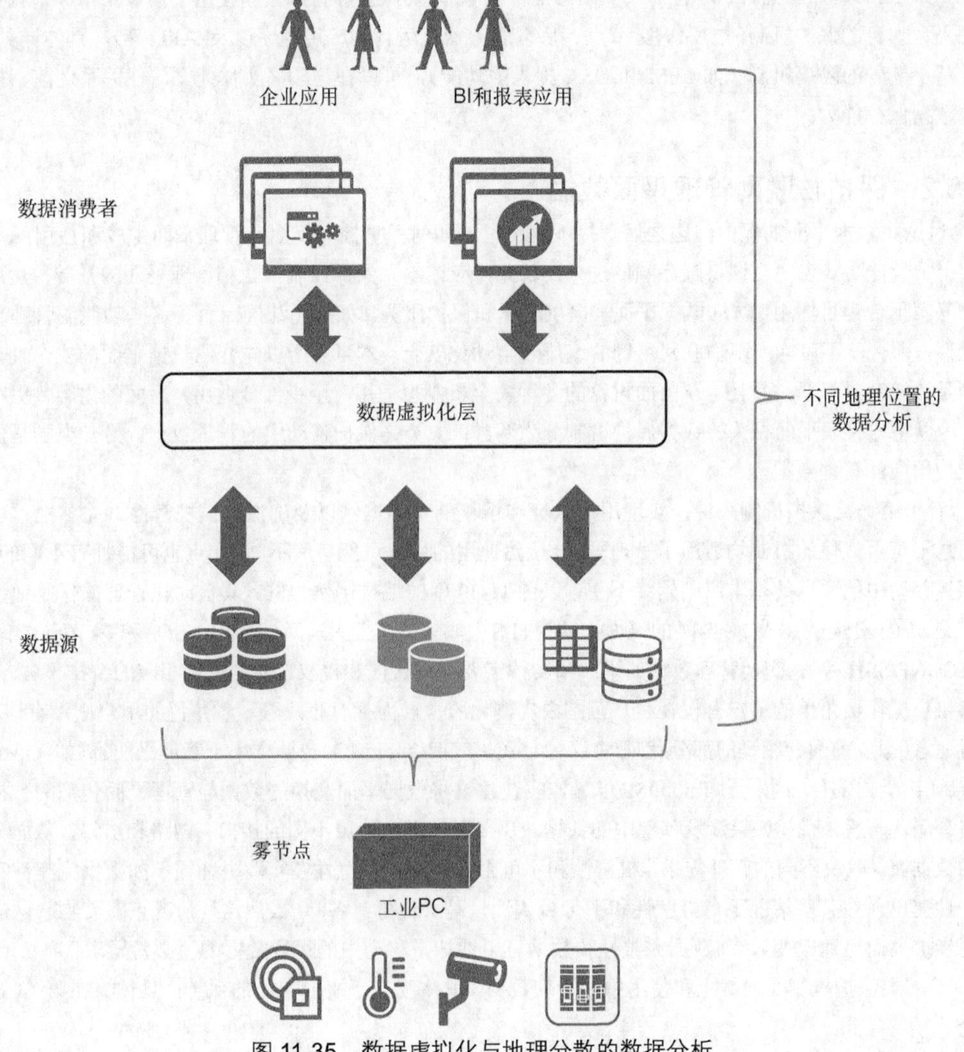

图 11-35 数据虚拟化与地理分散的数据分析

从本质上来说，数据虚拟化就是一种数据管理工具，允许消费类应用查询、检索和处理数据，而无需知道数据在源端进行格式化的方式，甚至不需要知道数据的物理位置。为了解决源端数据格式和语义与最终消费者之间的不匹配问题，业界采用了多种转换技术。一般来说，数据虚拟化解决方案都是双向的，这意味着可以将数据推送给源存储库。

这里有必要强调一下本章前面介绍的 ETL 模型与 ELT 模型之间的差异。与 ETL 和 ELT 不同（它们通常是将数据从源端“移动”到数据仓库或数据湖），数据虚拟化技术通常是将数据保留在原始位置，而且有权访问数据源，以实时或准实时方式处理数据。数据虚拟化技术提供的这些抽象和逻辑解耦能力，允许消费类应用下发单次查询，可以从多个数据源检索并组合数据。这一点对于物联网领域来说尤为重要。例如，数据源可能是现场雾节点中实例化的数据库，这些雾节点可能拥有不同的计算能力和外形尺寸，因而根据计算需求使用不同类型的数据库解决方案和数据存储技术非常必要。部署在现场（如城市空间）的雾节点数量可能非常多，在这种情况下，如果支持数据虚拟化技术，那么消费应用就可以下发单次查询，从大量不同形状和尺寸的雾节点中检索数据。该方法将雾节点的本地数据分析与区域和集中式数据分析相结合，有效促进了地理分散的数据分析技术的快速发展，而不用考虑数据源的结构、数据模式和数据位置。

对于安全性来说，仅当数据源与消费者能够建立信任关系，且能够保护静止数据、使用中的数据和移动中的数据时，该模型才可行。如果要保护移动中的数据，那么就可以在通信实体之间使用安全传输层协议（如 TLS），并结合 X.509 证书（参见第 7 章）。如果要保护静止数据和使用中的数据，那么就要重点关注平台本身的保护机制（如保护雾节点、后端服务器、运行的应用程序以及 API 等），具体详见第 13 章。基于令牌的隔离机制（如 EFM 和 DSA 提供的功能），可以在与隔离实体建立信任关系之前，提供有效的数据保护能力。

11.5.2 保护物联网管理平面数据

讨论完数据平面的保护问题之后，接下来将讨论如何保护控制平面和管理平面生成和使用的数据。事实上，最佳实践表明应该将顺序颠倒过来：首先，应该建立保护控制平面和管理平面的基础；然后，利用物联网平台为目标用例（即数据平面）提供配置和保护服务。如果无法确保负责这些功能的管理平面的安全性，那么就不可能实现物联网用例的编排和自动化安全。本章之所以先介绍数据平面的安全性，主要原因是比较容易解释，而且本章前面讨论的各种安全机制也适用（至少部分适用）后面的内容。更准确地说，可以将与管理平面相关的数据保护机制分为两类：一类是保护移动中的管理数据；另一类则是保护静止或使用中的管理数据。

对于第一类保护机制来说，实现用户认证和授权的实际案例以及确保数据机密性、完整性、可用性和消息不可否认性的机制均适用于管理平面。虽然使用的协议可能有所不同，端点也可能拥有不同的特性，但保护移动中的数据的基本原则始终不变。以图 11-30 中的编排用例为例，其自动化管理操作是通过管理端点之间的安全数据交换实现的（如使用 TLS 和 X.509 证书、在思科 NSO 和雾节点之间使用 NETCONF/SSH 等），交换管理数据的用户和实体需要经过认证和授权，才能执行相应的编排事务。例如，拥有租户操作员角色的用户有权在租户范围内实例化服务，而拥有租户查看者角色的用户则没有该权利。值得注意的是，前面介绍过的部分代理/协议（如 MQTT 和 RabbitMQ）也同样用于管理平面。例如，OpenStack 等 VIM 出于内部目的也运行 RabbitMQ。最佳实践建议将数据平面交换的数据与管理平面传输的数据进行严格分隔。一般来说，如果涉及移动中的数据，那么通常都应使用不同的接口、网络和协议，从而分隔不同的数据流。取决不同的管理需求，机密性和不可否认性等功能特性在实践中往往不如数据完整性和数据可用性突出。在某些情况下，机密性和不可否认性只是“最好具备”（虽然这种情况正随着物联网攻击面的逐步扩大而迅速改变），而数据完整性和数据可用性却是移动中的运行数据的“必备要求”。

第二类保护机制面向静止和使用中的管理数据，其本质在于平台自身的保护，具体将在第 13 章进行讨论。

11.5.3 保护物联网控制平面数据

对于物联网来说，由控制平面生成的数据主要与二层交换及三层路由进程相关，包括控制一些非 IP 协议（如串行和总线通信协议）所需的数据、信令组件和信令协议生成的数据以及 SDN 控制器处理的数据。控制平面数据保护的复杂性与所考虑的环境是有线还是无线、是否存在低功耗限制等因素相关。例如，保护与房间灯具微控制器中的控制平面实例相关的数据就与保护由 MPLS 控制平面生成的数据（如由雾节点托管的虚拟交换机/路由器实例）存在很大的区别（见图 11-30 中的 TEE1）。很明显，如果要详细讨论各种物联网协议及控制平面产生和使用的数据的保护机制，完全需要单独写一本书。

不过，前面讨论的各种安全原则仍然适用。如第 9 章所述，设备在控制平面应该执行严格的访问控制，通过适当的认证机制进行安全加载与识别。任何控制平面操作，从生成携带事件的消息到分发路由数据，都需要进行控制和授权。除了第 9 章讨论过的与控制平面身份管理、认证和授权相关的机制之外，CIA 三元组中与控制平面数据保护相关的原则完全相同。虽然用于控制平面的特定安全机制可能会受到具体设备、通信方式及所用协议的制约，但数据保护的原则依然相同。

本书的重点是保护由 NFV MANO 和 SDN 控制器支持的物联网用例，因而在保护控制平面数据时，必须保护好以下两类数据：

- 与 NFV 编排系统使用的控制平面协议相关的数据；
- 与 SDN 控制器相关的数据。

具体将在第 13 章进行详细讨论，将以平台为用例，说明如何利用第 7 章、第 9 章以及本章前面讨论过的相关保护机制来保护这些数据。

11.5.4 规划数据保护机制时的注意事项

数据保护机制可以分为两类：主动式数据保护机制和被动式数据保护机制。对于第一类数据保护机制来说，需要检测安全威胁并保证物联网平台就绪以保证数据免受攻击，因而需要做好相应的规划及安全措施。第二类数据保护机制则与防御数据攻击所采用的规划及措施有关。

主动机制需要深入了解与数据访问策略相关的内容，如哪些数据是公开的、哪些数据是保密的、哪些数据仅供内部使用、哪些数据是受限的（甚至是内部的）、哪些数据存在地理围栏策略（如果有）、哪些数据可能是联合数据。管理员了解了不同类型的数据及其策略之后，还需要知道如何管理这些数据，包括数据溯源。知道了谁拥有数据、谁有权访问和操作数据之后，就可以确定所需的访问权限和控制机制，具体取决于资源（数据）和数据生产者和消费者的角色（RBAC）。管理员可以通过这些步骤配置 PDP（Policy Decision Point，策略决策点）（如 LDAP 服务器）和相应的 PEP（Policy Enforcement Point，策略实施点）（如一组使用 LDAP 的消息代理），以控制对不同类别数据的访问行为（如使用数据主题）。管理数据和用户的身份并提供认证和授权机制，就构成了主动式数据保护机制的基础。

另一个需要考虑的因素就是机密性策略。前面讨论的访问控制措施可以对用户进行分类，并提供数据访问时的 RBAC。这样做可以提供第一级过滤机制，将特定数据间接设置为私有状态（如不允许某些用户组访问某些数据）。即使访问控制机制遭到了攻击，额外的安全机制也能帮助保持数据的机密性，这里的额外安全机制主要是数据加密，包括磁盘加密（如可以在设备出现物理安全问题时确保数据的机密性）。现场的雾节点通常会将引导和解密磁盘所用的密钥封装到 TPM 模块中，虽然这样做可能会给雾节点生命周期的 OAM 带来一定的挑战。除了机密性之外，有时还可能需要部署隐私策略。例如，有时可能需要对数据进行匿名化处理，甚至需要将某些记录或数据字段进行模糊化处理，这些要求最终又归结为访问控制需求，管理员需要确定谁有权对数据执行匿名化处理或模糊化处理。由于执行这些功能的应用程序也是数据的消费者和生产者，因而该场景也适用相同的访问控制原则。

数据完整性、数据监控以及数据健康性也是必须考虑的关键因素。记录不同层面的数据访问尝试并审计相应的访问控制机制，对于确保数据（特别是静止数据）的完整性来说至关重要。对于主动式数据保护机制来说，数据可用性和数据恢复计划也发挥着非常关键的作用。物联网场景通常都是高度分布式场景，完成特定工作流程可能存在对数据的交叉依赖性需求。例如，数据虚拟化解决方案中的用户可能需要现场雾节点的数据，而这些数据又可能不可达（见图 11-35）。一般来说，数据虚拟化解决方案并不需要处理数据的一致性问题，因为不需要复制数据（数据仍留在源端），但其他场景（见图 11-12 中的场景）则有可能需要复制数据。如果系统需要维护设备影子或其他设备的虚拟副本，那么该场景就需要用到数据副本（至少是部分副本），此时的数据一致性就是一个必须考虑的问题，攻击者可能会滥用该漏洞。

对于分布式系统来说，多个节点可能会共享数据并将数据从一个物理位置复制到另一个物理位置，那么在发生了导致网络出现分区（即数据源与副本之间的连接断开）的故障之后，管理员就要在一致性与可用性之间进行选择。选择受限于 CAP（Consistency, Availability, and Partition，一致性、可用性和分区）定理，该定理指出，数据在写入/读取操作过程中，只能保证三项中的任意两项：一致性、可用性和分区

（CAP）。

- **一致性**：如果一致性是必选项，那么每次读取操作都会检索最新的写入信息或出错，出错的原因是分区，因为在源与副本再次可达之前，无法保证写入的一致性。
- **可用性**：如果可用性是必选项，那么每次读取都会检索响应，但并不保证响应传达的是最新的写入信息。由于可用性是必选项，因而系统永远也不会返回差错。
- **分区**：即使源与副本不可达，系统也能容忍分区并保持运行。

图 11-36 描述了 CAP 定理的权衡关系及其含义。如果选择可用性而非一致性，那么系统将始终处理查询并返回最新存储的数据（即使在分区情况下无法保证数据的最新性）。图 11-12 给出了使用虚拟副本或设备影子时可用性优于一致性的示例。如果选择的是可用性优于一致性，那么在网络分区时，系统就必须返回差错信息。很显然，在没有网络故障的情况下，可以同时满足可用性和一致性。

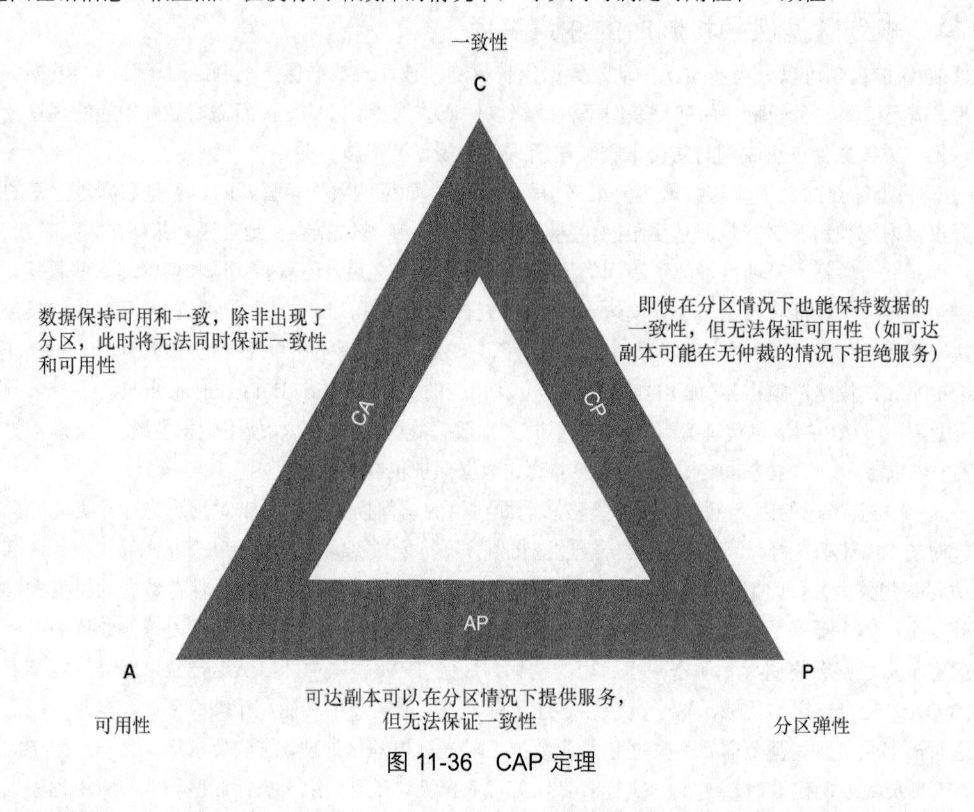

图 11-36 CAP 定理

数字孪生（Digital Twin）的概念在 IIoT 领域的重要性越来越明显。考虑到虚拟副本和设备影子通常都会试图复制与单个设备相关的数据，因而数字孪生能够创建整个系统的数字副本（见图 11-37），目标是获得最新且精确的系统状态和属性副本，此时通常都选择一致性优于可用性。数字孪生需要实时反馈数据并持续更新大量变量及状态，利用这些数据构建用于仿真目的的系统模型，从而简化流程和操作并模拟各种场景。只有保证了数据的一致性，才能保证仿真结果的有用性。

主动规划数据保护策略时，必然会遇到 CAP 定理问题。需要注意的是，使用虚拟副本肯定会增加攻击面，因为现有威胁同时适用于实际设备/系统及其副本。例如，在某些情况下，攻击者可能更容易破坏副本，即使未攻破真实设备/系统，攻击者也可以利用被攻破的副本实体来更改模拟结果和假设场景的效果，进而影响真实设备/系统的评估和优化。请注意，此时复制的数据仍然与源数据一致，因而也是安全的，因为源数据并没有受到破坏。对于本例来说，风险在于使用副本数据的实体会遭受破坏。在规划数据保护策略时，所有这些都是必须考虑的重要因素。

在线和离线备份数据时也强制要求确保数据的可用性。需要围绕后端系统的设置及其管理的数据（包括灾难恢复措施）进行仔细规划。数据保护的成本与被保护数据的价值是规划阶段最重要的考虑因素之一，可由编排系统执行的功能包就可用于该目的。例如，制造工厂可能会在内部部署包括编排系统（如图 11-1 所示的用于 Level 3 的现场操作与控制）在内的后端系统，同时还在企业数据中心部署 Level 5 的数据备份机制。其他物联网垂直领域则可能更倾向于采用公有云来管理自己的数据备份，此时就可以对编排备份操作的功能包进行定制。

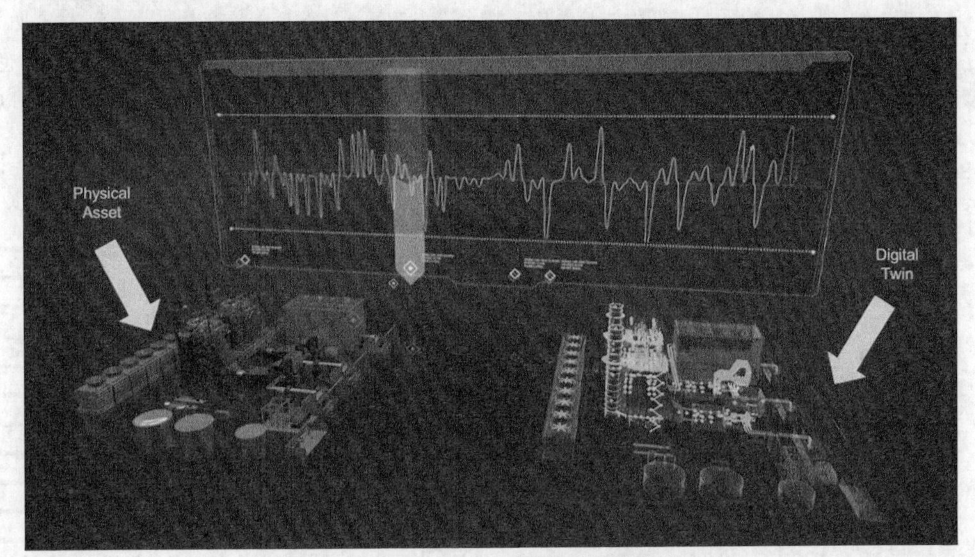

图 11-37 数字孪生及其对数据保护的挑战

除了部署主动式安全措施以加强数据保护能力之外，管理员还要做好攻击响应措施的规划工作。主动式数据保护机制主要解决安全事件的检测以及所要采取的防护措施，而被动式数据保护机制则通常要处理两方面的工作：一是要定义安全威胁的控制与解决方式；二是要通过数据取证来理解安全事件，从而知道如何抵御未来可能出现的相同安全攻击。无论是采用实时检测方式还是采用取证方式来检测安全攻击，都需要采集、处理和分析数据，并创建包含事件详细信息的安全报告，很明显，此时的挑战就是要保护好已经记录的数据。

规划数据保护措施时的另一个关键考虑因素就是法律法规问题。例如，2018 年 5 月欧盟对数据保护的法律框架做出了重大调整，要求强制执行新的 GDPR（General Data Protection Regulation，通用数据保护条例），这大大加强了个人数据的监管和保护力度。新的 GDPR 对不符合新法规要求的企业采取了严格的罚款和处罚措施。虽然大多数保护措施都与个人数据有关，但数据保护的安全实践确实可以对这种新的安全监管框架发挥重要作用。如 GDPR 对数据安全（包括数据处理实体和数据控制者）定义了更加严格的保护义务，特别是违反数据安全要求造成潜在责任时将要承担严重的法律后果。

新的 GDPR 法规主要关注数据隐私而非数据安全，但第 32 条 security of processing 规定：

1. 考虑到当前的技术水平、实施成本以及数据处理的性质、范围、上下文和目的，以及自然人自由权利的变化可能性及严重性的风险，数据控制者和处理者应实施适当的技术和组织措施，以确保实现适当的安全水平……

物联网新法规的出现肯定会带来不同程度的影响，包括功能包的创建和编排方式（取决于所处理的数据），而且还会影响所存储数据的访问控制以及管理和复制方式。图 11-38 形象地说明了 GDPR 的合规性阶梯（从数据治理和数据保护开始）。

本章讨论的最后一个考虑因素就是区块链的潜在用途。在相关方不信任对方时，区块链正逐步成为数据保护和数据管理的游戏规则改变者。区块链基于分布式账本，允许参与系统的双方以不可变且可验证的方式记录交易（TX）。交易表示数据交换（如智能合约）并记录在区块中，以区块链的形式添加到分布式账本中。具体来说，区块链表示是以链的形式进行链接的持续增长的区块列表，并进行安全加密。每个区块都包含一个链接到前一个区块的哈希值（见图 11-39 和图 11-40）。区块链的每个参与者都维护一个账本副本（区块链副本），从而将所有参与者都聚集在非可信环境中。因此，区块链需要提供一种方法来验证交易，并在账本中添加新的区块，为此采用了基于协议的共识机制。在实践中，有两个因素使得区块链能够有效防止记录在分布式账本中的数据出现变化（详见第 17 章）。

1. 如果不为所有后续区块重新生成哈希值，那么攻击者就无法对链中的交易进行追溯性修改。
2. 即使攻击者能够做到这一点，为了让更改后的副本能够成为分布式账本的一部分，攻击者也必须闯入其他参与者的网络并修改所有的账本副本（同时进行），或者与绝大多数参与者串通以达成新的共识（取决于具体实现，这一点基本不可行）。

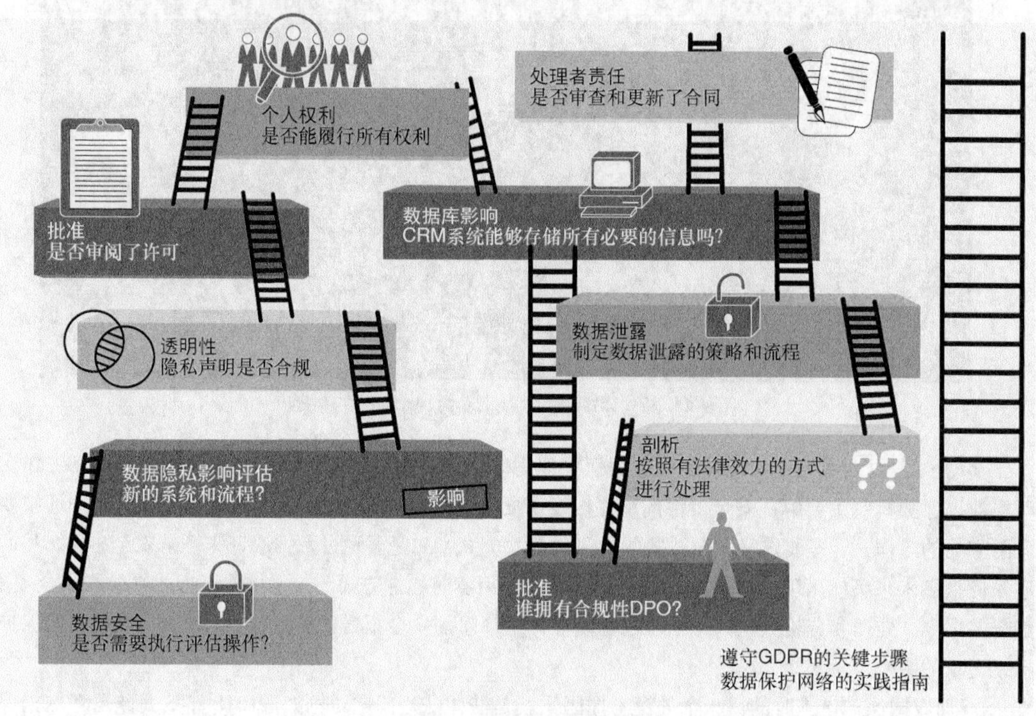

图 11-38 GDPR 合规性阶梯

图 11-39 区块链中的智能合约和交易

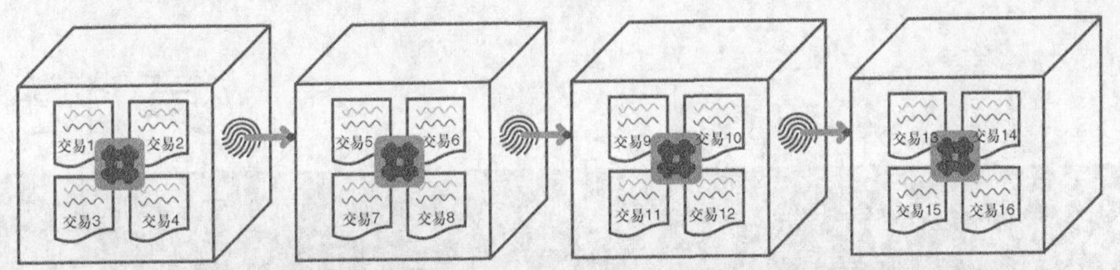

图 11-40 将交易进行哈希处理以创建区块，并以加密方式链接到链中的前一个区块

这两个因素确保了攻击者无法篡改区块链记录，所有交易都是可验证、可跟踪的，可以广泛应用于各种需要提供数据保护的潜在应用当中（如 GDPR），尤其适用于包含多个非互信参与方或区域的物联网场景。

11.6 小结

本章讨论了物联网数据保护的主要内容，首先介绍了数据的生命周期和管理方式，然后重点讨论了静止数据、移动中的数据和使用中的数据保护问题。本章重点关注的是数据的机密性、完整性和可用性（CIA）三元组，通过涵盖编排和自动化机制的具体案例，详细分析了数据中心、网络及雾节点之间的数据交换保护问题。此外，还简要描述了规划数据保护机制时必须考虑的一些注意事项，包括 2018 年 5 月开始在欧洲实施的 GDPR 以及区块链等新技术作为游戏改变者的巨大潜力（确保数据完整性、可用性和可追溯性）。

第 12 章

远程访问和 VPN

本章主要讨论如下主题：

- VPN 概述；
- 站点到站点的 IPSec VPN；
- 基于 SDN 的 IPSec 流保护 IETF 草案；
- 在物联网中应用基于 SDN 的 IPSec；
- 基于编排和 NFV 技术的软件外联网；
- 远程访问 VPN。

第 11 章讨论了物联网中的数据保护问题，分析了数据的生命周期及其管理方式，重点讨论了静止数据、移动中的数据以及使用中的数据保护机制。本章将讨论物联网场景中的远程访问与 VPN（Virtual Private Network，虚拟专用网络）技术，着重强调在远程访问场景中采用自动化和 SDN 技术的方式。

12.1 VPN 概述

VPN 技术的初衷是为用户通过非安全介质（如 Internet）使用企业应用提供安全机制。VPN 不是通过专线或租线来保护隐私，而是通过特定的安全技术在可能有/无安全性的介质上创建加密会话或连接，从而避免支付昂贵的专线成本。也就是说，使用 VPN 而不是专线的原因通常都归结为成本和可行性。例如，向远程工作人员提供专线的成本可能过高或者根本就不可行。无论哪种情况，都可以利用 VPN 技术。

远程访问通常都要提供数据完整性、认证以及机密性（如加密）等服务。常见的 VPN 实现可以采用如下协议：

- L2F（Layer 2 Forwarding，二层转发）协议；
- L2TP（Layer 2 Tunneling Protocol，二层隧道协议）；
- PPTP（Point-to-Point Tunneling Protocol，点对点隧道协议）；
- MPLS（Multiprotocol Label Switching，多协议标签交换）VPN；
- GRE（Generic Routing Encapsulation，通用路由封装）协议；
- IPSec（Internet Protocol Security，Internet 协议安全性）；
- SSL（Secure Sockets Layer，安全套接字层）。

12.1.1 本书重点

考虑到目前的 VPN 选项非常多，因而有必要回归本书的写作重点，即重点讨论下述内容。

- **站点到站点的 VPN**：组织机构可以在位置 A 的网段与位置 B 的另一个网段之间建立连接，该通信方式可以通过公有 Internet 或私有基础设施实现。本章关注的是如何利用 IPSec 技术来确保站点到站点的网络连接的信息机密性，并研究如何利用 SDN 技术来扩展 IPSec。这就需要采用相应的方法来分离 IPSec 的控制平面和数据平面通道，并通过动态解密策略进行水平扩展，从而实现更加灵活的服务链机制。
- **基于软件的外联网**：这类 VPN 使用的技术与站点到站点的 VPN 相同，但是由于外联网的设计在过去十多年中一直都处于陈旧状态，因而如何利用新技术来提供自动化的外联网设计方案就显得非常重要。从本质上来说，利用编排和 NFV 技术创建可重用模板，需要涵盖所有合作伙伴的专用基础设施，以缩小影响域、更改控制半径并降低整体 OPEX。
- **远程访问 VPN**：远程访问 VPN 不是将一个站点连接到另一个站点，而是将端点连接到网络或网络资源，使得远程端点能够像使用企业网一样使用应用程序。本章关注的重点是如何利用基于 SSL 的 VPN 来实现该目标，同时还将讨论物联网场景下的基于客户端和无客户端 SSL VPN。

12.2 站点到站点的 IPSec VPN

很多组织机构都希望以最具性价比的方式连接它们的远程设施，同时还要满足组织机构的 SLA 需求。远程设施需要连接应用程序所在的位置，可能位于私有数据中心，也可能托管在公共 IaaS 环境中。企业管理员将选择结果与企业的安全策略进行对比之后，就可以确定适当的网络硬件、软件平台以及 WAN 技术。在过去十几年中，MPLS 等专用网络在连接远程站点方面为企业提供了很好的网络服务，不过目前的互联网电路成本开始大幅下降，如果能够以更加便宜的传输技术安全地解决用例问题，那么就能选择更多的可选项（见图 12-1）。

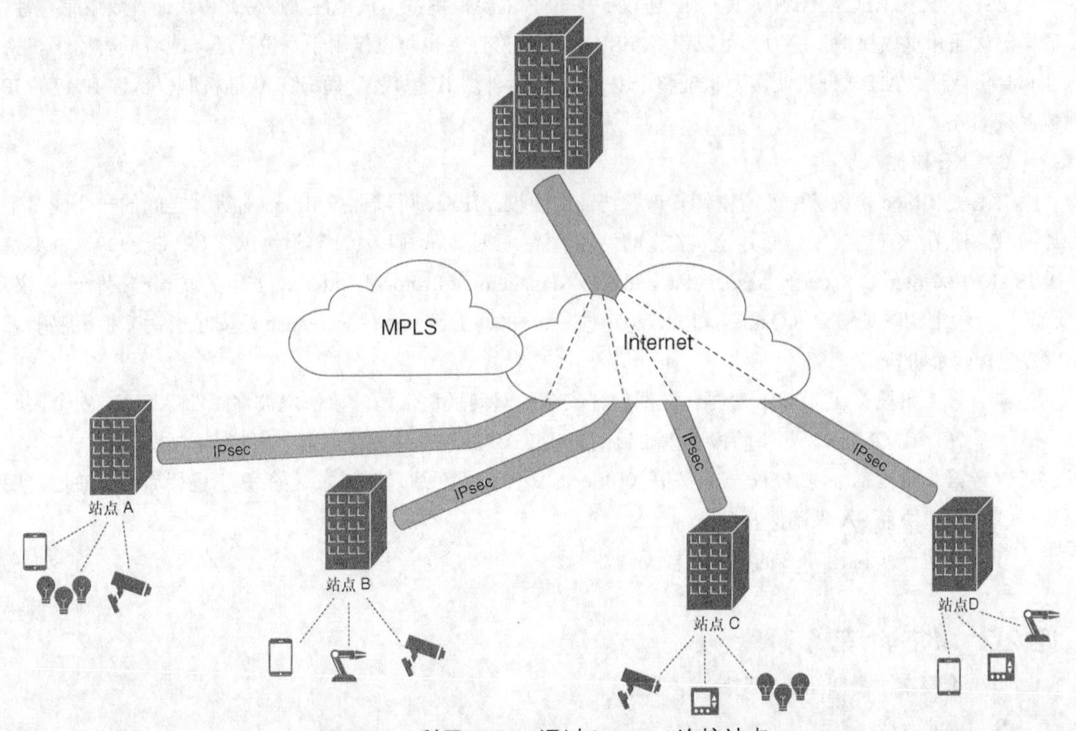

图 12-1 利用 IPSec 通过 Internet 连接站点

管理员一直都在评估降低高成本的私有WAN链路的替代选项。一种方法是以Internet电路为传输介质，通过IPSec在两个站点之间创建隧道（称为站点到站点的VPN）。站点到站点的VPN使用网关设备将位置A中的网段连接到另一个位置中的其他网段，通常是从远程分支机构或工厂连接到应用程序所在的站点位置。对于站点到站点的VPN来说，端点无需VPN客户端，因为网关设备会创建连接，可以通过城域以太网、宽带或DSL等底层链路连接Internet，然后再以叠加网络（如IPSec VPN）方式实现网络互连。此后，企业就可以访问Internet，并通过加密的叠加网络将远程站点连接到总部机构。下面将分析IPSec的主要组件。

12.2.1 IPSec概述

IPSec是一个协议簇，通过在IP层认证和加密两个实体间的通信过程来提供安全连接。IPSec是一个开放标准架构，由多个Internet RFC进行定义和标准化，其主要组件如下。

- **AH（Authentication Header，认证报头）**：认证通信实体。
- **ESP（Encapsulating Security Payload，封装安全净荷）**：包含认证和加密操作。
- **IKE（Internet Key Exchange，Internet密钥交换）协议**：负责密钥管理和协商。

IPSec利用SA（Security Association，安全关联）在IPSec消息交换期间，通过发起端与接收端之间的单向连接来定义安全参数。在协商SA的策略时，需要用到IPSec的不同数据库，这一点对于本章后面讨论的SDN组件来说尤为重要。这些数据库包括SAD（Security Association Database，安全关联数据库）和SPD（Security Policy Database，安全策略数据库），前者负责加密参数，后者负责确定何时使用IPSec。接下来将详细讨论这些组件。

1. AH

AH定义在RFC 4302中，使用IP协议51。AH仅提供认证机制，提供数据完整性、数据源认证和可选的重放保护等服务。通过HMAC-MD5或HMAC-SHA算法生成的消息摘要来确保数据的完整性，通过AH报头的序列号字段来提供重放保护。

2. ESP

ESP定义在RFC 4303中，使用IP协议50。ESP主要提供数据机密性（加密）和认证（数据完整性、数据源认证和重放保护）能力。可以仅将ESP用于机密性，也可以仅用于身份认证，或者同时用于机密性和身份认证。AH认证机制需要认证整个IP包（包括外层IP报头），而ESP认证机制仅认证IP包的IP数据报部分。

3. IKE概述

IKE是IPSec协议簇中负责密钥管理和协商的协议。IPSec可以保护IPSec对等体之间的一个或多个数据流，使用IKE协议来协商并建立安全的站点到站点或远程访问VPN隧道。IKE（RFC 2409）框架基于ISAKMP（Internet Security Association and Key Management Protocol，Internet安全关联和密钥管理协议）和其他两种密钥管理协议（Oakley和SKEME［Secure Key Exchange Mechanism，安全密钥交换机制］）。IKE包含两个阶段。

- **第1阶段**：在IPSec对等体之间创建安全的双向通信信道，该信道被称为ISAKMP安全关联（ISAKMP SA）。第1阶段的主要目的是认证VPN对等体并在它们之间建立安全通道。
- **第2阶段**：协商IPSec安全关联（IPSec SA），负责对通过隧道发送的IP包进行加密。通过定期重新协商SA来确保安全性。

下面将进一步讨论IKE的两个阶段操作。

12.2.2 IKEv1第1阶段

第1阶段在协商期间需要交换如下变量：

- 认证方法；

- Diffie-Hellman 组；
- 加密算法；
- 哈希算法。

1. 认证方法

IKE 协议非常灵活，支持多种认证方法（是第 1 阶段协商交换的一部分），两个实体必须通过协商过程就认证协议达成一致。思科产品可以通过以下三种方法来验证 IPSec 对等体。

- **PSK（Preshared Key，预共享密钥）**：手工为每个对等体输入相同的密钥值，对等体利用该密钥进行相互认证（通过计算和发送密钥的哈希值）。与采取手工方式在每个 IPSec 对等体上配置 IPSec 策略值相比，PSK 更易于使用，但 PSK 面临扩展性挑战，因为每个 IPSec 对等体都需要配置其对等体的 PSK。
- **RSA 签名**：该方法要求每台设备都对一组数据进行数字签名，然后再传送给对等体。RSA 签名利用 CA 生成唯一的身份数字证书，并将该证书分配给每个对等体进行身份认证。该方法在功能上与 PSK 相似，但安全性更好，扩展性也更高。IKE 会话的发起端和响应端通过 RSA 签名发送其 ID 值（IDi，IDr）、身份数字证书和 RSA 签名值（包括各种 IKE 值），需要通过 IKE 进程中协商一致的方法加密这些信息。
- **RSA 加密的随机数（Nonce）**：该方法要求每一方都生成伪随机数（称为随机数），并在另一方的 RSA 公钥中对其进行加密。如果一方利用本地私钥解密另一方的随机数，并使用解密的随机数来计算密钥哈希值，那么就会发生认证操作。该方法使用了 RSA 公钥算法。

2. D-H 组

D-H（Diffie-Hellman，迪菲-赫尔曼）是一种公钥加密协议，允许双方在不安全的网络上建立加密算法（如 DES）所使用的共享秘密密钥。IKE 利用 D-H 协议建立会话密钥，由 D-H 组确定密钥交换期间所用的基本素数的长度。

截至本书写作之时，建议避免使用 768 位、1024 位和 1536 位模数，因为它们已无法为当前的安全威胁提供足够的保护能力，不适用于敏感信息。

3. 加密算法

加密功能可以将数据转换为一系列可变长度的不可读字符，以提供数据的机密性。目前主要有两种加密机制：对称密钥加密和公钥加密。对称密钥加密利用对称密钥对数据进行加密和解密。公钥加密拥有两个不同的密钥，一个密钥（公钥）负责加密数据字符串，另一个密钥（私钥）则进行解密。将公钥称为“公共”密钥的原因是该密钥可以供任何想要加密数据的人使用，但只有授权接收端才能使用私钥解密数据。目前支持多种加密选项，包括 DES（Data Encryption Standard，数据加密标准）、3DES（Triple DES，三重 DES）和 AES（Advanced Encryption Standard，高级加密标准），其中，AES 是最受欢迎的对称密钥加密选项，因为可以提供不同的密钥长度。

4. 哈希算法

哈希是一个从文本字符串生成的固定长度的数字或字符串，输入的任何微小变化都会产生非常大的输出变化。最有效的哈希算法应该无法将哈希返回到原始字符串中，这是存储密码的理想方法：哈希在本质上是单向的，很难通过反向工程推导原始数据。常见的哈希算法主要有 MD5（Digest Algorithm，消息摘要算法）和 SHA（Secure Hash Algorithm，安全哈希算法）。

5. IKE 模式（主模式和积极模式）

可以通过两种模式建立第 1 阶段 SA：主模式（Main mode）或积极模式（Aggressive mode）。主模式的交换过程较长，要求 IPSec 对等体必须在三次交互过程中协商交换 6 个报文，从而协商 ISAKMP SA。而积极模式只需要交换 3 个报文，即可完成 SA 的协商。这两种模式的身份保护方式有所不同，如果使用预共享密钥，那么主模式将提供身份保护功能（这是中小型组织机构最常见的部署模式）。只有在使用数字证书的时候，积极模式才能提供身份保护功能。图 12-2 给出了主模式的六步协商过程。

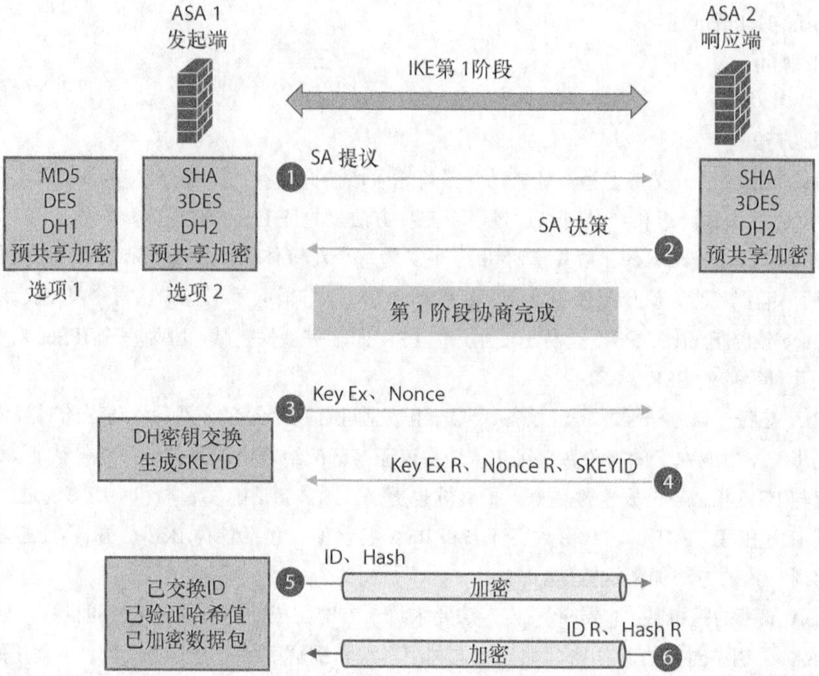

图 12-2 IKE 主模式协商过程

图中的两台防火墙被配置为终结两者之间的站点到站点的 VPN 隧道。ASA 1 是发起端，ASA 2 是响应端。图 12-2 中的步骤如下。

1．在 ASA 1 中配置两个 ISAKMP 提议，并在第一个报文中发送给 ASA 2。

2．ASA 2 评估收到的提议，检查是否匹配（确实匹配），响应方式则是将已接受的提议返送给 ASA 2。

3．第三个报文开始交换 Diffie-Hellman 密钥，从而允许设备相互验证预共享密钥。ASA 1 将发送 KE（Key Exchange，密钥交换）净荷以及随机生成的随机数，随机数净荷中包含了用于抵御重放攻击的随机数据。

4．ASA 2 收到信息之后，利用提议的 D-H 组交换生成 SKEYID。SKEYID 是一个通过秘密信息（仅参与交换过程的端点知道）衍生得到的字符串。

5．ASA 1 发送其身份信息。利用源自 SKEYID 的密钥材料对第五个报文进行加密。

6．ASA-2 验证 ASA-1 的身份，ASA-2 将自己的身份信息发送给 ASA-1（该报文也进行了加密）。

6. 积极模式

Michael Thurman 在一篇名为 PSK Cracking Using IKE Aggressive Mode 的白皮书中声称（且经过测试），IKE 积极模式会发送基于（PSK）的认证哈希，作为希望建立 IPSec 隧道（Hash_R）的 VPN 客户端初始数据包的响应。该哈希未经加密，可以通过嗅探器捕获这些数据包（例如，利用 tcpdump 并对该哈希值进行字典或暴力攻击，以恢复 PSK）。Michael 谈到，该攻击仅对 IKE 积极模式有效，因为主模式会加密哈希值。

Thurman 提供了 3 种可能的解决方案：

- 不使用预共享密钥；
- 不允许在 VPN 中使用动态 IP 地址，也不使用动态加密映射；
- 禁用积极模式（如果支持）。

12.2.3 IKEv1 第 2 阶段

IKEv1 第 2 阶段的目的是协商 IPSec SA。ISAKMP SA 保护 IPSec SA，因为除 ISAKMP 报头之外的

所有净荷均被加密。该阶段也被称为快速模式。

每个 IPSec SA 协商过程都要创建两个安全关联，一个是出站 SA，另一个是入站 SA。需要为 SA 分配唯一的 SPI（Security Parameter Index，安全参数索引）值（分别由发起端和响应端分配），以保证每个方向的密钥的唯一性。

如果网关需要通过隧道连接多个网络，那么就必须协商两倍数量的 IPSec SA，每个 IPSec SA 都是单向的。如果 4 个本地子网需要通过 VPN 隧道连接远程网络，那么就需要协商 8 个 IPSec SA。IPSec 可以利用单个预先建立的 ISAKMP（IKEv1 第 1 阶段）SA，通过快速模式协商这些第 2 阶段 SA。当然，也可以利用网络汇总机制减少 IPSec SA 的数量。

除了生成密钥材料之外，快速模式还可以协商身份信息。第 2 阶段身份信息指定了需要对哪个网络、协议和/或端口号进行加密。也就是说，身份可以是单个主机地址或整个子网，允许特定协议及端口。图 12-3 给出了快速模式的协商过程。

图 12-3 的协商步骤如下。

1. ASA 1 发送带有身份信息和随机数的 IPSec SA 提议，如果使用了完全前向保密（提供额外的 Diffie-Hellman 计算），那么还将包含密钥交换净荷。
2. ASA 2 将收到的提议与配置进行比较。如果提议可接受，那么 ASA 2 就会将提议连同其身份信息和随机数一起返送给 ASA 1。
3. ASA 1 发送确认信息，确认 IPSec SA 已协商成功。接着将开始数据加密过程。

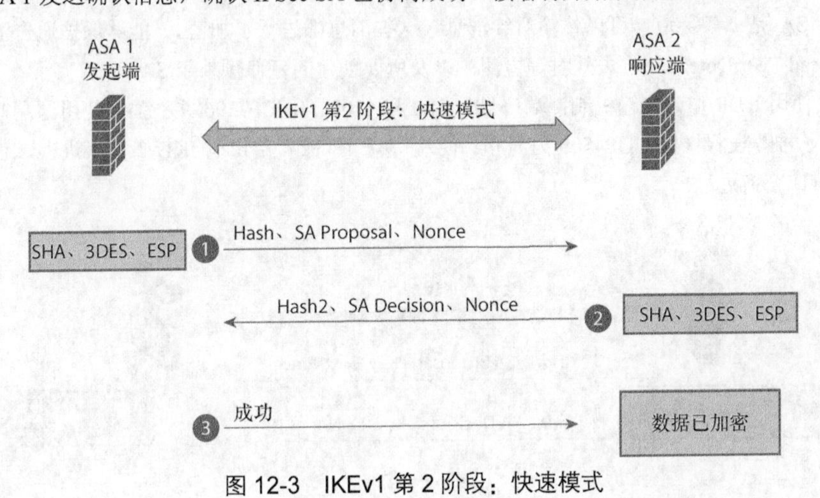

图 12-3 IKEv1 第 2 阶段：快速模式

1. NAT-T

IKE 使用 UDP 端口 500 进行通信，UDP 端口 4500 用于 NAT-T（NAT Traversal，NAT 穿越）功能，很多供应商（包括思科）都支持该功能。如果使用了 NAT-T，那么 VPN 对等体就可以动态发现发起端与响应端之间是否存在执行 NAT 功能的设备。

如果确定存在 NAT 设备，那么 NAT-T 就会使用 ISAKMP 主模式报文 5 和报文 6 改变 ISAKMP 传输方式。此时，所有的 ISAKMP 数据包都会从 UDP/500 更改为 UDP/4500。此外，NAT-T 还在 UDP 4500 内封装了快速模式（IPSec 第 2 阶段）交换过程。快速模式成功之后，会将来自 IPSec SA 的所有加密数据都封装到 UDP/4500 内，UDP/4500 为 PAT 设备提供了一个翻译端口。

2. PFS

PFS（Perfect Forward Secrecy，完全前向保密）是特定密钥协商协议的一种属性，可以确保从一组长期密钥派生出来的会话密钥，不会因为某个长期密钥在将来被破解而导致损害。也就是说，不得利用保护数据传输过程的密钥衍生任何其他密钥。如果保护数据传输的密钥源自某些密钥材料，那么就不能使用这些材料衍生更多的其他密钥。

这种方法可以降低单个密钥被破解后引发的风险，攻击者智能访问由该密钥保护的数据。

如果使用了ASA，那么PFS就会创建一组新密钥，将在第2阶段的协商过程中使用。如果没有PFS，那么思科ASA就会在第2阶段的协商过程使用第1阶段密钥。

12.2.4 IKEv2

IKEv2（Internet Key Exchange Protocol Version 2，Internet 密钥交换协议版本 2）定义在RFC 7296中，简化了密钥交换流程，并修复了IKEv1的漏洞。虽然IKEv1和IKEv2协议都按照两个阶段进行操作，但IKEv2的交换过程更加高效，而且还具备更强大的网络攻击防御能力。本节将简要介绍两者的交换过程差异。

IKEv2包含一个初始握手进程（称为SA_INIT或初始交换），与IKEv1的第1阶段相当。双方将交换D-H公钥、协商一组加密算法，并建立共享会话密钥。IKE_SA的属性定义在密钥交换策略中。

IKEv2交换过程的第2阶段（称为IKE_AUTH或认证）由加密算法以及从初始握手进程获得的密钥材料进行保护，每一方都要提供认证信息和加密算法来交换身份，其中的加密算法用于保护源自安全关联的通信过程。

如果还需要其他的IPSec SA，那么就可以使用CREATE_CHILD_SA发起额外的IKEv2交换过程，IKEv2将这些额外的IPSec SA称为子SA。该阶段与IKEv1第2阶段相当。可以利用额外的CHILD_SA报文发送密钥更新和其他信息性消息，CHILD_SA的属性定义在数据策略中。

1. IKEv2 交换

IKEv2交换过程的第1阶段包括创建IKEv2 SA的消息和第一个关联的IPSec SA（称为子SA）。

IKEv2 SA是一条隧道，可以传输后续消息（这些消息都进行了加密），能够保护通告消息，如可靠的DPD（Dead-Peer Detection，失效对等检测）以及所要创建的任何额外子SA。

IKEv2使用UDP作为传输机制，端口号为500和4500。RFC 7296并不强制使用源端口，但大多数实现都采用了推荐设置（以UDP 500为源和目的端口）。图12-4给出了IKEv2交换进程，包括SA_INIT和IKE_AUTH交换过程。

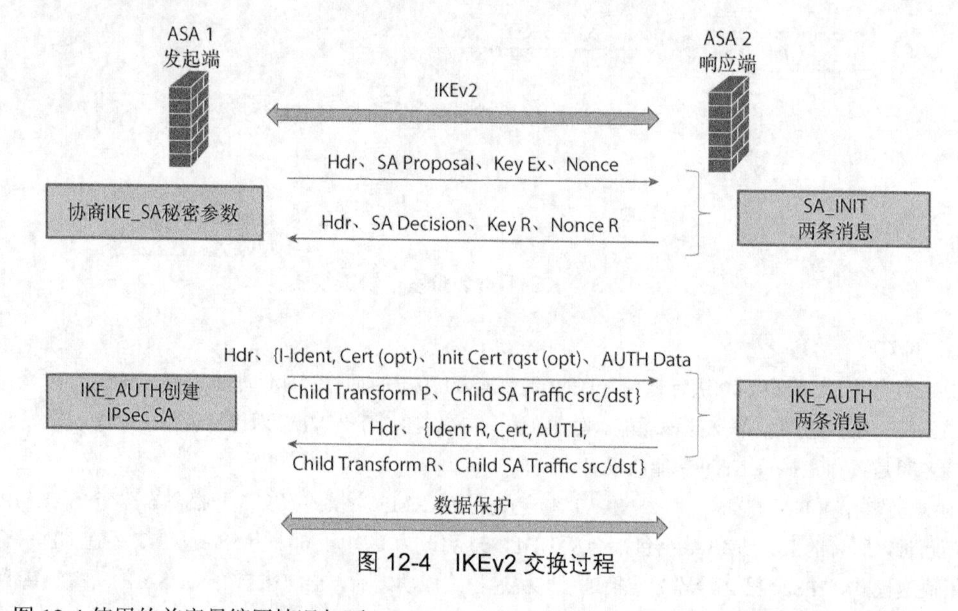

图12-4 IKEv2交换过程

图12-4使用的首字母缩写情况如下。

- Hdr：IKE报头。
- I-Ident：发起端身份。
- Ident-R：响应端身份。
- Cert：发起端证书（可选）。
- Init Cert rqst：证书申请（可选）。

- AUTH Data：发起端认证数据。
- Child Transform P：提议的子 SA 变换。
- Child Transform R：子 SA 变换响应。
- Child SA Traffic src/dst：子 SA 流量选择器（源和目的代理）。

图 12-4 的 IKEv2 交换过程包含了两个过程：SA_INIT 交换过程和 IKE_AUTH 交换过程。下面将分别讨论。

2. SA_INIT 交换过程

ASA 1 发送 IPSec SA 提议，包含其支持的算法、D-H 公钥值（在图 12-4 中表示为“Key Ex”）以及随机数（Nonce）。

ASA 2 收到提议后，与配置进行比较并选择首选算法。同时还要检查收到的 D-H 值，如果支持，那么就回复自己的公钥值。至此已经拥有了足够的信息来生成秘密密钥，以保护后续的 IKEv2 流量。

3. IKE_AUTH 交换过程

此时 SA_INIT 交换过程已经完成，将开始 IKE_AUTH 交换过程。该交换过程经过了加密和认证，双方可以自行认证。从图 12-4 可以看出，IKE 报头（Hdr）受到完整性保护，但信息却以明文方式进行传输。下一个净荷中的所有数据（称为加密和认证净荷）都将使用协商一致的算法以及源自 SA_INIT 交换过程的密钥，进行加密和完整性保护。图 12-4 最后两个步骤中的括号内的所有数据都是加密数据。

12.2.5 IKEv2 相对于 IKEv1 的优势

IKEv2 相对于 IKEv1 的优势如下。

- IKEv2 可以通过验证连接发起端的 IP 地址来缓解网络上的 DoS 攻击。IKEv2 采用了响应端 Cookie 设计模式，可以确保 SA 请求端能够在其声称的 IP 地址处接收数据流量，接下来系统就可以安全地利用其重要资源验证请求并创建 SA。
- IKEv2 提供了 NAT-T 和 DPD 等内置技术，可以增强供应商之间的 IPSec 互操作性。
- IKEv2 提供了非对称认证机制，可以定义本地和远程预共享密钥。
- IKEv2 支持来自动态 IP 地址的设备连接，对于移动终端或物联网设备来说非常有用。
- IKEv2 提供了更快、更高效的密钥更新时间，有助于减少丢包。

表 12-1 列出了思科 ASA 支持的第 1 阶段属性（IKEv1 和 IKEv2）的所有可能值（包括默认值）。

表 12-1 ASA 支持的 IPSec 第 1 阶段（IKEv1/v2）属性

IKE 版本	属性	选项	默认值
IKEv1	哈希	无 SHA MD5	SHA-1
	加密	无 DES 56 位 3DES 168 位 AES128 AES256	3DES 168 位或 DES 56 位（如果未激活 3DES 特性）
	认证方法	无、1、2、5	预共享密钥
	D-H 组	Group 1 768 位字段 Group 2 1024 位字段 Group 5 1536 位字段 Group 7 ECC 163 位字段	Group 2 1024 位字段
	生存时间	120～2,147,483,647 秒	86,400 秒

续表

IKE 版本	属性	选项	默认值
IKEv2	哈希	MD5 SHA-1 SHA-2 256、384、512	SHA-1
	加密	DES 56 位 3DES 168 位 AES128 AES256 AES-GCM 128、192、256	3DES 168 位或 DES 56 位（如果未激活 3DES 特性）
	认证方法	预共享密钥、RSA 签名、CRACK	预共享密钥
	D-H 组	Group 1 768 位字段 Group 2 1024 位字段 Group 5 1536 位字段 Group 7 ECC 163 位字段 Group 14 2048 位字段 Group 19 ECC 256 位字段 Group 20 ECC 384 位字段 Group 21 ECC 521 位字段 Group 24 2048 位（携带 256 位素数阶）	Group 2 1024 位字段
	生存时间	120～2,147,483,647 秒	86,400 秒

接下来继续讨论构成 IPSec 连接的第 2 阶段属性。如前所述，第 2 阶段 SA（IPSec SA）主要用于保护数据。表 12-2 显示了所有可能的第 2 阶段属性以及 ASA 默认值。

表 12-2 IPSec 第 2 阶段属性

IKE 版本	属性	选项	默认值
IKEv1	哈希	SHA-1 MD5	SHA-1
	加密	DES 56 位 3DES 168 位 AES128 AES256	3DES 168 位或 DES 56 位（如果未激活 3DES 特性）
	模式	无、1、2、5	预共享密钥
IKEv2	加密	无 DES 56 位 3DES 168 位 AES128 AES256 AES-GCM 128、192、256 位 AES-GMAC 128、192.256 位	3DES 168 位或 DES 56 位（如果未激活 3DES 特性）
	哈希	无 MD5 SHA-1 SHA-2 256、384、512 位	SHA-1

12.3 基于 SDN 的 IPSec 流保护 IETF 草案

R.Marin-Lopez 和 G.Lopez-Millan 在题为 Software-Defined Networking (SDN)-based IPsec Flow Protection 的 Internet 草案中，描述了一种基于 SDN 的保护机制，可以支持 IPSec 信息从安全控制器到一个或多个基于流的 NSF（Network Security Functions，网络安全功能）的分发与监控。NSF 利用 IPSec 来保护网络资源之间的数据流量。

RFC 4301 明确定义了为 IP 数据包提供安全服务的处理过程与建立 IPSec 安全关联的密钥管理过程之间的区别。该 Internet 草案定义了一种服务，有助于从中心节点建立和管理 IPSec 安全关联，以保护特定的数据流。

该草案侧重面向 NSF 的接口并创建了 YANG 数据模型，允许安全控制器配置 IPSec 数据库（SPD、SAD、PAD），而且还利用了 IKE 来自动建立 SA。

12.3.1 IPSec 数据库

IPSec 在协商 SA 策略时，会用到不同的数据库。根据 IETF 草案，这些数据库如下。

- **SAD（Security Association Database，安全关联数据库）**：包含与 IPSec SA 相关的信息，如 SPI、目的地址、认证和加密算法以及保护 IP 流的密钥。
- **SPD（Security Policy Database，安全策略数据库）**：包含与 IPSec 策略方向（入、出）、本地和远程地址、入站和出站 SA 等有关的信息，同时还决定何时使用 IPSec。
- **PAD（Peer Authorization Database，对等体授权数据库）**：提供 SPD 与安全关联管理协议（如 IKE 或基于 SDN 的解决方案）之间的链接。

12.3.2 用例：NSF 中的 IKE/IPSec

安全控制器负责管理并将策略应用到 NSF，从而进行 IKE 协商，这涉及 SPD 和 PAD 表项（衍生和分发 IKE 凭证，如预共享密钥、证书等）及其他 IKE 配置参数（如 IKE_SA_INIT 算法），前面都已经详细描述过这些参数。

有了这些表项之后，IKE 实现就可以建立 IPSec SA。应用程序管理员首先建立 IPSec 需求以及与端点有关的信息（通过面向客户端的接口），然后安全控制器将这些需求转换为 IKE、SPD 和 PAD 表项（YANG 数据模型），并安装到 NSF 中（通过面向 NSF 的接口）。

此后 NSF 就可以使用 IKE 建立所需的 IPSec SA（在数据流需要保护的时候）。图 12-5 给出了本用例 NSF 中的 IKE/IPSec 架构。

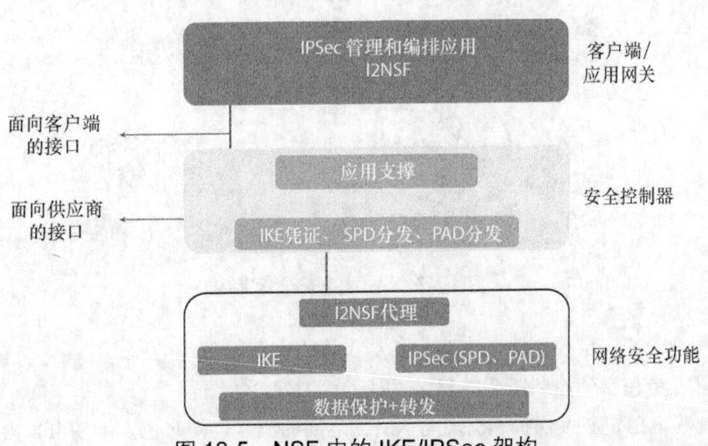

图 12-5 NSF 中的 IKE/IPSec 架构

12.3.3 接口需求

基于 SDN 的 IPSec 流保护服务可以在基于流的 NSF 中动态灵活地管理 IPSec SA，根据 Internet 草案，以下接口需求可以实现该功能。

- IKE、SPD 和 PAD 配置数据的 YANG 数据模型。
- IKE、SPD、SAD 和 PAD 状态数据的 YANG 数据模型（IKE 在运行时创建 SAD 表项）。
- 使用多个安全控制器时，基于 SDN 的 IPSec 管理服务可能需要某种方法来发现哪个控制器正在管理特定 NSF。
- 如果需要交换与 IPSec 相关的信息，那么就应该使用东西向接口。

为简洁起见，此处不再列出每个数据库的 YANG 数据模型，有关所用 YANG 数据模型的更多信息，请查阅 Internet 草案。图 12-6 给出了利用基于 SDN 的 IPSec 管理服务部署的网关到网关的保护场景。

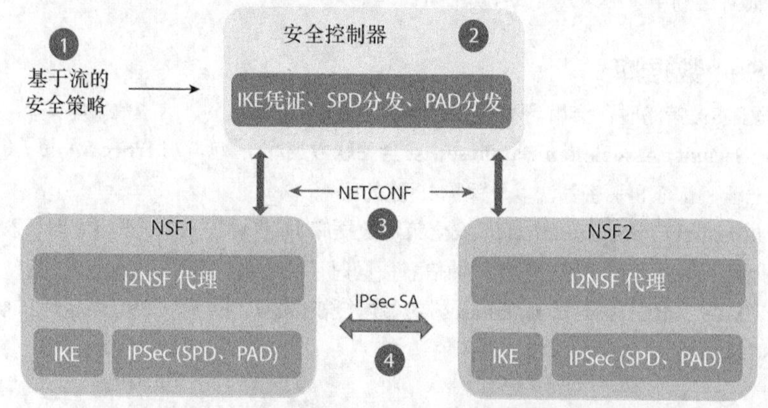

图 12-6 同一安全控制器下的网关到网关保护场景

1. 管理员定义基于流的通用安全策略，安全控制器查找将要使用的 NSF。
2. 安全控制器为 NSF 生成 IKE 凭证，并将策略转换为 SPD/PAD 表项。
3. 安全控制器将 SPD 和 PAD 表项配置到 NSF1 和 NSF2 中。
4. 流最终由 IPSec SA 提供保护，并通过 IKEv2 建立 SA。

多安全控制器

通过采购流程，企业通常都已经拥有自己的基于 SDN 的网络架构，可以为远程站点提供 WAN 连接。在这种情况下，NSF 可能会受到多个安全控制器的控制（见图 12-7 中的案例）。

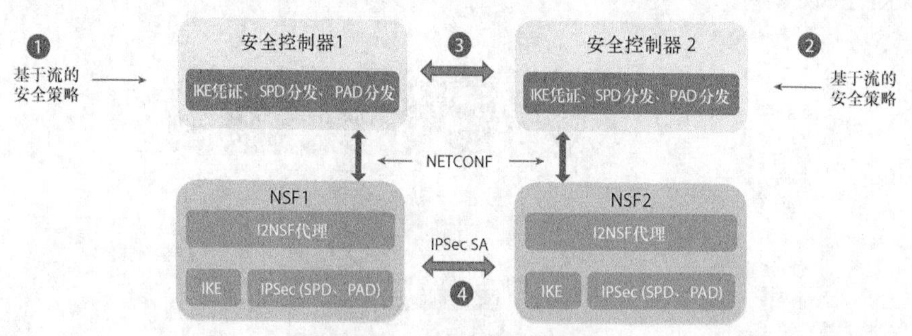

图 12-7 不同的安全控制器

1. 企业 A 管理员在安全控制器 1 中建立了基于流的安全策略。
2. 企业 B 管理员在安全控制器 2 中建立了基于流的安全策略。
3. 安全控制器 1 确定必须保护 NSF1 与 NSF2 之间的流，但同时也知道 NSF2 由不同的安全控制器（安全控制器 2）进行管理，因而需要与安全控制器 2 进行协商，以确定适用于各自 NSF 的 IPSec

SPD 策略和 IKE 凭证（请注意，可能需要对东/西向接口进行额外扩展）。

4．IPSec SA 通过 IKEv2 建立，并保护 NSF1 与 NSF2 之间的流。

12.4　在物联网中应用基于 SDN 的 IPSec

Network World 在一篇题为“SSL or IPsec: Which Is Best for IoT Network Security？”的文章中提到，无用户设备（User-less device）在以下两大领域的增长速度最快：

- 消费应用；
- 行业应用。

消费者领域的一个典型案例就是智能家居和个人安全系统，这些设备通常都使用基于 SSL 的 VPN，原因之一是源端和目的端都是静态的。例如，家庭安全系统采集数据并传输给预先配置好的提供商。

工业部门（制造业、能源、运输等）已经开始使用大量性价比较高的企业技术标准（如以太网和 IP）来连接机器、机器人和传感器，从而大大提高了这些操作的整体效率和输出成果。很多智慧城市、智能建筑和智能照明应用都开始广泛部署各类传感器，用于控制大量手动任务。由于传感器与业务关键型系统相关联，通常都要连接企业网，因而需要部署适当的分段、加密和 QoS 机制。

但不幸的是，很多传感器都缺乏足够的 CPU、内存或智能来使用加密机制。也就是说，通常只能在下一跳（通常是网关）启用加密操作。但是，由于大量企业都在使用 IPSec，因而迫切需要解决接下来的问题：扩展 IPSec 以进行动态解密和分布式水平扩展。

12.4.1　利用 SDN 进行动态解密（将 IKE 用于控制通道，将 IPSec 用于数据通道）

IPSec 可以为用户提供经 Internet 连接远程站点的功能，而且还可以保持数据的机密性。不过，以传统形式使用 IPSec（控制信道的 IKE 与数据信道的 IPSec 紧耦合）几乎没有什么优势，此时可以考虑利用 SDN 技术来扩展 IPSec，分离其控制平面与数据平面功能，从而提高其可扩展性。可以将 IKE 用于控制和管理平面，将 IPSec 用于数据平面。

为什么会想到这样做？因为工业环境需要通过网络分段来维持合规性。可以在预定义点解密数据平面中的 IPSec，这些点仅连接部分网络中的特定 VPN 网段，有助于将控制平面和数据平面从逐台设备的垂直扩展转换为分布式水平扩展。

该模型还可以实现灵活的流量检测，更容易将一组服务从源端链接到目的端（如在解密服务之后插入防火墙功能）。基于网段重新调整解密点的能力能够提供更好的灵活性，因为解密点不依赖于任何单一设备，而且还能与网络功能虚拟化一起横向移动。

虽然最理想的加密位置应该是最靠近源端的位置，但管理员应该有能力在网络中的任何位置进行解密（因为解密也是一种服务）。可以将解密当作任何一种服务（如路由功能或 NAT 功能）进行处理，而且还可以根据安全需求和容量对解密服务进行定位。这种泛在服务模型可确保单一设备故障不会对整体网络可用性造成影响。

注：由于解密会对信任产生影响，因而在更改解密点之前必须充分了解安全需求。

从图 12-8 可以看出，R5 通过不同的网段提供了多种不同的服务，VLAN 2 是提供视频监控服务的网段，VLAN 3 是提供智能建筑控制服务的网段。

控制器与采用 IKE 的路由器之间都有控制连接，而路由器之间无控制连接，因而路由器能够实现独立扩展。

接下来分析智能建筑合作伙伴。智能建筑合作伙伴的路由器（R3 和 R4）与提供服务的站点（R5）之间存在 IPSec 数据平面连接。根据路由策略，将主要流量流配置为经 R4 进行传输，如果 R4 出现故障，那么就可以通过 R3 重路由流量，而无需重建任何连接。此外，还可以利用扩展策略根据阈值启用其他路由服务。

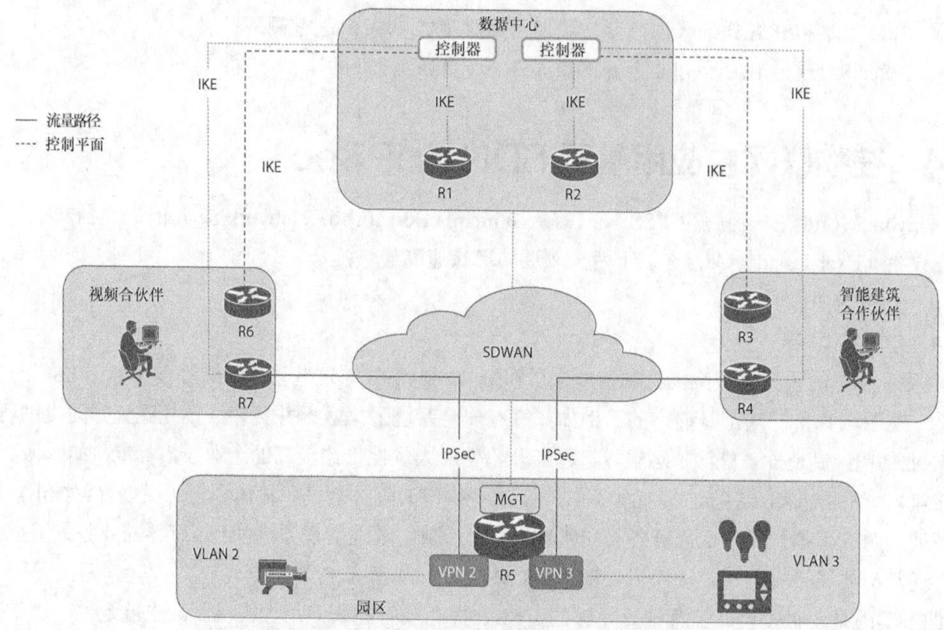

图 12-8 分离 IPSec 控制与数据通道以实现动态解密

该设计方案可以实现横向和独立扩展，任何单一设备故障，都不需要在数据平面 IPSec 网关之间重建连接。该动态解密模型消除了每个节点的控制平面，具有如下优点。

- **动态服务链**：适合按需服务链（根据网段和安全需求重新调整解密点）。
- **容量规划**：能够实现更好的容量规划（可根据容量重新调整位置）。
- **高可用性**：可以横向扩展以实现高可用性。

12.5 基于编排和 NFV 技术的软件外联网

TechTarget 在题为 Extranet 的文章中将外联网（Extranet）定义为专用网络，使用互联网技术和公共电信系统与供应商、设备商、合作伙伴、客户或其他企业安全地共享特定业务信息或操作。外联网是企业物联网战略的重要组成部分，是与其他企业开展业务的主要手段。

组织机构以不同的方式来利用外联网：

- 共享产品信息和新闻；
- 加入开发服务和计划；
- 提供消费服务；
- 与特定企业或企业集团独家共享信息。

由于外联网需要与其他企业共享数据，因而为了更好地维护企业隐私，必须仔细规划外联网的网络并实施严密的安全机制。一种主要的外联网设计技术就是前面讨论过的站点到站点的 VPN 技术，即利用 Internet 进行传输并通过 IPSec 加密数据。

12.5.1 传统方法

大多数传统的外联网设计模式都是部署一对适用于多场景需求的大型防火墙设备，并部署适当的 RBAC（Role-Based Access Control，基于角色的访问控制）机制。图 12-9 给出了传统的外联网设计模式示意图。

如果设计方案涉及大量远程站点，那么该设计模式就会存在一些重大挑战：

- 该设计模式会创建一个很大的影响域，必须提前安排好变更控制；
- 增加的合作伙伴越多，风险就越大，变更控制也就越复杂；

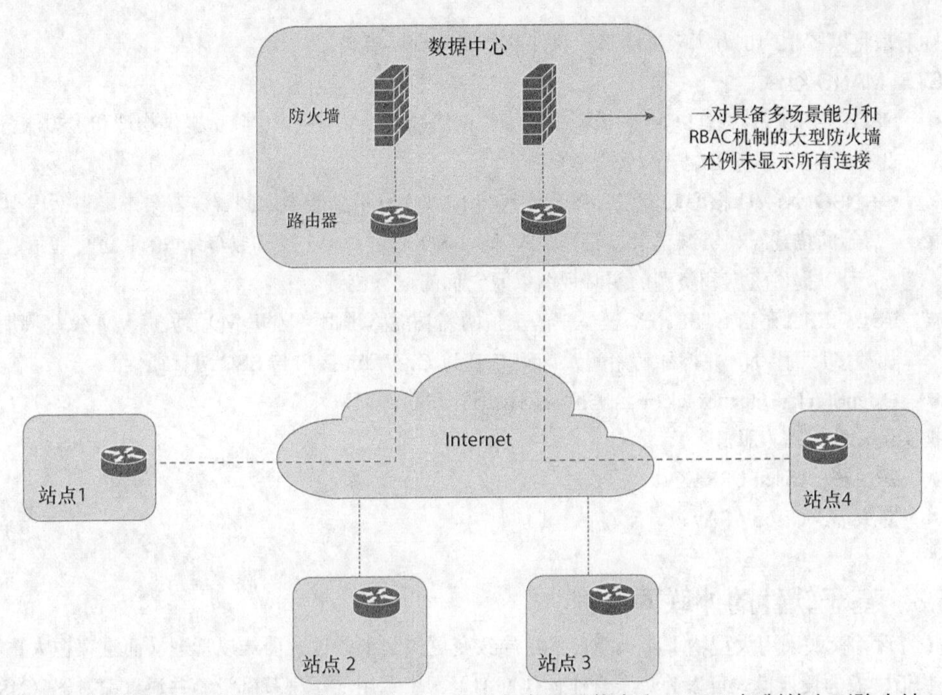

图 12-9　传统的外联网设计模式：使用一对具备多场景能力和 RBAC 机制的大型防火墙

- 设计敏捷性较差，导致可扩展性下降；
- 该设计模式对 OPEX 要求较高，需要以手工方式重复执行多项任务。

12.5.2　基于编排和 NFV 技术的自动化外联网

为了解决传统设计模式的缺陷，替代解决方案是采用基于模板的设计模式。该设计模式利用编排和 NFV 技术为每个合作伙伴实例化一个小型专用基础设施（而不是用一对大型防火墙设备终结所有客户）。这样做不但能够大大降低影响半径和整体风险，而且还能有效减少变更控制窗口（见图 12-10）。

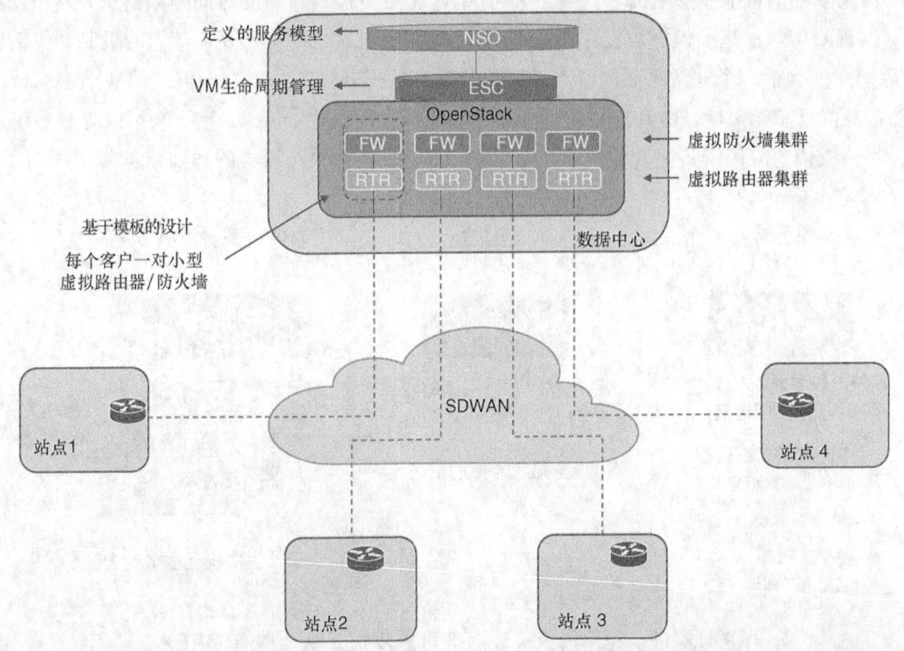

图 12-10　利用编排和 NFV 技术实现外联网自动化，为每个合作伙伴都实例化一个专用基础设施

接下来将以图 12-10 为例来说明基于软件的外联网设计模式。

ETSI MANO 组件

- **NSO**：NSO 充当 ETSI NFV 模型中的虚拟网络功能（VNF-O），负责提供物理和虚拟服务功能。此外，NSO 还负责配置和管理服务链。
  - **NSO NFVO 核心功能包**：该功能包将 NFVO 目录功能添加到解决方案中，包括虚拟基础设施的描述符、资源记录以及资源跟踪。NSO 通过 Or-Vi 接口与 OpenStack 进行通信，该接口可以提供资产和资源的实时视图以及它们的运行位置。
- **ESC**：ESC 充当 ETSI NFV 模型中的虚拟网络功能管理器（VNF-M），负责 VM 生命周期管理、加载多厂商 VNF 并增加初始配置。NSO 通过 Or-Vnfm 接口与 ESC 进行通信。
- **OpenStack**：OpenStack 充当虚拟基础设施管理器（VIM）。

被实例化的 VM（服务）

- **路由器**：Cisco CSR1Kv。
- **防火墙**：Cisco ASAv。

12.5.3 基于软件的外联网用例

传统设计模式采用大型物理防火墙设备，导致变更控制半径过大而难以管理（而且存在大量安全风险）。基于模板的设计模式可以为每个合作伙伴都部署一个专用的小型基础设施并通过编排器（NSO）进行实例化。虚拟路由器和防火墙集群由 VNF 组成，本例在虚拟路由器上终结 IPSec 连接，并由防火墙执行客户的安全策略。很明显，在实际应用中可以根据实际需求选择 IPSec 的终结与策略实施模式。例如，可以由路由器或防火墙完成这两项任务（见图 12-10）。为了更好地实现功能分离与水平扩展，路由器或防火墙应成对部署。可以根据用户的当前状态、用例及未来目标进行有针对性的设计。

利用 VNF 为每个合作伙伴都仿真一个专用基础设施，这与在大型防火墙设备上使用上下文相似。不过，与使用单对大型防火墙设备相比，为每个合作伙伴运行一对小型路由器/防火墙具有非常明显的优势。

- **降低风险**：可以减小影响范围，从而降低风险。
- **优化变更控制**：可以显著减少变更控制窗口。例如，可以避免采用 30 天的变更控制窗口（因为需要规划的可能受影响的客户数量非常大），将变更控制窗口的时间缩减到几天甚至几小时。
- **改善 OPEX**：基于模板的设计模式利用 NSO 实现快速且“可重复”部署的机制，灵活性更好。

最后一点提到了一个非常重要的特点：可重复性。基于软件的外联网不但能够减小影响域，改善变更控制窗口并降低整体风险，而且提供的可重复性还能极大地改善 OPEX。接下来可以为服务可重复性创建模板，将模板快速应用于其他合作伙伴。图 12-11 给出了模板设计模式的详细信息。

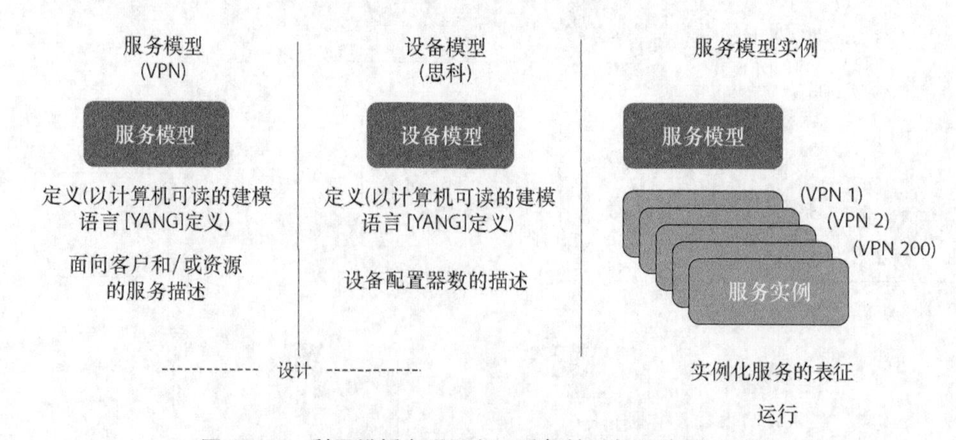

图 12-11 利用模板实现服务可重复性，从而改善 OPEX

12.6 远程访问 VPN

本章讨论的第二类 VPN 就是基于 SSL 的远程访问 VPN。本节重点关注如何实现从端点到网络或网络资源的安全访问。

由于远程访问 VPN 场景通常都要通过 VPN 终端硬件上的专用加密加速卡来降低隧道传输时延，因而像本用例这样利用 NFV 或基于软件的路由器/防火墙的做法可能并不常见。不过无论如何，远程访问 VPN 在物联网领域依然发挥着非常重要的作用，特别是工业（制造、电力、油气）领域，因而有必要进行详细介绍。

12.6.1 基于 SSL 的远程访问 VPN

SSL（Secure Sockets Layer，安全套接字层）VPN 是一种常见的远程访问技术，在讨论 SSL VPN 的定义并提供案例之前，有必要了解 SSL VPN 的发展情况。基于 SSL 的 VPN 最早出现在十几年前，SSL 已经过时，目前 IETF 已将 SSLv3 重命名为 TLS，因而当前所说的“基于 SSL”的 VPN 技术，很可能是以 TLS 为传输技术。

注：本书引用的大多数文档仍然使用术语 SSL（SSL 隧道、SSL 网关、SSL VPN 等），为了保持一致，本书也为这些术语使用 SSL。

当前最流行的基于 TLS 的应用就是 HTTP（HTTPS），定义在 RFC 2818 中。如果利用 TLS 传输 HTTP 流量，那么所有的数据加密/解密操作都要在应用层执行。可以采用基于客户端的连接（使用专用的软件 VPN 客户端）或思科所称的无客户端连接（使用 Google Chrome、Mozilla Firefox 等浏览器建立安全连接）。实际上，浏览器充当的就是客户端角色，因而术语“无客户端”并不完全准确，为了避免混淆，这里仍然使用该术语。无客户端模式广受欢迎，因为用户只要通过浏览器，就可以从任何端点访问内网站点、电子邮件系统和企业内部应用。利用 HTTP over TLS（HTTPS）方式进行远程访问的优点如下。

- **管理成本：**与在每个端点都安装和管理客户端相比，无客户端模式可以大幅降低部署成本和最终用户的维护成本。
- **泛在应用：**TLS（基于浏览器）允许从任何位置、任何拥有浏览器的设备远程访问企业资源。
- **与其他安全设备（防火墙/NAT）协同运行：**由于很多应用环境都不会阻塞 TCP/443 的出站 HTTPS（Secure HTTP，安全 HTTP）流量，因而即使特定的本地环境不允许出站 IPSec VPN 会话（通常使用 IP 协议 50［ESP］和 51［AH］），SSL VPN 也不会受到影响。
- **机密性：**HTTPS 拥有一套通过加密来实现机密性和完整性的协议，而且还能确保认证。
- **Web 化内容：**SSL VPN 可以转换反向代理服务器无法处理的 Web 或非 Web 应用，通常将该转换称为 Web 化。SSL 网关与内部服务器（Windows/UNIX）进行通信，并在 Web 浏览器内将访问操作转换（或 Web 化）成远程用户所使用的格式。

多解决方案 SSL VPN

由于 SSL VPN 技术使用 SSL/TLS，因而包含多种远程访问技术，如智能隧道、反向代理和端口转发，可以为用户提供适合特定环境的远程访问方案选项。

12.6.2 反向代理

反向代理是一种代表客户端检索资源的代理服务器。反向代理通常驻留在应用服务器的前面，将检索到的资源返送给客户端，就像源自应用服务器本身一样。对于外部客户端来说，反向代理看起来就像是实际的应用服务器。

思科的 SSL VPN 反向代理被称为无客户端反向代理，因为端点不需要安装特定的 VPN 客户端（使用浏览器)。

思科 ASA 支持如下 SSL VPN 模式。

- **无客户端 SSL VPN:** 端点利用浏览器建立安全连接以访问资源,该模式通常仅用于访问少量应用,无需提供完整的隧道。
- **瘦客户端 SSL VPN:** 端点安装基于 Java 的小程序,以便与基于 TCP 的资源建立安全连接。
- **基于客户端的 SSL VPN:** 安装 VPN 客户端(如思科 AnyConnect),通过 SSL 隧道提供对内部网络的完全访问。在全隧道模式下,端点可以发送所有的 IP 单播流量,包括 TCP、UDP 和 ICMP。

虽然基于客户端的 SSL VPN(思科 AnyConnect)是当前企业应用中使用最为广泛的 VPN 客户端,但大多数物联网端点都无法安装或使用思科 AnyConnect,因而接下来将重点介绍前两种选项。

12.6.3 无客户端和瘦客户端 VPN

无客户端和瘦客户端 VPN 通常都被归为无客户端 VPN。无客户端 SSL VPN 使用 TLS 在远程用户与特定受支持的内部资源之间提供安全连接,由 ASA 识别必须进行代理的连接,然后由 HTTP 服务器与认证子系统进行交互,从而完成用户的身份认证。很多组织机构都利用无客户端解决方案,为仅需要访问少量应用而无需完整隧道的承包商或供应商提供有限的访问权限。

表 12-3 提供了无客户端解决方案与基于客户端的解决方案(AnyConnect)之间的对比信息。

表 12-3 无客户端解决方案与基于客户端的解决方案(AnyConnect)对比

功能特性	AnyConnect 客户端	无客户端
VPN 客户端	利用思科 VPN 客户端(AnyConnect)实现网络访问	利用浏览器实现安全连接,不需要安装或管理客户端
标准	支持 IPSec(IKEv2)和 SSL VPN 标准	支持 SSL VPN 标准
连接	连接资源或网络(全隧道)	通过 Web 浏览器门户提供应用连接
加密	集合了哈希和加密算法	利用 Web 浏览器使用 SSL 加密
应用	可以封装所有 IP 单播流量(TCP、UDP、ICMP)	对基于 TCP 的客户端/服务器应用提供有限支持
管理	安装和配置 AnyConnect 客户端	无需配置

1. 隧道组和组策略

VPN 解决方案与大多数采用分层架构的解决方案完全相同。组和用户是管理 VPN 的安全性以及配置 ASA 时的核心概念。通过指定属性来确定用户的访问权限。

组是一个用户集合,被视为单个实体。用户可以从组策略获取其属性。隧道组负责标识特定连接的组策略,如果没有为用户分配特定的组策略,那么就会为该连接应用默认的组策略。隧道组和组策略简化了系统的管理操作。

为了简化配置任务,安全设备通常都会提供默认组(LAN 到 LAN 的隧道组、远程访问隧道组、无客户端隧道组和默认组策略)。默认隧道组和组策略可以为多个用户提供相同的配置,增加多个新用户时,可以要求这些用户从组策略继承相应的配置参数,从而提高配置的效率和可扩展性。

隧道组、组策略以及用户都是无客户端连接和基于客户端连接的一部分,因此分层架构非常重要。

隧道组

隧道组由一组指定隧道连接策略的记录组成,这些记录标识了隧道将要使用的资源:

- 认证方式(AAA、证书、AAA+证书、SAML);
- 认证服务器(活动目录、LDAP、ISE);

- DNS 服务器和域名；
- 连接的默认组策略，包含面向用户的属性和/或特定协议的连接参数。

图 12-12 给出了可以在 ASA 无客户端隧道组中进行配置的变量信息。

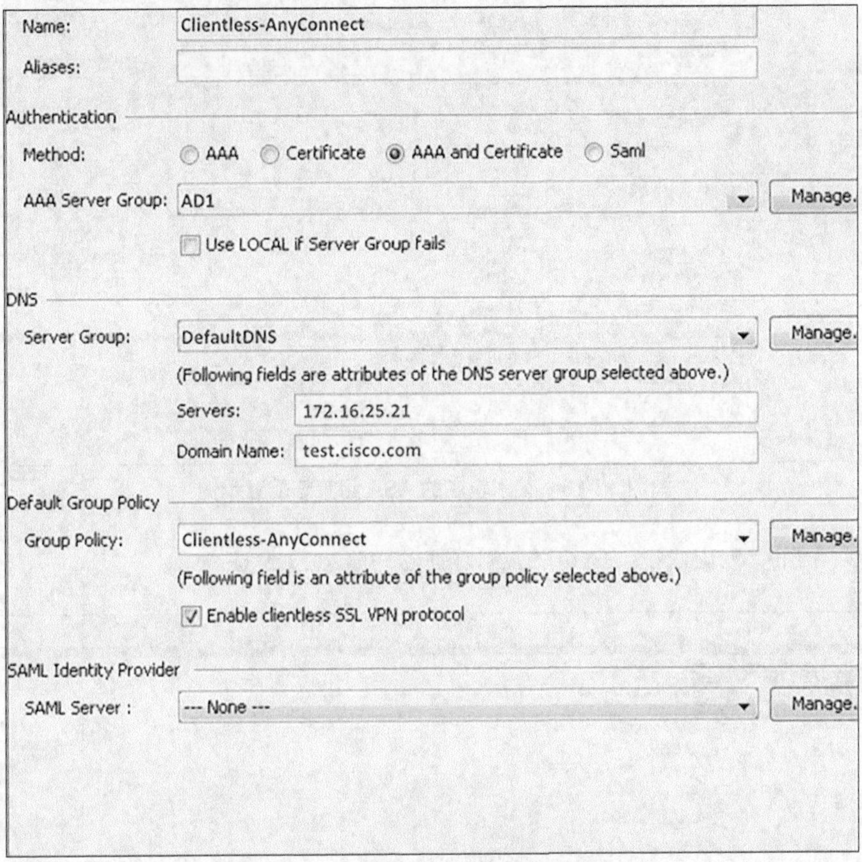

Name: Clientless-AnyConnect
Aliases:
Authentication
Method: AAA Certificate AAA and Certificate Saml
AAA Server Group: AD1 Manage.
Use LOCAL if Server Group fails
DNS
Server Group: DefaultDNS Manage.
(Following fields are attributes of the DNS server group selected above.)
Servers: 172.16.25.21
Domain Name: test.cisco.com
Default Group Policy
Group Policy: Clientless-AnyConnect Manage.
(Following field is an attribute of the group policy selected above.)
Enable clientless SSL VPN protocol
SAML Identity Provider
SAML Server : --- None --- Manage.

图 12-12 ASA 无客户端隧道组策略示例

组策略

组策略提供了连接的详细信息，可以为新的组策略配置一系列选项，也可以自定义默认组策略，然后再传播给继承该属性的任何用户组策略。图 12-13 给出了一个组策略配置示例，可以限制连接类型、指定管理访问策略的访问控制列表以及指定访问时间等。

2. 无客户端模型组件

无客户端模型拥有多个必需组件，包括无客户端门户以及应用访问。接下来将逐一介绍这些组件。

3. 无客户端门户

无客户端 VPN 解决方案的主要组件之一就是 SSL VPN 门户，该门户是从客户端的浏览器发起与 ASA 的 FQDN（Fully Qualified Domain Name，完全限定域名）连接时启动的页面。

用户可以自定义该门户网站：可以上传图像和/或通过 XML 进行完全自定义。用户可以像企业内部网站一样使用该门户，提供可访问的超链接和书签资源。可以根据组织机构的目标和要求自定义默认门户或增加新门户。门户网站的主要组件如下。

- **登录页面**：包括标题、登录凭证输入框，可选包含用户认证时所属的用户组（如果希望提供该选项）。
- **注销页面**：包含注销消息以及重新登录的选项。
- **门户页面**：门户网站外观（可以编辑或自定义），包括设计的应用程序访问窗口以及主页。

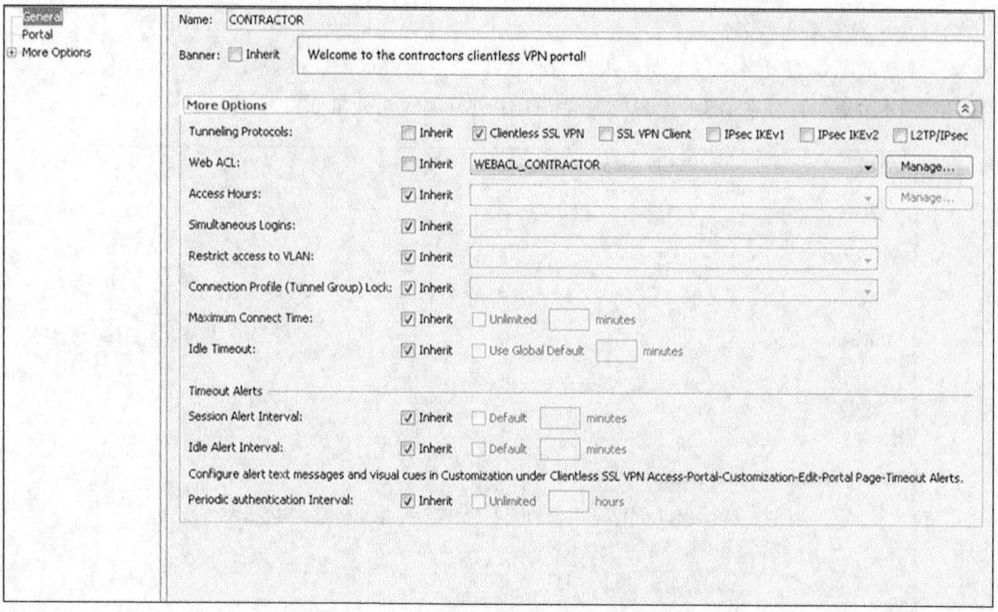

图 12-13 某承包商的 ASA 组策略配置示例

图 12-14 给出了默认的无客户端门户示例，门户要求输入登录凭证。

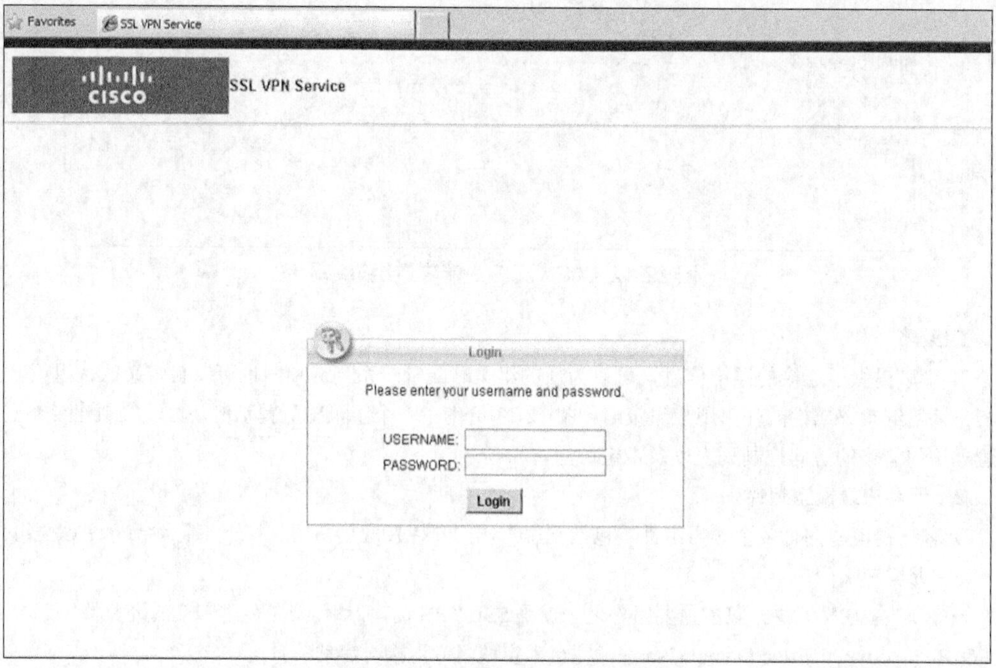

图 12-14 ASA 无客户端门户

门户案例：制造企业

本节将介绍一个自定义门户案例。图 12-15 给出了某汽车制造商的承包商定制的门户信息。可以看出，承包商成功通过门户网站认证之后，可以看到很多资源信息。

方案中的承包商提供登录凭证时，ASA 会根据连接配置文件/隧道组策略对用户进行认证。连接配置文件/隧道组策略要求根据活动目录对用户进行认证，认证通过后，就可以为用户授予适当的书签资源。图 12-15 给出了多个书签资源示例。

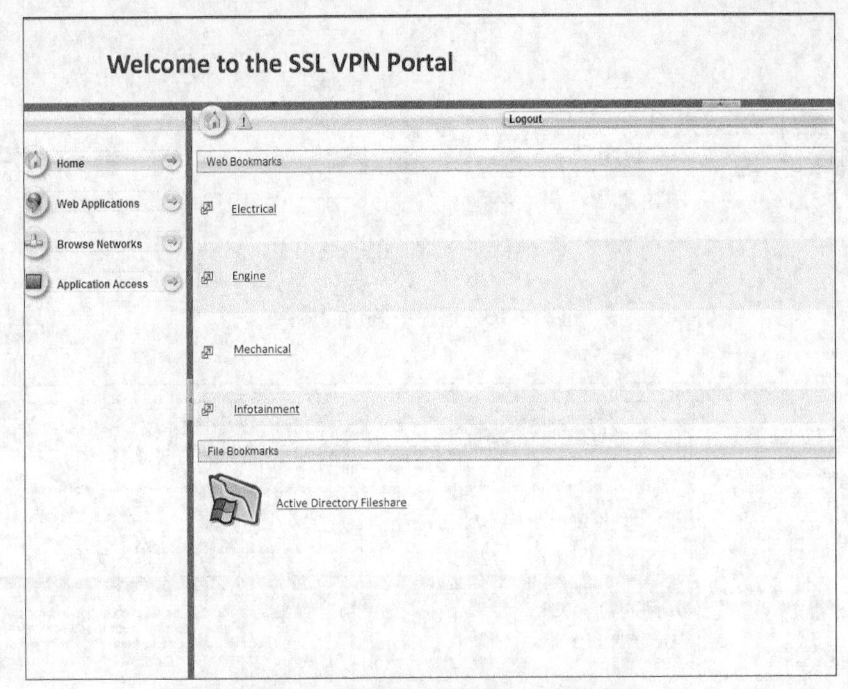

图 12-15 制造业无客户端门户书签资源

4. 应用访问（书签、端口转发和智能隧道）

接下来将讨论几种常见的应用访问方式，包括书签、端口转发和智能隧道。

书签

通常将图 12-15 中的资源称为书签。无客户端 SSL VPN 可以安全地访问企业网中基于 TCP 的各种资源：

- OWA/Exchange；
- Windows 文件访问和浏览（CIFS）；
- 连接内部 Web 资源的 HTTP/HTTPS；
- FTP；
- RDP 和 VNC；
- SSH。

书签是存储在 ASA 上的一种 XML 列表，允许用户轻松地浏览内部资源，无需记住复杂的 URL。系统可以根据用户身份授予相应的书签资源。为用户或用户组指定相应的书签，可以很好地控制其访问权限，而无需提供完整的隧道。

ASA 实现该功能的方式是，在外部接口上终结 SSL 隧道、重写内容，然后再将内容传输到内部服务器来实现此功能。例如，如果用户试图访问内部网站，那么就会将用户的 HTTPS 请求封装在隧道内并转发给 ASA。ASA 解封流量并代表客户端发起与 Web 资源的连接。Web 服务器的响应转发给 ASA 之后，由 ASA 封装响应并转发回客户端。图 12-16 给出了该操作流程。

注： 从端点到 ASA 的流量在 SSL 隧道中进行加密，由 ASA 负责代理与外部资源的连接，从 ASA 到外部资源的流量不进行加密。

图 12-17 给出了思科 ADSM（ASA Security Device Manager，ASA 安全设备管理器）的书签创建过程示例（ASDM 是一个管理 ASA 的 GUI）。

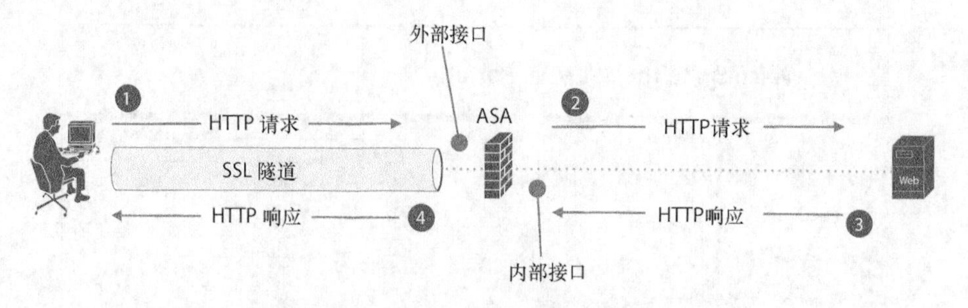

图 12-16 通过书签访问应用

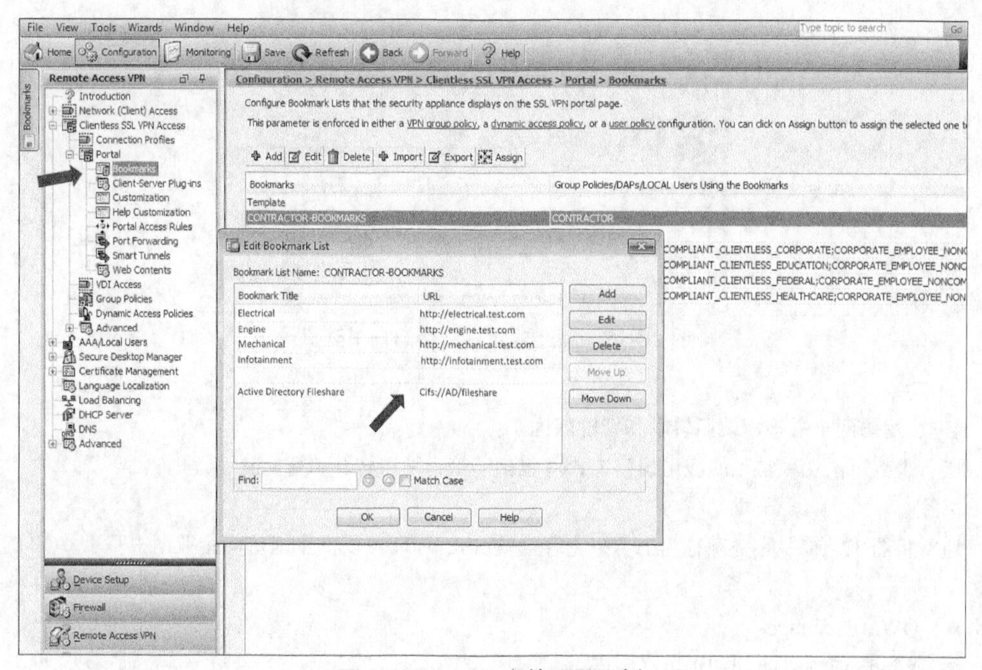

图 12-17 ASA 书签配置示例

基于 Web 类 ACL 的访问控制

除了利用书签控制资源访问之外，网络管理员还可能需要执行进一步的控制操作。ASA 提供了 Web 类 ACL（Web-Type ACL），能够实现如下访问控制：

- Telnet；
- SSH；
- FTP；
- Citrix；
- SSH；
- 文件服务器；
- 邮件服务器；
- Web 资源。

Web 类 ACL 仅影响无客户端的 SSL VPN 流量，而且与大多数 ACL 一样，都是按顺序执行。如果定义了 ACL 但未匹配，那么 ASA 就会采取默认操作（丢弃数据包）。如果未定义 Web 类 ACL，那么 ASA 就会传递流量。

为了支持集中式管理并提供更好的扩展性，可以从 RADIUS 服务器（如 ISE）下载这些 ACL。

端口转发

端口转发（Port Forwarding）机制允许端点通过已知和固定的 TCP 端口访问资源，适用于 SSH、Telnet、SMTP 等。端口转发功能需要安装 Oracle Java Runtime Environment（JRE 版本 5 或更高版本），同时还要在端点上配置应用程序并使用 32 位操作系统。

由于安装 JRE 通常都需要管理员权限，因而对于组织机构来说，从咖啡店、公共计算机或商场电话亭等场所访问应用可能并非最佳选择。

在用户端点上下载并运行端口转发 Java 小程序之后，小程序就可以侦听本地配置的端口。如果发现去往这些端口的流量，小程序就会向端口转发 URL 发送 HTTP POST 请求。

与上一节所说的书签列表一样，也必须指定可访问的服务器/应用列表：

- 远程服务器；
- 描述；
- 本地 TCP 端口；
- 远程 TCP 端口。

智能隧道

创建智能隧道（Smart Tunnel）的目的是克服端口转发机制存在的挑战。智能隧道是基于 TCP 的应用程序与专用站点之间的一种连接，采用无客户端 SSL VPN 模式，运行方式是以安全设备为路径/代理服务器。可以为智能隧道授予特定应用程序的访问权限并为每个应用程序指定本地路径。

智能隧道可以修改端点的主机文件（需要管理员权限），使得转发器能够通过 SSL VPN 隧道封装流量。此外，还要求 ASA 管理员了解 SSL VPN 用户将要连接的地址或端口信息。

智能隧道并不定义可以经隧道转发哪些 TCP 端口，而是指定经 SSL VPN 隧道可以转发哪些应用程序。

此外，智能隧道无需管理员预先配置任何服务器、端口或地址信息，运行在应用层，在客户端与服务器之间建立 Winsock 2 连接。将存根加载到需要通过隧道传输的应用程序的每个进程中，然后通过安全设备拦截套接字调用。

智能隧道不仅可以提供更好的用户体验（因为用户不需要为环回地址和端口配置应用程序），而且还能提供比端口转发机制更优的性能。智能隧道需要支持 ActiveX、JavaScript 或 Java 的端点浏览器，支持 32 位和 64 位操作系统。

与其他两种应用访问方法（书签和端口转发）一样，必须配置一个需要附加到组策略上的资源列表。

- **操作系统**：将在其中启动应用程序的主机操作系统。
- **应用程序 ID**：被隧道化的应用程序 ID 或名称。
- **进程名**：被隧道化的进程名（如指定 putty.exe 实现 SSH 隧道）。
- **哈希（可选）**：实现隧道化应用程序完整性的额外安全机制。

图 12-18 给出了 ASA 设备上的 putty 的智能隧道配置信息。智能隧道列表是 CONTRACTOR-SMART-TUNNEL，操作系统是 Windows，进程名是 putty.exe。

在用户端，承包商连接无客户端门户并选择 Application Access 后（见图 12-19），就会显示 Smart tunnel 选项，端点不需要管理员访问权限。

插件

SSL VPN 用户可以通过插件连接已知的应用程序资源（如 SSH 和 VNC），实现方式是启动 SSH 等应用程序插件并连接运行了 SSH 应用程序的内部服务器。思科提供了如下客户端/服务器插件：

- VNC；
- 远程桌面；
- Telnet；
- SSH。

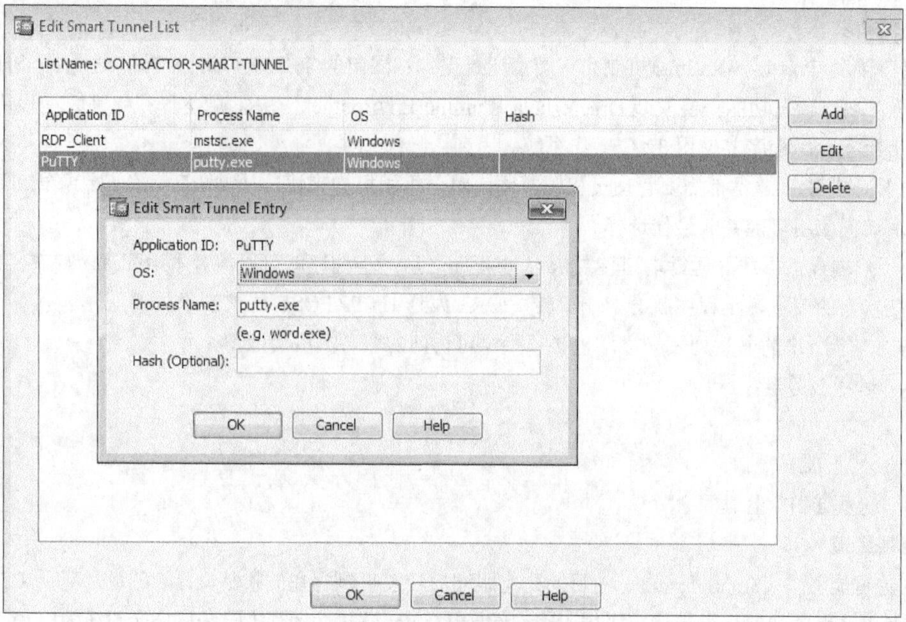

图 12-18 智能隧道案例

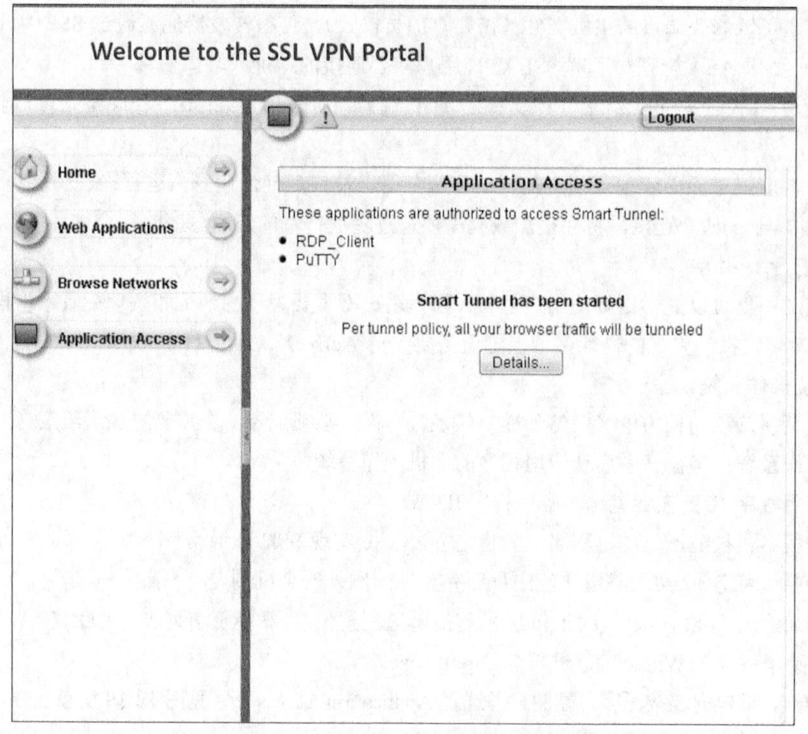

图 12-19 无客户端门户智能隧道案例

这些插件采用的都是.JAR 格式，可以从 Cisco 官网下载。在安全设备上加载并激活插件后，可以将它们定义为资源 URL，如 SSH://IP_ADDRESS。

需要注意如下限制：

- 插件支持 SSO（Single Sign-On，单点登录），但必须安装插件并添加书签条目（使用 SSO）；
- 使用插件需要拥有最低的访客权限模式；
- 如果 SSL VPN 客户端与 ASA 之间使用了代理服务器，那么将不支持插件。

5. 动态访问策略

对于高度动态变化的应用场景来说（包括任何人、从任何地方到任何地方），根据上下文提供适当的访问权限显得非常复杂。DAP（Dynamic Access Policy，动态访问策略）是一种访问控制属性，可以根据上下文应用于特定会话。

DAP 可以分析主机的状态评估结果，并根据这些结果应用动态生成的访问策略。DAP 可以与 AAA 服务协同工作，将本地定义的属性与来自 AAA 服务器（ISE）的属性聚合在一起。

如果规则集出现冲突，那么将选择本地定义的属性。因此，可以通过聚合多条来自 AAA 服务器的 DAP 记录与用户会话的状态评估信息，来生成 DAP 授权属性。DAP 支持多种采集端点安全属性的状态评估方法。

- **思科 ISE/NAC：**在网络接入控制部署方案中，可以利用 ISE 传递的状态评估字符串。
- **CSD（Cisco Secure Desktop，思科安全桌面）：**CSD 从终端工作站收集文件信息、注册表项值、运行的进程信息以及操作系统信息和策略信息。
- **主机扫描（Host Scan）：**主机扫描是 CSD 的模块化组件，可以从终端主机提供个人防火墙、防病毒和反间谍软件等服务。

6. 无客户端物联网案例：油气行业

生产流程控制网络通常负责的都是关键流程，必须严格控制对这些环境的访问行为。这些网络中的很多都没有与外界建立任何联系，而且很多到现在仍然如此，但部分组织机构已逐步开始利用一些经济高效的企业网技术（如以太网和 IP），在流程控制网络与企业基础设施之间创建结构化且受管控的通信模式。这些连接可以大幅提升企业的运行效率，其中的一个好处就是远程访问。图 12-20 给出油气行业客户的无客户端 VPN 访问过程。

用例

图 12-20 用例给出了一个试图访问艾默生 DeltaV ACN（Area Control Network，区域控制网络）的远程用户。该 ACN 网络是一个专用于 DeltaV 控制系统的标准以太网。DeltaV 系统中的工作站和控制器通过以太网进行连接，而且在图中底部方框中是一套独立系统，仅允许通过特定的 VDI（Virtual Desktop Infrastructure，虚拟桌面基础设施）资源进入 DeltaV ACN。

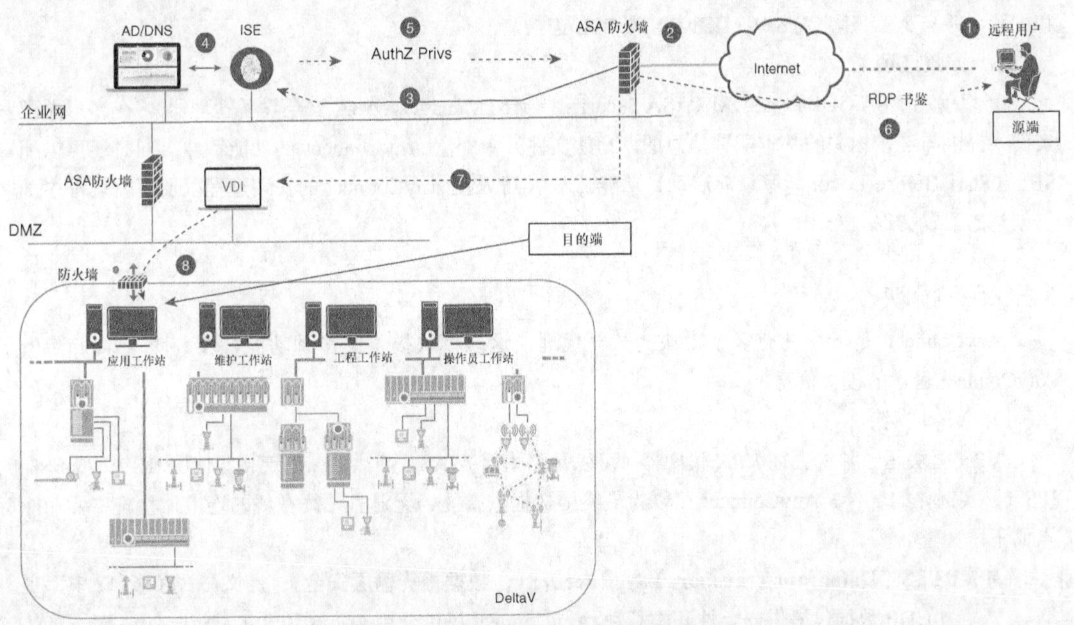

图 12-20 无客户端门户智能隧道案例

如果要从外部进行远程访问，那么就必须远程访问 VDI 资源。VDI 资源由企业进行维护并按计划进行升级，以确保合规性。ASA 无客户端 VPN 可以提供从外部对 VDI 资源的安全访问。

1. 用户使用浏览器连接 ASA 的 FQDN，进入无客户端门户并输入登录凭证。
2. ASA 防火墙检查策略信息，确定连接配置文件正在使用思科 ISE 作为 RADIUS 服务器（ISE）。
3. ASA 向 ISE 发起 RADIUS Access-Request（访问请求）。
4. 考虑到 ISE 是 AAA 分层架构的“中心”，与多个第三方资源（如 PKI 和活动目录）都有连接。根据该 VPN 隧道组的策略要求，配置 ISE 执行 LDAP 查询，并根据活动目录的用户/组信息检查用户名/密码。
5. ISE 通过 RADIUS Access-Accept（访问接受）响应 ASA。
6. ASA 的无客户端门户为用户生成书签资源（基于用户）。
7. 客户端只要点击书签资源（利用前面描述的 RDP 插件方法）即可连接 VDI 资源。

12.6.4 基于客户端的 VPN：思科 AnyConnect 安全移动客户端

基于客户端的远程访问 VPN 为远程用户提供了经非安全介质安全访问企业资源的能力。基于客户端的 VPN 利用远程用户端点上的客户端连接 VPN 网关并访问内部资源，基于客户端的 VPN 通常需要通过 IPSec 或 SSL 来保护通信连接。本节将重点讨论思科 AnyConnect 客户端。

很多物联网端点都无法安装客户端，但是，对于同时具有企业和物联网端点的场景来说，混合部署可能是一种比较合适的解决方案，因为 ASA 可以同时终结这两类连接。选择远程访问和 VPN 的原因与前面所说的无客户端 VPN 相同，本节将重点介绍基于客户端的版本提供的主要功能及差异。

1. 思科 AnyConnect

思科 AnyConnect 是一个基于思科软件的客户端，可以用作 VPN 客户端（实际功能更多）。该软件由提供各种不同功能的多种模块组成。

2. 部署

可以通过 ASA（或企业软件部署系统）将 AnyConnect 部署到远程用户。通过 ASA 部署之后，远程用户就可以在浏览器中输入 ASA 的 FQDN，与 ASA 建立初始 TLS 连接。ASA 在浏览器窗口中显示登录窗口。用户成功认证之后，即可下载与本机操作系统相匹配的客户端。下载成功之后，客户端会自行安装和配置，并与 ASA 建立 IPSec（IKEv2）或 SSL 连接。

3. 配置选项

可以使用 ASA GUI 和 ASDM（ASA Security Device Manager，ASA 安全设备管理器），在客户端配置文件（提供与连接相关的基本配置信息的 XML 文件）中配置 AnyConnect 的功能特性，同时还可以配置 SBL（Start Before Logon，登录前启动）功能。ASA 可以在 AnyConnect 的安装过程以及更新过程中部署已创建的配置文件。

12.6.5 模块

AnyConnect 是一个拥有多个模块的统一代理，这些模块提供了多种功能特性。图 12-21 给出了 AnyConnect 包含的模块信息。

1. VPN 模块

VPN 模块是一种将去往 VPN 集中器（可以是路由器或 ASA 防火墙）的连接（使用 IKEv2 或 SSL 的 IPSec）实例化的软件。AnyConnect 可以为最终用户提供智能、无缝且始终在线的连接体验。主要功能特点如下。

- **DTLS（Datagram Transport Layer Security，数据报传输层安全）**：定义在 RFC 6347 中，主要为 UDP 数据包提供安全性和隐私性。AnyConnect 可以使用 DTLS 和 SSL，默认启用 DTLS。DTLS 基于 UDP，用于延迟敏感型应用（语音和视频），而 TLS 则基于 TCP。

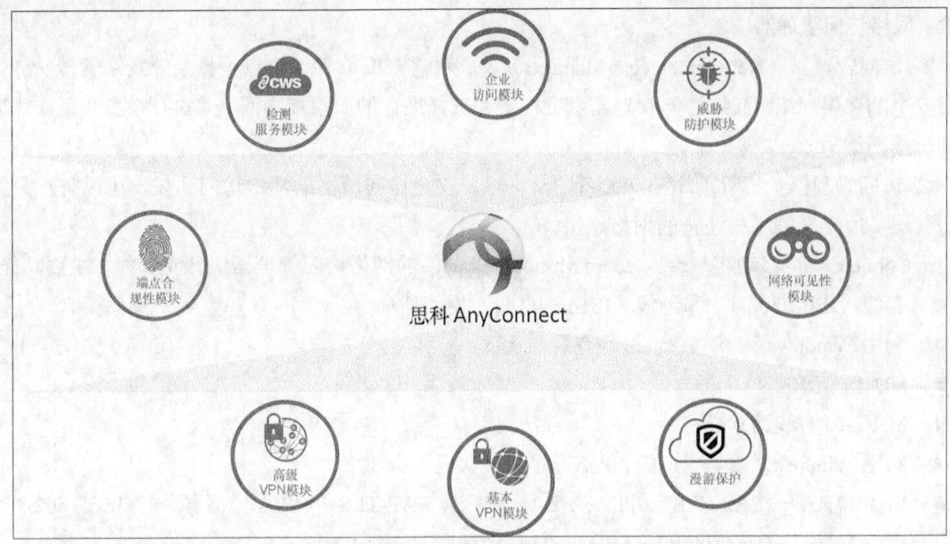

图 12-21 AnyConnect 模块

- **Always On（始终开启）**：启用 Always On 功能特性之后，一旦用户登录或检测到非可信网络，系统就会自动建立 VPN 会话。VPN 会话将始终保持打开状态，直至用户退出计算机或会话/空闲定时器到期。如果会话仍处于打开状态，那么 AnyConnect 就会不断尝试重新建立连接以重新激活会话，否则将不断尝试建立新的 VPN 会话。
- **TND（Trusted Network Detection，可信网络检测）**：TND 允许用户在企业网（可信网络）内部时自动断开 VPN 连接，在企业网外部时自动发起 VPN 连接（非可信网络）。在 Web 安全模块融入 AnyConnect 之前，就已经开始使用这些功能特性（Always On 和 TND）。

连接类型（隧道）

AnyConnect 可以运行在受管或非受管 BYOD 环境中，这些环境中的 VPN 隧道可以工作在如下模式。

- **全隧道（Full tunnel）**：在全隧道客户端模式下，远程机器可以发送所有的 IP 单播流量，包括 TCP、UDP 甚至是基于 ICMP 的数据包。SSL 客户端可以通过 HTTP、HTTPS、SSH 或 Telnet 等方式访问内部资源。
- **分离隧道（Split tunnel）**：ASA 向 AnyConnect 客户端通告安全子网的信息，使用安全路由，AnyConnect 仅加密去往安全设备后面的网络的数据包。
- **应用程序隧道（Application tunnel）**：该隧道连接用于移动设备上的一组特定应用程序（仅限 Android 和 Apple iOS）。AnyConnect 允许管理员在前端定义应用程序集，并将该应用程序集发送给 AnyConnect 客户端，从而在移动设备上强制执行。至于其他应用，则在隧道外发送数据或以明文形式发送数据。

图 12-22 给出了这些隧道模式示意图。

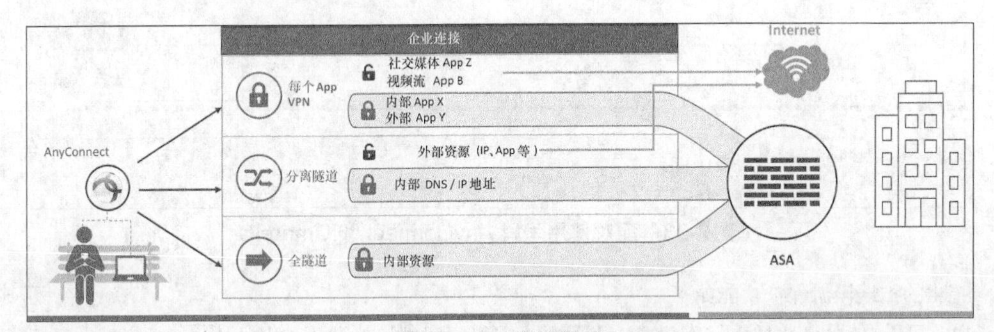

图 12-22 隧道模式

2. 网络访问管理器模块

网络访问管理器（Network Access Manager）是一种客户端软件，可以根据企业网络管理员制定的策略提供安全的二层网络。网络访问管理器负责检测并选择最佳的二层接入网，并执行设备认证操作以访问有线和无线网络。

网络访问管理器负责管理用户和设备的身份以及安全访问所需的网络访问协议，可以防止最终用户建立与管理员所定义策略相违背的网络连接。

AnyConnect 安全移动客户端（Secure Mobility Client）的网络访问管理器组件支持如下主要功能特性：

- 有线（IEEE 802.3）和无线（IEEE 802.11）网络适配器；
- 利用 Windows 计算机凭证进行登录前认证；
- 802.1x 请求端；
- MACsec 有线请求端；
- 利用 Windows 登录凭证进行单点登录用户认证；
- EAP 模式——EAP-FAST、PEAP、EAP-TTLS、EAP-TLS 和 LEAP（仅适用于 IEEE 802.3 有线的 EAP-MD5、EAP-GTC 和 EAP-MSCHAPv2）；
- 加密模式——静态 WEP（开放或共享）、动态 WEP、TKIP 和 AES；
- 密钥建立协议——WPA、WPA2/802.11i 和 CCKM（取决于 IEEE 802.11 NIC 卡）。

3. 端点合规性模块

思科 AnyConnect 安全移动客户端提供了 VPN 状态（HostScan）模块和 ISE 状态模块，这些模块都能评估端点与主机上安装的防病毒软件、反间谍软件以及防火墙软件等组件的合规性，然后就可以利用这些评估数据并限制网络访问，从而强制遵守合规性。此外，还可以提升本地用户权限，从而建立相应的补救措施。

4. 漫游保护模块

思科 AnyConnect 客户端提供了与 Umbrella（详见第 10 章）配对使用的 Web 安全模块。Umbrella 是思科云安全互联网网关，AnyConnect 与 Umbrella 配对使用可以实现云化配置，从而消除了对 ASA 的需求。

AnyConnect 内置的 Web 安全模块可以实现 Web 安全，一种方式是使用 VPN 并利用 ASA，另一种方式是不使用 VPN 并利用 AnyConnect 的 Web 安全模块连接 Umbrella（云安全网关）。企业可以进行选择性部署，保护网络免受 Web 恶意软件的攻击，并控制和保护 Web 访问（见图 12-23）。

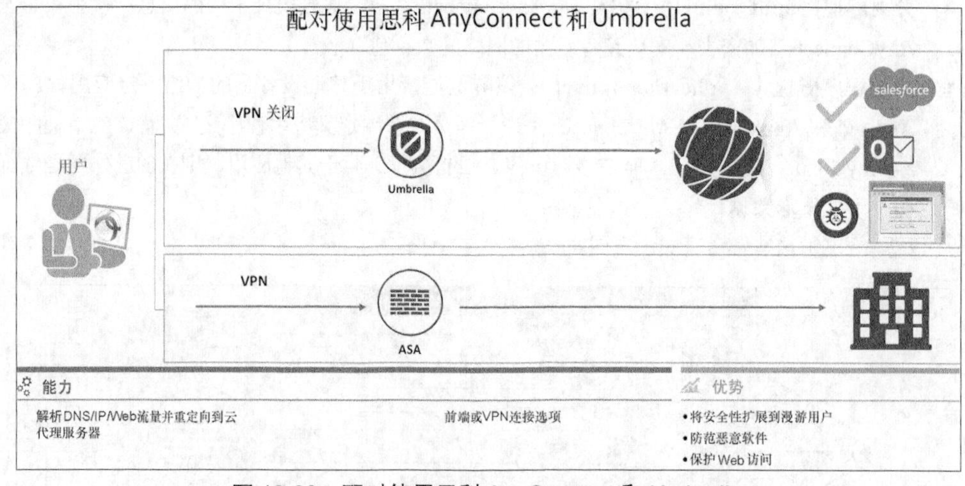

图 12-23 配对使用思科 AnyConnect 和 Umbrella

提供的扩展漫游保护功能如下。

- 可以拦截用户的外部 DNS/IP/Web 流量，并重定向到思科 Umbrella 云代理。

- 提供 DNS 层的主动安全性，如果发现 URL 是恶意的（通过威胁情报云获知），那么就不会转换 DNS 解析请求，从而避免下载恶意软件。
- 利用 SSL 加密去往 Umbrella 云的隧道化 HTTP/HTTPS 流量，从而提高公网传输的安全性。
- 提供到最近数据中心的自动对等互联，以实现最佳性能。
- 提供精细化的 Web 访问策略管理能力，支持全隧道或分离隧道 VPN 客户端。
- 可实现完全本地化且可转换。

5. 网络可见性模块

AnyConnect NVM（Network Visibility Module，网络可见性模块）可运行在 Windows 和 Mac OS X 上。该功能允许管理员监控用户和端点的应用程序使用情况，以发现潜在的异常行为并做出更有效的网络设计决策。

网络可见性模块在每个流的末端采集端点的流记录（采用标准的 IPFIX 格式），并发送给 NetFlow/IPFIX 解决方案（如 Stealthwatch）。NVM 采集的信息中还可以包含如下上下文信息：

- 登录用户；
- 本地和目标 DNS；
- 设备名称；
- 进程名和 ID，以及发送流的父进程名和 ID。

其他 NVM 功能如下。

- **锁定（Lockdown）**：防止用户关闭 AnyConnect 网络可见性模块，以确保服务始终有效。
- **匿名化（Anonymization）**：利用唯一的哈希值对采集到的数据进行匿名化处理，从而保护用户隐私，但仍然可以跟踪有价值的统计信息并关联相应的记录（流记录、接口记录以及端点记录）。
- **缓存灵活性（Caching flexibility）**：允许管理员定义网外可见性的缓存容量（10～300 MB，默认值为 50 MB）。

从图 12-24 可以看出，利用 NVM 可以实现更好的业务洞察力。

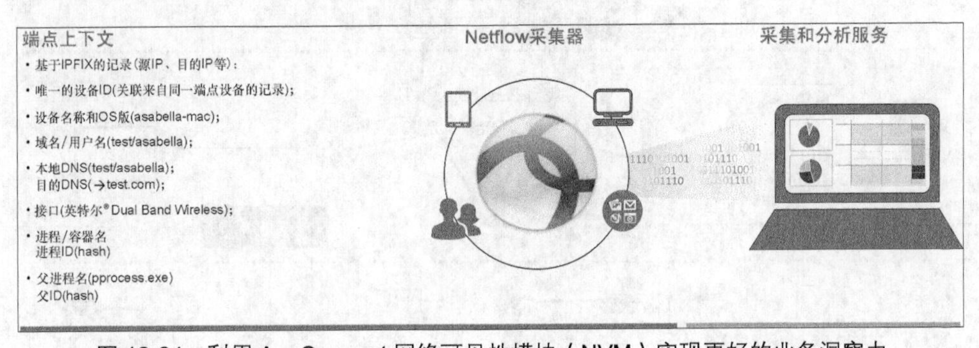

图 12-24 利用 AnyConnect 网络可见性模块（NVM）实现更好的业务洞察力

6. 威胁防护模块

AnyConnect AMP（Advanced Malware Protection，高级恶意软件防护）使能器可以为端点部署和启用 AMP 能力。AMP 是一种利用思科威胁情报（Talos）的恶意软件解决方案（详见第 10 章），AMP 端点解决方案可以检测和阻止恶意软件，并提供连续分析和回溯性告警。用户可以阻止更多的攻击行为、跟踪可疑文件、减少攻击范围并加快修复速度。

12.6.6 AnyConnect 用例：制造环境

本节将以制造环境为例来说明 AnyConnect 客户端的使用方式，讨论如何利用 AnyConnect 的多个模块（包括 VPN 模块、威胁检测模块和状态模块）来满足用例需求。

1. 用例

某企业希望为员工提供HMI（Human Machine Interface，人机界面）的远程访问能力，希望通过该界面查看并控制制造商的PLC（Programmable Logic Controller，可编程逻辑控制器）。为了提供HMI资源的远程访问能力，该企业的需求如下。

- 不能直接从外部访问PLC。
- 只能从企业提供的VDI资源（位于前端）远程访问PLC。
- 所有的外部连接都必须加密。
- 仅允许授权人员访问VDI资源。
- 端点必须合规。根据企业策略，一个合规的端点应包含：
  - AD中的活动用户账户；
  - 运行Windows 7或Windows 10的机器，或运行10.8或更高版本的Mac机器；
  - 位于指定目录中的水印文件；
  - 端点安装并激活AMP（高级恶意软件防护）。

图12-25给出了该制造环境用例的体系架构。该架构基于CPwE（Converged Plantwide Ethernet，全厂融合以太网）架构，CPwE是一套聚焦制造业的参考架构（思科与罗克韦尔自动化有限公司的合作成果），旨在加速标准网络技术的成功部署以及制造与企业/业务网络的融合。

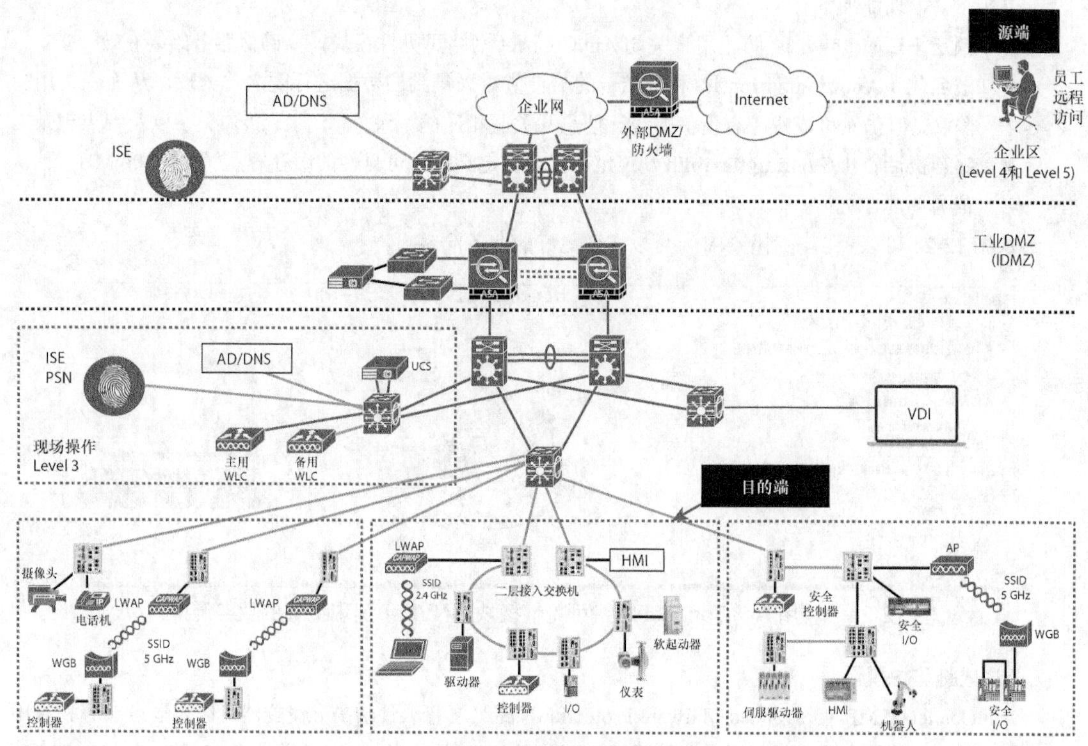

图12-25 制造网络

2. 工作组件

本用例采用了如下工作组件：

- Windows 7客户端，安装了AnyConnect和状态模块（与ISE进行通信）；
- ASA防火墙，负责终结远程访问连接；
- ISE，充当AAA服务器和NAC资源，用于确定并维护合规性；
- 位于普渡模型第三层的VDI资源；

■ HMI，即远程访问目的端。

第 1 步：身份、认证和状态

图 12-26 给出了客户端与 ASA 建立远程访问会话的过程。用户通过用户名/密码完成认证（结合证书验证）之后，AnyConnect ISE 状态模块将找到 ISE 并开始扫描。

AnyConnect ISE 状态模块收集状态信息，并允许 AnyConnect 与 ISE 进行通信。所有的状态都显示在 AnyConnect 中，允许 ISE 与不同的进程和应用程序进行交互。例如，让 ISE 为不同的供应商应用自动更新病毒定义文件。ISE 会持续更新合规性模块，以确保信息的最新性。ISE 合规性/状态模块工作在后台，对于 AnyConnect 来说不可见。

状态模块确定该端点不合规，要求在授予网络访问权限之前提供如下更新（见图 12-26）：

■ 水印文件；

■ FireAMP（AMP）。

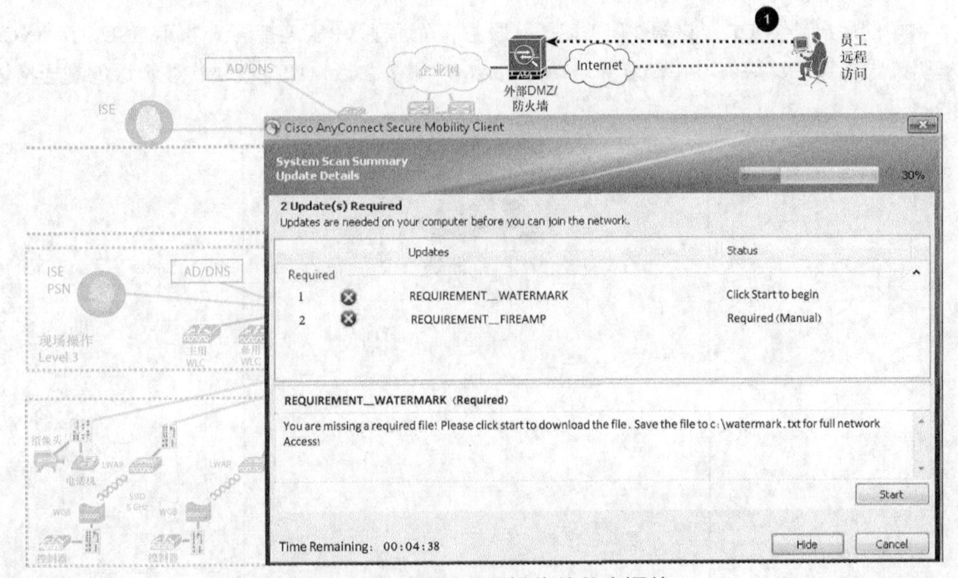

图 12-26 需要两项操作的状态评估

第 2 步：辅助修复

点击 Start 按钮之后就可以启动修复操作，ISE 通过文件检查选项审查该机器的状态（查看水印文件是否存在以及是否位于正确的位置），利用文件分发修复选项将水印文件推送给工作站。系统必须将该水印文件保存到指定位置（见图 12-27）。

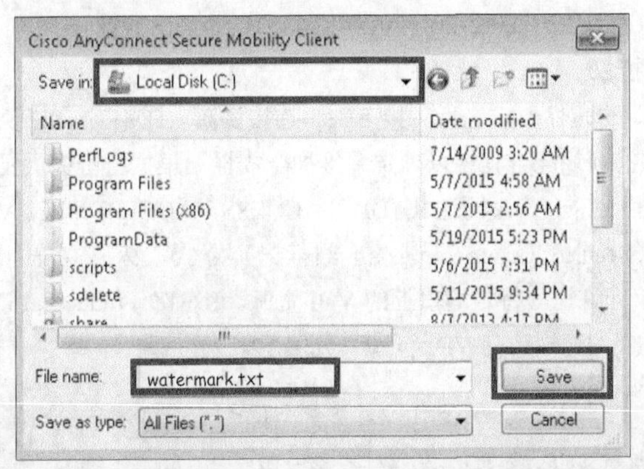

图 12-27 将水印文件保存在指定目录中以确保合规性

成功下载水印文件之后，即可下载 FireAMP。此时可能存在两个问题。

- **无软件：**如果用户没有该软件且需要下载，那么就需要下载一个小的（500KB）boot-strapper（引导程序）文件以安装 FireAMP Connector（FireAMP 连接器）。该可执行文件将确定计算机是 32 位还是 64 位操作系统，然后再下载并安装相应版本的 FireAMP Connector。

还有一个超出本书写作范围的选项，该选项需要下载一个可再分发的安装程序以在多个端点上使用。该安装文件大约 30MB，包含 32 位和 64 位安装程序。可以利用 System Center Configuration Manager（系统中心配置管理器）等工具将该文件加入网络共享或推送给组中的所有计算机，从而更有效地分发给多个端点。

- **服务关闭：**用户可能有该软件但是已关闭该服务。ISE 利用服务检查选项检查机器的状态，确定是否运行了 AMP for Endpoints 连接器 Windows 服务。接下来 ISE 将通过启动程序修复选项解决该问题。如果 ISE 检测到 AMP for Endpoints 连接器服务未运行，那么就会在启动了正确服务的工作站上调用一个.BAT 文件。

本例中的用户已经安装了该软件但关闭了其服务。在远程 VPN 连接尝试期间，ISE 的 AnyConnect 状态模块确定未运行该服务。在修复并启动 FireAMP 服务之后，状态模块将显示绿色复选标记（见图 12-28）。

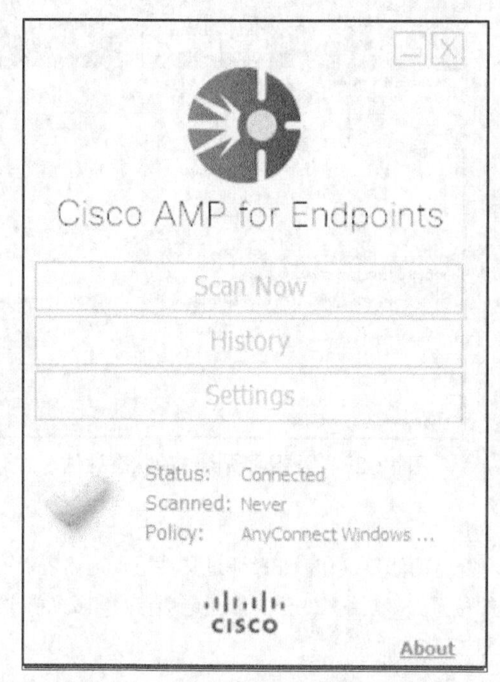

图 12-28　AMP 服务已启动且已验证

第 3 步和第 4 步：授权

端点经过认证且满足合规性要求之后，接下来将连接资源（HMI）。ISE 执行多种功能：对用户进行认证；与 AnyConnect 状态模块配合使用以确定并维护合规性；根据身份提供授权权限。由于用户和端点均满足合规性要求，因而 ISE 向 ASA 回送 RADIUS ACCESS _ ACCEPT 和 CoA（Change of Authorization，授权变更）消息。SGT（Security Group Tag，安全组标记）为 10，标记 10 表示该用户的访问权限。对于本例来说，该标记表示仅允许访问特定端口上的 VDI 资源。IDMZ（Industrial DMZ，工业 DMZ）中的防火墙被配置为允许 SGT 10 的源端访问 VDI 资源（见图 12-29）。

注：根据罗克韦尔自动化有限公司的说明，IDMZ 是一个位于可信网络与不可信网络（分别是工业和企业）之间的网络，面向业务端的设备充当两个网络之间的代理。

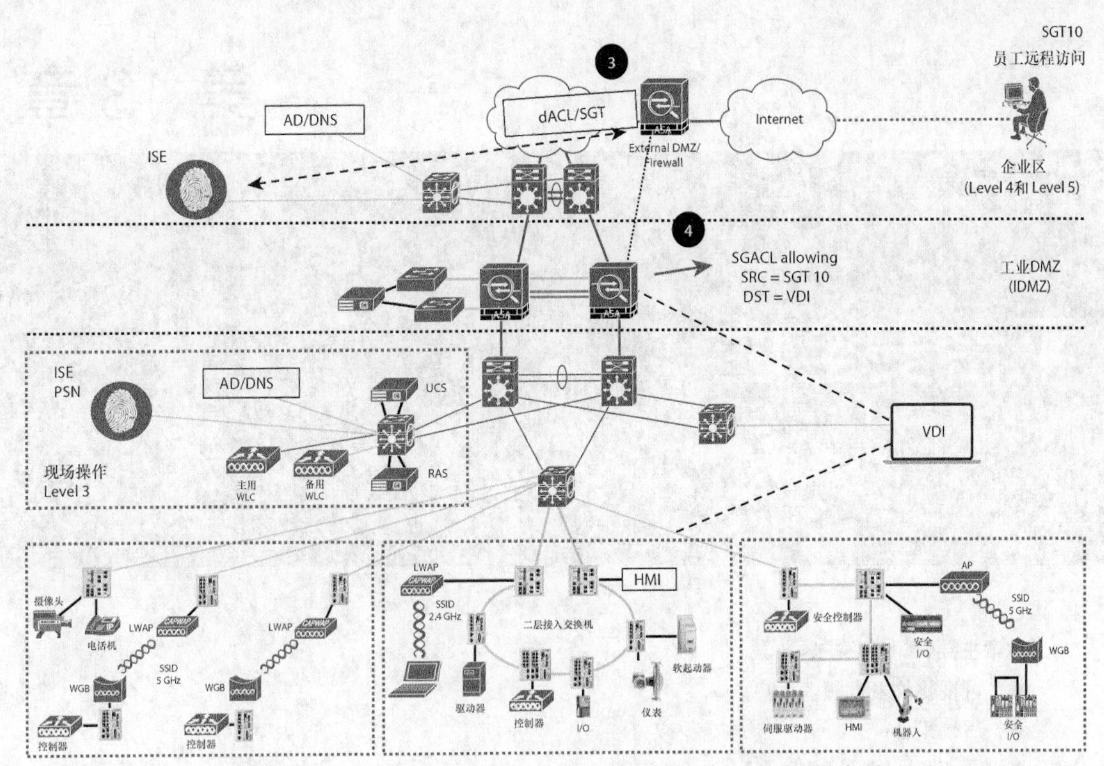

图 12-29 ISE 将 SGT 传递给 ASA 以提供用户的远程访问会话

12.7 小结

本章首先介绍了两类虚拟专用网络（站点到站点的 VPN 和远程访问 VPN），讨论了 IPSec 的主要组件，介绍了一种基于 SDN 的 IPSec 流保护方法，然后讨论了利用编排和 NFV 技术设计软件外联网的方式。接下来讨论了第二类 VPN（远程访问 VPN）及其两个子类（无客户端 VPN 和基于客户端的 VPN）。在无客户端 VPN 中，讨论了利用浏览器建立 SSL 连接以及反向代理技术（智能隧道、端口转发和插件）。在基于客户端的 VPN 中，讨论了思科 AnyConnect 及其主要模块。下一章将重点介绍平台本身的保护技术和方法。

第 13 章

平台安全性

本章主要讨论如下主题：

- 可视化仪表盘和多租户；
- 后端平台；
- 通信和网络；
- 雾节点；
- 终端设备或“物品”。

如果提供自动化部署能力的平台本身不安全，那么希望通过该平台为组织机构的多个用例提供自动化安全部署，从而带来商业价值，将完全不可想象。很显然，任何能够为物联网安全提供编排和自动化能力的系统，都需要一个安全的平台。如前所述，本书讨论的物联网平台扩展了 NFV/SDN 系统的能力，提供了统一的编排和自动化功能，可以跨雾、网络及云端部署并保护物联网服务。该方法包含了大量特性各异的资产，必须进行特定分析（从安全性角度来看），尤其是现场设备。具体来说，雾节点负责的管理功能需要实现：

- 为不同的租户自动创建和管理虚拟实例或 VF（Virtual Function，虚拟功能）；
- 收集运行数据，实现云-物连续体的服务自动化与生命周期管理；
- 自主运行，确保现场提供的服务能够在各种网络状态下保持存活状态，包括通信故障（如与后端运行的进程之间的连接中断）；
- 对于现场不同租户的进程之间的数据交换来说，需要启用认证、授权和日志记录。

因此，现场的雾节点可以将传统的 NFV/SDN 管理平台扩展到数据中心之外。请注意，即使核心的编排和自动化平台可能采取集中部署方式，但安全可靠地实现任务自动化的多种管理功能仍会保持分布式部署状态。挑战在于很多雾节点都安装在室外（如车辆、机柜、电线杆或建筑物墙壁等）或者物理安全条件很差甚至毫无安全保障的设施中，非可信人员能够物理访问这些节点，并试图通过这些节点攻入管理系统或访问它们存储的数据。例如，攻击者可能会通过雾节点暴露出来的 I/O 端口访问控制台或注入恶意软件，或者直接盗取设备以脱机访问数据。因此，在规划平台自身安全性的时候，必须严密防范攻击者可能通过物理访问现场节点而发起的潜在攻击行为，制定相应的安全对策。

本章将采用与第 7 章相似的安全机制。第 7 章侧重保护 SDN 平台，本章则将这些安全机制扩展到更广泛的环境中（见图 13-1），并根据需要涵盖雾节点和物联网管理的特定领域（例如，现场部署的很多设备都缺乏物理屏障，存在物理访问挑战）。

本章将主要讨论以下两方面的安全性问题。

1. **保护软件平台的安全性**：包括物联网平台的内部和外部通信，提供本书第 4 部分中各种用例所需的功能。
2. **保护支持平台的节点的安全性**：包括可信计算、硬盘加密、操作系统加固等机制，以避免安装不可信驱动器和外围设备等。此外，本章还将介绍保护节点本身安全性的方法和工具。

为了更好地研究并解决这些问题，接下来将以图 13-1 为例加以说明，将图中显示的模块化架构作为完整物联网平台的参考模型。图中描绘了一组端点或物品、网络、雾节点、后端系统以及若干个管理员（假设多租户场景）。这是一个基于 ETSI MANO 的以 NFV 为中心的架构，将 SDN 功能一直扩展到雾节点，提供了一个合理的参考模型，可以管理端到端的物联网服务的生命周期，包括雾节点、网络及数据中心的编排与自动化。具体来说，该体系架构分为 5 层，分别以图 13-1 中的 A、B、C、D 和 E 来表示。

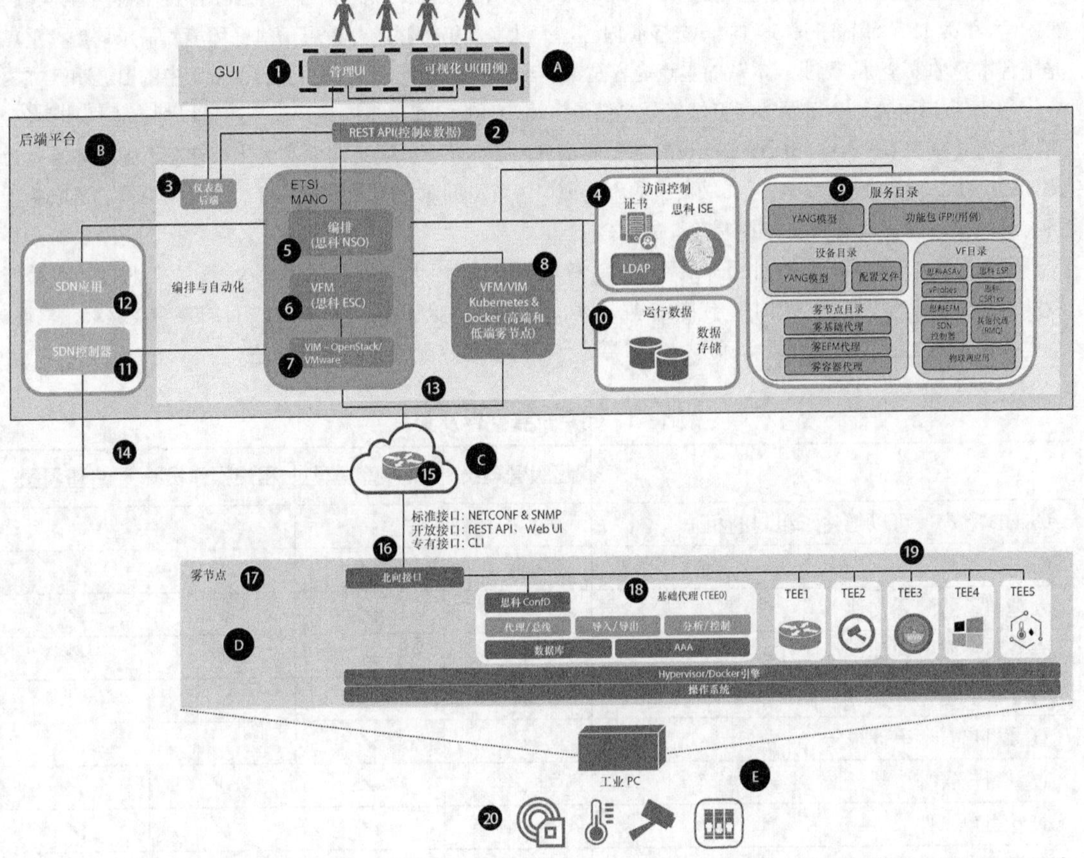

图 13-1 完整的物联网平台参考模型，该模型是一个以 NFV 为中心的架构，由雾计算和 SDN 提供支持

13.1 （A）可视化仪表盘和多租户

（1）用户和用户界面：包括位于后端北向的组件。从保护平台安全性的角度来看，将重点专注图 13-1 顶部显示的管理 UI（User Interface，用户界面）。管理 UI 使用北向 API(2)来触发平台上的操作任务，如服务及其相应安全机制的自动部署、从基础设施及其运行的服务中收集运行和状态数据。

与业务相关的系统（如数据平面 UI、外部 BI 工具以及外部分析仪表盘）不属于平台本身，不在本章讨论范围。例如，图 13-1 右上角的可视化 UI 就属于这类系统。不过，需要注意的是，这些外部系统利用 API（2）在平台北向的业务应用与分布在云-物连续体中的虚拟化应用（如以微服务方式呈现的一组 VF）之间交换数据。准确来说，这些双向数据交换通常都包括运行在雾节点或数据中心节点中的 VF 的数据使用和数据注入，目的是对雾节点的南向组件执行相应的控制和操作。所有这些数据交换均发生在数据平面，很明显，均与垂直领域/特定业务相关。因此，在保护这些数据交换过程时，平台应至少确保下述事项。

1. 对平台内生成或使用数据的端点进行适当的认证。
2. 授权端点在平台内生成或使用数据。
3. 以白名单方式列出构建数据管道的 VF（如存储在服务目录[9]中的镜像已签名或得到正式认可）。
4. 平台与外部系统之间进行数据交换的数据管道进行了安全创建（即编排和自动化部署）。
5. 平台与外部系统之间进行数据交换的数据管道进行了安全维护，可能包括验证平台中运行的 VF 实例（如运行时环境）未被篡改。
6. 对使用或注入数据的外部客户端或用户进行适当的认证和授权。
7. 在数据平面通过北向 API（2）进行数据交换的通信过程是安全的。

可以看出，第 9 章涵盖了上面的第 1、2 和 6 项，第 4 部分在讨论各种垂直行业用例时涵盖了第 4 项，第 10 章和第 11 章涵盖了第 5 项的一些核心内容，不过本章仍将深入分析可信执行环境的需求问题，重点是平台本身的安全性。因此，本章的重点内容是第 3 项和第 7 项，同时还会讨论图 13-1 中的 B 层和 D 层。

该体系架构的一个重要功能特性就是提供了多租户环境。属于不同租户的用户可以拥有不同的角色，可以访问共享的雾、网络和后端基础设施的不同部分，而且还可以端到端地实例化和管理不同服务的生命周期。也就是说，多个参与者（如城市中的不同部门）可以同时部署和管理各自的服务（当然，这取决于拥有高级权限的管理员所定义的策略和 RBAC）。

表 13-1 列出了租户的三种用户配置文件、权限以及适用于所有租户的“超级管理员”权限，由被授权执行的一组动作来表示（CRUD 代表创建、读取、更新和删除动作）。表 13-1 的目的并不是追求完整性，而是为了说明物联网领域大量实际用例所需要的一组典型用户配置文件及其角色。

表 13-1 用户配置文件及其角色

	超级管理员	租户管理员	租户操作员	租户查看员
CRUD 租户（可以创建子租户的租户）	✔	✔		
CRUD 用户	✔	✔		
管理自己的配置文件	✔	✔	✔	✔
查看租户服务（如运行 TEE）	✔	✔	✔	✔
调度租户安全审计（每个租户的穿透测试调度）	✔	✔		
查看租户安全审计报告	✔	✔		
查看租户告警	✔	✔	✔	✔
查看租户事件	✔	✔	✔	✔
管理安全工单（特定租户、特定基础设施）	✔	✔		
本地访问后端服务（如填充服务目录）	✔	✔		
SSH 访问后端节点	✔			
CRUD 基础设施组件	✔			
注册 Hypervisor、Docker 引擎等	✔			
底层网络或基础设施的网络管理	✔			
虚拟网络管理（叠加网络）	✔	✔	✔	
管理每个租户的防火墙规则	✔	✔		
管理在雾节点为租户实例化 TEE 的权限（叠加网络）	✔	✔		

续表

	超级管理员	租户管理员	租户操作员	租户查看员
对用户租户的雾节点的访问控制（叠加网络）	✔	✔		
对目的地租户和分析的数据交换点的访问控制	✔	✔		
雾协议栈镜像（如雾代理）的生命周期管理	✔			
TEE 镜像（包括生产环境和沙箱环境）的生命周期管理-可能包括在成为服务目录的一部分之前的认证过程	✔	✔		
雾协议栈部署的生命周期管理	✔			
TEE 实例和服务的生命周期管理	✔	✔	✔	
查看租户生成的数据（包括自身源和外部授权源）	✔	✔	✔	✔
插入/添加新的分析工具	✔	✔		

如前所述，UI（1）与后端系统之间的通信是通过北向 API（2）启用的。另一方面，用户的认证和授权及其相应的权限由访问控制模块（位于图 13-1 后端（4）中）进行处理。下面在讨论后端平台的时候将深入分析第 2 项和第 4 项的安全功能特性。

一种常见做法是将仪表盘分成前端部分（1）和后端部分（3）。前端通常采用 Web UI（浏览器）形式，使用 TLS 连接仪表盘的后端部分。后者从平台访问数据，并通过北向 API（2）启用操作，也使用 TLS。UI 的后端部分可以运行在后端平台中，因而其安全性也是后端（B）的一部分。对于 UI 前端本身的安全性来说，保护机制应关注如下内容：

- JavaScript 框架及所用 Widget（微件）的安全性；
- 浏览器的安全性；
- 运行浏览器的节点的安全性。

由于在很多情况下，都不将 UI 前端视为平台的一部分，因而保护 JavaScript 框架或外部节点及浏览器的前端安全性，通常都不在平台管理员的责任范围内。对于可能将 UI 前端视为平台一部分的封闭式环境来说，可以考虑采用第 7 章讨论过的第 6 项安全机制：

- 代码的数字签名；
- 认证过程；
- 隔离机制；
- 安全应用程序开发；
- 渗透测试。

13.2 （B）后端平台

从图 13-1 可以看出，后端平台包括多个提供不同功能的模块（见图中第 2～12 项）。请注意，该体系架构可以管理雾、网络和数据中心节点的编排与自动化操作，从而实现“非 OTT（Over-The-Top）式”物联网平台。目前，市场上大多数可用商业物联网平台都实现了 OTT 解决方案：通过叠加网络（Overlay）将数据从网络边缘的隧道化方式传输到云端，从而完全绕过底层网络。当端点与云端之间的网络基础设施出现问题的时候（如底层平台存在安全漏洞），并不影响叠加网络。

不过，本书第 4 部分讨论的所有用例都要求由雾、网络和数据中心节点组成的资源矩阵提供编排解决方案和安全配置，因而需要与底层基础设施进行深度集成。而 OTT 解决方案则无法提供该功能，因而在后端层面应用的安全机制必须能够实现网络以及计算基础设施的安全配置（包括雾和数据中心层面）。

后端平台本身可以采用不同的部署模式。一种模式是直接在裸机中安装后端平台。安装了 VIM（如基于 OpenStack）之后，就可以在 VIM 中将其他模块创建为虚拟化实例，包括 NFVO（如思科 NSO）和 VFM（如思科 ESC）。另一种模式是使用由同一组织机构管理的现有私有云解决方案（如 VMware、OpenStack 或阿里云），然后再通过 IaaS 模式部署图 13-1（B）中的各种模块（如全 VM、Docker 容器或两者组合）。第三种模式是将后端平台部署到公有云中（如亚马逊、谷歌云平台、微软 Azure 或阿里云）。对于私有云来说，数据中心基础设施的安全性可能由同一管理团队进行负责，但是对于公有云来说，安全责任显然属于云基础设施的所有者。第四种方式是采用混合云来运行后端平台，将某些模块托管在私有数据中心，其余模块则在公有云中进行实例化。

很明显，选择的安装和配置方式不同，后端平台的保护需求也不尽相同。下面将以 OpenStack 为例说明裸机安装模式。图 13-2 给出了后端基础设施的详细信息以及示例网段信息，同时还给出了图 13-1 所述的主要组件及分层架构（A-E），图中的网段隔离了管理平面与数据平面。具体来说，由于通信方面的隔离需求，必须在后端配置多个二层网络、VLAN 和 ACL。例如，可能需要为 PXE 的启动及节点零接触（Zero-Touch）配置部署专用且物理隔离的网络和 VLAN，或者为管理和编排任务部署专用网段。当然，还可能需要为租户网络、存储及 Internet 连接配置不同的 VLAN。

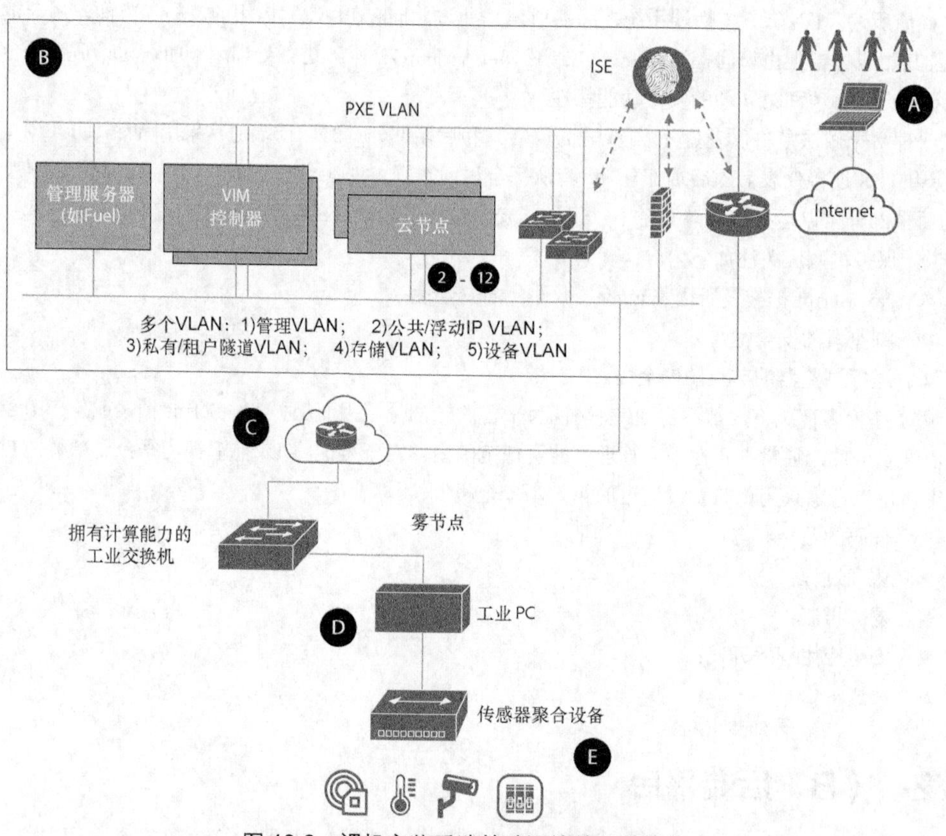

图 13-2 裸机安装后端基础设施的细节信息

虽然可以在裸机中安装部分组件，但是也可以将组件配置为 OpenStack 或 Vagrant 实例。例如，左侧的管理服务器可能是 Mirantis 公司的 Fuel。Fuel 通常运行在裸机上，实现 OpenStack 的自动化部署和管理。OpenStack 场景下的 VIM 控制器通常也采用裸机方式运行，而云节点则通常运行为由 OpenStack 来管理的虚拟化实例。

对于 Red Hat 的 OpenStack 平台来说，通常需要 TripleO（即 OpenStack-On-OpenStack）来处理安装过程。TripleO 项目利用 OpenStack 组件来安装完全可操作的 OpenStack 环境。该 OpenStack 平台定义了

Undercloud 和 Overcloud 概念。简单来说，就是由前者来安装并配置后者。确切来说，Undercloud 利用每个节点的 IPMI（Intelligent Platform Management Interface，智能平台管理接口）实现电源管理和带外控制，同时利用基于 PXE 的服务来发现硬件属性并在每个节点上安装 OpenStack。从图 13-2 可以看出，ISE 可以处理 Undercloud 中的访问控制操作，而且还可以将 PXE 设备聚合到一个组中，仅允许在 PXE 启动时访问。

不过，随着物联网的不断发展，后端基础设施变得越来越重要，这些最佳实践也在逐渐发生变化。很多后端平台都逐步演变为以 NFV/SDN 为中心的体系架构，相应的需求也将远远超出 OpenStack 安装的应用范围（仅限于数据中心的 IaaS 或 PaaS）。因此，后端基础设施的安全性不是要编写安全和初始配置脚本，而是要实现可操作的安全性。对于从头开始的裸机安装模式来说，操作过程应至少包含如下任务：

- 从 Undercloud 中的一组可信网络和计算设备开始安装；
- 部署和配置一个策略管理与访问控制系统（如 ISE），确保 ISE 本身及其附加组件（如 LDAP）的安全性，特别是运行在 VM 中的时候（将在图 13-1 的第 4 项进行详细讨论）；
- 部署和配置其他安全系统（如 SIEM 工具和威胁检测系统），并应用管理指南和最佳实践，以确保安装、部署、托管这些系统的节点的安全性；
- 根据每个特定 VIM（OpenStack、VMware 等）的裸机安装最佳安全实践与建议，从物理上和逻辑上保护网络基础设施并进行分段；
- 在构建 Undercloud 的计算机（如 Fuel、VIM 控制器等管理服务器）上安装、修补和加固操作系统及附属软件组件；
- 安装 VIM 管理服务器并连接到相应的网络上；
- 启动并运行管理服务器之后，安装 VIM 及其控制器，并连接到相应的网络上；
- 最大程度地限制 Undercloud 节点的通信行为；
- 继续实例化体现后端平台的 VM（见图 13-1 中的第 2～12 项）（Overcloud 实例），并按照本章后续章节所述方式保护这些实例。

请注意，为了说明问题，前面提到的大多数案例引用的都是 OpenStack。如果是 VMware、阿里云等支持的 VIM，那么可以进行类似分析。

表 13-2 列出了后端平台不同组件的安装类型（如 Undercloud 或 Overcloud）。图 13-1 中的所有项（2-12）均表示由 VIM 管理的 Overcloud 实例，下面将逐一分析这些组件的安全性问题（包括内部和外部通信）。

表 13-2 作为 Undercloud 和 Overcloud 一部分的后端平台的不同组件

安装的模块/组件	安装类型
Fuel (Mirantis)	裸机（Undercloud）
OpenStack 控制器（包括 Nova、Glance 等）	裸机
LDAP 服务器	Vagrant 实例
思科 NSO	Overcloud 实例
思科 ESC	Overcloud 实例
思科 ConfD/Kubernetes 主节点	Overcloud 实例
OpenStack Horizon	Overcloud 实例
SpaceWalk 软件仓库（如用于软件补丁）	Overcloud 实例
其他计算节点	Overcloud 实例

（2）REST API：API 可以运行在后端基础设施中的一个或多个 VM 中。后端平台提供了 REST API，完全抽象了后端平台嵌入的各种技术。可以利用 API 操作并以编程方式管理租户及其用户、服务和应用程序的生命周期，同时还可以在租户之间实施数据共享策略、监控构成服务的不同组件的状态等。此外，还

可以通过 REST API 访问整个后端平台中的业务数据，并对与特定用例相关的端点发布操作命令。

从安全性角度来看，可以采用第 7 章讨论的用于 SDN 控制器北向接口的安全方法（第 4 项），主要考虑如下安全机制。

- **API 认证**：如 HTTP 基本认证、HMAC 和基于令牌的身份认证（参见图 13-1 中的第 4 项）。
- **API 授权**：用于 RBAC 的 AAA 服务器（参见图 13-1 中的第 4 项）。
- **不可否认性**：跟踪北向接口的访问情况以及撤销客户端访问北向接口的能力，如使用脚本请求撤销（用于基于令牌的解决方案），或使用 CRL（Certificate Revocation Lists，证书撤销列表）或 OCSP（Online Certificate Status Protocol，在线证书状态协议）（用于基于 PKI 的解决方案）。
- **安全传输协议**：使用 TLS。

上述措施可以保护客户端对 API 的访问以及相应的通信过程，但无法保护 API 本身，也无法保护其运行时环境。第 7 章讨论的安全方法（第 6 项）也同样适用。例如，可以对 API 代码进行数字签名，也可以执行认证过程。对于运行时环境来说，可以采用隔离机制，也可以采用认证流程和渗透测试。所有这些仍然不够，实现 API 实例的计算节点也必须是安全的，有关计算节点本身的保护问题将在图 13-13 进行介绍。

（3）仪表盘后端：如前所述，仪表盘后端可以运行在后端基础设施中的一个或多个 VM 中。应该利用 TLS 来保护与仪表盘前端之间的通信、与 API 之间的通信（见图 13-1 中的第 2 项）以及与数据库之间的内部通信（如为 MySQL 配置 TLS），这些数据库通常是大多数商业仪表盘后端系统的一部分。

虽然客户端语言的兴起为网页带来了良好的交互性，但同时也带来了非常明显的安全挑战，因为攻击者可能会桥接和控制非可信客户端（如仪表盘前端）。在这方面，JavaScript 是王道。由于 JavaScript 的客户端侧代码直接由浏览器进行解析和处理，因而允许应用程序伪造动态内容。考虑到 JavaScript 能够在 Web 浏览器的限制范围之外运行，因而其安全性是一项非常重要的考虑因素。因此，保护仪表盘后端的关键要素之一就是要开发安全的 JavaScript 应用程序。

下面列出了 JavaScript 的潜在漏洞以及相应的应对策略。

- **XSS（Cross-Site Scripting，跨站脚本）**：指的是一组允许攻击者运行从外部注入的 JavaScript 代码（通常称为净荷）的攻击机制。最有害的 XSS 攻击称为持久型 XSS，这类攻击注入的脚本（净荷）永久存储在目标应用程序中（如在数据库中）。例如，攻击者可以通过博客上的评论字段、论坛中的帖子或表单注入恶意脚本。用户（受害者）访问网页并在浏览器中加载内容时，持久型 XSS 净荷就会与网页上的合法内容一起提供给受害者，受害者将在浏览器加载页面时执行该恶意脚本。

  虽然持久型 XSS 攻击是潜在最具破坏性的攻击形式，但并不是最常见的攻击形式。最常见的攻击形式是反射型 XSS，此时的恶意净荷作为请求的一部分发送给 Web 服务器（如仪表盘后端），反射回来的响应消息中包括了此前发送的请求消息中包含的净荷。该攻击模式的差异在于净荷不会持久存储在服务器中（如仪表盘后端），因而攻击者需要单独向每个受害者注入净荷，网络钓鱼技术通常就用于该目的。

  XSS 攻击不但允许攻击者窃取会话 Cookie 并冒充受害者，而且还可以分发恶意软件、网络钓鱼凭证等。应对 XSS 攻击的主要对策具体如下。

  - 不允许未被认证和授权访问特定网页（如包含一个表单的网页，填完表单之后，输入的数据会保存在数据库中）的用户或客户端注入数据（可能包含恶意净荷）。也就是说，必须限制对可信用户/客户端的访问，验证其凭据，并在数据持久化之前授权输入。
  - 对于用户通过 Web 应用进行交互的所有方法都实施输入验证机制。

- **CSRF（Cross-Site Request Forgery，跨站请求伪造）**：XSS 利用的是用户/客户端对服务器的信任漏洞，CSRF 的工作方式则正好相反：利用的是服务器对用户/客户端应用程序的信任。具体来说，CSRF 攻击强迫用户/客户端在 Web 服务器上执行非期望的操作，这些用户/客户端已经过

Web 服务器的认证，即攻击过程由可信用户/客户端发出。CSRF 利用了浏览器与服务器之间对请求的管理方式，如果用户/客户端已经过认证，那么很多服务器将无法区分伪造请求和受害者发出的合法请求。实现该攻击的一种方式是利用很多服务器都在使用的 Cookie。Cookie 通常会识别用户并保持用户与服务器之间的会话处于打开状态。为给定服务器设置 Cookie 之后，浏览器就会在每个请求中发送该 Cookie，以保持会话打开。

对于 CSRF 攻击来说，攻击者无法查看针对伪造请求的响应消息，但是这并不重要，因为攻击的目标是欺骗用户/客户端执行攻击者所定义的操作。考虑一个简单案例，攻击者在某服务器页面上发现了未受保护的表单（如用户更新），之后攻击者伪造外部 URL 并让用户导航到该指定 URL（如鼓励受害者通过电子邮件访问 URL）。受害者访问该伪造 URL（在攻击者的控制下）之后，将自动触发向服务器提交表单（如使用 JavaScript）。由于用户会话处于打开状态，因而脆弱的服务器会接受该请求，之后该用户的邮件可能会成为被攻击者控制的邮件账户。由于会话 Cookie 启用了该操作，因而服务器认为受害者已正确提交表单。此后，攻击者就可以利用服务器提供的密码重置功能，在其控制的新账户中接收电子邮件、更改密码，并控制用户的账户。

防范 CSRF 攻击的措施是增加同步器令牌（Synchronizer Token），也就是说，所有的状态变更操作（如“更新用户”）都应该使用安全随机令牌（如 CSRF 令牌或随机数），以防范 CSRF 攻击。这些令牌对于每个用户会话来说都应该是唯一的，由加密的安全随机数生成器生成，且应该基于大随机值。可以将令牌添加为表单中的隐藏输入字段，以便服务器可以在令牌未通过验证操作时拒绝任何请求。

总的来说，保护 JavaScript 代码的最佳方法就是使用多层安全机制来确保代码的完整性和正确行为。此外，仪表盘后端的安全性还涉及其他安全要素，如保护计算节点、运行时环境以及内部使用的数据库。前两点将在本章后面介绍，因为它们与构成平台的计算节点的安全性有关。

（4）角色和访问控制：对基础设施、虚拟化实例、服务目录、应用程序以及数据的访问操作，都要根据策略以及基于角色的访问控制机制进行管理。租户的每个用户都有一个特定的角色，角色决定了用户有权执行的操作。可以通过平台来定义谁有权访问哪些内容以及何时访问（who、what 和 when）。根据实现情况，可以扩展访问策略以涵盖何处和如何（where 和 how）等其他问题。

因此，关键是定义 ID（Identity，身份）。ID 必须经过适当的身份认证，而且应该预先定义好这些 ID 可以执行的操作，以便获得相应的授权。发生这些操作之后，必须通过正确的记账机制加以记录。不幸的是，截至本书写作之时，市场上的商业技术还无法统一管理和定义平台中不同层级所需的所有 ID 角色（见图 13-1）。

准确来说，每个端点都有一个 ID（20）。该 ID 可以是客户端，如一个或多个数据主题的发布者或订阅者。每个数据主题都有一个 ID。支持在这些客户端 ID 之间交换和分发数据的消息代理也有 ID。很多代理都运行在雾节点（18）中，这些雾节点也有 ID。除了消息代理之外，雾节点托管的每个实例都有一个 ID（18，19）。如果这些实例由 VIM（如 OpenStack）进行管理，那么这些 ID 将由 OpenStack（7）进行发布和管理。但是，如果实例由 VMware（7）或 Kubernetes（8）进行管理，那么这些 ID 将分别由 VMware 或 Kubernetes 进行发布和管理。服务目录（9）中的镜像遵循同样的模式。例如，如果使用的是 OpenStack，那么通过第 9 项开放的很多镜像实际上都由 Glance 管理，因而都有 Glance ID。服务目录（9）中的其他镜像可以由 Docker 进行处理，因而 Docker 镜像拥有 Docker 定义的 ID。后端节点也有 ID，基础设施节点和 Overcloud 实例的 ID 在本质上是不同的。

总之，物联网没有通用且统一的 ID 定义。更重要的是，以 NFV/SDN 为中心的物联网架构（见图 13-1 中的架构），要求必须能够处理由不同的源端发布和管理的 ID（采用完全不同的格式）。目前还没有任何一种解决方案能够避免该问题，将来行业可能会解决数字 ID 的规范化问题，需要实现标准化并保证其格式和使用的安全性。在此之前，可以采用如下两种较为合理的解决路线。

1. 开发可以由各种子系统（如 OpenStack Glance、思科 Prime 和本地数据库）中的原子组件填充（或提供指针）的服务目录（9），这些子系统可以创建和组合需要由后端平台进行编排的服务。服务目录（9）中使用的ID代表的是服务实例化之前所需的对象，也就是说，代表实际部署服务之前需要这些ID的组件（如服务的YANG模型、雾节点的YANG模型、防火墙镜像、雾节点代理的镜像，或者在雾节点层面处理数据的应用程序镜像）。有关服务目录的保护问题详见本章后面的第9项。

2. 开发一个对象注册表（Object registry），不仅存储部署在现场的组件ID，而且还链接实例ID（这些实例负责组成已部署服务）。一般来说，与服务目录相比，对象注册表中的表项的创建与更新更加频繁，因为它们反映了当前由平台管理的虚拟和物理组件及服务。例如，考虑在云-物连续体中部署的服务链，服务由物品（20）、雾节点（17）、运行在TEE中的特定业务应用（19）、数据管道（18，10，1）、VLAN/VXLAN和网络通信（15）、安全应用（11，12）、可能运行在后端的应用程序以及数据库等组成，所有这些组件都有ID，而且都绑定在对象注册表中。此外，对象注册表还可以获取软件组件与组成服务的实例之间的依存关系。如果需要重新部署服务（如基础设施出现故障［如链路故障、节点故障或断电］），那么这一点将尤为重要。

虽然服务目录已经很普遍，但能够链接跨不同层级的物理和虚拟组件的对象注册表还处于概念阶段。oneM2M等计划目前正朝着该方向进行努力，也取得了一些进展，但还远未真正实现完整的对象注册表。例如，在多个协议都需要识别所用应用程序的情况下，虽然采用专有格式和非标准ID识别应用程序的做法很普遍，但是这样做对于M2M场景来说，很难实现协议与应用程序的绑定，从而给应用程序的跟踪与计费带来挑战。oneM2M使用的是应用程序ID注册表，由该注册表充当应用程序注册及后续查找的集中式源端，最终注册表可以为应用程序生成唯一且基于标准的ID。尽管取得了不少进步，但oneM2M的应用程序ID注册表仅解决了完整的对象注册表应涵盖的一小部分需求。很明显，对象注册表有可能成为存储和绑定ID的核心系统，因而其保护及填充将成为未来的发展关键。

由于北向 API（2）为租户的用户实现认证及授权的集中控制点（4）提供了实现通道，因而管理访问控制并授权跨雾、网络及云部署服务的底层机制也就显得更为复杂。由于缺乏统一的ID管理工具，也没有对象注册表，因而在编排和部署服务时，涉及的对象（实例）的ID的所有权和管理仍处于分散管理状态。也就是说，API（2）通过提供集中式RBAC，向最终用户抽象和隐藏了这些机制，不过从本质上来说，访问控制仍然是一种分布式功能。

为简化平台内的RBAC分析，下面将以采纳图13-1所示架构的组织机构为例，该组织机构使用思科ISE、LDAP、思科NSO和ESC、OpenStack作为VIM，并通过RabbitMQ来支持数据管道。接下来将讨论三种需要访问控制和策略实施的场景，并解释如何在内部将ID认证与授权访问相分离。

13.2.1 场景1：需要将新端点连接到网络上

如第9章所述，在端点尝试连接网络时，ISE（4）可以处理端点的身份以及访问控制机制的管理与实施。思科ISE提供了具有性能分析功能的AAA服务器，可以决定谁有权访问有线和无线接入网络中的什么内容、在什么时间、什么地点甚至采用什么方式进行访问。例如，端点经过认证且授权允许访问网络之后，就可以根据需要连接一个或多个雾节点（20）。

13.2.2 场景2：用户希望跨雾、网络和数据中心基础设施部署新服务

原则上，可以利用LDAP（4）集中管理用户的身份、用户的配置文件和角色、用户的身份认证以及授权用户在平台执行指定操作。如前所述，可以使用 Overcloud 控制器作为 Vagrant 服务器在后端实例化主LDAP。

很多公司和公共管理部门都经常利用 LDAP 和微软的活动目录来存储身份，但本例中的后端计算基础设施是由VIM（本例为OpenStack）进行管理的，因而OpenStack的API客户端认证与多租户授权的默

认身份服务实际上都是 Keystone（7）。在 Keystone 中复制 LDAP ID 存储看起来似乎不切实际，因而 OpenStack 最常见的 ID 管理需求就是与 LDAP 相集成，目标是将 Keystone 的 ID API 转换为前端，从而能够访问由 LDAP 和现有活动目录管理的信息及 ID。虽然 Keystone 支持 LDAP，但实际的支持模式在过去几年一直都处于发展变化当中。

为了更好地解释 LDAP 与 Keystone 之间的相互作用，必须深刻理解 Keystone 本身是由多个后端和服务组成的，而且并非所有的后端和服务都支持 LDAP。这里涉及的 Keystone 服务（或驱动程序）如下。

- **身份（Identity）**：存储用户和组。
- **资源（Resource）**：存储 OpenStack 域和项目。域由用户和项目组成，用户可以同时拥有项目和域层面的角色。
- **权限分配（Assignment）**：存储角色及其权限分配结果。Keystone 在本质上是将用户映射到项目和域，并为每个特定的项目和域关联用户角色。

现有的绝大多数 OpenStack 安装部署，都只将身份驱动程序映射到 LDAP，而且通常采用只读模式。这是因为大多数组织机构的企业目录都有独立的管理系统，而且这些系统已经成功运行了很多年，因而不希望改变它们的操作。

在实际部署中，很少会有实现会将资源和权限分配服务映射到 LDAP。有两方面原因：首先，将 LDAP 树映射为 Keystone 处理的模式并非易事；其次，在管理 OpenStack 域和项目并分配角色时，这些操作需要从 Keystone 的角度进行读/写操作，但企业希望 LDAP 和活动目录对于 VIM 来说仅只读，因而存在一定的冲突。因此，目前的 Keystone 已不再支持 LDAP 的资源和权限分配。

有鉴于此，必须认识到仅将 Keystone Identity 服务映射到 LDAP 的后果。也就是说，如果 OpenStack 的 ID 服务被配置为使用 LDAP，那么实际上就将认证和授权服务分成了两部分：身份服务（用户认证）由 LDAP 以只读模式进行管理，而资源和权限分配服务（授权部分）则由 Keystone 进行处理。其结果就是，在 NFV/SDN 架构所支持的雾、网络和数据中心基础设施中部署服务时（见图 13-1），LDAP 本身并不足以提供 AAA 服务。

值得一提的是，Keystone 还支持基于令牌的认证与用户服务授权机制（如使用 SQL），最近还被重新设计为支持其他外部认证和授权机制（如 SAML 和 OAuth 2.0），而且很快将支持 OpenID。此外，还可以利用 TLS 来保护和加密 Keystone 与 LDAP 之间的身份服务通信。

除了在 VIM 中访问和分配资源需要进行必要的认证和授权之外，在云-物连续体中部署服务还需要对雾节点和网络（WAN 和边缘）实施访问控制。假设本例位于数据中心外部的雾节点和网络设备的配置由思科 NSO 进行管理（或通过思科 NSO 进行管理），那么授权部分很明显超出了 LDAP 和 Keystone 的能力范围。好消息是 NSO 支持 PAM（Pluggable Authentication Module，可插拔认证模块），包括 LDAP 和 RADIUS。因而就 Keystone 而言，可以利用 LDAP 来管理用户 ID，并以只读模式处理认证操作。

不过，还需要进一步分析以定义明确的访问策略，即确定哪些用户可以在哪些雾节点和网络节点上部署服务。所有由思科 NSO 管理的设备（核心编排组件），都要在/ devices/device/*node_x* 中注册成 NSO 设备，因而 NSO 会在内部为这些设备分配自己的 ID。为此，需要采用额外的手段，在经过认证的用户与其在指定设备（由 NSO 进行管理）上部署服务的权限之间建立期望的映射关系。

如后面第 5 项所述，NSO 中的授权操作可以采用本地方式或外部 AAA 服务器方式（如 RADIUS）。与 Keystone 一样，可以将 LDAP 用作用户的单点认证，但不同层面的授权则仍然保持分布式模式。虽然这并非理想状况，但市场上现有的 NFV/SDN 架构还缺乏涵盖云、网、雾的统一的 NFVO/VFM/VIM 授权机制。在此之前，需要将 LDAP 用户链接并映射到其他子系统（如 Keystone 和 NSO），以管理相应的授权操作。

13.2.3 场景 3：创建新数据主题并在租户之间实现数据共享

LDAP 还可以处理数据主题的身份并管理数据客户端的访问控制。如第 11 章所述，RabbitMQ 拥有

LDAP 插件。本场景主要包括三个阶段。

- **在 LDAP 中创建数据主题**：从图 13-3 可以看出，完全可以通过仪表盘前端（1）创建、更新或删除数据主题（见图 13-1）。图 13-3 显示可以以直观的方式管理数据主题，包括跨租户的数据共享策略。可以通过仪表盘触发这些操作，并在 LDAP 树中生成新表项。API（2）可以启用与 LDAP 实例（4）的连接，因而通过仪表盘实施的配置变更可以反映到 LDAP 树中。如第 11 章所述，RabbitMQ 中的数据主题与特定的 vhost 相关联。图 13-4 给出了一个简单案例，该案例在 LDAP 中创建一个新 vhost，租户管理员 ID 为 59365c3b858c3，LDAP 创建了两个表项：59365c3b858c3_out 和 59365c3b858c3_raw（见图 13-4）。

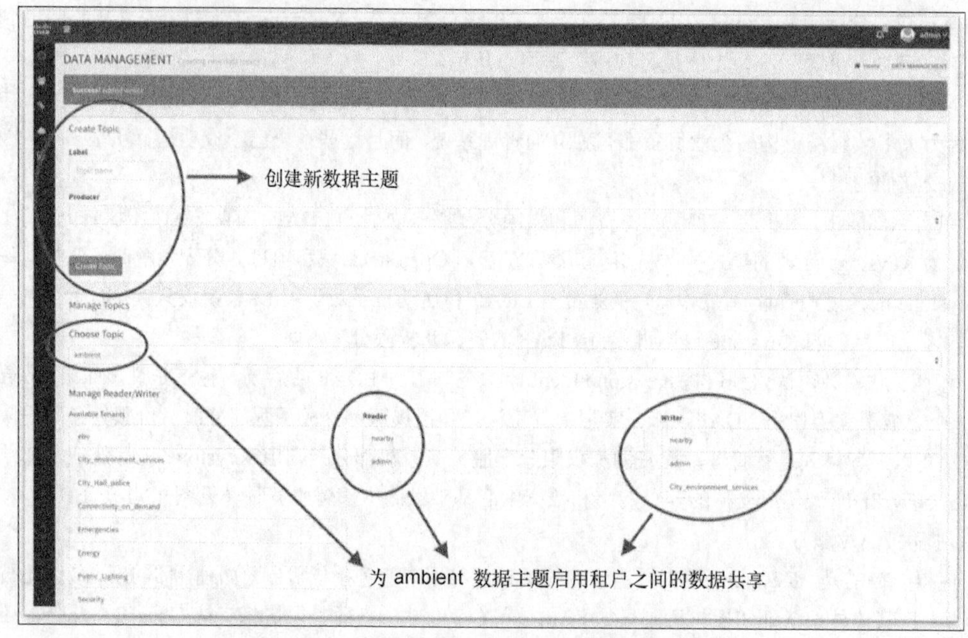

图 13-3 跨租户管理数据主题和数据共享策略

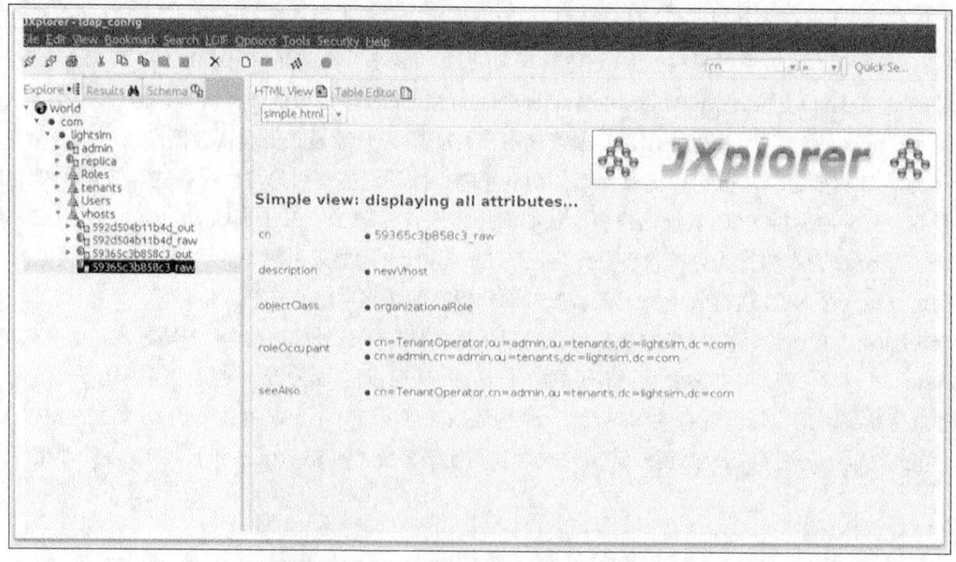

图 13-4 向 LDAP 添加新 vhost 的结果

创建了新 vhost 之后，可以添加客户端（租户作为消费者、生产者或两者）。如果将客户端添加为生产者，那么租户 ID 将包含在表项 vhostID_raw 的 LDAP 字段 roleOccupant 中。如果将客户端添加为消费者，那么租户 ID 将包含在表项 vhostID_out 的 LDAP 字段 roleOccupant 中。从图 13-3 到图 13-5 的案例可以看出，客户端通过仪表盘被添加为消费者（读者），因而 vhostID_raw 保持不变，而 vhostID_out 则显示租户已被添加到字段 roleOccupant 中。

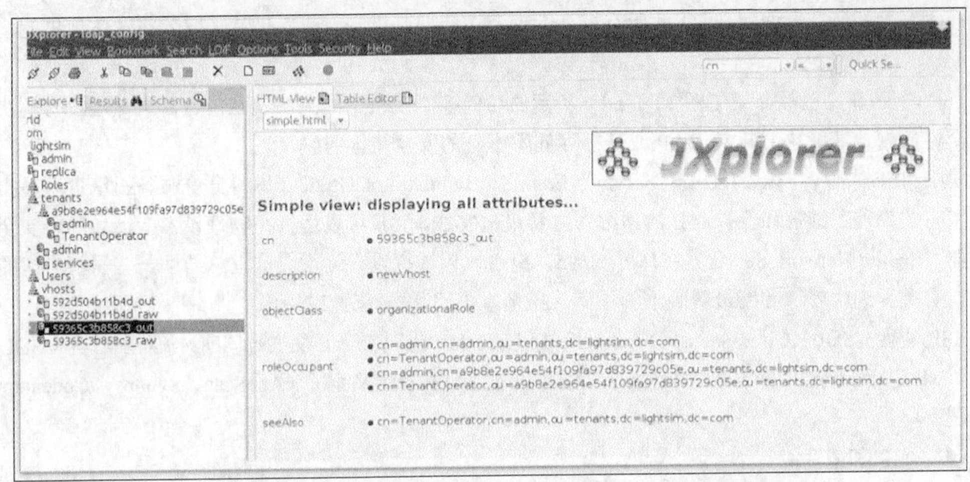

图 13-5 将消费者添加到在 LDAP 中创建的 vhost 的结果

- **配置 RabbitMQ 并在现场进行数据主题的编排部署：**NSO 中的每个雾节点都被注册为设备，这是通过使用 ConfD 创建的 NED（Network Element Driver，网元驱动程序）实现的。NED 允许编排系统利用标准化的 NETCONF 接口（16）管理和配置每个雾节点。例如，NED 允许系统在运行于雾节点（18）上的 RabbitMQ 实例中配置新 vhost。

可以通过仪表盘中的操作调用 NSO 服务，目的是在现场部署和配置 vhost（见图 13-3 左上角）。配置更新可以通过 NETCONF 接口进行发送，该接口由运行在雾节点代理上的 ConfD 实例提供支持。订阅 ConfD 更新的 Python 进程可以驱动该配置进程。具体来说，ConfD 订户收到事件之后，会发生如下操作：

  - 通知 ConfD CDB 中的更新；
  - 列出现有的 vhost，并与当前部署在 rabbitmqctl 中 vhost 进行对比；
  - 检测到需要更新之后，进程会进行认证并获得修改 RabbitMQ 配置的授权。例如，通过运行在雾代理中的本地 AAA 实例（18）；
  - 由进程在 RabbitMQ 中创建、删除或修改相应的 vhost（有关该进程背后的编排操作请参见第 11 章案例）。

- **在租户之间配置和实施期望的数据共享策略（RBAC）：**创建数据主题时，可以利用仪表盘中的其他操作来定义另一种 NSO 服务，这次的目的是为 RabbitMQ 中的数据主题更新调整读者或作者集（见图 13-3 右下角）。在前一种情况下，NSO 服务的配置目标是运行在雾节点中的 RabbitMQ 实例，此处的配置目标是雾代理（18）中的 AAA 实例。请注意，创建数据主题以及后续添加/删除客户端（读者/作者）的操作可能是会实现解耦，因而可以可以将其实现为单独的 NSO 服务。另外需要注意的是，RabbitMQ 和 AAA（运行在雾节点代理上）中的所有配置，都能在单个雾节点上进行编排，而且还能在现场的大量雾节点上同时自动执行。

如第 11 章所述，运行在本地雾节点中的 AAA 实例可以采用不同的实现方式，包括令牌机制、本地数据库或特定 LDAP 目录树的副本。前面曾经说过，本地 AAA 服务（运行在雾节点中）的需求与设备必须能够自主运行的事实有关，因而必须能够认证客户端并授权跨租户进行数据交换（即使没有到后端平台的回程连接）。

目前，存储所有已部署服务及其状态的事实系统就是编排系统（参见图13-1中的NFVO模块[5]）。不过如前所述，服务中的实例可以由内部各种子系统进行管理（如OpenStack、VMware或Kubernetes），每个都可能使用自己的ID且需要进行显式访问控制，或者使用自己的IAM（Identity and Access Management，身份和访问管理），这些内容已经超出了NFVO的能力范围。至于业界是否会采用统一的系统，在物联网的所有层面实现ID的所有权、管理及访问控制机制，或者仍然采取分布式实现机制，还有待观察。

到目前为止，已经介绍了图13-1（4）所示的访问控制模块中的主要安全内容，但是还没有解决模块的安全性问题，即解决ISE、LDAP或证书存储库本身的安全防护问题。

对于ISE来说，Cisco Identity Services Engine Administrator Guide（思科身份服务引擎管理员指南）提供了有关部署、维护和保护ISE的详细信息和最佳实践。ISE可以运行在物理设备上，如思科安全网络服务器（Secure Network Server）3515或3595，也可以以虚拟设备运行。这里总结了一些需要考虑的主要因素，有关详细内容请参阅最新版本的指南（截至本书写作之时为2.3版）。

ISE遵循CSDL（Cisco Secure Development Lifecycle，思科安全开发生命周期）流程。作为CSDL的一部分，ISE进行了全面的漏洞测试，包括行业标准测试工具和自定义测试（AppScan、Synopsys/Codenomicon、Retina等）。

- 连接和限速：
  - 通过限制TCP连接和泛洪来防范DoS攻击；
  - 使用限速措施，包括将数据包速率限制为每秒平均数据包数（用于TCP、UDP和ICMP）；
  - 限制特定已知地址的连接（如管理地址）。
- 加固和安全最佳实践：
  - 升级到最新的补丁版本；
  - 为CLI和Web UI使用强密码策略；
  - 为管理员分配差异化访问权限，每个管理员都有自己的账户（无论是本地还是通过外部ID存储库）；
  - 遵循最低权限策略；
  - 禁止在日常维护中使用超级管理员账户；
  - 限制通过控制台访问和管理Web接入；
  - 限制SSH以实现更高的安全性；
  - 更新管理员的pre-banner和post-banner配置；
  - 限制最大并发管理会话数和登录横幅；
  - 通过CLI部署连接限制措施，设置最大TCP连接数和TCP/UDP/ICMP速率；
  - 配置ACL，要求ISE PSN访问特定端口（如8443或8905，而不是IP或TCPany any）；
  - 启用FIPS以强制执行安全性更高的算法；
  - 复审内部用户账户并禁用未使用账户；
  - 限制接入设备和负载均衡器所用的状态探针账户返回的接入权限；
  - 为每个节点部署唯一的证书（而不是通配符证书），以提高安全性；
  - 部署防火墙和其他安全设备，限制节点访问所需的操作端口；
  - 为状态和代理文件采用离线更新方式，因为这样做比实时访问Internet更安全；
  - 使用安全存储库来备份文件、支持包、日志文件以及相关联的加密密钥；
  - 在需要分布式部署的高可用性场景中，在主用和备用ISE节点之间使用安全的数据复制机制；

- 仅允许从选定的 IP 地址对 ISE 进行管理访问；
- 为管理员配置会话超时机制并终结活动的管理会话；
- 使用可信证书存储库。

上述基本原理也适用于 LDAP 服务器和证书服务器。

（5）NFVO（NFV Orchestrator，NFV 编排器）：如第 6 章所述，虽然 NFV 和 ETSI MANO 的起源与网络相关，但是 5G、ETSI MEC（Multi-access Edge Computing，多接入边缘计算）、雾计算以及物联网的进步，使得创建出来的 VF（Virtual Functions，虚拟功能）已经超出了传统网络的范畴。不但可以实现其他用途的 VF，而且还可以组合这些 VF 以构建面向物联网用例的端到端服务。这些 VF 可以是完整的应用，也可以是非常基本的微服务。定义服务（由一个或多个 VF 组成）的时候，可以基于 ETSI MANO 体系架构进行自动部署，并管理和维护服务的功能（见图 13-1 后部）。

端到端的覆盖范围与此尤为相关，因为平台可以提供雾、网络及数据中心节点的统一管理，可以在云-物连续体中统一配置和部署物联网服务。从图 13-1 所示的参考架构可以看出，NFVO 是思科 NSO（Network Services Orchestrator，网络服务编排器），能够以事务方式支持通信设备和 VF（虚拟机）的集成与统一管理。

NSO 通过 PAM（Pluggable Authentication Modules，可插拔认证模块）实现认证功能。NSO 在尝试 PAM 或外部认证之前，会默认检查其本地用户。可以将 PAM 配置为最常见的访问控制机制，如 RADIUS 和 LDAP。

如 7.1.5 节所述，基本的 MANO 保护机制如下所示。

a. 依靠安全的网络。应该将编排工具部署到基于 RBAC 访问控制机制的安全网段上。

b. 使用最低权限。意味着将基于最小特权原则授予访问权限，也就是说，用户通过认证后，授权机制会给用户授予最低可能的权限集，以执行用户配置文件所需的任务。

c. 部署威胁检测系统（如 DDoS 和防病毒工具），利用编排手段和流量阻塞技术维护整体可用性（如使用思科 Umbrella、Talos，并通过 NetFlow 和 Stealthwatch 实现行为分析）。

d. 保持 NSO 处于最新补丁和更新状态。NSO 可以运行在裸机上，也可以运行在后端 Overcloud 中的一个或多个 VM 上。保持 NSO 和主机操作系统处于最新补丁和更新状态非常重要，可以通过 SpaceWalk 等解决方案加以实现，SpaceWalk 可以为系统的配置和补丁提供良好的管理解决方案，被广泛用作补丁工具，详见 13.4 节。

e. 清除系统 Bug（包括计划性的 Bug 清除操作）。

f. 禁用依赖弱安全协议（如 Telnet 和 HTTP）的特定服务。

g. 确保 NFVO 日志成为 SIEM 解决方案的一部分。日志跟踪不但能够提供系统变更的深入洞察，而且还能用于审计操作。

h. 确保高可用性，尤其是运行了大规模服务的编排平台。为此，思科 NSO 提供了 LSA（Layered Service Architecture，分层服务架构），将编排系统分为高层和一个或多个低层。高层是 CFS（Customer Facing Service，客户侧服务）层，低层是 RFS（Resource Facing Service，资源侧服务）层（见图 13-6 和图 13-7）。CFS 代码可以运行在一个或多个节点中，称为 NSO cfs-nodes，RFS 代码可以运行在多个 NSO rfs-node 中，每个 rfs-node 负责处理设备树中加载的部分受管设备，cfs-nodes 则负责处理加载在自己设备树中的 NSO rfs-nodes。

严格来说，图 13-6 和图 13-7 方案支持可扩展的编排系统，但无法提供高可用性。思科 NSO 还支持 CDB（Configuration DataBase，配置数据库）的复制。该复制架构基于一个主动的 NSO 主站和一个或多个被动从站。由 NSO 主站和一个或多个从站组成的一组主机称为高可用组。

值得注意的是，NSO 的作用仅限于在高可用组中的其他成员之间复制 CDB 数据，NSO 本身并不执行任何辅助任务，如运行协议以选举新的主站。必须建立高可用性框架来满足这些需求。

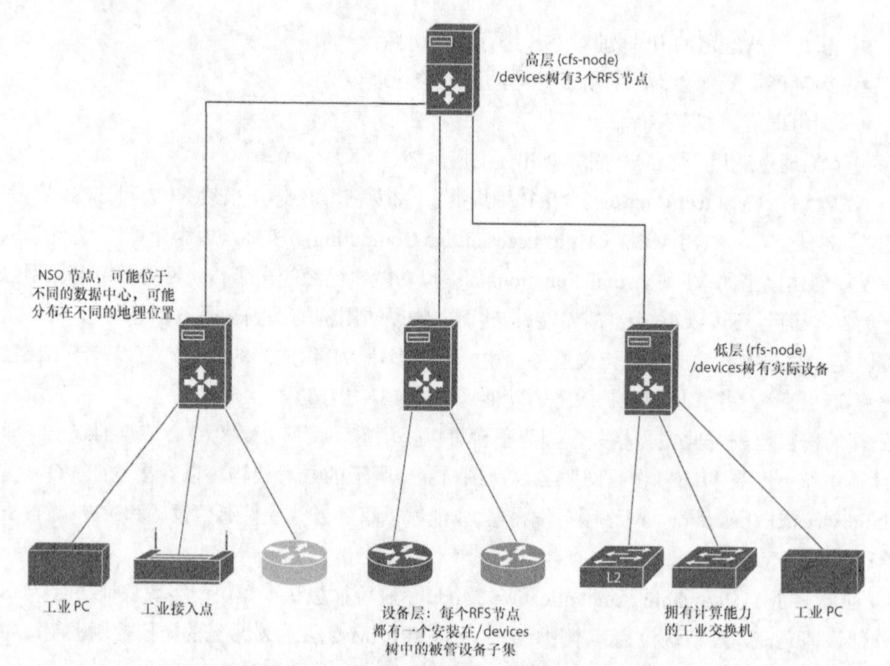

图 13-6 基于 NSO LSA 实现可扩展性

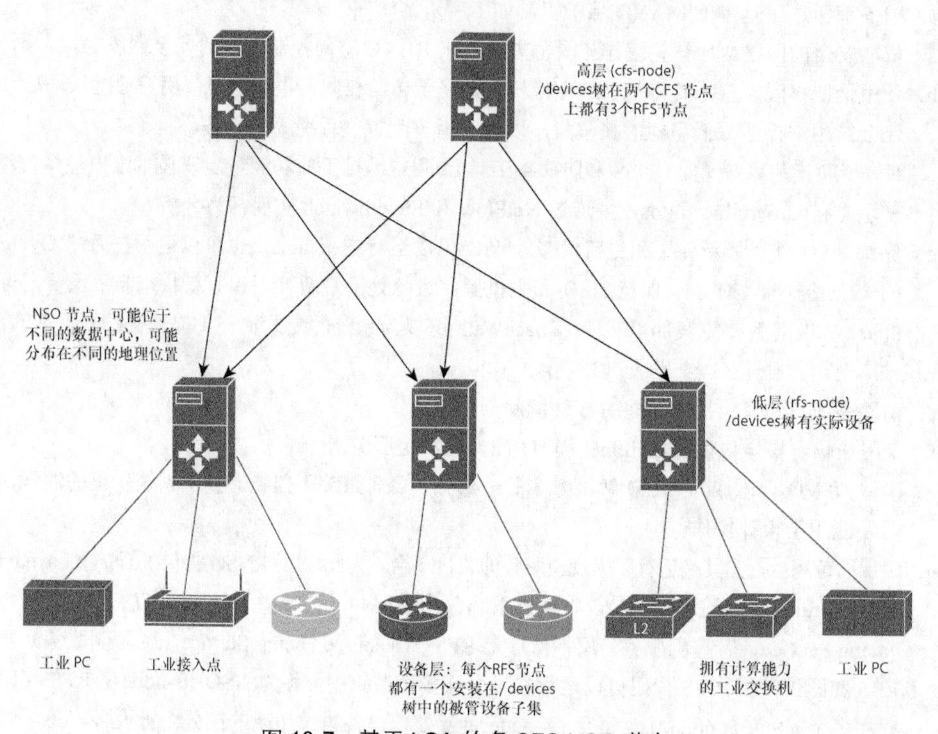

图 13-7 基于 LSA 的多 CFS NSO 节点

（6）VFM（Virtual Functions Manager，虚拟功能管理器）：VFM 模块可以运行在后端基础设施中的一个或多个 VM 中，也可以运行在裸机中。VFM 负责管理 ETSI MANO 架构中的 VF 的生命周期。本例中的 VFM 由思科 ESC（Elastic Services Controller，弹性服务控制器）实现。

由于该模块可以控制平台（尤其是后端）中的 VM 的启停，因而保护该模块的安全性至关重要。7.1.6 节提到的安全机制均适用于 VFM 的保护，包括代码数字签名、认证、隔离机制、应用程序开发安全和渗透测试。

此外，NFVO（思科 NSO）与 VFM（思科 ESC）之间的通信由 NETCONF/SSH 接口提供支持，而 VFM 与 VIM 之间的通信则由 TLS 之上的 REST 接口提供支持。

（7）VIM（Virtual Infrastructure Manager，虚拟基础设施管理器）：图 13-1 参考架构中的 VIM 可以采用不同的实现方式（组合 OpenStack 以及 Mirantis 的 Fuel、VMware 以及阿里云等）。VIM 可以运行在裸机或现有 VIM 上（如使用 OpenStack-On-OpenStack 或 OOO）。

前面在讨论 RBAC 模块（4）时提到，现有的 VIM 通常执行自己的 IAM 控制机制并处理自己的策略和安全组。到目前为止，认证和授权工作流仍然分布在整个 NFV/SDN 架构中，这与图 13-1 相似（例如，LDAP 用于用户认证，Keystone 用于授权 VIM 中的资源分配）。此外也发现，某些 VIM 已经采用了最新的认证和授权方法，如 SAML（Security Assertion Markup Language，安全断言标记语言）和 OAUTH 2.0。

（8）容器化基础设施的管理：该平台支持完整的 VM 和 Docker 容器的实例化与管理，而且同时适用于后端平台和雾节点层面。在深入研究如何保护可管理容器化服务的物联网平台的安全性之前，有必要了解不同的平台配置模式。也就是说，可以采取不同的模式来实现后端和雾计算虚拟基础设施中的容器化功能的实例化，具体采用何种模式，取决于后端平台的需求及期望配置：

a. 传统的 NFVO/VFM/VIM 组合模式：本例中的 VIM 可以直接与流行的 COE（Container Orchestration Engine，容器编排引擎）进行交互，如 Docker Swarm、Kubernetes 或 Mesos。例如，OpenStack 提供了一个名为 Magnum 的 CIM（Ccontainer Infrastructure Management，容器基础设施管理）服务。它本质上是一个 OpenStack API 服务，可以在 OpenStack 中让 COE 成为一流的资源。对于那些需要 Docker 将 Kubernetes 用作 COE 的服务来说，可以利用 VIM 进行服务编排。Kubernetes 既可以运行为 VM，也可以运行在后端基础设施中的裸机上。

在后端基础设施中部署容器化实例时，可以遵照如下顺序：思科 NSO→思科 ESC→VIM（如 OpenStack Magnum）→Kubernetes→Docker 引擎。原则上，雾计算域也可以采用相同的方法。为此，需要将雾节点作为由 VIM 进行注册和管理的计算组件，并在雾节点中运行客户端。该配置模式需要扩展现有的 VIM（如 OpenStack 或 VMware）以支持雾计算，而 5G 和物联网/雾计算技术的出现则为此铺平了道路。

b. 容器化雾基础设施的无 VIM 配置模式：对于某些组织机构来说，部署完整的 VIM 以及随之而来的维护复杂性都是非常大的负担。可以利用公有云解决方案来管理后端基础设施（VIM 服务对于用户来说完全透明，因为云提供商原生提供这些服务）。无 VIM 模型可以对这种云解决方案提供有益的补充，实现容器化雾基础设施的生命周期管理。由于可以由 NFVO（思科 NSO）直接注册和管理雾节点，因而能够大大提高雾基础设施的灵活性。对于本例来说，VFM 功能可以实现分布化，能够嵌入到雾节点当中。显然，这种方法不需要将传统的 VIM 扩展到雾计算域。此时的工作流程为：思科 NSO（在后端部署/实例化）→思科 ESC-lite（在雾节点中部署/实例化）→Kubernetes（在雾节点中部署/实例化）→Docker 引擎。

无 VIM 模型可以帮助组织机构更快地采用以 NFV/SDN 为中心的物联网解决方案，但同时也带来了一些挑战。首先，根据实施情况，无 VIM 模型可能与标准的 ETSI MANO 架构存在很大的差异。如果需要跨雾计算域和/或雾联邦实现互操作性，那么就必须考虑这一点。其次，VIM 是 NFVI 中硬件与软件功能之间的管理粘合剂。VIM 主要负责如下任务。

- 维护 NFVI 硬件资源（计算、存储、网络）清单，管理虚拟资源到物理资源的分配映射。
- 管理安全组和安全策略，从而在计算节点上分配资源时实现访问控制。
- 提供发现功能以及相关的功能特性，以优化 NFVI 资源的使用。

显然，对于无 VIM 场景中的后端平台来说，云提供商可以提供上述所有功能。不过对于雾计算层面来说，这些功能需要由其他组件完成。也就是说，需要开发其他手段为雾计算域中部署的节点提供相同功能。

c. 混合配置模式：混合配置模式可以同时利用传统的 VIM 和 NFVO/VFM/VIM（5-7）来管理 VF 和服务的生命周期，包括在后端和 NFV-PoP 中部署的 VF 和服务。同时，混合配置模式还可以利用其他手段（在传统 VIM 之外开发的方式）来管理现场的虚拟基础设施（雾计算域中）。图 13-1 显示该平台可以集成

Kubernetes来编排和管理Docker容器（8）。虽然Kubernetes确实可以用于VIM，但并不限于VIM。NFVO（思科NSO）也可以通过以下两种方式与Kubernetes进行互操作。

- **NED（Network Element Driver，网元驱动程序）**：思科NSO（在后端部署/实例化）→ConfD/Kubernetes Master（在后端部署/实例化）→Kubernetes（在雾节点中部署/实例化）→Docker引擎。
- **思科ESC（不远的将来）**：思科NSO（在后端部署/实例化）→思科ESC（在后端部署/实例化）→Kubernetes Master（在后端部署/实例化）→Kubernetes（在雾节点中部署/实例化）→Docker引擎。

对于该场景来说，可以在图13-1的模块（8）中包含如下功能特性，以管理雾虚拟基础设施：

- 节点发现功能；
- 安全引导；
- 现场雾节点的零接触配置；
- 在Kubernetes主服务器（Master）中注册；
- 资源清单以及虚拟资源到物理资源的映射；
- 用于访问控制的安全组（由传统VIM提供的基本功能）。

图13-8给出了图13-1中的模块(8)的详细信息，并描述了雾节点(本例为Raspberry Pi)在Kubernetes主服务器中的安全连接与注册过程（主服务器运行在后端基础设施中）。该过程是通过一组提供类VIM（VIM-like）功能的模块实现的，不需要扩展传统VIM以支持雾计算。具体过程如下。

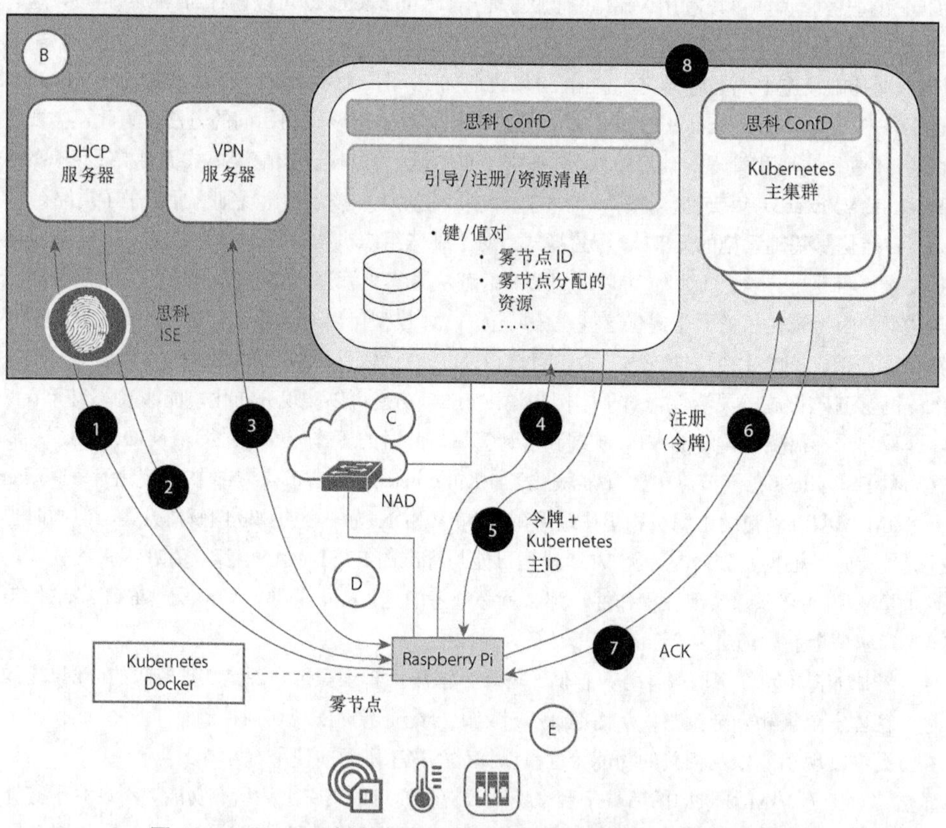

图13-8 图13-1中的第8项的详细信息以及雾节点的注册过程

1. 客户端（现场的Raspberry Pi/雾节点）启动DHCP发现过程。由于本例中的客户端所在的二层网段与ISE不同，因而DHCP请求无法直接到达ISE。为了解决这个问题，需要对相应的NAD（Network Access Device，网络接入设备）（图13-8中的交换机C）进行重定向。本例中的NAD

与ISE之间存在一条三层连接，因而必须在NAD上将ISE配置为IP Helper地址，从而在WAN上使用DHCP中继。

收到请求后，ISE可以将该客户端添加到DHCP绑定表中。

2. 将DHCP响应发送给雾节点。
3. 雾节点“回拨”并与后端建立VPN连接。假设雾节点被发送到现场（预先配置了回拨程序、凭证和X.509证书）以通过第3、4、5步的认证过程。至于是否安装和加固操作系统（以及是否安装Kubernetes和Docker引擎）的最终决定则取决于用例的具体需求。
4. 建立了VPN之后，雾节点与类VIM模块进行连接，除了其他功能之外，类VIM模块还负责处理雾节点清单，同时还可以指定Kubernetes主服务器并提供其他功能。指定主服务器对于大规模部署应用来说非常重要，因为可以利用多个Kubernetes主服务器实现负载分发，并实现雾节点集群（负责部署容器化VF）。该模块可以在后端以VM方式运行，内嵌了思科ConfD，因而可以将该模块作为NSO设备进行管理，从而提供了多种选项，包括增强现场部署的虚拟化基础设施的控制能力和自动化能力、模型驱动的抽象能力以及功能丰富的后端编排模型等。
5. 客户端获取Kubernetes主服务器的ID和令牌，以便与主服务器建立连接。
6. 客户端与指定的Kubernetes主服务器建立连接。
7. 注册过程完成。

到目前为止，已经描述了3种不同的后端配置模式，用于管理云-物连续体中的容器化基础设施。简单回顾一下前面所说的三种配置模式：扩展传统VIM以支持雾计算；无VIM模式；混合模式。本节后续内容假定图13-1采用了混合模式进行配置，重点关注平台本身安全性的两个方面：Docker安全性以及使用Kubernetes时的安全性和最佳实践。

13.2.4 Docker安全性

Docker面临的主要安全挑战在于部署在主机上的容器共享内核。对于安全专家来说，该挑战使得Docker不适合多租户环境。假设不同的租户无法共享内核，那么可选方式之一就是为每个租户都分配一个VM，然后在为每个租户分配的VM中实例化多个容器化应用。但是，这样做又违背了容器的核心目标之一，即减少服务器虚拟化技术的开销。

另一种可选方式是使用SELinux、AppArmor、Seccomp、GRSEC或其他加固工具。Docker本身为SELinux和AppArmor的配置提供了便利机制，从而增强了容器的安全性。这些工具基本上都是内核安全模块，旨在实施访问控制并限制Linux进程可以执行的操作（如通过配置沙箱）。但这些工具都不足以提供必要的隔离水平和安全等级，以支持真正的多租户。如果必须支持多租户，那么就必须实现VM的完全隔离（至少在本书写作之时如此）。

Docker安全性需要考虑如下事项。

- **命名空间和Docker网络**：Docker为容器创建了一组命名空间（namespace）和控制组（cgroups）。命名空间提供了一种非常基本的隔离机制。原则上，在某个容器中运行的进程既看不到也无法与另一个容器或主机系统中运行的进程进行交互，不过在默认情况下，Docker会将所有容器都连接到同一个docker0网桥上（除非指定了自定义网络）。很明显，这就为不同容器之间的通信提供了可能途径。只要配置正确（如在Docker中使用iptables，或者在Kubernetes中使用服务和Pod［注：Pod是一个或多个容器的组合］），就可以禁止默认启用容器间通信。虽然不同的容器可以根据需要通过虚拟化网络进行交互，但是每个容器都可以拥有自己的网络协议栈。
- **cgroups**：控制组是LXC的一个关键组件，可以实现资源限制，特别是确保每个容器都能获得内存、CPU、磁盘和I/O的公平分配。cgroups的思想是确保单个容器不会耗尽主机提供的所有资源，最终保证所有容器都能共享相同的内核资源。如果某个容器以某种方式获得独占给定资源的访问权限，那么就可能会导致主机中运行的其他容器无法获得足够的资源，从而导致DoS

(Denial of Service，拒绝服务）攻击。解决方案是修改CPU容器共享机制（默认为1024）并限制每个容器所允许消耗的最大内存。

- **Docker守护进程**：Docker守护进程当前需要root权限（根权限），只有授权用户才能控制守护进程。必须确保只能从可信网络或受VPN保护的网络访问REST API，而且拥有安全传输机制并正确使用证书。
- **Docker镜像**：Docker可以利用**docker load**从磁盘加载镜像，也可以利用**docker pull**从网络加载镜像。目前，对所有镜像的存储和访问，都要使用这些镜像内容的加密校验和，因而大大降低了镜像篡改的可能性。Docker客户端在下载镜像的时候，都要计算校验和以验证镜像的完整性。

目前市场上存在多种容器技术，这些容器技术的安全机制各有优劣。图13-9给出了原生LXC（Linux Containers，Linux容器）、Docker以及CoreOS在安全特性方面的对比情况。Docker在过去几年的成功应用直接促成了多项研发倡议，从而大大提高了其安全性。有些倡议是由Docker直接启动的，有些则是由容器行业大型企业生态联盟（包括Twistlock、Sysdig、Aqua和思科）发起的。

可用的容器安全特性、需求及默认项			
安全特性	**LXC**	**Docker**	**CoreOS**
用户命名空间	默认	可选	试验
根能力丢弃	弱默认	强默认	弱默认
Procfs和Sysfs限制	默认	默认	弱默认
控制组默认选项	默认	默认	弱默认
Seccomp过滤	弱默认	强默认	可选
定制化Seccomp过滤	可选	可选	可选
桥接网络	默认	默认	默认
Hypervisor隔离	即将支持	即将支持	可选
MAC：AppArmor	强默认	强默认	不支持
MAC：SELinux	可选	可选	可选
无新特权	不支持	可选	不支持
容器镜像签名	默认	强默认	默认
可选根交互	是	否	大多数情况下否

图13-9 LXC、Docker和CoreOS的安全特性对比

值得一提的是，Twistlock提供了径内安全分析与访问控制机制，因为Twistlock充当了将请求转发给Docker API的前端（见图13-10）。Twistlock提供了一个应用层防火墙，可以分析容器间流量，并根据容器行为自动创建过滤规则。具体来说，Twistlock基于合法和非法系统行为建立启发式模型，利用机器学习技术来保护Docker化系统免受运行时攻击。从图13-10可以看出，Twistlock基于无代理架构，不需要对主机、容器引擎或应用程序任何更改，而且还提供了与常见CI/CD工具（如Jenkins）的有效集成。

13.2.5 Kubernetes安全性与最佳实践

Kubernetes提供了多种控制机制来保护容器化应用，下面详细列出了使用Kubernetes时的常见最佳实践。

- 确保镜像无漏洞（强制校验和），确保仅使用授权镜像。
- 持续扫描以查找漏洞并定期应用安全更新。
- 通过授权插件限制对Kubernetes节点的直接访问。
- 在资源之间实施管理边界并定义适当的资源配额。

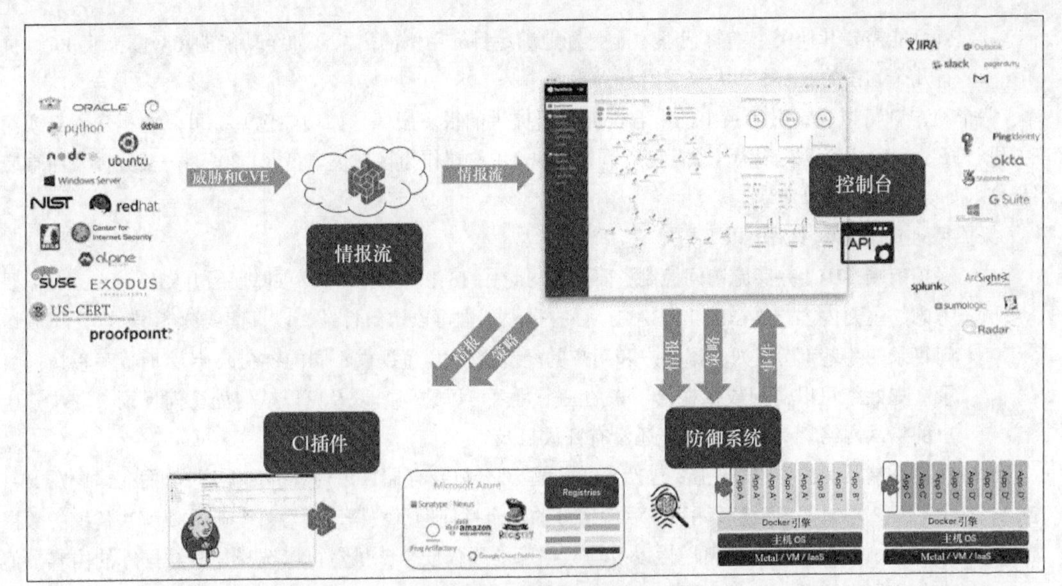

图 13-10 Twistlock 架构

- 实施网络分段并将安全上下文应用于 Pod 和容器。安全上下文实际上就是在 YAML 中定义的一种属性，负责控制分配给 Pod、容器或存储卷的安全参数。例如，确定容器是否运行为非根用户，或者是否可以写入根文件系统。
- 通过 SIEM 解决方案记录所有内容。

（9）目录：后端平台提供了镜像和服务目录以及聚合成组的数据模型，具体如下。

- 由 YANG 模型组成的服务目录，包含了与最终实现用例的服务相关联的约束条件。与每个用例相关联的代码库被称为功能包（Function Pack），这些功能包也是服务目录的一部分。
- 由 YANG 模型组成的设备目录，包含了实例化 VF 时所用设备的约束条件（在雾计算和后端层面），以及支持相应通信过程所需的网络设备。此外，设备目录还可以添加模型并对模型进行分类（基于配置文件）。
- VF 目录，VF 目录提供了组成服务（每个功能包都要使用这些服务）所用的镜像，包括虚拟路由（如思科 ESR 或 CSR1000v）、安全 VNF（如思科 ASAv）、SDN 控制器镜像、代理（如思科 EFM 或 RabbitMQ）、物联网应用以及虚拟探针（vProbes）等。根据实现情况，可以将镜像存储在目录提供的数据库中，或者由目录提供指针，指向包含这些镜像的存储库（如 Docker 存储库或 VMware 存储库）。

为了保障可靠性，必须部署 vProbes。服务保障是后端平台不可或缺的一部分。图 13-1 中的平台提供了服务编排保障机制，而不是将服务保障作为事后考虑因素。也就是说，服务保障已成为服务定义的组成部分（采用 YANG 建模），编排系统将 vProbes 作为功能包的一部分进行部署。vProbes 可以执行被动监控或主动监控，通常利用 vProbes 来度量非常具体的 KPI，如果未满足预定义 KPI，那么就会触发相应的事件。

这样做的目的是允许 NFVO/VFM/VIM 以协同方式管理状态，在故障发生后执行恢复操作并进行适当的同步。例如，VFM（思科 ESC）可以自动处理与其管理的 VF（如 VM）的生命周期相关联的服务保障，如果检测到服务中断，那么 ESC 就可以恢复 VF 的功能状态。显然，这需要进行适当的协调与责任分工，以避免服务所包含的不同管理组件（NFVO、VFM 和 VIM）触发不协调的恢复过程。

- 可以打包雾代理目录以满足不同类型的部署需求。例如，对于包含低端雾节点（即 CPU、内存和磁盘资源有限的雾节点）的服务来说，可以使用轻量级雾代理。如果使用高端雾节点，那么就可能需要其他类型的雾代理才能更好地满足目标用例的需求（如全功能的 64 位工业 PC，拥有几个 GB 的 RAM 和大容量磁盘）。

每个租户都可以自定义目录中的内容，而且所提供的很多服务（如功能包）都可以由租户本身或第三方进行开发。目录可以表现为 VM，可以利用 Web UI 前端作为管理仪表盘（1-3）的一部分以及后端应用程序（如数据库）加以实现。

保护目录安全应至少采取以下措施。

- **保护前端（UI）并实施访问控制**：前面在讨论图 13-1 中的第 1～4 项时已经介绍过这一点，需要考虑的主要内容是 IAM 和 RBAC，目的是限制谁可以访问目录（以只读或读/写模式）、可以访问目录的哪些部分（如根据租户和用户的配置文件/角色提供不同的视图）、什么时候可以访问目录（如始终可以访问或仅在接下来的三个月内可以访问）以及可以从何处访问目录（取决于用户的接入网络，有些地方可能还没有开放目录）。
- **保护后端及其内容**：后端主要包括 UI 的后端部分以及存储目录内容的数据库。前面在讨论图 13-1 中的第 3 项时，已经解释了 UI 后端部分的安全性问题。数据库内容安全则需要解决传统的数据库安全、数据完整性、可用性以及与数据库的通信安全。虽然可以选择加密数据库的内容，但实际应用可能不一定需要保证内容的机密性。同样，数据完整性可以通过镜像签名来实现（即只有经过签名和适当授权的镜像才能成为目录的一部分）。至于确保数据可用性和保护静止数据的相关内容，请参阅第 11 章（如 CAP 定理）。

（10）数据存储：保护数据存储安全可以采用与图 13-1（9）保护目录后端数据库相似的方法。主要考虑传统的数据库安全并实施最佳实践、RBAC、与数据库之间的通信安全（如使用 TLS）、数据加密（如果需要确保数据机密性）、数据完整性（如使用签名哈希）以及通过安全复制确保数据可用性（虽然受到第 11 章所述的 CAP 定理约束）。

（11）SDN 控制器和（12）SDN 应用：有关这些模块的安全性问题，请参阅第 7 章（第 1 项和第 6 项的安全保护）。

13.3 （C）通信和网络

（13）内部通信和（14～15）外部通信：需要保护管理平面、控制平面和数据平面的通信过程。由于平台提供了多租户环境，因而保护通信过程的横向安全机制需要支持多管理员，并确保相互之间以及所执行任务的适当隔离。

- **管理平面**：超级管理员（见表 13-1）必须启用安全协议来管理和监控与平台基础设施相关的所有任务，包括 SSH、HTTPS、SNMPv3 和 SCP 等协议。此外，平台还必须实现 AAA 和 RBAC，不但要控制对管理平台本身的访问，而且还要确保仅开放由指定租户的用户管理的虚拟化切片。也就是说，用户只能查看、访问和管理其角色或配置文件所允许的基础设施的 VLAN/VXLAN、Overlay 和虚拟化切片。也就是说，必须根据用户的角色（如租户管理员、操作员或者仅查看员），来限制对管理平面任务以及连接和支持这些操作的网络的访问控制。

  AAA 服务器应与 RADIUS/TACACS 结合使用，超级管理员应执行其他安全策略和最佳实践，例如，要求使用强密码或使用端口安全机制来保护传输端口。前面提到的另一个重要方面就是要求平台能够正确隔离不同的租户管理员。如图 6-17 和表 6-2 所述，ETSI MANO 体系架构包含了多个参考点，通过这些参考点可以实现跨不同层级组件（如 OSS/BSS 系统、EM、VFM 以及 NFVI 层中的组件）的任务编排，其中的某些参考点和接口（如 Os-Ma、Se-Ma、Ve-Vnfm 或 Nf-Vi［参见图 6-17］）需要通过不同的租户进行访问。很显然，这类通信过程需要利用 AAA 功能和 RBAC，授权租户在基础设施上执行编排任务。

  此外，超级管理员应执行最佳操作实践。例如，使用最新的 OS（Operating System，操作系统）版本和安全补丁更新后端系统、网络和雾节点的 OS。NFVO（如思科 NSO）也可以跟踪网络中的配置变更情况，并在需要时执行回滚操作，甚至开放不同的设备配置文件以进行外部审计。

- **控制平面：**超级管理员必须对路由和交换协议实施安全控制，包括使用 ACL 进行路由过滤、控制路由更新并管理代理 ARP、ICMP 重定向、ICMP 不可达等。使用共享雾、网络和后端基础设施的租户网络之间必须隔离，而且可以为每个租户使用单独的虚拟网关实例，以便在需要时支持 Internet 访问。同时，还必须设置通用（横向）策略，特别是为不同子系统管理的网络功能设置基准。也就是说，超级管理员应该定义策略，并且前后一致地配置各种子系统（如 ISE、Neutron）、将 OpenStack 用作 VIM 时所需的多个 VLAN（见图 13-2）、Docker 网络以及 NSO 到被管设备池的可达性等等。另一个好的做法就是禁用 IP 源路由。
- **数据平面：**第 11 章详细讨论了数据保护问题，分析了多个层级的 CIA 三元组以及保护静止数据、移动中数据和使用中数据时的复杂性和差异性。第 11 章的安全机制与数据平面的安全保护最佳实践相辅相成，通常包括配置 ACL 以控制流量、用于反欺骗的 ACL（如防范 MAC［二层］欺骗的端口安全性）、防范泛洪攻击的端口安全性以及启用分类机制和更严格控制数据平面流量的 ACL（如实施速率限制技术和流量整形、QoS 控制以及 DDoS 检测和缓解）。

图 13-11 给出了 NIST 网络安全框架以及平台安全的生命周期和最佳实践。第一步是身份标识，需要在不同的层面实施身份标识（识别需要保护的资产、管控这些资产生成的数据等）。第二步是保护，从访问控制（认证和授权）和预防技术开始。接下来就是建立检测和响应机制，用于识别异常行为并终止或缓解攻击。主动保护和预防技术必须伴随响应流程，这些流程可以在安全事故发生后恢复或重建所需的状态和操作。强烈建议使用渗透测试和周期性流程来评估系统的安全性。

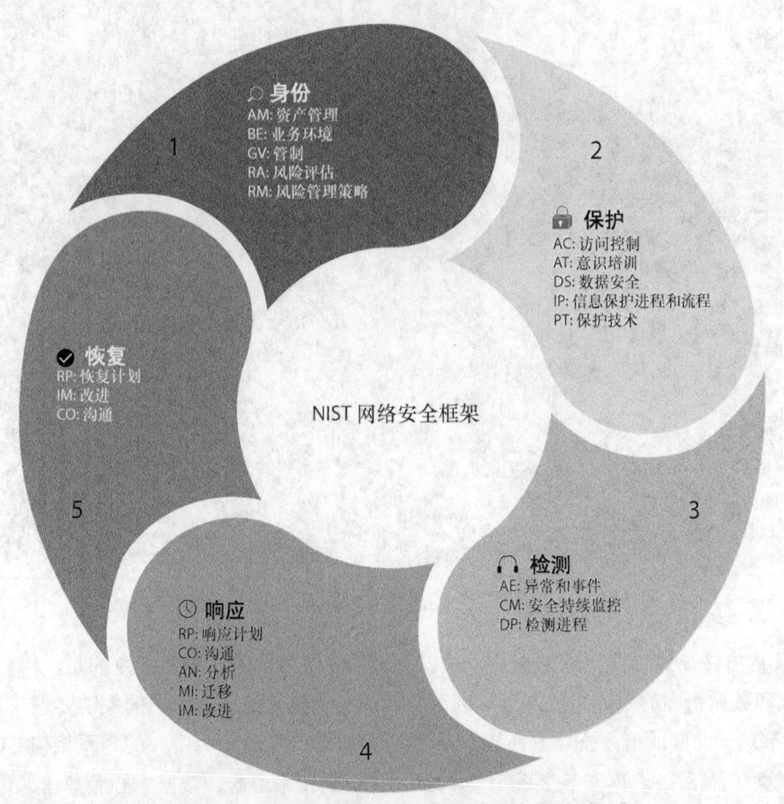

图 13-11 NIST 网络安全框架和最佳实践［3］

13.4 （D）雾节点

如本章开头所述，雾计算和物联网面临的核心挑战之一就是保护分散在现场各处的设备。在很多情况下，第三方都能访问这些设备（如非可信人员能够物理接触这些设备）。图 13-12 给出了西班牙巴塞罗那的新一代路边柜。该机柜内部设计了多个隔间，安装了一个或多个雾节点，由这些雾节点在网络边缘统一处理大量用例。有关这些用例的更多详细信息，请参阅本书第 4 部分或 IEEE 论文 A New Era for Cities with Fog Computing。

虽然机柜上了锁，但攻击者仍有可能侵入机柜窃取数据、注入恶意软件，甚至盗取节点设备以离线提取数据。为了降低这些风险，必须定义和实施相应的主动响应措施，其中一些措施与机柜本身的物理安全有关，包括侵入防范措施（如视频监控以及触发特定事件后发出警报等）。例如，打开机柜之后，要求在内部键盘上输入授权 PIN，如果超时或连续三次输入错误 PIN，那么就会立即触发警报并通知监控室，同时还能收到实时视频信息，以了解现场状况。这些信息可以触发相应的措施来防御入侵行为。

当然，像巴塞罗那这样的城市可能拥有 3300 个以上的路边柜，实时获取所有视频信息可能并不切实际。很多垂直行业的雾节点可能无法获得上述物理保护。例如，这些雾节点可能安装在农场、灯杆、墙壁、天花板或建筑物地下室。在这种情况下，几乎没有任何物理安全性。因此，加强雾节点及其软件的安全防护至关重要，因为它们可能会被非可信人员物理访问。

图 13-12 托管雾节点的机柜以及面临的物理安全挑战

本章后续内容主要讨论雾节点的保护方式以及可能的防护措施。需要注意的是，物联网中的雾节点是管理、控制和数据平面的重要组成部分，因而它们的安全性也是平台防护的关键要素。

（16）雾节点—北向通信：核心平台基于开放和标准化的以 NFV 为中心的体系架构 ETSI MANO，支持多供应商节点（包括工业 PC、支持雾计算的工业交换机和路由器、数据中心服务器、传统网络设备以及 Raspberry Pi 等低端计算设备）。平台的开放性不仅限于硬件，而且还可以集成和运行不同开发人员提供的软件。

在这种情况下，为节点赋予标准化的北向接口就显得尤为重要。由于在这样一个异构多厂商场景中，管理物联网服务的生命周期可能会非常复杂，因而该架构建议采用模型驱动的方法，通过相应的 YANG 模型自动提供所有雾节点的北向接口，这些 YANG 模型存储在目录（9）中。由于采用的是 YANG 模型，因而允许 NETCONF、SNMPv3、REST、CLI 和 Web UI 接口。这些功能特性由内嵌在雾代理中的思科 ConfD 模块提供支持（见图 13-1 中的第 18 项）。

在安全性方面，可以通过 NETCONF/SSH 接口实现与管理相关的任务及配置。监控操作可以通过 SNMPv3 或基于消息代理的安全通信（如基于 TLS 和 X.509 证书实现安全通信）。同样的方法也适用于数据平面。

（17）运行在雾节点中的核心软件：基本需求是保护构成平台的计算节点。虽然重点关注部署在云-物连续体中的雾节点，但相关结论也同样适用于数据中心内的计算节点（虽然这里讨论的保护级别可能超出了受到良好保护的数据中心的安全需求）。

从图 13-13 可以看出，可以将整个分析过程分解成不同的安全层次，包括可信计算和远程证明、驱动器安全、节点通信安全、内核安全模块和操作系统加固、虚拟化引擎安全（包括虚拟化 I/O）、运行时环境安全以及应用和数据安全等。

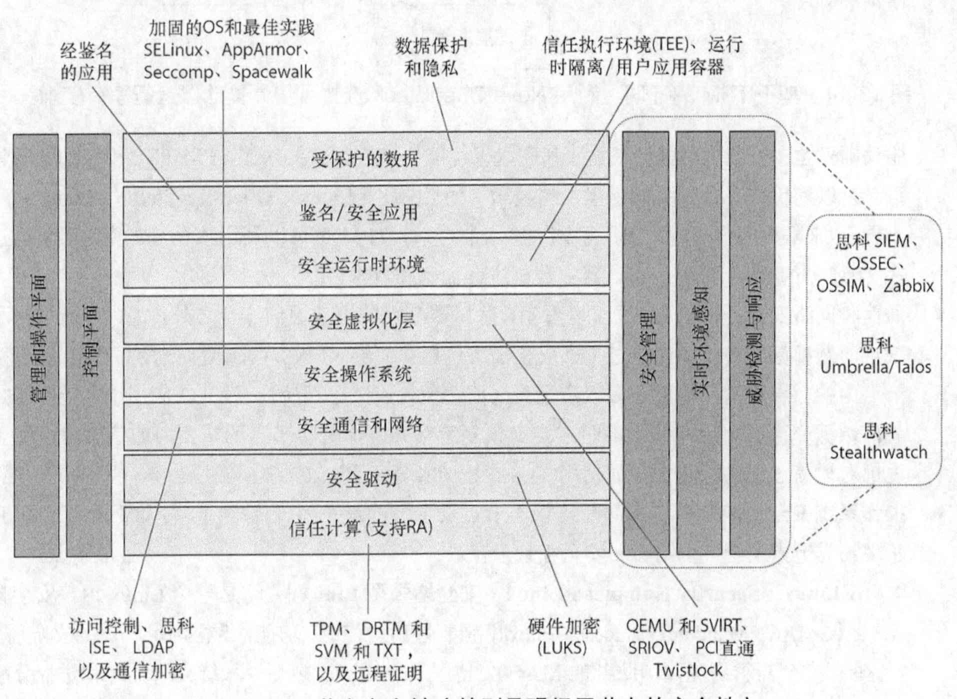

图 13-13 节点安全性（特别是现场雾节点的安全性）

- **可信计算和 RA（Remote Attestation，远程证明）**：如果要启用安全引导过程，那么就必须为计算节点赋予信任根。目前该领域的最新技术可以创建静态和动态信任链，静态信任链是在计算节点加电时启动的。Intel 系统通常由 TPM（Trusted Platform Module，可信平台模块）提供支持。TPM 芯片是一种安全加密处理器，可以提供基于硬件的不可变信任根，包含多个 PCR（Platform Configuration Registers，平台配置寄存器），可以安全地存储度量，以便在引导过程中安全地链接和证明这些度量。具体来说，将这些度量存储到 PCR 之后，就可以用来检测雾节点引导序列中的任何变化（如改变了先前配置或固件）。一旦检测到引导序列发生了变化（如当前测量值与存储在 PCR 中的信任链不匹配），那么就会阻塞引导过程。

静态 CRTM（Core Root of Trust Measurement，可信测量根核）以及 BIOS 代码存储在 PCR0 中，

其他寄存器可选测量 ROM 代码、主引导记录等。除了静态信任链之外，AMD 和英特尔还扩展了 x86 指令集，以支持 DRTM（Dynamic Root of Trust Measurement，动态可信测量根）。该技术的主要举措是 SVM（Secure Virtual Machine，安全虚拟机）和英特尔的 TXT（Trusted eXecution Technology，可信执行技术）。简单来说就是，DRTM 在操作系统调用特殊安全指令时启动，该指令将 CPU 和内存控制器重置为已知状态以启动测量操作。将这些技术组合起来（如 TMP 和 TXT），就可以执行测量操作、收集指标并启用雾节点的远程证明（包括引导时和运行时）。图 13-14 给出了一个远程证明示例，其目标是在 OpenStack 中使用 Nova 运行净荷/工作的可信计算。其中，Nova 是在 OpenStack 中提供计算实例的组件。

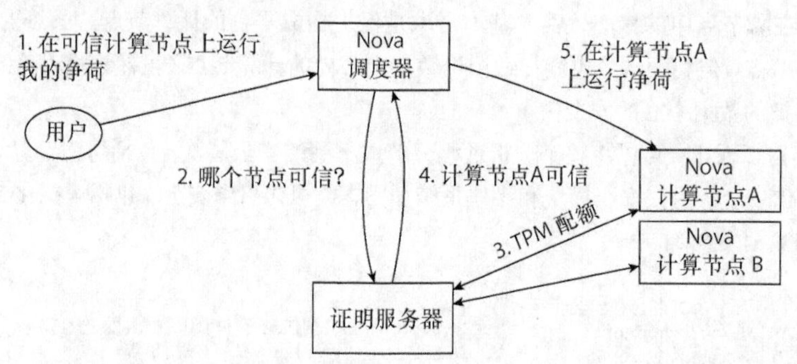

图 13-14 基于 TPM 的证明：利用 Nova/OpenStack 查找可信计算池以运行净荷/工作

- **驱动器安全**：雾节点可能会被盗，其硬盘也可能会被拔出并插入无 TPM/TXP 模块的其他计算节点。可以利用与平台无关的磁盘加密技术（如 LUKS［Linux Unified Key Setup，Linux 统一密钥设置］）来阻止磁盘启动。启用了该安全机制之后，TPM 也可以利用该全盘加密进程，通过密封在 TPM 中的 RSA 密钥对驱动器中数据进行加密和解密。
- **通信和网络安全**：从图 13-13 可以看出，除了雾节点的内部通信安全之外，绝大多数通信和网络安全问题都已经在前面讨论过了。安全需求包括：二层 VLAN/VXLAN 分段并利用 ACL 隔离雾节点内的三层流量，特别是多租户场景（如避免使用共享网桥）；默认在应用层禁止跨租户进行任何数据交换；出现网络故障时，定义恢复策略并确保跨雾节点的东西向通信安全；尽可能在内部对通信过程进行防护（如使用 TLS 等安全传输机制）。
- **操作系统安全**：操作系统加固是确保雾节点安全性的最重要任务之一。下面列出了可以有效保护现场雾节点安全性的 Linux 安全模块及工具。
  - **SELinux（Security Enhanced Linux，安全增强型 Linux）**：这是一个 Linux 内核安全模块，提供 MAC（Mandatory Access Control，强制性访问控制）功能，旨在满足广泛的安全需求（从通用安全需求到美国国防部的 MAC）。使用了 SELinux 之后，系统会给文件和进程分配安全标签，并传递给 SELinux 模块以确定操作过程是否继续。
  - **AppArmor**：这是另一种限制内核应用的 MAC 安全方案。AppArmor 利用路径名将策略配置为应用程序配置文件。它与 SELinux 的区别在于，AppArmor 的安全策略不是标记文件和进程，而是应用于路径名。此外，AppArmor 还提供学习技术，旨在监控应用程序的行为并根据学习结果自动生成安全配置文件。
  - **seccomp（Secure Computing Mode，安全计算模式）**：该工具可以限制进程所允许的系统调用。一般来说，seccomp 限制应用程序可以调用的系统调用数的方法是，将系统调用限制为执行期望任务所需的必要调用。
  - **Spacewalk**：该工具为系统的配置和补丁操作提供有效的管理解决方案。Spacewalk 被广泛用作补丁工具，对于图 13-1 所示的架构来说，通过适当的协调，Spacewalk 可以与 NFVO（思科 NSO）协同使用。具体来说，就是要避免在同一设备上执行相互干扰的未协调操作（如补丁进程与同一雾节点中的编排事务相冲突）。为了避免这种情况，强烈建议在思科 NSO 中使用南向锁定功能。该功能将锁定 NSO 并允许补丁系统以安全的方式执行更新操作。补丁进程完成之后，将解锁 NSO 并在雾节点上编排期望配置。

■ **虚拟化层安全**：加固了操作系统之后，接下来就要保护虚拟化引擎。如第 7 章末尾所述，服务器虚拟化的最新技术（如 SRIOV）可能会导致性能与安全性之间的权衡问题。这类技术大大提高了虚拟化环境的 I/O 性能，但同时也允许非可信客户虚拟机直接对设备接口执行数据路径操作。没有任何解决方案能够同时兼顾高性能和高安全性，但某些解决方案可以提高安全性。例如，在客户操作系统上利用限速技术（同时使用流量过滤机制）来缓解潜在的 DoS 攻击。

■ **运行时环境安全**：如前面第 8 项所述，可以采用多种方法改善容器间的隔离性和安全性（如 Twistlock 提供的相关机制）。完整的 VM 可以提供更好的隔离性，为不同租户管理的实例（这些实例共享计算节点内的资源）划定界限。如果节点支持 TPM/TXT 等芯片组，那么可以采用的一种机制就是执行运行时环境的远程证明。虽然很麻烦，而且不易检测和维护，但可以成为评估运行时环境完整性的有力工具。

■ **应用程序签名/安全**：除了要隔离同一节点中同时运行的不同实例之外，还要防范对应用程序的非法篡改行为，第 7 章在讨论第 6 项时也谈到了这一点。简单来说，可用方法包括代码的数字签名、认证流程、隔离机制、应用程序开发安全和渗透测试。

■ **数据保护**：请参阅第 11 章。

有时还需要考虑其他因素，如定义安全崩溃策略、管理克隆镜像中的私钥或升级权限。另外，对于所有安全解决方案来说都非常重要的一个方面就是采用 SIEM（Security Information and Event Management，安全信息和事件管理）解决方案。思科提供的 SIEM 解决方案不但能与 Splunk 集成，而且还能与 ISE 和威胁防御平台相集成。此外，还可以利用其他开源工具（如 OSSIM、OSSEC 和 Zabbix），来帮助监控和分析雾节点运行期间的健康状况。

（18）雾代理：平台可以提供多种代理，具体取决于应用领域以及雾节点（负责托管雾代理）提供的计算能力。从图 13-1 可以看出，雾代理可以包含：思科 ConfD，该模块可以为雾节点提供标准化的北向接口（由 YANG 模型（16）自动提供）；消息代理和发布/子系统，用于在雾节点内部和外部客户端上分发消息并管理数据交换（如使用思科 EFM、RabbitMQ 或 MQTT）；将数据持久化到雾节点的本地数据库之前导入、导出和构造数据的组件；分析数据并以自主方式（也就是说，即使与后端或外部应用无连接）做出决策的机制；本地 AAA 机制以及前面所说的数据库。雾代理可以在雾节点中以 VM 的形式运行，此时可以将所有安全措施和最佳实践都递归应用于代表雾代理的虚拟计算（VM）（如确保安全启动、加固客户操作系统以及对组成代理的应用程序进行签名）。

（19）多租户以及 TEE 之间的隔离：平台中的各种雾节点和后端节点可以同时执行多个应用程序，这些应用程序可能属于相同或不同的租户。在后一种情况下，需要以 TEE（Trusted Execution Environment，可信执行环境）的形式正确隔离这些应用程序（见图 13-1 中的第 19 项）。这些实例提供了虚拟环境，每个虚拟环境都属于单个租户。以图 13-1 为例，TEE0 代表雾代理，TEE1 负责托管虚拟路由器（如思科 CRS1kv 或思科 ESR），TEE0 和 TEE1 都可以属于租户超级管理员。虽然其他租户管理员可能被授权在代理和路由器中配置功能子集，但只有超级管理员才有权在雾节点中部署代理或路由器。例如，租户管理员可以在消息代理（内嵌在雾代理中）中创建新数据主题，或者在部署新服务时添加特定的 IP 网络。

在图 13-1 所示的案例中，TEE2 表示视频应用程序（如实现基于事件的视频用例，就像本书第 4 部分所述用例），TEE3 表示监测功耗并在电气元件（如断路器）上执行控制和驱动任务的应用程序，TEE4 负责托管 Windows VM，而 TEE5 则表示监控环境传感器的应用程序。总的来说，主要目标就是要确保 TEE 之间的有效隔离。这方面的内容已经讨论过了，特别是在讨论虚拟化层安全和运行时环境安全的时候。

13.5 （E）终端设备或“物品”

（20）雾节点—南向通信：平台提供了一种自动且安全地（即无人工干预）开启、加载、连接、注册和配置雾节点的机制（见图 13-8），通常将该机制称为 ZT（Zero-Touch，零接触）或准 ZT 部署模式（取决于所采用的方法）。目前 ZT 功能已成功用于有线雾节点和无线环境。

采用与雾节点南向“物品”完全相同的方法是可取的。虽然物品本身并不是平台的一部分，但平台仍然应该保护它们。第 9 章介绍了端点的安全加载方法，其中最主要的安全机制就是由 ISE、MUD 和 BRSKI 提供支持的 IAM。

13.6 小结

本章讨论了物联网平台本身的安全性问题，首先描述了一个完整的物联网平台的典型模型，侧重由 ETSI MANO 和 SDN 功能提供支持的以 NFV 为中心的模块化架构，并扩展到雾计算。该体系架构分为 5 个部分，共有 20 个模块，本章不但讨论了每个模块的安全性问题，而且还与本书其他章节的相关内容进行了关联（如第 6 章、第 7 章、第 9 章、第 14 章、第 15 章和第 16 章）。

第 14 章

智慧城市

本章主要讨论如下主题：

- 用例概述；
- 物联网新技术发展格局；
- 面向跨垂直行业用例的下一代物联网平台；
- 智慧城市；
- 智慧城市中的物联网与安全编排；
- 智慧城市安全；
- 智慧城市用例。

14.1 用例概述

目前已经到了本书的最后一部分，这部分将采取一种实用化的描述方法，说明如何利用前面第 1 部分到第 3 部分讨论的标准、方法和技术来实施现实用例，然后再讨论一些已经在物联网领域发挥重要作用的最新安全技术。

本书第 1 部分介绍了物联网的发展状况，研究了物联网和物联网安全的标准，描述了现有物联网平台的架构及模式，并分析了当前面临的一些挑战。第 2 部分重点讨论了利用 SDX 和 NFV 技术创建一种可扩展、可靠、开放且安全的方法，来构建和设计下一代物联网平台。第 3 部分分析了关键安全需求，讨论了防范安全威胁的方法和技术。最后一部分（第 4 部分）着眼于不同的行业或市场用例，将第 2 部分和第 3 部分的概念应用于思科客户及合作伙伴在过去 12 个月内探索和部署的实际用例，包括油气用例、智慧城市用例、车联网用例以及应急车队用例，这些技术在电力公用事业中也得到了很好的验证。

在讨论具体用例之前，先简要总结一下前三部分讨论过的一些关键主题，梳理知识要点并达成共识，包括：

- 物联网最新技术的发展和融合方式；
- 利用自动化和编排机制来扩展和管理大型或复杂物联网部署需求；
- 高级物联网 MANO 平台（这是客户物联网部署方案的基础）。

讨论了上述内容之后，将具体分析每个物联网部署用例，描述其行业配置需求，指出物联网和数字化在提升业务价值和运营洞察力方面的机会。接着将分析如何利用本书讨论过的高级物联网平台理念，以一致的方式部署和保护这些用例。

14.2 物联网新技术发展格局

过去几年兴起的很多技术对于物联网的采纳与推广起到了非常重要的作用，包括 NFV、SDX（Software-Defined Anything，软件定义一切）、5G、雾计算以及持续应用的云计算（见图 14-1）。5G RAN（Radio Access Network，无线接入网）和 MEC（Mobile Edge Computing，移动边缘计算）的最新进展也持续推动了物联网的快速发展。这些技术为物联网用例、技术和设备提供了有效的通信、管理和安全机制。不过，无论是什么供应商或用例，都必须以一致的方式有效地协调和编排这些技术。

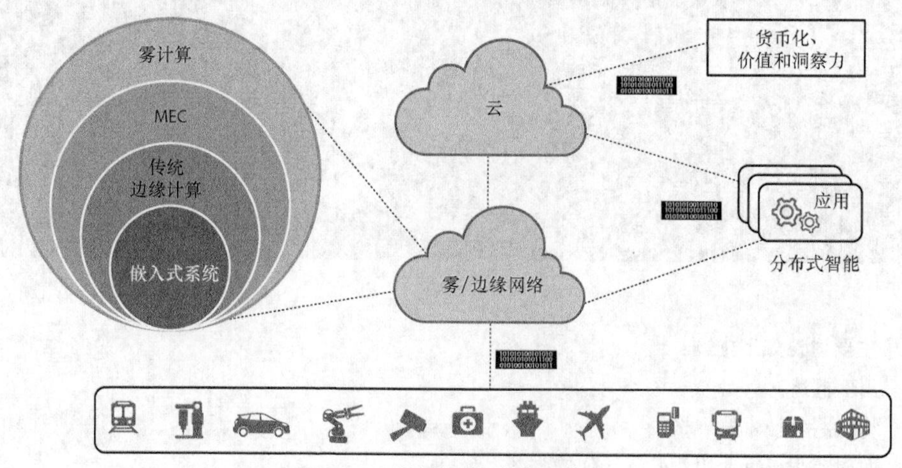

图 14-1 物联网技术发展格局

ETSI 创建了基于 NFV 的标准化的 MANO（Management and Orchestration，管理和编排）架构，MEC 提出了基于 NFV 基础设施的虚拟化平台，大多数服务提供商都将继续扩展各自的 NFV 应用，除了 RAN 之外，还将持续用于企业、家庭和云等其他服务。NFV、5G、雾和云的融合似乎已不可避免。

对于当前市场上提供的大多数物联网平台来说，面临的主要挑战是这些平台并不是为完整的物联网协议栈设计的，而是以 OTT（Over-The-Top）方式构建的，这导致物联网平台无法解决管理和编排等核心需求以及所有组件（包括基础设施本身）的可靠性和安全性。虽然这些平台都提供了很多安全机制，但是如何将它们有效集成到现有安全系统、基础设施和企业流程中，以确保其符合 KPI 需求并按预期方式运行，对于平台运营和企业应用来说都至关重要。此外，很多物联网应用都依赖于分布式和分散式基础设施，这就要求所有组件都必须平稳运行以实现可靠的服务交付。无论是集中式部署模式还是分布式部署模式，下一代物联网平台都必须确保可靠，且能够管理、保护并扩展到整个物联网协议栈（见图 14-2）。

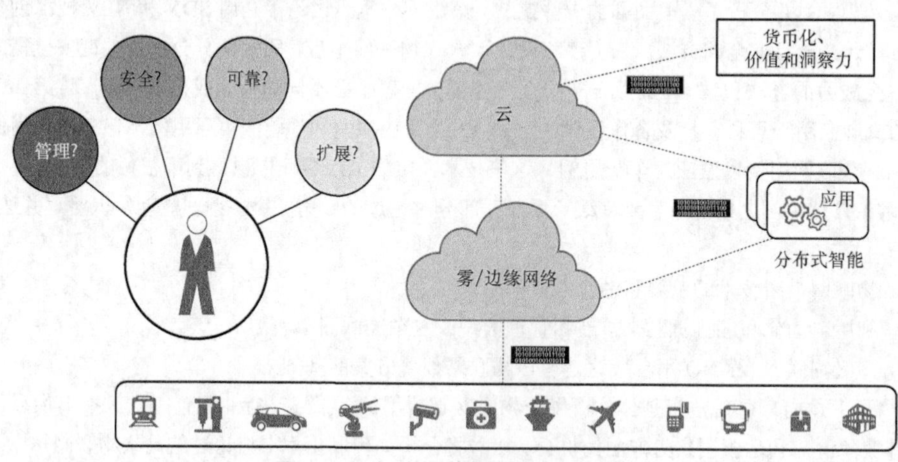

图 14-2 解决完整的物联网协议栈

下一代物联网平台必须能够为应用、数据及基础设施实现上述能力，而且还必须在需要的时候，能够无缝集成到企业的基础设施和后端系统中，能够以尽可能开放的方式将这些功能编排和自动化为服务。MANO 可以为任何服务的生命周期提供部署和管理能力，同时实现整个平台的安全性，并为所有运行的服务或应用实施服务保障机制，目前已经成为物联网系统的“大脑”（见图 14-3）。

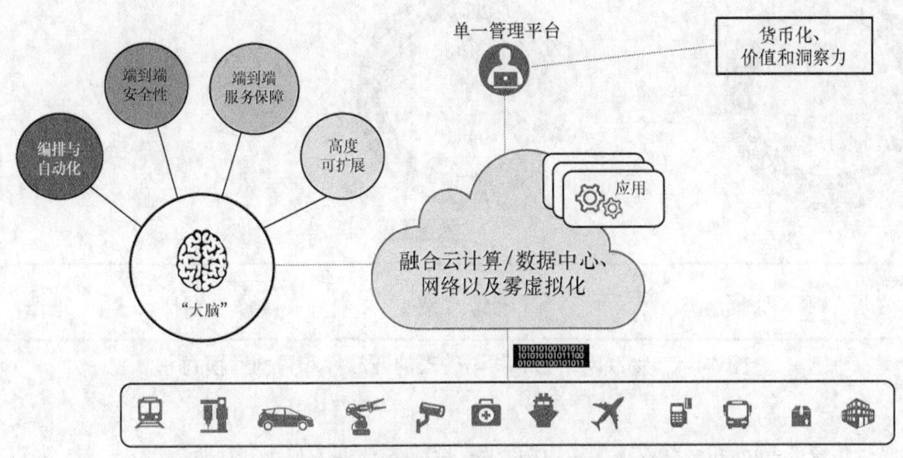

图 14-3 物联网编排和管理平台：物联网系统的“大脑”

如果所部署的物联网平台仅仅考虑了物联网协议栈的某个组件（特别是采用 OTT 部署模式），那么必然会认为通信和计算基础设施的可用性和可靠性是理所当然的，允许采用外部系统或者由服务提供商实现它们，这样就会给下一代物联网平台带来诸多挑战。

- 很多物联网部署方案需要通过拼凑的定制解决方案来解决平台没有考虑的组件，从而导致运营和成本效率低下，使得系统运营商和管理人员难以构建单一系统和集成式物联网解决方案。由于集中式的云架构正逐渐被混合架构或分布式架构所取代，智能化也逐渐推向雾或边缘层面，因而这种情况的复杂性也在不断增加。
- 为了有效实施安全防护机制，基础设施必须能够根据平台上运行的服务的需求，做出动态响应。为此，必须将物联网平台与基础设施进行高效集成，而不能进行分离。
- 为了确保已部署的服务的质量，必须监控并实施 SLA。如果无法监控、管理和保护支持应用程序的基础设施，那么就几乎不可能度量和实施服务 KPI。因此，提供主动式和被动式服务保障机制的能力对于满足该需求来说至关重要。

14.3 面向跨垂直行业用例的下一代物联网平台

正如本书始终强调的那样，物联网应用的关键障碍与物联网的成功推动因素都是互操作性问题。大多数物联网环境在本质上都是异构的，需要连接来自多个供应商甚至部门或客户的设备及应用程序。因此，确保物联网平台架构的开放性以及以标准化方式提供服务的能力至关重要。NFV、SDN、标准化数据建模语言以及开放的 API 和接口（见图 14-4）应成为物联网平台“大脑”的基础组件，以提供物联网协议栈所需的分布式服务。

对于下一代物联网平台来说，最重要也最具决定性的要素就是在设计之初考虑安全的集成与编排。平台的部署位置（私有或公有云）、平台的设计目的（解决完整的物联网协议栈或仅解决部分协议栈）以及用例或客户的类型都会对安全性及其设计方式产生影响。由于当前的大多数物联网平台都基于 OTT 模式，因而在安全性方面都差强人意。

OTT 物联网平台通常都是基于云的平台，将物联网服务与底层通信基础设施进行分离。虽然这些平台内置了安全机制（如认证和身份管理、访问控制、加密和密码等），但这些平台位于公有共享基础设施的特性，直接导致了如下潜在安全问题。

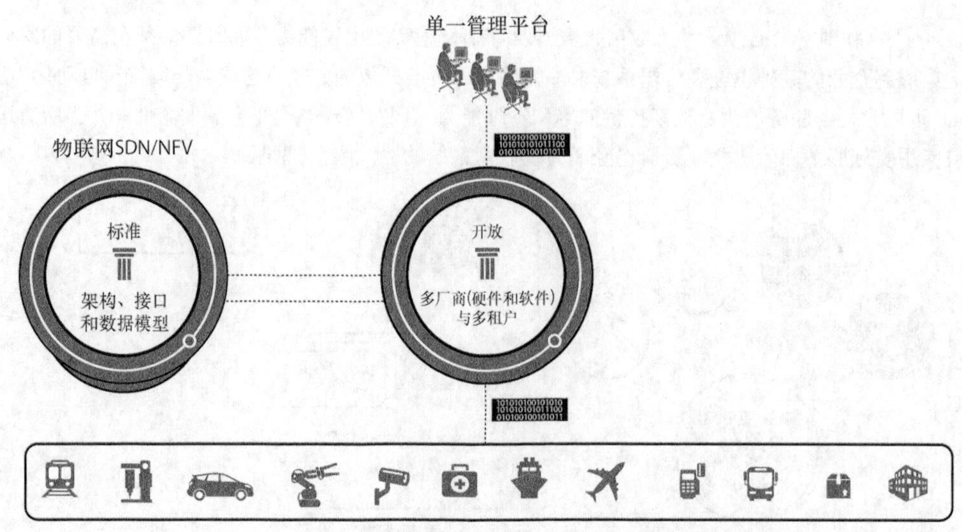

图 14-4 物联网平台编排与管理的开放性和异构性模式

- 易受传统 Inernet 和网络攻击，如拒绝服务、欺骗、中间人攻击和窃听。
- 很难解决隐私、信任和数据存储保护问题（包括身份和交易历史的保护需求）。很多组织机构因个人选择、监管或担心失控，而无法将数据存储到私有数据中心之外。云解决方案增加了潜在的未授权访问风险以及隐私、竞争性和敏感性信息的暴露风险。
- 管理、监督和内部合规性存在大量挑战。组织机构可以通过现有的安全和信息管理程序，在私有基础设施中实施合规性监控和实施流程。但 OTT 物联网平台就意味着必须更改现有流程，将某些监控和实施任务交给外部可能无相似约束要求的第三方。
- 职责、责任和可靠性的界限变得模糊。系统的可靠性非常重要，尤其是在人类或环境健康是主要关注因素的工业环境中。了解安全隐患的位置以及确定由谁负责解决这些问题是检测和解决安全威胁的关键。将平台与底层基础设施相分离，就无法实现 QoS 和服务保障等可靠性机制，也就难以了解威胁的潜在位置以及决定由谁解决这些威胁。
- 确保及时响应安全问题也将成为一大挑战，因为需要依赖外部第三方来解决安全威胁。

对于油气、制造业、公用事业和交通运输等工业环境来说，这种情况带来的挑战更加严峻。很多场景都要求确保大多数运行数据的私密性，不允许直接暴露给企业或外部系统。因此，基于云的物联网平台对于很多运营型物联网部署用例来说都不适用。

为了解决上述安全挑战，必须采用一种完全不同的安全模式，这种安全模式应该具有很强的一致性和集成性。该解决方案不但要解决认证、访问控制、加密、隐私、数据存储和交换问题，而且还必须与组织机构的现有安全系统和流程实现深度集成。

为了有效监控和实施安全机制，要求基础设施必须能够动态响应平台需求。如果平台与基础设施是解耦的，那么就无法实现这一点。为了实现更好的安全性，必须部署端到端的服务保障机制，以监控、管理和保护已部署的服务或功能。如果将基础设施、应用程序、消息代理、用户和设备都组合到一个通用且一致的编排框架中，那么就可以将安全性作为一种服务进行部署。由于该方式能够提升系统的可见性和控制能力，因而能够让安全服务做出基于上下文的安全决策并加以有效实施。这是 OTT 平台所无法实现的，因为其平台与基础设施无法实现一致性。

如上所述，物联网平台应该能够以一致的方式处理完整的物联网协议栈（见图 14-5），包括采用标准化的方法来定义所有的服务或应用（无论是软件还是硬件），并有效地部署和管理这些服务或应用的生命周期。

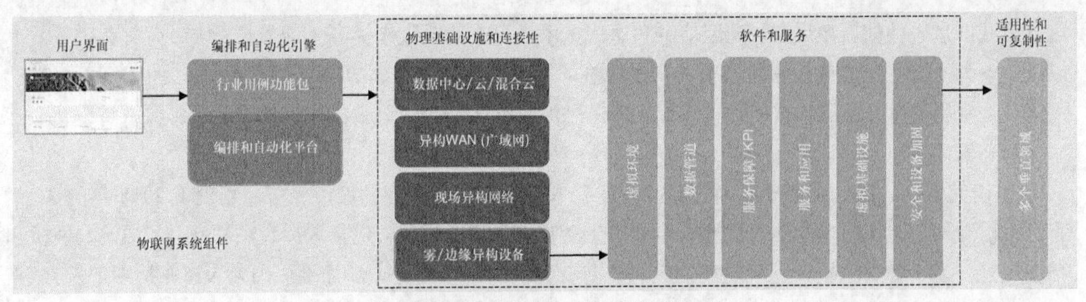

图 14-5 完整的物联网协议栈组件

下一代物联网平台通过部署行业用例功能包（Function Pack）来实现上述目标。功能包由可重用的代码块组成，可以在不同的用例和不同的垂直领域之间重用。功能包基于行业标准 YANG 模型，物联网平台能够理解 YANG 模型的意图并在物联网系统的硬件上加以实例化，有关详细内容请参阅第 8 章。从高层视角来看，该场景包含了 4 个主要组件（见图 14-6），本书中的所有用例都基于这些组件（而且已经用于实际部署场景）。

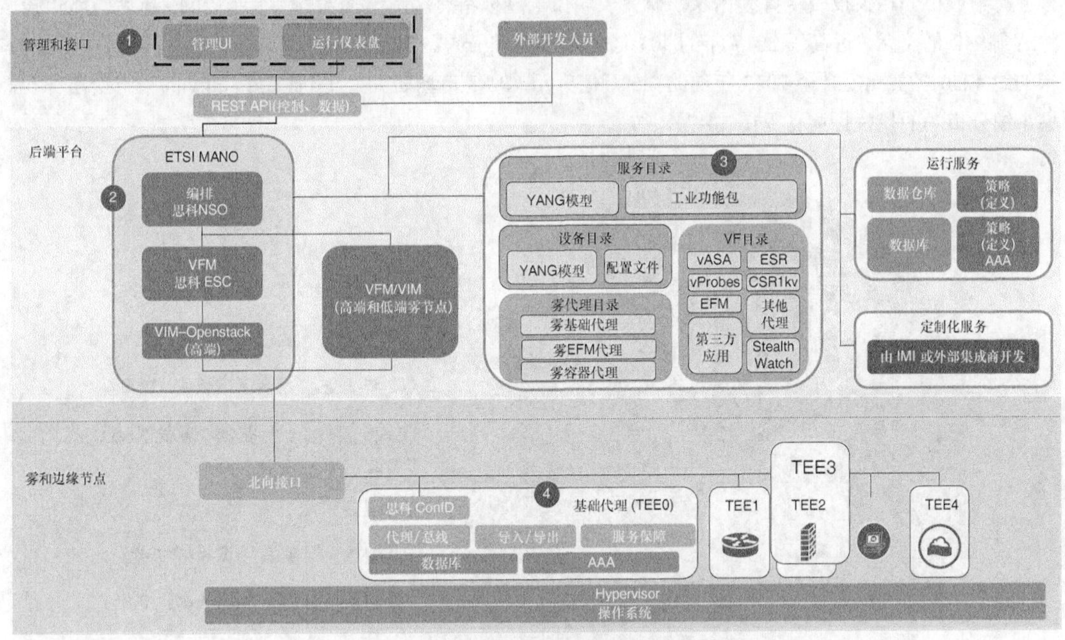

图 14-6 标准的物联网编排和管理平台结构

1. 一致化的用户界面，用于管理和监控物联网服务。
2. 核心的 MANO 物联网后端平台，负责定义和控制集中式的服务和安全性。可以是单个集中式实例，也可以是分布式实例，包含分层架构中的多个层级（如企业和云）。
3. 服务目录，包含了构成行业功能包的各种模块，包括 YANG 模型、设备、要部署的应用以及虚拟化功能等。
4. 平台汇聚层、雾层或边缘层的所有分布式节点，以及运行物联网用例所需的服务或应用。

14.4 智慧城市

有关智慧城市组成内容的定义很多，而且涉及很多不同的方面（包括技术、人员、流程、基础设施、环境和可持续性）。目前还没有任何一种单一定义能够适用于所有城市，本章采用的是 ITU 的定义：“智慧可持续城市是一种创新型城市，利用信息和通信技术以及其他手段来提高生活质量、城市运营和服务效率以及竞争力，而且还能确保满足当前和未来经济、社会和环境等方面的需求。”智慧城市的一个重要推动因素就是利用信息、通信和自动化技术，来确保提供城市部件和城市服务的关键基础设施保持智能化、互联化和高效化。

有研究表明，预计到 2050 年将有大约 63 亿人生活在世界各地的城市当中，相较于 2015 年的 36 亿将有大幅增加。这种持续性的人口增长给城市生活带来了诸多挑战，包括人口过剩和社会、政治、资源和环境问题。为了解决这些问题（这些问题将将随着时间的推移而进一步加剧，因为人口在持续增长），需要通过新的基础设施、技术和解决方案来建立更加智能的城市。智慧城市旨在解决本章将要讨论的一系列挑战，包括不断恶化的交通和生活拥堵、土地稀缺、污染加剧和空气质量恶化、水资源和能源资源有限以及安全事故和安全事件的不断增多。

城市的智慧化程度并没有明确的目标。很多城市致力于发展更加智能的城市，以应对经济、社会和环境问题。很多政府都在投资基础设施项目，以推动创新和可持续增长。不过，虽然世界上有很多智慧城市试点，也有很多有价值的研究成果，但仍然缺乏标准化可复制的解决方案。人们越来越多地利用各种智能技术来解决这些问题，加大智慧能源、交通、建筑、医疗、教育、政务和治理等智慧化解决方案的部署。预计智慧城市的相关投资将持续增长，研究表明市场规模将有望持续增大，预计到 2026 年智慧城市投资将达到 942 亿美元，远高于 2017 年的 401 亿美元（Navigant）。反映到相关市场投资上，该金额将从 2017 年的约 4250 亿美元上升至 2023 年的约 2.5 万亿美元（P&S 市场研究）。Frost and Sullivan 报告给出了智慧城市细分市场的投资预测（见图 14-7）。

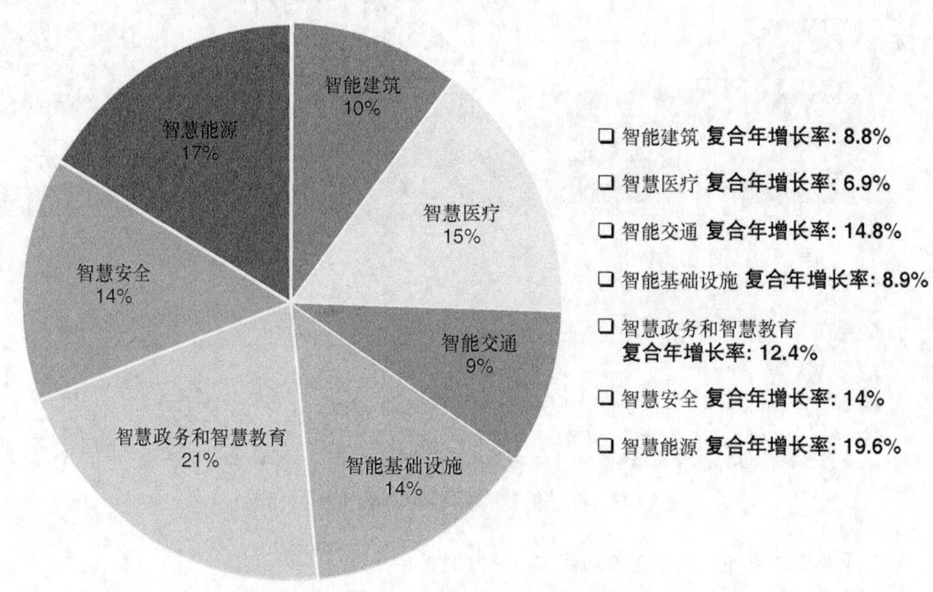

图 14-7 2012-2020 年智慧城市细分市场

这些智慧城市项目面临的主要挑战是，这些项目通常都是孤立行为，缺乏统一策略，目前几乎还没有涵盖整个城市范围、经济上可行且可持续的智慧城市部署案例。当前的很多项目都将资源集中在建立能够满足当前需求和未来用例的基础平台上，为了让这种情况更具挑战性，已部署的解决方案通常都是由城市中的不同组织机构加以实施和管理的，从而大大增加了运营成本和复杂性，而且还严重阻碍了可以提供相关性和可见性的数据共享。即使这些独立的解决方案都基于具有开放数据的开放系统，但是为了集成这些不同系统的数据，仍然需要花费大量的时间和成本，进而严重限制了城市提供新的创新解决方案以及跨不同领域和功能实现数据关联的能力。

除了自定义实现（不同的城市部门或城市之间很难实现互操作性或移植性）之外，智慧城市项目的体系架构、技术甚至分类都缺乏标准化。智慧城市标准尚未同步，有些甚至还相互矛盾，从而阻碍了推进速度。为了实现集成化的智慧城市愿景，就必须超越当前的实现模式，从现有解决方案中学习，并转向可组合的、基于标准的基础设施。通过增加更多的功能而非专有的集成化操作，这种基础框架可以很好地支持当前智慧城市的发展并实现其他用例的有效集成。

由于能够实现智慧城市用例的技术非常多，因而这一点非常重要。公共和私营部门在智慧城市技术领域（包括网络互连、无线、普适计算、大数据、云计算和雾计算、嵌入式网络和物联网等）投入了大量资金，特别是通过物联网提供的数字化和自动化解决方案正在大幅节省运营成本，而且能够以安全的方式正确利用和管理公共数据。虽然工业环境的标准化程度很高，但城市领域的标准仍在发展当中，因而通信基础设施和商业模式都在发展当中。

由于缺乏互操作性，而且解决方案通常都是由多个参与方加以实施和管理的，因而必须基于开放且可集成的体系架构来推动基础物联网平台。Machina 在 2016 年的研究成果中全面推广了城市开放平台的理念，该模式的目标是：

- 与其他实体交换数据，从而最大限度地降低数据孤岛；
- 强调应用程序之间的协同作用，以降低运营和集成孤岛；
- 更加开放和竞争的系统及解决方案市场，从而提升创新能力并降低成本及专有实现；
- 新的商业模式。

不过，该研究报告也提出了相应的警告，称如果要采用这种开放平台模式，那么必然会进一步加大数据隐私保护和安全防护的迫切性。虽然这样的开放式系统能够通过应用程序之间的协同作用来提升项目部署的最大价值，但也同时意味着必须在整个智慧城市解决方案的所有合作伙伴网络中，始终如一且有效地实施安全机制，必须在城市平台中构建统一且尽可能自动化的安全策略，而不是依赖于每个解决方案所特有的或孤立的安全机制，从而实现部署模式和实施策略的一致性。

城市的能源消耗占到世界能源消耗的 75%左右，创造的全球 GDP（Gross Domestic Product，国内生产总值）也大约在 75%左右，使得城市成为安全威胁的首要目标。攻击者可能会试图窃取企业或公民的资金或数据，破坏交通系统或能源供应，破坏环境或者利用城市的普遍存在性对政府发起网络攻击，这表现为城市安全、隐私、金融或运营的严重破坏。

随着新技术的不断引入，攻击者也会找到越来越多可利用的网络和物理攻击面。为了确保城市的安全性和高可靠性，并实现新的业务和运营目标，迫切需要一种健壮、响应敏捷且全面的安全机制。

本章将深入探讨智慧城市的相关内容，讨论物联网带来的数字化变革，重点介绍如何利用多种先进技术和自动化机制实现适当的城市安全态势，最后将讨论如何利用通用平台一致且安全地交付各种用例。为了增加读者的感性认识，本章将带领读者完成实际用例的部署操作。

14.4.1 智慧城市概述

全球智慧城市的部署数量一直都在持续增长，2017 年 3 月的一份报告梳理了全球超过 178 个城市的 250 个智慧城市项目。从地理位置来看，欧洲是最大的智慧城市市场，但预计亚太地区增长速度最快，拉丁美洲的智慧城市举措则相对最少。大多数智慧城市项目都侧重于政府和能源计划、交通、建筑、水务和移动性。图 14-8 列出了智慧城市项目的主要驱动因素。

无论智慧城市的定义是什么，都应该至少要涵盖以下要素：

- 数据、信息和通信技术是关键推动因素；
- 提高运营效率，包括城市本身的运营管理，以及政府无法控制但属于其行政管理权限范围内的系统；
- 环境可持续性；
- 市民生活质量；
- 改善经济发展，包括新技术带来的新商业模式。

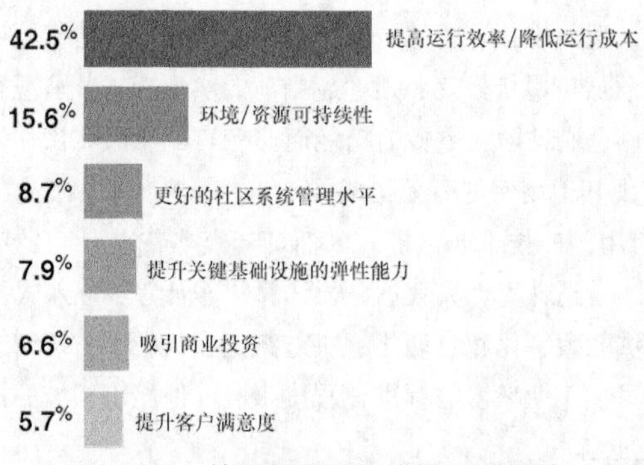

图 14-8 美国智慧城市主要驱动因素

为了实现上述要素，智慧城市领域部署了大量应用（见图 14-9），不过这些应用的定义并不总是那么明确，各个城市部门经常会出现功能和职责重叠。

图 14-9 智慧城市垂直应用概览

城市交通和运输系统结合智能传感器、高级分析和嵌入式实时远程监控系统之后，可以有效降低交通流量、改善公共交通，使停车更加智能，同时还能提高整体安全性。该系统主要包括如下组件：

- 交通管理，包括道路收费、道路标志、交通信号灯、驾驶时间和交通流量监测；
- 道路安全，利用车辆与车辆和车辆与基础设施之间的通信、车队管理以及应急车辆管理；
- 智能停车系统，可以显著降低拥堵、减少排放、提高车位利用率，同时还能从目标收费中获得收入并改善和简化停车执法；
- 接驳公共交通（包括公共交通工具和基础设施），可以提供更好的乘客信息、优化路线、车载 WiFi 网络和数字化支付系统；
- 智能公共汽车/有轨电车站，可以提供车辆时间、价格、目的地和促销信息以及 WiFi 和其他服务；
- 受监控的自行车和电动车。

能源和环境服务为传感器提供数据分析和需求响应监控，为城市提供水电气的使用建议、垃圾管理和回收系统以及污染监测方法。主要包括如下组件。

- **空气质量**：大多数城市都在测量空气污染，通常采用的都是大型且昂贵的环境监测站。虽然监测站很准确，但高昂的成本限制了部署数量，而且这些监测站通常都固定在特定位置，意味着存在一定的覆盖缺口。目前最新的空气质量监测解决方案体积更小，成本也更低，意味着可以部署更多的空气质量监测解决方案，从而可以提高覆盖效果，而且还能附加在移动物体（如车辆）上，从而提供更多的数据源。
- **智能计量**：可以更有效地监测和控制业务和用户的资源消耗情况。
- **智能照明**：路灯照明约占城市电费的 40%，路灯的维护和维修服务不但昂贵，而且还非常耗时。

智能照明系统可以按计划或季节实时控制和调整灯光输出。此外，还能实现更好的资产和故障监控，以提高资产效率并简化运营和维护流程。

利用物联网技术连接传统上未联网资产，并应用自动分析功能进行监测和控制，建筑物（包括企业、家庭、学校和其他城市机构）可以变得更加智能化。照明、热力、报警、水务和传感器系统可以自动调节建筑系统，以降低能耗、改善环境条件（如空气和温度），并为居住者提供更好的生活或工作体验。

医疗健康领域可以利用物联网和数字化技术改善电子医疗服务，推动智能联网医疗设备的普及应用。此外，新近出现的新服务和新举措，利用远程健康监测解决方案和诊断机制实现预防性治疗，大大提升了人们的健康与幸福感，包括公民健康状况监测和社区扶助以及福利平台。

市民体验增加创新性，可以有效提高城市的生活质量和宜居性，包括可以提供方向指引、餐饮提示、交通时刻表和设备充电站等内容的交互式数字信息亭，同时还可以提供交通、空气质量、街道噪音和公共安全等信息，如城市礼宾服务、公共标牌和公共 WiFi 服务等。

通过提供支持移动性、协作性和联网办公空间的通信及基础设施，可以支持下一代员工的需求。越来越多的城市正在寻求将工作地点与城市环境相结合，远离偏僻的工业区（特别是办公园区），转而将办公区域与市中心环境相结合。这是提升城市中心活力和商业生存能力的关键，而且还能减少通勤和交通拥堵的概率。

人身安全与保障是城市日益增长的关键责任，城市有责任有义务保护其公民。智能物联网技术正在彻底改变安全问题的定位、预防和缓解模式，相应的解决方案可以有效地降低成本、提高安全工作人员和应急服务的效率并更好地保护公民。这些解决方案可以包括视频监控、应急车队整合、智能照明和应急短信等。

高效的基础设施运营能力，不但能够有效管理市政供暖、制冷和照明，从而降低成本，而且远程管理和控制能力还能有效降低运行成本。常见服务包括：

- 减少监测和维护资源；
- 提高水务系统效率；
- 降低热能消耗；
- 预测性和基于状态的维护；
- 执法支持。

上述领域的交叠对于城市运营来说也是不可回避的一大挑战。不同的城市部门及职能可能会负责同一个领域（或至少部分领域），从而出现职责交叠，但相互之间也有一定的关联。此外，单个行动计划或垂直应用可能与城市的多个部门都有关联，此时确定由谁负责设计、实施、管理和出资，可能会让人感到混乱不清。

接下来的三个领域侧重于基础设施、数据和安全性，这些都是支持前述垂直应用的先决条件。

管控和数据管理非常重要。物联网连接数越多，意味着数据量也越多，更重要的是，意味着可以被不同的应用和服务共享利用的开放数据也就越多。开放数据可以为交通、就业、健康、安全以及环境服务创造新的解决方案。数据开放是智慧城市的一个重要发展趋势，政府政策可能会强制要求或建议开放特定数据集，并允许自由访问。开放数据的首要目标是透明性，次要目标是提供可以创建和创新城市新服务的数据。很明显，严格的管控、管理和安全机制，对于实现上述目标来说至关重要。

城市范围内的无缝网络覆盖与通信能力，对于实现智慧城市服务、实现基础设施、设备、人员及数据的整合来说至关重要。必须采用整体分析方法，在智慧城市体系架构的所有层面开展纵向和横向的安全数据交换。此时可能会涵盖多种有线和无线通信技术，这些技术拥有不同的可靠性和带宽水平。

最后一个领域是网络安全和合规性。安全不能是附加项，智慧城市要求在城市基础设施上构建强大的安全解决方案，采用一致的方法来交付当前和未来用例。

前面曾经提到，以前的智慧城市服务通常都是孤岛式的解决方案。不过，巴塞罗那和曼彻斯特等城市的智慧项目（由 City Verve 公司提供）已经找到了以简单、自动化方式提供这些服务的方法，可以利用跨域数据为城市及市民提供最佳服务。例如，巴塞罗那利用本书介绍的技术成功部署了很多有价值的项目，通过单一平台交付了多个用例：

- 提供通用的物联网平台解决方案，以打破当前的运营和管理孤岛；
- 将来自不同供应商的多种硬件和软件整合到城市街边柜最小化统一解决方案中；
- 降低运营和资本支出；
- 通过自动化机制加快服务创建和用例部署速度；
- 基于开放性和异构性原则，在统一的标准架构中集成多个供应商的软件和硬件。

本章将在 14.7 节讨论巴塞罗那智慧城市项目中的一些典型用例。

城市非常复杂，通常包含很多部门、解决方案和基础设施，需要确保有效运作。公务员仅管理了部分城市服务，很多服务都是由利益相关方和合作伙伴提供的。服务提供方数量的增加，使得城市的整体战略管理变得异常重要。越来越多的系统都更加依赖于其他已部署系统，但同时又缺乏合适的基础设施和技术来实现有效互操作，因而城市运营变得越来越困难。

物联网平台是一个拥有众多技术和供应商/用户的复杂生态系统，提供了智慧城市解决方案的部署、管理和安全防护功能。如前所述，很多智慧城市解决方案目前都是以孤岛方式部署的，虽然目前新出现的融合趋势为端到端的解决方案奠定了基础，但不幸的是，很多解决方案供应商都缺乏这样的规模和技术。

智慧城市技术生态系统通常包括 5 个部分（见图 14-10）。

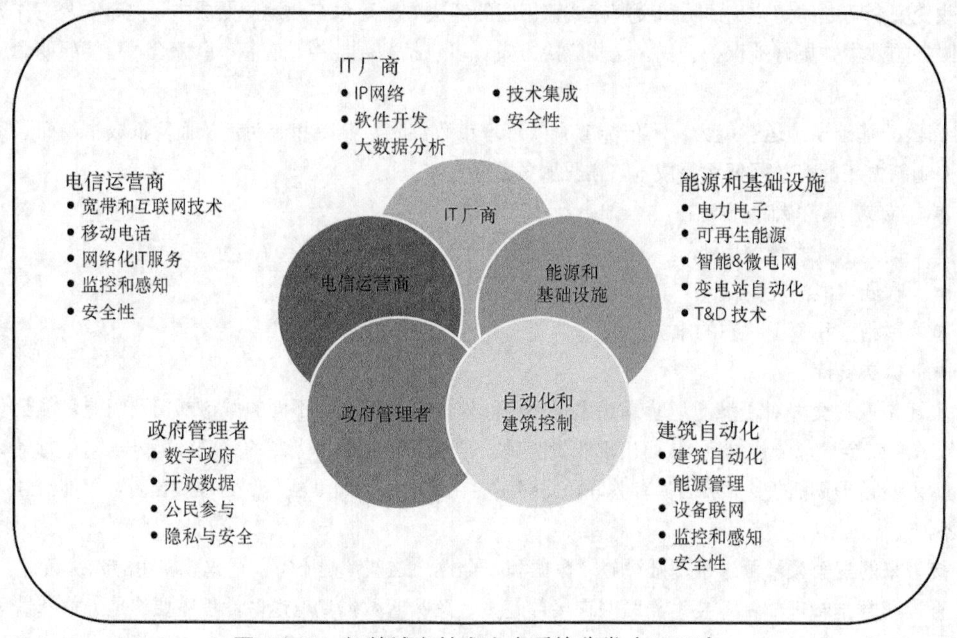

图 14-10 智慧城市技术生态系统分类（IEEE）

按照上述分类规则，IEEE 建议智慧城市解决方案的最佳模式是以“系统体系”（system of systems）为核心。该策略迎合了城市在为城市及其市民开发和部署新服务时采取整体分析方法的迫切需求。IEEE 意识到现有的智慧城市解决方案因为缺乏规模和标准，而且受到不同喜好的影响，导致大部分解决方案都采用了孤立部署模式。提供给城市不同部门的各种供应商解决方案无法实现互操作，包括传感器、通信、数据采集和分析以及各种孤岛式应用（如能源、交通或建筑），这就给有效的城市运营带来了巨大挑战。我们通常将这种情况称为“四重孤岛”（quadruple silo）现象，即智慧城市在部署商业化孤岛解决方案的过程中创建的 4 个孤岛（见图 14-11）。

- **物理（硬件）孤岛**：与特定供应商技术相关，包括传感器、控制和驱动系统、特定解决方案网关、专用通信以及网络边缘的独立计算资源。

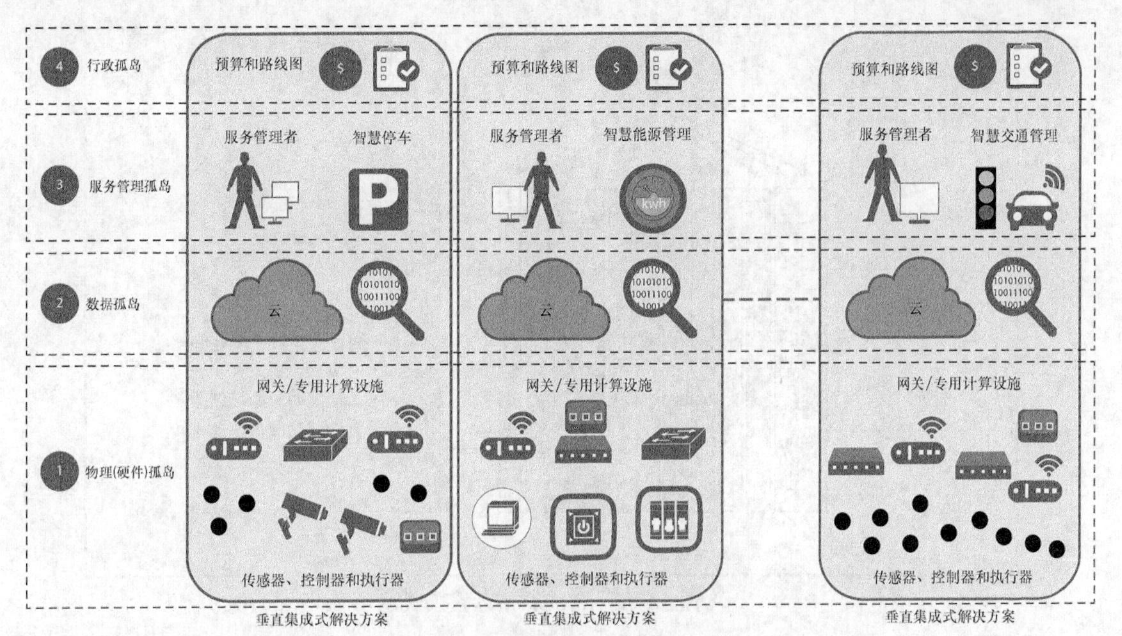

图 14-11 智慧城市的四重孤岛问题

- **数据孤岛**：通常存储在云端或边缘节点的特定解决方案资源池中（包括相互隔离的本地系统）。
- **服务管理孤岛**：为每个城市应用提供独立的监控、管理和配置系统（如停车、能源和交通管理）。
- **行政孤岛**：不同的部门有不同的预算、目标和路线图。

这些孤岛给城市管理带来了很多挑战，包括分配计算和存储资源以处理和管理数据，处理智慧服务的硬件、软件和固件的生命周期等，这些都与特定解决方案相关。此外，孤立式系统需要付出大量工作去分析和理解跨部门的相关数据和信息（特别是在实时或准实时场景），而且每个系统都需要自己的安全和管理控制机制，导致保护这些系统的安全机制在每个系统中都重复出现。

从图 14-11 顶部可以看出，城市管理员很少能够访问其他垂直管理域中的数据工作流产生的信息，还没有专门解决该需求的解决方案。虽然某些部门可能会共享同一个公共数据中心来管理其服务，但通常都要进行物理或逻辑隔离。也就是说，数据和信息仍然处于隔离状态，没有真正进行数据共享。

物理孤岛、数据孤岛和服务管理孤岛使得城市管理者很难在不同的城市管理部门之间调整业务优先级、预算和路线图。为了能够真正利用物联网创建的多个数据流，必须建立一个公共平台，让资源分配方式更加透明，从而解决这些孤岛带来的挑战。此外，还需要建立一种跨部门统一部署和管理服务的方法，以更好地促进城市部门之间协调与合力。

如果缺乏这样的物联网平台，那么城市只能继续按照传统方式进行运营（见图 14-12），无法实现孤岛间的互连，无法做到以客户为中心，导致效率低下，难以实现对外开放创新。所有的这一切都将导致众多城市严重缺乏跨系统创新和变革推动能力。

现代城市需要建立打破孤岛式平台，采用更加水平化的管理和数据共享模式（见图 14-13）。

智慧城市的标准化是成功实施解决方案的重要保障因素。标准和指南文件为智慧城市规划建设提供了大量最佳实践，通常由特定领域的专家通过开放、共识流程开发制定，考虑了多个利益相关方的意见。不过，当前的智慧城市标准显得非常分散，这是因为智慧城市涵盖了大量行业、垂直解决方案、技术、安全和基础设施需求。业界一直都在致力于通过各种行动计划来促进智慧城市标准和指南的统一化和一致化，特别是由 IEEE、ETSI、ISO 和 ITU 等组织推动的各种行动计划，图 14-14 列出了全球智慧城市标准化领域的重要举措。

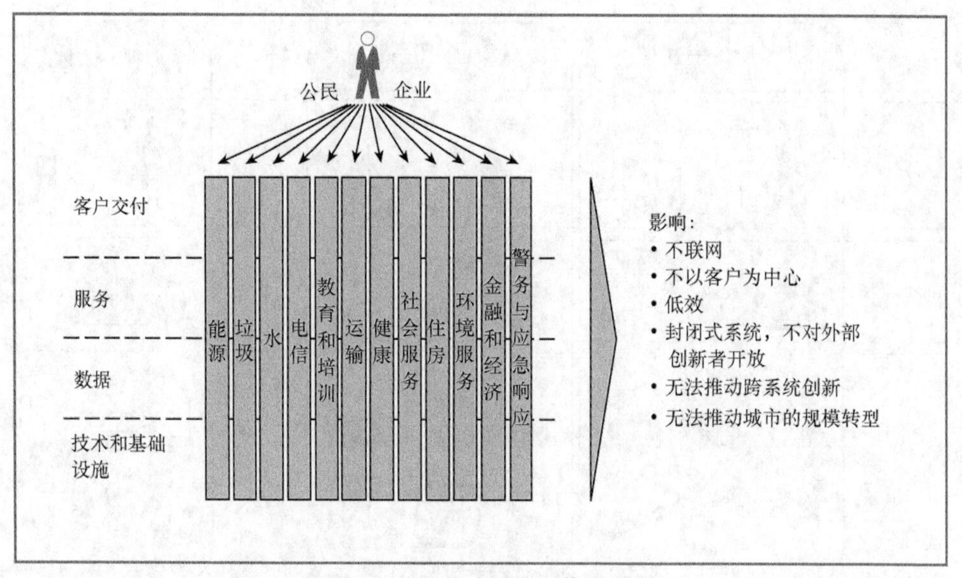

图 14-12 传统城市运营模式

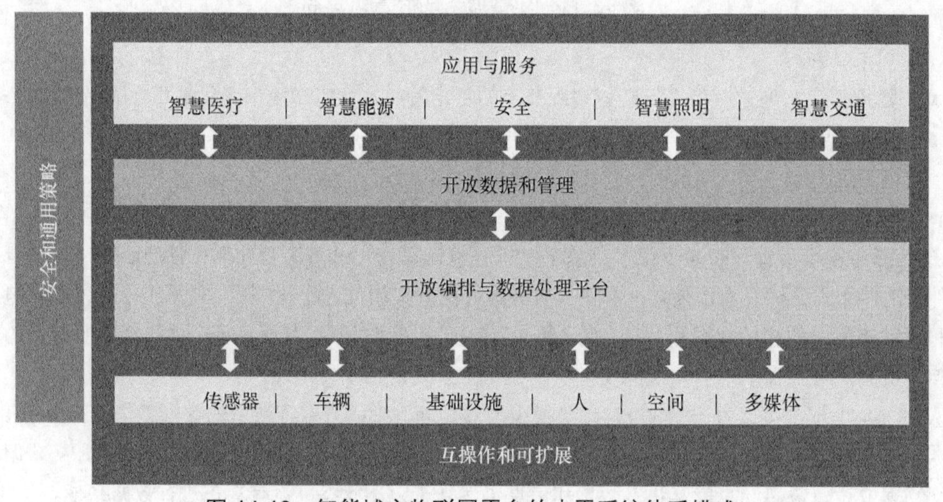

图 14-13 智能城市物联网平台的水平系统体系模式

BSI（British Standards Institute，英国标准协会）在关键标准领域与 IEEE 保持一致，主要为如何以一致的方式将这些标准和指南付诸实践提供指导。BSI 将智慧城市标准划分为三个层次（见图 14-14）。

- **战略层面**：指导城市领导层制定明确有效的智慧城市整体战略，确定优先事项，制定切实可行的实施路线图以及有效监测与评估进展的方法。
- **流程层面**：涵盖采购和管理跨组织和跨部门智慧城市项目的最佳实践，包括制定适当融资方案的指南。
- **技术层面**：涵盖智慧城市产品和服务的实际要求，确保实现期望结果。

一般情况下，城市领导层对战略层面最感兴趣。流程层面和技术层面则主要面向管理职员，这些职员负责采购技术产品和服务并加以实施。

BSI 认为，采用上述标准的主要好处如下。

- **实现系统之间的有效集成**：智慧城市最重要的需求之一就是实现不同独立系统与服务之间的互操作性。标准化有助于定义实现最佳互操作性的方法，不仅在技术层面，而且也包括战略和流程层面。

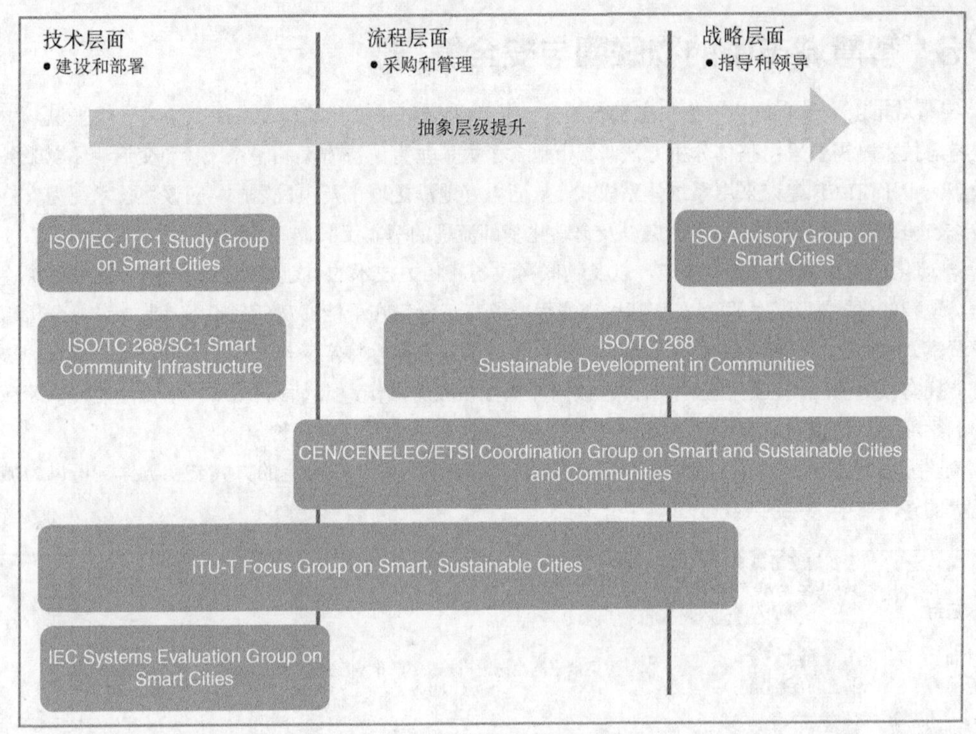

图 14-14 智慧城市主要标准化工作

- **实现物理城市与数字城市之间的无缝集成**：智慧城市需要可靠且有弹性的物理和技术基础设施，这些基础设施需要保持协同运作，尤其是要实现技术与物理基础设施之间的全新集成。只有形成标准，才有可能实现这一点。
- **通过共同语言和共同目标来巩固共识**：标准有助于识别分歧，而且还可以提供经验证的方法来解决这些分歧。
- **有助于获得资金**：标准允许城市领导者使用每个不同利益相关方都能理解的语言来描述他们对城市（无论是地方政府还是国家政府，以及金融部门）的目标和抱负，而且更容易制定融资方所需的投资证明材料。
- **有助于防止供应商绑定**：如果按照广泛认可的标准来构建产品和服务，那么就可以将这些产品和服务分解成更小的组件，从而有利于为每个组件找到最佳供应商。没有任何一家企业能够提供全套产品，这种模式有助于将一个供应商替换为另一个供应商，从而维护市场竞争态势。
- **促进规模化**：使用标准有助于城市参考并遵循其他大量城市走过的道路，而且大量城市遵循同一条实施路径，也有助于刺激市场进一步加大对该路径的支持力度。

智慧城市领域的标准化工作尚处于初期阶段，还未真正应用于现实世界。从目前的标准制定状况以及城市部门的能力和意愿来看，当前甚至还无法实施这些标准。

因此，城市面临着一个非常重要且关键的抉择，即是否等待标准，是作为潜在不成熟标准的早期采用者，还是继续推动开放标准（只是提供开放式访问，而不是真正实现基于标准的互操作性）。智慧城市能不能实现真正的基于标准的互操作性，以及是否能够通过商业或立法因素来保障这一点，都是值得怀疑的。在这种情况下，如果能够明确提出城市的选择和决策建议，那么将非常有价值。

如果没有标准，或者至少是推动跨垂直领域互操作性和异质性的机制，那么城市将永远无法实现其全部潜力。

14.5 智慧城市中的物联网与安全编排

智慧城市由大量利益相关方生态系统组成，负责为城市环境开发和提供新服务。一般来说，生态系统在考虑技术时需要采用整体分析方法。城市包含了大量垂直解决方案和子系统（如交通、环境服务和医疗健康），因而 IEEE 建议采用系统体系模式，从而更好地满足城市及市民需求。应该将技术视为支持跨孤岛协作、协助采集和提供信息和证据以及自动化基础流程的基本工具。

自动化技术和服务的成本降低，以及物联网设备和相关技术的日益普及，使得城市能够更快、更经济地实现智能化。然而，物联网在智慧城市应用中的真正价值在于能够从任何设备接收事件、分析事件并生成洞察，同时还能在跨不同垂直系统的异构设备或服务上执行特定操作和命令。虽然每种垂直解决方案都可能拥有很好的应用程序和技术来检索数据并执行相应的操作，但只有利用编排平台才能提供跨应用程序的洞察能力，可以对所有设备或数据点执行指定操作，从而实现真正价值。

麦肯锡公司表示，基于物联网技术及其能力，以自动、开放和安全的方式交换数据，可以为城市带来巨大的经济影响（见图 14-15）。

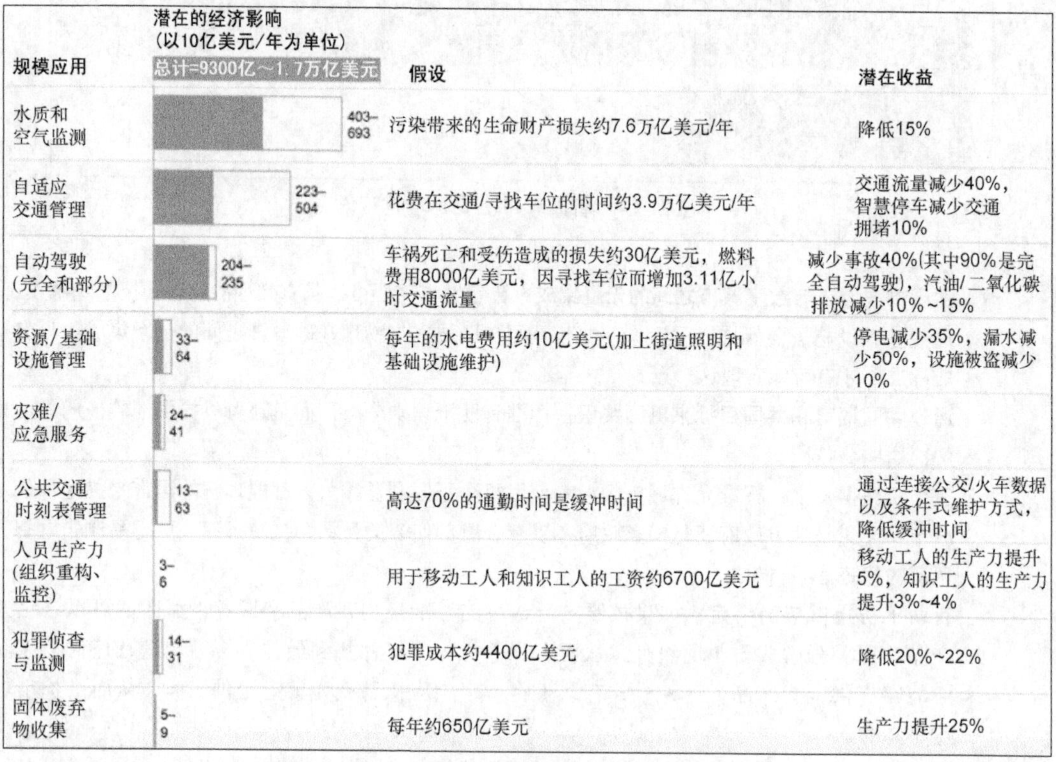

规模应用	潜在的经济影响（以10亿美元/年为单位）总计=9300亿～1.7万亿美元	假设	潜在收益
水质和空气监测	403–693	污染带来的生命财产损失约7.6万亿美元/年	降低15%
自适应交通管理	223–504	花费在交通/寻找车位的时间约3.9万亿美元/年	交通流量减少40%，智慧停车减少交通拥堵10%
自动驾驶（完全和部分）	204–235	车祸死亡和受伤造成的损失约30亿美元，燃料费用8000亿美元，因寻找车位而增加3.11亿小时交通流量	减少事故40%(其中90%是完全自动驾驶)，汽油/二氧化碳排放减少10%~15%
资源/基础设施管理	33–64	每年的水电费用约10亿美元(加上街道照明和基础设施维护)	停电减少35%，漏水减少50%，设施被盗减少10%
灾难/应急服务	24–41		
公共交通时刻表管理	13–63	高达70%的通勤时间是缓冲时间	通过连接公交/火车数据以及条件式维护方式，降低缓冲时间
人员生产力（组织重构、监控）	3–6	用于移动工人和知识工人的工资约6700亿美元	移动工人的生产力提升5%，知识工人的生产力提升3%~4%
犯罪侦查与监测	14–31	犯罪成本约4400亿美元	降低20%~22%
固体废弃物收集	5–9	每年约650亿美元	生产力提升25%

图 14-15 物联网部署对智慧城市的潜在经济影响

当前的智慧城市解决方案格局错综复杂，很多主要供应商都专注于增强自己的孤岛解决方案产品，包括先进的软件开发、新硬件和传感器集成以及不断进步的自动化技术，主要参与者有思科、西门子、微软、IBM 和 SAP（见图 14-16）。此外，传统的云计算供应商（如谷歌和亚马逊）也呈现出巨大兴趣。随着越来越多的智慧城市解决方案持续向云端迁移，或者将边缘处理连接到云端应用，这种趋势将持续增加。

编排和自动化机制有助于打破传统意义上智慧城市产品孤岛问题。编排提供了一个强有力的指导层，可以协调不同供应商不同领域的能力和经验，编排平台允许传感器、应用程序、数据分析、安全和服务提供商保持资产的有效运行，从而为城市运营人员（以及生活和工作在城市中的市民）收集、分析和提供数据并共享体验。利用编排平台提供的高效集成能力，可以实现数据与新的上下文之间的共享，从而做出更明智的决策，增强市民互动，并带来增加收入或控制成本的新商机。

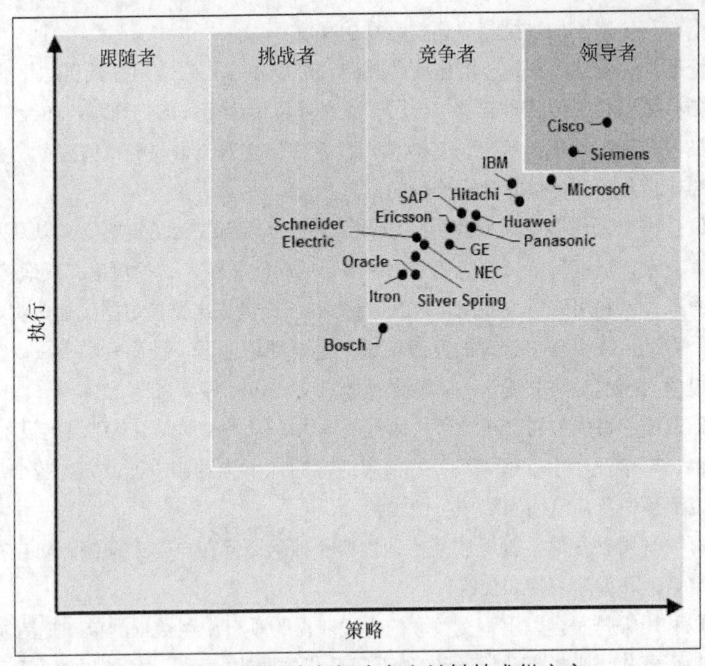

图 14-16　智慧城市解决方案关键技术供应商

该模式与常见的城市物联网部署方式不同。传统解决方案侧重于设备、设备连接以及集中式物联网平台，专注于从云端安全地加载设备并支持各种应用程序。虽然也需要设备加载、设备连接和应用程序支持，但无法实现IEEE所建议的端到端的多层系统体系，从而为城市创造最佳价值。系统体系指的是面向任务的系统集或专用系统集，这些系统集的资源和功能聚合在一起，可以创建新的、更复杂的系统，能够比简单的系统叠加提供更多的功能和更优的性能，包括组件系统的操作独立性、组件系统的管理独立性、地理分布、应急行为以及演进式开发过程。操作独立性和管理独立性是系统体系的两大显著特征，如果不具备这两大特征，那么就不能称之为真正的系统体系（无论其复杂性或组件系统的地理分布如何）。随着系统和物联网技术的网络化和互联化程度不断增加，系统体系也逐渐成为需要互操作性和异构性的大型项目的标准化要求。

如前所述，物联网环境中的编排机制是协调和集成物联网应用与其他系统（如企业IT、云服务、雾计算和移动应用）的过程，包括区域内部（如城市范围）和跨区域边界。编排机制能够以安全的方式实现流程自动化以及跨多个系统的数据同步。物联网编排平台为智慧城市提供了三种至关重要的核心能力：

- 连接和集成一个或多个部门或供应商的多个水平或垂直解决方案；
- 将物联网与多个不同的系统（如运营系统、企业IT、云和雾以及移动服务等）集成在一起；
- 将编排平台作为城市公共部门、合作伙伴和市民业务创新的基础平台。

为什么物联网编排功能对智慧城市如此重要呢？正如本书开头所强调的那样，互操作性是物联网价值创造的核心推动因素之一（40%左右的价值都源于解决方案之间的协作性）。也就是说，需要在智慧城市环境中将多个应用集中到同一个垂直领域（跨垂直领域也非常重要）。本章后面的用例说明了如何在一个平台下将多个孤立的垂直解决方案集成在一起并加以保护。举一个简单的例子，某个城市部署了多个独立的解决方案来管理城市中的交通问题，包括停车、信号灯和摄像头，如果能够组合这些数据，并编排好这些不同用例的部署与管理，那么一定能够有效提高城市运营效率并实现良好的成本控制。大量城市服务都可以从编排系统的自动化能力中受益，具体如下。

- **垃圾收集**：可以为垃圾桶安装传感器，实时测量垃圾桶的占用情况。有了这些信息之后，可以确保符合垃圾管理建议并优化垃圾车运行路线。
- **路灯控制**：可以根据光传感器的测量结果自动进行路灯控制，而且还可以根据人或车的存在情况（利用存在传感器加以检测）调整路灯的亮度。

- **绿化带管理**：通过部署在地下的湿度传感器，可以在绿化带应用高效自动化的水灌溉系统。
- **环境监测**：可以利用传感器监测与公民健康和环境健康相关的物理量，如天气条件、空气成分、噪音污染以及紫外线辐射等。与其他城市数据（如交通流量和拥堵情况）相关联后，可以为环境因素的建模和预测提供非常有价值的信息。
- **可用车位**：可以采用多种类型的传感器（如压力、超声或磁场传感器，以及基于摄像头的视频解决方案）来识别空车位。这些空车位是城市的稀缺资源，必须快速有效地传达可用车位信息。
- **路面交通**：可以利用磁感应线圈、WiFi 探测器和摄像头来监控道路交通，将收集到的信息发布给民众，有助于民众做出合理的路线决策，避开拥堵地区，进而有助于减少空气污染。此外，还可以根据当前的道路交通状态智能化地控制交通信号灯。
- **市政基础设施**：市政公司会在城市（通常是地下）部署大量大型基础设施设备，以提供天然气、电力、水、电信及污水处理等服务。部署适当的地下传感器，可以大大减少故障检测时间、识别故障或泄漏位置，从而实现预防性维护。
- **安全**：可以利用存在性、接近性甚至是枪击和玻璃破碎传感器来检测或防止在非授权时间段内侵入特定城区（如建筑物和公园）。

智慧城市可以利用编排平台以上下文关联的方式获得跨垂直应用数据的单一视图（以及处理能力），这是各种独立系统所无法实现的。而且还能实现不同系统数据的规范化，能够以统一且可用方式呈现给高层应用。此外，编排平台还提供了多供应商解决方案的组合机制，大大降低了对单一供应商和路线图的依赖性，使得平台更具未来演进能力。目前，安全性已成为编排平台的一种内置自动化组件，包括访问控制和授权等基本服务、IPS/IDS（Intrusion Prevention and Detection System，入侵防御和检测系统）等高级服务以及行为分析等。将安全性与不同系统相关联对于智慧城市来说是一个重大利好，因为智慧城市面临的攻击面非常多样化且分布广泛，同时这也意味着能够快速增加和推出新的应用或服务。

如前所述，巴塞罗那和迪拜已经采用了上述部署模式。迪拜的智慧城市平台（Smart City Platform）已经整合了多项技术，创建了全市统一的平台，其设计模式如下。

- **智慧城市平台的运行基于各种系统**：这些系统必须利用结构化的国际标准和 ICT 开放标准实现系统、运营及治理的统一性。
- **基础设施**：基础设施连接层是智慧城市平台的基础组件，智慧迪拜的核心目标之一就是共享数据以提高效率并实现新服务，精心设计的基础设施是实现效率目标的关键。
- **数据编排**：数据是智慧城市平台的核心，数据编排指的是在大数据环境中融合各种跨功能数据，从而实现各种新功能和洞察力，从而提供全市范围的完整视角。所有的智慧城市平台都必须管理各种不同的数据集并实现数据共享。
- **服务使能**：大多数服务都是由智慧城市平台进行管理的。由于不同的数据集存在本质上的差异，而且还存在数据开放需求，因而需要关键控制功能。该层服务主要包括面向个人和决策者的个人仪表盘、数据分析工具以及历史和预测数据 API。
- **应用程序**：城市应用包括事务型单一功能应用以及使用各种城市数据的大数据应用。
- **安全性**：安全性是整个平台的优先功能，嵌入在每个层级中。

智慧城市的一个关键优势就是能够提供城市中任何服务场景的可见性和洞察力，并提供场景之间关联性，从而意味着能够以协调的方式连接、部署和管理整个城市数以百万计的“物品”（包括传感器、网关和计算平台；软件和应用程序；企业服务；雾和云）。物联网编排平台可以聚合各种不同的孤岛式应用，自动协调、管理和保护（如果设计正确）城市的不同部件、服务和流程，从而给城市带来如下好处：

- 提高服务的部署速度；
- 更快地检测问题并给出整个城市基础设施的整体视图；
- 不同垂直服务之间的数据和事件关联性；

- 实现 KPI 和 SLA，而且很容易根据城市的需求变化调整 KPI 和 SLA；
- 垂直服务内部以及不同垂直服务之间的安全实施与遵从。

人们越来越多地将技术作为一种工具，目的是实现各个城市系统的紧密集成，从而提高系统的运行效率。物联网和编排平台为智慧城市提供了超越智能交通或智能电网等行业解决方案的能力。通过整合各个城市系统，可以无缝实现智慧城市规划目标，从而更全面、更有效地管理好整个城市。

14.6 智慧城市安全

虽然每种新技术或新用例都承诺将为智慧城市带来有益的价值，但同时也带来了新的潜在挑战，增大了安全攻击面。对于城市运营人员、市民以及企业来说，这些都是不可忽视的潜在挑战。安全性是重中之重，但由于城市环境极其复杂，我们还无法充分了解其风险，我们所知道的就是风险真实存在。

2016 年，纽约每个月都要面临大约 8000 万次的网络安全威胁。2017 年 4 月，达拉斯的黑客拉响了 156 个应急警报器，给市民和城市应急服务造成严重影响。2016 年，约有 70%负责记录华盛顿警方视频监控数据的存储设备被攻击者感染，影响了该市 187 个公共场所摄像头中的 123 个。

这些攻击只是给人们带来了不便，但网络攻击阻断交通服务、中断供电或供水、中断照明系统，甚至影响人类生活或环境，也只是时间问题。

已知的安全威胁很多，包括可能会给城市服务造成破坏的人员、流程和技术（见图 14-17）。由于不同的垂直解决方案和部门之间缺乏足够的凝聚力，因而这这些安全威胁极具挑战性。安全编排机制有助于缓解威胁，常见的已知的安全问题包括：安全性较差或根本无安全机制的技术；缺乏解决方案集成和安全测试；系统更新和补丁（特别是跨多个供应商）；缺乏全市范围内的网络安全响应团队，无法解决影响多种服务的安全问题或者可能会从一种服务影响另一种服务的安全问题；负责城市运营服务的部门官僚化；运营城市服务的系统过于庞大和复杂。

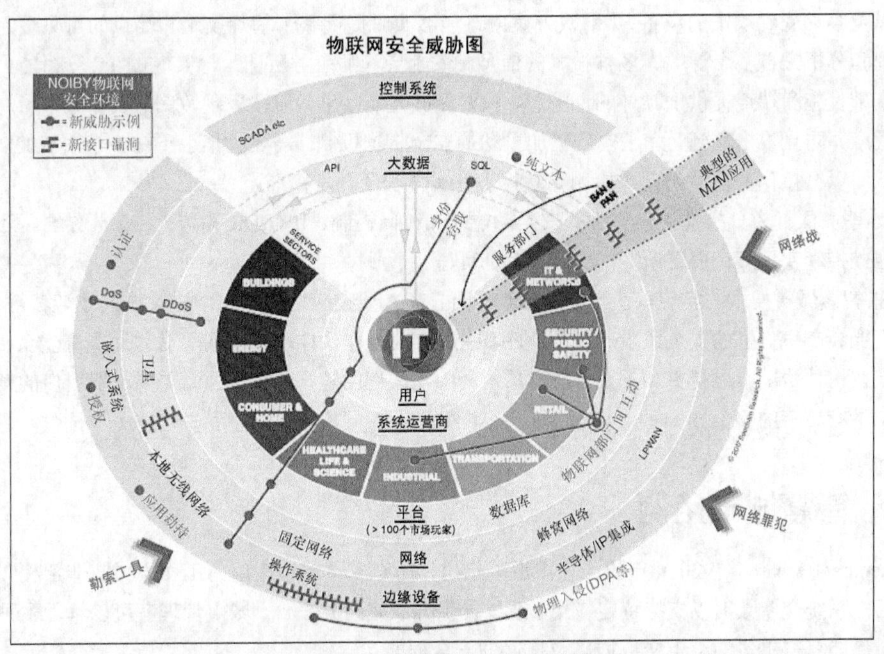

图 14-17 智慧城市安全威胁

不幸的是，城市越智慧，遭受网络攻击的可能性也越高。因此，实现能够跨多种服务进行高效集成、关联和安全防范的技术平台，显得越来越重要。

现实情况是，所有的智慧城市在某些阶段都会遭受不同形式的网络攻击。因此，除了做好攻击防御之外，最重要的就是要确定攻击的发生时间、预测攻击的潜在影响，并在攻击后全面调查安全漏洞。物联网技术是实现更加智能化的服务和安全事件检测机制的使能因素，集中式平台可以在攻击期间和攻击之后提供数据和系统的关联性与分析结果。

为了找出安全事件的关联性并提供安全事件发生后的有效分析结果，就必须提供有效的数据采集能力，并在安全事件发生时准实时地关联和分析数据（或者进行事后分析）。物联网编排平台可以为多个孤岛式解决方案提供强大的协作优势，有助于在安全事件发生之前或大面积传播之前进行有效的安全防范。

为此，云安全联盟（Cloud Security Alliance）针对智慧城市环境提出了如下安全建议。

- **攻击面大且复杂**：城市越智慧，系统就越多，系统体系也越多，攻击的风险和影响也就越大，需要具备更好的控制机制和网络可见性。此外，不同供应商解决方案之间的集成也会增加智慧城市系统的复杂性，特别是在快速发展的技术转型期间，必须部署涵盖全市范围的集中式平台来实现不同城市系统之间的集成、管理与安全防护。
- **监督和组织不力**：复杂系统需要更加强大的管理和控制能力，而且还必须由政府领导和市政部门进行直接管理。
- **威胁情报协同**：威胁情报已成为很多组织机构的主要安全防护能力，了解网络活动是识别可能针对组织机构发起的攻击的关键基础。威胁情报协作能力对于检测安全攻击（即使是最微小的安全攻击）来说至关重要。组织机构应主动监控可见范围内（包括合作伙伴和第三方）的所有网络事件，尽可能多地收集可以在城市威胁情报系统上共享的威胁数据，然后再将威胁数据和相关防护信息自动传播给其他各方。智慧城市应确保能够集中访问各种不同的威胁情报来源，包括内部部门和外部来源（如客户、合作伙伴和政府）。城市应该与负责采集、分析和分发威胁数据的相关实体进行充分协同。

很明显，仅解决部分物联网协议栈（如云、网关或AEP平台）的独立式解决方案无法满足该安全需求。安永会计师事务所在一份报告中提出，为了优化城市基础设施的安全性，必须进行端到端的监控（包括端点以及容易受到攻击的设备），解决方案应该能够实时提供整个基础设施和端点的可见性，并且能够有效处理和分析来自多个源端、多种技术的信息。安永会计师事务所认为，实时的IT分析能力可以为智慧城市基础设施和端点提供了额外的保护层，只要能够在非常早的阶段发现攻击行为，城市当局就可以迅速做出反应并防止攻击蔓延。为了实现更加主动的安全防护机制，需要收集上下文多个系统的实时、准确信息，从而以编排化和自动化方式检测异常行为并实现安全合规标准。

将这些高级行为分析能力与集中式安全功能（如访问控制、IPS/IDS和防火墙）相结合，还有助于城市更好地监控和实现城市服务所需的SLA和KPI。

如果智慧城市技术的实现取决于开放接口，而且还需要在应用程序之间进行协同才能获得最大价值，那么就可能会产生更多的安全风险。因此，必须在所有的合作伙伴网络中同等有效地实施安全机制，整体安全框架在这种情况下显得更加重要。由于系统间的互联程度越来越高，因而需要花费更多的精力来确保服务链中所有环节的安全性。

14.7 智慧城市用例

Machina Research在2016年的一篇报道中指出，所有智慧城市应用的工作方式都非常相似，即边缘设备与后端系统交换数据以支持特定应用。通过提供开放式跨界平台，城市管理者可以管理多种应用和服务，同时还能获得更多的上下文数据以及扩展的安全框架。

Machina Research认为，应该尽可能早地在端到端的智慧城市架构中部署通用平台环境，而不仅仅是在数据传输到城市之后。通用可互操作的开放式系统可以加速创新步伐，支持更加实时化的数据交换与关联。该模式对于时延敏感型应用、可以在本地处理数据而无需发送给集中式平台进行决策分析的应用、在系统边缘提供实时控制的应用来说尤为重要。这些优势来源于不同的应用程序可以进行直接交互，而不必通过集中式管理平台。智慧城市应该设计一个通用平台，可以在智慧城市体系架构的各个层级、各个方向（包括纵向和横向，以及南北向和东西向）进行集成。

Machina Research 认为，为了实现开放且安全的数据交换能力，最佳智慧城市架构应包含以下三类接口（见图 14-18）。

- **城市管理接口（City Management Interface）**：提供智慧城市整体仪表盘，作为应用程序系统侧与管理/人员侧之间的接口。
- **垂直系统间接口（Inter-Vertical Interface）**：允许不同的垂直系统直接交换数据。
- **应用内连接（Intra-Application Connectivity）**：实现特定应用中的软件提供商与硬件提供商之间的互操作性。

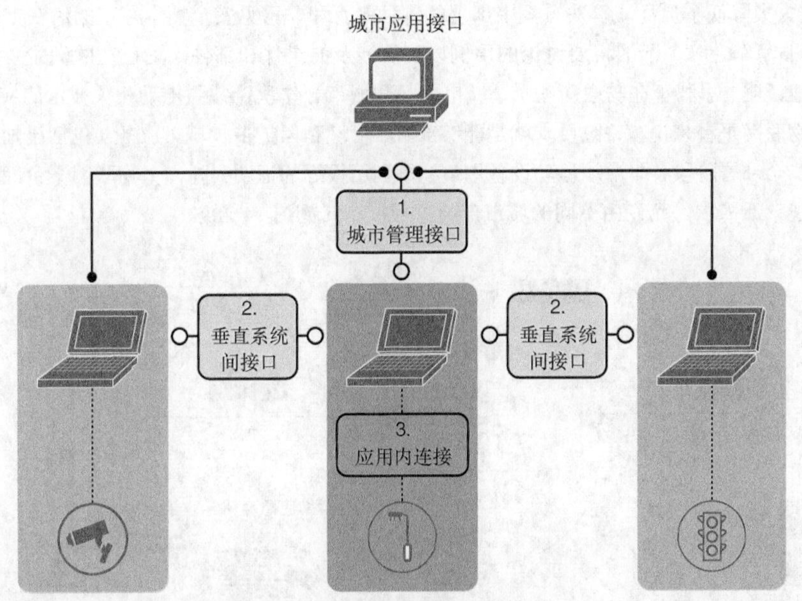

图 14-18 最佳智慧城市架构

这些原则与本书的核心理念完全一致，即一致、开放、多层级的物联网编排平台是智慧城市部署方案的必然选择（具体参阅后面的用例）。

对于城市环境来说，需要通过一些明确的原则来实现更加开放、基础设施编排效果更好的智慧城市目标（见图 14-19）。

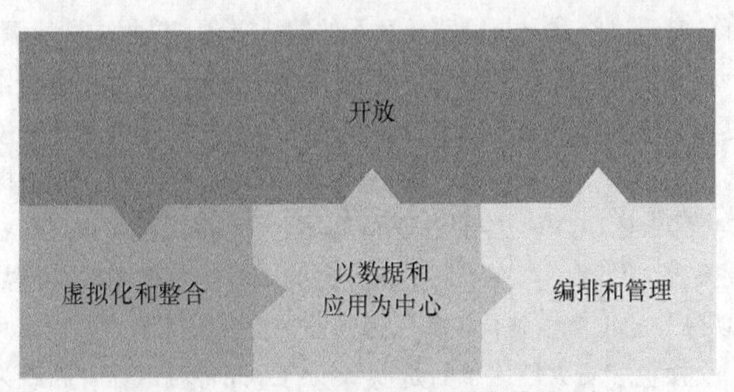

图 14-19 城市物联网编排平台原则

物联网平台的开放性（包括物理设备以及应用程序的异构性）对于一个城市来说至关重要。城市需要统一管理其部门和服务，多租户允许城市的不同部门利用通用且一致的基础设施自主部署和管理各自的服务。

第二个重要原则就是要将以数据为中心和以应用程序为中心的模型结合在一起，以一致且高效的方式交付和管理各种服务。这种融合对于物联网来说非常重要，因为在大多数情况下，物联网平台都必须能够有效管理数据和物联网应用的生命周期，这称之为以数据和应用为中心（data-app centric）。该模式可以为数据和应用提供高级策略管理能力，以受控方式在用户提供的应用程序之间实现数据共享。对于城市而言，该模式提供了新的强大的分析能力，可以跨机构和管理部门实现可操作的商业智能。

对于多租户城市环境来说，为了实现统一编排、安全性、分布式分析和管理能力，物联网平台应该是一种横向平台，不会给各个部门有效运行各自服务的能力造成影响。此外，平台应该通过可扩展的聚焦自动化和安全性的编排系统实现上述目标。

最后一个原则是整合，包括硬件和有效的服务共享。整合不但能够显著降低交付和部署新服务的复杂性、成本、维护难度及时间，而且还能提供一种一致且可靠的方法来实现服务的部署与管理（通过自动化机制），这大大降低了孤岛式解决方案中部署的各种专有和非可见安全技术存在的潜在雷区。

截至本书写作之时，下面将要讨论的用例以及所涉及的组件和部件，均已在欧洲主要城市得到了概念验证与价值证明。思科正在与政府官员、城市部门和城市合作伙伴共同推动相关技术的应用与发展。对于基础性的物联网平台来说，关键要求就是能够部署、管理和保护多种城市服务（包括已知和未来用例）。这一点在第二个部署阶段（即增加移动设备用例）得到了很好的证明。同一个物联网平台经过扩展之后可以很好地实现该新需求，允许由不同的城市部门进行控制（见图 14-20）。

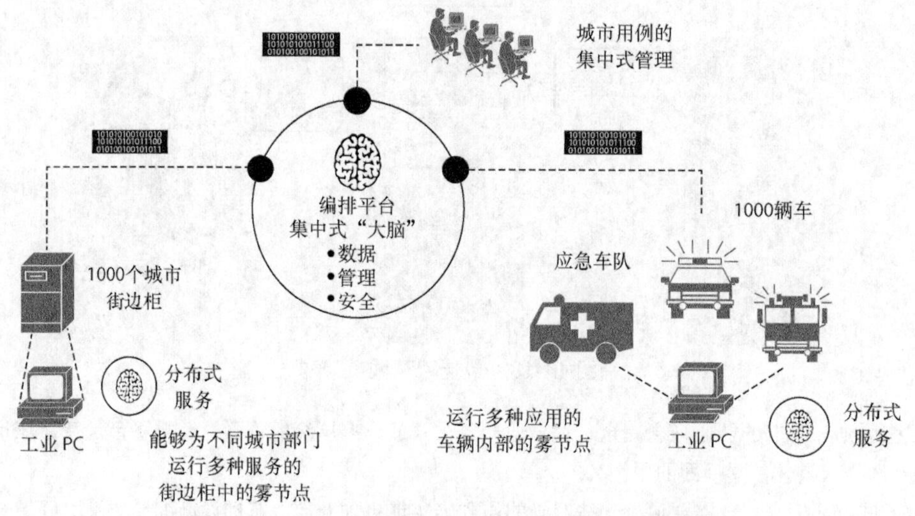

图 14-20 城市物联网编排平台用例架构的高层视图

实现下述城市目标的唯一方法就是提供系统体系的编排平台，以集成和协调多个垂直子系统的需求。

- 城市正在进行基础设施改造计划以更好地提供智慧服务，包括在整个城市范围内部署新的街边柜，以容纳提供不同城市服务的设备。该计划的一个关键目标是进行硬件整合，即在同一个硬件的虚拟化环境中容纳不同城市部门的多种应用程序，而不是在街边柜中为不同的部门配置不同的设备。这就意味着 CCTV、能源管理和交通监管等服务都可以运行在网络边缘以及后端数据中心的相同硬件上，从而可以在不同的部门之间或者与其他团队共享数据（取决于具体的安全策略），以实现额外的价值。整合工作包括计算平台（或雾节点）以及可以全部部署为虚拟化实例的路由器、交换机和防火墙，目的是以一致的方式将城市拥有的或第三方的服务和应用部署到同一个基础设施中。该策略将有效降低 CAPEX。
- 数据应该开放（但受到严格监管），确保多个应用能够共享这些数据。
- 需要一个通用的编排和管理方案来打破现有的运营和管理孤岛，从而降低 OPEX。
- 平台需要无缝解决固定位置（街边柜）和移动（应急车队）应用场景。

- 出于多种原因，要求必须具备自动化和零接触或准零接触部署能力。即便是没有 IT 解决方案经验的人员，也能以简单直观的方式部署服务。即便接口或用例不同，服务的部署操作也应该保持一致（即在不同部门之间使用相同的方法）。最后，要求部署新服务或现有服务的时间最小化。
- 需要多租户能力。必须能够对相同的基础设施进行安全分段以支持多个用例，并由不同的用户、供应商或部门对其进行监控和管理。
- 需要具备实时自主决策能力。某些用例（如能源管理）要求必须运行在系统边缘，如果达到了阈值或触发了调用策略，那么只应该将必要的数据或聚合后的数据发送给中心位置，绝大多数数据都应该由系统边缘的能源控制设备进行处理和使用。此外，还要求设备必须具备信息的实时处理能力，因而不能采用集中式或云部署方案。要求部署性能和安全监控代理，以确保应用程序和服务可以在系统边缘按照预期方式运行。
- 需要以一致的方式管理硬件、应用程序和服务的生命周期。
- 平台应尽可能地保持开放性。必须遵循行业认可的管理和编排标准，利用标准的数据建模语言，并在可部署和管理的设备及应用程序方面保持异构性。城市物联网通常是多供应商硬件和软件的混合环境。
- 最后，需要在多个层面实现安全性，包括设备的安全加载和集中式安全策略管理（但具备分布式部署和实施能力）。此外，还需要通过行为分析功能在多个层面进行安全和异常行为检测，能够利用和部署企业级安全功能（如防火墙和 IPS/IDS），而且还可以通过自动化流程来部署这些服务。

图 14-21 给出的用例就是这个经过验证的智慧城市项目的一部分。有关应急车队用例的详细内容将在第 16 章进行讨论，本节则重点介绍其与固定位置用例协同部署的必要性以及在不同城市用例之间共享数据的重要性。

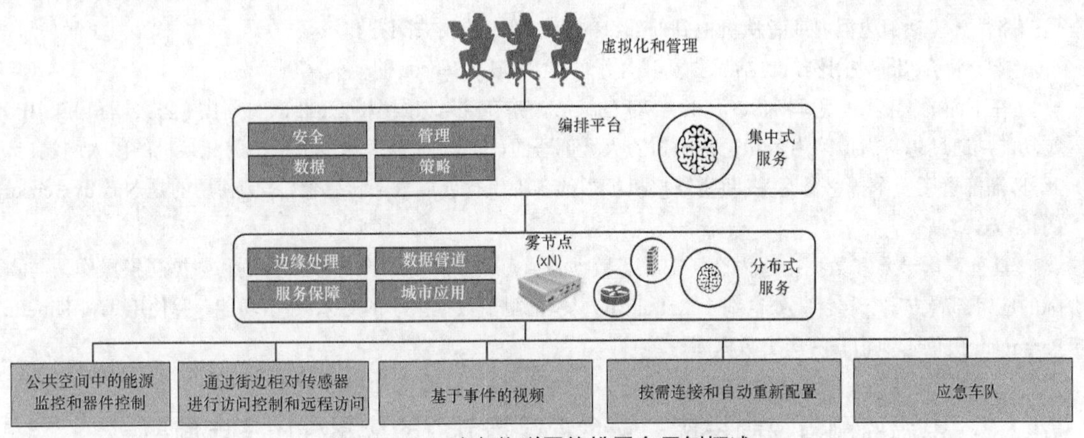

图 14-21 城市物联网编排平台用例概述

随着城市中基于物联网的解决方案不断增加，物联网设备的数量也在急剧增加。不但需要安装、供电和维护这些设备，而且还要保护这些设备免受外部影响。除此之外，还需要一个统一的分布式城市基础设施。平台设备通常可以安装在三种不同的位置上：数据中心、城域网的汇聚节点以及覆盖全城的街边柜，其中，街边柜是部署边缘技术以交付城市用例的地方。由于机柜空间越来越昂贵，因而有必要进一步减少机柜中的基础设施数量。为此，需要考虑和部署由虚拟化设备来运行多种应用程序等相关技术，以减少硬件和服务维护成本。基于上述考虑，接下来将具体分析可以部署在同一个街边柜中的用例情况。

14.7.1 用例自动化概述与高层架构

图 14-22 给出了智慧城市街边柜和数据中心的高层架构示意图。启动街边柜中的雾节点以及部署本用例所描述的安全技术和安全配置等操作，都是通过自动化进程来实现的（详见第 8 章）。

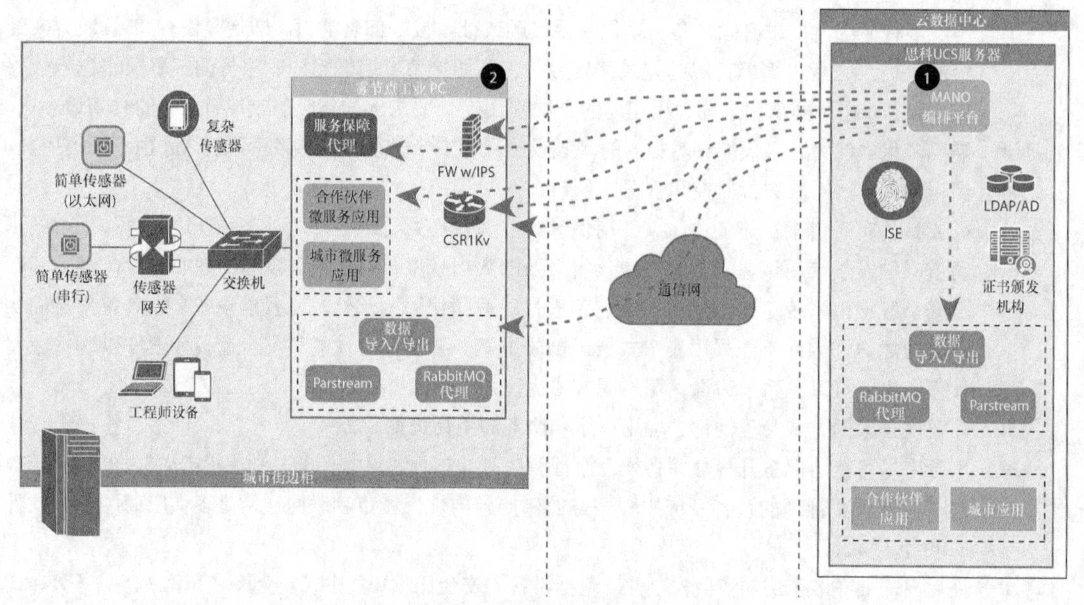

图 14-22 智慧城市用例架构示意图

从高层视角来看，MANO（1）负责加载机柜中的雾节点（2）（请注意，雾节点会随着用例和城市/供应商的不同而不同），同时还负责部署箭头指示的组件，包括雾节点内的 TEE（Trusted Execution Environment，可信执行环境）虚拟环境，用于托管城市和供应商应用及服务。此外，TEE 还在网关上托管虚拟路由器和防火墙（可能是组合的软件防火墙和路由设备）。自动化部署操作包括使服务生效并建立通信路径（包括街边柜内或者从机柜到外部目的地之间）的相关配置和策略。

本节将介绍一些用例，包括思科及其合作伙伴 Nearby Sensor 的一些案例。

在下面的案例中，思科 NSO 是 MANO 的核心，雾节点是加固型的工业 PC，路由、防火墙和 IDS/IPS 等功能是通过思科虚拟路由器和思科虚拟防火墙部署的，工业 PC 包含连接机柜中的交换机的以太网端口。此外，还部署了一个传感器网关，负责连接机柜中的各种串行或以太网传感器（本例使用的是 Nearby Sensor 的传感器）。

此外，雾节点和数据中心内部还部署了数据管道，用于进行安全的数据传输和数据交换操作。与实际的应用部署方案一样，此处也基于 RabbitMQ，包括用于数据共享的导入/导出功能，并使用思科 Kinetic Parstream 提供本地物联网历史数据库。

14.7.2 电源监测与控制用例：安全管理雾节点的应用程序生命周期

挑战：城市需要监测并自动控制街边柜中的电源分配板，电源分配板负责连接并保护街边柜的内外元器件。市场上的解决方案通常都是孤岛式解决方案，并为该用例提供专用硬件，通常包括专用控制器以及将数据从边缘传输到中心站点（城市数据中心或云端）的本地通信设备。中心站点的应用程序从多个机柜收集数据，并将数据传递给专用仪表盘，用于显示测量值、告警等信息。当前的很多城市都在逐渐弃用这种孤岛式解决方案，希望能够在不同的层面实现统一管理与服务整合（包括边缘硬件以及边缘或中心站点的应用程序），包括数据和服务管理的整合。

解决方案：电源控制器以及其他电源系统管理功能的虚拟化为城市带来了多种优势，包括可以在雾节点动态实例化为微服务的产品目录。图 14-23 的部署案例包含了雾节点（1）、传感器网关（2）和多个传感器（3）。

该部署方案的目的如下：

- 做出本地决策，以便在停电期间仅保持关键服务的运行（即使与云端的连接中断）；

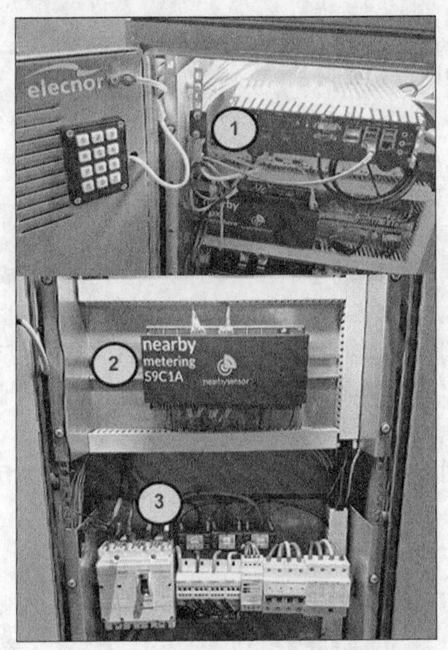

图 14-23 城市街边柜部署案例

- 实时监控功耗并分析特定 KPI（如供电质量）；
- 管理其他资源（如不间断电源）。

该用例被视为城市中的关键服务，使用了整个平台范围内的编排能力（集中启用并分布到所有雾节点），包括要求高可用性、安全性、分析能力、数据管理、路由和交换等关键功能的服务保证。

该用例的好处如下：

- 消除了昂贵的专有解决方案，节省了运营成本；
- 通过自动化机制减少了部署时间；
- 实时监测和控制功耗、SLA、数据分析以及停机决策等；
- 通过数据管道将单个数据源共享给架构中的不同层级的多个位置和应用程序（实时边缘处理、后端历史分析、后端运营可视化工具等）；
- 大幅节约 CAPEX 和 OPEX；
- 一致的安全策略和实施能力。

如前所述，对于由城市或城市合作伙伴部署的应用程序来说，关键需求之一就是要确保以安全的方式远程管理应用程序的生命周期。从高层视角来看，应用程序的生命周期管理通常应遵循如下步骤。

- 城市（或合作伙伴）创新应用程序更新文件，并修改 NSO 中的相关功能包。
- 根据预定策略和相应的访问/授权许可，与雾节点建立通信（通过有线或无线方式）。
- 确定 TEE 中的软件/固件版本。
- 验证更新未损坏，进而安装到 TEE 中。
- 最后，验证更新是否已正确安装和运行。如果出现问题，那么应用程序的生命周期管理系统会识别故障，并重新启动更新过程，或者将 TEE 恢复到先前状态。
- 作为编排平台，NSO 会通过应用更新过程处理部署、验证和状态检查等操作。

虽然远程系统进程可以为城市职员及合作伙伴提供很好的部署速度和成本效率，但同时也为城市系统提供了潜在入口点，因而仅允许访问雾节点中的特定系统对于编排系统来说至关重要。

本例中的合作伙伴通过 MANO 更新雾节点中的应用程序，为保证更新过程的安全性，必须执行相应的操作步骤（见图 14-24），以加强对多租户编排系统及雾节点的访问控制。有关雾节点与编排平台之间的关系及通信要求请参阅第 8 章和第 13 章。

1．合作伙伴在编排平台中登录租户环境。

2．编排平台提供 RBAC，以确定该合作伙伴的访问和授权权限。本例基于 LDAP，不过如前所述，也可以采用其他多种实现方法。

3．合作伙伴访问自己的资源，并且可以在系统中执行所授权的功能及操作，包括修改与应用程序相关联的功能包以及相关更新。

4．合作伙伴请求 MANO 在雾节点中执行应用程序更新操作，直至成功部署到 TEE 中或者雾节点返回现有运行状态。MANO 负责在应用程序启动后，对应用程序进行远程安全更新。

5．部署在雾节点中的虚拟防火墙可以提供额外的安全机制，确保只有经许可的连接才能访问雾节点。这里的防火墙功能包括检查去往雾节点的外部连接的源地址、目标地址以及允许访问的特定端口。

此外，如果上述进程受到威胁，防火墙还能提供其他保护能力，如 IDS 或 IPS。有关 IDS 和 IPS 的内容将在本章后面讨论。

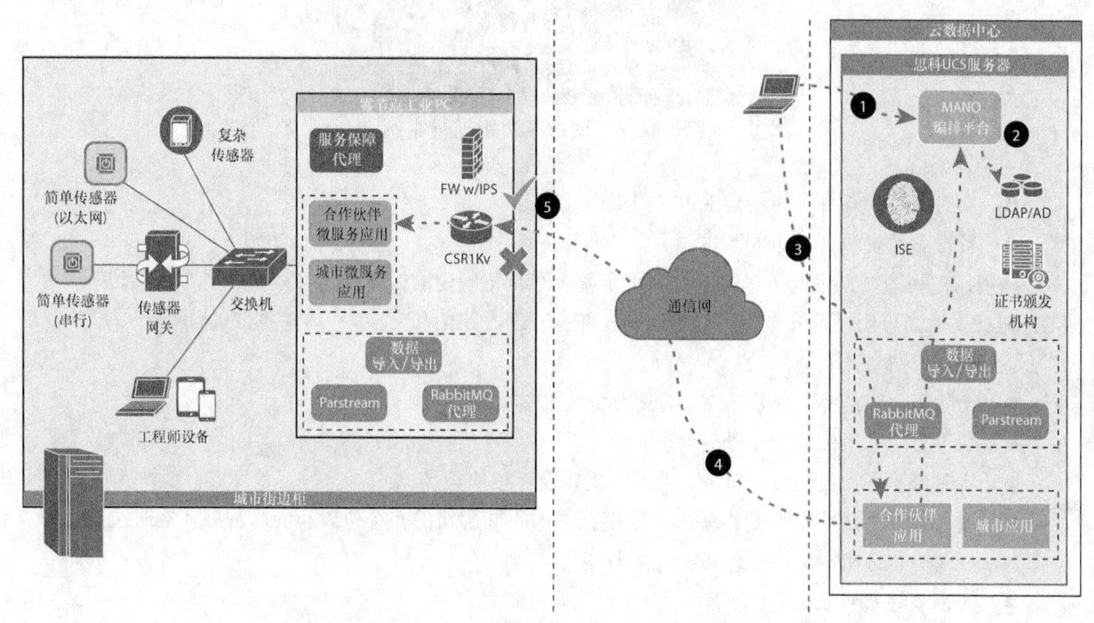

图 14-24 安全的远程生命周期管理

14.7.3 街边柜的访问控制与遥测传感器：简单和复杂传感器的加载

挑战：整个城市需要大量机柜来安装设备，以提供各种必要的城市服务。这些机柜可以安装城市自有设备和合作伙伴设备，这些设备通常都很昂贵，而且对于城市服务的正常提供来说至关重要。为了最大限度地减少未经授权的人员或恶劣天气造成的破坏，机柜应配置自动访问控制机制（如需要在数字键盘上输入正确的接入码）和遥测传感器，以指示机柜门的状态（关闭、打开或表明强行进入的振动）和环境条件（如湿度和温度）。目前的大多数机柜都没有得到很好的监控，也没有访问控制机制。

解决方案：为整个城市的街边柜安装遥测传感器，利用这些传感器生成的数据对机柜的访问行为进行监测和控制。需要采用统一的方式来实现传感器的数据采集、系统边缘的数据标准化、实时的数据分析以及访问控制等服务。在城市范围内实现数据共享，可以提供很多好处，例如，可以将键盘接入码输入错误与机柜门开启传感器进行关联对比。这些功能可以确保服务在系统边缘自主运行，即便没有回程连接也能实现访问控制。

该用例的好处如下。

- 节约运营成本，实现方式是通过统一的监测和控制机制以及基于现场的优化操作（通常不监控现场机柜和用例）。
- 可以将传感器数据用于其他用例。例如，将键盘输入或机柜门传感器与城市 CCTV 系统进行关联并自动触发事件。

如果要安全地加载城市传感器，或者提供城市传感器的访问能力并安全地管理这些传感器，那么应采取以下步骤。

- 从网络和基础设施的角度来看：
  - 认证传感器，确保其是正确设备并允许加入网络；
  - 授权传感器，控制其可以做什么以及可以与谁进行通信；
  - 确定传感器的行为基线，以确定正常运行期间的标准性能，包括目标流量模式、带宽和使用的协议；
  - 监控流量，以确定是否与基线存在偏差；
  - 消除任何非期望行为。
- 从数据管道的角度来看：
  - 认证传感器，从而在使用该传感器的数据之前，确定该传感器是正确的设备；
  - 确定传感器的行为基线，以确定正常运行期间的标准性能，包括目标流量模式和带宽；
  - 监控流量，以确定是否与基线存在偏差；
  - 消除任何非期望行为。

网络平面和数据平面的安全监控与实施能力，可以提供更多的保护能力。

本用例介绍了网络和基础设施，后面的用例将介绍数据管道。可以采用多种方法来认证传感器，以确保这些传感器是正确设备并允许加入网络，同时确定其有权执行的操作。本用例将通过思科 ISE（Identity Services Engine，身份服务引擎）和 MUD（Manufacturer Usage Description，制造商使用描述）来介绍两种自动化动态安全机制。ISE 是一种广泛实施的安全技术，MUD 则是一种相对较新的方法，尤其适用于需要轻量级认证过程的物联网受限设备。有关 ISE 和 MUD 的详细信息请参阅第 9 章。

未来，MUD 极有可能广泛用于简单（指的是功能/限制条件）传感器的加载操作。MUD 需要执行如下步骤（见图 14-25）。为了便于说明问题，这里列出的只是完整操作步骤的简化版本，有关完整流程请参阅第 9 章。

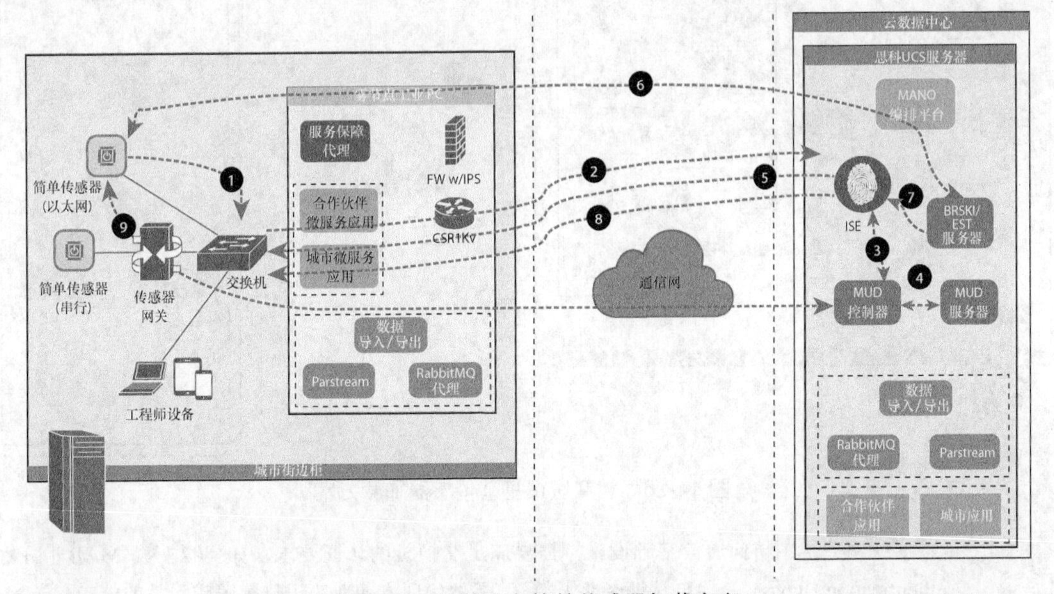

图 14-25 智慧城市简单传感器加载方案

1. 传感器向交换机发送URL（Uniform Resource Locator，统一资源定位符）。URL可以提供多种功能，包括对设备类型进行分类并提供查找策略文件的方法。可以通过DHCP、基于IEEE 802.1AR的X.509证书或二层LLDP帧发送MUD URL。
2. 交换机经传感器请求传送给AAA服务器（即本例中的ISE）。
3. ISE将该有效请求转发给MUD控制器。
4. MUD控制器与MUD服务器通信以获得适当的配置文件，其中包含了所允许的通信参数。访问示例包括：
   - 允许使用QoS AF11访问主机controller.example.com；
   - 允许访问同一制造商的设备；
   - 允许与支持COAP的控制器进行交互；
   - 允许访问本地DNS/DHCP；
   - 拒绝所有其他访问。
5. ISE向交换机发送CoA（Change of Authorization，授权变更），允许传感器仅访问BRSKI/EST配置服务器。
6. 传感器与配置服务器进行通信，得到管理员批准之后，将会收到一个证书以进行唯一标识。
7. 设备收到证书之后，配置服务器会通知ISE。
8. ISE收到配置服务器的批准之后，会向交换机发送另一条CoA，允许传感器直接与MUD控制器进行通信。
9. 最后，传感器通过MUD控制器获得其配置并完成设置过程，此时可以开始传输数据。

1. 传感器访问控制

如果希望利用ISE提供传感器的访问控制，那么就需要执行以下步骤（见图14-26）。较为复杂的传感器可以支持其他功能（如证书），而且还可以包含一个传感器网关，可以访问多个较为简单的传感器（包括拥有串行接口的传感器）。图14-23给出了网关设备和传感器示例。

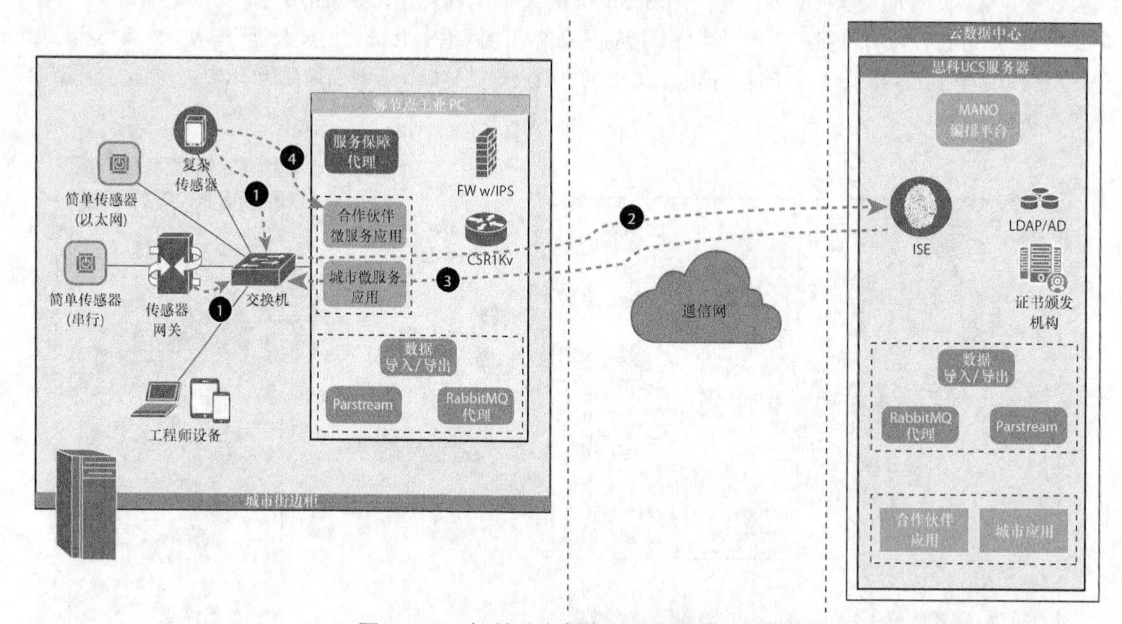

图14-26 智慧城市复杂传感器加载方案

1. 传感器或网关试图访问通信基础设施，需要满足交换机的认证要求（如802.1X、MAB［MAC Authentication Bypass，MAC认证旁路］等），具体认证方式取决于传感器或网关的能力。

2. 交换机收到传感器的 EAP 请求之后，将请求封装到 RADIUS Access-Request（访问请求）中并发送给 ISE。
3. ISE 根据预定义策略响应交换机，包括允许访问、拒绝访问或者将传感器隔离在安全 VLAN 中直至采取进一步措施。如果允许访问，那么 ISE 就会通过 RADIUS Access-Accept（访问接受）消息以及授权权限（定义了允许执行哪些操作）应答交换机，同时以 VLAN、dACL（downloadable Access Control List，可下载的访问控制列表）或 SGT（Security Group Tag，安全组标记）等形式向无线控制器发送 CoA，从而下发给 AP 执行。对于本场景来说，由于需要通过网络传递附加的安全策略能力，因而需要配置 SGT。
4. 传感器被允许访问网络，并可以将流量发送给授权目的地。对于本例来说，就是允许传感器将数据发送给合作伙伴微服务应用程序（运行在工业 PC 的 TEE 中），以进行实时处理。

14.7.4 基于事件的视频：数据管道和信息交换的安全性

挑战：城市通常都会安装大量固定和移动摄像头（如警车等车队）。摄像头的连接可以是高速有线网络链路，也可以是无线蜂窝连接，甚至可以仅存储在本地。不将摄像头视频连续流式传输到中心站点的原因有很多，包括基础设施和通信成本、隐私法规以及数据存储和管理开销。只有在发生特定事件之后，多路视频输入才有意义。

解决方案：摄像头不将视频流直接发送给中心站点，而是连续记录图像并将视频流发送给本地雾节点，由雾节点来实现高可用性。视频存储在雾节点的循环缓冲区中，通常仅存储预定义时长（如 2 分钟），后面的视频会不断覆盖前面的视频。单个雾节点可以聚合附近多个摄像头的视频源，然后根据需要将特定事件定义为动作触发器。雾节点会分析视频流，并在检测到预定义触发条件后执行相应的动作。一旦检测到触发条件，就会将两路视频流发送给中心站点（如私有云、控制室或其他目的端）。第一路视频流显示摄像头的实时视频输入信息，第二路视频流则发送循环缓冲区中记录的前 2 分钟视频。随着摄像头的本地处理能力的不断增强，人们越来越多地直接在摄像头上执行这类视频分析雾处理操作。采用这种处理模式需要考虑两个关键因素，一是要部署更新的现代摄像头（不适用于已部署的摄像头），二是摄像头的视频分析能力与特定供应商相关（可能会导致不同的处理能力、潜在的不一致性以及因维护和新能力带来的潜在挑战）。这种与特定供应商相关的摄像头分析能力进一步加强了对强大的城市物联网平台的需求，需要通过该平台来规范这种多厂商、多能力环境的差异性，并进行有效管理。

常见的触发条件包括噪声阈值、未经授权闯入街边柜、未经授权访问设备（如插入 USB 存储棒）以及过度拥挤等。

本用例的好处如下。

- 节省网络基础设施和存储成本。此外，还可以通过街边柜内的雾节点连接和聚合多个（更便宜的）摄像头，从而提供更大的覆盖范围。
- 根据可编程事件进行实时监控与响应。不但能够提高发现特定事件的概率，而且还能大大减少操作人员在控制室中观看摄像头的必要性。

图 14-27 的部署案例中包括了雾节点（1）、IP CCTV 视频摄像头（2）和声学传感器（3）。

有关本用例的详细信息请参阅第 11 章，这里仅介绍主要概念和组件。

通常需要在两方或多方之间共享单一数据源，以提供更深入的业务洞察能力。本用例需要在城市环境中为两方提供数据共享服务，图 14-28 给出了本用例的示意图及具体步骤。需要在运行城市视频监控系统的市政员工与负责城市安全的警察之间共享数据。虽然这是城市环境中的常见共享关系，但并非总能做到视频数据的无缝共享。

作为智慧城市功能包初始自动部署方案的一部分，视频监控应用部署在城市 TEE 中，警察应用部署在第二个合作伙伴的 TEE 中，RabbitMQ 数据管道和消息代理系统部署在第三个 TEE 中，所有的通信和安全权限都部署为功能包自动化的一部分（如前几章所述）。RabbitMQ 是一种得到广泛部署且有商业支持的消息代理，常常用于物联网部署环境。如第 11 章所述，RabbitMQ 是一个基于数据主题的发布/订阅系统，不但可以安全地发布数据主题，而且还允许授权用户安全地订阅数据主题，它广泛用于思科及其合作伙伴的智慧城市部署方案中，这也是本节包含 RabbitMQ 的主要原因。本用例的目的是将城市应用 TEE 的视频数据安全地共享给警察应用 TEE（通过其 TEE 中部署的数据管道进行共享）。这样一来，应用程序或租户环境之间就不会直接共享数据，也就是说，数据分发是安全的。

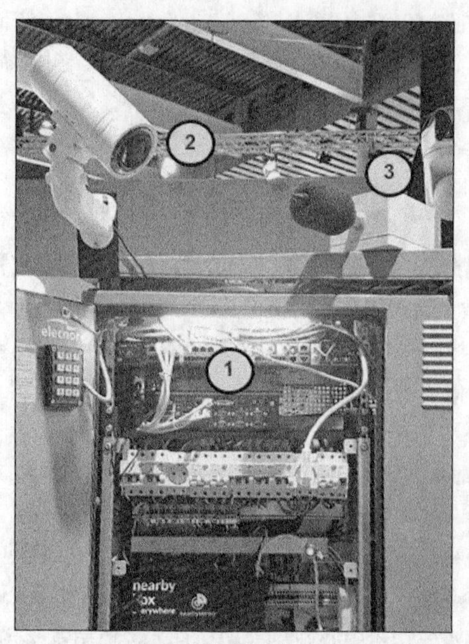

图 14-27 城市街边柜部署案例：基于事件的视频

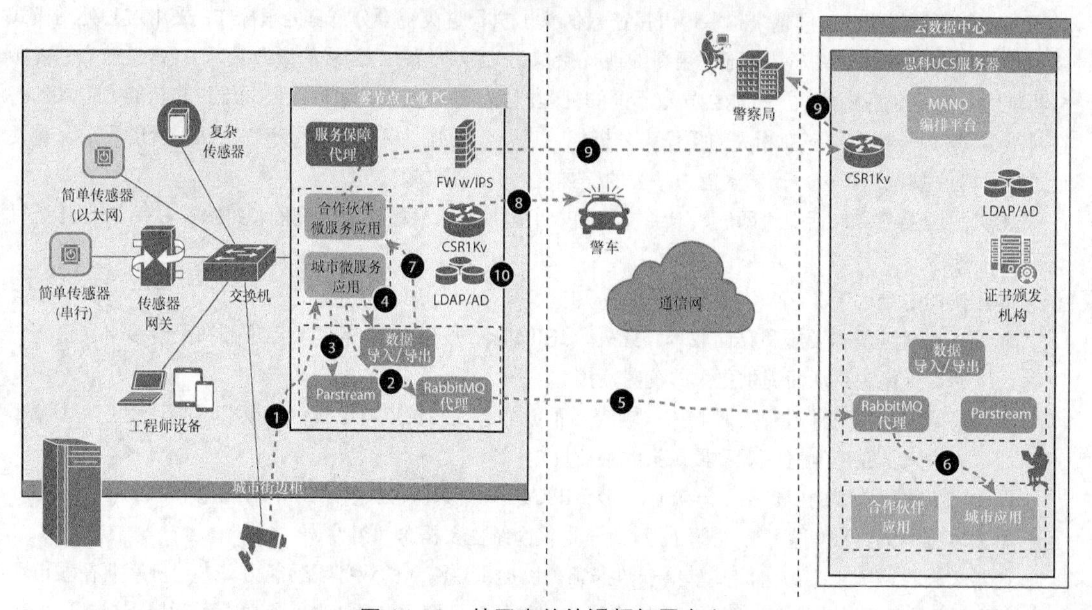

图 14-28 基于事件的视频部署方案

为了实现该用例，需要执行如下操作（详见第 11 章）。

- 将城市 IP 摄像头的视频数据实时流式传输给视频微服务应用（运行在雾节点的城市 TEE 中）。
- 将视频数据实时发布到 RabbitMQ 数据管道中的城市 CCTV 数据主题，通过各层级的消息代理发布到整个数据管道中，订阅者订阅 CCTV 数据主题即可使用这些视频数据。

- 同时还将数据发布到雾节点上的本地思科 Parstream 物联网历史数据库中。雾节点被配置为在循环缓冲区中记录 30 秒钟的连续视频，此后覆盖前面的数据。如果检查到特定事件，那么就会将事件触发前的 30 秒钟视频数据连同实时视频数据一起转发给中心站点。请注意，可以根据需要配置该视频缓冲时间。
- 城市应用还将数据发布到特定的数据导入/导出主题中，该主题的设计目的是向授权订阅者共享数据。对于本用例来说，警察合作伙伴微服务应用订阅了导入/导出数据主题服务。
- 作为标准操作的一部分，需要配置数据管道，以便消息代理将信息发布给与数据管道相关联的其他消息代理（对于本例来说，位于集中式数据中心/运行中心内）。
- 中心站点的城市视频监控应用从集中式 RabbitMQ 消息代理订阅数据主题并使用数据，进而显示在运行中心的视频安全应用大屏上。
- 本用例还需要将同一视频共享给其他使用方（本例为警察），以帮助减少城市安全事件。因此，数据导入/导出功能还需要将同一视频数据流发布给授权第三方可以订阅的独立数据主题，警察合作伙伴微服务应用有权订阅该数据主题。
- 可以通过无线基础设施将视频信息直接从城市街边柜的雾节点共享给警车中的警察。
- 作为可选方式，也可以通过城市或公共基础设施将视频信息共享给警察局中的警局事件响应小组。
- 由雾节点上的本地分布式 LDAP 实例安全实施该 RabbitMQ 主题，为订阅者提供安全的 RBAC 访问机制。

分析了用例的基本情况以及通用安全机制之后，接下来将讨论如何保护 RabbitMQ 中的数据交换安全。这里所说的安全，指的是如何保护谁可以经过认证或者经过认证的用户可以执行哪些数据交换操作（发布数据或订阅数据）、如何授权数据交换以及如何从中心站点分发安全策略并在本地实施安全策略。

可以在雾节点采用不同的方式实施本地安全策略，如运行本地数据库或本地令牌交换。为了简单起见，假设本用例使用的是本地 LDAP 副本，LDAP 可以运行在受限较少的雾节点或边缘节点中。

第 11 章详细介绍了利用 LDAP 进行认证和授权的完整过程。从高层视角来看，需要通过下列步骤（见图 14-29）来保护数据管道和数据交换的安全性。

1. 在雾节点上部署本地 LDAP 实例（作为功能包的一部分）。

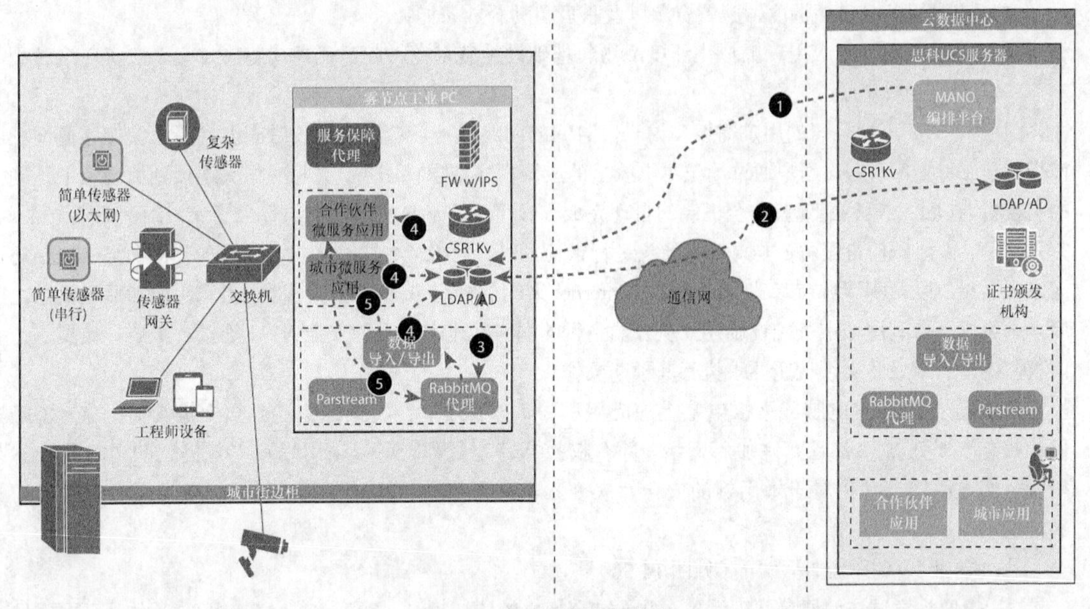

图 14-29 保护数据管道

2. LDAP 实例维护去往集中式 LDAP 服务的异步连接。通过 TLS 传输机制，在中心站点与本地 LDAP 实例之间执行复制操作。即使连接中断，本地 LDAP 实例也会维护集中式策略所定义的安全认证与授权。这种本地实施模式对于分布式物联网环境来说至关重要，因为这类环境中的回程连接可能会发生中断，但仍然要在本地强制执行规定的安全策略。
3. VM 启动之后，需要对 RabbitMQ 发布者代理进行认证和授权，从而允许其使用并发布数据。由本地 LDAP 实例对代理凭证进行认证，并授权可以执行的操作。
4. 导入/导出服务以及订阅数据主题的应用都要执行相同的过程。
5. 城市视频应用程序微服务可以将数据发送给 RabbitMQ 发布者代理，允许 RabbitMQ 发布者代理将数据发布给 CCTV 的导入/导出数据主题。运行在独立 TEE 中的警察合作伙伴应用可以订阅该数据主题。

14.7.5 按需提供公共服务连接：用户访问和行为分析的安全性

挑战：城市通常都要举办各种各样的活动，如音乐会、体育赛事、会议和节日等。在此期间，城市会收到来自电视台、新闻界、警方等的网络连接请求，需要通过连接来传输视频、Web 和数据服务，要求实时覆盖整个活动。由于这些连接请求通常都是为了实现实时、高可靠的流媒体服务（如电视直播），因而与无线解决方案相比，这类连接更加复杂和昂贵，通常都由城市街边柜中的设备提供此类服务，通过城市基础设施提供特定的有线接入。这就要求视频团队、警察及其他相关人员，必须能够安全地打开和访问机柜以获得有线连接。

上述要求对于城市活动来说屡见不鲜，但是配置所需的网络连接（包括带宽和 QoS）、确保安全机制到位、确保仅为正确的人员授权，通常都要花费好几天时间。智慧城市需要快速安全地提供访问能力。

解决方案：经过认证和授权的人员可以通过自服务门户，请求连接指定机柜，并根据需要自动配置带宽和 QoS。由街边柜中的雾节点取代街边柜中的传统交换机和路由器服务，并连接编排平台，此后就可以自动编排并授予连接服务（从网络边缘到数据中心）。所请求的连接服务时间段到期之后，编排系统会自动删除该连接服务。

该用例的好处如下：

- 消除了昂贵的手工流程，节省了运营成本；
- 实时服务，包括调度、配置资源以及事后自动释放资源；
- 将整个城市的应用、虚拟化环境及物理基础设施整合在一起。孤岛式解决方案无法实现这种程度的无缝集成。

本例中的某电视公司的用户需要申请一段时间的网络连接，希望在这段时间内，摄像头能够通过城市带宽录制特定事件。该用户通过笔记本电脑上的应用程序请求该服务，并将摄像头连接到街边柜中正确的交换机端口上，等待配置及安全机制的自动完成。接下来将通过三种主要组件来确保该用例的安全性。首先，用户需要访问自服务门户，对摄像头进行认证，以访问机柜中的交换机并请求所需的服务（包括访问以太网端口以及利用城市基础设施建立与 Internet 之间的特定带宽隧道）。其次，摄像头成功通过认证之后，由编排平台利用城市基础设施建立从源端到目的端（经过多跳）的安全 VPN 连接。最后，被授予访问权限的用户或设备必须按照要求执行其预期操作。

用户通过笔记本电脑或平板电脑上的应用程序请求服务，并将摄像头连到交换机端口上。为了确保该摄像头是正确设备且允许加入网络，并有权执行特定操作，可以采用思科 ISE 提供的自动化动态配置能力。虽然自动化对于本用例的安全性来说并非必不可少，但是也可以从另一个层面提供深度防御能力。

与 ISE 相关的操作过程如下（见图 14-30）。

1. 摄像头尝试访问通信基础设施，并通过交换机的认证机制（802.1X、MAB 等），具体认证方式取决于传感器或网关的能力。

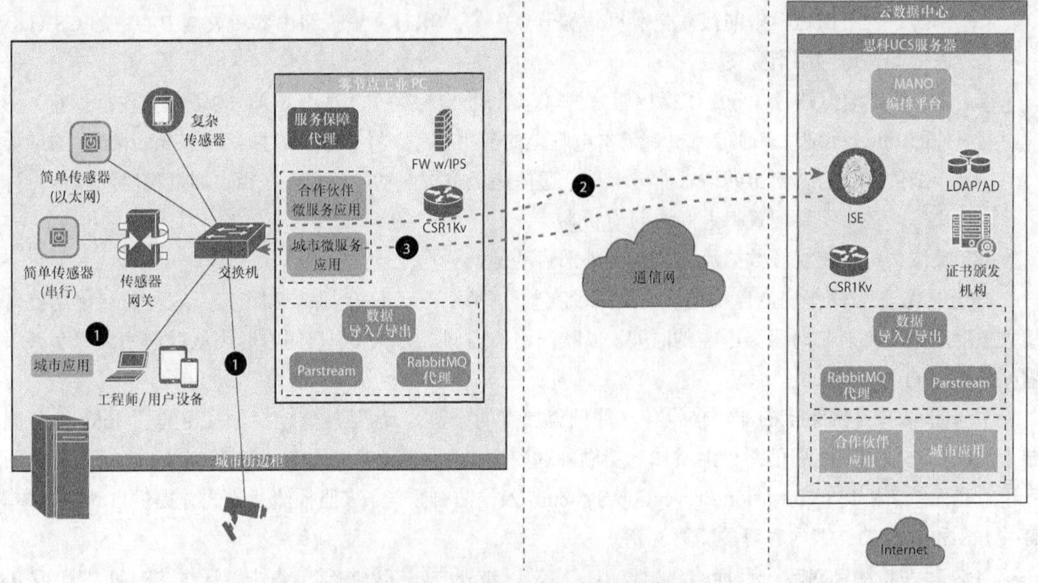

图 14-30 摄像头访问控制示意图

2. 交换机收到传感器发送的 EAP 请求，将请求封装到 RADIUS Access-Request 消息中，并发送给 ISE。
3. ISE 根据预定义策略响应交换机，包括允许访问、拒绝访问或者将传感器隔离在安全 VLAN 中直至采取进一步措施。如果允许访问，那么 ISE 就会通过 RADIUS Access-Accept（访问接受）消息以及授权权限（定义了允许执行哪些操作）应答交换机，同时以 VLAN、dACL（downloadable Access Control List，可下载的访问控制列表）或 SGT 等形式向无线控制器发送 CoA 以下发执行。对于本场景来说，由于需要通过网络传递附加的安全策略能力，因而需要配置 SGT。

在编排平台配置了适当的通信规则之后，摄像头就可以访问网络，并可以将流量传送到授权目的地。对于本例来说，摄像头将在一段时间内，通过城市基础设施连接外部站点，该外部站点将可以收到视频广播。

此时摄像头已成功通过身份认证，编排平台将根据用户应用程序的预授权时间，通过城市基础设施提供通信服务（具体步骤见图 14-31）。

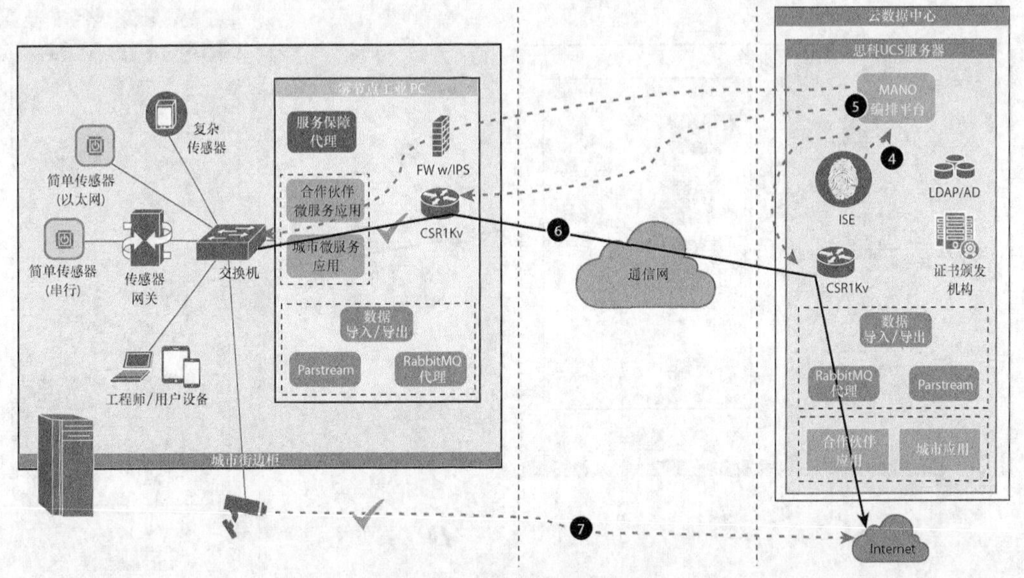

图 14-31 通信配置自动化

4．编排平台对街边柜中的接入交换机、雾节点中的 CSR1Kv 虚拟路由器和数据中心中的 CSR1Kv，进行动态地网络配置变更。

5．建立特定通信路径（分配了指定带宽），仅允许特定摄像头（基于 MAC 地址或其他标识符）访问外部 Internet 地址。通过用户笔记本电脑上的应用程序，将摄像头信息和外部 Internet 目的地址等详细信息作为初始访问请求的一部分。通信路径将按照初始请求，在指定和批准时间内保持打开状态，之后网络配置将返回访问前状态。

6．摄像头可以将视频数据流式传输到外部目的地。

上述配置变更操作完全自动化，通信路径在整个网络中一直受到保护和锁定。这种自动化功能可以最大限度地减少部署临时服务所需的时间。以欧洲用户为例，从请求到启用的时间从以前的大约 7 天大幅缩减到目前的 30 分钟。

由于摄像头是网络上的非可信设备（非城市拥有的设备），而且外部连接一直连到了 Internet，因而城市可以在明确定义的通信路径上增加一层额外的安全机制，也就是利用 IDS（Intrusion Detection System，入侵检测系统）和 IPS（Intrusion Prevention System，入侵防御系统）来监控流量模式并提供自动防御措施。有关 IPS 和 IDS 的详细内容请参阅第 9 章。

IDS 旨在检测针对攻击目标的漏洞攻击，通常以带外方式部署在雾节点中，通过 SPAN 端口或 TAP 接收流量信息。因此，IDS 应用并不在信息发送端与接收端之间的实时通信路径中，这样就不会引入时延，也不会影响摄像头发送的视频广播。

IPS 提供的功能与 IDS 相同，但 IPS 位于源端与目的端之间的通信路径上，能够丢弃流量包。

IDS 和 IPS 系统都能检测大量安全威胁，包括 DDoS（Distributed Denial of Service，分布式拒绝服务）攻击、病毒和蠕虫等。实现方式是模式匹配，IDS/IPS 系统利用深度包检测机制查看流量的内容，然后利用签名来检测恶意活动并通过预定义的操作进行响应。此外，IDS/IPS 系统还具有协议分析功能，可以检查协议是否存在威胁。思科 IDS/IPS 解决方案始终保持更新，以确保签名包含全球范围内已经识别出来的各种最新威胁。

对于本用例来说，智慧城市功能包中包含了一些代码块，可以在雾节点上自动部署 TEE 中的虚拟防火墙并完成所有相关配置，以实现通信和安全机制。本例采用的是 IDS 部署模式。此外，功能包还负责配置接入了电视摄像头的本地交换机，通过 SPAN 端口将流量流发送到防火墙。上述自动操作完成之后，IDS 实例即可正常运行。

图 14-32 显示了自动检测过程。

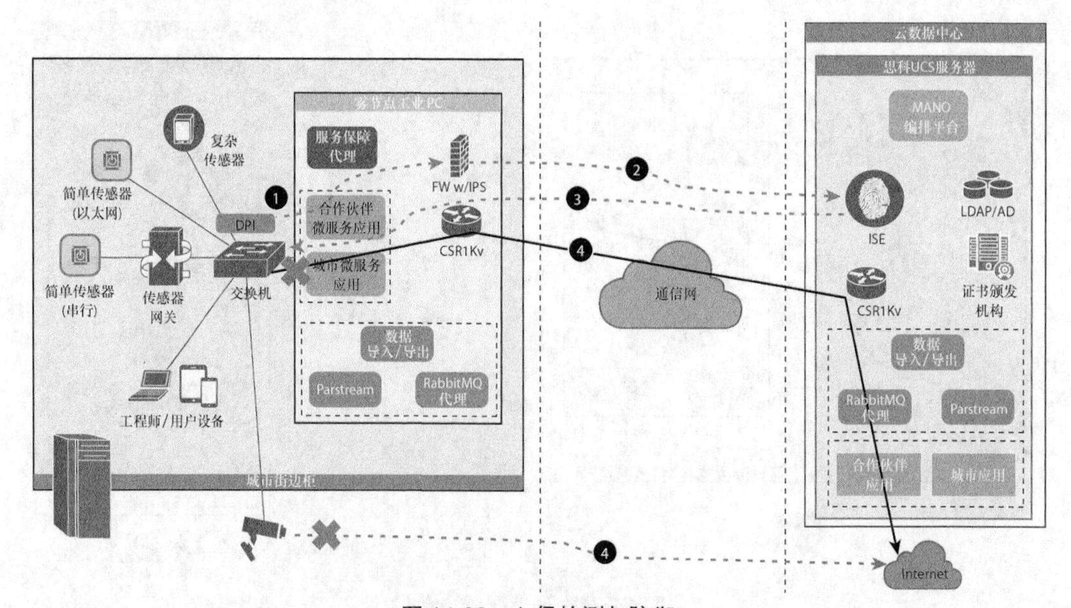

图 14-32 入侵检测与防御

1. 将流量镜像到雾节点中的思科虚拟 FTDv 防火墙（运行 IDS），以分析基线通信信息（包括目的端、带宽等）。
2. 用例中的摄像头与特定端口上的外部地址进行通信，未出现预期偏差，包括数据包中的流量模式、特定协议和特定信息。如果防火墙上的签名或协议分析模块识别出任何变化（如摄像头尝试发送不同的信息或使用不同的协议，或外部主机尝试与摄像头镜像通信），那么就会检测到这种异常情况，并自动生成告警。
3. 同样，异常情况还包括流量模式的变化，如传感器试图进行区域外通信，此时也会自动生成告警。
4. 告警发送给 ISE。根据预定义的安全策略，ISE 将更新后的配置发送给 WLC 或交换机，通过 ACL 限制传感器的通信访问，并将其隔离在安全的 VLAN 中。

14.7.6 应急车队集成

第 16 章将详细说明车联网的具体需求。在城市环境中，应急车队是维护安全和保障的重要因素。除了需要将应急车辆通过街边柜连接城市基础设施之外，还可以将应急车辆上的应用和服务的整个生命周期作为城市物联网平台的租户进行管理。当然，也可以通过单独的平台进行管理，该平台与本章前面介绍的城市系统体系平台进行交互并交换数据。该平台通过与全市 CCTV 网络等系统交换信息，可以大幅提高警察的整体执法能力，能够在事故发生期间和之后提供上下文信息及分析结果。

警车通常都会配置多种应用、设备及专用汽车组件，以执行不同的服务功能，这些技术旨在简化警车内部的操控挑战。如今的大多数警车都配备了多种复杂的技术，但问题在于引入任何新技术都可能面临很多困难，需要采取某种方法来快速安全地集成这些技术。与这些技术的操控性一样，简化这些技术的部署、集成、更新和管理也同样重要，目的是确保系统高度可靠，可以供警察随时使用。与此同时，还需要具备不同通信技术之间的无缝切换（包括城市基础设施、警察局附近的 WiFi 切换以及移动状态下的 3G 和 LTE 等服务提供商通信），从而优化警车和车载应用的编排与管理（见图 14-33）。

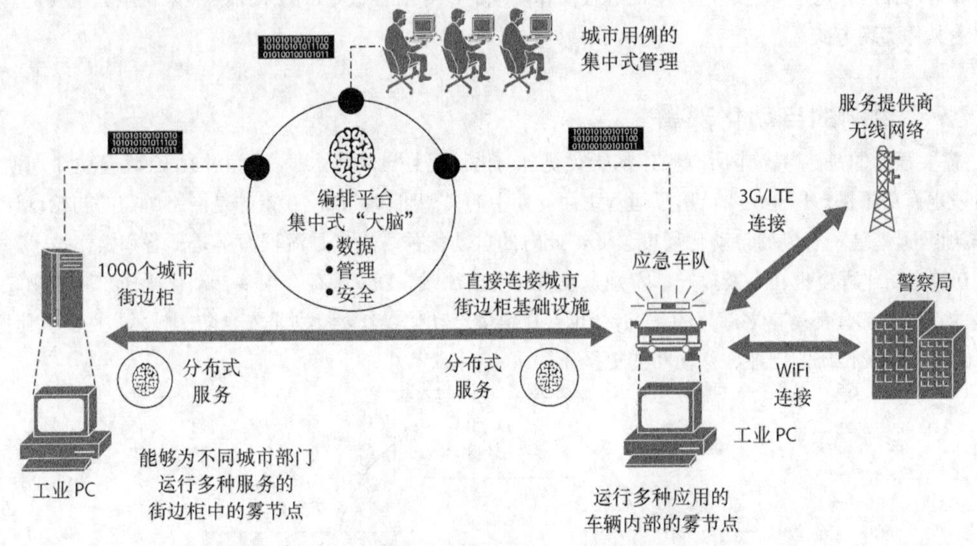

图 14-33 面向固定和移动用例的城市物联网编排平台

由于警车配备了大量设备，因而很容易想到应该将联网汽车实现为移动数据中心。不过，虽然这些设备为警官提供了很多工作便利，但仍然面临着无法回避的设备操作挑战。

- **孤岛系统**：这些技术通常都以孤岛方式进行实施，分别由多个硬件设备运行各自独立的专有应用，意味着设备重量较大，而且需要配备不同类型的设备。
- **系统的管理和监控**：由于系统之间彼此分离，因而需要采用单独的应用程序来监控和管理每个系统，从而增加了操作复杂性。

- **OTA（Over-The-Air，空中下载）生命周期管理**：通过无线方式升级、更改配置以及检索数据，会给不同层面的无线技术覆盖带来挑战，而且与数据传输有关的成本也会增加。
- **数据处理**：数据通常要从警车发送到中心站点进行处理，带来的挑战包括回程技术故障、需要连续流式传输的数据量（如视频数据）很大以及需要在本地不同的系统之间共享数据。
- **多种通信类型**：警车必须能够在不同的通信网络之间无缝切换，如警察局的 WiFi 以及城市 LTE，从而最有效地运行和管理大量车载系统。
- **不一致性**：以不同的方式保护不同的技术，无法提供最有效的端到端的安全性。

目前警方正在研究更加先进的综合化系统，希望能够在警车内的单一硬件上运行所有的系统，并以统一的方式进行管理。这样做不但能够有效管理和控制现有服务，而且还能确保新服务的集成更加简单。在系统间安全的共享数据，可以有力地支持各种新业务用例。此外，还可以部署整体性的安全机制。

挑战：由于当前的解决方案都是专有孤岛式解决方案，因而应急车辆内部系统和资源以及外部连接的成本高昂且重复。此外，警车与城市基础设施之间的信息交换极其有限或没有。

解决方案：可以通过简化需求、整合车载硬件和应用服务、自动化 OTA 生命周期管理过程来解决上述问题。

该用例的好处如下。

- **节约运营成本**：整合服务和统一管理（包括固定和移动雾节点）。
- **弹性模型**：可扩展、可重配。
- **部门间共享**：通过警车摄像头实时监控和响应事件，并且能够与城市系统进行交互。
- **改善通信能力**：智能化地利用各种可用连接（包括城市网络和警察局的自有网络连接）。

可以将前面描述的安全功能视为标准功能，关键区别在于如何通过下一代物联网平台进行编排和自动化。通过推出大量用例并提供整套安全功能来实现安全性，可以证明这种方法的真正价值：打破部署、行政和管理孤岛。这些都是通过安全的远程操作实现的，对于智慧城市的未来发展来说至关重要。下一节将讨论具体实现方式。

14.7.7 用例的自动化部署

需要强调的是，并不是所有操作都能实现自动化，而且自动化水平在物联网平台运营生命周期的不同阶段也有所不同。图 14-34 给出了运营生命周期中的典型阶段。Day 0 指的是网络所需的初始设计和预工作/预配置，这个阶段的自动化程度最低，此时的自动化关注焦点是流程而不是部署和操作技术。目前 Day 0 的自动化程度也在不断提升，特别是设备的安全加载。Day 1 存在很多自动化操作，因为物联网协议栈的很大一部分都是自主部署的。Day 2 也存在很多自动化操作，特别是安全防御技术、性能优化服务、KPI 的实施以及传统的增加、移动和变更操作。

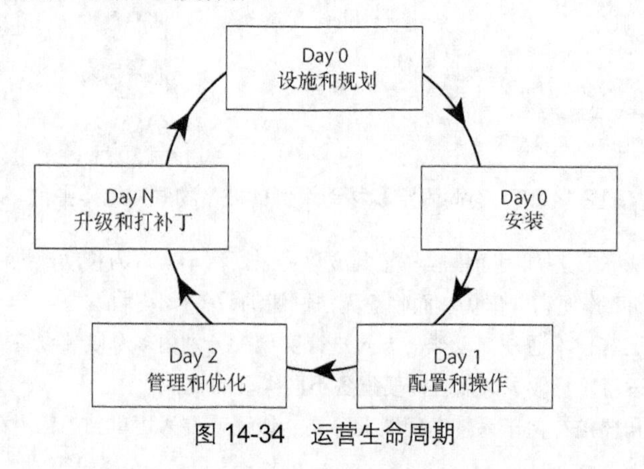

图 14-34 运营生命周期

本节将按照运营生命周期的顺序进行讨论。首先看一下正确设计和预部署所需的预备工作，分析智慧城市用例的自动化部署，然后再从网络和数据管道的实施角度分析安全组件。有关平台本身的安全性请参阅第 13 章（包括后端系统、基础设施、边缘和雾节点）。

本书第 1 部分和第 2 部分已经详细描述了本用例的平台及相关安全机制，有关物联网架构及其标准的详细内容也在第 1 部分。如果读者直接阅读用例部分，那么需要注意的是，这里仅从高层视角讨论其中的某些概念，如果希望了解用例所涵盖的各种技术和平台的详细信息，请参阅相关章节。需要记住的是，虽然本章侧重于智慧城市，但这些技术同样适用于各种行业和环境。

有关如何安全加载车辆中的终端节点以及如何通过 MANO 部署用例组件的详细信息，请参阅第 8 章、第 9 章和第 13 章。

有关特定安全组件的详细信息，请参阅第 9 章和第 10 章。

- **安全认证和设备信任**：对于新设备来说，建议采用 TPM/TXT、OpenAttestation（开放式证明）、全盘加密和操作系统加固等机制对设备进行安全加载和加固。这是一次性操作。设备加载完成之后，平台 MANO 将拥有与每台设备的状态化连接，后续的所有变更操作都将自动执行。
- **多租户和共享服务架构**：指的是多个参与方能够共享平台基础设施和雾/边缘节点。例如，平台和安全功能的管理可能是城市 IT 部门的职责，而 OT 团队则可能负责垂直用例和数据管道。要确保对不同的 TEE 环境进行适当的保护和分段，并将数据安全的共享给消息代理主题，因而必须在部署之前进行正确设计并确定架构。
- **应用集成以及到设备的连接器**：必须提供适当的 API 设计，与用户界面、应用程序、设备及其他系统进行有效集成。此外，为了支持正确的协议及通信介质，还需要配置与端点相连接的南向连接器。
- **NED/ConfD**：必须正确设计和构建适当的设备接口。物联网部署方案可能会包含大量供应商的设备，系统需要通过适当的接口与这些设备进行交互和连接，从而以统一的方式处理所有设备。
- **YANG 模型/功能包**：设计和创建代码块时必须描述其功能和服务。
- **数据管道操作**：必须明确定义和规划数据的共享方式、代理主题的创建方式等内容，以确保所部署的服务生效。
- **配置 ISE 并为传感器流量流创建适当的安全策略定义**：有关详细信息请参阅第 9 章身份管理。

如第 8 章所述，设备成为平台的一部分之后，整个用例的部署过程就应该实现了自动化。虽然设备到平台的连接也可以实现自动化，但并不在本用例范围内。图 14-35 给出了通过智慧城市监控功能包部署的组件信息。

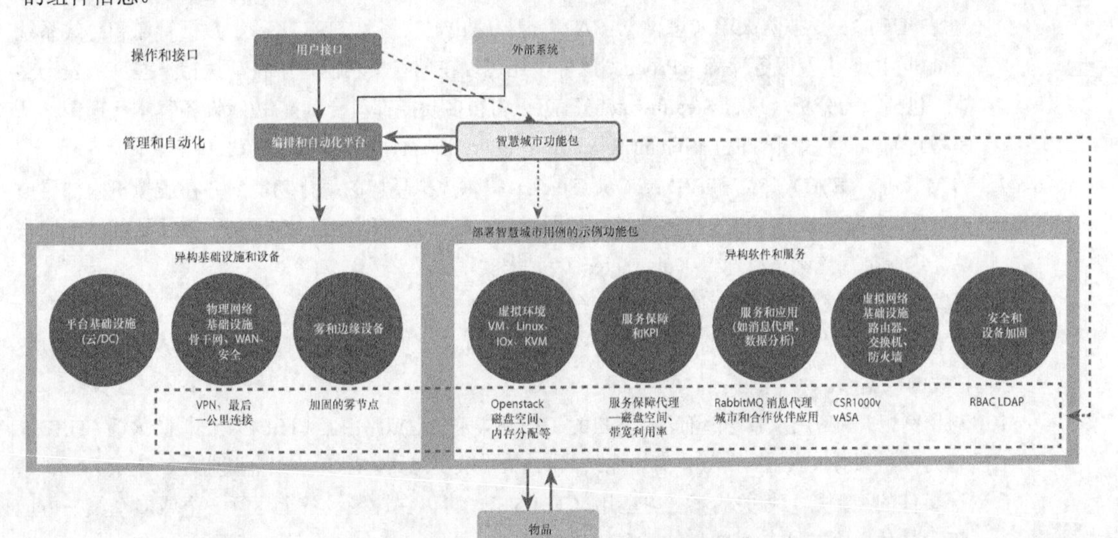

图 14-35 智慧城市自动化功能包

图 14-36 从后端系统的角度描述了用例服务的部署流程，包括很多自动操作步骤。第 1、2、3 步由操作人员在用户界面上选择相应的选项完成，包括登录仪表盘并选择所要部署的功能包。也可以采用第 8 章描述的上下文自动化能力实现自动决策，但本用例采用的是手工决策过程（这也是实际操作中最可能出现的情况）。完成初始选择和部署操作之后，其余步骤将自动执行。

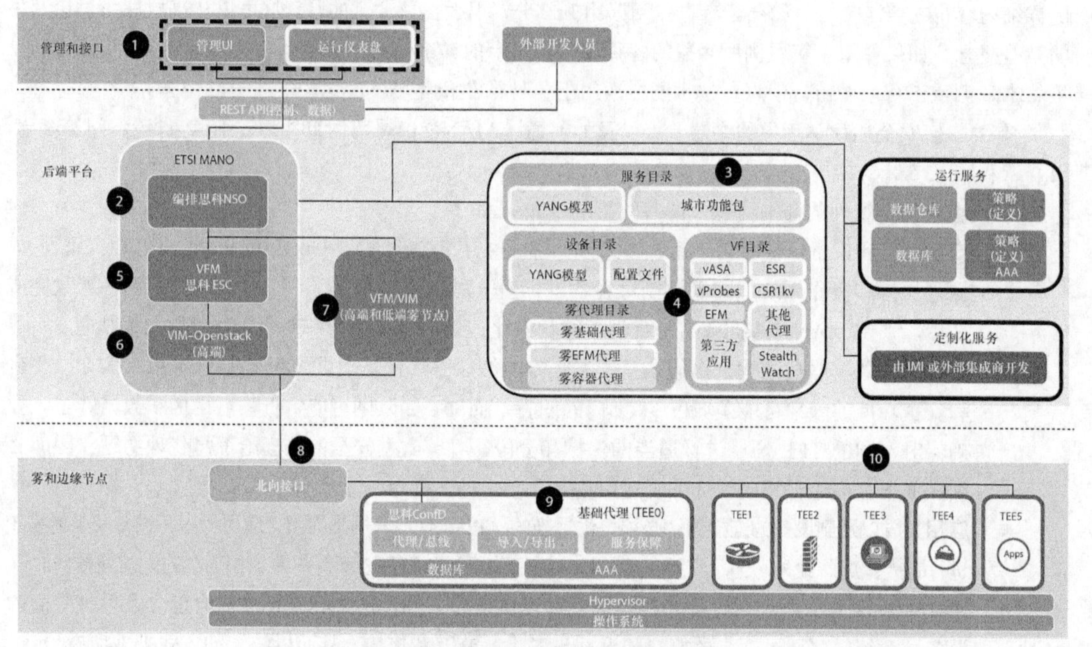

图 14-36 智慧城市用例部署示意图

1. 预定义的租户管理员登录管理用户界面。管理员将根据 RBAC 登录凭证看到相应的系统视图，包括管理员可以部署、监控和管理的设备及功能包。
2. NSO 提供 ETSI MANO NFV 编排器，拥有物联网平台的集中编排能力。
3. 管理员从编排功能包库（本例为 Smart City）中选择相应的功能包。
4. 功能包中包含了一组将要部署的功能（虚拟功能），这些功能都是前面在功能模块的系统目录中选择和组合在一起的，包括将部署到雾节点的设备类型、服务及配置。本用例包括服务器平台（思科 UCS）、虚拟防火墙（思科 vASA）、虚拟路由器（思科 CSR1Kv）、数据管道和总线系统（RabbitMQ）以及服务保障 vProbe。此外，还可以在同一个功能包中自动执行一些高级安全功能，包括行为分析（思科 Stealthwatch）。可以将很多功能都组合到雾/边缘设备基本代理中，从而将它们部署到单个 TEE（Tenant Execution Environment，租户执行环境）中。

5、6、7. VFM（思科 ESC）（5）和 VIM（OpenStack）提供虚拟环境的编排功能，并在虚拟机内部署虚拟功能，包括实例化 TEE 以托管边缘/雾节点中的应用程序和服务。对于基于容器的部署环境来说，这两个功能都可以通过 Kubernetes（7）来实现。

8. 后端系统通过 ConfD 与雾/边缘计算平台进行交互。
9. 基本代理部署在 TEE0 中，包括核心平台服务和通信、服务保障代理、平台服务安全机制以及相关的数据库。
10. 与用例相关的应用及服务都部署在各自的 TEE 中，包括虚拟路由器（TEE1）、虚拟防火墙（TEE2）、行为分析服务（TEE3）、数据管道系统（TEE4）以及与具体用例（如电源监控、流量分析、基于事件的视频等）相关的第三方应用（TEE5+）。可以在边缘设备上运行一个或多个第三方应用，具体取决于城市的需求和雾节点的能力。

启用和运行这些服务以及与后端平台及其他雾节点进行通信的所有参数，都包含在功能包中。

到了这个阶段，用例已部署完毕，开始采集传感器数据，通过数据管道将这些数据推送给适当的应用程序和数据库加以使用，包括运行仪表盘（见图 14-32）以及数据的实时和历史分析。操作员选择并部署用例的功能包时，只要点几下鼠标即可完成所有操作。

14.8 小结

麦肯锡公司在 Mapping the Value Beyond the Hype 一文中指出，为了能够获得物联网的最大潜在收益，城市迫切要求在不同的物联网系统之间实现互操作性。这种互操作性将极大地增加城市环境中的物联网应用价值，并鼓励更多的城市部署物联网。部署和管理物联网应用需要具备大量技术能力，大多数城市的政府和部门目前还还不具备这方面的能力，具备这些能力的城市无疑将会超前获得巨大的物联网价值。麦肯锡还认为，城市领导者应该建立相应的组织机构来管理和运营使用物联网技术的相关系统。最后，麦肯锡强调，物联网要想得到真正地推广应用，城市政府和公众还必须解决好物联网系统的安全性问题。

这就意味着必须采用一致且基于开放标准的物联网系统，所有的城市部门或合作伙伴生态系统都能使用这些系统，而且这些系统在本质上必须是安全的。

Machina 的研究也支持了这种说法。互操作性是所有城市项目在任何生命周期阶段都必须遵守的指导原则。城市必须保持灵活性，并以开放标准和 API 为未来做好准备。选择开放和公认标准是实现开放且持久的系统和基础设施的必要条件。

以安全的方式集成系统和共享数据，可以给城市带来诸多好处，包括个性化服务、更便捷的信息访问和更高的透明度等等。

以外，城市还能获得更加准确的已部署服务及城市活动的实时数据，从而带来更好的服务运营方式，更好地洞察客户需求，并为不同的孤岛系统提供更多的合作机会。通过数据交换，可能会产生大量新的商机和用例。

对于城市部门或合作伙伴来说，提高数据的可见性可以为城市及市民创造更多的增值服务。

对于城市领导者来说，更多更好的数据有助于做出更加明智的决策（根据足够的证据进行判断），有助于在城市服务上做出正确选择并更有效地管理这些服务。为合作伙伴提供更多的公开信息，城市就可以从合作伙伴提供的更加精准的城市服务中受益，进而为市民提供更有针对性也更有价值的城市服务。

对于城市来说，如果希望获得物联网的真正潜在价值，不但要部署各种物联网技术和系统，更要在整个生命周期内提供全市范围内的所有服务的高效编排与管理：

- 安装；
- 配置；
- 加载；
- 服务保障监控和报告；
- 开放数据；
- 分析；
- 安全；
- 不间断的系统管理。

包括在整个智慧城市基础设施中整合和关联各种事件并加以测量，应该尽可能地通过远程和自动化操作方式，启动由进程、事件或性能阈值激活的系统功能来创建服务。

思科的一项研究认为，到 2024 年，全球智慧城市的价值将达到 2.3 万亿美元，这是通过节约成本、成本规避、效率提升以及在物联网领域的数字化投资实现的。七大关键领域的占比情况如下：

- 下一代劳动者，48%（到 2024 年为 1.1 万亿美元）；
- 城市公用事业和智能计量，18%（到 2024 年为 4010 亿美元）；
- 安全和保障，11%（2400 亿美元）；

- 运输和城市交通，8%（1900亿美元）；
- 市民体验，6%（1470亿美元）；
- 城市基础设施管理，3%（660亿美元）；
- 开放数据，2%（510亿美元）。

除了这些关键领域之外，通信网络和网络安全也是必不可少的使能组件。上述调查结果来自世界各地的多个智慧城市实践。

物联网对城市的潜在价值非常大，但是要实现这些价值，就必须采用城市级的、有组织的方法，采用开放式标准架构来部署城市服务，并尽可能地确保这些服务的安全性。未来的物联网平台既是使能者又是执行者。正如Machina的研究所指出的那样：

采用开放式架构模式进一步增强了数据隐私保护和网络安全的重要性。智慧城市技术的实现依赖于各种开放式接口，希望通过应用程序之间的紧密协同获得最大应用价值，当然就会产生额外的安全风险。生态系统越开放，意味着访问关键接口和关键数据集的范围也就越广泛，从而要求必须在所有的合作伙伴网络中都实施同等有效的安全机制。虽然很多关键系统都部署在基于专有技术的封闭式孤岛中，但同时也降低了不必要的入侵风险。因此，整体安全框架的需求显得愈加重要。

安全性是所有物联网平台的基础，必须尽可能地实现自动化和有效管理，从而最大限度地提升安全性。

第 15 章

油气行业

本章主要讨论如下主题：

- 行业概况；
- 油气行业的物联网和安全自动化；
- 上游环境；
- 中游环境；
- 下游和处理环境；
- 油气安全；
- 油气安全和自动化用例——设备运行状况监测与工程接入；
- 满足新用例需求的架构演进。

油气（或石油）行业并不是一种现代工业，人类使用石油衍生物的最早历史要追溯到数千年以前。人类最早的钻井记录发生在中国，时间是公元 350 年左右；第一座初级冶炼厂于 1745 年在俄罗斯建成，同期法国开始开采油砂。1856 年，第一座现代冶炼厂在罗马尼亚建成。不过，直到 20 世纪初，内燃机发明之后，石油才成为政治、社会和技术领域的重要资源，并逐渐成为当今世界经济的主要支柱性产业。

从美元价值的角度来说，油气行业被人们公认为世界上最大的行业。虽然近期油气市场存在较大的不确定性，原油价格一直在走低，但油气行业仍然极为成功，而且处于持续增长状态。油气行业制造的原材料可以生产出多种产品，包括化学品、药品、溶剂、塑料、化肥以及产量最大的燃油和汽油。由于产品种类繁多，对人们的日常生活影响巨大，因而油气行业对于整个社会的大量行业来说都至关重要，而且对于全球大量经济体的影响程度也愈来愈重要。

在过去的几十年里，石油需求和石油消费一直都在稳步上升，目前全球每年的石油产量已超过 40 亿吨。石油在全球各地的能源消耗中占到很大的比例：中东为 53%；南美为 44%；非洲为 41%；北美为 40%；欧洲和亚洲为 32%。石油行业的长期前景非常强劲，全球对石油的需求至少要持续增长到 2035 年，交通运输业和重工业是其中需求最旺盛的行业。据预测，全球每天原油消耗量将从 2012 年的 8900 万桶增加到 2035 年的 1.09 亿桶。

不过，在过去的十多年里，每桶原油的基准价格已大幅下降，如今的价格还不到 10 年前的 1/3（见图 15-1）。这就意味着油气行业必须持续深入探索和投资新技术和新商业，从而持续提高其应对价格波动和行业发展趋势的效率和竞争力。

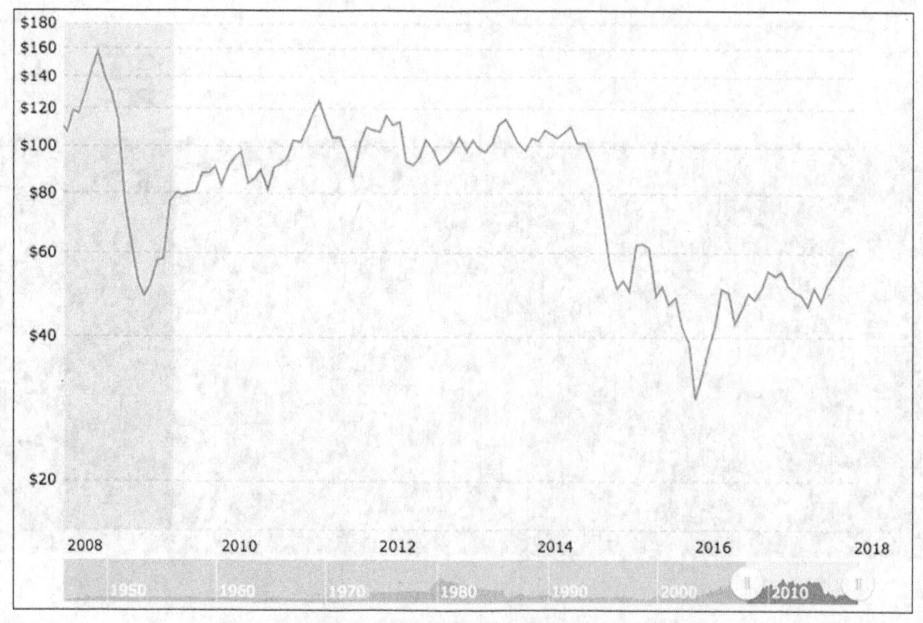

图 15-1 2008-2018 年期间每桶原油的价格走势

从经济角度来看，油气行业不但至关重要，而且由于其对环境和人类生活有着潜在的灾难性影响，因而人们极其关注该行业的可靠性问题。2014 年，美国 OSHA（Occupational Safety and Health Administration，职业安全与健康管理局）报告称，油气行业的死亡率是美国所有行业总和的 7 倍。从人身安全的角度来看，油气行业的安全涉及多方面挑战，包括车辆事故、操作机械事故、爆炸、火灾、跌落、密闭空间、化学品暴露以及工作地普遍处于偏远地区，所有这些都给人身安全造成严重影响。与此同时，多起恶性安全事件给环境造成了非常严重的破坏影响，包括 1989 年埃克森-瓦尔迪兹油轮泄漏事故和 2010 年墨西哥湾 Macondo 油井“深水地平线”（Deepwater Horizon）钻井平台爆炸事件。

一方面油价持续低迷，另一方面人们对安全和环保意识持续增强，这种新形势不但给运营低效的油气公司带来严重挑战，而且也推动了运营效率较高的油气公司努力寻找新的有效的安全机制来保证其盈利能力、合规性和企业声誉。长期以来，油气行业一直都是创新技术的采用者，希望以此推动新的商业模式和行业利润。技术是实现油气行业下一波业务转型的关键要素。2015 年，德勤在一份白皮书中指出，物联网的数字化有望帮助石油组织直面这些挑战，并实现如下关键目标。

- **提高可靠性并管理安全风险**：通过减少中断事故，最大限度地降低健康、安全和环境风险。
- **优化运营**：通过改善业务运营成本和资本效率，提高生产力并优化供应链。
- **创造新价值**：探索推动业务转型的新收入来源和竞争优势。

物联网对油气公司的潜在价值并非直接来自于对油气企业的资产、供应链或客户关系的管理，而是为这些业务领域提供各种有用的新信息，从而实现新的商业价值（见图 15-2）。油气企业可以利用这些信息实现更好的洞察力并做出更加明智的业务决策。

斯伦贝谢（Schlumberger）软件解决方案总裁 Gavin Rennick 很好地描述了当前油气行业面临的新变化和新需求：“虽然当前绝大多数油气企业都在关心生存问题，但也同样关注如何适应新的环境变化，找准自己的定位，都在积极研究如何为自己和客户创造价值，如何提供差异化产品。绝大多数精力都放在如何提升企业运营效率以及如何在整个企业中实现这一目标。”

虽然油气行业一直都乐于接受新技术，但油价不断走低的趋势和竞争压力的不断增加，使得油气企业不得不进一步加快新技术的部署速度。为了更好地降低成本，通过自动化机制取代人力，通过大数据和关联分析技术获得更深入的业务洞察，油气行业开始广泛部署相对较不成熟的物联网解决方案，因为优化和提升运营效率是企业必须优先考虑的重要因素。

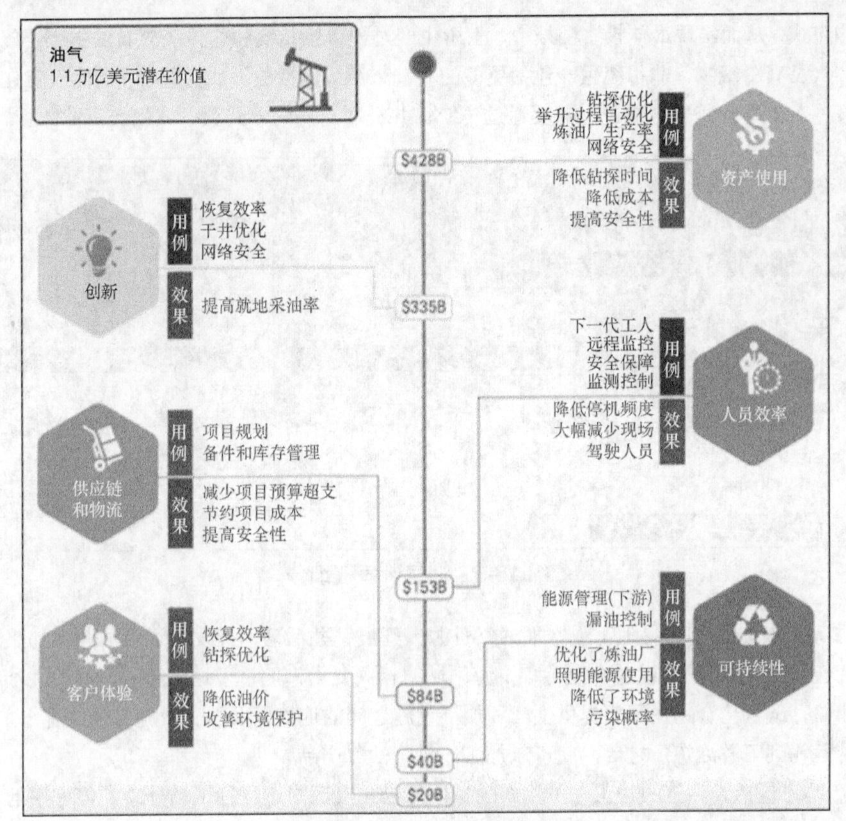

图 15-2 油气潜在价值

随着新技术的不断引入，油气企业面临的安全攻击面也越来越大（包括网络攻击和物理攻击），攻击者始终都在寻求新的攻击机会。必须建立一种强大、响应迅速且全面的安全模式，来确保这一关键行业的安全性和可靠性，并满足新的业务发展目标，包括保障运行维护的安全性、可靠性和高可用性，同时还要防御潜在的网络或物理安全攻击。

本章将深入分析油气行业面临的新变化，讨论物联网带来的数字化变革，展示如何利用先进技术来构建适当的安全态势，探索面向新型业务需求的自动化技术。最后，本章将给出一个适用于油气行业所有领域的用例，希望通过实际部署过程，让读者更好地理解上述概念。

2016-2017 年安永全球信息安全调查显示，油气企业在感知和抵御安全威胁和安全攻击方面取得了长足进步。调查强调，由于油气行业面临着重大变革，因而正以越来越快的速度部署各种新技术。不过，调查结果也表明，油气行业在安全领域仍亟待改进，特别是在弹性和自动响应方面。其他需要改进的地方还有，必须增强应对和响应网络安全事件的能力以及快速恢复和维护任何被攻击操作的能力。这一点与本书的写作重点非常契合：企业希望快速安全地部署新技术和新用例，希望快速发现、理解和应对安全威胁，希望提供上下文信息以尽快恢复到预期运行状态。

15.1 行业概况

在油气行业价值链中，首先是勘探以发现油气资源，然后是碳氢化合物的开采、生产、加工、运输/储存、冶炼和营销/零售。从行业角度来看，可以分为油气产品的勘探、开发、冶炼、运输和销售等五大领域，通常可以将这些领域分为上游、中游和下游三个部分（见图 15-3）。

上游领域包括油田的初步勘探、评估、开发和生产，称为 E&P（Exploration and Production，勘探和生产）。上游领域的活动主要发生在海上和海岸，侧重于寻找油井、确定钻井的深度或广度、确定建造和运营油井的方式，从而实现最佳投资回报率。上游生产过程包括传统和非传统的石油生产，传统生产包括原油和天然气及其冷凝物，非传统生产包括更多的石油来源，包括油砂、超重油、天然气转化成的凝液以及其他油液。对于非传统生产来说，需要通过传统钻井提取之外的方式获得或生产石油。

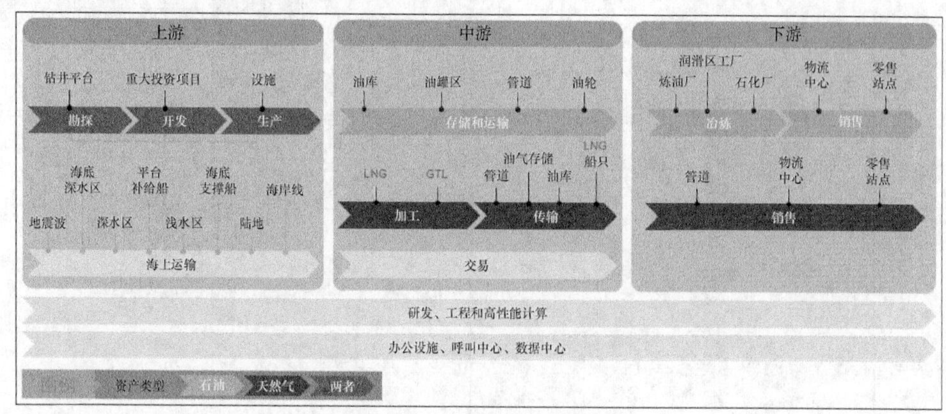

图 15-3 油气价值链细分

上游活动包括勘测和搜寻地下或水下油气资源、开展钻井活动、开发和运营油井（如果这些油井具备经济可行性）。中游活动可以包含上游和下游领域的相关要素，侧重于通过管道、油轮、油库和码头收集、运输和储存碳氢化合物，码头提供生产和加工设施之间的连接以及加工设施与最终客户之间的连接。原油从中游运输到下游冶炼厂之后，就可以加工成最终油气产品。

中游活动还包括天然气的加工。虽然部分操作可以在气源附近进行现场处理，但完整的天然气加工处理还是要在专业的工厂或设施中进行，通常通过管网输送到工厂。在批发销售环节，需要首先用丁烷、丙烷、乙烷和戊烷等 NGL（Natural Gas Liquids，天然气凝液）进行净化，然后再通过管道进行输送，或者转化为 LNG（Liquid Natural Gas，液化天然气（LNG）之后再进行输送。可以实时使用或储存这些天然气，下游领域可以利用 NGL 生产石化产品或液体燃料，也可以在冶炼厂生产为最终产品。

下游活动涉及最终产品的加工，并向批发零售或直接工业客户交付产品。冶炼厂负责加工原油和 NGL，然后进行分离、转化和提纯，最终转化为消费品和工业产品。现代冶炼厂和石化技术可以将原料转化为数千种有用的工业产品，包括汽油、煤油、柴油、润滑油、焦炭和沥青等。图 15-4 以非常直观的方式给出了油气价值链的简化示意图。

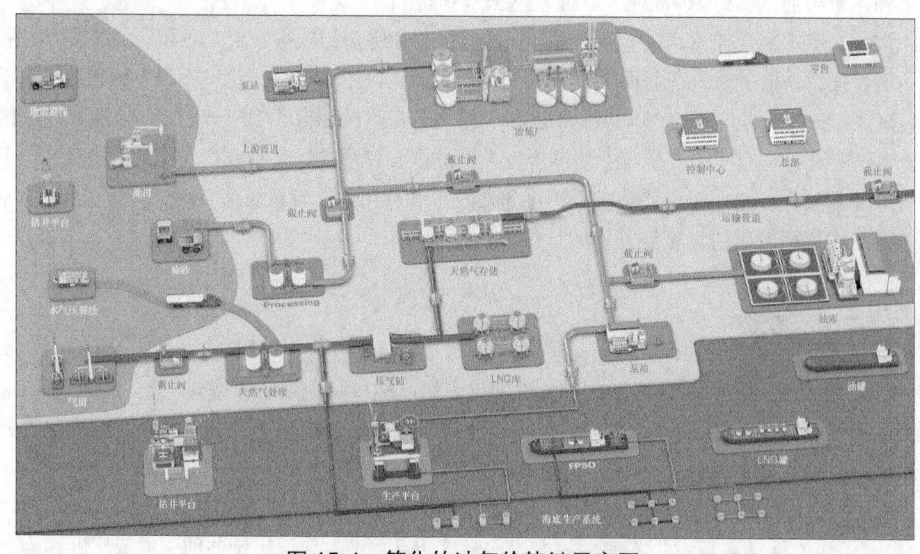

图 15-4 简化的油气价值链示意图

15.2 油气行业的物联网和安全自动化

从历史经验来看，人们应对市场低迷的传统措施是降低员工和资本性支出，以降低企业的成本。虽然油气行业在面对频繁变动的市场状况时，首先采用的也是类似的传统应对方法，但很多油气公司都逐步通过新的思维方式来应对不确定的市场环境，希望寻求低油价市场环境下的竞争优势：

- 油气公司致力于在现有产品体系中进行深度挖潜；
- 物联网技术已经成熟，部署风险大幅降低；
- 物联网为提高现有项目和新项目的运营效率和运行优化提供了新机遇；
- IT 和 OT 团队的合作更加密切，以更好地实现业务价值；
- 决策和响应速度至关重要。

但是，只有关键业务和操作流程实现了自动化，才有可能实现上述潜在优势。在 2015 年思科开展的一项调查中，超过半数的油气企业认为，物联网可以实现 25%～50%的人工流程自动化。与此同时，几乎所有的受访者都将安全性视为物联网部署时的主要技术障碍。为了实现既定目标，组织机构必须成分了解物联网技术能够在什么地方帮助企业实现最佳自动化，为业务数字化提供安全防护，并获得潜在的业务价值。

据 2017 年世界经济论坛（World Economic Forum）白皮书预计，油气行业的数字化进程可以为行业、客户以及更加宽广泛的社会带来约 1.6 万亿美元的价值（见图 15-5）。如果放宽运营和组织限制，允许采用更多的"未来"技术，那么潜在价值可能会增加到 2.5 万亿美元。对于油气行业来说，安全的物联网自动化能力可以发挥最大作用的关键领域是运营优化和预测性维护。

该白皮书还指出，数字化有可望为全球油气企业创造约 1 万亿美元的价值。其中，上游企业约占 5800 亿～6000 亿美元，中游企业约占 1000 亿美元，下游企业约占 2650 亿～2750 亿美元。因此，油气组织有明确的意愿投资物联网。

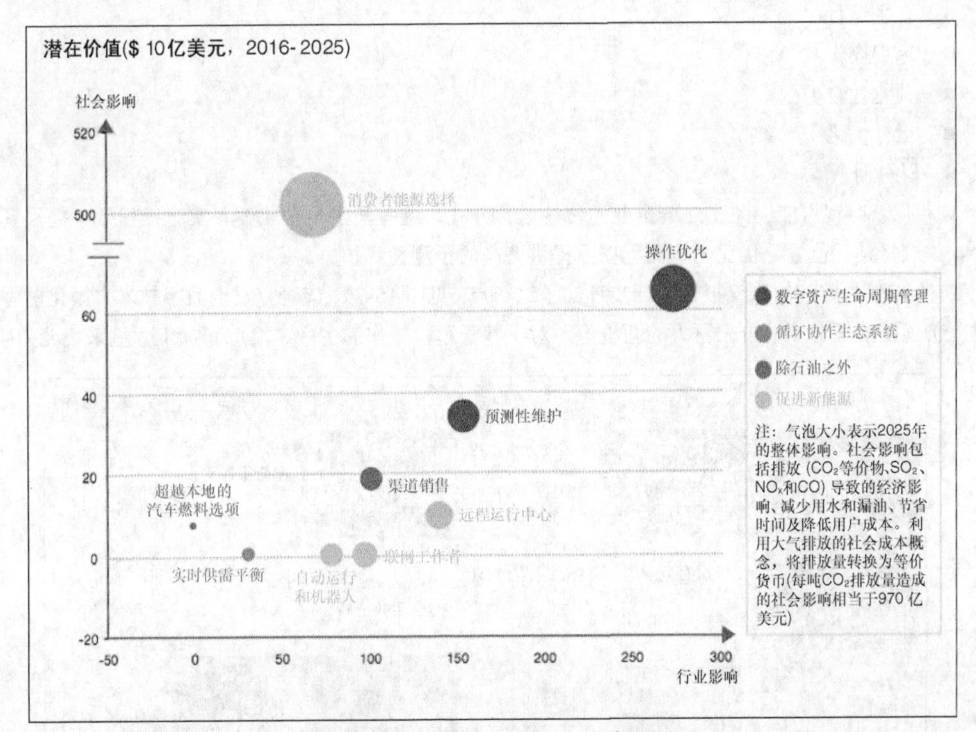

图 15-5 世界经济论坛的价值预测

2016 年埃森哲的数字趋势研究表明，未来 3～5 年内油气企业的主要关注领域包括物联网和大数据及分析（见图 15-6）。但同一项研究也表明，很多项目常常将物联网与大数据割裂开来，只有 13%的项目利用了这些洞察结果，调整了它们对待市场和竞争对手的方法。这种矛盾性凸显出一个事实，那就是油气企业并没有全面拥抱数字化战略，很多时候只是零敲碎打的部署了一些新技术。

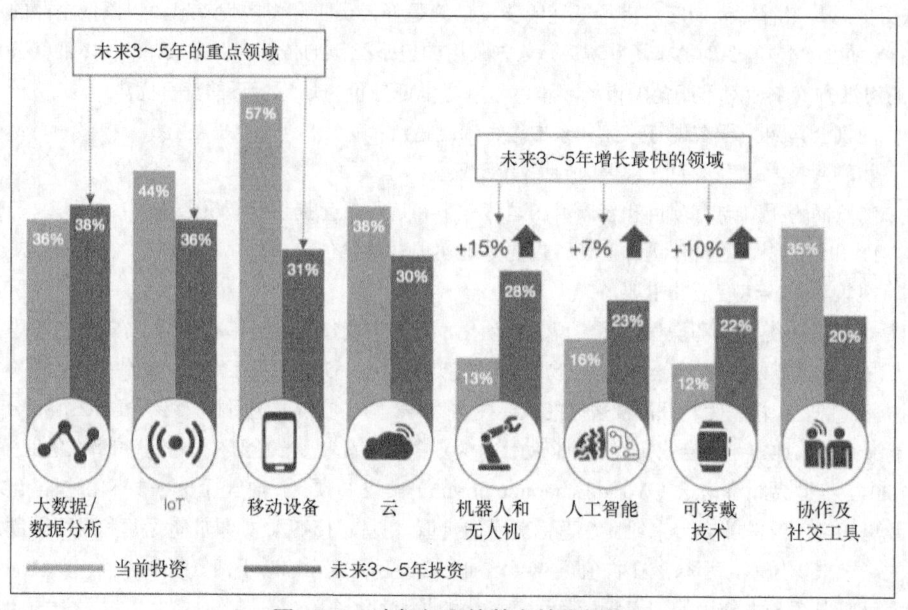

图 15-6 油气行业的数字技术投资

埃森哲的研究结论揭示了本书的关键主题及倡议，包括“新的自动化时代”和高级分析与建模技术，两者共同提供：

- 自主运行；
- 远程操作；
- 预测性维护；
- 运行优化；
- 认知计算。

自动化新时代可能会改变油气企业的传统运营方式，这些技术为企业改善实时操作效率提供真正的机会，如选择钻孔位置、优化生产流程以及提供资产的预测性维护。

2016 年贝恩咨询的研究报告进一步证实了这一点（见图 15-7）。该研究发现数字技术自动化能力可以为油气价值链的所有领域带来巨大的新价值，对于基于远程操作的生产、冶炼和加工领域来说尤为明显。

	勘探	开发	生产	冶炼和加工	营销和销售
通过更好的决策和更快的洞察能力改善性能	利用三维可视化实现实时决策	预测性分析：提升钻探精准性、识别异常情况并防范意外事件	通过对油库传感器数据的实时处理来优化生产效率	更好地预测原油和冶炼加工产品的差异，利用差价改善收益	确定将来的运输需求以降低成本
优化数据处理建模并提供建议	使用有竞争力的情报仪表盘评估拍卖面积	在钻井平台和陆上建立地球模型的实时数据	实现油井模型的自动化更新		融入财务规划，使生产与峰值销售机会保持一致
实现系统和加工过程的自动化管理	趋势分析自动化，集成来自无线、模拟等多种来源的大量数据	选择优化的自动化	通过远程操作减少现场人员 通过预测性分析/维护机制提升维护效率、减少停机时间		现货市场分析、长期需求和趋势分析
	提升确定性	提高速度	提升恢复效率，降低风险和运行成本	实现更高产出，提升安全性	优化价格和销售渠道

图 15-7 油气行业的主要应用领域

思科在与世界两大油气巨头合作时，记录了近 100 项物联网和数字化用例。表 15-1 列出了其中的一些常见示例。

表 15-1 物联网和数字化用例

上游	中游	下游
分布式声学传感	流量分析	气体监测
分布式连续四维地震波	油气泄漏检测	生命安全和紧急响应
井下测量	输油管道侵入和破坏保护	设备运行状况监测
石油钻井平台和现场传感器	输油管道优化	阀门状态和排列
设备运行状况监测	设备运行状况监测	油箱液位监测
远程专家	远程专家	WF 和周转优化
	视频分析	物理周界监测
		远程专家
		视频分析

在亚洲的一个海上钻井项目中，思科与一家油气公司合作，部署了一个先进的井口自动化用例，可以检测钻井进水情况。如果采用手工方式，每个钻井的典型部署时间是 7～10 天。采用了自动化机制之后，如果物理设备部署在钻井中，那么只需 7 分钟即可完成相同用例的部署操作（包括所有应用、虚拟机、数据管道以及通信机制等），从而为简化操作和提高安全性提供了极为重要的实现机会。

本章将进一步探讨物联网和数字化技术对于解决这些新的和不断增长的解决方案的作用，从而推动业务优化，提升安全性和盈利能力，更重要的是深入研究分析技术对行业的价值。Rennick 曾经说过："当前我们认为联网设备大约有 80 亿，未来十年将到一万亿。这些设备将产生大量数据，因而数据必将成为核心资源，必须考虑数据质量、数据管理方式和数据安全性。如何从这些数据中提取出真正有用的价值、真正有效的洞察力将至关重要。"

15.3 上游环境

本节将详细描述油气行业上游领域的需求以及物联网、数字化和安全性所带来的影响。

15.3.1 概述、技术和架构

上游领域负责勘探、开发和生产油气产品。油气企业获得必要的许可证之后，就可以组织勘探团队收集地下数据，以确定钻探一个或多个初探井或测试井的最佳地点。地震波勘测是其中最常见的评估方式，可以通过声波在地底不同的反射特性来识别地质结构。

接下来根据地质勘察结果钻探勘探井。如果是在陆地上，那么就可以在选定地点建造一个井场，以处理钻井设备和其他服务。如果是在水上，那么就可以利用各种独立的移动式海上钻井装置，根据水深和其他条件处理钻井工作。

如果初始钻探显示油气储量具备商业可行性，那么就可以进一步钻探评价井，对发现的油气资源进行评估。专家据此判断所发现的油气分布情况及数量，如果判断结果很好，那么就可以将该区域作为候选的开发地。

此后就可以钻探开发井或生产井。可能需要钻探多个井来进行油气开采，井的数量取决于油气储量，可以是几口到数百口不等。如果钻探时间很长，那么就会配套建设相应的住宿和供水等附加服务。等部署完控制阀“圣诞树”，生产井可用之后，勘探活动也就结束了。

对于大多数井来说，由于受到地底压力的影响，油气最初都是自由流动的。当然，也有一些井并非如此，而且大多数都会随着时间的变化而变化。为了优化油气流量，通常都通过气体、蒸汽或水来刺激油井，从而达到一定的压力，优化生产率并增加井的总体潜能。生产出凝液之后，就会送往当地的生产设施，进一步分离成石油、天然气和水。

在油井或油藏的使用期内，上述生产过程将持续进行，直到生产过程不再具备经济可行性为止（并非总是开采完所有储量）。图 15-8 列出了油气行业上游领域的生产情况。

在过去的十多年里，油气行业越来越关注非传统油气的生产方式，即水力压裂（压裂）或油砂开采等方法。如果地下油田含有大量石油或天然气，但由于渗透率低而流速较差（如页岩或致密砂岩），那么就可以采用压裂法。水力压裂会刺激钻入这些区域的生产井，从而解决其他开采方式存在的经济可行性不足问题。

钻完井之后，就可以通过套管进行压裂。套管在特定目标区域穿孔，使得注入的压裂液（通常是水、支撑剂［包括沙子］和化学品的混合物）穿过穿孔进入含有石油或天然气的目标区域。最终，目标区域将无法像刚注入时那样快速地吸收液体，导致地层破裂。此时可以停止注入，压裂液体将流回地面，注入的支撑剂将保持裂缝处于打开状态。

行动	需要做的工作
桌面研究：识别地质条件较好的地区	无
航测：如果发现好的特征，那么	通过低空飞行器对研究区域进行勘测
地震波勘察：提供详细的地质信息	进入陆上场地和海洋资源区/可能的海上地震线陆地延伸/陆上导航信标/陆上地震线/地震作业营地
勘探钻探：核实是否有油气储藏并量化储量	进入钻探单元和供应单元/存储设施/废物处理设施/测试能力/住宿
评价：确定是否具有开采可行性	更多的钻井站/进入更多的钻井单元和供应单元/更多的废物处理和存储设施
开采和生产：通过地层压力、人工举升或其他回收技术进行开采并生产油气产品，直至储备不具备经济可行性	改善接入、存储和废物处理设施/井口/流线/分离/处理设施/提高石油存储能力/产品输出设施/天然气加工厂/住宿和基础设施/运输设备
上述每个阶段都可能退出或重新进行	封堵井的设备/拆除装置的设备/恢复现场的设备

图 15-8 油气行业上游领域

油砂是含有一种名为沥青的石油的松散砂矿床。油砂也称为焦油或沥青砂，遍布世界各地。油砂采用地表开采方式，分三步生产相应的产品。首先，从油砂中提取沥青并除去水分或其他固体，然后将重质沥青加工或提纯为较轻的中间原油产品，最后再将原油冶炼成最终产品。

为了最大程度地发挥上游作用，需要优质的通信和解决方案技术，特别是查看实时流程、可视化和控制操作。从历史上来看，卫星是一种非常流行的通信技术，不过目前的通信基础设施已经发展到无线和有线通信技术，其他辅助技术还有视频监控、协作和会议、住宿和员工福利以及资产管理和预测性维护等运营技术。有了物联网之后，还可以扩展到各种高级数字化技术，如大数据分析、机器学习和人工智能等。图 15-9 给出了适用于陆上开发和生产环境的架构示例，图 15-10 则给出了一个生产平台示例。

连通油田的目的是提高采收率、加速生产、减少停机时间、提高运营效率并降低钻井成本。物联网技术允许油气企业实现远程操作并最大限度地降低安全风险，直接在现场提供实时分析和处理操作，可以实现更高效的移动员工队伍，从而创建更智能的油气井。

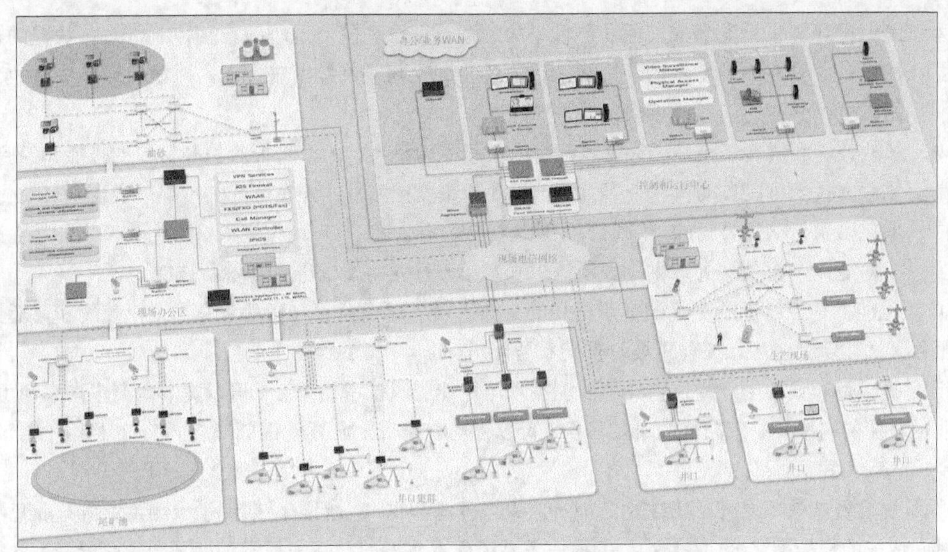

图 15-9 思科油气上游行业陆上通信高层架构

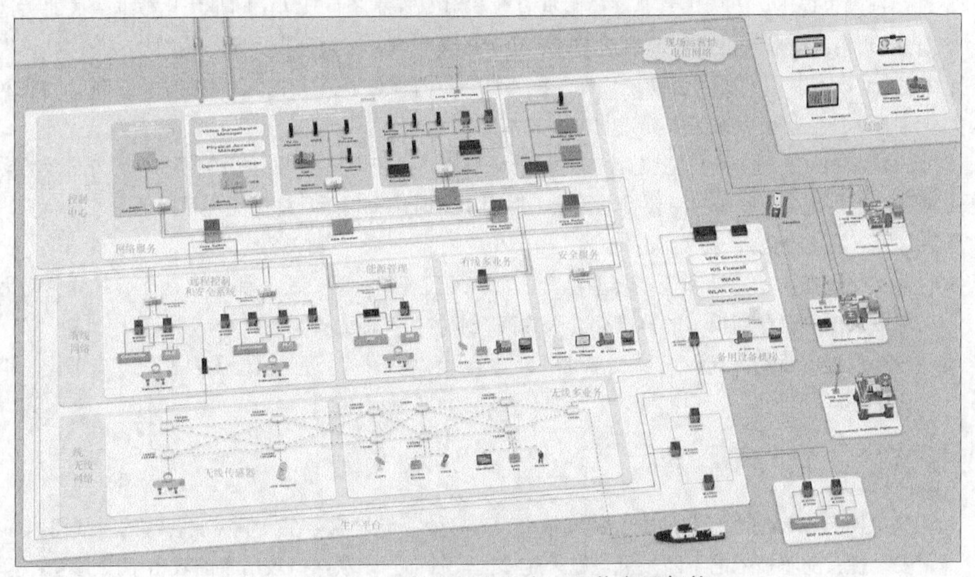

图 15-10 思科油气上游海上通信高层架构

15.3.2 数字化和新业务需求

油价下跌对上游勘探活动的影响较小。麦肯锡认为，提高效率和利润的最大机会在于生产。麦肯锡认为该领域最大的推动因素就是自动化。组织机构可以通过自动化能力，实现资产和钻井完备性的最大化（优化生产而不影响员工的健康和安全或环境），提高现场恢复能力，提高产品产量，并最大限度地降低停机时间。

生产效率的任何细微改进都能转化为真正的财务收益，相同资产产生的任何额外产品都等同于更多的收入。如果再进一步降低停机时间（通过提高设备可靠性），那么就能显著降低运营成本并延长资产寿命。

麦肯锡将远程自动化（半自动化或全自动化）操作视为满足上游需求的核心推动力。

- 为了在环境恶劣的地点增加产量、优化物流以提高效率，并解决因生产效率下降或需要有效维护计划而导致的盈利问题，就必须实现更复杂的操作。

- 确保符合健康、安全、安保和环境事故的规范要求。生产过程的自动控制、设备状况的自动监控以及预测性关闭系统的使用都可以通过自动化物联网技术来实现，以防止或减少事故，对于地理位置分散的远程地点来说更是如此。
- 解决技能和经验差距。如果仅靠现有人员和招聘新人，那么将很难填补目前的技能和经验差距。物联网技术可以自动执行很多常规分析和决策支持流程，并在可能的情况下实现全自动化操作。罗克韦尔自动化公司的一项研究发现，美国21%的工业自动化工人（250万工人）将在未来8年内退休，而75%的雇主则表示，未来两年该行业将要求工人具备新技能。

自动化能力是应对不断变化的竞争格局的有效手段。对于运营方和承包商来说，速度和灵活性是提供新服务、优化现有服务、抓住重要价值的重要能力。

设备提供商和设备用户通过将环境监测技术与性能监测技术相结合，可以提高资产生产率和可靠性，一个非常重要的用例就是预防性自动化维护。可以考虑在整个上游环境都部署相同的自动化模式，包括海上平台、海底和井下。

除了提升资产效率之外，物联网还能解决人力资源和生产力问题。据德勤预测，上游行业每年因非生产时间造成的损失高达80亿美元，工程师需要花费约70%的时间去搜索和处理由传感器和设备产生的数据。良好的数据生成和高级分析能力，可以为企业提供大量的正确信息，从而简化上游操作。

不过，德勤也提出，人为因素是妨碍数据有效利用的瓶颈，而自动化则是优化数据生成的关键推动力。为了改善现有运营状况并确定具有潜在改善价值的新领域，必须分析大量有用数据。然而，仅靠人工几乎无法实现这一目标。此外，德勤还认为，数字化自动机制对于企业生产的影响最大，预计物联网应用将为大型综合油气企业减少5亿多美元的生产成本。

普华永道（PWC）也对油气上游行业的物联网和数字化能力提出了相似的论述，认为高效的应用程序是实现更智能和更安全操作的主要推动因素，适用于实时决策，而且将由更加精简的员工进行管理。普华永道提出如下发展趋势：

- 数字化正在推动短期和长期转型机会，可以通过智能维护、工作流程自动化、优化劳动力利用率以及流程设计和设备的标准化，来提高企业的盈利能力；
- 自动化程度日益提高，可以改善健康、安全和环境指标，避免或最大限度地减少工作差错或其他事故。

15.3.3 挑战

虽然物联网可以为油气行业的上游领域带来大量好处，但依然存在大量需要解决的挑战问题。

- **安全性**：随着技术的不断发展，越来越多的设备都开始联网，攻击者的攻击手段也越来越复杂，OT和IT技术也在走向融合。所有的这一切都要求部署相应的安全措施来保护资产、人员和知识产权免受网络和物理威胁。随着关键基础设施以及通过物联网连接的设备和系统越来越多，安全性不但是IT或OT的责任，而且也成为整个组织机构的关键需求。
- **规模和环境**：部署新的高级用例（特别是高度分散的环境）是一项挑战，有些环境非常苛刻或难以到达现场，此时的自动化能力就是实现规模化的关键需求。不过从历史角度来看，还没有任何标准化方法可以在整个物联网系统中以一致的方式解决所有规模问题。随着实时数据点的数量以及数据生成量的不断增加，迫切需要提供更好的工具来部署、配置和管理大量数据。
- **技能要求**：油气行业的工人年龄和技能要求发生了显著变化，随着拥有更多IT技能的年轻员工不断加入员工队伍，为新员工提供培训和远程专业咨询将变得越来越重要。能够以简单可行的方式自动执行关键复杂任务，是解决经验丰富的工人退休后出现的技能缺失问题的关键。
- **IT与OT集成**：由于IT和OT团队之间存在文化、哲学和组织机构差异，因而给物联网技术及运营活动的所有权带来诸多挑战。传统意义上的体系架构（如普度控制模型和IEC 62443）很难适用于某些物联网用例，如企业或云端运行模式中的直接传感器连接。必须考虑好如何在组织机构中全面实施和推进单一技术。

- **传统设备集成：** 工业环境通常是传统设备与现代设备的混合环境，必须将两者都包含在物联网解决方案中。

15.4 中游环境

本节将详细描述油气行业中游领域的需求以及物联网、数字化和安全性所带来的影响。

15.4.1 概述、技术和架构

输送管道是油气行业的一种关键运输机制，除了定期维护窗口之外，必须确保 24×7×365 的连续运行。管道提供了一种高效、安全且具有良好成本效益的方式来输送陆上和海上已加工或未加工的石油、天然气、原材料及产成品。安全和效率是重中之重，出现任何问题之后，都必须确保能够快速恢复服务，以满足环境、安全、质量和合规性需求。

油气管道包括流程、安全和能源管理功能，这些功能在地理上沿管道分布在一组站点上（见图 15-11）。此外，多业务应用还支持语音、CCTV、紧急通知和移动服务等功能。站点的大小和功能并不完全相同，通常包括大型压缩机或泵站、中型计量站、PIG（Pipeline Inspection Gauge，管道检测仪）终端站和小型截止阀站。

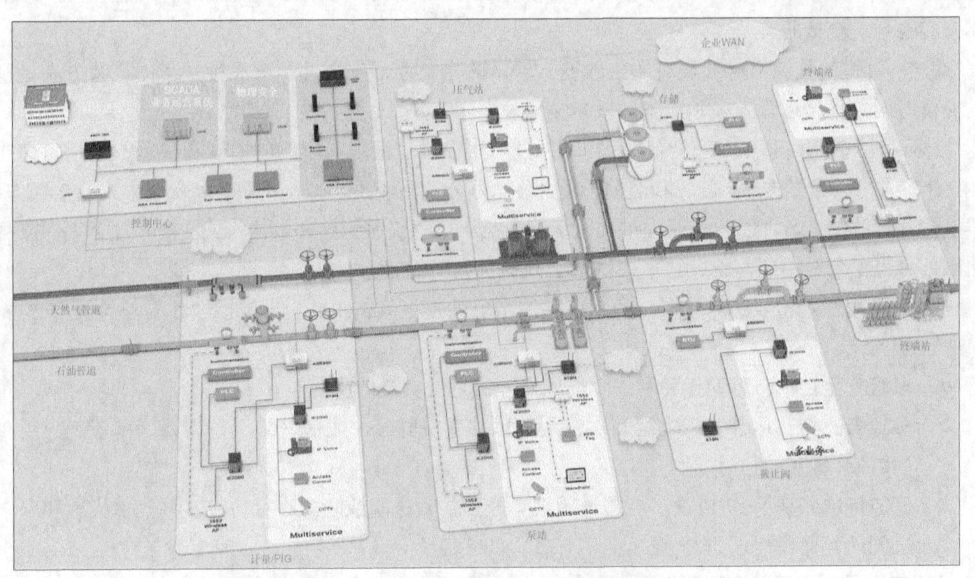

图 15-11 思科油气中游行业管道高层架构

管道管理应用负责管理整个管道系统（见图 15-12），每个进程和应用都可以通过通信基础设施与其他站点和控制中心的相应进程及应用进行链接。必须确保进程的可靠性和有效性，避免通信中断和数据丢失。安装管道管理应用的控制中心需要通过 WAN 安全地连接企业，以便用户改进操作流程、简化业务规划并优化能源消耗。

管道管理应用可以为操作人员提供如下能力。

- 通过一个或多个控制中心中的 SCADA 系统对管道运行状况进行实时/准实时监测和控制。
- 通过管道精确测量产品流量、体积和水平，确保准确的产品记账。
- 能够检测和定位管道泄漏（包括时间、体积和位置距离）。
- 通过仪器和安全系统执行安全操作。

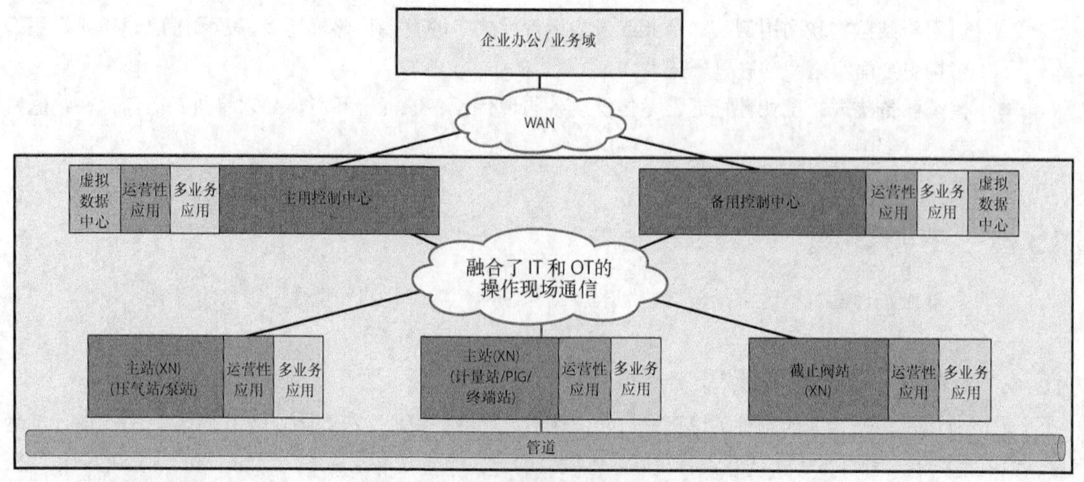

图 15-12 管道管理系统高层架构

- 实施能源管理，对管道站点的能源消耗进行可视化、管理和优化。
- 利用视频监控和访问控制技术对人员、环境和物理基础设施进行安全管理。

管道管理系统可以将信息提供给企业应用，实现相应的优化、计费及其他服务。

管道管理面临着诸多挑战。管道的地理距离通常都很长，而且位于恶劣的环境中，通信条件和电力基础设施有限。此外，管道还必须符合严格的环境法规，确保尽可能地安全运行，同时还要应对不断增长的网络和物理安全威胁。

不过，管道的关键需求并没有发生改变。管道的完整性、安全性和可靠性是帮助运营方满足日益苛刻的交付时间并优化运营效率和成本的基本要求。

当然，油气行业正处于变革当中，物联网技术正在推动很多新用例的出现和部署，包括先进的泄漏检测、分布式声学光学传感、破坏和盗窃检测、移动办公及高级预防性维护等。以安全方式连接操作设备、仪器及传感器的能力，可以为企业提供实时运行数据，可以快速识别和解决（或完全阻止）事件或故障并优化服务。无论什么用例，管道管理系统都必须提供如下能力。

- **高可用性**：物理层、数据层和网络层的冗余机制和可靠性机制，包括健壮的差异化 QoS 和设备级冗余。
- **多级安全性**：防范物理和网络攻击以及非故意的安全威胁。
- **多业务支持**：运营类和非运营类应用可以共存在同一个通信网络上，需要确保正确应用在正确的时间以正确的方式运行。
- **开放标准**：基于 IP 协议，能够透明地集成和传输传统或老式串行协议，并确保当前和未来应用之间的互操作性。

体系架构通常遵循普度控制模型或 IEC 62443，利用分区和分段机制处理不同的运营层面，业务运行域与企业域存在严格的区分。

15.4.2 数字化和新业务需求

油气输送业务在全球范围内都出现了新的变化，新的输送模型可以从多个地点向最终用户提供灵活的数量及产品等级，从而取代传统的固定供需区域以及有限的产品等级。

将这种新商业模式与现有老化的基础设施（通常采用手工监测和控制传统设备）带来的运营挑战相结合，机遇和挑战就会并存。

德勤认为，传统趋势几乎不可能提高管道运营方的运营效率、可靠性或安全性。传统模式是增加更多相同的硬件和软件，遵循传统的统计和历史规则。这些都无法满足新的商业模式需求，必须采用新的物联网数字技术（包括传感器、硬件和软件），生成各种新数据（包括机器和传感器数据、天气和地理定位数据以及机器日志数据等），创建以数据为中心的新模型，才能实现以下两个主要目标：

- 通过新数据源更好地了解业务活动，从而提高整体安全性；
- 促进行业范围内的数据连接与整合，从而做出最佳决策并提高运营效率。

关键之处不仅要提供安全的物联网技术来连接和传输数据，而且还要与分析功能相结合，实现端到端流程的自动化。普华永道研究发现，当前只有少数中游组织从数字化投资中获得了有意义的价值，不过这种情况将在未来几年内得到持续改善，特别是集成现场数据、合规性数据和运行数据，以开展高级分析，并为效率和安全目标提供必要的仿真结果等方面。

本用例包括：

- 现场协作和移动性；
- 远程专家；
- 实时分析和边缘处理；
- 检查车辆的流动性；
- 预测性侵入、泄漏和环境检测；
- 大型工厂和管道沿线的人员定位。

油气行业中的大量过程控制供应商都支持这一点，因为它们正在寻求更多的机会来增加连接、测量和分析数据集，从而优化各自的业务模型和竞争性产品，更快更好地做出决策，包括与组织机构的 OT 和 IT 进行更紧密地合作，做出更好的运营和业务决策。施耐德电气在一份物联网白皮书中指出，物联网对于以下管道管理领域来说具有非常重要的意义。

- **环境监测**：基于 SCADA 系统的管道管理应用可以利用新的物联网数据，通过测量沿线站点和重要战略位置的空气质量或水质来监测并改善环境保护效果。
- **基础设施管理**：管道沿线的监测和控制可以提供更好的可视性，包括泵站、输油管道和油罐等。
- **增强型运行控制器**：有助于弥合技能差距，因为高技能但老龄化的劳动力退休之后，新的通常是年轻工人将取而代之。物联网数据可以为运维大屏提供更好、更有意义的信息，可以提供更多链接多个系统的信息，以进行更广泛的数据分析，而且在实现自动化之前，还有助于完成一些需要高技能水平的操作流程。
- **能源管理**：测量和计费应用可以利用物联网数据，为管道运营方和能源管理人员提供精确的成本数据，可以即时监控能源使用成本。有利于运营方和管理者在优化能效方面做出最佳决策，从而提升盈利能力、减少环境气体排放。

施耐德电气认为，物联网对油气管道的价值体现在以下三个方面。

- **企业运行模式**：物联网能够实现 IT 与 OT 团队及技术的紧密联系，将自动化系统与企业规划、调度和产品生命周期系统结合在一起，从而提供更好的业务控制能力。随着自动化系统与整个企业应用的紧密集成，管道管理系统的作用就越明显。
- **自动化预测性维护**：通过专注于自动化预测性维护模式的“智能基础设施规划”，管道运营方可以显著提高设备性能、降低能源成本，让业务运营更加环保。
- **快速部署新服务**：随着能源、自动化和软件不断深入融合，人们可以在物联网系统的各个层面快速提供更加先进的技术和创新服务。

施耐德电气将物联网视为“当前和未来管道行业实现更加互联、安全、可靠、高效和可持续目标的推动者”。

15.4.3 挑战

虽然物联网可以为油气行业的中游领域带来大量好处，但依然存在大量需要解决的挑战问题。

- **安全性**：随着技术的不断发展，越来越多的设备都开始联网，攻击者的攻击手段也越来越复杂，

OT 和 IT 技术也在走向融合。所有的这一切都要求部署相应的安全措施来保护资产、人员和知识产权免受网络和物理威胁。随着关键基础设施以及通过物联网连接的设备和系统越来越多，安全性不但是 IT 或 OT 的责任，而且也成为整个组织机构的关键需求。

- **规模和环境**：部署新的高级用例（特别是高度分散的环境）是一项挑战，有些环境非常苛刻或难以到达现场，此时的自动化能力就是实现规模化的关键需求。不过从历史角度来看，还没有任何标准化方法可以在整个物联网系统中以一致的方式解决所有规模问题。随着实时数据点的数量以及数据生成量的不断增加，迫切需要提供更好的工具来部署、配置和管理大量数据。
- **技能要求**：油气行业的工人年龄和技能要求发生了显著变化，随着拥有更多 IT 技能的年轻员工不断加入员工队伍，为新员工提供培训和远程专业咨询将变得越来越重要。能够以简单可行的方式自动执行关键复杂任务，是解决经验丰富的工人退休后出现的技能缺失问题的关键。
- **IT 与 OT 集成**：由于 IT 和 OT 团队之间存在文化、哲学和组织机构差异，因而给物联网技术及运营活动的所有权带来诸多挑战。传统意义上的体系架构（如普度控制模型和 IEC 62443）很难适用于某些物联网用例，如企业或云端运行模式中的直接传感器连接。必须考虑好如何在组织机构中全面实施和推进单一技术。
- **传统设备集成**：工业环境通常是传统设备与现代设备的混合环境，必须将两者都包含在物联网解决方案中，技术的变化速度要慢于 IT 的变化步伐。部署完成之后，这些设备的使用寿命通常可以达到 10 年以上。

15.5 下游和加工环境

本节将详细描述油气行业中游领域的需求以及物联网、数字化和安全性所带来的影响。

15.5.1 概述、技术和架构

冶炼厂和加工厂负责处理原材料或半加工材料，并制造最终产品。

冶炼厂和大型加工厂通常都是非常复杂的建筑群，通过大量管道系统互联各种加工和化学设施，而且工厂周围可能会有很多大型储油罐。一个工厂可能占地数亩，很多建筑物和处理设施都可能有几层楼高，加工设施和管道网络包含了大量金属器件，而且建筑物或加工区域之间的距离都比较远。工厂并不是一种静态环境，需要定期升级设备以确保有效运营。此外，由于化学反应会产生气体，某些区域可能具有高度易爆性。因此，潜在挑战包括有毒气体泄漏或由于工厂周围的蒸汽和冷却水引起的腐蚀。

油气产品的生产是连续性的，工厂必须能够通过收集压力、温度、振动和流量等数据的相关系统，对生产过程进行连续控制和监测。

工厂可能有数百人，包括企业员工、承包商和外部企业支持人员。人员和自动化系统负责确保各个部件和整个生产过程的正常运转、监控生产过程的效率，并在必要时进行优化或重新设计并维护设备。随着生产设施规模的不断增大以及运输原材料或成品的需要，可能会有多种车辆在生产环境中不断移动，包括汽车、卡车、货车、油轮和火车。

为了确保系统、流程和人员的高效安全运行，工厂通常都会部署控制系统（如 DCS[Distributed Control System，分布式控制系统]）、管理系统和安全系统。为了确保这些系统能够在冶炼厂或加工厂内部正确运行，必须部署全面可靠的通信系统。

图 15-13 给出了一个典型的工厂架构。该架构遵循公认的工业架构（如 IEC 62443），分为不同的区域（包括安全、过程控制、能源管理等区域以支持移动性、CCTV 和语音等运营活动的多业务应用）。此外，工厂通常都会全面部署无线网络（包括 802.11 和 802.15.4 频谱），用于支持各种用例及传感器网络的连接。

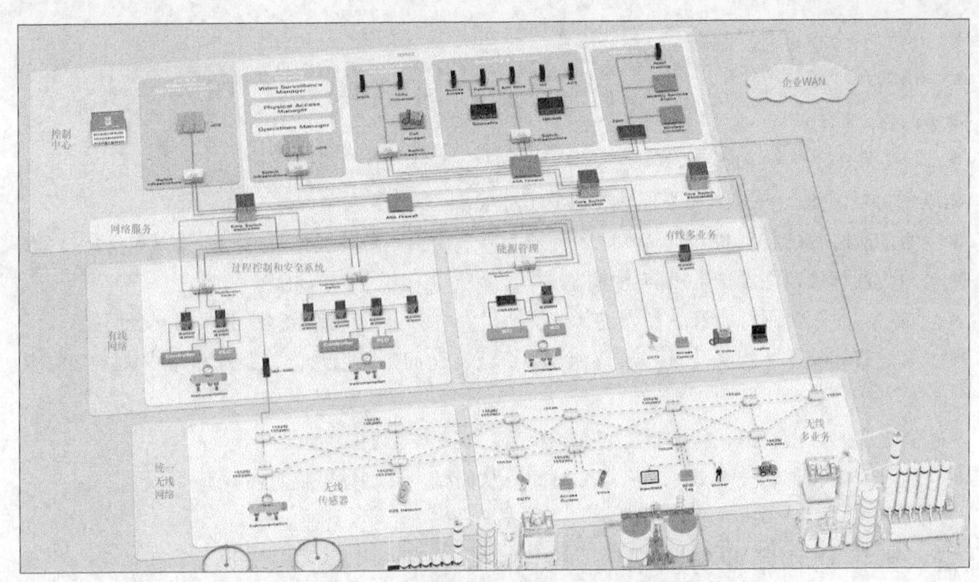

图 15-13 思科炼油与天然气加工厂高层架构

通信系统必须支持过程控制应用（从仪器或传感器到控制室应用）。工厂内运行的设备种类繁多，包括 PLC（Programmable Logic Controller，可编程逻辑控制器）、控制器、IED（Intelligent Electronics Device，智能电子设备）、HMI（Human Machine Interface，人机界面）、操作员工作站或工程工作站、服务器、打印机、无线设备以及仪器和传感器。通常可以将相关技术分为运维技术（与过程控制或安全系统直接相关的支撑操作）和多服务应用（包括运维支持应用［如视频监视］或者与业务相关的应用［如语音和企业数据］）。

与基于集中式命令和控制模型的 SCADA 系统不同，工厂通常都会部署一个分布式控制系统，将控制任务划分为多个分布式系统（见图 15-14）。如果部分系统出现故障，那么其余系统仍将保持独立运行。这种特性使得该模型非常适合高度互联的本地化工厂，如加工设施、冶炼厂和化工厂。

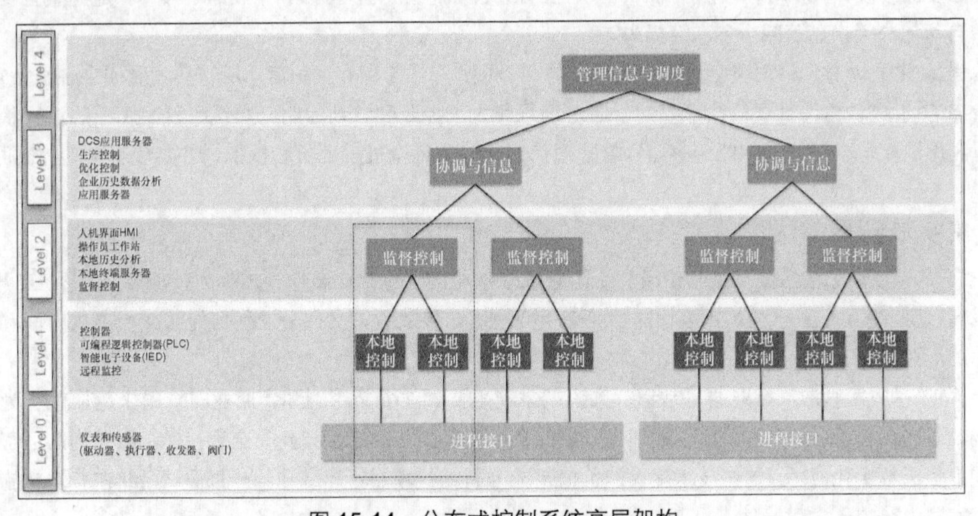

图 15-14 分布式控制系统高层架构

随着生产环境对物理安全、员工移动性、数据访问以及与基于站点或远程专家协作的需求不断增加，生产设施中的多业务用例越来越普遍：

■ 员工流动性；

- 物理安全和访问控制；
- 语音和视频；
- 数据访问；
- 位置跟踪（人员、资产、车辆）。

物联网可以通过一些用例来改善炼油和加工环境：

- 通过实时数据收集和分析、本地闭环控制以及历史趋势和优化等措施，提高设备运行效率；
- 预防性和规范性维护，以防止停机；
- 通过实时人员跟踪、移动和固定气体检测以及视频分析机制，解决健康和安全问题；
- 通过移动技术、视频化远程支持和培训、泛在访问工具以及位置跟踪和路线优化等功能，提高员工生产效率；
- 通过实时数据收集、状态告警和视频检查，实现安全性和合规性；
- 通过无线和移动技术减少工厂检修时间，从而减少计划性停机时间。

15.5.2 数字化和新业务需求

炼油行业已日趋成熟，在过程控制和自动化方面拥有多年经验。不过，最近几年该行业几乎没有任何技术创新。冶炼厂和大型加工厂运营方主要关注如何提高运营效率并确保生产的持续性，停产（计划性检修或计划外故障）会因为产量的减少而影响收入。运营方关注的第二个领域就是提升维护效率。德勤的一项研究指出，计划外停工导致每年将减少5%的工业产出，即200亿美元；由于维护操作的优化程度不够而导致的停机，每年的损失预计达到600亿美元。

维护工作通常采用计划检修的方式进行，需要关闭整个工厂或部分设施以进行检查、修复和升级。维护操作通常都是以预定方式进行，即使不需要维修，也要开展相应的检修工作。随着物联网技术的不断进步，采用智能设备、普适无线网络、标准的可互操作通信以及分析技术之后，完全可以从原先的计划性维护方式转变为基于状态的预测性维护或规范性维护方式。

除了停机时间之外，生产性损失（如原料混合出错）对盈利能力的影响也非常大。据埃森哲预测，通过必要的手段，至少可以预防其中80%以上的损失，而且认为，可以利用物联网技术，通过整合实时信息和自动化决策来显著减少生产性损失。

自动化能力对于最大限度地减少人员参与和干预、降低工程和维护活动所花费的时间来说至关重要。

普华永道认为，物联网技术有助于通过远程（人工控制和自动控制）操作改善冶炼厂的运行状况。可以利用连接每台设备的智能传感器和普适通信网络，进行全过程分析和模拟，并实现全自动控制回路。

15.5.3 挑战

下游领域面临的主要挑战与中游和上游领域基本相同（包括安全性、规模、技能要求以及IT与OT集成）。这些挑战对于已经高效运行的行业来说会被进一步放大，必须考虑任何能够减少停机时间和提高效率的潜在机会。

物联网技术对油气行业的日常运行来说越来越重要。随着新用例和新商业需求越来越依赖于为人、智能设备和传感器、设备和机器、地理上分散的资产提供高可用连接和高安全连接，组织机构的运营也越来越依赖于数字化技术。这些技术提供的价值正成为新油气项目不可或缺的一部分，已经在普遍实施的自动化实践中获得了大量好处：

- 优化资源（设备、机器、人员）利用率以提高效率；
- 提高对机器和设备的可视性，通过实时数据识别潜在故障和运行支撑信息；
- 通过跨区域的远程操作来降低成本以及对环境的影响；
- 采用集中式策略和安全管理机制，通过统一的方式实现监管与合规性目标；

- 物联网系统具有灵活性、可扩展性和移动性，可以显著提高业务的灵活性，快速响应不断变化的市场需求，并据此提高市场竞争力；
- 自动化安全措施，减少关键事件的响应时间。

这些领域面临的很多挑战都不是技术问题，而是人员和流程问题。现有技术可以通过物联网实现自动化和能力增强。但是，只有实现了流程的安全自动化，油气企业才可能充分利用技术带来的优势，包括提升运行效率、实现远程操作、减少停机时间并实现安全操作。

需要注意的是，单一技术无法满足油气行业的所有上述需求。只有构建适当的体系架构，将物联网技术与应用程序安全地集成到一个统一的物联网平台中，再加上企业文化的调整，才有可能降低成本、提高效率、保证员工安全，并持续推动创新。

正确使用物联网和数字化平台，实现油气用例的自动化和安全防护，可以带来货真价实的好处。Rennick 谈到："我们不但将油井的规划和建设时间压缩了一半，而且还发现，岩石物理学家和地质学家执行的任务当中，大约有 90%左右可以实现自动化，从而能够大幅提高工作效率，可以更加专注于高价值任务。据统计，我们的服务可靠性提高了 30%，可用性增加了 15%，而且还有很多其他正面影响。"

15.6 油气安全

油气行业极为重要，无论从物理角度还是从网络角度来看，油气系统及其基础设施都应该是最安全的领域。但实际情况却往往并非如此。ABI Research 指出，从 Night Dragon 和 Shamoon 等早期安全案例来看，油气企业一直都是主要的攻击受害者，很多攻击都给企业利益和声誉造成了严重损害。虽然面临的攻击形势很严峻，但油气行业在部署适当的基础设施措施以防止或减轻此类攻击方面一直都进展缓慢，尽管预测显示油气行业 2018 年用于网络安全的费用可能高达 18.7 亿美元。2016 年德勤在一份报告中指出，能源行业是受网络威胁影响最严重的第二大行业：近 75%的美国油气企业至少在过去一年中遭受过一次网络攻击事件。2014 年，超过 300 家挪威油气企业都遭受过网络攻击。

随着油气行业的持续发展，自动化、数字化和物联网通信技术正迅速融入运营生态系统（运营方、供应商、服务企业、商业合作伙伴等）。确保安全性与油气行业的高可靠性和创造新商业价值是紧密关联的，为油气行业的成功创造了最佳机会。

DNV GL 在 2015 年的一项研究中发现，只有 40%的油气企业计划通过数字化手段解决安全问题。该报告列出了油气企业客户面临的十大安全漏洞（背景是数据共享在企业运营过程中的应用越来越普遍）：

- 员工缺乏网络安全意识和必要的培训；
- 运行和维护期间的远程工作；
- 在生产环境中使用具有已知漏洞的标准 IT 产品；
- 设备商、供应商和承包商之间缺乏必要的网络安全文化；
- 数据网络的隔离度不足；
- 使用移动设备和存储单元（包括智能手机）；
- 海上与陆地设施之间的数据网络；
- 数据机房、机柜等物理安全程度不足；
- 软件漏洞；
- 生产设施中存在过时和老化的控制系统。

此外，DNV GL 还预测，未来影响油气行业安全性的三个主要因素是运营成本的节约、已部署设备的长寿命（10～25 年）以及物联网和数字化。当然，交付新用例、实现新价值和竞争优势的机会对于安全性来说，也是最大的威胁之一，必须认真加以解决。

从历史角度来看，油气工业控制系统一直都与外界隔离，经常使用专有技术和通信机制，而且安全保障机制也较为模糊，并没有将数字安全和逻辑安全作为主要关注点。随着控制系统的现代化以及越来越多地使用 COTS（Commercial Off-The-Shelf，商用现成品），控制系统也越来越多地使用标准化协议并连接公网，因而迫切需要在生产域部署全面的安全框架，并采用适当的安全技术以一致的方式强制执行必要的安全措施。随着 IoT/IIoT 应用越来越多、以 IT 为中心的产品和解决方案越来越普遍，以及油气企业与外部网络的连接越来越密切，来自运营环境内外的新型网络攻击也将越来越无法避免。

不应该将安全事件视为纯粹的外部或恶意事件，正如前面的报告和白皮书所指出的那样，人为因素在安全性方面的影响也非常重要。通常可以将安全事件分为恶意时间和意外事件。

- 恶意行为指的是故意影响服务或者造成故障或伤害行为。如心怀不满的员工故意将病毒引入运行控制区域中的服务器上，从而破坏生产过程，或者通过欺骗 HMI（Human Machine Interface，人机界面）来控制生产过程。
- 意外事件对于技术环境来说更为常见。例如，在网络设备或过程控制器上无意间配置了错误的命令，或者将网络电缆连接到错误的端口上。意外的人为差错对于人员、流程和环境安全来说，同样会造成非常严重的威胁。

应该将任何可以减少、减轻或消除人为因素造成潜在安全挑战的方法（如自动化），都视为解决安全性和合规性的关键战略因素。

对于油气行业来说，需要考虑很多因恶意或意外攻击而导致的安全风险：

- 工厂、管道或设备停机；
- 生产中断；
- 不可接受的产品质量；
- 站点设施遭受破坏；
- 未检测到的溢出或泄漏；
- 因绕过安全系统和措施而导致的伤害、死亡或环境影响。

所有这些都会给企业的盈利能力和声誉造成影响，对于不断发展变化的行业来说，这些都是必须做好严格防护的关键领域。

油气行业的最佳安全实践建议采用标准的安全架构模式来保护运行域、企业域以及站点内外的所有链路，包括域内的人员和系统。油气行业应用最广泛的架构模式是 IEC 62443。在物联网和数字化技术的推动下，出现了很多新的安全架构模式（如 IIC 和 OpenFog 联盟推荐的架构模式以及 OPA［Open Process Automation，开放过程自动化］标准），这些新架构模式的适用范围比 IEC 62443 更加广泛，因而变得越来越重要。有关这些标准的详细内容，请参阅第 4 章。

如第 5 章所述，工业环境中的 IT 和 OT 团队可能存在不同的观点和思维模式，即使两者都拥有相同的保护组织机构信息化系统的共同目标。与安全架构模式相关的要点如下（详见第 5 章）：

- IT 和 OT 团队以及工具之间的融合程度越来越明显；
- 越来越多地利用以 IT 为中心的技术来保护运营系统；
- IT 和 OT 解决方案不能简单地互换部署，架构对于确保满足用例的需求来说至关重要；
- IT 和 OT 团队通常拥有不同的优先级和技能要求；
- 研究表明，跨 IT 和 OT 共享标准、平台和架构，能够有效降低风险和成本；
- 应开发一种通用平台架构来解决现有用例和新用例的需求，从而提供最强大的安全架构模式；
- 应该在尽可能的情况下，确保安全机制、体系架构以及实现技术都基于开放的可互操作标准。

在过去的几年当中，油气环境的安全架构模式得到了显著改善，但仍面临着如下挑战：

- 运营环境的策略、流程以及文化无法充分应对不断增长的安全风险的需求；
- 控制系统的网络设计不够充分，安全性通常只是作为一种附加功能，没有真正提供深度防御能力；
- 只要控制系统与网络存在实际的网络连接，那么就无法做到与外部网络及企业系统的完全隔离（即使通过防火墙）；

■ 传统的操作系统设计模式源于工程视角，而不是安全的IT视角；
■ 系统的设计和安装没有部署足够的安全控制机制；
■ 安全性通常与合规性流程脱钩。

上述挑战并不是对现有油气行业运营环境的批评，仅仅是因为现有系统已经设计使用了很长时间，而且这些系统通常都是以工程处理为优先级创建的。此外，还有很多未知或从未考虑过的安全威胁。

适用于油气行业的关键标准和指南主要有 IEC 62443 工业控制系统标准（Industrial Control System Standard）、API 1164 管道 SCADA 安全标准（Pipeline SCADA Security Standard）、NIST 800-82 工业控制系统安全指南（Guide to Industrial Control System Security）、IEC 27019 过程控制安全管理（Security Management for Process Control）、NIST PCSRF（Process Control Security Requirements Forum，过程控制安全需求论坛）、NERC-CIP（与电网互联时）。其他相关的指南还有远程站点最佳实践（电子和物理周界）以及 CFATS（Chemical Facility Anti-Terrorism Standards，化学设施反恐标准）。典型的安全架构模式是构建遵循普度控制模型中描述的安全体系架构（见图 15-15），采用分层和安全分段模型。

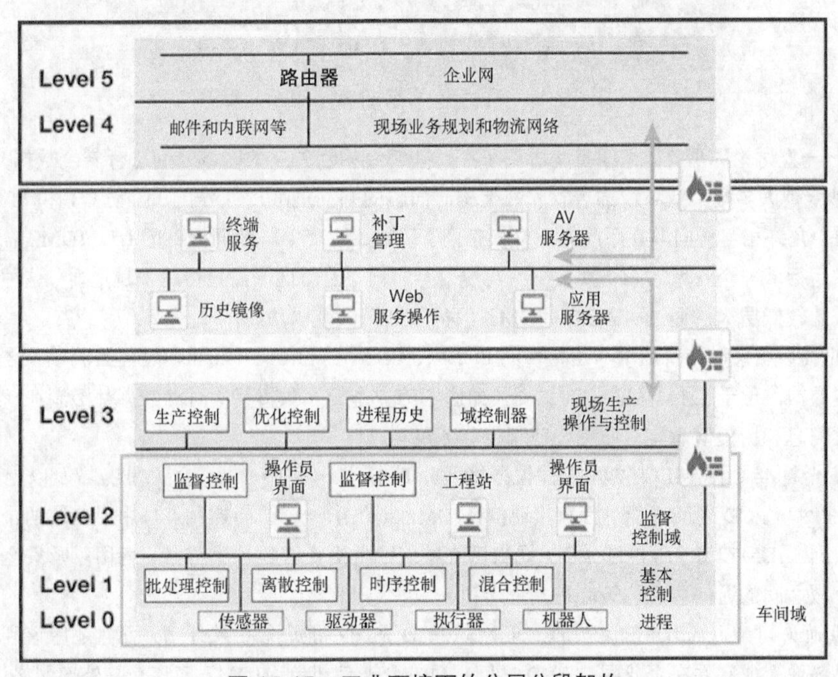

图 15-15 工业环境下的分层分段架构

对于油气行业来说，该模式应包括如下组件。

■ **Internet/外部域（Level 5/L5）**：通过 Internet 或专有供应商网络和云为组织机构的应用程序和数据提供与外部各方的连接。
■ **企业/业务域（Level 4/L4）**：是提供非工业应用和最终用户连接的企业网络或业务网络，通常由集中式 IT 团队进行管理。
■ **工业 DMZ（Level 3.5/L3.5）**：是运行域与企业域之间所有连接的入口和出口点。L4 和 L3 之间无直接连接，两者之间的通信通常是通过代理或跳转服务器获得访问权限。该层通常负责托管 shadow/ghost（影子）服务器，从运行域推送运营信息，以保证企业用户能够访问这些信息。虽然该层并不是该模型官方定义的层级，但是由于需要在运行域与企业域之间安全地交换数据，因而目前已成为标准组件。
■ **运行域（Level 3/L3）**：系统级控制和监测应用、历史记录、生产调度以及资产管理系统。
■ **监督控制域（Level 2/L2）**：与小区/区域监督和运营相关的应用和功能（包括 HMI）。

- **本地控制域（Level 1/L1）**：通过与工厂设备进行交互来指导和操纵过程的控制器。控制器在历史上是PLC（Programmable Logic Controller，可编程逻辑控制器）。
- **现场域（Level 0/L0）**：执行IACS功能的现场仪表和设备，如驾驶车辆、测量变量以及设置输出结果。这些功能可能很简单（如测量温度），也可能非常复杂（如移动机器人）。
- **安全域**：旨在保护生产过程的关键控制系统。

同一组织机构的运营环境与企业环境之间存在很大的独立性，意味着可能存在很多技术、系统和服务上的重复性（见图15-16）。

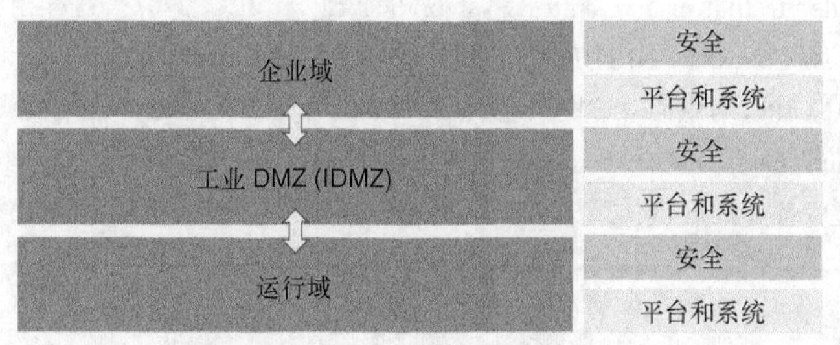

图15-16 IT与OT技术之间的独立性

如本书一直讨论的那样，组织机构看到了在这些曾经相互独立的区域之间进行安全数据交换的价值。IT与OT融合是大多数工业环境部署物联网架构时面临的共同挑战，业界正在推动OT和IT都提供相应的通信接口，允许相互访问并在系统之间交换信息。同时，还产生了前面提到的L3.5 IDMZ需求。由于越来越需要在运行域与企业域之间交换数据并实现安全访问，因而这一点显得越来越重要。这种情况甚至进入了运行域的较低层级，通过引入L2.5 IDMZ保护区来提供类似功能。

对于油气行业来说，企业网与运营性的PCD（Process Control Domain，过程控制域）之间需要相互交换服务和数据。位于工业DMZ中的系统（如影子历史系统）负责将所有的数据都汇聚在一起，为企业提供准实时信息和历史信息，从而更好地制定业务决策。

工业安全标准（包括IEC-62443）建议严格区分PCD（Level 1～3）和企业/业务域及以上层级（Level 4～5）。企业网与PCD之间不能进行直接通信，IDMZ提供了一个访问控制点，用于在这两个实体之间配置和交换数据。IDMZ为企业网和PCD提供了终结点，负责托管各种服务器、应用以及安全策略，从而实现这两个域之间的通信代理与策略控制。

除非明确许可，否则IDMZ应确保企业网与PCD之间不能进行直接通信，而且还应该利用服务器或应用程序"镜像"或复件在企业网与PCD之间提供安全通信机制。IDMZ应该是从外部网络进入PCD的安全远程访问服务的单一入口点，同时也应该是PCD中企业服务的单一控制点（包括操作系统补丁服务器、防病毒服务器和域控制器）。

通过风险评估方式可以确定不同区域和边界，应该将这种分段方式扩展到IDMZ架构中。除非显式配置了中间代理，否则为IDMZ提供边界服务的安全技术应该拒绝所有服务。必须识别所有服务并制定相应的策略规则，以明确哪些通信服务可以穿越防火墙。

下列原则适用于所有层级的油气行业解决方案。

- 体系架构必须能够安全地限制和隔离服务，从而确保流量的完整性。
- 必须限制非信任实体之间有意或无意的交叉传播。
- 必须利用基础设施各个层面的隔离技术来保护运行服务的边界（在不同的服务和系统之间，或者阻止非运行流量）。
- 可以采用物理隔离（不同的设备、电缆或波长）或逻辑隔离（VLAN、VRF、资源虚拟化等）机制对安全区域进行分段。
- 必须通过中间代理严格执行不同区域之间的流量传输。

- 这些技术不仅限于传统网络平台，必须涵盖整个架构的计算和存储区域。
- 必须定义和控制对系统任何组件的访问行为。

经过精心设计的遵循行业标准指南的解决方案基础设施，应该能够支持物理、逻辑或混合应用的分段部署（取决于最终用户理念），关键需求是在体系架构的层内或层与层之间确保解决方案的互操作性。如果现场层面的设备被攻破，导致发送的信息不准确或已经被破坏，那么创建任何安全层级都将毫无意义。安全性涵盖了体系架构的所有层级，必须解决组织机构面临的各种安全风险。

在选择适合油气系统的行业标准时，必须尽可能地确保简单一致地部署一些基本的安全机制（每种标准都在一定程度上包含了某些安全机制）。

常见的基本安全机制如下所示。

- 发现和盘点。
- 风险分析。
- 参考架构和安全理念。
- 系统访问控制：
  - 身份、认证、授权和计费；
  - 使用控制。
- 系统加固。
- 系统和设备完整性。
- 资源可用性。
- 数据机密性。
- 受限制的数据流和基础设施设计机制：
  - 分区和分段；
  - 通过中间代理实现域间流量流的交换；
  - 工业 DMZ、企业域和运行域隔离、运营支撑应用（语音、视频和移动性等）。
- 系统运行管理、监控和维护。
- 业务连续性/灾难恢复。
- 物理安全和环境安全。

增强型的安全要求如下。

- 受管的安全服务。
- 信息安全组织。
- 合规性。
- 业务连续性。
- 主动威胁防御：
  - 入侵检测和防御；
  - 安全行为分析。
- 渗透测试（一次性服务/事件）。
- 共享的操作和切换点。
- 非传统架构：
  - IIoT 和云；
  - 开放过程自动化。
- 人力资源/员工安全。

从实用性角度来看，为了解决安全模式的标准化和一致性问题，必须采用端到端的设计模式，将各种安全技术的部署与运行整合在一起，将风险和操作复杂性降至最低（见图 15-17）。

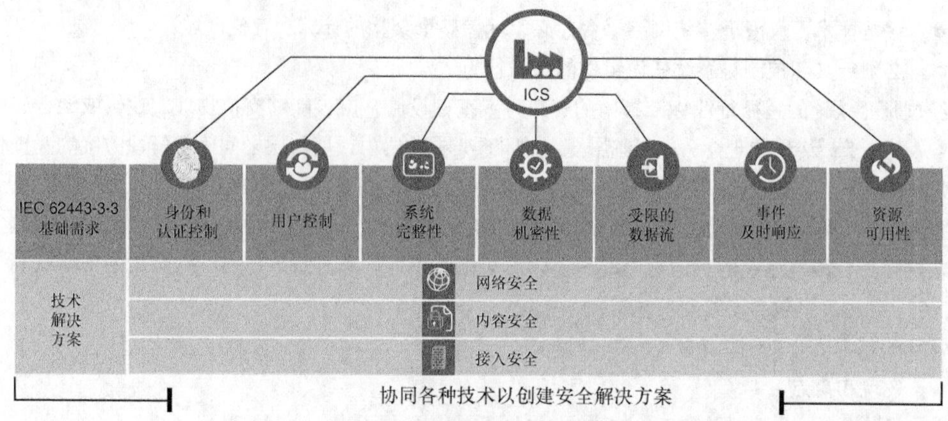

图 15-17 协同各种安全技术以创建安全解决方案

根据安永会计师事务所发布的 2016-2017 年全球信息安全调查结果，油气企业在发现和应对安全攻击和安全威胁方面正在不断取得进步。不过，该研究也同时表明，油气企业还需要进一步提高防御能力并做好更充足的准备，以应对潜在的安全事件并做出有效响应，同时还需要具备快速恢复安全可靠运行的能力（通过自主或半自主的与上下文相关联的自动化和部署/响应机制）。

虽然安全威胁一直在持续增加，但安全预算却处于相对静止状态。安全部门倾向于购买各种最新的安全工具，而不是深入调查和评估底层的业务行为及威胁根源，更好地部署整体安全系统，从而在预算有限的情况下更有效地应对安全问题。在油气领域，OT 和 IT 团队的不同角色和职责往往会进一步加剧安全预算的限制。由于 OT 安全通常不属于首席信息安全官或首席信息官的职责，因而可能会导致安全支出和安全资源出现重复以及优先级错位。在网络安全工作中，拥有一套安全工具以及易于理解和使用的方法是非常重要的。

安永会计师事务所的调查强调了油气企业的一些关键安全需求，这些需求只能通过包含安全自动化的数字物联网战略加以解决。

- 安全攻击预警和检测非常重要。安全模式要从准备状态转变为威胁情报状态，建议油气企业在威胁和漏洞管理系统方面投入更多的资金，包括组织机构如何部署更高级的安全技术（除了基础技术之外），以及如何以最快和最合适的方式进行安全响应。
- 根据安永的说法，威胁情报使企业能够根据环境和情境风险收集有价值的洞察信息，目的是在快速和全面检测攻击行为方面做出显著改变。能够在攻击的前、中、后阶段实施主动防御机制。对于物联网和数字化战略来说，需要有一个整合多种安全技术和重要自动化组件的统一平台。

安永还建议油气行业应尽可能充分地利用预测分析和大数据（尤其是安全性）等高级功能，通过数据分析来监控设备、识别攻击模式并实现主动维护，最终帮助企业更好地了解运营风险。根据安永的预测分析，基于上下文的自动化机制以及大数据分析是提高油气行业安全性的关键能力。

- 它们提供了帮助企业在安全威胁造成损害之前主动识别安全威胁的能力，企业可以检测未来事件并最大限度地加以预防，而不仅仅关注攻击的“感染阶段”。
- 预测分析能够快速检测流量流和数据异常行为，在攻击发生之前发出安全威胁警报。
- 结合机器学习和预测分析功能，能够让网络安全摆脱当前繁琐的黑名单策略并检测即将发生的安全威胁。

德勤的一项研究成果也支持了上述结论。该研究发现，理解网络风险是第一步也是必不可少的步骤，但形成针对组织机构的适当和全面的风险缓解策略也同样重要。德勤认为，减轻网络风险的常见响应是试图锁定一切，但这样做违背了行业的发展趋势和实际的业务需求。随着物联网和数字化技术连接了越来越多的系统，以及攻击者的攻击手段越来越复杂，要做到对安全事件零容忍是完全不现实的。企业应该深入了解安全威胁，并尽可能地实施有效的安全响应，从而最大限度地减轻攻击影响。

提高自动化水平可以大大减少执行危险或具有挑战性的现场工作的人数，从而能够有效降低安全风险并防范健康和安全事故（尤其是偏远或恶劣的工作环境），同时还能帮助油气企业提高工作效率和工作精准性，满足降本增效的需求。

15.7 油气安全和自动化用例：设备运行状况监测与工程接入

截至本书写作之时，这些用例及其描述的组件和部件都通过了概念验证和全球油气行业的专业实验室测试。请注意，本节描述的用例采取了高端实现模式，通过多种技术来展示多种可能性以及实施效果。大家在实际应用时，可以根据实际需要灵活采用其中的部分技术，利用较为低端的边缘设备或雾节点来部署经济有效的安全机制。

15.7.1 用例概述

虽然油气行业价值链的各个领域的环境和活动可能各不相同，但是对于在任何地区（或所有地区）开展业务的企业来说，降低风险、提高效率和生产力都是企业的核心关切点，这些基本活动控制着企业的开支以及竞争力的提升。本节将介绍一个适用于油气行业所有部门的实际用例，希望帮助企业有效实现风险、效率和生产力目标。

设备故障或性能不佳导致的停机时间或 NPT（NonProductive Time，非生产时间），可能会让企业每天损失数十万美元，而且还会给工人和环境带来安全风险。但不幸的是，设备故障的发生时间无法预测，也不可能在预定的时间表上发生，因而深入了解何时可能发生这类情况并在故障发生前有效防止故障，是油气行业维护团队所必不可少的运营活动。因此，预测设备运行状况或进行状态监测的先进方法已成为企业的关键用例，需要在设备发生故障前维护或更换设备，以确保油气资产的高效安全运转，确保无 NPT、故障或损坏情况。图 15-18 给出了油气行业的多种维护模式及其发展情况。

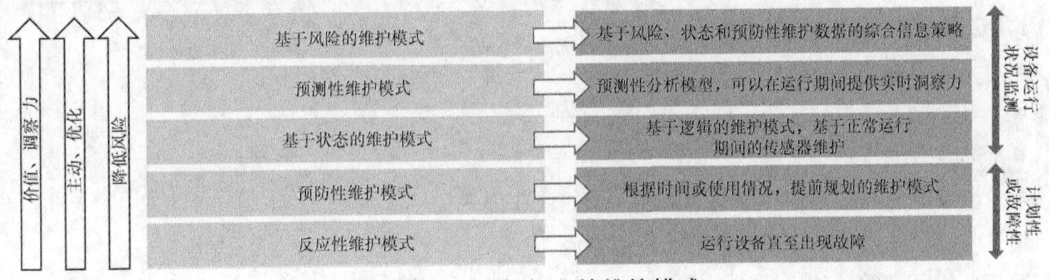

图 15-18 油气行业的维护模式

图中列出的维护模式如下。

- 反应性维护模式允许设备持续运行直至故障，故障发生后进行修复或更换。
- 预防性维护模式的基础是定期更换或修复设备，通常基于固定的时间段或者最佳运营实践。这意味着即使设备运行良好，也会出现停止运行的状况。同时也意味着设备可能会在维护窗口之前失效，进而导致 NPT 及其他潜在挑战。
- 基于状态的维护模式通常基于运行状态与固定规则的逻辑对比。该模式会持续监测设备运行情况，一旦设备性能超出预定义模型的范围，就会触发响应逻辑以采取相应的动作。但是，该维护模型通常并不考虑具体的运行条件或设备利用率的变化情况。
- 预测性维护模式也通过传感器数据持续监控设备，但利用模式识别等分析预测技术来提供潜在问题的预警。

- 基于风险的维护模式结合了预防性维护、基于状态的维护以及预测性维护模式等的信息，可以提供基于上下文的整体维护模式。

组织机构正转向物联网技术，以实现所需的性能并提升可靠性，并利用先进的平台、传感器数据和分析能力，尽可能地保证资产高效、安全运行。可以将物联网部署为设备运行状况监控用例，实时的传感器数据不但能够提供高级维护能力，而且还能提高资产的运营性能。除了状态监控能力之外，可能还要求现场工程师能够在本地对负责监控、管理和启动资产的 PLC 或控制器进行变更操作。这两方面需求都包含在本节所描述的用例当中。

该用例可以监控多种类型的资产，包括压缩机、钻机、管道站点、热交换器和火炬塔。可以利用多个传感器来监控电机、驱动器以及泵的压力、温度、振动和声学等参数。

设备运行状况监测允许工人在设备状态可能影响运行之前解决设备性能的变化情况，好处如下。

- 对潜在问题进行预警，减少计划外的设备 NPT，从而延长正常运行时间。
- 基于更优的规划来降低维护成本。
- 提高运行期间的资产性能并延长设备寿命。
- 通过避免设备故障来规避某些非期望的潜在场景，如工时损失或生产力下降。
- 通过自动化机制将维护决策简化为易于重复的操作，从而解决技能鸿沟问题。

通过性能监控、工艺条件优化以及冶炼厂单一资产的预测性维护，美国油气公司节省了约 150 万美元的经常性费用，显示出该用例的强大潜力。

油气企业的运营可能位于偏远地区或人类难以到达的地方，可能存在潜在的环境挑战（如热、冷或海上位置）。在这种情况下，设备的运行状况和性能监测就是一大挑战。能够以尽可能简单和自主的方式部署设备并远程管理设备的正常运行状况，这一点非常重要，因为在很多情况下根本做不到实时或准实时响应。

为了实现这种远程操作功能，必须全面利用物联网平台、基础设施和数据分析技术。

15.7.2 用例描述

虽然对于很多冶炼和加工环境（以及其他中游和上游环境）来说，都需要监控工厂的关键部件，但这些环境通常都具有以下限制：

- 监测关键设备运行状况的仪器不足；
- 人工检查流程经常会出现漏检问题；
- 部署有线传感器的成本过高；
- 出于电源和数据连接方面的原因，无法快速部署传感器；
- 难以快速部署临时或间歇性的监控措施。

冶炼厂经营者的总体目标是希望在运营期间优化设备性能，并在故障发生之前预防故障。除此以外，油气公司还希望通过降低部署成本来确保部署的简便性，目标是提升交互的直观度并生成易于理解的数据。图 15-19 给出了设备运行状况监测用例的典型部署情况。

该部署方案包括以下组件：

- 部署在关键设备上的传感器（负责传输过程数据）和工程接入设备（如加固型笔记本电脑和移动设备）；
- 基础设施，提供层内以及层与层之间的通信能力；
- 雾或边缘节点，提供实时性的边缘处理和关键数据转发；
- 统一的集中式仪表盘，可以对运行数据和历史数据分析，同时还能使用和可视化大量传感器数据；
- 层内以及层与层之间的平台服务，包括部署和管理用例的编排与自动化服务，以及物联网消息总线/数据管道（负责从传感器到使用这些数据的位置之间的数据传输）。

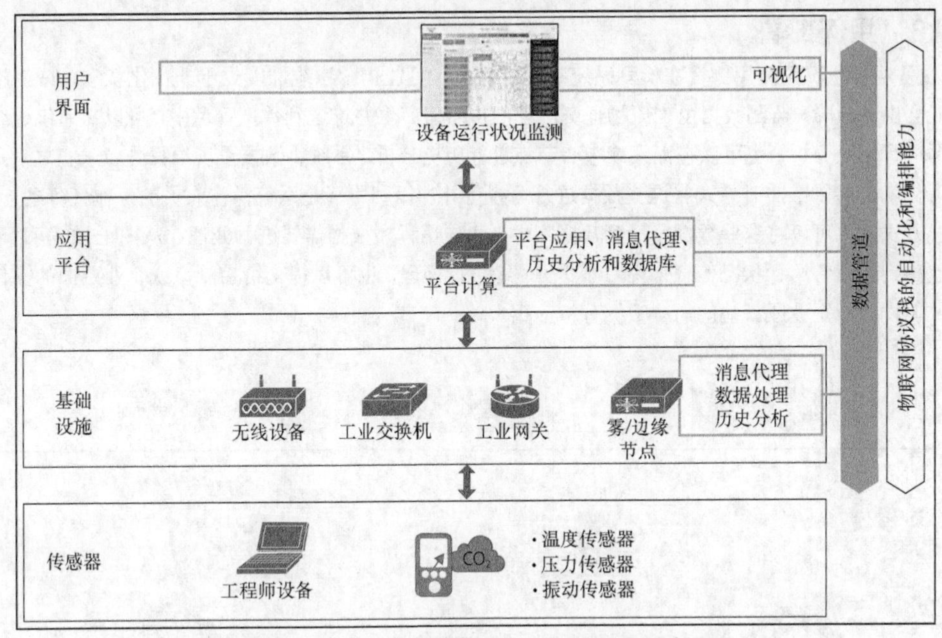

图 15-19 IIoT 设备运行状况监测用例的高级架构

自动化能力对于本例来说非常重要，因为客户希望以可重复且一致的方式快速扩展和部署服务。但是需要注意的是，设备运行状况监测并不仅仅是产生大量新数据，还必须始终保持数据的质量，必须以不同的方式处理数据。如在边缘进行实时处理以转换数据或者对数据进行标准化，或者对数据进行聚合以进行有意义的数据分析（如用于优化服务）。必须有适当的机制将数据分析结果转化为有用的洞察力和响应，必须在适当的时间采集数据并将数据传输到需要使用数据的位置，以最有效地利用数据并防止数据泄漏。在某些情况下，仍然需要人工干预来改变资产的运行特征。

麦肯锡认为这种模式必须自动化，而且必须确保安全性。只有这样才能给油气企业带来最大的收益。麦肯锡的观点与图 15-19 中的组件完全一致，即自动支持实时决策和响应，以减少计划内和计划外停机时间。该模型需要如下组件。

- **数据采集**：包括自动化的硬件传感器数据采集和工程师的手工数据采集（在不支持自动采集的情况下）。应该根据实际需求灵活采用这两种方式，这也是一种收集应用程序功能需求的方法。硬件传感器应确保足够的数据覆盖率，并通过存储和备份机制为设备性能数据等高价值测量数据提供冗余能力。
- **数据基础设施和数据管理**：数据基础设施（从关系数据库中的事务数据到大数据分析平台中的数据）应该能够组合来自不同来源（自动和手动）的数据，以帮助进行决策支持分析。同时，基础设施还应该支持需要即时数据的实时数据流。
- **数据分析**：应使用数据分析模型对关键设备组件进行故障预测，最好能够关联不同的用例或价值链的不同部分，以提供额外的优化服务，如简化物流或自动订购服务。此外，还包括利用仿真技术（如数字孪生）来测试平台运行过程中的故障场景。
- **数据可视化**：需要部署相应的软件应用，以与运营和业务决策密切相关的方式呈现数据和洞察结果。一个常见应用就是向维护工程师提供推荐操作的知识系统，工程师可以考虑以前的故障修复方法以及资产的历史信息。
- **自动化**：应该尽可能地以自动化方式部署用例的基础设施和应用程序，实现用例的自动化运行，从而解决员工的技能不足问题（特别是面新型应用）。
- **安全性**：不言而喻，安全性是上述所有组件的必然需求。

15.7.3 用例部署

设备运行状况监测用例旨在检测系统的异常状况，可能指示系统性能处于非优化状态，或者指示设备可能会出现故障。监测数据由工厂物理资产上的传感器产生并推送到数据管道中，可以在系统边缘对这些数据进行实时分析，也可以在汇聚或中心节点进行历史分析。系统将数据呈现给操作仪表盘之后，系统操作人员就能够以准实时方式将这些数据进行可视化并加以利用（是系统操作人员的工作任务之一）。作为可选方式，也可以将这些数据发送到数据库中，由应用程序根据需要进行处理。从图 15-20 可以看出，对于监测到的设备运行状况信息来说，可以在边缘进行处理，也可以提交给控制室或企业层面的操作仪表盘，或者发送给企业或云端的历史数据分析应用。

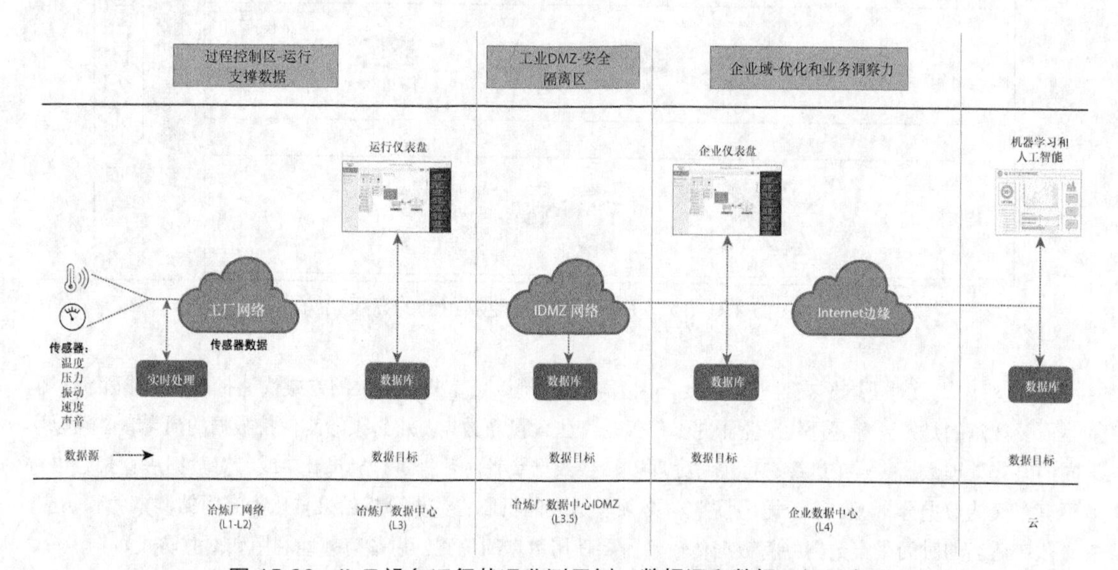

图 15-20 IIoT 设备运行状况监测用例：数据源和数据目标示意图

该用例主要包括以下组件：

- 提供通信能力的支撑基础设施；
- 数据管道以及收集、传输和使用数据的支撑应用；
- 快速可靠部署用例的编排和自动化组件；
- 用例安全技术。

在实际应用中，由于客户理念以及负责部署用例的团队不同，可能会采用不同的用例部署架构。有些运营团队可能负责部署在安全架构 L3 的解决方案和相关技术，通过 L3.5 IDMZ 将数据管道中的信息推送给 L4 的企业域。有些运营团队可能负责监控用例，将安全功能从企业域安全地推送到 IDMZ 中，从而进入运行域。为了不破坏安全架构，必须清楚地了解用例的部署架构。从平台的角度来看，可以采用分层分布的方式进行部署，也可以集中部署方式。因此，MANO 组件可以部署在 L3 运行层面、L3.5 IDMZ 层面、L4 企业和云端，也可以采取组合模式。

一般来说，对于高度安全的油气体系架构来说，在企业或云服务能够访问运行域的数据（从数据管道的角度来看）之前，都必须根据安全策略将这些数据传递到 L3.5 IDMZ 中。相反，对于任何从企业或云端发起的部署请求，在允许访问跳转服务器或代理服务器并授予运行域访问权限之前，都要传递到 IDMZ 中并应用安全策略。

图 15-21 给出了一个非常有用的油气行业部署架构用例，同时还列出了该架构用到的一些关键技术。该用例中的企业团队构建了一个基础物联网平台，可以实现各种业务组件（如 IT、OT、建筑物及企业）的自动化部署。图中显示了具体的组件信息以及交互关系。

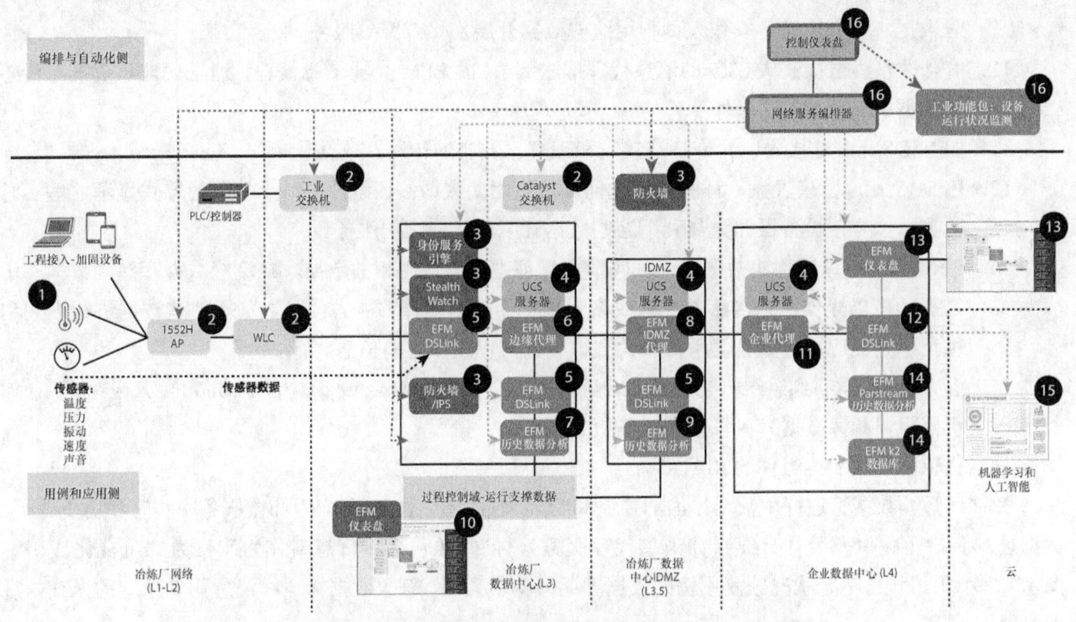

图 15-21 IIoT 设备监控监测用例：部署技术示意图

该用例包括如下组件（见图 15-21）。

1. 传感器和工程设备，这些设备与被监控设备直连或者通过无线基础设施连接被监控设备，以管理本地 PLC/控制器（负责控制被监控资产）。典型的传感器可以监测温度、压力、振动、速度和声音，与被监控资产（如电机、驱动器和泵）的组件相连。很多过程控制供应商都可以生产这些传感器，包括艾默生、霍尼韦尔、施耐德电气和横河电机。如前所述，对于冶炼厂和加工厂来说，可以利用无线技术轻松地将新传感器添加到现有资产和新资产中（也可以使用有线方式的传感器）。工程设备通常包括坚固耐用且安全可靠的手机、笔记本电脑和平板电脑。
2. 用于传输用例信息流的通信基础设施，包括无线基础设施组件，如接入点和无线控制器、交换基础设施、路由器和网关等。根据在工厂部署的基础设施部件情况，可能需要根据工业规范对这些部件进行加固。部署在工厂内的基础设施必须坚固耐用，满足特定行业的特定要求（如危险场所、温度、振动和冲击等要求）。
3. 保护用例基础设施和信息流的安全基础设施，包括防火墙、身份和策略管理、行为分析及 IPS/IDS。
4. 支持用例应用程序的计算基础设施。应用程序可以虚拟化，运行在虚拟机或容器中。工厂数据中心、工厂 IDMZ 和企业数据中心的边缘层和雾层都可能存在计算要求。
5. 设备连接器（本例为 EFM DSLink），负责将传感器连接到数据管道的消息代理系统或从数据管道订阅传感器数据的应用程序。连接器必须支持适当的工业协议才能连接传感器（如 MODBUS 或 DNP3），可以对传感器数据进行标准化的实时分析处理，也可以根据需要进行存储和转发。
6. 位于 L3 的 EFM 边缘消息代理，负责从连接器接收数据并将其作为特定主题的一部分发布到数据管道中。可能会有多个传感器和多个代理系统提供服务，监听器（应用程序和其他代理）可以订阅主题并接收传感器数据。
7. 本地 EFM 物联网历史数据库，实现传感器数据的历史存储。
8. EFM L3.5 IDMZ 消息代理，订阅数据主题并发布信息。本例中的 IDMZ 历史数据库和运行数据库订阅了该信息。
9. IDMZ EFM 物联网历史数据库，存储来自运行传感器的传感器数据。通过该组件，不但能够安全地访问企业或外部服务，而且还能提供单一传感器数据或聚合传感器数据的评估能力。
10. 运营可视化工具（EFM），订阅消息代理以访问相关数据。该组件以易于使用的方式显示这些实时数据，以方便设备操作人员利用这些数据开展优化或维护服务。

11. 信息沿着数据管道从 L3.5 的消息代理推送到 L4 的 EFM 企业消息代理。消息代理负责发布传感器数据。
12. EFM DSLink 连接器，允许订户接收和理解已发布的传感器数据。
13. EFM 企业运营仪表盘，订阅消息代理以访问相关数据。该组件以易于使用的方式显示这些实时数据，以方便设备操作人员利用这些数据开展优化或维护服务。
14. EFM 企业物联网历史数据库，订阅消息代理主题以访问相关数据。将这些数据存储到数据库中之后，可以提供单一传感器数据或聚合传感器数据的评估能力。可以利用这些数据进行规划和优化，企业应用（如机器学习和大数据）也可以使用这些信息。
15. 可以将数据发布到组织机构外部的云工具（如托管在微软 Azure 云中的 Arundo），云应用程序（如机器学习和大数据）可以使用这些信息。
16. 提供物联网编排组件的 MANO。

如前所述，数据管道提供数据平面的控制和管理服务，包括物联网应用和微服务、实时和历史分析、数据过滤和规范化以及数据分发（如消息代理服务），同时还包括将信息转化为洞察力的可视化应用。图 15-22 给出了设备运行状况监测用例的数据管道架构示意图。有关数据管道和消息代理系统的详细内容请参阅第 11 章。

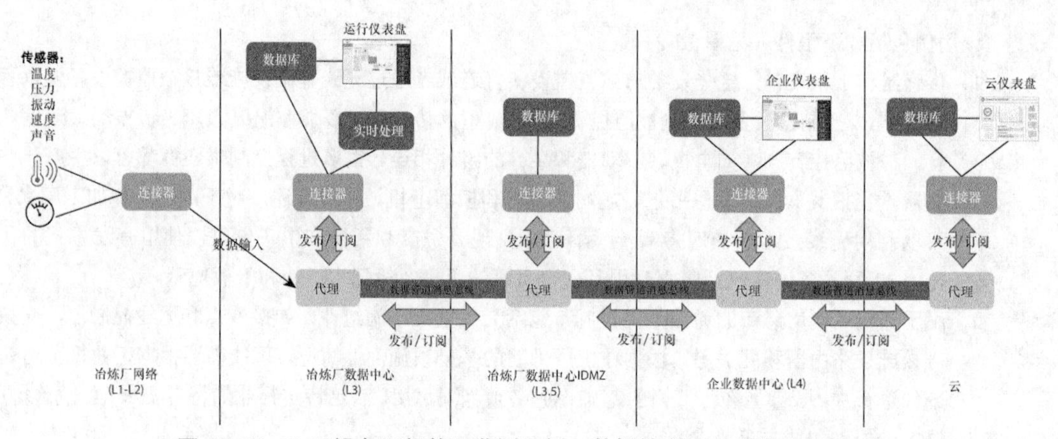

图 15-22 IIoT 设备运行状况监测用例：数据管道消息总线示意图

需要指出是，并非所有操作都能实现自动化，而且自动化水平在物联网平台运营生命周期的不同阶段也有所不同。图 15-23 显示了物联网平台运营生命周期的典型阶段。Day 0 指的是初始设计和必需的预配置，该阶段的自动化程度最低，自动化关注的是流程，而不是部署和操作技术。目前的 Day 0 自动化程度正在不断提升，特别是在设备加载方面。Day 1 的自动化程度较高，物联网协议栈的很多部分都可以实现自主部署。Day 2 也有很多自动化机制，特别是安全防御技术、性能优化服务、KPI 的实施以及传统的增加、移动和变更操作。

本节将按照上述运营生命周期进行描述。首先分析正确设计和做好部署准备所需的预备工作，然后分析用例的自动化部署，并从网络和数据管道实施的角度讨论安全组件。有关平台本身的安全性（包括后端、基础设施、边缘和雾节点）请参阅第 13 章。

需要注意的是，有关本用例的平台及安全信息请参阅本书第 2 部分和第 3 部分，有关物联网架构和标准的详细信息请参阅本书第 1 部分。如果读者直接阅读本书的用例部分，那么一定要注意，这里仅在高层视角探讨其中的某些概念。如果希望了解用例涉及到的具体技术和平台信息，请参阅相关章节。此外，虽然本章的重点是油气行业，但本用例也适用于其他行业，包括制造业、运输业、化学加工业和电力行业等。

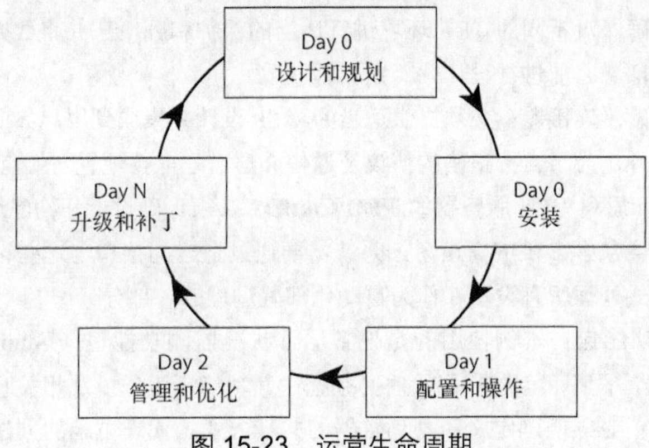

图 15-23　运营生命周期

如前所述，在实际应用中可以根据不同的场景，采用不同的架构模式部署解决方案，要求平台足够灵活，能够满足多种设计模式，且不违反 ETSI MANO 架构标准。本用例将使用图 15-24 所示的简化架构，同时还给出了一些高级安全功能（可以通过平台实现自动化与编排能力）。该简化架构在运营数据中心部署了 MANO 平台，能够更容易地跟踪数据流。

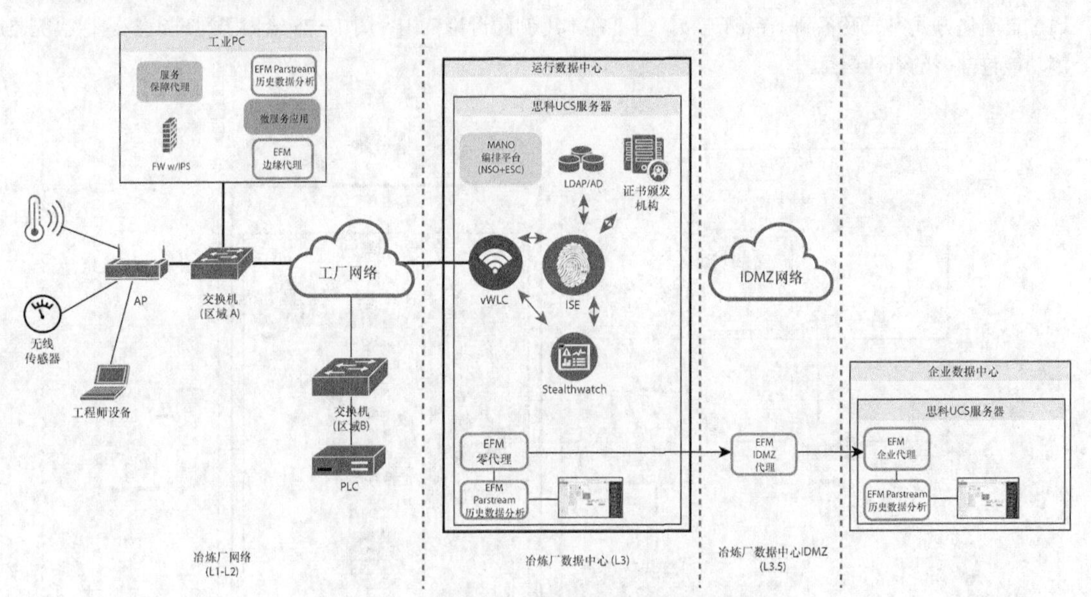

图 15-24　设备运行状况监测用例：简化型架构

为了部署该用例，下面将遵循第 8 章描述的自动化过程以及基于 ETSI MANO 标准的参考架构。请注意，本节将从高层视角讨论这些流程，有关体系架构及部署过程的更多详细信息，请参阅第 8 章。

15.7.4　预配置清单

在实现用例的自动化部署之前，必须完成以下准备工作。

- **安全认证和设备信任**：本用例的安全认证主要用于边缘雾节点的工业 PC 和思科 UCS 服务器。对于新设备来说，建议采用 TPM/TXT、OpenAttestation（开放式证明）、全盘加密和操作系统加固等机制对设备进行安全加载和加固。这是一次性操作，设备加载完成之后，平台 MANO 就会与每台设备建立状态化连接，后续的所有变更操作都将自动执行。
- **多租户与共享服务架构**：指的是多个参与方能够共享平台基础设施和雾/边缘节点。例如，平台和安全功能的管理可能是油气企业 IT 部门的职责，而 OT 团队则可能负责设备健康监测用例和数据管道。要确保对不同的TEE环境进行适当的保护和分段，并将数据安全的共享给消息代理主题，必须在部署之前进行设计并确定架构。

- **应用集成与传感器连接器**：必须提供适当的API设计并集成到用户界面、应用程序、设备及其他系统中。此外，为了支持正确的协议及通信介质，还需要配置与端点相连接的南向连接器。
- **用于工业PC和思科UCS服务器的NED/ConfD**：必须正确设计和构建适当的设备接口。物联网部署方案可能会包含多供应商设备，系统需要通过适当的接口与这些设备进行交互和连接，从而以统一的方式处理所有设备（作为自动化部署过程的一部分）。
- **YANG模型/功能包**：本例使用的是设备运行状况监测功能包（Equipment Health Monitoring Function Pack），设计和创建代码块时必须描述其功能、服务以及相关联的硬件。
- **数据管道操作**：必须明确定义和规划数据的共享方式、代理主题的创建方式等内容，以确保所部署的服务生效。
- **配置ISE并在数据代理管道系统中为传感器流量流创建的适当的安全策略定义**：有关详细信息，请参阅第9章中的身份管理内容以及第11章中的数据管道内容。
- **为行为分析配置Stealthwatch**：有关详细信息，请参阅第10章。

如第8章所述，设备成为平台的一部分之后，就应该采用自动化方式部署整个用例。当然，也可以通过自动化方式完成设备到平台的连接，但不在本用例的讨论范围。图15-25给出了通过设备运行状况监测功能包部署的组件信息。

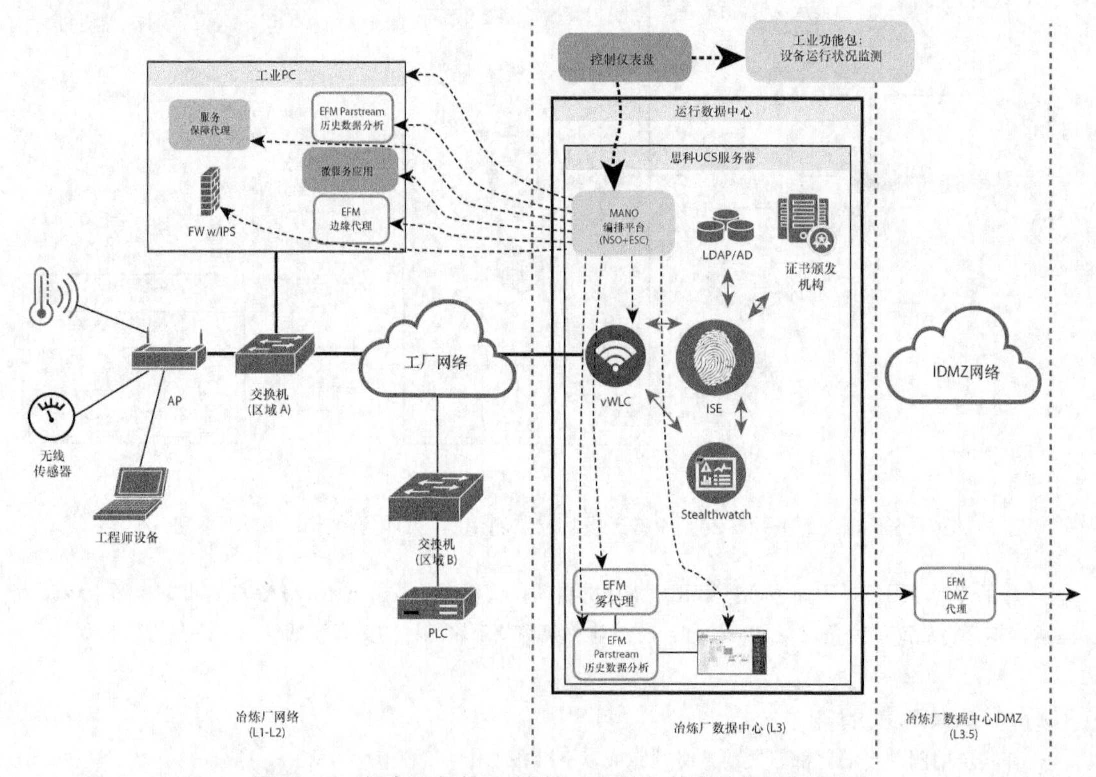

图15-25 设备运行状况监测与工程访问的自动部署示意图

- 工业PC，提供了FW、服务保障代理以及数据管道组件。
- 基础设施VM，如vWLC、ISE、Stealthwatch流量采集器以及AD、DNS和NTP等共享服务。
- 位于数据中心的数据管道组件、运行上述应用程序的关联虚拟环境以及这些组件的配置和通信模块（确保用例在部署完成后生效）。

功能包负责提供服务意图和服务实例，并通过开放标准YANG数据建模语言进行创建。YANG模型主要用于服务和设备建模，编排系统负责转换服务意图和服务实例，以分配系统资源并在特定设备模型上执行相应的配置（包括用于服务保障的策略和代理）。

前面列出的每个组件都是通过程序代码以功能模块的方式创建的。创建完这些功能模块之后，就可以在 YANG 模型中将其组合成功能包。MANO 编排系统将读取功能包、分配资源并在整个分布式系统基础设施中部署为具体配置。图 15-26 给出了一个功能包示例，该示例就是通过分布式物联网平台实现了以服务为中心、端到端的全自动部署。

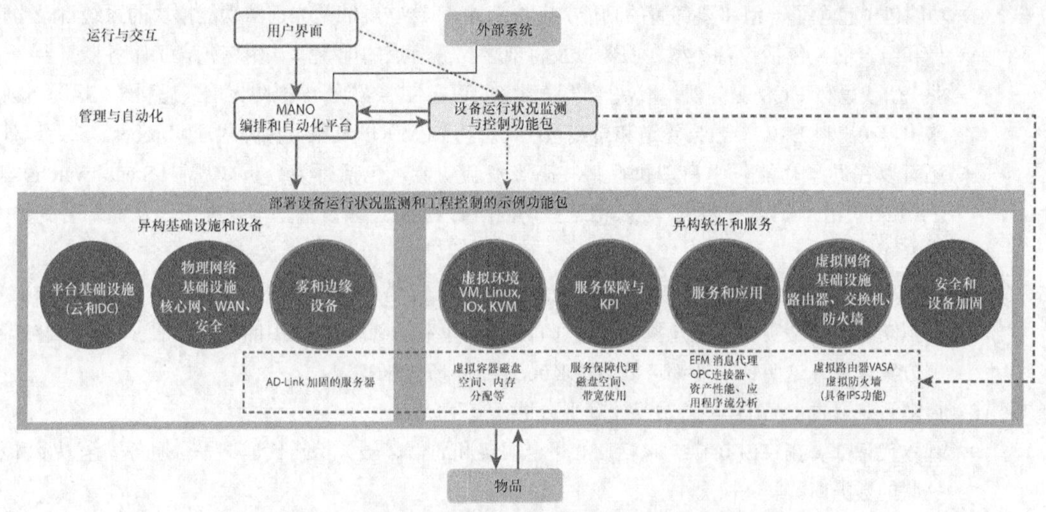

图 15-26　设备运行状况监测功能包示意图

图 15-27 从后端系统的角度列出了用例服务的部署过程（包含多个自动部署步骤）。首先是在用户界面上通过人工选择方式完成第 1、2、3 步，并登录仪表盘，选择所要部署的功能包。有关每个步骤的详细信息请参阅第 8 章。当然，也可以根据第 8 章描述的上下文自动化部署模式，在触发预定义事件后自动响应完成。不过，本例给出的是由用户手工发起的操作过程（这也是当前最可能的应用场景）。完成初始选择和部署操作之后，其余步骤将自动执行。

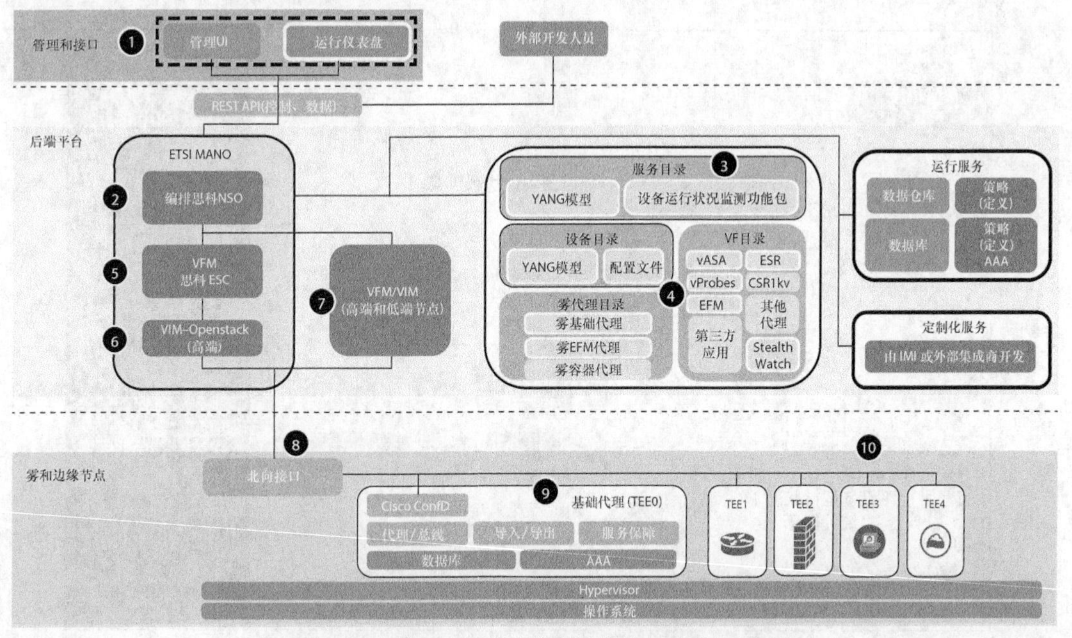

图 15-27　设备运行状况监测用例自动部署示意图

15.7.5 用例的自动部署

本用例的自动部署步骤如下。

1. 预定义的租户管理员登录管理用户界面。根据 RBAC 凭证，管理员将看到系统视图，包括管理员可以部署、监控和管理的设备及功能包。
2. NSO 提供 ETSI MANO NFV 编排器，为物联网平台提供集中编排功能。
3. 管理员从编排功能包库中选择功能包（本例为设备运行状况监控功能包）。
4. 功能包中包含了一组将要部署的功能（虚拟功能），这些功能是先前从功能模块的系统目录中选择和组合的，包括设备类型、服务以及将部署到雾节点的配置。该用例包含了服务器平台（工业 PC 或思科 UCS 服务器，取决于部署环境的可靠性需求）、虚拟防火墙（思科 vASA）、虚拟路由器（思科 ESR）、数据管道和总线系统（思科 EFM）以及服务保障代理 vProbes。除此以外，还可以在同一功能包中自动执行某些高级安全功能，包括行为分析（思科 Stealthwatch）和 IPS/IDS（由 vASA 提供）。可以将这些功能组合到雾/边缘设备基本代理中，从而部署到单个 TEE 中。

5、6、7. VFM（思科 ESC）(5) 和 VIM（OpenStack）(6) 提供虚拟环境的编排功能并在虚拟机内部署虚拟功能，包括实例化租户执行环境（TEE）以承载边缘/雾节点中的应用和服务。对于容器部署方案来说，这两种功能都可以通过 Kubernetes（7）来实现。

8. 后端系统通过 ConfD 与雾/边缘计算平台进行交互。
9. 基本代理部署在 TEE0 中，包括核心平台服务和通信、服务保障代理、平台服务安全以及和相关联的数据库。
10. 与用例相关的应用和服务被部署在各自的 TEE 中，包括虚拟防火墙、虚拟路由器、行为分析服务和数据管道系统。

启动和运行这些服务以及与后端系统及其他雾节点进行通信的所有参数都包含在功能包中（如第 8 章所述）。

从平台部署的角度来看，此时的用例已部署完成，能够采集传感器数据并推送给适当的应用程序和数据库，以通过数据管道使用这些数据，包括操作和企业仪表盘（见图 15-28）以及数据的实时和历史分析。操作人员选择并部署用例功能包时，只需点击几下鼠标即可完成上述所有操作。

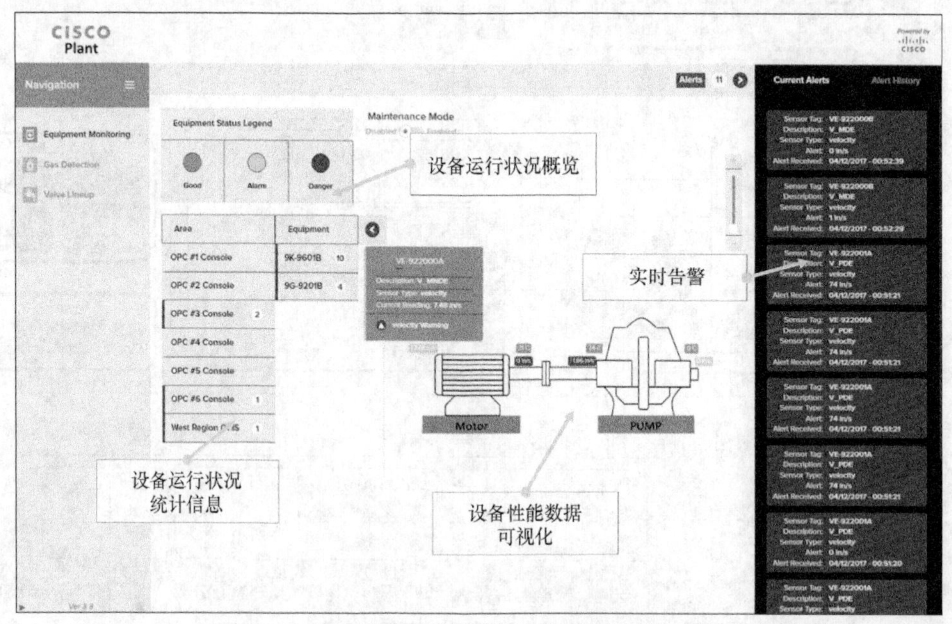

图 15-28 思科设备运行状况监测操作仪表盘示例

只有通过了适当的安全检查，传感器才开始加载并允许数据流。下一节将进行详细讨论并介绍高级安全功能的自动化操作。

15.7.6 用例保护

本节将讨论如何利用集成和自动化方法保护本用例。

1. 安全用例 # 1：识别、认证和授权传感器以供网络使用

本节将介绍识别、认证并最终以自动化方式（无需管理员干预）向传感器授予适当访问权限的操作步骤。

具体步骤如下（如图 15-29 所示）：

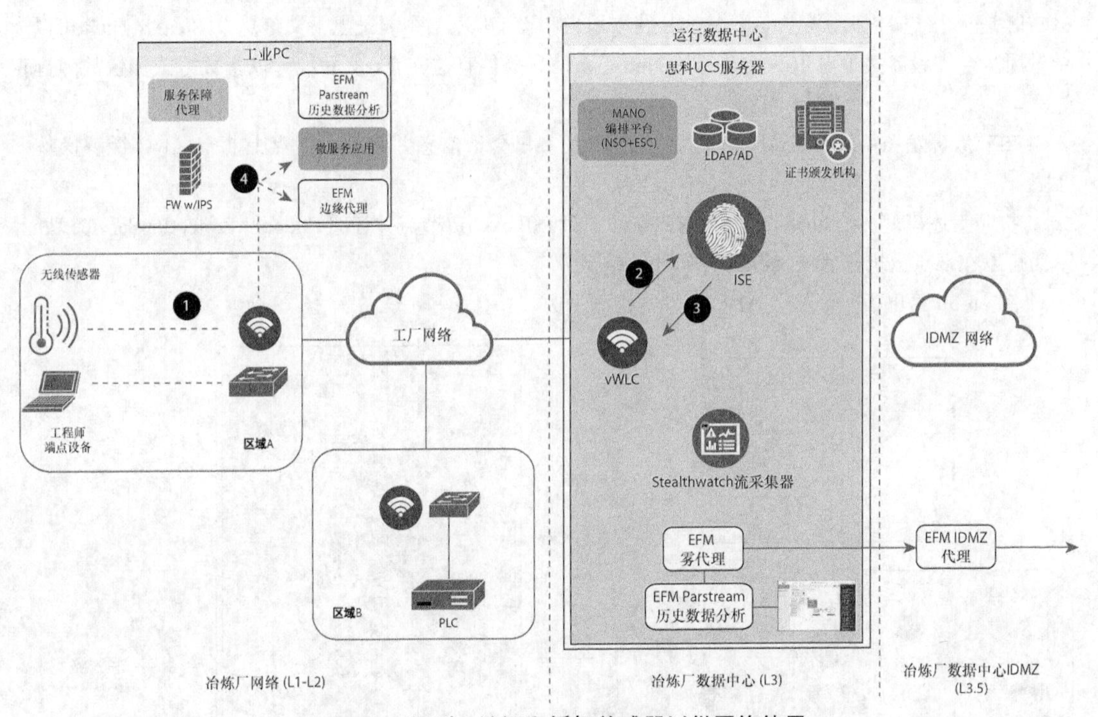

图 15-29 识别、认证和授权传感器以供网络使用

1. 无线传感器试图访问无线基础设施，并满足无线 AP 的无线网络认证要求（802.1X、MAB［MAC Authentication Bypass，MAC 认证旁路］等），由于该环境中的很多无线传感器都不支持 802.1X，因而本例使用的认证机制是 MAB。

注：如第 9 章所述，MAB 利用端点的 MAC 地址作为身份标识，将该信息包含在发送给 RADIUS 服务器（ISE）的 RADIUS Access-Request（访问请求）帧中，要求创建一个输入到 ISE 中的授权 MAC 地址列表。

2. AP 利用 WLC（Wireless LAN Controller，无线局域网控制器）以轻量化模式运行，因而将 RADIUS Access-Request 消息发送给 ISE，ISE 创建 Acct-Session-ID 和 Audit-Session-ID。
3. ISE 将 MAC 地址与授权列表进行对比，并查看其策略以确定响应。由于 MAC 地址是已授权的 MAC 地址，因而 ISE 以 VLAN、dACL 或 SGT 等形式返回 RADIUS Access-Accept 消息以及相应的访问权限（本例使用的是 SGT）。
4. 传感器被授予网络访问权限，同时还提供了与其访问权限相对应的 SGT，允许其与运行在工业资产上的数据管道 EFM 代理及应用程序进行通信，从而执行实时处理。

接下来需要实施行为基线评估操作，以确定正常运行期间的标准运行模型。此后，就可以将当前流量模式与基线进行对比，以快速识别异常行为和潜在的安全威胁。这也是接下来将要讨论的用例。

2. 安全用例 #2：通过可操作响应检测异常流量

第 10 章讨论的思科网络可视性和执行库（Network Visibility and Enforcement arsenal）解决了行为分析和异常检测问题。该解决方案通过 NetFlow 将网络中的每个会话的元数据从基础设施导出给 Stealthwatch 流采集器（Flow Collector），将接入基础设施转换为传感器。接下来 Stealthwatch 会创建行为基线，并据此执行异常检测（潜在的安全威胁）。

下一阶段是将可操作响应与行为关联起来，称为 ANC（Adaptive Network Control，自适应网络控制），实现方式是通过思科 pxGrid（Platform Exchange Grid，平台交换网格）将 Stealthwatch 与 ISE 集成在一起。pxGrid 是一个统一框架，允许订户从 ISE 获取用户和设备信息（主要是上下文信息）。Stealthwatch 可以为通过用户名和设备类型等上下文获得的 NetFlow 信息提供有益补充，从而能够以指数方式加快故障排查过程。

ISE 负责发布用户可订阅的主题，包括获取 ISE 会话信息并最终在端点上制定 ANC 缓解操作的主题。

按照上述模型，Stealthwatch 作为客户端注册到 ISE pxGrid 节点并订阅 EndpointProtectionService 功能，从而可以在端点上执行 ANC 缓解操作（包括隔离）。

图 15-30 给出了一个基于 ANC 的异常检测示例。

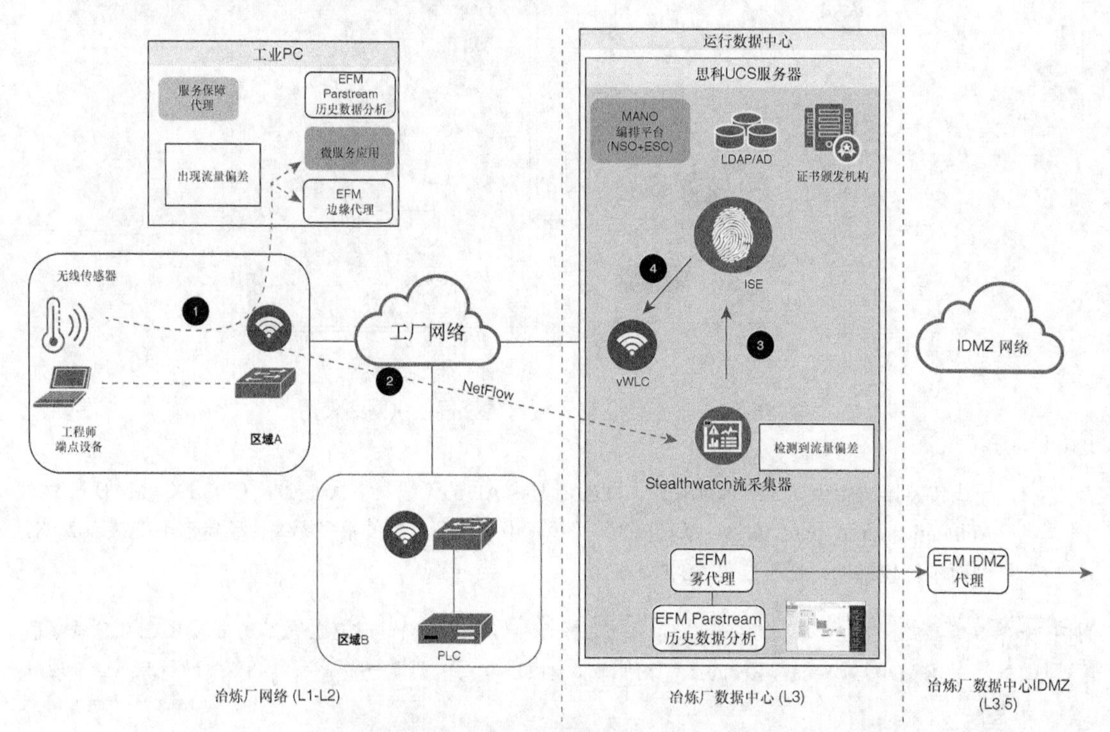

图 15-30 行为分析、异常检测和自适应网络控制

注： 本例已在基础设施上配置了 NetFlow 导出功能，并通过 pxGrid 进行了 Stealthwatch/ISE 集成。

基础设施已经启用 NetFlow，并将 NetFlow 数据发送给 Stealthwatch 流采集器，后者将创建通信基线（目的端、端口、协议、带宽等）以及正常运行条件下的基线配置文件。

1. 传感器开始与已配置的目的端进行通信，但存在两倍的典型数据量。恶意用户通常可以利用 if/then 逻辑来制作恶意软件，通过这些逻辑监控目的端、端口和协议的使用情况，然后试图利用这些模式来保持“监控状态”。幸运的是，Stealthwatch 可以检查应用程序，端口和协议的使用及流量情况。

2. 接入基础设施将 NetFlow 数据导出给 Stealthwatch 流量采集器，进而识别出流量偏差。
3. Stealthwatch 通过 pxGrid 调用流量流以使用 ANC 功能，并提供端点隔离选项。
4. ISE 向 WLC 发送 CoA（Change of Authorization，授权变更）以阻止来自传感器的流量。

15.7.7 利用 SGT 实现 CoA

基于可疑行为更改用户访问权限的能力是一个常见需求。利用 SGT 作为 CoA 实现方法是有充分理由的（见图 15-31），虽然将 VLAN 或 ACL 作为安全方法也同样有效，但这些方法无法携带策略意图。由于 SGT 包含角色，因而可以在整个网络中携带策略意图。此外，如果使用的是 SGT，那么基础设施就能以多种方式响应 SGT。可以将流量发送到 SPAN 目的端或进行限速，可以拒绝或发送流量以执行进一步的包检查操作；另外，还可以将流量路由到不同的 VRF 中。接下来将分析基础设施在响应 SGT CoA 时可以调用的各种操作。

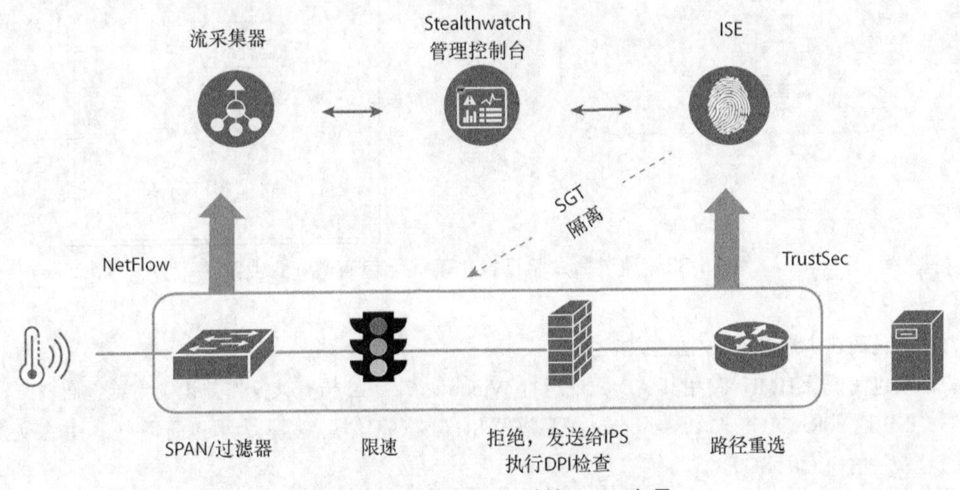

图 15-31 利用 SGT 时的 CoA 选项

15.7.8 自动隔离与手动隔离

虽然自动隔离听起来是一个非常了不起的功能，但是对于 IIoT 环境中的端点来说，通常是不可行的。意外隔离的风险可能会造成损害，大多数 SOC（Security Operation Center，安全运营中心）都选择通告异常行为并提供手动隔离选项。这样做可以提供额外的保障水平，使得运维人员能够更好地监测应用场景并确保隔离操作是可接受且合理的（鉴于风险增加）。

1. 安全用例 # 3：确保承包商和员工遵守企业策略（命令验证）

考虑到 IACS 环境的高风险性和高责任性，不但要确保根据用户身份提供适当的网络访问权限，而且还要确保对用户可执行的命令进行监管。事实证明，这些高级安全性对于很多 IIoT 环境来说都非常有用。本用例讨论的场景非常常见，例中的承包商与本地区域内的 PLC 相连，企业希望对承包商执行命令验证操作，以确保不会在后面的区域阻塞其流量。一般来说，在 IACS 区域内运行 IPS 设备是不可行的，因为错误的阻塞操作可能会导致潜在灾难。也就是说，可以为本用例执行被动模式下的带外命令验证操作，这样就不会引入时延或提供阻塞功能。

本用例采用的主要安全组件是 ISE，ISE 可以识别承包商的会话，提供防火墙/IDS/IPS 功能，为命令验证操作执行深度包检测操作。配置的安全策略允许承包商使用只读 CIP 命令，如果承包商试图执行允许列表之外的命令，那么就会触发已关联的可操作响应（告警或执行 ANC 操作，如将用户放到隔离

VLAN 中)。

具体步骤如下(见图 15-32)。

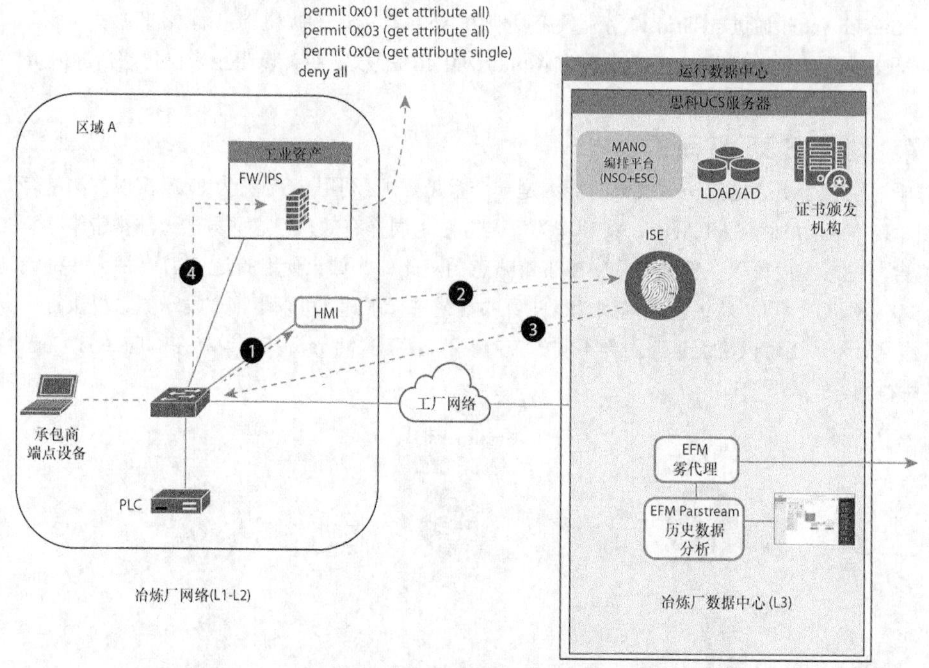

图 15-32 通过命令验证操作确保承包商遵守企业策略

1. 承包商在本地 HMI 中创建虚拟会话。
2. 承包商登录 HMI,使用其 AD 凭证运行 Windows 7。ISE 检查该操作并识别为承包商资产。
3. ISE 返回 RADIUS Access-Accept 消息以及 SGT 5(将该端点标识为承包商资产),并在交换机的入站端口应用 SGT。
4. HMI 将流量传输到 PLC 之后,交换机端口将流量副本(带外)发送给虚拟化 FW/IPS(在工业端点中实例化)。防火墙检查 SGT(表明其是承包商端点)并执行命令验证操作。本用例中的承包商拥有控制器的只读 CIP 访问权限。如果承包商试图执行所允许的命令列表之外的命令(见图 15-32),那么就会触发已关联的可操作响应(如告警)。也可以关联 ANC 操作,如通过 ISE 调用流量流以发送 CoA,从而将用户放到隔离 VLAN 中。

15.7.9 利用可编排的服务保障机制监控 KPI

如前所述,网络正变得越来越软件定义化和可编程化,传统的测试与保障方案已经难以跟上网络的发展步伐,而且测试与保障机制还需要对模式驱动型的保障模式(该模式与服务模型相关联)进行彻底检查。一种被证明行之有效的方法就是利用基于软件的测试代理,由代理在整个服务生命周期中以自动化方式执行端到端的激活测试和主动监控,从而自动验证 SLA、更便捷地识别问题并最终更快地解决问题。

服务保障代理被自动部署为设备运行状况监测功能包的一部分,该功能包是运行在虚拟环境中的平台基本代理的一部分(也由该功能包进行自动配置)。服务保障代理是一种主动或被动虚拟探测器,运行在分布式系统中的特定位置以及雾或边缘设备上,主要监测带宽利用率、流量模式和磁盘空间等系统状态。可以将服务保障代理作为平台提供的安全服务的扩展服务,目的是确保已部署的设备、服务及应用程序仅执行所允许的操作。

思科与 Netrounds 开展合作（Netrounds 是一家为通信服务提供商提供主动式、可编程的测试及服务监控解决方案的领先供应商），管理员可以整合 Netrounds 和 NSO，实现如下功能：

- 在服务交付时启用自动激活测试；
- 确保服务按预期运行以满足已定义的 SLA；
- 在整个服务模型生命周期中持续验证客户体验；
- 更快地排查故障；
- 通过自动化机制最大限度地减少现场手工测试工作。

本节将详细说明如何利用基于软件的测试代理，并将其绑定到应用环境中以监测安全过程。服务保障代理被自动部署为设备运行状况监测功能包的一部分，，该功能包是运行在虚拟环境中的平台基本代理的一部分（也由该功能包进行自动配置）。

由于本例中的虚拟测试代理或服务保障代理部署在 L1/L2 的工业资产/雾节点上（见图 15-33），因而管理员能够获取为客户提供网络服务的这部分网络的直接性能指标，包括状态化 TCP 和网络性能指标，如时延、吞吐量和抖动。此外，还可以跨服务链验证服务（如测量 TCP 连接和响应时间以及下载速率等）。

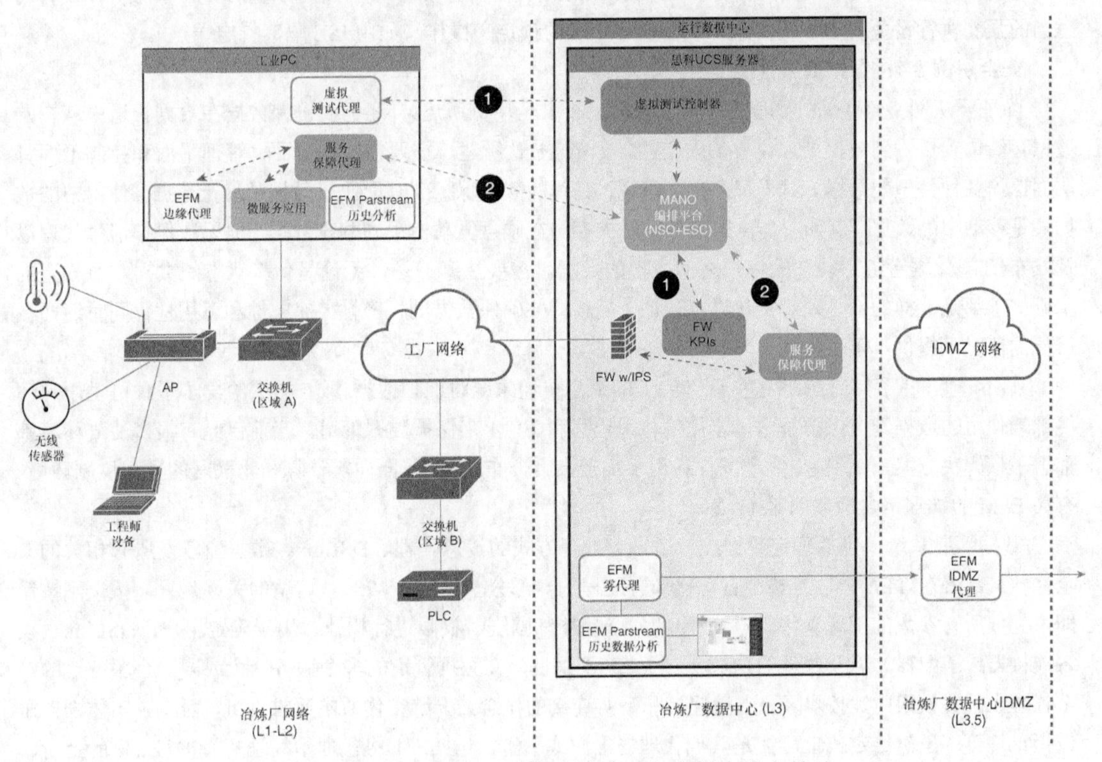

图 15-33 通过命令验证机制确保承包商遵守企业策略

1. 通过已部署的测试代理获得基线性能行为，并将其报告给编排系统。
2. 将活动服务保障代理或 vProbe（虚拟探针）部署为功能包的一部分，因而可以在 MANO 编排过程中测量可配置的周期性性能更新，并报告给 MANO 平台。对于本例来说，服务保障代理可以监测边缘工业 PC 上的微服务应用和虚拟环境的性能，以及集中式防火墙服务的性能。

操作人员可以将运行时 KPI（Key Performance Indicator，关键性能指标）定义为服务模型的一部分，并配置服务监测设备，从而在正确的位置测量这些指标。可以在编排系统的实时、状态化网络视图上绘制这些指标，并实现网络中的虚拟探针的自动实例化。

本用例还为虚拟防火墙（在 L3 的冶炼厂数据中心实现实例化）创建 KPI。如果检测到防火墙达到 70%

的连接计数阈值，那么就会实例化另一个防火墙以分散负载，通常将该过程称为自动扩展或自动缩放（Auto Scaleout）。

注：有关物联网平台和基本代理的详细内容请参阅第 8 章，有关如何利用 KPI 实现服务自动扩展的详细信息及屏幕截图请参阅第 10 章，特别是 10.9.3 节中的“实现序列和保障序列概述”小节。

本用例创建了一系列测试操作以确保 SERVICE A 被正确激活并按预期运行。以下测试序列被设置为模板，NSO 将其作为已编排的实现进程的一部分，这些测试操作都被绑定在同一服务数据模型中。

- 激活测试，负责测试服务所用的特定端口并确保这些端口处于活动状态。
- TCP 吞吐量测试（RFC 6349），负责确保带宽维持 SLA 等级。
- QoS 策略配置文件测试，负责确保应用程序流量按照预期划分优先级。
- 防火墙（在冶炼厂数据中心内实例化）KPI。防火墙策略被配置为如果检测到防火墙达到 70%的连接数阈值，那么就会执行自动扩展操作，即实例化一个新防火墙以满足负载需求，无需管理员的干预。

服务保障代理的作用是确保满足 SLA 等级。如果不满足，那么平台就可以重启 VM 或服务，或者向适当的强制执行设备发送触发信息，从而执行相应的预定义操作（如由 ISE 隔离特定端点）。

安全用例 # 4：保护数据管道

除了要从网络角度保护物联网系统（如前三个安全用例所述），还需要确保数据在数据管道中从初始数据存储位置传输到数据处理位置的安全性。如第 11 章所述，需要在数据平面、管理平面和控制平面等层面保护各种类型的数据。对于每个平面来说，具体的数据保护工具取决于数据是静止数据、使用中的数据还是移动中的数据。例如，全盘加密可以保护存储在硬盘驱动器上的静止数据，但无法保护消息代理以及发布/订阅数据管道系统中的订户之间交换的数据。需要注意的是，无论是什么状态的数据，对安全的基础需求都是一样的，必须对实体进行认证、授权，并确保数据的机密性、完整性和可用性，同时还要在可能的情况下提供不可否认性。

第 14 章解释了如何在使用基于 MQTT 的消息传递系统时保护数据管道。本书给出了多种可供用户环境部署使用的数据管道保护技术，本用例将采用思科 EFM 来保护数据管道。当前已经有很多油气环境都部署了该解决方案，该解决方案也同样适用于需要高度分布式技术、面向雾计算和物联网的过程控制环境。有关 EFM 的详细信息请参阅第 11 章。

数据管道系统（包括确定数据在管道中的处理方式的消息代理、DSLink、数据流以及所有相关的安全参数）部署在 TEE 中，是整个自动化部署过程的一部分（见图 15-28）。这里的关键是只需按一下按钮即可完成所有参数的部署操作。EFM 中的安全功能都围绕着权限进行构建，用于确定用户、DSLink（设备连接器或适配器）以及代理的功能。对于 EFM 来说，在数据管道的多个服务器上或同一个服务器的多个代理上配置权限时，必须区分上游连接和下游连接的概念，下游实体通常请求许可，而上游实体则授予或拒绝许可。虽然给定代理可能是其他代理的上游或下游，但 EFM 将代理始终理解为 DSLink 的上游。与第 11 章中的 MQTT 和 RabbitMQ 用例相比，这里的权限涉及两个非常特殊的概念，即 EFM 使用令牌的方式以及隔离实体的概念（如代理和 DSLink）。

配置代理的时候，如果希望限制未知的 DSLink 连接，那么就必须使用令牌（下面将详细说明如何利用令牌来控制隔离区中的哪些实体）。需要注意的是，由代理直接管理的 DSLink 永远不需要令牌，这种情况发生在 DSLink 由代理进行维护的时候，这意味着此时会自动为 DSLink 生成令牌，令牌的创建方式可以是手动方式，也可以是编程方式。创建令牌的实体通常是代理或 DSLink，需要根据如下参数创建令牌。

- 时间区间（Time range）：是一个字符串，表示令牌保持有效状态的时间范围。
- 计数（Count）：是一个整数值，表示限制令牌的使用次数。
- 管理（Managed）：是一个布尔值，表示因令牌到期或删除而导致通过令牌连接的所有 DSLink 都要从代理中删除。

EFM 的另一个独特之处就是隔离实体的概念。可以在代理上启用隔离机制，意味着任何下游代理或 DSLink 在没有授权令牌的情况下，都将被保留在隔离区中。需要注意的是，隔离实体只能是响应端，也就是说，其他 EFM 组件可以读取（订阅）隔离区中的节点，但处于隔离状态的节点无法访问 pub/sub 系统中的其他节点。如果要从隔离区中删除节点，那么用户就可以授权该节点，或者拒绝访问并将其从系统中删除。

对于完全可信环境来说，可以考虑禁用隔离进程，此时授权实体可以在无授权令牌的情况下连接代理。此外，EFM 还支持 LDAP 以及本地用户名/密码凭据。从 CIA 三元组的角度来看，EFM 主要关注 DSLinks 与代理之间的安全通信以及代理与代理之间的安全通信。虽然 EFM 支持的隔离模型可以显著提高整体数据可用性，但仍然需要通过外部手段来提供端到端的机密性、完整性、可用性和不可否认性。

本节讨论了几个以安全为中心的用例，这些用例可以由下一代物联网平台实现自动化，或者本身就具备安全自动化能力。可以采用多种解决方案来实现纵深防御能力，但是对于设计和操作来说都极为耗时且复杂。只有通过正确架构的可互操作的管理和编排系统，才能真正实现整体且统一的安全模式。

上面只是本书讨论的安全技术中的一小部分，强烈建议大家阅读前 3 部分内容，以更好地了解最新技术与传统技术的结合方式，以解决平台本身以及物联网系统的数据平面和控制平面安全问题。第 14 章通过实际场景，详细探讨了数据平面和数据管道的安全性问题，这些技术也同样适用于前面讨论的油气用例。

接下来的两章将详细讨论智慧城市和车联网环境中的安全技术，这些用例涉及的相关技术和部分组件也同样适用于油气环境。

15.8 满足新用例需求的架构演进

为了解决并最终实现油气企业的需求目标，在设计解决方案时应考虑如下需求和能力：

- 在理念、设计及操作方面，必须实现 IT 与 OT 之间的深度协同；
- 系统必须能够满足 IT、OT 以及用例的需求；
- 能够适应由物联网和数字化等技术驱动的新架构；
- 能够最大限度地降低用例的部署和操作复杂性，引入能够提高部署速度的自动化能力；
- 实现安全技术的部署自动化以及安全防御技术的响应自动化。

这些都是必然趋势，行业和标准都在朝着这个方向进行努力。最重要的是，目前已经可以利用这些技术实现上述目标。作为组织机构，提前做好准备是一项非常重要的活动。

不过，这也意味着需要改变解决方案的架构模式以及 IT、OT 与供应商/合作伙伴的协同工作方式。如本章前面所述，新的用例需求要求通过物联网和数字化技术取得进步，同时组织机构也希望利用多源数据来更好地支撑业务决策。原先严格的架构模式正在悄然发生变化，图 15-34 给出了传统架构为解决新的高级用例需求而发生的显著变化。

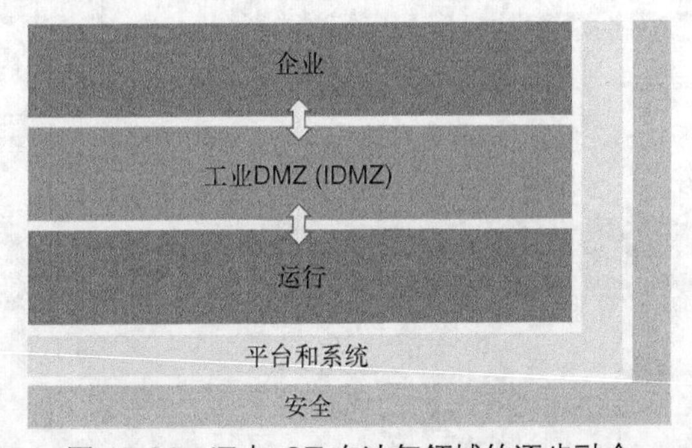

图 15-34 IT 与 OT 在油气领域的逐步融合

IDC 在 2015 年的一项研究中进一步证实了这一点。实现现场（指的是非建筑物内部的任何操作区域）操作的自动化是油气企业必须解决的首要任务，物联网是实现这一目标的关键载体。希望在可行的情况下取代人力、释放人力，从而能够开展更多以业务为中心的工作。实现现场操作自动化的原因如下：

- 运营大型资产需要人力；
- 很多资产都位于偏远和恶劣的环境中；
- 需要车辆搬运物资和产品；
- 由于存在有害物质或潜在的气体和化学品泄漏，导致环境可能不太安全；
- 由于人员老化和退休而导致的必要技能缺失；
- 企业希望尽可能快速有效地部署服务，以提升价值；
- 自动化可以强制实施最佳实践和安全机制。

IDC 在预测物联网对油气行业转型所产生的积极影响时，给出了如下建议。

- 如果可以替代或最小化人力需求，那么就会出现自动化，自动化机制需要即时、准确的信息才能实现正常运转。油气行业中的危险和偏远区域是实现这一目标的关键领域。
- 物联网最有条件通过有限的人为干预和决策来管理所需的活动。油气行业包含很多现场环境，可以使用自动化机制来取代人员的重度参与。
- 无线传感器网络与基于云连接的生产优化解决方案相集成，可以大幅节约 80%左右的成本。
- 设计物联网和数据管理平台时，应遵循开放式标准，实现协同工作并提供价值，这是油气企业的共同目标。如果使用相同的 Internet 协议连接 Internet，采用标准格式在应用程序之间进行通信并共享数据，那么安装和配置过程就会容易很多。
- 历史上创建实时管理和共享数据解决方案平台时面临了大量挑战，目前的物联网技术可以整合其他解决方案平台，创建一种按需共享数据的通用方法。

图 15-35 给出了典型的冶炼或天然气加工行业安全架构，采用了传统的分层架构模式，将运行域与企业域分开，创建了安全 DMZ（通信和数据交换必须通过该 DMZ）。

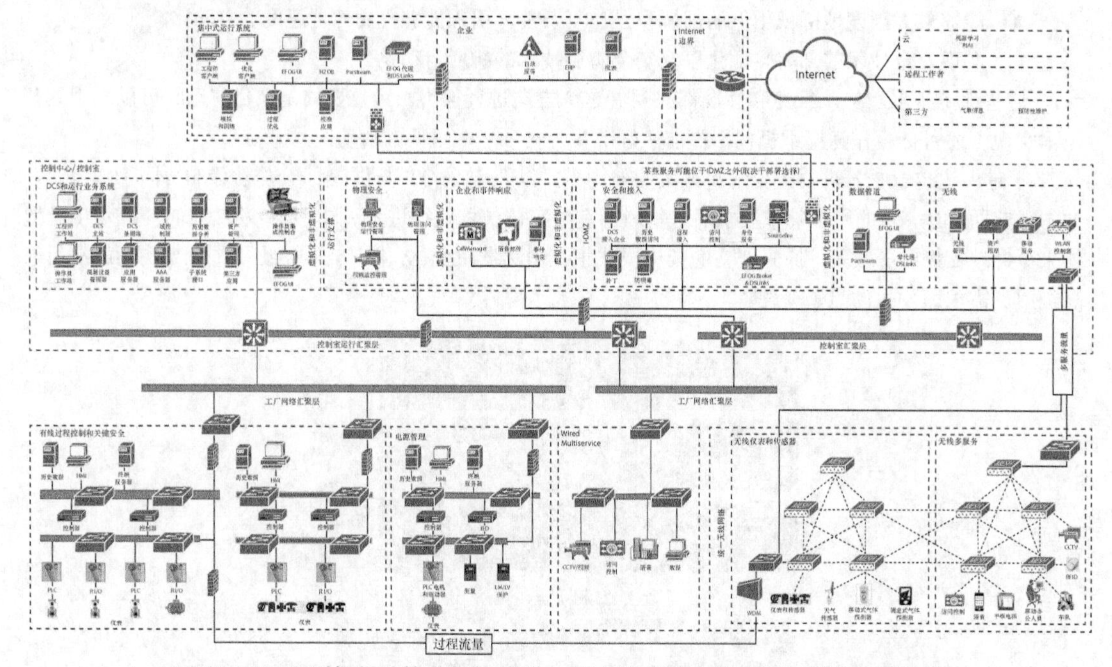

图 15-35 思科提供的符合 IEC 62443 安全标准的冶炼和加工行业安全架构

不过，当前各种新用例正在产生不同的数据流，以确保业务可以充分利用所产生的大量数据。对于不同的数据流来说，需要考虑下述事宜。

- 运行域与企业域之间需要额外的流量流，以便从运行数据中获得更好的业务洞察力。
- 出于监测目的，数据目前可以从网络边缘的传感器直接传输到云端，使得技术提供商能够提供额外的数据分析服务。如思科和谷歌的混合边缘-云联合计划。
- 出于监测目的，数据目前可以从网络边缘的传感器直接传输到云端，使得行业供应商能够为客户提供增强型的优化和维护服务。ABB、施耐德电气、艾默生、霍尼韦尔、横河电机、罗克韦尔等企业都可以提供这类服务。
- 利用安全共享总线实现不同区域的融合与数据交换。OPA（Open Process Automation，开放过程自动化）计划为此提供了相应的技术支持架构。

因此，油气行业的安全架构仍将持续发展，未来架构可能如图 15-36 所示，可能开创前所未有的潜在安全方案。以尽可能自动化的方式保护这些体系架构和用例正变得越来越重要，基于开放标准的可互操作的管理和编排平台将是至关重要的推动要素。

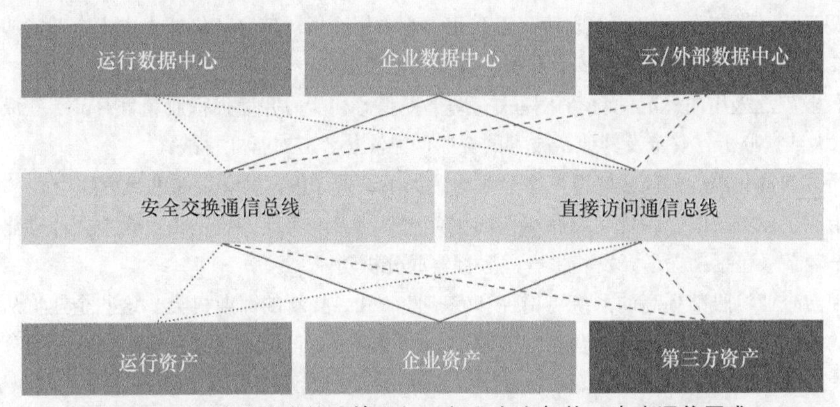

图 15-36 持续演进的冶炼和加工行业安全架构：未来通信需求

15.9 小结

安永近期对全球高管进行了一项调查研究，表明 61%的油气企业正在经历数字化转型带来的积极的财务变化。通过各种支持物联网的先进技术，油气企业可以从以下方面对行业的持续发展促成积极影响：

- 提高运营、机器、资产和人员效率；
- 减少员工的非生产时间和运营资产的停机时间；
- 确保第一次就能以正确方式完成工作；
- 减少决策时间，从而降低安全风险，确保网络及人身安全；
- 提高新服务的部署速度；
- 降低安全风险，确保网络及人身安全。

自动化在油气行业的作用越来越明显（见图 15-37），尤其是在员工技能出现变化且需要更容易地部署新服务的环境下。通过工业流程和决策过程的自动化、新服务的部署及安全威胁的及时响应，即使员工技能缺失或出现新的安全威胁，也有机会通过安全架构模式的标准化实现企业目标。业界出现了越来越掌握综合技能的新员工，对油气行业的发展产生了非常积极的影响，可以最大程度地缩短执行当前手工或机械化任务所需的时间。

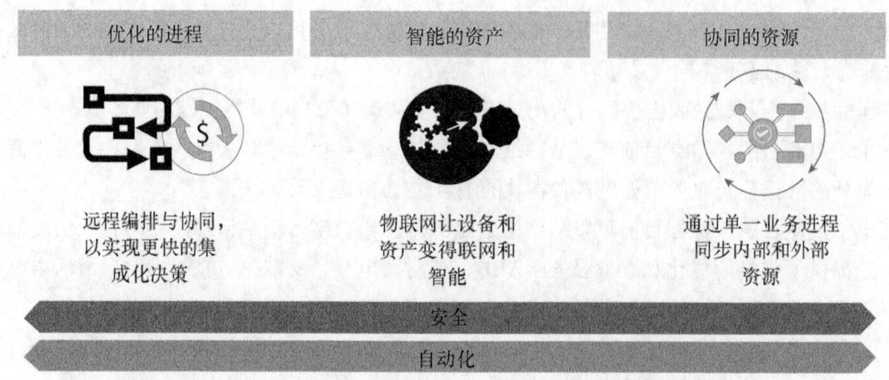

图 15-37 编排和自动化能力在油气行业发挥的作用日益明显

麦肯锡在一项研究中发现，很多油气企业都已经在生产过程中实现了自动化，生产效率得到了大幅提升。这些企业采用的策略通常都包括建立多学科团队，将IT、OT和网络安全（有时也包括流程自动化供应商）整合在一起。

麦肯锡认为，油气企业的最大成功在于企业的数字化计划，使自动化能力成为企业的核心基础。自动化技术与组织机构、工作流程等多个方面都实现了紧密集成。

油气行业广泛采用的标准的自动化模式有助于提高盈利能力并增强行业竞争力。那些成功利用并部署物联网、大数据分析、安全及其他新技术的企业，能够从容应对行业挑战。

提供上述自动化能力的高级物联网平台将导致如下结果（根据德勤发布的研究结论）。

- 上游企业将关注平台优化以获取新的运营洞察能力，实现方式是将聚合数据标准化并在多个生产环节（包括勘探、开发和生产）运行集成分析功能。
- 中游企业将瞄准更高的系统可用性和完整性，并寻找新的商业机会。这些企业将从物联网平台的投资中受益，物联网平台不但能够安全地涵盖所有设施，而且还能更加全面地分析管道系统中的运营数据。
- 在生态系统层面运营的下游企业将持续寻求新价值，实现方式是扩展其对整个碳氢化合物供应链的视野，提升核心冶炼产业的经济性，并通过新的网络营销形式瞄准新的数字化消费者。

FC Business Intelligence 在2018年的市场展望报告中很好地总结了这一点。报告认为，以数据为中心的自动化软件解决方案能够提供强大的生产效率和协作工具，好处如下：

- 提高决策速度和决策质量；
- 及早识别和降低风险；
- 为价值链中的所有参与者都提供无缝的单一真实来源数据，包括数据所有者（IT、OT和网络安全团队）、承包商、分包商、设备商和供应商；
- 利用专用算法实现信息的智能化分析；
- 实时获取、分析和共享数据；
- 可靠的基准性能数据以及被动的非侵入式数据采集，能够对项目进行持续评估；
- 面向工作流的自动传播机制。

普华永道表示，大多数油气企业都认为信息技术及数字化活动与自己的核心业务无关，因而普遍将其作为孤立的业务进行运营。建议油气企业利用自动化的跨生产过程的平台来满足自己的核心业务需求。只要在战略和运营模式上实现这一根本性转变，油气企业就能通过以下方式抓住数字化带来的巨大潜力。

- **共享标准**：将运营技术与信息技术相结合，需要一套符合严格操作规则的通用标准。标准化允许整个组织机构实现信息共享，并大大简化操作方法。
- **协作和岗位轮训**：物联网和数字化的整合大大促进了多学科领域的知识发展，包括IT、OT、数据管理、流程设计以及网络安全。

- **安全性和合规性**：企业资产与数据网络的连接越来越多，保护关键数字基础设施免受网络攻击也就显得越来越重要。实现方式是监控安全威胁、识别系统漏洞、部署强大的控制机制并提高安全意识。

虽然整个油气行业一直都在努力创新，但直到最近，业界仍然没有提出通用的端到端的数字化解决方案，市场领域也没有明显的领导者。埃森哲在 2017 年的研究当中发现，能源行业的发展势头缓慢，油气行业更处于垫底状态。不过这种情况正在悄然发生变化，本书给出的各种方法有助于油气行业的快速发展。例如，思科已经与一家美国油气公司展开密切合作，建立了物联网基础研究联合实验室，开展了包括本章所述各种技术和用例的合作研究与开发，目标是在组织机构规划其标准化部署模式时，将物联网平台作为所有（企业或运营）物联网用例的参考平台。

第 16 章

车联网

本章主要讨论如下主题：

- 车联网概述；
- 物联网和安全自动化平台在车联网中的应用；
- 车联网安全性；
- 车联网安全与自动化用例。

与上世纪任何其他汽车技术相比，联网对车辆的影响更大，因为车辆是一个极为重要的“数据中心”，可以采集和分享来自不同源端的各种信息，知道车主在哪里购物、工作，知道详细的驾车时间，甚至是周末的活动情况。可以预见，未来的车辆将更加智能、更了解车主，而且会以曾经被认为是科幻小说的方式响应车主的需求。

——Tom Rivers，Harman 车联网营销副总裁

人们可以根据个人喜好称呼这一技术应用，如车联网、智能汽车、自动驾驶汽车或者其他名称：未来汽车就在这里，而且一直都在持续快速发展（为了统一起见，行业通常使用术语“车联网”或“自动驾驶汽车”）。基于物联网的车联网技术正在改变整个行业，给汽车制造商、生态合作伙伴以及驾驶人员带来了重大影响。汽车购买者对车联网服务的需求越来越高，这就要求必须提供一套具有足够应用规模的新功能和新技术，这样才能确保成功。大多数汽车制造商都认识到这种变化趋势会对它们的商业模式和竞争环境产生重大影响，而且还会给政府和监管机构带来影响，因为它们必须监管好这些车联网能力，以确保安全。这一切都催生了一个充满活力和快速发展的庞大行业。

据 Gartner 估计，2020 年将有大约 2.5 亿辆智能汽车上路。BI Intelligence 的研究表明，预计 2020 年道路上的联网汽车数量有望达到 3.81 亿辆甚至更多（从 2015 年的 3600 万辆开始急剧增多），2021 年预计全球每年将销售 9400 万辆汽车（见图 16-1）。有趣的是，真正的市场价值并不是汽车销售本身，而是车联网带来的巨大的数字化联网服务机会。

虽然车联网市场拥有多种驱动因素，包括汽车制造商之间的竞争、政府法规和消费者的期望，但物联网技术及平台始终被视为将愿景转化为现实并为信息娱乐、远程信息处理和车辆数据分析提供连接性的关键推动因素。这些重要的行业发展趋势正在塑造市场的发展走向，使其更加高效且以数据为驱动：

- 车辆正在访问更多的媒体和信息娱乐服务；
- 服务正朝着更加自动化的方向发展，包括自动驾驶和汽车状态报告；
- 软件更新需要实现自动部署；

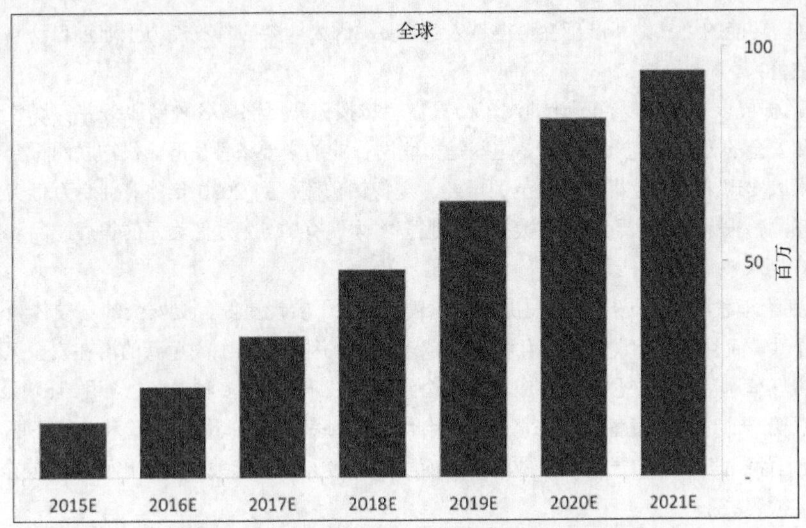

图 16-1 2015-2021 年车联网预计销售额

- 与安全、排放及环境有关的监管要求不断增多；
- 实时诊断和主动维护正在提高可靠性和安全性；
- 新的商业模式正在为相关部门（如汽车保险）实现数据货币化；
- 更智能的应用程序正在改变人们的出行方式；
- 网络安全威胁持续增加且以行业为目标。

虽然这些趋势给这个竞争激烈的行业带来了诸多挑战，但也为汽车制造商和相关行业带来了巨大的新商机。据 BI Intelligence 预测，2015-2020 年车联网的市场规模将达到 8.1 万亿美元。从汽车制造商的角度来看，虽然一些强大的市场领导者正在抢抓这个机遇（见图 16-2），但很多其他公司（如来自科技行业的思科、谷歌和 AT&T 等）也在利用物联网技术，寻找差异化优势并创造新的商业模式。

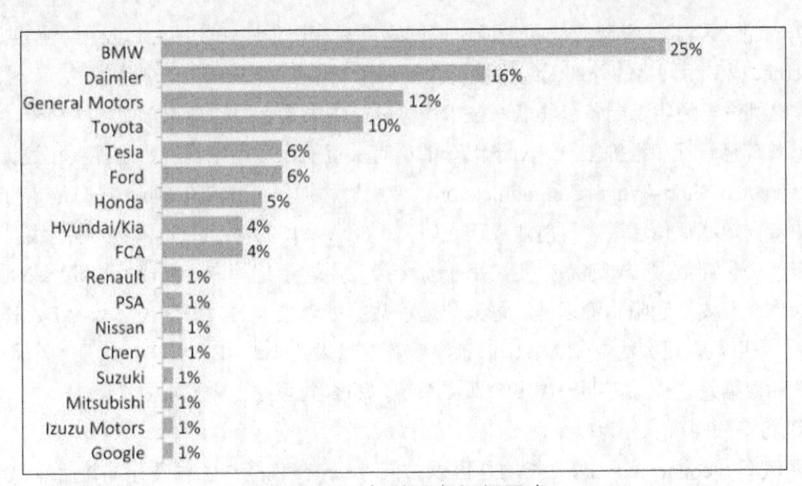

图 16-2 车联网市场领导者

由于汽车变得越来越智能，甚至走向无人驾驶，因而确保汽车的可靠性和安全性就显得至关重要。今天的汽车更像是一个微型移动数据中心，车载网络可能包含了超过 100 个处理器（称为 ECU［Electronic Control Unit，电子控制单元］），高端车辆使用的软件代码比现代飞机都要多。这些 ECU 相互连接组成特定通信网络，并与多个传感器和执行器进行连接，在后台帮助控制发动机和制动性能、速度、排放以及轮胎压力等。这些功能的可靠性和准确性变得越来越重要，因为人类的驾驶能力正通过自动驾驶车技术得到增强，甚至被替换。

能够平滑扩展以连接数以百万计的汽车，只需轻按按钮即可部署各种新服务并实现软件升级，而且还能以可靠和安全的方式实现上述功能，这些是车联网行业的必要条件。下一代物联网平台对于有效提供智能联网技术以实现未来商业机会来说至关重要。麦肯锡预测，到2030年将有1.5万亿美元的市场服务机会。SAS预测，未来的联网、按需和数据驱动服务将为现有的5.2万亿美元的售后产品和服务市场增加极为重要的新收入来源。

这一切都给车联网行业提出了重大挑战。车载系统为了实现更好、更安全的驾驶体验，而变得越来越具备互操作性，而且与基础设施的交互程度也越来越高，因而带来了大量新的潜在安全风险。集成度和互操作性强的汽车通常都会包含多个供应商的多个组件和技术，涵盖多种设备、应用、环境及用例场景（如泊车、自动照明、通过移动设备发送告警等）。因此，随着联网汽车提供的体验和功能不断增多，在安全性和隐私性方面将出现更加广泛的安全威胁，从而给参与者、利益相关者展现出更多的安全威胁和风险，这些问题都必须解决。

虽然机会很明显，但提供正确的平台模式并选择正确的技术仍然至关重要。本章将详细讨论车联网的相关内容，包括物联网带来的数字化变革、通过先进技术实现正确的安全模式以及满足业务需求所需的自动化机制。很明显，为了真正实现车联网的商业承诺，还要考虑制造流程、城市和道路基础设施、数据中心和云，以控制和处理整个系统。不过，本章的重点是汽车本身以及汽车内部通信，最后将讨论一个实际的用例场景，通过具体部署操作来解释本章讨论过的各种概念。

成功且安全的车联网基础设施的基本推动因素，是基于标准的、可扩展的、可互操作的体系架构，不但能在任何基础设施之间提供无缝自动操作，而且还能跨公有、私有和边缘数据中心实现无缝管理和操作。在整个架构模式中协调好多种技术、服务和生态合作伙伴，将数据转换为切实可操作的洞察力，从而创造新的商业价值并加速形成新的商业服务。

16.1 车联网概述

联网汽车通常都搭建了车载有线和无线本地网络，为应用程序、传感器以及用户提供连接，同时还提供了到Internet或专用网络的外部无线连接。汽车和车主不但能够在车内进行通信，而且还能与外部应用进行通信。这类汽车通常都配备了物联网技术，可以提供大量有用的功能，如自动泊车、自动制动、信息娱乐服务以及车辆管理和维护工具。对于汽车的所有关键安全应用来说，都可能要用到无线通信技术，如DSRC（Dedicated Short-Range Communication，专用短程通信）和802.11p，它们是专为交通运输行业设计的单向或双向短程通信通道。目前业界还在研究LTE-V（LTE-Vehicle）和5G等无线通信技术，这些技术可以为车辆提供高数据传输速率，主要用于安全类应用、指定的许可频段、快速网络采集、低时延、高可靠、互操作以及安全和隐私管理等。每天的远程数据处理量大约为2～10MB、ADAS数据量大约为200～500MB、使用数据量大约2～5MB、信息娱乐数据量大约100MB～1GB。这是一个非常大的需要进行通信与保护的数据量，如果需要跨越多个孤立系统，那么处理过程将更加复杂。

通常可以将车联网可以分为以下两类。

- 联网汽车（connected car），指的是可以访问Internet且能与各种传感器进行车载通信的车辆。这类汽车可以发送和接收信号、感知周围物理环境并与其他车辆进行互动。联网汽车仍然需要驾驶者，主要侧重于提供各种额外的增值服务，以提升驾驶者的驾乘体验并提高车辆的可靠性。
- 自动驾驶汽车（autonomous vehicle），指的是在没有驾驶者的情况下自动行驶的车辆，旨在降低运输成本、提高便利性、增强安全性。

这些定义适用于多种不同类型的车辆，包括家用汽车、应急车辆（如警车、受监管的车队）。虽然本章的大部分内容讨论的都是联网汽车，但也在适当场合介绍了自动驾驶汽车。

在过去的20多年时间里，车联网经历了多个不同的发展阶段，但直到最近才真正走向实用化，业界基于物联网技术开发和引入了大量新技术和新应用。图16-3给出了车联网的不同发展阶段，显示了各个阶段的特性及功能情况，包括汽车领域和科技行业的生态系统供应商、新型商业模式以及法律法规等内容。

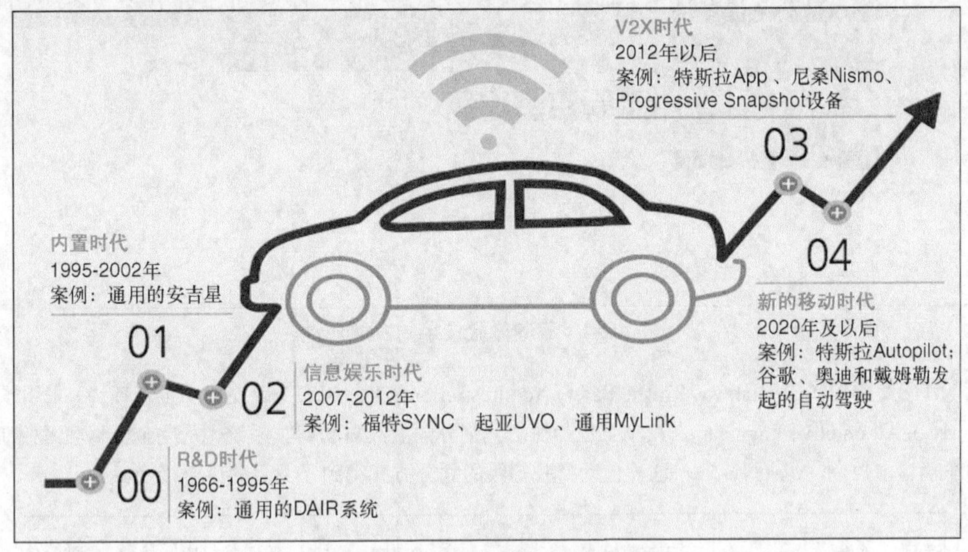

图16-3 车联网的发展阶段

- **内置时代**：第一个成熟的车联网阶段是在汽车中内置集成通信模块，能够与外界进行通信，可以从外部接收信息或者向外部发送信息。常见的信息和服务包括GPS（Global Positioning System，全球定位系统）或卫星导航、向外部安全应急服务中心报告安全事件（包括位置信息）的车载传感器。
- **信息娱乐时代**：第二个阶段主要专注驾驶者的驾驶体验，集成各类日常生活服务（如音乐、视频、天气预报、当地餐馆及生活服务等）。车载无线蓝牙服务可以集成各种智能手机等设备。这个阶段的汽车行业，从原先纯粹提供各种新技术逐步过渡到通过信息服务创造新价值，而且在车载通信及外部通信服务方面也取得了长足进步。
- **V2X时代**：目前所处的V2X阶段是内置时代和“带入”（brought-in）技术时代的融合。车辆内部、带入设备以及外部环境部署了多个传感器和应用程序。通过各种物联网设备和技术（包括手机、平板电脑、可穿戴设备和汽车中的传感器［相机、雷达、蓝牙、激光雷达、蜂窝和WiFi设备］）连接家庭和城市基础设施中的设备。最重要的是，车辆可以与几乎所有的事物进行通信以提供各种有价值的服务，这也是术语V2X（Vehicle to Anything，车辆与外部事物的通信）的由来。这些服务包括增强车辆内外部安全性、通过交通流量的优化节约出行时间并减少交通拥堵、通过高效和安全的交通运输系统节约成本并减少对环境的影响。所有这一切都为驾驶者和乘客提供了更好、更便捷舒适的驾乘体验。本章将在后面详细讨论各种不同的车辆通信方式。

车联网的发展速度非常快。特斯拉的Autopilot和谷歌的Waymo计划目前已进入商业发布阶段，这与德勤发布上述研究报告的时间仅仅只有一年之隔。

上述各个阶段都为车联网的发展贡献了大量技术（见图16-4），这些技术不但能够提供刚刚讨论的每个时代的不同服务，而且还有助于改变汽车本身的角色以及与驾乘者之间的关系。当前的车联网技术不再是提供服务以辅助驾驶者驾驶或提升驾驶者的驾驶体验，而是在增强甚至取代驾驶部件。

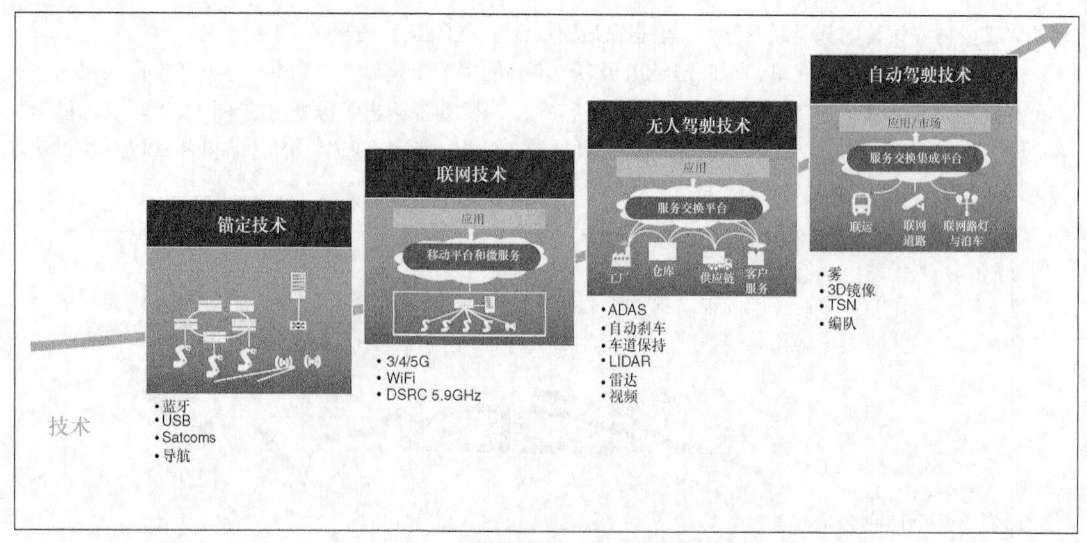

图 16-4 驾驶体验技术的发展演进

NHTSA（National Highway Traffic Safety Administration，美国国家公路交通安全管理局）采用了 SAE（Society of Automotive Engineers，汽车工程师协会）划分的五级自动驾驶系统，从完全由驾驶者控制到完全由车辆自主控制（见图 16-5）。这种自动驾驶等级的划分方式得到了业界的广泛接受。

SAE等级	名称	描述性定义	驾驶和加速/减速操作	监控驾驶环境	动态驾驶任务支援	系统能力（驾驶模式）
人类驾驶者监控驾驶环境						
0	无自动驾驶	由人类驾驶者全权操作汽车，在行驶过程中可以得到告警和保护系统的辅助	人类驾驶者	人类驾驶者	人类驾驶者	无
1	驾驶者辅助驾驶	通过驾驶环境对方向盘和加减速中的一项操作提供驾驶支援，其他驾驶动作由人类驾驶员进行操作	人类驾驶者和系统	人类驾驶者	人类驾驶者	部分驾驶模式
2	部分自动驾驶	通过驾驶环境对方向盘和加减速中的多项操作提供驾驶支援，其他驾驶动作由人类驾驶者进行操作	系统	人类驾驶者	人类驾驶者	部分驾驶模式
自动驾驶系统（“系统”）监控驾驶环境						
3	有条件的自动驾驶	由无人驾驶系统完成所有的驾驶操作，根据系统请求，人类驾驶者提供适当的应答	系统	系统	人类驾驶者	部分驾驶模式
4	高度自动驾驶	由无人驾驶系统完成所有的驾驶操作，根据系统请求，人类驾驶者不一定需要对所有的系统请求提供都做出应答；限定道路和环境等	系统	系统	系统	部分驾驶模式
5	完全自动驾驶	由无人驾驶系统完成所有的驾驶操作，人类驾驶者在可能的情况下接管；在所有的道路和环境条件下驾驶	系统	系统	系统	所有驾驶模式

图 16-5 驾驶体验技术的发展演进

- **Level 0（L0）**：人类驾驶者完全控制车辆。
- **Level 1（L1）**：人类驾驶者会收到自动驾驶系统提供的辅助功能。人类驾驶者仍然控制绝大多数功能，但该等级的汽车可以执行某些特定功能，如车道辅助或自动泊车。在整个驾驶过程中，人类驾驶者仍然控制整个汽车，但 L1 汽车可以选择特定功能进行自动控制。
- **Level 2（L2）**：汽车同时自动控制转向和加速/减速系统中的至少两项技术，如巡航控制和车道辅助。在此期间，人类驾驶者可以在物理上不驾驶车辆，但驾驶者必须随时准备好收回车辆控制权。特斯拉的 Autopilot 就属于 L2，因为 Autopilot 可以实现自动制动和转向功能，但人类驾驶者仍然要将手放在方向盘上，以随时准备重新获得汽车控制权。

- **Level 3（L3）**：汽车可以监控驾驶环境并进行自主决策，无需人类驾驶者提供输入信息。在需要的时候，驾驶者仍然必须位于车辆当中并实施干预，但驾驶者不需要像以前那样的方式监控驾驶环境。
- **Level 4（L4）**：汽车属于完全自动驾驶车辆，无需人类驾驶者执行任何任务，但仅限于执行车辆的 ODD（Operational Design Domain，设计运行区域）。因此，L4 可以在某些环境和某些条件下被视为真正的无人驾驶。如果驾驶者需要在 ODD 之外运行车辆，那么汽车仍然需要踏板、方向盘和其他相关部件。
- **Level 5（L5）**：在所有驾驶场景中，汽车都属于完全自动驾驶车辆，而且能够实现与人类驾驶者完全相同的性能水平（或更高）。这些汽车不需要踏板、方向盘或任何人为控制的控制装置。

普华永道认为，推动汽车逐步走向联网和自动驾驶的 4 个主要（和相关）趋势如下所示。

- **廉价的颠覆性新技术**：汽车行业的技术创新不断加速，包括网络连接质量（基于第五代无线技术能够近乎实时地从云端传输流数据）、运行人工智能和驾驶自动汽车所需的计算速度、允许汽车感知周围环境的复杂低成本传感器，以及将所有这些整合在一起的软件。
- **新的高科技进入者**：新兴科技企业不仅仅满足于将新服务作为汽车的附加装置，而是利用新技术推动汽车行业的前进，从而扰乱了传统汽车行业的技术价值链。这些新进入者的运作方式与传统汽车制造商和供应商不同，它们更愿意测试新想法并不断加速产品开发周期，而且它们以数据为中心的商业模式也与传统模式不同，更多地依赖于持续服务和信息销售收入。因此，它们不仅在改变汽车本身，而且也在改变整个行业的运作方式。
- **新的出行理念和越来越多的城市客户**：潜在购车者的品味和兴趣正在发生实质性的变化。西方市场的城市居民似乎对拥有自己的汽车逐渐失去了兴趣，他们希望搬到城区，汽车不再是刚需，公共交通和共享汽车 App 可以轻松满足他们的需求。千禧一代普遍面临财务压力问题，有些人住在父母家中，购房延迟。共享汽车和共享乘车服务的发展，在很大程度上取决于车联网带来的预期交通成本的大幅降低。
- **不断变化的监管和政策限制**：政策和法规通常落后于技术进步，至少在新阶段的开始阶段是这样。业界迫切需要监管机构能够在法律上应对新技术，在自动驾驶技术成熟可用的情况下，确保自动驾驶车辆的安全性。不过，当前很多城市都纷纷出台公共政策（如拥堵收费和增加自行车道）或直接调节排放量来减少私家车的使用，特别是非电动私家车。

现实情况是，大多数驾驶者都希望获得高度复杂的联网水平并为他们购买的汽车提供服务，以实现他们在家中、工作场所和移动设备上体验到相同的服务水平。这些趋势解释了为何汽车制造商和科技行业都在大力投资车联网技术。

目前物联网已经为车联网应用提供了大量实际用例，通常可以将这些用例分为以汽车用户或驾驶者为中心的用例和以商业/企业为中心的用例两类。IBM 的分类建议如下。

- **以客户为中心的用例。**
  - **客户概况**：用户配置文件、用户首选项、服务订阅、忠诚度计划、OEM 商店、OEM 推销。
  - **数字营销**：广告、优惠券、基于位置的促销等。
  - **导航**：实时交通状况、智能选路、地图更新、Send-to-Car（将导航信息发送给汽车）和动态交通保护等。
  - **信息娱乐**：车辆应用、浏览器应用、媒体流、车内热点以及天气预报。
  - **个人健康监测**：驾驶者伤害受损、生命体征告警、紧急服务和被动告警。
  - **礼宾服务**：数字个人助理、呼叫代理、数字角色管理。
- **以商业/企业为中心的用例。**
  - **ADAS（Advanced Driver Assistance Systems，高级驾驶辅助系统）**：道路标志检测、交通终

点拥堵检测、道路状况告警、动态地图属性、动态地图更新。

- **B2B（Business-to-Business，企业对企业）服务**：数据 API、开发者 API、潜在客户开发、赞助/优惠券、营销/广告
- **金融服务**：按驾驶付费、按驾驶方式付费、按驾驶地点付费、移动电子商务。
- **车队管理**：驾驶者通知、驾驶者行为、驾驶者分析、车辆关怀、车辆监控、高级物流和驾驶者日志。
- **远程访问**：远程控制、远程配置和车辆定位。
- **车辆保养**：车辆健康状况、远程维修、无线更新、维护管理、故障管理和事故管理。
- **智慧城市**：停车、汽车共享、乘车共享、人群/社区服务、联运、交通管理和收费。

需要注意的是，车联网的发展过程不仅仅要关注汽车本身以及汽车内部的体验，而且还要关注推动车联网走向成功所需的更多内容。需要考虑在道路、城市和停车场安装物联网传感器、摄像头、数字标牌和其他技术（见图 16-6），以允许车辆连接、共享、分析并根据实时数据和信息娱乐服务采取行动。这类解决方案是更广泛的车联网战略的一部分，该战略希望通过更快的事故响应、拥堵控制、天气和交通告警来提升安全性，而且还能扩展现有基础设施的实用性，并通过灵活可扩展的、基于开放标准的网络架构设计降低成本，从而为创新性的道路服务和应用（如智能停车）提供新的商业机会。

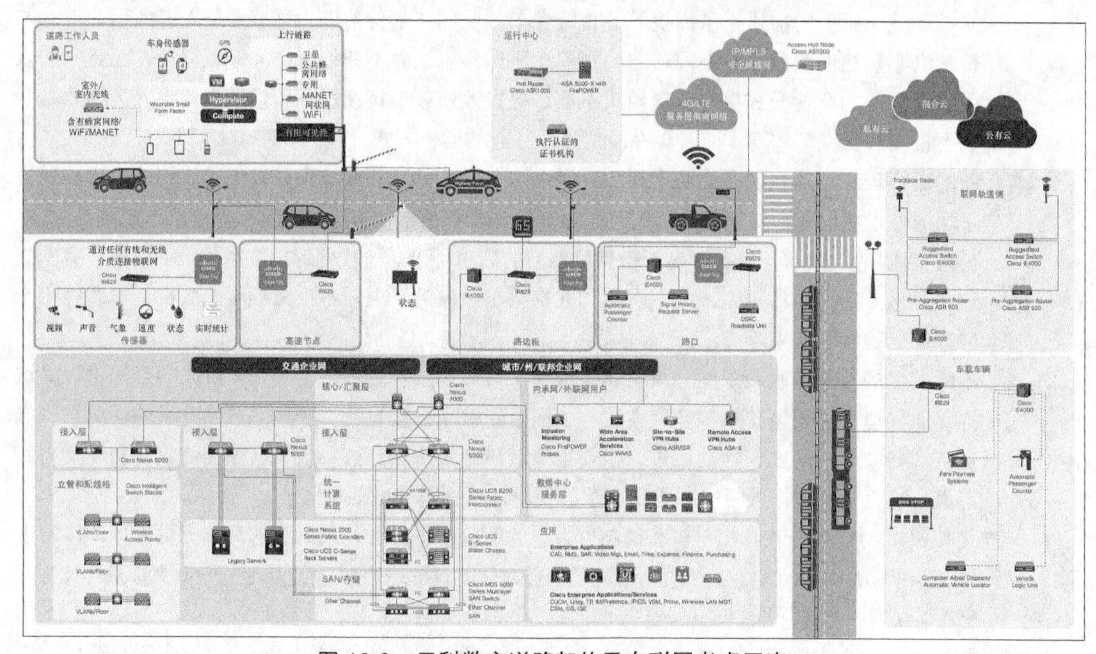

图 16-6 思科数字道路架构及车联网考虑因素

为了提供真正的车联网体验，第一个实质性步骤就是投资适当的技术架构和物理基础设施，为车联网系统提供基础能力，而不是专注于孤立和专有系统。从技术角度来看，关键是要开始转向安全自动、可扩展的网络，同时还要构建适当的平台基础设施，负责处理这些系统生成的数据以及所需的多层级安全通信。

基础设施对车联网的成功至关重要，特别是前面已经讨论过的各种新兴商业场景。除了车联网的基本概念、所需的通信流类型以及产生的数据量和关键程度之外，还存在以下车辆通信类型。

- **V2I（Vehicle-to-Infrastructure，车与基础设施通信）**：V2I 是车辆与道路基础设施之间的数据交换通信。基础设施扮演的是一种协调角色，负责采集本地或更大范围内的道路或交通状况信息，然后再给特定车辆或一组车辆提供行驶建议，或者直接实施相应的控制操作。支持 V2I 的解决方案包含硬件、软件和固件，通常具备无线双向通信能力。基础设施组件（如车道标志线、道

路标志和交通信号灯）可以通过无线通信机制向汽车提供信息，反之亦然。

- **V2V（Vehicle-to-Vehicle，车与车通信）**：V2V 是两辆车之间通过无线方式进行数据交换。如果两辆或多辆车或路边车站处于无线通信范围内，那么就可以自动连接并形成一个临时网络，可以相互共享位置、速度和方向等数据。V2V 允许车辆之间就安全消息（如紧急制动、动力控制和车道变换信息）进行通信，而且每辆车都能提供路由器功能，可以将多跳之外的消息传送给远程车辆和路边车站。彼此邻近的车辆之间相互通信，并根据这些本地车辆提供的数据进行本地化决策，此时多方之间的互操作性和强安全机制就显得极为重要。
- **V2C（Vehicle-to-Cloud，车与云通信）**：V2C 支持从云端远程配置和管理车辆。目标是从云端提供更智能的应用和服务，云端可以提供更好的计算和存储服务。一个常见用例就是电动汽车的远程管理：驾驶者可以通过 V2C 云接口寻找可用的充电设施（基于汽车的 GPS 位置）。
- **V2P（Vehicle-to-Pedestrian，车与人通信）**：V2P 侧重于感知车辆和行人环境，并将该信息传递给其他车辆、基础设施及个人移动设备。目的是降低安全和环境事故，预计可以将非损伤型车辆碰撞减少 80%。V2P 通信模式包括以下三个主要方面：
  - 各种道路使用者（如行人和骑自行车的人），车辆和基础设施拥有行人检测系统；
  - 盲点告警或前方碰撞检测等车载系统以及各种高级系统（如交叉路口辅助系统），汽车会向驾驶者警示潜在的行人活动；
  - 行人手持设备，可以告知驾驶者有人在现场。

未来的车联网技术可能包含大量自动化系统，如碰撞避免和缓解系统，可以及时制动以免撞到行人。NHSTA 预计可能会降低高达 46%的行人事故。

- **V2D（Vehicle-to-Device，车与设备通信）**：V2D 无线通信指的是车辆与连接到车辆上的任何电子设备之间的信息交换。移动设备越来越普及，汽车也面临着同样的情形。与移动应用程序的连接可以提供更好的驾驶体验，驾驶者与汽车之间的交互也更加简单，更加舒适，而且还能改善驾驶安全性。
- **V2G（Vehicle-to-Grid，车与电网通信）**：V2G 允许电动车与电网进行通信，通过向电网返回电力或降低汽车充电率来创建需求响应服务。由于汽车的停泊时间大约占到 90%左右，因而可以利用汽车电池让电力从汽车流回电网，提升电网的使用效率，更好地应对电力消耗的波峰和波谷问题，而且还有可能为愿意参与此类计划的车主带来潜在收入。
- **V2X（Vehicle-to-Everything，车与外界一切事物通信）**：由于汽车连接的端点或系统越来越多，因而人们开始使用名词 V2X。V2X 通信可以将信息从汽车传递给所有与汽车有交互关系的实体，反之亦然。V2X 通常涵盖了前面所说的 V2I、V2P、V2D、V2C 和 V2V 系统中的两个或更多个。V2X 的主要驱动因素是安全性和自动驾驶能力，当然，能源效率和节能也非常重要。V2X 通信基于无线方式，可以在车辆或基础设施之间进行直接通信，只要两个 V2X 端点处于可通信范围之内，就可以创建临时车载网络。不过，V2X 的普及应用还存在很多障碍，包括互操作性和法律问题。

很明显，有关车联网的解决方案和技术仍处于发展当中。与十年前相比，现代汽车的机械性能并没有发生多少变化，现代汽车的计算能力大幅提升，通常都会包含数百个传感器，能够对各种车载系统进行详细评估。汽车行业面临的主要挑战是，当前的传感器通常都是独立传感器或者进行了少量组合，缺乏相关性。物联网技术不但能够增加汽车的传感器数量，而且还能在大量传感器之间建立连接，可以传输和集中处理数据，进而生成可操作的情报信息。例如，通过同时监控多个系统，可以预测是否需要立即对车辆采取行动，或者驾驶者能否将车辆安全行驶到维修点进行维修。

此外，车辆还能与城市或道路基础设施进行交互，以提升停车效率、改善交通状况或照明系统，从而改善旅程体验，减少拥堵并节省时间和能源。

汽车中的传感器可以与车辆内部或外部（或两者）车辆或第三方应用程序进行交互，以提供各种增强型服务，如卫星导航（可以实现动态重新选路，以避免拥堵、事故和其他危害）和互联网娱乐服务（如音乐和视频，以提高驾驶者或乘客体验）。

最后，车联网行业非常复杂。汽车制造商、科技企业、服务提供商以及大量创业公司（见图 16-7）都在激烈争夺各自的市场份额，业界需要以一致且可靠的方式整合并保障当前各种技术和解决方案。

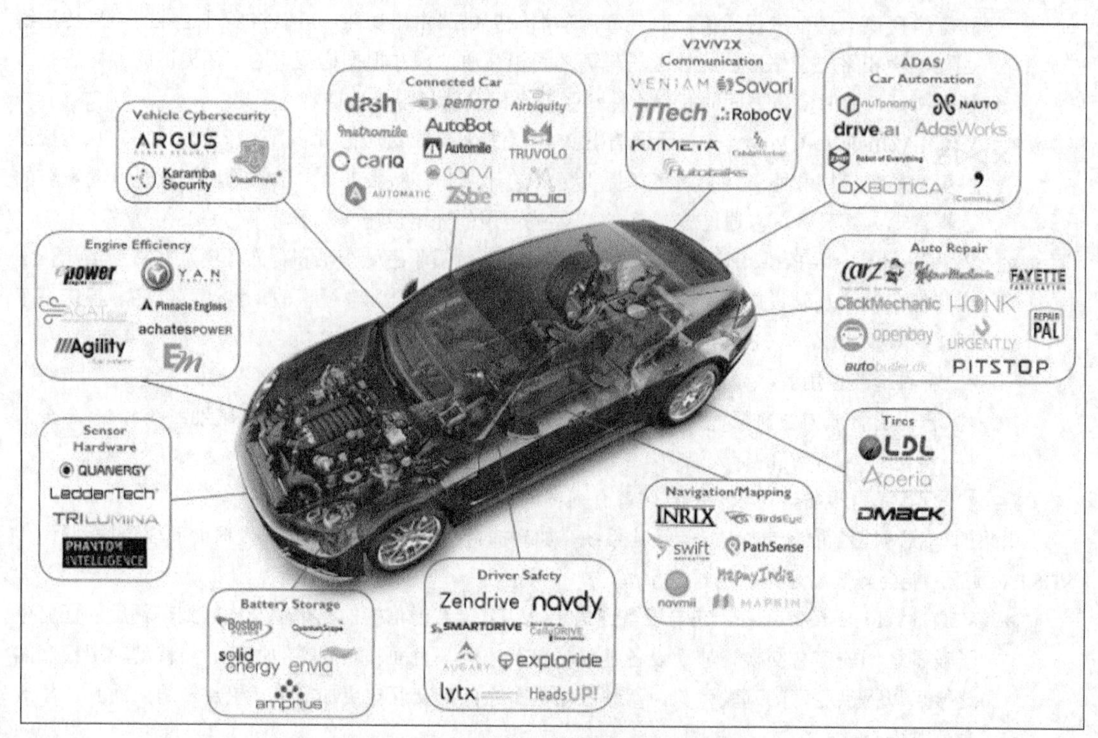

图 16-7 复杂的车联网供应商生态系统

为了更好地整合这些技术和解决方案，需要一个全面综合的物联网平台，以涵盖物联网协议栈的各个层级（包括物理基础设施、虚拟环境、数据管道和代理、服务保障、安全性等），从而最有效地交付集成且安全的车联网解决方案。

16.2 物联网和安全自动化平台在车联网中的应用

由于车联网行业的生态系统涵盖了车辆的生产、服务、管理和使用者，因而部署的大量技术通常都是专有技术，很难实现互操作。不过，技术的角色应该是跨越各种孤立式解决方案的基本推动力量，帮助连接各种传感器和系统，并通过基本的自动化进程提供可用数据及信息。

随着物联网和自动化技术的成本不断降低，以及支持物联网的设备和技术日益普及，车联网领域始终保持持续创新并涌现出大量创新性服务。物联网对车联网应用的真正价值在于可以从任何设备或系统接收数据、分析数据并生成有用信息，同时还能跨异构设备和应用执行相应的操作和命令（包括车内和车外）。虽然每个用例都可能拥有良好的应用和技术来检索数据并采取响应，但只有通过编排平台，在所有设备或数据点上都能提供跨应用程序的洞察和操作，才有可能实现真正的数据价值。

利用本书提到的物联网技术及其能力，以自动、开放、安全的方式交换数据，具有很重要的商业价值。据麦肯锡估计，虽然车辆的总拥有成本对消费者来说保持稳定，但车辆连通性的急剧增加，使全球车联网组件及服务市场的价值从 2016 年的 300 亿欧元激增加到 2020 年的 1700 亿欧元。连接性在当前是一个非常重要的差异化因素，但是在未来，车联网数据的潜在价值以及从中产生的新商业模式将成为至关重要的关键领域。麦肯锡预计，到 2030 年，车联网数据产生的服务总价值将达到每年 1.5 万亿美元。

汽车数据有助于创建更加安全、更加个性化的汽车驾乘体验。车辆安全性和驾乘体验的提升是汽车厂商的一大卖点，它们可以从品牌忠诚度的提升以及大量的汽车数据中获得潜在新收入。

虽然车联网的潜在机遇非常大，但目前仍处于早期发展阶段。数据采集工作才刚刚开始，真正的定制化体验还是一个非常遥远的理想，目前所做的工作（如保养告警或车辆处于危险状态时呼叫紧急服务）都是对未来能力的早期尝试与努力。机器学习和 AI 工具正在为这一切铺平道路，可以将采集到的数据转化为洞察和操作。

物联网技术可以有效提升车联网的价值，主要包括大幅提高车辆的安全性和可靠性，有效提供新服务、新商业模式、新功能、新客户互动方式以及动态定价模型，同时还能提高效率并降低成本（见图 16-8）。

图 16-8 物联网给车联网带来的关键价值

美国运输部也完全支持这一观点，指出汽车联网和自动驾驶将带来如下好处。

- **避免碰撞**：通过无事故驾驶模式和不断改善的车辆安全性，车辆可以持续监测周围环境，从而有效弥补驾驶者注意力不集中带来的安全隐患。2016 年，仅在美国就有超过 37000 人死于与机动车有关的事故。美国运输部研究发现，94%的严重撞车事故都是人为差错造成的。
- **减少对新基础设施的需求**：通过交通流量的高效管理，自动驾驶汽车可以有效减少新基础设施的建设需求，并有效降低维护成本。
- **路程时间的可靠性**：V2V、V2C 和 V2I 可以对所有交通路线上的预计路程时间做出实时性的预测评估，从而大大降低路程时间的不确定性。
- **提高生产力**：通过减少驾驶者的驾驶任务，人们可以更有效地利用旅行时间。

- **提高能源效率**：至少可以通过三种方式实现节能降耗——更高的驾驶效率；更轻、更省油的车辆；更高效的基础设施。
- **新的车辆所有权模型**：自动驾驶可能会带来车辆所有权的重大调整，从而有效扩大车辆共享的机会。
- **新的商业模式和应用场景**：技术融合可能会带来行业的重新洗牌，企业之间需要同时开展竞争与协作。

除了车辆安全性提升与联网带来的价值之外，麦肯锡预计到 2030 年，车辆大数据可能会给整个行业带来 4 500 亿～7 500 亿美元的市场价值。这个价值并不来自于数据本身，而是来自于将数据转化为能够提供商业洞察力的物联网数据应用（见图 16-9）。从广义角度来看，可以分为直接创收、成本节约和更好的安全性三类。

Value creation models		Use cases	
Generating revenues	Direct monetization Selling products, features, or services to the customer	Over-the-air software add-ons	Usage-based tolling and taxation
		Networked parking service	"Gamified"/social-like driving experience
		Tracking/theft protection service	Fleet management solutions
		Vehicle usage monitoring and scoring	Remote car performance configuration
		Connected navigation service	In-car hot spot
		Onboard delivery of mobility-related contents/services	
		Onboard platform to purchase non-driving-related goods	
	Tailored advertising Leveraging car data to push individual offerings to customers	Predictive maintenance	
		Targeted advertisements and promotions	
Reducing costs	R&D and material costs reduction Gathering product field data for development	Warranty costs reduction	Data-/feedback-based R&D optimization
		Traffic-data-based retail footprint and stock level optimization	
	Customers' costs reduction Analyzing actual usage patterns to reduce repair and downtime costs	Usage-based insurance – PAYD/PHYD	Car pooling
		Driving style suggestions	P2P car sharing
		E-hailing	Trucks platooning
	Improved customer satisfaction Better tailoring product/services to customer needs	Early recall detection and software updates	
Increasing safety and security	Reducing time for intervention Collecting and forwarding warnings in real time, pointing in the right direction	Driver's condition monitoring service	Aggregated car data-based CCTV service
		Improved road/infrastructure maintenance and design	Road laws monitoring and enforcement
		Breakdown call service	
		Emergency call service	

图 16-9　车辆大数据给车联网带来的关键价值

传统的大数据主要集中在所谓的 4 个 V 上。

- **容量（Volume）**：数据的规模或数量。
- **速率（Velocity）**：获得待处理数据的速度。
- **种类（Variety）**：数据的类型和格式。
- **真实性（Variety）**：数据的可信度或不确定性。

不过，在实际应用中，还需要强调数据的价值（也是第五个 V［Value，价值］）。价值和洞察力应该是采集数据的基本目的，否则将是一项毫无意义的劳动。数据必须可利用，为车联网提供某种有价值的主张。根据 IHS Automotive 的研究结论，预计 2020 年采集到的车联网数据将达到 11.1PB，比 2013 年采集到的 480TB 有了大幅增加，也就意味着每天采集的数据量将达到 30TB（或 350MB/s）。

目前从汽车采集的大部分数据都用于车辆诊断、定位、测速及状态，车辆维护是其中的一项主要应用。数据可以监控车辆部件的磨损情况并预测维护需求，从而有效预防车辆故障。如果解决及时，还能避免出现大额维修费用。当前的另一个关键应用是安全救援，出现意外事件（如事故或故障）后，可以自动通知紧急救援服务或故障救援服务，并定位到现场。

据 IHS 预测，到 2020 年，最能有效利用数据的应用将会发生显著变化，虽然定位、诊断和用户体验等领域对数据的应用仍然会有所增加，但 ADAS 和自动驾驶将成为最大也是最有价值的数据应用领域。随着数据量的不断增加以及需要将大量数据转化为可操作的洞察力，IHS 预测车联网行业面临的最大挑战将是采用统一的方式采集数据、通过安全的数据管道传送数据、提供大数据分析能力并在正确的时间、正确的地方利用数据做正确的事情。最主要的挑战并不是数据分析，而是创建以安全有效的方式提供数据分析服务的组织系统。

不但要考虑所要创建的数据的绝对数量，而且还要考虑各种不同的数据源和各种生态系统的所有者（见图 16-10），目标是要创建开放、可扩展、多租户、自动化和安全的物联网平台。只有通过互操作性和组织机构（而不是数据和操作孤岛），才能实现数据的真正价值。

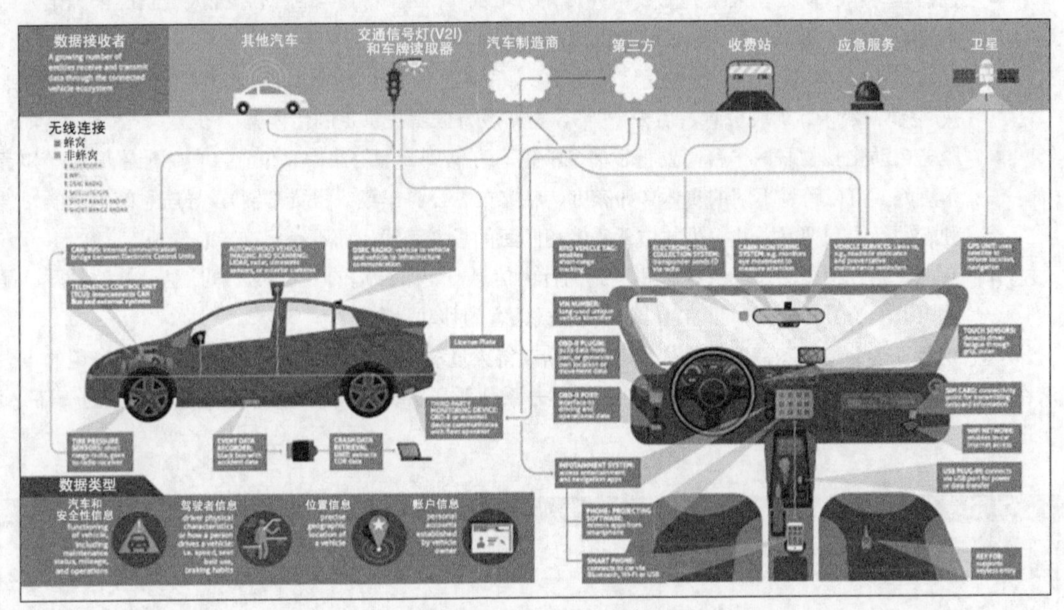

图 16-10 数据和车联网

为了实现这一价值，必须建立一套能够跨多个系统和子系统采集数据的使能解决方案（见图 16-11）。该解决方案需要能够将数据安全地传输给应用程序，由应用程序将数据转化为可以提供洞察力的有用信息，这种洞察力可能适用于生态系统中的一方或多方。

车辆数据的货币化需要实现以下三类推动因素。

- **汽车技术**：包括传感器、计算平台、HMI、网络通信、存储和应用。
- **物联网基础设施平台**：提供车辆内部连接与服务管理、大数据采集与处理、应用平台、云计算、外部基础设施连接（如智能交通灯和交通标志）以及高精度卫星导航系统。
- **物联网后端平台**：用于服务的编排与管理，负责提供数据分析、促进解决方案生态系统的数据共享并保护所有内容。

如果考虑近期将要使用的应用和服务，那么就会对物联网平台的技术能力和服务交付提出更进一步的要求。

- **驾驶者安全**：通过车辆传感器和车辆内外部摄像头提供的大量数据，全面监控路面状况、驾驶模式和驾驶者行为（如驾驶车辆时心不在焉），从而有效提高车辆安全性。

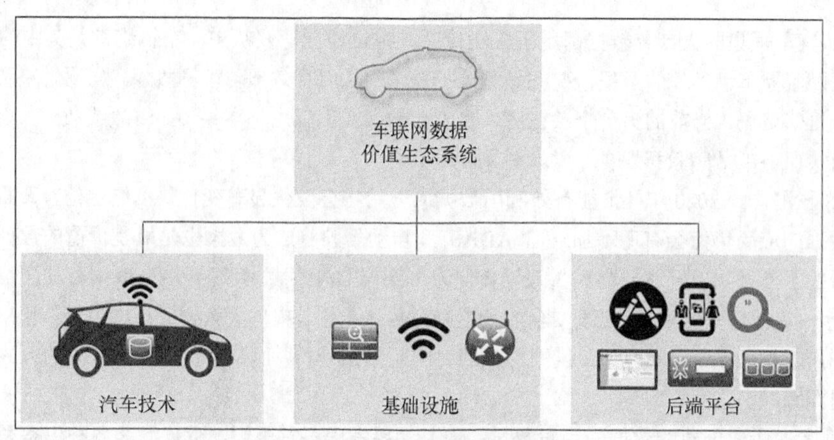

图 16-11 价值创造的推动因素

- **机器学习**：自动处理采集到的数据并转化为可操作的洞察力（如通过监控天气状况来确定何时应该打开和关闭车灯和挡风玻璃上的雨刮器）。
- **定制和个性化体验**：可以根据指定传感器（如手机）的邻近程度，自动选择和调整车辆系统（加热/空调、娱乐、驾驶位置、后视镜等），为车辆驾驶者提供定制化体验。
- **服务自动化**：物联网平台需要将学习到的信息存储到云端等集中式位置。车辆配置信息（如音乐喜好）可以跨越不同的实体（如家庭、私家车、公务车辆或租赁车辆），导航系统也能学习驾驶者的行为和偏好，并提供与该驾驶者相匹配的导航路线，而不是标准导航选项。
- **精准营销**：根据用户配置信息和学到的行为信息，将最合适的内容（优惠信息、推荐餐厅、品牌忠诚度等）传递到车载 HMI 或驾驶者或乘客的移动设备。

车联网行业的制造商和消费者将从车联网数据获得大量潜在增值服务，SAS 描述了当前可用的十大潜在领域（见图 16-12）。不过，这些领域都是通过一系列孤立系统（而不是整体集成解决方案的一部分）实现的。

Growth opportunities	Questions manufacturers should ask	Potential analytical approaches	Value for manufacturers	Value for customers
Usage-based insurance.	Which customers would enroll? How should I price UBI? Is the driver a safety risk?	Conjoint (choice set) analysis. Price sensitivity and customer risk analysis.	Gain new revenue. Get new insights for developing products & services.	Choose from new insurance providers with reduced rates.
Dynamic shuttle or ride- sharing service for riders to carpool to a common origin and destination.	What tasks do riders need to accomplish while in transit? What's the regional ve- year forecast for vehicle miles traveled?	Descriptive, geography- based customer pro les. Voice of customer research. Forecasting.	Understand & aggregate multimodal behaviors. Identify cross-channel marketing opportunities.	Get lower transportation costs and expanded options.
Ride hailing: On-demand transportation connecting paying riders to drivers.	Which customers would enroll? What's the urban vs. rural market vehicle demand?	Geography-based customer pro les. Forecasting.	Get more product exposure and cross-channel marketing opportunities.	Enjoy on-demand convenience.
Shared auto loans for two or more drivers to fund a single vehicle lease.	Are customers open to this way of paying for a vehicle? What pricing options should I o er?	Customer lifetime value modeling. Risk modeling of probability of default.	Attract customers with new and a ordable nance options.	Choose shared payments as an economical investment option.
Over-the-air software updates for new features, recalls or rmware.	What updates should be free vs. premium? What customer segments warrant immediate updates?	Cost/pro t models. Customer lifetime value models.	Pinpoint VINs for prioritized updates. Reduce dealership labor.	Enjoy convenience and fast upgrades. Gain a longer vehicle life.
Driver-based service contract pricing.	How many driver segments are there? What are their service needs?	Cluster analysis. Pro t optimization models.	Pro t from service program bundles per driver segment. Increase service or parts revenue.	Qualify for the best possible service contract. Achieve a lower cost of ownership.
Integrated loyalty member benefits (give access to affiliate partner programs).	What affiliate partners should pursue? What cross-selling behaviors are desired?	Customer pro les (compare OEM and affiliate customers).	Build revenue from upsell and cross-sell opportunities.	Accumulate monetary value via access to loyalty rewards programs.
Context-aware dashboard screens present more relevant driver options.	What's the optimal menu or button con guration based on driver task, location, temporal data, etc.?	Machine learning.	Build brand or product loyalty via improved user interfaces.	Perform tasks in faster, safer ways.
Vehicle health diagnostics and preventive maintenance alerts.	Can I reduce stocking costs for unneeded parts? Which suppliers' parts fail the most?	Logistic regression models. Territory-level demand forecasts. Parts failure/cost analysis.	Increase ops revenue. Get timely OE supplier assessments.	Get a longer vehicle life. Reduce repair costs and time in shop. Enjoy peace of mind via better safety.
Driver education for new vehicle features.	What features do owners not use that would improve their experience? How should I educate owners to stimulate feature usage?	Remote tracking (from sensor data). A/B testing of message e ectiveness.	Improve customer retention and brand or product advocacy. Reduce costs by eliminating unpopular vehicle features.	Enjoy more convenience by knowing how to use a variety of features.

图 16-12 利用车联网数据创造价值

事实上，业界面临大量机会来提升决策水平和客户体验，关键推动因素是加强不同实体和行业参与者提供的大量服务之间的关系（与汽车处于静止或移动状态无关，也与技术是车辆内部或外部无关），建立的物联网平台必须能够提取相关用例的各类数据（见图 16-13）。

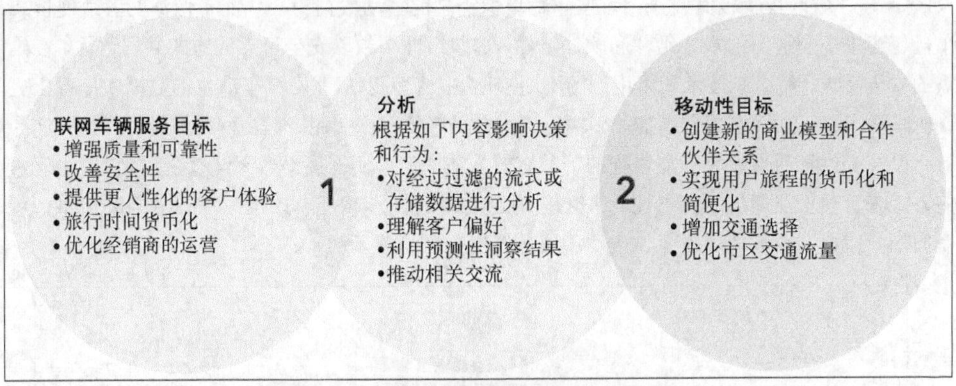

联网车辆服务目标
- 增强质量和可靠性
- 改善安全性
- 提供更人性化的客户体验
- 旅行时间货币化
- 优化经销商的运营

1

分析
根据如下内容影响决策和行为：
- 对经过过滤的流式或存储数据进行分析
- 理解客户偏好
- 利用预测性洞察结果
- 推动相关交流

2

移动性目标
- 创建新的商业模型和合作伙伴关系
- 实现用户旅程的货币化和简便化
- 增加交通选择
- 优化市区交通流量

图 16-13 车联网数据的价值与运营机会

虽然机会在理论上没有止境，但现实必须证明能够实现这些机会。在用例的整个部署周期中，能够在正确的时间、以正确的方式、安全执行最适当的数据采集和分析操作并非易事。世上没有万能的解决方案，必须尽可能地靠近数据源执行实时决策：大部分数据在创建之初都只与边缘系统有关，无需转发到中心位置。很多时候，由于带宽不足等因素，导致很难将数据传输到中心位置，此时就需要在本地聚合数据和服务，特别是在车辆需要彼此交互或者与本地智能基础设施进行交互时。同时，也需要通过集中化能力为车辆用户提供移动性服务以及远程维护服务。因此，必须能够在不同的系统之间以及生态系统中的不同参与方之间安全地交换数据，通常需要利用一系列技术来提供最合适的分析机制。SAS 认为：

- 流式分析负责过滤和分析实时流中的数据（以非常高的速率和非常低的时延处理大量数据），通常发生在通信网络的边缘设备中；
- 实时决策和实时交互管理功能负责接收与感兴趣的事件相关的流数据（如车辆不断变化的位置、方向和目的地）并提供推荐引擎，向驾驶者、汽车经销商、保险公司或制造商推送适当的通告信息；
- 大数据分析功能在分布式计算环境中使用多种预测模型（实时接收数据或批量接收数据）；
- 数据管理功能（如数据标准化和智能数据过滤）可以转换来自任何源端的物联网数据，使其干净、可信并做好分析准备；
- 模型管理功能负责确保分析模型在整个生命周期过程中保持管理和监控的一致性。

由于车联网生态系统会创建不同类型的数据，因而意味着需要根据不同的目的采用不同的数据分析方式。高性能分析（尤其是多个车辆或系统的高性能分析）通常集中在企业数据中心或云端，负责执行繁重的计算分析。流分析用于分析移动中的大量实时数据或者仅对流中的部分数据感兴趣，此时的数据仅在获取时有意义或者必须保证处理速度（如发送故障告警的时候）。边缘计算或雾计算允许系统对数据源执行即时操作，无需传输或存储数据。如果车辆与后端系统出现通信中断之后，仍要执行相关活动，那么这一点就显得非常重要。

需要理解的是，并非所有的数据都有相关性，并非所有的数据都需要存储。有时可能需要执行复杂分析，有时可能以即时处理为核心。有时数据一经生成就要进行处理，而有时则可能需要在中心位置进行存储或处理。但无论如何，物联网平台和相关基础设施都应该能够满足上述所有需求，为车联网行业提供最大价值。

车联网的好处不言而喻，目前尚不清楚的是，不知道该如何管理和保护日益复杂的解决方案，从而实现良好收益和价值。因此，连接汽车中的多个边缘组件（如传感器、网关、处理器和应用程序），采集数据并通过数据管道将数据传输到需要使用这些数据的位置，在多个使用者之间共享多个系统的数据，并以可扩展、高效安全的方式管理所有部件的生命周期，都是非常重要的任务。

如前所述，联网车辆极其复杂，这些车辆更像小型的移动数据中心，而不像消费者或便携式设备。联网车辆包含多个制造商的多个硬件和软件组件，这些组件必须以安全可靠的方式共同运行，以维护驾驶者所需的安全需求。随着新技术和新用例的不断推出，人们可以从联网汽车产生的数据中挖掘出更多的价值，致使车联网的复杂性也随之增加。车辆连接平台是降低召回费用、提高网络安全性、提高产品质量和运营效率以及提供售后性能和功能增强的一种有效方法，但车辆连接平台无法以全局化的、可互操作的、安全的方式来管理日益增加的复杂性，这也是需要编排和自动化平台的原因。编排和自动化平台可以在整个生命周期中编排多个系统、设备、应用、服务及安全（见图16-14）。

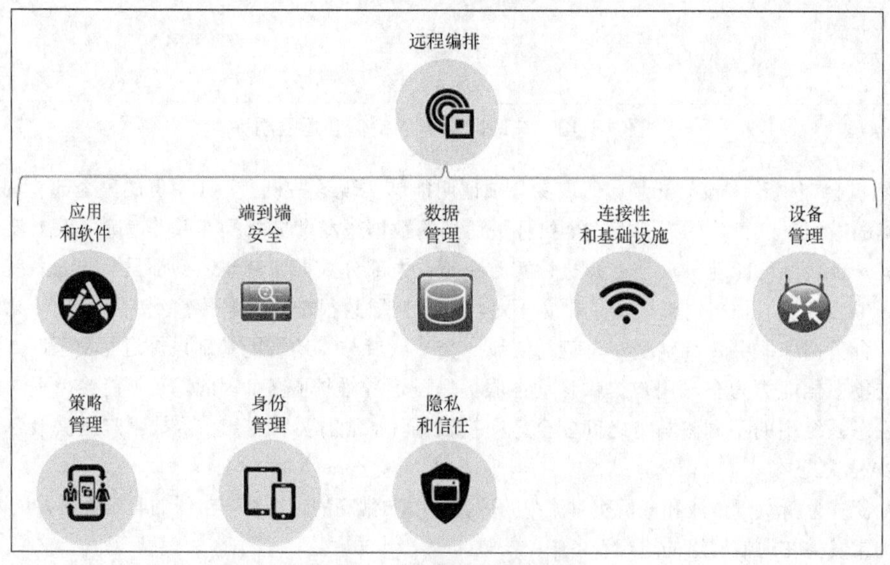

图16-14 车联网的编排需求

虽然实际的车联网组成可能有所差异，但应该至少包括将设备连接到车内其他设备以及车外设备、网络及服务（包括其他汽车、家庭、办公室或基础设施）的车载技术。Internet 访问通常都需要连接局域网，而且汽车还可能需要连接中心云端或企业服务以管理这些车载技术。2010 年之后实现的车联网通常都包括前置单元、信息娱乐单元和仪表盘集成系统，都会配备一块屏幕，驾驶者可以通过屏幕查看和管理联网操作。汽车联网对于数以百万计的驾驶者来说，早已成为现实。大多数车辆都配备了导航设备，可以提供交通流量告警以及车载娱乐系统的视频和音乐。不过，与采用大量技术帮助驾乘人员完成大量工作的高端车辆相比，这些都只是非常简单的用例。

从商业角度来看，一个很好的案例就是应急车辆（如警车）。警车通常都会配置各种应用程序、设备以及执行不同服务的汽车组件，目的是简化车内具有挑战性的操作。当前的绝大多数警车都配备了非常复杂的多种技术，但面临的挑战是很难引入新技术，必须提供一种有效的方法，将这些技术快速安全地集成在一起。技术部署、集成、更新和管理的简单性与操作的简单性同样重要，只有这样才能确保系统的高度可靠，供警察随时使用。

图16-15 给出了现代警车可以部署的常见车载系统和技术。这些车载系统目前通常都被部署成多个独立的解决方案，通常都需要专用硬件和专用管理流程，需要占用大量车辆内外部空间，增加了额外重量，而且给各个系统相关的硬件和软件生命周期管理也带来诸多复杂性。由于这些技术通常都是独立解决方案，因而无法集成不同系统提供的数据，也就无法提供数据集成所带来的各种服务功能。

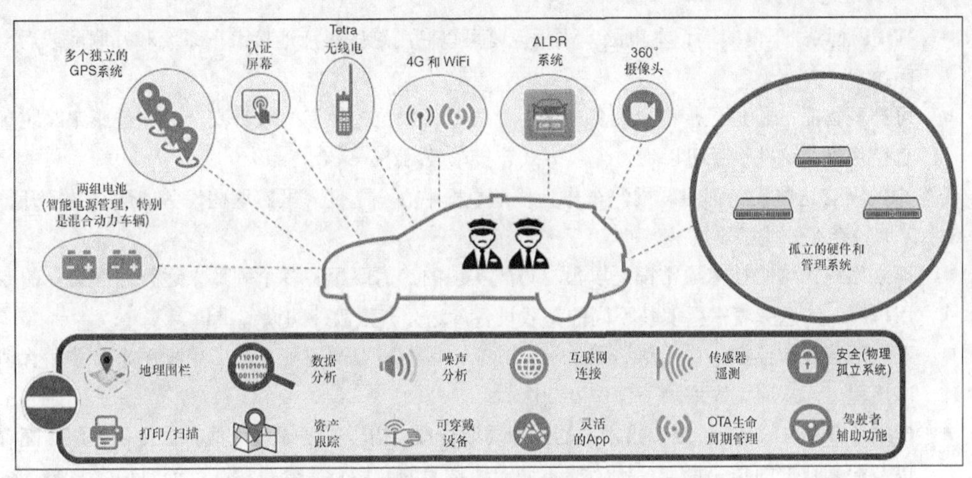

图 16-15 警车配备的多种车载系统和技术

可以看出，警车的车载系统通常都包括下述设备或功能。

- **移动数据终端**：通常只是一台笔记本电脑或平板电脑，包括扩展槽、调制解调器、天线、安装支架和打印机。车载终端的操作类似于普通电脑，使用警察专用软件，能够连接云端的警用数据库和系统，允许警察调用相关信息，如车辆许可证、犯罪记录和事故记录等详细信息。
- **摄像头和音频系统**：警车通常都会配备大量视频记录系统，可以监控并记录车内以及警车前后窗的外部事件。在警车内部，摄像头可以记录警车前方人员和后排座位上所有人员的行为。此外，也可以利用摄像头和声音记录传感器来记录音频事件。
- **ANPR（Automatic Number Plate Recognition，车牌自动识别）**：车辆通过（或经过）警车时，警车上的摄像头可以查看这些车辆的登记信息或车牌（一辆或多辆），然后再将摄像头数据传输给后台运行光学识别软件的计算机和被盗、未注册或可疑车辆数据库。如果程序识别出该车位于监控列表中，那么就会通过笔记本电脑或平板电脑向驾驶者发出警报。
- **视听设备**：警车通常都会配备视听警报系统，向道路上的驾驶者提醒警察正在接近或者当前位置，包括应急灯、警报器以及操控这些设备的控制系统。
- **测速设备**：利用雷达（无线电检测和测距设备，通过计算多普勒频移来测速）和/或激光雷达（通过计算一定时间段内反射光脉冲所需的时间）部件检测超速车辆。通常每辆警车都会配备固定或手持式测速设备。
- **速度识别装置**：由于汽车厂家安装的速度计不够精确，因而警察通常并不依赖这些设备记录速度。警车通常都会配备数字速度计，通过汽车差速器进行校准。某些警车还可能配备用于测量被跟踪车辆速度的装置，通常通过相隔一定距离的两个点之间的车辆跟踪系统来测量被跟踪车辆的速度。
- **警用无线电**：大多数警车都配备了加密无线电以及传统的 Tetra（Terrestrial Trunked Radio，地面集群无线电）或 UHF 无线电。随着通信系统的逐渐进步，目前的警察已经能够通过方向盘直接操控警用无线电，从而能够更专心地驾驶警车。
- **车辆跟踪**：警车通常都会配备一个或多个 GPS 设备，以便跟踪车辆的位置。某些警车（特别是交警部门）还会配备特殊的收发器，可以提醒他们附近有被盗车辆，利用 GPS 或更简单的无线电三角测量法引导警车接近被盗车辆。

除了上述帮助警察有效开展工作的警用设备之外，还有一些车载系统也构成了警车不可或缺的一部分。

- **车载远程通信**：负责远程监控和管理汽车系统。
- **电池管理**：警车通常包含多块电池以确保多个车载系统的持续运行，某些警车还可能是混合动力车辆，需要随时监控电池管理系统。

- **WiFi 热点**：车内的笔记本电脑或平板电脑可以利用这些热点连接汽车系统和互联网或后台警用系统。
- **可穿戴物品**：警察通常都会配备一些可穿戴设备来监控他们的人身安全，如健康跟踪装置和随身摄像机，这些设备可以通过无线方式连接车载网络。

警车中的所有这些设备都将联网汽车作为移动数据中心。不过，虽然这些设备能够有效提升警察的工作效率，但也存在一些操作挑战。

- **孤立系统**：这些技术通常都是以孤立方式实现的，需要配备多个硬件来运行这些孤立的专有应用程序。这意味着需要安装不同的车载设备，这会产生额外的设备重量。
- **系统的管理和监控**：由于这些系统彼此独立，因而需要配置独立的应用程序来监控和管理这些应用程序，从而大大增加了操作复杂性。
- **OTA（Over-the-Air，空口技术）的生命周期管理**：由于需要通过无线方式提供升级、配置变更以及检索数据的传输操作，因而给不同无线技术的网络覆盖带来挑战，而且成本与数据传输需求息息相关。
- **数据处理**：警车通常都要将数据发送到中心位置进行处理。如果回程技术出现故障、需要连续传输大量数据（如视频）或者需要在本地不同系统之间共享数据，那么就会出现问题。
- **多种通信类型**：能够在不同的通信方式（如警察局 WiFi 和在城市中行驶时的 LTE）之间无缝切换，使车载系统能够最有效地运行和管理。
- **提升安全性**：以不同的方式保护多种不同技术，并不能提供最有效的端到端安全性。

上述挑战促使警察部队开始研究更加先进的集成系统，希望能够在车内单一硬件上运行多种系统，并以统一的方式进行管理（见图 16-16），使得现有服务更加高效，实现有效管理，同时还能确保新服务的简单集成。实现了系统之间的数据安全共享，还能更好地支持新业务用例。除此以外，还应该采用整体安全机制。

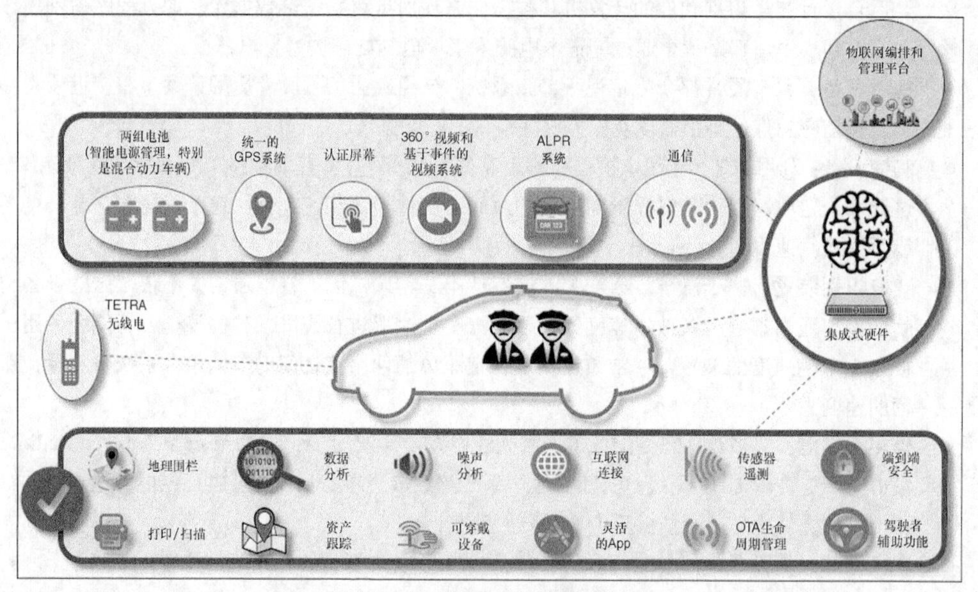

图 16-16 警车系统的集成方式

负责设计、集成、部署和管理车辆系统的组织机构面临的挑战并不是技术本身。很多供应商都为前面提到的车载技术提供了多种技术选择，组织机构面临的挑战是如何最好地处理多个系统和应用程序生命周期的复杂性与安全性，同时还能有效、安全地交换数据，并以统一或标准化的方式交换数据。很多警察部队和提供警用车辆支持服务的专业公司正在通过编排和管理系统来应对这一挑战。巴塞罗那等主要城市的实践，初步证明了本书讨论的技术能够有效解决上述问题。对强大且经过认证的硬件进行标准化之后，就可以在边缘安全地为警车提供合适的服务，并有效管理去往中心位置的网络连接，从而更容易地部署和编排各种警用服务和应用程序的安全生命周期（见图 16-17）。

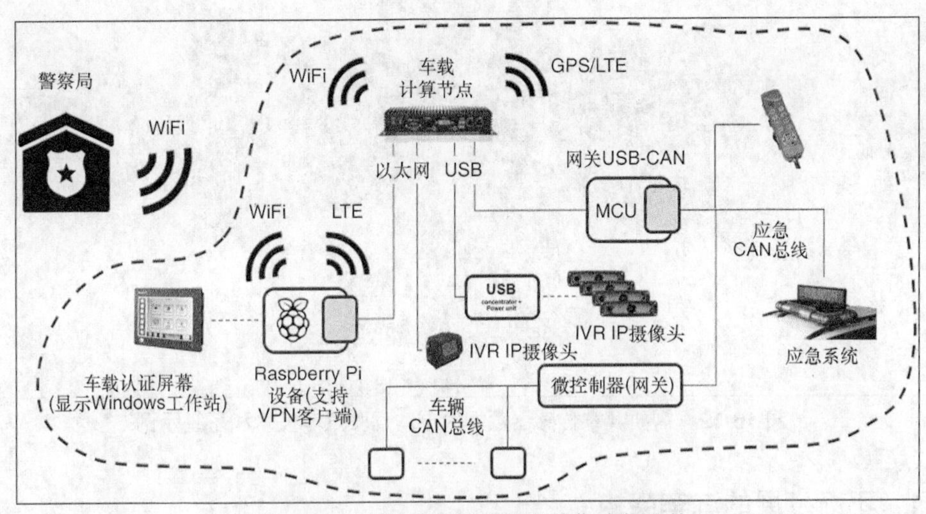

图 16-17　支持警用编排服务的集成化硬件

接下来分析自动驾驶汽车的类似场景。在整合新的先进技术（包括高分辨率地图和 GPS、360 度感应、V2V 和 V2I 通信等）并通过传感器融合多个传感器的信息时，会发现情况变得极为复杂。除了远程信息处理、摄像头、信息娱乐、雷达和激光雷达之外，这些汽车还需要支持其他车联网服务（见图 16-18）。

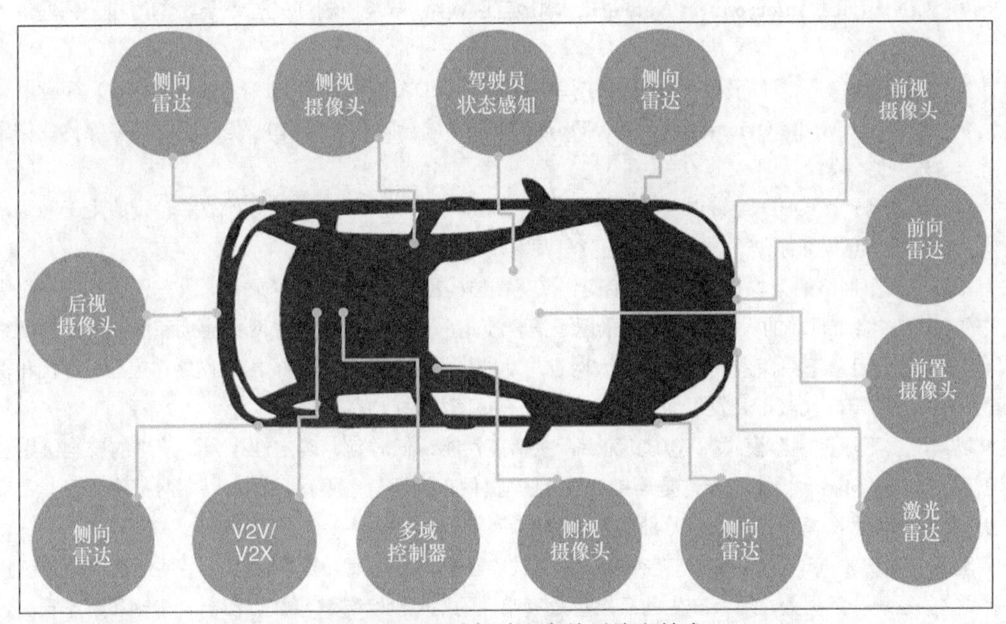

图 16-18　自动驾驶汽车的系统和技术

由于在不同的传感器和系统之间交换车辆运行（特别是安全运行）数据的过程非常复杂，因而在不同的系统内部和系统之间提供安全保障机制非常重要。同时还要以协同和可互操作的方式执行，包括传统上作为独立系统运行的多种技术，如自适应巡航控制、车道警告、紧急制动、碰撞检测、盲点检测、停车辅助以及交通信号识别以及行人检测等技术（见图 16-19）。这些系统依赖于激光雷达、雷达、照相机和超声波等基础技术。

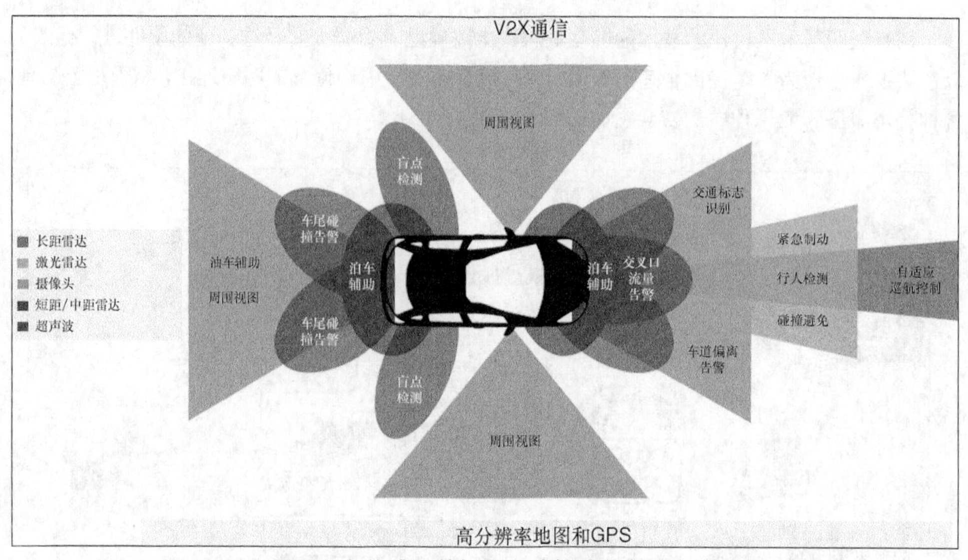

图 16-19 需要共享传感器数据的自动驾驶汽车技术和系统示例

16.2.1 不断发展的汽车架构

人类社会的技术进步非常快，汽车工业也不例外。为了支持各种不断增加的功能特性，车辆通常都会包含多种网络（当前的不同技术），具体如下。

- **CAN（Controller Area Network，控制器局域网）**：是动力总成系统、驾驶室、底盘和车身系统的主网络。
- **LIN（Local Interconnect Network，本地互联网络）**：是控制灯光、镜子、车门和无钥匙进入的低速网络。
- **FlexRay**：是一种高速、高可靠性网络，适用于 ADAS 和线控驾驶（drive-by-wire）等应用。
- **MOST（Media Oriented Systems Transport，媒体导向系统传输）**：是汽车中的多媒体或信息娱乐网络。
- **以太网**：是 OBD 连接以及在发动机、底盘和车身系统中对 ECU 进行故障轮询的主干网络，也用于信息娱乐系统。与 MOST 是竞争关系。

不过，汽车网络的架构模式正在发生变化（见图 16-20）。从历史角度来看，汽车通常都有一个完全互联的 CAN 网络。目前的大多数汽车都采用了混合模式，通过一个集中式网关连接和保护不同的网络类型。车联网行业目前正在探索一种基于以太网且与功能域控制器可互操作的主干网络。宝马、现代和保时捷都在为各自的下一代汽车开发以太网技术，网上有很多相关研究信息。

以太网主干域控制器模式拥有众多优点，包括高性能、低时延、确定性行为、改进的安全级别和容错性等。据 IHS Markit 预测，无论是连接 ECU 还是提供车辆通信主干网，汽车以太网都将呈现非常良好的增长势头。以太网模式与车联网行业的互操作性趋势完全一致。

随着自动驾驶汽车和联网汽车变得越来越先进，互操作性以及互操作性的安全性逐渐成为关键推动因素。这些系统一旦失效，那么产生的后果将是灾难性的，可能会导致事故、伤害、车辆和财产损失，甚至是生命损失。

为了实现互操作性，特别是汽车这种全球化市场，标准化是必然需求。与常规意义上的物联网相似（如第 4 章所述），车联网产业目前还处于早期开发阶段，而且非常分散。即使是同一个制造商，也可能会采用不同的技术模式，使得互操作性在行业层面极具挑战性。后面还会谈到，虽然北美和欧洲正在涌现一些非常好的案例和势头，但是要将一套协商一致的标准作为全球互操作性的基础，整个车联网行业还有很长的路要走。

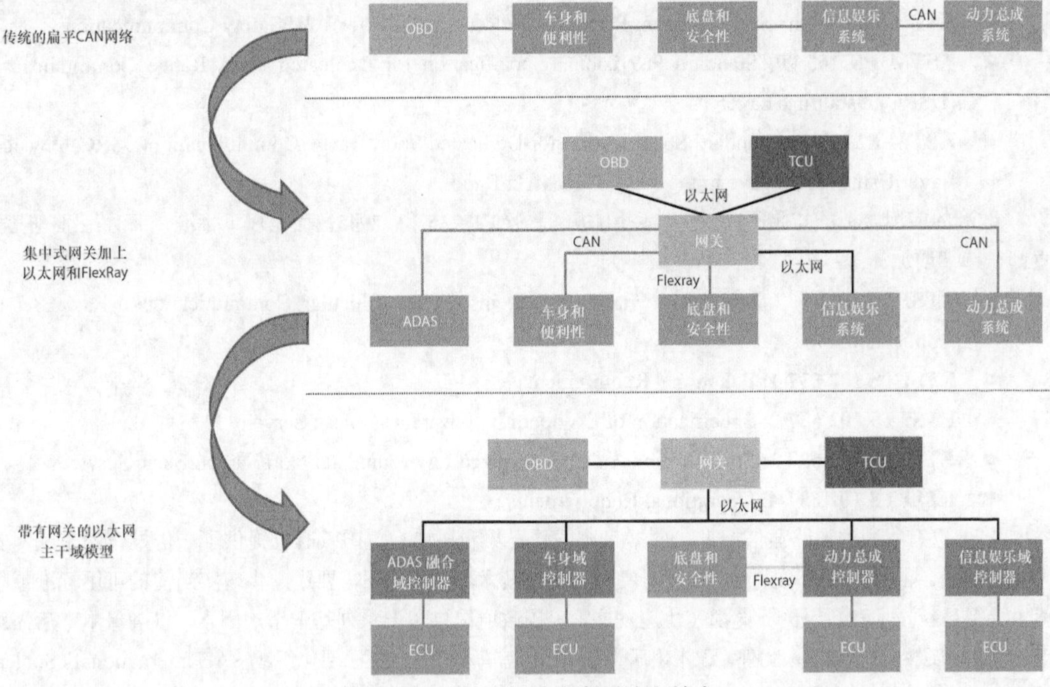

图 16-20 自动驾驶汽车系统和技术

标准可以确保设备、应用程序、技术和系统之间的互操作性，提升安全驾驶体验，从而大大延长技术的使用寿命，而且还能随着时间的推移逐渐降低成本。最重要的是，随着技术的不断发展，公开发布的规范不但能够为未来的车联网需求及用例创建良好的发展基础，而且还能确保与现有部署方案的兼容性。标准不是创造竞争差异的障碍，相反，标准允许制造商将资源集中在能够创造真正差异化功能的领域，这些功能位于共享架构和接口模式之上。

在美国，交通部正通过 ITS（Transportation Systems，智能交通系统）计划推动标准化工作。ITS 项目致力于开发开放性的、非专有技术标准，旨在培育可互操作的车辆通信系统。该项目与公共和私人组织、企业及机构合作，迄今已发布了 91 项标准，大大加速了车联网的开发工作。下面列出了与车联网和车辆基础设施集成相关的一些关键工作。

- **IEEE 802.11-2012**: **Standard for Information Technology**: Telecommunications and Information Exchange Between Systems - Local and Metropolitan Area Networks - Specific Requirements - Part II: Wireless LAN Medium Access Control(MAC) and Physical Layer (PHY) Specification
- **IEEE 1455-1999**: IEEE Standard for Message Sets for Vehicle/Roadside Communications
- **IEEE 1609.1-2006**: Standard for Wireless Access in Vehicular Environments(WAVE): Resource Manager
- **IEEE 1609.2-2016**: Standard for Wireless Access in Vehicular Environments: Security Services for Applications and Management Messages
- **IEEE 1609.3-2016**: Standard for Wireless Access in Vehicular Environments(WAVE): Networking Services
- **IEEE 1609.4-2016**: Standard for Wireless Access in Vehicular Environments(WAVE): Multi-Channel Operation
- **IEEE 1609.12-2016**: Standard for Wireless Access in Vehicular Environments(WAVE): Identifier Allocations
- **SAE J2735**: Dedicated Short Range Communications (DSRC) Message Set Dictionary

- **SAE J2945/1**: Onboard Minimum Performance Requirements for V2V Safety Communications
- **ASTM PS 105-99**: Standard Provisional Specification for Dedicated Short Range Communication (DSRC) Data Link Layer
- **ASTM E2158-01**: Standard Specification for Dedicated Short Range Communication(DSRC) Physical Layer Using Microwave in the 902 to 928 MHz Band

欧洲的应用层标准与此不同，它们使用的不是 SAEJ2735 和 J2945，而是以下标准，而且标准列表一直都在持续增加。

- **ETSI TS 102 637**: Intelligent Transport Systems (ITS), Vehicular Communications，Basic Set of Applications
- **ETSI TS 102 637-1**: Functional Requirements
- **ETSI TS 102 637-2**: Specification of Co-operative Awareness Basic Service
- **ETSI TS 102 637-3**: Specifications of Decentralized Environmental Notification Basic Service
- **ETSI TS 102 637-4**: Operational Requirements

日本也有不同的道路通信标准：数据字典、消息集和协议。英国政府也提供了一份推荐的车联网安全标准清单。上述列表并不完全，如果需要了解特定技术或过程，还需要进一步核实当前的可用标准或指南，特别是新技术和新用例一直都在快速发展。美国政府提供了一系列基本考虑因素，以确保本章后面章节讨论的车联网安全问题。此外，还指出了活跃在全球市场的协会及标准化组织 SAE International（Society of Automotive Engineers International,，国际自动机工程师学会）确定的标准类别（见图 16-21）。

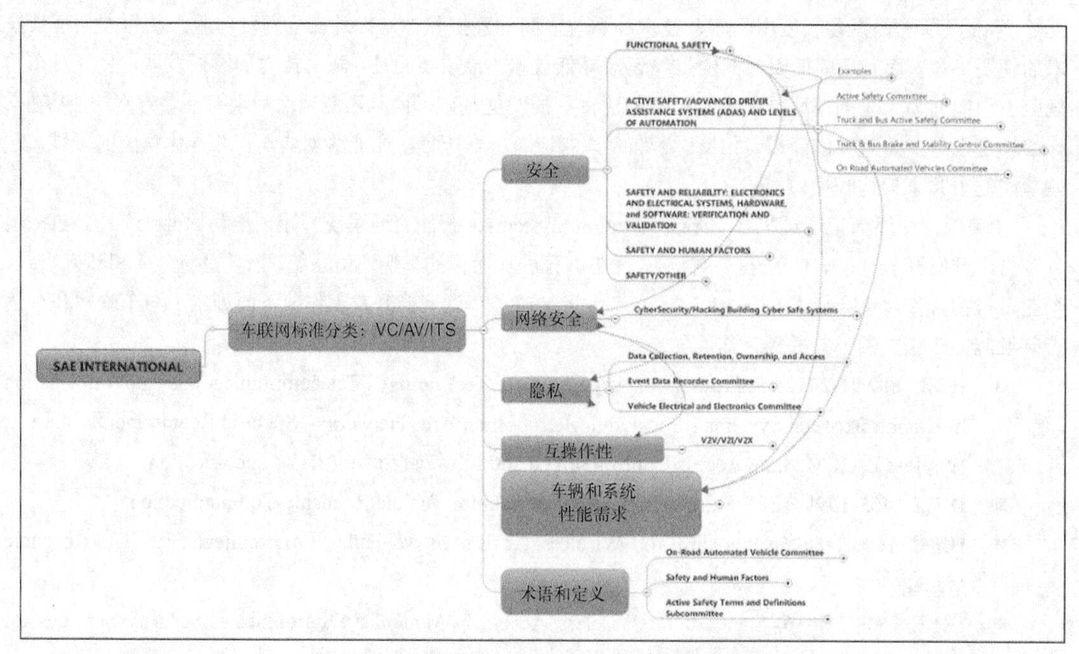

图 16-21 SAE International 车联网标准类别

- **SAE J3061**: Cybersecurity guidebook for cyber-physical vehicle systems
- **SAE J3101**: Requirements for hardware-protected security for ground vehicle applications
- **ISO 9797-1**: Security techniques and message authentication codes (specifies model for secure message authentication codes using block cyphers and asymmetric keys)
- **ISO 12207**: Systems and software engineering—software lifecycle processes
- **ISO 15408**: Evaluation of IT security (specifies a model for evaluating security aspects within IT)

- **ISO 27001**: Information security management system
- **ISO 27002**: Code of practice—security; provides recommendations for information management (contains guidance on access control, cryptography, and supplier relationship)
- **ISO 27010**: Information security management for intersect or and inter-organizational communications
- **ISO 27018**: Code of practice—handling PII/SPI (privacy); protection of personally identifiable information (PII) in public clouds
- **ISO 27034**: Application security techniques; guidance to ensure that software delivers the necessary level of security in support of an organization's security management system
- **ISO 27035**: Information security incident management
- **ISO 29101**: Privacy architecture framework
- **ISO 29119**: Software testing standard
- **Def Stan 05-138**: Cybersecurity for defense suppliers
- **NIST SP 800-30**: Guide for conducting risk assessments
- **NIST SP 800-50**: Building an information technology security awareness and training program
- **NIST SP 800-61**: Computer security incident handling guide
- **NIST SP 800-88**: Guidelines for media sanitization

虽然这些清单并没有包含所有事项，也不代表全球车联网行业正在进行的所有努力，但确实为联网汽车的互操作性和安全标准及指南提供了非常好的工作基础。

与此同时，遵循开放式体系架构标准并将其作为系统体系的方法，是实现车联网多技术互操作性以及生命周期管理的一种可靠方法。所有的物联网平台实现都应该聚焦于提供安全的技术编排与管理，物联网平台是数据产生、交换和传递的基础，能够最大程度地发挥数据的洞察力和实际价值。

本章前面讨论的潜在价值纯粹是一种学术探讨，除非数据能够真正转化为实际的商业成果并实现货币化。为了有效解决车联网行业面临的巨大数据量的采集、管理和保护问题，并处理好相关成本与潜在价值的平衡问题，参与该行业的所有各方都需要制定可扩展的物联网和大数据战略，同时还需要提供相应的解决方案，以便能够在整个汽车生命周期过程中，在最合适的节点实现数据价值。这就需要一个协同、可扩展、快速且安全的物联网平台，能够进行数据的采集、存储、分发和分析。

为此，必须提供一个全面、可互操作的基础设施，必须支持当前和未来的多种用例，至少应提供：

- 数据采集和分析的一致性机制（包括实时数据和历史数据）；
- 强大的 QoS 和服务保障能力，能够对需要实时处理的数据进行优先排序和操作；
- 多层次、端到端的体系架构，确保从边缘到云端以及两者之间（跨网络和合作伙伴）的连续性、可扩展性和高性能性；
- 内置安全机制，能够端到端地保护设备、应用程序、服务及数据。

这些要求都只能通过开放标准的多租户、可扩展的编排和管理平台加以实现。

传统的 IT 架构并不是专门为高层互连和数据交换设计的，也不是为了保护它们。当前的物联网平台也不是为这些大型复杂系统的多层次、多租户、可互操作、高度可扩展和高度可靠的需求设计的。为了实现上述价值，确保车联网技术所需的安全性、可靠性、连接性及管理和优化服务，必须构建一个混合的下一代物联网平台（请参阅第 8 章）。

Kirby 分析了企业网和物联网混合模式可以为车联网市场带来的五大好处，包括保护车联网行业面临的大量攻击面、管理大量设备、在整个生命周期过程中执行最佳的远程更新和权健配置实践、在能力较弱且受限的设备上执行更多的任务以及推动更快的创新。所有这些都是汽车制造商和利益相关者解决当前最急迫挑战的基本需求。Kirby 认为，大多数成熟的企业网技术（包括自动化网络管理解决方案、雾计算和虚拟化等）都适用于车联网行业，与其他物联网技术混合使用时，能够提供最佳物联网平台解决方案。

16.3 车联网安全性

物联网已经完全渗透到整个汽车行业，引入的各种创新技术使得人们的驾驶旅程更加舒适，也更加安全。不过，物联网技术也暴露出大量潜在威胁，人身安全和数据隐私受到的影响最大。与其他行业不同，车联网的安全事件可能会导致人员伤害甚至死亡。因此，网络安全已成为车联网行业不可或缺的关键组成部分。

由于车联网行业遭受网络攻击的原因非常多，因而必须建立有效的安全防护机制。

- 驾驶者、乘客或外部的其他驾驶者及行人可能会受伤，包括碰撞造成的财产损失和基础设施损坏。
- 汽车制造商或系统/组件供应商的声誉可能会受到损害，可能会导致财务和法律后果。
- 车辆、汽车零部件或个人财产可能会被盗。
- 可能会进行工业间谍活动以窃取车辆技术或专业知识。
- 汽车被攻击后，可能会成为进入汽车服务提供商业务系统的后门。
- 隐私、身份和财务数据可能会被窃或被盗用，包括信用卡信息、个人地址或当前位置。车辆可能会采集很多非常重要的个人可识别信息，包括位置信息、密码、服务支付信息和个人信息。这些数据可能存储在多个易受攻击的位置，包括车辆内部、移动应用以及云端。
- 可能会创建与车辆保养合同或租赁协议等相关的欺骗行为。
- 不成熟、不充分的安全机制缺乏协同或未涵盖所有联网组件，可能会导致车辆易受攻击。

汽车面临的攻击面极其宽泛复杂，毕马威汽车业美洲区负责人 Gary Silberg 表示：

当前的汽车和卡车已经发展逐渐成为高度复杂的车式计算，大量专业公司为它们提供各种高科技组件和软件。日益增强的连接性带来了很多真实且重要的网络安全风险，最重要的影响就是人身安全问题。与大多数消费品不同的是，车辆攻击可能会危及生命，尤其是车辆处于高速行驶状态时，黑客获得车辆控制权。这是一个非常可怕但极有可能发生的场景，消费者对车辆安全极其敏感的原因也非常容易理解，因为与他们的汽车息息相关。除了安全性之外，这些新的联网汽车还包含了我们大量的个人信息，包括应用程序、娱乐信息、位置信息以及个人财务信息等。由于可能会给汽车制造商的品牌和销售造成巨大损害，因而解决网络安全问题已成为所有汽车制造商的一大重要优先事项，所有汽车制造商都无法承受错误带来的严重后果。

虽然汽车的安全威胁通常都是以标准的 IT 攻击形式出现的，但攻击目标是特定的客户设备和车辆系统。常见的安全威胁包括未经授权的访问、身份欺骗、恶意软件、网络钓鱼、外部渗漏/内部渗透（exfiltration/infiltration）、软件漏洞，也可能面向部署在驾驶设备、车辆 HMI、ECU、前端设备、OBD 端口、信息娱乐系统等上面的云端应用。

虽然本章主要关注的是汽车，但必须将其他两个领域也视为整体方法的一部分：制造过程和工厂环境、数据中心或云环境。数据中心和云是 OEM、经销商以及供应商提供大量增值服务的基础，包括客户应用程序、信息娱乐和软件或固件更新等。控制和安全机制涵盖整个供应链，从汽车零部件的托运到制造过程，再到汽车的实际管理与驾驶，这些领域都必须作为生态系统的一部分加以保护。不过本章并没有详细介绍这些领域的内容，前面的章节（特别是第 7 章～第 13 章）介绍了很多数据中心和云安全防范技术，包括如何在所有层面保护物联网平台。对于制造过程，建议大家查阅思科的联网工厂（Connected Factory）解决方案和思科数据中心设计指南，这两份指南详细介绍了这类环境的安全问题。图 16-22 和图 16-23 给出了企业或云数据中心和工厂可能出现的威胁类型。

ABI Research 的研究表明，虽然 eCall、bCall、被盗车辆跟踪和远程诊断等安全远程信息处理服务在全球范围内一直都在持续发展，但重点正在从车辆、驾驶者和乘客的物理安全保护转向网络攻击防御。虽然还没有报道过真正针对汽车的恶意攻击案例，但预计安全性将成为未来主导安全远程信息处理的关键因素。对于自动驾驶汽车和无人驾驶汽车来说，网络安全问题更加突出，软件和连接对于车辆的安全驾驶来说极为重要。

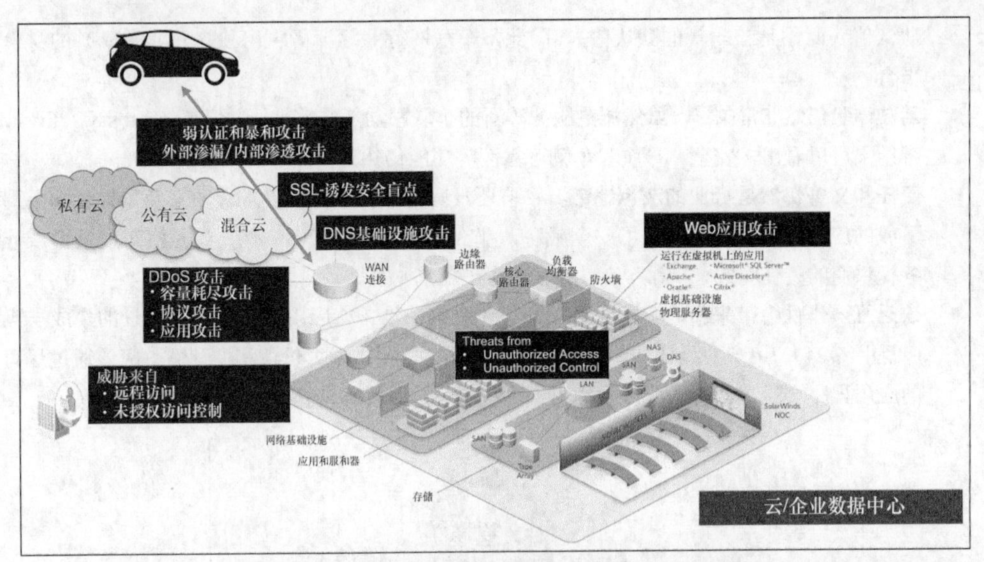

图 16-22 车联网数据中心环境中的潜在安全威胁

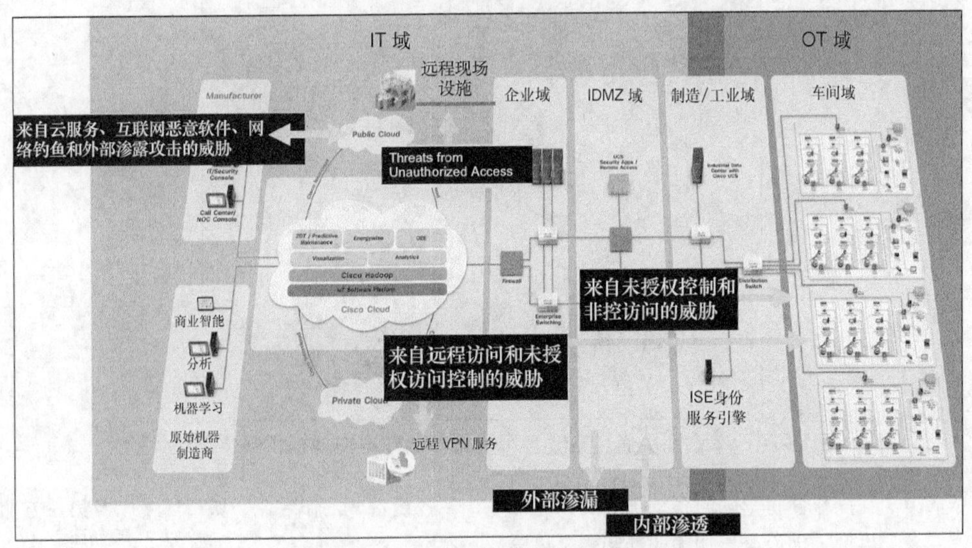

图 16-23 工厂环境中的潜在安全威胁

麦肯锡认为，推动安全威胁的关键驱动因素主要包括如下领域。

- **创新的步伐比汽车行业的发展速度更快。**汽车制造商的创新周期通常是 5 年，但通信技术的创新周期通常是 2～3 年。对于车联网生态系统来说，理解安全威胁，将这些安全威胁作为设计和制造过程的一部分加以解决，并在车辆的生命周期过程中持续更新安全性，将极具挑战性。
- **技术创新持续推动并引入更多创新，同时也带来更多风险。**车联网行业的标准在世界范围内处于分散状态，或者说在世界范围内各不相同。支持物联网用例（尤其是无线）的新通信基础设施也正在引入互操作性和多技术考虑因素。虽然科技企业与汽车制造商阵营正在构建合作关系，但当前推动车联网技术创新的仍然以科技企业为主，而不是汽车制造商，彼此之间的安全互操作性并不理想。在这种情况下，很难保证整个生态系统的安全性。
- **身份是车联网行业面临的巨大挑战。**不同的组件、软件、应用程序和服务都需要保护自己的身份。必须以统一且可理解的方式保护汽车的身份、通信机制、用户、应用程序和设备，以确保只有经过适当认证的用户才能控制汽车，对汽车系统进行更改或者与汽车系统进行通信。这样会产生一些潜在问题，如汽车可能拥有多个驾驶人员，或者二手车的某些部件需要返回到用户默认值（而不是该车辆的默认值）。因此，车联网行业逐渐衍生出独立（非集成）的身份管理平台。

- **驾驶体验仍然非常关键。**虽然流量服务等新的车联网功能非常重要，但是从Frost&Sullivan的调查结果可以看出，安全、导航和车辆可靠性等功能仍然是驾驶者的主要需求。
- **责任和义务仍然是行业的灰色地带。**目前还没有约定俗成的协议来管理安全事件。如果驾驶者下载的应用程序对车辆造成了安全威胁，那么究竟是驾驶者的责任，还是汽车制造商或连接服务提供商的责任呢？
- **缺乏互操作性会带来新的安全风险。**最佳体验来自设备、应用程序和驾驶场景的集成与互操作（见图16-24）。用户的最佳体验依赖于集成架构，以提供最大价值和便利性，应该通过尽可能少的应用程序实现数据的无缝传输。由于多种原因，互操作性在安全环境中极为重要。

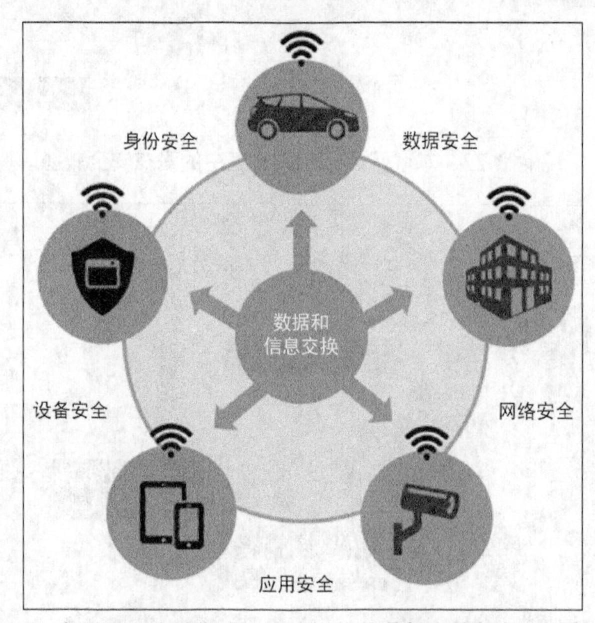

图16-24 车联网：通过集成且可互操作的数据交换提供最佳驾驶体验

  - 互操作性将车联网系统扩展到家庭环境、多种设备、工作环境、城市环境以及第三方服务提供商，因而会增加脆弱性和安全风险。
  - 互操作性为整个生态系统引入了大量合作伙伴、联盟和协作，合作伙伴之间的每个交集（无论是硬件、软件、应用程序还是流程）都要得到全面保护。
  - 互操作性通常需要新的商业模式，要求数据可以跨越先前封闭的边界进行自由流动（以安全的方式）。

  从车联网的网络安全、人身安全和隐私角度来看，每一项都会产生非常宽泛的安全攻击面和更多的安全威胁、更多的参与方、更多的利益相关者和更高的安全风险。

- **车联网行业的安全领域高度分散，解决方案的模式、范围和可扩展性各不相同。**如果要普及车联网应用，那么就要求这些技术必须提供安全解决方案。可以同时并协同解决端到端的物联网架构的各个层面，而不仅仅是其中的一部分。这就意味着需要同时涵盖车辆、设备、通信网络和各种应用程序。

麦肯锡公司认为，要实现上述要求，就必须进行精心策划，包括正确的身份认证和授权（对于网络、设备而言），实现可信操作的安全参数传输能力，确保可信操作并防止攻击者危及或修改联网物品或访问安全数据的网络安全机制，确保只有可信的应用程序实例处于运行及通信状态。在所有这些要求当中，安全解决方案必须能够相互协同，以便在整个系统范围内防范风险和漏洞。必须精心设计编排和管理平台，不但要实现车联网行业所需的多个系统和子系统的部署与运行，而且还要实现持续不断的安全监控和防范。

所有这些趋势都需要强大且可扩展的网络安全解决方案，能够有效识别、保护和应对各种安全威胁。

据 Mordor Intelligence 估计，2016 年全球汽车市场的网络安全市场约为 5254 万美元，2022 年预计将达到 5.875 亿美元（见图 16-25）。

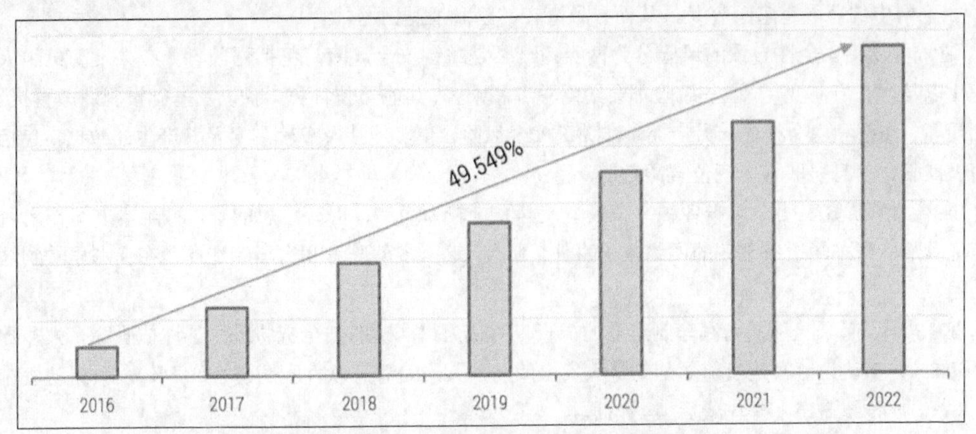

图 16-25 2016-2022 年全球汽车市场的网络安全规模（单位：百万美元）

网络安全是所有物联网部署方案的关注焦点，汽车行业也是如此。事实上，由于涉及到人身安全问题，汽车行业的网络安全显得比其他行业更加重要。由于车联网的最终产品非常复杂（ECU 的数量、软件代码的行数以及连接层级的数量）、供应链和生态系统较为分散且面临复杂的集成性和互操作性需求，因而汽车行业的安全保护是一项非常艰巨的任务。联网车辆的安全性是车联网生态系统所有参与方（制造商、技术供应商、售后服务、政府）面临的最大问题之一，主要原因如下（见图 16-26）。

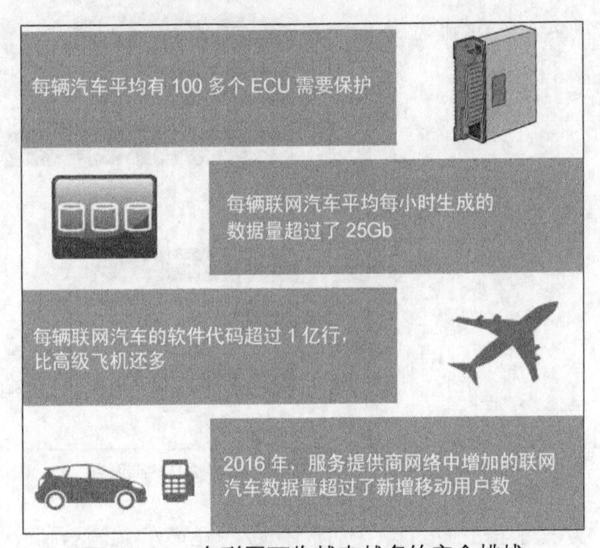

图 16-26 车联网面临越来越多的安全挑战

- **复杂性**：因为车辆中的软件代码行数增长迅猛，通过多种网络进行通信的 ECU（Electronic Computing Unit，电子计算单元）数量也在持续增多，而且随着零部件批量生产或互操作性成为目标，车载系统的异构性也在明显增加。
- **连接性**：这种复杂性的原因在于存在各种有线和无线通信网络。车辆部件通常都通过有线总线进行连接，而无线通信标准（WiFi、LTE、3G、窄带物联网等）则负责将个人设备连接到车辆系统并将车辆连接到外部世界（其他车辆、企业和云端等）。虽然基于物联网的网络连接为车辆增加了很多有吸引力的功能，但同时也让原本封闭的汽车系统越来越开放，也越来越容易访问，成为更有吸引力的攻击目标。

- **信息**：个人信息和驾驶者位置信息被盗后，可能会导致身份窃取和入室盗窃，这些都是网络犯罪分子的期望目标。由于智能手机及其他联网设备都与个人数据相关联，因而个人数据在车联网中的获取越来越容易，从而导致潜在的隐私泄露问题。

通常可以将安全性导致的风险分为两类：一类是关键安全风险，包括驾驶者分心、发动机熄火或性能劣化以及行驶方向变化，这些风险都会给驾驶者和乘客、其他驾驶者和车辆以及基础设施造成直接影响，包括损坏、伤害和生命损失；另一类是非关键安全风险，更多地涉及车辆本身及其产生的数据，包括车辆盗窃、欺骗、信息窃取和车辆位置跟踪等。

虽然大量研究表明，攻击各种汽车模型及其系统较为简单，但有意思的是，截至本书写作之时，还没有记录给联网车辆造成破坏的网络攻击事件。那么，这么多驾驶者和汽车制造商是在在哪里看到这些威胁的呢？

2016 年发起了一项面向汽车制造商的调查，对认为最严重的安全威胁进行了评估研究。大多数受访者（59.8%）都认为黑客是当前面临的最大安全威胁，其次是恶意软件和病毒（28.3%），数据窃取排在第三（8.7%），传统盗窃则排在最后（4.1%）。

受访者还对汽车通信及相关技术做了调查评估（见图 16-27）。认为最大的安全漏洞是联网技术本身（25.2%），其次是导航和信息系统（20%）、ECU（19.5%）、CAN 总线（11.9%）、车载计算的长寿命期（10.9%）和 OBD 端口（7.1%）。汽车小型零部件的风险较小，4.3%的受访者认为汽车关键部件的脆弱性最高，0.9%的受访者则认为胎压监测系统的脆弱性最高。

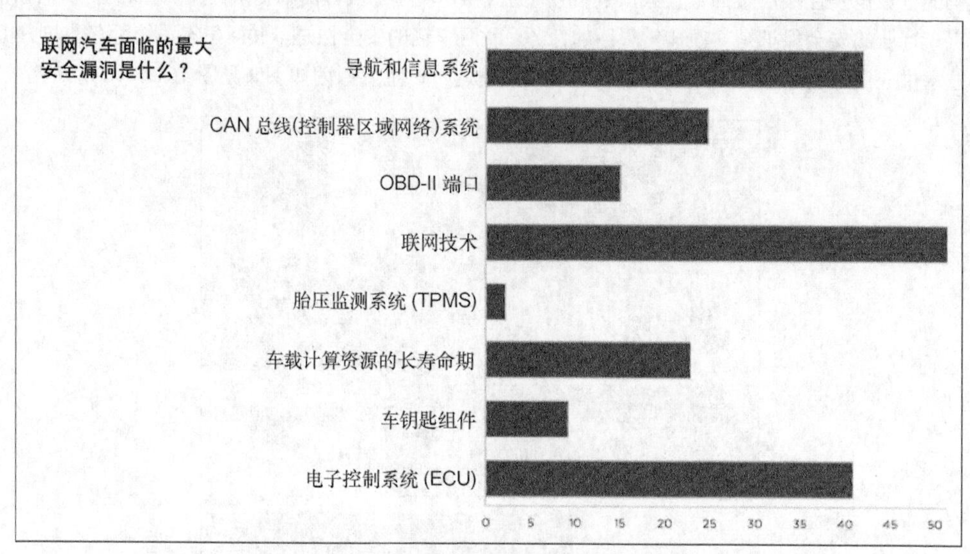

图 16-27 联网汽车面临的安全漏洞调查

在防范安全威胁的方法方面，受访者认为加密（54%）是最好的方法，其次是生物识别（26.7%）、防火墙（15.5%），最后是防病毒技术（3.7%）。

在通过无线方式（OTA）提供系统更新和安全补丁方面，44.6%的受访者认为非常有用，24.6%的受访者则认为有很大提升。

在实现安全的车联网环境方面，超过一半（53.7%）的受访者认为需要 1～3 年的时间，43.1%的受访者则认为需要 5 年以上的时间。开发了适当的安全策略和技术之后，77.4%的受访者认为其安全性足以让自动驾驶车辆普及，而 22.6%的受访者则认为安全挑战远未解决。

毕马威在2016年的第二次调查中重点关注了汽车驾驶者。与汽车制造商类似，汽车驾驶者也非常担心安全事故带来的威胁：70%的受访者非常担心或较为担心他们的汽车会在未来5年被黑客入侵。37%的受访者认为，如果他们的汽车遭到黑客入侵，那么将会给车辆制造商带来巨大的负面影响，42%的受访者认为会产生中度负面影响，有趣的是，15%的受访者认为不会产生任何影响。

与本章前面提到的 ABI 调查一致，驾驶者最关心的领域是人身安全（41%），其次是盗窃个人信息（25%），无驾驶者个人信息的位置跟踪（15%）、窃取个人照片或媒体信息（6%），最后是违反当地法律（2%）。

可以看出，虽然车联网生态系统中的大多数人都理解确实存在安全问题，但业界并没有就此达成共识，也没有制定出统一的安全防御解决方案。下一节将详细讨论车联网的潜在威胁以及防范这些威胁的最佳安全考虑因素。

16.3.1　车联网漏洞和安全考虑因素

那么究竟哪些目标会被攻击呢？实际情况是，任何事物只要联网了（或者可以通过网络进行连接），就有可能会被攻击。由于现代汽车存在各式各样的大量连接和接口，因而远程攻击面变得越来越大。图16-28给出了联网汽车面临的15个最容易遭受攻击的区域。除此之外，信息娱乐系统以及电动汽车充电系统也引起人们的普遍关注。

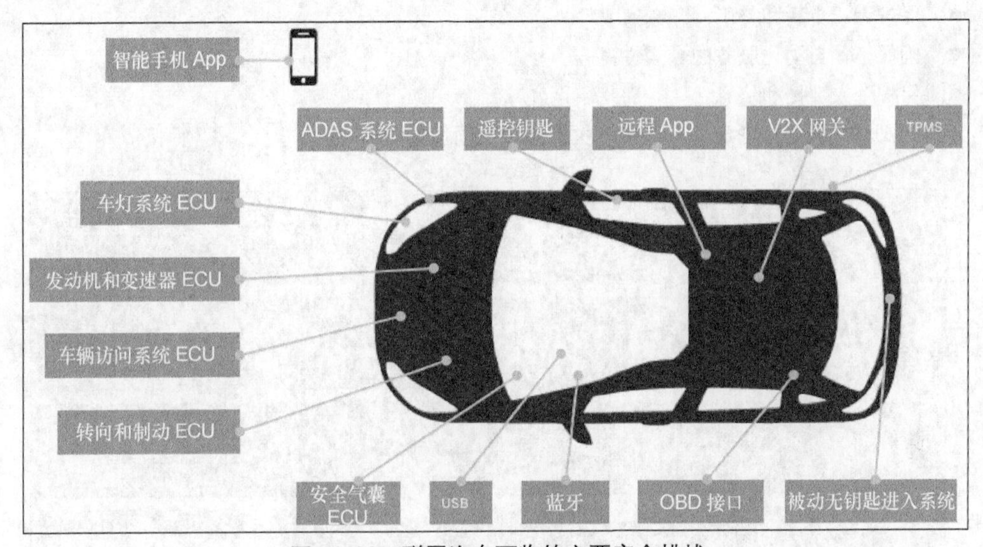

图 16-28　联网汽车面临的主要安全挑战

这些系统面临的主要漏洞包括不安全的固件更新和下载、不存在或硬编码的蓝牙 PIN、系统弱密码、硬编码的安全凭证以及支持 Internet 的管理界面。这些漏洞导致的后果包括修改固件或软件、打开或关闭车辆、锁定或解锁车门、从车辆或乘客读取数据、攻击 CAN 总线、影响车辆行驶速度和方向或 GPS 跟踪。除了较新的嵌入式系统之外，为老式车辆提供直接连接或 Internet 连接的廉价插件设备市场正呈现快速增长的态势。

为了访问这些区域，攻击者必须首先找到入口点。不幸的是，攻击者们可以采用多种非法访问方式（见图 16-29），包括直接连接、有线和无线网络、联网智能设备以及车辆外部连接（包括 V2V、V2C 和 V2I）。由于通信过程属于真正的端到端过程，因而从网络基础设施和安全性角度来看，必须部署拥有正确架构的解决方案。

车联网架构是安全防范策略的基础，车联网架构应解决汽车的如下关键问题：

- 保护驾驶者、乘客及其他人；
- 确保车辆行为符合设计规范；

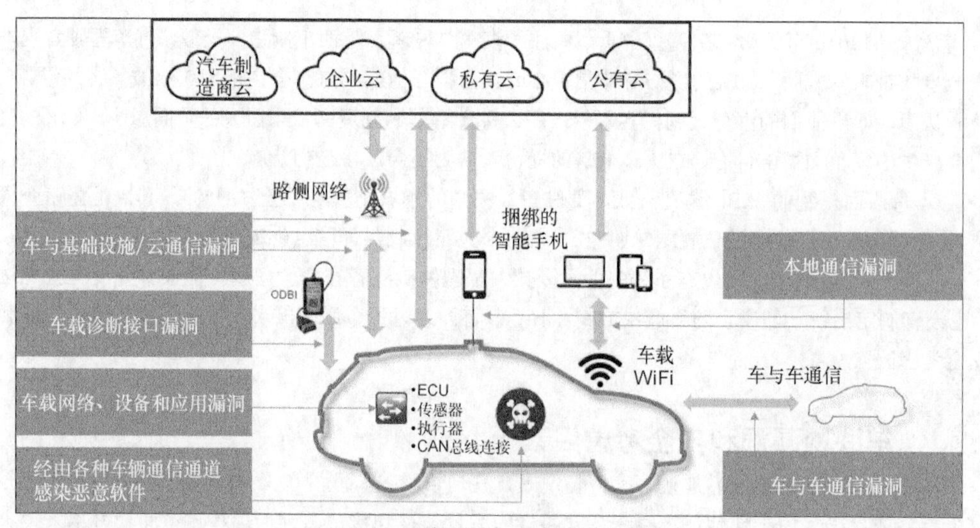

图 16-29 联网汽车面临的潜在漏洞

■ 防范未经授权地访问和操纵车辆或车辆产生的任何数据；
■ 保护无线更新和补丁；
■ 确保车辆自动化服务的合规性；
■ 保护个人数据和信息。

不过，架构模式必须考虑与车联网相关的注意事项（见图 16-30）。

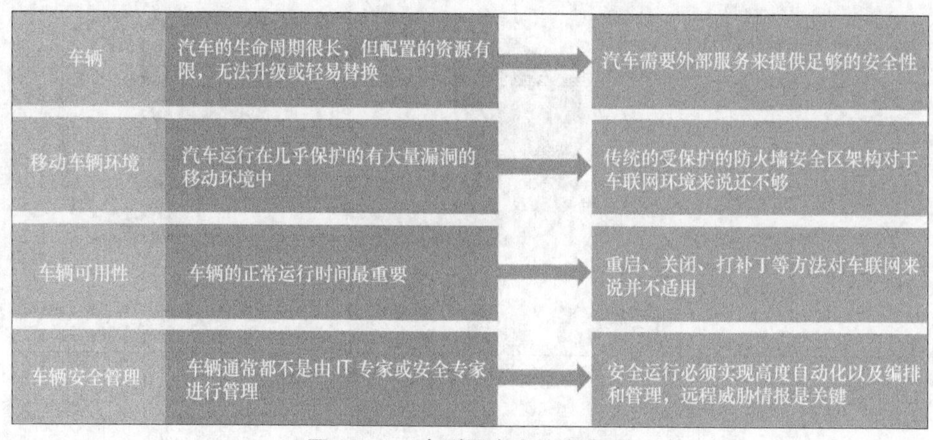

图 16-30 车联网安全注意事项

车联网存在多种连接机制，意味着汽车也面临着直连攻击和远程攻击等多种形式，使得安全问题变得愈加复杂。

■ 很多设备只有有限的连接安全性（包括加密），攻击者可以利用大量广泛流传的攻击技术远程攻击车辆。
■ ADAS 的广泛部署增加了由 ECU（ECU 与车内通信网络连接）通过电信号控制的机械系统的数量，使得汽车很容易遭到攻击。
■ 远程访问机制与 ECU 之间的隔离度有限或者无网络隔离（逻辑或物理），因而攻击者能够很容易地利用远程连接方式访问网络。
■ 除官方即插型配件之外，“黑市”设备也越来越多，由此可能带来与恶意软件相关的大量安全风险。

除了这些挑战之外，当前的大多数车辆都无法通过无线方式（OTA）进行升级或打补丁。因此，在将汽车交给经销商或维保服务商手工打补丁之前，汽车可能会在较长的时间内都存在明显的已知安全问题。这些挑战会产生很多不良后果和影响，必须将其作为车联网安全保护措施的一部分进行考虑和解决（见图 16-31）。

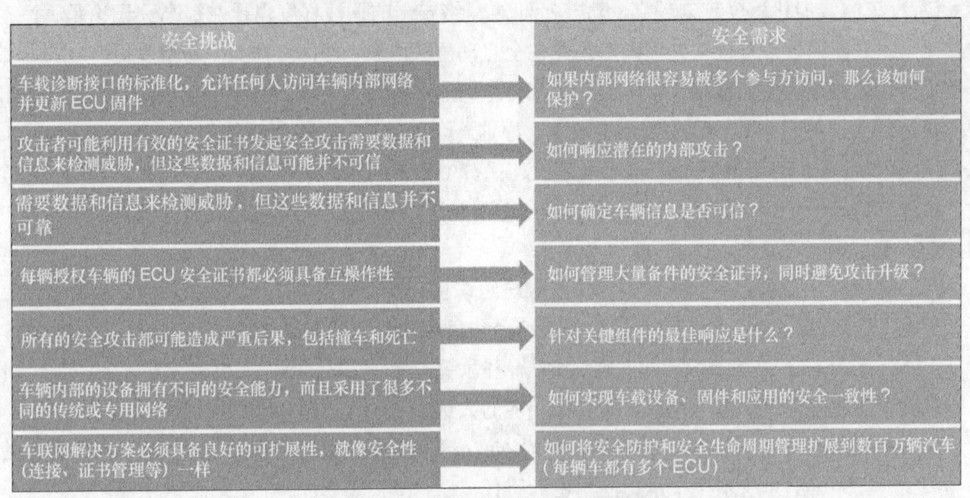

图 16-31 车联网面临的安全需求

幸运的是，目前业界已经提供了大量技术来保护这些漏洞，这里简要列出其中的几种技术（图 16-32 给出了一个详细列表）。下一节将详细探讨其中的部分内容（属于用例的一部分），包括 IPS/IDS 技术、行为分析和身份管理，同时还会说明如何利用自动化机制来部署和管理这些技术的生命周期。

- 建立并部署拥有适当保护措施的通信网络，包括提供独立的通信信道和数据流，为系统的每个组件都提供适当的访问控制机制，并限制对关键进程的直接访问行为。
- 采用加密通信机制连接设备，尽可能使用公认加密标准。

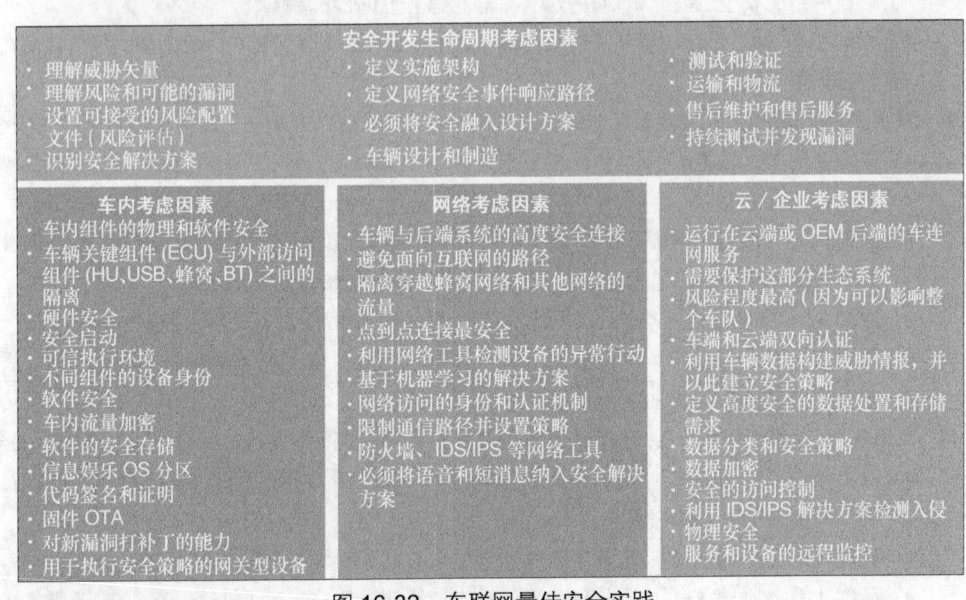

图 16-32 车联网最佳安全实践

- 提供自动化的攻击检测与防范机制以及自动化的软件补丁机制，这两类操作都可以通过无线方式完成，这意味着响应速度更快。

- 部署一套能够解决所有生态系统需求的统一平台（而不是部署多个孤立式系统）。生态系统非常复杂，必须在系统和不同的供应商之间共享数据，以满足车联网的各种需求。系统化的平台允许以统一的方式部署、监控和管理安全问题。
- 尽可能地关注互操作性和开放标准。

随着汽车的智能化程度越来越高，汽车行业对网络安全的关注程度也日益提高。无论是将汽车作为无线热点，还是部署数百万行软件代码以创建完全自动驾驶汽车，都比以往更容易遭受黑客攻击和数据窃取。为了提供最合适的安全策略，整个制造供应链中的所有各方（从设计人员和工程师，到零售商和高级管理人员）都必须拥有一套一致的安全指南来支撑这一全球性行业。英国运输部与 CPNI（Center for the Protection of National Infrastructure，国家基础设施保护中心）联合制定了以下关键原则，适用于整个汽车行业、CAV（Connected Autonomous Vehicle，自动驾驶汽车）和 IT 安全生态系统及其供应链。这些原则被设计成一套基准指南。

- **原则 1**：在董事会层面承认、管理和推进组织机构安全。
  - **原则 1.1**：有一个与组织机构长远使命和目标相一致的安全计划。
  - **原则 1.2**：在董事会层面明确负责产品和系统安全（包括物理、人员和网络安全）的人员责任，并在整个组织机构内部明确委派相应的人选。
  - **原则 1.3**：在员工意识和培训工作中嵌入“安全文化”，确保每一位员工都能理解他们在 ITS/CAV 系统安全中承担的角色和责任。
  - **原则 1.4**：所有的新设计都要在设计之初涵盖安全机制。开发安全的 ITS/CAV 系统时应遵循安全设计原则，要将所有的安全方面（包括物理、人员和网络安全）都集成到产品和服务开发过程当中。
- **原则 2**：对安全风险进行适当且均衡地评估和管理，包括与供应链相关的安全风险。
  - **原则 2.1**：组织机构必须知道和理解当前威胁和工程实践，从而在工程角色中防范威胁。
  - **原则 2.2**：组织机构需要与适当的第三方进行合作和接洽，以增强威胁意识和适当的响应计划。
  - **原则 2.3**：组织机构内部要有适当的安全风险评估和管理程序，制定适当的安全风险（包括来自网络的安全风险）识别、分类、优先级划分和处理流程。
  - **原则 2.4**：通过设计、规范及采购实践，识别和管理包括供应链、分包商和服务提供商在内的特定安全风险。
- **原则 3**：组织机构需要制定售后服务和事件响应机制，以确保系统在生命周期过程当中的安全性。
  - **原则 3.1**：组织机构应规划如何在系统的整个生命周期内维护系统的安全性，包括必要的售后支持服务。
  - **原则 3.2**：制定事件响应计划。组织机构应规划如何应对关键安全资产、非关键安全资产及系统故障带来的潜在危害，以及如何将受影响的系统恢复到安全状态。
  - **原则 3.3**：需要制定主动计划来识别关键漏洞，并利用适当的安全系统解决关键漏洞。
  - **原则 3.4**：组织机构应确保其系统支持数据取证以及对唯一可识别数据的取证恢复，从而确定网络或其他安全事件的根源。
- **原则 4**：所有组织机构（包括分包商、供应商和潜在第三方）都应该共同努力提高系统的安全性。
  - **原则 4.1**：组织机构（包括供应商和第三方）必须能够为其安全过程和产品（物理、人员和网络）提供保障，如独立验证或认证。
  - **原则 4.2**：能够确定和验证供应链中所有供应方的真实性和来源。
  - **原则 4.3**：组织机构要协同规划，确保系统与外部设备、连接（包括生态系统）、服务（包括维护）、操作或控制中心进行安全交互，包括在标准和数据需求方面达成一致。
  - **原则 4.4**：组织机构需要识别和管理外部依赖性。如果传感器或外部数据的准确性或可用性对自动化功能来说至关重要，那么还必须采取一定的辅助措施。

- **原则 5**：系统必须采取纵深防御设计模式。
  - **原则 5.1**：系统的安全性不依赖于单一故障点、安全盲区或任何无法轻易更改的事物（如果该事物被攻击）。
  - **原则 5.2**：安全架构应采用纵深防御和分段技术，充分利用监控、告警、隔离、减少攻击面（如开放的 Internet 端口）、信任层/边界及其他安全协议等辅助控制机制来降低安全风险。
  - **原则 5.3**：必须在整个系统中设计控制机制，允许跨信任边界进行事务调节，包括最小访问原则、单向数据控制、全磁盘加密以及最小化共享数据存储。
  - **原则 5.4**：对于能够访问系统的远程和后端系统（包括云服务器）来说，必须部署适当的保护和监控机制，以防止未经授权的访问行为。
- **原则 6**：对于所有软件来说，都要在生命周期过程中管理其安全性。
  - **原则 6.1**：组织机构应采取安全的编程实践，以管理软件中的已知和未知漏洞（包括现有代码库）。要部署软件代码的管理、审计和测试系统。
  - **原则 6.2**：必须能够确定所有软件和固件的状态及其配置信息，包括所有软件组件的版本、修订情况及配置数据。
  - **原则 6.3**：软件损坏后，必须能够安全地更新软件并恢复到已知正常状态。
  - **原则 6.4**：软件应采用开放的设计实践，尽可能使用经同行验证的代码。在适当的情况下，可以共享源代码。
- **原则 7**：数据的存储和传输必须安全、可控。
  - **原则 7.1**：数据在存储和传输过程中必须足够安全（保密性和完整性），只有允许的接收端或系统才能接收和访问这些数据。任何入站通信在未经验证之前，都应视为不安全通信。
  - **原则 7.2**：必须正确管理个人可识别数据，包括存储的内容（ITS/CAV 系统的打开和关闭）、传输的内容、使用方式以及数据所有者对这些操作过程的控制能力。在可能的情况下，应该对发送到其他系统的数据进行清洗。
  - **原则 7.3**：用户可以删除保存在系统中和连接在系统上的敏感数据。
- **原则 8**：系统设计必须能够抵御攻击，并在防御或传感器失效时做出适当响应。
  - **原则 8.1**：系统必须能够避免通过外部和内部接口接收损坏、无效或恶意数据或命令（包括传感器干扰或欺骗）。
  - **原则 8.2**：如果关键安全功能受损或停止工作，那么系统必须具备足够的弹性和故障恢复机制，该机制应该与安全风险成正比。非关键安全功能失效后，系统必须能够做出适当的响应措施。

美国 NHTSA（National Highway Traffic Safety Association，国家高速公路安全管理局）在官方文件"Cybersecurity Best Practices for Modern Vehicles"（现代车辆网络安全最佳实践）中对上述原则进行了呼应，给出了一系列用于保护联网汽车的指导性建议，包括保护开发过程、在生态系统参与方之间共享信息、报告漏洞情况并及时披露、进行风险评估、记录渗透测试和安全情况、执行自我审计和自我审查等。除了这些通用做法之外，NHTSA 还建议在以下基础领域加强车辆的安全防护：

- 限制开发人员和调试性访问车辆中运行的设备。
- 控制加密密钥和密码。
- 控制车辆的维护诊断访问。
- 控制对固件的访问。
- 限制修改固件的能力。
- 控制网络端口、协议和服务的扩散。
- 在车辆架构设计中采用分段和隔离技术。
- 控制所有的车辆内部通信。

- 记录并维护安全告警和事件。
- 控制与所有集中式后端服务器（无论托管在企业、服务提供商还是云端）的通信。
- 控制车辆的无线接口。

此外，美国 NHTSA 还推荐了两个涉及所有安全防范技术的关键领域。首先，要为车辆的网络安全采取分层模式，以降低攻击成功概率，并减轻未经授权访问的后果。这一点需要建立在风险识别以及关键安全车辆控制系统和个人可识别信息保护的基础上，对潜在的车辆安全事件提供及时有效的远程检测与快速响应，并提供内置响应方法和措施，从而在事故发生后实现快速恢复。

其次，要充分利用 IT 安全的最佳实践。可以将主要为 IT 网络和网络服务设计的标准及控制机制，直接用于车辆内外通信基础设施的网络安全、车辆控制器的开发、经销商和服务环境以及供应链领域。与物联网相关的安全技术和标准应该全面支持这些最佳实践，从而提供混合安全模式。

最后，NHTSA 建议统筹考虑汽车的整个生命周期并推进快速响应恢复机制。这就意味着应该将安全性嵌入到整个物联网协议栈（硬件、软件、应用程序、通信、计算和数据管道）的部署过程当中，并进行适当的编排和管理，以最有效地应对安全威胁。在考虑车联网生态系统的复杂性和互操作性时，这一点显得格外重要（见图 16-33）。只有架构合理的物联网编排平台才能有效集成如此众多的系统组件。

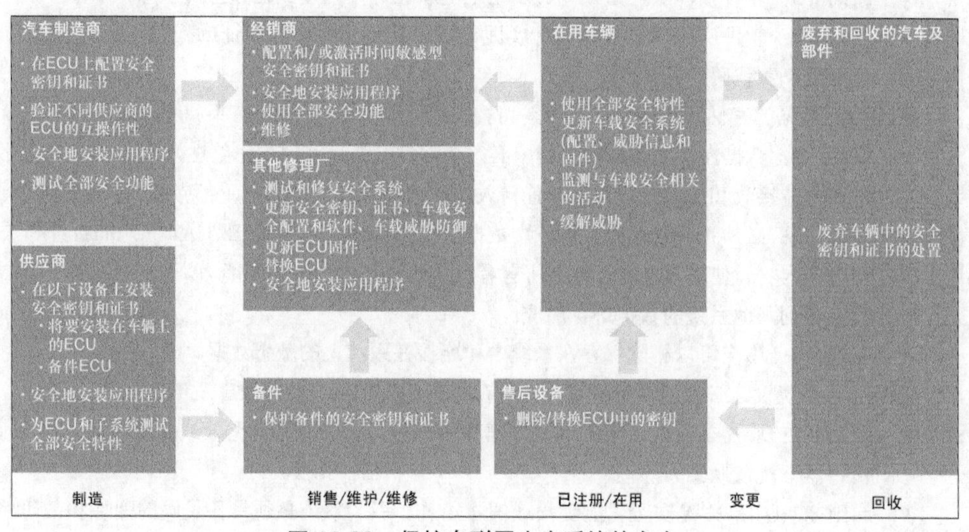

图 16-33 保护车联网生态系统的安全

除了标准和最佳实践指南之外，还有很多专门研究汽车领域网络安全问题的行业协会和联盟，包括 Auto-ISAC（Information Sharing Advisory Center，信息共享咨询中心）、CCV（Cyber Security Consortium for Connected Vehicles，车联网网络安全联盟）、IATC（I Am the Cavalry）、TSI（Trustworthy Software Initiative，可信软件计划）、GENIVI 联盟、英特尔 ASRB（Automotive Security Review Board，汽车安全审查委员会）和 TRL（Transport Research Laboratory，交通研究实验室）。

值得庆幸的是，到目前为止，在正常的驾驶者操作过程当中，还没有出现针对车辆的重大网络攻击成功案例。不过，从最近十多年来的黑客事件可以清晰地看出，这种潜在威胁是真实存在的。

- 2005 年，黑客展示了通过 Linux 蓝牙劫持汽车音响的过程。
- 2007 年，黑客演示了远程接管汽车导航系统的过程。
- 2010 年，黑客远程禁用了 100 多辆汽车。
- 2013 年，Mini Cooper 被黑客攻击。
- 2015 年，黑客控制了在高速公路上行驶的吉普车，并阻止车辆运行。

汽车领域的网络安全专家 Argus 认为，解决这些网络安全问题的根本途径是确保以协调、可互操作的方式部署多层防御系统。系统体系或平台模式必须集成多种技术，以提供全面、协调、端到端的保护机制，单一产品或多个孤立产品都无法完全满足需求。这种集成化模式必须全面涵盖包括车辆传感器、车辆控制系统、车辆上的网关、通信、集中式应用程序（无论位于何处）等在内的部署、管理、协调与安全操作。

麦肯锡强调，采用这种集成化模式时，必须在设计解决方案时充分考虑安全问题，只有这样才能保证其安全性。快速修复、安全增强和孤立模式只会增加复杂性，而且随着时间的不断推移，成本也会不断增加。除此以外，这些方式还很容易被攻击者规避，因为无法从根本上解决体系架构存在的安全挑战。麦肯锡指出，要确保整体解决方案的有效性，就必须确保解决方案的实施一致性，而且要确保所有硬件和软件组件都经过优化设计、能够协同工作。所使用的平台必须涵盖整个解决方案生态系统，因为整体安全性取决于最脆弱的组件。为了实现保护效率与成本控制之间的最佳协同，应该以单个企业产品为基础，通过扩展产品的边界来管理安全性问题。

普华永道重申了这一点，认为适当的项目环境就是可以在其中开发、测试和维护能交付所需安全解决方案的平台。普华永道认为，由于联网汽车的保护工作极其复杂，而且为汽车提供联网解决方案的供应商也非常繁多，因而确保车辆的安全性是一项复杂的协同工作。只有解决并克服了开发、测试、部署和协调方面的诸多挑战，才有可能降低安全风险。

为了真正有效地解决这一问题，必须实现以下 4 个目标。

- **真正理解当前面临的网络安全风险和威胁。** NHSTA 已经确定了一些风险领域，包括隐私和安全、欺诈性商业交易、与人身安全无关的操控干扰和与人身安全相关的操控干扰。只有深入理解了这些安全威胁，才有可能采取有效的安全措施来应对这些威胁。
- **认真做好架构设计，创建能够有效实现端到端安全模式的平台。** 当前的汽车连接点比以往任何时候都要多。连接点越多，意味着攻击者有更多的机会利用安全漏洞。分层的端到端安全模式有助于将这些安全风险降至最低，但要求必须确保车辆外部及内部平台通信过程的高度安全性。该模式要求必须为整个生态系统的硬件和软件采取分层纵深防御策略，包括将车辆连接到云端上游应用和服务的所有数据和通信路径。
- **不但要关注控制平面的安全性，还要关注数据平面的安全性。** 数据管道负责将数据传输到可以交换或转换为有意义信息的位置，是车联网的关键使能组件。此外，由于数据管道能够将正确的行为作为基线并报告异常情况，因而还能实现更强大的安全洞察。数据组件在未来将变得越来越重要，因为系统可以通过行为分析、机器学习和人工智能来采集安全洞察，而所有这些都需要利用数据组件来理解安全和威胁。
- **确保平台能够以统一的方式处理不同供应商的生态系统。** 随着平台功能的联网程度越来越高，软件更新和下载对网络连接的依赖性越来越强，需要在不同的传感器和系统之间交换的数据也越来越多，对这种可互操作平台的需求也将越来越高。

对于车联网生态系统来说，只有遵循一定的原则，才能创建更加开放、更加协调的基础设施（见图 16-34）。

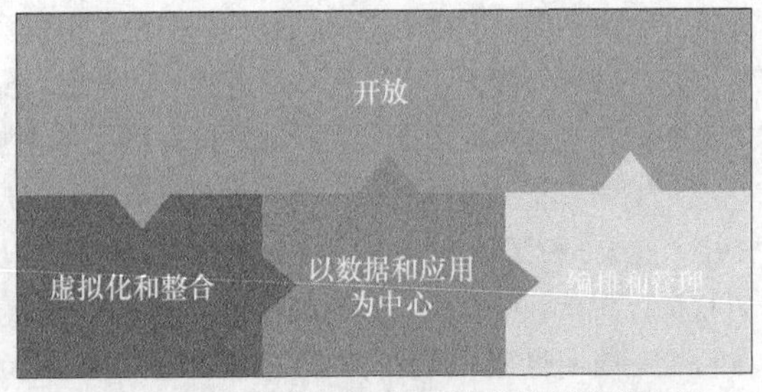

图 16-34 车联网的物联网编排平台原则

对于车联网的物联网平台来说，首要关注的就是开放性，包括物理设备和应用程序的异构性。必须统一管理不同生态系统参与方的不同应用程序和服务，安全的多租户环境允许不同的部门或供应商自主部署和管理各自的服务（基于有安全保障的公共基础设施）。

第二个重要方面是必须将以数据为中心（data-centric）的模型和以应用为中心（application-centric）的模型融合在一起，从而以一致、高效的方式交付和管理服务。这种融合对于物联网来说至关重要，因为在大多数情况下，物联网平台必须能够有效地管理数据和物联网应用程序的生命周期。我们通常将其称为以数据和应用为中心（data application centric），能够为数据和应用提供高级策略管理，允许数据在用户提供的应用程序之间以受控方式进行共享。对于车联网行业的参与者来说，这种模式提供了新的强大的分析功能，从而产生了可操作的商业智能和新的商业服务。

对于多租户环境来说，要求平台在统一编排、安全、分布式分析及管理方面具备水平扩展能力，不会对每个租户有效运行各自服务的能力造成影响。为此，平台应通过聚焦自动化和安全机制的可扩展的编排系统来加以实现。

最后一个原则就是整合，包括车载硬件和数据中心硬件以及共享服务。整合可以显著降低复杂性、成本、维护及交付和部署新服务的时间。同时，整合模式意味着可以通过自动化机制实现服务部署和管理的一致性，从而有效降低孤立式解决方案中专有技术和不可见的安全技术存在的安全雷区。

以一种可互操作、协调和可管理的方式将生态系统安全性集成在一起，可以为车联网带来更好的道路安全性和更高的可靠性，而不影响驾乘体验或企业创造新竞争性产品的能力。

16.4 车联网安全与自动化用例

随着车联网市场的持续增长，经过验证的企业级技术（包括自动化网络管理解决方案、雾计算和虚拟化）将越来越适用于车联网，对车联网的作用也越来越明显。当前业界正在进行各种努力，希望利用服务提供商和企业级物联网技术及最佳实践来推动车联网的持续发展。这是唯一能够提供行业所需且经过验证的具有良好可靠性、互操作性和安全性的解决方案。

通用的可互操作且开放的系统不但有助于加速创新，而且还能够实现实时数据交换和更有效的数据关联。这一点对时延敏感型应用来说非常重要，对于可以在本地进行数据处理而不需要传送到集中式平台进行决策的应用来说也同样重要。此外，这类平台还能在系统边缘提供实时控制能力，可以确保不同的应用程序之间能够进行直接交互，而不只是通过集中式管理平台进行交互或者在中心位置的不同系统之间进行交互。汽车行业应设计一个通用平台，能够在车联网架构的各个层面（从车载传感器到云端应用程序）实现所有方向（水平方向和垂直方向，即北向、南向、东向和西向）的集成能力。图16-35给出了当前典型的车联网架构。

为了满足这些架构需求，必须在多个层级实现相应的安全机制。RSA建议开发以下内建安全机制，且所有安全机制都应该能够通过一个通用的物联网平台解决方案进行部署。为了实现不同层级之间的互操作，要求必须采用可互操作的标准化模式。

- **Level 1**：身份。每个参与交互的实体都需要标识自己并证明自己的身份。
- **Level 2**：数据。必须安全地存储和处理已定义的软件、安全密钥以及车辆或驾驶者的数据。
- **Level 3**：访问控制。与身份密切相关，并非允许所有实体的请求、操作或变更。
- **Level 4**：安全和加密通信。应该为车内通信及外部通信提供适当的加密机制。
- **Level 5**：内容保护。涉及恶意攻击的检测与防范能力，包括车内用户发起的恶意攻击以及通过深度包检测和IPS技术确定的源自汽车本身的恶意攻击。
- **Level 6**：安全分析与情报共享。应该为后端系统收到的车辆状态信息建立关联关系。
- **Level 7**：安全操作和生命周期管理。需要持续改进安全性，应该尽可能地通过自动化机制内置并部署编排和管理功能。

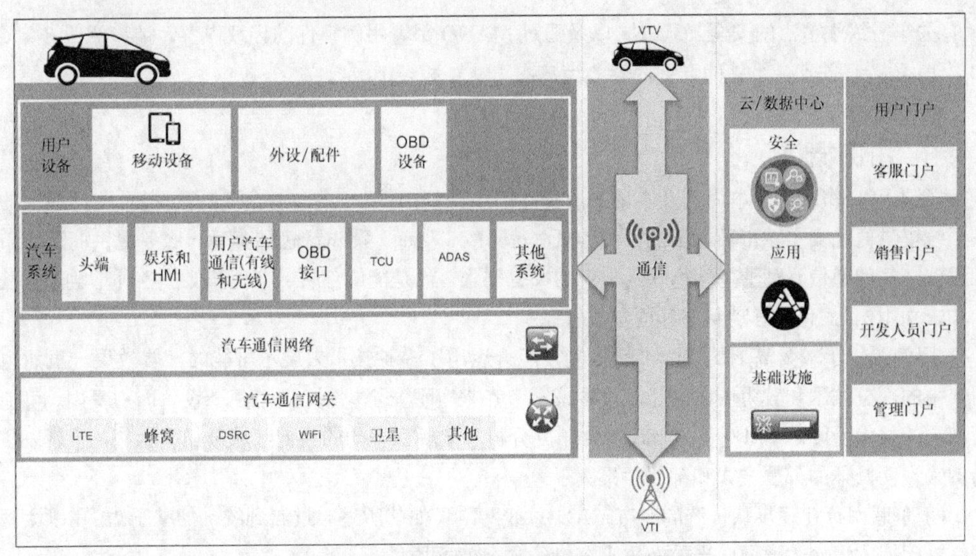

图 16-35　车联网安全架构：分层模式

这些原则与本书的核心内容一致，对于车联网部署方案来说，一致、开放、多级物联网编排平台始终不会过时（具体详见下述用例）。

需要强调的是，并非所有的事情都能实现自动化，而且在物联网平台运行生命周期的不同阶段，自动化水平也有所不同。图 16-36 给出了运营生命周期的各个典型阶段。Day 0 指的是初始设计和预备工作/预配置，该阶段的自动化程度最低，自动化操作主要集中在流程，而不是部署和操作技术。当前的 Day 0 自动化程度有所提高，特别是在设备的安全加载方面。Day 1 的自动化程度较高，物联网协议栈的很多部分都是自动部署的。Day 2 的自动化程度也较高，特别是在安全防范技术、性能优化服务、KPI 实施以及传统的增加、移动和变更方面。

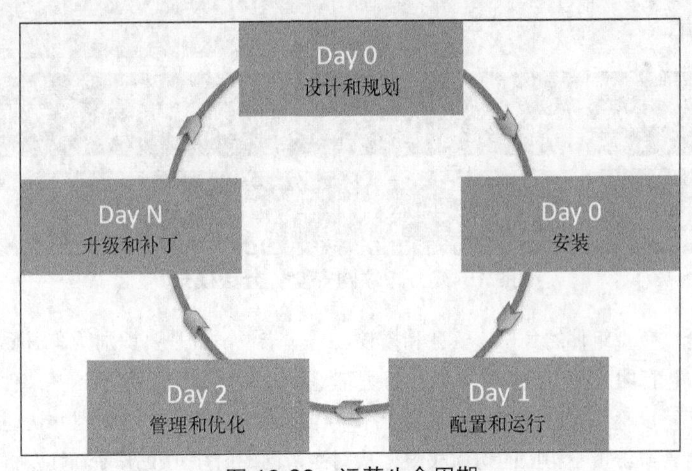

图 16-36　运营生命周期

需要注意的是，与本用例相关的物联网平台及安全请参阅本书第 2 部分和第 3 部分，有关物联网架构和标准的详细内容请参阅本书第 1 部分。如果大家直接阅读本用例，那么将会发现此处仅从高层探讨了这些概念，有关用例所涉及的技术和平台的详细信息，还需要参阅各个章节。此外，还需要记住的是，虽然本章的重点是车联网，但相关技术也同样适用于更加广泛的行业和应用环境。本节将基于运营生命周期，分析正确设计和部署用例所需的各种预备工作，探讨用例的自动部署机制，并从网络和数据管道的实施角度涵盖安全组件。有关平台本身（后端、基础设施、边缘和雾节点）的安全性，请参阅第 13 章。

有关车载终端节点的安全加载方式以及通过 MANO 部署用例组件的详细内容，请参阅第 8 章、第 9 章和第 13 章。有关安全组件的详细内容，请参阅第 9 章和第 10 章。

16.4.1 用例概述

截至本书写作之时，本用例及本用例所描述的组件和部件，已经成功通过了思科及欧洲最大的应急车队系统提供商在真实城市环境下的价值验证（proof-of-value）测试，包括车辆与服务提供商及城市无线基础设施之间的通信。对于基础物联网平台的关键需求，就是能够部署、管理和保护各种车辆服务（包括已知和未知用例），包括移动状态和固定位置。

本用例采用了较为高端的安全部署机制，综合运用了多种技术来展示可能的部署效果。虽然也可以采用其中的部分技术和较为低端的边缘设备或雾节点来实现安全机制，但是由于设备能力受限，可能会导致所部署的技术受限。本用例首先从通用性角度分析了车辆保护的的关键区域及相关示例，然后以应急车辆为例来说明具体的部署方式和部署效果。

由于车联网行业逐步从传统的专有 CAN 总线网络（如前所述）过渡到统一的基于 IP 和以太网的车载网络，因而本用例主要面向当前及未来车辆的安全部署场景。

前面描述了大量安全防范技术，包括那些影响安全开发生命周期、车载组件、网络和通信、云或数据中心安全性的技术。为了突出重点，本用例将范围缩小到车辆通信与车载用例。从高层视角来看，可以将车联网安全机制分为以下 5 类（见图 16-37）。

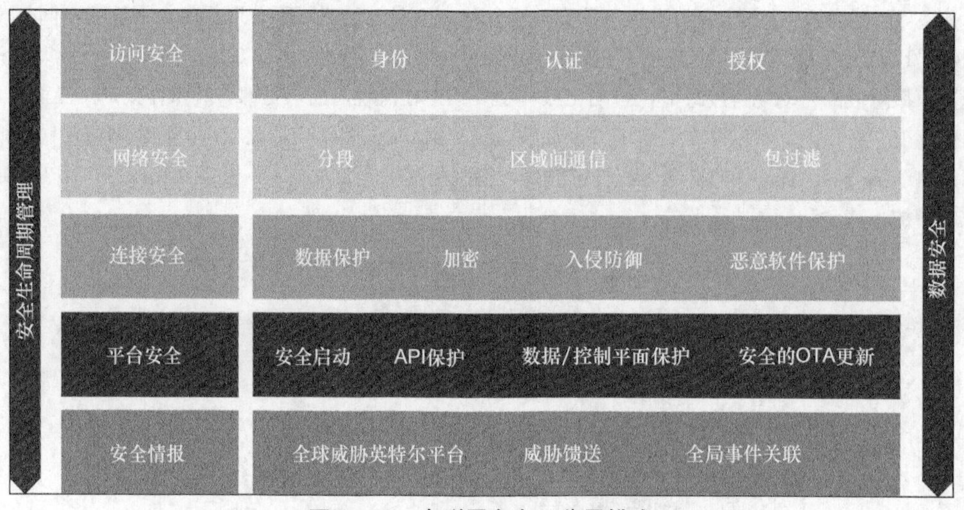

图 16-37 车联网安全：分层模式

- **访问安全**：负责组件的身份、认证和授权。具体来说，就是要识别所有需要访问车辆通信网络的组件，包括网关中用于提供车辆外部访问能力的 SIM 卡。识别出这些部件之后，就可以对其进行认证，以确保部件的真实性且属于车辆内部通信网络。成功识别并认证了组件之后，就可以根据组件身份授予相应的访问权限。从网络访问的时序角度来看，可以将这类安全机制视为"事前类安全机制"（在授予组件或用户访问权限之前）。
- **网络安全**：这里同样将网络访问时序视为组织信息的一种方式。该类安全机制主要解决"期间安全"问题，也就是在授予组件或用户访问权限之后的网络保护问题。对组件或用户进行认证和授权之后，就可以利用网关在不同的网络或系统之间进行分段，以阻止区域间流量，并在需要时提供区域间通信能力，以允许车辆网络中的内部节点进行相互通信。此外，网关还具备 IPS 和恶意软件保护功能，可以将 TCP 流与威胁进行匹配，从而快速识别恶意流量。对于当前和未来车联网架构来说，网关可以提供域间隔离能力，如可以实现信息娱乐系统与关键安全系统之间的隔离。

- **内容安全**：必须维护数据的机密性，并在公共基础设施上对数据进行加密。此外，还必须保护事务中的内容以防范恶意行为。恶意软件保护功能可以创建文件策略并将文件哈希值提交给AMP（Advanced Malware Protection Cloud，高级恶意软件保护云），以确定具体的处置方式。
- **平台安全**：除了在设备成为系统的一部分之前会对设备进行保护和加固之外，安全的物联网平台还会对网关上的服务进行虚拟化，从而将资源分配给特定应用程序或功能，以保护其安全性并确保OTA更新的安全性。OTA更新包括从中心位置到车载系统的固件及软件变更。此外，安全的物联网平台还负责保护API的安全性以及数据平面及控制平面的安全性（有关控制平面和数据平面最佳安全实践的详细信息，请参阅第7章）。
- **安全情报**：为了创建能够与可操作响应相关联的情报反馈闭环，必须将安全情报和威胁馈送与安全事件相关联，这样就不需要管理员进行直接干预，从而大大改善整体OPEX。

16.4.2　用例自动化概述

图16-38给出了本安全用例的车联网高层架构，用例中的车载雾节点的加载以及安全技术的部署和配置都是通过自动化过程完成的（详见第8章和第14章）。从高层视角来看，车辆中的雾节点负责提供汽车网关功能，由MANO负责加载（请注意，对于不同的汽车制造商或车辆系统OEM来说，雾节点的加载方式可能会有所不同）。同时还在雾节点内部署了TEE（Tenant Execution Environment，租户执行环境）的虚拟环境，以托管相应的汽车应用及服务，并在网关上部署了虚拟路由器和防火墙（虽然该软件镜像可能包含了路由、NAT、防火墙、IPS和恶意软件等大量功能）。本用例的自动部署过程，涵盖了使服务生效、建立车内通信以及车辆与外部目的地之间通信的所有配置及策略。

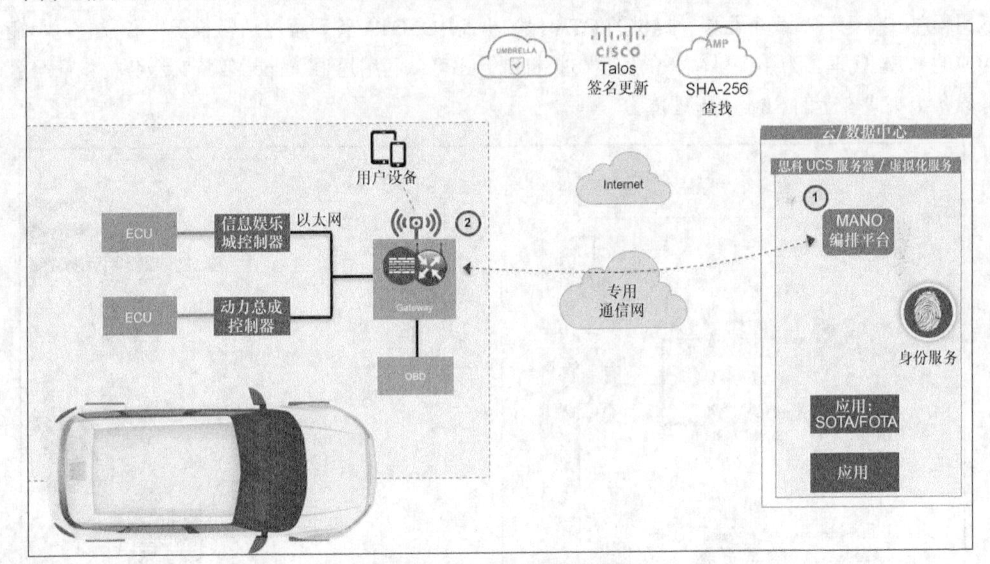

图16-38　车联网用例架构

在集中式云环境或数据中心，应用程序也在自己的TEE中进行配置。

本节将首先介绍保护联网车辆的一些通用安全用例，然后再讨论Federal Sigma VAMA在应急警车车队的具体实施案例。

本用例中的思科NSO是MANO的核心，网关是加固型工业PC，路由和防火墙功能则以思科软件ESR的方式部署在网关上。如果需要IPS/IDS，那么就需要同时部署为虚拟路由器（如思科CSR1Kv）和具备IPS/IDS功能的虚拟防火墙（如思科FTDv）（详见后面的警车用例）。这样做的原因是必须始终用最新的威胁签名来更新IPS/IDS功能，同时还要提供足够的计算能力来实时分析流量，从而提供有效的安全防御能力。虽然这两个虚拟组件看起来似乎都属于处理器密集型组件，但实际上很多功能都用不上，未来可能会推出面向汽车的专用虚拟组件（目前已经开发出原型），以更加符合车辆的实际功能要求。提供网关功能的工业 PC 配置了以太网端口，可以连接域控制器。

16.4.3 访问安全/平台安全：通过边界防火墙实现安全的 OTA 更新

如本章前面所述，车辆的一个重要新兴需求就是以安全的方式提供 OTA 更新（特别是车辆的售后支持以及新功能增强）。截至本书写作之时，特斯拉是唯一一家能够提供软件和固件 OTA 更新的重要汽车制造商。特斯拉在 OTA 领域处于领先地位，能够快速向客户提供购买汽车时不支持的新功能，或者及时打补丁来修复车辆缺陷或提升操控体验。

OTA 流程通常遵循以下步骤。

- 制造商/OEM 创建更新。
- 通过无线方式与车辆建立通信联系。
- 确定车辆现有的软件/固件版本（通常通过车载代理）。
- 车辆联网并加电后，执行 OTA 过程，此时车辆应处于停泊状态。
- 安装更新前，必须首先验证更新是否损坏，然后在车辆处于通电状态下将更新安装到适当位置。
- 最后，必须验证更新是否已正确安装且正确运行。如果出现问题，OTA 系统必须能够识别故障并重新执行更新过程，或者将处理器恢复到先前状态。

虽然 OTA 进程能够为制造商和 OEM 带来速度和成本效率，但同时也因为无线通信机制而带来潜在的车辆系统攻击入口。因此，网关的关键功能就是要确保仅允许访问汽车中的特定系统或特定位置。

为了保护联网汽车，必须保护外部通信接口免受威胁和未经授权的访问（见图 16-39）。在 OTA 提供商应用程序（位于云端或企业端）提供的 OTA 保护机制中，OTA 管理程序通常位于中心位置，车辆上安装相应的 OTA 代理。为了提供额外的安全防护机制，还可以利用思科 Jasper 等蜂窝服务提供商平台，在车载设备上集成安全的 SIM 卡管理能力。

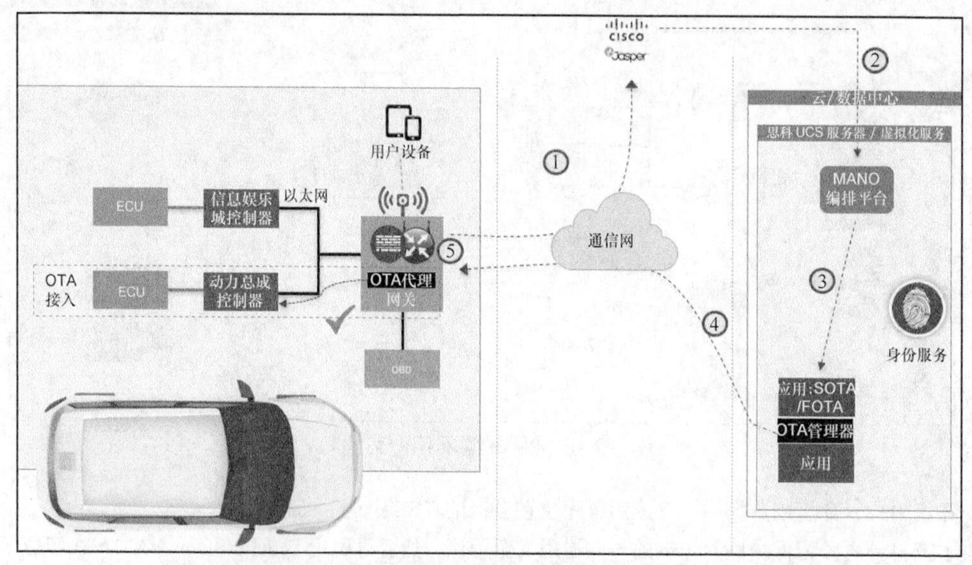

图 16-39 安全访问：通过边界防火墙实现安全的 OTA 更新

1. Jasper 通过无线方式设置网关 SIM 来唯一地标识车辆（仅在初始配置时需要）。
2. Jasper 向编排平台发起 API 调用，告知网关已就绪并提供网关的 IP 地址。
3. 编排平台实例化包含更新内容的车联网功能包（Connected Car Function Pack）。
4. 在 OTA 管理器与网关之间建立安全连接（如 TLS），从而与 OTA 代理进行通信。根据设计，车辆中的网关是外部网络与内部网络之间的分界点和沟通桥梁，负责确保 OTA 进程的安全性。

5. 网关利用防火墙功能，在 OTA 管理器与代理之间建立安全连接，此后就可以执行 OTA 进程，包括检查 OTA 管理程序的源地址、OTA 代理的目的地址以及允许访问的特定端口。

此外，如果外部 OTA 管理器服务器/应用程序受到攻击，那么网关还可以提供额外保护能力，如 IDS 或 IPS（具体如本例后面所述）。

16.4.4 网络安全：分段、区域及域间通信

对于车辆通信网络来说，从可靠性和安全性的角度来看，必须锁定和保护数据通信网络，仅允许预定义数据流。除非允许，否则数据不应该在不同的汽车系统之间流动，从而防范潜在的威胁传播或安全问题。某个网络中的设备或 ECU 受到攻击之后，如果没有适当的保护措施，那么很容易向外传播该安全威胁。此时就需要用到分段和分区的概念，通过网关将车辆中的不同区域进行隔离，也可以通过不同的以太网端口（可能较为昂贵）或通过逻辑 VLAN 进行物理隔离。保时捷、现代、宝马和大众都在开展基于以太网的车辆开发计划，保时捷建议：

- 在车内创建内部安全区域；
- 将内部流量与外部流量分开并最小化任何外部连接；
- 利用三层网关在车辆内部提供 VLAN 间路由；
- 限制和保护任何 VLAN 间通信；
- 尽可能在区域之间提供基于区域的防火墙隔离机制，以实施和强制执行状态化行为。

图 16-40 给出了本安全用例的高层架构示例，利用 OBD 接口与 ECU 进行通信。由于 OBD 是一个已知的攻击入口点，因而必须严格控制其对车辆系统的访问行为。

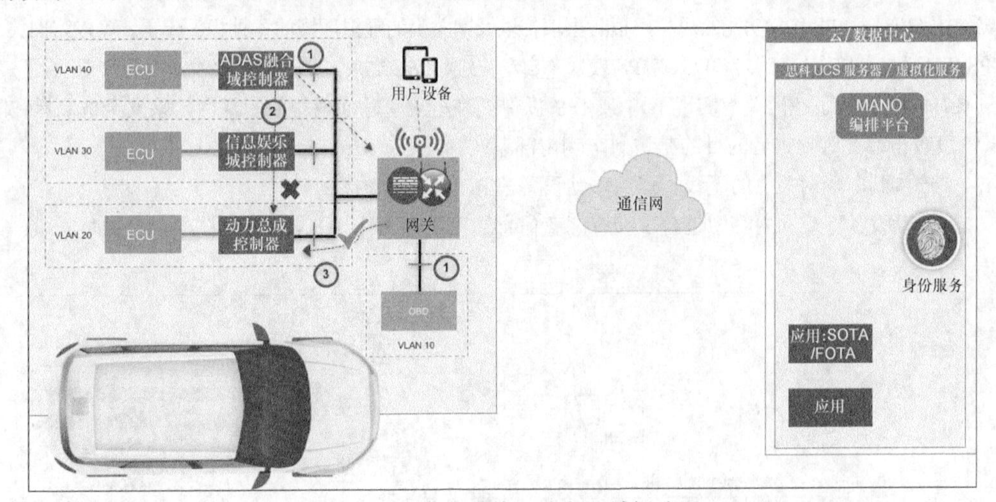

图 16-40 安全网络：分段和域间流量

1. 将车辆的不同区域划分成不同的 VLAN，防止流量从一个 VLAN 传播到另一个 VLAN（除非被明确列入白名单）。
2. 在默认情况下，不允许 VLAN 40 中的 ADAS 控制器与 VLAN 20 中的动力总成控制器或相关 ECU 进行通信。
3. 升级汽车的功能特性可能需要 ADAS 与动力总成控制器进行通信，此时可以远程配置网关以允许先前被拒绝的访问行为。可以简单地配置一条规则，允许指定源端/目的端对之间利用特定端口进行通信，通过状态检查来确保 TCP SYN 和 SYN-ACK 来自正确的方向。

此外，在某些情况下，需要锁定特殊车辆（如应急车队）的 OBD 端口，因为 OBD 是一个已知漏洞区域。对于本例来说，可以采用分区和分段机制来阻止从 OBD 端口 VLAN 10 到其他 VLAN 的所有流量，

将网关配置为仅在在满足特定标准且插入车辆的是已知 OBD 设备，才允许访问。

需要注意的是，某些部署方案可能会将该功能以硬编码方式集成到网关中。不过，在提供车辆功能更新时（如特斯拉按照功能发展路线图向车辆提供新功能），一个必备功能就是要能够更改车辆内部从源端到目的端之间的通信模式，而不应该设计成静态模式。为了有效节省时间和费用，要求能够以可靠的状态化方式远程更新网关的 OTA，以满足大型车队的需求。

16.4.5 内容安全：入侵检测与防御

由于汽车网关与外界环境之间的通信基于无线方式，因而攻击者无需到达现场即可很容易地发起攻击行为。网关的一个作用就是保护车载网络及系统免受外部威胁。

监控流量模式并提供自动防御响应的一种方式就是采用 IDS（Intrusion Detection System，入侵检测系统）和 IPS（Intrusion Prevention System，入侵防御系统）。有关 IPS 和 IDS 的详细信息请参阅第 9 章。

IDS 旨在检测针对目标的漏洞攻击，被攻击目标可能是 ECU、个人设备、计算机、应用程序等。IDS 仅检测威胁并报告威胁情况。虽然 IPS 提供的功能与 IDS 相似，但 IPS 在架构设计上位于源端与目的端之间，能够拦截和丢弃攻击流量包，属于主动防御攻击行为。

IDS/IPS 系统具备协议分析功能，可以检查协议是否存在威胁。此外，IDS/IPS 系统还可以监控车载系统使用的特定命令的流量流。保时捷的研究人员证实，可以很容易地将汽车的标准运行模式基线化，而且可预测。

接下来讨论两个利用 IDS 和 IPS 检测并防御车辆安全事件的安全用例。这两个用例场景中的车联网功能包（Connected Car Function Pack）都包含了自动部署工业 PC 的代码块、运行虚拟路由器和具备 IPS/IDS 功能的防火墙的虚拟 TEE 环境以及启用通信能力的所有相关配置。此外，该功能包还部署了思科虚拟路由器和具备 IPS/IDS 功能的思科虚拟防火墙，以及网关上的虚拟环境的各种相关配置。可以将网关上具备 IPS/IDS 功能的防火墙部署为 IDS 或 IPS 模式。自动化进程完成之后，IDS/IPS 实例就可以正常运行了。

图 16-41 给出了在网关上实现 IDS 或 IPS 以保护汽车免受外部威胁的示意图。该安全机制旨在防范第一阶段攻击，此时攻击者的目的是访问车辆内部系统。

1. 连接到车辆网关上的无线热点的移动设备建立 Internet 连接。
2. 移动设备下载的内容中包含了拥有恶意信息的可执行文件（.EXE）。

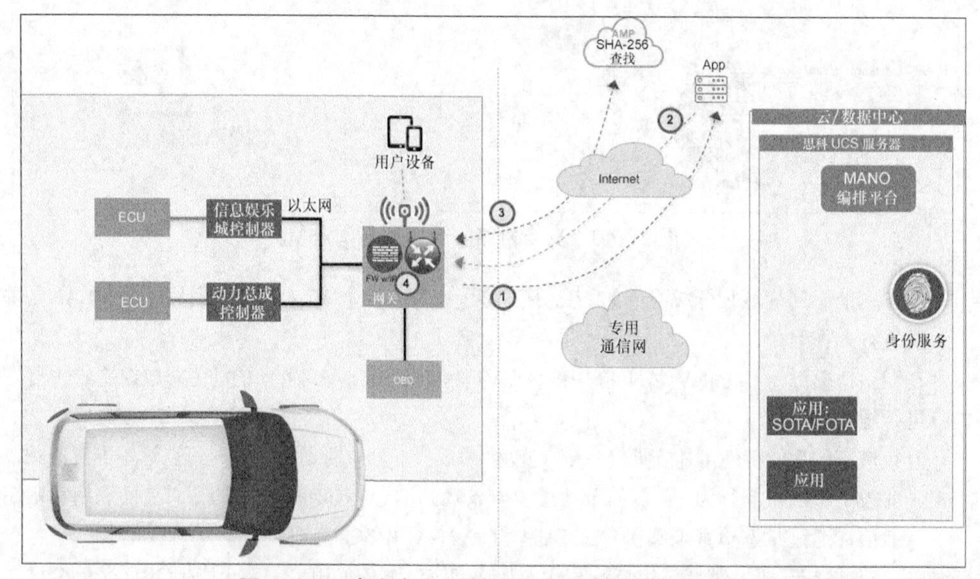

图 16-41 内容安全：利用 IPS/IDS 防御外部威胁

3．网关设备的文件策略将下载的可执行文件的哈希值发送到 AMP 云，执行处置检测，以确定是否与已知威胁相匹配。

4．如果文件处置结果是干净/中性的，那么就允许下载。如果文件处置结果是恶意的，那么就可以配置网关以阻止流量去往期望目的端并主动阻塞流量。

图 16-42 给出了网关上的 IDS 或 IPS 实现情况，目的是保护汽车免受内部攻击。通常将该阶段称为第二阶段攻击，此时外部保护失败，车辆中的某些设备（如 ECU 或域控制器）被攻破。网关的作用是监控并检测或阻止允许进行通信的区域间的流量流动情况（本例是从 ADAS 域到动力总成域的流量）。

1．网关上的 IPS 功能利用深度包检测技术监控流量，以发现恶意行为或恶意内容。检测到潜在威胁之后，就可以将网关配置为主动阻塞流量，从而阻止流量到达预定目的地。

2．如果未检测到恶意行为，那么就允许流量到达预定目的地。

3．为确保网关始终包含最新的威胁检测签名，将通过云端 Talos 进行持续更新。

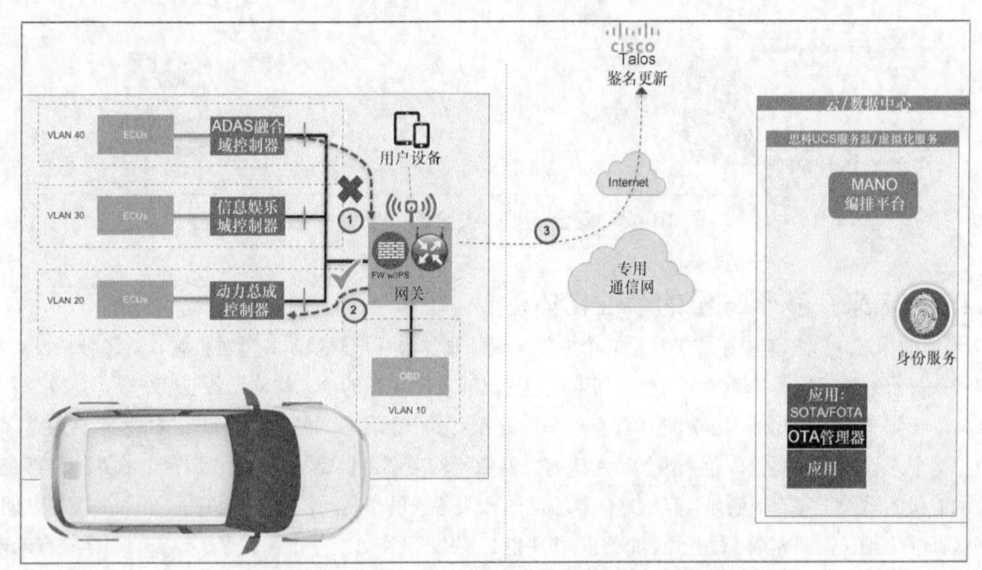

图 16-42 行为安全：利用 IPS/IDS 防御内部威胁

16.4.6 安全情报：从车辆安全访问 Internet

本安全用例采用思科 Umbrella 技术，保护通过汽车 WiFi 热点连接 Internet 的个人设备，确保在建立任何连接之前不会访问包含安全威胁的网站（图 16-43 给出了该用例的详细说明）。作为功能包自动化进程的一部分，会自动下载网关的配置。思科 Umbrella 是建立在 Internet 基础上的云安全平台。通过在 DNS 和 IP 层强制执行安全机制，Umbrella 可以在连接建立之前就阻止对恶意和非期望目的地的请求，从而在威胁到达个人设备端点之前防御针对任何端口或协议的安全威胁。

通过对 Internet 行为模式的学习，Umbrella 能够自动识别攻击者的基础设施，然后阻止用户访问恶意目的地。

当前的很多汽车都提供了可供个人设备上网的车载 WiFi 热点。奥迪等汽车制造商和 Verizon 等服务提供商目前都提供该功能特性。

本用例的操作过程如下。

1．个人移动设备连接网关的无线热点以试图访问 Internet。网关 DNS 已被预先配置为自动部署进程的一部分，利用思科 Umbrella 进行 DNS 解析。

2．思科 Umbrella 确定域名是否安全。如果确定 DNS 域名链接到恶意行为，那么就不会执行 DNS 解析请求并返回阻止页面。如果确定 DNS 域名没有问题，那么就会执行 DNS 解析且客户端能够去往 Internet 目的地。该技术提供了一种更加主动的安全机制，可以防止用户设备访问可能会下载恶意软件的恶意站点。

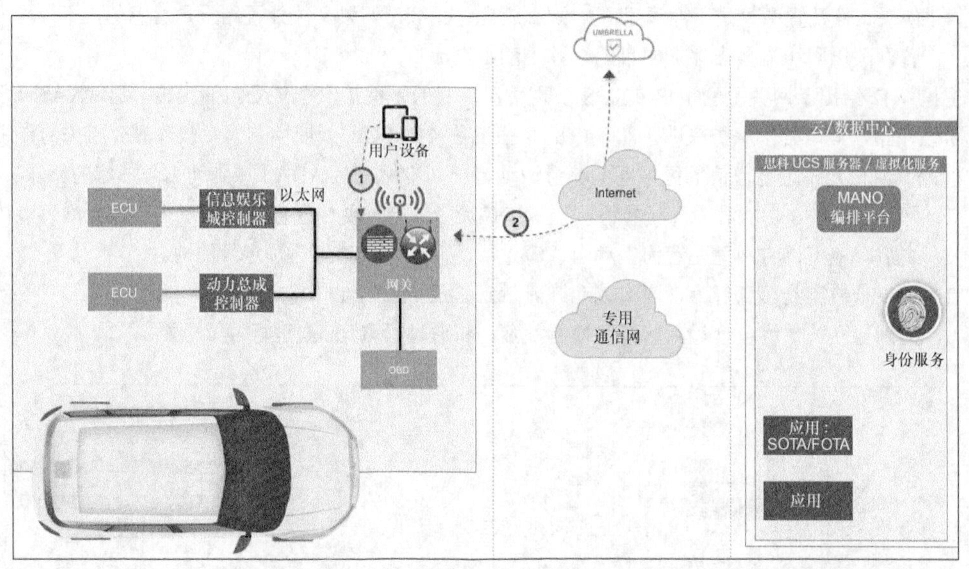

图 16-43　安全情报：安全的 Internet 访问

16.4.7　未来：基于身份的个性化体验

当前的很多功能都集中在基于身份的个性化车辆驾驶体验（信息娱乐、驾驶位置、首选导航设置等）。畅想一下，无论车辆和驾驶者身在何处，都可以通过具有安全凭证的个人移动设备连接车辆，并将个人设置从云端下载到车辆上。此外，车辆通常都有多个驾驶者或多个乘客，当驾乘人员以不同的身份连接车辆时，可以根据个人设置更改驾驶体验。虽然听起来有点儿像科幻电影，但是从 2017 年以来，业界一直都在开展这方面的服务试验工作。很明显，车辆之间、不同的云服务提供商之间以及所提供的不同服务类型之间，还有很多标准化工作需要完成，行业还有很长的路要走。不过，事实可能并不像大家所想象的那样具有未来感。

图 16-44 给出了一个场景用例及其使用的技术信息。该场景下的身份服务提供商利用思科编排平台在云端实现自己的用例。虽然这是一个理论示例，但目前已经可以在客户 POC/POV 中实现。

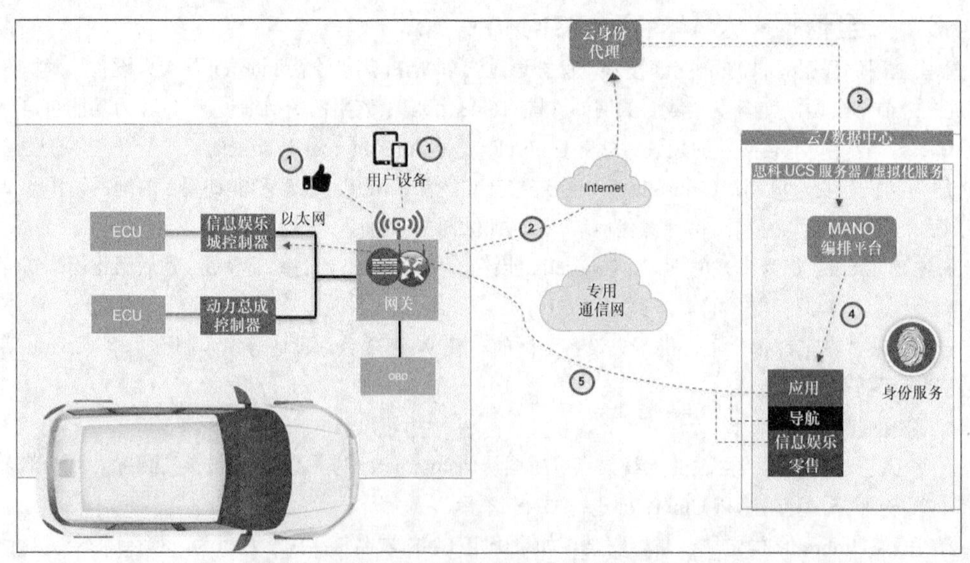

图 16-44　身份安全：个性化体验

1．用户通过 WiFi 热点或生物特征指纹设备连接车辆网关。
2．网关将身份认证请求转发给基于云的身份代理服务。
3．认证成功之后，身份代理会对编排平台进行 API 调用，从而对车辆进行适当的策略和服务变更。代理需要具备 API 调用能力，同时还要进行相应的配置。
4．编排平台提供一系列预先建立的用户配置文件，并根据需求进行适当的服务变更。
5．对车辆中的个性化配置文件进行实例化，编排平台确保其部署成功或回滚到先前状态。

16.4.8　Federal Sigma VAMA：应急车队解决方案

讨论了通用安全用例之后，接下来将介绍一个由 Federal Sigma VAMA 与思科联合部署的真实用例。Federal Sigma VAMA 是欧洲最大的应急车队技术供应商，其业务需求和挑战充分体现了物联网的编排与自动化机制的重要性。如本章前面所述，由于警车配置了大量设备，因而将联网汽车视为移动数据中心的想法非常明显。虽然业界提供了大量技术来帮助警察有效地完成他们的工作，但这些设备仍然给警察带来了很多操作上的挑战。

- **孤立式系统**：由于这些技术通常都是以孤立方式提供的，因而需要由多个硬件来运行这些孤立的专有应用程序，也就意味着额外的设备重量和大量的车载设备类型。
- **系统的管理和监控**：由于系统之间彼此独立，因而需要由不同的应用程序来监控和管理每个系统，从而增加了操作复杂性。
- **OTA 生命周期管理**：实现车辆功能升级、配置变更以及空中传送检索数据已成为各种无线技术覆盖水平的挑战，相应的成本与数据传输方式有关。
- **数据处理**：数据通常都需要从车辆发送到中心位置进行处理。如果回程技术出现故障或者需要连续传输大量数据（如视频）以及需要在本地不同系统之间共享数据，那么就可能会出现问题。
- **多种通信类型**：必须能够在不同的通信方式（如警察局中的 WiFi 和行驶状态下的城市 LTE）之间进行无缝切换，从而确保最有效地运行和管理车载系统。
- **一致的安全性**：以不同的方式保护多种技术并不能提供最有效的端到端安全性。

作为应急服务的技术提供商，Federal Sigma VAMA 研发了更为先进的集成系统，可以在车内单一硬件上运行这些系统，还能以统一的方式进行管理（见图 16-45），这大大提高了现有服务的管理有效性，简化了新服务的集成过程。此外，还可以通过经过验证的、可重复的自动化进程，实现整体且一致的安全模式。

Federal Sigma VAMA 负责车辆系统的设计、集成、部署和管理，但挑战并不在于技术本身。很多供应商为车载技术提供了多种选择，挑战在于如何最佳地处理多个系统和应用程序生命周期的复杂性和安全性，同时还能以统一或标准化的方式高效、安全地交换数据。Federal Sigma VAMA 希望采用编排和管理系统来解决这一挑战。如果能够在强大、经过认证的硬件上实现标准化（这些硬件可以在车辆边缘安全地提供服务且能够管理去往中心位置的回传连接），那么策略服务及应用程序的部署和编排操作将大为简化。

图 16-45 从高层视角给出了 VAMA 的部署架构，该架构融合了多个传统系统和新系统，可以通过思科提供的相关技术实现有效编排和管理。

1．MANO 负责编排和管理车联网用例（包括安全性），这是通过功能包能力实现的。
2．OTA 进程包含雾节点以及车辆内部通过 OTA 部署的各种服务、应用、虚拟环境及安全服务的零接触配置。
3．用于 OTA 服务的通信支持 LTE（车辆处于行驶状态下）和 WiFi（车辆处于警察局或城市基础设施服务范围内［如果允许］），且支持两者之间的无缝切换。
4．雾节点是经 Federal Sigma VAMA 认证的车载工业 PC，配置了可直接访问系统的以太网端口以及连接传统网络和设备的 USB 端口。雾节点由支持 Linux Docker 容器 TEE 的自动化功能包进行配置，负责运行应用程序。

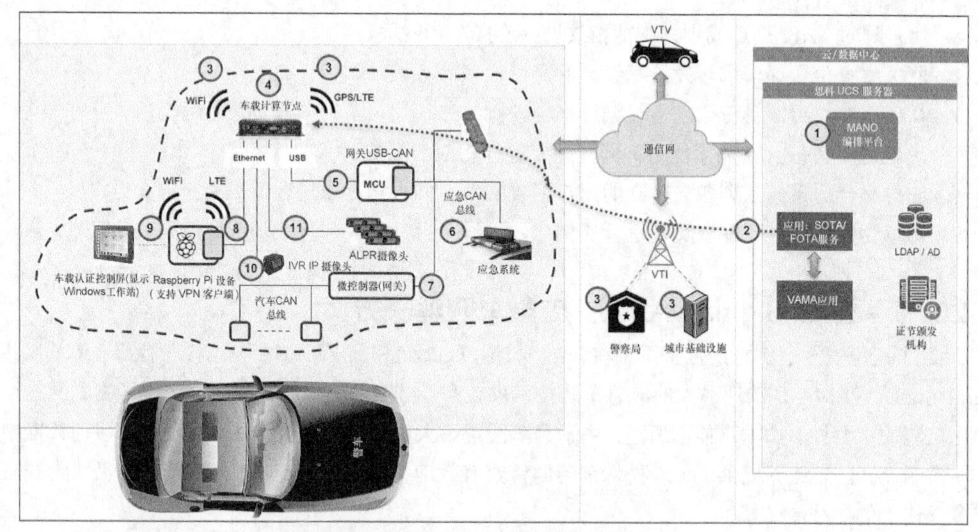

图 16-45 应急车队用例架构

5．雾节点通过 USB-CAN 总线转换器连接非以太网的网络及系统。

6．用于警灯和警报器的应急 CAN 总线连接到 USB-CAN 总线转换器上。

7．连接车辆 CAN 总线系统，包括远程信息处理服务。

8．Raspberry Pi 设备连接在网关上，为警用移动设备及经过认证的控制屏提供车载 WiFi 热点。

9．经过认证的控制屏是所有车载技术的交互点，可以查看实时视频源及车载系统的状态，并在允许的情况下访问城市 CCTV 基础设施。

10．高清车载摄像头，可以记录后排乘客空间以及车辆前部和后部的外部空间信息。

11．ALPR（Automatic Number Plate Recognition，自动车牌识别），带有四个外置摄像头和一个 360 度摄像头。

除了车载系统之外，该功能包还通过零接触配置机制提供了思科 CSR1000v 路由器，以及提供前述安全网关功能的思科 ASAv。这包括分区、分段、域间通信、外部边界网关和外部加密通信。

图 16-46 显示了部署在警车后备箱中的设备信息。

1．经过认证的雾节点工业 PC。

图 16-46 安装在应急车队车辆中的设备

2．USB-CAN 总线转换器。

3．连接以太网车载系统的以太网链路。

图 16-47 显示了警车外部设备信息。

1．警车本身。

2．警灯系统。

3．360 度 ALPR 摄像头。

4．四个定向 ALPR 摄像头之一。

图 16-47 确保联网车辆的连接安全

图 16-48 显示了车辆内部和车载系统情况。

1．经过认证的无线屏幕。

2．记录前方视图的高清外置摄像头。

3．访问经过认证的屏幕的车载键盘及操纵杆。

4．经过认证的屏幕显示当前已部署的应用程序界面。

5．与城市基础设施进行交互的应用程序。

6．从城市 CCTV 安全基础设施传到警车中的实时视频流。

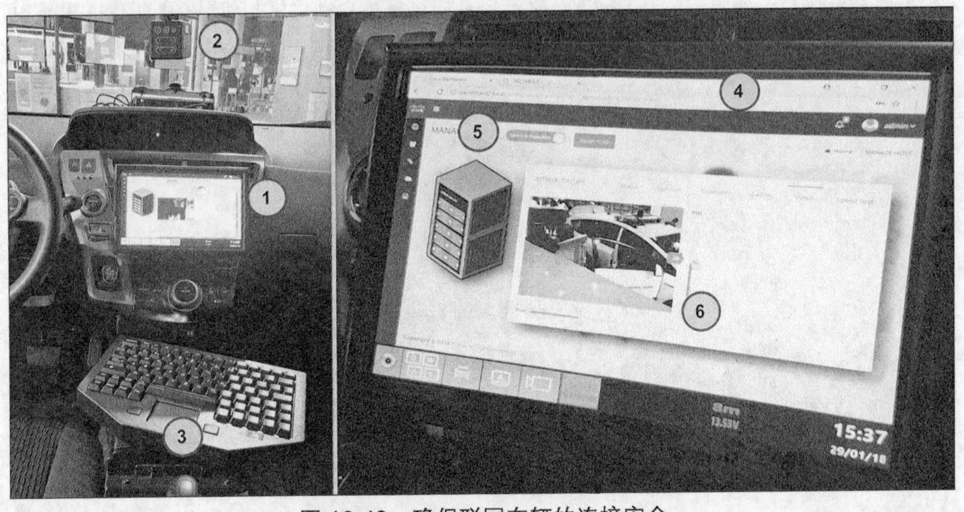

图 16-48 确保联网车辆的连接安全

可以将上述安全功能视为标准化功能，关键区分因素就在于如何通过下一代物联网平台进行编排和自动化。从大量实际部署用例以及可以为用例提供整体安全保护能力的角度来看，该部署方案的真正价值在于打破了用例部署与管理孤岛。这是通过安全的 OTA 机制实现的，对于未来的车联网来说必不可少。下一节将介绍具体的实现方式。

16.4.9 用例的自动化部署

由于汽车制造商和 OEM 希望以可重复且一致的方式快速扩展和部署服务，因而本用例的自动化部署操作就显得非常重要。如本章前面所述，大部分价值来自车辆生成的数据，获取的数据将最终变成信息，从而提供业务洞察力。因此，必须以不同的方式处理数据（无论来自信息娱乐服务、远程信息处理、管理还是安全性）。例如，在网络边缘进行实时处理以转换数据或者对数据进行标准化，或者进行数据聚合以执行有意义的分析操作（如用于车辆优化和维护）。

本用例将采用基于 ETSI MANO 标准的参考架构，遵循第 8 章讨论的自动化过程。本节将从高层视角来讨论用例的部署过程，有关参考架构及自动化过程的详细信息，请参阅第 8 章相关内容。与所有系统项目一样，在应用自动化机制之前，必须首先完成以下预备操作。

- **设备的安全认证与信任**：指的是边缘雾节点工业 PC 和思科 UCS 服务器的认证。对于新设备来说，建议采用 TPM/TXT、OpenAttestation（开放式证明）、全盘加密和操作系统加固等机制对设备进行安全加载和加固。这是一次性操作，设备加载完成之后，平台 MANO 就会与每台设备建立状态化连接，后续的所有变更操作都将自动执行。
- **多租户与共享服务架构**：指的是多个参与方能够共享平台基础设施和雾/边缘节点。例如，平台和安全功能的管理可能由 OEM 负责，而信息娱乐系统则可能由生态合作伙伴负责管理和更新。在实际部署之前必须认真做好架构设计，做好不同 TEE 环境的分段与防护，而且还能将数据安全地共享给消息代理主题。
- **应用集成与传感器连接器**：必须提供适当的 API 设计并集成到用户界面、应用程序、设备及其他系统中。此外，为了支持正确的协议及通信介质，还需要配置与端点相连接的南向连接器。
- **用于工业 PC 和思科 UCS 服务器的 NED/ConfD**：必须正确设计和构建适当的设备接口。物联网部署方案可能会包含多供应商设备，系统需要通过适当的接口与这些设备进行交互和连接，从而以统一的方式处理所有设备（作为自动化部署过程的一部分）。
- **YANG 模型/功能包**：本例使用了车联网功能包（Connected Car Function Pack）。设计和创建代码块时，必须描述其功能、服务以及相关联的硬件。

如第 8 章所述，设备成为平台的一部分之后，就应该采用自动化机制部署整个用例。虽然也可以采用自动化机制将设备连接到平台中，但不在本用例的讨论范围内。图 16-49 给出了通过车联网功能包部署的组件情况。

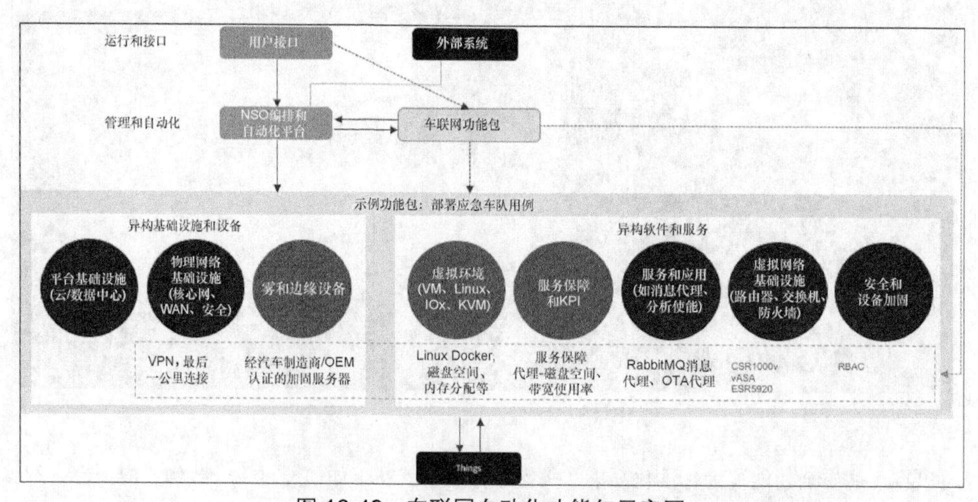

图 16-49 车联网自动化功能包示意图

图 16-50 从后端系统的角度给出了本用例服务的部署流程，包括了多个自动化操作步骤。第 1、2、3 步是通过用户界面进行手工选择完成的，需要登录系统仪表盘并选择所要部署的功能包（具体步骤详见第

8 章）。根据第 8 章提到的上下文自动化模式，也可以采用响应预设触发器的自动化决策机制来完成上述操作。本例采用的是由用户发起的手工操作过程（这也是目前最常见的操作场景），其余步骤则是在完成初始选择之后自动执行的。

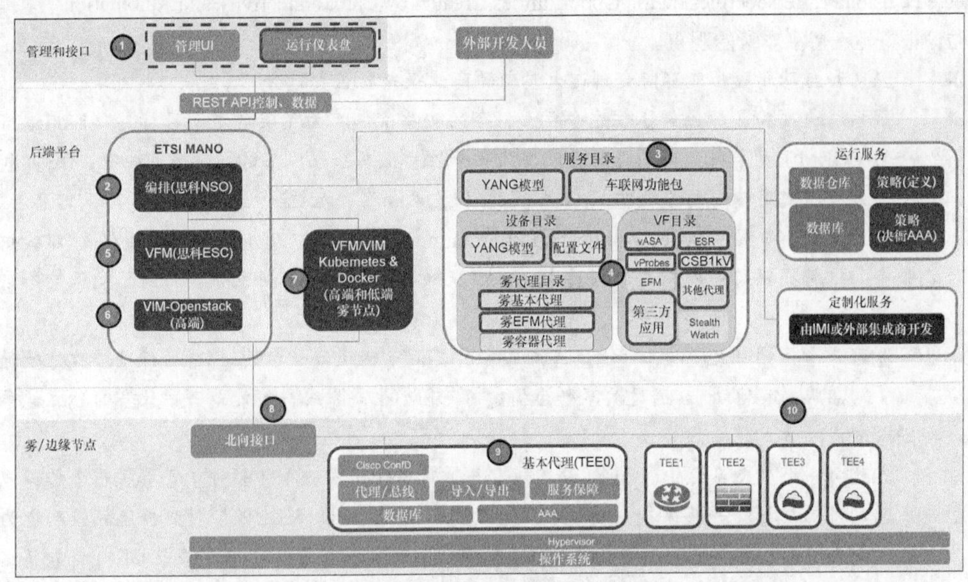

图 16-50 车联网自动部署示意图

本用例的自动化部署过程如下。

1. 预定义的租户管理员登录管理用户界面。系统根据 RBAC 凭证向管理员提供系统视图，包括管理员可以部署、监控和管理的设备及功能包。
2. NSO 提供 ETSI MANO NFV 编排器，可以为物联网平台提供集中编排能力。
3. 管理员从编排功能包库中选择相应的功能包（本例为车联网功能包）。
4. 车联网功能包中包含了一组将要部署的功能（虚拟功能）。这些功能原先都要从系统的功能模块目录中进行选择和组合，包括设备类型、服务以及将要部署到雾节点中的配置信息。本用例包括车载工业网关、虚拟路由器（思科 ESR）和服务保障 vProbes。此外，该功能包还提供了一些高级安全功能，包括 IPS/IDS 和行为分析。可以将这些功能组合到一个雾/边缘设备基本代理中，从而部署到单个 TEE 中。

5、6、7. VFM（思科 ESC）（5）和 VIM（OpenStack）（6）负责提供虚拟环境的编排功能并在虚拟机内部署虚拟功能，包括实例化 TEE 以在边缘/雾节点中托管应用程序和服务。对于基于容器的部署方案来说，这两种功能都可以通过 Kubernetes（7）加以实现。

8. 后端系统通过 ConfD 与雾/边缘计算平台进行交互。
9. 基本代理部署在 TEE0 中，包括核心平台服务、通信、服务保障代理、平台服务安全以及相关的数据库。
10. 与本用例相关的应用程序和服务部署在各自的 TEE 中，包括虚拟路由器（TEE1）、虚拟防火墙（TEE2）和 OTA 代理应用（TEE3）。可以在边缘网关设备上运行一个或多个第三方应用，具体取决于雾节点的需求和能力。

启动和运行这些服务以及与后端平台及其他雾节点进行通信的所有参数，都包含在该功能包中（详见第 8 章）。

从平台角度来看，本用例已部署完成且处于运行就绪状态。所有这一切都只需要操作人员轻点几下鼠标，选择和部署所需的用例功能包即可完成。

16.5 小结

下一代交通技术正在迅猛发展，车联网就是其中一个非常好的例子。麦肯锡在报告“Competing for the Connected Customer: Perspectives on the Opportunities Created by Car Connectivity and Automation”中提出的以下结论很好地支持了本章的观点。

- “联网和自动驾驶功能可能会创造大量新的商业模式和盈利机会。”
- “规模、速度和灵活性是抓住这个巨大机会的必要条件。为了实现这一目标，我们相信当前单一的（OEM）竞争行业格局可能会演变为竞争性的生态系统。在这种生态系统中，OEM 和其他参与方可以使用相同的（软件）平台进行合作，聚合驾驶人员数据（如位置和路况信息），并向第三方开发人员提供 API（Application Programming Interface，应用程序编程接口），以提供附加服务。这将提供行业所需的规模要求，不但能够提供新功能和新服务，而且还能保持各自的品牌特色。”
- “联网汽车将拥有大量接口（如与基础设施、其他车辆及云平台的接口），这些接口呼唤通用标准（跨品牌、跨地域）。通过共享平台构建多 OEM 生态系统，可能是一种比各自独立竞争更具前景的成功方式。”
- “在这样一个生态系统中，OEM 和其他参与方可以使用同一个（软件）平台进行合作，以达到所需的足够规模，并获得提供功能和服务的特定能力，同时还能保持对数据流的控制能力。对于所有参与的 OEM 来说，优势在于基于通用标准来交换和共享数据，每个 OEM 都能将这些功能用作各自面向客户的品牌特色。例如，OEM 可以提供智能导航系统，能够根据实时道路、天气以及从其他 OEM 汽车采集到的交通状况提供动态路由功能，由共享数据库和通用通信协议加以实现。”

为了实现上述目标，必须内置必要的安全机制，并紧密集成到下一代物联网平台中。自动化和编排能力是其中的关键。本章讨论的这些真实用例，只是近年来车联网领域快速发展的大量创新工作的开端而已。

第 17 章

影响安全服务未来发展的新技术

本章主要讨论如下主题：

- 更加智能的物联网安全协同模式；
- 区块链概述；
- 面向物联网安全的区块链；
- 机器学习和人工智能概述；
- 机器学习；
- 深度学习；
- 自然语言处理与理解；
- 神经网络；
- 计算机视觉；
- 情感计算；
- 认知计算；
- 情境感知；
- 面向物联网安全的机器学习和人工智能。

从 2017 年开始，物联网领域的科技新闻一直都在探讨未来的物联网发展趋势，前四项中的三项与本书的内容及方向完全一致。

- 物联网大数据将逐渐成熟，数据的安全交付和交换将产生新的商业洞察与商业价值。

  “虽然人们常常认为大数据与物联网彼此孤立，但实际上却存在着巨大的重叠空间。随着物联网的迅猛发展，产生的数据量也在不断激增。这不但带来了更多的数据，而且带来了更多不同类型的数据，同时还有很多仍未被考虑的数据来源产生的大量数据。巨量物联网数据将为行业带来巨大利益，因为大数据分析会逐步演化为分布式模型，数据货币化也将趋于成熟。我们看到，未来将有更多的设备能够在本地分析这些数据，能够为更加实时的物联网服务处理和收集最重要的数据。”

  ——Sanjay Khatri，思科 Jasper 全球产品营销总监

- 跨多个层级的编排将成为物联网的关键推动力量。

  “2017 年，物联网将继续从集中式控制向分布式编排转变。”

  ——Oleg Logvinov，IOTecha 总裁兼首席执行官、IEEE 互联网倡议主席、IEEE P2413 工作组主席

■ 物联网和企业数据架构将逐渐融合，从而为物联网提供最佳基础。

“2017 年，预计将有更多的企业转向数据管理架构（该架构可以提供分析就绪的数据），将整合并关联现有数据源（如企业数据仓库）的数据以及能够容纳异构数据源（如物联网、社交网络数据、图像及网站日志）的大数据系统的数据。同时，随着业界对大数据隐私及治理需求的不断增长，交钥匙模式的大数据仓库解决方案（尤其是提供托管服务的云替代解决方案）将帮助企业解决以前实施大数据战略时面临的诸多障碍。反过来，随着大数据利用率的逐渐提高以及 Apache Shark 等编程框架的不断普及，业界逐渐具备了越来越强大的查询能力，可以对更多、更多样化的数据集进行查询。”

——Paul Terry 博士，PHEMI 总裁兼 CEO

本书的前 16 章描述了大规模物联网部署方案中的自动化及安全保障技术，基础是异构性和开放性。对于物联网应用来说，虽然很多概念都非常前沿，但很多客户都已经开始积极探索并部署这些新概念。

不过，当前面临的主要技术和安全挑战是，这些技术都在不断发展变化当中。随着技术的不断发展，一种可能是有助于应对安全威胁，另一种可能则是创建新的安全威胁。由于技术的发展导致网络攻击的发起和实施越来越容易，安全威胁始终处于变化当中，安全威胁始终走在安全防范技术的前面，攻击者通常会利用一些高级安全功能发起攻击。

世上没有真正安全的解决方案，必须创建基础平台，以高度分布且不同的架构模式部署和实施安全机制。由于技术越来越复杂，设备、应用和通信基础设施的数量越来越多，而且人力资源也越来越紧张，因而自动化机制逐渐成为物联网的关键推动因素。业界越来越多地利用自动化进程来部署物联网控制平面解决方案中的组件和服务，最近还逐渐用于安全平面的部署操作。这进一步增加了需要安全传输和交换的数据量，以提供物联网所承诺的商业价值。

没有任何一个人或一群人能够独立处理当前系统产生的如此大量的数据资源，数据平面也需要进行安全保护。自动化和编排机制是在整个物联网协议栈（物理基础设施、虚拟环境、数据管道和代理、服务保障以及安全等）部署物联网技术和服务的最佳基础，不过即便如此，也难以完全应对跨协议栈的大量安全威胁。

目前面临的 4 大主要挑战包括：

■ 物联网系统正变得越来越分布化和分散化，传统的集中式安全实施模式难以提供足够的安全性；
■ 物联网系统正变得越来越异构化，意味着需要对所有类型的设备（从非常轻量级的设备、受限设备到全功能的工业服务器）都进行安全防护；
■ 数据分析的方法需要适应不断变化的安全威胁环境；
■ 企业或物联网架构和技术都不足以构建全协议栈的物联网系统。

编排和自动化机制有助于实现分布式系统。前面曾经说过（特别是第 8 章、第 9 章和第 13 章），下一代物联网平台可以位于物联网架构的某个层级、多个层级或跨所有层级。另外，编排和自动化还有助于解决异构问题，可以通过标准化方法连接任何端点。不过，对于解决高度分布分散式环境的安全问题的安全技术来说，编排和自动化机制并不能解决它们所面临的挑战。同样，编排和自动化机制也不涉及大量移动中的数据和静止数据处理（以有效评估潜在安全威胁所需的速度进行处理）所需的复杂深度分析需求。

幸运的是，本书描述的下一代物联网平台能够将分布分散式环境以及数据分析的安全机制作为一种服务进行编排，而且能够满足规模化需求。

本章的后续内容将讨论一些最新的安全技术发展情况，包括区块链、机器学习和人工智能。由于深入研究这些新技术至少需要一本书，因而本章的主要目的是为读者提供一个概况，希望读者了解通过这些技术实现安全防护自动化之后，能够更有效地解决实际的物联网安全问题。

需要记住的是，不应该将这些技术部署为另一个叠加式系统，而应该集成到一个一致、开放的标准体系架构和平台中，从而以多情境方式采集和分析多源数据。必须尽可能确保数据的有效性，只有这样才能最大限度地增加数据的价值。

17.1 更加智能的物联网安全协同模式

随着物联网的普及程度越来越高，相应的安全事件也越来越频繁。与物联网系统相连接的所有事物都可能会遭受网络攻击。受到威胁的设备或应用还可能会成为新的攻击跳板，导致设备损坏、系统运行不正确或信息窃取。由于与通信基础设施相连的设备数量呈现指数级增长趋势，2020 年预计将达到 260 亿台（Gartner）或 500 亿台（思科），因而所有试图从人类视角解决这个问题的思路都无法实现，因为要监控的设备实在太多，要记录和评估的数据也实在太多。

如第 16 章所述，传统的大数据主要聚焦在 4 个 V 上。

- **容量（Volume）**：数据的规模或数量。
- **速率（Velocity）**：获得待处理数据的速度。
- **种类（Variety）**：数据的类型和格式。
- **真实性（Variety）**：数据的可信度或不确定性。

与大数据相关的第五个 V 是价值（Value），或数据使用的正向结果。本章中的价值不仅代表新的商业模式（如创造新服务或提升竞争力），而且还代表洞察力（实现人类无法实现的安全性）。单纯依靠人员数量的增加已无法解决日益扩大的安全威胁，而且物联网行业还面临严重的技能短缺问题，而这一点无法通过简单的培训加以解决。因此，自动化安全机制的价值主要体现在以下几个方面：

- 提高安全威胁的可视性；
- 通过自动化提高运营效率；
- 通过降低识别和修复安全威胁所需的资源和时间来提高成本效率；
- 更准确地识别安全威胁；
- 提供大规模的安全防御能力。

这些能力既符合需要进行安全识别和加载的大量分布式设备的交互特性，也能解决数据处理所面临的各种挑战。IBM 全球网络安全情报总监认为，企业应该实现多种形式的人工智能和自动化机制，以确保不会出现竞争力匮乏或过时情况。网络安全的核心目标是确保业务的弹性能力（正常运行时间、声誉、对工人和环境的影响、生产稳定性、合规性和创收等），实现这一目标的唯一方法就是确保物联网平台等业务解决方案的高效性，对于系统本身以及跨系统运行的数据来说都是如此。IBM 认为，“当前的安全威胁越来越严峻，必须将人工智能和自动化机制嵌入到安全进程当中，以确保响应措施更加智能、更加高效”。

很长一段时间以来，业界都在探索广泛部署在分布式系统上的大量异构设备的自主和安全加载方法。物联网界越来越关注并试验区块链技术。很明显，物联网解决方案是高度分布式的，像区块链这样的分布式账本技术在设备间的直接通信中发挥着越来越多的作用。2017 年，很多大型物联网供应商（包括思科、IBM 和博世）都宣布将在设备安全加载过程中采用区块链方法或专有技术。设备运行安全软件的能力越有限，人们对区块链等技术的兴趣就越高，因为不但能够保存设备本身的记录和注册信息，而且还能保存这些设备的当前状态，同时还允许这些设备以轻量级方式进行交互，对于未来的物联网部署推广来说必将是关键推动因素。评估安全威胁并确定防御机制时，必须全面了解设备的上下文关系以及所能提供的所有服务，明确哪些资产是物联网网络的一部分以及是否应该连接这些资产，对于保护这些资产以及相关数据来说至关重要。自动发现联网设备的能力也是如此。

区块链适用于涉及交易和交互的高度分布式系统（包括智能合约，智能合约中的流程可以根据环境等特定条件自动执行）。区块链可以改善物联网的合规性，并通过安全自动化流程帮助解决方案达成运营和成本效率目标。有关区块链及其对物联网安全性的贡献将在下一节进行详细讨论。从概念上来说，使用基于共识的协议技术并不新鲜，但如何将区块链应用于特定物联网用例则仍在探索当中，也是目前业界的一大热门话题。本章将在 17.3 节讨论具体的实施用例，例中的服务提供商通过 NFV MANO 将区块链作为一种服务进行统一编排与自动化。

由于物联网环境中的大量数据来自多个不同的数据源，因而处理这些数据并转化为可操作的洞察力就显得越来越困难。组织机构常常会因为信息重复、情报错误、信息错误以及安全分析和掌握相关技能的人员匮乏，被大量安全告警数据所淹没。负责安全工作的员工可能需要花费 1/3 左右的时间和精力去采集和处理信息，但实际上，完全可以将这部分工作自动化。通过自动化进程采集、关联和聚合大量数据，以提高安全人员的工作效率和作用。为了实现更大的业务弹性，并符合相应的安全法规及自身目标，就需要不断改善运营时间和运营成本，对于提升整体运营效率来说显得极为重要。

物联网生态系统通常很复杂，往往涉及多个部门、供应商或多种技术。物联网安全机制必须能够从各种源端采集、聚合、关联、分析和洞察安全数据，而且还必须了解物联网系统所服务的业务可能面临的安全威胁来源及事件。这个过程并不简单，因为连接在物联网系统上的设备种类极其繁多，扮演的角色也多种多样（有些是关键任务信息，有些是重要信息，有些则是非重要信息）。不过，正如本书前面所描述的那样，物联网的商业价值在于其产生的数据，因而保护数据安全至关重要。

物联网安全解决方案必须能够通过威胁情报数据检测攻击模式，并主动采取自动化措施防御威胁，防止数据丢失，确保业务恢复能力。目前业界正在利用新的安全管理方法来响应这一需求，包括 ML（Machine Learning，机器学习）、AI（Artificial Intelligence，人工智能）和安全分析，同时寻求这些方法的自动化，以实现最有效的响应效果。

目前的 AI 网络安全系统被设计成像人类一样工作，通过识别威胁、防御威胁并在整个安全过程中使用自学习机制来适应和解决新的脆弱性问题。通常包括以下 3 个步骤。

- **威胁识别**：物联网催生了更大的攻击面，意味着必须分析更多的故障系统数据。AI 系统聚合了大量安全数据，可以精确定位可能隐藏的特定攻击。
- **风险评估**：AI 确定安全风险及其对业务的潜在影响，并提供适当的应对措施以防御各种安全风险。
- **补救**：AI 系统与安全团队协作解决问题。

当前的 AI 解决方案主要侧重于自动评估各种模式数据，以识别安全威胁并执行人为主导的补救措施。

随着计算和存储能力越来越范在化，很多行业都开始逐渐采用 ML 和 AI 技术。由于业界对这些技术的理解和探索越来越清晰，因而从 2016 年起，提到网络安全、人工智能和机器学习的人数一直都在持续增加（见图 17-1）。

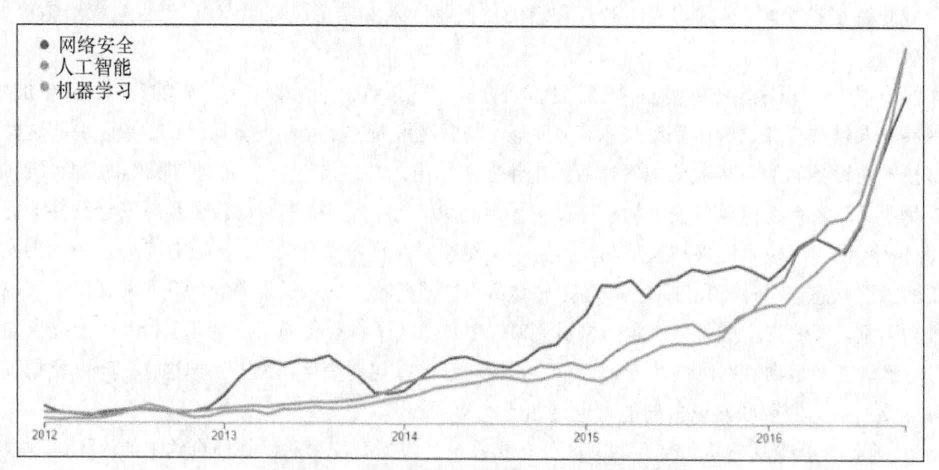

图 17-1 AI、ML 和网络安全的增长趋势

ML 和 AI 能够全面处理和分析采集到的所有数据，以理解和发现新的趋势和细节信息。对于物联网安全来说，这意味着可以快速发现和分析新漏洞和脆弱点，以防御当前攻击以及未来潜在攻击。ML 和 AI 实现了数据处理任务的自动化，不但很好地解决了安全人员在采取安全防御措施时面临的警告压力，

而且还进一步解放了人力资源，使得这些员工能够从事更有影响力的工作，从而有机会将弹性能力转化为安全能力，以评估安全威胁、防御安全威胁、检测安全入侵、响应安全事件并快速恢复系统。

安全管理操作需要全面检查整个物联网协议栈，涵盖设备、网络、企业或云等各个层级。必须能够从多个孤立的运营系统收集、关联和分析数据，否则无法准确发现潜在的安全威胁。多维安全分析技术可以关联多域数据，提供更加全面也更加丰富的上下文信息，从而更好地识别可能的安全事件、可疑事件或恶意事件。此外，还能提供与威胁类型、潜在业务风险等相关的上下文情报，以及解决安全事件并使系统返回所需状态的处理措施。下一节将详细讨论 ML 和 AI，并解释 ML 和 AI 在应对物联网安全挑战时的积极作用。

这些新技术都位于 Gartner 发布的 2017 年新兴技术成熟度曲线中（见图 17-2），当前处于不同的成熟度水平。

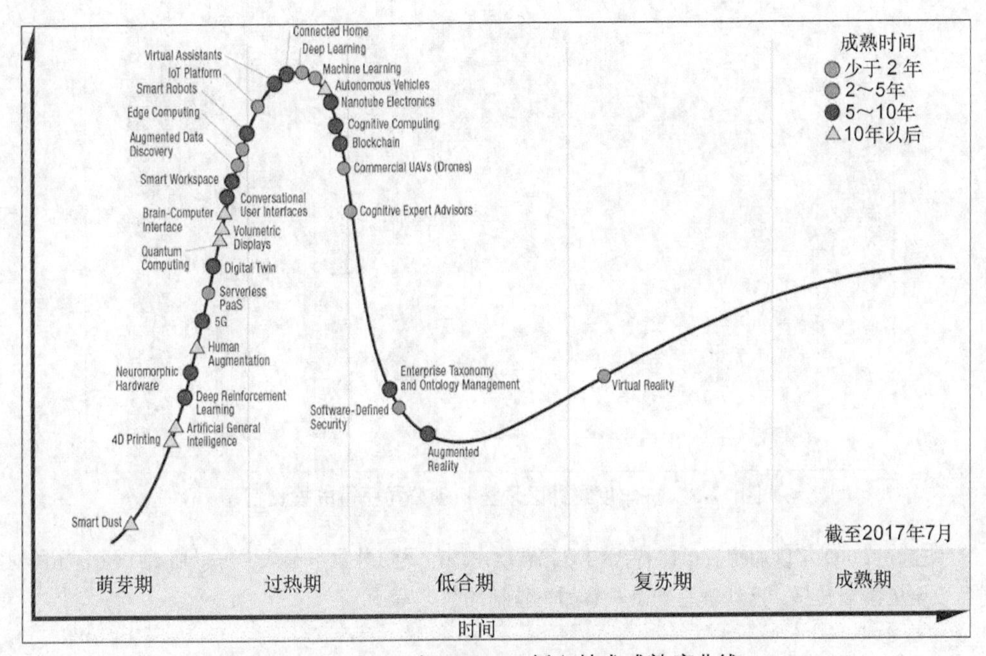

图 17-2　2017 年 Gartner 新兴技术成熟度曲线

目前还无法判断这些技术究竟要发展到哪个阶段，才会被业界真正视为标准的物联网安全技术。无论是从示范角度还是从物联网技术供应商角度来看，这些技术大多数还处于概念验证部署阶段，未来还存在很多不确定性。下面列出了一些常见技术可能需要的成熟时间。

- **AGI（Artificial General Intelligence，通用人工智能）**：10 年以上。
- **深度学习**：2～5 年。
- **机器学习**：2～5 年。
- **认知计算**：5～10 年。
- **区块链**：5～10 年。

有趣的是，业界也认为物联网平台可能会在未来 2～5 年内才趋于成熟。

由于安全环境越来越复杂，面临的安全威胁和信息源的数量也越来越多，因而为了有效提升安全团队的价值，组织机构必须尽可能地部署自动化机制，包括本书前面讨论的各种安全功能以及本章中讨论的功能。制造业、油气业以及运输业已经开始广泛部署自动化安全机制。如第 16 章所述，为了有效提升业务效率并实现既定的系统弹性目标，必须优先采用自动化安全机制，以快速处理各种安全挑战。

17.2　区块链概述

术语“区块链”（Blockchain）常常让人感到困惑，因为区块链在不同的上下文环境中存在不同的含义。有时人们将其视为比特币或其他虚拟货币以及智能合约。不过在大多数情况下，人们都将区块链描述为分布式账本，也就是说，这些交易副本分布在多台分散的计算机上，而不是存储在集中式服务器上。

区块链作为一种新技术已经取得了长足进步，成为当前的热门投资话题。图 17-3 给出了过去 8 年区块链初创公司获得的累计投资额，显示了区块链技术初创公司每年筹集到的资金总额。可以看出 2017 年的投资额最多，达到了 13 亿美元。

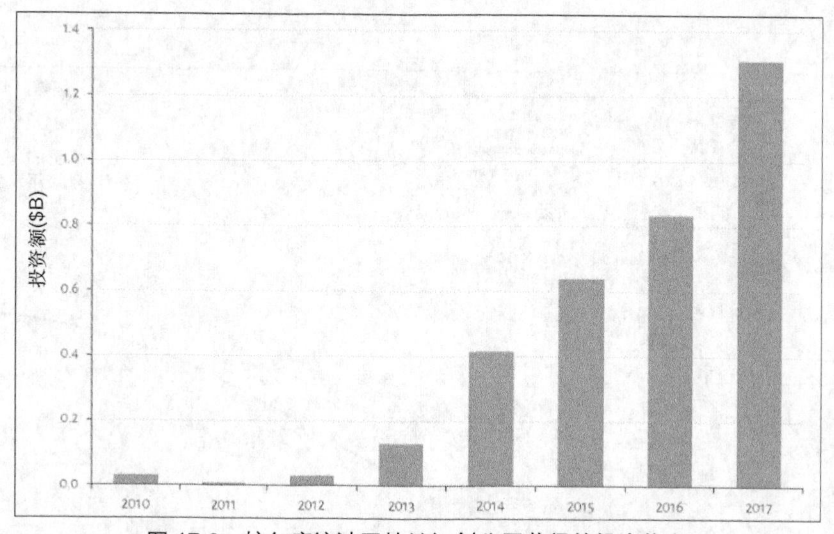

图 17-3　按年度统计区块链初创公司获得的投资信息

区块链在 2009 年以加密货币比特币的形式首次出现，是一种货币形式，可以通过广泛分布的对等网络进行安全的匿名转移。区块链是一个具有如下特征的数据库：

- 分布式；
- 仅追加（每个条目都不可变更）；
- 通常存在于对等网络上；
- 记录两方或多方之间发生的交易；
- 由于使用的是分布式共识协议，因而受到各方信任；
- 无需人工干预，也无需可信第三方；
- 完全由非可信参与方组成的网络实现；
- 通过加密和数字签名进行保护，提供身份、真实性和读/写访问权限控制机制；
- 提供隐私机制（实际上是为所有参与方都提供匿名机制），虽然公钥是每个参与方的网络身份，但并不能在物理意义上标识参与方。

从本质上来说，区块链是当前网络参与方之间发生的所有合法交易的账本，该账本是通过与区块链网络相关的所有节点的协同工作进行维护的。虽然区块链在本质上是一种分布式账本技术，但由于术语“区块链”的使用非常广泛，因而本章也沿用该术语。区块链的记账过程完全自动化，基于共识机制且可审计，因而创建了一个“无信任”系统，即系统中的任何实体都不需要信任其他实体，因为区块链网络本身就能公正且准确地记录网络中发生的所有交易。该过程故意设计得非常复杂，使得无效交易（或安全入侵）很难添加到分布式账本中，而且在大多数情况下，这种非法操作实现起来也极不经济。

图 17-4 从高层视角给出了一个区块链示例。

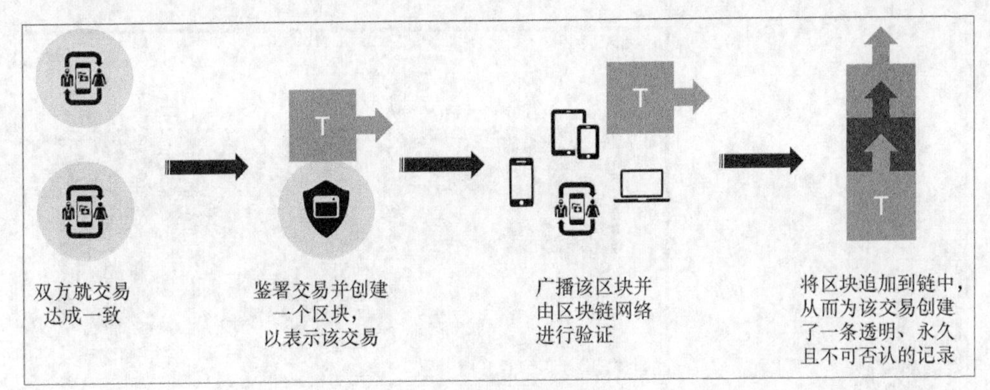
T
T
T
双方就交易
达成一致
鉴署交易并创建
一个区块，
以表示该交易
广播该区块并
由区块链网络
进行验证
将区块追加到链中，
从而为该交易创建
了一条透明、永久
且不可否认的记录

图 17-4 区块链示例

随着追加到账本中的新交易越来越多，区块链也就随着时间的推移而逐渐建立起来。只要双方同意交易行为，那么就会将交易的加密记录发送给区块链网络中的所有其他节点。这些节点会对记录中的数据执行复杂的加密计算来验证该交易，如果确认新的交易“区块”是合法区块，那么就会相互通知。该操作机制通常每 10 分钟发生一次。如果绝大多数节点都认可该区块通过了检查，那么就会将该区块添加到账本中，并使用更新后的版本作为加密和验证未来交易的加密基础。这些区块按照时间顺序进行线性添加。每个全功能节点都有一个区块链副本，加入网络后就会自动下载该副本，通常也将这样的节点称为矿机（使用挖矿客户端连接网络执行验证操作的计算设备）。图 17-5 给出了区块链的构建过程。

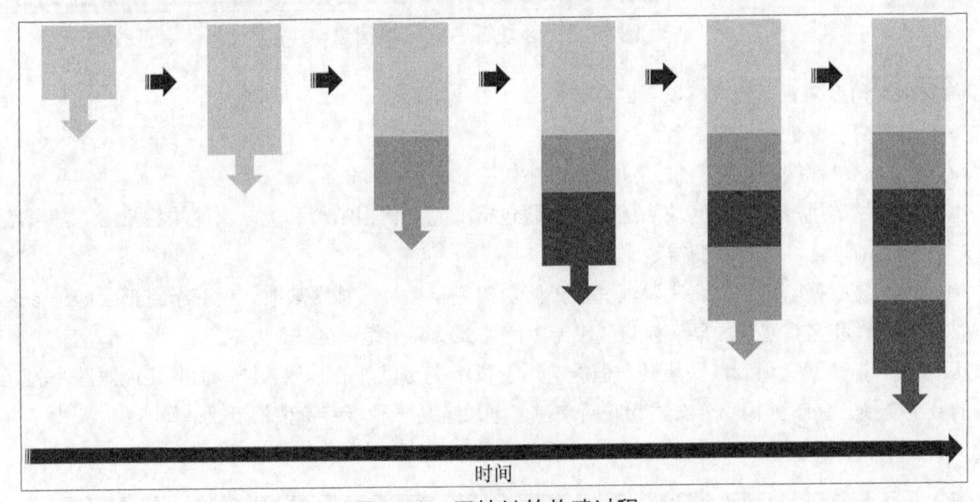
时间

图 17-5 区块链的构建过程

- 区块链定期将交易打包为区块，每个区块都依赖于前一个区块，使得区块链能够一直回溯到源头。
- 如果要编辑某个区块中的交易，那么就必须重新计算该区块之后的所有区块。
- 通常采用支持共识系统的分布式账本和公钥或私钥加密机制加以实现。

因此，区块链可以准确记录历史交易。由于网络中的所有参与方都在不断对区块链进行扩展和验证，因而从根本上来说，区块链不会受到欺诈影响。区块链能够以一致的方式解决可扩展性、单点故障、时间戳、活动记录、隐私、信任以及可靠性等挑战。

区块链采用共识算法，确保区块链中的下一个区块是唯一的真实版本，防止任何人脱离系统并对区块链进行分叉，从而防止通过工作量证明和分布式共识进行欺诈性交易。

账本是存储在分布式对等网络中的所有交易的公共记录。所有已验证的交易都将被添加到区块当中，历史记录提供了价值证明或拥有的资产。图 17-6 给出了区块链中的区块信息。

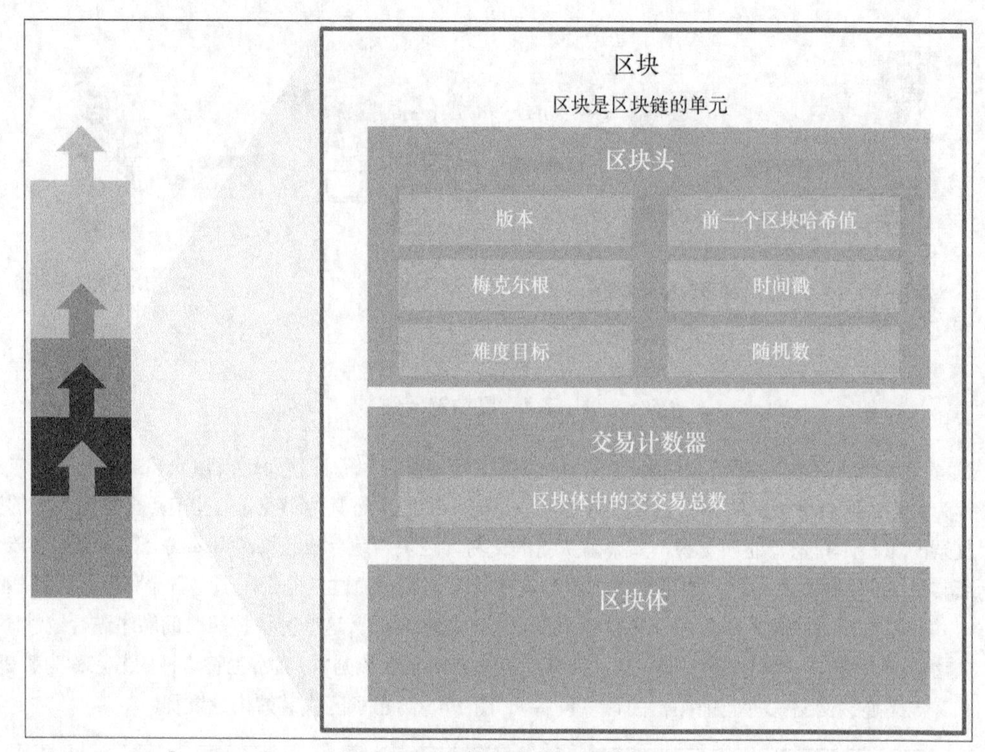

图 17-6 区块链中的区块信息

从安全性角度来看，应考虑以下内容：

- 所有交易都进行加密签名；
- 所有交易都编码到梅克尔（Merkle）树中（区块的一部分）；
- 基于挖矿挑战的哈希区块头的潜在问题包括梅克尔树根哈希和上一个区块头哈希。随着哈希链的逐渐老化，区块将变得越来越安全；
- 很容易根据哈希和签名来验证并检查区块的完整性。广播区块时，所有节点都会验证该区块的有效性和完整性。如果认为该区块无效，那么就会拒绝该区块。

后来人们很快就意识到，区块链不但能够用于货币交易以外的其他领域，而且还能跟踪和验证任意类型的数字交换。对于异构和分布式物联网来说，区块链是一种极有价值的工具。图 17-7 列出了一些常见的区块链示例信息。

区块链	目的	对等（去中心化）	公有/私有挖矿	加密信任	无许可	中心化控制
比特币	去中心化货币	是	公有	是	是	否
以太坊	去中心化应用	是	公有	是	是	否
瑞波	去中心化支付	是	私有	是	否	是
超级账本	去中心化应用	是	私有	是	否	是

图 17-7 不同类型的区块链示例

在实际应用中，可以根据所采用的技术以及是否允许第三方写入区块链，来决定实现公共区块链或私有区块链。公共区块链包含两种形式：第一种形式允许任何人写入数据，无需其他人的授权；第二种形式允许任何人读取数据，无需其他人的授权。由于区块链的参与方未经审查，可以在未经批准的情况下写入账本，因而需要采取某种方法对差异情况进行仲裁，这样就会增加运行这类区块链的成本和复杂性。与此相对，私有区块链中的参与方都是已知且可信参与方。有时，人们也可以从有无许可或匿名参与方与认可参与方的角度，来描述公有区块链和私有区块链。

区块链的一个主要关注领域就是分布式账本技术。人们可以在分布式账本平台上构建各种不同的应用程序。从图 17-8 可以看出，区块链和分布式账本适用于大量行业，而不仅限于金融交易。

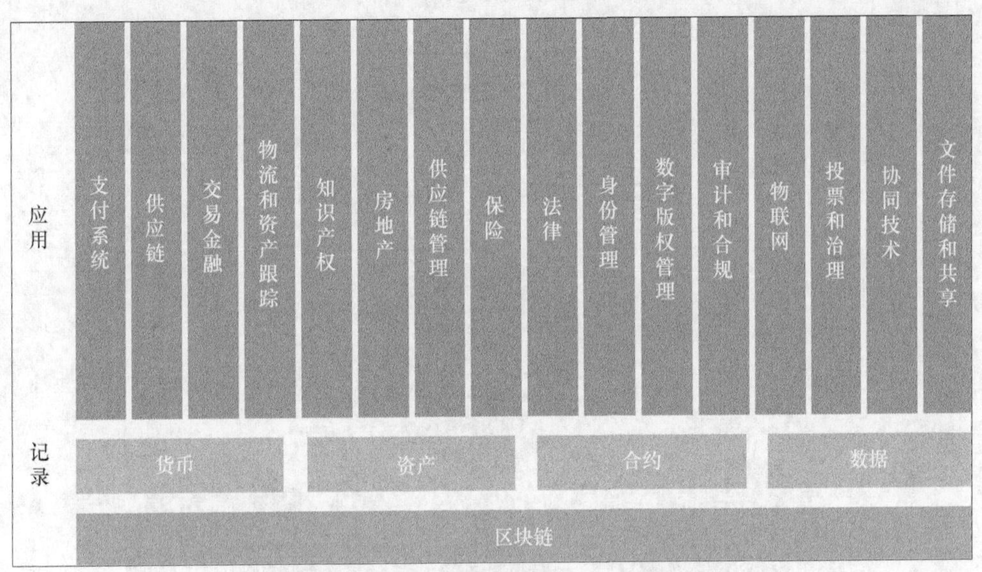

图 17-8　潜在的区块链和分布式账本应用

据 IDC 估计，到 2019 年，20%的物联网将启用基础层面的区块链服务，区块链将为物联网带来以下潜在利益：

- 具备高度可扩展性，少数节点或数百万节点的操作方式完全相同；
- 可以为满足物联网异构性需求的所有供应商或设备提供标准化的加载和安全机制；
- 具备天然安全性，几乎无法攻击或破坏；
- 运行透明、开放，有助于实现法规的遵从性。区块链会记录每个事件的发送者和接收者的加密公共地址，所有操作都会记录下来，以供检查；
- 可以大大简化隐私问题，因为用户是匿名的，可以即时执行事务，无需进行身份认证；
- 分散模式可以最大限度地减少停机概率，而且不受机构审查的影响，因为没有任何一个权威机构拥有全面控制权。

按照定义，物联网应用都是分散式应用，因而分布式账本技术可以在设备的加载方式以及设备间通信方式中发挥关键作用。对于物联网系统来说，规模和开放性都是不得不面对的巨大挑战。区块链旨在为交易型应用提供服务，不但能够提高物联网的合规性，而且还能丰富物联网的功能特性以及运营和财务效率。

IBM 认为，能够为分散式物联网解决方案带来增益的技术应支持三种基本的交易类型：

- 非可信的点对点消息传递；
- 安全的分布式数据共享；
- 健壮且可扩展的设备协同。

当前的物联网架构和平台部署方案已经从 21 世纪早期的封闭式和集中式模型，逐渐发展为开放式接入和集中式云模型，并最终实现未来物联网架构：开放式接入和分布式云模型（见图 17-9）。

虽然有诸多好处，但是在物联网中使用区块链时，仍然面临很多挑战（见图 17-10）。

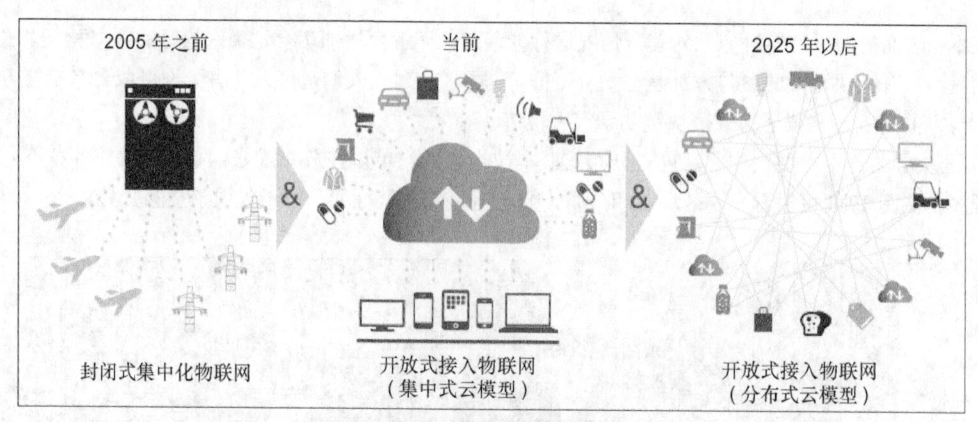

图 17-9 物联网部署方案的区块链架构

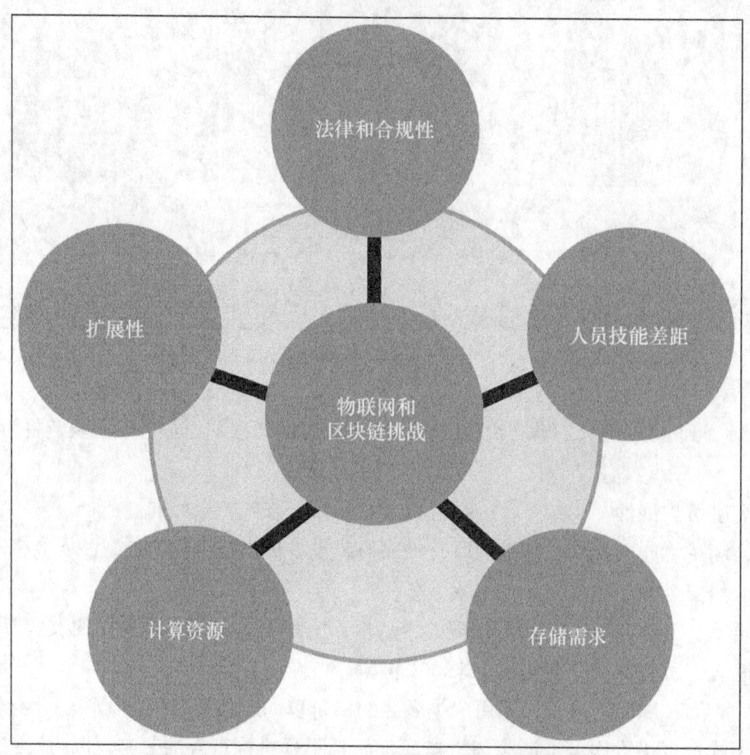

图 17-10 在物联网中部署区块链时面临的挑战

- **扩展性问题**：虽然在可连接的节点数量上具有巨大的可伸缩性，但是随着时间的推移，可能存在与账本大小有关的潜在问题。由于需要某种形式的记录管理系统，因而最终可能会出现集中化平台（打破了物联网的分布式需求）。
- **存储需求**：分布式模型意味着无需集中式存储系统来存储设备 ID 及相关交易，因而账本必须存储在节点本身，导致账本的大小将随着时间的推移而增加。对于连接到物联网系统中的很多受限设备来说，完全超出了它们的能力限制，无法实现。
- **计算资源**：并非所有的物联网设备都有足够的处理能力来执行网络所需的加密算法。
- **人员技能差距**：很少有人能同时掌握区块链和物联网技能，导致项目的设计、实施和管理非常困难。
- **法律和合规性需求**：目前缺乏标准化的法律或合规性程序，这不但给互操作性带来挑战，而且也给物联网供应商、服务提供商以及最终用户带来顾虑。

虽然存在上述缺陷，但福布斯仍然认为区块链将有助于加速物联网的部署进度，原因如下。

- 这种分散化模式允许数据所有者自由地将采集和生成的数据货币化，可以根据自己的意愿直接从自己的数据中获取信息，而不必遵守中间机构规定的条件。
- 区块链的透明性可以促进用户之间信任度，通过建立信誉系统等机制，可以帮助潜在买家识别高质量数据的来源。由于市场对所有人都开放，因而有助于创建市场驱动型的定价机制，而不是由少数主导实体进行定价。
- 这种模式有可能为物联网打造更具包容性的生态系统，可以更自由地交换高质量数据。参与者越多，意味着可用数据源也越多。反之，有助于推动应用程序和物联网设备的进一步完善，提升性能。

区块链服务与物联网相集成，可以成为物联网的催化剂，有助于在用户和设备之间公开交换数据。分散式模型有助于打破应用和数据孤岛，提升对有用数据的访问操作以及物联网系统不同参与方之间的数据共享。随着 AI、ML、自动化等技术与区块链的进一步集成，以及技术的不断成熟，新的物联网应用必须将在未来几年内不断涌现。

17.3 面向物联网安全的区块链

面向物联网安全的区块链技术仍处于起步阶段，还没有标准化的可实施的解决方案。不过，对于物联网安全来说，可以明确的一点是：需要一种新的更容易实现分布式安全和设备加载的安全机制。区块链可以提供传统安全机制无法实现的一些独特能力，更重要的是，还能实现自动化的规模扩展。

- 区块链有助于解决物联网面临的可扩展性、隐私性和可靠性问题，能够跟踪数十亿个联网设备，能够很好地处理设备间的交易与协调。
- 账本防篡改，恶意攻击者很难操纵账本。
- 由于无法截获通信线程，因而也就无法发起中间人攻击。
- 区块链的分散、自主和去可信能力，使其在战略上与物联网解决方案保持高度一致。该模型适用于工业和企业物联网应用，允许设备在无集中许可机制的情况下交换信息。
- 区块链可以在物联网中生成设备和交易的不可变记录。这就意味着设备能够以最小的集中化权限自主运行，这正是通信连接不可靠的物联网环境的特殊需求。

区块链有潜力在三个关键领域加强物联网的安全性：建立信任、降低成本和加速设备间的交易。为物联网构建安全模型，要求模型中的所有设备和应用都能彼此交互，而且连接的所有系统或基础设施都非常复杂。为了实现最佳安全效果，必须将安全性内置为整个物联网生态系统的基础组件，包括在物联网体系架构的所有层级都执行认证、数据验证、有效性检查和加密操作，要涵盖所有的物联网协议栈。作为一种技术，区块链完全能够实现这些基本需求，而且在未来几年，区块链在物联网安全领域的研究和概念验证成果必将异彩纷呈。

卡尔顿大学和密歇根州立大学在 2018 年初的一篇研究论文中，提出了一个跨分布式 NFV 物联网环境的区块链示例应用，允许多个服务提供方通过资源共享方式最大限度地利用网络边缘的有限资源。该用例需要所有参与方都维护一个集中式存储库，用于在服务提供方之间实现状态共享，同时还需要一个资源分配公平性的信任机制。这两所大学提出了一个基于区块链的架构 EdgeChain，可以为多个服务提供方做出移动边缘应用的部署决策。区块链采用了大学创建的算法，并通过 MANO 将其作为智能合约进行分发。各参与方都必须就算法达成一致，仅当区块链中的大多数挖矿节点都达成一致之后，才会接受决策结果。部署决策达成一致之后，就能以最低成本选择一个满足用户时延及预算需求的边缘主机。所有交易都记录在区块链中，可以在出现争议时提供交易的历史账本。图 17-11 给出了该用例的工作流流程，具体流程如下。

1. 用户向区块链请求服务链。每次用户请求服务链时，都会将这些请求发送给区块链。

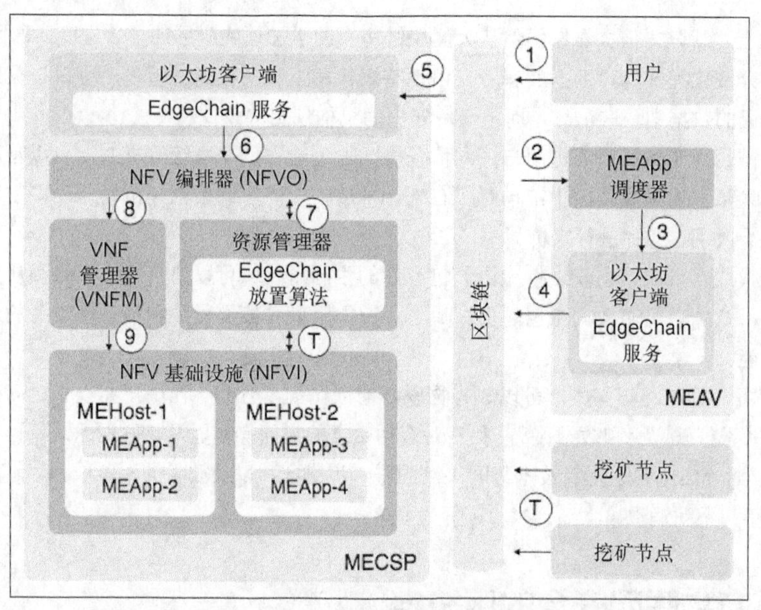

图 17-11 EdgeChain：基于区块链的物联网部署建议

2．区块链记录用户对服务链的请求。如果该请求与挖矿节点同步，那么就会转化为 MEApp（Mobile Edge Application，移动边缘应用）请求。挖矿节点将运行相应的逻辑来分解服务链的创建请求，然后再将 MEApp 请求传播到所有相应的 MEAV（Mobile Edge Application Vendor，移动边缘应用供应商）。

3．根据用户需求，MEApp 调度程序决定创建一个新的 MEApp 实例，并将该请求传递给 MEAV 的以太坊客户端。

4．运行 EdgeChain 服务的以太坊客户端将请求发送给区块链，为放置新的 MEApp 请求创建记录。

5．创建新 MEApp 的请求通过以太坊客户端到达 MECSP。

6．对于每个 MECSP（Mobile Edge Computing Service Provider，移动边缘计算服务提供方）来说，以太坊客户端请求 NFVO（NFV Orchestrator，NFV 编排器）调用 EdgeChain 放置算法，下载到资源管理器上以做出放置决策，从而确保不同的参与方都执行该放置算法以进行结果验证。仅当大多数参与方都返回相同的放置结果，才会接受下一步返回的放置结果。

7．NFVO 调用 EdgeChain 放置算法进行放置决策。需要注意的是，该决策可以是表示整个 MEC（Mobile Edge Compute，移动边缘计算）网络中的任何 MEHost（属于 MECSP 的服务器）的哈希值。如果结果指向不属于当前 MECSP 的 MEHost，那么就不会执行实际放置操作，而仅将结果和算法的哈希值返回到以太坊客户端进行验证。

8．如果结果指向当前 MECSP 的 MEHost，那么 NFVO 将向 VNFM（VNF Manager，VNF 管理器）发送放置 MEApp 的请求。同时，还会向区块链发布一个交易（见图 17-11），以记录实际发生的放置操作。

9．VNFM 向 NFVI（NFV Infrastructure，NFV 基础设施）发送请求，要求将 MEApp 部署到目标 MEHost 上。挖矿节点定期执行挖矿进程以验证区块链，并赚取请求放置服务的以太币。同时，资源管理器还会定期与 NFVI 进行同步，以获取最新的资源使用及可用性信息，然后再将更新后的信息发布给区块链。

虽然这只是一个早期用例，但思科早已看到区块链可能会给大量行业造成潜在的破坏效果，而且认为区块链有能力产生“Internet 规模的破坏性效果”。区块链被视为一种革命性的协议，其影响力相当于 Internet 早期的 TCP/IP 协议。思科认为，区块链的发展与 Internet 网络类似：与构成 Internet 的多个网络系统一样，将会出现大量的区块链网络。互操作性、互通性以及自动化机制都是该新兴技术的关键需求，是实现规模部署和普遍采用的关键因素。

17.4 机器学习与人工智能概述

虽然人们经常将“机器学习”和“人工智能”互换使用，但两者却是两种完全不同的领域。ML（Machine Learning，机器学习）实际上是 AI（Artificial Intelligence，人工智能）的一个组成部分，AI 和 ML 都与人类或动物智能即 NI（Natural Intelligence，自然智能）不同。美国政府将人工智能定义为“一个计算机化系统，能够展现出通常认为需要智能的行为”。人工智能是一个计算机系统，可以在任何情况下解决复杂问题或采取适当行动，以达到预定目标。人工智能在历史上一直被局限于理解并再造人类思维，但事实远比这一点更加复杂（如本节所述）。实际上，AI 是教会计算机模拟人类的思考、学习和处理信息的方式，以及人类感知和可视化周围环境的方式。人工智能通常包括如下组件：

- 机器学习；
- 深层学习；
- 自然语言处理与理解；
- 神经网络；
- 计算机视觉；
- 情感计算；
- 认知计算；
- 语境意识。

虽然人工智能的定义很简单，但是它包含了大量技术，需要认真探索以更好地理解 AI 领域。AI 机器通过识别数据中的趋势来进行学习，AI 可以通过这些趋势做出决策。随着时间的推移，可以采用不同的算法（规则或进程集）来优化和改善运行 AI 的计算机，因为这样做可以让 AI 接触更多的数据。

AI 指的是机器模仿人类的认知能力，如解决问题和学习知识的能力，这些技能要求 AI 能够理解语言、语音及战略思维。有时，也可以将 AI 描述为 AGI（Artificial General Intelligence，通用人工智能），此时的机器在智能上被认为等同于人类；或者描述为 ASI（Artificial Super Intelligence，超级人工智能），此时的机器在智能上被认为超越人类。

通常可以将人工智能分为符号人工智能（symbolic AI）和亚符号人工智能（subsymbolic AI）。随着时间的推移，人们对于哪种模式能够在人工智能领域产生最佳结果的关注点也在不断发生变化（见图 17-12）。

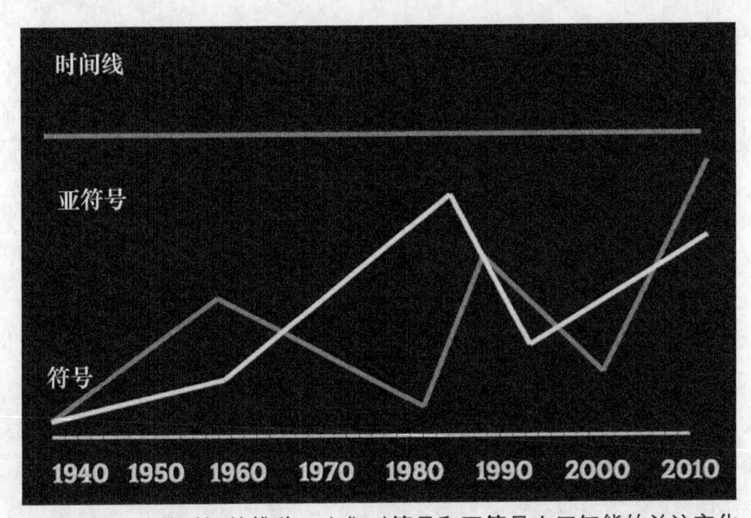

图 17-12　随着时间的推移，人们对符号和亚符号人工智能的关注变化

符号 AI 指的是人工智能研究中所有基于问题、逻辑和搜索（包括推理系统、知识表示和认知系统）的高级“符号”（人类可读）表示的方法的集合，包括显式符号编程、推理、搜索算法、AI 编程语言和规则、本体、计划和目标。符号 AI 的目的是在机器中产生一般性的类人智能，但大多数现代研究都仅针对特定子问题。

到了 20 世纪 80 年代的时候，符号 AI 的发展逐渐停滞，人们普遍认为符号系统永远无法模仿人类认知的所有过程，特别是感知、机器人、学习和模式识别。因此，将研究重点逐渐转向亚符号 AI，希望在没有特定知识表示的情况下接近智能，主要方法包括 ML、贝叶斯学习、深度学习、联结主义和神经网络。当前的主要研究重点就是亚符号 AI 领域，原因有很多（包括计算、内存和数据可用性方面的进步），亚符号 AI 第一次变得极为高效。

不过，最近的研究表明，这两种方法都不完美。可以预见，符号 AI 将在不久的将来重新出现，而且更为重要的是，亚符号/符号 AI 混合系统有可能出现大幅增长。如果考虑到安全性和物联网世界，需要处理、理解和响应大量数据（包括结构化、非结构化、标记和未标记数据），那么两者的结合将会变得更加重要。物联网和安全领域面临着更多的长尾问题（见图 17-13），与需要解决的几个重点领域（头部）不同，还有大量微小领域（尾部）需要解决。在安全、网络及物联网方面，几乎没有可用的训练数据来训练 AI 解决方案。由于人工智能正以一种动态和全新的方式推动着新型物联网安全攻击，因此很难通过训练当前系统来处理这一难题。

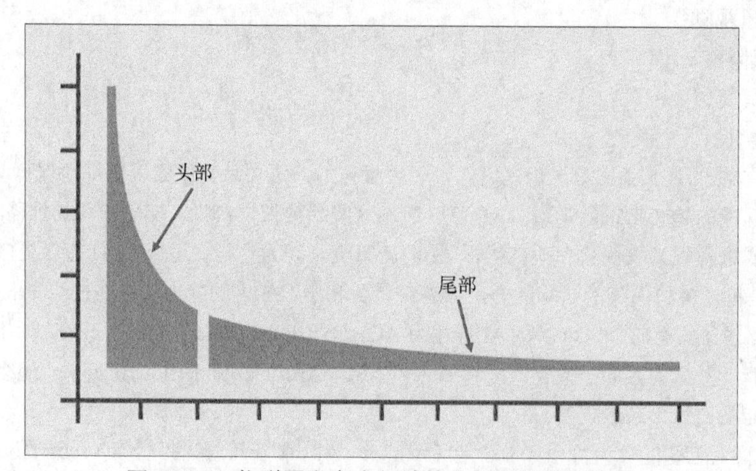

图 17-13 物联网和安全领域的人工智能长尾问题

如果物联网系统遇到一个完全超出其训练体系范围的新情况，或者安全系统遇到一个全新的、没有任何可对比的先验数据或信息的攻击时，可以借助符号/亚符号 AI 混合系统的推理能力自动采取正确操作。“长尾”理论就是，人们越来越多地从原先关注需求曲线最前端相对较少的“关键点”（主流解决方案和攻击），逐渐转移到尾部大量微小领域上。

综上所述，AI 无疑是未来物联网和安全领域的关注焦点。接下来将探讨人工智能的一些主要技术对安全及物联网领域的潜在贡献。

17.5 机器学习

机器学习是 AI 能力的一种应用，简单来说，机器学习就是一种算法，可以从先前获取的数据中学习以产生某种行为的能力。机器学习指的是理解数据并将其放入某种形式的结构中，从而更容易理解。ML 是一门教育机器在从未经历过的情况下自动做出决策的艺术，ML 系统指的就是系统处理了大量数据之后，能够有效改善系统性能输出结果的系统。机器学习系统不像传统的计算机系统那样采用特定的逻辑进行编程，而是识别数据中的关系和模式，构建问题模型并利用该模型对新数据进行预测。

近年来，机器学习的研究实践已经从传统的建模方案转向数据驱动模型，主要驱动力来源于大量不同源端（包括物联网）汇聚的庞大数据。最常见的 ML 方法就是采用训练模型，该方法向算法显示一组状况数据并告知其正确决策或结果。图 17-14 给出了数据驱动模型与传统模型之间的区别。

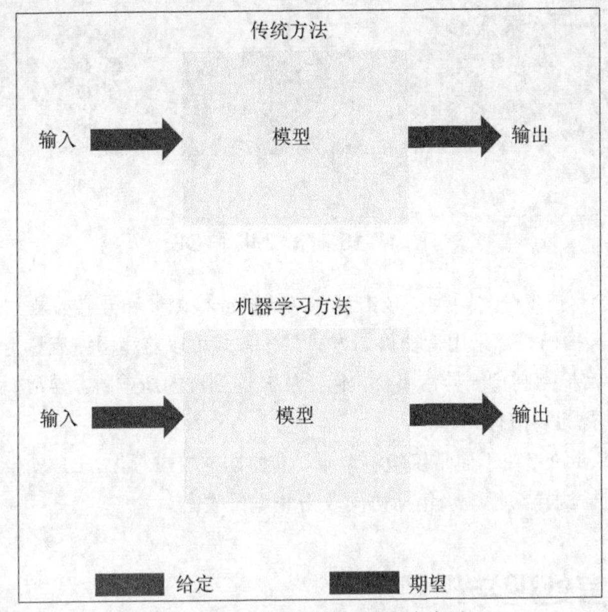

图 17-14 机器学习与传统方法

对于传统方法来说，知道给定输入，也知道期望输出，因而可以创建某种模型，将输入与期望输出关联起来。不过，对于机器学习来说，需要观测输入和输出。可以利用优化工具创建特定模型，将输入和输出以一定的精度进行关联。通常将观测到的输入称为数据，将输出称为标签，将优化工具称为机器学习算法。

这就是所谓的监督式 ML。模型经过训练且可操作之后，就可以输入此前未经历过的新数据，算法应该能够在不告知结果或预期决策的情况下，对新数据做出智能决策。

对于本书的用例来说，可以采用机器学习技术的主要有：

- 在油气资产健康状况监测领域，ML 模式识别算法可以监测资产性能并采取适当措施，如自动调整泵的转速；
- 自动驾驶汽车可以采用模式识别算法，自动识别行人或其他车辆，然后自动刹车。

17.6 深度学习

DL（Deep Learning，深度学习）是 ML 的一个分支，旨在利用人工神经网络（详见本章后续内容）通过组合多层人工神经元在原始数据中发现模式。所使用的 ML 算法受到了人脑中的神经元工作方式的启发。随着人工神经元层级的不断增加，神经网络学习抽象概念的能力也越来越强。

一个常见案例就是利用神经网络进行人脸识别。初始层级首先从人脸采样图像中提取像素，下一层级则学习这些像素构成轮廓的方式，这些层级将信息传递给其他层级，并以此建立人脸识别模型，直至识别出特定容貌。随着时间的推移，特定人脸的识别将变得愈发容易。深度学习的其他成功应用还包括计算机视觉和自然语言处理（也称为语音识别），后面将进行详细讨论。

图 17-15 给出了 DL 与 ML 和 AI 的对应关系。

事实上，DL 就是一种大型的多层神经网络，每一层都包含了大量信息。将这些层级进行组合之后，就可以识别出各种模式（无论是复合数据还是非常精确的数据）。

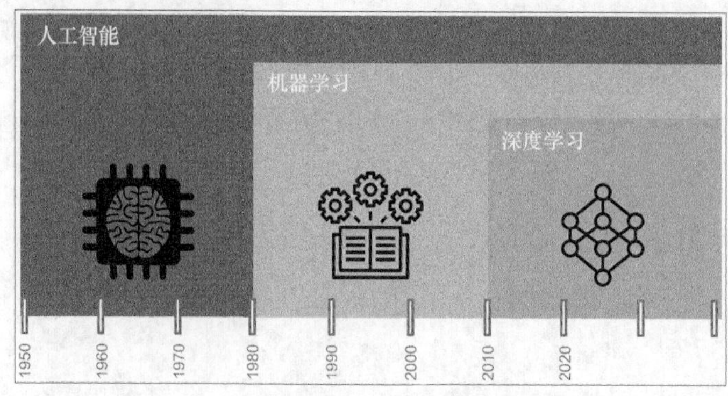

图 17-15 AI、ML 和 DL

网络安全将威胁检测技术分为两类：攻击识别（或特征检测）和异常检测。传统的安全技术（包括防火墙、IPS/IDS 和病毒扫描）都采用特征检测方式。该方式可以监测网络流量是否存在持续性攻击，但无法检测零日攻击。异常检测则检测异常事件，包括从未遇到过的新威胁。异常检测基于正常系统行为模型，将任何异常行为都视为攻击行为。

这些解决方案的主要缺点在于通常仅检测单个、非协同的攻击行为。DL 安全算法技术有助于解决这一挑战，能够更准确地检测异常行为，包括协同攻击和零日攻击。

17.7 自然语言处理与理解

从某种程度来说，AI 必须能够以人类相互通信的方式与人类进行交互或通信。在 AI 领域，通常将这种复杂的理解水平称为 NLP（Natural Language Processing，自然语言处理）或 NLU（Natural Language Understanding，自然语言理解）。NLP 能够实现人机通信，并提供自动翻译功能，允许人们轻松地与世界各地的人们进行交互。常见案例如亚马逊的 Alexa、苹果的 Siri 或 IBM 的 Watson。输入和输出可以采取口头或书面形式。

NLP 的研究工作很复杂，Internet 上有大量不同的文本源，而且有很多通过文本分析来获得见解的学科。从物联网安全的角度来看，高级 NLP 技术可以更好地识别和理解恶意代码，逐渐朝着专用恶意软件分析方法的方向进行发展（称为恶意语言处理框架）。与本书大部分内容一样，其目标是通过自动化和快速识别隐藏在大量数据或未受影响的代码中的恶意代码来实施 NLP，从而解决大数据问题面临的巨大安全挑战。

NLP 可以应对多种安全挑战。

- **源代码脆弱性分析**：学习与已知漏洞相关的特定模式，然后通过 NLP 来识别其他类似的、潜在的脆弱性代码。
- **域生成算法分类**：网络攻击者会部署很多域，并将这些域用作传播恶意代码的点（命令和控制服务器）。
- **恶意域识别**：利用 NLP 从安全域中识别出恶意域。
- **网络钓鱼识别**：利用 NLP 模型确定电子邮件中包含网络钓鱼攻击的可能性（基于电子邮件中的文本）。

安全专业人员可以通过 NLP 将数据科学应用于安全问题，从正常代码中解析出恶意代码。

17.8 神经网络

神经网络是 ML 的一种形式，从表面上来看，神经网络的工作机制基于人类大脑，因而有时也将神经网络称为 ANN（Artificial Neural Networks，人工神经网络）。Robert Hecht Nielsen 博士将人工神经网络定义为“一个由很多简单、高度互联的处理单元组成的计算系统，这些处理单元通过对外部输入进行动态状态响应来处理信息”。

目前存在多种类型的神经网络，包括循环神经网络和前馈神经网络。每种 ANN 都由一组节点（或神经元）组成，这些节点（或神经元）分布在多个层级，相互之间具有加权连接。每个节点都通过一组输入值产生一个输出值，然后再将输出值传递给下游其他神经元（见图 17-16）。

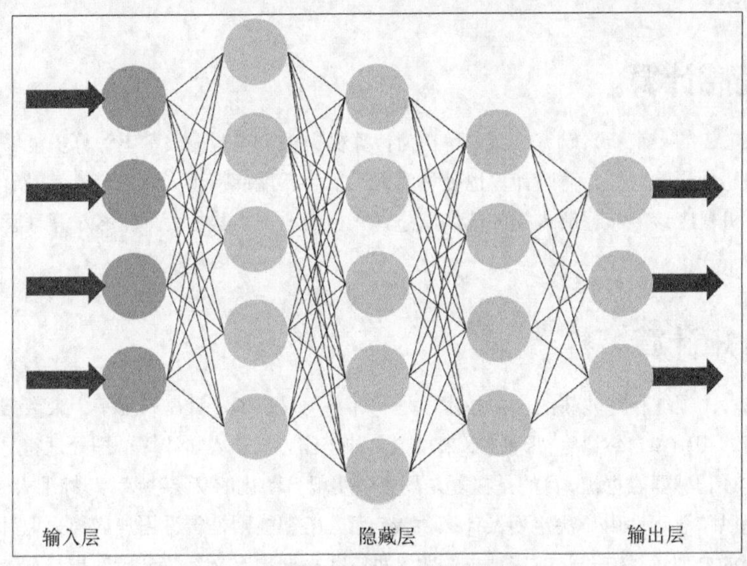

图 17-16 高级人工神经网络

ANN 的一个典型案例就是图像识别应用。第一层节点通过图像的原始数据来识别图像中的简单模式。第二层基于第一层分析结果，开始识别模式中的模式。第三层则继续基于第二层识别出来的模式结果；依此类推。这里所说的层由包含激活函数的互联节点组成。模式通过输入层呈现给网络，输入层与一个或多个隐藏层进行通信，通过加权连接系统在隐藏层中完成实际处理。然后再由隐藏层连接输出层，由输出层输出结果。向 ANN 提供大数据即可完成 ANN 的训练过程。

大多数 ANN 都包含某种形式的学习规则，根据接收到的输入模式修改互连权重。ANN 的学习方式与人脑相似，例如，孩子看了大量狗的示例之后，就能够识别狗。

ANN 包括以下两类架构。

- **监督训练算法**：网络在学习阶段根据给定输入或模式学习期望输出，该架构被称为 MLP（Multilevel Perceptron，多级感知机），用于模式识别应用。
- **无监督训练算法**：网络在学习阶段不指定期望输出结果，该架构被称为 SOM（Self-Organizing Map，自组织映射）。该算法用于从输入空间寻找拓扑映射，并用于分类问题。

从安全性角度来看，ANN 已经被证明是一种行之有效的 IDS（Intrusion Detection System，入侵检测系统）实现模式。神经网络入侵检测系统为解决当前入侵检测方法遇到的一些挑战提供了可能的解决方案。在规则未知的情况下，ANN 可以建立模式识别并识别网络攻击。ANN 可以识别模式，并将最近的行为与已经发现的常规行为进行对比，能够在无人干预的情况下自主做出决策。ANN 不但能够检测滥用行为，而且能够以比人类更一致的方式检测滥用行为。

17.9 计算机视觉

计算机视觉主要解决计算机如何从数字图像或视频中获得高层次理解，目的是以自动化方式完成人类视觉系统可以完成的任务。计算机视觉提供了从真实世界的单个图像或一系列图像中自动提取、处理、分析和理解有用信息的功能，需要开发相应的理论和算法基础，以实现自动化的视觉理解，并由此做出决策。计算机视觉支持多种格式的图像数据，包括图片、视频序列、多路摄像头的视图或医疗扫描仪的多维数据。计算机视觉是图像处理和统计模式识别的结合。

也就是说，希望能够教会计算机像人类一样“看”世界，希望计算机能够真正的寻找事物，而不是仅仅将代码和像素以 1 和 0 的方式进行处理。例如，可以将计算机视觉技术用于防范网络钓鱼电子邮件以及类似的恶意网站。

17.10 情感计算

情感计算是 AI 的一个新兴研究领域，旨在为计算机提供情感智能。希望计算机能够理解人类用户和行为，或者在情感上影响人类。情感计算也被称为人工情感智能或情感人工智能，涉及计算机科学、心理学和认知科学。机器应该能够理解人类的情绪状态，并相应地调整其行为，能够对其理解的情绪做出适当的自动反应。

17.11 认知计算

认知计算是 AI 领域相对较新的一门技术，是一种自学习系统，旨在利用基于大数据的数据挖掘、基于机器学习的模式识别和自然语言处理技术来模拟人脑工作方式。认知计算试图处理符号和概念信息，而不仅仅是纯数据或传感器数据流，目的是在复杂场景中实现自动化的高层决策。与标准人工智能不同的是，认知计算可以提供信息帮助用户决定要做什么决策，而人工智能则是告诉用户应该采取什么行动。传统可编程的安全系统的典型运行方式是响应请求、做出决策并根据预定义参数分析数据。而认知系统的工作方式则有所不同，首先是解释数据，然后将这些数据添加到不断增长的知识库中，根据洞察结果来衡量概率，以帮助用户根据所有相关变量采取最佳行动。认知安全机制有助于安全人员发现潜在攻击的早期警告信息，从而显著提高检测速度。

认知安全可以为传统安全技术带来以下两个关键改进。

- 可以分析安全趋势并处理大量结构化和非结构化数据，再以传统或人工技术无法实现的速度转化为有用信息以及可操作的洞察力。
- 实现最高程度的上下文关联能力与准确性水平。

业界正在努力将认知计算用于网络安全应用，如 IBM 的 Watson。这一趋势可能会持续增强，人们在该领域的研究也在不断增加。

17.12 情境感知

AI 只能与它所能访问的信息一样聪明，也就是说，AI 是根据给定情境做出决策的。对于人类和 AI 来说，涉及复杂任务时，情境是最重要的决定因素。数据和情境的每一部分都必须适当，只有这样才能通过 AI 获得最佳效果。

情境感知安全是在做出安全决策时使用辅助信息来改进安全决策，使得组织机构能够在动态物联网环境中采用更加准确的安全决策。情境感知安全中最常用的信息就是情境信息，包括位置和时间。不过，对安全有价值的情境信息广泛存在于整个物联网协议栈中（包括 IP、设备、URL 和应用程序信誉度、业务价值情境以及做出决策的威胁情境）。

17.13 面向物联网安全的机器学习和人工智能

物联网安全的最佳模式是协同安全，也就是需要结合多个源端的数据和信息，包括人、机器和生态合作伙伴。因此，物联网安全团队能够从情境和环境上感知整个物联网协议栈的安全事件。大多数现代安全模式都包含了分析机制，可以是主动分析，也可以是被动分析，能够通过自动化机制加快威胁检测与防御。

为了实现这一点，需要整合部署高级分析机制（ML 和 AI），而且还应该尽可能实现自动化。通过从多个源端自动采集数据，ML 和 AI 能够在更短的时间内评估威胁，从而提高安全威胁的处理准确性和信心。这种组合部署模式可以提供多种好处。

- 随着时间的推移，AI 和 ML 的适应性越来越强。AI 和 ML 接触的数据越多，就越强大，也就能比传统机制更容易地处理新的安全威胁。
- 由于不再需要手工搜索大量数据，AI 和 ML 能够为技术人员腾出大量宝贵时间，而且还能有效提高威胁检测的可靠性和数量。组织机构每天都要面临数以百万计的威胁，而威胁研究人员不可能对它们进行手工分析和分类。计算机在分析安全威胁时，可以不断学习并加以改进，从而有效保护组织机构的安全性，同时还能利用存储的数据执行预测性安全分析。
- 可以利用 AI 按照威胁级别进行攻击分类，尤其是在融合了深度学习的情况下，而且还可以随着时间的推移进行调整。之后，企业就可以根据预定义风险对安全威胁做出适当响应。

AI 并不是一个完美的解决方案，AI 与人类相结合的方法可能是解决未来一段时间内安全问题的最佳模式。AI 在直接面对一个有着明显规避目标的人类对手时，是完全可以被打败的。使用 AI 时，一定要了解它的局限性。除此以外，还需要记住的是，攻击者也可以使用 AI 获取系统的访问权限。

很明显，当前的组织机构更加依赖于自动化机制来解决自己所面临的效率、成本、规模和可靠性等问题。安全性是一个逻辑扩展问题，实现了 AI、ML 以及分析操作的自动化之后，组织机构就可以利用这些技术做到安全攻击的提前防范。

17.14 小结

为物联网开发平台的时候，需要对生态系统中的每个要素以及整个生态系统进行极为有效的协同、协调与连接。所有设备都必须协同工作并与其他所有设备进行集成，所有设备都必须与联网系统和基础设施进行无缝通信与交互。物联网在本质上是一个典型的异构系统，由多供应商生态系统组成，因而互操作性是物联网必须解决的一个关键因素。虽然构建和部署物联网平台的成本很高，也很复杂且耗时，但完全可实施。

最佳物联网平台应该做到：

- 获取并管理数据，以创建标准、可扩展且安全的平台；
- 集成并保护数据，以降低成本和复杂性；
- 分析数据并从数据中提取有用的商业价值，然后再执行相应的操作；
- 利用自动化和编排机制，提高效率和业务弹性。

以人为中心的安全模式无法检测复杂的物联网安全威胁，甚至也无法检测大规模的简单的安全威胁。同样，手工密集型的安全事件处理模式也不是一种好的处理模式，效率低下。人们无法通过处理大量数据的方式来检测安全威胁，而且缺乏足够的掌握正确技能的人员，很多威胁都检测不出来。编排与自动化（不但适用于物联网平台的部署，而且也适用于物联网平台的安全性）已被大量组织机构公认为是当前最正确的实现模式。

物联网系统必须内置分布式安全机制，提供严格的有效性检查、身份认证、数据验证以及在所有需要的地方进行数据加密。不同的系统在进行交互时，必须有一个公认的安全有效的互操作性标准。如果没有一个坚实的自下而上的安全架构，那么每一个加入物联网的设备都会带来更多的安全威胁。企业需要构建安全可靠的物联网，能够根据需要和法规要求保护隐私。基于区块链和分布式账本的交易机制提供了这种可扩展的分布式技术，允许异构设备在物联网系统的任何地方进行加载，也允许设备之间进行直接通信。

安全操作流程的自动化与编排机制，让组织机构有机会从传统的静态防御走向基于 AI 和 ML 实现灵活、自适应的防御机制。自动化进程可以在无人为干预的情况下执行各种重复性操作，编排则是将这些自动化任务链接到可执行功能中，从而加快安全识别与防范操作。

多维度的物联网安全机制是快速检测安全威胁的关键。ML 和 AI 可以利用跨网络层、设备层和云层的威胁情报信息来检测表征网络攻击的异常行为。再结合物联网服务及业务价值等上下文信息，就可以启动正确的自动快速响应操作。

例如，IBM 区块链已经可以将私有区块链扩展到认知物联网，能够利用智能合约来注册设备并跟踪每个物品在所有时间内发生的所有事件，这实际上就是面向物联网的合规要素，包括审计跟踪、责任以及新的合同形式。

最后，数据分析、AL、ML 以及区块链将与自动化和编排机制协同工作，共同构建物联网的额外安全功能。这些功能只是本书所描述的能够通过自动化机制部署的下一代物联网平台的附加服务。有了这种方法之后，离更安全的未来也就更近了一步。